CHEMISCHES ZENTRALBLATT

1830 gegründet
1897—1945 von der Deutschen Chemischen Gesellschaft fortgeführt

Herausgegeben im Auftrage
der Deutschen Akademie der Wissenschaften zu Berlin,
der Chemischen Gesellschaft in der DDR,
der Akademie der Wissenschaften zu Göttingen
und der Gesellschaft Deutscher Chemiker
von Prof. Dr. HEINRICH BERTSCH und Prof. Dr. Dr. h. c. WILHELM KLEMM

Chefredakteure
Dr. HELGA VÖLZ und Dr.-Ing. CHRISTIAN WEISKE

REFERAT 0001—1959
SEITE 1—200
140. JAHRGANG

22/1969

28. MAI 1969

AKADEMIE-VERLAG GMBH · BERLIN · VERLAG CHEMIE GMBH · WEINHEIM/BERGSTRASSE

Inhalt

A. Allgemeine, physikalisch-anorganische und anorganische Chemie . . . 1
A–1. Physik der Atomkerne . . . 1
A–2. Physik der Atome und Moleküle . . . 2
A–3. Physik der Festkörper und Flüssigkeiten . . . 10
A–4. Thermodynamik, Mechanik der Gase und Flüssigkeiten, Gleichgewichte . . . 40
A–5. Elektrochemie . . . 53
A–6. Kolloidchemie, Grenzflächen . . . 59
A–7. Kinetik, Katalyse . . . 64
A–8. Darstellung und Reaktionen von Elementen und anorganischen Verbindungen . . . 72
A–9. Geochemie . . . 81
B. Physikalische organische Chemie . . . 83
B–1. Optische, elektrische und magnetische Eigenschaften, Spektren . . . 83
B–2. Strukturforschung . . . 88
B–3. Thermodynamik . . . 90
B–4. Phasengleichgewichte, chemische Gleichgewichte und ihre Energetik . . . 91
B–5. Elektrochemie . . . 95
B–6. Kinetik, Katalyse . . . 95
C. Präparative organische Chemie, Naturstoffe . . . 103
C–1. Acyclische Verbindungen . . . 104
C–2. Isocyclische Verbindungen . . . 108
C–3. Heterocyclische Verbindungen . . . 116
C–4. Naturstoffe . . . 132
D. Makromolekulare Chemie . . . 136
E. Biologische, physiologische und medizinische Chemie . . . 137
F. Pharmazeutische Chemie . . . 148
G. Analytische Chemie, Laboratoriumspraxis . . . 160
G–1. Allgemeine Verfahren und Apparate . . . 160
G–2. Analyse der Elemente und anorganischen Verbindungen . . . 167
G–3. Analyse organischer Verbindungen . . . 173
G–4. Analyse biologischer Materialien, forensische Analyse . . . 176
G–5. Analyse technischer Produkte . . . 179
H. Angewandte Chemie . . . 184
Bibliographien (Beilage) Nr. . . . B —

Namenregister Nr. 22

Ein vollständiger oder gekürzter Abdruck der Referate ist ohne Genehmigung der Redaktion und des Verlages verboten!

Aaronson, H. I. 0349
Abdel-Hay, F. M. 0978
Abdinov, D. S. 0257
Abiev, A. K. 0414
Abiko, S. 1781
Abiko, Y. 1348
Abou-Elenein, H. Y. 1272
Abou-Zeid, Y. M. 1272
Abraham, K. P 0770
Abramenkov, A. D. 0716
Abramov, A. A. 0741
Abramov, E. 0509
Abramov, V. I. 1696
Abramova, T M. 1189
Abramowitz, S. 0065
Abuladze, T. D. 1747
Abu-Mustafa, E. A. 0978
Acket, G. A. 0436
Actor, P. P. 1393
Adachi, J. 1445, 1446
Adachi, K. 0475
Adam, G. 1307
Adamjan, V. E. 0360
Adams, C. R. 1089
Adams, R. N. 0654
Adamski, T. 1481
Adlercreutz, H. 1644
Adlerkreutz, H. 1680
Adloff, J.-P. 0286
Adolph, J. 0923, 0924
Adolphson, D. G. 0852
Aeberli, P. 1355
Aebi, A. 1901
Affortit, C. 0476
Agabal'janc, E. G 0833
Agafonova, E. N. 0154
Agalarzada, P. S. 0438
Agarkov, A. S. 0539
Aggenbach, P. A. M. 1849
Agliulov, N C. 0520
Agoh, B. 1203
Ahlborn, H. 0207
Ahlrichs, R. 0034
Ahn, K. Y. 0360
Aikens, D. A. 1555
Ajdarov, T. K. 1521
Ajvazov, M. I. 0425
Akahori, Y. 1274
Akçurina, I. S. 0860
Akopjan, A. N. 1104
Aksenov, G. I. 0205
A/B Astra Apotekarnes Kemiska Fabriker 1476
A/B Haessle, Apotekare Paul Nordstroems Fabriker 1436
A/S Dumex 1439
Alaupovic, P. 1350
Alberti, G. 1550
Alberts, L. 0475
Albrecht, K. 1889
Albright & Wilson (Mfg) Ltd. 1909
Al'-Chajat, B. C. 0480
Alder, B. J. 0491
Alei jun., M. 0404
Alekperov, A. I. 0643
Aleksandrov, J. A. 0766
Aleksandrov, V V 0627
Aleksandrova, G. J 1032
Aleksandrova, I. P 0394
Alekseevskij, N E. 0449, 0457
Aleksenko, J. N. 1159, 1162
Alexandrov, A. 1652
Aleksandrov, V. B. 0189
Ali, S. I. 0773
Aliev, D. M. 1792
Aliev, G. N 0257
Aliev, M. I 0427, 0428
Aliev, S. M. 1779
Alieva, M. A. 0427
Aljamovskij, S. I. 0552
Allais, A. 1447, 1462
Allen, E. R. 0816
Allen jun G. 1893
Allen, J. D. 1172
Allied Chemical Corp. 1954
Allulli, S. 1550
Almirante, L. 1811
Almodovar, I. 0252
Alperovic, M. A. 1825
Alsmiller jun., R. G. 1482
Alt, G. H. 1820
Al'tman, C. R. 0419
Al'tman, I. R. 0419
Alymova, T. E. 0587
Amelinckx, S. 0220
American Cyanamid Co. 1893
American Home Products Corp. 1471
American Polymer & Chemical Corp. 1823
Ametov, M. J. 1744
Amin, M. 0291
Amme, R. C. 0410
Amoretti, L. 1329
Ananic, N. I. 0359
Anders, K. 0463
Andersen, B. 0983
Andersen, C. A. 1533
Andersen, P. 0983
Anderson, G de W. 1921
Anderson, J. 1246
Anderson, J. H. 0818
Anderson, K. K. 1056
Andersson, S. 0247
Andreesen, G. 1872
Andreev, A. N. 0058
Andreev, G. A. 0170
Andreev, S. N. 0631
Andreeva, L. R. 1072
Andrei, Z. 0611, 0612
Andrew, H. F. 1922
Andronov, L. M. 1090
Angelici, R. J 0752
Angenault, J. 0241
Anikin, A. G. 1021
Anliker, R. 0910
Annis, A. D. 0475
Annis, R. L. 1950
Ansari, M. N. A. 1537
Anthony, A.-M. 1479
Antipin, L. M. 0853
Antipina, T. V. 0840
Antonov, V. K. 0569
Antosin, G V. 0791
Anurova, A. I. 0662
Aono, K. 0960
Aono, O 0620
Apel'baum, L. O. 0762, 1091
Aprile, F 0757
Aquilanti, V. 1078
Arai, T. 0330, 1065, 1068
Arata, Y 1121
Arbatskij, A. P. 1722
Archipov, S. M. 0590
Arcisevskaja, L. F. 0204
Arendt, F. 0676
Arioka, H. 1788
Aristov, B. G 0710
Arita, H. 1774
Arita, T. 1026
Armandola, P. 1689
Armstrong, G. T 1002
Arndt, U W. 0125
Arnold, G. 1298
Arsenev, P. A. 0221
Artamonov, A. A. 0368
Arutjunjan, A. M. 0174
Arzamaskova, L. N 1073
Asai, M. 1427
Asaki Kasai Kogyo K. K. 1774
Asami, R. 0953
Asatiani, L. P. 0875
Asatiani, P J 0826
Aseev. G. I. 0424
Ashida, T 0254
Ashworth, R. S. 1542
Askinadze, L. D. 0945
Aspden, G. R. 0162
Atavin, A. S. 1074
Atkinson, C 0156
Aton, G. W. 1585
Atsuya, I. 1711
Atwell, G. J 1325
Aubert, G. 0475
Augustyn, H. 1719
Aumueller, W. 1378, 1379
Aurand, K. 1694
Avak'janc, G. M. 0419
Avanesjan, M. A. 1196
Achutskij, L. M. 0395
Avenarius, A. 1661
Averbuch, B. S. 0063
Averin, V. V. 0528
Aver'janova, L. N. 0557
Averkieva, G. K. 0578
Avinens, C. 0225
Avraamov, J. S. 0695
Axente, V. 1258
Aykan, K. 1764
Ayoub, L. 1629
Azanovskaja, M. M. 1198
Azerbaev, I. N. 1222, 1235, 1269
Azuma, K. 0782
Azumi, H. 0913
Azumi, T. 0913

Baba, T. 1732
Babajan, S. G. 0173, 0174
Babin, E. P. 1103
Bacanov, S. S. 0124
Bach, N A. 1184
Bachman, G. B. 0838
Bachsiev, N. G. 0377
Backer, E. T. 1668
Bacon, G E. 0118
Baechmann, K. 0006
Badger, G. M. 1247, 1253
Badische Anilin- & Soda-Fabrik AG 1863, 1884
Badra, C. M. 0490
Bagchi, R. N. 0360
Bagdasarjan, C. S. 1177
Bagguley, D. M. S. 0360
Bailey, J. V. 1366
Baklanovskaja, A. N. 0723
Bakowski, R. S. 1585
Bakradze, R. V. 0540
Balakirev, V. F 0568
Balakrishnan, I. 1151
Balandin, A.A. 1085
Baldwin, R. A. 1227
Baljavicus, M. Z. 0050, 0051
Balt, S. 0059
Balzani, V. 0809, 0810
Ban, M. 0046
Bando, Ken-ichiro 0998
Banerjee, S. 1107
Bansagi, T 0761
Barabanov, V. P 0634
Baranceva, I. G. 0322
Baranov, I. A. 0459
Baranova, A. M. 0430
Barbouth, N. 0581
Barcelo, C. 0199
Bardoneschi, R. 1462
Bardsley, W. 0191
Bardzimasvili, D. G. 1747
Barham, D. 0778
Barker, R. S. 1883
Barish, W. B. 1513
Barnes, C S. 0978
Barnett, W. B. 1520
Barrer, R. M. 0702
Barrett, L. R. 0778
Barsegov, D. G. 0592
Bartenev, G. M. 0274
Bartes, A. 0612
Barthel, C. 0511
Barthelemy, C. 0922
Bartkowicz, I. 0347
Bartlett, M. W 0287
Bartnik, R. 1252
Bartram, S. F 1778
Barua, A. K. 0487
Baruffini, A. 1339
Barwick, F. E. 1917
Basa, S. C 0921
Basile, J. L. 1514
Baskakova, V. B. 0480
Basolo, F 0758
Basov, N. G. 0052
Basset, J. 0765
Bassi, G. 0123
Batalin, G. I. 0525
Batterham, T. J. 0969
Batti, P. 0564
Bauer, H. H. 0650
Bauer, S. H. 0745
Baughman, R. J. 0179
Baukov, J. I. 0854, 0855, 0861
Baumann, H. 1923
Baumgartner, N. 0929
Bazarova, Z. G. 0550
Bazin, A. I. 0378
Bazouin, A. R. M. 1800
Bazzelle, W. E. 1583
Bax, P. C. 1324
Bayley, D. L. 1812
Beaird, F. M. 1911
Beaven, C. H. J. 1605
Bechtoldt, C. J. 0145
Beck, F. H. 0576
Becker, K. H. 0815
Beecham Research Laboratories Ltd. 1468
Beevers, C. J. 0301
Behnke, G. T. 1513
Bekker, J. M. 0325
Belenkaja, I. B. 1505
Belen'kij, B. G. 0731
Beljaev, E. J. 0933
Beljaev, I. N. 0557
Beljaev, V. K. 0683
Bell, R. L. 0309
Beloborodova, E. A. 0525
Belov, B. F. 0567
Belov, K. P. 0469
Belsot, B. 0876
Belyj, M. U. 0802
Benca, V. M. 1064
Benesath, A. 1804
Bennet, J. M. 0790
Benoit, H. 1490
Benott-Guyod, J. L. 1200
Bentley, W. C. 0010
Benton, E. V 1482
Berdicevskij, G. V. 0578
Berechet, A. 1286
Berezin, B. D. 0805
Berezin, I. V. 1042
Bereznoj, A. I. 0271
Berg, E. W. 1596
Berg, L. G. 0792
Berg, R. E. 1482
Berg, T G. O. 0501
Berger, J. 1431
Berger, J. A. 0162
Bergman, A. G. 0585, 0586
Berman, I. V. 0452
Berman, S. S. 1510
Bernardo, P. D. 1358
Beroza, M. 1346
Bertoluzza, A. 0366
Bethke, H. 0143
Betteridge, D. 1538
Bettler, P C. 0408
Bezdek, M. 1576
Beznosikov, B. V. 0394
Bevis, M. 0146
Bhatia, S. B. 1261, 1262
Bhatt, I. M. 0613
Bianchini, P. 1215
Biasotti, J. B. 1056
Bickel, H. 1430
Bien, F. 0053
Biener, H. 1889
Birk, M. 1482
Birk, R. 0447
Birss, R. R. 0475
Bishop, E. 1483
Biswas, A. K. 0819
Black, P J 0980, 0981
Blaha, M. 0107
Blais, M. 0834
Blakley, R. L. 1314
Blander, M. 0600
Blandin, A. 0462
Blatz, P E. 0929
Blaug, S. M. 1359
Block, F. E. 0769
Bloom, H. 1034
Bloomfield, J. J. 1058
Bloor, D. 0360
Blosser, H. G 1482
Blum, W. P. 1051
Blumberg, A. A. 1014
Bly, P. H. 0475
Bobolev, V. K. 0747
Bobrovnik, L. D. 1063
Bocaniciu, L. 0610
Boch, J. B. C. 1848
Bochirol, L. 0353, 0354
Bockarev, M. N. 0858
Bode, E. 0294
Bodea, C. 0947
Bodrov, I. M. 1091
Boecko, F. F. 1663
Boehm, H. P. 0676
Boer, J. H. de 0688
Bogaceva, E. G. 0566
Bogdanov, B. L. 0634
Bogdanov, S. P. 0110
Bogdanova, G. S. 0359
Bogdanovic, L. I. 0615
Bogdanovic, M. P. 0566
Bogott, S. 1772
Bohun, A. 0362
Boissier, J R. 1357
Boissonnas, R. 1420
Bojarski, J. 1641
Bojko, V. S. 0300
Bojko, W. A. 0052
Bojkova, K. I. 0459
Boksa, O. N. 0178
Boldina, Z. N. 1692
Boldyrev, A. I. 0374
Bolesov, I. G. 0990
Bollmann, W. 0214
Bonacic, V. 0048
Bondarev, K. T. 0272
Bondarevskaja, E. A. 1623
Bonjour, E. 0353
Bonn, R. 0367
Bonneau, R. 0922
Bonnemay, M. 0616
Boobyer, G. J. 0937
Booth, G. 1921
Borchardt-Ott, W. 0168, 0169
Borgna, P. 1339
Borisenkova, M. K. 0584
Borisova, E. N. 1148, 1149
Borom, M. P. 0345
Boroviczeny, K. G v 1661
Borriss, H. 1657
Borzkovskaja, V. M. 0213
Bosch, G. 0423
Bosch, J. 1694
Bose, A. 0360
Bose, P. C. 1365
Bossard, W. 1931
Bostik Ltd. 1806
Botar, A. 1591
Bothner-By, A. A. 0955, 0956
Botnev, A. F. 0217
Bottaccio, G. 1861
Bottei, R. S. 1060
Botter, R. 0094, 0095, 0096
Bottomley, F. 0255
Botvinkin, O. K. 0359
Boucherle, A. 1200
Boudouris, G. 0903
Boufford, C. E. 1635
Bougon, R. 0878
Bouman, J. G. 1679
Bourquin, J -P. 1409, 1410
Bowie, J. H. 0966, 0967
Boyadjov, I. 1612
Boyd, R. J. 0033, 0092
Bozek, E. 1482
Brachel, H. von 1928, 1929
Bradley, P. R. 1112
Bradley jun., R. L. 1684
Bradna, F. 1536
Braendas, E. 0016
Braendstroem, A E. 1436
Brafman, H. 1482
Braggio, F. 0789
Brailsford, A. D. 0349
Bramanti, C. C. 1215
Brancaccio, G. 1356
Brandt, N. B. 0452
Bransky, I. 0560
Braun, A. 0279
Braun, A. B. 1770
Braun, H. 0001
Braun, R. 0654
Brauns, P. 0354
Breckpot, R. 0412
Breeze, A. E. 1515
Brehler, B. 0230
Breman, I. W. 0059
Breuer, H. 1644
Breuer, H. D. 1484
Breusov, O. N. 0114
Briat, B. 0906
Bricas, E. 1363
Brigevic, R. F. 0828
Bristol-Myers Co. 1469, 1470
British Celanese Ltd. 1865
Britz, D. 0650
Brixner, L. H. 1768
Broaddus, C. D. 1117
Brodskaja, G. A. 1185 1187
Brodskij, A. M. 1162
Broekhoff, J. C. P. 0688
Broich, J. R. 1368
Brojer, P. 0705
Bronoel, G. 0616
Brooks, M. S. S. 0475
Brousse, E. 0696
Brout, R. 0461
Brouwer, F. 1735
Brown, C. J. 1855
Brown, H. D. 1302
Brown, L. C. 0009, 0209
Brown, R. A. 1482
Brown, R. D. 0284, 0980, 0981
Brown, R. E. 1311
Brownlie, I. T 1092, 1093
Broyde, B. 0640
Brual, O. 1645
Bruce, M. I. 0085
Bruson, H. A. 1233
Brusset, H. 0479
Bryan, F. R. 1714
Bryant, J. I. 1480
Bryant, L. F. 0346
Buben, N. J. 1159
Buchalova, G. A. 0588
Buchanan, B. 0416
Buchanan, R. A. 0360, 0475
Bucher, K. 1901
Buechler, A. 0061
Budanov, V. V. 0495
Budesinsky, Z. 1454
Bugaenko, L. T. 0806, 0811
Bukejchanov, N. R. 1223
Bulgakov, O. V. 0840
Bulgakova, T I. 0565
Bullough, R. K. 0355
Bunckel, E. 1112
Bunjatov, S. B. 1744
Bunnenberg, E. 0906
Burgers, W G. 0348
Burkhard, H. 1912
Burkman, A. M. 1354
Burlacenko, G. S. 0855
Burlakova, V. M. 0588
Burlingame, G. M. 1843
Burmantov, J L. 0384
Burnasova, T. D. 0860
Burns, D T 1589, 1636
Burri, K. 1236
Burroughs Wellcome & Co. (USA), Inc 1902
Bursey, M. M. 0968
Busch, G. 0475
Buschmann, H. W 0801
Busev, A. I. 0615
Buslaev, J A. 1489
Bussiere, P. 0777
Butler, S. R 1752
Butt, J. M. 0176
Butterfield, R. O. 1557
Butucelea, A. 0364
Butuzova, L. V 0692
Byckov, N. V. 0726
Byk, S. S. 1017
Byk-Gulden Lomberg, Chemische Fabrik GmbH 1448

Cabell, M. J. 0007
Cadariu, I. 0610
Cadersky, I. 1567
Cadioli, B. 0043
Cagliotti, G. 0117
Cagunava, M. V. 0794
Cain, B. F. 1325
Cairns, E. J. 0639
Cais, M. 1840
Califano, S. 0994
Caligara, F. 1593
Callear, A. B. 0799
Callen, E. 0475
Callen, E. R. 0475
Calo, A. 1367
Calusaru, A. 1562
Caporali, G. 1798
Carassiti, V. 0809, 0810
Cardini, C. 1367
Carevskaja, M. N. 1046
Carfaz, G. 1200
Carlsson, D. J. 1080
Carmichael, L. T. 1009
Carney, W. B. 1545
Caron, A. 0250
Carpenter, F. H. 1345
Carstens, E. 1832
Casella Farbwerke Mainkur AG 1928, 1929
Casey, J. H. 1644
Caslavska, V. 0275
Casson and Crane 1773, 1775
Castek, A. 1206
Castellari, C. 0366
Cater, E. D. 0499
Catsoulacos, P. 1312
Caye, R. 0358
Ccheidze, I. I. 1159
Cekin, V. V. 0288
Celanes Corp. of America 1843
Celinskij, I. V. 0226, 0227
Cennamo, C. 1349
Cerbai, G. 1215
Cerednik, E. M. 0762
Cerkasov, P. A. 0528
Cernjaev, I. I. 0584
Cernoplekov, N. A. 0242
Certain, P. R. 0023
Certkov, A. A. 0242
Cervelle, B. D. 0358
Ceu, Kuak Dang 0990
Cepljaeva, A. V. 0516
Ciba AG 1430, 1814, 1895, 1901, 1932, 1933, 1934, 1935, 1940, 1941, 1942, 1943, 1944, 1945, 1946, 1947, 1959
Ciba Ltd. 1833, 1891
Cibisov, K. V. 1049
Cicchetti, R. 1472
Cihova, M. 1020
Cimino, G. 1344
Cincadze, G. V. 0078
Cini, L. 0551
Cislak, F. E. 1827, 1828, 1830
Cistozvonova, O. S. 1021
Citovic, I. K. 0729
Cizikov, D. M. 0795
Cha, J. K.-F. 1813
Chabibulina, L. C. 0171
Chadha, S. L. 0944
Chaffee, E. 0086
Chakraborty, K. L. 0887
Chalilov, C. J. 0428
Chalilov, C. M. 0158
Chalikova, D. C. 0104
Chamberland, B. L. 0466
Chandler, B. V. 1138
Chandra, S. 0915
Chandross, E. A. 0925, 0927, 0928
Chapman, J. H. 1827, 1830
Char, T. L. Rama 1751
Charcenko, S. K. 0508
Charin, G. G. 0175
Charlampovic, G. D. 1037
Charransol, G. 1665
Chasanov, A. S. 1235
Chatterjee, A. 0921
Chazov, L. D. 0356
Chedin, M.-P. 0941
Chemische Werke Huels AG 1776, 1839, 1956
Chemische Werke Witten GmbH 1875, 1882, 1890
Cheng, M. T. 1227
Cherniak, E. A. 0948
Chetkin, M. V. 0360
Chetcikov, L. N. 0899
Chevreton, M. 0237, 0579
Chiaki Eiichi 1699, 1700
Chilton, N. M. D. 1515
Chin, Ting-fong 1359
Chinoin Gyogyszer es Vegyeszeti Termekek Gyara R. T. 1395, 1396, 1407, 1417, 1422, 1423, 1424
Chirita, C. 1214
Chiu, N. W. K. 1135, 1136
Chiusoli, G. P. 1861
Chlynov, V. V. 0694
Chmeleva, M. G. 0395
Chmell, G. 1835
Chong, D. P. 0037
Choong, Wong Yew 1611
Chotkevic, V. I. 0332
Chou, Fa-Chun 1579
Chramcenkov, V. A. 1159
Chrapov, V. V. 0079
Chris, M. D. 1015
Christ, C. L. 0604
Christensen, J. J. 1547
Christman, C. C. 1472
Chrzaszczewska, A. 1209, 1219, 1242, 1243
Chudiev, A. T. 1031
Chudjakova, T. A. 1722
Chung, D. B. 1024
Chupka, W. A. 1174
Chusainova, B. N. 0333
Clark, A. E. 0475
Colombeau, M. 0454
Comstock, R. L. 0475
Cooper, A. S. 0463
Coqblin, B. 0462
Corenzwit, E. 0463
Claes, F. H. 0190
Clark, D. 1850
Clark, H. A. 1867
Clark, J. A. 1589
Clark, J. W. 0064
Clark-Lewis, J. W. 1265, 1266, 1267
Clarke, E. G. C. 1361
Clarke, J. H. R. 0066
Class, G. 0510
Claudel, B. 0237
Clauson-Kass, N. 1270
Claverie, P. 0042
Clippelair, K. De 0412
Closson, W. D. 0932
Clutter, D. R. 0748
Coates, E. 1061
Coates, H. 1909
Cohen, L. A. 1098
Cohen, S. 1714
Cole, S. J. 1731
Coleiro, G. V. 0360
Coleman, J. S. 0074
Collin, G. J. 1165
Collin, J. E. 0093
Collins, C. J. 1111
Colombie, M. 0148
Colvin, L. B. 1537
Commercial Solvents Corp. 1758
Conover, L. H. 1435
Constantinescu-Simon, O. 1254
Conway, D. C. 0082
Cook, A. G. 0083
Cook, R. M. 1771
Cooks, R. G. 0966
Cooper, A. R. 0292
Cooper, R. W. 0360
Cooper, W. D. 0678
Cope, A. C. 0991, 1145
Cope, B. 1563
Copelin, B. B. 1860
Corbett, J. D. 0852
Corley, R. C. 1332
Cornelius, D. 1928, 1929
Corner, W. D. 0475
Cortivo, L. A. Dal 1368
Costain, C. C. 0948
Costato, M. 0417
Cotton, F. A. 0047
Couch, J. R. 1537
Coucouvanis, D. 0045
Cousseins, J.-C. 0596
Cox, J. H. 0352
Cox, R. H. 0955, 0956
Cracknell, A. P. 0460
Crane, G. J. 1773, 1775
Creger, C. R. 1537
Cremer, J. 1869
Crescenzi, V. 1013
Cresser, M. S. 1568
Cretenet, J.-C. 0596
Crider, Q. E. 1350
Cronan, C. J. 0184
Cross, B. 1958
Crossley, D. 1594
Crossley, W. A. 0360
Csada, G. I. 1630
Csaszar, J. 0046
Cufarov, G. I. 0566, 0568, 0569
Cukicev, M. V. 0221
Cukin, G. D. 0709
Cukreev, N. J. 0593
Cullen, W. R. 0884
Culvahouse, J. W. 0475
Cumak, A. V. 0514
Cunningham, B. A. 1109
Cuprikov, G. E. 0350
Currie, K. L. 0891
Curtius, H.-C. 1676
Cuttitta, F. 1527
Cuvaev, V. F. 0399, 0400
Cvetkov, J. V. 0795
Cvetkov, V. N. 0904
Cvjeticanin, N. 1577
Cyganov, A. D. 0274
Cypin, M. I. 0411
Cypkin, S. I. 0459
Cyscjakou, V. M. 0013
Cyvin, B. N. 0919
Cyvin, S. J. 0919

Dacenko, L. I. 0132, 0140
Dachille, F. 0506
Dahmer, L. H. 1590
Dalchau, S. 1088
Danbal A. G. 1431
Danh, T. Van 1598
Daniel'-Bek, V. S. 0662
Darby, M. I. 0475
Darinskij, B. M. 0293
Darlak, R. S. 0907
Das, J. 0697
Dasgupta, S. 0060
Datta, D. D. 1365
Dauelsberg, L. B. 0331
Dave, M. K. 0614
David, A. 1423, 1718
David, J. G. 0365
Davidsohn, W. 0864
Davidson, E. R. 0029
Davies, M. 0937
Davis, A. R. 0072
Davis, B. R. 0249
Davis, E. M. 1927
Davydova, M. A. 0213
Day, D. L. 1767
Dayan, E. 0903
Deadman, P. 1589
Dean, R. R. 0961
Deb, S. K. 0487
Debuigne, J. 1745
Debuyst, R. 0004
Decious, D. R. 0031
Decken, C. B. v. d. 1477
Decours, J. 0148
Degtjareva, O. F. 1587
Deighton, M. O. 1482
Dejcman, E. N. 0591
Delacote, G. 0986
Delahay, P. 0655, 0657
Delaunois, A. L. 1651
Delicyn, L. M. 0898
Della, E. W. 0988, 0989
Delmon, B. 0869
Delorme, P. 1512
Demcenko, R. S. 0571
Dement'ev, A. 0744
Denault, G. C. 1004
Den'gina, S. V. 0383
Dennis, E. W. 1831
Depeyre, D. 0479
Derjagin, B. V. 1478
Deshpande, P. H. 1259
Desipri, A. I. 0159
Dessau, R. M. 1129
Destro, R. 0228
Deutsche Gold- und Silber-Scheide-anstalt vormals Roessler 1475, 1807, 1904
Devaux, P. 0986, 1556
Devjatych, G. G. 0520
Devlies, L. 0412
Devrainne, P. 0876
Dewhurst, S. 0929
Dexter, D. D. 0244
Dezelee, P. 1313
Dhaliwal, P. S. 0884
Dhar, S. K. 1023
Diamond Alkali Co. 1950
Dibeler, V. H. 0089, 0090
Dibenedetto, B. 0184
Dickens, P. G. 0870
Dickinson, G. W. 1703
Diman, S. A. 0443
Diekman, J. 0973
Diermeier, R. 0111
Dietz, G. 1832
Dietz, R. E. 0360
Dillon jun., J. F. 0360
Diment, J. A. 1306
Dimitrov, D. G. 1750
Diner, S. 0042
Distillers Co. Ltd. 1855
Distler, G. I. 0215
Dittmann, J. 1631
Dittmann, W. 1956
Djacenko, N. L. 1037
Djackova, N. N. 0636
Djerassi, C. 0906, 0973
Dmitriev, L. A. 0800
Dmitriev, M. T. 0796, 1690
Dmitriev, R. V. 0791
Dmitriev, V. A. 0217
Dmitriev, V. P. 0425
Dmitrieva, L. E. 0844
Dmochovskaja, E. B. 1134
Dobrovinskij, R. J. 0568
Dodgen, H. W. 0757
Doehlemann, D. 1906
Doerge, F. 1277
Doerge, R. F. 1250
Doerner, G. 1644
Doery, I. 1407
Doi, K. 0246
Dolan, R. 0416
Dolejsi, J. 0362
Dollimore, D. 1095
Dombrovskij, N. M. 0763
Domian, H. A. 0349
Donnert, H. J. 1482
Donovick, R. 1426
Doraiswamy, S. 0949
Doremus, R. H. 0344
Dorer, F. H. 1139
Dorfman, V. F. 0161
Dorr-Oliver, Inc. 1762
Doss, M. 1659
Dostal, K. 0821
Doty, J. C. 1318
Doucet, Y. 0589
Dow Corning Corp. 1868, 1867
Dow Chemical Co. 1818, 1821, 1957
Draegert, D. A. 0071
Dremin, A. N. 0114
Drobanceva, N. T. 1748
Drobyseva, A. N. 0805
Drost, H. 1053
Druding, L. F. 0730
Drygin, M. A. 0422
Dubinin, V. M. 0289
Dubinskaja, P. S. 0415
Dubois, J. 0536
Dubovickij, F. I. 1143
Ducinskaja, V. I. 0767
Dudek, E. P. 0086
Dudek, G. 0086
Dudley, K. H. 1332
Dudley, R. A. 1686
Dudnyk, V. P. 0384, 0385
Duducava, R. M. 1749
Duemler, I. 0199
Duenger, M. 1194
Duerr, D. 1959
Duerr, H. 0958
Duffy, R. 1899
Dugaceva, G. M. 1021
Duggin, M. J. 0150
Dulova, V. I. 0497
Dultz, J. 1760
Dumas, G. G. 0941
Dumbacher, B. 0918
Dumont, B. 0579
Dumont, C. 1357
Dunn, G. L. 1392
Dunogues, J. P. 1800
du Pont de Nemours & Co., E. I. 1764, 1768, 1860
Durandina, M. S. 0841
Durig, J. R. 0064
Duschinsky, R. 1463
Dutcak, J. J. 0280, 0334
Dutova, K. P. 0263
Dutton, H. J. 1557
Duval, E. 0390
Duyckaerts, G. 1593
Duyne, R. P. Van 1555
Dvorakova, E. 0606
Dwight, A. E. 0251
Dybczynski, R. 1586
Dyck, W. 0719
Dymond, J. H. 0491
Dzafarova, A. A. 1229
Dzagacpanjan, R. V. 1168
Dzalilov, S. U. 0158
Dzagupova, E. G. 1196
Dzantiev, B. G. 1157
Dzavadov, F. E. 1230
Dzneladze, E. R. 0794
Dzoanh, N. T. 0112
Dzus, E. V. 0833

Eastman Kodak Co. 1918, 1919
Ebigt, I. 1757
Ech, C. 0687
Eck, P. 1705
Edenhofer, A. 1399
Edmonds, D. V. 0301
Edmonds, W. H. 1056
Edwards, R. W. H. 1647
Efremova, O. A. 0558
Egerev, V. K. 0739
Egger, K. W. 1050
Egorova, L. S. 0268
Egyesuelt Gyogyszer-es Tapszergyar 1404, 1421, 1452, 1453, 1804
Eichenberger, K. 1895
Eigyo, M. 1351
Eints, J. 1038
Eiter, K. 1842
Ejaz, M. 1559
Ejdus, J. T. 1152
Elatrash, A. M. 0755
Elce, J. S. 1644
Eliseev, P. G. 0442
Elix, J. A. 1247
Elliot, A. G. 1743
Elliott, G. R. B. 0526
Elliott, J. H. 1015
Elliott, R. 0210
Ellis, E. 0360
Elman, C. J. 1030
Elsken, J. van der 0367
Elslager, E. F. 1401, 1402
El-Tawil, B. A. H. 0978
Eltekov, J. A. 1032
Elwood, T. A. 0968
Emanuel, N. M. 1090
Emeljanov, I. S. 1074
Emeljanov, N. P. 1198
Empedocles, P. 0038
Enea, O. 0624
Enemark, J. H. 0249
Engel, A. von 0099
Engel, C. R. 1624
Engell, H.-J. 0339
Engelter, A. 1544
Englman, R. 0475
Erb, R. E. 1678
Erdey, L. 1599
Eremin, E. N. 1148, 1149
Eremin, N. I. 0841
Erenburg, R. G. 0664
Ericsson, K. G. 1485
Eriksson, S. A. 1476
Erko, V. F. 0105
Erman, W. F. 1887
Ersov, B. G. 0813
Ersov, N. I. 1152
Ersov, V. M. 0324
Erzanov, K. B. 1269
Esin, O. A. 0694
Espinosa, G. P. 0238
Essbach, G. 1923
Estrin, E. I. 0507
Eszakmagyarorszagi Vegyimuevek 1802
Ethyl Corp. 1840, 1911
Eugster, C. 1824
Evans, B. J. 0475
Evans, C. D. 1029, 1030
Evans jun., H. T. 0245
Evans, J. C. 0260
Evans, K. R. 0305
Evans, W. D. J. 0116
Evans, W. J. 1545
Evstifeev, A. V. 1114
Ewald, M. 0914
Eymard, P. 1200
Eyring, L. 0542, 0543
Ezawa, M. 1699, 1700
Ezekiel, E. I. 0764
Ezov, V. K. 0522, 0523

Fabriques de Produits Chimiques de Thann et de Mulhouse 1763, 1765
Fabrycy, A. 1241
Fackler jun., J. P. 0045
Fagley, T. F. 1003
Fairbairn, A. R. 0746
Faisst, W. 0952
Fajnberg, V. S. 0861
Fajngor, B. A. 0839
Fakidov, I. G. 0471
Falbe, J. 1239
Falconer, W. E. 0061
Falk, F. 1482
Fal'ko, I. I. 0458
Fan Lee, S. 1246
Farbenfabriken Bayer AG 1465, 1837, 1842, 1873, 1938, 1939, 1955
Farbstejn, I. I. 0415
Farbwerke Hoechst AG vormals Meister Lucius & Bruening 1378, 1379, 1467, 1799, 1851, 1854, 1859, 1866, 1889, 1936, 1937
Farge, D. 1411
Farkas, M. S. 0318
Farnoux, F. C. 0091
Fassel, V. A. 1520, 1703
Fattorusso, E. 1344
Faucher, J.-P. 0964
Faucher, M. 1479
Faulhaber, R. 0360
Faure, J. 0922
Favre, F. 1931
Faw, R. E. 1482
Fawcett, E. 0475
Fayez, M. B. E. 0978
Fazekas, G. 1404
Feautrier, N. 0106
Fedorov, J. A. 0293
Fedorovskij, J. A. 0262
Fedoseev, D. V. 1478
Fedoseev, I. V. 0784
Feist, H. 1482
Feldman, H. 1482
Felten, E. J. 1778
Feraro, J. R. 1514
Ferguson, J. 0925, 0927, 0928
Ferguson, J. M. 1482
Ferlazzo, N. 1798
Fernholz, H. 1854
Ferreira, R. 0024
Fescenko, I. A. 0520
Feuer, L. 1407
Field, M. B. 0264
Figurovskaja, E. N. 0700
Filippov, L. P. 0333
Filippov, M. T. 1168
Findeiss, W. 0864
Finkelstejn, A. I. 0017
Finkelstejn, A. V. 0933
Fiosin, M. J. 1069, 1741
Firsching, F. H. 1585
Firsova, L. P. 1158, 1169
Fisar, C. 1916
Fischer, J. P. 1321
Fischer, G. 0450
Fischler, M. 1476
Fish, V. B. 1226
Fisher, J. W. 0966
Fishwick, B. R. 1913
Fiskis, M. J. 0134
Fisons Pest Control Ltd. 1951
Fitch, F. T. 1770
Fitelson, J. 1738
Fittipaldi, F. 1012
Flahaut, J. 0233
Flanagan, W. F. 0305
Flanders, P. J. 0475
Fles, D. 1202
Fletcher, H. 1471
Fleury, P. A. 0360

Florencev, M. M. 1162
Florin, A. E. 0404
Flowers, M. C. 1172
Fogel', A. A. 0459
Fogel, J. M. 0105
Fogel, J. M. 0716
Fogg, A. G. 1636
Fojtik, M. 0725
Follner, H. 0230
Fomenko, A. S. 1189
Fomin, V. M. 0766
Fomin, V. V. 0068
Fomina, V. I. 1017
Fono, A. 1633
Fontana, M. G. 0576
Fordice, M. W. 0991
Fort jun., T. 1140
Fotiev, A. A. 0550, 0787
Fouche, J. C. 1383
Foure, M. 0148
Fournier, J. 0548
Fowler, J. F. 1535
Foye, W. O. 1204
Fraczek, K. 1789
Franchetti, S. 0276, 0277
Franchi, G. 1331
Frank, W. 0339
Frankenberg, G. 1644
Frankiewicz, Z. 1220
Frankl, Z. 1719
Franks, F. 0677
Franks, J. 0434
Fraser, R. R. 1113
Freedman, L. 1473
Freiser, H. 1579
Frenkel, Z. 1258
Freymann, R. 0942
Friebolin, H. 0952
Friedman, M. 1057
Friedrich, W. 0993
Friedt, J.-M. 0286
Frischat, G. H. 0343
Fritz, J. S. 1590, 1622
Frolkov, A. Z. 0846
Frolov, A. V. 0350
Frondel, C. 0890
Frost, D. C. 0092
Fryt, E. 0347
Fuchs, R. 1058
Fuganti, C. 1335
Fujii, T. 1609
Fujimara, K. 1638
Fujimoto, K. 1106
Fujinaga, T. 1065
Fujisawa, G. 1592
Fujita, E. 1309
Fujiwara, S. 1121
Fujiwara, Y. 1121
Fukui, I. 1649, 1650
Fukui, K. 1256
Fukumi, T. 1121
Fukunaga, O. 0555
Fukushima, S. 1264
Fukuto, T. R. 1352
Funasaka, W. 1638
Furuichi, A. 0517
Furukawa, T. 1707
Furuya, K. 1710
Futergendler, S. I. 0212

Gabuda, S. P. 0393, 0395
Gaetano, G. 0759
Gagnaux, P. 1409, 1410
Gagneux, A. 1824
Gagarinskij, J. V. 0395
Gal, G. 1390
Galina, A. A. 1189
Galiulina, R. F. 0803
Galkin, V. V. 0441
Gall, J.-Y. Le 1674
Gallagher, J. T. 1795
Gallagher, M. J. 1613
Gallaj, Z. A. 1595
Galloway, T. R. 1010
Galy, J. 0247
Ganev, P. 1614
Gannon, J. J. 0439
Gapanhuk, E. 1670
Gaponik, P. N. 0843
Gaprindasvili, V. I. 1749
Gara, M. 1495
Garber, R. I. 0300
Gardner, P. D. 1238
Gardy, H. 0513
Garg, S. K. 0060
Garibjan, T. A. 1160
Garrod, D. K. 0475
Garvey, R. G. 0831
Garwood, W. E. 1102
Gasanova, S. D. 1199
Gasin, L. I. 0177
Gas'kov, A. M. 0575
Gasparec, Z. 0936
Gasset, J. 1655
Gatos, H. C. 0357
Gaudin, A. 0094, 0095, 0096
Gaur, H. C. 1504
Gaur, J. N. 0671, 0672
Gautsch, O. 0337
Gavrilko, V. G. 0320
Gavrilov, O. R. 0597
Gavrilovic, J. 1605
Gay, P. 0895
Geballe, T. B. 0463
Gedcke, D. A. 1482
Geddes, W. C. 1322
Geer, R. P. 1082, 1673
Geigy, J. R. AG 1432, 1440, 1824, 1826, 1888, 1897, 1931
Geld, P. V. 0338, 0493, 0530
Geller, S. 0238
Gelra, M. R. 1271
Gemmill, W. J. 0873
General Aniline & Film Corp. 1805, 1870
Generalova, V. V. 1193
George, D. C. 0501
Georgobiani, A. N. 0380
Gerasimenko, V. S. 0157
Gerasimov, A. D. 0636
Gerber, R. 1492
Gersenzon, J. M. 0744
Gershgorn, Z. 0015
Gersun, A. S. 0445
Geselbracht, G. A. 1917
Getoff, N. 1186
Gevorkjan, A. A. 0859
Geymer, D. O. 1319
Ghersetti, S. 0940
Ghormley, J. A. 0502
Ghosh, D. 1365
Gialdi, F. 1339
Gianoukos, P. C. 0144
Gibbon, D. 0275
Gibbs, G. V. 0888
Gidlund, A. S. 1476
Gijbels, R. 1601, 1603
Gilbert, B. C. 0965
Gilbertson, T. J. 1341
Gill, G. B. 1070
Gill, J. E. 0934
Gillin, L. M. 0192
Gimofeeva, V. A. 0549
Ginsberg, A. P. 0467
Giordano, N. 1798
Girault, P. 1447
Gircene, B. J. 0645
Girin, O. P. 0377
Gisser, H. 1232
Giulini, Gebr., GmbH 1412
Glasov, E. A. 1482
Glasser, L. S. D. 0901
Glavina, C. 1482
Glaxo Laboratories Ltd. 1450
Glazkova, A. P. 0747
Glazov, V. M. 0524, 0580
Glazunov, A. G. 0443
Gleiter, H. 0336
Glicksman, M. E. 0152
Glinka, H. 1241
Glowacki, J. 0911
Glover, B. W. 1518
Gluncic, B. 1218
Gmuender, J. 1403
Gnaude, G. 1755
Gnusin, N. P. 0642, 0727
Gochstejn, A. J. 0647, 0691
Goddard, J. B. 0758
Goddard III, W. A. 0019
Godwin, R. W. 1531
Gogerty, J. 1355
Gogorisvili, P. V. 0882
Goina, T. 0610
Gojchman, V. J. 0272
Golcov, V. A. 0338
Gol'danskij, V. I. 0012, 0079
Golden, R. L. 1801
Goldenberg, A. B. 1048, 1049
Goldner, H. 1832
Goldschmidt, B. M. 0932
Golikov, J. V. 0642
Golisnikova, L. J. 0069
Golubev, I. P. 0425
Golubev, N. A. 0693
Goncarova, E. V. 0426
Gondaira, K. I. 0360
Gondal, S. K. 0084
Goodings, D. A. 0475
Goodisman, J. 0030
Good jun., R. H. 0361
Goodwin, R. W. 1482
Goodyear Tire & Rubber Co. 1810, 1852
Gorbaceva, A. N. 0407
Gordjakova, G. N. 0407
Gordon, M. M. 1482
Gorin, J. A. 1786
Gorjunova, N. A. 0578
Gorn, I. K. 1786
Goroch, A. V. 0567
Gorochov, O. 0582, 0583
Gorochovatskij, J. B. 0776
Goscinski, O. 0016, 0020
Goszczynski, S. 1205, 1221
Goto, H. 1711, 1713
Goto, S. 1709
Gouju, D. 0548
Goursot, P. 0997
Govindaraju, K. 1607
Govorov, A. A. 0833
Goyette, W. J. 0504
Grabovskaja, Z. E. 1073
Grabowski, B. 1783
Grace, W. R. & Co. 1770
Graewinger, O. 1928, 1929
Graham, D. E. 1805
Graham, J. R. 0752
Graham, W. A. G. 0872, 0877
Gramaccioli, C. M. 0228
Gran', N. I. 0529
Grant, N. H. 1471
Grattan, J. F. 1301
Gray, P. 1176
Grebemscikov, R. G. 0546
Grebenjuk, V. D. 0727
Green, P. N. 1903
Greene, B. B. 1108
Greenfield, S. 1515
Greenley, R. Z. 1822
Grigor'ev, A. M. 0455
Grigor'ev, A. N. 0098
Grigoreva, N. V. 0226, 0227
Grigoriew, H. 0269
Grigorjan, G. L. 1160
Grimanis, A. P. 1573
Grinberg, O. J. 0813
Grisilo, A. F. 1681
Grisukov, V. A. 0171
Gritzner, G. 0871
Green, A. 1679
Gross, D. E. 1628
Gross, E. Z. 0422
Groszkowski, S. 1288, 1289
Groth, W. 0801, 0815
Grounse, N. N. 1927
Gruber, M. P. 1360
Grueebler, W. 0100
Gruenewald, H. 1873
Grum-Grzimajlo, S. V. 0178
Gruzdev, V. A. 1546
Gubin, S. P. 0754
Guc, Z. A. 0459
Guczoghy, L. 1395, 1396
Guenter, J. R. 0240
Guenther, H. 0954
Gugel', B. M. 0386
Guglielmetti, L. 1891
Guglielmetti, R. 0909
Guidoni, A. G. 1078
Guidotti, C. 0032
Guidotti, R. A. 0852
Guilbaut, G. G. 0697
Guiochon, G. 1556
Guion, J. 0600
Guiso, M. 1343
Guittard, M. 0233, 0573
Guldimann, S. 1409, 1410
Gulf Oil Corp. 1948
Gulf 'Research & Development Co. 1886
Gumerov, M. F. 0558
Gump, B. H. 1028
Gunsser, W. 0465
Gupta, G. C. 1606
Gupta, S. K. 1076
Gurev, A. V. 0302
Gurevicev, F. I. 1792
Gusarov, I. I. 1696
Gusejnov, M. M. 1230
Gusev, S. I. 1602
Guseva, L. N. 0457
Gusjakov, V. P. 1027
Gutman, E. M. 0477
Guttmann, S. 1420
Gutzow, I. 0261
Guyer, M. 1624
Guzeeva, V. V. 0429
Guzej, A. S. 0565
Gverdciteli, I. M. 0875
Gyepes, E. 0248
Gyogyszeripari Kutato Intezet 1452, 1453

Haas, W. J. 0361
Hackmann, J. T. 1958
Haefliger, F. 1824, 1888
Haegele, G. 0962
Hafner, S. S. 0475
Hagege, J. 1180
Hagel, W. C. 0644
Hagemark, K. 0600
Hagen, G. 0919
Haggerty, J. S. 0292
Hahn, R. L. 1539, 1540
Hahn, W. E. 1252, 1280, 1292
Haim, A. B. 1686
Hayamizu, K. 0951
Hakka, L. E. 1054
Hala, L. 1632
Haland, K. 0403
Halcon International, Inc. 1801, 1858, 1883
Halfar, K. 1298
Hall, I. 1482
Haller, W. 0298
Halpern, E. J. 0992
Haluska, L. A. 1867
Ham, G. E. 1818
Hama, Y. 0635
Hamada, Y. 1351
Hamal, K. 1486
Hamilton, J. V. 1003
Hampson, N. A. 0665
Haney, M. E. 1429
Hanlon, J. E. 1752
Hanna, Z. G. 1662
Hanrahan, R. J. 1164
Hanson, I. G. 0149
Haque, R. 1036
Hara, J. 0938
Hara, S. 1310
Haraszti, J. 1802
Hardcastle, G. A. 1470
Harder, D. 1482
Hari, I. 1940, 1941
Harmathy, L. 1796
Harmeyer, J. 1629
Harms, J. 1482
Harnisch, H. 1869
Harper, K. A. 1137
Harrell, W. B. 1250, 1277
Harrison, A. G. 1076, 1079
Harrison, H. T. 1957
Harrison, R. 0433
Harsdorf, M. 0155
Hartley, C. S. 0196
Hartmann-Boutron, F. 0360
Hartung, S. 1873
Hartwimmer, R. 1799
Hasegawa, S. 1099
Hashimoto, K. 1649, 1650
Haslam, E. 0974
Haszeldine, R. N. 1114
Hatano, K. 1427
Hatman, R. K. 1673
Hatwell, H. 0220
Haugsjaa, P. O. 0410
Hause, A. 1862
Haustein, H. 0996
Havlena jun., E. J. 1506
Hawbolt, E. B. 0209
Hay, R. W. 1110
Hayakawa, S. 1284
Hayashi, E. 1274, 1278
Hayashi, K. 0908, 1566
Haynes, S. K. 1482
Hazell, A. C. 0128
Headridge, J. B. 1715
Heasley, J. H. 0292
Heath, D. R. 0435
Hebb, A. M. 1204
Hecht, S. S. 1145
Heckner, K. H. 1088
Hed, A. Z. 0560
Heffernan, M. L. 0980, 0981
Hegyaljai-Kiss, K. 1424
Heilmittelwerke Wien GmbH 1414
Heimann-Trosien 1854
Heimbach, P. 0879
Heindel, N. D. 1226
Heindrichs, A. 1484
Heine, H. W. 1240
Heinrichs, A. 1560
Hellerbach, J. 1415
Hench, L. L. 0785
Hendra, P. J. 0941
Henein, R. G. 1718
Hengstenberg, D. 0600
Henke, R. P. 1482
Hennig, H. 0464
Henning, H. G. 1228
Henning, O. 0369
Hennion, G. F. 1245
Henriques, O. B. 1670
Henry, M. C. 0864
Heraeus, W. C. GmbH 1769
Heras, J. M. 0717
Herman, J. A. 1165
Herrmann, M. 0676
Herod, A. A. 1176
Herold, H. Z. 1669
Hermann, C. 0137
Herrmann, D. 0607
Herrmann, G. F. 0360
Herrmann, U. 1644
Herrnstein III, W. H. 0576
Herz, W. 1333
Herzberg, M. 1669
Hetcalf, R. L. 1352
Heusser, J. 1391
Heuvel, W. J. A. van den 1672
Heye, W. 0194, 0195, 0198
Hida, M. 1123
Hieronymus, E. 1851
Higashide, E. 1427
Higgens, C. T. 1636
Higuchi, Kin-ichi 1106
Higuchi, S. 0939
Hiiragi, M. 1300
Hill, H. C. 0977
Hill, M. E. 1195
Hille, W. 0465
Hinchliffe, A. 0985
Hinrichs, H. H. 0954
Hiraoka, T. 1952
Hirata, M. 0718
Hirayama, S. 1171
Hirone, T. 0475
Hirose, K. 1351, 1445, 1446
Hirota, K. 0938, 1656
Hirschfelder, J. O. 0023
Hirt, R. 1372
Hirth, J. P. 0346
Hitz, H. R. 1959
Hlavata, D. 0136
Ho, K. C. 1118
Hobbie, R. K. 1482
Hobbs, P. V. 0167
Hobson, D. O. 0201
Hochapfel, A. 1203
Hodgson, A. E. M. 1482
Hodkin, E. N. 0147
Hoehn, M. M. 1429
Hoerz, G. 0296
Hoeschl, P. 0153
Hoff, J. P. H. von der 1880
Hoffman, J. W. 0836
Hoffmann, R. L. 1029, 1030
Hoffmann-La Roche, F., & Co. AG 1373, 1375, 1384, 1390, 1399, 1413, 1415, 1418, 1437, 1438, 1443, 1449, 1455, 1463, 1816
Hofmann, H. 1756
Hohler, V. 0371
Holloway jun., W. W. 0360
Hollox, G. E. 0317
Holub, K. 0655
Holzapfel, H. 0464
Hommel AG 1391
Hood, W. C. 1608
Hoog, P. de 1735
Hooley, J. G. 0287
Hootele, C. 1305
Hopfinger, A. 1213
Hopkins, R. H. 0182
Hori, R. 1026
Hori, T. 1697
Horn, E. 0670
Hornbogen, E. 0200
Horvath, G. 1423
Horvath, I. 1424
Horton, R. 1666
Hosokawa, Y. 1348
Hoste, J. 1588, 1601, 1603, 1612, 1651
Hostetler, P. B. 0604
Houlihan, W. J. 1355
Hovi, V. 0397
Howard, J. A. 1080
Howe, R. 1374
Howie, R. A. 0239
Howlett, R. 1006, 1007
Hoye, P. A. T. 1909
Hozumi, K. 1620
Hruban, A. 0180
Hrusovsky, M. 1020
Hrynkiewicz, A. Z. 1482
Hubl, W. 1675
Hudson, H. R. 1208
Huefner, S. 0360
Huelsmann, H.-L. 1882
Huembelin, R. 0625
Huendorf, B. 1477
Huenig, S. 0918
Hugelshofer, P. 1941
Hughes, M. N. 0817
Hughes, S. R. C. 1062
Hulbert, S. F. 0786
Hulet, E. K. 0008
Hulliger, F. 0234
Humphlett, W. J. 1051
Humphreys, F. J. 0203
Hunt, J. P. 0757
Hunziker, F. 1461, 1838
Huppes, N. 1239
Hush, N. S. 0618
Hutchinson, K. A. 1506
Huybrechts, G. 1173
Hyden, S. 1953
Hynne, F. 0355

Ibers, J. A. 0249
Ibragimov, E. A. 0204
Ichikawa, E. 1295
Ichimiya, T. 0517
Ichinokawa, H. 1874
Ickevic, E. S. 0453
Ievin's, A. F. 0825, 0832, 0837
Ievlev, V. M. 0160, 0351
Ignatchenko, V. A. 0475
Ignat'eva, L. A. 0709
Ike, Y. 1310
Ikekawa, N. 1637
Ilagan, P. A. 1014
Ilcenko, L. N. 0271
Il'jasov, I. I. 0592
Imai, Y. 1621
Imbert, P. 0360
Imgrund, H. 0163
Imoto, E. 1100
Imperial Chemical Industries Ltd. 1374, 1387, 1389, 1409, 1474, 1795, 1841, 1845, 1846, 1847, 1850, 1899, 1900, 1913, 1921, 1922
Inesi, A. 1067
Ingold, K. U. 1080, 1092, 1093
Ingri, N. 0603
Inokuchi, H. 1120
Inoue, H. 1100
Inoue, T. 1649, 1650
Inouye, Y. 1328
Inphar Soc. An. 1896
Interchemical Corp. 1926
International Business Machines Corp. 1894
International Nickel Ltd. 1771
Iomtev, M. B. 0514
Ippolitov, E. G. 0591
Ippolitov, I. I. 0068
Irish, D. E. 0072
Isachanjan, S. S. 0173
Isackina, L. F. 0630

Ischer, H. 1920
Isherwood, B. J. 0772
Ishida, Y 0311
Ishii, T. 1293, 1294, 1720
Ishii, Y. 1790
Ishikawa, T. 1293, 1294
Ishimaru, Y. 1949
Ishitani, A. 0926
Ishizumi, K. 1249
Isihara, A. 0620
Isimov, V. I. 0694
Ismajlov, A. G. 1230
Ismatov, A. A. 0541, 0847
Ito, H. 1592
Ito, M. 1297, 1334, 1500, 1874
Itoh, Y 0475
Ittrich, G. 1644
Ivakina, M. A. 0515
Ivanov, J. M. 0088
Ivanov, U. I. 0494
Ivanov, V. L. 1170
Ivanov, V. M. 0615
Ivanov, Z. G. 1696
Ivanova, E. I. 0078
Ivin, S. Z. 0844
Iwachido, T. 1691
Iwaguchi, T. 1045
Iwai, I. 1952
Iwasaki, K. 1499
Iwase, K. 1791
Iwata, T. 0960
Iyengar, L. 0323
Izatt, R. M. 1547
Izutsu, K. 1065

Jarceva, R. D. 0591
Jacimirskij, K. B. 0057, 0740
Jackson jun., J. M, 1844
Jacob, A. 1482
Jacob, M. 1490
Jakolev, L. G. 0104
Jacobs, J. 1009
Jakobson, G. G. 1216
Jacobus, J. 1132
Jagovkina, N. N. 0472
Jain, D. S. 0672
Jain, A. K. 0638
Jakimcenko, O. E. 1170
Jakovlev, G. N. 0599
James, A. N. 1728
James, D. W 0329
Jancuk, B. N. 0660
Jarosenko, A. I. 0933
Jarovickaja, V. I. 0832, 0837
Jasins'kij, F. N. 0035
Jaskicev, V. I. 0623
Jayaram, M. S. 0770
Jeanmart, C. 1411
Jefferson, A. 1127
Jehring, H. 0670
Jelinek, V. 1454
Jenne-Baumann, R. 0676
Jenny, E. F. 1814
Jenny, W. 1236
Jensen, S. L. 1327
Jequier, W. 1553
Jermany, D. A. 1643
Jha, J. C. 0764
Jijie, K. 1097
Jindal, H. L. 1504
Jiru, P. 1155
Joern, W. A. 1060
Johansen, O. 0001
Johari, G. P. 0902
Jokl, V. 0606
Johnson, D. A. 1469, 1470
Johnson, F. 1299
Johnson jun , W. C. 0930
Johnston, T. 1175
Jolley, K. W. 0957
Jonas, K. 0879
Jonasson, I. R. 0750
Jones, A. 1176
Jones, C. M. 1482
Jones, D. A. 0656
Jones, E. G. 1076
Jones, J. B. 0256
Jones, J. C. H. 1604
Jones, J. H. 0972
Jones, L. H. 0074
Jones, M. P. 1605
Jones, N. W 0888
Jones, O. 0191
Jones, P. H. 1678
Jones, W. D. 1354
Jonker, G. H. 0413
Jonville, P. 0616
Joo, F. 0815
Jordan, F. 0042
Jorkowsky, R. 1541
Joshua, C. P. 1179
Jost, M. 1941, 1947
Joussot-Dubien, J. 0922
Jovanovic-Kovacevic, O. Z. 1571
Jucker, E. 1400, 1403
Judin, V. M. 0360
Julia, M. 1881
Julien-Pouzol, M. 0233
Junasevic-Holjevac, A. 1218
Jurcova, M. 0606
Jur'ev, G. S. 0124
Jusupova, G. A. 1191
Juza, V. A. 0767
Juzelevskij, J. A. 1134
Jyojama, H. 1351

Kabbe, H.-J. 1842
Kabiel, A. M. 1662
Kac, M. L. 0424
Kachanak, S. 0698
Kacurin, L. G. 0177
Kaden, W. 0307
Kaess, F 1906
Kaessner, B. 0369
Kagan, E. G. 1134
Kagarlickij, A. D. 1223
Kahan, J. 1683
Kahl, W. 1641
Kaiser, E. W. 0062
Kaiser, L. 0479
Kajamaa, J 0206
Kajdymov, B. I. 1147
Kajura, T. 1530
Kakabadze, V. M. 0794
Kakemi, K. 1026
Kaken Kakadu K. K. 1949
Kakolowicz, W. 0603
Kakudo, M. 0254
Kali-Chemie AG 1760
Kalinin, D. V. 0892
Kalinina, G S. 0867
Kalinina, L. N. 0854
Kalling, B. 1742
Kamada, H. 0939, 1532, 1554, 1710
Kamaeva, I. G. 0122
Kamaj, G. 1235
Kamb, B. 0224
Kamber, H. R. 0721
Kameda, N. 1293
Kamegashira, N. 0635
Kameneckaja, S. A. 0800
Kametani, H. 0782
Kametani, T. 1276, 1287, 1300
Kamigaki, K. 0475
Kaminskij, V A. 0826
Kaminura, H. 0475
Kampmeier, J. A. 1082
Kanamori, J. 0475
Kaneko, T. 0475
Kaninskaja, R. L. 0776
Kanner, B. 1812
Kano, H. 1445, 1446
Kano, S. 1276
Kant, A. 0500
Kantele, J. 1482
Kaplan, J. I. 0389
Kaplan, M. S. 1240
Kaplan, S. F. 0252
Kapuckij, F. N. 0481
Karapetjan, E. T. 1597
Karasev, V. V. 0684
Karavanov, K. V. 0844
Karbanov, S. G 0574
Karetnikov, G. S. 0069
Karkarasvili, M. V 0882
Karklina, M. I. 0186
Karnauchov, V. G. 0430
Karolyi, J. 1803
Karpenko, I. 1702
Karr, A. E. 1431
Karr jun., C. 0405
Kartevilisvili, J. M. 1747
Kashino, S. 1099
Kasirina, R. A. 0776
Kasperovic, A. I. 0726
Kataev, G. I. 0402
Katal'nikov, S. G. 0824, 1041
Kataoka, M. 0475
Kato, K. 1712
Kato, M. 1163
Kato, T. 1197, 1291, 1666
Katsura, T. 0563
Katychin, G. S. 0732
Katz, R. N. 0316
Katz, S. E. 1726
Kauffman, G. B. 0730
Kausanskij, V. E. 0176
Kawaguchi, T. 1501
Kawalec, B. 1018
Kawamura, K. 1707, 1709
Kawasaki, A. 1362, 1364
Kay, M. I. 0252
Kazama, N. 0475
Kazancev, E. I. 0728
Kazarnovskaja, D. B. 1784
Kazarnovskij, J. S. 1784
Kazicyna, L. A. 0945, 1039
Keenan, R. E. 1667
Kefeli, L. M. 0550
Kejer, N. P. 1096
Kelemen, G. 1396
Keler, E. K. 0544
Keller, M. 1826
Keller, O. 1455
Keller, R. 1826
Kellerer, H. 0303
Kellie, A. E. 1644
Kelly, A. 0192
Kelly, M. 1327
Kelsall, K. 1208
Kerimbekov, A. V. 1792
Kern, W. 1947
Keropjan, V. V. 0586
Kessler, T. 0798
Kestigian, M. 0360
Keszthely, A. K. 1549
Ketcham, W. M. 0167
Khalafalla, S. E. 0674
Khalifa, M. 1272
Kibenko, V. D. 0495
Kida, Y. 1100
Kidd, J M. 1795
Kido, R. 1351, 1445, 1446
Kieselev, A. V 0705
Kigasawa, K. 1287, 1300
Kikuchi, M. 0946
Kikuchi, T 1276, 1338, 1710
Kim, Pil Hyon 0330
Kimoto, S. 1532
King, G. G. 1245
King, H. G. C. 1610
Kinoshita, H. 0474
Kinoshita, N. 0330
Kiperman, S. L. 1087
Kiraly, G. 1796
Kirby, R. K. 0321
Kirillov, E. A. 1048
Kirillova, M. S. 1658
Kirillova, T. V. 1623
Kirin, I. S. 0848
Kirkbright, G. F. 1570
Kirov, G. N 0897
Kirtman, B. 0031
Kiselev, A. V. 0710, 1032
Kiselev, V. F 0713
Kishada, Y. 1952
Kishi, K. 1293
Kisljakov, I. P. 0556
Kitagawa, I. 1336
Kitayama, K. 0563
Kitrosskij, N A. 1690
Kittl, P. 0199
Klaban, J. 1724
Klabunovskij, E. I. 1071, 1083, 1084
Klein, L. 0113
Klein, R. 0450
Klein, R. W. 1360
Kleiner, H. 1939
Klement jun., W. 0889
Klemperer, W. 0061, 0062
Kleppa, O. J. 0498
Klija, M. O. 0218
Klimanek, P. 0138, 0197
Kline, D E. 0315
Kljacko-Gurvic, A. L. 1031
Klopper, A. 1644
Klosa, J. 1385
Klosowicz, R. 1789
Klotz, H.-D. 1053
Klotz, M. R. 1585
Kmonicek, V. 1925
Knapp, S. B. 0769
Knappwost, A. 0465
Knapsack AG 1856, 1862
Knapsack-Griesheim AG 1869
Knight, A. 1616
Kniseley, R. N. 1520
Knoechel, G. 1835
Knoerr, F 1857
Knunjanc, I. L. 1086
Kobayakawa, H. 1482
Kobayashi, Y. 1697
Kobetz, P. 1911
Kocurichin, V. E. 0706
Kodadad, P. 0572
Kodera, K. 0570
Koehler, K.-H. 1657
Koenig, R. 1422
Koenig, V 0100
Koenigstein, M. 1414
Koeroesi, J. 1804
Kogan, A. V 0459
Kogan, V. B. 1025
Kogarko, L. N. 0900
Kohara, H. 1876
Kohlmuller, R. 0548
Koike, H. 1362, 1363, 1364, 1642
Kojima, H. 0503
Kojima, T 1638
Kokoskin, V. A. 0429, 0431
Kokubun, N. 1554
Kolb, E. D. 0360
Kolerov, O K. 0205
Kolesnicenko, G. A. 0830
Kolesnikov, I. M. 1142
Kolesov, V P. 0496
Kolesova, V A. 0847
Kolli, L. D. 0399
Kolling, O. W 1052
Kollonitsch, J 1898
Kolobova, K. K. 1701
Kolomaznik, K. 0793
Kolpakci, A. A. 1103
Kolster, B. H. 0348
Kolthoff, I. M. 0674
Kom, J K. 0883
Komarov, N. V 0860
Komatsu, M. 1334
Komers, K. 1491
Komlos, E. 1404
Kompis, I. 1337
Konaka, R. 1621
Kondorsky, E. I. 0360
Kondratev, V A. 1177
Konishi, K. 1217
Konishi, R. 1026
Kon'kova, A V 0518
Kon'kova, T S. 0549
Kononcuk, T. I. 0724
Kononov, E. J 0052
Konovalov, A. G 1505
Konstantinova, V. P. 0215
Kontorovic, S. I. 0216
Kopecka, B. 0605
Koprda, V. 0725
Korchak, E. I. 1801
Kordis, J. 0542, 0543
Koreeva, T. A. 1521
Korger, G. 1378, 1379
Kornakova, A. A. 1664
Kornienko, A. G. 1069
Korolev, J. M. 0521
Korolev, M. A. 0446
Korovin, N. V. 0660
Korsunskij, I. L. 0133
Korzukov, N. G. 0595
Kosfeld, R. 0962
Koskelo, P. 1680
Koski, W. S. 0743
Kosoczky, I. 1404
Kost, M. E. 0242
Kostjucenko, P I. 0724
Kostjuk, A. S. 0854
Kostysyn, M. T. 0444
Kotarska, A. 1285
Kotera, K. 1351
Kovac, M. 1202
Koval'cuk, V. F. 0692
Kovarik, M. 1708
Kovba, L. M. 0540, 0558
Kovda, A. V. 0219, 0438
Kowalski, E. 0910
Kozacenko, E. L. 0586
Kozikowski, J 1840
Kozin, K. N. 1502
Kozlov, J. I. 1192
Kozlova, I. K. 0842
Kozlovskij, A. G. 0754
Kozlowski, K. 1785
Kramer, H. H. 0873
Kramer, W. E. 0182
Krasnjanskij, M. E. 0630
Krasnovskij, A. A. 1191
Kravcov, D. N. 0079, 0839
Krbavcic, A. 1283
Krejcar, E. 1724
Krempl, H. 0111
Kresge, A. J 1054
Kreskov, A. P. 1722
Kress, T. J. 0970
Kressin, I. K. 0074
Krestov, G A 0621, 0622
Krestovnikov, A. N. 0524, 0580
Kretschmar, H. C. 1887
Krewel-Leuffen GmbH 1397
Krigbaum, W. R. 1531
Krigman, L. D. 0900
Krischner, H. 0686
Krischtalik, L. I. 0619
Krisciokaitis, R. J. 1482
Krishnan, R. 0475
Kristalik, L. I. 0659, 0664
Kritchevsky, D 1646
Krivanek, M. 1155
Krivenko, L. F. 0300
Kriza, D. 1803
Krjukov, V. I. 0205
Krjukova, I. V. 0430
Krleza, F. 0681
Krochin, O N. 0052
Kroeller, E. 1733
Kroitoru, S. G. 0382
Kropotova, O. D. 0443
Krtil, J 1576
Krueger, U. 0959
Kruglaja, O. A. 0867
Kruglickij, N. N. 0682
Krupenina, A. J. 0386
Krupnov, A. F. 0080
Kruse, F H. 0235
Krylov, E. I 0553
Krylova, I. V. 0711
Ku, S. H. 1482
Kucer, R. V. 1075
Kuchen, W. 0962
Kucnev, V. I. 0320
Kudinova, V S. 1223
Kudjakov, V J. 0593
Kudrjavcev, N. T. 0649
Kudrjavceva, R. V 0222
Kuenzle, F. M. 1461
Kuklin, J. S. 1158, 1169
Kukoz, F I. 0666
Kulakov, A. A. 0649
Kulcsar, G 1424
Kulessa, R. 1482
Kulick, I. 1519
Kuliev, A. A. 0421
Kulikovskaja, L. D. 1489
Kumamaru, T. 1566
Kumar, A. 0672
Kundo, N. N. 1096
Kuni, F. M. 0489, 0689, 0690
Kunin, T I. 0495
Kunitomo, Y. 1295
Kunt, J 1925
Kunugi, T. 1124, 1781
Kunze, G. 0126
Kupletskaja, N B. 1039
Kuprijanov, A. K. 0402
Kuprijanov, I. I 1142
Kuprijanov, S. E. 0097
Kuprijanova, T. A. 0443
Kurakina, L. A. 0459
Kurashiki Rayon Co. Ltd. 1876
Kusaev, J. I. 0795
Kusner, T. M. 1023
Kusnir, I. P. 0507
Kustov, E. F 0221
Kusuhara, S. 1171
Kusunoki, I. 0570
Kutil, J 1507
Kutzelnigg, W 0034
Kuzmin, E. V. 0475
Kuzmin, M. G. 1170
Kuznecov, A. K. 0544
Kuznecov, R. A. 0828
Kuznecov, V. A. 0183, 0185, 0692, 0791
Kuznecov, V. I. 0175
Kuznecova, G. P. 0540
Kvasjuk, E. I. 0843
Kwarts, E. W. 1679

Laakso, T. M. 1318
Laboratoire d'Analyses et de Recherches Biologiques Mauvernay-Centre Europeen de Recherches Fondamentales et Appliques (C.E.R.F.A.) 1878
Laboratoires Francais de Chimiotherapie 1462
Laboratorio Bioterapico Milanese Selvi et C.S.A.S. 1811
Labzovskij, L. N. 0018
Lach, J. L. 1359
Lachowicz, A. 1640
Lachtionova, E. S. 1521
Laferty, J. J 1433
Lafortune, Y 0077
Lagier, J.-C. 0777
Laidler, K. J. 1181, 1182
Lajner, D. I. 0455
Lallement, R. 0476
Lambert, A. K. 1715
Lambiev, D. K. 1750
Lamola, A. A. 0912
Lamon, R. W. 1051
Lampe, K. A. 1055
Landau, A. I. 0213
Landsberg, R. 1088
Landuyt, J Van 0220
Lane, D. W. J 1951
Lane, G. 0786
Lang, W. 1839
Lange, D. 1482
Langford, C H. 0756
Lanyi, K. 1407
Lareva, E. P 1189
Larin, V. A. 1184
Larizza, A. 1356
Larkin, D. 0665
Larsen, B. S. 0967
Larson, A C. 0235
Larue, T. A. 1639
Laruelle, P. 0233
Lash, J W 1660
Lasko, O. S. 0281
Latypov, Z. Z. 0097
Lauder, I. 0836
Lauque, J. P 0148
Lavalette, D. 0914
Lavaux, J.-P. 1357
Lavendel, H. W. 1743
Lavrik, S. N 0708
Lawesson, S.-O. 0967
Lawler, R. G. 0950
Lazareva, N. P. 0792
Liebermann, R. C. 0319
Liechti, P 1891
Liengme, B. V. 0287
Leask, M. J. M. 0360
Lebas, J.-M. 0943
Lebed, V I. 0627
Lebedev, J. S. 0734, 0813
Leboy, E. L. 1482
Ledsham, A. H. C. 0243
Leete, E. 1340, 1341
Leeuwen, J. van 1493
Lefewer, R. A. 0179
Lefort, M. J. C. 1800
Lehmkuhl, H. 1907
Lei, J 1270
Leicknam, J. P. 1564
Leisman, E. 0816
Lejpunskij, O. I. 0747
Lekawska, E. 1213
Lemke, S. M. 1226
Lenz, F 0119
Lepoutre, G. 0390
Lesbros, J 1357
Lesnik, E. A. 0705
Lespinasse, B. 0696
Lessieux, J.-C. 0172
Leszkovszki, G. 1396
Letcher, R. M 0976
Lettieri, G. 1356
Levart, E. 0616

Levcenko, J. Z. 0098
Levin, E. S. 0493
Levin, I. W. 0065
Levina, R. J. 0990
Levitin, R. Z. 0469
Levy, D. 1345
Levy, J. 1809
Lewis, D. 0745
Lewis, G. E. 0967, 1179, 1247, 1253
Lewis, K. G. 1108
Lewis, R. E. 1627
Li, C. F. 1684
Li, L. 0221
Libov, V. S. 0377
Lichtner, E. 0561
Lidholt, L. R. 1485
Liechti, H. W. 1932, 1934, 1935
Lietzke, M. H. 1111
Lifshitz, C. 1174
Lin, Y. C. 0468
Lilly, E., & Co. 1429
Limpel, O. L. E. 1950
Lincoln, S. F. 0757
Lindenberg, W. 0519
Lindenmann, A. 1400
Lindqvist, L. 0922
Lindsley, D. H. 0562
Linnfors, A. 1482
Lippold, K. 1924
Liptay, G 1599
Liptay, W 0918
Lisboa, B. 1644
Liston, S. K. 0089, 0090
Litinskij, A. O 0050, 0051
Litt, M. 1316
Litvinenko, L. M. 1126
Ljubov, B. J. 0157
Ljutovic, A. S. 0350
Lo, D. H. 0033
Lochuaru, M. E. 0791
Loerinc, A. 1495
Loeschmann, A. 1772
Loev, B. 1433
Logacev, V. A. 0497
Loginov, G. M. 0360
Lohikainen, T. 0397
Llapecka, B. 1220
Lloyd, R. A. 1482
Lombardo, P. 1954
Long, A. 1518
Longin, P. 0931
Lonza AG 1797
Looye, A. 1679
Lopatkin, A. A. 0705
Lopatina, G. G. 1478
Lopatina, Z. I. 0426
Lork, W. 1862
Lorquet, J. C. 0081
Loub, J. 0822
Loucks, L. F. 1181, 1182, 1183
Lovcova, A. N 1130
Love, G G. 0408
Luby, S. 0135
Luca, C. 0624
Lucas, J. 0851
Lucenko, I. F. 0854, 0855, 0861
Lugg, G. A. 1005
Lukjancuk, S. V. 0933
Luk'janov, A. V. 0508
Luk'janovic, V M. 0710
Lundin, A. G. 0393
Lunk, C. I. 0399, 0400
Lustgarten, D. M. 1311
Luts, H. A. 1301
Lutsep, H. 0820
Lutz, H. D. 0371
Luukkainen, T 1644
Luzinskaja, M. G 0472
Luznov, J M. 0684
Lyle, S. J. 0005
Lysenko, J A. 0630

Ma, T. S. 1633, 1648
McCarty, B. D. 1627
McChesney, E. W 1831
McConnell, D. G. 1029, 1030
MacCordick, J. 0866
McCourtney, E. J 1545
McCulloch, A W. 1224
McCullough, J G. 0673
MacDiarmid, A. G 0084
McDonald, W. J. 1482
McDowell, M. V. 0084
Macedo, P. B. 0298
McFarlane, W. 0961
McGill, C. K. 1829
MacGillivray, A. D. 0617
McGinnety, J. A. 0249
McGreer, D. E. 1135, 1136
McGuire, J. M. 1429
McIlwain, J. F. 0410
McInnes, A. G. 1224
Macke, G. F 1548
Mackevic, T. N. 0880
MacLean, A. F 1843
McNeil Laboratories, Inc. 1405
McNelis, E. J. 1815
McRae, E. G. 0925
Mader, K. H. 0470
Mader, P. 0674
Mador, I. L. 1864
Maeder, E. 1891
Maeda, S. 1458, 1459, 1460
Maeda, T 1296
Maekawa, S. 1712
Magyar, K. 1424
Mahalana, H. L. 0614
Maier, R. L. 1511
Mailfert, A. 0454
Maita, J. P. 0463
Maitner, J. J. 1926
Majanc, L. S. 0063
Majdanovskaja, L. G. 0712
Majer, J. 0605, 0606
Majhofer, B. 1202
Majzel, E. J. 0529
Majzus, Z. K. 1090
Makanov, U. 1222
Makarov, V. I. 0666
Maklackov, A. G. 0591
Makuskin, J. S. 0068
Malachesky, P. A. 0653
Mal'ceva, E. N. 0862
Malek, J. 1644
Malik, W. U. 0638, 1606
Malikova, Z. G. 0216
Malinenko, I. A. 0313
Malinsky, J. 1725
Maljutina, G. L. 0524
Malovecko, G. V. 0302
Mamedov, S. 1196
Mancusi, M. D. 1482
Mancy, D. 1428
Mandel'stam, S. L. 0052
Mandy, T 1803
Manelis, G. B. 1143
Mani, I. 1164
Man'ko, M. A. 0442
Mannschreck, A. 0987
Mantasjan, A. A. 1160
Manulkin, Z. M. 0863
Manveljan, M. G. 0173, 0174
Manzelij, V G 0320
Maracci, G. 1482
Marantz, S. 1002
Mararetu, G. 1754
Marble, G. 1674
Marchart, H. 1653
Marc, J -C 1674
Marcou, A. 0941
Marcu, G. 1591
Marcus, E. 1813
Mardykin, V P 0843
Marek, R. W 0352
Maretina, I. A. 0862
Margolis, N V 0226, 0227
Margoninski, Y 0420
Marik-Korda, P 1599
Marinov, M. 0261
Markova, L. P 1025
Marley, R. 1178
Marlieu, J P 0042
Marmier, P 0100
Maroni, V. A. 0075, 0076
Marshall, W L. 0633
Martin, D. H. 0360
Martin, G. R. 0005
Martin, H. 1959
Martin, J A. 1716
Martin, M. M. 1077
Martin, R. H. 1305
Martin, R. L. 0467
Martin-Marietta Corp. 1917
Martinot, L. 1593
Martynov, A L. 0732
Martynov, J. M. 0056
Maruscenko, N. M. 0808
Marx, P. C. 1004
Marzocchi, M. P. 0994
Marzullo, G. 1660
Masada, Y 1649, 1650
Masaike, A. 1482
Masaki, K. 1649, 1650
Masaki, M. 1256
Masaki, N. 0246
Mashimo, K. 1497
Massaroli, G. G. 1896
Masson, C. R. 0503
Masson, J. 0869
Mastragostino, M. 0668, 0669
Masumi, I. 1255
Matano, N. 1609
Mathieu, M.-V. 0765
Matijevic, E. 0679
Matolesy, K. 1803
Matsuda, A. 1336
Matsui, M. 1637, 1342
Matsumori, H. 1634
Matsumoto, H. 1782
Matsuo, M. 1362, 1363, 1364
Matsuzaki, E. 1949
Mattheus, A. 0987
Matthews, J. W. 0164
Matthias, B. T. 0463
Matusek, M. 0736
Matveev, G. M. 0539
Matwiyoff, N. A. 0629
Mauduit, Y. de 0513
Mauvernay, R.-Y. 1878
Mavrodin, A. 1214
Mayer, V. 1708
Mayo, M. M. De 1368
Mazanek, E. 0896
Mazelsky, R. 0182
Mazonski, T 1640
Mazurin, O V. 0297
Mazurenko, J. T. 0486
Mazza, A. 0278
Mazzella, P. P 1648
Mechtieva, S. I. 0257
Mecik, M. S. 0373
Meczynska, H. 0381
Medveckaja, I. M. 1072
Meggos, H. 1585
Mehrotra, R. C. 0829
Mehrotra, U S. 0760
Meibuhr, S. G. 0609
Meinert, H. 1755
Meininger, F 1936
Meites, L. 0658, 0673
Melentev, B. N. 0898
Melesko, L. O. 0154
Melik-Gajkazjan, V I. 0648
Melm, G D. 1585
Melnikov, V. V. 0226, 0227
Meltzer, R. I 1311
Melzacka, M. 1641
Men', A. N. 0566, 0568
Mendelevic, A. J. 0580
Mentzen, B. 0237
Mentzner, M. 1769
Menzel, W 1508
Merck & Co., Inc 1370, 1371, 1380, 1381, 1382, 1390, 1472, 1879, 1898
Merisov, B. A. 0332
Merrill, S. H. 1318
Merten, L. 0370
Mertwoy, H E. 1232
Mesjac, N A. 0675
Meskin, A. J 1082
Meskov, V I. 0835
Messer, C. E. 0144
Messer, M. N 1411
Metras, J -C. 0909
Metzger, H. 1863
Metzger, J. 0909
Metzner, R. 1482
Meunier, H. 1200
Meyer, D. E. De 1318
Meyers, E. 1426
Meyers, L. 1173
Mezerickij, A. M. 1741
Miadokova, M. 0780
Michaelis, W 1482
Michaelsson, G. 1671
Michaelsson, M. 1671
Michajlenko, I. E. 1128
Michajlov, V. A. 0508
Michajlova, S A 1784
Michalski, J 1210
Micheeva, V I. 0590
Michel, D. J. 0849
Micho, V V 0409
Mickles, J. 1204
Miecznikowska-Stolarczyk, W 1219, 1220
Mielnicki, J. 0475
Middelboe, V. 1564
Mikite, G. 1404
Mikry, J. 1337
Milazzo, G. 1565
Miller, C. A. 0850
Miller, H. W. 1332
Miller, J. 1118
Miller, M. M. 1366
Miller, V. R. 0083
Miller, W. H. 0014
Millet, J. 0536
Milner, G. W. C. 1594
Minacev, C. M. 0791
Minale, L. 1344
Ministerul Industriel Chimice 1872
Mirgalovskaja, M. S. 0429, 0430, 0431
Mirkind, L. A. 1069
Mironov, V. F. 0853
Mirza, M. Y. 1559, 1581
Misetich, A. 0360
Mislow, K. 0992, 1132
Misra, S. S. 1751
Mitchell, F. L. 1677
Mitkina, G. D. 0554
Mitrofanov, K. P. 0267
Mitrofanova, E. V 0845
Mitropolskaja, V A. 1016
Mitsuhashi, K. 1275
Mizuhashi, S. 0475
Mizuno, S. 1045
Mizuno, K. 1427
Miyahara, Y. 1011
Miyakata, A. 1363, 1642
Miyake, M. 0635
Miyauchi, K. 1106
Miyazaki, S. 1351
Moak, D. P. 0318
Moakes, J. F. 1847
Moebius, K. 0996
Mochida, I. 1084
Modin, R. 1558
Modrow, H.-W. 1923, 1924
Moeller, F. 1842
Moesta, H. 1484
Moffat, J. B. 0040
Moggi, L. 0809, 0810
Moghul, K. A. 1124
Mohrbacher, J. 1405
Moldaschl, H. 1482
Molita, N. 1707
Molocnikov, M. L. 1025
Momoki, K. 0601
Momoki, Y. 1949
Moncarz, E. M. 0017
Monroe, R. F. 1821
Monsanto Chemicals Ltd. 1874
Monsanto Co. 1761
Monsanto Research Corp. 1822
Montagne, J. T W. 1958
Montecatini Edison S. p. A. 1798, 1861
Montoloy, F. 0253
Moore, A. 0210
Moore, P T 1915
Morait, A. 1214
Moralev, V. M. 0806
Moran, H. S. 1482
Moravec, A. 1576
Morcom, K. W 0637
Moreau, J. 0577
Moreau, W. M. 1044
Morelli, M. A. B. 0366
Morgan, G. L. 1482
Mori, K. 1342
Morikubo, K. 1281
Morimoto, T 0718, 1094
Morishita, N. 1257
Morita, Y 1782
Moriya, T 0360
Morley, C. G. D. 1314
Morokuma, K. 0044
Morozov, A A. 0723
Morozov, V. N. 0376
Morozov, V P. 0035
Morozov, V S. 0514
Morris, P J 1110
Mosanu, E. 1254
Mosel, B.-D. 0398
Moser, W 0239
Moskalenko, Z. I. 1825
Moskalev, P N. 0848
Moskalev, V V 0360
Moskophidis, M. 0993
Mosse, M. 0909
Mossini, F. 1329
Motomizu, S. 1691
Motomizu Shoji 1691
Motomura, M. 1351
Mozzuchin, A. S. 1016
Mrazek, R. V. 0769, 1008
Mrowec, S. 0347
Muchamedzanov, R. 0722
Muehll, R. von der 0247
Muel, B. 0914
Mueller, A. 0036
Mueller, C. 1930
Muller, G 1462
Müller, M. 1676
Mueller-Goldegg, A. 0387
Mueller-Warmuth, W. 0398
Muenchberg, W. 0537
Muenter, J S. 0062
Mugino, Y. 1099
Muir, W. R. 0755
Muju, B. L. 0637
Muller, C. 1912
Mumme, W. G. 0236
Munemori, M. 1720
Munro, A. E. 1927
Munson, M. S. B. 1081
Murakami, K. 1315
Muratov, U. G. 1489
Murawec, T. 1645
Muroi, M. 1427
Murmann, W. 1811
Muradjan, N V. 1229
Murygina, N. G. 0497
Musha, S. 1500, 1720
Mushran, S. P. 0760
Musierowicz, S. 1210
Muslimomov, C. I. 0722
Muto, G. 1501
Myher, J. J. 1076, 1079
Mykytiuk, A. 1510
Mysov, E. I. 1066
Myszkowski, J 1785

N. V Koninklijke Pharmaceutische Fabrieken v/h Brocades-Stheeman & Pharmacia 1416, 1444
Nadasy, M. 1796
Nadjo, L. 0668
Nafziger, R. H. 0562
Nagai, Y. 1281
Nagakura, S. 0926
Nagao, M. 0718
Nagarajan, M. K. 1494
Nagase, O. 1348
Nagata, M. 1290
Nagata, N. 0308
Nagebasvili, D. S. 0882
Nagynyomasu Kiserleti Intezet 1803
Naidu, M. S. 0109
Naidu, S. V. N. 0323
Nair, M. D. 1901
Nair, V. 1248, 1265
Najdic, J. V. 0830
Najman, L. 1288
Nakagawa, T 0960
Nakamoto, K. 1513
Nakamura, J. 1791
Nakamura, K. 0608
Nakamura, N 1952
Nakano, T. 1304
Nakanuma, S. 0342
Nakayama, S 0935
Nakura, T. 1278
Nalbandjan, A. B. 0744, 1160
Naletova, G P 1047
Namba, S. 0330
Namiki, M. 1713
Narang, V P 0141
Narasimham, N. A. 0920
Narayanan, A. 1066
Nashu, A. M. 1805
Nasirova, M. M. 0856
Nassau, K. 0188
Nasutavicus, W A 1299
Natalis, P. 0093
Nationa Distillers and Chemical Corp. 1864
Natori, S. 1328
Naudin, F 0547
Naumova, L. V. 1198
Naumovec, A. H. 0715
Nazin, G. M. 1143
Neamtu, G. 0947
Nebe, W. 1508
Nebesh, E. 1140
Necaev, E. A. 0649
Nechtschein, J 0869
Nedeveckij, V. E. 0824
Nehezvegyipari Kutato Intezet 1796
Nekrasov, L. N. 0663
Nelson, J. H. 0831
Nemes, L. 0039, 0979
Nemeth, E. M. 1150
Nemeth, R. 0679
Nemodruk, A. A. 1498
Nenitzescu, C. D. 1254
Neokladnova, L. N. 0814
Nepera Chemical Co., Inc. 1953
Nesbitt, L. E. 0082
Nesmejanov, A. N. 0079, 0754, 0839
Nesterov, V. V. 0731
Nesterovskaja, E. A. 1048, 1049
Neubert, G. 0143
Neumann, L. 0781
Neumann, W. P. 1908
Neurath, G. 1194
Neve, R. de 1588, 1612
Nevskij, O. B. 0636
Newbold, G. T. 1951
Newey, C. W. A. 0202
Newman, F.-C. 1855
Newman, G. A. 0073
Newman, M. S. 0907, 1237
Nguen, D. C. 0861
Nicholas, M. 0147
Nickerson, H. W. 0130
Nicoara, E. 0947
Nicola, F. 1754
Nicolaus, R. A. 1344
Niculescu, D. 0363
Nielsen, M. L. 1822
Niemelae, L. 0397
Niermann, H. 1869, 1908
Nikitin, M. K. 0732
Nikitin, S. A. 0469
Nikolaev, R. K. 0521
Nikol'skij, V. K. 0424
Nilson, A. A. 1039
Nimow, E. 1614
Ninet, L. 1428
Nisel'son, L. A. 0521, 0597
Nishi, H. 1281
Nishikawa, H. 1328
Nishio, M. 0963
Nissen, H.-U 0214
Nobles, W. L. 1301
Nocke, W. 1644
Nohara, F. 1290
Noll, B. 1835
Noll, W. 1936
Nomura, H. 1011
Nonaka, A. 1551
Norman, R. O. C. 0965
Norris, A R. 1040
Norris, K. 1270
Norval, S. 0534
Noskin, V. A. 0415
Nott, P E. 1282
Novak, J. 1704
Novak, V. 1725
Novakova, J 1155
Novikov, A. I. 0133
Novikov, B. V 0422
Novikova, S. I. 0327
Novochatskij, I. A. 0567
Novoselova, A V 0574, 0575
Novotockij-Vlasov, J F 0713
Noyes, C M 0820
Noyes, R. M. 0742
Nozaki, H. 0193
Nuese, C. J 0439
Nunamaker, T 1482
Nyburg, S. C. 0255
Nyegaard Co. A/S 1464
Nyilas, E. 1823
Nysted, L. N 1419

Oba, Y 1721
Obermann, Z. 1669
Obrazova, J. 1561
O'Brien, J. P. 1375
Obst, K. H. 0537
Occolowitz, J. L. 0978

Ochi, H. 1788
Ochrimenko, B. A. 0802
O'Connor, C. 1119
Oczkowski, H. L. 0381
Oda, N. 1634
Oediger, H. 1842
Odo, K. 1295
O'Dwyer, M. F. 0284
Oertel, G. W. 1644
Oettel, H. 0197
Oette, K. 1659
Oga, T. 1874
Ogata, Y. 1094
Ogawa, H. 0601
Ogawa, K. 1290, 1877
Ogawa, T. 0938, 1342
Ogburn, F. 0145
Ognev, V. R. 1522
Ogneva, E. J. 1522
Ohashi, K. 1362, 1363, 1364, 1642
Ohashi, Y. 1482
Ohno, T. 1781
Ohta, M. 1256
Ohtsuru, M. 0960
Oikawa, E. 0946
Ojima, H. 0881
Okada, S. 1348
Okada, T. 1351
Okano, T. 1045
Okazaki, S. 0193
Olcott, H. S. 1656
Oldham, K. B. 0652
Oldman, R. J. 0799
Olejnikov, N. N. 0568
Omote, Y. 1791
Ono, H. 1260
Ono, K. 1609
Ono, S. 1634
Ooshika, Y. 0935
Opejda, I. A. 1075
Openshaw, H. T. 1902
Orchin, M. 0886
Orenski, P J. 0932
Orlov, A. A. 0068
Orlov, V M. 0971
Orlova, E. M. 0359
Orlowski, Z. J. J. 1794
Ortego, J. D. 0871
Ortho Pharmaceutical Corp. 1377
Osadko, I. S. 0283
Osgood, E. R. 1950
Osinceva, L. V. 1047
Osipenko, V. P 0334
Oslon, N. L. 0324
Ostan'kovic, A. A. 0550
Ostvold, T. 0498
Osugi, J. 1171
Oswald, H. R. 0240
Otani, Y. 1566
Oteleanu, D. 1214
Otsubo, T. 1709
Oudar, J. 0581
Ouvrier, K. 0335
Ovcarenko, F. D. 0833
Ovsecina, A. E. 0222
Owen, J. 0360
Oza, C. K. 0829
Oza, T. M. 0764
Ozawa, L. 1584
Oziasvili, E. D. 0826

Pacakova, V. 1625
Pacevskaja, V. M. 0079
Pachomov, V. J. 0455
Packer, R. J. 1251
Paderno, V. N. 0322
Pagani, G. 1339
Pagano, J. F. 1393
Page, J. L. 0360
Page, M. 1863
Pak, M. A. 1192
Paleveda jun., W. 1879
Paljuc, B. M. 0102, 0103, 0108
Palm, D. 1122
Palmer, L. H. 0451
Palrecha, M. M. 0671
Panasjuk, P V. 0334
Pancenkov, G. M. 1142
Panek, Z. 1704
Panov, A. S. 0341
Pansy, F. E. 1426
Panteleeva, G. V. 0350
Papalos, J. G. 1870
Pappo, R. 1419
Papstein, H. 0464
Paquot, C. 1203
Parcher, J. F. 0820
Parfitt, G. D. 0678
Parke, Davis & Co. 1401, 1402
Parker, W. E. 0352
Parkhurst, R. M. 1350
Parthasarathy, A. 0749
Parthasarathy, S. 0127
Pask, J. A. 0345
Passedouet, A. H. 1892
Pasternak, A. D. 0492
Patel, A. B. 1302
Patmore, D. J. 0877
Paudler, W. W. 0970
Paul, A. V 1324
Paul, R. 0485
Paul, R. C. 0944
Paul, T. R. 1585
Pavlick, J. E. 0149
Pavlov, E. A. 0446
Pavlov-Verevkin, B. S. 0823
Pavlovic, A. S. 0475
Pavluskin, N. M. 0266, 0268
Pawlek, F. 0163
Payne, G. B. 1231
Payne, R. 0651
Pazin, J F. 0133
Peacock, C. J. 0036
Pearson, J. J 0360
Pearson, R. F. 0360, 0475
Pearson, W. B. 0115
Pecher, J. 1305
Pecsok, R. L. 1028
Pedersen, B. 0391, 0403
Pedersen, L. 0044
Peelaers, W. 0190
Pelletier, S. W. 1308
Penneman, R. A. 0074
Penner, S. S. 0053
Pereljaev. V. A. 0552
Perevalova, E. G. 0754
Perkampus, H.-H. 0959
Peron, J.-J. 0943
Perret, R. 0232
Perrin, D. D. 0602
Person, W. B. 0365
Peter, A. 1920
Peter, F. 1549
Petersen, J. B. 1270
Pethoe, A. 0738
Petit, H. 0224
Petoecz, L. 1404
Petrasko, A. I. 0827
Petrie, G. 0653
Petropavlovskij, E. I. 1146
Petrov, A. A. 0862
Petrov, J. I. 1083, 1085
Petrov, M. P 0360
Petrova, A. G. 0446
Petrova, O. M. 1128
Petrovskaja, L. I. 0839
Petrucci, S. 1012
Petrusevskij, M. S. 0530
Petuchov, G. G. 0803
Petzold, G. 1228
Pfizer, Chas., & Co., Inc. 1435
Pfortmiller, L. 0475
Phillips, L. V. 1948
Phillips, T. G. 0475
Piatti, G. 0303
Pickard, E. 1728
Pierotti, R. A. 0699, 0707
Pietro, J. Di 1125
Pietropaolo, R. 0759
Pigeot, J. 1892
Pikunov, M. V. 0159
Pileggi, V. J. 1668
Pinaeva, M. M. 0553
Pincelli, U. 0043
Pinchas, S. 0070
Pines, H. 1131
Pink, E. 0310
Pink, H. 1757
Pinter, I. L. 1823
Piozzi, F. 1335
Piret, J. 1766
Pirkl, J. 1916
Pirtea, T 0364
Pisani, C. 0703, 0704
Pisarev, R. V. 0360
Pisarev, V. E. 0824
Pisnamazzade, B. F. 1199
Pittsburgh Plate Glass Co. 1844
Pivovar, L. I. 0098
Plant, H. L. 1233
Plant, J. S. 0118
Plato, M. 0996
Plazun, V. K. 0532
Pless, J. 1420
Plessis, J. A. K. du 0534
Plessis, P. de V. du 0475
Pletnev, R. N. 0401
Ploticer, S. J. 1048
Plotnikova, V. P. 0712
Plueddemann, E. P. 1868
Plurien, P. 0253
Poddubnyj, N. P. 0642
Podgajskaja, M. N. 0779
Podoljanko, V. A. 0632
Pohoski, R. 0911
Pokrovskij, N. L. 0693
Polaczek, J. 1789
Poletaev, E. V. 1235
Polaroid Corp. 1915
Poletto, J. 1893
Poliscuk, S. A. 0395
Politanskij, S. F. 1141
Poljakova, G. N. 0105
Poljanskij, N. G. 1787
Polke, M. 1534
Pollock, G. E. 1643
Polydorova, M. 1695
Polyvjannyj, I. R. 0571
Ponci, R. 1329
Ponder, L. H. 1723
Ponjatovskij, E. G. 0505
Poole, D. M. 0147
Poole, V. D. 1921
Popielawski, J. 0406
Popov, A. F. 1126
Popov, E. 0261
Popova, A. A. 0178
Popova, E. A. 0372
Popovic, S. 1535
Pops, H. 0208
Porter, L. J. 1110
Porto, S. P. S. 0360
Posochin, J. V. 0593
Postmus, C. 1514
Postnikov, V. S. 0160, 0351
Poulieff. C. N 0897
Povarennych, A. S. 0374
Powell, S. S. 1736
Pozidaev, A. I. 0124
Poznjak, A. L. 0814
Prabhu, K. N. S. 1008
Prakash, A. 0224
Prakash, J. 0915
Pranatis, A. L. 0326
Prasad, A. N. 0109
Prasad, T. P. 1578
Prater, K. B. 0653
Pravceva, C. 1614, 1615
Prazak, M. 0667
Prelog, V 1430
Preston, J. 1207
Preston, P. N. 0087
Prettre, M. 0765, 0777
Preud'homme, J. 1425, 1428
Price, D. H. 1062
Prichod'ko, E. A. 0599
Prikryl, J. 1454
Prinz, D. K. 0067
Priselkov, J. A. 0516
Pritchett, E. G. 1864
Probst, R. C. 0009
Prochorenko, V. J. 0280
Procter & Gamble Co. 1887
Procuchan, V D. 0578
Progil 1759
Proksch, G. 1564
Prosser, R. A. 1552
Prostenik, M. 1206
Pruden, G. 1610
Prudnikov, R. V. 0713
Prusakov, V. N. 0522, 0523
Psezeckij, S. J 0800
Ptusyns'kyj, J. H. 0714
Pugacevic, P. P. 0693
Puklics, M. 1395, 1396
Purcell, W. P. 0917
Puri, B. K. 1600
Puritis, T J. 0418
Purohit, R. K. 0181
Purushothaman, C. 1000
Pyskin, S. L. 0382
Pyykkoe, P. 0391

Quadflieg, T. 1851
Quadrifoglio, F. 1013
Quercia, V. 1367
Quinn, T. F. J. 0772
Quintard, P. 1512
Quist, A. S. 0633

Rabenau, A. 0165
Rabinovitch, B. S. 1139
Rabotnova, V. F 1658
Rachlin, A. I. 1375
Rachmatullina, I. A. 0711
Radaucan, S. I. 0382
Radzabov, D. T. 1229
Raevskaja, M. V 0455
Raff, P. 1884
Ragab, M. T. H. 1727
Ragsdale, R. O. 0831
Rahman, M. M. 0005
Railleanu, D. 1254
Rajchel's, E. I. 0131
Rakauskas, R. I. 0050
Rakoczi, J. 1404, 1421
Rakov, A. V. 0446
Rallo, F. 1067
Ramirez, F. 1261, 1262
Rammler, D. H. 1324
Rampazzo, L. 1067
Ramuz, H. 1399
Randic, M. 0048
Ranninger, J. 0328
Rannou, J.-P. 0851
Rao, A. L. J. 1582, 1600
Rao, K. N. 0940
Rao, K. V. K. 0323
Rao, M. N. 0819
Rao, V. S. R. 0920
Rashid, M. 1559
Ratouis, R. 1357
Ratusnjak, O. A. 0280
Rau, H. 0165
Rauch, H. 1482
Rauchman, M. R. 0429
Rauh, E. G. 0499
Raulais, D. 1333
Rausch, H. 1630
Rauzen, F. V. 0823
Ravin, L. J. 1358
Rawlings, R. D. 0202
Rawlins, J. A. 1482
Ray, A. B. 0921
Razuvaev, G. A. 0803, 0845, 0867
Re, G. Del 0043
Read, J. B. J. 0003
Reames, F. M. 0360
Rebelein, H. 1740
Rechen, J. B. 1482
Reckruehm, W. 1706
Records, R. 0906
Reddy, M. P 1151
Redel, J. 1848
Redwine, R. H. 0264
Reeburgh, W. S. 1618
Reed, J. F. 1150
Reed, K. P. 1596
Reed, P. J. 1574
Reed, R. I. 0977
Reeder, E. 1413
Reek, S. van den 1735
Reiche, C. R. 1844
Reid, A. F. 0231
Reid, L. R. 0314
Reilly Tar & Chemical Corp. 1827, 1828, 1829, 1830
Reinsborough, V C. 1034
Reiser, A. 1178
Reitter, L. 1906
Reitzenstein, W. 1569
Rekers, L. J. 1864
Rekova, L. P. 0716
Remeika, J. P. 0360
Remen', T. F. 0531
Remers, W. 1893
Renaud, R. N. 1113
Renckhoff, G. 1875, 1882
Renner, U. 1305
Renz, J. 1409, 1410
Resetnjak, I. I. 0683
Resnick, P. 1926
Reutov, O A. 0945, 1039, 1130
Revzin, L. S. 0383
Revzina, T V 0590
Rey-Bellet, G. 1384
Reynolds, W. L. 1055
Rhein-Pharma Arzneimittelgesellschaft mbH 1385
Rhone-Poulenc Soc. An. 1383, 1411, 1425, 1428, 1442, 1800, 1881
Rhyne, J. J. 0475
Rhyner, P. 1943, 1944, 1945, 1946
Ribbe, P. H. 0888
Ricca, F 0703, 0704
Ricci, E. 1539
Ricci, F. P 0276
Rice, A. C. 1739
Rice, P. J. 0087
Richards, D. H. 1316
Richardson, T. 1684
Riche, H. H. Le 1617
Richman, M. H. 0121
Rieger, W. H. 1827, 1830
Riegler, H. 1508
Riemenschbeider, W. 1859
Rigg, B. 1061
Rigny, P. 0390
Riley, H. L. 1808
Rimsky, A. 0241
Ringwood, A. E. 0231
Rislakki, J. 1528
Rissmann, G 0987
Ritchie, E. 1306
Rivett, D. E. 1190
Rizaev, N. U. 0722
Rizzo, F. E. 0559
Rjabcikov, I. D. 0894
Rjabova, A. A. 0811
Rjakov, V. M. 0553
Rjumcev, E. I. 0904
Robb, I. D. 1022
Roberge, P C. 1180
Robert, A. 1525
Robert, H. 0964
Roberts, J. C. 1282
Roberts, R. F. 1575
Roberts, W. J. 1125
Robertson, A. V. 1248
Robin, J 1553
Robinson, C. 1685
Robinson, P. J. 1144
Roby, K. R. 0284
Rocev, V J. 0079
Rochlina, E. M. 0079
Rockstad, H. K. 0270
Rodgers, R. S. 0658
Rodriguez, G. 0199
Rojter, V. A. 0767
Romanenko, P. F. 0444
Romasev, L. N. 0471
Romanski, A. 1808
Romanski, J 0774, 0775
Rommel, P. 1644
Ronco, K. 1933
Rooij, A. H. de 1849
Roosild, S. 0416
Rooymans, C. J. M. 0142
Roscher, G. 1859
Rose jun., H. J. 1527
Rosenberg, H. M. 0475
Rosenkranz, H. S. 1654
Rosenkranz, S. 1654
Rosolovskaja, E. N. 1033
Ross, E. W. 1753
Ross, L. O. 1195
Rosso, B. 0232
Rothrock, B. D. 0321
Rothschild, W G. 0982
Rotinjan, A. L. 0662
Roussel Uclaf Soc. An. 1447, 1462, 1466, 1817
Roy, N. N. 0895
Roy, N. C. 0819
Roy, R. 0275, 0506
Royce, E. B. 0475
Rowe, E. J. 1354
Rozenberg, N. A. 1786
Rozett, R. W 0743
Rubes, I. 0641
Rubinskaja, T. J. 1595
Rubinstejn, A. M 1031
Ruby, L. 1482
Rudakovskaja, T. S. 1016
Rudelle, R. 1479
Rudovs'kyj, K. F. 0384
Rudzic, E. 0681
Ruesch, L. 1409, 1410
Rusanov, A. I. 0489, 0689, 0690
Rusakov, L. N. 0567
Rushdy, M. I. 0151
Russell jun., R. 0785
Rustichelli, F. 1482
Ruthardt, K. 1769
Ruths, K. 1854
Rutner, E. 0999
Ruzicka, V. 0793, 082
Ryan, R. R. 0235
Ryba, E. 0849
Rybakova, L. M. 021
Rzaev, N. K. 1779

Saakjan, A. M. 1104
Saalfeld, F. E. 0084
Sabalin, K. N. 0515
Sachnovskaja, O. L. 1033
Sachtachtinskij, M. G. 0421
Sachtler, W. M. H. 0701
Sadagopan, V. 0357
Sadeh, D. 0070
Sadovnicaja, L. P. 0632
Sadowska, K. W. 100
Safronov, G. M. 0554
Sage, B. H. 1009, 1010
Sagert, N. H. 1167
Sagisultanova, G. A. 0807, 0814
Sahini, V. E. 0364
Saikachi, H. 1244
Saikawa, I. 1296
Saito, G. 1949
Saito, S. 0555
Sajmanova, A. I. 1748
Sakai, K. 1275
Sakai, S. 1790, 1949
Sakamoto, I. 1264
Sakamoto, T. 1197, 1291
Salepa, S. V. 0385
Salimova, K. V. 0217
Salja, V. V. 0776
Sallmann, H.-P. 162
Salmond, W. G. 0984
Salmonowicz, K. 1794
Salvetti, O. 0032
Salyt, S. S. 0415
Sam, J. 1268, 1273
Samarin, A. M. 0528
Samdani, G. 1559
Samojlovic, L. A. 0899
Samosvat, L. S. 1698
Samovskij, L. M. 037
Sams, J. R. 0287
Sandberg, A. A. 1667
Sanders, E. B. 1077
Sandoz AG 1386, 1400, 1403, 1408, 1409, 1410, 1420
Sandoz Ltd. 1930
Sandoz Patents Ltd. 1912, 1914, 1920
Sandoz Soc. An. 1434
Sani, A. R. 1559
Sanina, L. P. 0858
Sankyo Co. Ltd. 1819, 1952
Sannikov, N. I. 066
Sano, T. 0635
Santappa, M. 1097
Sapiro, L. M. 0383
Sapogov, N. V 0728
Sapoznikov, J. A. 0575
Sappok, R. 0676
Sarafiev, M. S. 0266
Sarbaev, T. G. 1222, 1269
Sarkisova, L. G. 1734
Sarksjan, Z. G. 0859
Šaroff, J. 1667
Sarpatyj, V. A. 1185, 1187, 1188
Sarudilo, N. S. 0900
Sarypov, A. Z. 0694
Sasada, Y. 0254
Sastri, M. N. 1578
Sateva, M. 1206
Satkina, T. N. 1130
Sato, H. 0601, 1351
Sato, K. 1637, 1819
Sato, M. 0913, 1532
Sato, S. 1163
Sato, Y. 0475
Saturno, A. F. 0021
Satybaev, N. M. 0217
Sauer, D. 0207

Sauermilch, W. 1212
Saumagne, P. 0943
Savcin, L. S. 0102, 0103, 0108
Saveant, J. M. 0668, 0669
Savelova, V. A. 1126
Savic, I. A. 0880
Savinskaja, A. A. 0567
Sawa, Y. 1456, 1457, 1458, 1459, 1460
Sawicki, E. 1624
Saxena, J. P. 1271
Sayce, I. G. 0602
Sayigh, A. A. R. 1211
Scarpati, M. L. 1343
Scavo, S. 0417
Scepetkin, A. A. 0569
Schaafs, W. 0680
Schaechter, Y. 1131
Schaefer, R. 1907
Schaefer, R. J. 0152
Schaeffer, H. J. 1326
Schaepdryver, A. F. de 1651
Schalge, A. L. 1627
Scheide, E. 0697
Scheinmann, F. 1127
Scheinost, K. 1906
Scheler, H. 0857
Schenectady Chemicals, Inc. 1834, 1836
Schenk, G. H. 1583
Schenker, K. 1814
Schettino, V. 0994
Schick, E. 1923, 1924
Schiele, C. 1263, 1298
Schilder, J. 0135
Schill, G. 1558
Schiller, P. 0295
Schindelmann-Pichler, E. 1797
Schindler, P. 0721
Schindler, W. 1440
Schinke, D. P. 0475
Schlosser, H.-J. 0918
Schlossman, I. 1858
Schlumbohm, H. 0101
Schlunegger, U. P. 1687
Schmalzried, H. 0223
Schmelzbach, P. A. 0100
Schmid, H. G. 0952
Schmid, K. 0910
Schmidt, C. 1391
Schmidt, H.-J. 1509
Schmidt, P. 1895
Schmidt, P. J. 0886
Schmir, G. L. 1109
Schmulbach, C. D. 0083
Schmutz, J. 1461
Schneider, M. 0676
Schneider, W 1839
Schneiders, A. 0295
Schnider, O. 1415
Schnupp, P. 0022
Schocher, A. J. 1431
Schollberg, K. 1675
Scholler, J. 1350
Scholler, R. 1644
Schooley, D. A. 0906
Schreiber, E. 0299, 0319
Schreiber, K. 1307
Schrier, M. 1633
Schroll, G. 0967
Schuberth, H. 0512
Schuchert, H. 0360
Schuergers, M. 0055
Schulte-Frohlinde, D. 0812
Schulz, G. W 0398
Schulz, G. V 1321
Schulz, W. 1053
Schulze, W. 0002
Schultz, E. M. 1370
Schultz, F. 1465
Schultz, H. D. 0405
Schuster, L. 1884
Schwarb, G. 1409, 1410
Schwartz, J. 1422
Schwarz, E. J. 0473
Schwarz, K. 1350
Schwarz, W. H. E. 0041
Schweizer, A. 1914
Schwender, C. F. 1326
Schwiersch, W 1799
Scipanova, L. V 0493
Scott, D. M. 0873
Scott, W. C. 1737
Scukin, E. D. 0216
Searle, G. D. & Co. 1419
Searle, R. 1318
Seck, H. A. 0506
Seckarev, A. V. 0368
Seeboth, H. 1234
Seeger, A. 0339
Seiler, H. 0119
Sejn, S. M. 1114
Sejn, U. J. 0990
Sekita, H. 1197
Selbin, J. 0871
Selisskij, J. P. 0204
Sell, D. D. 0360
Sellschop, J. P. F. 1616
Selmeczi, B. 0737
Selva, A. 1335
Selway, P. R. 0434, 0435
Semencenko, V. K. 0480, 0490
Semenenko, K. N. 0587
Semenovskaja, S. V. 0134
Semiletov, S. A. 0219, 0432
Semkina, L. A. 0727
Sengupta, P. 0360
Senn, O. 1912
Sennewald, K. 1862
Sentenac-Roumanou, H. 1674
Seo, Y. 0935
Sepelin, V A. 0661
Sepovalova, G. A. 0446
Serafimov, L. A. 1016, 1023
Serafin, B. 1353
Serdjuk, A. D. 0458
Serebrennikov, V. V. 0122
Sergi, S. 0759
Sestov, A. N. 0356
Sethi, D. S. 0797
Sevcuk, V. U. 1141
Seward III, T. P. 0538
Sexton, R. 1036
Seybolt, A. U. 0340
Shackleton, C. H. L. 1677
Shafik, M. T. 1693
Shah, I. D. 1225
Shalygin, A. N. 0360
Shaner, J. W. 0475
Shapero, M. 1903
Shapiro, S. L. 1473
Sharkey jun., A. G. 0798
Sharma, D. D. 0614
Sharma, S. D. 0949
Sharp, L. J. 0912
Shaw, R. R. 0535
Shaw, S. W. K. 1771
Sheffer, H. E. 1836
Shefter, E. 0995
Shell Internationale Research Mij. 1958
Shelton, R. A. J 0594
Shen, C. Y 1761
Sherina, R. 1666
Sherwood, R. C. 0467
Shibata, M. 1427
Shielda, T. C. 1238
Shijo, Y. 1580
Shimizu, K. 1264
Shimizu, M. 1348
Shimizu, S. 0570
Shin, Y. M. 1482
Shinoda, K. 1780
Shinozaki, S. S. 0290
Shioiri, T. 1249
Shionogi & Co. Ltd. 1394, 1445, 1446, 1456, 1457, 1458, 1459, 1460
Shiotani, S. 1275
Shotton, P. G. 1728
Showa Denko K. K. 1874
Shun-ichi, Y. 1249
Sibanova, M. D. 0687
Sibircev, L. S. 0161
Sichel, J M. 0025, 0026, 0027, 0028
Sichiev, I. A. 0856
Sichova, T M. 0627
Sidorenko, O. V 0183
Sidorov, T. A. 0265, 0267
Siegbahn, K. 1482
Siegle, G. 0388
Siegrist, E. A. 1891
Sieler, J. 0464
Siemens AG 1757, 1772
Sienkiewicz, J. 1288
Sigorin, D. N. 1192
Silberg, A. 1258
Silin, V. I. 0599
Sillen, L. G. 0603
D'Silva, R. M. 1082
Silverton, J. V. 0244
Sima, H. 1487
Simecek, J. 1488
Simenetta, M. 0228
Simmons, J. H. 0298
Simmons, R. F. 1144
Simon, H. 1122
Simons, E. L. 0639
Simons, J. W. 1139
Simpson, W. T. 0930
Sinani, S. S. 0407
Sinanoglu, O. 0020
Sinegubko, L. A. 0080
Singer, J. A. 0917
Singh, M. P. 1101
Singh, S. V. 1101
Singh, U. P. 1253
Sinicyna, L. G. 1587
Siny, I. G. 0360
Siraziddinov, N. A. 0273
Sirjaeva, L. V. 0868
Sirvinskaja, A. K. 0546
Siselova, T. I. 0373
Siskin, V. I. 0571
Sitc, J. A. 0272
Sitova, V. I. 0546
Sivrin, O. N. 0313
Sjoegren, J. A. 1436
Skadova, A. I. 1027
Skakun, S. G. 0484
Skiba, O. V. 0599
Skingle, D. C. 1267
Skinner, W. A. 1350
Sklibova-Klabalova, J. 0781
Sklizkov, G. V. 0052
Skodin, A. M. 0632
Skopenko, V. V. 0078
Skorikov, V. M. 0554
Skorochod, M. J. 0132
Skrzypek, J. 1213
Skuratov, S. M. 0496
Skvorcov, I. P. 1502
Skvorcov, V. A. 0080
Slaten, B. L. 0749
Slaunwhite jun., W. R. 1667
Sleight, A. W. 0466
Sletzinger, M. 1390
Sloccari, G. 0564
Slonim, I. J. 1505
Smidt, N. E. 1489
Smirnov, M. V. 0593, 0599
Smirnova, E. F. 0178
Smirnova, I. N. 0556
Smirnova, M. F. 0058, 0631
Smit, J. 0145
Smith, A. E. W. 1330
Smith, A. M. 1570
Smith, C P. 1261, 1262
Smith, D. C. C. 1251
Smith, D. L. 1061, 1482
Smith, D. M. 1153
Smith, D. O. 0360
Smith, E. R. 1644
Smith, I. B. 0901
Smith, I. N. 1665
Smith, J. V. 0559, 0790
Smith, L. H. 1374
Smith, M. J. 1585
Smith, M. L. 0890
Smith, P. B. 1515
Smith, Kline & French Laboratories 1392, 1393, 1433, 1441
Smolensky, G. A. 0360
Smoljakov, B. S. 1059
Smolkova, E. 1625
Smulevic, R. S. 0459
Smulska, J. 1640
Smuskov, I. V. 0131
Smyth, C. P. 0060
Snegur, L. N 0863
Snelling, D. R. 1166
Snia Viscosa Soc. Nazionale Industria Applicazioni Viscosa S. p. A. 1885
Snir, J 0420
Snowden jun., B. S. 0396
Sobeir, M. E. 0755
Sobolev, E. S. 0853
Sobolev, V. V. 0382
Soc. de Chimie Organique et Biologique A.E.C. 1848
Soc. d'Etudes de Recherches et d'Applications pour l'Industrie S.E.R.A.L. 1766
Soc. de Produits Chimiques et de Synthese 1892
Sochor, I. N. 0226, 0227
Sockel, H.-G. 0223
Soete, D. de 1588
Sohar, J. 1730
Sohma, T. 1217
Sokolov, V. A. 0378
Sokolov, V. I. 0905
Sokolova, N. M. 1039
Sokolova, T. D. 0521
Sokolovskaja, E. M. 0455
Sokolowska, A. 1220
Sokolowski, J. 1482
Solnceva, L. I. 0469
Solodovnikova, E. P. 0380
Solomons, C. 0066
Solov'ev, L. A. 0557
Solov'eva, A. I. 1734
Solymosi, F. 0761
Somenkov, V. A. 0242
Soni, K. P. 0613
Sonnek, G. 1717
Sontea, S. 1754
Sopranzi, N. 1565
Sorokin, M. N. 0204
Sorokin, O. M. 1529
Sostakovskij, M. F. 0860, 1074
Soukup, J. 0793
Souleau, C. 0573
Souliotis, A. G. 1573
Spacht, R. B. 1810
Sparreboom, S. 1201
Specht, J. von 0054
Spedding, F. H. 0361
Speidel, D. H. 0562
Speiser, R. 0346
Speranskaja, E. I. 0554
Spes, H. 1857
Speziale, A. J. 1820
Spicyn, B. V. 1478
Spicyn, V. I. 0399, 0400, 0784
Spiegelberg, H. 1384, 1399
Spigil', S. 0710
Spinner, B. 0865
Spiridonova, M. N. 0766
Spiro, T. G. 0075, 0076
Spiteller, G. 1337
Spitz, H. D. 1526
Spitz, J. P. 1598
Spofa, Sdruzeni Podniku pro Zdravotnickon Vyrobu 1454
Spotswood, T McL. 0966
Sprague, J. M. 1370
Springer, V 0605
Sproul, W. D. 0121
Squibb, E. R. & Sons, Inc. 1426
Staehlin, W 0240
Staeuble, M. 1940, 1941
Stahl, F. 1644
Stamicarbon, N. V. 1849, 1880
Stamm, W. 1910
Stanaback, R. J 1311
Stanicic, N. 0681
Stanley, E. 0129
Starka, L. 1644
Starski, H. 1209
Stastny, I. 1644
Stastny, J. 1644
Stauffacher, D. 1434
Stauffer, L. 0061
Stauffer Chemical Co. 1910
Stavonik, B. 1283
Stechanov, A. I. 0372
Stecki, J. 0482
Steenwinkel, R. van 0392
Steeple, H. 0243
Stefano, S. De 1344
Steiger, N. 1455
Steinfeld, M. I. 0360
Steinnes, E. 0001
Stellrecht, D. E. 0318
Steman, J. W. M. 1880
Stempel, A. 1413
Stepanov, A. P. 0401
Stepanov, V. M. 0520
Sterba, V 1133
Sterlin Drug, Inc. 1831, 1927
Sternbach, L. H. 1413, 1455
Sternberg, A. A. 0185
Stetinova, L. 0780
Stevens, K. W. H. 0475
Stevenson, R. 0360
Stewart, C. J. 0884
Stoa, K. F. 1644
Stoenescu, M. 1214
Stoffel, A. M. 0360
Stoljarov, V. I. 0521
Stone, R. E. 0008
Stout, J. W. 0360
Straley, J. M. 1919
Stranks, D. R. 0750
Strazesko, D. N. 0685
Strecker, R. A. 1056
Strel'nikova, I. A. 0430, 0431
Stricht, A. Van der 0004
Strickler, D. 0275
Stringer, J. 0768
Stroink, J. B. A. 1201
Stromberg, A. G. 0518, 0675
Strukov, B. A. 0291
Strusz, R. F. 1726
Studiengesellschaft Kohle mbH 1908
Studt, G. 0519
Stukanovskaja, N. A. 0767
Stul'pinas, B. B. 0645
Stummer, C. 1872
Subbaraman, P. R. 1066
Subbotina, N. A. 0584
Subinec, M. V. 1681
Suchnevic, V. S. 1523
Sudarikov, S. A. 0481
Sudarsanam, V. 1333
Sueddeutsche Kalkstickstoff-Werke AG 1905, 1906
Suetin, P. E. 0484
Sugita, J. 1621
Sugiyama, T. 1790
Suhrmann, R. 0717
Suita, J. C. 0360
Sulejmenov, S. T. 0266
Sultanov, A. 1188, 1193
Sulzmann, K. G. P. 0053
Sumi, Y. 1333
Sumiki, Y. 1342
Sumskaja, A. I. 1546
Sun Oil Co. 1815
Sunagawa, G. 1819
Suominen, P. 1482
Sur, J. S. 0472
Surov, V. N. 0587
Surrey, A. R. 1831
Suskanov, A. D. 0379
Sutcliffe, L. H. 0957
Suvorov, B. A. 0056
Suvorov, B. V. 1223
Suzuki, H. 1260
Suzuki, K. 0935
Suzuki, T. 1287, 1348
Svab, A. 1454
Svarc, E. M. 0825, 0832, 0837
Svarcman, L. A. 0527
Svedcikov, A. P. 1156, 1157
Svedov, V. P 0846
Svejkin, G. P. 0552
Svincova, L. G. 0767
Svoboda, V. 1524
Swaine, D. J. 1516
Swett, C. V 1673
Swiatkowski, P. 1794
Swift, T. J 0628, 0748
Swisher, J. H. 0771
Swofford jun., H. S. 0526
Syamal, A. 0874
Syme, R. W. G 0361
Symons, G. D. 1482
Sytilin, M. S. 1543
Szabo, E. 1630
Szabo, I. 1422
Szalecki, W. 1242, 1243
Szalek, G. 0561
Szantay, C. 1417
Szentmiklosi, P. 1423
Szilagyi, I. 1424
Szoeke, S. 1423
Sztafrowski, P. 1783
Szymanski, W 0783

Tabenkin, B. 1431
Tacievskaja, G. I. 1023
Tada, H. 1456
Tagawa, H. 1348
Tagiev, I. G. 0415
Tairov, S. I. 0421
Tagirov, V. I. 0421
Takaba, S. 1482
Takagi, K. 1124
Takahashi, K. 0953
Takaoka, K. 1065
Takeda Chemical Industries Ltd. 1427
Takeuchi, T. 1580
Takimoto, H. H. 1004
Talakin, O. G. 0496
Talukdar, P. B. 1107
Tamas, V. 0947
Tamura, H. 1620
Tan, K. L. 0099
Tanabe, Y. 0360
Tanaka, M. 1163
Tanaka, S. 0939
Taniguchi, Y. 1244
Tarasevic, J. I. 0375
Tardif, J. P. 1598
Tartarelli, R. 0788
Tataru, S. 0646
Taub, D. 1380, 1381, 1382
Taube, H. 0629
Tavadze, F. N. 1747
Taylor, D. R. 0360
Taylor, H. F. 0456
Taylor, H. A. 0797
Taylor, K. N. R. 0475
Taylor, R. E. 0315
Taylor, W. C. 1306
Taylor, W. H. 0256
Tchelitcheff, S. 1425
Technische Gase-Werke Berlin VEB 1755
Tedmon jun., C. S. 0644
Teichman, G. 1317
Teijin Ltd. 1877
Tellini, N. 1215
Temkin, M. I. 0762, 1091
Tennant, W. C. 0804
Tepper, S. A. 1646
Terabe, S. 1621
Teremeckij, V. A. 0171
Terentev, A. P. 1623
Terleckij, J. P. 0282
Terpugova, A. F. 0712
Terry, G. C. 1178
Tevebaugh, A. D. 0639
Tevzadze, G. A. 0826
Tewari, S. N. 1688
Thanassi, J. W. 1098
Theophanides, T. 0077
Thewalt, K. 1890
Thieringer, H.-M. 0312
Thies, C. 1035
Thomae, Dr. K., GmbH 1451
Thomas, A. F 0975
Thomas, H. 0461
Thomson, J. B. 0973
Thompson, C. C. 0917
Thompson, D. T 1841
Thompson, H. W. 1043
Thompson, J A. J. 0872
Thompson, N. B. W. 0309
Thompson, R. C. 0468
Thorn, R. J. 0499
Thun, J.-E. 1482
Thynne, J C. J 1176
Tichonov, A. S. 0807
Tien, V. 0572
Tiger, A. E. 1072
Timan, B. L. 0445
Timasev, V. V. 0176
Timson, W. J. 1472
Tinker, H. B. 1628
Tinkham, M. 0451
Tipper, C. F. H. 0733
Tiran, E. Le 0454
Tisler, M. 1283
Titanium Metals Corp. of America 1767
Tjarks, C. K. 1557
Tjulkin, V. A. 0265, 0267
Tkalenko, A. D. 0140
Tobey, S. W. 1299
Tochtabaeva, G. M. 0565
Tockstein, A. 0736
Toei, K. 1691
Toeke, L. 1417
Toeroek, J 1421

Toivonen, I. 1680
Tolkacev, A. M. 0320
Tolmacev, J. M. 0868
Tolstoluckij, A. G. 0105
Tolstov, L. K. 0401
Tomilin, I. A. 0527
Tomimori, T. 1334
Tominaga, H. 1124, 1781
Tomita, Y. 1699, 1700
Tomkins, B. 0304
Tomko, J. 1307
Tonge, K. H. 1095
Tooke, C. C. 0435
Topcieva, K. V. 1033
Tori, K. 0960
Toropov, A. 0541
Toropov, N. A. 0847
Torubarov, A. I. 1016
Toryu, T. 1584
Toschev, S. 0261
Touchstone, J. C. 1645
Tour, O. D. 0616
Tovbina, Z. M. 0685
Toyoshima, S. 1257
Trafford, D. J. H. 1647
Trailina, E. P. 0880
Treindl, L'. 0751
Trembac, V. M. 0131
Trescova, E. G. 0990
Tret'jakov, J. D. 0568
Tribul, A. M. 0723
Triffett, A. C. K. 0969
Trimborn, G. 1560
Trinajstic, N. 0985
Trivedi, J. P. 1225
Trofimov, B. A. 1074
Trofimov, V. I. 0710
Troneva, N. V. 0159
Tronov, B. V. 1047
Trout, H. E. 0162
Troxler, F. 1386
Truesdell, A. H. 0626
Trunin, A. S. 0585
Trunov, V. K. 0540
Truski, W. 1219
Trutnovsky, H. 1619
Tsai, L. 0907
Tsujimura, S. 1592
Tsukamoto, G. 1347
Tsunoda, T. 1721
Tsuzi, N. 1456, 1457, 1459
Tucker, B. 1211
Tulevicene, V. S. 0645
Tupicyn, I. F. 1115, 1116
Turbanti, L. 1215
Turkov, S. K. 0293
Turnbull, D. 0538
Turner, N. J. 1950
Turner, P. A. 0309
Turner, R. W. 1389
Turovskij, A. A. 1075
Tuzova, N. V. 1792
Tykacinskij, I. D. 0262

Ubbelohde, A. R. 0259
Uchin, N. A. 0414
Uehara, K. 1781
Ueki, T. 0254
Uemura, K. 0935
Ueno, A. 1949
Ueno, K. 1499
Uhlig, E. 0607
Uhlmann, D. R. 0535, 0538
Ugarova, N. N. 1042
Ugo, R. 0885
Ui, T. 1532
Uken, E. A. 1616
Ullah, S. 1559
Ulrich, H. 1211
Umanskij, J. S. 0134
Umemoto, K. 1065
Umrichina, A. V. 1191
Union Carbide Corp. 1812, 1813
UCB (Union Chimique-Chemische Bedrijven) Soc. An. 1398
United Coke & Chemicals Co. Ltd. 1808
United States Atomic Energy Commission 1778
U.S. Vitamin & Pharmaceutical Corp. 1473
Universal Oil Products Co. 1809
Uno, F. 1877
Uno, S. 1877
Urbanski, T. 1353
Urone, P. 0820
Ursuljak, N. D. 0189
Urvalkova, D. 1507
Urwin, J. R. 1574
Usadel, K.-D. 0448
Uskokovic, M. R. 1418
Usmajlov, R. G. 1779
Ustinova, A. V. 1146
Utkin, N. I. 0189
Utsumi, I. 1347
Uyeo, S. 1338

Vacek, K. 0812
Vajpolin, A. A. 0578
Vajsburd, S. E. 0529, 0531
Valega, T. M. 1346
Vallet, C. 0589
Valu, G. 1424
Valyi-Nagy, T. 1424
Vandysev, B. A. 0341
Vanjukov, A. V. 0088
Varsavskij, J. M. 0971
Vasenin, G. N. 1041
Vasil'ev, G. A. 1482
Vas'ko, M. P. 0714
Vassileva-Alexandrova, P. 1652
Vasyl'kovs'kyj, A. S. 0132, 0140
Vdovenko, N. V. 0682
VEB Arzneimittelwerk Dresden 1832
VEB Farbenfabrik Wolfen 1923
Vecer, R. A. 0532
Vecera, M. 1133
Vediaev, A. V. 0360
Veen, J. Van Der 1656
Veer, F. A. 0348
Verheijke, M. L. 1482
Venerandi, A. 0199
Venkateswaran, N. 1237
Venkateswarlu, K. 1000
Venuto, P. B. 1102
Verbljudova, N. I. 1698
Vereinigte Aluminium-Werke AG 1777
Verkaeren, J. 0577
Verlet, L. 0488
Vermeil, C. 1180
Verneker, V. R. P. 0834
Veselovskaja, N. V. 1184
Veselovskij, V. I. 0661
Vesely, M. 1925
Viaene, W. 0577
Vielstich, W. 1560
Vigni, P. 1331
Vijayan, M. 0229
Vilesov, F. I. 1064
Vilisov, A. A. 0437, 0440
Vinkova, V. A. 1602
Vinnik, M. I. 1072, 1073
Vinogradov, V. M. 0728
Viola jun., V. E. 0011
Viscido de Heras, L. 0717
Viswamitra, M. A. 0229
Vitagliano, V. 1013
Vitali, T. 1329
Viterbo, R. 1356
Vitol, J. V. 0735
Vjatkin, A. P. 0437, 0440
Vjazankin, N. S. 0858, 0867
Vlasov, V. A. 0432
Vlasov, V. M. 1216
Vlcek, A. A. 0049
Vochten, R. F. C. 1651
Vodzinskij, J. V. 1502
Voelker, T. 1797
Vogel, A. 1400
Vogt, O. 0475
Voitländer, J. 0387
Vojtko, J. 1020
Vojtoveckij, V. K. 0133
Vojtovic, B. A. 0598
Volcenskova, I. I. 0057
Vol'kenstejn, F. F. 0700
Volosanenko, G. P. 1063
Volosov, V. I. 0110
Volosuk, A. M. 0824
Volpi, G. G. 1078
Volskaja, O. B. 0211
Vondrak, F. 1925
Vorob'ev, J. P. 0566
Voroncichin, L. D. 0471
Voroncichina, V. V. 0648
Voronin, V. B. 0715
Voronovskij, A. N. 0453
Vorotilina, V. K. 0855
Vorozcov jun., N. N. 1216
Vries, A. E. de 0485
Vries, W. T. de 1503
Vychodec, V. B. 0338
Vysockaja, N. A. 1161

Wachtel, E. J. 0360
Wacker Chemie GmbH 1853, 1857
Wadham, A. 0360
Wadsley, A. D. 0236
Wagman, G. H. 1366
Wagner, A. 1705
Wagner, P. 0331
Wahab, M. A. 0151
Wainai, T. 1497
Wakayama, N. 1120
Walker, J. A. 0089
Walker jun., P. L. 0315
Walker, R. G. 0753
Walker, S. M. 0957
Wall, M. E. 1332
Wallace, D. I. 1918
Wallace, D. J. 1919
Wallace, W. E. 0470
Wallis, P. M. 0475
Walsh, P. M. 1153
Walter, R. L. 1482
Walus, W. 1482
Wander, Dr. A., AG 1372, 1461, 1838
Wanklyn, B. M. 0187
Ward, H. R. 0950
Ward, Blenkinsop & Co. Ltd. 1903
Warnqvist, B. 0603
Warren, F. L. 1303
Wasilewski, R. J. 1752
Wassermann, G. 0194, 0195, 0198
Watanabe, H. 1780
Watanabe, S. 1707, 1709
Watanabe, T. 1347, 1707
Watanabe, Y. 1276
Watkins, K. O. 0753
Watterson, J. I. W. 1616
Waugh, J. B. S. 1482
Wawro, R. G. 0628
Weatherell, J. A. 1685
Weaver, M. A. 1918, 1919
Weber, H. 1378, 1379
Weber, J. 1746, 1893
Weber, J. B. 0720
Weber, K. 0936, 1941
Weber, R. 0475
Wedler, G. 0717
Weed, S. B. 0720
Wefers, K. 0533
Wegdam, G. H. 0367
Wehrberger, K. 1644
Wehrmeister, H. L. 1758
Weiher, J. F. 0466
Weinswig, M. H. 1354
Weinstein, B. 1207
Weinstock, J. 1441
Weinstock, L. M. 1879
Weir, N. A. 0087
Weisenborn, F. L. 1426
Weiss, K. 1044
Weiss, S. 0916
Weissman, S. L. 1669
Welch, E. 1805
Welge, K. H. 0055
Wellcome Foundation Ltd. 1369, 1376, 1388
Wenden, H. E. 0893
Wendler, N. L. 1380, 1381, 1382
Werbel, L. M. 1401, 1402
Wesolowski, J. W. 1359
West, C. 1006, 1007
West, C. D. 1517
West, T. S. 1568, 1570
Westrum jun., E. F. 0997
Wetsel jun., G. C. 0475
Wetzig, K. 0120
Weyer, R. 1378, 1379
Wheeler, R. G. 0360
White, G. K. 0475
White jun., H. B. 1736
White, J. D. 1585
White, R. L. 0475
White, S. C. 1043
Whitehead, M. A. 0025, 0026, 0027, 0028, 0033
Whitehouse, M. L. 0838
Whiteway, S. G. 0503
Whittaker, N. 1902
Whittingham, M. S. 0870
Wichterlova, B. 1155
Wicks, C. E. 1008
Wiedemeier, H. 0504
Wiess, M. 1893
Wiest, W. G. 1682
Wiewiorowski, T. K. 0749
Wigmore, J. K. 0475
Wilbert, G. 1953
Wilhelm, M. 1895
Wilke, G. 0879
Williams, A. I. 1729
Williams, D. 0071
Williams, D. F. 0923, 0924
Williams, G. M. 0475
Williams, J. L. R. 1318
Williams, L. R. 1266
Williams, T. H. 1418
Williams, V. 1178
Willets, F. W. 1178
Willhalm, B. 0975
Wilshire, J. F. K. 1190
Wilson, R. H. 1575
Winchell, R. E. 0893
Winkler, H. 1409, 1410
Winkler, R. 1942
Winnick, C. N. 1858
Winter, E. 1519
Wirtz, R. 1851
Wistuba, H. 0676
Wiszniowski, K. 1793
Wittry, D. B. 1533
Woessner, D. E. 0396
Wojciechowski, L. 1292
Wojnar, R. 0482
Wojnov, J. P. 0052
Wolf, F. 1717
Wolfe, S. 1469
Wolff, H. 1038
Wolfrum, G. 1938
Wodkiewicz, L. 1586
Womack jun., C. M. 0130
Wood, D. L. 0360
Wood, G. C. 0773
Wood, G. E. 1622
Wood, W. W. 0483
Woodford, D. A. 0306
Woodruff, D. P. 0279
Woodward, R. B. 1435
Wotiz, H. H. 1665
Woycicki, W. 1001
Wrathall, D. P. 1547
Wright, W. V. 1105
Wroe, H. 1482
Wronski, M. 1626
Wunderlich, H. 1938
Wunderlich, J. A. 0969
Wyderko, M. 0896
Wzotyori, L. 1258

Yaffe, L. 0141
Yalowitz, H. I. 1758
Yekutieli, G. 1482
Yamada, K. 0881
Yamada, S. 1732
Yamagishi, S. 0342
Yamaguchi, H. 1499
Yamaguchi, K. 1499
Yamamoto, O. 0951
Yamamoto, Y. 1197, 1274, 1566
Yamashita, Y. 1320
Yamauchi, K. 1621
Yamazaki, T. 1290
Yengoyan, L. 1324
Yankelowitz, S. 1301
Yao, Y. L. 0478
Yasue, G. 1697
Yasui, H. 1788
Yasui, T. 1876
Yates, K. 1105
Yokoi, K. 1482
Yoneda, Y. 1084
Yoshida, H. 1649, 1650
Yoshida, K. 0475, 1320
Yoshida, S. 0308
Yoshikawa, S. 1649, 1650
Yosioka, I. 1336
Young, D. A. 0258
Youssif, Y. S. 1662
Yuda, T. 1482
Yuki, H. 1284
Yuzuri, M. 0360

Zabgorodnij, V. S. 0862
Zabrova, G. M. 0687
Zac, A. V. 0105
Zacepina, N. N. 1115, 1116
Zacharkin, L. I. 1154
Zacharov, E. V. 1142
Zacharov, L. S. 1521
Zacharov, M. S. 0675
Zacharova, E. A. 0648
Zaehner, H. 1430
Zaikov, G. E. 1090
Zajcev, O. S. 0565
Zalewski, E. 0139
Zalkind, C. I. 0661
Zapalski, G. 1482
Zapletal, V. 0793
Zaremba, V. G. 0409
Zarzycki, J. 0547
Zaslavskij, B. G. 0627
Zaugol'nikova, E. G. 0441
Zavarickaja, T. A. 0779
Zavarickij, N. V. 0453
Zawadszka, H. 1252, 1280
Zegalska, B. 1019
Zegers, P. 0392
Zejnalov, B. L. 1229
Zeleznyj, B. V. 0166
Zeligovskaja, N. N. 0584, 0808
Zel'venskij, J. D. 0706
Zemanova, D. 1704
Zemljanov, M. G. 0242
Zenin, A. A. 0747
Zetkin, V. I. 1142
Zicharev, V. S. 1161
Ziegenbein, W. 1839
Ziegler, K. 1907
Zielen, A. J. 1496
Zielenski, K. 1783
Zielinski, A. Z. 1785
Zielinski, W. 1205, 1221
Zilkha, A. 1317
Zimina, L. A. 0544
Zloba, A. F. 1658
Zlomanov, V. P. 0574, 0575
Zlotina, N. E. 1087
Zmrhal, Z. 1323
Znamenskij, I. V. 0784
Znamenskij, J. P. 0726
Zoelch, L. 1835
Zolkevyc, H. O. 0384, 0385
Zolotavin, V. L. 0401
Zolotova, T. K. 0663
Zolotuchin, I. V. 0160, 0351
Zotova, G. M. 0325
Zotta, V. 1214
Zubov, V. I. 0282
Zuev, V. E. 0068
Zuev, V. V. 0285
Zukova, T. B. 0426
Zukovskij, J. G. 0732
Zuravlev, A. K. 0268
Zvagol'skaja, E. V. 0598
Zverev, G. L. 0545
Zvonar, V. 1724
Zweidler, R. 1826
Zylowski, J. 1353

Patentregister

Australische Patente (Aust. P.)

Nr.	Ref. Nr.	Bezugspatent
270 953	1893	(U.S.P. 3 206 470)
274 330	1878	(Schwz.P. 415 682)
275 418	1892	(Schwz.P. 415 680)

Belgische Auslegeschriften (Belg. A. S.)

Nr.	Ref. Nr.	Bezugspatent
653 662	1910	(D.A.S. 1 212 976)

Britische Patente (Brit. P.)

Nr.	Ref. Nr.	Bezugspatent
1 016 653	1372	
1 036 090	1866	(Schwz.P. 433 367)
1 039 704	1927	
1 040 607	1912	
1 043 305	1856	(Schwz.P. 433 250)
859	1415	
1 058 804	1837	
1 062 705	1955	
1 063 472	1951	
473	1951	
1 067 152	1922	
1 075 268	1839	
628	1894	(U.S.P. 3 252 993)
1 076 203	1819	
306	1816	
1 086 522	1958	
975	1938	(Schwz.P. 428 990)
1 087 068	1937	(F.P. 1 420 692)
175	1939	(Belg.A.S. 665 505)
276	1930	(F.P. 1 431 156)
329	1886	(U.S.P. 3 275 651)
1 100 575	1763	
1 104 125	1759	
196	1765	
663	1762	
1 106 087	1771	
131	1766	
333	1770	
1 122 702	1801	
1 123 861	1806	

Auslegeschriften der Patentanmeldungen des Deutschen Patentamtes München (D. A. S.)

Nr.	Ref. Nr.	Bezugspatent
1 205 215	1947	(F.P. 1 289 750)
1 217 525	1934	(F.P. 1 279 854)
1 220 418	1812	
1 228 733	1940	(F.P. 1 328 604)
1 250 944	1933	(F.P. 1 311 555)
1 270 010	1757	
044	1832	
1 271 407	1772	
708	1860	(Brit.P. 1 063 435)
1 274 579	1841	
1 276 024	1852	(U.S.P. 3 255 251)
332	1769	
1 278 041	1936	(F.P. 1 350 536)
1 279 015	1857	(Brit.P. 1 023 176) (Schwz.P. 407 095) (U.S.P. 3 227 746)

Deutsche Patente (D. P. [DDR])

Nr.	Ref. Nr.	Bezugspatent
33 019	1923	
35 142	1890	(Oe.P 233 002)
42 392	1440	(Oe.P 234 657)
405	1882	(Oe.P 232 987)
46 816	1888	(D.A.S. 1 188 590)
51 034	1418	
848	1875	(D.A.S. 1 194 394)
53 266	1924	
54 692	1800	
695	1899	(D.A.S. 1 206 435)
55 021	1409	
037	1374	
332	1410	
333	1411	
655	1797	
668	1834	
960	1420	
56 530	1403	
773	1795	
789	1399	
790	1400	
794	1395	
799	1389	
57 029	1386	
030	1400	
57 120	1375	
853	1413	
58 497	1756	
510	1393	
741	1390	
62 827	1798	

Französische Patente (F. P.)

Nr.	Ref. Nr.	Bezugspatent
2 100	1473	(F.P. [Med.] 1 315 273)
117	1474	(Brit.P.[Med.] 916 062)
240	1451	(Brit.P.[Med.] 964 059)
337	1438	(Brit.P.[Med.] 968 460)
508	1439	(Brit.P.[Med.] 971 951)
523	1452	(Ung.P.[Med.] 150 598)
535	1444	(Brit.P.[Med.] 956 616)
549	1453	(Oe.P.[Med.] 238 207)
571	1455	(Oe.P.[Med.] 237 623)
671	1437	(D.P. [DDR] (Med.) 40 931)
819	1436	(D.A.S.[Med.] 1 205 977)
981	1464	(D.A.S.[Med.] 1 201 006)
3 033	1449	(Oe.P.[Med.] 240 363)
114	1434	(Ung.P.[Med.] 151 507)
197	1476	(D.A.S.[Med.] 1 206 118)
293	1433	(Brit.P.[Med.] 1 006 887)
367	1458	(Can.P.[Med.] 694 451)
413	1470	(U.S.P.[Med.] 3 157 640)
509	1445	(Port.P.[Med.] 42 770)
510	1446	(Port.P.[Med.] 42 771)
537	1461	(Port.P.[Med.] 42 584)
562	1459	(Can.P.[Med.] 694 453)
741	1369	(Med.)
766	1388	(Med.)
784	1370	(Med.)
793	1376	(Med.)
817	1392	(Med.)
880	1401	(Med.)
881	1402	(Med.)
83 657	1871	(Brit.P. 957 957)
85 766	1904	(D.A.S. 1 201 355)
86 167	1875	(D.A.S. 1 194 394)
1 325 404	1897	(Brit.P. 974 713)
1 326 817	1438	(Brit.P. 968 460)
1 340 991	1437	(D.P. [DDR] 40 931)
1 341 794	1890	(Oe.P. 233 002)
1 343 073	1448	(D.A.S. 1 203 276)
1 344 993	1475	(Brit.P. 967 469)
1 346 768	1882	(Oe.P 232 987)
1 348 696	1454	(Oe.P. 242 147)
1 349 124	1441	(D.A.S. 1 202 791)
199	1450	(U.S.P 3 143 550)
621	1471	(Brit.P 977 609)
622	1453	(Oe.P. 238 207)
1 350 260	1463	(Brit.P. 967 616)
317	1888	(D.A.S. 1 188 590)
1 351 219	1455	(Oe.P 237 623)
1 353 072	1845	(Brit.P. 960 309)
229	1900	(D.A.S. 1 206 434)
1 355 143	1456	(Jap.A.S.[1965] 5 831)
144	1457	(Can.P. 694 452)
148	1458	(Can.P. 694 451)
1 357 180	1899	(D.A.S. 1 206 435)
604	1447	(D.A.S. 1 150 983)
627	1435	(Brit.P 973 022)
1 358 184	1885	(Can.P. 692 097)
1 360 191	1469	(Brit.P 962 719)
407	1459	(Can.P. 694 453)
412	1460	(Jap.A.S.[1965] 3 916)
861	1472	(U.S.P. 3 142 670)
1 364 173	1842	(D.A.S. 1 186 063)
1 365 220	1468	(Brit.P. 975 379)
1 366 241	1905	(Can.P. 688 923
413	1443	(Schwz.P. 385 1[illegible]
450	1846	(Brit.P. 971 995)
730	1462	(Brit.P. 978 531)
1 367 207	1865	(D.A.S. 1 200 798)
1 374 709	1778	(D.A.S. 1 211 137)
1 395 949	1465	(D.A.S. 1 181 371)
1 402 590	1775	(Can.P. 696 944)
1 403 506	1873	(D.A.S. 1 206 884)
1 406 874	1773	(Can.P 696 945)
1 409 197	1910	(D.A.S. 1 212 976)
1 414 817	1467	(D.A.S. 1 207 046)
1 417 925	1777	(D.A.S. 1 205 957)
1 426 565	1853	(D.A.S. 1 206 878)
1 446 709	1917	
1 450 270	1760	
1 457 449	1919	
779	1776	(D.A.S. 1 205 705)

Niederländische Patente (Niederl. P.)

Nr.	Ref. Nr.	Bezugspatent
122 631	1817	
123 744	1833	

Oesterreichische Patente (Oe. P.)

Nr.	Ref. Nr.	Bezugspatent
242 689	1885	(Can.P. 692 097)
243 436	1466	(D.A.S. 1 203 274)
244 343	1442	(D.A.S. 1 197 891)
964	1398	
246 111	1845	(Brit.P. 960 309)
123	1875	(D.A.S. 1 194 394)
153	1904	(D.A.S. 1 201 355)
338	1414	
715	1865	(D.A.S. 1 200 798)
730	1385	
735	1387	
737	1406	
933	1842	(D.A.S. 1 186 063)
247 321	1897	(Brit.P. 974 713)
341	1408	
248 416	1373	
417	1373	
444	1905	(Can.P. 688 923)
249 036	1873	(D.A.S. 1 206 884)
275	1416	
648	1846	(Brit.P. 971 995)
250 333	1397	
337	1377	
353	1900	(D.A.S. 1 206 434)
354	1899	(D.A.S. 1 206 435)
927	1853	(D.A.S. 1 206 878)
933	1371	
952	1394	
252 228	1432	
229	1432	
230	1432	
247	1412	
467	1417	
259 539	1807	

Schwedische Patente (Schwed. P.)

Nr.	Ref. Nr.	Bezugspatent
202 126	1864	(F.P. 72 035)
204 004	1854	(F.P. 74 770)
295	1896	(Niederl.P. 120 945)

Schweizer Patente (Schwz. P.)

Nr.	Ref. Nr.	Bezugspatent
394 264	1947	(F.P. 1 289 750)
397 915	1943	(F.P 1 314 701)
398 846	1941	(F.P. 1 310 801)
401 306	1921	
404 030	1933	(F.P 1 311 555)
038	1945	(F.P. 1 316 293)
405 281	1372	
282	1372	
410 238	1914	
242	1946	(F.P. 1 308 425)
411 180	1935	(F.P. 1 343 210)
181	1942	(F.P. 1 315 478)
413 175	1944	(F.P. 1 330 396)
425 033	1932	(Brit.P. 957 364)
432 930	1959	
434 236	1949	
435 500	1913	
436 321	1906	(Can.P. 688 923)
437 306	1839	
672	1868	(Belg.A.S. 628 951) (Brit.P. 970 598) (U.S.P. 3 186 965)
438 308	1901	(Brit.P. 1 021 525) (Brit.P. 1 021 526)
439 248	1813	
254	1877	(D.A.S. 1 203 754)
440 292	1895	(U.S.P 3 228 946)
304	1910	(D.A.S. 1 212 976)
441 278	1378	
279	1379	
442 261	1849	(U.S.P. 3 214 458)
443 281	1384	
444 171	1826	
854	1383	
863	1898	(Brit.P 1 060 276)
445 472	1848	(Brit.P. 1 087 837)
446 311	1380	
314	1381	
370	1415	
447 153	1382	
448 089	1819	
609	1954	
450 447	1419	
451 153	1952	
452 078	1920	

Nr.	Ref. Nr.	Bezugspatent
454 305	1931	(F.P. 81 222)
312	1928	(F.P. 1 441 175)
314	1929	(F.P. 1 461 855)
456 576	1872	(Brit.P 1 073 330)
602	1889	(U.S.P. 3 278 523)
458 307	1755	

Tschechoslowakische Patente
(Tschech. P.)

Nr.	Ref. Nr.	Bezugspatent
123 388	1925	
125 770	1916	

USA-Patente
(U. S. P.)

Nr.	Ref. Nr.	Bezugspatent
3 227 727	1822	
728	1822	
3 228 956	1821	
3 234 242	1947	(F.P. 1 289 750)
3 245 990	1405	
991	1405	
3 252 968	1926	
3 256 269	1915	
3 268 535	1405	
540	1405	
3 274 202	1405	
3 280 106	1818	
3 281 209	1758	
3 282 924	1820	
3 284 461	1953	
462	1891	(Brit.P 1 045 818)
3 285 981	1843	(Brit.P. 1 078 934)
3 288 796	1957	
803	1887	(Brit.P 1 076 724)
3 293 248	1836	
307	1815	
3 294 833	1948	
3 298 777	1768	
3 305 584	1810	
3 306 938	1805	
3 308 136	1903	(Schwz.P. 434 292)
3 312 731	1861	(Brit.P. 967 299)
3 313 854	1809	
3 314 894	1823	
3 317 605	1879	(Brit.P 979 388)
3 322 685	1911	(D.A.S. 1 210 840)
3 336 368	1799	
369	1799	
3 338 920	1956	
3 341 562	1907	(D.A.S. 1 161 895)
567	1876	(D.A.S. 1 238 893)
3 342 825	1902	(Oe.P. 226 707)
877	1881	(D.A.S. 1 106 320)
3 344 178	1855	(Brit.P 995 472)
197	1844	(Brit.P 1 022 980)
3 346 618	1863	(D.A.S. 1 203 749)
627	1859	(D.A.S. 1 233 387)
636	1883	(Brit.P. 1 059 575)
651	1847	(D.A.S. 1 243 172)
670	1870	(Brit.P. 994 136)
3 347 891	1908	(Belg.A.S. 638 642)
918	1884	(D.A.S. 1 201 335)
3 349 075	1918	
3 350 431	1840	
465	1880	(Brit.P 1 025 443)
3 352 870	1827	
871	1828	
874	1830	
875	1829	
887	1808	
3 354 179	1950	
3 355 473	1867	(Brit.P 998 549)
479	1874	(D.A.S. 1 236 494)
3 356 774	1869	(D.A.S. 1 211 270)
		(D.A.S. 1 191 369)
3 357 992	1851	(D.A.S. 1 240 070)
3 358 015	1858	(Brit.P. 1 015 877)
3 360 540	1862	(D.A.S 1 210 789)
548	1850	(Brit.P 987 278)
3 361 519	1764	
523	1761	
3 364 017	1767	
3 387 011	1909	(Brit.P 1 081 823)

Ungarische Patente
(Ung. P.)

Nr.	Ref. Nr.	Bezugspatent
153 379	1396	
561	1428	
593	1424	
154 046	1426	
226	1407	
228	1431	
327	1429	
517	1423	
561	1391	
758	1404	
759	1421	
786	1811	
799	1803	
811	1425	
838	1814	
846	1824	
934	1422	
935	1430	
155 081	1427	
138	1796	
184	1802	
264	1831	
280	1838	
433	1804	

Sowjetische Patente
(UdSSR. P.)

Nr.	Ref. Nr.	Bezugspatent
176 532	1774	(D.A.S. 1 207 926)
178 381	1825	

CHEMISCHES ZENTRALBLATT

Nr. 22 · 28. Mai 1969
Referat 0001–1959
Seite 1–200

A. Allgemeine, physikalisch-anorganische und anorganische Chemie

A–1. Physik der Atomkerne

0001 **Reaktorwirkungsquerschnitt der Reaktion $^{41}K(n, \alpha)^{38}Cl$ und deren Störung bei Aktivierungsanalysen.** O. Johansen und E. Steinnes. (Radiochim. Acta [Frankfurt/M.] 9 (1968) 1, 47–48; Kjeller, Norway, Inst. for Atomenergi, Isotoplabor.; engl.) — Bei der aktivierungsanalyt. Best. von Spurenelementen der Ordnungszahl Z sind Störungen durch Kernrk. schneller Neutronen zu erwarten, wenn Hauptbestandteile mit Z + 1 u. Z + 2 vorhanden sind. Im Zuge von Unters. über den Chlorgeh. von Mineralien bestimmten Vf. den Reaktorwrkg.-Querschnitt der Rk. $^{41}K(n, \alpha)^{38}Cl$, weil K meist Hauptbestandteil silicat. Gesteine ist. Für den JEEP 1-Reaktor finden Vf. als Mittelwert $0{,}68 \pm 0{,}05$ mbarn; dieser Wert dürfte näherungsweise auch für zentrale Positionen anderer Reaktoren gelten.
D. Ertel 20

0002 **Wirkungsquerschnitte der Reaktionen $^{40}Ca(n, 2n)^{39}Ca$ und $^{44}Ca(n, p)^{44}K$ für 14-MeV-Neutronen.** H. Braun und W. Schulze. (Radiochim. Acta [Frankfurt/M.] 9 (1968) 1, 22–26; Berlin, FU, Inst. für anorgan. Chem.; dt.) — Nach der Aktivierungsmeth. wurden die Wrkg.-Querschnitte der Rk. $^{40}Ca(n, 2n)^{39}Ca$ u. $^{44}Ca(n, p)^{44}K$ für Neutronen im Energiebereich $14{,}69 \pm 0{,}05$ MeV zu $\sigma_{n,2n} = 8 \pm 2$ mbarn bzw. $\sigma_{n,p} = 35 \pm 3$ mbarn bestimmt.
D. Ertel 20

0003 **(p, xn)-Reaktionen an ^{56}Fe, ^{57}Fe und ^{58}Fe bei 370 MeV.** Jacques B. J. Read. (J. inorg. nuclear Chem. 30 (1968) 8, 2039–46; Dep. of Appl. Sci., Univ. of Calif., Livermore, Calif.; engl.) — Die (p, xn)-Querschnitte von ^{56}Fe, ^{57}Fe u. ^{58}Fe für die Erzeugung von ^{55}Co, ^{56}Co, ^{57}Co wurden beim Beschuß von Fe-Targets verschiedener Isotopenhäufigkeiten mit 370-MeV-Protonen gemessen. Für die Rk. $^{56}Fe(p, pn)^{55}Fe$ u. $^{57}Fe(p, p2n)^{55}Fe$ bei 370 MeV wurden Wrkg.-Querschnitte von $58{,}4 \pm 1{,}0$ bzw. $24{,}7 \pm 2{,}3$ mbarn erhalten. Die (p, n)- u. (p, 2n)-Querschnitte werden mit anderen im Massenbereich A = 44 u. A = 96 verglichen. Herbert Weber 20

0004 **Anregungsfunktionen und Ausbeutenverhältnisse für die Isomerenpaare ^{80}Br und ^{80m}Br aus (d, 2n)-, (α, np)-, (α, p)- und (p, n)-Reaktionen mit Selen.** R. Debuyst und A. Vander Stricht. (J. inorg. nuclear Chem. 30 (1968) 3, 691–98; Louvain, Univ., Centre de Phys. Nucl.; engl.) — Folgende Rk. wurden untersucht (Rk., Energiebereich des eingeschossenen Teilchens): $^{80}Se(d, 2n)$, $^{82}Se(d, 2n)$, 11,8–6,6 MeV; $^{77}Se(\alpha, p)$, $^{78}Se(\alpha, np)$, $^{80}Se(\alpha, p)^{83}Br$, $^{82}Se(\alpha, 2np)^{83}Br$, $^{80}Se(\alpha, np)^{82}Br$, 24,3–9,6 MeV; $^{80}Se(p, n)$ $^{82}Se(p, n)^{82}Br$, 6–2,5 MeV. Die erhaltenen Daten sind in Diagrammen zusammengefaßt; die Wrkg.-Querschnitte werden mit theoret. Berechnungen verglichen. Die Ausb.-Verhältnisse des Isomerenpaares werden in Ausdrücken der Niveauspins diskutiert.
Heinrich J. Schroeder 20

0005 **Einige Kettenausbeuten bei der asymmetrischen Spaltung von Thorium-232 durch 3- und 14,7-MeV-Neutronen.** S. J. Lyle, G. R. Martin und Md. M. Rahman. (Radiochim. Acta [Frankfurt/M.] 9 (1968) 2/3, 90–94; Chem. Labor., Univ. of Kent at Canterbury, Kent, England; engl.) — Messung der kumulativen Kettenausb. für die Massen 83, 84, 97, 99, 129, 132, 143 u. 145 bei der Spaltung von ^{232}Th durch 3-MeV-Neutronen. Entsprechende Ausb. wurden bei der Spaltung mit 14,7-MeV-Neutronen für dieselben Massen mit Ausnahme von 132 u. 143, aber zusätzlich 131, gemessen. Für jede Anregungsenergie wurde die Zahl der durch verschiedene Paare komplementärer Spaltfragmente emittierten Sekundärneutronen berechnet. Dabei wurden Werte von 2,3–2,4 (für 3 MeV) u. 3,6–4,0 (für 14 MeV) erhalten. Eine Abschätzung der Lagen der beiden Peaks deutet an, daß der Peak im Bereich der schweren Massen mit zunehmender Anfangsanregungsenergie stärker in Richtung niedrigerer Massen verschoben wird, als der Peak im Bereich der leichten Massen (Diskussion).
Herbert Weber 20

0006 **Primärspaltausbeute von ^{148m}Pm und ^{148}Pm bei der thermischen ^{235}U-Kernspaltung.** K. Bächmann. (Radiochim. Acta [Frankfurt/M.] 9 (1968) 1, 27–31; Darmstadt, TH, Eduard-Zintl-Inst., Lehrstuhl für Kernchem.; dt.) — Für die fraktionale unabhängige Spaltausb. von ^{148m}Pm wurde der Wert $6{,}7 \cdot 10^{-5}$, für diejenige von ^{148}Pm eine obere Grenze von 10^{-5} gefunden. Der ^{148m}Pm-Wert steht im Einklang mit den bisher ermittelten Kurven für die Ladungsdispersion. Das Verhältnis der Ausb. wird diskutiert. D. Ertel 20

0007 **Massenspektrometrische Messung der Halbwertszeit von ^{241}Pu.** M. J. Cabell. (J. inorg. nuclear Chem. 30 (1968) 10, 2583–89; Analyt. Sci. Div., AERE, Harwell; engl.) — Änderungen in der Isotopenzus. einer Mischung von ^{240}Pu, ^{241}Pu u. ^{242}Pu wurden über $4^1/_2$ Jahre massenspektrometr. untersucht. Aus der Zerfallsrate von ^{241}Pu relativ zu den anderen 2 Isotopen wurde die Halbwertszeit zu $14{,}98 \pm 0{,}33$ Jahre ermittelt.
Herbert Weber 20

0008 **Radiochemische Bestimmung der α-Halbwertszeit von ^{241}Am.** R. E. Stone und E. K. Hulet. (J. inorg. nuclear Chem. 30 (1968) 8, 2003–05; Lawrence Radiat. Labor., Univ. of Calif., Livermore, Calif.; engl.) — Die α-Halbwertszeit von ^{241}Am wurde durch Messung der spezif. Aktivität von Proben zu $436{,}6 \pm 3{,}0$ a bestimmt. Ein revidierter Wert für die β-Halbwertszeit von ^{241}Pu, dem Vorläufer von ^{241}Am, wurde zu $14{,}0 \pm 0{,}3$ a berechnet. Herbert Weber 20

0009 **Halbwertszeit von ^{243}Am.** L. C. Brown und R. C. Propst. (J. inorg. nuclear Chem. 30 (1968) 10, 2591–94; Savannah River Labor., E. I. du Pont de Nemours & Co., Aiken, S.C.; engl.) — Neubest. nach verschiedenen Meth. (Coulometrie, Massenspektroskopie, α-Zählung) zu 7370 ± 40 a. Herbert Weber 20

0010 **α-Halbwertszeit von ^{244}Cm.** William C. Bentley. (J. inorg. nuclear Chem. 30 (1968) 8, 2007–09; Chem. Div., ANL, Argonne, Ill.; engl.) — Die α-Halbwertszeit von ^{244}Cm wurde durch direkte Beobachtung der Änderung in der α-Zählrate von 4 Proben über einen Zeitraum von 7 Jahren zu $18{,}099 \pm 0{,}015$ a gemessen.
Herbert Weber 20

0011 **Kernstabilität im Bereich von 158 Neutronen.** V. E. Viola jun. (J. inorg. nuclear Chem. 30 (1968) 10, 2601–16; Dep. of Chem., Univ. of Md., College Park, Md.; engl.) — Unters. neuerer Daten über den Zerfall schwerer Elemente, um mögliche Gründe für die Diskrepanz zwischen experimentell gefolgerten Lebensdauern für Isotone mit N = 158 u. früheren Voraussagen aufzudecken. Herbert Weber 20

0012 **Struktur der achten Periode des Periodensystems.** V. I. Gol'danskij. (Doklady Akad. Nauk SSSR 180 (1968) 6, 1360–62; Inst. chim. fiz. AN SSSR; russ.) — Das Isotop des Elements 110, $^{271}110$, dürfte $\tau_{1/2} = 10^{-3}$ s haben. Im Falle der Elemente der achten Periode dürften jedoch die Isotopen mit Neutronenüberschuß, z. B. $^{290}110$, beständiger sein als die mit Neutronendefizit, z. B. $^{271}110$. Die achte Periode dürfte 50 Elemente umfassen — von 119–168 — mit Auffüllung der Orbitale $8s^2p^67d^{10}6f^{14}5g^{18}$. Die Elemente 139–153 sind Actinidanaloga, die 5-g-Schale wird bei Z = 121–138 aufgefüllt. Diese Elemente dürften dreiwertig sein, ihre chem. Eig. dürften einander noch ähnlicher sein als die der Seltenerdmetalle. Die Elektronenkonfig. der einzelnen Elemente wird diskutiert. Die neunte u. achte Periode sind analog. J. J. Pohl 20

A-2. Physik der Atome und Moleküle

0013 **Kurzes Periodensystem und die mögliche Lage des Lutetiums.** V. M. Čyscjakoŭ. (Izvest. Akad. Nauk Beloruss. SSR, Ser. chim. Nauk **1968**, 3, 50–56; Mogilevskij maš. stroitel'nyj inst.; beloruss., Auszug: russ.) – Die Diskussion der Zusammenhänge der period. Gesetzmäßigkeiten zeigt, daß die sek. Byron-Periodizität auch im Falle von Elementen mit d-Außenelektronen streng gültig ist. Die Radien der freien Atome u. die Summe der ersten zwei (in der Cu-Untergruppe der ersten) Atomionisationspotentiale stellen period. Funktionen der Atomnummern der Elemente jeder d-Untergruppe dar. Die Gesetzmäßigkeit ist in allen d-Untergruppen streng analog u. wird erst bei La (u. Ac) aufgehoben. J. J. Pohl 22

0014 **Erweiterung der Gay-Gleichung auf die unteren Grenzen von Eigenwerten.** William H. Miller. (J. chem. Physics **48** (1968) 1, 530; Dep. of Chem., Harvard Univ., Cambridge, Mass.; engl.) A. Blaschette 22

0015 **Beweis der linearen Unabhängigkeit geeignet gewählter projizierter Spineigenfunktionen.** Z. Gershgorn. (Int. J. Quantum Chem. **2** (1968) 3, 341–47; Dep. of Chem., Technion-Israel Inst. of Technol., Haifa, Israel; engl.) – Induktiver Beweis für das Löwdin-Theorem über die lineare Unabhängigkeit u. Vollständigkeit eines richtig gewählten Satzes von Spineigenfunktionen. H. Liepack 22

0016 **Dispersionskräfte, Energien zweiter und dritter Ordnung.** O. Goscinski und E. Brändas. (Chem. Physics Letters [Amsterdam] **2** (1968) 5, 299–301; Quantum Chem. Group, Uppsala Univ., Sweden; engl.) – Variationsstörungstheoret. Unters. mit Anwendung auf das H_2-Molekül. H. Liepack 22

0017 **Bestimmung des Zweielektronenintegrals $\gamma_{\mu\nu}$ in halbempirischen Methoden zur Berechnung der Elektronenstruktur von Molekülen.** É. M. Mončarž und A. I. Finkel'štejn. (Ž. strukturnoj Chim. **9** (1968) 4, 718–20; Gos. naučno-issl. i proektnyj inst. azotnoj prom. i prod. org. sinteza, Dzeržinskij filial; russ.) H. Roschkowski 22

0018 **Zweiteilchennäherung für den Brenig-Formalismus in der Theorie von Vielelektronensystemen.** L. N. Labzovskij. (Teoret. èksper. Chim. **4** (1968) 4, 539–43; Leningradskij gosuniv.; russ.) – Theoret. Berechnungen in Anlehnung an den Brenig-Mechanismus [vgl. Nuclear Physics [Amsterdam] **4** (1957) 363] für Mol.-Strukturberechnungen. H. Roschkowski 22

0019 **Verbesserte Quantentheorie für Vielelektronensysteme.** 3. Mitt. **GF-Methode.** William A. Goddard III. (J. chem. Physics **48** (1968) 1, 450–61; Gates and Crellin Labor. of Chem., Calif. Inst. of Technol., Pasadena, Calif.; engl.) – 2. vgl. C. **1968**, 21-0085. – Für die l. c. beschriebene GF-Meth. werden allg. Gleichungen für beliebigen Gesamtspin u. beliebige Teilchenzahl abgeleitet u. diskutiert. A. Blaschette 22

0020 **Obere und untere Grenzen und die verallgemeinerte Variationsstörungsmethode der Vielelektronentheorie.** Osvaldo Goscinski und Oktay Sinanoğlu. (Int. J. Quantum Chem. **2** (1968) 3, 397–403; Quantum Chem. Group, Univ. of Uppsala, Sweden; engl.) H. Liepack 22

0021 **Einfaches elektrostatisches Modell für die I–A-Näherung.** Antony F. Saturno. (Theoret. chim. Acta [Berlin] **11** (1968) 4, 365–68; Dep. of Chem., State Univ. of N.Y. at Albany, N.Y.; engl.) – Zur Berechnung des Einzentrum-Coulomb-Integrals wird angenommen, daß die Elektronen eines Elektronenpaares über einem einzelnen anziehenden Zentrum unter 180° zueinander stehen; bei der Berechnung bedeutet dies, daß der bisher verwendete Operator r_{12}^{-1} durch den Operator $(r_1 + r_2)^{-1}$ ersetzt wird. Es wird die Beziehung $2\zeta/(4l + 5) = I - A$ (I = Ionisationspotential, A = Elektronenaffinität, ζ = Orbitalexponent eines Slater-AO) abgeleitet. Diese halbempir. Beziehung steht mit Literaturwerten in Übereinstimmung. D. Hoene 22

0022 **Gesamtzahl der Atomassoziationen eines N-atomigen Moleküls.** Peter Schnupp. (Int. J. Quantum Chem. **2** (1968) 3, 349–57; MPI für Phys. u. Astrophys., München, Germany; engl.) H. Liepack 22

0023 **Lokalisierte Orbitale für beliebige Molekülwellenfunktionen.** P. R. Certain und J. O. Hirschfelder. (Chem. Physics Letters [Amsterdam] **2** (1968) 5, 274–76; Univ. of Wis., Theoret. Chem. Inst., Madison, Wis.; engl.) – Definition lokalisierter Orbitale für Atome oder Mol. mit gerader oder ungerader Elektronenzahl. Unters. der Konfig. des gleichseitigen Dreiecks von H_3^+. H. Liepack 22

0024 **Atomorbitalenergieanpassung in doppelt besetzten Molekülorbitalen.** R. Ferreira. (Chem. Physics Letters [Amsterdam] **2** (1968) 4, 233–34; Div. of Natural Sci., Earlham Coll., Richmond, Ind.; engl.) – Die Anpassung ist nur für halb gefüllte Mol.-Orbitale ein gültiges Kriterium der Bindungsstärke. Aus Atomorbitalen mit unterschiedlichen Energien gebildete doppelt besetzte Mol.-Orbitale können infolge hoher ion. Bindungsordnungen stark bindend sein. H. Liepack 22

0025 **Halbempirische SCF-MO-CNDO-Theorie für die Gesamtvalenzelektronen.** 2. Mitt. **Interatomare Parameter und Bindungsenergien.** J. M. Sichel und M. A. Whitehead. (Theoret. chim. Acta [Berlin] **11** (1968) 3, 220–38; Dep. of Chem., McGill Univ., Montreal; engl.) – 1. vgl. ibid. **7** (1967) 1, 32. – Es wird eine halbempir. SCF-MO-Meth. unter vollständiger Vernachlässigung der differentiellen Überlappungen (CNDO) entwickelt. An Valenzzustandsenergien angepaßte Atomparameter werden verwendet, γ-Integrale werden nach Mataga oder Ohno bestimmt, die Bindungsparameter werden an experimentellen Daten der bin. Hydride justiert. Bindungsenergien einer Vielzahl von Mol. ergeben sich damit besser als mit der CNDO/2- oder der erweiterten Hückel-Methode. Behandelt werden: N_2, CO, CS, CO_2, COS, CS_2, N_2O, SO_2, O_3, C_2H_2, C_2H_4, C_2H_6, C_3H_8, B_2H_6, LiF, F_2, Cl_2, Br_2, J_2, ClF, BrF, $BrCl$, JF, JCl, JBr, CH_3F, CH_3Cl, CH_3Br, CH_3J, HCN, CH_3CN, FCN, $ClCN$, $BrCN$, JCN, H_2, LiH, BeH_2, BH_3, CH_4, NH_3, H_2O, HF, SiH_4, PH_3, H_2S, HCl, GeH_4, AsH_3, H_2Se, HBr, SnH_4, SbH_3, H_2Te, HJ. D. Hoene 22

0026 **Halbempirische SCF-MO-CNDO-Theorie für die Gesamtvalenzelektronen.** 3. Mitt. **Orbitalenergien und Ionisationspotentiale.** J. M. Sichel und M. A. Whitehead. (Theoret. chim. Acta [Berlin] **11** (1968) 3, 239–53; engl.) – 2. vgl. vorst. Referat. – Die nach der angegebenen Meth. (l. c.) ber. Orbitalenergien werden mit experimentellen Ionisationspotentialen verglichen. Die Übereinstimmung ist besser als bei der erweiterten Hückel-Meth. oder der CNDO/2-Meth. von Pople u. Segal. D. Hoene 22

0027 **Halbempirische SCF-MO-CNDO-Theorie für die Gesamtvalenzelektronen.** 4. Mitt. **Dipolmomente.** J. M. Sichel und M. A. Whitehead. (Theoret. chim. Acta [Berlin] **11** (1968) 3, 254–62; engl.) – 3. vgl. vorst. Referat. – Die Schwierigkeiten einer Berechnung von Dipolmomenten im Rahmen der SCF-MO-CNDO-Meth. u. die Frage der Translationsinvarianz werden diskutiert. Die besten Ergebnisse liefert die Pople-Segal-Formel. Dipolmomente von Mol., die nur aus Wasserstoff u. Elementen der ersten Periode bestehen, werden mit der angegebenen Meth. (l. c.) wie mit der Pople-Segal-CNDO/2-Meth. ähnlich gut u. beträchtlich genauer als mit der erweiterten Hückel-Meth. erhalten. Bei Mol. mit schwereren Atomen sind die Ergebnisse unbefriedigend. D. Hoene 22

0028 **Halbempirische SCF-MO-CNDO-Theorie für die Gesamtvalenzelektronen.** 5. Mitt. **Quadrupolkopplungskonstanten.** J. M. Sichel und M. A. Whitehead. (Theoret. chim. Acta [Berlin] **11** (1968) 3, 263–70; engl.) – 4. vgl. vorst. Referat. – Die Meth. wird zur Berechnung von Kernquadrupolkopplungskonst. nach der Townes-Dailey-Theorie herangezogen. Für Halogene werden recht gute Resultate erhalten, nicht aber für Stickstoff. D. Hoene 22

0029 **Berechnung natürlicher Orbitale und Wellenfunktionen durch Störungstheorie.** Ernest R. Davidson. (J. chem. Physics **48** (1968) 7, 3169–73; Dep. of Chem.,

Univ. of Wash., Seattle, Wash.; engl.) — Entw. einer SCF-Störungstheorie, deren Formeln geeignete Computerform haben u. für die Praxis gut geeignet sind. — Beispiele: *HF*, *BeH*, *BH* u. Be_2. R. Blank 22

0030 **Störungstheorie des reinen Kerns: Angeregte Zustände des Wasserstoffmoleküls.** Jerry Goodisman. (J. chem. Physics 48 (1968) 7, 2981—89; Dep. of Chem. and Chem. Engng., Univ. of Ill., Urbana, Ill.; engl.) — Berechnung der Grund- u. angeregten Σ^+-Zustandsenergien von H_2 bei R = 1,4 a_0 durch eine Störungstheorie dritter Ordnung, wobei die gesamte zwischenelektron. Abstoßung als Störung betrachtet wird. R. Blank 22

0031 **Variationsstörungsbehandlung der Elektronenkorrelation in Molekülen.** 1. Mitt. **Modell des nackten Kerns bei H_2.** Bernard Kirtman und Daniel R. Decious. (J. chem. Physics 48 (1968) 7, 3133—39; Dep. of Chem., Univ. of Calif., Santa Barbara, Calif.; engl.) — Die Variationsstörungsrechnung (VP) von H_2 mit r_{12}^{-1} als Störung liefert eine Gesamtelektronenenergie, die nur 0,4 kcal/Mol größer als der exakte Wert ist. Die VP-Energien sind relativ unempfindlich gegenüber Fehlern in der ungestörten Wellenfunktion, u. für die genauen Ergebnisse sind nur begrenzte Basiszusätze von zwei oder drei Funktionen nötig. Die Anwendung des Modells auf kompliziertere Mol. wird diskutiert. R. Blank 22

0032 **Doppelorbitalexponent–SCF-Funktionen für H_2O, NH_3, CH_4.** Carla Guidotti und Oriano Salvetti. (Theoret. chim. Acta [Berlin] **10** (1968) 5, 454—57; Ist. di Chim. Fis., Univ. degli Studi di Pisa; engl.) — Fehleranalyse für Berechnungen mit erweiterten Basissätzen. Best. der besten Exponenten für H in den Titelverbindungen. D. Hoene 22

0033 **Orbitalenergien und Ladungsdichten in Borazin.** R. J. Boyd, D. H. Lo und M. A. Whitehead. (Chem. Physics Letters [Amsterdam] 2 (1968) 4, 227—29; Quantum Chem. Labor., McGill Univ., Montreal, Canada; engl.) — Berechnungen nach der Hückelschen MO-Methode. H. Liepack 22

0034 **Ab initio-Berechnungen an kleinen Hydriden unter Einschluß der Elektronenkorrelation. 1. Mitt. Das BeH_2-Molekül im Grundzustand.** Reinhart Ahlrichs und Werner Kutzelnigg. (Theoret. chim. Acta [Berlin] **10** (1968) 5, 377—87; Lehrstuhl für theoret. Chem., Univ., Göttingen; engl.) — Die Meth. zur direkten Berechnung genäherter natürlicher Orbitale in der Elektronenpaarnäherung wird auf den Grundzustand des vom Experiment her unbekannten BeH_2-Mol. angewandt. Die Frage der optimalen Lokalisierung der Elektronenpaare für asymm. Anordnung der Kerne wird untersucht, die Interpaarkorrelationsenergie wird abgeschätzt. Bedingungen, unter denen das Mol. experimentell beobachtet werden sollte, werden angegeben. D. Hoene 22

0035 **Bestimmung der Kraftkonstanten mehratomiger Moleküle mit Hilfe der Monte-Carlo-Methode.** V. P. Morozov und F. N. Jasins'kij. (Dopovidi Akad. Nauk Ukr. SSR, Ser. A-fiz.-techn. mat. Nauki **30** (1968) 9, 838—42; Dnepropetrovskij chim.-technol. inst.; ukrain., Auszug: engl.) — Theoret. Untersuchung. H. Roschkowski 22

0036 **Gültigkeit verschiedener Näherungen in der Bestimmung von Molekülkraftfeldern.** C. J. Peacock und A. Müller. (Z. Naturforsch. **23a** (1968) 7, 1029—33; Anorgan.-chem. Inst. der Univ. Göttingen; engl.) H. Liepack 22

0037 **Veränderungen der Zwangsbedingungen bei der Bestimmung von Kräften bei zweiatomigen Molekülen und von Kraftkonstanten.** D. P. Chong. (Theoret. chim. Acta [Berlin] **11** (1968) 3, 205—09; Dep. of Chem., Univ. of B.C., Vancouver, B.C.; engl.) — Mittels früherer Ergebnisse für Bindungskräfte bei zweiatomigen Mol. werden Nebenbedingungen für die Wellenfunktion formuliert. Es ist anzunehmen, daß dies zu einer Verbesserung der Berechnung für die entsprechenden Kraftkonst. führt. D. Hoene 22

0038 **Kraftkonstanten.** 2. Mitt. **Heteronucleare Moleküle.** Philip Empedocles. (Theoret. chim. Acta [Berlin] **10** **(1968)** 4, 331—36; Dep. of Phys. Chem., Cambridge, Univ.; engl.) — 1. vgl. C. **1968, 47**-0042. — Mit Hilfe einer allg. halbempir. Meth. werden die Kraftkonst. für die Grund- u. angeregten Zustände von Mol. aus 2 verschiedenen Atomen (*Li_2, B_2, C_2, N_2^+, N_2, BN, CN^+, CN, O_2, O_2^+, BeO, BO, CO^+, CO, NO, F_2, BeF, LiF, CF, Na_2, MgO, MgF, AlO, AlF, Si_2, SiN, SiO^+, SiO, SiF, P_2, CP, PN, PO, S_2, BS, NS, SO, SiS, CS, Cl_2^+, Cl_2, BCl, ClO, ClF, NaCl, AlCl*) berechnet. Die Übereinstimmung mit den experimentellen Werten ist bei Berücksichtigung der verschiedenen Bindungsarten gut. D. Hoene 22

0039 **Rechnungen zur Anpassung eines harmonischen Kraftfeldes für vielatomige Moleküle.** 2. Mitt. **Kraftkonstantenrechnungen für NO_2F und NO_2Cl mit ^{14}N und ^{15}N-Isotopen.** L. Nemes. (Acta chim. Acad. Sci. hung. **56** (1968) 2, 153—65; Budapest, Hung. Acad. of Sci., Central Res. Inst. for Chem.; engl.) — 1. vgl. C. **1968**, 24-0073. — Unter Verw. der Schwingungsspektren von Bernitt et al. (Spectrochim. Acta [Oxford], Part A **23 A** (1967) 237) ber. Vf. mit einem Kraftfeld vom Hoff-Typ unter Variation des Parameters k (beste Werte für k = 0,13) 5 A_1- u. 3 B_1-Kraftkonst. für die Mol. $^{14}NO_2F$, $^{15}NO_2F$, $^{14}NO_2Cl$ u. $^{15}NO_2Cl$. Es resultieren folgende innere Valenzkraftkonst.: NO_2F: f NO 9,212, f NF 4,066; NO_2Cl: f NO 9,093, f NCl 6,377. Alle Ergebnisse sind nur unter der Bedingung gültig, daß die Annahme f_{13} (f NO/ONO) = 0 korrekt ist. Hans Bürger 22

0040 **Physikalische Natur der chemischen Bindung.** 1. Mitt. **Näherung für eine quasioptimierte LCGTO-MO-SCF-Wellenfunktion für das Heliumhydridion.** J. B. Moffat. (Theoret. chim. Acta [Berlin] **10** (1968) 5, 447—53; Dep. of Chem., Univ. of Waterloo, Waterloo, Ontario; engl.) — Der Einfl. der Größe des Basissatzes (BS), der Zahl der S- u. P-Typ-Funktionen des BS, der Größe des Anfangsexponenten des BS, der Größe der Multiplikationsfaktoren u. des interatomaren Abstandes auf SCF-Berechnungen mit Gauß-Orbitalen wird für HeH^+ untersucht. Es wird eine quasioptimierte Wellenfunktion erhalten. D. Hoene 22

0041 **Das Kombinierte Näherungsverfahren.** 1. Mitt. **Theoretische Grundlagen.** W. H. Eugen Schwarz. (Theoret. chim. Acta [Berlin] **11** (1968) 4, 307—24; Inst. für physikal. Chem., Johann-Wolfgang-Goethe-Univ., Frankfurt/M.; dt.) — Die quantenmechan. Voraussetzungen des „Kombinierten Näherungsverf." (KN) zur vereinfachten Berücksichtigung der inneren Schalen werden auf der Grundlage der Offenen-Schalen-SCF-Theorie behandelt. Auf die nachträgliche Berücksichtigung von Korrelationseffekten wird hingewiesen. Die Unters. der Fehlereinfl. der einzelnen Näherungsannahmen zeigt, daß folgende von Bedeutung sind: a) der Pseudopotentialoperator (PO) für ein Mol. läßt sich additiv aus konst. Anteilen für die einzelnen Atomrümpfe aufbauen, b) der PO eines Atomrumpfes kann durch ein von der Neben-, nicht aber von der Hauptquantenzahl des betrachteten Orbitals abhängiges lokales Potential ersetzt werden, c) der Zweiteilchenoperator der Valenzelektronenhülle kann statt mit den auf dem Rumpf orthogonalen Hüllenorbitalen auch mit den Hüllenpseudoorbitalen ber. werden. Die daraus resultierenden Fehler kompensieren sich gegenseitig, so daß die Bindungsenergien von kleineren Syst. auf einige kcal genau zu ermitteln sein sollten. D. Hoene 22

0042 **Vollständig lokalisierte Bindungsorbitale und das Korrelationsproblem.** S. Diner, J. P. Marlieu, P. Claverie und F. Jordan. (Chem. Physics Letters [Amsterdam] 2 (1968) 5, 319—23; Inst. de Biol. Phys.-Chim., Paris, France; engl.) — Darst. einer halbempir. Theorie zur Berechnung der Elektronenenergie von Mol. nach einer Störungstheorie in Verbindung mit vollständig lokalisierten Bindungsorbitalen. Berechnung von Energietermen für *Hexatrien*, *Bzl.*, *Naphthalin*, *Anthracen*, *Äthylen*, *Äthan* u. *Formaldehyd*. H. Liepack 22

0043 **Hybridisation und Korrelation in einer Modellberechnung einer Zweielektronenbindung.** Beniamino Cadioli, Ugo Pincelli und Giuseppe Del Re. (Theoret. chim. Acta [Berlin] **10** (1968) 5, 393—405; Ist. di

Chim.-Fis., Univ. di Modena, Italia; engl.) — Das mol. Zweielektronenproblem wird untersucht, u. die 2-Elektronen-Bindung zwischen gleichen Mol. mit einem beschränkten Satz eines 2s- u. eines 2p-Orbitals pro Kern wird berechnet. Es wird sowohl die Eindeterminantennäherung mit reinen 2s-STO's u. Hybrid-AO's als auch partielle CI mit einem Hybrid pro Atom u. schließlich vollständige CI über die gesamte 4-Orbitalbasis durchgeführt. In bezug auf die Hybridisierung u. die Korrelationseffekte (links–rechts) simulieren die Rechnungen eine exakte Berechnung. Für den tiefsten Zustand werden diese Effekte bei verschiedenen Abständen untersucht. Die Notwendigkeit der intra- u. interatomaren Orthogonalisierung bez. der Rumpfintegrale wird diskutiert. D. Hoene 22

0044 **Molekülorbitaluntersuchungen von Wasserstoffbindungen. Ab-initio-Berechnung von dimerem H_2O.** K. Morokuma und L. Pedersen. (J. chem. Physics **48** (1968) 7, 3275—82; Dep. of Chem., Harvard Univ., Cambridge, Mass.; engl.) — Berechnung der Wasserstoffbindungsenergie u. stabilsten Struktur des dimeren H_2O-Syst. nach einer LCAO-MO-SCF-Methode. Danach ist das Syst. mit einer linearen Wasserstoffbindung (Stabilisationsenergie 12,6 kcal/Mol) mit H · · · O-Abstand von 1,72 Å am stabilsten, wobei das H-Akzeptormol. frei um seine Mol.-Achse rotiert. Die Protonendonatorbindung O—H wird um 0,12 Å gestreckt. R. Blank 22

0045 **Bindungslängen–Bindungsordnungs-Beziehung von Bernstein und Anwendung auf C—N-, C—O- und N—O-Bindungen in Metallkomplexen.** J. P. Fackler jun. und D. Coucouvanis. (Inorg. Chem. [Washington] **7** (1968) 1, 181—82; Dep. of Chem., Case Western Reserve Univ., Cleveland, O.; engl.) — Modifizierte Gleichung des auf d-Orbitale erweiterten Modells von Bernstein [J. chem. Physics **15** (1947) 184], wonach Einfach-, Doppel- u. Dreifachbindungen durch Verknüpfung von Tetraedern an Ecken, Kanten bzw. Flächen dargestellt werden: $\ln \Delta R = -0{,}550\, P + \ln (R^s_{M-N}/3)$ mit $\Delta R \equiv$ Änderung der Atomabstände, $P + 1 \equiv$ Bindungsordnung u. $R^s_{M-N} \equiv$ Abstand der Einfachbindung zwischen den Atomen M u. N, jeweils in Å-Einheiten. Unter der Annahme, daß das Quadrat der M–N-Valenzschwingung $\tilde{\nu}$ im IR ein Maß für die Kraftkonst. k ist, existiert ein linearer Zusammenhang zwischen der Bindungsordnung u. $\tilde{\nu}^2$ der jeweiligen *CO*-, *CN*- u. *NO*-Gruppen in folgenden Verb.: $Ni[S_2CN(C_2H_5)_2]_2$, $Ni[S_2CNH_2]_2$, *CO*, $Ni[S_2CO \cdot C_2H_5]_2$, $CaCO_3$, CO_3^{2-}, RCO_2^-, $Cr(CO)_6$, NO^+, *NO*, $[Fe(NO)_2SC_2H_5]_2$, C_6H_5NO, $Fe(CO)_2(NO)_2$, $Co(NO)(CO)_3$, $[CuCl_2ONC_5H_5]_2$. R. Blank 22

0046 **Ligandenfeld-Interpretation der Elektronenanregungsprozesse und Bindungseigenschaften von $3d^n$-Komplexen.** 7. Mitt. **cis-Diacidotetramminkobalt(III)-Komplexe.** Miklós Bán und József Császár. (Magyar Kémiai Folyóirat [Ung. Z. Chem.] 74 (1968) 8, 333—35; ung.) — 6. vgl. C. **1968,** 30-0065. — Die Absorptionsspektren, Ligandenfeld-Parameter u. Bindungsverhältnisse der Komplexe $[Co(NH_3)_4X_2]$ (X = NO_2^-, *en*, H_2O, $C_2O_4^{2-}$, N_3^-, F^-, NO_3^-, CF_3COO^-, CCl_3COO^-, $HCOO^-$, CH_3COO^- protoniertes *Glycin*, *l-α-Alanin*, $CHCl_2COO^-$, $CHBr_2COO^-$, CH_2ClCOO^-, CH_2BrCOO^-), $[Co(en)_2X_2]$ (X = CN^-, NO_2^-, NH_3, NCS^-, H_2O, CF_3COO^-, CCl_3COO^-, $CHCl_2 \cdot COO^-$, $CHBr_2COO^-$, $C_2O_4^{2-}$, $CHClCOO^-$, OH^-) u. $[Co(en)_2XY]$ (X/Y = Cl^-/NH_3, $Cl^-/C_2H_5NH_2$, $Cl^-/py.$, H_2O/Cl^-, NCS^-/Cl^-, Br^-/NH_3, $Br^-/C_2H_5NH_2$, $Br^-/py.$, Br^-/NCS^-, J^-/NH_3, NH_3/H_2O) werden bestimmt u. diskutiert. D. Hoene 22

0047 **Moleküle von Organometallverbindungen mit fluktuierenden Bindungen.** F. A. Cotton. (Accounts chem. Res. **1** (1968) 9, 257—65; MIT, Cambridge, Mass.; engl.) — Übersicht (π-Allylmetallkomplexe, Metallverb. mit σ-gebundenen Cyclopolyenen, ein- u. mehrkernige Metallkomplexe mit π-Cyclopolyolefinen). — 49 Literaturangaben. M. Frenzel 22

0048 **Ligandenfeldaufspaltung für das Modell einer diffusen Ladung.** V. Bonačić und M. Randić. (Theoret. chim. Acta [Berlin] **10** (1968) 4, 337—41; Inst., Rudjer Bošković, Zagreb, Yugoslavia; engl.) — Das in der Ligandenfeldtheorie übliche einfache elektrostat. Punktladungsmodell wird erweitert, indem jeder Ligand durch N Teilpunktladungen ersetzt wird. Untersucht werden die Fälle N = 6, 18 u. 62. Eine kugelsymmetr. Ladungsverteilung gibt Ergebnisse, die mit denen des einfachen Punktladungsmodells vergleichbar sind. Bei nicht kugelsymmetr. Ladungsverteilung ($[Co(NO_2)_6]^{4-}$) hängt die Aufspaltung sehr stark von der Richtung der Ligandenladungen ab. D. Hoene 22

0049 **Elektrochemische und spektroskopische Redoxzustände bei Koordinationskomplexen.** A. A. Vlček. (Rev. Chim. minérale **5** (1968) 2, 299—316; J. Heyrovsky Inst. of Polarograph., Czechoslovak Acad. of Sci., Prague; engl.) — Übersicht u. Diskussion. D. Bretzinger 22

0050 **Programm zur Berechnung von Komplexverbindungen mit der erweiterten Methode von Wolfsberg-Helmholz.** A. O. Litinskij, M. Z. Baljavičus und R. I. Rakauskas. (Teoret. ėksper. Chim. **4** (1968) 5, 713—14; Vil'njusskij gosuniv. im. Kapsukasa; russ.) — Kurze Beschreibung eines MO-Rechenprogramms für Elektronenrechner Typ BĖSM-2M. H. Roschkowski 22

0051 **Programm zur Berechnung der Elektronenspektren von Molekülen nach der SCF-Methode in der Näherung von Pariser-Parr-Pople für Zustände mit partiell aufgefüllten Schalen.** M. Z. Baljavičus und A. O. Litinskij. (Teoret. ėksper. Chim. **4** (1968) 5, 714—15; russ.) — Vgl. vorst. Referat. — Kurze Beschreibung eines Rechenprogramms für Elektronenrechner Typ BĖSM-2M. H. Roschkowski 22

0052 **Der Laserfunken als Anregungsquelle für die Spektren hochionisierter Atome.** N. G. Basov, W. A. Bojko, Ju. P. Wojnov, E. Ja. Kononov, O. N. Krochin, S. L. Mandel'štam und G. V. Sklizkov. (Rev. roum. Physique **13** (1968) 2, 97—101; Fiz. inst. im. Lebedeva AN SSSR, Moskva; russ.) — Kurze Übersicht zur Anregung hoch isonierter Atome (CaX–CaXVI; FeXVII u. a.) mit Hilfe eines Rubinlaserfunkens. H. Roschkowski 26

0053 **Messungen der Intensität und der Stoßlinienhalbwertsbreite mit einer Laserquelle.** 2. Mitt. **Kontinuum- und Linienabsorption von Br_2 bei 6328 Å.** K. G. P. Sulzmann, F. Bien und S. S. Penner. (J. quantitative Spectroscopy radiative Transfer **7** (1967) 6, 969—77; Dep. of Aerospace and Mechanical Engng. Sci. u. Inst. for Rad. Phys. and Aerodynamics, Univ. of Calif., San Diego, La Jolla, Calif.; engl.) — Nach Absorptionsmessungen an Br_2-Dampf bei 15798,00 ± 0,07 cm^{-1} mit einem *He–Ne*-Laser bei 0,25—1,75 atm u. 373 ± 2 °K beträgt der Kontinuumabsorptionskoeff. ≃ 0,113 $cm^{-1} \cdot atm^{-1}$, die integrierte Intensität ≃ 4,6 · 10^{-3} $cm^{-2} \cdot atm^{-1}$ für die R(44)-Linie von $^{79}Br^{81}Br$ im Übergang $v' = 11 \to v'' = 5$ des Bandensyst. $^1\Sigma_g^+ \to {}^3\Pi_{0u^+}$ von Br_2. Die Stoßlinienhalbwertsbreite der Br_2-Linien in der Nähe der Laserfrequenz beträgt ca. 0,07 $cm^{-1} \cdot atm^{-1}$. R. Blank 26

0054 **Messung der Absorptionsoszillatorenstärken von Ba II-Linien in den Spektralbereichen von 1400 bis 2000 Å und von 4100—4600 Å.** Jürgen von Specht. (Z. Naturforsch. **23a** (1968) 10, 1499—1507; MPI für Phys. u. Astrophys., Inst. für Extraterrist. Phys., Garching bei München; dt.) M. Frenzel 26

0055 **Absorptionskoeffizient von H_2O_2 und N_2H_4 zwischen 1200 und 2000 Å.** M. Schürgers und K. H. Welge. (Z. Naturforsch. **23a** (1968) 10, 1508—10; Inst. für Phys. Chem., Univ. Bonn; dt.) M. Frenzel 26

0056 **Verwendung der effektiven Ladungen nach Bacanov und Zvjagina bei der Berechnung des Elektronenspektrums der Moleküle $TiCl_4$ und VCl_4.** B. A. Suvorov und Ju. M. Martynov. (Ž. strukturnoj Chim. **9** (1968) 4, 721; russ.) — Die gute Übereinstimmung der mit Hilfe der effektiven Atomladungen nach Bacanov et al. (1966) ber. Elektronenspektren der Verb. mit Vers.-Daten wird kurz besprochen. H. Roschkowski 26

0057 **Interpretation der Absorptionsspektren von Hexaaquo- und Hexamminkobalt(II)-Ionen.** I. I. Volčenskova und K. B. Jacimirskij. (Teoret. ėksper. Chim. 4 (1968) 5, 653—61; Inst. obščej i neorg. chim. AN USSR, Kiev;

russ.) — Die Absorptionsspektren bei ca. 7000—20000 cm^{-1} von $[Co(H_2O)_6]^{2+}$ u. $[Co(NH_3)_6]^{2+}$ in wss. $Co(NO_3)_2$–NH_4NO_3-Lsg. werden untersucht. Dazu werden die Banden in die Gauß-Komponenten unter Verw. des Krist.-Feldformalismus für gestörte oktaedr. Symmetrie zerlegt. Eine Deutung der Spektren ist nur bei Berücksichtigung der Spin–Bahn-Wechselwrkg. u. rhomboedr. Verzerrung möglich. Die erhaltenen Ergebnisse unterscheiden sich von Literaturangaben. H. Roschkowski 26

0058 **Extrastabilisation der Komplexverbindungen der Übergangsmetalle.** A. N. Andreev und M. F. Smirnova. (Ž. obšč. Chim. **38** (**100**) (1968) 7, 1438—41; Leningradskij inst. tekstil'noj ilegkoj prom. im. Kirova; russ.) — Zur weiteren Unters. der Krist.-Feldtheorie, wonach die Koordination von Ionen u. Mol. durch Kationen der Übergangsmetalle von einer zusätzlichen Verringerung der inneren Energie des Syst. begleitet wird (Extrastabilisation), wurden die Frequenzen der d–d-Elektronenübergänge der Komplexverb. mit gleicher innerer u. unterschiedlicher äußerer Koordinationssphäre experimentell bestimmt, daraus die Verringerung der inneren Energie ber. u. mit den Werten über die therm. Beständigkeit der Komplexe verglichen. Die Verkleinerung der Kationen in der äußeren Sphäre der krist. Komplexe $M_2^IM^{II}(SO_4)_2 \cdot 6\,H_2O$, $M_2CuCl_4 \cdot 2\,H_2O$, $MNiX_3$, M_2CoX_4, M_2CuX_4 ist mit einem Anstieg der Frequenz der d–d-Elektronenübergänge verbunden. Die Auslegung des Anstiegs der Frequenz als Vergrößerung der Extrastabilisation steht im Widerspruch zu den experimentellen Werten über die therm. Beständigkeit der Komplexverbindungen. Die ermittelte Gesetzmäßigkeit der Frequenzänderung der d–d-Elektronenübergänge der Komplexverb. kann erklärt werden durch die Polarisation der Liganden. Im einzelnen wurden die Spektren nachst. Verb. untersucht: $MeX_n \cdot 6\,H_2O$ mit Me = *Fe, Co, Ni, Cu*; X = ClO_4^-, BrO_3^-, SO_4^{2-}, SiF_6^{2-}, $SnCl_6^{2-}$), $M_2Me \cdot (SO_4)_2 \cdot 6\,H_2O$ [M = *K*, NH_4, *Rb, Cs*, $(CH_3)_4N$, $(C_2H_5)_4N$; Me = *Fe, Co, Ni, Cu*]; $M_2CuCl_4 \cdot 2\,H_2O$ (M = *K*, NH_4, *Rb*), $MNiX_3$ (M = *Rb, Cs*; X = *Cl, Br*); $M_2[MeX_4]$ [M = *Cs*, $(CH_3)_4N$, $(C_2H_5)_4N$; Me = *Co, Ni, Cu*; X = *Cl, Br, J*]. B. Karos 26

0059 **Deutung des Spektrums von Tetrabromoferrat(III) im sichtbaren Bereich mit Hilfe der Ligandenfeldtheorie.** Ina W. Breman und S. Balt. (Recueil Trav. chim. Pays-Bas **87** (1968) 4, 349—52; Chem. Labor., Free Univ., Amsterdam; engl.) — Beschreibung der Absorptionsspektren von $[(C_2H_5)_4N][FeX_4]$ (*X* = *Cl, Br*) in verd. Lsg. in CH_2Cl_2; Deutung des Spektrums der Br-Verb. (auch im krist. Zustand bei 20 °K); Energie- u. Intensitätsrechnungen. A. Blaschette 26

0060 **Mikrowellenabsorption und Molekülstruktur in Flüssigkeiten.** 69. Mitt. **Atompolarisation und Relaxation in einigen Siloxanen und in Hexamethyldisilazan.** S. Dasgupta, S. K. Garg und C. P. Smyth. (J. Amer. chem. Soc. **89** (1967) 10, 2243—46; Princeton, N.J., Princeton Univ., Frick Chem. Labor.; engl.) — 68. vgl. C. **1969**, 14-0916. — Vf. bestimmten die DK u. dielektr. Verluste bei Temp. zwischen 2 u. 60° u. Wellenlängen zwischen 0,22 u. 25 cm u. ber. daraus dielektr. Relaxationszeiten, Atompolarisationen u. Dipolmomente folgender Verb.: *Hexamethyldisiloxan, Hexaäthyldisiloxan, Hexamethylcyclotrisiloxan, Oktamethylcyclotetrasiloxan, Hexamethyldisilazan.* Die Ergebnisse stehen mit einer flexiblen SiOSi-Brücke mit 2 Potentialminima, die nur durch eine niedrige Barriere getrennt sind, im Einklang. Hans Bürger 28

0061 **Molekülstruktur von XeF_6 und JF_7.** W. E. Falconer, Alfred Büchler, James L. Stauffer und William Klemperer. (J. chem. Physics **48** (1968) 1, 312—18; Bell Telephone Labor., Inc., Murray Hill, N.J.; engl.) — Die Ablenkung der Mol.-Strahlen von XeF_2, XeF_4, XeF_6 u. JF_6 in einem inhomogenen elektr. Feld wurde untersucht. Aus dem Defokussierungsverh. der einzelnen Spezies wird geschlossen, daß das Dipolmoment μ von XeF_4, XeF_6 u. JF_7 kleiner als 0,03 D ist, sofern diese Mol. starr sind. Die obere Grenze für die Polarität nichtstarrer Strukturen (Inversion) ist $(\mu/\Delta^{1/2}) < 0{,}1$ D/(cm^{-1})$^{1/2}$, wobei Δ den Abstand zwischen den Inversionsdubletts bedeutet. Es wird auf Mol.-Strukturen für XeF_4, XeF_6 u. JF_7 geschlossen, die symmetrieverbotene elektr. Dipolmomente aufweisen. A. Blaschette 28

0062 **Molekülstruktur von B_2O_3.** E. W. Kaiser, J. S. Muenter und William Klemperer. (J. chem. Physics **48** (1968) 7, 3339; Dep. of Chem., Harvard Univ., Cambridge, Mass.; engl.) — Vf. untersuchen erneut mit einer verbesserten App. die Ablenkung von B_2O_3 (**I**)-Mol.-Strahlen durch elektr. Felder durch Vgl. der Spezies $^{11}B_2O_3$ u. $^{11}B^{10}BO_3$. Danach hat **I** eine leicht polare Struktur in Übereinstimmung mit dem V-förmigen Strukturmodell anderer Autoren. R. Blank 28

0063 **Berücksichtigung der Symmetrie bei der Berechnung der Intensitäten im Schwingungsspektrum von Molekülen.** 2. Mitt. **Spektren der Raman-Streuung.** B. S. Averbuch und L. S. Majanc. (Optika i Spektroskopij **24** (1968) 2, 195—200; russ.) — Es wird eine Meth. zur Berücksichtigung der Symmetrie ausgearbeitet, die es erlaubt, die Gleichung für die Elemente der Tensoren zu vereinfachen. Als Beispiel werden Mol. des Typs CM_3N mit der Symmetrie C_{3v} behandelt. M. Wiedemann 30

0064 **Raman-Spektrum und Struktur von N_2F_4.** James R. Durig und James W. Clark. (J. chem. Physics **48** (1968) 7, 3216—25; Dep. of Chem., Univ. of S.C., Columbia, S.C.; engl.) — Messung des Raman-Spektrums (4000 bis 100 cm^{-1}) von fl. N_2F_4 im Temp.-Bereich —80 bis —150°, der Depolarisationswerte sowie des Spektrums im fernen IR (600—33 cm^{-1}) von dampfförmigem u. festem I. Obwohl das C_2-Isomere nur 12 Grundschwingungen hat, wurden 17 deutliche Raman-Linien beobachtet. Danach müssen mehr als nur das eine Isomere bei —120° vorliegen. Der Vgl. der IR- u. Raman-Banden unterhalb 800 cm^{-1} zeigt ein wechselseitiges Austauschprinzip u. daß das *trans*-N_2F_4-Isomere mit C_{2h}-Symmetrie für diese Austauschbanden verantwortlich ist. Die Banden werden bez. der Depolarisationswerte, der Bandenlagen u. der IR-Bandenkonturen für beide Isomere zugeordnet. Danach liegen beide Isomere mit nur geringer Energiedifferenz nebeneinander im Gleichgew. vor. R. Blank 30

0065 **Kraftfeld von SiF_4.** Ira W. Levin und Stanley Abramowitz. (J. Res. nat. Bur. Standards, Sect. A **72 A** (1968) 3, 247—49; Inst. for Basic Stand., NBS, Washington, D.C.; engl.) — Bei 310 u. 195 °K wurden die Konturen der ν_3-Grundschwingung des SiF_4 untersucht. Das Kraftfeld des SiF_4 wurde unter Verw. der Coriolis-Kopplungskonst. bzw. der Isotopenverschiebung bestimmt. Die für die beiden Fälle erhaltenen Werte stimmen miteinander überein. W. Laqua 30

0066 **Raman-Spektren von geschmolzenem Quecksilber-(II)-jodid, -jodidchlorid und -jodidbromid.** J. H. R. Clarke und C. Solomons. (J. chem. Physics **48** (1968) 1, 528 bis 529; Electrochem. Labor., Univ. of Pa., Philadelphia, Pa.; engl.) — Die Raman-Spektren von geschmolzenem HgJ_2, HgJCl u. HgJBr wurden unter Anregung mit einem 6943-Å-Rubinlaser registriert. Das Spektrum des nahezu schwarzen HgJ_2(fl) konnte dabei nur mit den roten Mischschmelzen mit $HgCl_2$ bzw. $HgBr_2$ erhalten werden, in denen die Gleichgew. $HgJ_2 + HgX_2 \rightleftharpoons 2\,HgJX$ (X = Cl, Br) vorliegen. Diskussion der Bindungsverhältnisse in den Mol. des Typs HgXY. A. Blaschette 30

0067 **Produkte aus Stärke und selbstverbreiterter Halbwertsbreite von Absorptionslinien in der ν_2-Bande von Wasserdampf.** D. K. Prinz. (Appl. Optics **7** (1968) 4, 689—93; John Hopkins Univ., Baltimore, Md.; engl.) — An W.-Dampf von 300 °K u. 0,5—2,2 Torr werden bei einer opt. Weglänge von 198 m nach dem Wachstumskurven Verf. die Prod. von 8 Linien ermittelt. A. Meixner 30

0068 **Feinstruktur des Schwingungs-Rotationsspektrums von Wasserdampf.** V. E. Zuev, I. I. Ippolitov, Ju. S. Makuškin, A. A. Orlov und V. V. Fomin. (Doklady Akad. Nauk SSSR **179** (1968) 1, 51—54; Sibir. fiz. techn. inst. im. Kuznecova; russ.) — Die quantenmechan. Berechnung der Feinstruktur des Schwingungsrotationsspektrums wurde unter Berücksichtigung der Wechselwrkg. der Rotations- u. Schwingungsbewegung des Mol. nach Vereinfachung des klass. Hamilton-Operators durch Reihenentw. u. Symmetrisation der Veränderlichen durchgeführt; derart kann die Intensität, Halbwertsbreite u. Lage der Linienzentren abgeleitet werden. Graph. werden die Berechnungsergebnisse des Absorptionsspektrums des W.-Dampfes von 25 cm^{-1} Breite im Gebiet von 0,84 μ (11890—11915 cm^{-1}) dargestellt.

J. Tůmová 30△

0069 **Schwingungsabsorptionsspektrum von Wasser in Acetonitril im Bereich der Valenzschwingungen.** G. S. Karetnikov und L. Ja. Gološnikova. (Ž. fiz. Chim. **42** (1968) 8, 1885—88; Mosk. chim.-technol. inst. im. Mendeleeva; russ.) — Das IR-Spektrum von W. in Acetonitril wurde bei 0,009—10,0m im Bereich 3000—4000 cm^{-1} untersucht. Die Bande bei 3540 cm^{-1} wird Wasserstoffbindungen mit anderen W.-Mol. zugeordnet. Symm. u. asymm. Valenzschwingungen derW.-Mol. in Acetonitril rufen Banden bei 3620 u. 3650 cm^{-1} hervor.

J. J. Pohl 30

0070 **Normalschwingungsfrequenzen der wichtigsten isotopen PO_4^{3-}-Ionen in wäßrigen Lösungen.** S. Pinchas und D. Sadeh. (J. inorg. nuclear Chem. **30** (1968) 7, 1785—89; Div. of Pure Chem., Nat. Res. Council of Canada, Ottawa, Canada; engl.) — Vgl. der Raman- u. IR-Spektren (850—1300 cm^{-1} u. 2800—3200 cm^{-1}) wss. Lsg. von normalem u. bis zu 89 Atom-% ^{18}O-angereichertem K_3PO_4. Die angereicherte Phosphat-Lsg. weist die symm. P–O-Valenzschwingung der Spezies $P^{18}O_4^{3-}$ bei 947 ± 2 cm^{-1} u. $P^{16}O^{18}O_3^{3-}$ bei 1035 ± 5 cm^{-1} gegenüber 937 ± 2 cm^{-1} von $P^{16}O_4^{3-}$ auf. Die asymm. P–O-Valenzbande von $P^{18}O_4^{3-}$ ist ebenfalls mit ca. 1050 cm^{-1} nach höheren Frequenzen gegenüber ca. 1012 cm^{-1} von $P^{16}O_4^{3-}$ verschoben. Diese Frequenzerhöhung der ^{18}O-angereicherten Ionen hängt nach Ansicht der Vf. mit einer Abnahme der Wasserstoff-Bindungen zwischen PO_4^{3-}-Ion u. dem H_2O-Lsg.-Mol. zusammen.

R. Blank 30

0071 **Absorptionsspektren wäßriger Lösungen starker Elektrolyte im fernen IR.** David A. Draegert und Dudley Williams. (J. chem. Physics **48** (1968) 1, 401 bis 407; Kans. State Univ., Manhattan, Kans.; engl.) — Die IR-Absorption von Lsg. von *LiCl, KF, KCl, KBr, KJ, NaCl, NaBr, NaJ*, $NaNO_3$, $NaClO_3$, $NaClO_4$, *DCl* u. *NaOD* in D_2O wurde im Bereich 75—650 cm^{-1}, die von *HCl* u. *NaOH* in H_2O im Bereich 75—1000 cm^{-1} untersucht. Selbst bei den höchsten Konz. zeigen die Lsg.-Spektren eine auffallende Ähnlichkeit mit dem Spektrum des Lösungsmittels. Im Spektrum jeder Lsg. tritt eine breite, intensive Bande auf, die der gehinderten Rotation von W.-Mol. zugeordnet wird; daneben erscheint eine viel weniger intensive Bande, die zur gehinderten Translation der Lsgm.-Mol. gehört. Die Frequenzen, Breiten u. Konturen dieser Banden werden mit den entsprechenden Banden im Spektrum von reinem W. verglichen. Dabei werden geringe, aber signifikante Unterschiede festgestellt.

A. Blaschette 30

0072 **Wechselwirkungen in wäßrigen Lösungen von Alkalimetallnitraten.** D. E. Irish und A. R. Davis. (Canad. J. Chem. **46** (1968) 6, 943—51; Dep. of Chem., Univ. of Waterloo, Waterloo, Ontario; engl.) — Innerhalb eines weiten Konz.-Bereiches wurden bei 25° die Raman- u. IR-Spektren (600—1500 cm^{-1}) von $LiNO_3$, $NaNO_3$, KNO_3 u. $CsNO_3$ gemessen. Folgende Banden sind auf das solvatisierte NO_3^--Ion in verd. Lsg. zurückzuführen: 1404, 1348, 1049 u. 719 cm^{-1} (Raman-Spektrum) bzw. 1404, 1348, 825 u. 719 cm^{-1} (IR-Spektrum). In konzentrierteren Lsg. (> 0,50m) weisen Peak-Lage, -Intensität u. -Halbwertsbreite eine starke Konz.-Abhängigkeit u. eine Abhängigkeit von der Art des Kations auf. Die Änderung der Halbwertsbreite mit der Konz. wird auf die sich ändernden Radien der hydratisierten Kationen zurückgeführt u. auf der Basis von Wechselwrkg. zwischen den solvatisierten Ionen diskutiert. $LiNO_3$- u. $NaNO_3$-Lsg. zeigen für Konz. > 7,0 m eine Aufspaltung der ν_4(E')-Schwingung des NO_3^--Ions in die Komponenten 720 u. 740 cm^{-1}, was auf direkten Kation–Anion-Kontakt zurückgeführt wird.

W. Laqua 30

0073 **IR-Spektrum des zweizähnigen Thiosulfato-Liganden.** G. A. Newman. (Chem. and Ind. **1968**, **16**, 514—15; Kodak Ltd., Wealdstone, Harrow, Middlesex; engl.) — Die IR-Spektren von $(NH_4)_2S_2O_3$, $(NH_4)_2Ag_2J_2(S_2O_3)$ (I), $(NH_4)_2Cu_2J_2(S_2O_3)$ (II) u. *Ni(thioharnstoff)*$_4S_2O_3 \cdot H_2O$ (III) werden mitgeteilt (aufgenommen an Mineralölverreibungen, für **III** auch an der wss. Lsg.). **I** u. **II** enthalten demnach ebenso wie die röntgenograph. untersuchte Verb. **III** zweizähnige $S_2O_3^{2-}$-Gruppen, die über ein S- u. ein O-Atom koordiniert sind.

A. Blaschette 30

0074 **Gemischte Ligandenkomplexe in Quecksilber(II)-Cyanid-Jodid-Lösungen: Raman- und Ultraviolettuntersuchungen.** J. S. Coleman, R. A. Penneman, L. H. Jones und I. K. Kressin. (Inorg. Chem. [Washington] **7** (1968) 6, 1174—78; LASL, Univ. of California, Los Alamos, N.Mex.; engl.) — Die Raman-Spektren von Hg(II) [als $Hg(CN)_2$] in wss. NaCN-*NaJ*-Lsg. haben in den verschiedenen Gemischen einheitliche Banden bei 2157, 2180 bis 2200 u. 318—330 cm^{-1}. Die erste Bande wird wegen der Abhängigkeit von der Lsg.-Zus. dem $[Hg(CN)_3J]^{2-}$ zugeschrieben. Die beiden letzteren ändern ihre Lage mit der NaJ-Konz. u. werden der allg. $[Hg(CN)_2J_x]^{x-}$-Zus. (I) zugeordnet. Diese Raman-Spektren sind dem Spektrum des festen $KJ \cdot Hg(CN)_2$ sehr ähnlich, in dem lineare $Hg(CN)_2$-Gruppen durch äquatoriale Jodide koordiniert sind. Aus dem Verschwinden des 3225 Å-Peaks von $[HgJ_4]^{2-}$ beim Verdünnen mit NaCN wird auf die Bldg. von $[Hg(CN)J_3]^{2-}$ u. **I** zurückgeführt. Das Max. bei 2370 Å entspricht der aus $Hg(CN)_2$ u. HgJ_2 gebildeten Verb. Hg(CN)J.

R. Blank 30

0075 **Normalkoordinatenanalyse von $[Bi_6(OH)_{12}]^{6+}$. Beweis der Wismut—Wismut-Bindung.** Victor A. Maroni und Thomas G. Spiro. (Inorg. Chem. [Washington] **7** (1968) 2, 183—88; Dep. of chem., Princeton Univ., Princeton, N.J.; engl.) — Normalkoordinatenanalyse des Schwingungsspektrums von $[Bi_6(OH)_{12}]^{6+}$ unter Annahme kubooktaedr. Struktur u. durch Verw. der bekannten Bi—Bi- u. Bi—O-Abstände zur Konstruktion der G-Matrix. Beste Übereinstimmung ergibt sich bei Berücksichtigung einer Anziehungswechselwrkg. zwischen den Wismut-Atomen. Diese Annahme einer Bi—Bi-Bindung wird auch durch die anomal hohe Intensität der niederfrequenten Raman-Banden unterstützt. Ein Bindungsschema bei wechselseitiger Überlappung der sp-Hybridorbitale der Wismut-Atome wird qual. aufgestellt.

R. Blank 30

0076 **Schwingungsanalyse von mehrkernigen Hydroxoblei(II)-Komplexen.** Victor A. Maroni und Thomas G. Spiro. (Inorg. Chem. [Washington] **7** (1968) **2**, 188—92; engl.) — Vgl. vorst. Referat. — Die Normalkoordinatenanalyse des Schwingungsspektrums von $[Pb_4(OH)_4]^{4+}$ (I) mit Tetraederstruktur u. Verw. der bekannten Pb—Pb- u. Pb—O-Abstände stimmt dann mit den Experimenten gut überein, wenn im Kraftfeld Anziehungswechselwrkg. zwischen den Blei-Atomen berücksichtigt werden. Für den Komplex mit 1,33 OH pro Pb, vermutlich $[Pb_6 \cdot (OH)_8]^{4+}$ (II), nehmen Vf. oktaedr. Symmetrie an, da die drei niederfrequenten Raman-Banden den Metallkäfigen mit kub. Symmetrie entsprechen. Eine Schwingungsanalyse von **II** ergibt ähnliche Kraftkonst. wie **I**. Ein dem $[Bi_6(OH)_{12}]^{6+}$ ähnliches Bindungsschema wird vorgeschlagen.

R. Blank 30

0077 **Synthese, Struktur und Schwingungsspektren von $[Pt(N_3)_4]^{2-}$ und $[Pt(N_3)_6]^{2-}$ bei 300 °K und 90 °K.** T. Théophanidès und Y. Lafortune. (Canad. Spectroscopy **13** (1968) 2, 40—44; Univ., Montreal, Quebec; engl.) — 0,83 g $K_2[PtCl_4]$ u. 13 g NaN_3 wurden in 60 ml W. auf 80° erhitzt, wobei sich die orangefarbene Lsg. immer dunkler färbte. Sie wurde bis zur Sättigung mit NaN_3 eingedampft, $Na_2[Pt(N_3)_4]$ (I) mit Acetonitril extrahiert, die Lsg. getrocknet, eingeengt u. **I** mit Ae. ausgefällt. Der Nd. wurde erneut in Aceton gelöst u. mit Ae. ausgefällt. Die rosa Verb. ist im festen Zustand sehr instabil u. explodiert bei Reibung: $Na_2[Pt(N_3)_6]$ wurde analog dargestellt; die Lsg. in Acetonitril darf nicht erwärmt werden, da die Verb. noch explosiver als **I** ist. Die IR-Spektren der festen Verb. u. Lsg. wurden im Bereich

$4000-200\ cm^{-1}$ registriert. Sie zeigen einen Symmetrieverlust beim Übergang vom Tetraphenylarsonium- zum Na-Salz des $[Pt(N_3)_n]$-Anions, der wahrscheinlich auf eine nichtlineare Pt—N—N-Bindung oder eine Verzerrung der planarquadrat. bzw. oktaedr. Struktur zurückzuführen ist. Die Zuordnungen wurden unter Annahme von D_{2h} bzw. S_6-Symmetrie getroffen. U. Goetze 30

0078 **IR-spektroskopische und röntgenographische Charakteristiken einiger Selenocyanatokomplexe von Vanadin(III).** G. V. Cincadze, V. V. Skopenko und E. I. Ivanova. (Soobšč. Akad. Nauk Gruz. SSR **51** (1968) 1, 107—10; Gruz. politechn. inst. im. Lenina; russ.) — Die Verb. *$R_3[V(NCSe)_6]$* mit R = *$(CH_3)_4N$, $(C_2H_5)_4N$* u. *K^+* sowie *$[VA_3](SeCN)_3$* mit A = *Phenanthrolin* oder *2.2'-Dipyridyl* werden IR-spektroskop. ($400-2200\ cm^{-1}$, Vaselinölsuspensionen) sowie röntgenograph. untersucht. Die Verb. $R_3[V(NCSe)_6]$ gehören danach zur Klasse der Isoselenocyanatokomplexe, die Verb. $[VA_3](SeCN)_3$ enthalten freie $SeCN^-$-Ionen. H. Roschkowski 30

0079 **γ-Resonanz- und IR-spektroskopische Untersuchung der Elektroneneffekte und der zwischenmolekularen Koordination in p-substituierten Triäthylzinnphenolaten und -thiophenolaten.** A. N. Nesmejanov, V. I. Gol'danskij, V. V. Chrapov, V. Ja. Ročev, D. N. Kravcov, V. M. Pačevskaja und E. M. Rochlina. (Doklady Akad. Nauk SSSR **181** (1968) 4, 921—24; Inst. ėlementoorgan. soed. AN SSSR; russ.) — Die nachst. Verb. wurden durch Umsetzung von $(C_2H_5)_3 \cdot SnOCH_3$ mit den entsprechenden Phenolen u. Thiophenolen sowie Reinigung durch Subl. erhalten: *4-$[(C_2H_5)_3SnO] \cdot C_6H_4X$* (X =) *$CH_3O$*, $Kp._1$ 156°; n_D^{20} 1,5377; *F*, $Kp._{1,5}$ 110 bis 111°; n_D^{20} 1,5215; *Br*, $Kp._1$ 141—143°; n_D^{20} 1,5637; *CHO*, $Kp._1$ 170—172°, F. 76—77°; *SCN*, $Kp._1$ 169°; n_D^{20} 1,5787; *NO_2*, $Kp._1$ 190—191°; n_D^{20} 1,6136; *$(CH_3)_2N$*, $Kp._1$ 159—160°; n_D^{20} 1,5502; *Cl*, $Kp._{1,5}$ 134—135°; n_D^{20} 1,5489; *J*, $Kp._1$ 146°; n_D^{20} 1,5919; *$COOCH_3$*, $Kp._1$ 167°; n_D^{20} 1,5612, F. 56—57°; *CN*, $Kp._1$ 157—159°; n_D^{20} 1,5812, F. 59—61°; u. *4-$[(C_2H_5)_3SnS]C_6H_4X$*, (X =) *CH_3O*, $Kp._1$ 136—139°; *F*, $Kp._1$ 100—105°; *NO_2*, $Kp._1$ 169—171°; *$(CH_3)_2N$*, $Kp._1$ 175—177°; *Cl*, $Kp._1$ 132—133°. γ-Resonanzdaten dieser Verb. u. von 4-$[(C_2H_5)_3SnO] \cdot C_6H_4X$ mit X = *H* oder CH_3 sowie *4-$[(C_2H_5)_3SnS] \cdot C_6H_4X$* (X = *H* oder *$CH_3$*) zeigen, daß die Quadrupolaufspaltung von der Substituentenart viel stärker beeinflußt wird als die Isomerenverschiebung der einzelnen Verbindungen. Die IR-Spektren von *4-$(C_2H_5)_3 \cdot SnOC_6H_4CHO$, 4-HOC_6H_4CHO, 4-$CH_3OC_6H_4CHO$, 4-$(C_2H_5)_3SnOC_6H_4COOCH_3$, 4-$HOC_6H_4COOCH_3$* im Bereich um $1600-1800\ cm^{-1}$ deuten auf eine zwischenmol. Koordination der Substituenten in der p-Lage des aromat. Ringes mit Triäthylzinngruppen. Eine starke Verschiebung der Quadrupolaufspaltung infolge der zwischenmol. Koordination wurde an Hand der γ-Resonanzspektren von $(C_2H_5)_3SnOC_6H_5$ in *CCl_4, C_6H_6, $CHCl_3$, C_4H_8O, CH_3COCH_3, $CH_3COOC_2H_5$, C_5H_5N, CH_3SOCH_3, $HCON \cdot (CH_3)_2$, CH_3CN, $CH_3OC_2H_4OCH_3$, $C_6H_5COOC_2H_5$, $C_6H_5 \cdot N(CH_3)_2$, CH_3SCN, $C_6H_5NO_2$, C_6H_5CHO, C_6H_5CN* sowie ohne Lsgm. festgestellt. Für die Phenolate u. Thiophenolate gelten die Korrelationen $\Delta = 3{,}03 + 0{,}27\sigma_I + 0{,}40\sigma_c$; r = 0,997 u. $\Delta = 2{,}86 + 0{,}35\sigma_I + 0{,}66\sigma_c$, r = 0,999 bzw. für die Dissoziationskonst. $pK_a = 10{,}85-3{,}25\ \sigma_I - 4{,}65\ \sigma_c$, r = 0,995, $pK_a = 7{,}29-2{,}40\ \sigma_I-2{,}10\ \sigma_c$, r = 0,994. J. J. Pohl 30

0080 **Messung der J = 0 → 1-Übergangsfrequenz von $^{14}NH_3$ im Submillimeterband und neue Wiederbestimmung der Struktur des Ammoniak-Moleküls.** A. F. Krupnov, V. A. Skvorcov und L. A. Sinegubko. (Izvest. vysšich učebnych Zavedenij [Gor'kij], Radiofiz. **11** (1968) 8, 1186—91; Naučno-issl. radiofiz. inst. pri Gor'kovskom univ.; russ., Auszug: engl.) — Radiospektroskop. Best. des Rotationsübergangs J = 0 → 1 von $^{14}NH_3$. Die Übergangsfrequenz beträgt 572499,4 ± 3 MHz (λ = 0,53 mm). Die Rotationskonst. wird zu B_0 = 298106 MHz berechnet. Eine verfeinerte Strukturbest. des NH_3-Mol. ergibt für die N—H-Bindung λ_0 = 1,0134 Å u. für den H—N—H-Bindungswinkel Θ_0 = 106°36'. I. Zoll 32

0081 **Molekulare Prozesse, welche bei der Massenspektrometrie auftreten.** J. C. Lorquet. (Mém. Soc. roy. Sci. Liège [5] **16** (1968) 1, 1—103; Univ. de Liège; franz.) — Die Hypothese, daß beim Zusammenstoß eines Mol. mit einem Elektron dort die Spaltungswahrscheinlichkeit am größten ist, wo die Elektronendichte klein ist, wird an geradkettigen KW-Stoffen bis zum Decan, an *Isobutan, Isopentan, Neopentan, 2-Methylpentan, 3-Methylpentan, 2.2-Dimethylbutan, 2.3-Dimethylbutan, Cyclopentan, Methylcyclopentan, Cyclohexan, Methylcyclohexan, Cycloheptan* u. *Cyclooctan* geprüft. Die für diese Substanzen durch Lösung der Säkulargleichung ber. Ionisationspotentiale stimmen gut mit experimentellen Werten überein. Weiter wird der Einfl. der mol. Schwingungen auf die Dissoziation mit Hilfe quantenmechan. u. gruppentheoret. Meth. behandelt u. an *n-Butan, Äthan, Äthylen, Formaldehyd, CH_3HgCH_3* u. *CF_3HgCF_3*, geprüft. Zum Verständnis von intramol. Umlagerungen wird die Stereochemie u. das Energiediagramm für verschiedene Mol.-Winkel für *H_2O, NH_3, CH_2, CH_4^+* u. *$C_2H_6^+$* berechnet. In einer Self-consistent-LCAO-Rechnung aufbauend auf Slaterschen Orbitalen ergeben sich die potentiellen Energien der Zustände des *CH^+* in Abhängigkeit vom Atomabstand. An diesem Beispiel werden die Probleme der Prädissoziation demonstriert. Nach einer Darst. der Gleichgew.-Theorie der Massenspektren wird die Energieübertragung in einer H_2^+-Kette theoret. behandelt. L. Leonhardt 42

0082 **Stabilität von O_4^-.** D. C. Conway und L. E. Nesbitt. (J. chem. Physics **48** (1968) 1, 509—10; Dep. of Chem., Tex. A and M Univ., College Station, Tex.; engl.) — Die bei Bestrahlung von O_2-Gas mit einer 2-Ci-Tritiumquelle entstehenden Ionen wurden massenspektrometr. untersucht. Dabei wurden O_2^-, O_3^-, $H_2O \cdot O_2^-$, u. $^{16}O_3{}^{18}O^-$ sowie in Ggw. von D_2O-Spuren $HOD \cdot O_2^-$ u. $DOD \cdot O_2^-$ identifiziert. Aus den Gleichgew.-Konst. von $O_2^- + O_2 \rightleftharpoons O_4^-$ ergibt sich $\Delta H^0_{298} = -13{,}55 \pm 0{,}16$ kcal/Mol. Bei 77 °K u. 12 Torr wurden außerdem die Ionenkomplexe von O_6^+ bis O_{18}^+ beobachtet. A. Blaschette 42

0083 **Massenspektren von Hexachlortriphosphornitrid und Oktachlortetraphosphornitrid.** C. D. Schmulbach, Alfred G. Cook und V. R. Miller. (Inorg. Chem. [Washington] 7 (1968) 11, 2463—66; Dep. of Chem., Southern Ill. Univ., Carbondale, Ill.; engl.) — Massenspektren von $P_3N_3Cl_6$ u. $P_4N_4Cl_8$, relative Häufigkeiten der ionisierten Spezies u. Diskussion über das Verh. der Phosphornitridchloride bei Elektronenstoß. I. Zoll 42

0084 **Massenspektrum von Methyldifluorsilyltetracarbonylkobalt.** F. E. Saalfeld, M. V. McDowell, Surinder K. Gondal und Alan G. MacDiarmid. (Inorg. Chem. [Washington] 7 (1968) 7, 1465—67; Naval Res. Labor., Washington, D.C.; engl.) — Massenspektraldaten von *$CH_3SiF_2Co(CO)_4$* (I) u. Berechnung der Bldg.-Wärme von I zu -437 ± 12 kcal/Mol u. der Dissoziationsenergie der Bindung *Si—Co* zu 127 ± 15 kcal/Mol. R. Blank 42

0085 **Elektronenstoßuntersuchungen an organometallischen Molekülen. 4. Mitt. Einige Cyclopentadienon-Tricarbonylmetallkomplexe.** M. I. Bruce. (Int. J. Mass. Spectrometry Ion Physics [Amsterdam] 1 (1968) 4/5, 335—42; Dep. of Inorg. Chem., Univ., Bristol, Great Britain; engl.) — 3. vgl. ibid. 1 (1968) 141. — Die Massenspektren von (Bis-[trifluormethyl]-cyclopentadienon)-tricarbonyleisen (Tetrakis-[trifluormethyl]-cyclopentadienon)-tricarbonylruthenium u. von (Tetraphenylcyclopentadienontricarbonylruthenium werden für eine Temp. der Ionenquelle von 130° u. eine Elektronenenergie von 70 eV angegeben. Die komplizierten Zerfallsreihen werden durch Abspaltung von F oder 3 CO eingeleitet. Zahlreiche metastabile Ionen werden beobachtet. L. Leonhardt 42

0086 **Anomale Massenspektren von Nickelchelaten mit Schiffschen Basen.** Emily P. Dudek, Eleanor Chaffee und Gerald Dudek. (Inorg. Chim. [Washington] 7 (1968) 6, 1257—59; Dep. of Chem., Wellesly Coll., Wellesly, Mass.; engl.) — Diskussion an Hand bekannter Ni(II)-Komplexverb. mit Schiffschen Basen mit beweglichem H am N (Bis-[o-{N-(2-anilinoäthyl)-formimidoyl}-phenolato]-nickel(II), Bis-[o-{N-2-methylaminoäthyl)-formimidoyl}-phenolato]-nickel(II)) über die richtige Deutung der Massenspektren bei der Best. des Mol.-Gewichts. Vgl. mit Ni-Komplexen, bei denen die Seitenkette von Salicylaldimin keinen beweglichen H an N gebunden enthält (wie in n-propyl, sek.-butyl, tert.-butyl, $-CH_2CH_2N(CH_3)_2$, $-CH_2CH_2OCH_3$). I. Zoll 42

0087 **Massenspektren der Vinyltriphenylderivate der Elemente der vierten Hauptgruppe.** P. N. Preston, P. J. Rice und N. A. Weir. (Int. J. Mass Spectrometry Ion Physics [Amsterdam] 1 (1968) 4/5, 303—08; Dep. of Chem., Heriot-Watt Univ., Edinburgh; engl.) — Die Zerfallsmechanismen von $(C_6H_5)_3MCH{=}CH_2$ mit M = *C*, *Si*, *Ge* oder *Sn* bei Beschuß mit Elektronen der Energie 70 eV u. 200° werden diskutiert. Bei allen Verb. wird prim. $C_2H_3{}'$ u. $C_6H_5-CH{=}CH_2$ abgespalten, bei der Ge-, Sn- u. C-Verb. auch C_6H_5. Eine Sonderstellung nimmt das 1.1.1-Triphenylpropen ein, das zum Tropyliumion zerfällt. L. Leonhardt 42

0088 **Massenspektrometrische Methode zur Bestimmung des effektiven Ionisationsquerschnitts aus der Dampfzusammensetzung in der Ionisationskammer.** Ju. M. Ivanov und A. V. Vanjukov. (Pribory Techn. Ėksperimenta **1968**, 3, 145—47; Mosk. inst. stali i splavov; russ.) — Best. der relativen Ionisationsquerschnitte der Dampfkomponenten über *CdTe* u. *CdSe* sowie der relativen Ionisationsquerschnitte von dimerem u. monomerem *Te* u. *Se*. H. Roschkowski 42

0089 **Massenspektrometrische Untersuchung der Photoionisation.** 7. Mitt. **Stickstoffdioxid und Distickstoffoxid.** Vernon H. Dibeler, James A. Walker und Susan K. Liston. (J. Res. nat. Bur. Standards, Sect. A **71 A** (1967) 5, 371—78; Inst. for Basic Standards, NBS, Washington, D.C.; engl.) — 6. vgl. C. **1968**, 41-0085. — Für die Mol.- u. Bruchstückionen von NO_2 u. N_2O werden die Photoionisationsausb.-Kurven von der Ionisationsschwelle bis **600 Å** beobachtet. Besonderheiten der Mol.-Ionenkurven werden der Autoionisation zugeschrieben u. das Rydberg-Niveau wird mit anderen spektroskop. Beobachtungen verglichen. Die Ionisation des NO_2 beginnt bei 1272 Å (9,75 eV). Der Schwellenwert von 12,34 eV für das NO^+-Bruchstück ergibt für D(NO—O) 3,09 eV in guter Übereinstimmung mit Berechnungen thermochem. Bldg.-Wärmen. Das O^+-Ion wird anscheinend mit 0,1 eV Überschußenergie gebildet. Die minimale Schwellenenergie für das N_2O^+-Ion ist **962 Å** (12,89 eV). Die $N_2{}^+$-Bruchstückionkurve hat eine Schwelle bei 17,29 eV entsprechend der thermochem. Bindungsenergie $D(N_2-O) = 1{,}67$ eV. Eine niedrigere Energieschwelle bei 15,57 eV wird der Ionisation des mol. Stickstoffs aus einer unbekannten Quelle zugeschrieben. Es gibt keinen Beweis für einen Ionen-Paar-Prozeß. Der Grundzustandsübergang für NO^+ ist durch Spinerhaltungsgesetze verboten. Die beobachtete Energieschwelle liegt 0,8 eV über dem ber. Wert u. weist auf einen schwingenden Anregungszustand der Ionen hin. Das N^+-Ion wird auch mit Überschußenergie gebildet. J. Büttner 42

0090 **Massenspektrometrische Untersuchung der Photoionisation.** 12. Mitt. **Bortrifluorid und Dibortetrafluorid.** Vernon H. Dibeler und Susan K. Liston. (Inorg. Chem. (Washington] 7 (1968) 9, 1742—46; Inst. for Mater. Res., NBS, Washington, D.C.; engl.) — 9. vgl. C. **1969**, 21-0193; 7. vgl. vorst. Referat. — Massenspektren u. Ausb.-Kurven für die Photoionisation bez. der mol. u. fragmentar. Ionen von BF_3 u. B_2F_4 werden angegeben. Die Schwellenbereiche wurden nur für $B_2F_3{}^+$ u. BF^+ vom B_2F_4 gemessen. Diese Beobachtungen werden zur Ableitung von Ionen- u. Radikalbldg.-Wärmen u. von Bindungs-Dissoziationsenergien verglichen. Die Dissoziationsenergie für die B—B-Bindung im B_2F_4 wird zu 103 kcal Mol^{-1} berechnet. J. Büttner 42

0091 **Theoretische Untersuchung der Änderung der Wirkungsquerschnitte bei der Photoionisation von Atomen in einem Modell mit Zentralpotential.** Françoise Combet Farnoux. (C. R. hebd. Séances Acad. Sci., Sér. A et B **264** (1967) 25, B 1728—B 1731; Labor. de Chim. phys., Paris; franz.) — Vf. führt eine systemat. Unters. über die Änderung der Wrkg.-Querschnitte bei der Ionisation der verschiedenen Innenschalen in Abhängigkeit von der Energie $h\nu$ der einfallenden Lichtquanten u. der Ordnungszahl Z zwischen 30 u. 94 durch. Die vorgelegten Ergebnisse wurden aus den Strukturen des Grundzustandes der neutralen Atome erhalten u. umfassen die folgenden Innenschalen: 3d ($30 \leqq Z \leqq 47$); 4p ($33 \leqq Z \leqq 54$); 4d ($40 \leqq Z \leqq 72$; 4f ($68 \leqq Z \leqq 86$; 5p ($49 \leqq Z \leqq 86$); 5d ($72 \leqq Z \leqq 94$). Es treten hierbei Energien im Bereich der Röntgengrenzstrahlung u. des kurzwelligen UV auf. H. M. Schlegel 44

0092 **Ionisationspotentiale von BF_3, BCl_3 und BBr_3.** R. J. Boyd und D. C. Frost. (Chem. Physics Letters [Amsterdam] 1 (1968) 13, 649—50; Dep. of Chem., Univ. of B.C., Vancouver, B.C., Canada; engl.) — Durch Photoelektronen-Spektrometrie wurden folgende vertikale Ionisationspotentiale ermittelt: BF_3 15,95, BCl_3 11,97 u. BBr_3 10,72 eV. Die Ergebnisse werden mit ber. halbempir. SCF-Werten für s- u. p-Elektronen verglichen. H. Liepack 44

0093 **Erstes Ionisationspotential von Stickstoffdioxid.** P. Natalis und J. E. Collin. (Chem. Physics Letters [Amsterdam] 2 (1968) 2, 79—82; Labor. d'Étude des Etats Jonisés, Inst. de Chim., Univ. de Liège, Liège, Belgium; engl.) — Aus der Unters. der Ionisation von NO_2 durch Photoelektronenspektroskopie bei drei verschiedenen Wellenlängen finden Vf. ein erstes Ionisationspotential von 8,8 eV. Die beobachtete Schwingungsstruktur u. gemessene Ionenfrequenz von 2016 cm^{-1}, die der ν_3- oder $\nu_1 + \nu_2$-Schwingung zugeschrieben wird, weisen auf die Ionisation eines antibindenden Elektrons hin. R. Blank 44

0094 **Berechnung des Wirkungsquerschnittes für die Ionisation von Atomen durch Beschuß energiereicher Elektronen.** Albert Gaudin und René Botter. (J. Chim. Physique Physico-Chim. biol. **65** (1968) 6. 1112—17; C.E.N. Saclay, Serv. des Isotopes Stables, B. P. no. 2, Gif-sur-Yvette; franz.) — Die von Bethe vorgeschlagene Dipolnäherung für die Best. des Wrkg.-Querschnittes der inelast. Elektron–Atom-Streuung bewirkt einen großen Fehler für die Best. des Ionisationsquerschnittes. Für atomaren Wasserstoff beträgt die Abweichung dieser Näherung von der exakten Berechnung für Elektronenenergien bis herauf zu einigen keV ca. 40 %. Bei der Dipolnäherung wird nämlich der Wrkg.-Querschnitt, der zur Streuung der Elektronen mit großer Impulsübertragung gehört, nicht berücksichtigt. Für diesen Anteil wird eine Näherung vorgeschlagen. Mit der Dipolnäherung zusammen erhält man so Ergebnisse für die gesamte Streuung. Für atomaren Wasserstoff findet man gute Übereinstimmung mit dem Experiment. P. Meischner 44

0095 **Berechnung des Wirkungsquerschnittes für die Ionisation von Atomen durch Beschuß energiereicher Elektronen.** 2. Mitt. **Ionisationswirkungsquerschnitte von He, Li, Be, B, C, N, O, F, Ne.** Albert Gaudin und René Botter. (J. Chim. physique Physico-Chim. biol. **65** (1968) 6, 1118—25; franz.) — 1. vgl. vorst. Referat. — Die Ionisationsquerschnitte werden für die einfachen Ionen nach der vorliegenden Theorie berechnet. Für den Grundzustand werden dabei Wasserstoffwellenfunktionen nach Morse, Young u. Haurwitz benutzt. Die eingestrahlten Elektronen werden durch Coulomb-Funktionen beschrieben, wobei die Ladung des Streuzentrums zu 1 angenommen wird. Die Ergebnisse stehen in befriedigender Übereinstimmung mit experimentellen Daten. P. Meischner 44

0096 **Berechnung des Wirkungsquerschnittes für die Ionisation von Atomen durch Beschuß energiereicher Elektronen.** 3. Mitt. **Ionisationswirkungsquerschnitte von Na, Mg, Al, Si, P, S, Cl, Ar.** Albert Gaudin und René Botter. (J. Chim. physique Physico-Chim. biol. **65** (1968) 6, 1126—28; franz.) — 2. vgl. vorst. Referat. — Die Berechnungen der Ionisationswrkg.-Querschnitte wurde auf weitere Elemente ausgedehnt. Für den Grundzustand wurden Slater-Wellenfunktionen benutzt. Vgl. mit dem Experiment wurden für Na u. Ar gemacht. Der Wert für Na unterscheidet sich wie der für Li um den Faktor 2 vom experimentellen Wert. Für Ar ist der ber. Wert um 30% größer als der experimentelle Wert. P. Meischner 44

0097 **Ionisation von Kr^+-Ionen durch Elektronenstoß.** Z. Z. Latypov und S. E. Kuprijanov. (Ž. techn. Fiz. **38** (1968) 6, 1070—73; russ.) — Bestimmt wurde die Abhängigkeit des Wrkg.-Querschnitts $Kr^+ + e \rightarrow Kr^{n+} + ne$ für n = 2, 3, 4, 5 in Abhängigkeit von der Energie der Elektronen (25—431 eV). Die Kr-Ionen wurden nach $Kr + e \rightarrow Kr^+ + 2e$ gewonnen. Der Wrkg.-Querschnitt der einfachen Ionisation hing weit stärker von der Anregungsenergie der Ionen ab als der der zwei-, drei- u. vierfachen Ionisation. M. Wiedemann 44

0098 **Ionisation von Gasen durch 0,2—1,8-MeV-He^+-Ionen.** L. I. Pivovar, Ju. Z. Levčenko und A. N. Grigor'ev. (Ž. ėksper. teoret. Fiz. **54** (1968) 5, 1310 bis 1317; Fiz.-techn. inst. AN Ukr.SSR; russ., Auszug: engl.) — Es wurden die Wrkg.-Querschnitte für die Bldg. langsamer positiver Ionen u. freier Elektronen in Gasen von H_2, N_2, *He, Ne, Ar* u. *Kr* durch 0,2—1,8-MeV-He^+-Ionen gemessen. Die Daten werden mit vorhandenen Werten über die Ionisation einiger Gase durch He^+-Ionen mit Energien bis zu 1,0 MeV verglichen. Die effektive Ladung wird auf Grund der Querschnitte für reine Ionisation abgeschätzt u. mit Querschnitten für Protonen-Ionisation verglichen. E. Otto 44

0099 **Messung des assoziativen Ionisationsquerschnittes von Hg-Dampf.** K. L. Tan und A. von Engel. (J. Physics, D (Brit. J. appl. Physics) [2] **1** (1968) 2, 258—59; Clarendon and Engng. Sci. Labor., Univ. of Oxford; engl.) — Durch Stoß zwischen angeregten Hg-Atomen in den $^3P_1$- u. $^3P_0$-Zuständen werden positive Mol.-Ionen Hg_2^{+} u. Elektronen erzeugt. Aus den beobachteten Sättigungsströmen wird der assoziative Ionisationswrkg.-Querschnitt zu ca. $5 \cdot 10^{-14}\,cm^2$ bestimmt. Mit diesem Wert wird der Wrkg.-Querschnitt für den umgekehrten Prozeß (dissoziative Rekombination in angeregte Atome) thermodynam. ermittelt. Herbert Weber 44

0100 **Ladungsaustausch von Protonen niedriger Energie in Kaliumdampf.** P. A. Schmelzbach, W. Grüebler, V. König und P. Marmier. (Helv. physica Acta **41** (1968) 3, 310—12; Labor. für Kernphys., ETH, Zürich; engl.) — Ein- u. Zwei-Elektronen-Ladungsaustausch für einen Protonenstrahl im K-Dampf wurde im Energiebereich 2,5—22 keV untersucht. Ladungskomponenten u. Wrkg.-Querschnitte wurden bestimmt. Herbert Weber 44

0101 **Ladungsaustausch in angeregte Ionenzustände bei Stoßenergien von 2—250 eV.** H. Schlumbohm. (Z. Naturforsch. **23a** (1968) 5, 776—77; Inst. für angew. Phys. der Univ. Hamburg; dt.) — Messungen der Photonenemission, die beim Ladungsaustausch zwischen He^+- u. Ne^+-Ionen u. den Atomen *Ar* u. *Kr* sowie den Mol. N_2, O_2 u. CO_2 auftritt, wurden durchgeführt. E. Otto 44

0102 **Resonanzumladung langsamer Cäsiumionen.** B. M. Paljuch und L. S. Savčin. (Ž. techn. Fiz. **38** (1968) 7, 1055—60; L'vovskij gos. univ.; russ.) — Die Abhängigkeit des Resonanzumladungsquerschnitts von Cs-Ionen in Abhängigkeit von der Geschw. bei Energien von 1—150 eV wird experimentell bestimmt u. die Daten werden mit der Theorie verglichen. H. Roschkowski 44

0103 **Resonanzumladung langsamer Kaliumionen.** B.M. Paljuch und L. S. Savčin. (Ž. techn. Fiz. **38** (1968) 7, 1061—64; russ.) — Vgl. vorst. Referat. — Die l. c. für Cs-Ionen beschriebenen Unters. werden auf K^+-Ionen ausgedehnt. H. Roschkowski 44

0104 **Berechnung des Wirkungsquerschnitts elastischer Stöße von Atomen und Ionen unter Berücksichtigung unelastischer Prozesse.** D. Ch. Chalikova und L. G. Jakovlev. (Izvest. Akad. Nauk Uzb.SSR, Ser. fiz.-mat. Nauk **12** (1968) 3, 50—53; russ.) — Behandelt werden die Syst. He^+–He, Ne^+–Ne u. Ar^+–Ar. Vorausgesetzt wird das opt. Modell der Streuung. Unterschieden wird zwischen dem elast. Querschnitt, dem unelast. u. dem Gesamtquerschnitt. Das opt. Modell erlaubt die Abhängigkeit zweier Querschnitte von der Energie zu finden, wenn diese beim dritten bekannt ist. M. Wiedemann 44

0105 **Besonderheiten des Rotationsübergangs und der Schwingungsenergien bei Ion-Molekül-Stößen.** G. N. Poljakova, Ja. M. Fogel', V. F. Erko, A. V. Zac und A. G. Tolstoluckij. (Ž. ėksper. teoret. Fiz. **54** (1968) 2, 374—83; Fiz.-techn. inst. AN Ukr.SSR; russ., Auszug: engl.) — Unters. über die Verteilung von N_2^+-Ionen im durch Stöße von He^+-, Li^+-, Ne^+-, Ar^+-, K^+-Ionen mit N_2-Mol. angeregten $B^2\Sigma_u^+$-Zustand durch Best. der Rotations- u. Schwingungs-Energieniveaus. I. Zoll 44

0106 **Halbklassische Berechnung der Anregungsquerschnitte von Ionen für Elektronenstoß.** Nicole Feautrier. (Ann. Astrophysique **31** (1968) 3, 305—09; Observ. de Paris, 92-Mendon; franz.) — Die halbklass. Stoßtheorie wird auf die Berechnung der Verbreiterung der Spektrallinien, die durch unelast. Stöße mit Elektronen hervorgerufen wird, angewandt. Bes. werden die Syst. Ion + Elektron untersucht. Die Gültigkeit der angenommenen Näherungen wird diskutiert u. eine Abschätzung der Genauigkeit der erhaltenen Resultate gegeben. W. Gauster 44

0107 **Stoßanregung positiver Ionen in der p^q-Konfiguration: Übergänge zwischen den Niveaus des P-Terms.** 1. Mitt. M. Blaha. (Ann. Astrophysique **31** (1968) 3, 311—21; Astronomical Inst. of the Czechoslovak Acad. of Sci., Ondřejov; engl.) — Die Wrkg.-Querschnitte der Elektronenstöße für Übergänge im P-Term in den Konfig. $2p^q$, $3p^q$, 2s2p, 3s3p wurden mit einer Näherung für schwache Koppelung berechnet. Es wurden die Meth. von Coulomb-Born u. die der verzerrten Welle (ohne Wechselwrkg.) angewandt. Die Ergebnisse werden tabellar. dargestellt. W. Gauster 44

0108 **Beweglichkeit der Ionen Cs^+ und K^+ in Dämpfen der entsprechenden Atome.** B. M. Paljuch und L. S. Savčin. (Teplofiz. vysokich Temperatur **6** (1968) 4, 638—40; L'vovskij gos. univ.; russ.) — Mit der Meth. des verzögernden Felds wurden die Wrkg.-Querschnitte der Resonanzumladung bei Ionenenergien von ca. 1 eV erhalten. Hieraus wurde die Driftgeschw. der Ionen unter Einw. des elektr. Felds berechnet. Die Daten stimmen gut mit experimentellen überein. Es ergaben sich Beweglichkeiten für Cs^+ in Cs-Dampf von 0,12 $cm^2/V \cdot s$ u. für K^+ in K-Dampf von 0,28 $cm^2/V \cdot s$ (Dampfdichte entsprechend 0° u. 1 atm). M. Wiedemann 44

0109 **Verhältnis von Diffusionskoeffizient zu Beweglichkeit für Elektronen in Stickstoff und Wasserstoff.** M. S. Naidu und A. N. Prasad. (J. Physics, D (Brit. J. appl. Physics) [2] 1 (1968) 6, 763—68; Dep. of Electr. Engng. and Electron., Univ. of Liverpool; engl.) — Best. von D/μ im Bereich $7 < E/p < 40\,V\,cm^{-1}\,Torr^{-1}$ (20°). H. Liepack 46

0110 **Untersuchung der Ionenkomponente eines Deuteriumplasmas mit Hilfe des differentiellen Neutronenenergiespektrums.** S. P. Bogdanov und V. I. Volosov. (Ž. techn. Fiz. **38** (1968) 4, 618—23; russ.) — Beschreibung der theoret. Grundlagen der Methode. H. Roschkowski 46

0111 **Thermische Anregungsfunktionen und Normtemperaturen von Atom- und Ionenlinien in Zweikomponentenplasmen.** R. Diermeier und H. Krempl. (Z. Physik **200** (1967) 3, 239—48; Phys.-Chem. Inst., TH München; dt.) — Im T—P-Bereich von 3000 bis 50000 °K u. 0,1—5 atm wurden mit Hilfe eines Computers die therm. Anregungsfunktion einer Reihe plasmadiagnost. wichtiger I-, II- u. III-Linien der Metalle *Na, Al, Fe, Zn* u. von *C* ber. u. deren Normmaxima tabelliert. Vermischt man diese Elemente mit einer zweiten Komponente wie *Ar* mit einer wesentlich höheren Ionisierungsspannung, dann verschieben sich bei Atomlinien die Normmaxima nach tieferen Temp., ähnlich wie bei einer Druckverminderung. Bei hohen Verdünnungen entsteht ein zweites Normmax. bei ca. 11000 °K, da die Verarmung an Metallatomen infolge Ionisation durch die beginnende Elektronenlieferung vom Ar gebremst wird.

Bei Ionenlinien ist der Einfl. von Anregungsspannung, Druck u. Konz. wesentlich geringer.
A. Jaeschke 46

0112 **Selbständige Dipolentladung in Sauerstoff.** N. T. Dzoanh. (J. Physics, D (Brit. J. appl. Physics) [2] 1 (1968) 6, 775—79; Chem. Dep., Ind. Univ., Bloomington, Ind.; engl.) — Eine permanente Hochdruckentladung ist in einem homogenen Feld möglich, wenn der Ionenbeschußeffekt durch den Malter-Paetow-Effekt ersetzt wird. Experimentelle Unters. des Entladungsverh. sowie der Abhängigkeit des Entladungsstroms von Druck, Elektrodenabstand u. Spannung.
H. Liepack 46

0113 **Messungen der spektralen Emission und Absorption eines Hochdruck-Xenonbogens bei stationärer und Blitzanregung.** Lothar Klein. (Appl. Optics 7 (1968) 4, 677—85; Warner & Swasey Comp., Flushing, N.Y.; engl.) — Neben der Emission eines Hochdruck-Xe-Bogens im Spektralgebiet 3000 Å bis 2 μ wird dessen Absorption im IR gemessen. Die stationären u. die geblitzten Xe-Bögen sind sehr stabil, die Intensität des emittierten Kontinuums ist der Energieaufnahme in allen Fällen proportional. Eine Beziehung zwischen spektraler Verteilung des Kontinuums u. Temp. u. Druck des Bogens wird gefunden. Das Temp.-Profil des Xe-Bogens wird erhalten u. diskutiert.
A. Meixner 46

A–3. Physik der Festkörper und Flüssigkeiten

0114 **Unter der Wirkung starker Stoßwellen in festen Körpern sich vollziehende Prozesse.** A. N. Dremin und O. N. Breusov. (Usp. Chim. 37 (1968) 5, 898—916; Inst. chim. fiz. AN SSSR; russ.) — Zusammenfassende ausführliche Übersicht über die physikal.-chem. Einfl. von starken Stoßwellen auf Festkörper.
E. Klever 50

Struktur

0115 **Größe von Übergangsmetallionen.** W. B. Pearson. (Z. Kristallogr., Kristallgeometr., Kristallphysik, Kristallchem. **126** (1968) 5/6, 362—75; Div. of Pure Phys., Nat. Res. Council, Ottawa; engl.) — Die Atomvol. der metall. Übergangselemente u. der darauf folgenden Elemente der B-Gruppe, die Atomvol. der festen Lsg. von Übergangsmetallen in Übergangsmetallen, die scheinbaren Atomvol. der 3d-Übergangsmetalle in Übergangsmetallen als Funktion der Konz. der äußeren Elektronen werden untersucht; die Radien der zwei-, drei- u. vierwertigen Übergangsmetalle in oktaedr. Anionenkoordination aus ihren Verb. mit Pb, As, Sb, S, Se u. Te bestimmt u. die Abhängigkeit der Radien von der Anzahl u. Konfig. der d-Elektronen u. der Symmetrie der Koordinationspolyeder der Anionen untersucht. Die Abhängigkeit ist der von anderen Autoren bei Oxiden u. Halogeniden gefundenen ähnlich. Für die betrachteten Verb. ist kein einfaches Syst. von Übergangsmetallradien zur Best. der Bindungszahlen möglich.
M. Frenzel 51

0116 **Keramische Pigmente: Strukturelle Näherung.** W. D. J. Evans. (Trans. Brit. ceram. Soc. **67** (1968) 9, 397—419; Johnson, Matthey & Co. Ltd., Res. Labor., Wembley, Middlesex; engl.) — Es wird eine Klassifikation keram. Pigmente angegeben, die sich prim. auf die Krist.-Struktur stützt. Die krist.-chem. Faktoren, die die Bldg. der Glieder beider Hauptklassen (Verb. u. feste Lsg.) beeinflussen, werden dargestellt. Auf dieser Grundlage wird eine strukturelle Annäherung an die Synth. neuer Pigmente entwickelt u. durch Anwendung auf die Perowskitstruktur mit Beispielen belegt. Struktur u. Eig. einer Anzahl Mischungen mit der Zus. $A_2^{II}B^{II}B^{VI}O_6$ werden angegeben (A^{II} = Erdalkalimetallion; B^{II} = *Mg, Ni, Co, Cu, Fe, Zn, Mn, Cd, Ca, Sr, Ba*; B^{VI} = *Te, Mo, W* oder *U*, ausgewählt gemäß der theoret. Näherung). Die meisten dieser Materialien sind Verb., die in einer geordneten Vielfachzelle des Perowskitgitters kristallisieren. Vielfach entsteht eine Färbung, wenn die Verb. entweder einen zwei- oder einen sechswertigen Chromophor enthalten, der an der Stelle eines B-Gitterplatzes sitzt [DTA- u. Röntgenunters.; keine Verb.-Bldg. oder Farbentw. bei $Ca_2B^{II}Se^{VI}O_6$, *Te(VI)* bewirkt keine Färbung, Gitterparameter für $Sr_2B^{II}Te^{VI}O_6$ (außer für B = Mg u. Zn) sowie für $Ca_2B^{II}Te^{VI}O_6$ mit B = *Ni, Co* u. *Ba*; $Ba_2B^{II}Mo^{VI}O_6$ mit B = *Mg, Ni, Co, Zn, Cd* u. *Ca*; $Sr_2B^{II}Mo^{VI}O_6$ mit B = *Mg, Ni, Co, Cd* u. *Ca*; $Sr_2B^{II}W^{VI}O_6$ mit B = *Fe, Cd* u. *Ba*; $Sr_2B^{II}U^{VI}O_6$ mit B = *Ni* u. *Ba*].
M. Frenzel 51

0117 **Anwendungen der Methode der elastischen Neutronenbeugung auf die Untersuchung von Festkörpern und Flüssigkeiten.** G. Caglioti. (Suppl. Nuovo Cimento [1] 5 (1967) 4, 1177—98; CNEN, Ispra, Varese; ital.) — Überblick.
Herbert Weber 51

0118 **Neutronenstreuamplitude von Kalium.** G. E. Bacon und J. S. Plant. (Z. Kristallogr., Kristallgeometr., Kristallphysik, Kristallchem. **126** (1968) 5/6, 460—61; Dep. of Phys., Univ., Sheffield; engl.) — Aus Pulverbeugungsintensitäten von KCl ergibt sich ein Wert von $(0{,}309 \pm 0{,}003) \cdot 10^{-12}$ cm.
M. Frenzel 51

0119 **Entstehung des Reliefkontrastes ausgedehnter Flächen im Elektronen-Emissions- und Elektronen-Raster-Mikroskop.** H. Seiler und F. Lenz. (Optik **27** (1968) 7, 438—41; Tübingen, Univ., Inst. für Angew. Physik; dt.) — Im Emissionsmikroskop wird der Reliefkontrast, d. h. der durch die verschiedene geometr. Orientierung der Elemente einer nicht ebenen Objektoberfläche hervorgerufene Kontrast, durch den Winkel zwischen der lokalen Flächennormale u. derjenigen Ebene („Projektionsebene") bestimmt, die unverzerrt abgebildet würde; er ist dagegen unabhängig vom Winkel zwischen dem einfallenden Primärstrahl u. der lokalen Flächennormale. Im Rastermikroskop ist die Projektionsebene immer senkrecht zum Primärstrahl, so daß eine Unterscheidung zwischen den beiden genannten Winkeln sinnlos wäre.
F. Lenz 51

0120 **Quantitative Kontrastuntersuchungen in einem Emissionsmikroskop mit Sekundärelektronenabbildung.** K. Wetzig. (Optik **27** (1968) 7, 442—53; Dresden, TU, I. Inst. für Experimentalphys.; dt.) — Der Kontrast im Bild von Proben des Eutektikums des Syst. *TaFe–TaFe₂* wurde in Abhängigkeit vom Durchmesser der Aperturblende, von der Fokussierung des Primärstrahls u. vom Abbildungsmaßstab gemessen. Um den von gestreuten Primärelektronen gelieferten Untergrund herabzusetzen, welcher den Kontrast verschlechtert, muß eine möglichst enge Aperturblende in der Brennebene der Kathodenlinse angeordnet werden. Ferner muß der Primärstrahl derart auf das Objekt fokussiert werden, daß nur der abgebildete Objektbereich bestrahlt wird, der Abb.-Maßstab sollte nicht zu groß sein. Der Streuuntergrund kann nicht nur den Kontrast, sondern auch das Auflösungsvermögen verschlechtern. F. Lenz 51

0121 **Computerhilfe beim Indizieren von Feldionenabbildungen hexagonal dicht gepackter Gitter.** W. D. Sproul und M. H. Richman. (Trans. metallurg. Soc. AIME **242** (1968) 6, 1186—87; Div. of Engng., Brown Univ., Providence, R.I.; engl.) — Für die Auswertung der Feldionenbilder von *WC* u. W_2C wurde ein Programm in Fortran IV für IBM 360 Modell 50 geschrieben. Alle Winkel zwischen $(h_1k_1l_1)$- u. $(h_2k_2l_2)$- Ebenen im Bereich von $(\bar{4}\bar{4}\bar{4})$ bis (444) konnten damit für jedes gegebene c/a-Verhältnis ausgerechnet werden. Da im hexagonalen Krist.-Syst. die Gitterkonst. $a = b \neq c$ sind, konnte das Programm spezifiziert werden.
R. Zimmer 51

0122 **Programm zu Indizierung von Röntgenogrammen polykristalliner Stoffe niederer Symmetrie.** I. G. Kamaeva und V. V. Serebrennikov. (Ž. strukturnoj Chim. **9** (1968) 4, 715—17; Tomskij gos. univ.; russ.) — Beschreibung eines Programms zur elektron. Berechnung für Verb. monokliner u. trikliner Symmetrie. Als Beispiel wird das Verf. auf $MgWO_4$ angewendet.
H. Roschkowski 51

0123 **Anwendung der Simplexmethode auf die direkte Kristallstrukturbestimmung.** Gérard Bassi. (Acta crystallogr. [Copenhagen], Sect. B **24** (1968) 10, 1358—61; Labor. de Diffract. Neutron., CEN, Grenoble; franz.) — Eine nicht statist. Minimalisierungsmeth. wird auf die direkte Unters. partiell oder insgesamt unbekannter

Strukturen, wie $Zn[Sn(OH)_6]$ u. $Ca[Sn(OH)_6]$, angewendet, die mit einem Minimum von Hypothesen aufgefunden werden können. H. Roschkowski 51

0124 **Anwendung integraler Analysenmethoden auf polykristalline Materialien.** S. S. Bacanov, A. I. Poždaev und G. S. Jur'ev. (Ž. strukturnoj Chim. **9** (1968) 4, 704—07; Inst. teplofiz. SO AN SSSR, Novosibirsk; russ.) — Zur Strukturanalyse polykrist. Materialien wird ein Verf. vorgeschlagen, bei dem die Proben zunächst in den amorphen Zustand übergeführt werden u. danach die Atomabstände u. -winkel aus röntgenograph. oder elektronograph. bestimmten Verteilungsfunktionen entnommen werden. Anwendung auf SiO_2. H. Roschkowski 51

0125 **Optimales Vorgehen bei der Messung von Strukturfaktoren.** U. W. Arndt. (Acta crystallogr. [Copenhagen], Sect. B **24** (1968) 10, 1355—57; Med. Res. Council Labor. of Mol. Biol., Cambridge; engl.) — Theoret. Unters., bes. hinsichtlich der Auswertung von mit unorthodoxen Meth. gewonnenen Beugungsphotographien mit computerverbundenen Mikrodensitometern. H. Roschkowski 51

0126 **Refraktionsmodifizierte Braggsche Beugung bei asymmetrischer Durchstrahl-Reflexion.** Günther Kunze. (Z. Kristallogr., Kristallgeometr., Kristallphysik, Kristallchem. **126** (1968) 5/6, 339—61; Miner. Inst., TH Hannover; dt.) — Auf der Basis der kinemat. Interferenztheorie u. unter Voraussetzung reeller Brechungsindizes wird ein refraktionsmodifiziertes Beugungsgesetz für den Allgemeinfall der asymm. Durchstrahlreflexion aufgestellt. Es gilt auch für lichtopt. Beugungserscheinungen an oder in Krist. mit superperiod. Modulationen. M. Frenzel 51

0127 **Produkt der normierten Intensitäten beim Nachweis der Isomorphie unter Verwendung höherer Momente der Intensitäten.** S. Parthasarathy. (Z. Kristallogr., Kristallgeometr., Kristallphysik, Kristallchem. **126** (1968) 5/6, 379—91; Centre of Adv. Study in Phys., Univ. of Madras; engl.) — Die Anwendbarkeit höherer Momente der Prod. aus normierten Intensitäten z_x zweier Krist. für den Nachw. ihrer Isomorphie wird untersucht. Ausdrücke für das allg. p-te Moment von z_x für isomorphe u. nichtisomorphe Krist.-Paare werden entwickelt u. aus diesen die expliziten Ausdrücke für die ersten drei Momente von z_x abgeleitet (zentrosymm. u. nichtzentrosymm. Krist.) u. für jede der beiden Gruppen die ersten drei Momente von z_x für isomorphe u. nichtisomorphe Paare, in Abhängigkeit von der Anzahl der ersetzbaren Atome, angegeben. M. Frenzel 51

0128 **Vergleich bewichteter Fourier-Synthesen mit der Summationsmethode für Vektorkonvergenz.** A. C. Hazell. (Z. Kristallogr., Kristallgeometr., Kristallphysik, Kristallchem. **126** (1968) 5/6, 403—10; Dep. of Inorg. Chem., Univ. of Aarhus; engl.) — Explizite Formeln für die Berechnung von Bildsuchfunktionen mit Hilfe der Summationsmeth. werden mitgeteilt. Diese werden mit Gew.-Funktionen für Fourier-Synth. verglichen, die aus Wahrscheinlichkeitsüberlegungen abgeleitet sind. Für den Grenzfall (nur ein kleiner Teil der Struktur bekannt) wird gezeigt, daß einige dieser Superpositionsfunktionen sowohl mit den Gew.-Synth. von Woolfson u. von Sim ident. werden als auch denen von Vand u. Pepnisky, von Mazumdar u. von Ramachandran u. Raman ähnlich sind. M. Frenzel 51

0129 **Modifikation für Patterson-Synthesen.** E. Stanley. (Z. Kristallogr., Kristallgeometr., Kristallphysik, Kristallchem. **126** (1968) 5/6, 411—16; Dep. of Phys., Univ. of Saskatchewan, Regina, Canada; engl.) — Die Verteilung der Elektronendichte in einer Struktur kann in einen symm. u. einen asymm. Anteil bez. eines gewählten Gitterpunktes zerlegt werden. Die entsprechenden Faltungen dieser Funktionen hängen nur von den Koordinaten des Punktes u. den Intensitäten der Beugungsmaxima ab u. sind leicht zu berechnen. Die Funktionen beinhalten Informationen über die Symmetrie oder das Fehlen von Symmetrie der Elektronendichte um den betrachteten Punkt. M. Frenzel 51

0130 **Z-Entwicklung der Atomstreufaktoren für die Heliumsequenz.** Chavus M. Womack jun. und Harold W. Nickerson. (Z. Kristallogr., Kristallgeometr., Kristallphysik, Kristallchem. **126** (1968) 5/6, 427—32; Dep. of Chem., Tex. Southern Univ., Houston, Tex.; engl.) — Das Beugungsvermögen von mit He isoelektron. Ionen mit nur zwei Elektronen wird als kompakte analyt. Funktion der Kernladung Z entwickelt. Die Atomformfaktoren, die aus diesen Ausdrücken ber. werden, stimmen gut überein mit solchen aus komplizierteren Darstellungen. Die Anwendung der Funktion in der Strukturanalyse wird angeregt. M. Frenzel 51

0131 **Streuung von Röntgenstrahlen an realen Alkalimetallhalogenideinkristallen.** E. I. Rajchel's, I. V. Smuškov und V. M. Trembač. (Fiz. tverdogo Tela **10** (1968) 6, 1684—92; VNII monokrist., Char'kov; russ.) — Messung des integralen Reflexionskoeff. von (200)-, (400)-, (600)- u. (800)-Oberflächen von *LiF*-, *NaCl*- u. *KCl*-Einkrist. als Funktion der Versetzungsdichte (10^3 bis 10^7 cm^{-2}). Der Bereich kohärenter Streuung, seine Fehlorientierungstoleranz u. Flächenabhängigkeit werden untersucht. Die Abmessungen der Bereiche der kohärenten Streuung liegen bei etwa dem doppelten Abstand der Versetzungen in der Reflexionsoberfläche. K. Jaeger 51

0132 **Röntgeninterferenz nahe der K-Absorptionskante von Ge.** L. I. Dacenko, M. J. Skorochod und A. S. Vasyl'kovs'kyj. (Ukraïns'kyj fiz. Ž. **12** (1967) 11, 1921—24; Inst. napivprovidnykiv AN URSR, Kyïv; ukrain.) I. Zoll 51

0133 **Anomale Röntgentransmission in Einkristallen von Zinn.** V. K. Vojtoveckij, I. L. Korsunskij, A. I. Novikov und Ju. F. Pažin. (Ž. ėksper. teoret. Fiz. — Pis'ma v Redakciju **7** (1968) 9, 330—34; russ.) — In Einkrist. von Sn in der Richtung (020) u. (220) wurde eine anomal geringe Absorption der Röntgenlinie von 19,6 keV (Borrmann-Effekt) beobachtet. V. Burjan 51 △

0134 **Einige Anomalien in der Temperaturabhängigkeit der diffusen thermischen Streuung von Röntgenstrahlen an Nickel.** S. V. Semenovskaja, Ja. S. Umanskij und M. Ja. Fiškis. (Doklady Akad. Nauk SSSR **180** (1968) 6, 1337—39; Mosk. inst. stali i splavov; russ.) — An einem *Ni*-Einkrist. wird die diffuse Streuung von Röntgenstrahlen in einem den Curie-Punkt einschließenden Temp.-Intervall untersucht. Die Intensitäten wurden auf Geraden vermessen, die die Beugungsknoten 220 u. 440 sowie 220 u. 400 verbinden. Für beide Fälle ist die Abhängigkeit der Intensität von der Temp. in 0,1 Å Entfernung von 220 mit der Temp. steigend mit 2 anomal hohen Werten bei 500 °K u. am Curie-Punkt bei 630 °K. Alle Meßwerte einschließlich der Anomalien sind in der Richtung 220—440 niedriger als in Richtung 220—400. Bei konst. Temp. (630 °K) fällt die anomal hohe Streuintensität in beiden Richtungen mit der Entfernung vom 220-Knoten stark ab. In Analogie zur Streuanomalie bei 500 °K zeigt auch die Abhängigkeit des Elastizitätsmoduls (Schallgeschw.) bei der gleichen Temp. eine Anomalie. P. Zäske 51

0135 **Experimentelle Beobachtung der Struktur von epitaktischen Schichten durch Röntgenbeugung.** Štefan Luby und Jaroslav Schilder. (Českoslov. Časopis Fysiku, Sekce A **18** (1968) 4, 378—87; Elektrotechn. ustav SAV, Bratislava; tschech.) — Angabe des Verf., Ableitung von Beziehungen zur Best. des Schichtdickeminimums, bei dem der Einfl. des Substrats auf die Intensität der Beugungsmaxima zu vernachlässigen ist. Messungen an *In*- u. *Ge*-Schichten mit Röntgenstrahlung verschiedener Wellenlänge stimmen mit den theoret. Ableitungen überein. D. Hoene 51

0136 **Programm für den Computer NE803B zur Verfeinerung der Struktur von monoklinen nichtzentrosymmetrischen Kristallen nach der Methode der kleinsten Quadrate.** Drahomíra Hlavatá. (Českoslov. Časopis Fysiku, Sekce A **18** (1968) 4, 401—07; Ustav makromol. chem., ČSAV, Praha; tschech.) D. Hoene 51

0137 **Möglichkeiten zur röntgenographischen Untersuchung von Gitterstörungen in Kristallen. 1. Mitt. Auswertung der Integralintensität der Interferenzmaxima und Analyse der diffusen Streuung.** Ch. Herrmann. (Freiberger Forsch.-H., Reihe B **1968**, 132, 5–32; Freiberg/Sa.; dt.) — Allg. Ableitung der Streueffekte von Gitterstörungen, die eine diffuse Untergrundstreuung hervorrufen u. gleichzeitig die integralen Intensitäten der Braggschen Interferenzmaxima verringern. Die Integralintensitäten von Polykrist.-Interferenzmaxima stehen hinsichtlich ihres Informationsgeh. der diffusen Streuung durchaus nach. Abschätzung von Aussagemöglichkeiten über therm. Gitterschwingungen sowie den Ordnungs- u. Verzerrungszustand von Mischkristallen. M. Hähnert 51

0138 **Möglichkeiten zur röntgenographischen Untersuchung von Gitterstörungen in Kristallen. 2. Mitt. Analyse der Linienform und -breite von Vielkristallinterferenzen.** P. Klimanek. (Freiberger Forsch.-H., Reihe B **1968**, 132, 33–66; dt.) — 1. vgl. vorst. Referat. — Zur Auswertung der Linienprofile von Polykrist.-Interferenzen ist zunächst eine Abtrennung der versuchstechn. Einfl. auf die Linienform mit Hilfe der Fourier-Analyse sowie die Korrektur von Integralbreiten nötig. Vf. macht Angaben über die Ableitung von Aussagen über die Ausdehnung der kohärent streuenden Gitterbereiche, Gitterverzerrungen u. Stapelfehler aus den Fourier-Koeff. des Linienprofils (Warren-Averbach-Analyse) u. der Integralbreite. M. Hähnert 51

0139 **Optische Untersuchungsmethoden der Homogenität von Rubineinkristallen.** Edward Zalewski. (Przegląd Elektroniki 8 (1967) 6, 268–77; Zakład Radioelektron., ITE PAN; pol.) — Beschreibung opt. Meth. u. der verwendeten App. zur Unters. der Qualität von Rubineinkrist. (Konz.-Schwankungen von Cr, Einschlüsse von Fremdphasen u. a.) 1. bei der Technologie der Rubine, 2. bei der Auswahl geeigneter Krist. für die Maser- u. Lasertechnik. — 24 Literaturangaben. Rolf Heyer 51

0140 **Orientiertes Schneiden von Einkristallen ohne Bearbeitung der Außenflächen.** L. I. Dacenko, A. S. Vasil'kovs'kyj und A. D. Tkalenko. (Ukraïns'kyj fiz. Ž. **12** (1967) 11, 1914–16; Inst. napivprovidnykiv AN URSR, Kyïv; ukrain.) I. Zoll 51

0141 **Untersuchung von Phasenübergängen bei einigen Jodiden mit der Hahnschen Emaniermethode.** V. P. Narang und L. Yaffe. (Canad. J. Chem. **46** (1968) 4, 491–93; Dep. of Chem., McGill Univ., Montreal, Quebec; engl.) — Durch protoneninduzierte Kernspaltung von U gewonnenes ^{135}J wurde in *TlJ*, *AgJ*, HgJ_2, *CuJ* u. PbJ_2 eingebaut. Unter Verw. von Freon-12 als Trägergas wurde die Emanation der ^{135}Xe-Tochter bei Phasenumwandlungen der erwärmten Festkörper nach der oben bezeichneten Meth. untersucht. Bis auf den Fall des CuJ ergaben die als Funktion der Temp. aufgetragenen ^{135}Xe-Aktivitätswerte ausgeprägte Peaks im Bereich der für die untersuchten Verb. bekannten Umwandlungspunkte u. damit Übereinstimmung mit Ergebnissen konventioneller Unters.-Verfahren. W. Wiechmann 51

0142 **Strukturuntersuchungen an einigen Oxiden und anderen Chalkogeniden bei normalen und sehr hohen Drücken.** C. J. M. Rooymans. (Philips Res. Rep., Suppl. **1968**, 5, 1–135; engl.) — Überblick zum Verh. von Oxiden, Sulfiden, Seleniden u. Telluriden bei sehr hohen Drücken auf Grund gründlicher Literaturanalysen u. eigener Untersuchungen. Nach Beschreibung des benutzten apparativen Aufwands werden allg. Aspekte der Thermodynamik u. Kinetik von Hochdruckrk. sowie strukturelle Vorgänge bei Phasenübergängen (Veränderung der Koordinationszahlen u. interatomaren Abstände) besprochen. Die behandelten Verb.-Typen werden unterteilt in AX-, ABX_2-, A_2X_3-, ABX_3- u. AB_2X_4-Strukturen. Neue Angaben werden für folgende Verb. gemacht: CdS, CdSe, CdTe, PbO, HgSe, HgTe, EuTe, SmTe; $NaAlO_2$, $LiInS_2$; γ-Fe_2O_3, β-In_2S_3, SE_2O_3; $CdTiO_3$ u. $CdSnO_3$ (Ilmenit → Perowskit-Umwandlung). — Ca. 350 Literaturangaben. M. Hähnert 52

0143 **Morphologie und Struktur von Aluminiumhydroxid. Elektronenmikroskopische Befunde.** G. Neubert und H. Bethke. (Zbl. Bakteriol., Parasitenkunde, Infektionskrankh. Hyg., I. Abt., Orig. **206** (1968) 4, 462–73; Inst. für Immunbiolog., Berlin-Niederschöneweide; dt.) — Drei kommerzielle *Al-Hydroxid*-Typen, 8025 mit 2,5%, 802 mit 2% u. 902 mit 2% Al_2O_3, wurden morpholog.-strukturell u. kristallograph. analysiert. Die Proben wurden in Originalform u. nach 2std. Autoklavierung bei 127° untersucht. Elektronenmkr. Präp. wurden durch Auftropfen der mit dest. W. verd. Gele auf mit Mowital befilmte Netzblenden hergestellt u. z. T. mit Chrom unter 30° schrägbedampft. Beugungsaufnahmen wurden photometriert. Al-Hydroxid Typ 8025 zeigt einen lockeren Aufbau mit Fibrillen von ca. 100 Å ∅ u. ca. 1500 bis 2000 Å Länge als Grundelemente, die sich parallel zu Membranen oder haufenweise zu Bündeln zusammenlagern. Dreidimensional entsteht ein Netzwerk, in das wenige Somatoide eingelagert sind. Im Al-Hydroxid Typ 802 sind Fibrillen ebenfalls die Grundelemente. Die Tendenz, Membranen oder Bündel zu bilden, ist jedoch weniger stark ausgeprägt. Somatoide sind zahlreicher vorhanden. Al-Hydroxid Typ 902 ist weniger differenziert aufgebaut u. enthält viele krist. Plättchen u. Somatoide. Fibrillare Formation ist gegeben, tritt jedoch nicht deutlich hervor. Die Beugungsdiagramme weisen die charakterist. Linien des Böhmits auf, die Feinbereichsbeugung einzelner Somatoide des Typs 902 zeigt ein Linienspektrum, das dem Bayerit entspricht. Danach sind die drei Hydroxidtypen morpholog.-strukturell u. kristallograph. als C-β-Gele mit Böhmitstruktur anzusprechen u. dem Al-Hydroxid nach Schmidt weitgehend identisch. Typ 902 liegt in einem fortgeschrittenen Alterungszustand vor. Güte u. Eignung dieser Al-Hydroxide für die Impfstoffherst. werden diskutiert. R. Zimmer 52

0144 **Kristallographische Untersuchung des Phasenübergangs von rhombischem zu kubischem Ytterbiumdihydrid.** C. E. Messer und P. C. Gianoukos. (J. less-common Metals [Lausanne] **15** (1968) 4, 377–83; Dep. of Chem., Tufts Univ., Medford, Mass.; engl.) — Durch Hochtemp.-Röntgenmessung zwischen 25 u. 600° wird die Struktur von YbH_2 u. CaH_2 untersucht. Rhomb. α-YbH_2 wandelt sich bei höherer Temp. zu kub. β-YbH_2 um. Die Transformation beginnt bei 125° u. ist bei 600° noch nicht vollständig. Neben der β-Phase wird noch ein metastabiles β'-YbH_2 beobachtet. Eine vermutete ähnliche Transformation des α-CaH_2 wird wegen experimenteller Schwierigkeiten nicht bestätigt. Für die 4 angeführten Modifikationen werden lineare u. kub. Ausdehnungskoeff. berechnet. H. Tulhoff 52

0145 **Struktur und Morphologie von elektrolytisch abgeschiedenen Molybdändendriten.** Cletus J. Bechtoldt, Fielding Ogburn und J. Smit. (J. electrochem. Soc. **115** (1968) 8, 813–16; Washington, D.C., NBS; engl.) — Elektrolyt. abgeschiedene Mo-Dendrite wurden röntgenograph., opt., goniometr. u. mkr. untersucht. Die Dendrite haben zwei Orientierungen mit einer gewöhnlichen ⟨111⟩-Richtung parallel zur Wachstumsrichtung. Für ein kub.-innenzentriertes Gitter wurde bei der üblichen Zwillingsbeziehung Beugungssymmetrie beobachtet. Die begrenzenden Facetten liegen parallel zur Wachstumsrichtung der {110}-Ebene. Mit dem opt. Goniometer sind bei Drehung der Dendrite um ihre Wachstumsachse klare Signale in genau 60°-Intervallen zu beobachten. Die Zwillingsbldg. u. der Wachstumsmechanismus werden diskutiert. E. Schulte 52△

0146 **Kristallographie der Deformationszwillingsbildung in α-Uran.** M. Bevis. (J. nuclear Mater. [Amsterdam] **26** (1968) 2, 235–37; Dep. of Metallurgy, Univ. of Liverpool, Liverpool, England; engl.) — Zusammenstellung u. Diskussion der Zwillingsbldg.-Moden bei Scherung im α-U-Bravais-Gitter. Herbert Weber 52

0147 **Diederwinkel von Uraneinschlüssen in nichtstöchiometrischem Urancarbid.** E. N. Hodkin, M. Nicholas und D. M. Poole. (J. nuclear Mater. [Amsterdam]

27 (1968) 1, 80–87; UKAEA, Metallurg. Div. Atomic Energy Res. Establ., Harwell, Berks.; engl.) M. Frenzel 52

0148 **Einfluß von Bor auf die α-Kristallisation bei Uranlegierungen.** M. Foure, J. P. Lauque, M. Colombie und J. Decours. (J. nuclear Mater. [Amsterdam] **26** (1968) 2, 185–203; Centre de Rech. de la CERCA, Romans, France; franz.) — Ganz geringe B-Zusätze haben eine bedeutende Kornverfeinerung für α-Uran bei kleinen Abkühlgeschw. (ca. 10–20°/min) zur Folge. Diese Kornverfeinerung wird Ausscheidungen von Boriden (UB_2) zugeschrieben, die als heterogene Keime während der Transformation $\beta \to \alpha$ wirken. Dieser Vorgang ist um so stärker, je feiner die Boride dispergiert sind. Es werden Leg. mit geringen Mo-Geh. (0,2 u. 0,4% Mo) mit Zusatz von 100 ppm B genau untersucht. Bei isothermem u. kontinuierlichem Abkühlen wird die Kornverfeinerung für verschiedene Leg. geringer Konz. (U–Si, U–Cr, U–Mo–Al, U–Mo–Si, U–Mo–Sn) u. auch für techn. U ermittelt unter der Annahme, daß die ausgeschiedenen Boride fein dispergiert sind. Geringe B-Zusätze verändern die mechan. Eig. nicht empfindlich. Herbert Weber 52

0149 **Kinetik der Beta-in-Alpha-Umwandlung in Pu–1,5 Atom-% Hf.** I. G. Hanson und J. E. Pavlick. (J. nuclear Mater. [Amsterdam] **27** (1968) 1, 100–01; Dow Chem. Co., Golden, Colo.; engl.) M. Frenzel 52

0150 **Thermisch herbeigeführte Phasenumwandlungen in Eisencarbiden.** M. J. Duggin. (Trans. metallurg. Soc. AIME **242** (1968) 6, 1091–1100; Div. of Phys., CSIRO, Sydney, Australia; engl.) — Die Strukturähnlichkeiten von ε-, χ- u. Θ-Carbid wurden untersucht, um einen Mechanismus zu finden, nach dem im ersten Temperstadium gebildetes ε-Carbid im zweiten Temperstadium in χ-Carbid umgewandelt wird u. dieses im dritten Temperstadium zu Θ-Carbid wird. Aus Röntgen- u. Elektronenbeugungsunters. ist bekannt, daß die Metallatome im ε-Eisencarbid hexagonal dichtgepackte Struktur haben u. die C-Atome die Oktaederlücken besetzen. χ-Eisencarbid ist monoklin, die C-Atome nehmen die allg. 8fachen (f)-Positionen ein. Θ-Eisencarbid ist rhomb., die C-Atome nehmen die speziellen 4fachen (c)-Positionen ein. Die Einheitszellen der drei Carbide werden zeichner. dargestellt u. ihre kristallograph. Beziehung zueinander gezeigt. Es wird ein Mechanismus für die $\varepsilon \to \chi$- u. $\chi \to \Theta$-Umwandlung in dünnen Filmen, feinverteilten Carbiden u. Stählen vorgeschlagen, obwohl die letztere in Stählen nicht stattfindet. Die Umwandlungsrate $\chi \to \Theta$ wird durch die Diffusion von C-Atomen bestimmt. R. Zimmer 52

0151 **Kristallographische und Röntgenuntersuchungen von Tetrakis-[4-methylpyridin]-nickeldithiocyanat und seiner Einschlußverbindung mit p-Xylol.** M. I. Rushdy und M. A. Wahab. (J. Chem. U.A.R. **10** (1967) **3**, 315–20; Petroleum Technol. Unit, Nat. Res. Centre, Cairo; engl.) — Angabe morpholog. Daten u. einiger Debye-Scherrer-Intensitäten für $[NiA_4](SCN)_2$ u. $[NiA_4](SCN)_2 \cdot p\text{-}Xylol$ (A = 4-Methylpyridin). Die Einschlußverb. entsteht aus den Komponenten in PAe. u. wurde aus Aceton oder $CHCl_3$ umkristallisiert. H. Roschkowski 52

0152 **Messung der atomistischen Erstarrungskinetik mit Hilfe von Peltier-Erhitzen und Peltier-Kühlen.** 1. Mitt. **Theorie.** R. J. Schaefer und M. E. Glicksman. (Acta metallurg. [Long Island City, N.Y.] **16** (1968) 8, 1009 bis 1018; U.S. Naval Res. Labor., Washington, D.C.; engl.) M. Frenzel 54

0153 **Apparatur zur Züchtung von Einkristallen der $A^{II}B^{VI}$-Verbindungen unter Druck und Inertgasatmosphäre.** Pavel Höschl. (Českoslov. Časopis Fysiku, Sekce A **18** (1968) 4, 388–90; Mat.-fys. fak., Univ.-Karlovy, Praha; tschech.) — Die App. kann bis zu 1500° u. 100 atm betrieben werden. D. Hoene 54

0154 **Statistische Theorie der isothermen Verfestigung in einer dünnen Schicht beim Aufrechterhalten einer von selbst verlaufenden oder erzwungenen Kristallisation.** L. O. Meleško und E. N. Agafonova. (Kristallografija **13** (1968) 4, 732–34; russ.) H. Roschkowski 54

0155 **Orientierte Substanzabscheidung auf Einkristalloberflächen.** M. Harsdorff. (Z. Naturforsch. **23a** (1968) 9, 1253–59; Inst. für Angew. Phys., Univ. Hamburg; dt.) — Modell der orientierten Substanzabscheidung, bei dem der prim. Keimbldg.-Prozeß vom nachfolgenden Vorgang der Keimausrichtung im Potentialfeld der Unterlage getrennt betrachtet wird. Diskussion über die Einfl. von Unterlagetemp., Aufdampfrate, Kondens.- u. Platzwechselenergie auf die Schichtorientierung. I. Zoll 54

0156 **Numerische Lösung von Problemen des ebenen Wachstums bei konzentrations-abhängigem Diffusionskoeffizienten.** C. Atkinson. (Acta metallurg. [Long Island City, N.Y.] **16** (1968) 8, 1019–22; Dep. of Theory of Mater., Univ. of Sheffield; engl.) M. Frenzel 54

0157 **Theorie der Nichtstationäritätseffekte bei der Züchtung von Kristallen aus der Schmelze.** V. S. Gerasimenko und B. Ja. Ljubov. (Kristallografija **13** (1968) 4, 750–57; CNIIČERMET im. Bardina; russ.) H. Roschkowski 54

0158 **Einfluß von Te- und Sb-Zusätzen auf die Kristallisationsgeschwindigkeit von Selen.** S. U. Džalilov und Ch. M. Chalilov. (Ž. fiz. Chim. **42** (1968) 7, **1794–96**; Inst. fiz. AN Azerb.SSR, Baku; russ.) — Te-Beimengungen beschleunigen, Sb-Zusätze verringern die Kristallisationsgeschw. von Selen. Die kinet. Auswertungen zeigen, daß Te den Keimbldg.-Prozeß beschleunigt u. Sb durch Abscheidung auf der Grenze Krist.—Schmelze den Übergang von Se zur Oberfläche des wachsenden Krist. behindert. H. Roschkowski 54

0159 **Verteilung der Legierungskomponente einer Legierung in dendritischen Zellen.** M. V. Pikunov, A. I. Desipri und N. V. Troneva. (Izvest. Akad. Nauk SSSR, Metally **1968**, 4, 203–05; Moskva; russ.) — Die Verteilungskurven der Zusätze in dendrit. Zellen einer Bi-Leg. mit 7 (%) Sb u. einer Sn-Leg. mit 0,5 Ga, die durch Röntgen-Mikrospektralanalyse bestimmt wurden, sind asymmetrisch. Die Asymmetrie der Verteilung kann auf den Mechanismus des Wachstums der Dendriten zurückzuführen sein. H. Roschkowski 54

0160 **Einfluß von Defekten des Substrats auf die Orientierung epitaktischer Al-Filme.** V. S. Postnikov, V. M. Ievlev und I. V. Zolotuchin. (Kristallografija **13** (1968) 4, 742–43; Voronežskij politechn. inst.; russ.) — Die bei Al-Kondensaten auf NaCl-Spaltflächen neben (111) beobachtete (001)-Orientierung wird in gewissem Ausmaß durch Stufen auf der Spaltfläche des Substrats begünstigt. H. Roschkowski 54

0161 **Wachstumsbedingungen versetzungsfreier Ge-Schichten aus der Gasphase.** V. F. Dorfman und L. S. Sibircev. (Doklady Akad. Nauk SSSR **181** (1968) 4, 874–76; russ.) — Nach der Sandwich-Meth. mit J_2 als Trägersubstanz wird auf mit *Ga* legierten versetzungsfreien, nach (111) orientierten *Ge*-Plättchen (ϱ = 0,002 $\Omega \cdot$ cm) eine Ge-Schicht niedergeschlagen. Die sich abscheidende Schicht ist versetzungsfrei, so lange die Rk. so geführt wird, daß der geschwindigkeitsbestimmende Vorgang die Diffusion in der Gasphase ist, u. enthält sofort Versetzungen (10^3–10^5 cm^{-2}), wenn die chem. Kinetik geschwindigkeitsbestimmend ist. P. Zäske 54

0162 **Anisotropie und heterogene Keimbildung während der Alpha—Gamma-Umwandlung in Eisen.** G. R. Aspden, J. A. Berger und H. E. Trout. (Acta metallurg. [Long Island City, N.Y.] **16** (1968) 8, 1027–35; Advanc. Reactor Div., Westinghouse Electr. Corp., Waltz Mill, Pa.; engl.) — Beobachtung einer (001)[nvw]-Textur in Fe-Blechen nach Anlassen in H_2 im γ-Gebiet u. langsamem Abkühlen durch den Phasenwechsel, die von der $\gamma-\alpha$-Umwandlung u. nicht von normalem Kornwachstum im α-Gebiet herrührt. M. Frenzel 54

0163 **Einfluß von Beimengungen auf die Rekristallisation von hochreinem Eisen.** Hans Imgrund und Franz Pawlek. (Z. Metallkunde **59** (1968) 8, 652–57; Inst. für Metallhüttenkunde, TU Berlin; dt.) — Unters. des Einfl. von *Ni*, *Co*, *Mn* u. *Si* auf die isochrone Festigkeitskurve, Versetzungsstruktur u. Rekristallisationstemperatur. M. Frenzel 54

0164 **Herstellung von Goldfilmen mit niedriger Versetzungsdichte.** J. W. Matthews. (J. Mater. Sci. **3** (1968) 4, 448—49; Dep. of Phys., Univ. of Witwatersrand, Johannesburg; engl.) — Vakuumgeschmolzenes Ag, dessen verunreinigte Oberflächenschicht abgeätzt worden war, wurde nach erneutem Schmelzen u. langsamem Abkühlen auf Raumtemp. durch Vakuumverdampfung bei $5 \cdot 10^{-8}$ Torr mit einem Au-Film bedeckt; das Ag-Substrat wurde durch Lösen in HNO_3 entfernt. Die Au-Filme besaßen Versetzungsdichten von weniger als 10^8, teilweise sogar weniger als 10^7 Versetzungslinien/cm^2. W. Laqua 54

0165 **Hydrothermale Züchtung von Goldkristallen.** A. Rabenau und H. Rau. (Naturwissenschaften **55** (1968) 7, 336—39; Philips Zentrallabor., Labor. Aachen; dt.) — Im Autoklaven wird kompaktes Au mit Lsgm. (HJ, HBr, HCl, KJ, NaCl u. unter Zusatz von Cl_2, Br_2, O_2) behandelt (Temp. 300—500°). Das gelöste Au wird von der kälteren zur heißeren Stelle transportiert, wo es sich in Form größerer Krist. (bis 10 mm) abscheidet. Es zeigt sich, daß Au in HCl u. HBr nur dann transportiert wird, wenn Ox.-Mittel zugesetzt werden (Cl_2, Br_2, O_2). Bei HJ reicht wahrscheinlich die durch Dissoziation gebildete J-Menge. Bei ca. 400° bzw. 220° beginnt die Zers. der Komplexe $[AuCl_4]^-$ bzw. $[AuBr_4]^-$. Der entsprechende $[AuJ_4]^-$-Komplex ist frei nicht bekannt, existiert aber vielleicht in Lösung. Diskussion über hydrothermale Au-Bldg. in der Natur. Es kann angenommen werden, daß die Bldg. von Au-Lagerstätten von der temperaturabhängigen Stabilität von Komplexen wie die des $[AuCl_4]^-$ gesteuert wird. I. Zoll 54

0166 **Besonderheiten der Kristallisation von unterkühltem Wasser in Kapillaren.** B. V. Železnyj. (Ž. fiz. Chim. **42** (1968) 7, 1809—11; Inst. fiz. chim. AN SSSR, Moskva; russ.) — Bei der schnellen Kristallisation von unterkühltem W. in starren Kapillaren kann eine starke Kompression von Eis auftreten u. es können sehr dichte Eisformen gebildet werden. H. Roschkowski 54

0167 **Stufenwachstum auf Eis während des Gefrierens von reinem Wasser.** W. M. Ketcham und P. V. Hobbs. (Philos. Mag. [8] **18** (1968) 153, 659—61; Seattle, Wash., Univ. of Wash., Cloud Phys. Labor., Dep. of Atmospher. Sci.; engl.) — Beim Gefrieren von reinem W. wurde die Bldg. von Stufen auf dem entstehenden Eis beobachtet. Die Höhe der Stufen liegt im Bereich 0,1—4 μ, ihr Abstand im Bereich 5—20 μ. Die Häufigkeit der Stufen u. ihr Verh. sind von der Krist.-Orientierung unabhängig. E. Schulte 54△

0168 **Epitaxie des Polyäthylens auf Quarz.** W. Borchardt-Ott. (Neues Jb. Mineralog., Mh. **1968**, 8, 241 bis 251; Inst. für Miner., Univ., Münster/Westf.; dt.) — Es wird über epitakt. Aufwachsungen von Polyäthylen auf $(10\bar{1}0)$- u. $(10\bar{1}1)$-Flächen des L- u. R-Quarzes berichtet. Die einzelnen Verwachsungsgesetze werden beschrieben u. diskutiert. Mögliche Keimbldg.-Mechanismen werden vorgeschlagen. Aus der Anordnung der orientiert aufgewachsenen Polyäthylen-Nadeln auf den Quarzträgern läßt sich — bei Annahme der Korrespondenz der Molekelketten mit wichtigen Ionenketten der Quarzgrenzfläche — die Lage der Molekeln in ihnen interpretieren. G. Malow 54

0169 **Epitaxie von Polyamiden auf Quarz.** W. Borchardt-Ott. (J. Crystal Growth [Amsterdam] **2** (1968) 4, 199—208; dt.) — Vgl. vorst. Referat. — Epitakt. Aufwachsungen von Polyamiden (Nylon 8, 6,10 u. 6,6) auf $(10\bar{1}0)$-, $(10\bar{1}1)$- u. (0001)-Platten von *L*- u. *R-Quarz* wurden phasenkontrastmkr. untersucht. Dicke fibrilläre Faserbündel sind bes. deutlich bei Nylon 8 ausgebildet, bei Nylon 6,6 sind die Fibrillen dünner. Wachstumsgesetze konnten lediglich für das orientierte Aufwachsen von Nylon 6,10 formuliert werden. Die eine Rolle spielenden parallelen Beziehungen zwischen den Nylonmol. u. den ion. Ketten der Quarzstruktur werden diskutiert. E. Schulte 54△

0170 **Züchtung von LiF-Einkristallen mit Beimengungen.** G. A. Andreev. (Kristallografija **13** (1968) 4, 743—44; Fiz.-techn. inst. AN SSSR; russ.) — LiF-Krist. mit Beimengungen von Ni^{2+}, Co^{2+}, Zn^{2+}, Mn^{2+} u. Cd^{2+} wurden aus sorgfältig aus der Schmelze umkrist. LiF (Abtrennung von W. zur Vermeidung der Hydrolyse) durch Zugabe der Sulfate der Metalle u. Schmelzen unter trockener Luft erhalten. Cu^{2+} u. Ag^+ werden in der Schmelze zum Metall reduziert. H. Roschkowski 54

0171 **Einführung von anionensubstituierenden Beimengungen als Methode zur Beseitigung des Einflusses zweiwertiger kationensubstituierender Beimengungen in Alkalimetallhalogenidkristallen.** V. A. Grišukov, V. A. Teremeckij, L. Ch. Chabibulina. (Izvest. vysšich učebnych Zavedenij [Tomsk], Fiz. **11** (1968) 8 (75), 54—58; Tomskij politechn. inst. im. Kirova; russ.) — Am Beispiel von KCl–KBr-Mischkrist. wird gezeigt, daß beim Einführen von OH^- in die Schmelze die erhaltenen Krist. von Sr^{2+} u. Ca^{2+}-Einschlüssen fast frei sind. Der Reinigungsgrad ist nach Messungen der elektr. Leitfähigkeit sehr hoch. H. Roschkowski 54

0172 **Kristallisationsgeschwindigkeit wäßriger, mit beiden Salzen gesättigter Natrium- und Kaliumchlorid-Lösungen. Einfluß einiger homoionischer Salze.** Jean-Claude Lessieux. (Rev. Chim. minérale **5** (1968) 4, 727—61; Labor. de Chim. minér., Sorbonne; franz.) — Der Kristallisationsverlauf wurde an Hand der durch die Kristallisationsenthalpie verursachten Temp.-Änderung der Lsg. verfolgt. Die Unters. der Kristallisation erfolgte an bei 10—80° gesätt. Lsg.; die Kristallisation wird ausgelöst durch Impfen mit KCl bekannter Korngröße u. führt allein zur Kristallisation von KCl. Es wurden variiert: Sättigungstemp. (S), Übersättigung (Ü) u. Oberfläche (O) der Impfkristalle. Die Kristallisationsgeschw. (V) ist von Ü u. O linear abhängig. Für Ü-Konst. vergrößert sich V stark mit zunehmender O der Impfkristalle. Vf. untersuchte ferner den Einfl. von *KBr*, *$CaCl_2$*, *$MgCl_2$*, *KNO_3* in einem Konz.-Bereich, der die Löslichkeit von NaCl u. KCl nicht merklich beeinflußt. V wird durch jedes der Salze verzögert, am stärksten durch NO_3^-. G. Schatz 54

0173 **Kristallisationskinetik von Natriummetasilicatnonahydrat.** 1. Mitt. S. G. Babajan, S. S. Isachanjan und M. G. Manveljan. (Armjanskij chim. Ž. **21** (1968) 3, 200—09; Erevan. NII chim.; russ.) — Es wird gezeigt, daß der Kristallisationsprozeß aus wss. Lsg. in 2 Stufen vor sich geht. Die Krist. von $Na_2SiO_3 \cdot 9H_2O$ werden durch eine große Menge eingeschlossener übersätt. Mutterlsg. gekennzeichnet. Vf. vermuten, daß die Anwesenheit von Krist. mit konst. minimaler Größe während der Übersättigung die Voraussetzung für den 2stufigen Bldg.-Prozeß der $Na_2SiO_3 \cdot 9H_2O$-Phasen ist. H. Korn 54

0174 **Untersuchung der Adsorption von Calcium auf der Oberfläche von Natriummetasilicatmonohydrat mit Hilfe des radioaktiven Calciumisotops ^{45}Ca.** 2. Mitt. S. G. Babajan, A. M. Arutjunjan und M. G. Manveljan. (Armjanskij chim. Ž. **21** (1968) 3, 210—17; russ.) — Vgl. vorst. Referat. — Die Rekristallisation der festen Phase während des Stabilisierungsprozesses wird untersucht. Vf. zeigen, daß die feste Phase einer Rekristallisation während der ersten 40 Std. der Stabilisierung ausgesetzt ist. Die Adsorptionskinetik von Ca aus gesätt. *Na_2SiO_3*-Lsg. auf der Oberfläche der festen Phase bei 14, 25 u. 35° wird untersucht u. läßt sich durch die Gleichung der Kinetik für das isotope Oberflächenvol. gut beschreiben, wodurch die Ähnlichkeit der beiden Prozesse bewiesen wird. H. Korn 54

0175 **Temperaturunterschiede auf Flächen in wäßriger Lösung wachsender und sich auflösender Seignettesalzkristalle.** V. I. Kuznecov und G. G. Charin. (Doklady Akad. Nauk SSSR **180** (1968) 6, 1354—55; Odesskij politechn. inst.; russ.) — In unmittelbarer Nähe eines wachsenden oder sich auflösenden Krist. sollten bei fehlender äußerer Durchmischung der Lsg. keine isothermen Verhältnisse über eine ganze Krist.-Fläche vorhanden sein, da die Streuung der Kristallisationswärme von der Form einer Fläche u. vom Konz.-Fluß abhängt u. damit bei unterschiedlichen Entfernungen von einer Ecke oder Kante verschieden ist. Vf. untersuchen diec- u. p-Flächen in wss. Lsg. wachsender oder sich auflösender *Seignettesalz*-Krist. auf diesen Effekt unter Benutzung einer nicht näher beschriebenen App., die Temp.-Differenzen von $\pm$ 0,038° noch zu erfassen gestattet. Beim Lösungsprozeß in einer — 0,5° entsprechenden ungesätt. Lsg. ist der zentrale Flächenteil kälter als die Kanten u. die Temp.-Abhängigkeit vom Ort hat einen fließenden Verlauf. Bei Übersättigungen bis + 2° ist der Temp.-Verlauf ähnlich, jedoch von den Kanten zur Flächenmitte ansteigend, wobei die Höhe der Maxima mit der Übersättigung zunimmt. Bei Übersättigungen $\geqq$ + 2,5° treten Sekundärmaxima auf, die bei + 3° sehr deutlich ausgeprägt sind u. infolge ihrer symm. Anordnung auf durch größere Übersättigungen bedingtes stufenförmiges Wachstum der Fläche hinweisen. Dieser an der c-Fläche festgestellte Verlauf wurde, abgesehen von geringfügigen Unterschieden, auch für die p-Fläche aufgefunden. P. Zäske 54

0176 **Synthese und Untersuchung von Einkristallen aus Tricalciumsilicat.** Ju. M. Butt, V. V. Timašev und V. E. Kaušanskij. (Izvest. Akad. Nauk SSSR, Neorg. Mater. **4** (1968)8, 1301—04; Mosk. chim.-technol. inst. im. Mendeleeva; russ.) — Aus $CaCO_3$-$CaCl_2$-2 CaO · SiO_2-Schmelzen, z. T. mit Zusätzen von Al_2O_3, MgO u. CrO_3, wurden reine oder dotierte Ca_3SiO_5-Krist. gezogen u. röntgenograph. untersucht. Die Zusätze führen zu einer Änderung der kristallograph. Symmetrie des Ca-Silicats. H. Roschkowski 54

0177 **Steuerung der Struktur und der Eigenschaften von in einem Aerosolstrom oder einer Gasphase kristallisierenden Filmen.** L. G. Kačurin und L. I. Gašin. (Kristallografija **13** (1968) 4, 689—95; Leningradskij gidrometeorolog. inst.; russ.) — Die Abhängigkeit der Korngröße, Lumineszenzintensität, des spezif. Dunkelwiderstands u. des Hall-Effekts von der Größe eines die Kristallisationsbedingungen wiedergebenden Kriteriums wird an *ZnO*-Schichten beim Wachstum aus einem übersätt. Kondensat untersucht. Ähnliche Unters. zur Steuerung der Krist.-Struktur werden an *Salol* beim Krist.-Wachstum aus einem unterkühlten Aerosol u. Anlegen eines Schallfelds durchgeführt. H. Roschkowski 54

0178 **Bedingungen der Synthese und optische Spektren von Kristallen, die Übergangselemente enthalten.** 1. Mitt. **Korund mit Fe und Ni.** O. N. Bokša, S. V. Grum-Gržimajlo, A. A. Popova und É. F. Smirnova. (Kristallografija **13** (1968) 4, 725—27; Inst. kristallogr. AN SSSR; russ.) — Untersucht wird der Zusammenhang zwischen den Wachstumsbedingungen u. der Valenz u. Koordination der Beimengungen bei der Züchtung von Korundkrist. aus Fe- oder Ni-haltigen (0,025—0,1 Atom-%) Schmelzen. Die Krist. wurden in H_2-O_2-Atmosphäre (1,8 : 1—10 : 1) gezüchtet u. die Zus. mit Hilfe der Absorptionsspektren ermittelt. Die höchsten Konz. der isomorphen Beimengungen von Fe^{3+} u. Ni^{3+} wurden in den Krist. bei Züchtung im oxydierenden Medium festgestellt. H. Roschkowski 54

0179 **Züchtung von Lithiummetagallat nach Czochralski.** R. J. Baughman und R. A. Lefewer. (Mater. Res. Bull. **3** (1968) 6, 457—61; Sandia Labor., Albuquerque, N.Mex.; engl.) — Farblose Li-Metagallat-Einkrist. wurden aus der Schmelze (stöchiometr. Mischung von Ga_2O_3 u. Li_2CO_3) in Ar bzw. CO_2 mit Geschw. von 12,5 mm/h gezogen. Die Verw. von Ar bzw. CO_2 als Schutzgas setzt die Verdampfungsverluste der Schmelze gegenüber Luft erheblich herab; außerdem sind die Krist. weniger verspannt. Nach chem. Ätzen wurde Verzwillingung mit Zwillingsebenen parallel zu den a–b-Gitterdiagonalen u. senkrecht zur (001)-Fläche beobachtet. W. Laqua 54

0180 **Darstellung von Galliumarsenid-Einkristallen nach der Methode von Czochralski unter dem Schutz von Flußmitteln.** Andrzej Hruban. (Bull. wojskowej Akad. techn. im. Jarosława Dąbrowskiego **16** (1967) 1, 89—95; pol.) — Darst. u. Auswahl von Flußmitteln wie B_2O_3 oder $CaCl_2$ sowie Angabe der optimalen Parameter des Kristallisationsprozesses. Rolf Heyer 54

0181 **Epitaktische Züchtung von $GaAs_xP_{1-x}$ aus pulverförmigem GaAs und GaP über geringe Abstände.** R. K. Purohit. (J. Mater. Sci. **3** (1968) 3, 330—32; Solid State Phys. Labor., Delhi; engl.) — Ein Verf. u. eine entsprechende App. zur Züchtung homogener $GaAs_xP_{1-x}$-Mischkrist. auf GaAs-Substraten mit H_2O-Dampf als Transportmittel werden beschrieben. H. Roschkowski 54

0182 **Kristallzüchtung von $GdAlO_3$.** R. Mazelsky, W. E. Kramer und R. H. Hopkins. (J. Crystal Growth [Amsterdam] **2** (1968) 4, 209—14; Pittsburgh, Pa., Westinghouse Res. Labor.; engl.) — *$GdAlO_3$*, ein möglicher Laser-Wirtskrist., wurde aus der Schmelze nach der Czochralski-Meth. gezüchtet. Auch bei sehr langsamem Abkühlen der Krist. auf Raumtemp. tritt starke Riß- u. Zwillingsbldg. auf. Nur kleine Bereiche der Krist. behielten opt. Qualität. Die gemeinsame Ebene der Zwillinge in den rhomb. Krist. ist {112}. Es wird angenommen, daß die Zwillingsbldg. beim Abkühlen auf eine Hochtemp.-Phasenumwandlung zurückzuführen ist. E. Schulte 54△

0183 **Kristallisation von ZrO_2 und HfO_2 bei hydrothermalen Bedingungen.** V. A. Kuznecov und O. V. Sidorenko. (Kristallografija **13** (1968) 4, 748—49; Inst. kristallogr. AN SSSR; russ.) — ZrO_2- u. HfO_2-Einkrist. wurden hydrothermal bei 450—700° im Autoklaven aus 5—20%ig. Lsg. von NaOH, KOH, LiOH, KF u. NH_4F erhalten. In LiCl, NaCl, K_2SO_4, Na_2S, $Na_2B_4O_7$ u. H_3BO_3 wurde prakt. keine Umkristallisation von ZrO_2 u. HfO_2 beobachtet. H. Roschkowski 54

0184 **Im Zonenschmelzverfahren erzeugte Einkristalle von $(Pb_xSr_{1-x})TiO_3$.** B. Dibenedetto und C. J. Cronan. (J. Amer. ceram. Soc. **51** (1968) 7, 364—68; Tyco Labor., Inc., Bear Hill, Waltham, Mass.; engl.) — Bei 1060—1100° wird in 17—21 Tagen eine Schmelzzone durch gepreßte Stäbe von polykrist. Mischungen des quasiquatern. Syst. *2 PbO : 1 B_2O_3–2 SrO : 1 B_2O_3–$PbTiO_3$ –$SrTiO_3$* gezogen. Es resultieren Einkrist. von *Pb_xSr_{1-x} · TiO_3*, wobei x je nach Mischung beliebig von 0—1 variiert werden kann. Curie-Temp., opt. u. dielektr. Eig. der Krist. werden untersucht. Bes. werden Krist. von etwa der Zus. *$Pb_{0,25}Sr_{0,75}TiO_3$* untersucht, deren Curie-Temp. dicht unterhalb Zimmertemp. liegen. H. Tulhoff 54

0185 **Züchtung von $PbTiO_3$-Einkristallen unter hydrothermalen Bedingungen.** A. A. Šternberg und V. A. Kuznecov. (Kristallografija **13** (1968) 4, 745—46; Inst. kristallogr. AN SSSR; russ.) — $PbTiO_3$-Einkrist. wurden hydrothermal bei 500—600° u. bis zu 1500 bis 3000 atm aus den Oxiden oder aus $PbTiO_3$ in Lsg. von NaOH, KOH, K_2CO_3, Na_2CO_3, $Na_2B_4O_7$, H_3BO_3, KCl, K_2SO_3, KF u. NH_4F erhalten, als am geeignetsten erwiesen sich 10%ig. KF-Lösungen. H. Roschkowski 54

0186 **Zonenkristallisation von Bleitellurid aus einer Lösung in Blei.** M. I. Karklina. (Izvest. Akad. Nauk SSSR, Neorg. Mater. 4 (1968) 8, 1344—45; Inst. poluprov. AN SSSR; russ.) — Zur Herst. von n-PbTe wurde die Kristallisation aus einer Lsg. in Pb angewendet. Die Kinetik der Zonenkristallisationvon Pb Te aus fl. Te wird mit der in fl. Pb verglichen. Die Diffusionskoeff. u. Aktivierungsenergien werden angegeben. H. Roschkowski 54

0187 **Züchtung von WO_3- und MoO_3-Einkristallen aus der Dampfphase.** Barbara M. Wanklyn. (J. Crystal Growth [Amsterdam] **2** (1968) 4, 251—53; Oxford, England, Oxford Univ., Clarendon Labor., Dep. of Phys.; engl.) — Die Züchtung von großen Krist. von WO_3 (bis zu 2 cm × 2,5 cm) u. von MoO_3-Krist.-Plättchen (bis zu 1 cm × 0,3 cm) aus der Dampfphase nach der Meth. von Sawada et al. [Physics Rev. **113** (1959) 1005] wird beschrieben. E. Schulte 54△

0188 **Modell für das Fe^{2+}–Fe^{4+}-Gleichgewicht in aus der Schmelze gezüchtetem Yttriumeisengranat.** K. Nassau. (J. Crystal Growth [Amsterdam] **2** (1968) 4, 215—21; Murray Hill, N.J., Bell Telephone Labor., Inc.; engl.) — Wood et al. [J. appl. Physics **37** (1966) 1232] fanden, daß die Zugabe von Ca^{2+} u. Si^{4+} während der Züchtung von Y–Fe-Granaten Änderungen der opt. Absorption bewirkt. Die Änderungen werden mit der Bldg. von Fe^{4+} bzw. Fe^{2+} interpretiert. Unter der Annahme, daß ein Gleichgew. zwischen Fe^{4+} u. Fe^{2+} während des Wachstums existiert,

können opt. Daten zur Ermittlung der Gleichgew.-Konst. u. der Konz. von Fe^{4+} u. Fe^{2+} benutzt werden. Der Minimalwert der opt. Absorption sollte dabei von den Wachstumsbedingungen unabhängig sein, abgesehen von der Ca- oder Si-Zugabe, die für die Festlegung der Position der Minimumabsorption erforderlich ist. Wahrscheinlich wegen des Nichtvorliegens eines Gleichgew. während des Wachstums scheint das Modell für den Fall von Y–Fe-Granaten nicht anwendbar zu sein.
E. Schulte 54△

0189 **Züchtung von Yttriumeisengranat-Einkristallen aus Wolframatschmelzen.** N. I. Utkin, N. D. Ursuljak und V. B. Aleksandrov. (Kristallografija **13** (1968) 4, 746—48; russ.) — Yttriumeisengranat-Einkrist. wurden aus Na_2WO_4–WO_3-Schmelzen mit gelöstem Fe_2O_3 u. Y_2O_3 erhalten. Daneben werden $Na_5Y(WO_4)_4$-Krist. gebildet, die tetragonal mit a = 11,40; c = 11,37 Å in $I4_1/a$ kristallisieren. H. Roschkowski 54

0190 **Einfluß der Solvatation auf das Flächenwachstum von AgBr-Mikrokristallen.** François H. Claes und Willy Peelaers. (C. R. hebd. Séances Acad. Sci., Sér. A et B **265** (1967) 5, B 323—B 325; Gevaert-Agfa N.V., Mortsel, Belgique; franz.) — AgBr krist. aus wss., gelatinehaltiger Lsg. von KBr (3m) u. $AgNO_3$ (3m) bei pAg = 9 im sauren oder schwach ammoniakal. Medium normalerweise mit {111}-Flächen. Bei bedeutendem NH_3-Überschuß u. Br^--Konz. von 10^{-2} Mol/l bilden sich {100}-Flächen, in Abhängigkeit vom pH u. von der Fällungsdauer. Dieser Effekt wird auf den Einfl. der Lsgm.-Solvatation der Krist.-Flächen zurückgeführt. Danach bedeutet höhere Übersättigung eine Desolvatation von Flächen mit schwachem Feld, z. B. von {100}, deren Wachstum in Normalenrichtung dadurch beschleunigt wird, so daß die Flächen mit stärkerem Feld — hier {111} — erscheinen. Umgekehrt bewirkt Hinzufügen von W. unter sonst gleichen Bedingungen (Verminderung der Übersättigung), daß auch die Flächen mit schwachem Feld solvatisiert werden u. sich somit ihr Wachstum in Normalenrichtung verzögert. Dies kann ihr Erscheinen am wachsenden Krist. zur Folge haben. Einen ähnlichen Einfl. wie erhöhte Übersättigung kann der Einbau hydrophober Verunreinigungen haben. H. Karge 54

0191 **Synthese von Proustit und Pyrargyrit optischer Qualität.** W. Bardsley und O. Jones. (Nature [London] **217** (1968) 5127, 444—45; Great Malvern, Worcestershire, Royal Radar Establ., Min. of Technol.; engl.) — Eine Meth. zur Darst. großer durchsichtiger Krist. von *Proustit*, Ag_3AsS_3 u. *Pyrargyrit*, Ag_3SbS_3, für opt. Zwecke wird beschrieben. Ausgehend von stöchiometr. Mengen Ag_2S u. AsS_3 (SbS_3) in abgeschmolzenen Quarzröhren wurden bei einer Wachstumsgeschw. von 8 mm/Tag u. einem Temp.-Gradienten von 6°/mm an der Grenze Feststoff–Fl. große Krist. ohne Zellularstruktur u. ohne Einschlüsse erhalten. Das Auftreten von Zellularstrukturen in Abhängigkeit von den Wachstumsbedingungen wird diskutiert. E. Schulte 54△

0192 **Elektronenmikroskopische Untersuchung von pyrolytischem Graphit.** L. M. Gillin und A. Kelly. (J. Mater. Sci. **3** (1968) 4, 408—11; Dep. of Metallurg., Univ., Cambridge; engl.) — Untersucht wurde ein bei 2100° aus CH_4 durch Pyrolyse erzeugter Graphit, dessen mittlerer Schichtabstand 3,415—3,430 Å betrug. Durch Ausheizen bei 3600° wird die Kristallinität erhöht, wobei für Einkrist. typ. Charakteristiken auftreten. Die Kristallite sind durch Neigungskorngrenzen in den Basisebenen miteinander verbunden, die kontinuierlich durch diese Korngrenzen verlaufen. Wie in natürlichem Graphit konnten in den ausgeheizten Proben Zwillingskorngrenzen mit einem Winkel von 35° 12′ beobachtet werden. Durch plast. Verformung (8% bei 2560°) im Anschluß an das Ausheizen bei 3600° wird die D. der Neigungskorngrenzen beträchtlich herabgesetzt; gleichzeitig treten Basisversetzungen u. Moiré-Linien auf.
W. Laqua 56

0193 **Chemische Reaktionen von Siliciumeinkristallen mit verschiedenen Gasen. 1. Mitt. Dampfphasen-Spiegelätzung von Siliciumeinkristallen mit gasförmigem HCl.** Shigemitu Okazaki und Hiroshi Nozaki. (J. chem. Soc. Japan, ind. Chem. Sect. [Kōgyō Kagaku Zasshi] **71** (1968) 3, 327—34; Inst. of Ind. Sci., Univ. of Tokyo, Roppongi, Minatoku, Tokyo, Japan; jap., Auszug: engl.) — Die Ätzung von Si-Einkrist. wurde bei 1110—1290° bei einer Strömungsgeschw. von 6—10 l/Min. von 0 bis 7% HCl in H_2 in einem Si-Carbid-Ofen untersucht. Die Glättungsgeschw. ist von der Temp. u. der Strömungsgeschw. schwach abhängig, steigt aber linear mit der 1,6. Potenz der HCl-Konz. im Gas an. Bei niedrigen Temp. u. hohen HCl-Konz. wurden auf der Si-Oberfläche dreieckige Ätzgruben beobachtet. Spiegelglätte entsteht bei > 1200° u. 2—4% HCl. Der Glättungsmechanismus wird von thermodynam. Daten ausgehend diskutiert.
J. J. Pohl 56

0194 **Entstehung der Walztexturen der kubisch flächenzentrierten Metalle durch Gleiten, mechanische Zwillingsbildung und die Bildung beschränkter Fasertexturen. 1. Mitt. Entstehung der Walztexturen durch Gleiten (Kupfertextur).** Werner Heye und Günther Wassermann. (Z. Metallkunde **59** (1968) 8, 617—24; Inst. für Metallkde. u. Metallphys., TU Clausthal; dt.)
M. Frenzel 56

0195 **Entstehung der Walztexturen der kubisch flächenzentrierten Metalle durch Gleiten, mechanische Zwillingsbildung und die Bildung beschränkter Fasertexturen. 2. Mitt. Entstehung der Walztexturen durch Gleiten und mechanische Zwillingsbildung (Silber- bzw. Legierungstextur).** Werner Heye und Günther Wassermann. (Z. Metallkunde **59** (1968) 9, 693—97; Inst. für Metallkde. u. Metallphys., TU Clausthal; dt.) — 1. vgl. vorst. Referat. — Unters. an Ag- u. Cu-Einkrist. sowie -Sinterproben (Polfiguren). M. Frenzel 56

0196 **Versetzungsreaktionen in anisotropen kubischraumzentrierten Metallen.** Craig S. Hartley. (Trans. metallurg. Soc. AIME **242** (1968) 6, 1101—04; Dep. of Metallurg. and Mater. Engng. and Engng. Sci. and Mechan., Coll. of Engng., Univ. of Fla., Gainesville, Fla.; engl.) — Berechnungen der Energieänderung bei der Rk. von (a/2) ⟨111⟩-Gleitversetzungen in sich schneidenden (110)-Ebenen. Nach sechs Rk.-Typen können perfekte Versetzungen aus Bestandteilen auf verschiedenen Gleitebenen entstehen. Der relative Energieabfall zeigt, daß Versetzungen mit Burgers-Vektoren a⟨100⟩ in verformtem Material mit hohem Anisotropiefaktor A häufiger auftreten als in solchem mit niedrigem A. Mit steigendem A nimmt die Wahrscheinlichkeit der Entstehung von Versetzungen mit a⟨100⟩-Vektoren zu, da (a/2)⟨111⟩-Versetzungen auf {110}-Ebenen dann näher an ⟨111⟩-Richtungen zu liegen kommen. Die a⟨100⟩-Versetzung ist kein energet. stabiles Prod., kann aber bei genügend hohem A gebildet werden. Rk., nach denen beim Durchschneiden der {110}-Ebenen perfekte a⟨110⟩-Versetzungen entstehen, sind nie begünstigt, obwohl ein dissoziiertes Produkt möglich ist. Für die Wahrscheinlichkeit der Entstehung von Stapelfehlern können die Wechselwirkungsparameter bei Rk. zur Entstehung partieller Versetzungen angewendet werden, wenn genaue Berechnungen oder Messungen über Stapelfehlerenergien vorliegen. R. Zimmer 56

0197 **Erholung des elektrischen Widerstandes in kaltverformten kubisch flächenzentrierten Metallen und Legierungen.** H. Oettel und P. Klimanek. (Freiberger Forsch.-H., Reihe B **1968**, 132, 67—106; Freiberg; dt.) — Nach Diskussion der elektr. Eig. von Gitterfehlstellen in kub. flächenzentrierten Metallen u. Leg. sowie Mechanismen ihrer Erzeugung bei plast. Verformungen wird auf Elementarprozesse der Erholung in reinen Metallen (soweit sie für Widerstandsmessungen von Bedeutung sind) eingegangen. Ferner wird die Widerstandserholung von Leg. unter bes. Berücksichtigung der Konz.-Abhängigkeit der Stapelfehlerenergie u. der Ordnungserscheinungen behandelt. M. Hähnert 56

0198 **Vorkommen einer Messingtextur in Aluminium.** Werner Heye und Günther Wassermann. (Z. Metallkunde **59** (1968) 8, 667—68; Inst. für Metallkde. u. Metallphys., TU Clausthal; dt.) — Vgl. Sundberg, ibid. **59** (1968) 202. — Die l. c. mitgeteilten Ergebnisse bestätigen die früher diskutierte Auffassung, daß sich die Texturausbldg. des Vielkrist. als Summe der Orientierungsänderungen ergibt, die durch Gleiten nach {111}⟨110⟩ entstehen. Die einzelnen Kristallite verhalten sich beim Walzen nahezu wie Einkrist. gleicher Orientierung. M. Frenzel 56

0199 **Durch starkes Kaltwalzen in reinem Aluminium (99,99%) entstandene Substrukturen.** P. Kittl, G. Rodriguez, C. Barcelo, I. Dümler und A. Venerandi. (J. Inst. Metals **96** (1968) 2, 63–64; Univ. de Chile, Santiago de Chile; engl.) — 99,99% reines Al mit einer Korngröße von 2 mm wurde bis zu Deformationen von $5{,}8 \cdot 10^3 - 7{,}1 \cdot 10^4$ kaltgewalzt, in einem Elektrolyten aus 33% $HClO_4$ u. 67% Essigsäureanhydrid bei 25 V u. 10^0 poliert u. in einer Mischung aus 50% H_2O, 2% HF u. 48% HNO_3 gereinigt. Danach wurden mit Celluloseacetat Abdrücke hergestellt u. mit Chrom bedampft. Zwei Substrukturentypen α u. β wurden beobachtet u. ergaben prozentual als Funktion der Verformung eine parabol. Abhängigkeit. Drei Spitzen zeigen den Erholungsbeginn der β-Zone an, im anschließenden, abfallenden Teil findet die $\beta \rightarrow \alpha$- Umwandlung, ein Übergang von Substruktur mit hoher zu solcher mit niedriger Versetzungsdichte, statt. R. Zimmer 56

0200 **Elektronenmikroskopische Untersuchung der Ausscheidung in Al–Cu-Mischkristallen.** 3. Mitt. **Keimbildungsdiagramm von Al–Cu-Legierungen.** 4. Mitt. **Ausscheidung in verformten [Al + 1,3 Atom-% (3 Gewichtsprozent) Cu]-Mischkristallen.** E. Hornbogen. (Aluminium **43** (1967) 3, 163–70; Stuttgart, MPI für Metallforsch.; dt.) — 2. vgl. ibid. **43** (1967) 2, 115. — Das Keimbldg.-Diagramm von Al–Cu-Mischkrist. wurde nach Glühen bei 540^0 u. Abschrecken in W. aufgestellt. Der Beginn der Keimbldg. u. die Krist.-Struktur des Keims wurden elektronenmkr. bestimmt. Die Ergebnisse wurden als Temp.–Zeit-Schnitte für Leg. konst. Zus. dargestellt. Die Existenzbereiche der drei Phasen Θ, Θ' u. Θ'' werden in einem Kurvenbild dargestellt. Die Kurve des Auftretens der Θ'-Phase bei höheren Temp. ist ausschließlich durch an Versetzungen gebildete Teilchen bestimmt. Der Bereich des Auftretens der Θ''-Phase verschiebt sich zu tieferen Temp., wenn direkt auf die Alterungstemp. abgeschreckt wird; durch Voraltern bei tieferer Temp. wird er zu höheren Temp. verschoben. Bei Kaltverformung vermindert sich bei niedrigen Verformungsgraden die Leerstellendichte im Vgl. zum abgeschreckten Mischkrist., daraus folgt eine Verzögerung der Bldg. der kohärenten Phase Θ'', bei höheren Verformungsgraden wird infolge Erhöhung der Leerstellendichte die Bldg. der Θ''-Phase beschleunigt. H. Vier 56

0201 **Texturen in verformten Zirkoniumeinkristallen.** D. O. Hobson. (Trans. metallurg. Soc. AIME **242** (1968) 6, 1105–10; Metals and Ceram. Div., ORNL, Oak Ridge, Tenn.; engl.) — Für *Zr* wurden Prismagleitung auf dem $\{10\bar{1}0\}\langle 11\bar{2}0\rangle$-Syst. u. $\{10\bar{1}2\}$-, $\{11\bar{2}1\}$- u. $\{11\bar{2}2\}$-Zwillingsbldg. als Verformungssyst. gefunden. Zur Gefügeunters. wurden zonengereinigte Zr-Einkrist. dreier verschiedener Orientierungen gewalzt u. in [0001]- u. $[11\bar{2}0]$-Richtung gezogen. Die Gefügeentw. wurde mit einem Philips-Polfigurenplan auf einem Weitwinkeldiffraktometer verfolgt. Proben mit $(0001)[11\bar{2}0]$-Orientierung sind für $\{11\bar{2}2\}$-Zwillingsbldg., mit $(11\bar{2}0)$-[0001]-Orientierung sind für $\{10\bar{1}2\}$-Zwillingsbldg. u. mit $(11\bar{2}0)[1\bar{1}00]$-Orientierung sind für Prismagleitung bevorzugt. Bei Zugvers. bestand die Verformung aus planer Spannung u. gab die Voraussetzung zu $\{10\bar{1}2\}$- u. $\{11\bar{2}1\}$-Zwillingsbildung. Einkrist.-Stangen, in $[11\bar{2}0]$-Richtung gezogen, zeigten $\{11\bar{2}2\}$-Zwillinge. Die Unters. zeigt, daß Zr-Einkrist. bei Zimmertemp. durch Walzen oder Ziehen orientierungsabhängig verformt werden. Der Schmid-Faktor ist geeignet, um Gleitung oder Zwillingsbldg. vorauszusagen. Die mögliche Anwendung dieser Daten auf polykrist. Material wird besprochen. R. Zimmer 56

0202 **Alterungscharakteristiken einer Fe-Legierung mit 11 Atomprozent Mo.** Rees D. Rawlings und C. W. A. Newey. (Trans. metallurg. Soc. AIME **242** (1968) 6, 1001–07; Metallurg. Dep., Imp. Coll. of Sci. and Technol., London; engl.) — Der Einfl. von Lsg.-Temp., Alterungstemp. u. vorangehender Verformung auf die Alterungserscheinungen einer Fe-Leg. mit 11 Atom-% Mo wurden lichtmkr., mit Härte- u. D.-Messungen sowie durch Best. des Elastizitätsmoduls untersucht. Die Proben wurden nach 6std. Homogenisieren bei 1473 °K untersucht. Die Lsg.-Behandlung wurde unter Ar in 1 Std. bei 1573 °K durchgeführt. Für lichtmkr. Unters. wurden die Proben mit Diamantpaste poliert u. in alkohol. $FeCl_3$- oder 2%ig. HNO_3-Lsg. geätzt. Härte-, D.- u. Modulmessungen zeigten, daß mit steigender Alterungstemp. das Härtemax. schneller erreicht wird, sein Wert aber geringer wird. Eine intermetall. Phase Fe_3Mo_2 wird bei allen Temp. ausgeschieden. Der Anteil nimmt zu u. wird gleichmäßiger, je näher man den Bedingungen des Härtemax. kommt. Im frühen Alterungsstadium u. bei Überalterung findet man ausscheidungsfreie Zonen. Vorangehende Verformung beschleunigt den Ausscheidungsprozeß bei zunehmender Härte, während die Lsg.-Temp. nur geringen Einfl. hat. Der Elastizitätsmodul der festen Lsg. betrug $(19{,}49 \pm 0{,}22) \cdot 10^{11}$ dyn cm^{-2}. Seine Analyse u. die Ergebnisse der D.-Messungen ergaben für den Zeitexponenten des Ausscheidungswachstums Werte von 1,0 u. 1,5 in der gealterten Lsg. mit u. ohne vorangehende Verformung. R. Zimmer 56

0203 **Wechselwirkung zwischen Versetzungen und kohärenten Kobaltausscheidungen in einer Kupfermatrix.** F. J. Humphreys. (Acta metallurg. [Long Island City, N.Y.] **16** (1968) 8, 1069–73; Oxford Univ,. Dep. of Metallurg.; engl.) — Für Einfachgleitung orientierte Cu-Einkrist. mit kohärenten Co-Ausscheidungen werden im Zugvers. bis in den Bereich I verformt, die Versetzungsanordnung wird durch Transmissions-Elektronenmikroskopie von Schnitten parallel zur Primärgleitebene untersucht. M. Frenzel 56

0204 **Atomarer Ordnungsprozeß in Ni–Fe–Cr- und Ni–Fe–Mo-Legierungen.** L. F. Arciševskaja, E. A. Ibragimov, Ja. P. Selisskij und M. N. Sorokin. (Izvest. Akad. Nauk SSSR, Metally **1968**, 4, 158–64; Moskva; russ.) — An tern. Leg. der Zus. Ni_3(Fe, Cr) u. Ni_3(Fe, Mo) werden die Gitterperioden, der Elastizitätsmodul u. der elektr. Widerstand gemessen. An den Leg. Ni_3Fe u. Ni_3(Fe, Mo) mit 3,8 Atom-% Mo wird ferner die Gitterperiode bei hohen Temp. (300–500°) bestimmt. Zur Erklärung der beobachteten Eig.-Anomalien wird ein hypothet. Strukturmodell der verfestigten, mit einem Element der VI. Gruppe legierten Ni_3Fe-Leg. vorgeschlagen. Infolge der hohen Anzahl beständiger Keime wird die Struktur der einer Ordnungsglühbehandlung unterworfenen Leg. durch eine gut entwickelte Nahordnung gekennzeichnet, bei der nicht nur FeNi, sondern auch CrNi u. MoNi möglich sind. Eine Zunahme der Ordnungsbereiche wird durch die langsame Diffusion der Elemente der VI. Gruppe im Ni-Gitter im Temp.-Bereich des geordneten Gitters erschwert. H. Hochstein 56

0205 **Abhängigkeit der Kristallfeinstruktur der Teilchen von ihren Abmessungen in reduzierten Kupfer- und Nickelpulvern.** G. I. Aksenov, O. K. Kolerov und V. I. Krjukov. (Izvest. Akad. Nauk SSSR, Metally **1968, 4**, 132–34; Kujbyšev; russ.) — Die Substruktur von Pulverteilchen aus Cu u. Ni, die durch Red. der Oxide in dissoziierendem NH_3 erhalten wurden, wird röntgenograph. untersucht. Die Temp. der Red. liegt unterhalb der Rekristallisationstemperatur. Mit steigender Teilchengröße nehmen die Durchmesser der kohärent streuenden Bereiche zu u. Mikroverzerrungen ab. H. Roschkowski 56

0206 **Bestimmung des Kaltwalz- und Rekristallisationsgefüges in Kupferplatten durch Neutronenbeugung.** Jaakko Kajamaa. (Trans. metallurg. Soc. AIME **242** (1968) 6, 973–77; Reactor Labor., Dep. of Technical Phys., Techn. Univ. of Helsinki, Otaniemi, Finland; engl.) — Die durch Neutronenbeugung erhaltenen Polfiguren wurden unter Berücksichtigung von Absorption u. sek. Auslöschung korrigiert. Es wurden kaltgewalzte u. rekrist. Kupferplatten untersucht. Proben mit 0 Gew.-% Phosphor zeigten Würfeltextur mit 0,005 u. 0,03 Gew.-% nicht. Geglüht wurde 8 Sek. lang bei 650°. Beim Vgl. mit Röntgenbeugungsunters. entsprachen sich die äußeren Teile der {111}-Polfiguren. Die abs. Intensität wird durch die Menge der Gitterfehler, Korngröße u. -Homogenität beeinflußt. Differenzen der Röntgen- u. Neutronenbeugungsverf. werden besprochen. R. Zimmer 56

0207 **Elektronenmikroskopische Untersuchung gezogener Kupfereinkristalle.** Hans Ahlborn und Dieter Sauer. (Z. Metallkunde **59** (1968) 8, 658–63; Inst. für Metallkde. u. Metallphys., TU Clausthal; dt.) — Unters. der submkr. Gefügeänderungen (Bldg. von Mikrobändern). M. Frenzel 56

0208 **Beobachtungen des Martensits in ternären Kupfer–Zink–β-Phasen-Legierungen.** Horace Pops. (Trans. metallurg. Soc. AIME **239** (1967) 5, 756–59; Pittsburgh, Pa., Mellon Inst.; engl.) — Untersucht wurde das Martensitwachstum in Cu–Zn-Leg. mit Zusätzen von Ni, Ag, Au, Cd, Ga, In, Si, Ge, Sn oder Sb. In allen 10 tern. Leg. trat der Martensit in zwei Stufen auf. Zuerst bildete sich thermoelast. Martensit bei der Ms-Temp. in Form von Nadeln aus. Die Nadeln wuchsen in die Grundmasse in Längsrichtung, wenn die Temp. weiter abnahm. Die Wachstumsgeschw. war proportional der Temp.-Änderung. Ein Martensit des „burst"-Typs entsteht in jeder Leg. bei der M_B-Temp., die immer unter der M_S-Temp. liegt, mit sehr schnellem Wachstum. Diese Phase wächst nicht weiter bei weiterem Abkühlen. F. Vier 56

0209 **Massive und martensitische Umwandlung in einer Ag–Al-Legierung.** E. B. Hawbolt und L. C. Brown. (Trans. metallurg. Soc. AIME **242** (1968) 6, 1182–84; Mellon Inst., Carnegie-Mellon Univ., Pittsburgh, Pa.; engl.) — Das Gleichgew.-Diagramm der bin. Ag–Al-Leg. zeigt eine bei hohen Temp. beständige kub.-raumzentrierte β-Phase. Die Struktur der abgeschreckten β-Phase wird an einer Ag-Leg. mit 22,28% Al untersucht. Nach dem Walzen bei 550° wurden die Proben 1 Std. lang bei 688° in H_2 geglüht u. in W. oder 16% NaOH-Lsg. abgeschreckt. Die in W. abgeschreckten Proben hatten massive Feinstruktur. Die in Lauge abgeschreckten Proben zeigten Martensitstruktur, teilweise mit β-Körnern gemischt. Mit Röntgenbeugung wurde jeweils ein hexagonales Krist.-Gitter mit einander ähnlichen Gitterkonst. ermittelt. Dünne Folien für elektronenmkr. Durchstrahlung wurden nach der Bollmann-Technik u. durch Elektropolieren in einer Lsg. aus 70% A., 20% $HClO_4$ u. 10% Glycerin hergestellt. Die abgeschreckte β-Phase entspricht den beim Abschrecken gebildeten Zuständen bin. Cu-Legierungen. R. Zimmer 56

0210 **Struktur der eutektischen Blei–Silber-Legierung.** A. Moore und R. Elliott. (J. Inst. Metals **96** (1968) 2, 62–63; British Cast Iron Res. Assoc., Alvechurch, Birmingham; engl.) — Zur Unters. des Strukturwechsels beim Erstarren wurden zonengereinigtes Pb u. Ag unter Argonatmosphäre zusammengeschmolzen. Der Temp.-Gradient in der Schmelze u. die Wachstumsrate konnten voneinander unabhängig im Bereich von 2–30°/cm u. $1 \cdot 10^{-5}$ bis $3 \cdot 10^{-3}$ cm/s verändert werden. Die Struktur wurde senkrecht u. parallel zur Wachstumsrichtung mkr. untersucht. Mit zunehmender Wachstumsrate geht die regelmäßige, aus unterbrochenen Lamellen bestehende Struktur in eine unregelmäßige über. R. Zimmer 56

0211 **Selektives Ätzen von Quarz.** O. B. Vol'skaja. (Kristallografija **13** (1968) 4, 722–24; Inst. kristallogr. AN SSSR; russ.) — Als selektive Ätzmittel für $(10\bar{1}1)$- u. $(\bar{1}101)$-Flächen von Quarz werden HF-Lsg. vorgeschlagen, denen Ag_2O, Cs_2O, $RbNO_3$, ZrO_2, CaO, MgO, CuO, Fe_2O_3 oder Li_2O zugesetzt werden. Die erhaltenen Ätzbilder werden in Abb. gezeigt. H. Roschkowski 56

0212 **Diffuse Röntgenstreuung von Siliciumcarbidkristallen der kubischen Modifikation, β-SiC.** S. I. Futergendler. (Kristallografija **13** (1968) 4, 671–74; VNII abrazivov i šlifovanija; russ.) — Auf Röntgenbeugungsaufnahmen von β-SiC wurden diffuse Reflexe beobachtet. Es wird gezeigt, daß sich die streuenden Punkte im reziproken Gitter entlang von „Stäben" in [111]-Richtung anordnen. Eine Ähnlichkeit der Effekte auf den Röntgenogrammen von durch Kristallisation aus Metallschmelzen erhaltenem β-SiC u. von synthet. Diamanten wird besprochen. H. Roschkowski 56

0213 **Untersuchung der Struktur der Gleitlinien in LiF-Einkristallen bei schichtweisem Polieren und Ätzen unter Anwendung statistischer Methoden für die Auswertung der Versuchsdaten.** V. M. Boržkovskaja, A. I. Landau und M. A. Davydova. (Kristallografija **13** (1968) 4, 655–61; Fiz.-techn. inst. nizkich temp. AN USSR; russ.) — Durch schichtweises mehrfaches Polieren (in wss. H_2SO_4–H_3BO_3) u. Ätzen (wss. $FeCl_3$-Lsg.) wird in LiF-Einkrist. die Bldg. von Gleitlinien mit hoher Versetzungsdichte untersucht. Ein statist. Verf. zur Auswertung der Daten hinsichtlich der Struktur der Gleitlinien wird besprochen. H. Roschkowski 56

0214 **Untersuchung optimaler Phasengrenzen: Fall der herausgelösten Alkalifeldspäte.** W. Bollmann und H.-U. Nissen. (Acta crystallogr. [Copenhagen], Sect. A **24** (1968) 5, 546–57, 1 Tafel; Battelle Inst. Advanc. Stud. Center, Geneva, Switzerland; engl.) — Eine allg. Theorie der Korn- u. Phasengrenzen (O-Gittertheorie, vgl. Bollmann, Philos. Mag. **16** (1967) 363) wird weiter entwickelt u. auf Alkalifeldspäte mit Herauslösungslamellen angewendet. H. Roschkowski 56

0215 **Elektronenmikroskopische Untersuchung der Domänenstruktur von Triglycinsulfatkristallen mit Hilfe der elektrischen Dekorierung.** G. I. Distler und V. P. Konstantinova. (Kristallografija **13** (1968) 4, 631–35; Inst. kristallogr. AN SSSR; russ.) — Die Domänenstruktur von Triglycinsulfatkrist. wurde nach Dekorieren der Oberfläche mit einem geladenen Pt-Sol elektronenmkr. untersucht. Die Anlagerung der Solteilchen an spezif. elektr. geladene Oberflächenteile führt zum Sichtbarwerden der Feinstruktur u. der Wände der Domänen. Die Solteilchen werden wahrscheinlich an elektr. akt. Punktdefekten angelagert. H. Roschkowski 56

0216 **Mikrospannungen in dispersen porösen Materialien.** Ž. G. Malikova, S. I. Kontorovič, L. M. Rybakova und E. D. Ščukin. (Kristallografija **13** (1968) 4, 642 bis 648; Inst. fiz. chim. AN SSSR; russ.) — Durch Auswertung der Verbreiterung der Röntgenbeugungslinien wird gezeigt, daß in dispersem, porösem $Mg(OH)_2$ u. $CaSO_4 \cdot 2\,H_2O$, die durch Hydratationshärtung von MgO bzw. $CaSO_4 \cdot {}^1/_2\,H_2O$ u. Pressen der Pulver erhalten wurden, Mikrospannungen entstehen, die in $Mg(OH)_2$ reversible elast. Verformungen hervorrufen u. in Gips die Ursache der plast. Verformung der Krist. sind. H. Roschkowski 56

0217 **Kristallstruktur dünner, durch Kathodenzerstäubung erhaltener Zinkoxidschichten.** K. V. Šalimova, A. F. Botnev, V. A. Dmitriev und N. M. Satybaev. (Kristallografija **13** (1968) 4, 679–82, 2 Tafeln; Mosk. énerget. inst.; russ.) — Durch Elektronen- u. Röntgenbeugung wird die Struktur der durch Kathodenzerstäubung in O_2–Ar-Gemischen erhaltenen ZnO-Schichten in Abhängigkeit von der Temp. u. Art des Substrats (Glas, Sitall, Quarzglas) u. der Zus. des Gasgemisches untersucht. In Abhängigkeit von der Substrattemp. sind die Schichten nach $(10\bar{1}0)$, $(11\bar{2}0)$ oder (0001) orientiert. Bei niedrigen Substrattemp. enthalten die Schichten überschüssiges Zn. H. Roschkowski 56

0218 **Mikroskopische Beobachtung der Versetzungsbewegung in Korund durch Dekorieren.** M. O. Klija. (Kristallografija **13** (1968) 4, 667–70, 1 Tafel; Inst. kristallogr. AN SSSR; russ.) — Gaseinschlüsse in Korundkrist. dekorieren beim Spalten der Krist. die Versetzungen. Die Bewegung der Versetzungen im Krist. verläuft nach mkr. Unters. sprungweise. H. Roschkowski 56

0219 **Versetzungen in epitaktischem Galliumarsenid.** A. V. Kovda und S. A. Semiletov. (Kristallografija **13** (1968) 4, 662–66; Inst. kristallogr. AN SSSR; russ.) — Durch selektives Ätzen mit W.-Dampf wurden die Versetzungen in aus der Dampfphase in Ggw. von H_2O als Transportmittel erhaltenen epitakt. GaAs-Schichten auf (110)- u. (100)-Flächen von GaAs untersucht. Es können derart Schichten mit sehr viel niedrigerer Versetzungsdichte erhalten werden, als sie in aus der Schmelze gezüchteten Krist. vorliegen. H. Roschkowski 56

0220 **Auf Ordnung von Indium-Leerstellen zurückzuführende Domänenstruktur in β-In_2S_3-„Einkristallen".** J. Van Landuyt, H. Hatwell und S. Amelinckx. (Mater. Res. Bull. **3** (1968) 6, 519—28; Rijksuniv. Centrum Antwerpen; engl.) — In β-In_2S_3, das eine Spinell-Defektstruktur besitzt, sind die In-Ionen in tetraedr. Koordination ab 420° u. die In-Ionen in oktaedr. Koordination ab 780° ungeordnet. Dieser Ordnungs-Unordnungs-Prozeß wurde elektronenmkr. untersucht; dabei konnten verschiedene Arten von Zwischenflächen beobachtet werden, die auf eine Ordnung von In-Ionen oder In-Leerstellen zurückzuführen sind. Die Ordnung der tetraedr. koordinierten In-Ionen resultiert in Zwillingen u. Anti-Phasengrenzen, die der oktaedr. koordinierten In-Ionen nur in Anti-Phasengrenzen.
W. Laqua 56

0221 **Defekte in durch optisches Zonenschmelzen gezüchteten Granateinkristallen.** P. A. Arsen'ev, E. F. Kustov, L. Li und M. V. Čukičev. (Kristallografija **13** (1968) 4, 740—42; Mosk. ėnerget. inst.; russ.) — Untersucht werden die bei therm. Behandlung oder γ-Bestrahlung in Yttriumaluminiumgranat-Krist. mit Beimengungen von SE = Nd, Sm, Eu, Gd, Tb, Dy, Ho, Tm, Er oder Yb (Zus. ca. $Y_{2,95}SE_{0,05}Al_5O_{12}$) entstehenden Absorptionszentren u. die Versetzungen durch Auswertung der Absorptionsspektren.
H. Roschkowski 56

0222 **Einige strukturelle und elektrische Eigenschaften von Bleisulfidfilmen auf Glas.** R. V. Kudrjavceva und A. Ė. Ovsecina. (Izvest. Akad. Nauk SSSR, Neorg. Mater. **4** (1968) 8, 1335—37, 1 Tafel; Gor'kovskij issl. fiz.-techn. inst.; russ.) — PbS-Filme wurden im Vakuum von $5 \cdot 10^{-5}$ Torr auf Glas aufgedampft, röntgenograph. u. elektronenmkr. untersucht u. die elektr. Leitfähigkeit u. der Hall-Effekt gemessen. In drei Temp.-Intervallen (100°, 150—250°, 300—400°) treten bestimmte Textur- u. Mikrostrukturtypen der Filme auf.
H. Roschkowski 56

0223 **Coulometrische Titration an Übergangsmetalloxiden.** H.-G. Sockel und H. Schmalzried. (Ber. Bunsenges. physik. Chem. **72** (1968) 7, 745—54; MPI für Physik.-Chem., Göttingen; dt.) — Die coulometr. Titration mit ZrO_2 (+ CaO) als Festelektrolyt wird zur Unters. der Fehlordnung von *NiO*, *CoO*, *FeO* u. $Co_xFe_{3-x}O_4$ (x = 0—0,6) bei 1200° angewendet. Es werden die Möglichkeiten u. Grenzen dieser experimentellen Meth. für Übergangsmetalloxide diskutiert. Für NiO werden doppelt ionisierte Kationenleerstellen, für CoO einfach ionisierte Kationenleerstellen als Majoritätsfehler gefunden. Der Verlauf des Sauerstoffpartialdrucks als Funktion der Zus. für FeO kann nicht mit Hilfe eines einfachen Fehlordnungsmodells gedeutet werden. Für $Co_xFe_{3-x}O_4$ hingegen ergibt das Modell der inversen Kationenverteilung eine zufriedenstellende Deutung der experimentellen Daten.
D. Hoene 56

0224 **Struktur von Eis III.** Barclay Kamb und Anand Prakash. (Acta crystallogr. [Copenhagen], Sect. B **24** (1968) 10, 1317—27; Calif. Inst. of Technol., Pasadena, Calif.; engl.) — Eis III, die am wenigsten dichte Form der Hochdruckformen von Eis, hat eine tetragonale Struktur (a = 6,73; c = 6,83 Å; $P4_12_12$). Die Atomanordnung in der Phase wird mit Hilfe neu gewonnener Röntgenbeugungsintensitäten ausgehend von Literaturdaten exakt bestimmt.
H. Roschkowski 58

0225 **Kristallographische Untersuchung von $Te(OH)_6$.** Christian Avinens und Hubert Petit. (C. R. hebd. Séances Acad. Sci., Sér. C **266** (1968) 13, 981—83; Labor. de Chim. Minér., Fac. des Sci., Montpellier, Hérault; franz.) — Die Debye-Scherrer-Aufnahmen der 2 allotropen Modifikationen von $Te(OH)_6$ ergaben für die monokline Form: a = 6,494 ± 0,006; b = 9,318 ± 0,004; c = 8,333 ± 0,005; β = 99,68 ± 0,03°; v = 497,1 ± 0,8 Å^3; ϱ = 3,068 ± 0,005 g/cm^3; Z = 4; C_{2h}^6 (C2/c) oder C_s^4 (Cc) u. für die kub. Form: a = 15,680 ± 0,003; v = 3855 ± 3 Å^3; ϱ = 3,163 ± 0,002 g/cm^3; Z = 32; O_h^8 (Fd3c), (Parameter in Å).
I. Zoll 58

0226 **Anionen von Dinitromethylverbindungen.** 7. Mitt. **Röntgenographische Untersuchung der Struktur von Dinitromethansalzen.** N. V. Grigor'eva, N. V. Margolis, I. N. Šochor, I. V. Celinski und V. V. Mel'nikov. (Ž. strukturnoj Chim. **9** (1968) 3, 547—50; Leningradskij technol. inst. im. Lensoveta; russ.) — 6. vgl. C. **1968** 60-0084. — Folgende Gitterkonst. werden ermittelt: $K[CH(NO_2)_2]$, triklin, (a =) 4,52; (b =) 7,33; (c =) 9,08 (Å); (α =) 114°20′; (β =) 61°30′; (γ =) 111°30′; $Rb[CH(NO_2)_2]$ 4,52; 7,61; 9,14; 115°40′; 63°20′; 111°40′; $Cs[CH(NO_2)_2]$ 4,52; 7,87; 9,84; 123°40′; 67°30′; 112°30′. — Alle drei Verb. krist. mit Z = 2 in P$\bar{1}$. Für die Rb-Verb. werden mit üblichen Patterson- u. Fourier-Meth. die Atomparameter bestimmt. Projektionen der Struktur auf ac bzw. bc sind angegeben.
H. Roschkowski 58

0227 **Anionen von Dinitromethylverbindungen.** 8. Mitt. **Verfeinerung der Struktur der Rubidiumsalze von Trinitromethan und Dinitroacetonitril.** N. V. Grigor'eva, N. V. Margolis, I. N. Šochor, I. V. Celinskij und V. V. Mel'nikov. (Ž. strukturnoj Chim. **9** (1968) 3, 550—52; russ.) — 7. vgl. vorst. Referat. — Die Atomparameter der bereits früher (ibid. **7** (1966), 278 bzw. ibid. **8** (1967), 175) strukturell beschriebenen Verb. $Rb[C(NO_2)_3]$ u. $Rb[C(NO_2)_2CN]$ werden mit Hilfe der Meth. kleinster Quadrate verfeinert.
H. Roschkowski 58

0228 **Kristall- und Molekularstruktur der Komplexe von 2.4.6-Trinitrophenetol mit Cäsium- oder Kaliumäthanolat (Meisenheimer-Salze).** Riccardo Destro, Carlo Maria Gramaccioli und Massimo Simenetta. (Acta crystallogr. [Copenhagen], Sect. B **24** (1968) 10, 1369—86; Ist. di Chim. Fis., Univ., Milano; engl.) — Krist. der Salze wurden durch Rk. der Komponenten u. Rekristallisation aus A. erhalten. Nach Röntgenbeugungsdaten krist. das Cs-Salz, $C_{10}H_{12}CsN_3O_8$, monoklin mit a = 15,564 ± 0,003; b = 10,54 ± 0,02; c = 19,919 ± 0,001 Å; β = 110,31 ± 0,01°; $D_{\cdot exp}$ 1,878; $D_{\cdot R}$ 1,890 g/cm^3 für Z = 8 in $P2_1/c$, die K-Verb., $C_{10}H_{12}KN_3O_8$, triklin, a = 14,7443 ± 0,0008; b = 10,2848 ± 0,0004; c = 9,9919 ± 0,0004 Å; α = 105,901°; β = 104,05°; γ = 97,15°. $D_{\cdot exp}$ 1,640; $D_{\cdot R}$ 1,638; Z = 4 in P$\bar{1}$. Trotz des Symmetrieunterschieds ähneln sich die Strukturen. In beiden Verb. liegen 2 äquivalente Alkoxylgruppen am gleichen C-Atom des Ringes, das tetraedr. sp^3-Konfig. annimmt.
H. Roschkowski 58

0229 **Kristall- und Molekularstruktur von Hexakis-[antipyrin]-magnesiumperchlorat.** M. Vijayan und M. A. Viswamitra. (Acta crystallogr. [Copenhagen] **23** (1967) 6, 1000—10; Dep. of Phys., Indian Inst. of Sci., Bangalore, India; engl.) — Die Titelverb., $[Mg(C_{11}H_{12}N_2O)_6] \cdot (ClO_4)_2$, krist. hexagonal, Raumgruppe P$\bar{3}$, mit a = 14,06 u. c = 9,76 Å; $D_{\cdot exp}$ = 1,375, $D_{\cdot ber}$ = 1,343, Z = 1. Die sechs 3zähnigen Antipyrinmol. sind oktaedr. an das Mg^{2+} über die CO-Gruppen koordiniert. Die Pyrazolon- u. Phenylringe im Antipyrin sind planar u. stehen in einem Winkel von 62,3° zu einander. Die Cl—O-Abstände betragen 1,448 Å u. 1,437 Å. Bindungslängen u. -winkel vgl. Original.
I. Sarow 58

0230 **Kristallstruktur von α-$K[ZnBr_3] \cdot 2 H_2O$.** Heinz Follner und Bruno Brehler. (Acta crystallogr. [Copenhagen], Sect. B **24** (1968) 10, 1339—44; Miner.-kristallogr. Inst., TU, Clausthal; dt.) — Aus wss. äquimol. KCl- u. $ZnCl_2$-Lsg. werden bei Raumtemp. α-$K[ZnBr_3] \cdot H_2O$-Krist. erhalten u. röntgenograph. untersucht. Die Verb. krist. monoklin mit a = 6,71; b = 12,42; c = 13,02 Å; β = 130,3°, Z = 4 in $P2_1/c$. Angabe der Atomparameter. Zn ist tetraedr. von 3 Br^--Ionen u. einem H_2O-Mol. umgeben.
H. Roschkowski 58

0231 **Hochdruck-$NaAlO_2$, ein Isotypes des α-$NaFeO_2$.** A. F. Reid und A. E. Ringwood. (Inorg. Chem. [Washington] **7** (1968) 3, 443—45; Div. of Mineral Chem., CSIRO, Melbourne, Australia; engl.) — Die β-Form des Na-Aluminats wurde bei 110 kbar u. 900° in eine neue Hochdruckmodifikation umgewandelt, die mit dem rhomboedr. α-$NaFeO_2$ isotyp ist. Die D.-Zunahme von 2,74 auf 3,61 g · cm^{-3} entspricht dem Wechsel von der tetraedr. zur oktaedr. Koordination aller Atome in der Struktur. Die neue Phase krist. hexagonal in R3m mit a 2,868 ± 0,005 Å, c 15,88 ± 0,01 Å, Z = 3. Die Al—O-Abstände betragen 1,92 ± 0,05 Å, die Na—O-Abstände

2,35 ± 0,05 Å. Es wird bestätigt, daß diese neue Form des Na-Aluminats zusammen mit Jadeit die Dissoziationsprod. des Nephelins bei Drücken im Bereich von 100 bis 200 kbar sind. G. Malow 58

0232 **Kristallographische Bestimmung von Scandiumdoppelsulfaten.** René Perret und Bernard Rosso. (C. R. hebd. Séances Acad. Sci., Sér. C **266** (1968) 14, 1038—40; Labor. de Rech. sur la Réactivité des Solides, CNRS, Fac. des Sci., Dijon; franz.) — Die Röntgendiagramme der $MeSc(SO_4)_2$-Verb. (Me = K, NH_4, Rb, Cs) sind denen der wasserfreien Alaune sehr ähnlich. Jedes Sc-Doppelsulfat ist isotyp zu den entsprechenden wasserfreien $MeAl(SO_4)_2$-Verbindungen. Gitterparameter: für $KSc(SO_4)_2$ a = $5{,}01_5$; c = $7{,}94_0$, für $NH_4Sc(SO_4)_2$ a = $5{,}02_0$; c = $8{,}27_5$, für $RbSc(SO_4)_2$ a = $5{,}04_1$; c = $8{,}30_0$, für $CsSc(SO_4)_2$ a = $5{,}09_0$; c = $8{,}68_2$ (in Å); Vgl. mit den entsprechenden Alaunen. I. Zoll 58

0233 **Neue Verbindungsgruppen von Seltenerdmetallsulfiden und -seleniden.** Micheline Guittard, Maud Julien-Pouzol, Pierre Laruelle und Jean Flahaut. (C. R. hebd. Séances Acad. Sci., Sér. C **267** (1968) 13, 767—69; Labor. de Phys., Fac. de Pharm., Paris; franz.) — Herst. u. kristallograph. Beschreibung von L_3CuSiS_7-Verb. (L = La, Ce, Pr, Nd, Sm, Gd, Tb, Dy, Ho, Er, Y), $L_3CuSiSe_7$-Verb. (L = La, Ce, Pr, Nd, Sm, Gd, Tb, Dy, Ho) sowie von La_3CuGeS_7, La_3AgSiS_7, La_3AgGeS_7, $La_3 \cdot CuGeSe_7$ u. $La_3AgSiSe_7$. Alle Verb. besitzen die gleiche hexagonale Struktur mit $P6_3$. I. Zoll 58

0234 **GdPS und verwandte neue Seltenerdmetallverbindungen.** F. Hulliger. (Nature [London] **219** (1968) 5152, 373—74; Cologny, Geneva, Switzerland, Cyanamid European Res. Inst.; engl.) — Bei Temp. zwischen 600 u. 1000° durch Rk. der Elemente oder durch Sintern gepreßter Mischungen SEY + X (SE = Seltenerdmetalle, Y = P, As, Sb u. X = S, Se, Te) wurden Phasen mit PbFCl-Strukturtypus erhalten für SESbTe (SE = La . . . Sm, Gd . . . Tm, Y). Die Phasen weisen Sb-Mangel auf. Sb- u. As-Mangelverb. von LaAsSe, SESbS (SE = La . . . Nd) u. LaSbSe zeigen ebenfalls ein Röntgendiagramm, das für die PbFCl-Struktur charakterist. ist. Die Verb. SEYX mit leichteren Anionen zeigen leicht veränderte Röntgendiagramme, die Symm. ist von tetragonal nach orthorhomb. erniedrigt. GdAsSe: a = 3,99 (Å), b = 3,95, c = 8,77; antiferromagnet., Neél-Temp. 10 °K. Die Verb. GdPS konnte genauer untersucht werden: a = 5,413, b = 5,374, c = 16,763 Å, Z = 8. Raumgruppe $D_2{}^2$ — $P22_12$. Für folgende Verb. wurde die GdPS Struktur nachgewiesen: *PrPS*, *TbPS*, *DyPS*, *YPS* u. *ErPS*. E. Schulte 58△

0235 **Kristallstruktur von Ammoniumhexafluorocerat(IV), $(NH_4)_2CeF_6$.** Robert R. Ryan, Allen C. Larson und F. H. Kruse. (Inorg. Chem. [Washington] 8 (1969) 1, 33—36; Los Alamos, N.Mex., Univ. of Calif., LASL; engl.) — $(NH_4)_2CeF_6$ (I) krist. rhomb. mit Z = 4 in Pbcn — D_{2h}^{14}: a = 7,026 ± 0,003, b = 12,098 ± 0,006, c = 7,439 ± 0,008 Å; $D_{\cdot R}$ 3,05 g/cm³, $D_{\cdot exp}$ 3,05 ± 0,02. Unter Verw. dreidimensionaler Röntgendaten wurde die Struktur von I mit Patterson- u. Fourier-Synth. bestimmt u. nach der Meth. der kleinsten Quadrate bis auf R = 0,032 verfeinert; die Parameter u. anisotropen Temp.-Faktoren sind tabelliert. In I ist Ce von 8 F-Atomen in Form eines verzerrten quadrat. Antiprismas mit Ce—F = 2,198—2,318 Å u. F—F = 2,66—2,88 Å umgeben. Die CeF_8-Polyeder sind über je 2 F-Atome derart miteinander verbunden, daß in Richtung der kristallograph. c-Achse unendliche Ketten resultieren, die durch NH_4^+ über H-Brücken zusammengehalten werden. Jedes NH_4^+ hat 4 F-Atome im Abstande von N—F = 2,74—2,94 Å mit ∢ FNF = 85,0—111,5° als nächste Nachbarn. I besitzt mit Rb_2UF_6 u. K_2ZrF_6 strukturelle Verwandtschaft. G. Gattow 58

0236 **Struktur von rhombischem Y_2TiO_5 als Beispiel gemischter sieben- und fünffacher Koordination.** W. G. Mumme und A. D. Wadsley. (Acta crystallogr. [Copenhagen], Sect. B **24** (1968) 10, 1327—33; Div. of Miner. Chem., CSIRO, Melbourne; engl.) — Y_2TiO_5 (aus $NaY \cdot TiO_4$ durch Erhitzen an der Luft auf 1500°) krist. nach Röntgenbeugungsdaten rhomb. mit a = 10,35; b = 3,70; c = 11,25 Å (alle ± 0,01 Å; Z = 4 in Pnma. Best. der Struktur mit Hilfe von Patterson- u. Fourier-Projektionen. In der Verb. liegen zwei kristallograph. unabhängige Y-Atome vor, die beide siebenfach mit O-Atomen koordiniert sind. Y-Polyedergruppen werden in der Struktur durch fünffach koordinierte Ti-Ionen verbunden. Diskussion der Strukturverwandtschaft mit den Strukturen der Seltenerdmetalloxide, (Typ B), von YO · (OH) u. Sr_2PbO_4. H. Roschkowski 58

0237 **Struktur von Thoriumtetraformiat mit seinen verschiedenen Hydratationsstufen.** Maurice Chevreton, Bernard Claudel und Bernard Mentzen. (J. Chim. physique Physico-Chim. biol. **65** (1968) 5, 890—94; Labor. d'Étude des Matér., Inst. Nat. des Sci. appl. de Lyon, Villeurbanne; franz.) — Röntgenstrukturanalyse von $Th(HCOO)_4 \cdot 3\,H_2O$ (I), $Th(HCOO)_4 \cdot {}^2/_3\,H_2O$ (II) u. $Th(HCOO)_4$ (III). I krist. monoklin mit a = 6,77 ± 0,01 Å; b = 8,81 ± 0,02 Å; c = 9,61 ± 0,02 Å; β = 109°15′ ± 5′; $P2_1(C_2{}^2)$ oder $P2_1/m(C_{2h}^2)$. III krist. orthorhomb. mit a = 6,78 ± 0,02 Å; b = 7,32 ± 0,04 Å; c = 16,92 ± 0,06 Å; $Pmn2_1$ (C_{2v}^7) oder $Pmmn(D_{2h}^{13})$. Von II konnte kein geeigneter Einkrist. hergestellt werden. Aus Pulverdiagrammen wurde eine Anzahl Linien vermessen. I. Zoll 58

0238 **Neuer Granat mit Ca^{2+}-Ionen auf oktaedrischen Plätzen.** S. Geller und G. P. Espinosa. (Inorg. Chem. [Washington] 8 (1969) 1, 183—84; Thousand Oaks, Calif., North Amer. Rockwell Corp., Sci. Center; engl.) — Durch Umsetzung von $CaCO_3$ mit ZrO_2 u. GeO_2 bei 900° (¹/₂ Std.) u. 1215° (¹/₂ Std.) mit anschließender Temperung (17 Std. bei 1340° u. 4 Std. bei 1375°) wurde $\{Ca_3\}[CaZr](Ge_3)O_{12}$ (I) hergestellt. I krist. kub. mit a = 12,716 ± 0,003 Å u. gehört dem Granattyp an. In I hat ein Teil der Ca^{2+}-Ionen gegenüber Sauerstoff oktaedr. Koordination. Beim Erhitzen von I an der Luft auf 1410° (16 Std.) tritt ein Gew.-Verlust von 1,7 % ein unter gleichzeitiger Vergrößerung der Gitterkonst. auf a = 12,729 ± 0,003 Å. G. Gattow 58

0239 **Strukturen von Zinn(II)-„hydroxid“ und Blei(II)-„hydroxid“.** R. A. Howie und W. Moser. (Nature [London] **219** (1968) 5152, 372—73; Aberdeen, Univ., Dep. of Chem.; engl.) — Krist. von Zinn(II)-oxidhydroxid (I) wurden aus Sn-Perchlorat-Lsg. durch langsame Erhöhung des pH-Wertes (3 Monate langes Überleiten von verd. NH_3) dargestellt u. röntgenograph. untersucht. Die Krist. sind tetragonal, P4/mnc, a = 7,93 (Å), c = 9,13, Z = 4 [3 SnO · H_2O]. Die Struktur zeigt eine Sn_6O_8-Einheit, die aus einem Oktaeder von Sn-Atomen besteht, auf dessen Flächen 8 O-Atome in Form eines angenähert regulären Würfels liegen. Die analyt. Formel, 3 SnO · H_2O, muß strukturell als $Sn_6O_8H_4$ oder $Sn_6O_4(OH)_4$ interpretiert werden; das Verhältnis 1 : 2 von H zu O ist ein wesentliches Merkmal. Das früher als 5 PbO · 2 H_2O formulierte Blei(II)-hydroxid hat ein ähnliches Röntgendiagramm wie I. Es läßt sich tetragonal indizieren, a = 8,06, c = 9,44 Å. Z = 4 [3 PbO · H_2O]. Dieser Befund stützt das Austreten von mehrkernigen Kationen der Formel $Pb_3(OH)_4{}^{2+}$ oder Vielfachen dieser Einheit. E. Schulte 58△

0240 **Blei(II)-oxidhydrat der Zusammensetzung 3 PbO · H_2O.** H. R. Oswald, J. R. Günter und W. Stählin. (Helv. chim. Acta **51** (1968) 6, 1389—94; Zürich, Univ. Anorgan.-Chem. Inst.; dt.) — Bleioxidhydrat, das früher mit verschiedenen Formeln zwischen PbO · H_2O u. PbO · 0,33 H_2O beschrieben wurde, wurde synthet. dargestellt u. mit Hilfe hochauflösender Röntgenpulvermeth., TGA u. IR-Spektroskopie untersucht. Die Krist. sind tetragonal, a = 8,009, c = 9,312 Å, Z = 12 [PbO · 0,33 H_2O]. Raumgruppe P4/mnc oder P4nc. Die Daten wurden durch Weissenberg- u. Präzessionsaufnahmen an Korrosionsprod. von metall. Pb bestätigt. TGA führte zu der wahrscheinlichen Formel 3 PbO · H_2O. IR-Spektren zeigen HOH-Deformationsschwingungen; es liegt ein Oxidhydrat u. nicht ein Oxidhydroxid von Pb vor. E. Schulte 58△

0241 **Kristallstruktur der bei hoher Temperatur erhaltenen Phase HgV_2O_6.** Jacques Angenault und Alexandre Rimsky. (C. R. hebd. Séances Acad. Sci., Sér. C **266** (1968) 13, 978—80; Labor. de Minér. et Cristallogr.,

CNRS, Paris; franz.) — Die Strukturbest. an Einkrist. der Hochtemp.-Phase HgV_2O_6 ergibt eine rhomb. Symmetrie, Raumgruppe D_{2h}^{15} — Pbca, a = 14,43 Å; b = 5,894 Å; c = 4,925 Å. Strukturbeschreibung u. Diskussion. I. Zoll 58

0242 **Ordnung der Eindringungsatome in festen Lösungen von Wasserstoff in Metallen der V. Gruppe.** V. A. Somenkov, M. G. Zemljanov, M. E. Kost, N. A. Černoplekov und A. A. Čertkov. (Doklady Akad. Nauk SSSR **181** (1968) 1, 56—59; russ.) — Durch Neutronenbeugung an Proben der Zus. $NbH_{0,80}$, $NbH_{0,95}$, $NbD_{0,95}$, $TaH_{0,81}$, $TaD_{0,81}$, $VH_{0,80}$ u. $VD_{0,80}$ wird die Ordnungseinstellung der H- u. D-Atome im Metallgitter untersucht. In den geordneten Strukturen nehmen H- u. D-Atome tetraedr. Zwischengitterlagen ein. H. Roschkowski 58

0243 **Kristallstrukturen von Natriumchromalaun und Cäsiumchromalaun.** A. H. C. Ledsham und H. Steeple. (Acta crystallogr. [Copenhagen], Sect. B **24** (1968) 10, 1287—89; Dep. of Phys., Univ. of Manchester, Inst. of Sci. and Technol., Manchester; engl.) — Ausgehend von Literaturdaten werden die Krist.-Strukturen von $NaCr \cdot (SO_4)_2 \cdot 12\,H_2O$ verfeinert u. die von $CsCr(SO_4)_2 \cdot 12\,H_2O$ in ihren Grundzügen bestimmt. Der Na-Alaun hat die α-Alaunstruktur u. ordnet sich nicht in das Klassifikationsschema von Lipson (1935) ein, der Cs-Alaun hat β-Struktur u. ordnet sich in dieses Schema ein. H. Roschkowski 58

0244 **Neuer Strukturtyp von Heteropolyanionen. Kristallstruktur von $(NH_4)_2H_4(CeMo_{12}O_{42}) \cdot 12\,H_2O$.** David D. Dexter und J. V. Silverton. (J. Amer. chem. Soc. **90** (1968) 13, 3589—90; Washington, D.C., Georgetown Univ., Dep. of Chem.; engl.) — Die Krist. sind trigonal mit a 10,589 (Å), α 78,108°, Z = 1, Raumgruppe R3 oder R$\bar{3}$. Die Verfeinerung der Struktur ergab R = 0,09. Das Anion besteht aus sechs Mo_2O_9-Einheiten, die aus zwei Oktaedern (über eine Kante verbunden) gebildet werden. Die Mo_2O_9-Einheiten sind über Ecken an vier benachbarte Mo_2O_9-Einheiten gebunden. Das Ce-Atom hat die KZ = 12 u. das Koordinationspolyeder ist ein Ikosaeder. Einige Bindungslängen u. Winkel werden mitgeteilt. E. Schulte 58△

0245 **Verfeinerte Molekularstruktur der Heptamolybdat- und Hexamolybdatotellurat-Ionen.** Howard T. Evans jun. (J. Amer. chem. Soc. **90** (1968) 12, 3275—76; Washington, D.C., U. S. Geol. Surv.; engl.) — Unters. der Krist.-Strukturen der Ionen $[Mo_7O_{24}]^{6-}$ u. $[TeMo_6O_{24}]^{6-}$. Die von Lindqvist (Arkiv Kemi **2**, 325, 1950) für $(NH_4)_6[Mo_7O_{24}] \cdot 4\,H_2O$ vorgeschlagene Struktur wurde durch die Verfeinerung (R = 0,096) bestätigt. Die Krist.-Struktur von $(NH_4)_6[TeMo_6O_{24}] \cdot Te(OH)_6 \cdot 7\,H_2O$, monoklin, A2/a oder Aa, a = 21,353 (Å), b = 9,950, c = 18,757, β = 115°37′, wurde nach least-squares-Meth. zu R = 0,100 verfeinert. Die früher für das Hexamolybdatotellurat-Ion vorgeschlagene Konfiguration konnte voll bestätigt werden. Die Symm. ist nahezu $\bar{3}$m (D_{3d}), das ist vermutlich auch die Symm. des freien Ions in Lösung. Die Me—O-Bindungslängen sind tabellar. angegeben. E. Schulte 58△

0246 **Neue Überstrukturreflexe von U_4O_9.** Norio Masaki und Kenji Doi. (Acta crystallogr. [Copenhagen], Sect. B **24** (1968) 10, 1393—94; Japan Atom. Energ. Res. Inst., Tokai; engl.) — An einem U_4O_9-Einkrist. bei Raumtemp. u. bei 120° wurden Neutronenbeugungsreflexe beobachtet, die auf eine kub. Überstruktur mit a = $8a_0$ (a_0 = 5,44 Å) schließen lassen. H. Roschkowski 58

0247 **Kristallstruktur von $Ba[FeF_5]$.** Régnault Von der Mühll, Jean Galy und Sten Andersson. (C. R. hebd. Séances Acad. Sci., Sér. C **267** (1968) 8, 569—71; Serv. de Chim. minér. struct., Fac. des Sci. de Bordeaux, CNRS, Talence, Gironde; franz.) — Die röntgenograph. Unters. von $Ba[FeF_5]$ ergab eine tetragonale Struktur mit den Parametern a = 14,92 ± 0,03 Å; c = 7,61 ± 0,02 Å; $D_{\cdot R}$ = 4,52; $D_{\cdot exp}$ = 4,49 ± 0,05; Z = 16; mögliche Raumgruppen: I4, I$\bar{4}$ oder I4/m. I. Zoll 58

0248 **Gitterkonstanten und Raumgruppe von 1.1′-[α.α′-Diketo-γ-thienyl-(2)-pentamethylen]-ferrocen.** E. Gyepes. (Chem. Zvesti **22** (1968) 5, 381—82; Prírodoved. fak. Univ. Komenského, Bratislava; slowak.) — Aus Weissenberg-, Rotations- u. Präzessionsröntgenaufnahmen von *1.1′-[α.α′-Diketo-γ-thienyl-(2)-pentamethylen]-ferrocen* (**I**) mit FeK-Strahlung wurden die Gitterkonst. (a, b, c) des rhomb. **I** zu 11,98 ± 0,01 Å; 21,97 ± 0,02 Å, 5,78 ± 0,01 Å ber.; $D_{\cdot exp}$ 1,616 g/cm³, Z = 4; D_2^4 — $P2_12_12_1$. K. Kámen 58△

0249 **Struktur einer Verbindung von Kobalt mit molekularem Stickstoff und Hinweise auf die Existenz von $CoH \cdot (N_2)[P(C_6H_5)_3]_3$.** John H. Enemark, Betty R. Davis, J. A. McGinnety und James A. Ibers. (Chem. Commun. **1968,** 2, 96—97; Dep. of Chem., Northwestern Univ., Evanston, Ill.; engl.) — Die untersuchte Verb. (**I**) wurde nach Yamamoto et al. (ibid. **1967,** 79) dargestellt, jedoch unter Verw. von $Al(C_2H_5)_3$ statt $Al(OC_2H_5) \cdot (C_2H_5)_2$ als Red.-Mittel. I wurde in Form von orangefarbenen Krist. bei 0° unter N_2 isoliert. Es entstanden zwei Krist.-Arten nebeneinander (gleiches IR-Spektrum), von denen nur eine für röntgenograph. Unters. geeignet war. I besitzt die Zus. $CoH(N_2)[P(C_6H_5)_3]_3 \cdot O(C_2H_5)_2$ u. krist. triklin in P$\bar{1}$ mit a = 12,23, b = 13,55, c = 15,70 Å, α = 100,0°, β = 95,9°, γ = 100,3°; Z = 2; P(1)CoP(2) = 115,5°; P(1)CoP(3) = 114,6°; P(2)CoP(3) = 123,3°; P(1)-CoN(1) = P(2)CoN(1) = 97°; P(3)CoN(1) = 101°; CoN-(1)N(2) = 175°; P(1)Co = 2,17 (Å); P(2)Co = 2,22; P(3)-Co = 2,20; CoN(1) = 1,80; N(1)N(2) = 1,16. Diskussion des IR-Spektrums. A. Blaschette 58

0250 **Gitterkonstanten und Raumgruppe von [π-Jodcyclopentadienyl]-[tetraphenylcyclobutadien]-kobalt, $(\pi\text{-}C_5H_4J) \cdot Co[(C_6H_5)_4C_4]$.** Aimery Caron. (Acta crystallogr. [Copenhagen], Sect. B **24** (1968) 10, 1397; Dep. of Chem., Univ. of Mass., Amherst, Mass.; engl.) — Die Verb. krist. nach Röntgenbeugungsdaten rhomb. mit a = 21,24 ± 0,02; b = 15,30 ± 0,02; c = 32,25 ± 0,02 Å. $D_{\cdot exp}$ 1,54; $D_{\cdot R}$ 1,537 g/cm³ für Z = 16 in Pbcn. H. Roschkowski 58

0251 **Gitterkonstanten einiger Verbindungen vom $PuNi_3$-Typ.** A. E. Dwight. (Acta crystallogr. [Copenhagen], Sect. B **24** (1968) 10, 1395—96; Metallurg. Div., ANL, Argonne, Ill.; engl.) — Die hexagonalen Gitterkonst. folgender im rhomboedr. $PuNi_3$-Typ (R$\bar{3}$m) krist. Verb. wurden röntgenograph. bestimmt. UCo_3 (a =) 4,8492; (c =) 24,317; $GdFe_3$ 5,1654; 24,707; $HoFe_3$ 5,1097; 24,526; $TbCo_3$ 5,0156; 24,424; $LuCo_3$ 4,955; 24,101; $HoNi_3$ 4,958; 24,33; $ErNi_3$ 4,948; 24,27; $TmNi_3$ 4,937; 24,213. H. Roschkowski 58

0252 **Wasserstofflagen in Mangan(II)-formiatdihydrat und erneute Verfeinerung der Struktur von Kupferformiatdihydrat.** M. I. Kay, I. Almodovar und S. F. Kaplan. (Acta crystallogr. [Copenhagen], Sect. B **24** (1968) 10, 1312—16; Puerto Rico Nucl. Center, Mayaguez, Puerto Rico; engl.) — Die Wasserstofflagen in $Mn(HCOO)_2 \cdot 2\,H_2O$ wurden aus Neutronenbeugungsdaten ermittelt. Die Ergebnisse bestätigen das von Osaki et al. (J. physic. Soc. Japan **19** (1964), 717) vorgeschlagene H-Bindungsschema. Die Krist.-Struktur von $Cu(HCOO)_2 \cdot 2\,H_2O$ wird an Hand von Literaturwerten erneut verfeinert. H. Roschkowski 58

0253 **Bildung von hydratisierten Komplexen aus Uranpentafluorid und Kobalt-, Nickel- und Kupferdifluoridhydraten.** François Montoloy und Pierre Plurien. (C. R. hebd. Séances Acad. Sci., Sér. C **267** (1968) 17, 1036 bis 1038; Dep. de Physicochim., Sero d'Études des Barrières et de l'Hexafluorure d'uranium, Centre d'Études Nucl. de Saclay; franz.) — Die Rk. zwischen β-UF_5 u. $CoF_2 \cdot 4\,H_2O$, $NiF_2 \cdot 4\,H_2O$ oder $CuF_2 \cdot 2\,H_2O$ in HF-Atmosphäre führt zu Verb. der allg. Formel: $Me^{II}U_2^{V}F_{12} \cdot 4\,H_2O$ (Me = Co, Ni, Cu). Die Analogie der Debye-Scherrer-Aufnahmen deutet auf isotype Verb. hin. Für $CoU_2F_{12} \cdot 4\,H_2O$ ergab sich ein triklines Krist.-Syst. mit a = 11,52; b = 10,11; c = 5,22 Å; α = 91°30′; β = 91°30′; γ = 90°; Z = 2; $D_{\cdot exp}$ = 4,52 ± 0,05; $D_{\cdot R}$ = 4,56. Für die 3 Verb. wurden IR-Absorptionsspektren aufgenommen. I. Zoll 58

0254 **Kristall- und Molekularstruktur von Pyruviden-β-alaninatoaquokupfer(II)-dihydrat.** T. Ueki, T. Ashida, Y. Sasada und M. Kakudo. (Acta crystallogr. [Copenhagen], Sect. B **24** (1968) 10, 1361—69; Inst. for Protein

Res., Osaka Univ., Osaka; engl.) — $[Cu(H_2O)\{^-OOC \cdot CH_2C(CH_3) = N - CH_2CH_2COO^-\}] \cdot 2\ H_2O$ krist. nach Röntgenbeugungsdaten monoklin mit a = 6,860 ± 0,005; b = 11,398 ± 0,003; c = 13,358 ± 0,003 Å; β = 106,93 ± 0,05°; D_{exp} 1,821; D_R 1,823 g/cm³ für Z = 4 in $P2_1/c$. Best. der Atomparameter mit Hilfe üblicher dreidimensionaler Methoden. Cu(II) ist quadrat.-pyramidal koordiniert. Die einzelnen Komplexe werden durch Wasserstoffbindungen zu einer dreidimensionalen Anordnung verknüpft. H. Roschkowski 58

0255 **Molekularer Stickstoff als Ligand: Kristallstruktur von Stickstoffpentamminruthenium(II)-dichlorid und verwandten Salzen.** F. Bottomley und S. C. Nyburg. (Acta crystallogr. [Copenhagen], Sect. B 24 (1968) 10, 1289—93; Lash Miller Chem. Labor., Univ. of Toronto; engl.) — $[Ru(NH_3)_5N_2]Cl_2$ krist. nach Röntgenbeugungsdaten kub. mit a = 10,141 ± 0,001 Å; D_{exp} 1,83; D_R 1,82, Z = 4 in Fm3m, F432 oder F$\bar{4}$3m, die Raumgruppen sind nicht unterscheidbar, da sich alle Atome außer H in speziellen Punktlagen befinden. Die Struktur zeigt eine Unordnung: die N_2-Mol. besetzen willkürlich eine der 6 oktaedr. Positionen um das Ru(II)-Ion. Die Ru—N—N-Gruppe scheint linear zu sein. Isomorph zum Chlorid sind $[Ru(NH_3)_5N_2]J_2$, a = 10,94 Å; $[Ru(NH_3)_5N_2] \cdot [BF_4]_2$, a = 11,166 Å; $[Ru(NH_3)_5N_2]Br_2$, a = 10,41 Å u. $[Ru(NH_3)_5N_2](PF_6)_2$, a = 11,79 Å. $[Ru(NH_3)_5N_2] \cdot S_2O_6$ krist. nach vorläufigen Daten rhomb. mit a = 10,59; b = 11,63; c = 10,47 Å; es wird jedoch Verzwillingung der untersuchten Krist. vermutet. H. Roschkowski 58

0256 **Bindungslängen in Alkalifeldspaten.** J. B. Jones und W. H. Taylor. (Acta crystallogr. [Copenhagen], Sect. B 24 (1968) 10, 1387—92; Crystallogr. Labor., Cavendish Labor., Cambridge; engl.) — Eine Analyse bekannter exakter Daten zu Bindungslängen u. Kontaktabständen in Alkalifeldspaten läßt auf eine Beziehung dieser Größen zum Ordnungsgrad der Verteilung von Al u. Si in Tetraedergruppen sowie auf den Ionencharakter der Bindungen zwischen Sauerstoff- u. Na^+- bzw. K^+-Ionen schließen. H. Roschkowski 58

0257 **Untersuchung der Kristallisationskinetik von Selen durch Messung der Wärme- und elektrischen Leitfähigkeit.** S. I. Mechtieva, D. Š. Abdinov und G. M. Aliev. (Izvest. Akad. Nauk SSSR, Neorg. Mater. 4 (1968) 3, 312—15; Inst. fiz. AN Az. SSR; russ.) — Die Unters. werden bei 100, 130, 180 u. 210° durchgeführt. Bestimmt werden die Geschw.-Konst. u. Aktivierungsenergien der Kristallisation von Se. H. Richter 60

0258 **Bedeutung lokalisierter Elektronenzustände in fehlgeordnetem Kohlenstoff und Graphit.** D. A. Young. (Carbon [Oxford] 6 (1968) 2, 135—40; Dep. of Chem. Engng. and Chem. Technol., Imp. Coll., London; engl.) — Herkunft u. Art lokalisierter Elektronenzustände in glasigem C u. gutorientiertem pyrolyt. Graphit werden diskutiert. Danach liegen in glasigem C durch die Gitterfehlordnung kontrollierte intrins., lokalisierte Zustände vor; im pyrolyt. Graphit werden diese Elektronenzustände, die teilweise für die elektr. Leitung in Richtung der c-Achse von Bedeutung sind, wahrscheinlich durch therm. Schwingungen erzeugt. W. Laqua 60

0259 **Strukturelle, thermodynamische und elektronische Aspekte der Lambda-Umwandlung in Graphitnitraten.** A. R. Ubbelohde. (Carbon [Oxford] 6 (1968) 2, 177 bis 182; Imperial Coll. of Technol., London; engl.) — Graphitnitrate mit den Folgen A—A—A—A, A—AB—BC—CA—A u. A—ABA—ACA—A wurden durch kontrollierte Dampfphasennitrierung hergestellt. Untersucht wurden therm. Ausdehnung, Röntgenbeugung, elektr. Widerstand u. Thermokraft. Gute metall. Leitfähigkeit dieser Nitrate u. stark positive Thermokraft deuten darauf hin, daß als Makrokationen hexagonale C-Netzwerke vorliegen. Zwischen den oben angegebenen Schichtenfolgen befinden sich eingeschobene NO_3^--Anionen u. HNO_3-Mol.; das Graphitnitrat der 1. Folge besitzt die ungefähre Zus. $C_{24}^+NO_3^- \cdot 3\ HNO_3$. Aus der Unters. der Temp.-Abhängigkeit der genannten Eig. folgt, daß bei ca. —21° eine Lambda-ähnliche Umwandlung erfolgt. Im Bereich dieser Umwandlungstemp. T_c geht die Struktur der eingelagerten Schichten von einer flüssigkeitsähnlichen Unordnung in eine krist. Ordnung über. Der elektr. Widerstand zeigt in diesem Bereich Hysterese, während im Verlauf der Thermokraft Peaks beobachtet werden. Diese Peaks werden auf Streuung von Ladungsträgern durch Domänen in „Hybrid"-Krist.-Strukturen zurückgeführt, die sich in diesem Bereich ausbilden. W. Laqua 60

0260 **Elektronenmikroskopische Untersuchung des Übergangs vom amorphen zum kristallinen Zustand von mit Elektronen beschossenen Cadmiumsulfidfilmen.** John C. Evans. (J. Crystal Growth [Amsterdam] 2 (1968) 3, 184; Lewis Res. Center, NASA, Cleveland, O.; engl.) H. Roschkowski 60

0261 **Initiierte Kristallisation eines Modellglases und die Morphologie der keimbildenden Metallkriställchen.** I. Gutzow, E. Popov, M. Marinov und S. Toschev. (Kristall u. Techn. 3 (1968) 1, 37—49; Inst. für phys. Chem., Bulg. Akad. der Wiss., Sofia; dt.) — Als Beispiel für die initiierte Kristallisation wird glasiges $NaPO_3$ untersucht, in das Ir, Pt, Pd, Rh, Au, Ag oder Cu eingeführt werden. Größe, Verteilung, Anfangswachstumsformen, Konz. u. Habitus der initiierenden Metallkriställchen werden bestimmt u. ihr Bldg.-Mechanismus erläutert. Die initiierende Wrkg. wird als Keimbldg. auf fremder Unterlage betrachtet, wobei sich um die Metallkriställchen $Na_3[P_3O_9]$-Sphärolithe bilden u. wachsen. H. Roschkowski 60

0262 **Anfangsstadium der katalysierten Kristallisation einiger Lithiumalumosilicatgläser.** I. D. Tykačinskij und Ja. A. Fedorovskij. (Izvest. Akad. Nauk SSSR, Neorg. Mater. 4 (1968) 5, 751—54; Gos. NII stekla; russ.) — Die Kristallisation von Glas, das Katalysatoren (TiO_2, SnO_2) enthält, wird untersucht. Die Mischungsenergie verschiedener Oxide mit SiO_2, die umgekehrt proportional der Aktivität ist, wird berechnet. Bei hohen Temp. substituieren die Kationen des Katalysators die Si-Ionen. Bei Abkühlung entsteht eine instabile Struktur; durch Entmischungen reichern sich die Katalysatorkationen in der äußeren Schicht von Tröpfchen an. Krist.-Keime bilden sich, aber durch die Entmischung wird die Kristallisation anfangs verhindert, bis die Krist.-Keime gewachsen sind u. Zentren für die heterogene Bldg. von Krist. der Grundphase werden. U. Strobel 60

0263 **Veränderung von Natriumsilicatgläsern bei ihrer Erwärmung im Intervall 548—850°.** K. P. Dutova. (Ž. prikl. Spektroskopii 8 (1968) 5, 851—54; russ.) — Vf. untersuchte die Veränderungen in der Kristallisation von $Na_2O \cdot 2\ SiO_2$-Gläsern durch Erwärmen im Intervall von 500—850° mit Hilfe der Reflexionsspektren im Gebiet der Maxima der beiden beobachteten Modifikationen des $Na_2O \cdot 2\ SiO_2$-Glases (8—12 μm). W. Müller-Litz 60

0264 **Einfluß der Mikrostruktur auf die physikalischen Eigenschaften von Gläsern des Natriumsilicat-Systems.** R. H. Redwine und M. B. Field. (J. Mater. Sci. 3 (1968) 4, 380—88; Corporate Res., Owens-Ill. Techn. Center, Toledo, O.; engl.) — Die Mikrostruktur von Na_2O–SiO_2-Gläsern (Na_2O-Geh. zwischen 7,2 u. 18,4 Mol-%) wurde nach unterschiedlicher Wärmebehandlung der Proben elektronenmkr. untersucht. Zwei Arten der Mikrostruktur wurden beobachtet: Die erste besteht aus zwei Phasen, wobei die zweite Phase in Form diskreter Teilchen in der kontinuierlichen Matrixphase verteilt ist. Die zweite Mikrostruktur besteht aus zwei Phasen, die unabhängig voneinander miteinander verbunden sind. Elastizitäts- u. Schubmodul sowie therm. Ausdehnung werden durch den Gesamtgeh. an Na_2O bestimmt. Die Temp.-Abhängigkeit wird durch Anteil u. Verteilung der beiden Phasen beeinflußt. Bei gleicher Zus. sind Gläser mit einer Mikrostruktur vom Typ 2 spröder als die vom Typ 1. Die Ergebnisse stützen die Ansicht, daß die im instabilen Bereich der Mischungslücke von Na-Silicat-Gläsern gebildeten Phasen dreidimensional miteinander verknüpft sind. W. Laqua 60

0265 **EPR, Elektronenabsorptionsspektren und Struktur der Gläser des Systems Na_2O–TiO_2–SiO_2.** T. A. Sidorov und V. A. Tjul'kin. (Izvest. Akad. Nauk SSSR, Neorg. Mater. 4 (1968) 4, 578—83; russ.) — Die Parameter der EPR (Linienbreite u. g-Faktor) sowie die Elektronenabsorptionsspektren sind bei Gläsern aus Na_2O (I), TiO_2 (II) u. SiO_2 abhängig vom Verhältnis I:II. Bei I : II $\geqq$ 3 ist die Koordinationszahl des Ti gleich 6. Bei kleineren Verhältnissen verringert sich die Koordinationszahl u. wird bei I : II $\leqq$ 1 gleich 4. In Gläsern mit I : II $\leqq$ 3 sind die O-Atome aus dem Na_2O nicht mit Si-Atomen, sondern mit Ti-Atomen verbunden; sie sind keine Brükkenatome. U. Strobel 60

0266 **Einfluß von Titandioxid auf die Phasenzusammensetzung glasig kristalliner Materialien.** N. M. Pavluškin, M. Š. Šarafiev und S. T. Sulejmenov. (Izvest. Akad. Nauk SSSR, Neorg. Mater. **4** (1968) 4, 635—37; Kaz. chim.-technol. inst.; russ.) — Der Einfluß einer Zugabe von TiO_2 (I) in Gläser auf der Basis von Tephrit-Basalt-Gestein auf Entmischungen wird untersucht. Nach 2 Std. Erhitzen bei 850° können röntgenograph. nachgewiesen werden: Diopsid (II) basischer Plagioklas u. Magnetit (III). Ti-Verb. konnten nicht nachgewiesen werden. Die Gitterparameter von II u. III sind etwas vergrößert. Bei 900° u. I-Geh. von 3—15% wird $MgO \cdot TiO_2$ (IV), bei I > 15% $4\,(MgO \cdot 2\,TiO_2)(Al_2O_3 \cdot TiO_2)$ (V) gebildet. Bei 950° ist V schon bei I > 5% neben IV nachweisbar, bei I-Geh. über 10% ist IV nicht mehr vorhanden. Reines V wird durch zweimaliges Brennen bei 1200° aus den Oxiden erhalten. Bei schneller Abkühlung von 1200° auf 25° ist nur $MgAl_2O_4$ röntgenograph. nachweisbar. Da Ti-Verb. erst zuletzt gebildet werden, sind sie keine Kristallisationszentren. I beeinflußt die Kristallisation durch metastabile Entmischungen. U. Strobel 60

0267 **Strukturuntersuchungen zinnhaltiger Gläser durch Kern-γ-Resonanz, EPR und elektronische Absorptionsspektren.** T. A. Sidorov, V. A. Tjul'kin und K. P. Mitrofanov. (Ž. strukturnoj Chim. **9** (1968) 3, 440—44; russ.) — Vf. stellen fest, daß Sn in den untersuchten Gläsern des Syst. Na_2O–SnO_2–SiO_2 mit Zus. (in Molenbrüchen) 0—4 Na_2O, konst. 1 SnO_2, 100—1,2 SiO_2 in oktaedr. Koordination vorkommt. Neben vierwertigem Sn konnte auch zweiwertiges nachgewiesen werden. Zweiwertiges Sn verhindert die Entstehung von Lochzentren an den endständigen, nichtbrückenbildenden O-Atomen bei der Belichtung der Gläser mit ionisierender Strahlung. Das EPR-Signal mit g ≈ 1,99 wird dem Sn^{3+}-Zentrum zugeordnet. H. Korn 60

0268 **Änderung der Phasenzusammensetzung bleihaltiger Gläser während der Kristallisation.** N. M. Pavluškin, A. K. Žuravlev und L. S. Egorova. (Izvest. Akad. Nauk SSSR, Neorg. Mater. **4** (1968) 3, 470; Mosk. chim.-technol. inst.; russ.) — Es wird der Einfl. von MoO_3-, *ZnO*- u. TiO_2-Zusätzen auf die Phasenzus. bleihaltiger Gläser während der Kristallisation mit Hilfe von röntgenograph. Meth. bestimmt. In PbO–SiO_2–B_2O_3-Gläsern wird bei PbO-Geh. bis 70 Mol-% u. Zusatz von MoO_3 die Kristallisation von 2 PbO · SiO_2 neben $PbMoO_4$ beobachtet, bei 50 Mol-% PbO nur $PbMoO_4$. In Ggw. von ZnO krist. γ-4 PbO · SiO_2. In Gläsern mit hohem B_2O_3-Geh. tritt keine Kristallisation auf. Bei großem SiO_2-Geh. bildet sich in Ggw. von TiO_2 krist. Pb, PbO · TiO_2 u. krist. TiO_2. H. Korn 60

0269 **Anwendung der röntgenographischen Fourier-Analyse zur Untersuchung der Glasstruktur.** Helena Grigoriew. (Biul. wojskowej Akad. techn. im. Jarosława Dąbrowskiego **16** (1967) 12, 51—69; pol.) — Untersucht wurden 2 Proben (innere u. äußere Zone eines Gußstücks) eines Glases der Zus. SiO_2 (59%), *BaO* (25), K_2O (15) u. Sb_2O_3 (1). Die Struktur wird an Hand von Verteilungskurven u. Röntgenogrammen diskutiert. Das Glas eignet sich bei Zusatz von Nd für Laser. Rolf Heyer 60

0270 **Anwendung der Elektroabsorptionstechnik auf das Studium der Kristallteilchen in Gläsern.** Howard K. Rockstad. (Appl. Optics **7** (1968) 5, 759—62; Res. and Dev. Labor., Corning Glass Works, Corning, N.Y.; engl.) — Gläser, die geringe Mengen von CdS enthalten, besitzen eine Absorptionskante, die von der Wärmebehandlung abhängt. Das opt. Absorptionsspektrum solcher Gläser wird durch die Anlegung eines elektr. Wechselfeldes moduliert. Die spektrale Abhängigkeit der modulierten Komponente des Absorptionskoeff. ist für Gläser mit unterschiedlicher Wärmebehandlung verschieden. Diese Differenz wird in Termen von Excitonen u. Krist.-Teilchen interpretiert u. gibt eine Erklärung für die Verschiebung der Absorptionskante. Da die Absorptionskante in CdS-Krist. von Excitonen verursacht wird, nimmt Vf. an, daß die Absorptionskanten bei niedrigen Energien aus Krist. resultieren, die groß genug sind, um Excitonenbildung zu erlauben, während die Absorptionskante bei höherer Energie von kleineren Teilchen, die keine Excitonenbildung ermöglichen, verursacht wird. H. Korn 60

0271 **Anfangsstadien der Sitallbildung in lichtempfindlichen Gläsern.** A. I. Berežnoj und L. N. Il'čenko. (Izvest. Akad. Nauk SSSR, Neorg. Mater. **4** (1968) 4, 584—88; russ.) — Lichtempfindliche Gläser auf Li-Al-Silicat-Basis besitzen Absorptionsmax. bei λ < 430 nm, hervorgerufen durch koll. Ag-Teilchen, u. bei λ = 460 bis 480 nm, durch submkr. Krist. der nichtmetall. Phase, die zu Beginn der Sitallbldg. entstehen. Bei konst. Bestrahlungszeit u. verschieden langer Wärmebehandlung ist die Extinktion (D) für λ = 470 nm proportional der Krist.-Größe, bei gleicher Wärmebehandlung u. unterschiedlicher Bestrahlungszeit ist D der Krist.-Zahl proportional. Die Kurve Bestrahlungszeit–D hat bei 16 bis 32 Min. ein Maximum. Für die Kristallisationstemp. 560, 580 u. 600° gibt es 3 optimale Bestrahlungszeiten bei bestimmter Wärmebehandlung. U. Strobel 60

0272 **Plastische Viskosität der Gläser beim Sitallisationsprozeß.** K. T. Bondarev, V. Ju. Gojchman und Ju. A. Šitc. (Izvest. Akad. Nauk SSSR, Neorg. Mater. **4** (1968) 3, 420—25; russ.) — Eine Meth. zur Messung der plast. Viskosität während des Sitallisationsprozesses wird beschrieben. Sie gestattet, das Temp.-Intervall der Phasenumwandlung zu ermitteln, die Intensität des Kristallisationsprozesses abzuschätzen u. den Einfl. einiger Faktoren auf die Kristallisationskinetik zu bestimmen. Der Vorteil dieser Viskositätsmeth. liegt darin, daß die Messungen an Gläsern, die aus der Schmelze schnell bis zur entsprechenden Temp. abgekühlt wurden, ohne zusätzliche Temperung durchgeführt werden können. Experimentell wurden Gläser der Syst. CaO–Al_2O_3–SiO_2 u. Li_2O–Al_2O_3–SiO_2 untersucht. H. Korn 60

0273 **Stabile und metastabile Phasen bei der Kristallisation von Cordierit-Glas.** N. A. Siražiddinov. (Ž. fiz. Chim. **42** (1968) 1, 101—04; Inst. chim. AN Uzb. SSR, Taškent; russ.) — Der Kristallisationsprozeß von Cordierit-Glas mit stöchiometr. Zus. (2 MgO · 2 Al_2O_3 · 5 SiO_2) wurde röntgenograph., mkr. u. mit der DTA-Meth. bei 800—1200° unter Luft untersucht. Eine metastabile quarzähnliche Phase bildet sich als prim. Prod. bei der Kristallisation u. erleidet dann polymorphe Umwandlungen u. Strukturänderungen. Die IR-Spektren des natürlichen u. synthet. Cordierits im Bereich 7—12 μ wurden verglichen. Die Krist. von Tieftemp.-Cordierit haben Ng = 1,520, Np = 1,517 u. D_{exp} = 2,54 g/cm³. J. J. Pohl 60

0274 **Strukturuntersuchung anorganischer Gläser und Glasfasern mit dem Mössbauer-Effekt.** G. M. Bartenev und A. D. Cyganov. (Doklady Akad. Nauk SSSR **181** (1968) 3, 627—29; Mosk. gos. ped. inst. im. Lenina; russ.) — Aus den Mössbauer-Spektren kann der isotrope bzw. anisotrope Aufbau erkannt werden. Es wurden *Natronkalkgläser* bzw. *-glasfasern* mit 1—6 Gew.-% SnO untersucht. Nach den Mössbauer-Spektren bei 25° u. ca. —190° ist Sn vierwertig, von 6 O-Atomen umgeben u. gleich dem Si^{4+} in das glasbildende Gerüst eingebaut. Die Absorptionsbande der Glasfasern ist asymm. u. schmal. Letzteres weist auf einen symmetrischeren molekularen Aufbau der Glasfasern als der massiven Gläser u. des polykrist. SnO_2 hin. Im massiven Glas ist Sn ionischer gebunden als in den Glasfasern. U. Strobel 60

0275 **Aus zwei flüssigen Phasen bestehende Struktur photoleitender Oxidgläser.** V. Caslavska, D. Strickler, D. Gibbon und R. Roy. (J. Mater. Sci. **3** (1968) 4, 440—45; Mater. Res. Labor., Pa. State Univ., University Park, Pa.; engl.) — Aus elektronenmkr. Unters. einer

Reihe photoleitender Oxidgläser der Syst. $CdO/B_2O_3/SiO_2$, $CdO/B_2O_3/GeO_2$ u. $PbO/Al_2O_3/SiO_2$ folgt, daß zweiphasige Strukturen vorliegen. Teilweise können bestimmte Phasen auch metastabil auskrist.; die Zus. weicht dann beträchtlich von der spezif. Vol.-Zus. ab. W. Laqua 60

0276 **Einige Betrachtungen über die Struktur der Flüssigkeiten.** F. P. Ricci. (Suppl. Nuovo Cimento [1] 5 (1967) 4, 1199—1207; Ist. di Fis., Univ., Roma; ital.) — Betrachtungen zur Frage der Anwendbarkeit des Konzeptes der Nahbereichsordnung. Herbert Weber 60

0277 **Modell für monoatomare Flüssigkeiten.** S. Franchetti. (Nuovo Cimento, B [10] 55 (1968) 2, 335—47; Ist. di Fis. dell'Univ., Firenze; engl.) — Für die Struktur monoatomarer Fl. wird ein einfaches Modell entwickelt. Beziehungen für die radiale D., die zeitabhängige radiale D. u. die Streufunktion werden abgeleitet. W. Laqua 60

0278 **Interpretation einiger experimenteller Ergebnisse der Strahlungsstreuung und der Atombewegung einiger Edelgase im flüssigen Zustand.** S. Franchetti und A. Mazza. (Nuovo Cimento, B [10] 55 (1968) 2, 348—61; engl.) — Vgl. vorst. Referat. — Die für die radiale D., die zeitabhängige radiale D. u. die Streufunktion monoatomarer Fl. abgeleiteten Beziehungen werden mit experimentellen Literaturdaten für *Ar*, *Ne* u. *He* verglichen. Eine empir. Analyse der Atombewegung wird durchgeführt, die zeigt, daß die Leerstellen in der quasikrist. Struktur der monoatomaren Fl. eine bedeutende Rolle bei der Atombewegung spielen. W. Laqua 60

0279 **Stabilität ebener Grenzflächen während des Schmelzens einer binären Legierung.** D. P. Woodruff. (Philos. Mag. [8] 17 (1968) 146, 283—94; School of Phys., Univ. of Warwick, Coventry; engl.) — Die Stabilität einer ebenen Grenzfläche fest/fl. beim Schmelzen einer bin. Leg. wird berechnet. Danach ist das Auftreten einer konstitutionellen Überhitzung eine notwendige, aber keine ausreichende Bedingung dafür, daß die Übergangsfläche instabil wird. Die Berechnungen werden mit Ergebnissen verglichen, die von Vf. et al. [vgl. ibid. 15 (1967) 985] bei der Unters. des Schmelzens einer 3 Atom-%ig. *Na-K*-Leg. erhalten wurden. W. Laqua 60

0280 **Art der Atomverteilung in flüssigen eutektischen Legierungen des Systems Al—Ge.** Ja. J. Dutčak, V. Ja. Prochorenko und O. A. Ratušnjak. (Ukraïns'kij fiz. Ž. 13 (1968) 5, 756—59; L'vivs'kyj deržuniv. im. Franka; ukrain., Auszug: engl.) — Messung der Temp.-Abhängigkeit der Thermo-EMK einiger Al-Ge-Leg. in fl. u. festem Zustand. Mit Hilfe einer Analyse der Isotherme werden Besonderheiten in der Struktur der fl. eutekt. Leg. nahe der Schmelztemp. nachgewiesen. I. Zoll 60

0281 **Struktur von Kalium und Gold im flüssigen Zustand.** O. S. Laško. (Ukraïns'kij fiz. Ž. 13 (1968) 5, 728—32; Inst. metalofiz. AN URSR, Kyïv; ukrain., Auszug: engl.) — Aus der Fourier-Analyse der Röntgenintensitäten von fl. K u. Au wird die radiale Verteilungsfunktion der Atome erhalten. Der Einfl. der Abbruchfehler wird berücksichtigt. Ein Vgl. zwischen der radialen Verteilung für den Festkörper u. die entsprechende Fl. zeigt, daß die radialen D.-Funktionen äußerst ähnlich sind. I. Zoll 60

Mechanische und thermische Eigenschaften

0282 **Quasigleichgewichtstheorie von Kristallen.** Ja. P. Terleckij und V. I. Zubov. (Vestnik Moskovskogo Univ., Ser. III 23 (1968) 5, 53—60; Kaf. teoret. fiz.; russ.) — Der krist. Zustand wird als Quasigleichgew.-Zustand betrachtet u. eine Näherungsgleichung für die Einteilchen-Verteilungsfunktion spezif. Atome abgeleitet. Die thermodynam. Funktionen des Krist. werden ber. u. mit Daten aus SCF-Berechnungen verglichen. H. Roschkowski 72

0283 **Diskrete und Zonenzustände in gemischten Molekülkristallen.** I. S. Osad'ko. (Ukraïns'kyj fiz. Ž. 13 (1968) 9, 1443—49; Mosk. ped. inst. im. Lenina; ukrain., Auszug: engl.) — Unters. diskreter u. Zonenzustände in einem Mol.-Krist., in dem Atome durch Isotope ersetzt wurden. Als Mol.-Krist.-Modell wird eine Kette von Elementarzellen, die 2 ähnliche Mol. haben, betrachtet. Wellenfunktionen von diskreten u. Zonenzuständen werden berechnet. I. Zoll 72

0284 **Einfluß von Ionengittern auf die Elektronenstrukturen von mehratomigen Ionen.** 2. Mitt. **Sulfate.** R. D. Brown, M. F. O'Dwyer und K. R. Roby. (Theoret. chim. Acta [Berlin] 11 (1968) 1, 1—7; Clayton, Victoria, Australia, Monash Univ., Dep. of Chem.; engl.) — 1. vgl. C. **1967**, 36-0108. — Der Einfl., der vom elektrostat. Feld eines ungebundenen Gitters auf die Elektronenstruktur des SO_4^{2-}-Ions herrührt, wird mittels des Vgl. von 4 VESCF-Rechnungen (freies Ion, Ion in K_2SO_4, $CaSO_4$, $BaSO_4$) verfolgt. 24 Elektronen werden in die Rechnungen mit einbezogen. Als Basis fungieren die 2p-Zustände des O u. die 3s- u. 3p-Zustände des S. Die Existenz der Gitterumgebung bewirkt eine Wanderung der Elektronen vom O zum S. Kristallograph. inäquivalente O-Atome zeigen deutlich verschiedene Nettoladungen. Die Gesamtenergie des Anions u. die Bindungsenergie der SO-Bindungen werden gesenkt. Die entarteten angeregten Zustände spalten auf. Für die längste $^1A_1 \rightarrow {}^1T_2$-Bande beträgt diese von der Gitterstruktur abhängige Aufspaltung mehrere hundert Wellenzahlen. B. I. 72△

0285 **Chemische Bindung in Chalkopyrit.** V. V. Zuev. (Ž. strukturnoj Chim. 9 (1968) 3, 558—59; NII mechan. obrabotki poleznych izkopaemych, Leningrad; russ.) — Angabe eines Elektronenschemas für das Fe-Atom in Chalkopyrit $CuFeS_2$. H. Roschkowski 72

0286 **Mössbauer-Spektrum von ^{57}Fe in $CoCO_3$.** Jean-Marie Friedt und Jean-Pierre Adloff. (C. R. hebd. Séances Acad. Sci., Sér. C **266** (1968) 26, 1733—36; Centre de Rech. nucl., Dep. de Chim. nucl., Strasbourg; franz.) — Im Laufe von Unters. der chem. Effekte beim Elektroneneinfang-Zerfall von ^{57}Co in festen Co-Verb. wurde das Mössbauer-Spektrum einer $CoCO_3$(^{57}Co)-Quelle relativ zu einem bewegten Absorber aus $Na_4Fe \cdot (CN)_6 \cdot 10\,H_2O$ mit ^{57}Fe-Anreicherung aufgenommen. Die Spektren wurden bei Quellen-Temp. von 77, 295 u. 468 °K gemessen. Das durch ^{57}Co-Einfang-Zerfall in $CoCO_3$ gebildete Fe wird im Zustand Fe^{2+} gefunden. Das Mössbauer-Spektrum zeigt eine starke Anisotropie, die durch die Anisotropie des Debye-Waller-Faktors erklärt wird. Herbert Weber 72

0287 **Mössbauer-Untersuchung von Graphit/Eisenchlorid-Verbindungen.** J. G. Hooley, M. W. Bartlett, B. V. Liengme und J. R. Sams. (Carbon [Oxford] 6 (1968) 5, 681—85; Dep. of Chem., Univ. of Brit. Columbia, Vancouver, B.C.; engl.) — Neben denen von $FeCl_3$ u. $FeCl_2$ werden die Mössbauer-Spektren von C_7FeCl_3, $C_{12}FeCl_3$, C_7FeCl_2 (zweier verschiedener Herst.-Verf.) sowie $C_{12}FeCl_2$ bei 80 u. 295 °K aufgenommen. In den druckunabhängigen Verb. C_7FeCl_3 u. $C_{12}FeCl_3$ finden bei 300 °K Elektronenladungsübergänge zum Fe statt, deren Energiebeträge jeweils gleich sind. Das Fe liegt nur noch in einem Ox.-Zustand vor. C_7FeCl_2 u. $C_{12}FeCl_2$ zeigen weder bei 300 noch bei 80 °K derartige Ladungsübergänge, besitzen aber zwei Quadrupolaufspaltungen, wovon sich eine mit der des $FeCl_2$ deckt. M. Hähnert 72

0288 **Interpretation der chemischen Isomeren-Verschiebung in den Mössbauer-Absorptionsspektren für ^{119}Sn- und ^{197}Au-Verunreinigungen in einer metallischen Matrix.** V. V. Čekin. (Ž. èksper. teoret. Fiz. **54** (1968) 6, 1829 bis 1833; Fiz.-techn. inst. nizkich temp. AN Ukr. SSR; russ., Auszug: engl.) — Die Isomerenverschiebungen für ^{119}Sn- u. ^{197}Au-Verunreinigungsatome werden auf der Basis der Gooding-Mozer-Formel betrachtet. In dieser wird die Ladungsdichte am Verunreinigungskeim in Metallen durch den Zustand der ungestörten Matrix u. durch die Größenordnung der Störung ausgedrückt. Im ersten Fall kann die Änderung der Isomerenverschiebung auf Grund der Annahme einer merklichen Lokalisierung des 5s-Niveaus in der Verunreinigungslage erklärt werden. In beiden Fällen ist die Rolle der Differenz von Verunreinigungs-Matrix-Fehlstellen größer als die D. des ungestörten Matrix-Zustandes. E. Otto 72

0289 **Einfluß der Viskosität kolloider Lösungen auf die γ-Quanten-Resonanz-Absorption.** V. M. Dubinin. (Ukrains'kyj fiz. Ž. **13** (1968) 9, 1544—49; Inst. fiz. AN URSR, Kyïv; ukrain., Auszug: engl.) — Unters. der rückstoßfreien γ-Quanten-Resonanz-Absorption in koll. β-Zinnsäurelsg. als Funktion der Viskosität u. Temperatur. Die Beziehung läßt sich durch $\exp[-\beta/\sqrt{\eta}]$ ausdrücken (η = Viskosität u. β = Konst.). I. Zoll 72

0290 **Spezifische Elektronenwärme verdünnter Eisenlegierungen.** Samuel S. Shinozaki. (Trans. Japan Inst. Metals **9** (1968) 2, 82—88; Sci. Labor., Ford Motor Co., Dearborn, Mich.; engl.) — Zwischen 2,4 u. 4,2 °K wurde die Temp.-Abhängigkeit der spezif. Elektronenwärme C verd. Fe-Leg. gemessen, die jeweils eines der folgenden Elemente als Leg.-Bestandteil enthielten: *Ti*, *V*, *Cr*, *Mn*, *Co*, *Ni*, *Nb*, *Mo*, *W*, *Si* u. *Al*. Ein vom Vf. speziell für diese Messungen entwickeltes Kalorimeter gestattete es, auch noch kleinste Änderungen der spezif. Elektronenwärme mit einer Genauigkeit > 1 Größenordnung zu erfassen. Die Konst. γ u. β der Beziehung $C = \gamma T + \beta T^3$ sind tabelliert. Sechs der untersuchten Leg. zeigen eine Abnahme von γ mit der Konz. c des Gelösten; für $(1/\gamma) \cdot \Delta\gamma/\Delta c$ wurden folgende Werte erhalten: Fe(Ti), —1,0; Fe(V), —2,2; Fe(Cr), —2,0; Fe(Co), —0,6; Fe(Mo), —0,8 u. Fe(W), —2,4. Vier Leg. weisen eine nichtlineare Zunahme von γ mit c auf; für $(1/\gamma)\Delta\gamma/\Delta c$ wurden nahe c = 0 folgende mittlere Werte gefunden: Fe(Al), +1,2; Fe(Si), +0,6; Fe(Mn), +2,0; Fe(Ni), +2,6. Die Leg. Fe–Nb ist oberhalb 0,1% Nb zweiphasig; die für sie erhaltenen Ergebnisse wurden nicht analysiert. Die Ergebnisse werden in bezug auf die Anwendbarkeit eines Modells mit starren Bändern u. auch in bezug auf einen Zusammenhang der gemessenen Änderungen mit denen der magnet. Eig. diskutiert. W. Laqua 74

0291 **Spezifische Wärme von einkristallinem RbH_2PO_4.** M. Amin und B. A. Strukov. (Fiz. tverdogo Tela **10** (1968) 10, 3158—60; Mosk. gos. univ. im. Lomonosova; russ.) — Die spezif. Wärme von RbH_2PO_4 zwischen ca. —150 u. —120° wird gemessen. Sie zeigt ein ausgeprägtes Max. von 80 cal/Mol · Grad bei —125,30° (Phasenübergangspunkt). Die Übergangsentropie beträgt ΔS = 0,684 ± 0,003 cal/Mol · Grad. H. Roschkowski 74

0292 **Spezifische Wärme dreier anorganischer Gläser und unterkühlter Flüssigkeiten.** J. S. Haggerty, A. R. Cooper und J. H. Heasley. (Physics Chem. Glasses **9** (1968) 2, 47—52; Arthur D. Little, Inc., Cambridge, Mass.; engl.) — Für As_2S_3, Pyrexglas u. ein Kalk-Natron-Glas (Lillie 1) wird die spezif. Wärme bei konst. Druck im glasigen Zustand u. im Zustand einer unterkühlten Fl. bestimmt. Die Ergebnisse werden mit den theoret. Werten des Kauzmann-Paradoxons, der Modellvorstellung der harmon. Schwingungen für die im festen Zustand gültigen Beziehungen sowie der Wunderlich-Beziehung für konst. Zunahme der spezif. Wärme verglichen. Der Anteil der klass. harmon. Schwingungen, die die spezif. Wärmen dieser Syst. beim Übergang von der Glasphase in den Zustand einer unterkühlten Fl. haben, wird mit dem von B_2O_3 u. Glycerin verglichen u. in Abhängigkeit von ihrer mol. Struktur interpretiert. M. Hähnert 74

0293 **Theorie des Untergrundes der inneren Reibung bei hoher Temperatur.** B. M. Darinskij, S. K. Turkov und Ju. A. Fedorov. (Fiz. tverdogo Tela **10** (1968) 6, 1869 bis 1875; Voronežskij politechn. inst.; russ.) — Theorie der Temp.- u. Frequenzabhängigkeit des Anfangsstadiums der inneren Reibung bei hohen Temp.; numer. Berechnungen für *Cu* (1 Hz; 600°) stimmen gut mit experimentellen Daten überein. K. Jaeger 76

0294 **Amplitudenabhängige innere Reibung in polykristallinen Proben.** Eva Bode. (Philos. Mag. [8] **17** (1968) 150, 1247—58; Erlangen, Friedrich-Bauer-Str. 5; engl.) — Die Granato-Lücke-Theorie für die amplitudenabhängige innere Reibung enthält mehr Parameter, als sich experimentell bestimmen lassen. In einer polykrist. Probe sind alle Orientierungen von Versetzungen bez. einer äußeren mechan. Spannung gleich wahrscheinlich. Durch eine geeignete Integration lassen sich die Orientierungsfaktoren u. die Anteile der totalen Versetzungslänge in diesen Orientierungen eliminieren. Dabei wird die Schwingungsentropie berücksichtigt u. die Berechnungen werden für größere Amplituden erweitert. Ein spezielles Experiment erlaubt zusätzlich die Best. der Abreißspannung einer Netzwerklänge mit einem einzelnen Befestigungspunkt. Die Anzahl der Parameter wird so in ausreichendem Maße verringert. Die Meth. wird durch ein Beispiel erläutert. P. Weiland 76

0295 **Korngrenzenmaximum der inneren Reibung in Sinteraluminium.** A. Schneiders und P. Schiller. (Acta metallurg. [Long. Island City, N.Y.] **16** (1968) 9, 1075 bis 1079; CCR EURATOM, Phys.-Chem., Ispra; dt.) — Das beobachtete Max. wird einem Spektrum von Relaxationsprozessen zugeschrieben (mittlere Aktivierungsenergie 1,2 eV, Frequenzfaktor $3 \cdot 10^{14}$ s^{-1}. M. Frenzel 76

0296 **Innere Reibung in den Systemen Vanadin–Sauerstoff und Vanadin-Stickstoff.** Gerhard Hörz. (Z. Metallkunde **59** (1968) 9, 712—14; MPI für Metallforsch., Inst. für Sondermetalle, Stuttgart; dt.) — Dämpfungsmessungen an V-Proben mit 0,15—1,6 (Atom-%) O bzw. 0,25 bis 1,1 N bei 20—400°. M. Frenzel 76

0297 **Innere Reibung von Natriumborosilicat-Glas mit Phasentrennung bei hohen Temperaturen.** O. V. Mazurin. (Physics Chem. Glasses **9** (1968) 5, 165—66; Grebenshikov Inst. of Silicate Chem., Acad. Sci. UdSSR, Leningrad; engl.) — Mit der Duke-Douglas-Meth. werden Gläser der Zus. $3{,}9\,Na_2O \cdot 31{,}2\,B_2O_3 \cdot 64{,}9\,SiO_2$ untersucht. Die Frequenz–Temp.-Kurve hat einen der Dämpfungskurve analogen Verlauf. Der Relaxationspeak verschiebt sich mit höheren Frequenzen zu höheren Temperaturen. Aus den Ergebnissen ergibt sich, daß in einem abgeschreckten Glas einer gegebenen Zus. keine Gerüststrukturen einer hochviskosen Phase vorgebildet sind; diese bilden sich nur während anschließender Wärmebehandlungen. M. Hähnert 76

0298 **Relaxationszeit-Spektrum und Fluktuationstheorie: Ultraschalluntersuchungen an einer Alkalimetallborosilicat-Schmelze.** P. B. Macedo, J. H. Simmons und W. Haller. (Physics Chem. Glasses **9** (1968) 5, 156—64; NBS, Washington, D.C.; engl.) — Mit Hilfe von Torsionsschwingungen von 3—23 MHz wurden im Temp.-Bereich zwischen 750 u. 1200° Ultraschallrelaxationsmessungen an einem geschmolzenen Glas der Zus. 6,72% Na_2O 25,31 B_2O_3 u. 67,97 SiO_2 mit einer Homogenisierungstemp. von 749° durchgeführt. Das Spektrum der Torsions-Relaxationszeiten wurde für Temp. zwischen 840 u. 1200° bestimmt u. erwies sich als sehr von der Temp. abhängig. Vorschlag eines Modelles, das diese beobachtete Temp.-Abhängigkeit voraussagt u. auf der Annahme aufbaut, daß die Aktivierungsenergie eines Mol. von der Umgebung innerhalb eines Bereichs vom Radius r_0 um das Mol. abhängt. Aus einem Vgl. mit überkrit. Zus.-Schwankungen ergab sich für r_0 ein Wert von ca. 40 Å. Dieser Wert ist von der gleichen Größenordnung wie die elektronenmkr. nachgewiesenen Bereiche der Mikroheterogenitäten von Einzeloxidgläsern. M. Hähnert 76

0299 **Bemerkung zur Beziehung Elastizitätsmodul–Porosität.** Edward Schreiber. (J. Amer. ceram. Soc. **51** (1968) 9, 541—52; Lamont Geol. Obs., Columbia Univ., Palisades, N.Y.; engl.) — Poröse Proben polykrist. Spinells ($MgAl_2O_4$) werden sphär. Resonanzmessungen zur Best. der elast. Eig. unterworfen. Die experimentellen Daten wurden mit der Mackenzieschen Theorie verglichen, die voraussetzt, daß alle Poren sphär. sind, daß keine Wechselwrkg. zwischen ihnen auftritt u. daß die Eig. der Matrix räumlich gleich sind. Wegen dieser Vereinfachungen können derzeitig nur Richtwerte über Elastizitätseig. bei bekannter Porenverteilung erwartet werden. M. Hähnert 78

0300 **Irreversible Verluste bei der mehrfachen Hin- und Rückbewegung von Versetzungen.** V. S. Bojko, R. I. Garber und L. F. Krivenko. (Fiz. tverdogo Tela **10** (1968) 10, 2968—74; Fiz.-techn. inst. AN USSR, Char'kov; russ.) — Die Mehrfachbewegung verzwillingter Versetzungen, die einen elast. Zwilling in *Calcit* bilden, wird untersucht. Sie entspricht prakt. dem Anfangsstadium der Ermüdung durch spezif. Versetzungsgleiten. Dabei wird eine Zunahme der Hystereseschleife der Länge des elast. Zwillings als Funktion der Belastung festgestellt,

was auf eine Zunahme der irreversiblen mechan. Verluste mit zunehmender Anzahl der Cyclen schließen läßt.
H. Roschkowski 78

0301 **Einfluß von Einschlüssen auf die Spannungsverteilung in Feststoffen.** D. V. Edmonds und C. J. Beevers. (J. Mater. Sci. 3 (1968) 5, 457—63; Birmingham, Univ., Dep. of Phys. Metallurg. and Sci. of Mater.; engl.) — Die in u. um harte Einschlüsse in Feststoffen, die einer einachsigen Belastung ausgesetzt sind, bestehenden Spannungsverteilungen wurden untersucht. Zweidimensionale Modelle, die Einschlüsse verschiedener Gestalt u. Orientierung enthielten, wurden mit Hilfe der Photoelastizitätsmeth. analysiert, u. der Einfl. der Elastizitätsmoduln, der Gestalt u. der Orientierung der Einschlüsse auf die Spannungskonz. wurde weiter durch mathemat. Behandlung untersucht. E. Schulte 78△

0302 **Mikrohärte bei geringen Belastungen.** A. V. Gur'ev und G. V. Malovečko. (Zav. Labor. 34 (1968) 10, 1246—48; Volgogradskij politechn. inst.; russ.) — Beschreibung eines Verf. zur Mikrohärtebest. bei geringen Lasten ($>$ 10 g). Anwendung auf Armco-*Fe*.
H. Roschkowski 78

0303 **Bruchbildung in gesinterten Zweiphasenlegierungen.** H. Kellerer und G. Piatti. (J. Mater. Sci. 3 (1968) 5, 486—97; Ispra, Italy, CCR Euratom, Metallurg. and Ceram. Div.; engl.) — Zur Unters. des Auftretens u. der Entw. von Mikrobrüchen wurden D.-Messungen u. elektronenmkr. Unters. an in Dehnungsvers. (20—620°) u. beschleunigten Kriechvers. gebrochenen Proben von 2 Al–Al_2O_3 Leg. (SAP-ISML u. Fibroxal) durchgeführt. Einige Unters. wurden auch an Proben vorgenommen, die durch Schmieden deformiert waren. Die experimentellen Ergebnisse (Morphologie, Dimensionen, Verteilung u. Vol. der Mikrobrüche in den Bruchproben als Funktion der Temp. u. der Deformationszeit) bestätigen die Bruchbldg.-Hypothese u. zeigen, daß während der Deformation von gesinterten Zweiphasen-Al-Leg. Leerstellen nach zwei Mechanismen gebildet werden können. Der erste Mechanismus schließt die Öffnung der schon vorher bestehenden Poren ein, der zweite die Bldg. neuer Brüche durch an Partikeln der zweiten Phase blockierte Versetzungen.
E. Schulte 78△

0304 **Fortpflanzung von Ermüdungsrissen. Analyse.** B. Tomkins. (Philos. Mag. [8] 18 (1968) 155, 1041—66; UKAEA, Reactor Fuel Element Labor., Springfields, Salwick, Preston, Lancashire; engl.) — Vf. entwickelt eine einfache Theorie zur quant. Beschreibung des Mechanismus der Fortpflanzung von Ermüdungsrissen in Metallen. Für den Bruch im Bereich hoher u. niedriger Verformungsspannungen werden die die Ermüdung beschreibenden Grundgesetze theoret. abgeleitet; die Materialparameter, die die Rißfortpflanzung bestimmen, werden erhalten. W. Laqua 78

0305 **Verfestigung von kubisch-flächenzentrierten Legierungen durch Bildung fester Lösungen.** K. R. Evans und W. F. Flanagan. (Philos. Mag. [8] 18 (1968) 155, 977 bis 983; Boeing Co., Seattle, Wash.; engl.) — Die Verfestigung kub.-flächenzentrierter Metalle (*Cu, Ag*) durch Bldg. fester Lsg. wird unter Verw. von Literaturdaten durch eine Analyse der Kraftparameter von geschwindigkeitsbestimmenden Hindernissen, die die Versetzungswanderung verlangsamen, untersucht. Es folgt, daß die Fließspannung u. ihre Temp.-Abhängigkeit in Zusammenhang mit der D. u. Verteilung der vorhandenen Versetzungen steht. W. Laqua 78

0306 **Diffusionskriechen in Zirkonium und bestimmten Zirkoniumlegierungen.** D. A. Woodford. (Trans. metallurg. Soc. AIME 242 (1968) 4, 744—45; Mater. and Process. Labor., Gen. Electr. Co., Schenectady, N.Y.; engl.) — Die von Bernstein (ibid. **239** (1967) 1518) bei der Unters. des stationären Kriechens zweier Zr-Leg. erhaltenen Ergebnisse werden krit. analysiert, wobei vor allem die von Bernstein beobachtete lineare Spannungsabhängigkeit der stationären Kriechgeschw. bei niedrigen Spannungen behandelt wird. Eine Erwiderung von Bernstein ist angefügt. W. Laqua 78

0307 **Einfluß des Sauerstoffs auf die mechanischen Eigenschaften von Zirkonium–Kupfer-Legierungen.** W. Kaden. (J. nuclear Mater. [Amsterdam] 27 (1968) 2, 225—34; Siemens AG, Werkstoffentw., Erlangen; dt.) — Das mechan. Verh. der Zr–Cu-Leg. (2,3 % Cu) wird durch verschiedene O-Geh. folgendermaßen beeinflußt: Durch O-Geh. $>$ 0,5 Gew.-% wird bei Raumtemp. die Bruchdehnung auf sehr kleine Werte erniedrigt. Mit steigender Temp. erfolgt die Versprödung bei höheren O-Geh. (500° 3,5 Gew.-% O; 600° 5,5 Gew.-% O). Die Bruchdehnung steigt bei allen untersuchten O-Geh. mit der Temp. u. erreicht bei 600° ein Maximum. I. Zoll 78

0308 **Verformung von Zinkeinkristallen mit hoher Verformungsgeschwindigkeit.** Susumu Yoshida und Norio Nagata. (Trans. Japan Inst. Metals 9 (1968) 2, 110—19; Nat. Res. Inst. for Metals, Tokyo; engl.) — Die dynam. Verformung von Zn-Einkrist. (99,99 %) unterschiedlicher Orientierung durch Druckbeanspruchung wurde bei Raumtemp. u. Verformungsgeschw. von 10^2—10^3 s^{-1} untersucht. Zn-Krist., die durch Basisgleiten verformt wurden, wurden zwischen —196 u. 100° mit Geschw. von 10^{-4} bis 10^3 s^{-1} verformt. Die Krist., deren Achse nahezu parallel zur kristallograph. c-Achse verlief, wurden durch Zwillingsbldg. verformt; die D. der Zwillinge ist wesentlich größer, ihre Größe wesentlich kleiner als bei Verformung unter stat. Bedingungen. Krist., deren Achse senkrecht zur c-Achse verlief, wurden durch pyramidales $\{11\bar{2}2\}$-Gleiten verformt. Die Spannungs–Dehnungs-Kurven der dynam. verformten Krist. weisen ein Absinken durch einsetzende Fließprozesse auf; die Anfangsgeschw. der Verformungshärtung ist kleiner als bei Verformung unter stat. Bedingungen. Durch Basisgleiten werden Zn-Krist. verformt, deren Achsen zwischen 30 u. 80° zur c-Achse geneigt sind. Bei diesem Gleitprozeß ändert sich die Fließspannung für Verformungsgeschw. zwischen 10^{-4} u. 10^{-1} s^{-1} kaum; oberhalb 10 s^{-1} nimmt die Fließspannung mit der Verformungsgeschw. rasch zu.
W. Laqua 78

0309 **Korngrenzen-Gleithärtung in Zink-Bikristallen.** R. L. Bell, N. B. W. Thompson und P. A. Turner. (J. Mater. Sci. 3 (1968) 5, 524—33; Southampton, Univ., Engng. Labor.; engl.) — Zn-Bikrist. mit Großwinkel-Kippgrenzen u. solche mit Drehgrenzen wurden einer konst. Scherspannung parallel zu den Grenzen im Temp.-Bereich 20—300° ausgesetzt. Bei Spannungen ober- u. unterhalb der für eine makroskop. Gleitung erforderlichen Spannung nimmt die Korngrenzen-Gleitgeschw. mit der Zeit ab. Diese „Gleit-Härtung“ an der Korngrenze wurde mit der Bldg. von Unebenheiten auf der Korngrenze gleichgesetzt. Diese Unebenheiten bilden sich zuerst am Schnittpunkt von freier Oberfläche u. Korngrenze aus. Die Entfernung der die Unebenheiten enthaltenden Schichten stellt in einigen Fällen das Grenzverh. des ursprünglichen Bikrist. wieder her. Das führt zu der Folgerung, daß bei Gleit-Härtung der geschwindigkeitsbestimmende Prozeß für die Korngrenzengleitung mit der Deformation der Krist.-Bereiche assoziiert ist, die sich in der Originalgrenzfläche durch Korngrenzenwanderung gebildet haben.
E. Schulte 78△

0310 **Zum Einfluß der Dehngeschwindigkeit auf Streckgrenzenphänomene bei Tantal.** E. Pink. (J. less-common Metals [Lausanne] 16 (1968) 2, 119—28; Metallwerk Plansee AG, Reutte/Tirol; dt.) — Rekrist. Bleche aus Sintertantal mit einer maximalen Verunreinigung von 3100 ppm werden auf einer Instron-Zerreißmaschine bei unterschiedlichen Dehngeschw. untersucht. Durch die unterschiedlichen Prüfgeschw. werden die Ausbldg. der Streckgrenzen u. die Fließspannungen beeinflußt, was durch Verunreinigungseffekte erklärt wird, die nach folgendem Modell wirksam werden können: Rund um die Versetzungen bildet sich bei niedrigen Verformungsgeschw. eine Cottrell-Wolke durch Segregation von H-Atomen, die den Verformungswiderstand erhöht. Bei höheren Dehngeschw. tritt, bedingt durch die Verunreinigung, der Snoek-Effekt auf, der ebenfalls spannungsvermehrend wirkt. D. Graf 78

0311 **Während des Kriechens einer Fe-0,75 % Mn-Legierung ablaufende Erholungsprozesse.** Yoichi Ishida. (Trans. Japan Inst. Metals 9 (1968) 2, 120—24; Inst. of Ind. Sci., Univ. of Tokyo, Tokyo; engl.) — Aus der Unters. des Kriechverh. einer Fe-0,75 % Mn-Leg. bei 500° folgt, daß die stationäre Kriechgeschw. allein eine Funktion der einwirkenden Spannung u. der Temp. ist. Der Einfl. der Verformungsvorgeschichte der Proben, d. h. der Strukturfaktor, existiert während des wahren stationären Kriechens nicht mehr als unabhängige Variable. Stattdessen findet nach dem normalen ersten Erholungsprozeß ein zweiter Erholungsprozeß statt, dessen Ausmaß wesentlich kleiner u. dessen Geschw. wesentlich geringer als beim ersten Prozeß ist. Im Gegensatz zum ersten Erholungsprozeß nimmt die Versetzungsdichte während des zweiten Erholungsprozesses ab. Die Subkorngröße ändert sich während des stationären Kriechens; demnach wird die Kriechgrenze durch Subkorngrenzen nicht beeinflußt. W. Laqua 78

0312 **Plastizität hexagonaler Kobalteinkristalle. 2. Mitt. Elektronenmikroskopische Untersuchung der Versetzungsanordnung.** Hans-Martin Thieringer. (Z. Metallkunde **59** (1968) 6, 476–91; MPI für Metallforsch., Inst. für Phys., Stuttgart; dt.) – 1. vgl. C. **1969**, 1-0241. – Die Versetzungsanordnung in Co-Einkrist. wird in Abhängigkeit von der Verformung elektronenmkr. untersucht. Unverformte Krist. haben infolge der Phasenumwandlung kub.-flächenzentriert-hexagonal hohe D. eingewachsener Versetzungen u. Stapelfehler. Im Bereich A der Verfestigungskurve ordnen sich die Gleitversetzungen in charakterist., spannungsarmen Dipolschichten (Stufen- u. Schraubenversetzungen) u. Multipolsträngen (Stufenversetzungen) an. Höhere innere Spannungen treten lediglich an Störungen wie Orientierungsgrenzen u. Versetzungsgittern auf. Der Anstieg der Verfestigungskoeff. beim Übergang in den Bereich B ist durch die Entstehung von Zwillingen an Stellen hoher innerer Spannungen gekennzeichnet. Versetzungen auf Nichtbasisgleitsyst. werden nicht beobachtet. Die Versetzungsdichte nimmt im Bereich A mit der Schubspannung u. Abgleitung näherungsweise linear zu. M. Frenzel 78

0313 **Abschreckdefekte und Verfestigung von polykristallinem Kupfer.** I. A. Malinenko und O. N. Šivrin. (Fiz. tverdogo Tela **10** (1968) 10, 3166–68; Petrozavodskij gos. univ. im. Kuusinena; russ.) – Die Abschreckdefekte u. die Verfestigung wurden durch Unters. der diffusen Röntgenstreuung u. der Mikrohärte an Cu-Proben bestimmt, die von 600–1000° in W. abgeschreckt wurden. Die Verfestigung steigt mit zunehmender Glühtemperatur vor dem Abschrecken an. Als Defekte treten Leerstellen auf. H. Roschkowski 78

0314 **Elastizitätsmoduln chalkogenidischer infrarotoptischer Materialien.** L. R. Reid. (Physics Chem. Glasses **9** (1968) 4, 133–34; Tex. Instrum., Dallas, Tex.; engl.) – Messung von E-Modul, Schermodul u. Poissonscher Zahl an drei Zus.-Variationen im Syst. Ge–Se–As mit Ge = 30–37%, Se = 50–60% u. As = 3–15%. M. Hähnert 78

0315 **Dynamisch-mechanisches Verhalten von Graphiten.** R. E. Taylor, D. E. Kline und P. L. Walker jun. (Carbon [Oxford] **6** (1968) 3, 333–47; Pa. State Univ., University Park, Pa.; engl.) – Die von der Spannungsamplitude unabhängige innere Reibung u. die dynam. Elastizitätsmoduln von natürlichen u. kommerziellen Graphiten werden zwischen 4 u. 750 °K bei Frequenzen von 0,6–10 kHz gemessen. Für diese Materialien zeigt die innere Reibung bei ca. Raumtemp. ein breites Max. (α-Peak), das von einer Elastizitätsmodul-Relaxation begleitet wird. E. Otto 78

0316 **Auswirkung von Wärmebehandlungen pyrolytischen Graphits nach seiner Ablagerung auf die Biegefestigkeit.** R. N. Katz. (Carbon [Oxford] **6** (1968) 5, 589–92; Ceram. Res. Labor., Army Mater. and Mechan. Res. Center, Watertown, Mass.; engl.) – Feiner, bei 2000° gebildeter pyrolyt. Graphit (98,5% der theoret. D.) wurde Hochtemp.-Behandlungen zwischen 2500–2700° ausgesetzt (bis 4 Std.), Biegefestigkeitsmessungen wurden durchgeführt. Die erhaltenen Meßwerte liegen in einem wesentlich engeren Streubereich als die der unbehandelten Proben. Eine merkliche Festigkeitsänderung tritt aber nicht ein. M. Hähnert 78

0317 **Mikrostruktur und mechanische Eigenschaften von Carbiden.** Graham E. Hollox. (Mater. Sci. Engng. [Lausanne] **3** (1968) 3, 121–37; Res. Inst. for Advanc. Stud., Martin Marietta Corp., Baltimore, Md.; engl.) – Es wird ein Überblick über die Carbide von *Ti*, *Zr*, *Hf*, *V*, *Nb* u. *Ta* gegeben. Die Abhängigkeit der mechan. Eig. von Zus., Temp.-Behandlung u. Leg.-Zusätzen wird erläutert. – 96 Literaturangaben. H. Tulhoff 78

0318 **Kompressionskriechverhalten von Urancarbid.** D. E. Stellrecht, M. S. Farkas und D. P. Moak. (J. Amer. ceram. Soc. **51** (1968) 8, 455–58; Battelle Mem. Inst., Columbus Labor., Columbus, O.; engl.) – Das Kriechverh. wird im Vakuum zwischen 1200 u. 1600° bei Drücken von 3000–10000 psi untersucht. In diesem Bereich gilt für die Kriechgeschw. $\varepsilon = 1{,}8 \cdot 10^{-3}\, \sigma^3 \exp(-90000/RT)$ (σ = Druck in psi). Die Aktivierungsenergie wird zu 90 kcal/Mol bestimmt. Sie beträgt damit etwa das Doppelte des bisher von anderen Autoren bestimmten Wertes. H. Tulhoff 78

0319 **Elastische Konstanten von polykristallinem Hämatit als Funktion des Druckes bis 3 Kilobar.** Robert C. Liebermann und Edward Schreiber. (J. geophys. Res. **73** (1968) 20, 6585–90; Palisades, N.Y., Columbia Univ., Lamont Geol. Obs.; engl.) – Neue Daten für die elast. Konst. von polykrist. Hämatit (α-Fe_2O_3) werden mitgeteilt u. mit den Ergebnissen früherer Autoren verglichen. Der adiabat., räumliche Elastizitätskoeff. u. seine Druckableitung beim Druck Null sind 2066 kb u. 4,53. Eine von diesen Ultraschalldaten abgeleitete Vol.-Druck-Trajektorie wird mit den existierenden stat. Kompressions- u. Stoßwellendaten für Hämatit verglichen. E. Schulte 78△

0320 **Thermische Ausdehnung von kristallinem Krypton in der Nähe des Tripelpunkts.** V. G. Gavrilko, V. G. Manželij, V. I. Kučnev und A. M. Tolkačev. (Fiz. tverdogo Tela **10** (1968) 10, 3182–84; Fiz.-techn. inst. nizkich temp. AN USSR, Char'kov; russ.) – Mit Hilfe eines bes. beschriebenen Kondensatorverf. wird die therm. Ausdehnung von krist. Kr bei 90–115 °K gemessen. H. Roschkowski 80

0321 **Thermische Ausdehnung von glasigem Selen zwischen –190 und + 30°.** R. K. Kirby und B. D. Rothrock. (J. Amer. ceram. Soc. **51** (1968) 9, 535; Metrology Div., NBS, Washington, D.C.; engl.) – Das Ausdehnungsverhalten von Se-Glasproben (99,99% Se, D. = 4,26 g/cm³ bei 25°) wird dilatometr. mit einer Genauigkeit von $\Delta l/l = \pm 0{,}004\%$ ermittelt. M. Hähnert 80

0322 **Thermische Ausdehnung von Mischkristallen des Systems ZrC–NbC.** I. G. Baranceva und V. N. Paderno. (Izvest. Akad. Nauk SSSR, Neorg. Mater. **4** (1968) 8, 1364–65; Inst. problem materialovedenija AN USSR; russ.) – Die Wärmeausdehnung von ZrC–NbC-Mischkrist. bei 300–1300° wird in Abhängigkeit von der Konz. gemessen. Den niedrigsten Wert des therm. Ausdehnungskoeff. zeigt $Zr_{0,6}Nb_{0,4}C$. Vgl. mit den analogen Daten für das Syst. ZrC–HfC. H. Roschkowski 80

0323 **Röntgenographische Untersuchung der thermischen Ausdehnung von GeO_2 im Rutil-Typ.** K. V. Krishna Rao, S. V. Nagender Naidu und Leela Iyengar. (J. Amer. ceram. Soc. **51** (1968) 8, 467–68; Dep. of Phys., Osmania Univ., Hyderabad, India; engl.) – Die lineare therm. Ausdehnung zeigt Anisotropie. Die Koeff. $\alpha_\perp$ u. $\alpha_\parallel$ in Richtung der Krist.-Achsen u. α als mittlerer Ausdehnungskoeff. werden durch röntgenograph. Messung der Gitterkonst. zwischen 28 u. 700° bestimmt. Die Ergebnisse zeigen gute Übereinstimmung mit Werten anderer Autoren. H. Tulhoff 80

0324 **Veränderung des Ausdehnungskoeffizienten von Austenit bei der Umwandlung in Martensit.** V. M. Eršov und N. L. Oslon. (Fiz. Metallov Metallovedenie **25** (1968) 5, 874–81; Permskij politechn. inst.; russ.) – Ermittlung der Temp.-Abhängigkeit der Gitterparameter von Austenit bei direkter martensit. Umwandlung. Hierbei zeigt sich, daß im Anfangsstadium der Umwandlung das Austenitgitter infolge der Beibehaltung der Kohärenz zwischen der α- u. γ-Phase elast. gestreckt, aber in der Endetappe unter dem Einfl. des unelast. „Gerippes“ der Martensitkrist. zusammengepreßt wird. Eine Erwärmung des abgeschreckten Stahles führt zum Anlassen des Mar-

tensits u. zum Abbau der elast. Spannungen zwischen den Gittern der α- u. γ-Phase. Beim nachfolgenden Abkühlen des Austenits ändert sich sein Parameter nach einer für „freien" Austenit charakterist. Geraden.
H. Hochstein 80

0325 **Einige Gesetzmäßigkeiten der thermischen Ausdehnung von Ferriten mit Spinellstruktur.** Ja. M. Bekker und G. M. Zotova. (Izvest. Akad. Nauk SSSR, Neorg. Mater. **4** (1968) 8, 1319—22; russ.) — Die Konz.-Abhängigkeit der therm. Ausdehnung der Ferritsyst. y$NiFe_2O_4$–(1-y) $MeFe_2O_4$ (Me = Mg, Mn) u. y $MgFe_2O_4$–(1-y) Mg · Al_2O_4 wurde untersucht. Eine allg. Beziehung für die therm. Ausdehnung der Ferritspinelle wird abgeleitet.
H. Roschkowski 80

0326 **Phasengrenzen und thermische Ausdehnung von Kupferoxiden.** A. L. Pranatis. (J. Amer. ceram. Soc. **51** (1968) 3, 182; High Temp. Alloys Branch, Metallurg. Div., U. S. Naval Res. Labor., Washington, D.C.; engl.) — Zur Bestätigung der Daten über die Phasengrenzen in den Syst. Cu–Cu_2O u. Cu_2O–CuO u. zur Best. der Anwendbarkeit einer dilatometr. Technik zur Feststellung von Phasenänderungen in keram. Materialien wurden die Rk. 4 Cu(s) + O_2(g) → 2 Cu_2O (s) u. 2 Cu_2O (s) + O_2 (g) → 4 CuO (s) dilatometr. unter Veränderung der Temp. oder des O_2-Druckes untersucht. Die therm. Ausdehnungskoeff. wurden zu Cu_2O (20—700°), $\alpha = 3{,}5 \cdot 10^{-6}$ u. CuO (20—700°), $\alpha = 6{,}5 \cdot 10^{-6}$ $Grad^{-1}$ bestimmt.
G. Malow 80

0327 **Wärmeausdehnung von Stoffen mit Defektstruktur des $A_2^{III}B_3^{VI}$-Typs und mit Antifluoritstruktur.** S. I. Novikova. (Fiz. tverdogo Tela **10** (1968) 10, 3141—42; Inst. metallurg. im. Bajkova AN SSSR, Moskva; russ.) — Quarzdilatometr. werden die Ausdehnungskoeff. von Ga_2Se_3 (I) u. In_2Te_3 (II) bestimmt. α beträgt bei 25 °K für **I** $1{,}5 \cdot 10^{-6}$ $(Grad^{-1})$ u. für **II** $2{,}4 \cdot 10^{-6}$. Analoge Unters. werden für Mg_2Si u. Mg_2Sn mit Antifluoritstruktur vorgenommen. Der therm. Ausdehnungskoeff. dieser Verb. geht bei Temp. von ca. 20 °K gegen Null. Für tiefere Temp. wird ein negativer therm. Ausdehnungskoeff. angenommen.
H. Roschkowski 80

0328 **Einfaches mikroskopisches Modell für die Gitterwärmeleitfähigkeit.** Julius Ranninger. (Ann. Physics **49** (1968) 2, 297—308; Theoret. Phys. Div., AERE, Harwell, Berks.; engl.)
H. Roschkowski 82

0329 **Temperatur-Leitfähigkeit von Eis und Wasser zwischen —40 und +60°.** D. W. James. (J. Mater. Sci. **3** (1968) 5, 540—43; Pittsburgh, Pa., Westinghouse Res. and Dev. Center; engl.) — Mit Hilfe der Meth. von Angström wurde die Temp.-Leitfähigkeit α_s von dreifach dest., deionisiertem W. u. α_s von einkrist. Eis entlang der c-Achse im Temp.-Bereich — 40 bis + 60° gemessen. Die Werte für W. stimmen mit veröffentlichten Werten gut überein, für die Daten für Eis ergeben sich noch ungeklärte Diskrepanzen. Die erhaltenen Daten erfüllen die linearen Beziehungen α_s (W.) = (8,43 — 0,101 T) · 10^{-3} cm^2/s u. α_s (Eis) = (1,35 + 0,002 T) · 10^{-3} cm^2/s, dabei ist T die Temp. in °C.
E. Schulte 82△

0330 **Messung der Temperatur-Leitfähigkeit nach der Laser-Blitz-Methode.** Susumu Namba, Pil Hyon Kim, Naoharu Kinoshita und Tsutomu Arai. (Sci. Pap. Inst. physic. chem. Res. [Tokyo] **62** (1968) 1, 8—13; engl.) — Bei der Blitzmeth. zur Messung der Temp.-Leitfähigkeit wurde ein Rubinlaser als Energiequelle verwendet. Die Werte der Temp.-Leitfähigkeit verschiedener Metalle (*Fe*, *Mo*, *Ni*, *Ta*, *Ti*, *W*, *Zn*, *Edelstahl*) nach dieser Meth. stimmen mit denen aus anderen Meth. gut überein. Die Temp.-Abhängigkeit der Temp.-Leitfähigkeit von *Ni*, *Cu-Ferrit* u. $Pb(Zr_{0,52}Ti_{0,48})O_3$ wurde bis zu Temp. oberhalb der Curie-Punkte mit einer Genauigkeit von ± 5% gemessen.
G. Malow 82

0331 **Wärmeleitfähigkeit von SX-5-Graphit.** P. Wagner und L. B. Dauelsberg. (Carbon [Oxford] **6** (1968) 3, 373—80; Univ. of Calif., LASL, Los Alamos, N.Mex.; engl.) — Über Messungen der Wärmeleitfähigkeit von SX-5-Graphit zwischen — 100 u. 2500° wird berichtet. Es kommen drei Meßmeth. zur Anwendung. Über 250° scheint die Leitfähigkeit einer 1/T-Beziehung zu folgen, die im einzelnen für Graphit u. allg. für Umklapp-Prozesse des Wärmewiderstandes charakterist. ist.
E. Otto 82

0332 **Gitterkomponente der Wärmeleitfähigkeit von technisch reinem Niob.** B. A. Merisov und V. I. Chotkevič. (Fiz. Metallov Metallovedenie **26** (1968) 2, 369 bis 371; Char'kovskij gosuniv. im. Gor'kogo; russ.)
H. Roschkowski 82

0333 **Thermische Eigenschaften eines Molybdän-Einkristalls bei hohen Temperaturen.** B. N. Chusainova und L. P. Filippov. (Teplofiz. vysokich Temperatur **6** (1968) 5, 929—30; Mosk. gos. univ. im. Lomonosova; russ.) — Der Temp.-Koeff. der Wärmeleitfähigkeit, der elektr. Widerstand, die Temp.-Leitfähigkeit u. die spezif. Wärme von Mo-Einkrist. bei ca. 350—1300 °K werden gemessen.
H. Roschkowski 82

0334 **Wärmeleitfähigkeit von Legierungen des Systems Sn–Bi im festen und flüssigen Zustand.** Ja. I. Dutčak, V. P. Osipenko und P. V. Panasjuk. (Izvest. vysšich učebnych Zavedenij [Tomsk], Fiz. **11** (1968) 10 (77), 154—56; L'vovskij gosuniv. im. Franko; russ.) — Die Phononen- u. Elektronenkomponente der Wärmeleitfähigkeit (WL) sowie die Gesamt-WL von Sn-Leg. mit 0—100% Bi bei 100 bis ca. 600° werden bestimmt. Am F. ändert sich WL sprunghaft. Für Leg. mit großem Sn-Geh. nimmt WL ab, für Leg. mit großem Bi-Geh. infolge der Zerstörung der restlichen kovalenten Bindungen von Bi beim Schmelzen zu.
H. Roschkowski 82

0335 **Einfluß unterschiedlicher Aushärtungszustände auf die Wärmeleitfähigkeit einer AlCu4-Legierung unter Anwendung eines Meßverfahrens nach dem „Kohlrauschprinzip".** K. Ouvrier. (Freiberger Forsch.-H., Reihe B **1968**, 129, 7—19; TH für Chemie, Leuna-Merseburg; dt.) — Mit Hilfe des Kohlrausch-Verf. wurden die spezif. elektr. u. therm. Leitfähigkeit von *AlMg3*-Leg. im geglühten u. kaltverformten Zustand u. von AlCu4-Leg. nach Aushärtung bei 40, 60, 80 u. 95° gemessen. Durch Auswertung der Aufheiz- bzw. Abkühlungskurve konnte eine Aussage über die Wärmekapazität der Proben gemacht werden. Die Wärmeleitfähigkeit ist von der Vorbehandlung der Stoffe u. damit vom Strukturzustand abhängig. Sie wird durch Aushärtung u. Kaltverformung im gleichen Sinne beeinflußt. Das Ansteigen der Wärmeleitfähigkeit nach Kaltverformung besagt, daß bei Al-Leg. kaltverformte Teile die Wärme besser ableiten als unverformte.
I. Zoll 82

0336 **Ausscheidungshärtung durch Diffusion im Spannungsfeld einer Versetzung.** H. Gleiter. (Acta metallurg. [Long Island City, N.Y.] **16** (1968) 6, 857—62; Inst. für Metallphys., Univ. Göttingen, Germany; dt.) — Bei tiefen Temp., bei denen keine merkliche therm. Diffusion mehr möglich ist, bewirkt das Verzerrungsfeld einer Versetzung rasche Diffusionsvorgänge in der Versetzungsumgebung. Werden ausgeschiedene Teilchen von einer Versetzung durchschnitten, so können durch diese Diffusion Atome aus den Teilchen in die Matrix u. Matrixatome in die Teilchen diffundieren. Die hierdurch bedingte Schubspannungserhöhung wird ber. u. die Temp.-Abhängigkeit diskutiert.
H. Liepack 84

0337 **Durch Kernspaltung induzierte Sorption von Krypton an Urancarbid.** O. Gautsch. (J. nuclear Mater. [Amsterdam] **27** (1968) 3, 310—15; CCR Euratom, Phys. Chem. Branch, Ispra; engl.) — Unters. zur Sorption u. Diffusion für Kr in UC bei u. nach Reaktorneutronenbestrahlung.
M. Frenzel 84

0338 **Aktivierungsenergie der Diffusion von Wasserstoff in Metallen mit kubischflächenzentriertem Gitter.** V. A. Gol'cov, P. V. Gel'd und V. B. Vychodec. (Fiz. Metallov Metallovedenie **26** (1968) 3, 522—26; Ural'skij politechn. inst. im. Kirova; russ.) — Eine früher [vgl. Vychodec et al., ibid. **25** (1968) 1090] vorgeschlagene halbempir. Meth. wird auf die Berechnung der Aktivierungsenergien der Diffusion von Wasserstoff in *Ni*, *Cu*, *Ag*, *γ-Fe*, *Al*, *Pd* u. *Th* angewendet. Die erhaltenen Daten stimmen gut mit Literaturwerten überein. Sie werden zur Klärung der Diffusionsmechanismen analysiert.
H. Roschkowski 84

0339 **Löslichkeit und Zwischengitterwanderung von Sauerstoff in kubisch raumzentriertem Eisen.** W. Frank, H.-J. Engell und A. Seeger. (Trans. metallurg. Soc. AIME **242** (1968) 4, 749—50; Dep. of Phys., MPI für Metallforsch., Stuttgart; engl.) — Die Aktivierungsenergie Q^D für die Diffusion von O in kub. raumzentriertem Fe wurde aus vorhandenen experimentellen Literaturdaten auf zwei unterschiedlichen Wegen bestimmt. Als Ergebnis wurde $Q^D = (0,98 \pm 0,1)$ eV erhalten. Aus der Größe dieses Wertes wird geschlossen, daß O in kub. raumzentriertem Fe über Zwischengitterplätze wandert u. Q^D mit der Wanderungsenergie E^M der O-Atome ident. ist. Für die Löslichkeit c (in atomarer Konz.) des O in kub. raumzentriertem Fe, das im thermodynam. Gleichgew. mit festem FeO steht, wurde erhalten: $c = 1,5 \cdot \exp(-(1,33 \pm 0,15)$ eV/kT). Die mitgeteilten Daten stimmen mit experimentellen Ergebnissen von Swisher et al. (ibid. **239** (1967) 426) gut überein.
W. Laqua 84

0340 **Diffusion von Schwefel in Cr_2O_3 bei 1000°.** A. U. Seybolt. (Trans. metallurg. Soc. AIME **242** (1968) 4, 752—54; Gen. Electr. Res. and Dev. Center, Metallurg. & Ceram. Labor., Schenectady, N.Y.; engl.) — Untersucht wurde die ^{35}S-Diffusion aus einer H_2S–H_2-Atmosphäre in polykrist., heißgepreßtes Cr_2O_3 bei 1000° u. 0,6 atm Druck im abgeschlossenen System. Der mittlere Diffusionskoeff. wurde zu $1,5 \cdot 10^{-10}$ cm²/s bestimmt.
W. Laqua 84

0341 **Diffusion von Phosphor in Niob und Molybdän.** B. A. Vandyšev und A. S. Panov. (Fiz. Metallov Metallovedenie **26** (1968) 3, 517—21; russ.) — Durch schichtweise radiometr. Analyse unter Verw. von ^{32}P werden die Diffusionskoeff. von P in Nb u. Mo bei 1300—1800° bzw. 2000—2220° ermittelt. Die Diffusion verläuft nach einem Zwischengittermechanismus, die Temp.-Abhängigkeit der Diffusionskoeff. läßt sich im obigen Temp.-Bereich durch $D(P \text{ in } Nb) = 5,1 \cdot 10^{-2} \cdot \exp(-51\,500/RT)$ u. $D(P \text{ in } Mo) = 0,19 \exp(-80\,500/RT)$ cm²/s wiedergeben. H. Roschkowski 84

0342 **Diffusion von Antimon aus überdeckten Schichten in epitaktische Siliciumschichten.** Sho Nakanuma und Sokichi Yamagishi. (J. electrochem. Soc. Japan **36** (1968) 1, 3—10; Nippon Electr. Co. Ltd., Kawasaki; engl.) — B-dotierte Si-Einkrist. mit Konz. von $4,4 \cdot 10^{14}$ bis $3,4 \cdot 10^{15}$ cm^{-3} werden aus einer Sb_2O_3-Quelle mit Sb-Schichten belegt, auf denen epitakt., mit $3,4 \cdot 10^{15}$ bis $5,5 \cdot 10^{16}$ B-Atomen/cm³ dotierte Si-Schichten aus B_2H_6-haltigen $SiCl_4$–H_2-Gemischen bei 1185° abgeschieden werden. Anschließend werden die Proben 1—100 Std. lang einer Diffusionstemperung bei Temp. zwischen 1150 u. 1255° unterworfen. Die Dotierungsprofile werden nach Abätzen verschiedener Schichtdicken durch Messung der Flächenwiderstände bestimmt. Die Sb-Diffusion aus der überdeckten Schicht in die Epitaxialschicht u. das Grundmaterial erfolgt im wesentlichen nach der komplementären Fehlerfunktion. Aus der Temp.-Abhängigkeit der Diffusion folgt für den Diffusionskoeff. $D = 3,63 \cdot 10^2 \cdot \exp(-101\,400/RT)$ cm²/s. Im Bereich der Sb-Konz. zwischen $4,4 \cdot 10^{18}$ bis $1,2 \cdot 10^{19}$ cm^{-3} ist D nur wenig von der Konz. abhängig. Außerdem werden in der Grenzfläche Epitaxieschicht-Substrat mit überdeckten Sb-Schichten keine anomal hohen D-Werte beobachtet.
Herbert Müller 84

0343 **Natriumdiffusion in SiO_2-Glas.** Günther H. Frischat. (J. Amer. ceram. Soc. **51** (1968) 9, 528—30; Max-Planck-Inst. für Silicatforsch., Würzburg; engl.) — Unters. der ^{22}Na-Diffusion in kommerziellem SiO_2-Glas bei Temp. zwischen 170 u. 1000°. Bei 573 u. 250° zeigen sich in der Temp.-Abhängigkeit der Diffusionskoeff. Diskontinuitäten. Die ermittelten Temp.-Abhängigkeiten gehorchen Arrhenius-Gleichungen der Art: $D = 0,0344 \exp(-21,1$ kcal/RT) cm²/s (gültig für 1000 bis 573°), $0,398 \exp(-25,8$ kcal/RT) cm²/s (573—250°) u. $2,13 \exp(-28,3$ kcal/RT) cm²/s (250—170°). Die Diskontinuitäten werden auf krist. Vorordnungserscheinungen („quarz"- u. „cristobalitähnlich") zurückgeführt. Vgl. mit der Na-Diffusion in Natronsilicat- u. Natrium-Kalk-Silicatgläsern zeigen, daß der Diffusionsmechanismus eine Grenzposition zu denen dieser beiden Gläser einnimmt. M. Hähnert 84

0344 **Austausch und Diffusion von Natrium- und Silberionen in Pyrex-Glas.** R. H. Doremus. (Physics Chem. Glasses **9** (1968) 4, 128—32; Gen. Electr. Res. and Dev. Center, Schenectady, N.Y.; engl.) — Pyrexgläser (81 % SiO_2, 13 B_2O_3, 4 Na_2O, 2 Al_2O_3) werden bei Temp. von 335° in (Na, Ag)NO_3-Mischschmelzen behandelt. Nach diesen Ionenaustauschexperimenten wird mit 8%ig. HF schichtweise abgeätzt u. flammenphotometr. das Na bzw. Ag bestimmt. Zusätzlich werden Tracer-Unters. (^{110}Ag, ^{22}Na) u. elektr. Leitfähigkeitsmessungen durchgeführt. Der Na-Diffusionskoeff. D_{Na} beträgt bei 335° $2,8 \cdot 10^{-11}$ cm²/s, die elektr. Leitfähigkeit $2,7 \cdot 10^6$ Ohm · cm. Der Interdiffusionskoeff. D_i des Ionenaustauschs liegt für hohe Ag-Konz. (niedrige Na-Konz.) bei ca. $3,0 \cdot 10^{-11}$ cm²/s, also ist $D_i \approx D_{Na}$. Er wird durch die Ag-Einführung nur wenig beeinflußt. Die Ag-Diffusion verlangsamt sich hingegen bei Abnahme des Ag-Gehalts. Diese Verringerung des D_{Ag}-Werts wird auf eine bevorzugte Absorption des Ag^+ an die kieselsäurereiche Phase des partiell entmischten Pyrexglases zurückgeführt (festere Bindung u. damit geringere Beweglichkeit). D_i zwischen den Phasen (Borosilicat/SiO_2) wird kleiner, wenn der Ag-Geh. sinkt. Die D-Werte aus Tracer-Studien u. elektr. Messungen weichen voneinander ab, was für entmischte Glastypen häufig beobachtet wurde.
M. Hähnert 84

0345 **Kinetik der Auflösung und Diffusion der Eisenoxide in Natriumdisilicat-Glas.** Marcus P. Borom und Joseph A. Pask. (J. Amer. ceram. Soc. **51** (1968) 9, 490—98; Inorg. Mater. Res. Div., Lawrence Radiat. Labor., Berkeley, Calif.; engl.) — Unters. des Diffusionsverh. von Fe-Oxiden in Natriumdisilicat-Glas bei Temp. zwischen 900 u. 1100° durch Messung der Konz.-Profile mit der Mikrosonde. Zur Betrachtung der Diffusionskinetik kann mit befriedigender Genauigkeit von idealen (konzentrationsunabhängigen) bin. Interdiffusionssyst. ausgegangen werden. Konz.-Abhängigkeiten werden nach der Boltzmann-Matano-Meth. (graph. Auswertung der Konz.-Profile) geprüft. Die ermittelten Selbstdiffusionskoeff. der einzelnen Komponenten stehen in Beziehung: $D_{Na^+} \gg D_{Fe^{3+}} \gg D_{Fe^{2+}} \geqq D_{Si^{4+}}$. Die Aktivierungsenergie für die Interdiffusion Fe-Oxide/$Na_2O \cdot 2\,SiO_2$-Glas beträgt 30 kcal/Mol. M. Hähnert 84

0346 **Einige Grenzflächeneigenschaften von kubisch flächenzentriertem Kobalt.** L. F. Bryant, R. Speiser und J. P. Hirth. (Trans. metallurg. Soc. AIME **242** (1968) 6, 1145—48; Youngstown Sheet and Tube Co., Youngstown, O.; engl.) — Die Oberflächen-, Korngrenzen- u. Zwillingskorngrenzenenergien sowie der Oberflächendiffusionskoeff. von Co wurden bei 1354° in reinem H_2 bestimmt. Da Kriechspannungen bei Raumtemp. gemessen werden konnten, wurden nach der Kriechmeth. 1970 ± 175 erg/cm² für die Oberflächenenergie ermittelt. Nach interferenzmkr. Verf. wurden $2,75 \cdot 10^{-5}$ cm²/s für den Oberflächendiffusionskoeff., 650 erg/cm² für die Korngrenzenenergie u. 12,7 erg/cm² für die Zwillingskorngrenzenenergie bestimmt. R. Zimmer 84

0347 **Selbstdiffusion und Defektkonzentration in Kupfer(I)-sulfid.** I. Bartkowicz, E. Fryt und S. Mrowec. (Bull. Acad. polon. Sci., Sér. Sci. chim. **16** (1968) 5, 263—68; Cracow, Acad. of Mining and Metallurg., Dep. of Inorg. Chem.,; engl.) — Zur Best. der Defektkonz. u. des Selbstdiffusionskoeff. von $Cu_{2-x}S$ bei 400° wurde die Meth. von Rosenburg [1960] angewandt, die es ermöglicht, D_d = Defektselbstdiffusionskoeff. u. N_d = Molfraktion der Defekte gleichzeitig zu ermitteln. Aus $D_d = 1,19 \cdot 10^{-4}$ cm²/s u. $N_d = 2,54 \cdot 10^{-1}$ ergibt sich eine maximale Leerstellenkonz. bei 400° entsprechend der Formel $Cu_{1,746}S$. Die Ergebnisse stimmen mit neueren Unters. des Syst. Cu–S sehr gut überein.
E. Schulte 84△

0348 **Diffusion in der Cu_3Si-Phase des Systems Cu–Si.** F. A. Veer, B. H. Kolster und W. G. Burgers. (Trans. metallurg. Soc. AIME **242** (1968) 4, 669—73; Res. Group Metals FOM—TNO, Netherlands Found. for Fundamental Res. on Matter (FOM); engl.) — Ausgehend von Cu–Si-

Diffusionspaaren wurde die Diffusion in der intermetall. Verb. Cu_3Si des Syst. Cu–Si bei 343–545° u. 10^{-5} Torr durch mkr. Beobachtung u. durch Unters. mit dem Röntgenreststrahlenmikroanalysator verfolgt. Experimente mit W-Drähten als Markierung ergaben, daß die Bldg. des Cu_3Si durch Diffusion des Cu in Si erfolgt. Aus der Wachstumsgeschw. der Cu_3Si-Rk.-Schicht wurden die Diffusionskoeff. des Cu berechnet. Die Aktivierungsenergie des Diffusionsprozesses beträgt 18,6 kcal/Mol. Die metallograph. Struktur des Diffusionssyst. wird analysiert. W. Laqua 84

0349 **Bestimmung der Interdiffusionskoeffizienten in α-Cu–Si mit der Methode der wandernden Zwischenphasengrenze.** H. I. Aaronson, H. A. Domian und A. D. Brailsford. (Trans. metallurg. Soc. AIME **242** (1968) 4, 738–40; Sci. Labor., Ford Motor Co., Dearborn, Mich.; engl.) — Der chem. Interdiffusionskoeff. $\tilde{D}_\alpha$ in einer α-Cu–Si-Leg. wurde als Funktion der Temp. (655–775°) bei der Zus. der Phasengrenze kub.-flächenzentrierte α-Phase/α- + hexagonal-dichtgepackte ϰ-Phase aus der Wanderungskinetik der α-ϰ-Phasengrenze bestimmt. Als Ergebnis wurde erhalten: $\tilde{D}_\alpha = 11{,}4^{+87{,}5}_{-10{,}1} \exp \cdot (-(47840 \pm 1970))/RT$. W. Laqua 84

0350 **Diffusion von Silber in polykristallinem Bor.** A. S. Ljutovič, G. V. Panteleeva, G. E. Čuprikov und A. V. Frolov. (Izvest. Akad. Nauk SSSR, Neorg. Mater. **4** (1968) 4, 600–01; Fiz.-techn. inst. AN Uz. SSR; russ.) — Radiometr. (^{100m}Ag) wird der Diffusionskoeff. von Ag in polykrist. B bei 1050° zu $0{,}98 \cdot 10^{-11}$ cm²/s bestimmt. H. Roschkowski 84

0351 **Aktivierungsenergie der Bewegung von Ag- und Au-Atomen über die natürliche Spaltfläche eines Glimmers.** V. S. Postnikov, V. M. Ievlev und I. V. Zolotuchin. (Fiz. tverdogo Tela **10** (1968) 10, 3189–92; Voronežskij politechn. inst.; russ.) — Die Oberflächendiffusion von Ag u. Au beim Aufdampfen von Glimmer u. ihr Einfl. auf die Struktur der Vakuumkondensate wird durch Elektronenbeugungsaufnahmen untersucht. Die Aktivierungsenergien betragen für Ag u. Au im Vakuum 3,4 ± 0,2 bzw. 4,0 ± 0,2 kcal/Mol, an der Luft 2,3 ± 0,2 bzw. 3,2 ± 0,2 kcal/Mol. H. Roschkowski 84

0352 **Einfluß von einigen Prozeßtemperaturen auf die strahlungsinduzierte Kontraktion von Graphit.** R. W. Marek, W. E. Parker und J. H. Cox. (Carbon [Oxford] **6** (1968) 3, 349–58; Airco Speer Res. Labor., Niagara Falls, N.Y.; engl.) — Die dimensionale Änderung während der therm. Behandlung von Graphit u. die nachträgliche Dimensionsänderung durch Bestrahlung von Graphit werden aufgeklärt. Bei Wärmebehandlungstemp. unterhalb 2000° tritt ein starkes Anwachsen der Kontraktionsgeschw. parallel u. senkrecht zur Bestrahlungsrichtung auf. E. Otto 86

0353 **Graphitbestrahlung mit Neutronen und Elektronen bei niedrigen Temperaturen. Messung der Speicherenergie und der Veränderung der elektrischen Widerstände.** L. Bochirol und E. Bonjour. (Carbon [Oxford] **6** (1968) 5, 661–69; Comm. à l'Énergie Atom., CEN, Grenoble, France; franz.) — Graphite verschiedenen Typs werden entweder mit Reaktorneutronen (27 u. 77 °K) oder mit Elektronen (20,4 °K) bestrahlt u. die Speicherenergie sowie der elektr. Leitfähigkeitswechsel bestimmt. Daraus werden Energieprofile stress-getemperter pyrolyt. Graphite für Temp. zwischen 40 u. 670 °K ermittelt. M. Hähnert 86

0354 **Neutronenbestrahlungseffekte in Graphit–Pyrokohlenstoff-Materialien, die durch thermische Spaltung von Naturgas erhalten wurden.** L. Bochirol und P. Brauns. (Carbon [Oxford] **6** (1968) 5, 671–79, 1 Tafel; franz.) — Vgl. vorst. Referat. — Herstellung u. Zus.-Charakteristik von Graphit–Pyrokohlenstoff-Probekörpern, die durch therm. Spaltung von Naturgas bei 1000° unter Normaldruck hergestellt wurden. Verfolgung der Dimensionierungsveränderung bei bzw. nach den verschiedenen Bestrahlungen (T = 60, 350, 450°; die Dosen der schnellen Neutronen betrugen bei 60° $4 \cdot 10^{20}$ u. bei den höheren Temp. $1{,}1-1{,}3 \cdot 10^{21}$ n/cm²). Bei 60° treten 0,3%ig. Expansionen, bei 350 u. 450° 0,7–1,0%ig. Schrumpfungen der Proben auf. M. Hähnert 86

Optische Eigenschaften

0355 **Mikroskopische Erweiterungen der Einsteinschen Gleichungen der optischen Streuung.** R. K. Bullough und F. Hynne. (Chem. Physics Letters [Amsterdam] **2** (1968) 5, 307–31; Dep. of Mathem., UMIST, Manchester, England; engl.) — Unters. der mkr. zwischenmol. Mehrfachstreuung bis zu allen Ordnungen. H. Liepack 92

0356 **Erzwungene Streuung vom Mandelstam-Brillouin-Typ in Glas unter den Bedingungen der Selbstfokussierung des Strahls eines Monoimpuls-Lasers.** L. D. Chazov und A. N. Šestov. (Optika i Spektroskopija **25** (1968) 3, 453–54; russ.) — Die bei Einw. des Lichts eines Rubinlasers auf ein Glas auftretende erzwungene Mandelstam-Brillouin-Streuung (MBS) wurde oszillograph. aufgenommen u. die normale Lichtstreuung bestimmt. Die MBS hat nur einige Prozent der Energie des Laserlichtimpulses. Die Verschiebung der Stokes-Komponente relativ zur Laserfrequenz betrug 0,99 cm⁻¹. M. Wiedemann 92

0357 **Neue infrarotdurchlässige, Seltenerdmetalloxid enthaltende Vanadatophosphatgläser.** Varadachari Sadagopan und Harry C. Gatos. (Mater. Sci. Engng. [Amsterdam] **2** (1968) 5, 273–75; Dep. of Metallurg. and Electr. Engng., MIT, Cambridge, Mass.; engl.) — Neue Glaszus. der Syst. V_2O_5–P_2O_5 (1 : 1) mit La_2O_3, Nd_2O_3 bzw. CeO_2 werden hergestellt u. z. T. ihre IR-Transmissionseig. (2,5–25 μ) mitgeteilt. Me_2O_3 mit *Me* = *Sm*, *Gd*, *Dy*, *Ho*, *Er*, *Yb*, *Y* u. *Sc* bilden keine Gläser mit dem 1 : 1-Syst. V_2O_5–P_2O_5. M. Frenzel 92

0358 **Bestimmung der Brechungsindizes und Absorptionskoeffizienten von nicht transparenten Mineralien.** R. Caye und B. D. Cervelle. (Bull. Soc. franç. Minéralog. Cristallogr. **91** (1968) 3, 284–88; Centre sci. et techn., BRGM, Orléans; franz.) — Mit Hilfe einer mikrophotometr. Meth. werden die opt. Konst. n u. k von *Au*, *Cu*, *Arsenik*, *Quarz*, *Ilmenit* u. *Geikielith* bestimmt u. diskutiert. Die Dispersionskurven für n u. k werden angegeben. I. Zoll 92

0359 **Abhängigkeit der strukturbedingten Doppelbrechung in sitallisierten Gläsern von der TiO_2-Menge.** O. K. Botvinkin, N. I. Ananič, G. S. Bogdanova und E. M. Orlova. (Izvest. Akad. Nauk SSSR, Neorg. Mater. **4** (1968) 8, 1323–26; Gos. inst. stekla; russ.) — Eine Strukturdoppelbrechung wurde immer dann beobachtet, wenn die Menge des TiO_2-Katalysators in den Gläsern genügend für das Hervorrufen einer Vol.-Kristallisation war. Die Größe der Doppelbrechung steigt mit wachsendem TiO_2-Gehalt. In Abhängigkeit der Glaszus. tritt die Doppelbrechung entweder in der vorkrist. Phase oder bei beginnender Kristallisation auf, sie wird durch die Anwesenheit orientierter anisotroper Elemente im Glas hervorgerufen. J. J. Pohl 92

0360 **Beziehungen zwischen optischen und magnetischen Eigenschaften spezieller Stoffe.** (J. appl. Physics **39** (1968) 2 Pt. I u. II; Proceed. of the Internat. Congress on Magnetism; engl.) — Beitrag der Elektron–Phonon-Streuung zu den anomalen magnetooptischen Effekten in ferromagnetischen Metallen (E. I. Kondorsky und A. V. Vediaev; 559); Faraday-Effekt in Granaten im IR-Bereich (Untersuchung von Tb-Eisengranat und $Bi_{0,24}Ca_{2,76}Fe_{3,62}V_{1,38}O_{12}$) (M. V. Chetkin und A. N. Shalygin; 561); Magnetooptische und magnetische Eigenschaften von $NdCo_5$-, Nd_2Co_{17}- und Co-Schichten (A. M. Stoffel; 563); Faraday-Rotation in Yttriumeisengranat und Terbiumeisengranat (R. W. Cooper, W. A. Crossley, J. L. Page und R. F. Pearson; 565); Magnetooptische und NMR-Untersuchung von $RbNiF_3$ (G. A. Smolensky, R. V. Pisarev, M. P. Petrov, V. V. Moskalev, I. G. Siny und V. M. Judin; 568); Transversaler magnetooptischer Kerr-Effekt in EuO-Schichten (J. C. Suita und K. Y. Ahn; 570); Neue Methode zur Modulation und zum Nachweis magnetooptischer Signale (D. O. Smith; 570); Mössbauer-Untersuchung

elektronischer und magnetischer Eigenschaften von Fe^{2+}-Ionen in einigen Verbindungen vom Spinell-Typ ($FeCr_2O_4$, FeV_2O_4 und $GeFe_2O_4$) (F. Hartmann-Boutron und P. Imbert; 775); Antiferromagnetische Eigenschaften leichter Seltenerdmetallmonochalkogenide (MeX mit Me = Ce, Pr oder Nd, X = S, Se oder Te) (G. A. Smolensky, V. E. Adamjan und G. M. Loginov; 786); Übertragene Hyperfeinwechselwirkung und Spinabweichungen in magnetischen Salzen (Untersuchung der ^{27}Al-Hyperfeinwechselwirkung in $LaAlO_3$: Fe und $LaAlO_3$: Cr und der Metall–Metall-Hyperfeinwechselwirkung in $KMnF_3$, MnO, $LaFeO_3$ und $LaCrO_3$) (J. Owen und D. R. Taylor; 791); Stand magnetooptischer Versuche an geordneten Seltenerdmetallverbindungen ($Dy_3Al_5O_{12}$, $Dy_3Al_5O_{12}$: Er, $GdCl_3$: Dy, $GdAlO_3$: Er, $NdCl_3$ u. $NdBr_3$) (M. J. M. Leask; 908); Stand der Versuche zur FIR-Absorptionsspektroskopie in magnetischen Materialien (R. G. Wheeler, F. M. Reames und E. J. Wachtel; 915); Ursprung und Verwendung der Faraday-Rotation in magnetischen Kristallen (J. F. Dillon jun.; 922); Tiefliegende Kristallfeldspektren von Seltenerdmetallverbindungen (Absorptionsspektren von Seltenerdmetall-Doppelnitraten, -Äthylsulfaten und -Oxiden) (D. Bloor, E. Ellis, D. H. Martin und A. Wadham; 971); IR-Zeeman-Effekt für Ce^{3+} in $LaCl_3$ (D. M. S. Bagguley und G. Vella Coleiro; 973); Tiefliegende Energieniveaus und magnetische Suszeptibilität von Tm in Granaten (Tm^{3+} in Y–Ga-Granat, Tm–Ga-Granat und Y–Al-Granat) (J. J. Pearson, G. F. Herrmann und R. A. Buchanan; 980); Überblick über Magnonennebenbandversuche (D. D. Sell; 1030); Lichtstreuung durch Spinwellen (P. A. Fleury und S. P. S. Porto; 1035); Theorie der Absorption und Streuung von Licht durch magnetische Kristalle (Tôru Moriya; 1042); Optische Spektroskopie der Seltenerdmetall-Perowskite ($DyAlO_3$, $HoFeO_3$ u. Dy · FeO_3) (H. Schuchert, S. Hüfner und R. Faulhaber; 1137); OH-Gruppen und Fe-Wertigkeit in Yttriumeisengranat (D. L. Wood, E. D. Kolb und J. P. Remeika; 1139); Korrelation von magnetischer Suszeptibilität und IR-Spektren von FeF_2 (J. W. Stout, M. I. Steinfeld und M. Yuzuri; 1141); Absorptionsspektrum von Mn · CO_3 (Richard Stevenson; 1143); Bedeutung der Exzitonendispersion und Exziton–Magnon-Wechselwirkung für die Form der Magnonennebenbanden in verspanntem MnF_2 (A. Misetich und R. E. Dietz; 1145); Einfluß magnetischer Ordnung auf optische Absorptionsübergänge des Co^{2+} in Fluoridsalzen (W. W. Holloway jun. und M. Kestigian; 1146); Neue Deutung des anomalen magnetischen und optischen Verhaltens von Kupferacetatmonohydrat (A. Bose, R. N. Bagchi und P. Sengupta; 1146); Spinwellen-Nebenbanden in MnF_2 (Yukito Tanabe und Ken Ichiro Gondaira; 1146).
H. Liepack 92

0361 **Verhältnisse der Kristallfeldparameter ungerader Parität für Erbiumäthylsulfat.** R. W. G. Syme, W. J. Haas, F. H. Spedding und R. H. Good jun. (Chem. Physics Letters [Amsterdam] 2 (1968) 3, 132–36; Inst. for Atomic Res. and Dep. of Phys. and Chem., Ia. State Univ., Ames, Ia.; engl.) — Best. numer. Werte aus den Intensitäten opt. Absorptionslinien. H. Liepack 94

0362 **Absorptions- und Emissionserscheinungen in NaCl-Kristallen mit hoher Kupfer-Konzentration.** A. Bohun und J. Dolejši. (Mater. Res. Bull. 3 (1968) 6, 463–70; Inst. of Solid State Phys. of Czechoslov. Acad. Sci., Prague; engl.) — Das Absorptionsspektrum von NaCl-Einkrist., die 1–2 Mol-% $CuCl_2$ enthalten u. 11 Jahre lang in Luft bei Raumtemp. aufbewahrt wurden, weist bei 365 nm eine neue, breite Absorptionsbande mit einer Schulter bei 378 nm auf. Eine Veränderung des Fluoreszenzspektrums durch die mehrjährige Lagerung konnte ebenfalls beobachtet werden. Aus Unters. im Ultramikroskop folgt, daß die beobachteten Spektren auf Ausscheidungen von Na-Chlorocuprat(II) (koll.), CuCl bzw. Na-Chlorocuprat(I) im thermodynam. Gleichgew. mit Na-Chlorocuprat(II) zurückzuführen sind.
W. Laqua 94

0363 **Reflexionsspektrum der Grundschwingungen von festen Zn_xHg_{1-x} Te-Lösungen.** D. Niculescu. (J. Physics, C (Proc. physic. Soc.) [2] 1 (1968) 3, 804–09; Phys. Inst. of the Roumanian Acad., Bucarest, Roumania; engl.) — Unters. des Verh. einiger Energiebänder in den Legierungssyst. *HgTe* (I) mit *ZnTe* (II) durch Reflexionsmessungen der festen Lsg. von $Zn_xHg_{1-x}Te$ ($0{,}04 \leqq x \leqq 0{,}78$) im Spektralbereich 2200–6500 Å. Die verschiedenen Peaks werden Übergängen in der Brillouin-Zone zugeschrieben. Zur Deutung der Ergebnisse wurde für II das Bandstrukturmodell von Ge u. für I das Groves-Paul-Modell des grauen Sn angenommen. Die festen Lsg. haben dazwischen variierende Bandstrukturen.
R. Blank 94

0364 **Absorptionsspektrum von Uranylnitrathexahydrat im Sichtbaren.** V. E. Sahini, Th. Pirtea und Al. Butucelea. (Rev. roum. Chim. 13 (1968) 8, 985–90; Inst. of Phys. Chem., Bucharest; engl.) — Unters. der Schwingungsstruktur der Absorptionsbanden zwischen 350 bis 485 mμ von $UO_2(NO_3)_2 \cdot 6\,H_2O$ in 5 aliphat. Alkoholen (Äthylalkohol, n- u. iso-Propylalkohol, n- u. iso-Butylalkohol) sowie in fester Lsg. bei Zimmertemperatur. Messung der ν_1-Schwingungsfrequenzen u. Berechnung der interatomaren U–O-Abstände in den angeregten $^3\Pi_u$-Zuständen. I. Zoll 94

0365 **Intensitäten der IR-aktiven Gitterschwingungen von Halogenkristallen.** J. G. David und Willis B. Person. (J. chem. Physics 48 (1968) 1, 510–11; Dep. of Chem., Univ. of Fla., Gainesville, Fla.; engl.) — Die IR-akt. Gitterschwingungen von krist. Cl_2-, Br_2- u. J_2-Kondensaten wurden bei -186^0 untersucht. In jedem Fall wurden zwei Banden beobachtet u. als Translationsgitterschwingungen der Symmetrie B_{1u} bzw. B_{2u} identifiziert. Die gefundenen Intensitäten stehen in guter Übereinstimmung mit der Theorie von Schnepp (ibid. 46 (1967) 3983). A. Blaschette 94

0366 **Infrarotspektren von dünnen polykristallinen Schichten aus Orthoborsäure, H_3BO_3, bei verschiedenen Temperaturen im Bereich zwischen 30 und 230°.** 2. Mitt. Alessandro Bertoluzza, Carlo Castellari und Maria Antonia Bertoluzza Morelli. (Atti Accad. naz. Lincei, Rend., Cl. Sci. fisiche, mat. nature [8] 44 (1968) 4, 554–59; Centro Studi di Chim. Appl., Genova; ital.) — Die Bldg. von orthorhomb. *HBO_2III* ($\sim 110^0$) u. *B_2O_3-Glas* ($\sim 180^0$) wurde IR-spektroskop. während langsamer u. kontinuierlicher Erhitzung der H_3BO_3-Filme untersucht. Zwei verschiedene H-Bindungsstrukturen, eine ebene Struktur mit hexagonalen Ringen u. H-Brückenbindungen O–H ... O bei H_3BO_3 u. eine ebene Kettenstruktur mit H-Bindungen bei orthorhomb. HBO_2, wurden angegeben. H.-D. Schwartz 94

0367 **FIR-Absorptionsspektren einiger fester und geschmolzener Alkalimetallnitrate.** G. H. Wegdam, R. Bonn und J. van der Elsken. (Chem. Physics Letters [Amsterdam] 2 (1968) 3, 182–84; Labor. for Phys. Chem., Univ. of Amsterdam; engl.) — Die Tieftemp.-Spektren fester Schichten von *$NaNO_3$* u. *$CsNO_3$* zeigen sehr scharfe Absorptionsbanden, die transversalen opt. Krist.-Gitterschwingungen zugeschrieben werden müssen. Mit zunehmender Temp. werden diese Banden wesentlich breiter, am F. wurde jedoch kein bes. Effekt beobachtet.
H. Liepack 94

0368 **Temperatur-Phasen-Abhängigkeit der Raman-Spektren einiger polykristalliner Ionenverbindungen im niederfrequenten Bereich.** A. A. Artamonov und A. V. Sečkarev. (Izvest. vysšich učebnych Zavedenij [Tomsk], Fiz. 11 (1968) 7 (74), 77–81; Kuzbasskij politechn. inst.; russ.) — Die Raman-Spektren von polykrist. *KNO_3*, *$NaNO_3$*, *$AgNO_3$*, *NaCl*, *$ZnCl_2$* u. *$NaNO_2$* im festen Zustand bei Temp. von -100^0 bis zum F., von $ZnCl_2$ u. $NaNO_3$ auch von Schmelzen wurden untersucht. Die Spektren der Verb. im festen u. fl. Zustand nahe am F. ähneln sich sehr. H. Roschkowski 94

0369 **Tieftemperatur-Infrarotspektren von Aluminathydraten.** Otto Henning und Bernd Käßner. (Silikattechnik 19 (1968) 1, 24; Hochschule für Architektur u. Bauwesen Weimar, Inst. für Chem. u. Miner.; dt.) — IR-Spektren von *$Sr[Al(OH)_5]$*, *$Ba[Al(OH)_5]$* u. *Ca-Aluminatdoppelsalzen* werden bei 20 u. -180^0 aufgenommen. Tieftemp.-Hilfsspektren sind ein zusätzliches Hilfsmittel bei der Deutung komplizierter Spektren auf dem Gebiet der Baustoffe. M. Frenzel 94

0370 **Zur Infrarot-Dispersion zweiachsiger und einachsiger Kristalle. 2. Mitt. Das außerordentliche Infrarot-Spektrum von α-Quarz.** Ludwig Merten. (Z. Naturforsch. **23a** (1968) 8, 1183—93; Phys. Inst. der Univ. Münster; dt.) — 1. vgl. C. **1968**, 6-0334. — Es wird die Richtungsdispersion der außerordentlichen IR-Banden des n-Spektrums, k-Spektrums u. des Reflexionsspektrums von α-Quarz nach den Gleichungen aus l. c. ber. u. diskutiert. In α-Quarz existieren alle 4 der prinzipiell möglichen Bandentypen: 6 (t → l)-Banden, 2 (l → t)-Banden, 2(t → t)-Banden, 2 (l → l)-Banden (t = transversal, l = longitudinal), die sich bez. ihrer Richtungsabhängigkeit wesentlich voneinander unterscheiden. Es wird gezeigt, daß einige der Resonanzen, die von Spitzer u. Kleinman Kombinationsschwingungen zugeordnet wurden, in Wirklichkeit durch die transversalen Komponenten der in den Krist.-Hauptrichtungen streng longitudinalen Schwingungen verursacht wurden. Herbert Weber 94

0371 **Kombinationsschwingungsspektrum von Gips im Bereich von 10000—1200 cm^{-1}.** V. Hohler und H. D. Lutz. (Z. Naturforsch. **23a** (1968) 5, 708—15; Freiburg, Univ., Inst. für phys. Chem.; dt.) — Das IR-Spektrum von 10000—1200 cm^{-1} des $CaSO_4 \cdot 2\,H_2O$ wurde mit polarisiertem Licht bei verschiedenen Orientierungen der Krist. vermessen (Abb., Tabellen). Die beobachteten Frequenzen werden für die Raumgruppe C^6_{2h} Kombinationsschwingungen von SO_4-, H_2O-u. gemischten Kombinationstönen beider Spezies zugeordnet. Eine Kombination von SO_4- mit H_2O-Schwingungen ist wegen vorhandener H-Brücken möglich. Hans Bürger 94

0372 **Auftreten von Strukturdefekten von Gips-Kristallen im Schwingungsspektrum der Wasserstoff-Brücken.** A. I. Stechanov und E. A. Popova. (Optika i Spektroskopija **25** (1968) 3, 378—81; russ.) — Die Infrarotabsorptionsspektren vieler Gips-Einkrist. bei 400—10300 cm^{-1} wurden aufgenommen. Die komplexe Struktur der OH-Banden spiegelt Defekte verschiedener Art im Krist.-Gitter u. verschiedene Verunreinigungen wieder. M. Wiedemann 94

0373 **Infrarotspektroskopische Untersuchung der O_nH_m-Gruppierungen in Glimmern.** T. I. Šišelova und M. S. Mecik. (Ž. prikl. Spektroskopii **8** (1968) 5, 821—24; russ.) — Vf. untersuchten mit Hilfe der IR-Spektren im Gebiet der Valenz- (3800—2800 cm^{-1}) u. der Deformationsschwingungen (um 1620 cm^{-1}) die OH-Bindung u. die O_nH_m-Gruppierungen in Phlogopit-Krist. verschiedener Härte. Es wurde die Abhängigkeit des Absorptionskoeff. im Max. der Banden 3700, 3550 u. 3400 cm^{-1} von der Härte der Proben u. der Einfl. der Temp. auf diese Banden untersucht. W. Müller-Litz 94

0374 **Infrarotabsorptionsspektren der wichtigsten Oxide.** A. I. Boldyrev und A. S. Povarennych. (Zap. vses. mineralog. Obšč. **97** (1968) 1, 3—12; russ.) — Die Aufnahme der IR-Spektren von *Cuprit, Zinkit, Korund, Hämatit, Rutil, Anatas, Cassiterit, Pyrolusit, Baddeleyit, Quarz, Ilmenit, Spinell, Gahnit, Chromit, Magnetit, Franklinit, Hausmannit, Chrysoberyll, Braunit, Pyrochlor, Fergusonit, Perowskit, Loparit, Coronadit, Torolith, Samarskit, Wolframit* u. *Columbit* sowie ein Vgl. mit weiteren Literaturangaben zeigt, daß die Lage der IR-Absorptionsbanden der Minerale bin. Zus. im wesentlichen durch die interatomaren M—O-Abstände, durch die Koordinationszahl u. die Valenz der M-Atome, durch die Zahl der nicht an der Bindung beteiligten Valenzelektronen der M-Atome u. durch den Grad der Kovalenz der M—O-Bindung bestimmt wird. H. Kelch 94

0375 **Infrarotspektren von Tonmineralien und von an ihnen adsorbierten Substanzen.** Ju. I. Tarasevič. (Ukrainskij chim. Ž. **34** (1968) 5, 439—46; Inst. obšč. i neorg. chim. AN Ukr. SSR; russ.) — Die Darst.-Meth. orientierter u. nichtorientierter Präp. von Tonmineralien für spektroskop. Unters. wird diskutiert. Die Konstruktion von Preßformen sowie von therm. u. Vakuumküvetten ist angegeben. Das IR-Spektrum der *Talk*-Proben wurde im Bereich 1000—1800° beim Auftragen aus Isopropanol oder aus wss. Substanz aufgenommen. Die OH-Valenzschwingung in orientierten u. nichtorientierten Talkproben wurde bei 3000—3800 cm^{-1} untersucht. J. J. Pohl 94

0376 **Schwingungsspektren von Gläsern des Systems $PbO-GeO_2$.** V. N. Morozov. (Ž. prikl. Spektroskopii **8** (1968) 5, 830—33; russ.) — Es wurden die Raman- u. IR-Spektren von $PbO-GeO_2$-Gläsern unterschiedlichen PbO-Geh. (0—55 Mol-%) untersucht. In den IR-Spektren wurden 3 Banden unterschiedlicher Intensität in den Bereichen 950—700, 300—200, 600—450 cm^{-1} beobachtet, deren Intensität von der Zus. der Gläser abhängt. W. Müller-Litz 94

0377 **Unumgänglichkeit der Korrektur der beobachteten Absorptionsspektren fester Körper bei der Untersuchung ihrer Mikrocharakteristiken.** O. P. Girin, V. S. Libov und N. G. Bachšiev. (Optika i Spektroskopija **25** (1968) 3, 438—40; russ.) — Am Beispiel von Quarzglas u. von kub. BaF_2-Krist. wird gezeigt, daß u. wie die gemessenen IR-Spektren korr. werden müssen, um Schlüsse auf die Strukturen ziehen zu können. M. Wiedemann 94

0378 **Mechanismus der Radikalrekombinationslumineszens von Kristallphosphoren mit breiter verbotener Zone.** A. I. Bažin, V. V. Styrov und V. A. Sokolov. (Izvest. vysšich učebnych Zavedenij [Tomsk], Fiz. **11** (1968) 8 (75), 7—11; Tomskij politechn. inst. im. Kirova; russ.) — Es wurden die Spektren u. die Temp.-Abhängigkeit (im Bereich von 300—600 °K) der Intensität der RRL von den Krist.-Phosphoren *CaO–Bi*, *CaO–Sb*, *KCl–Sb*, *KCl–Eu* (Aktivatorkonz. 0,1 Mol-%) sowie die Thermolumineszens dieser Phosphore u. von *ZnS–Cu* (10^{-4} Mol-% Cu) untersucht. Auf Grundlage der experimentellen Ergebnisse wird ein Mechanismus der RRL für Krist.-Phosphore mit breiter verbotener Zone vorgeschlagen. W. Müller-Litz 96

0379 **Kristallchemische Gesetzmäßigkeiten der Bildung spektrometrischer Szintillatoren auf Grundlage von Alkalimetallhalogenidkristallen.** L. M. Šamovskij und A. D. Šuškanov. (Doklady Akad. Nauk SSSR **181** (1968) 4, 862—65; VNII mineral. syrja; russ.) — Vf. untersuchten die Bldg. von spektrometr. Szintillatoren auf Grundlage von Mischkrist.-Bldg. von *TlJ* in *CsJ*, *NaJ* in *CsJ* u. *EuCl$_2$* in *NaJ*. Es wurden 2 Konzeptionen zur Struktur der Szintillatorenmodelle u. der Mechanismus ihrer Anregung am Beispiel dieser Syst. diskutiert, sowie die Struktur u. Parameter der Mischkrist. untersucht. W. Müller-Litz 96

0380 **Abhängigkeit der Helligkeit der Elektrolumineszenz von CsJ: Tl von den Parametern der anregenden Spannung.** A. N. Georgobiani und E. P. Solodovnikova. (Optika i Spektroskopija **25** (1968) 3, 468—70; russ.) — Von der Spannung V hing die Helligkeit nach $B = B_0 \exp(-b_0/\sqrt{V})$ ab, von der Frequenz nur sehr wenig. M. Wiedemann 96

0381 **Elektrolumineszenzspektren von Silberhalogenidkristallen bei tiefen Temperaturen.** H. Męczyńska und H. L. Oczkowski. (Bull. Acad. polon. Sci., Sér. Sci. math., astronom. physiques **16** (1968) 5, 445—47; Dep. of Experimental Phys., N. Copernicus Univ., Toruń; engl.) — Vf. messen bei 77 °K die Elektrolumineszenzspektren von *AgCl*- u. *AgBr*-Krist. bei Anregung mit elektr. Wechselfeldern von 500 V u. 1 kHz. Die Emission von AgCl besteht aus einer bei 5100 Å liegenden, breiten Bande. Elektrolumineszenz- u. Photolumineszenzspektren gleichen sich, so daß angenommen werden kann, daß für beide Anregungsarten gleiche Lumineszenzzentren verantwortlich sind. Zur genauen Beobachtung der Elektrolumineszenz von AgBr sind wesentlich tiefere Temp. notwendig, doch lassen die Ergebnisse bei 77 °K auch hier erkennen, daß Elektrolumineszenz- u. Photolumineszenzspektren gleiche spektrale Verteilung zeigen. K. H. Härdtl 96

0382 **Reflexions- und Photolumineszenz-Spektren von Galliumphosphid-Kristallen.** S. G. Kroitoru, S. L. Pyškin, S. I. Radaucan und V. V. Sobolev. (Optika i Spektroskopija **25** (1968) 3, 382—85; russ.) — Im Reflexionsspektrum von GaP wurden bei 77,3 °K die Linien 5385, 5368, 5330—32, 5269 Å beobachtet, im Photolumineszenzspektrum Linien im Bereich 5360—6200 Å

u. eine breite Bande mit dem Zentrum bei 6400 Å. Im Reflexionsspektrum war der Einfl. der Verunreinigungen Se, Te, Cr, Ni, Co, Fe, La, Sm, Gd u. Sm_2O_3 gering, im Photolumineszenzspektrum beachtlich. M. Wiedemann 96

0383 **Nichtelementarer Charakter der Kontur der II. grünen Bande im Lumineszenzspektrum von ZnS: Cu, Cl.** S. V. Den'gina, L. S. Revzin und L. M. Šapiro. (Optika i Spektroskopija 25 (1968) 3, 350—52; russ.) — Die Kontur konnte bei Photo- wie Elektroanregung durch eine Gauß-Kurve beschrieben werden. Erhöhung der Frequenz des elektr. Felds von 50 Hz auf 16 kHz verschob die Kontur um 500 cm^{-1} ins kurzwellige Gebiet u. verbreiterte sie um 300 cm^{-1}. Es werden im Phosphor verschiedene Zentren der grünen Lumineszenz mit ähnlichen Parametern angenommen. M. Wiedemann 96

0384 **Mikroskopische Untersuchungen der Elektrolumineszenz in sublimierten Zinksulfidschichten.** H. O. Žolkevyč, V. P. Dudnyk, K. F. Rudkovs'kyj und Ju. L. Burmantov. (Ukrains'kyj fiz. Ž. 13 (1968) 2, 324—26; Inst. fiz. AN URSR, Kyïv; ukrain.) I. Zoll 96

0385 **Reabsorption der Elektrolumineszenzstrahlung und Bildung eines stimulierten Zustands in Zinksulfidschichten.** H. O. Žolkevyč, V. P. Dudnyk und S. V. Šalepa. (Ukrains'kyj fiz. Ž. 13 (1968) 2, 331—34; Inst. fiz. AN URSR, Kyïv; ukrain.) I. Zoll 96

0386 **Einfluß von Cu-Beimengungen auf die Kathodolumineszenz von ZnS–CdS–Ag.** B. M. Gugel' und A. Ja. Krupenina. (Optika i Spektroskopija 25 (1968) 3, 465—66; russ.) — Cu-Beimengungen von bis zu 10^{-2}% bewirkten das Auftreten der Cu-Bande bei 670 nm, ferner eine Verringerung der Lumineszenzausbeute. Es wird auf mindestens 2 Arten von Cu-Zentren geschlossen. M. Wiedemann 96

0387 **Zur Frage der Phosphoreszenz von Ferrocen.** A. Müller-Goldegg und J. Voitländer. (Z. Naturforsch. 23a (1968) 8, 1236; Phys.-Chem. Inst. der Univ. München; dt.) — Die Phosphoreszenz von Ferrocen in glasiger Lsg. bei 77 °K wurde untersucht u. mit früheren Ergebnissen verglichen. Als Lsgm. wurde Äthanol („Uvasol") verwendet. Aus den Ergebnissen u. der aufgewandten Sorgfalt bei der Reinigung des Ferrocens können Vf. schließen, daß die bisher beobachtete Phosphoreszenz des Ferrocens mit großer Wahrscheinlichkeit nicht dem Ferrocen, sondern Verunreinigungen zugeschrieben werden muß. Herbert Weber 96

0388 **Näherungslösungen für die Form kernmagnetischer Signale bei Impulsexperimenten in Festkörpern.** G. Siegle. (Z. Naturforsch. 23a (1968) 8, 1194—1201; I. Phys. Inst. der Univ. Stuttgart; dt.) — NMR-Berechnungen unter Benutzung der Meth. von Iowe u. Norberg u. ihrer Erweiterung nach Powles u. Strange. Diskussion der Best. der formalen Lsg. für das Signal nach verschiedenen Impulsen. Herbert Weber 98

0389 **Magnetfeldabhängige Frequenzverschiebung durch Wechselwirkung zweier paramagnetischer Spintypen.** J. I. Kaplan. (J. chem. Physics 48 (1968) 7, 3077—79; Battelle Columbus Labor., Columbus, O.; engl.) — Vf. zeigt, daß in der Van-Vleck-Theorie [Phys. Rev. 74 (1948) 1168] der Spinresonanzabsorption in starren Gittern eine zusätzliche Spin–Spin-Wechselwrkg. zweier nichtäquivalenter Spintypen zu einer Resonanzfrequenzverschiebung führen müßte. R. Blank 98

0390 **^{23}Na- und ^{14}N-Knight-Verschiebungen in konzentrierten Lösungen von Natrium in Ammoniak.** E. Duval, P. Rigny und G. Lepoutre. (Chem. Physics Letters [Amsterdam] 2 (1968) 4, 237—40; Fac. des Sci. Phys. 1er cycle, Villeurbanne, France; engl.) — Die Verschiebung in Abhängigkeit von der Konz. entspricht dem Modell quasifreier Elektronen, die Abhängigkeit von der Temp. deutet therm. Anregung der Elektronen von einem diamagnet. Zustand in das Leitungsband selbst in Sättigungsnähe an. H. Liepack 98

0391 **Messung der Deuteron–Quadrupolkopplungskonstanten in $LiAlD_4$.** P. Pyykkö und B. Pedersen. (Chem. Physics Letters [Amsterdam] 2 (1968) 5, 297—98; Wihuri Phys. Labor., Univ. of Turku, Finland; engl.) — Unter der Annahme eines axialsymm. elektr. Feldes am Deuteronplatz folgt die Quadrupolkopplungskonst. zu 72 kHz. H. Liepack 98

0392 **Zeeman- und dipolare Kernrelaxationen durch paramagnetische Verunreinigungen in CaF_2.** R. van Steenwinkel und P. Zegers. (Z. Naturforsch. 23a (1968) 6, 818—22; EURATOM CCR Ispra, Italy; engl.) — Zeeman- u. Dipolrelaxationen im CaF_2-Einkrist. werden bei 4,2 u. 77 °K bei niedrigen Ce-Verunreinigungen bestimmt. Die Dipolrelaxation ist von der Diffusion abhängig, während die Zeeman-Relaxation bei tiefen Temp. diffusionsunabhängig ist. B. I. 98△

0393 **Hyperfeinwechselwirkung der ^{19}F-Kerne in einigen paramagnetischen Kristallen.** A. G. Lundin und S. P. Gabuda. (Izvest. sibirskogo Otd. Akad. Nauk SSSR, Ser. chim. Nauk 1968, 1, 90—94; Inst. fiz. SO AN SSSR, Krasnojarsk; russ.) — Die Hyperfeinwechselwrkg. in Krist. wurde an Hand der Beispiele NdF_3 u. PrF_3 untersucht. Die Krist. enthalten vier nicht äquivalente F-Lagen. Polare F^--Ionen beteiligen sich an der Diffusion bei + 5°, äquatoriale erst über 150°. Ein Austausch von äquatorialen u. polaren F^--Ionen tritt erst über 230° auf. Die Konst. der isotropen u. anisotropen Hyperfeinwechselwrkg. wurden bestimmt, die Spindichte der ungepaarten Elektronen ermittelt. J. J. Pohl 98

0394 **Magnetische Abschirmung von ^{19}F-Kernen in MgF_2-, $KMgF_3$- und $NaMgF_3$-Einkristallen.** I. P. Aleksandrova und B. V. Beznosikov. (Ž. strukturnoj Chim. 9 (1968) 3, 419—22; Inst. fiz. SO AN SSSR, Krasnojarsk; russ.) — Aus der chem. Verschiebung der NMR von ^{19}F in den Krist. werden die Hauptwerte des Tensors der magnet. Abschirmung von ^{19}F-Kernen bestimmt u. die Besetzung der p-Bahnen von F in den genannten Verb. berechnet. H. Roschkowski 98

0395 **Chemische Verschiebung im ^{19}F-KMR-Spektrum des AgF.** Ju. V. Gagarinskij, S. P. Gabuda, L. M. Avchutskij, S. A. Poliščuk und M. G. Chmeleva. (Izvest. sibirskogo Otd. Akad. Nauk SSSR, Ser. chim. Nauk 1968, 1, 99—102; Otdel. chim. Dal'nevostocnogo filiala SO AN SSSR, Vladivostok; russ.) — Das ^{19}F-KMR-Spektrum von polykrist. AgF zeigt bei 20° ein zweites Moment von 2,7 ± 0,2 Oe², eine Komponente von + (138 ± 5) · 10^{-6} in bezug auf das Signal von C_6F_6. Die chem. Verschiebung wurde von der Überlappung der Wellenfunktionen des F u. Ag ausgehend diskutiert. J. J. Pohl 98

0396 **Kernspin–Gitter-Relaxation in Ammoniumchlorid und Ammoniumbromid mit besonderer Anwendung auf das Grenzschicht-Wasser.** D. E. Woessner und B. S. Snowden jun. (J. Colloid Interface Sci. 26 (1968) 3, 297—305; Mobil Oil Corp., Field Res. Labor., Dallas, Tex.; engl.) — Die Temp.-Abhängigkeit der Protonen- u. Deuteronen–Spin–Gitter-Relaxationszeiten im Ammoniumchlorid u. die Protonen–Spin–Gitter-Relaxationszeit im Bromid wurde mit Hilfe gepulster NMR-Relaxationsmessungen untersucht. Im NH_4Cl ändert sich der Wert für T_1 um einen Faktor 2 beim Lambda-Punkt (— 30,4°). Die Änderung von T_1 für NH_4Br am Lambda-Punkt (— 38,7°) ist geringer. Für alle untersuchten Verb. stimmt der Wert von T_1 mit dem theoret. Wert überein. Die Temp.-Abhängigkeit wird qual. interpretiert. G. Malow 98

0397 **NMR-Relaxationszeit-Messungen zur Untersuchung der Selbstdiffusion der NH_4^+-Ionen in festem NH_4NO_3.** Väinö Hovi, Teuvo Lohikainen und Lasse Niemelä. (Turun Yliopiston Julkaisuja [Ann. Univ. Turkuensis], Sarja A, I Nr. 119 (1968) 1—13; Wihuri Phys. Labor., Univ. of Turku, Turku, Finland; engl.) — Die Spin–Gitter-Relaxationszeit T_1 u. die Spin–Spin-Relaxationszeit T_2 der Protonen in polykrist. $NH_4 \cdot NO_3$ wurden zwischen 125° u. 170° nach der NMR-Impulsmeth. gemessen. Die nach der Theorie von Torrey (1953) mit T_1 u. T_2 verknüpften Funktionen G(k, y), φ(k, y) u. R(k, y) wurden für ein kub. Gitter ber. u. sind tabellar. wiedergegeben. Die ber. Korrelationszeit ($2 \cdot 10^{-8}$ s $< \tau < 10^{-6}$ s) u. die Aktivierungsenergie (12,7 kcal/

Mol) der Translationsdiffusion der NH_4^+-Ionen wird im Vgl. mit Meßergebnissen von Suga et al. [Molecular Crystals 1 (1966) 377] diskutiert. B. Stender 98

0398 **^{31}P–^{1}H-Kerndoppelresonanzexperiment zur „Spinentkopplung" im Festkörper.** B.-D. Mosel, W. Müller Warmuth und G. W. Schulz. (Z. Naturforsch. **23a** (1968) 8, 1224–25; MPI für Chem., Otto-Hahn-Inst., Mainz; dt.) — Bei Doppelresonanzexperimenten an *$CaHPO_4$*- u. *K_2HPO_4*-Pulverproben wurde die ^{31}P-Resonanz als Funktion der Protonenresonanzeinstrahlung beobachtet. Die Kernresonanz von P wurde bei 4,4 MHz beobachtet, die der Protonen bei 10,88 MHz kontinuierlich eingestrahlt. Herbert Weber 98

0399 **PMR-Untersuchung der Struktur von Lithium-, Natrium- und Kaliumparawolframat.** Ch. I. Lunk, V. F. Čuvaev, L. D. Kolli und Vikt. I. Spicyn. (Doklady Akad. Nauk SSSR **181** (1968) 2, 357–60; russ.) — Die PMR-Spektren von *$5\,Li_2O \cdot 12\,WO_3 \cdot n\,H_2O$* (n = 31,6; 6,0; 3,5; 1,4), *$5\,Na_2O \cdot 12\,WO_3 \cdot m\,H_2O$* (m = 28,2; 17,4; 4,0; 2,2; 1,2) u. von *$5\,K_2O \cdot 12\,WO_3 \cdot q\,H_2O$* (q = 10,1; 7,8; 6,1; 4,8; 2,4; 1,0) wurden untersucht. Die Verb. enthalten zwei isolierte Protonen pro 12 W-Atome, wobei der H—H-Abstand im Anion 2,22 ± 0,02 Å beträgt. Dies entspricht dem Lipscomb-Modell bei einer Strukturformel von $[(HO_2)_2W_{12}O_{38}]^{10-}$. J. J. Pohl 98

0400 **PMR-spektroskopische Untersuchung der Struktur von Kalium- und Natriummetawolframat.** V. F. Čuvaev, Ch. I. Lunk und Vikt. I. Spicyn. (Doklady Akad. Nauk SSSR **180** (1968) 1, 133–36; russ.) — *$3\,Na_2O \cdot 12\,WO_3 \cdot 28{,}2\,H_2O$* (I) u. *$3\,K_2O \cdot 12\,WO_3 \cdot 12{,}4\,H_2O$* (II), sowie röntgenamorphes *$3\,K_2O \cdot 11{,}2\,WO_3 \cdot 12{,}9\,H_2O$* (III) wurden über $H_2SO_4 + P_2O_5$ getrocknet. An der Luft enthält I bei 40–45° noch 13,5 H_2O, 70–80° 5,6 H_2O, 190–200° 2,3 H_2O, 245–255° 1 H_2O, II bei 125–135° 3,3 H_2O, bei 190–200° 1 H_2O, III bei 75–80° 6,8 H_2O, bei 110° 3,6 H_2O, bei 240° 0,8 H_2O. I–III u. alle Entwässerungsprod. wurden KMR-spektroskop. untersucht. Unter Berücksichtigung der PMR-Daten haben I u. II die Zus. $Na_{5,9}H_{0,1}[W_{12}O_{38}(OH)_2] \cdot n\,H_2O$ bzw. $K_{5,9}H_{0,1} \cdot [W_{12}O_{38}(OH)_2] \cdot n\,H_2O$. J. J. Pohl 98

0401 **Magnetische Protonenresonanz von hydratisiertem Vanadinpentoxid.** V. L. Zolotavin, R. N. Pletnev, L. K. Tolstov und A. P. Stepanov. (Ž. vses. chim. Obšč. im. D. I. Mendeleeva, **13** (1968) 3, 355–56; Ural'skij politechn. inst. im. Kirova; russ.) — Die PMR-Spektren von *$K_{3,98}(VO_2)_{1,02}HV_{10}O_{28} \cdot 4{,}15\,H_2O$*, *$K_{2,83} \cdot (VO_2)_{2,17}HV_{10}O_{28} \cdot 6{,}70\,H_2O$* u. *$K_{1,95}(VO_2)_{3,05}HV_{10}O_{28} \cdot 7{,}51\,H_2O$* bei 77 °K werden diskutiert. Die Verb. geben W. in zwei Etappen ab, in der zweiten Stufe tritt, wie auch therm. u. röntgenograph. Daten zeigen, eine Zers. der Verb. auf. J. J. Pohl 98

0402 **Beobachtung eines NMR-Signals vom ^{55}Mn-Kern in Manganferrit unter stationären Bedingungen.** G. I. Kataev und A. K. Kuprijanov. (Vestnik Moskovskogo Univ., Ser. III **23** (1968) 4, 114–15; Kaf. obščej fiz. dlja biologov; russ.) — Die Beobachtung eines NMR-Signals von ^{55}Mn in Mn-Ferrit im äußeren magnet. Nullfeld wird beschrieben. Eine Formel für die Kationenverteilung im Ferrit wird angegeben u. der Wertigkeitszustand von Mn im Ferrit besprochen. H. Roschkowski 98

0403 **Isotopieeffekt in den ^{2}H-NMR-Spektren von teilweise deuterierten Hydraten.** B. Pedersen und K. Håland. (Chem. Physics Letters [Amsterdam] **2** (1968) 1, 61–64; Zentralinst. for ind. forskning, Oslo, Norway; engl.) — Die Quadrupolkopplungskonst. K für das Deuteron im DHO-Mol. ist ca. 1 % größer als K im D_2O-Mol. von teilweise deuteriertem K-Oxalat-Monohydrat. Die schwache Zunahme mit der Temp. wird qual. als Folge der Streckung der H-Bindung erklärt. H. Liepack 98

0404 **Untersuchung des Protonenaustauschs in Äthylendiamin–H_2O- und NH_3–H_2O-Systemen durch protonenmagnetische Resonanz.** Mohammed Alei jun. und Alan E. Florin. (J. physic. Chem. **72** (1968) 2, 550–55; Univ. of Calif., LASL, Los Alamos, N.Mex.; engl.) — Der Austausch von H_2O- mit NH_2- bzw. NH_3- mit NH_2-Protonen im gesamten Zus.-Bereich reines H_2O bis reines Äthylendiamin bzw. im NH_3–Äthylendiamin-Syst. erfolgt im NMR-Sinn schnell. Stark abweichend ist der langsame Austausch im fl. H_2O–NH_3-Syst. bei Zimmertemp. mit 0 bis ca. 50 Mol-% H_2O. Kleine NH_4^+-Beimengungen beschleunigen hier den Protonenaustausch. In H_2O-Äthylendiamin u. H_2O–NH_3 zeigt die gemittelte H_2O–NH_2-Protonenresonanz wesentlich paramagnet. Abweichungen vom geradlinigen Verlauf. Diese Abweichung hat ein Max. im Zus.-Bereich entsprechend 1 H_2O/NH_2. Es wird auf eine Amin–Hydrat–Fl.-Struktur geschlossen, bei der die H-Bindung stärker als ein einfaches Mittel aus H-Bindung in reinem H_2O u. in reinem NH_2 ist. Der H_2O–NH_3-Protonenaustausch bei kleinen H_2O-Konz. u. NH_4^+-Zusatz läßt sich am besten durch $k[NH_4^+][H_2O]$ mit $k = 3{,}48 \cdot 10^6\,(Mol/l)^{-1} \cdot s^{-1}$ darstellen. H. Liepack 98

0405 **Breitlinige kernmagnetische Resonanzspektroskopie von Schwefel-33 in Mineralien.** Clarence Karr jun. und Harry D. Schultz. (Spectroscopy Letters **1** (1968) 5, 205–10; Morgantown Coal Res. Center, Bureau of Mines, U.S. Dep. of Interior, Morgantown, W.Va.; engl.) — Vf. berichten über NMR-Spektren von ^{33}S in den festen Substanzen: *Sphalerit* (*ZnS*), zwei verschiedenen *CS_2*-Proben, *Pyrrhotin* (*$Fe_{11}S_{12}$*), *CS_2 + S* u. *1.2-Äthandithiol* bei 4,899 u. 4,575 MHz u. ca. 15 Kilogauß. Obwohl ^{33}S nur zu 0,74 % natürlich vorhanden ist sind die Signale gut. R. Blank 98

Elektrische Eigenschaften

0406 **Elektrische Leitfähigkeit in dichten Metalldämpfen.** J. Popielawski. (Chem. Physics Letters [Amsterdam] **2** (1968) 2, 71–73; Inst. of Phys. Chem., Polish Acad. of Sci., Warsaw, Poland; engl.) — Theorie der elektr. Leitfähigkeit im Übergangsdichtebereich für *Alkalimetall*-Dämpfe nach einem Halbleitermodell. Die Boltzmann-Gleichung für die Elektronen im Leitfähigkeitsband wird formuliert u. gelöst sowie ein expliziter Ausdruck für die elektr. Leitfähigkeit angegeben. R. Blank 111

0407 **Thermoelektrische Eigenschaften von undotiertem Wismuttellurid und von Mischkristallen des Systems $Bi_2 \cdot Te_3$–Bi_2Se_3.** G. N. Gordjakova, A. N. Gorbačeva und S. S. Sinani. (Izvest. Akad. Nauk SSSR, Neorg. Mater. **4** (1968) 7, 1191–92; Inst. poluprov. AN SSSR; russ.) — Die Temp.-Abhängigkeit der Thermo-EMK u. der elektr. Leitfähigkeit von Bi_2Te_3 u. Mischkrist. des Syst. der Zus. $Bi_2Te_{2,4}Se_{0,6}$ sowie die Konz.-Abhängigkeit beider Größen über den gesamten Zus.-Bereich des Syst. wurden ermittelt. H. Roschkowski 114

0408 **Beziehungen zwischen Übergangswerten der Feldemitter-Ringgeschwindigkeiten und den Änderungen der Anisotropie der Oberflächenspannung mit der Temperatur.** P. C. Bettler und G. G. Love. (J. appl. Physics **38** (1967) 10, 3835–87; Phys. Dep., Univ. of Nev., Reno, Nev.; engl.) — Übergangswerte der Ringgeschw.-Änderungen (Änderungen der Anzahl von Emissionsringen je Sek.), die bei Änderung der Temp. eines Feldelektronenemitters auftreten, wurden an den (110) u. (100) von *W*, der (110) von *Mo*, (111) von *Ir* u. *Rh* u. $(10\bar{1}0)$, $(10\bar{1}1)$ u. (0001) von *Re* beobachtet. Diese Übergangswerte werden auf Änderungen der Größe kleiner Oberflächen-Facetten zurückgeführt, die wiederum mit Anisotropie der Oberflächenspannung verbunden sind. I. Zoll 114

0409 **Änderung der Austrittsarbeit von Metallen beim Schmelzen eines an das Metall anliegenden Dielektrikums.** V. V. Micho und V. G. Zaremba. (Ž. fiz. Chim. **42** (1968) 9, 2312–13; Odesskij gos. univ. im. Mečnikova; russ.) — Unters. der Änderung der Austrittsarbeit von *Al* beim Schmelzen darauf befindlicher Schichten von *o-Chlornitrobenzol, Betol, Salol, Phenacetin, Naphthalin* u. *Wachs*. H. Roschkowski 114

0410 **Sekundärelektronenemission durch Argonatome und -ionen von einer gasbedeckten Oberfläche.** Paul O. Haugsjaa, John F. McIllwain und Robert C. Amme. (J. chem. Physics **48** (1968) 1, 527–28; Dep. of Phys., Univ. of Denver, Denver, Colo.; engl.) — Unters.

mit Mol.- bzw. Ionenstrahlen mit Energien zwischen 40 eV u. mehr als 1 keV sowie einer *Au*-Folie als Target.
A. Blaschette 114

0411 **Einige Besonderheiten der Struktur und des Verhaltens von Halbleiterverbindungen nicht stöchiometrischer Zusammensetzung.** M. I. Cypin. (Izvest. Akad. Nauk SSSR, Neorg. Mater. 4 (1968) 7, 1047—53; Gos. naučno-issl. i proektnyj inst. splavov i obrabotki cvetnych metallov, Moskva; russ.) — Allg. Diskussion der Verw. von Zustandsdiagrammen von Mehrstoffsyst. mit halbleitenden Phasen zur Unters. des Einfl. zusätzlicher Elemente auf die Eig. (Leitfähigkeit, Thermo-EMK) der Halbleiterverbindungen. H. Roschkowski 116

0412 **Wechselwirkung zwischen Zentimeterwellen und Halbleiter.** Raymond Breckpot, Karel De Clippeleir und Luc Devlies. (Meded. Kon. vlaamse Acad. Wetensch., Letteren schone Kunsten België, Kl. Wetensch. **30** (1968) 4, 1—41; Brüssel; niederl.) — Vf. messen die Reflexion, Eindringtiefe, Durchlässigkeit u. Wellenlänge von Mikrowellen im Zentimeterband in *Si*- u. *Ge*-Proben verschiedener Leitfähigkeit. Für dotierte Halbleiter mit spezif. Widerstand unterhalb 10 $\Omega\cdot$cm ist wie bei Metallen der Reflexionskoeff. nur vom elektr. Widerstand abhängig. Bei hohen Widerständen bleibt die Reflexion konst., während die Durchlässigkeit in Si bis zu Widerständen von 10^4 $\Omega\cdot$cm verfolgt werden kann. Widerstand u. Dicke sehr dünner Scheiben lassen sich mit kombinierten Reflexions- u. Durchlässigkeitsmessungen bestimmen. Die Proben werden als Fenster in Mikrowellenleitern ohne Verw. elektr. Kontakte gebraucht.
K. H. Härdtl 116

0413 **Anwendung kombinierter Leitfähigkeits- und Thermokraft-Darstellungen zur Analyse von Halbleitereigenschaften.** G. H. Jonker. (Philips Res. Rep. **23** (1968) 2, 131—38; Eindhoven, Philips Res. Labor.; engl.) — Die Darst. der Thermokraft in Abhängigkeit von der elektr. Leitfähigkeit bei konst. Temp. führt zu einer Kurve, die für einen Halbleiter charakterist. Werte liefert Eine derartige birnenförmige Kurve läßt sich aus Messungen an p-, n-gemischten Leitern konstruieren. Aus diesen Kurven lassen sich Bandabstand, Beweglichkeitsverhältnis, Zustandsdichtenverhältnis sowie Transportenergien ableiten. K. H. Härdtl 116

0414 **Apparatur zur Messung der Hall-EMK und der Leitfähigkeit von Halbleitermaterialien in variablen elektrischen und magnetischen Feldern.** A. K. Abiev und N. A. Uchin. (Pribory Techn. Éksperimenta **1968**, 3, 234; Inst. atom. énerg., Moskva; russ.)
H. Roschkowski 114

0415 **Shubnikov-de-Haas-Effekt in Tellur.** P. S. Dubinskaja, V. A. Noskin, I. G. Tagiev, I. I. Farbštejn und S. S. Šalyt. (Ž. ėksper. teoret. Fiz.-Pis'ma v Redakciju 8 (1968) 2, 79—81; Inst. poluprovodnikov AN SSSR; russ.) — Bei 1,6—0,1 °K wurden die Oszillationen des Šubnikov-de-Haas-Effekts als eine Funktion der Trägerkonz. bis zu $2\cdot10^{16}$ cm^{-3} gemessen. Auf der Grundlage der Resultate wurde die Fermi-Fläche in Te diskutiert. V. Burjan 116△

0416 **Halbleiterdotierung durch energiereiche 1 bis 2,5-MeV-Ionenimplantation.** S. Roosild, R. Dolan und B. Buchanan. (J. electrochem. Soc. **115** (1968) 3, 307—11; Air Force Cambridge Res. Labor., Bedford, Mass.; engl.) — Untersucht wird die Bldg. von Dotierungsübergängen in *Si* durch Implantation monoenerget. B- u. P-Ionen im Energiebereich von 1—2,5 MeV. Bei Verw. von Au-Masken können Planarstrukturen hergestellt werden. H. Richter 116

0417 **Variable effektive Massen heißer Elektronen in Silicium.** M. Costato und S. Scavo. (Nuovo Cimento B [10] **56/114** (1968) 2, 343—48; Ist. di Fis. dell'Univ., Modena; engl.) — Vf. ber. die Zunahme der effektiven Masse von Elektronen in Si mit ihrer mittleren Energie bzw. mit dem elektr. Feld. Diese Zunahme stimmt quant. mit den experimentellen Ergebnissen überein u. führt auch zur Sättigung der Driftgeschw. bei hohen Feldstärken ohne spezielle Annahmen über den Elektron–Gitter-Streumechanismus. K. H. Härdtl 116

0418 **Diskrete Natur des Durchschlags und ihr Einfluß auf die Strom–Spannung-Charakteristik in Sperrichtung von p–n-Übergängen des Siliciums.** T. Ja. Puritis. (Izvest. Akad. Nauk Latv. SSR, Ser. fiz. techn. Nauk **1968**, 4, 60—64; Fiz.-énerget. inst. AN Latv. SSR; russ., Auszug: engl.) — Berechnung der mittleren Strom–Spannung-Charakteristik eines separaten Mikroplasmas im Instabilitätsbereich. Die Form der ber. Charakteristik stimmt mit der experimentellen Kurve überein. Ebenfalls übereinstimmend sind entsprechende Änderungen der Charakteristik wie bei Temp.-Änderung oder Bestrahlung durch Photonen u. Elektronen.
I. Zoll 116

0419 **Natur des negativen Widerstands in Siliciumdioden.** G. M. Avak'janc, I. R. Al'tman und C. R. Al'tman. (Doklady Akad. Nauk Arm. SSR **46** (1968) 3, 103—09; Inst. radiofiz. e elektroniki AN Arm. SSR; russ.) — Experimentell wurde an 50 Dioden die Änderung der Lebensdauer der Minoritätsträger beim Übergang zum „senkrechten" Teil der VA-Charakteristik untersucht. Es wurde die Abhängigkeit der Schwellendurchschlagsspannung u. der dem „senkrechten" Teil der VA-Charakteristik entsprechenden Spannung von der Breite der Diodenbase u. der Konz. der Beimengungen gemessen.
V. Burjan 116△

0420 **Präparation, Stabilisierung und chemische Behandlung von Germanium-Oberflächen.** Y. Margoninski und J. Snir. (Surface Sci. [Amsterdam] **11** (1968) 1, 52—60; Dep. of Phys., Hebrew Univ., Jersulalem; engl.) — Es wurde untersucht, inwieweit geringe Variationen in der Herst. u. chem. Behandlung realer Ge-Oberflächen auf die elektr. Eig. einwirken. Kombinierte Feldeffekt-Unters. der Oberflächenrekombinationsgeschw. u. Oberflächenleitfähigkeit zeigten beträchtliche Unterschiede zwischen Proben, die nach dem Ätzen mit W. gespült wurden u. solchen, die lediglich mit HF geätzt wurden. Anschließendes Tempern beseitigte aber in manchen Fällen diese Unterschiede. Die Konsequenzen dieser Befunde auf das Studium realer Halbleiter-Oberflächen werden diskutiert.
G. Ertl 116

0421 **Dotierung von Einkristallen aus Legierungen von Germanium und Silicium mit Gold und Untersuchung ihrer elektrischen Eigenschaften.** S. I. Tairov, V. I. Tagirov, M. G. Šachtachtinskij und A. A. Kuliev. (Izvest. Akad. Nauk Azerbajdz. SSR, Ser. fiz.-techn. mat. Nauk **1968**, 1, 19—22; russ.) — Die Au-Dotierung erfolgte beim Züchten des Einkrist. aus der Schmelze sowie durch Diffusion. Die elektr. Leitfähigkeit, der Hall-Koeff. u. die Beweglichkeit der Löcher wurden als eine Funktion der Temp. an dotierten u. undotierten Proben gemessen. V. Burjan 116△

0422 **Bedeutung der Exzitonenzustände im Prozeß der Photostrombildung in Germanium.** B. V. Novikov, E. F. Gross und M. A. Drygin. (Ž. ėksper. teoret. Fiz. — Pis'ma v Redakciju 8 (1968) 1, 15—18; Leningrad, Gos. univ. im. Ždanova; russ.) — Bei 77 °K wurde die spektrale Verteilung des Photostroms in reinen Ge-Krist. gemessen. Eine Feinstruktur wurde gefunden, die die Rolle von Exzitonen in der Bldg. der Stromträger beweist.
V. Burjan 116

0423 **Photoleitung von n-leitendem SiC.** G. Bosch. (Philips Res. Rep. **23** (1968) 2, 139—41; Eindhoven; engl.) — n-leitende SiC-Einkrist. zeigen bei 77 °K eine charakterist. Photoleitung. Zwischen dem Photoleitungsspektrum u. dem UV-Anregungsspektrum für die Lumineszenz wird ein Zusammenhang gefunden. Nach der Bestrahlung verbleiben die Krist. in einem angeregten Zustand, der im Falle von Krist. mit blauer u. grüner Lumineszenz durch IR-Bestrahlung beseitigt werden kann. K. H. Härdtl 116

0424 **Vielphotonen-Anregung der Photoleitfähigkeit in Alkalimetallhalogenid-Kristallen durch Laserstrahlung.** G. I. Aseev, M. L. Kac und V. K. Nikol skij. (Ž. ėksper. teoret. Fiz. — Pis'ma v Redakciju 8 (1968) 4, 174 — 77; Saratovskij gos. univ.; russ.) — Mit Rubin- u. Nd-Lasern wurde die Abhängigkeit der Zahl der Leitfähigkeitselektronen vom Photostrom bestimmt. Mit dem Rubinlaser wurden für *NaCl*, *KCl*, *KBr* u. *NaBr* 4-Photonenionisation u. für *KJ* 3-Photonenionisation gefunden, mit dem Nd-Laser für NaCl, KCl, KBr, 6-Photonenionisation u. für NaBr u. KJ 5-Photonenionisation. Die Gesamtzahl der Leitfähigkeitselektronen u. die Wirksamkeit wurden ebenfalls bestimmt. M. Wiedemann 116

0425 **Abhängigkeit der elektrischen Leitfähigkeit des $TiN_{0,86}$ von dessen Porosität.** M. I. Ajvazov, I. P. Golubev und V. P. Dmitriev. (Izvest. Akad. Nauk SSSR, Neorg. Mater. 4 (1968) 1, 152—53; Inst. nov. chim. problem AN SSSR; russ.) — Die elektr. Leitfähigkeit σ von porenhaltigem $TiN_{0,86}$ wird unter Einbeziehung von σ_0 des porenfreien Materials in Abhängigkeit von der Porosität Θ mit guter Übereinstimmung zum Experiment ber. nach $\sigma/\sigma_0 = (1-\Theta)/(1 + 6\,\Theta^2)$. Heinz Vogel 116

0426 **Physikalische Eigenschaften von Lanthanantimonid.** E. V. Gončarova, T. B. Žukova und Z. I. Lopatina. (Izvest. Akad. Nauk SSSR, Neorg. Mater. 4 (1968) 1, 44—48; Inst. poluprov. AN SSSR; russ.) — *LaSb* wird aus den Elementen hergestellt u. durch gerichtete Kristallisation als Einkrist. im NaCl-Typ erhalten. Die Bandstruktur wird ermittelt. Es werden bei Zimmertemp. bestimmt: Gitterkonst. = 6,499 Å, D. 6,305 bis 6,341 g/cm³, Mikrohärte = 85 kg/mm², elektr. Leitfähigkeit $\sigma = (1-1{,}4) \cdot 10^{14}\ \Omega^{-1} \cdot \mathrm{cm}^{-1}$, Temp.-Koeff. von $\sigma = 0{,}004\ \mathrm{Grad}^{-1}$, Elektronenkonz. $= (2-2{,}7) \cdot 10^{21}\ \mathrm{cm}^{-3}$, Elektronenbeweglichkeit $= 40-70\ \mathrm{cm}^2/\mathrm{V} \cdot \mathrm{s}$, differentielle Thermo-EMK $= -2$ bis $+6\ \mu\mathrm{V/Grad}$, Wärmeleitfähigkeit $= 4{,}14 \cdot 10^{-2}\ \mathrm{cal/cm} \cdot \mathrm{s} \cdot \mathrm{Grad}$; Wärmekapazität bei 100 °K = 12,1 cal/Mol · Grad, Debye-Temp. = 190 °K. Heinz Vogel 116

0427 **Elektrische Eigenschaften und Wärmeleitfähigkeit von mit Germanium dotiertem Indiumantimonid.** M. A. Alieva und M. I. Aliev. (Izvest. Akad. Nauk Azerbajdž. SSR, Ser. fiz.-techn. mat. Nauk **1968**, 1, 23—27; russ.) — Für p-InSb-Einkrist. mit Trägerkonz. von $2 \cdot 10^{17}-1{,}1 \cdot 10^{19}\ \mathrm{cm}^{-3}$ u. Lochbeweglichkeit von $543-384\ \mathrm{cm}^2/\mathrm{V} \cdot \mathrm{s}$ bei 77 °K wurde die Abhängigkeit des Hall-Effekts, der elektr. Leitfähigkeit, der Thermo-EMK, des thermomagnet. Effekts u. der Wärmeleitfähigkeit von der Temp. im Bereich von 80—500 °K gemessen. V. Burjan 116△

0428 **Elektrische Eigenschaften von $InSb-ZnSnSb_2$-Mischkristallen.** Ch. Ja. Chalilov und M. I. Aliev. (Izvest. Akad. Nauk SSSR, Neorg. Mater. 4 (1968) 1, 149—51; Inst. fiz. AN Azerbajdz. SSR; russ.) — Die Mischkrist. des Syst. $(2\,InSb)_x-(ZnSnSb_2)_{1-x}$ mit $x = 0{,}90-0{,}99999$ werden aus den Elementen bei 650—700° hergestellt u. elektr. Leitfähigkeit σ, Hall-Konst. u. Thermo-EMK α bei 80—600 °K gemessen. Mit abnehmendem x wachsen σ u. Ladungsträgerkonz., die Ladungsträgerbeweglichkeit nimmt ab. Bei Proben mit $x \leqq 0{,}9995$ hat α positives, Vorzeichen. Bei Proben mit $x \geqq 0{,}9999$ durchläuft α bei 300—400 °K den Wert Null u. wird mit wachsender Temp. negativer; die Bandbreite dieser Proben beträgt 0,33 eV. Heinz Vogel 116

0429 **Charakter der Verteilung von Donator- und Akzeptorbeimengungen in InSb-Einkristallen mit ausgedehnten Übergängen.** M. S. Mirgalovskaja, M. R. Rauchman, V. A. Kokoškin und V. V. Guzeeva. (Izvest. Akad. Nauk SSSR, Neorg. Mater. 4 (1968) 6, 841—46; Inst. metallurg. im. Bajkova AN SSSR; russ.) — InSb-Einkrist. mit ausgedehnten p-n-Übergängen wurden aus dotierten Schmelzen (Te als Donator, Zn, Cd u. Ge als Akzeptor) nach Czochralski erhalten. Die Beimengungsverteilung in der Nähe der Übergänge wird durch lokale Messungen der Thermo-EMK ermittelt. Sie wird durch Adsorptions- u. möglicherweise auch durch Diffusionsprozesse in Übergangsnähe bestimmt. H. Roschkowski 116

0430 **Ausgedehnte Elektronen—Loch-Übergänge in Galliumantimonid-Einkristallen.** M. S. Mirgalovskaja, I. A. Strel'nikova, I. V. Krjukova, V. G. Karnauchov und A. M. Baranova. (Izvest. Akad. Nauk SSSR, Neorg. Mater. 4 (1968) 6, 847—51; russ.) — Vgl. vorst. Referat. — n-p- u. p-n-Übergänge in GaSb wurden mit Hilfe eines bes. Einkrist.-Züchtungsverf. nach Czochralski aus einer Schmelze erhalten, die in der Reihenfolge Te—Zn oder Zn—Te dotiert wurde. Ätzunters. mit CP-4 oder $HF-HNO_3-H_2O$ zeigten, daß die erhaltenen ausgedehnten p-n-Übergänge strukturvollkommener waren als die n-p-Übergänge. H. Roschkowski 116

0431 **Morphologische Besonderheiten und Verteilung der Beimengungen in GaSb-Einkristallen mit ausgedehnten Übergängen.** M. S. Mirgalovskaja, I. A. Strel'nikova und V. A. Kokoškin. (Izvest. Akad. Nauk SSSR Neorg. Mater. 4 (1968) 6, 852—57; russ.) — Vgl. vorst. Referate. — Untersucht wurden durch Ätzen mit $HF-HNO_3-H_2O$ n-p- u. p-n-Übergänge in GaSb, die nach dem l. c. beschriebenen Czochralski-Verf. in Richtung B [$\bar{1}\bar{1}\bar{1}$] u. A [111] aus einer mit Te u. Zn dotierten Schmelze gezüchtet wurden. Die Beimengungsverteilung wurde durch lokale Thermo-EMK-Messung ermittelt. H. Roschkowski 116

0432 **Elektrische Eigenschaften epitaktischer Indiumarsenid- und -antimonidfilme.** V. A. Vlasov und S. A. Semiletov. (Kristallografija **13** (1968) 4, 683—88; Inst. fiz. vysokich davlenij AN SSSR; russ.) — Die Struktur von durch Aufdampfen von InAs oder InSb auf (110)-Flächen von GaAs hergestellten epitakt. Filmen wird mkr. u. durch Röntgenbeugung untersucht, Trägerbeweglichkeit, Hall-Konst. u. elektr. Leitfähigkeit der Filme werden gemessen. In InAs-Filmen einer Dicke von ca. 20 µm erreicht die Elektronenbeweglichkeit $17000\ \mathrm{cm}^2/\mathrm{V} \cdot \mathrm{s}$, ihre Konz. $1{,}7 \cdot 10^{16}\ \mathrm{cm}^{-3}$. H. Roschkowski 116

0433 **Vorläufige einfache und nichtlineare Analyse der Hochfelddomänen in GaAs.** R. Harrison. (J. Physics, D (Brit. Jap. appl. Physics) [2] 1 (1968) 8, 973—82; Electronics Group, Plessey Co. Ltd., Roke Manor, Romsey, Hampshire; engl.) — Nicht lineare Näherungsanalyse der phänomenolog. Aspekte des Gunn-Effekts in GaAs nach Computerergebnissen von McCumber et al. (1966). Die nicht lineare Analyse ergibt, daß eine Donäne im festen Zustand stabil ist, wenn das Prod. der Trägerkonz. u. das Quadrat der Domänenbreite größer als ein krit. Minimum sind. I. Zoll 116

0434 **Durch Chromdiffusion hergestellte, infrarotempfindliche Galliumarseniddioden.** P. R. Selway und J. Franks. (J. Physics, D (Brit. J. appl. Physics) [2] 1 (1968) 1, 25—28; Standard Telecommunicat. Labor. Ltd., Essex; engl.) — Vf. beschreiben die Herst. von GaAs-p-i-n-Dioden, deren i-Bereich durch Cr-Diffusion in n-leitendes Material erzeugt wird. Die Dioden zeigen einen stromkontrollierten negativen Widerstand, dessen Schwellenspannung durch Beleuchtung red. werden kann. Die elektr. u. photoelektr. Eig. sind qual. in Übereinstimmung mit der Theorie. K. H. Härdtl 116

0435 **Photoleitung und Infrarotlöschung in Chromdotiertem, hochohmigem Galliumarsenid.** D. R. Heath, P. R. Selway und C. C. Tooke. (J. Physics, D (Brit. J. appl. Physics) [2] 1 (1968) 1, 29—32; Standard Telecommun. Labor. Ltd., Harlow, Essex; engl.) — Photoleitungsmessungen an Proben von aus der Schmelze gezogenem, Cr-dotiertem, hochohmigem GaAs zeigen ein durch Störstellen verursachtes Empfindlichkeitsmax. bei 0,87 eV. Es kann nachgewiesen werden, daß der für das Max. verantwortliche Übergang ein Elektronenübergang von kompensierten Cr-Akzeptoren zum Leitungsband ist. Dieses Cr-Niveau liegt 0,79 eV unterhalb der Leitungsbandkante. Unters. der Löschung der Photoleitung durch IR-Einstrahlung bestätigen, daß das Cr-Niveau sich wie ein kompensierter, tief liegender Akzeptor verhält. K. H. Härdtl 116

0436 **Galvanomagnetische Effekte von heißen Elektronen in Galliumarsenid.** G. A. Acket. (Philips Res. Rep. **23** (1968) 4, 317—31; Eindhoven; engl.) — Die Strom/Feld-Charakteristik von n-Typ-GaAs wurde mittels Mikrowellenverf. hoher Leistung sowohl in Ggw. als auch bei Abwesenheit eines transversalen Magnetfeldes untersucht. Ferner wurden Gunn-Oszillationen im gleichen Material mit u. ohne Magnetfeld beobachtet. Die Ergebnisse zeigen qual. die Bedeutung der Nichtelastizität der Streuung von Elektronen durch Emission opt. Phononen. Die Menge der Elektron-Lochpaare, die aus der Lawine im Bereich hohen Feldes hervorgehen, wird infolge verstärkter Rekombination an der Oberfläche oder Grenzfläche stark reduziert. Herbert Weber 116

0437 **Durchschlag am Punktkontakt Metall–Galliumarsenid.** A. A. Vilisov und A. P. Vjatkin. (Izvest vysšich učebnych Zavedenij [Tomsk], Fiz. **11** (1968) 5 (72), 149–50; Sibir. fiz.-techn. inst. im. Kuznecova; russ.) — Für Elektronenkonz. von $3 \cdot 10^{15}$–$2 \cdot 10^{18}$ cm^{-3} in GaAs wurde die Abhängigkeit der Durchschlagsspannung eines Punktkontakts mit Berylliumbronze von der Elektronenkonz. u. von der Temp. (80–500 °K) gemessen. V. Burjan 116△

0438 **Herstellung ohmscher Au- und Ag-Kontakte an GaAs durch Thermokompression in Wasserstoff.** A. V. Kovda und P. S. Agalarzade. (Pribory Techn. Eksperimenta **1968**, 3, 198–99; Inst. kristallogr. AN SSSR, Moskva; russ.) H. Roschkowski 116

0439 **Aufgedampfte ohmsche Silber–Mangan-Kontakte auf p-GaAs.** C. J. Nuese und J. J. Gannon. (J. Electrochem. Soc. **115** (1968) 3, 327–28; RCA Labor., Princeton, N.J.; engl.) — Die Kontaktleg. besteht aus 96 Gew.-Teilen Ag u. 4 Gew.-Teilen Mn u. wird sowohl auf chem. polierte u. auf Epitaxieflächen als auch auf geläppte u. polierte Flächen aufgedampft (Schichtdicke ca. 5000 Å). Maskiert wird mit Mo. Bei 550° wird die Kontaktschicht 2 Min. in H_2-Atmosphäre eingesintert. Die erhaltenen Kontakte zeigen eine sehr geringe Eindringtiefe u. sind daher für flache Übergänge geeignet. H. Richter 116

0440 **Struktur der Gleichrichtungs-Sperrschicht an einem Punktkontakt Metall–Galliumarsenid.** A. A. Vilisov und A. P. Vjatkin. (Izvest. vysšich učebnych Zavedenij [Tomsk], Fiz. **11** (1968) 6 (73), 25–31; Sibir. fiz.-techn. inst. im. Kuznecova; russ.) — Die Strom–Spannung- u. Strom–Kapazität-Charakteristiken sowie die Thermo-EMK von GaAs-Punktkontakten mit W, Cu, Al sowie P- u. W-Bronzen werden aufgenommen. Die Eig. des Kontakts hängen nicht vom Metall ab. Die ersten Formierungsimpulse führen zur Bldg. einer Schottky-Sperrschicht oder zur Bldg. eines p–n-Übergangs. H. Roschkowski 116

0441 **Lange Dioden von GaAs mit negativem Widerstand.** V. V. Galkin und E. G. Zaugol'nikova. (Izvest. Akad. Nauk Uzb.SSR, Ser. fiz.-mat. Nauk **12** (1968) 3, 63–64; Taškent, Taškent. gos. univ. im. Lenina; russ.) — Bei Zimmertemp. wurden die VA-Charakteristiken langer, mit Cu kompensierten Dioden (p^+-i-n^+-Struktur, p^+ durch die Diffusion von Cd oder Zn, n^+ durch die Diffusion von Sn hergestellt) u. bei 77 °K die VA-Charakteristiken langer mit Mn kompensierter Dioden derselben Struktur untersucht. Die beiden Dioden haben eine S-förmige Charakteristik mit Resonanzen, die für die mit Cu-kompensierte Diode bei 1–4 MHz u. für die mit Mn kompensierten Dioden bei 10–15 MHz liegen. V. Burjan 116△

0442 **Natur des thermisch aktivierten Stromes und der Strahlung in hochdotierten p–n-Übergängen.** P. G. Eliseev und M. A. Man'ko. (Fiz. techn. Poluprovodnikov **2** (1968) 1, 3–10; Fiz. inst. im. Lebedeva AN SSSR, Moskva; russ.) — Strom–Spannung-Kurven u. Lumineszenzspektren (1,25–1,45 eV) epitakt. *Zn–Te*-p–n-*GaAs*-Dioden im Bereich 4,2–300 °K. Die therm. Aktivierung wird durch ein rasches Anwachsen der Zustände an der Bandkante beschrieben. K. Jaeger 116

0443 **Anwendung einer Raster-Elektronenmikrosondenapparatur zur Untersuchung von Halbleiter-Heteroübergängen.** S. A. Dicman, T. A. Kuprijanova, O. D. Kropotova und A. G. Glazunov. (Izvest. Akad. Nauk SSSR, Ser. fiz. **32** (1968) 6, 953–55; russ.) — Beschreibung des Verf. an Hand von Unters. an *GaAs–InAs*-Heteroübergängen. H. Roschkowski 116

0444 **Abhängigkeit der Lichtempfindlichkeit im System Halbleiter–Metall von der Dicke der halbleitenden Schicht.** M. T. Kostyšyn und P. F. Romanenko. (Ukrains'kyj fiz. Ž. **13** (1968) 8, 1345–49; Inst. napivprovidnykiv AN URSR, Kyiv; ukrain., Auszug: engl.) — Messungen über die Abhängigkeit der Lichtempfindlichkeit von As_2S_3-Filmen in Kontakt mit *Ag* von der Dicke der halbleitenden Schicht. Bei geringen Dicken der halbleitenden Schicht entsprechen Max. der Lichtempfindlichkeit Minima der Reflexionskoeff. u. umgekehrt. Bei großen Schichtdicken gilt diese Relation nicht. I. Zoll 116

0445 **In Metall–Dielektrikum–Metall-Systemen im konstanten elektrischen Feld auftretende nicht stationäre Prozesse.** A. S. Geršun und B. L. Timan. (Fiz. Techn. Poluprovodnikov **2** (1968) 4, 488–91; VNII monokrist., Char'kov; russ.) — Unters. der Strominstabilitäten u. der Kinetik des Überganges von der monopolaren zur bipolaren Injektion in *In–CdS–In*-Strukturen mit ϱ_{Cds} 10^{11}–10^{12} $\Omega \cdot$ cm. K. Jaeger 116

0446 **Untersuchung des Einflusses von metallischen Oberflächenverunreinigungen in Silicium auf die Eigenschaften von Metall–Oxid–Halbleiter-Strukturen.** A. V. Rakov, M. A. Korolev, E. A. Pavlov, A. G. Petrova und G. A. Šepovalova. (Fiz. Techn. Poluprovodnikov **2** (1968) 4, 526–29; russ.) — Unters. des Einfl. durch chem. Bearbeitung entstandener metall. Verunreinigungen (*Ag, Cu, Fe, Na*) auf Si-Oberflächen auf die Kapazität-Spannung-Kurven von Metall–SiO_2–Si-Strukturen. Am stärksten werden die effektiven Ladungen an den Phasengrenzflächen beeinflußt. K. Jaeger 116

0447 **Zerstäubtes Siliciumdioxid für Mehrschichtanordnungen.** Richard Birk. (Trans. metallurg. Soc. AIME **242** (1968) 3, 523–26; Microelectron. Div., Philco-Ford Corp., Santa Clara, Calif.; engl.) — Durch HF-Zerstäubung von SiO_2 bei einem Targetpotential von 2000 V von Peak zu Peak u. einer Frequenz von 13,56 MHz konnten SiO_2–Si-Mehrschichtschaltungen bei Substrattemp. von weniger als 200° hergestellt werden. Die Zerstäubungsgeschw. betrug ca. 60 Å/Min., der Druck des Ar-Inertgases 15 μTorr. Die dielektr. Festigkeit der bis zu 3200 Å dicken Oxidschichten wurde zu $8{,}0 \cdot 10^6$ V/cm bestimmt; die mechan. Lochdichte ist kleiner als $2 \cdot 10^{-2}$ mm^{-2}. IR-Absorptionspeaks der Si–O-Schwingungen wurden bei 9,4, 12,4 u. 22,5 μm beobachtet; der 9,4-Peak verschiebt sich nach Tempern bei 950° nach 9,2 μm. Die DK beträgt bei 1 Kc 3,70. Die Ätzgeschw. in HF lag bei 1200 Å/Minute. W. Laqua 116

0448 **Rand- und Grenzbedingungen in der Theorie stark verunreinigter Supraleiter.** Klaus-Dieter Usadel. (Z. Naturforsch. **23a** (1968) 5, 655–70; Inst. für Theoret. Phys., Univ. Göttingen; dt.) M. Frenzel 120

0449 **Neue Supraleiter.** N. E. Alekseevskij. (Usp. fiz. Nauk **95** (1968) 2, 253–66; Inst. fiz. problem im. Vavilova AN SSSR; russ.) — Übersicht an Hand der neueren Literatur (ab 1965). — 65 Literaturangaben. H. Roschkowski 120

0450 **Entpaarungseffekt eines Magnetfeldes; Untersuchung der Mikrowellenabsorption im Bereich der Oberflächenschicht von reinem Blei.** Gaston Fischer und Rudolf Klein. (Physic. Rev. [2] **165** (1968) 2, 578–80; Labor. RCA Ltd., Zurich, Switzerland; engl.) — Die Absorption der Mikrowellenstrahlung in Pb-Supraleitern in Ggw. hoher Magnetfelder zeigt, daß der Oberflächenwiderstand in reinem Pb scharf dicht oberhalb des thermodynam. krit. Feldes H_c zunimmt. Dieses Verh. wird durch den Entpaarungseffekt des Magnetfeldes gedeutet, wodurch die opt. Energielücke an der Oberfläche des Supraleiters um einen Betrag linear im Vektorpotential red. wird. H. Liepack 120

0451 **FIR-Absorption in dünnen supraleitenden Pb-Schichten.** Leigh Hunt Palmer und M. Tinkham. (Physic. Rev. [2] **165** (1968) 2, 588–95; Dep. of Phys., Univ. of Calif., Berkeley, Calif.; engl.) — Aus Messungen von Durchlässigkeit u. Reflexionsvermögen wurde die Leitfähigkeit von auf einen Quarzkrist. aufgedampften Pb-Schichten bestimmt. Es werden die Ergebnisse für den Realteil der Leitfähigkeit über den Frequenzbereich 9–120 cm^{-1} mitgeteilt. Die Energielücke beträgt 22,5 $\pm 0{,}5$ cm^{-1} bei $T = 0$, oder $(4{,}5 \pm 0{,}1)\, kT_c$. Die Messungen wurden bei 2,0, 4,3 u. 5,5 °K durchgeführt. Die Temp.-Abhängigkeit der Energielücke entspricht der Bardeen-Cooper-Schrieffer-Theorie. Auch die Frequenzabhängigkeit des Realteils der Leitfähigkeit ist in guter Übereinstimmung mit der Theorie. Eine starke Vorläuferabsorption konnte nicht nachgewiesen werden; σ_2 ist anomal niedrig in der Nähe u. unterhalb der Lückenfrequenz. H. Liepack 120

0452 **Kritische Feldkurven der supraleitenden Sn(II)-Modifikation bei Drücken bis 270 kbar und Temperaturen von (0,1—4,2) °K.** N. B. Brandt und I. V. Berman. (Ž. ėksper. teoret. Fiz.-Pis'mav Redakciju 7 (1968) 6, 198—201; Fiz. fak. Mosk. gos. univ. im. Lomonosova; russ.) — Vf. untersuchen an Proben des bei ca. 120 kbar u. ca. 300 °K in die Sn(II)-Modifikation mit raumzentriert tetragonaler Struktur übergehenden Sn die relative Widerstandsänderung r_r/r_0 sowie die krit. Feldkurven H_k bei 240 und 270 kbar im Bereich 0,1—4,2 °K. Der nahezu lineare Verlauf der H_k in den Koordinaten H_k, T^2 läßt darauf schließen, daß Sn(II) ein Supraleiter 1. Art ist mit krit. Feldern, die bei 270 kbar nahe den krit. Feldern von gewöhnlichem Sn im unbelastetem Zustand u. den krit. Feldern der krist. Modifikation von Bi(II) bei ca. 26 kbar liegen. R. Amberger 120

0453 **Tunneleffekt in Blei unter Druck.** N. V. Zavarickij, E. S. Ickevič und A. N. Voronovskij. (Ž. ėksper. teoret. Fiz.-Pis'ma v Redakciju 7 (1968) 8, 271—77; Inst. fiz. vys. davlenij AN SSSR; russ.) — Bei 1,3 °K u. bei Drücken bis 15 kbar wurden die Tunnelcharakteristiken von Pb untersucht. Es wurde die Bandlücke Δ im Spektrum der Elektronen des Supraleiters u. die Verschiebung der charakterist. Frequenzen des Phononenspektrums unter Druck bestimmt. Die Resultate wurden zur Bestätigung der Theorie der Supraleiter mit starker Bindung verwendet. V. Burjan 120△

0454 **Optische Beobachtung der Verluste eines in flüssiges Helium getauchten Supraleiters.** M. Colombeau, E. Le Tiran und A. Mailfert. (Rev. Physique appl. 3 (1968) 1, 18—20; Suppl. zu: J. Physique; Labor. Central des Ind. Électr., Fontenay-aux-Roses; franz.) — Die Energieverluste eines drahtförmigen Supraleiters 2. Art (*Nb-Leg.* mit *25% Zr*) bei 4,2 °K, die bei einer Belastung mit Wechselstrom bei Stromdichten von ca. 440 A/cm² auftreten, können in fl. He an Hand von Dampfblasen in der Umgebung des Drahtes opt. beobachtet werden. Herbert Müller 120

0455 **Kritische Ströme einiger supraleitender Legierungen des Systems Nb–Zr–Ti.** A. M. Grigor'ev, D. I. Lajner, V. Ja. Pachomov, M. V. Raevskaja und E. M. Sokolovskaja. (Izvest. Akad. Nauk SSSR, Metally **1968**, 3, 215—18; Moskva; russ.) — Die krit. Stromdichten u. die Härte von Leg. des Syst. Nb–Zr–Ti in Schnitten mit konst. Geh. von 20 (Atom-%) Ti, 20 Zr oder 50 Nb wurden bestimmt. Die krit. Stromdichten kaltverformter Leg. mit der Struktur des β-Mischkrist. hängen wenig von der Zus. ab. Sie sind im Magnetfeld von 17 kOe niedriger als bei einer bin. Nb-Leg. mit 25% Zr. H. Roschkowski 120

0456 **Durch Wechselstrom induzierte Spannungen in supraleitenden Drähten.** Henry F. Taylor. (Physic. Rev. [2] **165** (1968) 2, 517—21; Rice Univ., Houston, Tex.; engl.) — Ableitung von Beziehungen für die Spannung als Funktion des Stroms für Wechselstrom u. mit Gleichstrom überlagertem Wechselstrom. Die V—I-Kurven stimmen ziemlich gut mit Oszilloskopkurven für defektgesätt. *Nb*-Drähte u. Drähte aus Nb-33% Zr, Nb-25% Zr u. Nb-50% Ti überein. H. Liepack 120

0457 **Einfluß von Niob auf die Supraleitungseigenschaften von Legierungen auf ZrV_2-Basis.** N. E. Alekseevskij, L. N. Guseva und N. M. Matveeva. (Doklady Akad. Nauk SSSR **178** (1968) 5, 1047—50; Inst. metallurg. im. Bajkova AN SSSR; russ.) — Phasenzus., Gitterkonst., Härte u. Sprungtemp. T_k tern. Zr–V–Nb-Leg. im Schnitt Zr 33,3 Atom-% u. Zr : V = 1 : 2 werden angegeben. T_k der homogenen Gleichgew.-Leg. ZrV_2 liegt höher (9,64 °K) als das der gegossenen Leg. gleicher Zus. (8,0 °K). Ersatz von V-Atomen durch Nb in ZrV_2 führt zur Bldg. von γ-Mischkrist. auf Basis dieser Verb. unter Zunahme der Gitterkonst. u. Abnahme von T_k. Ersatz der Summe der Atome (2 V + Zr) durch Nb ändert die Gitterkonst. der γ-Mischkrist. nicht; T_k kaum. Die Abnahme von T_k mit zunehmender Gitterkonst. läßt auf $\partial T_k/\partial p > 0$ schließen. Bei $ZrV_{1,5}Nb_{0,5}$ tritt eine neue tern. Phase (δ) mit hexagonaler Krist.-Struktur vom $MgZr_2$-Typ auf, T_k der stöchiometr.-nahen δ-Phase ist 4,30 °K. R. Amberger 120

0458 **Spin–Gitter-Relaxation in supraleitenden M_3X-Verbindungen mit zwei überlappenden Energiebändern.** I. I. Fal'ko und A. D. Serdjuk. (Fiz. tverdogo Tela **10** (1968) 3, 688—92; Char'kovskij gos. univ. im. Gor'kogo russ.) — Theorie der Spin–Gitter-Relaxation von M_3X-Verb. (M = *V*, *Nb*; X = *Ga*, *Si*, *Sn*, *Al* u. a.). Zur Unters. von Manyvalley-Supraleitern wird die Anwendung von NMR-Messungen vorgeschlagen. K. Jaeger 120

0459 **Supraleitungscharakteristik von Nb–Ti-Legierungen.** I. A. Baranov, K. I. Bojkova, Z. A. Guc, L. A. Kurakina, A. V. Kogan, A. A. Fogel', S. I. Cypkin und R. S. Šmulevič. (Fiz. tverdogo Tela **10** (1968) 2, 404—10; Fiz.-techn. inst. im. Ioffe AN SSSR, Leningrad; russ.) — Messung der Sprungtemp. u. der krit. Stromdichte als Funktion der Zus. u. der Mikroordnung. Mit zunehmender Unordnung nimmt die krit. Stromdichte zu. K. Jaeger 120

Dielektrische und magnetische Eigenschaften

0460 **Kristallfeldtheorie und die Shubnikov-Punktgruppen.** Arthur P. Cracknell. (Advances in Physics **17** (1968) 67, 367—420; Dep. of Phys., Univ. of Essex, Colchester, Essex; engl.) — Unters. der Aufspaltung der Energieniveaus von Atomen in einem Krist.-Feld mit der Symmetrie einer der magnet. (Shubnikov-) Punktgruppen. H. Liepack 136

0461 **Molekularfeldtheorie, das Onsager-Reaktionsfeld und das sphärische Modell.** R. Brout und H. Thomas. (Physics [New York] **3** (1967) 6, 317—29; Univ. Libre de Bruxelles and IBM Res. Labor. Zurich; engl.) — Vf. untersuchen die physikal. u. formalen Aspekte der Onsager-Meth. zur Behandlung des Verh. einer großen Anzahl wechselwirkender Dipole u. zeigen, daß diese Modifizierung der Molekularfeldtheorie nötig ist, um das Fluktuationstheorem der statist. Mechanik zu erfüllen. Die Theorie wird ausführlicher auf das Ising-Modell angewandt u. liefert einen Satz simultaner Differentialgleichungen für die Magnetisierung. Die Lösung erfolgt durch sukzessive Approximation; nach dem ersten Schritt ergibt sich die Weiss-Theorie u. nach dem zweiten das verallgemeinerte sphär. Modell. Abschließend wird darauf hingewiesen, daß die Meth. auch auf Fl.–Dampf-Syst anwendbar ist. P. Weiland 136

0462 **Stabilität lokalisierter magnetischer Momente in Metallen.** B. Coqblin und A. Blandin. (Advances in Physics **17** (1968) 67, 281—366; Labor. de Phys. des Solides, Fac. des Sci., Orsay, France; franz.) — Unters. eines spin- u. bahnentarteten virtuellen Bindungszustandes u. Diskussion des Einfl. der Bahnentartung auf das Auftreten von Spin- u. Bahnmagnetismus u. auf die Ordnung magnet. Übergänge. Anwendung auf die Klärung des Konzepts virtueller p- u. d-Bindungszustände, den Nachw. für die Gültigkeit des Ionenmodells für Seltenerdmetalle außer Ce u. Yb u. die Erklärung des anomalen Verh. von Ce u. Yb. H. Liepack 136

0463 **Magnetische Ordnung in den Seltenerdmetallhexaboriden.** T. B. Geballe, B. T. Matthias, K. Anders, J. P. Maita, A. S. Cooper und E. Corenzwit. (Science [Washington] **160** (1968) 3835, 1443—44; Bell Telephone Labor., Inc., Murray Hill, N.J.; engl.) — Unters. der Ordnungsvorgänge in EuB_6, GdB_6, CeB_6, TbB_6, DyB_6 u. SmB_6 nach verschiedenen Methoden. Es findet sich eine Beziehung zur Ggw. von Leitungselektronen. H. Liepack 136

0464 **Magnetochemie der Seltenerdmetalle. 2. Mitt. Magnetische und röntgenographische Untersuchungen an einigen Verbindungen des Typs $SEBaFeO_4$ und $SEFe_2O_4$.** Horst Hennig, Joachim Sieler, Hagen Papstein und Heinz Holzapfel. (Z. Chem. 8 (1968) 5, 188—89; Inst. für anorgan. Chem., Karl-Marx-Univ., Leipzig; dt.) — 1. vgl. C. **1968**, 8-0138. — Zwischen 4 u. 900 °K werden die magnet. Eig. folgender, im K_2NiF_4-Gitter krist. Verb. untersucht: *$LaBaFeO_4$*, *$NdBaFeO_4$*, *$SmBa \cdot FeO_4$*, *$EuBaFeO_4$*. Die Temp.-Abhängigkeit der magnet. Suszeptibilität wird graph. u. die magnet. Momente werden tabellar. angegeben. Die Gitterkonst. $a = b \neq c$ werden gemessen. Die Darst. von SEF_2O_4-Verb. durch Sintern von SE-Orthoferriten u. FeO führt nicht zu einheitlichen Produkten. H. Tulhoff 136

0465 **Einfluß der Teilchengröße auf die Néel-Temperatur von Cr_2O_3-Pulvern.** W. Gunsser, W. Hille und A. Knappwost. (Z. Naturforsch. **23a** (1968) 5, 781—83, 1 Tafel; Inst. für physikal. Chem., Univ., Hamburg; dt.) — Die Néel-Temp. nimmt mit abnehmender Teilchengröße deutlich ab. Vf. nehmen an, daß mit abnehmendem Durchmesser der Kristallite eine der Cr-Ionenzahl im Krist.-Innern vergleichbare Zahl von Ionen in der Oberflächenschicht eingelagert ist. Dadurch tritt eine Abnahme der mittleren Anzahl von Cr—Cr- u. Cr—O—Cr-Bindungen pro Cr-Ion ein. Damit nimmt für die Randzone der Wert des Austauschintegrals J ab, u. das mittlere Austauschintegral im Ausdruck für die Néel-Temp. $T_N \sim \Delta[2JzS(S+1)]/3k$ wird kleiner. M. Frenzel 136

0466 **Magnetische, Mössbauer- und Strukturuntersuchungen an drei Modifikationen von $FeMoO_4$.** A. W. Sleight, B. L. Chamberland und J. F. Weiher. (Inorg. Chem. [Washington] 7 (1968) 6, 1093—98; Central Res. Dep., E. I. du Pont de Nemours & Co., Wilmington, Del.; engl.) — Darst. u. Charakterisierung von drei Modifikationen von *$FeMoO_4$* durch röntgenograph., DTA-, Leitfähigkeits- u. Mössbauer-Unters.: *α-$FeMoO_4$* (I) (Strukturtyp α-$NiMoO_4$, α-$CoMoO_4$, monoklin, C2/m, aus Guinier-Pulveraufnahmen: $a = 9{,}805 \pm 0{,}001$, $b = 8{,}950 \pm 0{,}001$, $c = 7{,}660 \pm 0{,}001$ Å, $\beta = 114{,}05°$, $D_{\cdot R}$ 4,668 g/cm³), *β-$FeMoO_4$* (II) (Strukturtyp $MnMoO_4$, monoklin, C2/m, $a = 10{,}290 \pm 0{,}001$, $b = 9{,}394 \pm 0{,}001$, $c = 7{,}072 \pm 0{,}001$ Å, $\beta = 106{,}31°$, $D_{\cdot R}$ 4,368 g/cm³) u. eine *$FeMoO_4$*-Hochdruckmodifikation (III) (Strukturtyp $NiWO_4$, triklin verzerrt, P1, red. Zelle: $a = 4{,}9443 \pm 0{,}0001$, $b = 5{,}7006 \pm 0{,}0001$, $c = 4{,}7078 \pm 0{,}0001$ Å, $\alpha = 92{,}32°$, $\beta = 90{,}27°$, $\gamma = 89{,}33°$, $D_{\cdot R}$ 5,425 g/cm³). Die DTA-Unters. zeigen, daß I u. II allotrope Modifikationen darstellen (Umwandlungsbereich 400—600°), daß III sich bei ca. 620° in II umwandelt u. daß F. von II bei 1115 ± 5° liegt. Die Leitfähigkeitsmessungen ergeben Halbleitercharakter von I u. III. Vf. schließen aus den magnet. Messungen (Diagramm: Temp.-Abhängigkeit der magnet. Suszeptibilität für I u. III zwischen 4,2 u. 300 °K) u. den Mössbauer-Spektren aller Verb. (Diagramme: Spektren von I bei 4,2, 78 u. 298 °K, von II bei 297 °K u. von III bei 4,2 u. 297 °K; Tabelle: Isomerieverschiebungen, Quadrupolaufspaltungen, Linienbreiten u. effektive innere magnet. Felder), daß alle drei Modifikationen in der Form $Fe^{2+} \cdot Mo^{6+}O_4$ mit einem „high-spin" Fe^{2+}-Ion vorliegen. Bei III folgt aus den magnet. u. Mössbauer-Unters. eine antiferromagnet. Ordnung unterhalb von 45 °K. Darst. der Verb.: I u. II aus Mischungen von Fe_2O_3, MoO_3 u. Mo (bzw. Fe) durch Erhitzen in evakuierten Pt- oder Si-Röhren 1—2 Tage bei 900—1000°, II dabei durch Abschrecken des Rk.-Gemisches unter 600°, I auch durch Fällung aus stöchiometr. Lsg. von $FeCl_2$ u. Na_2MoO_4 bei 100° u. Vakuumtrocknung bei 400°, III durch hydrothermale Synth. aus Fe_2O_3, MoO_3, Fe bei 3 kbar u. 700°. H.-U. Chun 136

0467 **Magnetischer Austausch in Übergangsmetallkomplexen. 4. Mitt. Lineares trimeres Bis-[acetylacetonato]-nickel(II).** A. P. Ginsberg, R. L. Martin und R. C. Sherwood. (Inorg. Chem. [Washington] 7 (1968) 5, 932—36; Bell Telephone Labor., Inc., Murray Hill, N.J.; engl.) — 3. vgl. C. **1968**, 10-0124. — Die magnet. Eig. des linearen trimeren Clusters $[Ni_3(acac)_6]$ (I) wurden zwischen Zimmertemp. (296 °K) u. 0,365 °K gemessen. Bei Zimmertemp. besitzt das effektive magnet. Moment den für oktaedr. koordiniertes Ni(II) normalen Wert von 3,23 BM pro Ni^{2+}-Ion. Bei Erniedrigung der Temp. nimmt μ_{eff} (korr. bez. einer kleinen Curie-Weiss-Konst. von $\Theta = -0{,}2°$, die durch schwachen Gitterantiferromagnetismus zustande kommt) monoton zu, um unterhalb ca. 10 °K einen konst. Wert von 4,1 ± 0,1 BM zu erreichen. Dieser Befund zeigt, zusammen mit Magnetisierungskurven bei 1,6 u. 4,2 °K, daß die sechs e_g-Elektronen an den drei Ni-Atomen ferromagnet. gekoppelt sind, wobei der Grundzustand des Trimeren durch S = 3 (sechs parallele Spins) gek. ist. Durch Vgl. mit einer erweiterten Form der Kambe-Theorie für die Suszeptibilität eines magnet. isolierten, durch Austausch gekoppelten Trimeren ergibt sich, daß benachbarte Ni-Atome in der linearen Dreiergruppe eine positive Kopplungskonst. $J = +37°$ ($+26\ cm^{-1}$) aufweisen, während der Kopplung der beiden terminalen Ni-Atome eine negative Konst. $J_{31} = -10{,}3°$ ($-7\ cm^{-1}$) zukommt. Die entgegengesetzten Vorzeichen dieser Wechselwrkg. stehen im Einklang mit den derzeitigen theoret. Aspekten des Superaustausches. I ist das erste Beispiel einer ferromagnet. Wechselwrkg. in einem isolierten Cluster. A. Blaschette 136

0468 **Magnetische Eigenschaften von [Pyridin]-kupfer(II)-chlorbenzoaten.** Y. C. Lin und R. C. Thompson. (Canad. J. Chem. **46** (1968) 4, 557—62; Univ. of Brit. Columbia, Vancouver, Canada; engl.) — Cu^{2+} bildet mit m- u. p-Chlorbenzoat in Ggw. von Py. $Cu(ClC_6H_4CO_2)_2 \cdot x$ py (I) (x = 2, 1,2, 1, 0,8, 0,5 u. 0). Die p-Chlorbenzoate haben folgende magnet. Eig.: x = 2: Die magnet. Suszeptibilität gehorcht dem Curie-Weiss-Gesetz mit C = 0,4314 u. $\chi = -10{,}6°$. x = 1,2: Das χ'_M/T-Diagramm zeigt im T-Bereich von 77—324 °K ein Max. u. ein Minimum; die Substanz ist daher wahrscheinlich ein 80/20-Gemenge von I mit x = 1 u. x = 2. Die Verb. mit x = 1 ist antiferromagnet.; x = 0,8: 40/60-Mischung von x = 0,5 u. x = 1. x = 0,5: antiferromagnet., wahrscheinlich mit gleicher Struktur wie die Verb. mit x = 1, aber nur die Hälfte der Py.-Plätze besetzt. x = 0: Mischung von dimeren u. polymeren Verb. wahrscheinlich. — Die m-Chlorbenzoate verhalten sich magnet. sehr ähnlich. Hanspeter Schulz 136

0469 **Verdünnungseffekt von Terbium durch Yttrium auf die Schneckenstruktur von Terbium–Yttrium-Legierungen.** K. P. Belov, R. Z. Levitin, S. A. Nikitin und L. I. Solnceva. (Ž. èksper. teoret. Fiz. **54** (1968) 2, 384—89; Mosk. gos. univ.; russ., Auszug: engl.) — Durch Messung der magnet. u. Magnetostriktionseig. von Tb–Y-Leg. wird ein Intervall von Feldern mit schneckenförmiger Magnetstruktur bestimmt. Wenn Tb durch Y ersetzt wird, nehmen Übergangstemp., schneckenförmiger Antiferromagnetismus u. Paramagnetismus ab, während die Energielücke, die Schnecken- u. ferromagnet. Struktur trennt, stark zunimmt. I. Zoll 136

0470 **Magnetische Eigenschaften von $Pr_zY_{1-z}Ni_2$-Legierungen und Verhalten von $PrNi_2$ bei tiefen Temperaturen.** W. E. Wallace und K. H. Mader. (Inorg. Chem. [Washington] 7 (1968) 8, 1627—29; Pittsburgh, Pa., Univ. of Pittsburgh, Dep. of Chem.; engl.) — Das magnet. Verh. von $PrNi_2$, *$Pr_{0,5}Y_{0,5}Ni_2$*, *$Pr_{0,2}Y_{0,8}Ni_2$*, *$Pr_{0,1}Y_{0,9}Ni_2$* u. *YNi_2* wird über den Temp.-Bereich 4 bis 300 °K untersucht. Alle Leg. zeigen für T > 20 °K Curie-Weiss-Verh.; bei tieferen Temp. treten Abweichungen auf. Die tern. Leg. mit z < 0,2 zeigen bei 4,2 °K Van-Vleck-Paramagnetismus. Die Krist.-Feldaufspaltung des Pr^{3+} in $Pr_{0,1}Y_{0,9}Ni_2$ wird auf 98 bzw. 141 °K geschätzt u. hängt davon ab, ob der Krist.-Feldwechselwrkg.-Term 6. Ordnung noch berücksichtigt wird oder nicht. Die entsprechenden Aufspaltungen für $PrNi_2$ werden auf 94 bzw. 136 °K geschätzt. Der Austausch in $PrNi_2$ ist zu schwach, um bei tiefen Temp. spontane Momente zu erzeugen; die Verb. ist bei 4,2 °K paramagnetisch. Austauschbedingte Sättigungseffekte treten bei einem äußeren Feld von 10—20 kOe auf. Die Änderung der Magnetisierungen u. die Temp.-Abhängigkeit der Suszeptibilität werden ber. u. mit den experimentellen Daten verglichen. B. I. 136△

0471 **Einfluß eines starken Magnetfeldes auf die Martensitumwandlung in einer Fe–Ni-Legierung.** L. N. Romašev, I. G. Fakidov und L. D. Vorončichin. (Fiz. Metallov Metallovedenie **25** (1968) 6, 1128—30; Inst. fiz. metallov AN SSSR; russ.) — Unters. der Magnetisierbarkeit u. des Einfl. eines starken Magnetfeldes (bis 300 kOe) auf die Martensitumwandlung einer Fe-Leg. mit 30,7 Atom-% Ni, deren γ-Phase bei Raumtemp. ferromagnet. ist u. deren Temp. des Beginns der Martensitumwandlung bei 187 °K liegt. Bei 160 kOe erfährt die ferromagnet. γ-Phase bei 200 °K eine martensit. Umwandlung, die von einer sprungartigen Zunahme der Magnetisierbarkeit begleitet wird. Der Prozeß der Martensitentstehung trägt einen stufenartigen Charakter. Diese Martensitumwandlung wird auch bei Temp. über 200 °K beobachtet. Die magnet. Eig. in starken Magnetfeldern u. die Veränderungen im Charakter u. Grad der γ → α-Umwandlung, hervorgerufen durch eine Hochtemp.-Behandlung, werden durch die Ggw. kleiner Bereiche, die eine von der Grundmasse unterschiedliche magnet. Ordnung besitzen, erklärt. H. Hochstein 136

0472 **Einfluß einer thermomechanischen Bearbeitung auf die magnetischen Eigenschaften blattförmiger Proben von Vicalloy.** M. G. Lužinskaja, N. N. Jagovkina und Ja. S. Šur. (Fiz. Metallov Metallovedenie **25** (1968) 4, 664—70; Inst. fiz. metallov AN SSSR; russ.) — An der Leg. Vicalloy 2 (11 % V, 52 % Co, Rest Fe) u. Vicalloy 1 (8 % V, 52 % Co, Rest Fe) wird die Anisotropie der magnet. Eig. in Abhängigkeit von der Richtung der thermomechan. Bearbeitung untersucht. Außer einer Veränderung von H_c, gebunden an die magnet. Textur, erfährt H_c infolge der thermomechan. Bearbeitung in allen Richtungen der Walzebene eine Zunahme. Das Ergebnis bestätigt das Modell über das Anwachsen der Anisotropiekonst. bei thermomechan. Bearbeitung.

Friedel Schneider 136

0473 **Magnetische Phasen in natürlichem Pyrrhotit, $Fe_{0,89}S$ und $Fe_{0,91}S$.** E. J. Schwarz. (J. Geomagnetism Geoelectr. [Tokyo] **20** (1968) 2, 67—74; Ottawa, Geol. Survey of Canada; engl.) — Die Ergebnisse der thermomagnet. Unters. zweier natürlicher *Pyrrhotite* zeigen, daß eine ferrimagnet. Phase der geschätzten Zus. $Fe_{0,88}S$ bis $Fe_{0,875}S$ (T_c ca. 300°) u. eine antiferromagnet. Phase, die oberhalb 180° auf Grund einer Leerstellenordnung ferrimagnet. wird (Ti zwischen 250 u. 275°), koexistent sind. Die zweite Phase macht 70—90 % der einzelnen Proben aus, sie weist weniger Fe-Mangel auf als der Zus. der Gesamtprobe entspricht. Dieser Befund wird durch Ergebnisse der Behandlung der geätzten u. polierten Oberflächen der Proben mit Magnetit-Pulver gestützt. Beim Erhitzen auf über 250° ändern sich die thermomagnet. Eig. beider Phasen. Erhitzung auf 500—600° ergibt wahrscheinlich Homogenisierung der Proben.

E. Schulte 136△

0474 **Untersuchungen über Piezo-Magnetisierung. 2. Mitt. Änderung der Anfangssuszeptibilität des Feinkornsystems von Ferromagnetika auf Grund einaxialer Kompression.** Hajimu Kinoshita. (J. Geomagnetism Geoelectr. [Tokyo] **20** (1968) 2, 75—83; Tokyo, Univ. of Tokyo, Geophys. Inst.; engl.) — 1. vgl. C. **1966**, 43-0466. — Ein einfaches Modell zur Berechnung der Änderung der Anfangssuszeptibilität von Feinkorn-Fraktionen von Ferromagnetika unter einachsiger Kompression wird angegeben. Die Änderung der Anfangssuszeptibilität wird durch Kombination zweier Fakten erklärt, der homogenen Rotation des Vektors der spontanen Magnetisierung der einzelnen magnet. Domänen u. der Verhärtung der Domänengrenzen-Bewegung durch die Deformation des Materials unter einachsiger Kompressionsspannung. Die numer. Berechnung ist in Übereinstimmung mit den experimentellen Werten, die Vf. für natürlichen *Titanomagnetit* u. *Nickel* erhält. E. Schulte 136△

0475 **Magnetomechanische Effekte.** (J. appl. Physics **39** (1968) 2, Pt. I u. II; Proceed. of the Internat. Congress on Magnetism; engl.) — Wecheslwirkung von Magnonen mit longitudinalen und transversalen Phononen (H_0 in einer [111]-Richtung) (J. Mielnicki; 487); Beobachtung magnetoelastischer Kopplung durch Spinwellenresonanz (R. Weber; 491); Stoßinduzierte Entmagnetisierung von Yttriumeisengranat (J. W. Shaner und E. B. Royce 492); Magnetoelastische Wechselwirkung in einer dünnen magnetischen Schicht (V. A. Ignatchenko und E. V. Kuzmin; 494); Drehmomentmessungen der Anisotropie der Energie und Magnetisierung von Ni (G. Aubert; 504); Standpunkt der Theorien der magnetischen Anisotropie (K. Yosida; 511); Magnetostriktion (Earl Callen); 519); Magnetostriktionsverhalten von Fe-Einkristallen (G. M. Williams und A. S. Pavlovic; 571); Magnetostriktion von verdünnten Dy–Fe und von Gd–Fe-Granat (A. E. Clark, J. J. Rhyne und E. R. Callen; 573); Magnetostriktion von Au_2Mn bei starkem Magnetfeld (Tokutaru Hirone, Kazuo Kamigaki, Takejiro Kaneko und Noriaki Kazama; 576); Magnetostriktion paramagnetischer Übergangsmetalle u. Legierungen (Ti, Zr, V, Nb, Ta, Mo, W, Rh, $Rh_{0,5}Ir_{0,5}$, Ir, $Ir_{0,6}Pd_{0,4}$, $Rh_{0,5}Pd_{0,5}$, Pd, $Pd_{0,67}Pt_{0,33}$, $Pd_{0,33}Pt_{0,67}$, Pt) (E. Fawcett und G. K. White; 576); Einionenmodelle und Temperaturabhängigkeit von Magnetostriktion und Piezomagnetismus (Theoret. Untersuchung, Ytterbiumeisengranat und CoF_2 als Beispiel) (R. L. White und T. G. Phillips; 579); Thermische Ausdehnung und erzwungene Magnetostriktion in einem Tb-Einkristall (L. Alberts und P. de V. du Plessis; 581); Magnetoelastische Kopplungskonstante der Seltenerdmetallionen aus optisch-spektroskopischen Daten (Messungen an Ce^{3+} und Yb^{3+} in Yttriumeisengranat) (R. L. Comstock, R. A. Buchanan und R. L. White; 583); Kovalenzkorrektur zum axialen Feld paramagnetischer Ionen (R. Englman; 680); Akustische paramagnetische Resonanz von 3d-Ionen in $KMgF_3$ (Ni^{2+}, Fe^{2+} und Co^{2+} in $KMgF_3$) (J. K. Wigmore, H. M. Rosenberg und D. K. Garrod; 682); Magnetische Anisotropie in Folge des dynamischen Jahn-Teller-Effektes in $d\varepsilon^1$- und $d\varepsilon^5$-Ionen (H. Kaminura und S. Mizuhashi; 684); Cr^{2+}-Ionen in MgO (K. W. H. Stevens; 686); Kooperative Jahn-Teller-Verzerrung in gemischten Chromiten (Berechnungen für $Cu_{1-x}Ni_xCr_2O_4$ und $Fe_{1-x}Ni_x \cdot Cr_2O_4$) (Junjiro Kanamori, Mitsuo Kataoka und Yoshimasa Itoh; 688); Linienformen der magnetischen Resonanz von Pr^{3+} in Doppelnitratkristallen (Messung der Linienformen von Pr^{3+} in $La_2Zn_3(NO_3)_{12} \cdot 24\,H_2O$, $La_2Mg_3 \cdot (NO_3)_{12} \cdot 24\,H_2O$, $La(C_2H_5SO_4)_3 \cdot 9\,H_2O$, $Y(C_2H_5SO_4)_3 \cdot 9\,H_2O$ und $LaCl_3$) (J. W. Culvahouse, L. Pfortmiller u. D. P. Schinke; 690); Mehrphononenwechselwirkung bei Ultraschall-paramagnetischer Resonanz von U-Ionen in CaF_2 (Grover C. Wetsel jun.; 692); Mössbauer-Resonanz von ^{57}Fe in Cu und Fe enthaltenden oxidischen Spinellen (Untersuchung von $CuFe_2O_4$, $Cu_{1-x}Zn_xFe_2O_4$ und $Cu_{1-x}Cd_xFe_2O_4$) (B. J. Evans und S. S. Hafner; 694); Magnetische Anisotropien in antiferromagnetischen Seltenerdmetallantimonid-Einkristallen (CeSb, NdSb, Dy · Sb, HoSb, TbSb, ErSb) (G. Busch und O. Vogt; 1334); Magnetische Anisotropie der Seltenerdmetalle (Gd, Tb, Dy, Ho) (P. H. Bly, W. D. Corner, K. N. R. Taylor und M. I. Darby; 1336); Anisotropie der Fe^{3+}-Ionen in Yttriumeisengranat (R. F. Pearson und A. D. Annis; 1338); Temperaturabhängigkeit der Anisotropiekonstanten von Gd, Tb und Dy (M. S. S. Brooks und D. A. Goodings; 1340); Resonanzeigenschaften von $Ni_{1+x}Ge_x \cdot Fe_{2-2x}O_4$-Einkristallen (R. Krishnan; 1340); Ursprung der magnetischen Anisotropieenergie von Fe_7S_8 und Fe_7Se_8 (K. Adachi und K. Sato; 1343); Magnetische Anisotropie und ihre Feldabhängigkeit aus Messungen nach der Induktionsmethode (Beschreibung der Methode, Messungen an Fe, Ni, α-Fe_2O_3 und $FeCO_3$) (P. J. Flanders; 1345); Temperaturabhängigkeit der magnetischen Kristallanisotropie (R. R. Birss und P. M. Wallis; 1347). H. Liepack 136

A-4. Thermodynamik, Mechanik der Gase und Flüssigkeiten, Gleichgewichte

0476 **Apparatur zur Messung der spezifischen Wärme von Metallen bis zur Schmelztemperatur.** C. Affortit und R. Lallement. (Rev. int. hautes Températ. Réfractaires **5** (1968) 1, 19—26; Fontenay-aux-Roses, Commissariat a l'Énerg. Atom.; franz.) — Zur Best. der spezif. Wärme c von Metallen bis unmittelbar an den F. wird eine Meth. beschrieben, bei der durch einen Draht des zu untersuchenden Metalls ein Stromstoß von ca. 0,1 bis 1 Sek. Dauer gegeben wird. Während des Stromflusses wird der Spannungsabfall am Probedraht (A) u. an einem niederohmigen Vgl.-Widerstand im gleichen Stromkreis sowie der Temp.-Verlauf des A oszillograph. registriert. Die Temp. wird mit einem aufgeschweißten Thermo-

element bzw. auch mit einem Photomultiplier gemessen. Bei der Auswertung wird der Wärmeverlust durch Strahlung berücksichtigt, der Gesamtmeßfehler beträgt maximal 5%. Es wurde c von *Fe, Ta, Co, Ti, U, Nb* u. *W*. bis zum F. gemessen u. mit Literaturdaten verglichen. Die Meth. erlaubt außerdem die Messung des elektr. Widerstandes u. seiner Temp.-Abhängigkeit (Nb bis 2700 °K), des F. (Fe, Nb, Co u. Ti), von Phasenübergangstemp. (Ti: 880 ± 10°, Fe: 750 ± 10°, Magnet. Übergang des Fe: 940 ± 10° u. Co: 450 ± 10°) u. mit beschränkter Genauigkeit von Phasenübergangsenergien.
Waldemar Köhler 141

0477 **Thermodynamik des mechanochemischen Effektes. 1. Mitt. Ableitung von Grundgleichungen. Natur des Effektes.** É. M. Gutman. (Fiz.-chim. Mech. Mater. **3** (1967) 3, 264—72; Lvov, Fiz.-mech. inst. AN UkrSSR; russ.) — An Hand der Thermodynamik irreversibler Prozesse werden lineare phänomenolog. Beziehungen abgeleitet, die die mechanochem. Bldg.- u. Bewegungsprozesse von Versetzungen mit dem elektrochem. Korrosionsprozeß verknüpfen: der Effekt ist durch die Erhöhung des chem. Potentials eines Metalls bei plast. Verformung bedingt. Die Verformung führt zu einer Verkleinerung der Subl.-Arbeit der Metallatome. Die Entedelung des Gleichgew.-Potentials eines Metalls bei plast. Verformung entspricht ferner dem LeChatelier-Brownschen Prinzip u. bringt einen Korrosionsanstieg mit sich.
I. Tumova 142

0478 **Beweis des Curie-Theorems.** Y. L. Yao. (J. chem. Physics **48** (1968) 1, 537; Dep. of Energy, Mines and Resources, Ottawa, Canada; engl.)
A. Blaschette 142

0479 **Einfluß der Molekülfolge bei der Untersuchung des verallgemeinerten Lennard-Jones-Potentials.** Henry Brusset, Louis Kaiser und Dominique Depeyre. (C. R. hebd. Séances Acad. Sci. Sér. C **267** (1968) 13, 749—52; Centre de Rech. de Chim., École Centrale des Arts et Manuf., Paris; franz.) — Theoret. Behandlung.
I. Zoll 142

0480 **Thermodynamische Stabilität idealer Quantengase.** V. K. Semenčenko, B. Ch. Al'-Chajat, V. B. Baskakova. (Ž. fiz. Chim. **42** (1968) 8, 2040—42; Mosk. gos. univ. im. Lomonosova; russ.) — Eine Betrachtung der Stabilität entarteter Bose- u. Fermi-Gase zeigt, daß für das Fermi-Gas die Stabilität bis T = 0 endlich ist u. für das Bose-Gas die Stabilitätsdeterminante D (T ≦ 0) gleich Null ist. Daher können Quantengase, die sich dem Nernstschen Postulat unterwerfen, keinen stabilen Grenzzustand erreichen.
H. Roschkowski 142

0481 **Irreversible Thermodynamik einiger Erscheinungen in diskontinuierlichen Systemen. 2. Mitt. Lineare Gleichungen und Onsager-Beziehungen.** S. A. Sudarikov und F. N. Kapuckij. (Izvest. Akad. Nauk Beloruss. SSR, Ser. chim. Nauk **1968**, 2, 25—29; Beloruss. gos. univ. im. Lenina; russ.) — 1. vgl. C. **1969**, 1-0504. — Der 2. u. 3. Hauptsatz der Ungleichgew.-Thermodynamik u. die Onsager-Beziehungen in äquivalenten Syst. werden allg. besprochen. Ein Verf. zur Ableitung der beiden Hauptsätze wird diskutiert. H. Roschkowski 142

0482 **Kinetische Gleichung für die Selbstkorrelationsfunktion $G_S(r, t)$ im verdünnten Boltzmann-Gas.** J. Stecki und R. Wojnar. (Chem. Physics Letters [Amsterdam] **2** (1968) 5, 343—45; Inst. of Phys. Chem. of the Polish Acad. of Sci., Warszawa, Poland; engl.)
H. Liepack 144

0483 **Monte Carlo-Rechnungen für harte Scheiben im isotherm-isobaren Ensemble.** W. W. Wood. (J. chem. Physics **48** (1968) 1, 415—34; LASL, Univ. of Calif., Los Alamos, N.Mex.; engl.) A. Blaschette 144

0484 **Baroeffekt für die Diffusion von Gasgemischen mit drei Komponenten.** P. E. Suetin und S. G. Skakun. (Ž. fiz. Chim. **42** (1968) 8, 2042—44; Ural'skij politechn. inst. im. Kirova; russ.) — Ableitung einer Beziehung zwischen den Gaskonz. in einem tern. Gemisch u. der Druckdifferenz, die sich in einem stationären Zustand 2. Ordnung in einem Syst. zweier Vol. einstellt, die durch eine Kapillare verbunden sind.
H. Roschkowski 146

0485 **Trennung von im chemischen Gleichgewicht befindlichen Gasmischungen in einem Temperaturgradienten.** 1. Mitt. R. Paul und A. E. de Vries. (J. chem. Physics **48** (1968) 1, 445—50; FOM, Inst. voor Atoom- en Mol.-Fys., Amsterdam; engl.) — Theoret. u. experimentelle Unters. an den Syst. *He*–NO_2–N_2O_4 u. *Ar*–NO_2–N_2O_4, wobei die Abtrennung des Inertgases vom chem. reagierenden Teilsyst. $NO_2 \rightleftharpoons N_2O_4$ angestrebt wurde. Bei der theoret. Behandlung des ersten Syst. müssen der gewöhnliche Thermodiffusionsfaktor u. der thermochem. Effekt berücksichtigt werden. Beim Ar-haltigen Syst. kann dagegen der physikal. Beitrag zur Trennung vernachlässigt werden. Die Theorie wird ferner in allg. Form auf die Trennung zweier Inertgase in Ggw. einer dissoziierenden Komponente u. auf die Trennung in einem Syst. des Typs $\nu_1 A \geqq \nu_2 B + \nu_3 C$ angewendet.
A. Blaschette 146

0486 **Thermodiffusion in einem Gemisch von Gasen und Dämpfen. 2. Mitt. Experimentelle Resultate.** Ju. T. Mazurenko. (Ž. fiz. Chim. **42** (1968) 8, 1911—15; russ.) — 1. vgl. C. **1969**, 7-0540. — Die therm. Diffusion von β-Naphthylamin-, Anthracen-, 9.10-Diphenylanthracen-, 3-Acetylaminophthalimid-, 3-Dimethylamino-6-aminophthalimid- u. 3-Amino-N-phenylphthalimid-Dämpfen in He wurde bei 400—500 °K bestimmt. Die verd. Gemische wurden als Modelle für die Diskussion der Übertragungseig. von Aerosolen oder Staub in der Gasphase herangezogen. J. J. Pohl 146

0487 **Annäherung an den stationären Zustand bei der Thermodiffusion in ternären Systemen.** S. K. Deb und A. K. Barua. (J. chem. Physics **48** (1968) 1, 519—20; Indian Assoc. for the Cultivat. of Sci., Calcutta; engl.) — Die Thermodiffusion im Syst. *He–Ne–Ar* wurde bei $\overline{T}$ = 350,5 °K nach der Zweikugelmeth. untersucht. Die Relaxationszeiten τ_{ij} sind im tern. Syst. kleiner als in den bin. Teilsystemen. Außerdem scheinen die tern. Relaxationszeiten von der Zus. abzuhängen.
A. Blaschette 146

0488 **Computer-„Versuche“ an klassischen Flüssigkeiten. 2. Mitt. Gleichgewichts-Korrelationsfunktionen.** Loup Verlet. (Physic. Rev. [2] **165** (1968) 1, 201—14; Belfer Graduate School of Sci., Yeshiva Univ., New York, N.Y.; engl.) — 1. vgl. C. **1968**, 29-0584. — Ermittlung der Gleichgew.-Korrelationsfunktionen für eine dichte klass. Fl. durch Integration der Bewegungsgleichung eines Syst. aus 864 Teilchen mit Wechselwrkg. über ein Lennard-Jones-Potential. H. Liepack 146

0489 **Verteilungsfunktion in Oberflächenschichten. 3. Mitt. Asymptotik der Zweiteilchen-Verteilungsfunktion in der Oberflächenschicht einer einfachen Flüssigkeit.** F. M. Kuni und A. I. Rusanov. (Ž. fiz. Chim. **42** (1968) 7, 1723—29; Leningradskij gos. univ. im. Ždanova; russ.) — 2. vgl. C. **1969**, 12-0550. — Ableitung einer asymptot. Beziehung für die Zweiteilchen-Verteilungsfunktion in der Oberflächenschicht einer einfachen Flüssigkeit. H. Roschkowski 146

0490 **Thermodynamik von Helium-3 und Helium-4 bei niedrigen Temperaturen.** V. K. Semenčenko und Ch. M. Badra. (Ž. fiz. Chim. **42** (1968) 8, 2045—49; Mosk. gos. univ. im. Lomonosova; russ.) — Die Möglichkeit eines λ-Übergangs in ^{3}He bei tiefen Temp. wird aus einer Analyse thermodynam. Daten aus der Literatur abgeleitet.
H. Roschkowski 146

0491 **Korrekturen der kinetischen Theorie der Diffusion in fluiden Systemen.** J. H. Dymond und B. J. Alder. (J. chem. Physics **48** (1968) 1, 343—47; Univ. of Calif., Dep. of Chem., Berkeley, Calif.; engl.) — Die gemessenen Diffusionskoeff. von CH_4 längs dem Fl.-Zweig der Fl.-Dampf-Koexistenzkurve können für Temp. zwischen der krit. Temp. u. dem Normalsiedepunkt mit Hilfe der Hartkugel-Diffusionstheorie quant. vorhergesagt werden. Damit ist eine experimentelle Bestätigung der van der Waalsschen Transporttheorie erbracht. Außerdem unter-

streichen die Befunde die prakt. Bedeutung des Beitrags korrelierter Vorgänge zur Hartkugeldiffusion.
A. Blaschette 146

0492 **Isotherme Kompressibilität von flüssigen Alkalimetallen.** Alan D. Pasternak. (Mater. Sci. Engng. [Lausanne] 3 (1968) 2, 65–70; Lawrence Radiat. Labor., Univ. of Calif., Livermore, Calif.; engl.) — Es wird eine auf der radialen Verteilungsfunktion aufbauende Korrelation korrespondierender Zustände aufgestellt, die die Temp.-Abhängigkeit der isothermen Kompressibilitäten von fl. *Na*, *K*, *Rb* u. *Cs* beschreibt. Wenn die Alkalimetalle derselben Form einer zweiparametrigen intermol. Potentialenergiefunktion gehorchen, sollte eine einfache Beziehung zwischen der red. Kompressibilität u. der red. Temp. bestehen. Diese Beziehung wird mit Hilfe unabhängig bestimmter Parameter ermittelt. Sie gestattet die Kompressibilität von *Li* vorauszusagen.
I. Zoll 146

0493 **Thermische Ausdehnung und Oberflächenenergie von flüssigem Germanium.** E. S. Levin, P. V. Gel'd und L. V. Ščipanova. (Izvest. vysšich učebnych Zavedenij [Ordžonikidze] cvetnaja Metallurg. 11 (1968) 4, 77–79; Urals'kij politechn. inst., Kaf. fiz.; russ.) — Die D. von fl. Ge beträgt bei 950–1600° $\varrho = 6{,}30$ bis $7{,}34 \cdot 10^{-4}\, t \cdot g/cm^3$, beim Schmelzpunkt 5,6 g/cm³. Die Oberflächenenergie bei 950–1600° ist $\sigma = 693 - 0{,}12\, t \cdot$ mJoule/m². J. J. Pohl 146

0494 **Viskosität von Zweikomponentensystemen.** U. I. Ivanov. (Izvest. Akad. Nauk Latv. SSR, Ser. fiz. techn. Nauk 1968, 4, 83–88; Fiz.-ėnerget. inst. AN Latv. SSR; russ., Auszug: engl.) — Vorschlag einer Best.-Meth. für die Viskositätskoeff. von Zweikomponentensystemen. Die Konz.-Abhängigkeit des Koeff. für ideale u. nicht ideale Lsg., Elektrolyte ist analog der von Suspensionen u. Emulsionen. Diskussion über die Viskositätsänderung durch Oberflächenphasen. Ausdrücke zur Berechnung von Viskositätskoeff. von Zweikomponenten-(Mehrkomponenten-) Syst. werden angegeben. I. Zoll 146

0495 **Bildungswärme von Rongalit.** V. V. Budanov, V. D. Kibenko und T. I. Kunin. (Izvest. vysšich učebnych Zavedenij [Ivanovo], Chim. i chim. Technol. 11 (1968) 6, 646–49; Ivanovskij chim.-technol. inst.; russ.) — Kalorimetr. wurden die Wärmeeffekte folgender Rk. bestimmt (25°, wss. Lsg. mit 500 gMol H_2O auf 1 gMol der Verb.) $NaHSO_{3aq} + CH_2O_{aq} + H_2O_{fl.} = NaHSO_3 \cdot CH_2O + NaOH_{aq}$; $Na_2S_2O_{4aq} + 2\,CH_2O_{aq} + H_2O_{fl.} = NaHSO_2 \cdot CH_2O_{aq} + NaHSO_3 \cdot CH_2O_{aq}$; die Wärmeeffekte ΔH_{298} dieser Rk. betragen entsprechend $-2{,}57 \pm 0{,}03$ kcal/Mol u. $-17{,}68 \pm 0{,}05$ kcal/Mol. Die integralen Lsg.-Wärmen für $NaHSO_3$ u. $NaHSO_2 \cdot CH_2O \cdot 2\,H_2O$ wurden ebenfalls bestimmt (ΔH_{298} entsprechend $+1{,}32 \pm 0{,}01$ u. $+6{,}36 \pm 0{,}04$ kcal/Mol bei einer Endverd. 500 g Mol H_2O auf 1 g Mol der Verb.) u. die Bldg.-Wärme von krist. $NaHSO_2 \cdot CH_2O \cdot 2\,H_2O$ unter Standardbedingungen ber. ($\Delta H_{298} = -345{,}4 \pm 0{,}1$ kcal/Mol). B. Karos 150

0496 **Bildungsenthalpie einiger Proben von amorphem Kohlenstoff.** V. P. Kolesov, O. G. Talakin und S. M. Skuratov. (Ž. fiz. Chim. 42 (1968) 9, 2307–09; Mosk. gos. univ. im. Lomonosova, chim. fak.; russ.) — Die Verbrennungsenthalpie von amorphem Kohlenstoff, der sich bei der Rk. von $C_2F_4Cl_2$, $C_2F_3Cl_3$ u. C_3F_8 mit Na bildet, wurde bestimmt, die mit Hilfe der erhaltenen Werte ber. Bldg.-Enthalpien der drei Kohlenstoffproben betragen 4,6, 4,3 u. 5,4 kcal/g-Atom. Die C-Proben sind nach röntgenograph. Daten amorph u. hochdispers. Bei Verw. des Mittelwertes 4,8 kcal/Mol beträgt die Bldg.-Enthalpie von *Perfluorcyclobutan* unter Verw. der Rk.-Enthalpie von $C_4F_{8(gas)} + 8\,Na_{(krist.)} = 8\,NaF_{(krist.)} + 4\,C_{(amorph)}\,\Delta H = -355{,}7$ kcal/Mol. J. J. Pohl 150

0497 **Integrale Mischungswärmen von $TiCl_4$, $GeCl_4$ und $SnCl_4$ mit Tributylphosphat, Benzylacetat und Butylacetat.** N. G. Murygina, V. I. Dulova und V. A. Logačev. (Izvest. vysšich učebnych Zavedenij [Ivanovo], Chim. i chim. Technol. 11 (1968) 6, 630–32; Taškentskij gos. univ. im. Lenina; russ.) — Die integralen Mischungswärmen von $TiCl_4$, $GeCl_4$ u. $SnCl_4$ mit Tributylphosphat (I), Benzylacetat (II) u. Butylacetat (III) wurden experimentell mit einer Genauigkeit von ±0,07 kcal/Mol bestimmt. Sie betragen für $TiCl_4$ mit I, II u. III 45,4, 46,6 bzw. 42,8; für $GeCl_4$ 11,6, 1,4 bzw. 1,1 u. für $SnCl_4$ 31,8, 30,9 bzw. 30,8 kcal/Mol. B. Karos 150

0498 **Thermochemie des flüssigen Systems Blei(II)-oxid–Siliciumdioxid bei 900°.** T. Østvold und O. J. Kleppa. (Inorg. Chem. [Washington] 8 (1969) 1, 78–82; Chicago, Ill., Univ. of Chicago, James Franck Inst., Dep. of Chem.; engl.) — Mit Hilfe einer früher beschriebenen kalorimetr. Meßanordnung (vgl. C. 1966, 8-0411) wurde das fl. bin. Syst. PbO–SiO_2 (I) im Konz.-Bereich N(I) = 0,205 bis 0,495 bei 900° thermochem. untersucht; die ermittelten partiellen thermodynam. Exzeßfunktionen sowie die integralen Mischungsenthalpien sind graph. wiedergegeben. Die Ergebnisse deuten darauf hin, daß in den Schmelzen nur SiO_4^{4-}-Anionen u. keine anderen Silicatanionen vorliegen. G. Gattow 150

0499 **Uranmonosulfid.** 3. Mitt. **Thermochemie, Partialdrücke und Dissoziationsenergien von US und US_2.** E. David Cater, E. G. Rauh und R. J. Thorn. (J. chem. Physics 48 (1968) 1, 538; Dep. of Chem., Univ. of Ia., Iowa City, Ia.; engl.) — Erratum zu C. 1967, 15-0574. Es werden korr. Werte der Dissoziationsenergien mitgeteilt: $D_0(US) = 124{,}0 \pm 2{,}3$ kcal/Mol; $D_0(US_2) = 247 \pm 4$ kcal/Mol; mittlere U–S-Bindungsenergie $= 5{,}35 \pm 0{,}1$ eV. A. Blaschette 150

0500 **Dissoziationsenergie von AgMn und Gleichgewichte im System Silber–Mangan.** Arthur Kant. (J. chem. Physics 48 (1968) 1, 523–25; Army Materials and Mechan. Res. Center, Watertown, Mass.; engl.) — Im Dampf über Ag–Mn (Mol-Verhältnis 1 : 1) wurde das AgMn-Mol. massenspektrometr. als $AgMn^+$ nachgewiesen. Für AgMn ($^1\Sigma$; g) + Ag(g) $\rightleftharpoons$ Ag_2(g) + Mn(g) ergibt sich $\Delta H_0^0 = -10{,}8 \pm 4$ kcal. Durch Kombination mit dem bekannten Wert von $D_0^0(Ag_2) = 37{,}6 \pm 2$ kcal/Mol wird hieraus $D_0^0(AgMn) = 26{,}8 \pm 5$ kcal/Mol erhalten.
A. Blaschette 150

0501 **Kinetik der Kondensation.** T. G. Owe Berg und Douglas C. George. (J. geophys. Res. 73 (1968) 10, 3103–12; T. G. Owe Berg, Inc., Santa Ana, Calif.; engl.) — In einer Expansionskammer wurde die Kondens. von W. mit Hilfe der Schnellphotographie untersucht. Tröpfchengröße u. -zahl wurden in Abhängigkeit von der Zeit während der Expansion aufgetragen. Tröpfchen bilden sich sofort bei Beginn der Expansion. Solche von einigen μ Größe bilden sich innerhalb einiger μs. Es wird geschlossen, daß die Kondens. hier in einem Kettenrk.-Mechanismus erfolgt, während die klass. Keimbldg.- u. -wachstumstheorie nur für langsame Kondens. an einer Wand gilt. A. Becker 152

0502 **Änderungen der Enthalpie und der Molwärme bei der Umwandlung von amorphem Eis mit hoher Oberfläche in stabiles hexagonales Eis.** J. A. Ghormley. (J. chem. Physics 48 (1968) 1, 503–08; Chem. Div., ORNL, Oak Ridge, Tenn.; engl.) — Amorphes Eis, das durch langsame Kondens. von W.-Dampf an einer mit fl. N_2 oder fl. H_2 gekühlten Oberfläche erzeugt wird, erleidet beim Erwärmen mehrere exotherme Umwandlungen. Die therm. Analyse mit Hilfe von Erwärmungskurven ergibt für das bei −253° erzeugte Eis eine Abgabe von 8 cal/g (22 cal/g), wenn es von −253 auf −196° (von −196 auf −120°) erwärmt wird. Bei −196° erzeugtes Eis gibt zwischen −185 u. −125° eine Wärmemenge von 14 cal/g ab. Diese Enthalpieänderungen werden teilweise einer Abnahme der spezif. Oberfläche des amorphen Eises zugeschrieben. Beginnend bei −120° werden weitere 24 cal/g infolge Kristallisation zu kub. Eis (Eis Ic) freigesetzt. Weitere 3 cal/g, die zwischen −80 u. −50° registriert werden, beruhen offensichtlich auf der Ausbldg. größerer Krist. der kub. Form. Für die Umwandlung des kub. in hexagonales Eis (Eis Ih) zwischen −50 u. −5° ist ΔH kleiner als ±0,3 cal/g, doch tritt hier eine Verringerung der Tieftemp.-Molwärme auf. Die Molwärme von amorphem Eis oder Eis Ic im Bereich −170 bis −120° ist um 27% höher, die von Eis Ic zwischen −120 u. −70° um 12% höher als die Molwärme von Eis Ih. Die größere Wärmekapazität von Eis Ic wird auf einen höheren Ordnungsgrad

bei tiefer Temp. zurückgeführt. Die der hypothet. Umwandlung von amorphem Eis bei -253^0 in Eis Ic bei der gleichen Temp. entsprechende Wärmeentw. beträgt 55 ± 5 cal/g. Es wurde kein Glasumwandlungspunkt des amorphen Eises beobachtet. Die Enthalpie- u. Molwärmeänderungen sind im Rahmen der Vers.-Genauigkeit die gleichen für D_2O u. H_2O.
A. Blaschette 152

0503 **Schmelzpunkte anorganischer Fluoride.** H. Kojima, S. G. Whiteway und C. R. Masson. (Canad. J. Chem. **46** (1968) 18, 2968—71; Atlantic Reg. Labor., Nat. Res. Council of Canada, Halifax; engl.) — Beschreibung einer Meth. zum Reinigen anorgan. Fluoride, bei der wasserfreies HF durch die Schmelzen geleitet wird. Nach dieser Behandlung werden F. von *LiF*, *NaF*, *KF*, MgF_2, CaF_2, SrF_2, BaF_2 u. CdF_2 bestimmt u. mit Literaturangaben verglichen. — 28 Literaturangaben.
I. Zoll 152

0504 **Auswertung von Knudsen-Messungen der Sublimation von Mangan(II)-selenid.** Heribert Wiedemeier und William J. Goyette. (J. chem. Physics **48** (1968) 7, 2936—41; Dep. of Chem., Rensselaer Polytechn. Inst., Troy, N.Y.; engl.) — Messung der Knudsen-Effusion mit stöchiometr. *MnSe* (I) im Temp.-Bereich 1414—1628 °K u. bei Drücken zwischen 10^{-6} u. 10^{-4} atm. Danach verdampft I kongruent in diesem Bereich. Die Auswertung der Knudsen-Daten erfolgt nach der allg. Rk. $MnSe(fest) = Mn(g) + {}^1/_2(1-\alpha)Se_2(g) + \alpha Se(g)$. Der ber. mittlere Dissoziationsgrad α ist 0,45 u. die Rk.-Wärme $= 140{,}6 \pm 2{,}5$ kcal/Mol bei 218 °K. Die Bldg.-Wärme von *MnSe(fest)* ist $-37{,}4 \pm 2{,}5$ kcal/Mol.
R. Blank 152

0505 **Theorie der Isomorphie von Cer. 2. Mitt. Besonderheiten der physikalischen Eigenschaften der isomorphen Phasen von Cer.** I. L. Aptekar' und E. G. Ponjatovskij. (Fiz. Metallov Metallovedenie **25** (1968) 6, 1049—57; Inst. fiz. tverdogo tela AN SSSR; russ.) — 1. vgl. ibid. **25** (1968) 5, 777. — Mit Hilfe des l. c. entwickelten Modells pseudobin. Mischkrist. werden die p-V-T-Beziehungen der isomorphen krist. Ce-Phasen mit kub.-flächenzentriertem Gitter untersucht. Eine Reihe anomaler Eig. von Ce wird dabei erklärt, wie das Minimum des therm. Ausdehnungskoeff. α bei Atmosphärendruck, die Veränderung von α bei Temp.- u. Druckänderung von anomal hohen auf negative Werte u. das Kompressibilitätsverhalten.
H. Roschkowski 152

0506 **Hochdruckpolymorphie und Reaktionen von Dysprosium(III)-oxid.** H. A. Seck, F. Dachille und R. Roy. (Inorg. Chem. [Washington] **8** (1969) 1, 165—67; University Park, Pa., Pa. State Univ., Materials Res. Labor.; engl.) — Vf. bestimmten das p/T-Diagramm von Dy_2O_3 (I) zwischen 250 u. 1200° im Druckbereich von 5—30 kbar bez. der Grenze zwischen C- u. B-I mit röntgenograph. Methoden. Mit steigender Temp. nimmt der Gleichgew.-Druck zwischen C- u. B-I mit 9,3 bar/Grad ab. Aus den Ergebnissen wird extrapoliert, daß die Phasenumwandlung C–B von I unter Normaldruck bei ca. 2150° mit einer Umwandlungsenthalpie u. -entropie von 2 kcal/Mol u. 0,8 cal/Grad · Mol erfolgt. Die Hochdruckmodifikation B-I krist. monoklin mit $a = 13{,}97_2$, $b = 3{,}51_2$, $c = 8{,}65_7$ Å, $\beta = 99^0\,54'$. In dem Syst. I–H_2O tritt die Verb. DyOOH auf, die bei 5 kbar bis zu Temp. von 1100° stabil ist.
G. Gattow 152

0507 **Dilatometer zur Untersuchung von Phasenumwandlungen in Whiskern.** I. P. Kušnir und E. I. Estrin. (Zav. Labor. **34** (1968) 9, 1131—32; CNIIČERMET im. Bardina; russ.) — Beschreibung der App. u. Anwendung auf die Unters. der $\alpha \rightleftharpoons \gamma$-Umwandlung in *Fe*-Whiskern.
H. Roschkowski 152

0508 **Doppelt isopiestische Methode.** S. K. Charčenko, A. V. Luk'janov und V. A. Michajlov. (Ž. fiz. Chim. **42** (1968) 7, 1851—53; Inst. neorg. chim. SO AN SSSR, Novosibirsk; russ.) — Eine Meth. zur isopiest. Unters. von Syst. mit zwei flüchtigen Komponenten wird vorgeschlagen. Sie sieht den Vgl. mit zwei Zweikomponenten-Standardlsg. vor. Die flüchtige Komponente der einen Standardlsg. darf in der anderen Standardlsg. nicht lösl. sein u. umgekehrt. Als Beispiel wird die Best. der Aktivitätskoeff. der flüchtigen Komponenten W. u. Bzl. in ihren Drei- u. Vierkomponentengemischen mit TBP u. dimerer Di-n-butylphosphorsäure bei 25° angeführt.
J. J. Pohl 154

0509 **Abweichungen vom Raoultschen Gesetz mit sich änderndem Vorzeichen.** E. Abramov. (Izvest. Akad. Nauk Kaz. SSR, Ser. chim. Nauk **18** (1968) 3, 38—43; russ.) — Der Einfl. flüchtiger Verb., die sich in Syst. bilden, für die das verallgemeinerte Raoultsche Gesetz gilt, auf die Abweichung des Partialdruckes von der Additivität wurde untersucht. Die chem. Wechselwrkg. führt im allg. zur Vorzeichenumkehr der Abweichung, nur bei sehr kleiner oder sehr großer Flüchtigkeit der Verb. hat die Abweichung bei allen Konz. das gleiche Vorzeichen.
J. J. Pohl 154

0510 **Berechnung der Löslichkeit von Feststoffen in fluiden Phasen.** G. Class. (Brennstoff-Wärme-Kraft **20** (1968) 2, 77—81; Vereinigung der Großkesselbesitzer e. V., Essen; dt.) — Es wird eine Löslichkeitsgleichung für gasf. Lsg. bis zum Bereich krit. D. aufgestellt, die auch chem. Rk. zwischen gelöstem Stoff u. Lsgm. berücksichtigt. Die Leistungsfähigkeit der Gleichung wird an den Syst. Na_2SO_4-, *NaCl*- u. SiO_2–*W.-Dampf* geprüft.
H. Tulhoff 154

0511 **Zustandsdiagramme binärer Systeme: Bemerkenswerte Beziehungen zwischen gewissen thermodynamischen Übertragungsgrößen und den Neigungen der Gleichgewichtskurven nahe der Horizontalen.** Charles Barthel. (C. R. hebd. Séances Acad. Sci., Sér. C **267** (1968) 10, 637—39; École de Brasserie, Fac. des Sci., Nancy; franz.) — Theoret. Betrachtung.
I. Zoll 154

0512 **Bestimmung der ternären Konstanten im Redlich-Kister-Ansatz für die freie Zusatzenthalpie spezieller Dreistoffsysteme.** H. Schuberth. (Mber. dtsch. Akad. Wiss. Berlin **10** (1968) 6, 438—43; Inst. für Verfahrenstechn. der organ. Chem., Leipzig, DAW; dt.) — Theoret. Betrachtung.
I. Zoll 154

0513 **Untersuchung des Gleichgewichtes flüssig–gasförmig eines Gemisches von Schwefeldioxid und Schwefeltrioxid.** Yves de Mauduit und Henri Gardy. (C. R. hebd. Séances Acad. Sci., Sér. C **266** (1968) 13, 946—48; Inst. du Génie chim. Univ., Toulouse; franz.) — Durch dynam. Ebulliometrie des Zweistoffgemisches SO_2–SO_3, gelang es, die Tau- u. Siedekurven bei 760 u. 850 Torr aufzunehmen. Dabei konnte die Bldg. einer Additionsverb. $SO_3 \cdot 2\,SO_2$ gezeigt werden.
W. Gauster 154

0514 **Festkörper–Gas-Phasengleichgewicht im System Helium–Kohlendioxid.** M. B. Iomtev, V. S. Morozov und A. V. Čumak. (Ž. fiz. Chim. **42** (1968) 8, 2069—71; Gos. naučno-issl. i proektnyj inst. azotnoj prom. i prod. org. sint., Dneprodžerzinskij fil.; russ.) — Die maximal mögliche Löslichkeit von komprimiertem He in festem CO_2 ist bei 77, 175 u. 195 °K u. Drücken bis 120 atm $< 10^{-3}$ Mol/Mol. Löslichkeitswerte von festem CO_2 in He bei 160, 170 u. 180 °K u. 10—100 atm sind tabelliert.
J. J. Pohl 154

0515 **Gleichgewichtsdrücke der Kohlensäure über Lösungen von Natriumhydrogencarbonat und freier Kohlensäure.** M. A. Ivakina und K. N. Šabalin. (Izvest. vysšich učebnych Zavedenij [Ivanovo], Chim. i chim. Technol. **11** (1968) 3, 365—67; Uralskij politechn. Inst. im. Kirova; russ.) — Nach der stat. Meth. wurden die Gleichgew.-Drücke von CO_2 über Lsg. von $NaHCO_3$ u. freier überschüssiger Kohlensäure bestimmt. Bei der Zers. des Hydrogencarbonats durch HCl, CH_3COOH u. Citronensäure sind die gemessenen Gleichgew.-Drücke des CO_2 über der Lsg. prakt. gleich dem CO_2-Druck über seinen wss. Lösungen.
E. Klever 154

0516 **Partialdruck von Si über Si–B-Schmelzen.** A. V. Cepljaeva und Ju. A. Priselkov. (Vestnik Moskovskogo Univ., Ser. II **23** (1968) 4, 103—04; Kaf. radiochim.; russ., Auszug: engl.) — Der Dampfdruck von reinem Si beträgt bei 1509—1572 °K $\log P = 11{,}398 - (23924/T)$. Die Löslichkeit von B in Si beträgt bei 1373 °K 1,20, bei 1473 °K 1,28 u. bei 1573 °K 2,88 Atom-%. Die Abhängigkeit des Si-Dampfdruckes in Si + 2,6% B von der Temp.

zeigt Max. bei 1503, 1525, 1553 u. 1578 °K, die auf der Dampfdruckkurve für reines Si liegen u. Minima bei 1508, 1538 u. 1566 °K. Eine Phasenumwandlung findet bei 1548 °K statt. J. J. Pohl 154

0517 **Löslichkeit und Diffusionskoeffizient von Tritium in Siliciumeinkristallen.** Torao Ichimiya und Akio Furuichi. (Int. J. appl. Radiat. Isotopes **19** (1968) 7, 573–78; Inst. of Phys. and Chem. Res., Yamato-machi Kitaadachi-gun, Saitama Prefecture, Japan; engl.) — Für die Löslichkeit gilt $S = 1{,}6 \cdot 10^{20} \exp(-34000/RT)$ Atome/cm³ bei 1 atm T_2, für den Diffusionskoeff. (vor Ausdiffundieren bei 400–500°) $D = 4{,}2 \cdot 10^{-5} \exp \cdot (-13000/RT)$ cm² s⁻¹. M. Frenzel 154

0518 **Methode zur Bestimmung der Löslichkeit von Ammoniak in Quecksilber.** A. G. Stromberg und A. V. Kon'kova. (Ž. fiz. Chim. **42** (1968) 8, 2063–65; Tomskij politechn. inst. im. Kirova; russ.) — Eine indirekte Meth. zur näherungsweisen Best. der Löslichkeit von NH_3 in Hg, sowie eine mathemat. Beziehung zur Best. des Gasdruckes in Schaumblasen von Ammoniumamalgam sind angegeben. Die Löslichkeit wurde bei 10, 16 u. 20° bestimmt, die partielle mol. Lsg.-Wärme beträgt $\Delta \overline{H}_2 =$ 149 kJoule/Mol. J. J. Pohl 154

0519 **Binäre Systeme Ammonium-2- und -4-nitrophenolat-Ammoniak.** W. Lindenberg und G. Studt. (Z. anorg. allg. Chem. **360** (1968) 1/2, 31–38; Chem. Staatsinst., Inst. für Anorg. Chem., Hamburg; dt.) — Die Syst. NH_4-2- u. -4-nitrophenolat/NH_3 wurden zwischen –78 u. 20° bei NH_3-Dampfdrücken von 0–760 Torr durch Verfolgung des isothermen Abbaus, Dampfdruckmessungen, Löslichkeits- u. Dichtebest. untersucht. Die für die festen Phasen NH_4-2-nitrophenolat · NH_3 u. NH_4-4-nitrophenolat · (2 u. 0,5) NH_3 sowie für gesätt. Lsg. ermittelten Dampfdruckgleichungen ermöglichen es, Aussagen über Eig. u. Verh. der Syst. prakt. an jedem Punkt des untersuchten Bereiches zu machen. Zwischen –75 u. –32° ist die Löslichkeit von NH_4-4-nitrophenolat in NH_3 etwas mehr als doppelt so groß wie die der homologen Verbindung. Bei –34° wurden folgende D. gemessen: D. = $1{,}31_3$ g/cm³ für das Mono-NH_3-Addukt des NH_4-2-nitrophenolats u. D. = $0{,}77_9$ g/cm³ für dessen gesätt. Lsg. sowie D. = $1{,}20_7$ g/cm³ für NH_4-4-nitrophenolat · 2 NH_3 u. D. = $0{,}86_7$ g/cm³ für dessen gesätt. Lösung. W. Laqua 154

0520 **Flüssigkeit–Dampf-Gleichgewicht im System aus $GeCl_4$ und einigen Mikrobeimengungen.** G. G. Devjatych, N. Ch. Agliulov, I. A. Feščenko und V. M. Stepanov. (Ž. fiz. Chim. **42** (1968) 8, 2071–75; NII chim. pri Gor'kovskom gos. univ. im. Lobačevskogo; russ.) — Das Gleichgew. Fl.–Dampf wurde in verd. Lsg. von Äthylchlorid, Dichlormethan, 1.1-Dichloräthan, $SiCl_4$, 1.2-Dichloräthan, $CHCl_3$ u. CCl_4 in $GeCl_4$ untersucht. In allen Syst. wurde eine positive Abweichung vom Raoultschen Gesetz beobachtet, die relative Flüchtigkeit der Mikrobeimengungen ist unabhängig von der Lsg.-Zusammensetzung. Die aus der Temp.-Abhängigkeit der relativen Flüchtigkeit bei 20–90° ber. Mischungswärmen betragen in den Syst. von $GeCl_4$ mit C_2H_5Cl, CH_2Cl_2, $CHCl_3$, u. 1.1-$C_2H_4Cl_2$ 0,65, 0,15, 0,07 u. 0,11 (kcal/Mol). Der relative Dampfdruck der genannten Mikrobeimengungen, sowie von PCl_3, $AsCl_3$ u. $SbCl_3$ in $GeCl_4$ wurde mit der statist. Meth. berechnet. J. J. Pohl 154

0521 **Physikalisch-chemische Eigenschaften von Molybdän- und Wolframhexafluorid. Trennung und Reinigung durch Rektifikation.** L. A. Nisel'son, R. K. Nikolaev, T. D. Sokolova, V. I. Stoljarov und Ju. M. Korolev. (Izvest. sibirskogo Otd. Akad. Nauk SSSR, Ser. chim. Nauk **1968**, 1, 109–14; Moskva; russ.) — Die Korrosionsbeständigkeit einer Reihe von Materialien im fl. u. dampfförmigen MoF_6 u. WF_6 wurde untersucht. Au, Pt, Ni, Stahl X18H9T, Leukosapphir, Fluoroplast-4 u. platinierter Quarz sind gut, Quarzglas genügend beständig. Die Temp.-Abhängigkeit der D., Viskosität, Oberflächenspannung u. des Sättigungsdampfdrucks sind: $MoF_6 \varrho_{fl.} =$ 2,614–0,00416 t · g/cm³ (17,0–76,7°), $\log \eta_{fl.} = (431{,}7/T) - 1{,}54_2$, cP (17,0–60,0°), $\sigma_{fl.} = 19{,}7 - 0{,}105$ t, dyn/cm (17,0–60,0°), $\log P = 7{,}545 - (1432/T)$, Torr (35 bis 90°); WF_6 $\varrho_{fl} = 3{,}656 - 0{,}007$ t, g/cm³ (4–117,5°), $\log \eta_{fl.} = 284{,}0/T - 1{,}01$, cP (4–78°), $\sigma_{fl.} = 20{,}01$ bis 0,114 t, dyn/cm (5–82°), $\log P = 7{,}521 - (1348/T)$, Torr (17–70°). Krit. Temp. (WF_6) 171°, (MoF_6) 200°, krit. D. 1,28 bzw. 0,93 g/cm³, krit. Druck 42,8 bzw. 46,9 Atm., F. 2,3 bzw. 17,2°, Dampfdruck bei der Schmelztemp. 375,0 bzw. 398,0 Torr, $Kp._{760} = 17{,}3$ bzw. 33,8°, Verdampfungswärme 5,9 bzw. 6,06 kcal/Mol, D. der Fl. 3,41 bzw. 2,47 g/cm³, Dampfdichte 0,012 bzw. 0,008 g/cm³, D. der Fl. 0,93 bzw. 0,71 cP, Dampfviskosität 0,019 bzw. 0,017 cP, Oberflächenspannung bei 20° 18,03 bzw. 17,0 dyn/cm. Das Fl.-Dampfgleichgew. MoF_6–WF_6 wurde mit der Siedepunktsmeth. bestimmt, das Syst. gehorcht dem Raoultschen Gesetz. Die relative. Flüchtigkeit $\alpha(WF_6/MoF_6)$ beträgt bei 760 Torr 1,8. J. J. Pohl 154

0522 **Physikalisch-chemische Eigenschaften von Gemischen aus Schwermetallfluoriden. 1. Mitt. Flüssigkeit–Dampf-Phasengleichgewicht des Systems Uranhexafluorid–Wolframhexafluorid.** V. N. Prusakov und V. K. Ežov. (Atom. Énerg. **25** (1968) 1, 35–38; russ.) — Das Fl.–Dampf-Gleichgew. wurde bei 1520, 1900, 2290 u. 2660 Torr untersucht, das Syst. zeigt eine negative Abweichung vom idealen Verhalten. Eine Azeotropbldg. wurde nicht beobachtet. J. J. Pohl 154

0523 **Physikalisch-chemische Eigenschaften von Gemischen aus Schwermetallfluoriden. 2. Mitt. Flüssigkeit–Feststoff-Phasengleichgewicht des Systems Uranhexafluorid–Wolframhexafluorid.** V. N. Prusakov und V. K. Ežov. (Atom. Énerg. **25** (1968) 1, 64–65; russ.) — 1. vgl. vorst. Referat. — Das Syst. UF_6–WF_6 wurde bei 100 bis –100° thermograph. untersucht. Das Syst. ist vom einfachen eutekt. Typ, der eutekt. Punkt liegt bei $-1{,}0 \pm 0{,}7°$ u. 96 ± 2 Mol-% WF_6. Eine Mischkrist.-Bldg. wurde nicht beobachtet, das Syst. zeigt eine positive Abweichung von der Schröder-Gleichung. WF_6 erleidet bei $-8{,}0 \pm 0{,}7°$ eine polymorphe Umwandlung. J. J. Pohl 154

0524 **Umsetzung von Gallium und Indium mit Arsen in flüssigen Lösungen auf Germaniumbasis.** A. N. Krestovnikov, G. L. Maljutina und V. M. Glazov. (Izvest. Akad. Nauk SSSR, Neorg. Mater. **4** (1968) 2, 201–06; Mosk. inst. stali i splavov; russ.) — Die Temp.-Abhängigkeit der Viskosität von Schmelzen der Schnitte der tern. Syst. Ge–Ga–As u. Ge–In–As bei 80 u. 90 Atom-% Ge im Syst. Ge–In–As u. bei 90 u. 95 Atom-% Ge im Syst. Ge–Ga–As, welche die quasibin. Schnitte Ge–GaAs u. Ge–InAs im Bereich der prim. Kristallisation der festen Lsg. auf Ge-Basis schneiden, wurde untersucht. Ausgehend von den Viskositätsisothermen werden Rückschlüsse über die relative Beständigkeit von GaAs sowie über die merkliche Dissoziation von InAs beim Lösen in geschmolzenem Ge gezogen. B. Karos 154

0525 **Thermodynamische Eigenschaften flüssiger Al-Legierungen mit Germanium.** G. I. Batalin und E. A. Beloborodova. (Ž. fiz. Chim. **42** (1968) 3, 781–84; Kievskij gos. univ. im. Sevčenko; russ.) — Die EMK der Konz.-Kette $Al_{fl.}/AlCl_3$ in HCl + NaCl-Schmelzen/(Al, Ge)$_{fl.}$ wurde bei 1070–1300 °K bei einem Atombruch des Ge von 0,085–0,876 gemessen. Auf Grund der erhaltenen Daten wurden die Aktivitätskoeff. u. partiellen sowie integralen ΔH-, ΔG- u. ΔS-Werte der fl. Leg. berechnet. Fl. Proben des Syst. Al–Ge zeigen eine beträchtliche negative Abweichung vom idealen Verhalten. Die Bldg. fl. Al–Ge-Leg. ist merklich exotherm. Die Wechselwrkg. zwischen gleichnamigen Atomen wird beim Übergang der Al–Ge-Leg. vom festen in den fl. Zustand stärker, der Charakter der Bindungen ändert sich beim Schmelzen des Ge. J. J. Pohl 154

0526 **Untersuchung der Wechselwirkung zwischen Lösungsmittel und Gelöstem in flüssigen Legierungen durch Messung des Cadmiumdampfdrucks über verdünnten Lösungen von Blei in Cadmium.** Harold S. Swofford jun. und Guy R. B. Elliott. (Inorg. Chem. [Washington] **7** (1968) 4, 666–69; Univ. of Minn., Minneapolis, Minn.; engl.) — Cd-Schmelzen mit 0,004–0,032 Mol-% Pb wurden bei 777 °K untersucht. Von 0,004–0,01 Mol-% Pb gehorcht die Cd-Aktivität a der Gleichung a = 1 bis 1,63 N (N = Mol-% Pb, Aktivität = Verhältnis des Cd-Dampfdrucks über der Lsg. zu dem über reinem Cd). Von

0,015—0,032 Mol-% Pb gilt dagegen a = 1 — 2,04 N + 33,0 N^2. Aus dem sprunghaften Wechsel im Gang der Cd-Aktivität bei 0,012 Mol-% Pb schließen Vf. auf eine Wechselwrkg. zwischen Pb u. Cd, für deren Natur sie keine Deutung geben. H. Tulhoff 154

0527 **Aktivität von Kohlenstoff in flüssigem Eisen.** L. A. Švarcman und I. A. Tomilin. (Doklady Akad. Nauk SSSR **179** (1968) 5, 1159—62; CNIIČERMET im. Bardina; russ.) — Gleichungen zur Best. der Aktivität von C in fl. Fe werden diskutiert. Die Ausscheidung von metastabilem Zementit bei der Kristallisation von Roheisen ist u. a. durch die Ausbldg. einer Fe_3C-Konfig. bedingt. Der Mittelwert von $\Delta\bar{H}_C^{Si}$ in Fe–Si–C-Schmelzen beträgt 42700 cal. J. J. Pohl 154

0528 **Aktivität von Ti und Si in Schmelzen von Eisen, Kobalt und Nickel mit Chrom.** P. A. Čerkasov, V. V. Averin und A. M. Samarin. (Ž. fiz. Chim. **42** (1968) 3, 767—71; inst. metallurg. im. Bajkova AN SSSR, Moskva; russ.) — Die thermodynam. Aktivität von Ti u. Si wurde bei ihrer Ox. in Leg. auf Fe-, Co- u. Ni-Basis bei Geh. von < 1—2 Massen-% u. 1600° untersucht. Die Leg. zeigen eine starke negative Abweichung vom idealen Verh., die Größe dieser Abweichung wächst in der Reihenfolge Fe, Co, Ni. Die Zugabe einer dritten Komponente bewirkt eine starke Änderung der Bindungsstärke von Si u. Ti. Die Einführung von Cu erhöht die Aktivität von Si, die Wrkg. verstärkt sich nach Fe → Co → Ni. Der Aktivitätskoeff. γ_{Si}^0 beträgt in Ggw. von 20% Cr ca. 0,01—0,02. Die Aktivität von Si ist in Fe–Ni-Leg. nicht additiv. Zugabe von 20% Fe zu Ni erhöht die Aktivität von Si 7—8fach, ein Steigen des Fe-Geh. von 20—100% 3—3,5fach. Die Aktivität von Ti in Ni wird durch 5 Atom-% Cr, Mo oder W auf das 2-, 15- bzw. 30-fache erhöht. J. J. Pohl 154

0529 **Aktivität von Silicium in Ferronickel.** E. I. Majzel', S. E. Vajsburd und N. I. Gran'. (Ž. fiz. Chim. **42** (1968) 3, 761—62; russ.) — Die Aktivität von Si in Fe-Leg. mit 3—10% Ni, 5—9% Si, 1—2% Cr u. 1—2% C wurde mit der Meth. der Gleichgew.-Schmelzen bei 1500 bis 1580° bestimmt. Der Aktivitätskoeff. von Si ändert sich in Ggw. von Cr nach $\log \gamma_{Si}^{Cr} = -3{,}465\ N_{Cr}$, $N_{Cr} \leqq 0{,}025$ u. in Ggw. von Ni nach $\log \gamma_{Si}^{Ni} = 1{,}49\ N_{Ni}$, $N_{Ni} \leqq 0{,}07$. Bei gleichzeitiger Anwesenheit von Ni u. Cr ist ihre Wrkg. additiv. J. J. Pohl 154

0530 **Berücksichtigung der Nahordnung bei der Berechnung der thermodynamischen Charakteristiken von flüssigen Legierungen.** M. S. Petruševskij und P. V. Gel'd. (Ž. fiz. Chim. **42** (1968) 3, 741—44; Ural'skij politechn. inst. im. Kirova, Sverdlovsk; russ.) — Die partiellen u. integralen Mischungswärmen u. Freien Enthalpien von fl. Leg. der Syst. Fe–Si, Co–Si, Ni–Si, Mn–Si wurden unter Verw. von Nahordnungsparametern bestimmt, die aus Gleichungen des quasichem. Gleichgew. abgeleitet werden. Bei großen Mischungsenergien u. kleiner Koordinationszahl oder vernachlässigbarer Konz. der einen Komponente wurde eine Näherung mit starken Vereinfachungen verwendet. Als Beispiele für diesen Fall wurden die Syst. Fe–Mn–C u. Me–Si–C behandelt. J. J. Pohl 154

0531 **Aktivität der Komponenten in Eisen-, Kobalt- und Nickelarsenidschmelzen.** S. E. Vajsburd und T. F. Remen'. (Ž. fiz. Chim. **42** (1968) 3, 745—47; Proektnyj inst. gipronikel', Leningrad; russ.) — Die Aktivität der Komponenten in Fe–As-, Co–As- u. Ni–As-Schmelzen wurde durch Messung der EMK von übertragungsfreien Konz.-Ketten bei 1300° bestimmt. Die Daten deuten auf eine Neigung der Teilchen zur chem. Umsetzung u. auf Submikroinhomogenitäten in der Struktur der untersuchten Schmelzen. Ein Vgl. der Daten mit denen von Sulfidsyst. zeigt, daß die Stabilität der Bindungen der Metalle mit Schwefel größer ist als mit Arsen. J. J. Pohl 154

0532 **Thermodynamische Eigenschaften von Schmelzen des ternären Systems Ag–Bi–Sb.** R. A. Večer und V. K. Plazun. (Ž. fiz. Chim. **42** (1968) 3, 667—71; Beloruss. gos. univ. im. Lenina, Minsk; russ.) — Partielle, thermodynam. Charakteristiken des Syst. Ag–Bi–Sb (Entropien, Enthalpien, Freie Enthalpien) wurden bei Ag-Konz. im Bereich $N_{Ag} = 0{,}05—0{,}70$ entlang fünf Schnitten mit konst. Bi/Sb-Verhältnis durch EMK-Messungen an der Kette (fest) Ag/AgJ, KJ + NaJ/Bi–Ag–Sb (fl.) bestimmt. Tern. Zus. des Syst. zeigen eine positiv-negative Abweichung vom idealen Verh., wobei die Charakteristiken sich analog ändern wie im Syst. Bi–Cu–Sb. J. J. Pohl 154

0533 **Chemische Technologie des Bauxitaufschlusses.** 2. Mitt. **System Na_2O–Al_2O_3–Fe_2O_3–H_2O.** K. Wefers. (Metall **22** (1968) 3, 224—28; Bonn, Vereinigte Aluminium-Werke AG; dt.) — 1. vgl. ibid. **21** (1967) 422/431. — Die Gleichgew.-Temp. der Rk. 2 α-FeOOH → Fe_2O_3 + H_2O beträgt beim Dampfdruck der gesätt. Lsg. 70°. *α-FeOOH* (**I**) bleibt in Na-Aluminatlauge bis ca. 200° unverändert. Ab 205° wandelt es sich über die Lsg. sehr rasch in *α-Fe_2O_3* (**II**) um; der mittlere Teilchendurchmesser vergrößert sich dabei um den Faktor 30—50. In Ggw. von **II** läuft die Umwandlung bereits bei 175° mit meßbarer Geschw. ab. Unterhalb 200° ist die Lsg.-Geschw. des **I** gering. Die in bezug auf stabile **II** auftretende Übersättigung an Fe^{3+} bleibt deshalb niedrig. Oberhalb 200° zerfällt das Gitter von **I** unter W.-Abspaltung; die Lsg.-Geschw. von **I** steigt rasch an. Trotz Ggw. des stabilen **II** tritt vorübergehend hohe Übersättigung auf, die zur Ausbldg. großer, dünntafeliger Krist. von **II** führt. **II** reagiert mit Na-Aluminatlauge sehr schwach. Nach den durchgeführten Modellvers. ist es wahrscheinlich, daß beim Aufschluß goethithaltiger Bauxite oberhalb 200° durch das rasche Wachstum der neugebildeten Hämatitkrist. die Koagulationsgeschw. der Aufschlußrückstände günstig beeinflußt wird. Die Ergebnisse der Vers. mit reinem **II** sprechen gegen die Annahme, daß die Klärfähigkeit allein von den Eig. der Fe-Verb. abhängt. E. Schulte 154△

0534 **Molekulare Zusammensetzung der Methylpolyheterophosphate. Methylpolyarsenitphosphat.** J. A. K. du Plessis und S. Norval. (J. South African chem. Inst. **21** (1968) 1, 1—7; Univ. van Pretoria, Pretoria; afrikaans.) — Unters. des Syst. As_2O_3–P_2O_5–$(H_3CO)_3PO$ bestätigen die Existenz von P(V)—O—As(III)-Bindungen. Die ^1H-NMR-Spektren zeigen die Ggw. von $(OCH_3)_2P(O)$—O—$As(OCH_3)_2$, $(OCH_3)_2P(O)$—O—$As(OCH_3)$—O—P(O)—$(OCH_3)_2$ u. $(OCH_3)_2P(O)$—O—$As(OCH_3)$—O—As · (OCH_3)—O—P(O)—$(OCH_3)_2$. W. Wesly 154

0535 **Nichtmischbarkeit im Subliquidusbereich von binären Alkalimetallboratsystemen.** R. R. Shaw und D. R. Uhlmann. (J. Amer. ceram. Soc. **51** (1968) 7, 377—82; Dep. of Metallurg. and Mater. Sci., MIT, Cambridge, Mass.; engl.) — In glasartig erstarrten Schmelzen der Syst. *Li_2O–B_2O_3*, *Na_2O–B_2O_3*, *K_2O–B_2O_3*, *Rb_2O–B_2O_3* u. *Cs_2O–B_2O_3* wird durch elektronenmkr. Unters. eine Phasentrennung nachgewiesen, nachdem die Proben bis auf ca. 600° erwärmt wurden. Die Mischungslücken liegen bei allen 5 Syst. sehr ähnlich im Bereich 2—24 Mol-% Alkalimetalloxid. Die krit. Mischungspunkte liegen bei ca. 600° u. 10 Mol-% Alkalimetalloxid. Die Korngröße der ausgeschiedenen Phasen beträgt einige 100 Å, so daß Opaleszenz an den Gläsern nicht zu beobachten ist. H. Tulhoff 154

0536 **Dampf- und Dissoziationsdrücke von geschmolzenem Kaliumcarbonat und -sulfat bei hohen Temperaturen.** Jacques Dubois und Jacques Millet. (C. R. hebd. Séances Acad. Sci., Sér. C **266** (1968) 12, 852—55; Electr. de France, Direct. des Études et Rech., Clamart.; franz.) — Für K_2SO_4 wurde der Dampfdruck vom F. bis 1600 °K zu $\log_{10} P_{atm} = 6{,}21 - (1{,}351 \cdot 10^4/T)$ mit Hilfe der Mitführungsmeth. gemessen. Die daraus ber. Verdampfungsenthalpie beträgt 61,8 kcal/Mol u. der extrapolierte Kp. 2175 °K. Im gemessenen Temp.-Intervall ist die Dissoziation prakt. Null. Für K_2CO_3 konnte durch Vgl. der Ergebnisse der mit Ar u. CO_2 durchgeführten Messungen des Dampfdruckes zwischen F. u. 1600 °K für den Dampfdruck $\log_{10} P_{atm} = 6{,}59 - (1{,}282 \cdot 10^4/T)$ u. die Verdampfungsenthalpie 58,6 kcal/Mol gefunden werden. Für die Dissoziation des Dampfes entsprechend K_2CO_3 (fl) ⇌ K_2O (fl) + CO_2 (g) wurde $\log_{10} K_p = \log_{10} P_{CO_2(atm)} = 3{,}92 - (7{,}812 \cdot 10^3/T)$ gefunden. W. Gauster 154

0537 **Mischkristallbildung im System CaO–SrO.** Karl Heinz Obst und Wolfgang Münchberg. (Tonind.-

Ztg. keram. Rdsch. **92** (1968) 6, 201—07; Dolomitwerke Wülfrath, 5603 Wülfrath; dt.) — Im Syst. CaO–SrO besteht lückenlose Mischkrist.-Bildung. Die Gitterkonst.-Differenz zwischen beiden NaCl-Strukturtypen beträgt nur 0,35 Å. Beim Abkühlen der Proben ist keine Entmischung nachweisbar, es tritt aber eine merkliche Zonarstruktur auf. Der Hydratationswiderstand des CaO wird durch das SrO nicht erhöht. Bei der Erweiterung des Syst. CaO–SrO durch MgO existiert ab 1300° nur ein CaO–SrO-Mischkrist., in dem MgO auch bis 1750° nicht aufgenommen wird. Die im bin. CaO–MgO-Syst. bei hohen Temp. festgestellte Mischkrist.-Bldg. wird durch SrO aufgehoben. M. Hähnert 154

0538 **Phasentrennung im System BaO–SiO_2.** T. P. Seward III, D. R. Uhlmann und David Turnbull. (J. Amer. ceram. Soc. **51** (1968) 5, 278—85; Gordon McKay Labor., Harvard Univ., Cambridge, Mass.; engl.) — Das BaO–SiO_2-Phasendiagramm wurde für Zus. von 2 bis 40 Mol-% BaO nach der Abschreckmeth. untersucht, um die Ausdehnung der Mischungslücke der fl. Phasen festzustellen. Eine metastabile Mischungslücke existiert bei Temp. oberhalb ca. 1000° für BaO-Geh. zwischen 2 u. 26 Mol-%; der krit. Punkt liegt bei 10 Mol-% BaO u. 1460°. Zur Best. der Morphologie der Phasentrennung wurden Proben unterschiedlicher Zus. nach Abschrecken bzw. langsamer Abkühlung von Temp. innerhalb der Mischungslücke im Transmissionselektronenmikroskop untersucht. Bei geringen BaO-Geh. liegen Ba-reiche, kugelförmige Teilchen in einer Si-reichen Matrix vor. Für Zus. im Zentrum der Mischungslücke wurden zwei miteinander verbundene Phasen innerhalb der Phasenmatrix beobachtet. Bei höheren BaO-Geh. treten SiO_2-reiche, kugelförmige Teilchen in einer Ba-reichen Matrix auf. W. Laqua 154

0539 **Thermodynamische Analyse der Reaktionen in fester Phase im System $BaSO_4$–SiO_2.** G. M. Matveev und A. S. Agarkov. (Izvest. Akad. Nauk SSSR, Neorg. Mater. 4 (1968) 6, 957—59; CNIITE Stroj, Moskva; russ.) — Die Temp.-Abhängigkeit der Enthalpie u. Freien Enthalpie für die therm. Zers. von $BaSO_4$ sowie die des Dampfdrucks von $BaSO_4$ bei 500—1800° werden bestimmt. Nach den thermodynam. Berechnungen sind alle denkbaren Rk. zwischen $BaSO_4$ u. SiO_2 bei diesen Temp. unwahrscheinlich, da ihre Freie Rk.-Enthalpie positive Werte aufweist. H. Roschkowski 154

0540 **Phasengleichgewicht im System Y_2O_3–Al_2O_3–Nd_2O_3.** R. V. Bakradze, L. M. Kovba, G. P. Kuznecova und V. K. Trunov. (Doklady Akad. Nauk SSSR **179** (1968) 4, 849—51; Mosk. gos. univ. im. Lomonosova; russ.) — Verb. vom Granattyp $R_3Al_5O_{12}$, R = Seltenerdmetallion, entstehen, wenn der Radius des R-Ions 1,11 Å ist. Nd^{3+} mit einem Radius von 1,15 Å bildet daher keine Verb. mit Granatstruktur. Es wird untersucht, wieviel Nd^{3+} unter Beibehalt der Granatstruktur in Y-Al-Granat gelöst werden kann. Die maximale Löslichkeit von Nd im Y-Al-Granat beträgt ca. 12 Gew.-%. Bei großen Y-Konz. krist. kub. Perowskit aus. Das Schema des isothermen Schnittes im tern. Syst. Y_2O_3–Al_2O_3–Nd_2O_3 wurde konstruiert. Die Gitterparameter der Phasen des Syst. sind tabelliert. J. J. Pohl 154

0541 **Strontiummelilith und seine Derivate.** N. A. Toropov und A. A. Ismatov. (Doklady Akad. Nauk SSSR **180** (1968) 4, 889—91; Leningradskij technol. inst. im. Lensoveta; russ.) — Proben des Syst. $Sr_2Al_2SiO_7$–SrLa · Al_3O_7 wurden durch Erhitzen während 8—16 Std. bei 1500—1650° erhalten u. chem., kristallopt. sowie röntgenograph. untersucht. Die röntgenograph. D. ändert sich im Syst. etwa additiv, die Zus. stellen ideale Mischkrist. dar. In Silicatstrukturen der Melilithgruppe können Erdalkalimetalle u. dreiwertige Seltenerdmetalle bei Berücksichtigung der elektrostat. Neutralität in einem breiten Bereich ausgetauscht werden. J. J. Pohl 154

0542 **Tensimetrische Untersuchung des Systems Ceroxid–Terbiumoxid.** J. Kordis und L. Eyring. (J. physic. Chem. **72** (1968) 6, 2030—44; Dep. of Chem., Arizona State Univ., Tempe, Ariz.; engl.) — Das Syst. wird isobar u. isotherm tensimetr. untersucht bei O_2-Drücken von 1—760 Torr u. Temp. zwischen 450 u. 1100°. Ferner werden Röntgenstruktur- u. D.-Messungen durchgeführt. Die Isobaren zeigen bei Ox. u. Red. Hystereseschleifen. Die tensimetr. Messungen deuten die Bldg. von „Pseudophasen" an, für die sich röntgenograph. aber keine Anhaltspunkte ergeben. Der Effekt der Pseudophasen wird mit steigendem CeO_x-Geh. schwächer. Es wird keine gegenseitige Valenzstabilisierung der Ox.-Stufe + 3 oder + 4 festgestellt. H. Tulhoff 154

0543 **Tensimetrische Untersuchungen in den Systemen Terbium–Sauerstoff, Praseodym–Sauerstoff und Terbium–Praseodym–Sauerstoff.** J. Kordis und L. Eyring. (J. physic. Chem. 72 (1968) 6, 2044—54; engl.) — Vgl. vorst. Referat. — Die O-Aufnahme u. Abgabe wird in obigen Syst. isobar u. isotherm tensimetr. verfolgt. Im Syst. Tb–O existieren die stabilen Phasen $TbO_{1,5}$, $TbO_{1,714}$ u. $TbO_{1,818}$, dazwischen liegen „Pseudophasen", d. h. Gebiete, in denen Umwandlung der sehr ähnlichen Strukturen erfolgt. Auch epitax. Aufwachsen einer Struktur auf die andere wird angenommen. Da sich die Strukturen bei Ox. in anderer Reihenfolge ändern als bei Red., zeigen die Isobaren Hystereseschleifen. Die gleichen Effekte zeigt das Syst. Pr–O, in dem die stabilen Phasen $PrO_{1,714}$, $PrO_{1,778}$, $PrO_{1,800}$ u. $PrO_{1,833}$ gebildet werden. Im tern. Syst. Tb–Pr–O mit Mol-Verhältnissen von Tb : Pr = 3 : 1, 1 : 1 u. 1 : 3 werden die oben genannten Phasen bis auf $SEO_{1,714}$ unterdrückt (SE = Tb oder Pr). H. Tulhoff 154

0544 **Änderung der Eigenschaften von Zirkoniumoxid–Yttriumoxid-Mischkristallen bei längerer Einwirkung hoher Temperaturen.** A. K. Kuznecov, L. A. Zimina und E. K. Keler. (Izvest. Akad. Nauk SSSR, Neorg. Mater. 4 (1968) 7, 1112—17; Inst. chim. silikatov im. Grebenščikova AN SSSR; russ.) — ZrO_2–Y_2O_3-Gemische verschiedener Zus. wurden feucht verrieben, gepreßt, die Preßkörper 2 Std. lang Temp. von 1500, 1600, 1700, 1800, 1900 bzw. 2000° ausgesetzt, anschließend wieder zerrieben u. einer mehrmaligen therm. Behandlung unter den genannten Bedingungen unterzogen. Sie werden therm., mkr. u. röntgenograph. untersucht; außerdem wurden die keram. Eig. (Porosität, Vol.-Gew., W.-Aufnahmefähigkeit, Vol.-Kontraktion) bestimmt. Die Mischkrist. ZrO_2 mit 7, 10 u. 15 Mol-% Y_2O_3 können als Ausgangsprod. für die Herst. hochtemperaturbeständiger Erzeugnisse eingesetzt werden. Die Synth. von kub. ZrO_2–Y_2O_3-Mischkrist. mit einem Geh. von 7 Mol-% Y_2O_3 erfolgt bei zwei- bis dreistd. Temp.-Einw. 1700 bis 1750°. Das Sintern erfolgt bei 1800—1900°. Die kub. ZrO_2–Y_2O_3-Mischkrist. sind bei Temp. von 800—1600° beständig; bei längerer Einw. von 2000° unter Vakuum dagegen verdampft ein Teil Y_2O_3, u. es bildet sich eine monokline Phase. B. Karos 154

0545 **Umsetzung der Zirkonium- und Hafniumoxide mit ihren Carbiden.** G. L. Zverev. (Izvest. Akad. Nauk SSSR, Neorg. Mater. 4 (1968) 7, 1197—98; russ.) — Die isothermen Schnitte der Zustandsdiagramme Zr(Hf)—C—O können durch Studium der metallograph. Struktur der Rk.-Zonen in den Diffusionspaaren zwischen den einzelnen Phasen des Syst. untersucht werden. Bei der Unters. des Mechanismus der vakuum-carbotherm. Red. der Oxide der Übergangsmetalle wurden langgezogene Rk.-Diffusionszonen erhalten, welche die eutekt. Umsetzung von ZrO_{2-x} mit Oxidcarbid charakterisieren, welches sich beim Erhitzen der unter Vakuum gesinterten ZrO_{2-x}-Proben im Graphittiegel bei 2350° unter einem Ar-Druck von 0,2 ata bildet. B. Karos 154

0546 **System $SrSiO_3$–$SrGeO_3$.** R. G. Grebemščikov, A. K. Širvinskaja und V. I. Šitova. (Izvest. Akad. Nauk SSSR, Neorg. Mater. 4 (1968) 8, 1376—78; Inst. chim. silikatov im. Grebenščikova AN SSSR; russ.) — Nach den Ergebnissen der therm. u. Hochtemp.-Röntgenanalyse wurde das Zustandsdiagramm des Syst. $SrSiO_3$–$SrGeO_3$ konstruiert. Im Syst. existieren ein Bereich von Mischkrist. mit sich kontinuierlich ändernder Zus. (α-Mischkrist. mit der Struktur von Wollastonit) u. ein begrenzter Bereich von Mischkrist. auf der Basis von β-$SrGeO_3$ mit einer maximalen Löslichkeit von $SrSiO_3$ in $SrGeO_3$ von ≈ 15 Mol-%. Die Temp. der Modifikationsumwandlungen sinkt stark ab mit steigendem Geh. der Silicatkomponenten im Mischkristall. B. Karos 154

0547 **Untersuchung der kritischen Opaleszenz im System B_2O_3–PbO–Al_2O_3 im geschmolzenen Zustand durch Kleinwinkelröntgenbeugung bei hohen Temperaturen.** Jerzy Zarzycki und Françis Naudin. (C. R. hebd. Séances Acad. Sci., Sér. C **266** (1968) 14, 1005–07; Cie. de Saint-Gobain, Paris; franz.) — Vom Syst. 76% B_2O_3–4% PbO–5% Al_2O_3 werden die Kleinwinkelröntgenbeugungsspektren in der Nähe der Entmischungstemp. (670°) aufgenommen u. diskutiert. Es wird festgestellt, daß die Theorie von Ornstein-Zernike-Debye zur Best. der Korrelationslänge l herangezogen werden kann. Für l ergibt sich ein Wert von 11 Å. O. Rösner 154

0548 **System GeO_2–PbO.** Danielle Gouju, Jacques Fournier und Robert Kohlmuller. (C. R. hebd. Séances Acad. Sci., Sér. C **266** (1968) 14, 1063–65; Labor. de Chim. min., Fac. des Sci., Clermont-Ferrand; franz.) — Das Gleichgew.-Diagramm GeO_2–PbO wurde untersucht u. folgende Verb. nachgewiesen: *4 GeO_2 · PbO*; *GeO_2 · PbO*; *2 GeO_2 · 3 PbO*; *GeO_2 · 2 PbO*. Die Struktur der ersteren ist noch nicht ermittelt, die letzteren drei sind orthorhomb. mit (in vorst. Reihenfolge): a = 4,265; 8,815; 10,800; b = 13,350; 3,665; 11,350; c = 5,950; 7,830; 9,285 Å. O. Rösner 154

0549 **Löslichkeit einiger dreiwertiger Oxide in einer PbO–B_2O_3–PbF_2-Schmelze.** V. A. Gimofeeva und T. S. Kon'kova. (Kristallografija **13** (1968) 3, 567–69; Inst. kristallogr. AN SSSR; russ.) — Die Löslichkeit von Cr_2O_3 (I), Y_2O_3, $Y_3Al_5O_{12}$ (II), Al_2O_3, $Y_3Fe_5O_{12}$ (III), Nd_2O_3 (IV) u. Fe_2O_3 (V) in der Schmelze *PbO–0,35 B_2O_3–1,1 PbF_2* bei Temp. zwischen 1000 u. 1450° wird untersucht. Die Löslichkeit steigt von I bis V in der oben angegebenen Reihenfolge. Bei der Darst. von II können nur 1 bis 2 Gew.-% I, aber bis 14 Gew.-% IV substituierend wirken. Bei der Darst. von III muß wegen der guten Löslichkeit von V dieses im Überschuß verwendet werden. U. Strobel 154

0550 **Nichtgleichgewichts-Schmelzdiagramm des Systems V_2O_5–K_2SO_4.** L. M. Kefeli, Ž. G. Bazarova, A. A. Fotiev und A. A. Ostan'kovič. (Izvest. Akad. Nauk SSSR, Neorg. Mater. 4 (1968) 7, 1108–11; Inst. kataliza SO AN SSSR, Inst. chim. Ural'skogo filiala AN SSSR; russ.) — Nach den Ergebnissen der thermograph., röntgenograph., opt. u. thermoopt. Unters. des Syst. V_2O_5–K_2SO_4 wurde das Nichtgleichgew.-Zustandsdiagramm konstruiert. Die Umsetzungsgeschw. zwischen den Ausgangskomponenten hängt von einer Reihe von Faktoren ab. Nach den Ergebnissen der röntgenograph. Unters. bildet sich als erstes Umsetzungsprodukt zwischen V_2O_2 u. K_2SO_4 die K–V-Bronze $KV_4O_{10,5-x}$. Bei Temp.-Erhöhung u. Verlängerung der Erhitzungszeit bilden sich außerdem KV_6O_{15}, KV_3O_8, $KV_{2,5}O_{6,75-x}$, $KV_{1,67}O_{4,67}$ u. KVO_3. Die Bldg. von K_2SO_4 · V_2O_5 konnte nicht bestätigt werden. B. Karos 154

0551 **Zweistoffsystem V_2O_3–MgO.** L. Cini. (Radex-Rdsch. **1968**, 2, 102–12; Centro Ceram., Fac. Ingegn. Univ. Bologna; dt.) — Ermittlung des Zustandsdiagramms auf Grund röntgenograph., mkr. u. therm. Untersuchungen. Als einzige Verb. wurde der Spinell MgO · V_2O_3, dessen bekannte kristallograph. Parameter bestätigt wurden, festgestellt. Die benachbarten Eutektika liegen bei 2% MgO (1830°) u. 28% MgO (1860°). Festlegung der Mischkrist.-Bldg. des Spinells mit MgO u. V_2O_3. Einige physikal. Eig. des Spinells werden bestimmt u. die elektr. Widerstandsänderungen innerhalb des Syst. als Funktion des MgO/V_2O_3-Verhältnisses gemessen. M. Hähnert 154

0552 **Gegenseitige Löslichkeit von Ti_2O_3 und V_2O_3.** V. A. Pereljaev, G. P. Švejkin und S. I. Aljamovskij. (Izvest. Akad. Nauk SSSR, Neorg. Mater. 4 (1968) 8, 1372–73; Inst. chim., Sverdlovsk; russ.) — Aus V_2O_3 u. Ti_2O_3 bestehende Gemische verschiedener Zus. (0 bis 100 Gew.-% V_2O_3) wurden brikettiert, unter Vakuum von $1 \cdot 10^{-4}$ Torr bei 1600° 10 Std. lang gesintert u. die Endprod. chem. u. röntgenograph. untersucht. Im Syst. Ti_2O_3–V_2O_3 bildet sich eine kontinuierliche Reihe von Mischkrist., deren Gitterperioden sich mit der Zus. fließend ändern. Mit der Erhöhung der V-Konz. im Ti_2O_3 verringert sich a, während c bis zur Zus. $Ti_{1,4}V_{0,6}O_3$ wächst u. bei weiterer Erhöhung der V-Konz. konst. bleibt. Die stärkste Änderung der Gitterparameter erfolgt im Intervall $Ti_xV_{2-x}O_3$, wobei $1,8 \leq x \leq 2,0$. B. Karos 154

0553 **System Eu_2O_3–Ta_2O_5.** M. M. Pinaeva, E. I. Krylov und V. M. Rjakov. (Izvest. Akad. Nauk SSSR, Neorg. Mater. 4 (1968) 7, 1118–23; Ural'skij politechn. inst. im. Kirova; russ.) — Mit röntgenograph., Mikrostruktur- u. Lumineszenzmeth. wurde das Syst. Eu_2O_3–Ta_2O_5 bei 1350 u. 1550° untersucht u. die entsprechenden isothermen Schnitte des Phasendiagramms konstruiert. Die Parameter der Elementarzellen der ermittelten Phasen Meta-, Ortho- u. Paratantalat werden angeführt. Die Untersuchung der Lumineszenz ergab keine Veränderung des Charakters des Spektrums. Die Intensität der Lumineszenz ändert sich in Abhängigkeit von Zus. u. Temperatur. Zwischen der Intensität der Lumineszenz u. dem Phasenzustand des Syst. existiert ein Zusammenhang. B. Karos 154

0554 **System Bi_2O_3–SiO_2.** E. I. Speranskaja, V. M. Skorikov, G. M. Safronov und G. D. Mitkina. (Izvest. Akad. Nauk SSSR, Neorg. Mater. 4 (1968) 8, 1374–75; Inst. obščej i neorg. chim. im. Kurnakova AN SSSR; russ.) — Aus bes. reinem amorphem SiO_2 u. chem. reinem Bi_2O_3 wurden Gemische verschiedener Zus. hergestellt, thermograph. untersucht, die Endprod. der Röntgenanalyse unterzogen u. nach den Vers.-Ergebnissen das Phasendiagramm des Syst. Bi_2O_3–SiO_2 konstruiert. Im Syst. Bi_2O_3–SiO_2 bilden sich zwei Verb. der Zus. *6 Bi_2O_3 · SiO_2* (I) u. *2 Bi_2O_3 · 3 SiO_2* (II), welche kongruent bei 880 bzw. 1020° schmelzen. Die Verb. I bildet sich exotherm bei 870°, d. h. auf Basis der Hochtemp.-Form Bi_2O_3. Für die Schmelzen des untersuchten Syst. ist Unterkühlung charakterist., bes. bei hohen SiO_2-Gehalten. B. Karos 154

0555 **Phasengleichgewicht im System CrO_2–Cr_2O_3.** Osamu Fukunaga und Shinroku Saito. (J. Amer. ceram. Soc. **51** (1968) 7, 362–63; Res. Labor. of Engng. Materials, Tokyo Inst. of Technology, Meguro-ku, Tokyo; engl.) — Das Syst. wird bis zu 35 kbar u. 1400° mit magnet., metallograph. u. röntgenograph. Meth. untersucht. Die Phasengrenzlinie im p/T-Diagramm folgt der Beziehung log p = 5,3 − 1400/T. Es besteht gute Übereinstimmung mit bereits bekannten u. durch andere Meth. ermittelten Werten. H. Tulhoff 154

0556 **Zustandsdiagramm des Systems Na_2WO_4–$CaWO_4$.** I. P. Kisljakov und I. N. Smirnova. (Izvest. Akad. Nauk SSSR, Neorg. Mater. 4 (1968) 6, 1001; Mosk. inst. tonkoj chim. technol. im. Lomonosova; russ.) — Therm. Unters. ergeben, daß das Syst. eutekt. mit entartetem Eutektikum ist. Der F. des Eutektikums liegt bei 693°, es entspricht Zus. mit 0,5–1 Mol-% $CaWO_4$. H. Roschkowski 154

0557 **Röntgen-Phasenuntersuchung der Systeme $M^{II}HfO_3$–$M^{II}WO_4$.** L. N. Aver'janova, L. A. Solov'ev und I. N. Beljaev. (Izvest. Akad. Nauk SSSR, Neorg. Mater. 4 (1968) 6, 1002–03; Rostovskij gos. univ.; russ.) — Die Syst. $M^{II}HfO_3$–$M^{II}WO_4$ mit M = Ca, Sr, Ba, Zn u. Cd werden röntgenphasenanalyt. nach Glühen der Komponentengemische bei Temp. bis 1200° untersucht. Eine Verb.-Bldg. wurde in keinem der genannten Syst. festgestellt. H. Roschkowski 154

0558 **System V_2O_5–UO_3.** O. A. Efremova, M. F. Gumerov und L. M. Kovba. (Radiochimija **10** (1968) 2, 228–33; russ.) — Thermograph. u. röntgenograph. wurde das Syst. V_2O_5–UO_3 im Konz.-Bereich 0–75 Mol-% UO_3 untersucht u. das Zustandsdiagramm aufgenommen. Im untersuchten Bereich existieren die Verb. *UV_2O_8* u. *$U_2V_2O_{11}$*. Die Gitterparameter des rhomb. UV_2O_8 wurden zu a = 5,707 ± 0,002, b = 11,90 ± 0,01 u. c = 10,47 ± 0,01 Å, Pnma, Z = 4, D_{exp} 4,43, D_R 4,48 g/cm³; die des monoklinen $U_2V_2O_{11}$ zu a = 9,78 ± 0,01, b = 13,14 ± 0,01 u. c = 7,152 ± 0,02 Å, β = ?, Z = 4, D_{exp} 5,60, D_R 5,54 g/cm³ bestimmt. Das eigentliche bin. Syst. V_2O_5–UO_3 existiert bis zum Schmelzpunkt. Bei Temp.

über dem F. wurde ein Sauerstoffverlust sowie eine Verschiebung der Zus. der kondensierten Phase in das Gebiet des tern. Syst. U–V–O mit einem geringeren Sauerstoffgeh. beobachtet. Eine Verb. $U_2V_6O_{21}$ wird im Syst. V_2O_5–UO_3 nicht gebildet. Im Gebiet mit einem geringeren Sauerstoffgeh. existiert die Verb. UV_3O_{10+x}. Für diese Verb. sowie für die ebenfalls gebildeten Verb. UV_3O_{10}, $UV_3O_{10,33}$ u. $U_2V_6O_{21} \cdot n\,H_2O$ wurden die Abmessungen der Elementarzelle (in Å) angegeben: a = 12,00 ± 0,01, 12,00 ± 0,01, 12,00 ± 0,01 u. 11,97 ± 0,02; b = 6,897 ± 0,003, 6,926 ± 0,003, 6,900 ± 0,003 u. 6,897 ± 0,003; c = 16,73 ± 0,01, 16,17 ± 0,01, 16,71 ± 0,01 u. 17,02 ± 0,02. G. Ewald 154

0559 **Coulometrische Titration von Wüstit.** Frank E. Rizzo und Jack V. Smith. (J. physic. Chem. **72** (1968) 2, 485–88; Norman, Okla., Univ. of Okla.; engl.) — Vf. untersuchten durch Messung der Zellspannung bei 765–968° am Syst. Fe, Fe_xO–CaO-stabilisiertes ZrO_2–FeO (mit unterschiedlichem O-Geh.) den Beständigkeitsbereich u. die O-Aktivität von Wüstit als Funktion der Zusammensetzung. Veränderungen in der Zus. wurden durch coulometr. Titration hervorgerufen. Es wurde gefunden, daß die Zellspannung linear vom O-Geh. abhängt. Andere Formen von Wüstit konnten bei den Unters. nicht festgestellt werden. Die Abweichungen in der Grenze der Zus. von FeO im Gleichgew. mit Magnetit variiert nur um 0,05 Atom-% vom Wert von Darken et al. [J. Amer. chem. Soc. **67** (1945) 1398]. Aus den Unte s. kann geschlossen werden, daß im untersuchten Temp.-, O_2-Partialdruck- u. Strombereich nur Ionenleitfähigkeit auftritt. Die erreichbare Genauigkeit ist größer als die mit der Gasgleichgew.-Meth. erreichbare. Die coulometr. Meth. gestattet die Feststellung von um mehrere Größenordnungen kleineren Änderungen in der Zus. als die gravimetr. Methoden. E. Winkler 154

0560 **Thermogravimetrische Bestimmung der Zusammensetzung von Wüstit ($Fe_{1-y}O$) als Funktion des Sauerstoffpartialdrucks.** I. Bransky und A. Z. Hed. (J. Amer. ceram. Soc. **51** (1968) 4, 231–32; Dep. of Phys., Technion, Israel Inst. of Technol., Haifa; engl.) — Zwischen 1000 u. 1300° wurde die Zus. von Wüstit als Funktion des O_2-Partialdrucks (10^{-15} atm $< p_{O_2} < 10^{-8}$ atm) bestimmt. Zwischen y u. log (p_{O_2}) besteht ein linearer Zusammenhang; die Phasengrenzen Fe/Wüstit bzw. Wüstit/Magnetit werden angegeben. W. Laqua 154

0561 **Beeinflussung der Umwandlung von γ-Fe_2O_3 in α-Fe_2O_3 durch Alkalimetall-, speziell K^+-Zusätze.** E. Lichtner und G. Szalek. (Z. anorg. allg. Chem. **360** (1968) 3/4, 151–57; Inst. für anorgan. u. anorgan.-techn. Chem., TU, Dresden; dt.) — Durch DTA u. röntgenograph. Unters. wird an Hand einer Fe_2O_3-Reihe mit abgestuften KOH-Zusätzen festgestellt, daß sich die Umwandlungstemp. von γ-Fe_2O_3 zu α-Fe_2O_3 mit steigendem K^+-Geh. (0–10 Gew.-% K_2O) beträchtlich nach höheren Werten verschiebt. Das wird auf die Neigung des Fe_2O_3/K_2O-Syst. zur Bldg. der Verb. $K_2O \cdot 6\,Fe_2O_3$ zurückgeführt; Stabilisierung der γ-Phase durch K^+-Einbau spielt bei der beobachteten Temp.-Verschiebung keine Rolle. W. Laqua 154

0562 **P–T–f_{O_2}-Beziehungen für das System Fe–O–SiO_2.** D. H. Lindsley, D. H. Speidel und R. H. Nafziger. (Amer. J. Sci. **266** (1968) 5, 342–60; Washington, D.C., Carnegie Inst. of Washington, Geophys. Labor.; engl.) — Die Phasenbeziehungen für das Syst. Fe–O–SiO_2, ausgedrückt im P–T–f_{O_2}-Raum (f = Fugazität), liefern einen notwendigen Aufbaublock für geolog. wichtige u. komplexere Syst.; sie illustrieren einige wichtige Prinzipien für die Konstruktion derartiger Diagramme. Die wichtigen Phasenbeziehungen für dieses Syst. können durch Anwendung der Regel von Schreinemaker auf veröffentlichte experimentelle Daten erhalten werden. In den Syst. kommen zwei univariante Vergesellschaftungen vor, die je aus fünf kondensierten Phasen bestehen: Fayalith–SiO_2–Ferrosilit–Fe–Fl. bei 17,5 kbar, 1280° u. $10^{-10,85}$ atm f_{O_2} u. Fayalith–SiO_2–Ferrosilit–Magnetit–Fl. bei 17 kbar, 1205° u. $10^{-7,25}$ atm f_{O_2}. Verschiedene Schnitte des Phasendiagramms werden dargestellt. E. Schulte 154△

0563 **Aktivitätsmessungen in festen Lösungen von Ortho- und Metasilicaten. 1. Mitt. Mg_2SiO_4–Fe_2SiO_4 und $MgSiO_3$–$FeSiO_3$ bei 1204°.** Kenzo Kitayama und Takashi Katsura. (Bull. chem. Soc. Japan **41** (1968) 5, 1146–51; Dep. of Chem. Fac. of Sci., Tokyo Inst. of Technol., Ookayama, Meguro-ku, Tokio; engl.) — Die Abhängigkeit der Aktivität von der Zus. wird durch Messung des O_2-Partialdrucks im Syst. *FeO–MgO–SiO₂* bestimmt. Es wird ein isothermer Schnitt durch das Syst. bei 1204° gelegt. Alle auftretenden festen Lsg. zeigen starke Abweichungen vom Idealverhalten. Die Freie Bldg.-Enthalpie von $FeSiO_3$ wird zu −41,7 ± 0,2 kcal/Mol bei Bldg. aus metall. Fe u. SiO_2 bestimmt u. zu −1,6 ± 0,2 kcal/Mol bei Bldg. aus FeO u. SiO_2. H. Tulhoff 154

0564 **Untersuchungen über eine Zone des ternären Systems SrO–Al_2O_3–Fe_2O_3. 3. Mitt. System SA–S_4AF_3 zwischen 1150° und den Soliduskurven. Zusammenfassendes Gleichgewichtsdiagramm der Zone zwischen Al_2O_3, Fe_2O_3, $SrAl_2O_4$ und $SrFeO_2$ bei einem Fe/Sr-Verhältnis = 1.** Pietro Batti und Giorgio Sloccari. (Ann. Chimica **58** (1968) 2, 111–20; Ist. di Chim. appl. „Domenico Cossa", Univ., Trieste; ital.) — 2. vgl. C. **1968,** 46-0508. — Vf. berichten über das Gleichgew.-Diagramm SrO(S)–Al_2O_3(A)–4 SrO · Al_2O_3–3 Fe_2O_3(F) im Temp.-Bereich 1150° bis zur Soliduskurve. Drei feste Verb. mit definierter Zus. lassen sich ermitteln: *SrO · Al₂O₃*, *9 SrO · 5 Al₂O₃ · 4 Fe₂O₃* u. *4 SrO · Al₂O₃ · 3 Fe₂O₃*. Analoge Lsg. anderer bin. Syst. u. vergleichende Messungen geben Anlaß, das Gleichgew.-Diagramm zwischen 1100 u. 1300° auf die Ausdehnung des Temp.-Feldes bis zu den Soliduskurven zurückzuführen. E. Otto 154

0565 **Heterogenes Gleichgewicht von $MgFe_{5,543}O_x$ mit H_2–H_2O.** T. I. Bulgakova, O. S. Zajcev, A. S. Guzej und G. M. Tochtabaeva. (Izvest. Akad. Nauk SSSR, Neorg. Mater. **4** (1968) 8, 1387–89; Mosk. gos. univ. im. Lomonosova, Chim. fak.; russ.) — Die Gleichgew.-Drücke p(H_2O), p(H_2) u. p(O_2) über der festen Phase $MgFe_{5,543}O_x$ wurden bei 800° (x = 1,21–8,07) u. 1000° (x = 1,02–7,97) u. die Freien Enthalpien ΔG^0 der Red. von $MgFe_{5,543}O_x$ bis zu MgO u. Fe bei denselben Temp. bestimmt u. log [p(H_2O)/p(H_2)] u. ΔG^0 in Abhängigkeit von x graph. dargestellt. Der Verlauf der Isothermen von log [p(H_2O)/p(H_2)] im Intervall 8,1 $\geqq$ x $\geqq$ 7,9 bei 800° u. 8,0 $\geqq$ x $\geqq$ 7,9 bei 1000° weist auf die Anwesenheit einer Spinell- u. die Bldg. einer niederen Oxidphase hin. Die Bereiche 7,9 $\geqq$ x $\geqq$ 6,5 bei 800° u. 7,9 $\geqq$ x $\geqq$ 6,0 bei 1000° entsprechen dem heterogenen Gebiet aus zwei Phasen mit sich ändernder Zus. — der Spinell- u. der Oxidphase. In den Bereichen 6,0 $\geqq$ x $\geqq$ 1,4 bei 800° u. 5,5 $\geqq$ x $\geqq$ 1,4 bei 1000° entspricht der Verlauf der Kurven dem Gleichgew. der niederen Oxidphase mit metall. Fe. Bei x = 1 existieren nur MgO u. Fe. ΔG^0 wächst mit sinkendem O-Geh. in der festen Phase, erreicht bei x = 6,0 das Max. (≈ 11 kcal/Mol), welches log [p(H_2O)/p(H_2)] = 0 entspricht, u. verringert sich anschließend wieder. Bei Temp.-Erhöhung sinkt ΔG^0. B. Karos 154

0566 **Bestimmung des Inversionsgrades der Kristallgitter von Spinellmischkristallen aus ihren thermodynamischen Eigenschaften.** Ju. P. Vorob'ev, M. P. Bogdanovič, E. G. Bogačeva, A. N. Men' und G. I. Čufarov. (Doklady Akad. Nauk SSSR **180** (1968) 2, 386–88; Inst. metallurg. Ural'skogo filiala AN SSSR; russ.) — An Hand von Literaturangaben u. Vers.-Ergebnissen werden die Konz.-Abhängigkeiten der Aktivität von Magnetit, der Aktivität von Eisenvanadit, des Inversionsgrades λ u. des Parameters R der Elementarzelle für die Mischkrist. aus Eisenvanadit, FeV_2O_4, mit Magnetit, Fe_3O_4, bestimmt u. graph. dargestellt. B. Karos 154

0567 **Phasengleichgewichtsdiagramm des Systems FeO–Cr_2O_3.** B. F. Belov, I. A. Novochatskij, L. N. Rusakov, A. V. Goroch und A. A. Savinskaja. (Ž. fiz. Chim. **42** (1968) 7, 1635–37; Naučno-issl. inst. metallurg., Čeljabinsk; russ.) — Das Phasendiagramm des Syst. ist vom einfachen eutekt. Typ u. zeigt die Bldg. der Verb.

$FeCr_2O_4$, F. 2100 ± 30°. Die Eutektika liegen bei 97,5 Massen-% FeO u. 2,5% Cr_2O_3 bzw. 18,8% FeO u. 81,2% Cr_2O_3, 1345 ± 10 bzw. 1900 ± 25°. Nach röntgenograph. Daten hat $FeCr_2O_4$ a = 8,380 ± 0,002 Å.
J. J. Pohl 154

0568 **Bestimmung der Aktivität der Komponenten der Fe_3O_4–$FeCr_2O_4$-Mischkristalle.** N. N. Olejnikov, R. Ju. Dobrovinskij, V. F. Balakirev, A. N. Men', Ju. D. Tret'jakov und G. I. Čufarov. (Izvest. Akad. Nauk SSSR, Neorg. Mater. 4 (1968) 8, 1382–84; Mosk. gos. univ. im. Lomonosova; russ.) — Es werden Formeln zur Best. der Aktivitäten der Komponenten von Fe_3O_4–$FeCr_2O_4$-Mischkrist. entwickelt, die Aktivitäten a von Fe_3O_4 u. $FeCr_2O_4$ unter Verw. von Literaturangaben ber. u. die Konz.-Abhängigkeit der Aktivitäten graph. dargestellt. Bei x = 1,04 (Mischkrist. $Fe_{1+x}Cr_{2-x}O_4$) erfolgt eine starke Änderung von a (Fe_3O_4), welche dem Übergang des Festphasengleichgew. Spinell–Wüstit → Spinell–Metall entspricht.
B. Karos 154

0569 **Thermodynamik der Dissoziationsreaktion von Mg–Cu-Ferriten.** A. A. Ščepetkin, V. K. Antonov und G. I. Čufarov. (Izvest. Akad. Nauk SSSR, Neorg. Mater. 4 (1968) 7, 1156–59; Inst. metallurg., Sverdlovsk; russ.) — Der Gleichgew.-Dampfdruck von Sauerstoff über Mischkrist. von Mg- u. Cu-Ferrit mit Magnetit, die sich bei der Sauerstoffabgabe aus $Mg_{1-c}Cu_c \cdot Fe_2O_4$ (c = 0,2, 0,5 u. 0,8) im Gemisch H_2/H_2O bei 900° bilden, wurde bestimmt. Ein Schema der thermodynam. Berechnung der Aktivität der Komponenten in Dreikomponentenmischkrist., die sich im Gleichgew. mit einer Phase mit konst. Zus. befinden, wird vorgeschlagen. Als Beispiel wurde die Aktivität der Komponenten von Mischkrist. ber., die sich bei der Dissoziation der Mg–Cu-Ferrite bilden.
J. J. Pohl 154

0570 **Dissoziationsdrücke verschiedener Metalloxide.** Kumasaburo Kodera, Isao Kusunoki und Shinkichi Shimizu. (Bull. chem. Soc. Japan **41** (1968) 5, 1039–45; Kyoto, Sakyo-ku, Kyoto Univ., Dep. of Chem.; engl.) — Mit Hilfe eines Omegatron-Massenspektrometers werden die gasf. Zers.-Prod., die bei der Vakuumerhitzung verschiedener Metalloxide auftreten, analysiert. Zwischen 200 u. 800° entstehen aus *ZnO, CdO, NiO, CuO, Cu_2O* u. *WO_3* hauptsächlich CO_2, CO u. H_2O. Bei höheren Temp. wird O_2 durch therm. Dissoziation gebildet (Ausnahme: MoO_3). Die Gleichgew.-Drücke werden mit einem McLeod-Manometer gemessen.
B. I. 154△

0571 **Löslichkeit von Blei und Kupfer und das Schmelzdiagramm im System Na_2S–ZnS.** V. I. Šiškin, I. R. Polyvjannyj und R. S. Demčenko. (Vestnik Akad. Nauk Kaz. SSR **24** (1968) 9 (280), 20–30; russ.) — Nach den Ergebnissen der thermograph. Analyse wurde unter Berücksichtigung der Ergebnisse der Mikrostruktur- u. Röntgenanalyse das Zustandsdiagramm des Syst. Na_2S–ZnS konstruiert. Im Syst. Na_2S–ZnS existieren vier chem. Verb., *ZnS · 5 Na_2S, ZnS · 3 Na_2S, ZnS · Na_2S* u. *2 ZnS · Na_2S*, mit F. 810, 680, 610 u. 870°. Die Löslichkeit von Pb u. Cu in Na_2S–ZnS-Schmelzen wurde bei 1000, 1100 u. 1150° bei unterschiedlicher Zus. der Schmelze (10 bis 50% Na_2S bzw. 90–50% ZnS) untersucht, die Vers.-Ergebnisse tabelliert u. graph. dargestellt. Die Löslichkeit von Pb bei 1000° u. von Cu bei 1000° in einer Schmelze des Syst. mit 50% Na_2S beträgt 2 bzw. 24%.
B. Karos 154

0572 **Verbindungen zwischen der Phase Ce_2S_3–Ce_3S_4 und den homologen Sulfiden anderer Seltenerdmetalle.** Vovan Tien und Parviz Khodadad. (Bull. Soc. chim. France **1968**, 5, 1859–63; Paris, Fac. de Pharmacie, Labor. de Chim. Minérale; franz.) — Vf. untersuchten die Verb. der Phase Ce_2S_3–Ce_3S_4 mit den homologen Phasen *La_2S_3–La_3S_4, Pr_2S_3–Pr_3S_4, Nd_2S_3–Nd_3S_4, Sm_2S_3–Sm_3S_4, Eu_2S_3–Eu_3S_4, Gd_2S_3–Gd_3S_4, Dy_2S_3–Dy_3S_4* u. *Er_2S_3–Er_3S_4*. Es existieren kontinuierliche feste Lsg. bis einschließlich Sm. Angegeben sind die Parameter der Phasen *$CeLa_2S_4$, $CePr_2S_4$, $CeNd_2S_4$, $CeSm_2S_4$* u. *$CeEu_2S_4$*. Für Eu tritt im Homogenitätsbereich eine Mischungslücke auf der Seite des Eu_2S_3 auf. Im Falle des Sm erhält man die Verb. *$SmCe_2S_4$* u. im Falle des Eu die Verb. *$EuCe_2S_4$*. Im Syst. Ce_2S_3–Ce_3S_4 u. Gd_2S_3–Gd_3S_4 erhält man 2 Typen von Verb., im Th_3P_4- u. NaCl-Typ. Die Zus. der Verb. vom NaCl-Typ sowie die Parameter sind tabellar. zusammengestellt. Zus. der NaCl-Typen: *$Gd_2Ce_{20}S_{23}$, $Gd_2Ce_8S_{11}$, $Gd_2Ce_6S_9$, $Gd_2Ce_2S_5$, Gd_2CeS_4, $Gd_{10}Ce_3S_{18}$, Gd_5CeS_8*. Im Th_3P-Typ krist. außer diesen Verb. noch die folgenden Verb.: *$GdCe_5S_8$, $GdCe_4S_7$, $Gd_2Ce_7S_{12}$, $GdCe_2S_4$, $Gd_2Ce_3S_7$, $Gd_3Ce_3S_8$, $Gd_3Ce_2S_7$, Gd_4CeS_7, Gd_5S_7, Ce_5S_7* u. *Ce_3O_4*.
C. Gottfried 154△

0573 **Systeme aus Ytterbiumselenid, YbSe, und Seltenerdmetallselenlden, L_2Se_3.** Charles Souleau und Micheline Guittard. (C. R. hebd. Séances Acad. Sci., Sér. C **265** (1967) 14, 730–33; Labor. de Chim. minerale, Equipe assoc. au CNRS, Fac. de Pharm., Paris; franz.) — Im Syst. L_2Se_3-YbSe bilden sich bei 1350° drei Phasen: kub. γ-Selenide *L_2Se_3* des Typs Th_3P_4 (L = *La* bis *Dy*), feste Lsg. mit Seleniden des Typs *YbL_2Se_4* (L = *Ho* bis *Lu* u. *Y*), deren Struktur vom NaCl- über den rhomboedr. $CaHo_2Se_4$-Typ zum YbSe-Typ variieren. Die dritte Phase mit YbL_2Se_4 (L = Ho bis Yb u. Y) bildet bei Temp. um 1200° eine zweite rhomb. Krist.-Form des Typs Yb_3S_4.
I. Sarow 154

0574 **System Germanium–Selen.** S. G. Karbanov, V. P. Zlomanov und A. V. Novoselova. (Vestnik Moskovskogo Univ., Ser. II **23** (1968) 3, 96–98; Kaf. neorg. chim.; russ., Auszug: engl.) — Das Phasendiagramm bei 0–67 Atom-% Se wird durch DTA ermittelt. GeSe schmilzt inkongruent nach GeSe (fest) ⇌ Fl. + Ge (fest). Eine Mischungslücke liegt bei 17–40 Atom-% Se. GeSe u. $GeSe_2$ bilden ein Eutektikum bei 587° u. 56,5 Atom-% Se. Weitere Verb. liegen nicht vor.
H. Roschkowski 154

0575 **Zustandsdiagramm des Systems Zinn–Selen.** A. M. Gas'kov, V. P. Zlomanov, Ju. A. Sapožnikov und A. V. Novoselova. (Vestnik Moskovskogo Univ., Ser. II **23** (1968) 3, 48–51; Kaf. neorg. chim.; russ., Auszug: engl.) — Das Druck–Temp.–Zus.-Diagramm des Syst. Sn–Se wird ermittelt. *SnSe* hat am F. einen Dampfdruck von 6,4 Torr, *$SnSe_2$* am F. von 250 Torr.
H. Roschkowski 154

0576 **Löslichkeit und Permeabilität von Schwefel in α-Eisen.** W. H. Herrnstein III, F. H. Beck und M. G. Fontana. (Trans. metallurg. Soc. AIME **242** (1968) 6, 1049–56; Youngstown Sheet and Tube Co., Youngstown, O.; engl.) — Im Vakuum erschmolzenes Elektrolyteisen, einfach u. mehrfach gereinigtes Eisen, ein- u. polykrist. wurde bei 750–890° einer H_2S–H_2-Atmosphäre ausgesetzt. Nach FeS + H_2 ⇌ Fe + H_2S stellte sich das Gleichgew. ein. Die Löslichkeit von Schwefel ist unabhängig vom Reinheitsgrad u. durch log (Gew.-% S) = (–3800/T) + 1,4 gegeben. Die Permeabilität u. Diffusion wurde aus der Sulfidbldg. einer Fe–Mn-Lsg. bestimmt u. beträgt D_s = 1,68 exp (–42800)/RT. Spannungsvers. wurden im Temp.-Bereich von –195 bis +23° gemacht. Gelöstes S erhöht den unteren Haltepunkt. Alle Proben brachen transgranular, nur die bei –195° untersuchten geschwefelten Proben brachen intergranular. Debye-Scherrer-Diagramme zeigten, daß S in fester Lsg. eine Kontraktion des Eisengitters bewirkt.
R. Zimmer 154

0577 **System Cu–Ge–S bei 700 und 600°.** Willy Viaene, Jean Verkaeren und Jules Moreau. (C. R. hebd. Séances Acad. Sci., Sér. D **266** (1968) 14, 1451–54; Labor. de Minéral., Univ., Louvain; franz.) — Bei 700° treten zwei tern. Verb. auf: *Cu_2GeS_{3-x}*, dessen Pulverdiagramm bes. bei den Proben, bei denen das Verhältnis Metall/Schwefel größer ist als das der kub. β-Form, dem des Chalkopyrits analog ist, u. *Cu_5GeS_4*, dessen Diagramm von dem der entsprechenden Cu–Fe–S-Verb. sehr verschieden ist. Bei 600° ist das Phasendiagramm ähnlich, jedoch ist eine bei 700° auftretende fl. Phase, die auch im Syst. Cu–Ge auftritt, verschwunden.
W. Gauster 154

0578 **Chemische Umsetzung im quintären System Cu–Ga–Ge–As–Se.** G. K. Averkieva, G. V. Berdičevskij, A. A. Vajpolin, N. A. Gorjunova und V. D. Pročuchan. (Izvest. Akad. Nauk SSSR, Neorg. Mater. 4 (1968) 7, 1064–66; Fiz.-techn. inst. im. Ioffe, AN SSSR; russ.) — Der Schnitt 3 GaAs-Cu_2GeSe_3 des quintären Syst. Cu–Ga–Ge–As–Se wurde röntgenograph., mikrostrukturanalyt. u. durch Best. der Mikrohärte untersucht. Gleichgew.-Mischkrist. wurden bei Zus. bis 40 Mol-% Cu_2GeSe_3 beobachtet. J. J. Pohl 154

0579 **Struktur der Phase CuSe · x Cr_2Se_3.** Maurice Chevreton und Bernard Dumont. (C. R. hebd. Séances Acad. Sci., Sér. C **267** (1968) 8, 572–75; Labor. d'Étude des Matér., INSA, Villeurbanne, Rhône; franz.) — Es soll der Einfl. des Parameters x auf die Spinellstruktur der tern. Verb. $CuCr_2Se_4$ festgestellt werden. Für x = 1 wird gefunden: die Spinellphase $CuCr_2Se_4$ (Spinell) u. Spuren der monoklinen Phase vom Typ $CuCr_2\square Se_4$ ($M_3\square Y_4$-Phase), für x = 1,5; 2: Spinell + $M_3\square Y_4$-Phase; für x = 2,2–8: reine $M_3\square Y_4$-Phase; für x = 12: $M_3\square Y_4$-Phase + Cr_2Se_3 (trigonal). Für CuSe · 3 Cr_2Se_3 werden die Parameter der Elementarzelle bestimmt. Die monokline Phase $M_3\square Y_4$ mit geordneten Leerstellen leitet sich vom Typ B 8 ab. I. Zoll 154

0580 **Phasengleichgewicht im System Cu_2S–Ag_2S.** A. N. Krestovnikov, A. Ju. Mendelevič und V. M. Glazov. (Izvest. Akad. Nauk SSSR, Neorg. Mater. **4** (1968) 7, 1189–90; Inst. stali i splavov; russ.) — Durch Zusammenschmelzen der Komponenten in Quarzampullen wurden Cu_2S u. Ag_2S synthetisiert, Cu_2S–Ag_2S-Gemische verschiedener Zus. hergestellt, in evakuierten Quarzampullen 2 Std. lang bei einer 50–70° über F. liegenden Temp. zusammengeschmolzen, anschließend in W. abgeschreckt, nochmals 200 Std. lang auf 600° erhitzt, die therm. Analyse durchgeführt u. das Zustandsdiagramm konstruiert. Die Verb. Cu_2S u. Ag_2S bilden im Bereich hoher Temp. Mischkrist. mit sich kontinuierlich ändernder Zusammensetzung. Die Liquiduslinie geht durch ein Minimum bei 640 ± 3° bei 43–45 Mol-% Cu_2S. B. Karos 154

0581 **Löslichkeitsgleichgewicht von Schwefel in Silber in Schwefelwasserstoff–Wasserstoff-Gemischen.** Jacques Oudar und Nisso Barbouth. (C. R. hebd. Séances Acad. Sci., Sér. C **267** (1968) 10, 644–47; Labor. de Chim. Appl., ENSCP, Paris; franz.) — Best. der Löslichkeit von S in Ag (99,999%, Einkrist.) durch eine Tracermeth. in Abhängigkeit von der Zus. der Gasphase zwischen 600 u. 900°. I. Zoll 154

0582 **Beschreibung von zwei neuen festen Lösungen: $Ag_xSn_{1-x}Te$ und $Ag_xSn_{1-x}Se$.** Ouri Gorochov. (C. R. hebd. Séances Acad. Sci., Sér. C **266** (1968) 14, 1059–62; Labor. de Chim. min., Fac. de Pharm., Paris; franz.) — Die tern. Diagramme Ag–Sn–Te u. Ag–Sn–Se werden röntgenograph. u. durch DTA untersucht. Im ersteren Syst. wird nur eine einzige tern. Phase $Ag_xSn_{1-x}Te$ ($0 \leqq x \leqq 0{,}365$) ermittelt; sie ist eine feste Lsg. vom NaCl-Typ. Im zweiten Syst. existiert die Verb. Ag_8SnSe_6 u. die feste Lsg. $Ag_xSn_{1-x}Se$ (NaCl-Typ), wobei $0{,}42 \leqq x \leqq 0{,}53$ ist. O. Rösner 154

0583 **Verbindungen Ag_8MX_6 (M = Si, Ge, Sn und X = S, Se, Te).** Ouri Gorochov. (Bull. Soc. chim. France **1968**, 6, 2263–75; franz.) — Vgl. vorst. Referat. — Das Phasendiagramm der Syst. Ag_2X–MX_2 wurde im Bereich der Verb. Ag_8MX_6 bestimmt. Folgende Eig. wurden gefunden: *Ag_8SnS_6*, F. 839°, (Phasenumwandlung bei) 172°, (Parameter der Tieftemp.-Form bei 25°, Å) 21,43, (Parameter der kub.-flächenzentrierten γ-Form) 10,85 bei 200°, (D_R) 6,31, (D^{25}_{exp}) 6,28; *Ag_8GeS_6*, F. 955°, 233°, 21,19, 10,70, bei 240°, 6,30, 6,21; *Ag_8SiS_6*, F. 940°, 234°, 21,00, 10,63, bei 250°, 6,21, 5,99; *Ag_8SnSe_6*, Zers. bei 735°, 83°, 11,07, 11,12, bei 200°, 7,12, 7,01; *Ag_8GeSe_6*, F. 902°, +48 u. −4°, 10,95, 10,99 bei 65°, 7,13, 7,07; *Ag_8SiSe_6*, F. 930°, 40 u. 10°, 10,87, 10,97 bei 150°, 7,06, 6,95; *Ag_8GeTe_6*, Zers. bei 645°, −29 u. −52°, —, 11,570 bei 20°, 7,29, 7,22; *Ag_8SiTe_6*, F. 870°, −10 u. −78°, —, 11,515 bei 20°, 7,21, 7,23. Z ist im Falle der Sulfide 32, bei den Seleniden u. Telluriden 4. Die Proben wurden röntgenograph., mit der DTA-Meth. u. mikroanalyt. untersucht. J. J. Pohl 154

0584 **System Ag_2Te–Pd.** I. I. Černjaev, N. N. Želigovskaja, M. K. Borisenkova und N. A. Subbotina. (Ž. neorg. Chim. **13** (1968) 6, 1620–25; Mosk. gos. univ. im. Lomonosova chim. fak.; russ.) — Die Umsetzung von Ag_2Te mit Pd u. von Pd_2Te mit Ag wird röntgenograph. untersucht. Die Rk. von elementarem Ag, Pd u. Te wurde röntgenograph. u. thermograph. verfolgt. Der Schnitt Ag_2Te–Pd des Syst. Ag–Pd–Te ist quasibinär. Das Zustandsdiagramm des Schnittes wurde bei Temp. bis 1000° konstruiert. Im festen Zustand entsteht die Verb. *$(AgPd)_2Te$*, die unterhalb von 425° beständig ist u. ein tetragonales Gitter des Typs PbFCl mit a = 6,24 u. c = 11,56 Å aufweist. J. J. Pohl 154

0585 **Fluoride als Komplexbildner in geschmolzenen Salzen.** A. G. Bergman und A. S. Trunin. (Izvest. sibirskogo Otd. Akad. Nauk SSSR, Ser. chim. Nauk **1968**, 1, 21–24; Rostovskij inž.-stroit. inst.; russ.) — Fluoride bilden untereinander u. mit Salzen anderer Anionen öfter Komplexe als andere Halogenide. Die Fluoridkomplexe sind zum Großteil vom kongruenten Typ, sie sind recht beständig. Viele bin. Fluoride können ohne Zers. subl. werden. Die Komplexbldg. in den Syst. MF–MA bzw. MCl–M_2A, A = SO_4, CrO_4, MoO_4, WO_4, CO_3, PO_3, P_2O_7, BO_2, B_4O_2, VO_3, M = Li, Na, K, Rb, Cs, wird verglichen. Im Falle der Chloride sind nur in den Syst. NaCl–Na_2MoO_4 u. NaCl–Na_2WO_4 kongruent schmelzende Verb. bekannt, während die Fluoride, mit Ausnahme von LiF, verschiedene beständige Verb. bilden. J. J. Pohl 154

0586 **Ternäre Schnitte des quaternären reziproken Systems aus Lithium-, Natrium- und Kaliumfluorid und -chlorid.** A. G. Bergman, E. L. Kozačenko und V. V. Keropjan. (Ž. neorg. Chim. **13** (1968) 6, 1670–73; russ.) — Vgl. vorst. Referat. — Das Kristallisationsfeld des Schnittes KF–LiCl–NaCl enthält Felder aller sechs Komponenten des quatern. reziproken Syst. sowie die von *LiCl · NaCl* u. *LiCl · 2 NaCl*. Die tiefstschmelzenden Zus. des Schnittes LiCl–KF–NaF haben F. 460 u. 510°. Die Lage von 10 nonvarianten Punkten des Syst. ist tabelliert. J. J. Pohl 154

0587 **Lithiumchloroberyllat.** K. N. Semenenko, V. N. Surov und T. E. Alymova. (Ž. neorg. Chim. **13** (1968) 6, 1699–1701; Mosk. gos. univ. im. Lomonosova; russ.) — Das Eutektikum des Syst. LiCl–$BeCl_2$ liegt bei 51 bis 52 Mol-% $BeCl_2$, die Zus. $LiBeCl_3$ hat eutekt. Struktur. In Zus. mit 34–50% $BeCl_2$ wurde nur eine krist. Phase *Li_2BeCl_4* röntgenograph. beobachtet, die Verb. hat Z = 2, a = 6,32₅(± 0,01 Å), b = 7,16, c = 5,92, β = 91° 15′ ± 10′. Das IR-Spektrum von Li_2BeCl_4 im Bereich 450–650 cm^{-1} ist tabelliert. J. J. Pohl 154

0588 **Ternäres System aus Lithium-, Rubidium- und Strontiumchlorid.** V. M. Burlakova und G. A. Buchalova. (Izvest. vysšich učebnych Zavedenij [Ivanovo], Chim. i chim. Technol. **11** (1968) 3, 259–62; Rostov, Inženerno-stroitel'nyi inst.; russ.) — Das thermograph. untersuchte bin. Syst. RbCl–$SrCl_2$ weist zwei bei 660 bzw. 634° kongruent schmelzende Verb., *RbCl · $SrCl_2$* bzw. *RbCl · 2 $SrCl_2$*, auf. Das Dreistoffsyst. Li, Rb · Sr ‖ Cl besteht aus 5 Kristallisationsfeldern u. weist 2 eutekt. Punkte bei 293 bzw. 394° auf, die den festen Gleichgew.-Phasen LiCl, RbCl, RbCl · $SrCl_2$ bzw. LiCl, RbCl · $SrCl_2$, $SrCl_2$ entsprechen, weiter zeigt das Syst. einen Übergangspunkt bei 575° bei der Zus. RbCl · $SrCl_2$, RbCl · 2 $SrCl_2$, $SrCl_2$. E. Klever 154

0589 **Liquiduskurven der binären Systeme dreier Erdalkalimetallnitrate und Lithiumnitrat.** Yves Doucet und Catherine Vallet. (C. R. hebd. Séances Acad. Sci., Sér. C **267** (1968) 3, 200–03; Labor. de Thermodynam. des Sels fondus; franz.) — Die thermodynam. Unters. der Syst. $LiNO_3$–*$Ba(NO_3)_2$*, $LiNO_3$–*$Sr(NO_3)_2$* u. $LiNO_3$–*$Ca(NO_3)_2$* zeigt, daß $LiNO_3$ bei 252,56° schmilzt u. eine Schmelzwärme von 6250 cal/Mol hat. Der eutekt. Punkt von $LiNO_3$–$Ba(NO_3)_2$ liegt bei einem Molenbruch an $LiNO_3$ von 0,969₆, in den beiden anderen Syst. bei 0,981₂ bzw. 0,840. J. J. Pohl 154

0590 **Systeme $AlBr_3$–RbBr und $AlBr_3$–CsBr.** V. I. Micheeva, S. M. Archipov und T. V. Revzina. (Ž. neorg. Chim. **13** (1968) 6, 1697–98; Inst. obšč. i neorg. chim. im. Kurnakova AN SSSR; russ.) — Die Schmelzdiagramme der beiden Syst. wurden auf Grund thermograph. Daten konstruiert. Im Syst. $AlBr_3$–RbBr findet im Bereich 0,8–25,0 Mol-% RbBr eine Entmischung im fl. Zustand statt. *2 $AlBr_3$ · RbBr* bildet sich peritekt. bei 98°. Das Eutektikum von $AlBr_3$ u. 2 $AlBr_3$ · RbBr enthält 52 % RbBr u. schmilzt bei 267°. Schmelzen, die ca. 25 % RbBr enthalten, zeigen ein Röntgenogramm von *3 $AlBr_3$ · RbBr*. Im Syst. $AlBr_3$–CsBr findet im fl. Zustand bei 1,2—25,0 % CsBr Entmischung statt. *2 $AlBr_3$ · CsBr* entsteht bei 149°, das Eutektikum von $AlBr_3$ u. 2 $AlBr_3$ · CsBr liegt bei F. 88° u. ca. 1,0—1,2 % CsBr. *$AlBr_3$ · CsBr* schmilzt kongruent bei 340°, das Eutektikum dieser Verb. mit CsBr enthält 52,5 % CsBr, F. 330°. J. J. Pohl 154

0591 **Röntgenphasenuntersuchung des Systems InF_3–CaF_2.** E. G. Ippolitov, É. N. Dejčman, R. D. Jarceva und A. G. Maklačkov. (Izvest. Akad. Nauk SSSR, Neorg. Mater. **4** (1968) 8, 1353—55; Inst. obščej i neorg. chim. im. Kunakova AN SSSR; russ.) — Im Titelsyst. werden nach röntgenograph. Unters. keine Verb. gebildet. Bis zu 14,7 Mol-% InF_3 liegen Mischkrist. auf CaF_2-Basis vor. H. Roschkowski 154

0592 **Schmelzdiagramm des ternären reziproken Systems aus Thallium- und Cäsiumbromid und -jodid.** I. I. Il'jasov und D. G. Barsegov. (Ukrainskij chim. Ž. **34** (1968) 5, 473—75; Rostovskij filial zaočno inst. sovetskoj torgovli; russ.) — Im bin. Syst. TlBr–CsBr entsteht eine kontinuierliche Mischkrist.-Reihe mit einem F.-Minimum bei 410° u. 27,5 Mol-% CsBr. Die Kristallisationsoberfläche des reziproken Syst. Tl, Cs || Br, J zeigt sowohl an allen vier Seiten als auch im Inneren des Syst. die Bldg. kontinuierlicher Mischkrist.-Reihen. Das Gleichgew. CsJ + TlBr ⇌ CsBr + TlJ ist um 1,5 kcal/Äqu gegen die linke Seite hin verschoben. Visuell-polytherm. Unters. zeigen ein F.-Minimum der kontinuierlichen Mischkrist.-Reihe im Schnitt TlBr–CsJ bei 376° u. 27,5 % CsJ u. ein Minimum im Syst. TlJ–CsBr bei 376° u. 28 % CsBr. J. J. Pohl 154

0593 **Bildung von zweiwertigem Thorium in geschmolzenem Kaliumchlorid.** V. Ja. Kudjakov, M. V. Smirnov, N. Ja. Čukreev und Ju. V. Posochin. (Atom. Énerg. **24** (1968) 5, 448—52; russ.) — Vers.-Daten zeigen, daß metall. Th sich mit seinen Ionen in KCl-Schmelzen nach $ThCl_4$ (Schmelze) + Th (fest) ⇌ 2 $ThCl_2$ (Schmelze) umsetzt, die Gleichgew.-Konst. dieser Rk. beträgt log K = 0,805 — (— 4045/T). Die Temp.-Abhängigkeit der Größe der scheinbaren Standardelektrodenpotentiale Th/Th(IV) u. Th/Th(II) wurde bestimmt, die Größen E^* können mit den empir. Gleichungen $E^* = -3,17 + 6,70 \cdot 10^{-4}$ T V bzw. $E^* = -2,97 + 6,3 \cdot 10^{-4}$ V in bezug auf die Chlor-Vgl.-Elektrode angegeben werden. ΔG^* der obigen Rk.-Gleichung beträgt $18,5 - 3,7 \cdot 10^{-3}$ T · kcal/Mol · Grad. J. J. Pohl 154

0594 **Thermodynamische Analyse des van Arkel-Jodid-Prozesses.** R. A. J. Shelton. (Instn. Mining Metallurgy, Trans., Sect. C **77** (1968) 736, C32—C35; Dep. of Metallurg., Univ., Manchester; engl.) — Thermodynamik der chem. Transportsyst. Halogen–Metall (Halogen = Cl, J; Metall = Ti, Zr, Hf, Ta, W u. Cu), wie sie zur Darst. reinster Metalle nach dem van Arkel-Verf. Anwendung finden. Es wird gezeigt, daß Übergangsmetallhalogenide höherer Ox.-Stufen bei derartigen Transporterscheinungen von großer Bedeutung sind. Standardbldg.-Energien u. -Entropien der Tetrachloride u. -jodide der genannten Metalle sind tabelliert u. die freien Bldg.-Energien in Abhängigkeit von Temp. u. Druck graph. dargestellt. Einige kinet. Aspekte des Prozesses (Reaktivität des Ausgangsmaterials u. Geometrie des Syst.) werden diskutiert. J. Pickardt 154

0595 **Schmelzdiagramm des Systems $PbCl_2$–$ZnCl_2$.** N. G. Koržukov. (Vestnik Moskovskogo Univ., Ser. II **23** (1968) 3, 71—75; Kaf. obščej chim.; russ., Auszug: engl.) — Durch DTA- u. Leitfähigkeitsunters. wird gezeigt, daß das Syst. zu den eutekt. Syst. mit begrenzter Löslichkeit der Komponenten im fl. Zustand gehört. H. Roschkowski 154

0596 **Systeme VF_3–KF, VF_3–TlF, VF_3–CsF.** Jean-Claude Cretenet und Jean-Claude Cousseins. (C. R. hebd. Séances Acad. Sci., Sér. C **267** (1968) 3, 240—42; Sorbonne, Chaire de Chim. minér.; franz.) — DTA- u. röntgenograph. Unters. der Syst. VF_3–MF, M = K, Tl, Cs. Unters. folgender Verb.: K_3VF_6, F. 1175°, (Umwandlungstemp.) 200°, (a, Å) 8,70; Rb_3VF_6, F. 1128°, 345°, 9,07; Tl_3VF_6, F. 736°, 115°, 9,04, u. Cs_3VF_6, F. 1075°, 345°, 9,47. Rb_2VF_5 zersetzt sich im festen Zustand bei 690°, K_2VF_5 zeigt eine peritekt. Rk. bei 795°. Peritekt. Rk. von MVF_4: KVF_4 ⇌ $K_2V_3F_{11}$ + Fl. bei 840°, $RbVF_4$ ⇌ $Rb_2V_5F_{17}$ + Fl. bei 928°, $TlVF_4$ ⇌ VF_3 + Fl. bei 928° u. $CsVF_4$ ⇌ $Cs_2V_5F_{17}$ + Fl. bei 885°. KVF_4 u. $RbVF_4$ erleiden eine polymorphe Umwandlung bei 775 bzw. 115°. $K_2V_3F_{11}$ zersetzt sich peritekt. bei 860°: $K_2V_3F_{11}$ ⇌ $K_2V_5F_{17}$ + Flüssigkeit. Verb. des Typs $M_2V_5F_{17}$, M = K, Rb u. Cs, zerfallen peritekt. bei 920, 996 bzw. 1008°. J. J. Pohl 154

0597 **System aus Niob- und Aluminiumchlorid und -oxidchlorid.** L. A. Nisel'son und O. R. Gavrilov. (Ž. neorg. Chim. **13** (1968) 6, 1674—76; russ.) — Das Schmelzdiagramm des Syst. $NbOCl_3$–AlOCl wurde visuell-polytherm bis 32,5 Gew.-% AlOCl untersucht. Ein eutekt. Punkt liegt bei 17,9 % AlOCl u. F. 3400. Im Syst. AlOCl–$AlCl_3$ findet keine Umsetzung in Gemischen mit 1—20 % AlOCl bis 354° statt. Die Komponenten sind ineinander vollständig unlöslich. Der Schnitt $NbCl_5$–AlOCl wurde bis 18,5 % AlOCl untersucht, das Eutektikum liegt bei 17,9 % u. 135°. Der Schnitt $NbOCl_3$–$AlCl_3$ ist vom einfachen eutekt. Typ, das Eutektikum befindet sich bei 49,9 % $NbOCl_3$, F. 100°. Bei ca. 53—74 % $NbOCl_3$ liegt ein Glasbereich. Die stabile Diagonale des Syst. $NbOCl_3$–$NbCl_5$–$AlCl_3$–AlOCl ist der Schnitt $NbCl_5$–AlOCl. J. J. Pohl 154

0598 **Thermische Analyse der ternären Systeme $GaCl_3$–Ti(Zr, Hf, Sn)Cl_4–$POCl_3$ und $GaCl_3$–Nb(Ta, Sb)Cl_5–$POCl_3$.** B. A. Vojtovič und E. V. Zvagol'skaja. (Ukrainskij chim. Ž. **34** (1968) 8, 778—83; Inst. obšč. i neorg. chim. AN Ukr. SSR; russ.) — Therm. u. röntgenograph. Daten zeigen die Bldg. der tern. Verb. *$GaCl_3$ · $TiCl_4$ · 3 $POCl_3$*, F. 74,5°, *$GaCl_3$ · $ZrCl_4$ · 3 $POCl_3$*, F. 103,5° u. *$GaCl_3$ · $HfCl_4$ · 3 $POCl_3$*, F. 116,5°. Eutektika der Schnitte $GaCl_3$ · $POCl_3$–Ti(Zr, Hf)Cl_4 · 2 $POCl_3$ liegen bei 63,5 Mol-% $TiCl_4$ · 2 PO · Cl_3, 59 % $ZrCl_4$ · 2 $POCl_3$ u. 60 % $HfCl_4$ · 2 $POCl_3$, F. 60°; 96,7 u. 107° bzw. 35; 30,5 u. 29 %, F. 60,2; 75,5 u. 83°. Das Syst. $GaCl_3$ · $POCl_3$–$SnCl_4$ · 2 $POCl_3$ enthält einen eutekt. Punkt bei 64 % $SnCl_4$ · 2 $POCl_3$, F. 47°. Die Eutektika von $GaCl_3$ · $POCl_3$–Nb(Ta, Sb) Cl_5 · $POCl_3$ liegen bei 43 % $NbCl_5$ · $POCl_3$, 39 % $TaCl_5$ · $POCl_3$ u. 46 % $SbCl_5$ · $POCl_3$, F. 86,8, 89,8 u. 90,7°, tern. Verb. werden nicht gebildet. J. J. Pohl 154

0599 **Gleichgewicht zwischen metallischem Plutonium und seinen Ionen in Chloridschmelzen.** V. I. Silin, O. V. Skiba, M. V. Smirnov, G. N. Jakovlev und E. A. Prichod'ko. (Atom. Énerg. **25** (1968) 1, 26—29; russ.) — Das Gleichgew.-Potential von Pu wurde in den Schmelzen $PuCl_3$–NaCl u. $PuCl_3$–NaCl–KCl bei 710—870° bei Pu-Konz. von 0,6—11,9 Gew.-% an Hand von Best. der EMK-Isothermen der Ketten Pu(fl.)/$PuCl_3$, NaCl(fl.)// NaCl(fl.)/Cl_2, C(fest) u. Pu(fl.)/$PuCl_3$, NaCl, KCl(fl.)// NaCl, KCl/Cl_2, C bestimmt. Die Gleichungen der Temp.- u. Konz.-Abhängigkeit des Gleichgew.-Potentials in der NaCl-Schmelze sind $E = 3,605 + 9,83 \cdot 10^{-4}$ T + $0,661 \cdot 10^{-4}$ T log [Pu^{3+}](V), in der NaCl–KCl-Schmelze ist $E = -3,577 + 9,26 \cdot 10^{-4}$ T + $0,661 \cdot 10^{-4}$ T log [Pu^{3+}](V). (E relativ zur Chlorelektrode.) Aus den EMK-Daten werden folgende thermodynam. Werte ber.: für Pu (fl.) + 3/2 Cl_2 (Gas) → $PuCl_3$ (Schmelze) in NaCl $\Delta G_1^0 = -249,415 + 68,0$ T u. in NaCl–KCl $\Delta G_2^0 = -247,478 + 64,1$ T (kcal/Mol). — Die Standardlsg.-Enthalpien von $PuCl_3$ in fl. NaCl bzw. NaCl–KCl sind ΔH^0 = — 38,4 bzw. — 36,5 kcal/Mol. J. J. Pohl 154

0600 **Thermodynamische Behandlung und EMK-Messungen für die ternären geschmolzenen Salzsysteme AgCl–NaCl–KCl und AgCl–NaCl–CsCl.** J. Guion, M. Blander, D. Hengstenberg und K. Hagemark. (J. physic. Chem. **72** (1968) 6, 2086—94; North American Aviat. Sci. Center, Thousand Oaks, Calif.; engl.) — Die partiellen molaren freien Exzeßmischungsenthalpien von AgCl in AgCl–NaCl, AgCl–KCl u. AgCl–CsCl sowie in AgCl–NaCl–KCl u. AgCl–NaCl–CsCl wurden durch EMK-Messungen an der Zelle Ag–AgCl + Alkalimetallchloride–Cl_2, Graphit bestimmt. Die freien Exzeßenthalpien für AgCl in den bin. Syst. können durch $A(1 - N_{AgCl})^2$ dargestellt werden, A = 900 cal/Mol für AgCl–NaCl, −1500 cal/Mol für AgCl–KCl u. −3450 cal/Mol für AgCl–CsCl. Für die tern. Syst. werden die freien Exzeßenthalpien auf die gewichteten Summen der freien Exzeßenthalpien der drei bin. Syst. u. einen tern. Term zurückgeführt.

H. Liepack 154

0601 **Berechnung sukzessiver Bildungskonstanten aus polarographischen Daten mit Hilfe eines schnellen Digitalrechners.** Kozo Momoki, Hisakuni Sato und Hisao Ogawa. (Analytic. Chem. 39 (1967) 10, 1072—79; Labor. for Ind. Analyt. Chem., Fac. of Engng., Yokohama Nat. Univ., Ooka-machi, Minami-ku, Yokohamashi; engl.) — Unsicherheiten bei der Ermittlung sukzessiver Bldg.-Konst. einkerniger Komplexe aus polarograph. Daten konnten durch Verw. eines schnellen Digitalrechners vermieden werden. Die wahrscheinlichsten u. daher die „besten" erreichbaren Werte aus experimentellen Daten wurden für das Syst. Cd^{2+}/SCN^- erhalten. Für die Teilchenarten $Cd(SCN)^+$, $Cd(SCN)_2$, $Cd(SCN)_3^-$ u. $Cd(SCN)_4^{2-}$ ergaben sich die Werte $\beta_1 = 13{,}3 \pm 1{,}9$, $\beta_2 = 47{,}3 \pm 5{,}8$, $\beta_3 = 0$ bzw. $\beta_4 = 86{,}2 \pm 3{,}1$

Gerhard Schulze 156

0602 **Computerberechnung von Gleichgewichtskonzentrationen in Gemischen aus Metallionen und komplexbildenden Teilchenarten.** D. D. Perrin und I. G. Sayce. (Talanta [London] 14 (1967) 7, 833—42; Dep. of Med. Chem., Australian Nat. Univ., Canberra; engl.) — Zur Berechnung der Gleichgew.-Konz. aller Teilchenarten in Gemischen mit mehreren Metallionen u. mehreren Liganden aus dem pH-Wert der Lsg., den Werten für die Gesamtkonz. jedes Metallions u. jedes Komplexbildners u. den entsprechenden Gleichgew.-Konst. (pK_a-Werte u. Stabilitätskonst.) wird eine Meth. beschrieben u. das Rechenprogramm (in FORTRAN) mitgeteilt. Die Typen der möglichen Komplexe unterliegen keiner Beschränkung, es können gemischte, hydrolysierte, protonierte u. mehrkernige Teilchenarten vorkommen. Als Beispiele werden ein Syst. aus 10 Metallionen u. 10 Liganden (195 Gleichgew.-Konst.) u. ein Syst. für die Bldg. von Mischkomplexen angegeben.

Gerhard Schulze 156

0603 **Schnellrechengeräte zur Ergänzung graphischer Methoden.** 5. Mitt. **HALTAFALL, ein allgemeines Programm zur Berechnung der Zusammensetzung von Gemischen im Gleichgewicht.** Nils Ingri, Władysław Kakołowicz, Lars Gunnar Sillén und Björn Warnqvist. (Talanta [London] 14 (1967) 11, 1261—86; Dep. of Inorg. Chem., Royal Inst. of Technol., Stockholm; engl.) — 4. vgl. C. **1966,** 22-0002. — Vf. teilen ein in ALGOL geschriebenes Programm (HALTAFALL) zur Ermittlung der Gleichgew.-Konz. der Teilchenarten in Gemischen mit einer beliebigen Anzahl von Komponenten mit, die jede beliebige Anzahl von Komplexen u. festen Rk.-Prod. bilden können, sofern bei den Gleichgew.-Berechnungen Konz. (oder Partialdrücke) benutzt werden können. Die Gleichgew.-Konst. müssen bekannt sein u. genügend Daten über die analyt. Zus. zur Verfügung stehen. Auf einige Anwendungen wird hingewiesen; die flexiblen Eingangsregeln erlauben die Anwendung auf ein breites Spektrum von Fragestellungen. Aus den eingegebenen Informationen ermittelt das Programm selbst einen wirksamen Plan zur Lösung der simultanen Gleichungen. Es enthält auch die Möglichkeit, herauszufinden, welche unter vielen möglichen festen Phasen in einem gegebenen Gleichgew.-Gemisch tatsächlich entsteht.

Gerhard Schulze 156

0604 **System $MgO–SiO_2–CO_2–H_2O$.** 1. Mitt. **Die Konstante des Aktivitätsprodukts von Chrysotil.** P. B. Hostetler und C. L. Christ. (Geochim. cosmochim. Acta [London] 32 (1968) 5, 485—97; U. S. Geol. Surv. Menlo Park, Calif.; engl.) — *Chrysotil* (I) löst sich kongruent in W. nach der Gleichung $Mg_3Si_2O_5(OH)_4 + 5\,H_2O = 3\,Mg^{2+}_{aq} + 6\,OH^-_{aq} + 2\,H_4SiO_{4aq}$. Die experimentelle Best. der Aktivitätsprod.-Konst. $K_{chr} = [Mg^{2+}]^3 \cdot [OH^-]^6 \cdot [H_4SiO_{4aq}]^2$ ergab für 90° den Wert $10^{-49,2} \pm 10^{0,5}$. Zur Best. wurde eine synthet. u. eine natürliche Probe von New Idria, Calif., verwandt. Werte für K_{chr} wurden für Temp. zwischen 0 u. 200° berechnet. $K_{chr} = 10^{-54,1}$ bei 0°, ein Maximalwert von $10^{-48,6}$ bei ca. 135° u. $10^{-49,1}$ bei 200° (alle Werte für das Dreiphasensyst. I + Lsg. + Dampf). Der für 90° ber. Wert $10^{-49,1}$ ist in sehr guter Übereinstimmung mit dem experimentell erhaltenen; für 25° beträgt der ber. Wert $10^{-51,8}$.

E. Schulte 156

0605 **Neue Komplexone.** 12. Mitt. **Komplexbildung der meso- und racemischen 2.3-Diaminobutan-N.N.N′.N′-tetraessigsäure.** V. Špringer, B. Kopecká und J. Majer. (Chem. Zvesti 22 (1968) 5, 327—32; Farmaceut. fak. Univ. Komenského, Bratislava; slowak.) — 11. vgl. C. **1969,** 12-0632. — Die Bldg. u. Zus. der Komplexe der stereoisomeren *meso-* u. *rac. 2.3-Diaminobutan-N.N.N′.N′-tetraessigsäure* (I) mit Cu^{2+}, Ni^{2+}, Co^{2+} u. Fe^{3+} wurden spektrophotometr. untersucht u. die Stabilitätskonst. K der Komplexe abgeleitet. Die nach der Meth. der spektrophotometr. Titration ermittelte Zus. der Komplexe entspricht in allen Fällen dem Verhältnis I : Me 1 : 1. Die Absorptionsmaxima der Fe-Komplexe liegen im UV-, die der übrigen Komplexe im sichtbaren Bereich u. sind bei analogen *meso-* u. *rac.* I-Komplexen sowie im Vgl. mit entsprechenden EDTA-Verb. prakt. ident.; dasselbe gilt für die entsprechenden Mol-Absorptivitätswerte. Die Werte von log K betragen für *meso-*I 17,2 (Co) bis 25,0 (Fe), u. liegen nahe den vergleichbaren Werten für EDTA. Für *rac.* I sind die log K-Werte insgesamt um 2—3 Einheiten größer. In beiden Fällen nimmt die I-Komplexstabilität in der Reihe Fe > Ni > Cu > Co ab.

K. Kámen 156△

0606 **Neue Komplexone.** 13. Mitt. **Potentiometrische und elektrophoretische Untersuchung der Äthylendiamin-N.N′-dibernsteinsäure und ihrer Metallchelate.** J. Majer, V. Jokl, E. Dvořáková und M. Jurčová. (Chem. Zvesti 22 (1968) 6, 415—23; Farmaceut. fak. Univ. Komenského, Bratislava; slowak.) — 12. vgl. vorst. Referat. — Aus potentiomet. Neutralisationskurven der Lsg. von *Äthylendiamin-N.N′-dibernsteinsäure* (I) ohne u. mit Zugabe von Metallkationen sowie durch elektrophoret. Messungen der letzteren Lsg. wurden die Dissoziationskonst. (k_1—k_4) von I u. die Zus. u. Stabilitätskonst. (K) der I-Komplexe mit Erdalkalimetallen, Cu(II), Zn, Cd, Mn(II), Pb(II), Co(II), Ni(II), Fe(III), Al u. La(III) für 20° u. Ionenstärke 0,1 bestimmt. Bei sämtlichen Komplexen wurde das Komponentenverhältnis 1 : 1 gefunden. Die p_k-Werte von I betragen 3,00, 3,85, 6,93 u. 10,13. Die K-Werte sind bei einzelnen Metallen ziemlich unterschiedlich; die größte Stabilität weist der I-Komplex mit Cu (log K 18,85), die kleinste der mit Ba (3,10) auf. In der Erdalkaligruppe sinkt die Komplexstabilität in der Reihe Mg > Ca > Sr > Ba. Im Vgl. zur Äthylendiamin-N.N′-diessig-N.N′-dipropionsäure sind die I-Komplexe trotz der höheren p_{k3}- u. p_{k4}-Werte von I meist weniger stabil. Auch gegenüber EDTA ist dasselbe wahrzunehmen; jedoch weist I im Vgl. mit EDTA eine größere Selektivität auf.

K. Kámen 156△

0607 **Acidität und komplexchemisches Verhalten der p- und m-Phenylendiamin-N.N.N′.N′-tetraessigsäure gegenüber Ionen der 3d-Elemente.** E. Uhlig und D. Herrmann. (Z. anorg. allg. Chem. 359 (1968) 3/4, 135—46; Jena, Inst. für Anorg. Chem. der Friedrich-Schiller-Univ.; dt.) — Vf. berichten über Darst. u. Eig. von p-Phenylendiamin-N.N.N′.N′-tetraessigsäure (p-H_4A) u. m-H_4A. Aus potentiometr. pH-Messungen wurden die Säuredissoziationskonst. ermittelt. Mit Cu(II)-, Ni(II)-, Co(II)-, Zn(II)- u. Mn(II)-Ionen bilden p-H_4A u. m-H_4A in wss. Lsg. folgende Komplexe: MH_2A, MHA^-, MA^{2-}, M_2A ($M = Ni^{2+}$ u. Co^{2+} wenn L = p-H_4A bzw. $M = Cu^{2+}$, Ni^{2+}, Co^{2+} Zn^{2+} u. Mn^{2+} wenn L = m-H_4A). Stabilitätskonst. dieser Komplexe, Säureexponenten von p-H_4A u. m-H_4A, Titrationskurven von p-H_4A bzw. m-H_4A mit Co(II)-Salzlsg. unterschiedlicher Konz., IR-Spektren der krist. Verb. p-H_4A u. m-H_4A sowie Molgew.-Best. vgl. Original.

Versuche: p-H_4A, $C_{14}H_{16}N_2O_8$, aus Chloressigsäure u. p-Phenylendiamin in alkal. Medium. — m-$H_4A \cdot H_2O$, $C_{14}H_{18}N_2O_9$, Darst. analog; m-H_4A, $C_{14}H_{16}N_2O_8$, aus m-$H_4A \cdot H_2O$ durch 1std. Erwärmen auf 78° bei 15 Torr im Dunkeln über P_4O_{10}. — p-$Na_2H_2A \cdot 5\,H_2O$, $C_{14}H_{24}N_2Na_2O_{13}$, aus p-$H_4A$ durch Auflösen in NaOH. — p-$Na_4A \cdot 6\,H_2O$, $C_{14}H_{24}N_2Na_4O_{13}$, aus p-$H_4A$ durch Auf-

lösen in NaOH. — m-$Na_2H_2A \cdot 3\,H_2O$, $C_{14}H_{20}N_2Na_2O_{11}$, aus m-$H_4A$ durch Auflösen in NaOH.
H.-J. Schönherr 156

0608 **IR-spektroskopische Bestimmung von Komplexen mit der Methode der kontinuierlichen Variation.** Keikichi Nakamura. (Bull. chem. Soc. Japan **41** (1968) 5, 1254–56; Nat. Res. Inst. for Metals, 2-3-12, Nakameguno, Meguro-ku,Tokyo; engl.) — Die Syst. $La(SCN)_3$–TBP bzw. $Ln(SCN)_3$–Triphenylphosphinoxid (I) in Acetonitril wurden bei kontinuierlicher Konz.-Änderung bei 1100–1300 cm^{-1} untersucht. Die Ergebnisse deuten auf die gleichzeitige Anwesenheit zweier Komplexformen in den Systemen. J. J. Pohl 156

0609 **Komplexbildung zwischen Zinnionen und Phenolsulfonsäure.** S. G. Meibuhr. (Electrochim. Acta [London] **13** (1968) 4, 831–34; Appl. Res. Labor., US Steel Corp., Mourveville, Pa.; engl.) — Polarograph. Unters. in Syst. mit *p-Phenol-* u. *m-Kresolsulfonsäure-(4)* in 1 n H_2SO_4 zeigen, daß Sn(II) keine Komplexe, Sn(IV) einen 2 : 1-Komplex mit Phenol- u. einen 1 : 1-Komplex mit Kresolsulfonsäure bildet. M. Frenzel 156

0610 **Komplexe dreiwertiger Metalle mit organischen Hydroxysäuren.** 28. Mitt. **Interferometrische Untersuchungen der Aluminiumcitrate.** Ion Cădariu, Teodor Goina und Lucia Bocaniciu. (Studia Univ. Babeş-Bolyai [Cluj], Ser. Chem. **13** (1968) 1, 5–8; rum.) — 27. vgl. C. **1968,** 40-0501. — Die Best. wurden mit einer Reihe von Lsg. mit gleichem Brechungsindex (für $AlCl_3$ 0,5, bzw. 0,25 u. 0,47 m, für *Na-Citrat* 0,245, 0,25 u. 0,133 m) u. isomolaren Lsg. (0,5 m für beide Substanzen) bei 22,5° durchgeführt. Der entstandene Komplex zeigt immer das Verhältnis Al : Citrat = 1 : 1.
M. Bromilski 156△

0611 **Komplexe dreiwertiger Metalle mit organischen Hydroxysäuren.** 29. Mitt. **Potentiometrische Untersuchungen von Eisenglykolaten und Eisentartraten in saurem Medium.** Zeno Andrei. (Studiu Univ. Babeş-Bolyai [Cluj], Ser. Chem. **13** (1968) 1, 71–78; rum.) — 28. vgl. vorst. Referat. — Zwischen *Fe^{3+}* u. *Glykol-* bzw. *Weinsäure* entsteht bei pH 1–1,5 (Konz. 0,1 m, Temp. 25°) ein Komplex, dessen Konz. ber. wurde. Die potentiometr. Mittelwerte des Gleichgew. sind den spektrophotometr. gleich (für Glykolsäure $k_2 = 3{,}80 \cdot 10^{-2}$, für Weinsäure $k_2 = 0{,}718$). Damit ist bewiesen: Fe^{3+} bildet auch in stark saurem Medium mit den genannten Säuren Chelate, bei denen die Anionen negativ 2wertig sind.
M. Bromilski 156△

0612 **Komplexe dreiwertiger Metalle mit organischen Hydroxysäuren.** 30. Mitt. **Spektrophotometrische Untersuchungen von Eisen(III)-citraten.** Zeno Andrei und Adriana Barteş. (Studiu Univ. Babeş-Bolyai [Cluj], Ser. Chem. **13** (1968) 1, 131–39; rum.) — 28. u. 29. vgl. vorst. Referate. — Unter gleichen Bedingungen wie bei der Unters. von Fe^{3+}-Tartraten u. Glykolaten wurde bewiesen: *Fe^{3+}* bildet mit *Citronensäure* (H_4Cit.) einen Komplex nach $Fe^{3+} + H_4Cit. \rightleftharpoons FeH_2Cit.^+ + 2\,H^+$ bei pH < 1,3 wobei das Fe^{3+}-Ion an ein O-Atom der Carboxylgruppe u. eines der OH-Gruppe gebunden ist. Die Gleichgew.-Konst. hat bei 25° u. $\mu = 1{,}00$ einen Wert von $K_2 = 0{,}256 \pm 0{,}055$. M. Bromilski 156△

0613 **Zusammensetzung von Kobaltdiäthyldithiocarbamat.** I. M. Bhatt und K. P. Soni. (J. Indian chem. Soc. **45** (1968) 3, 277–78; Chem. Dep. M. G. Sci. Inst., Ahmedabad-9; engl.) — Co^{2+} u. das Diäthyldithiocarbamation (DDC^-) bilden einen Komplex der Zus. $[Co \cdot (DDC)_3]^-$, wie aus Absorptionsmessungen zu ersehen ist. Maximale Absorption wird bei 385 nm gefunden. Graph. Darst. der Absorption in Abhängigkeit von der Co^{2+}-Menge vgl. Original. H.-J. Schönherr 156

0614 **Kupferkomplexe einiger o-Hydroxyazofarbstoffe.** 1. Mitt. H. L. Mahalaha, M. K. Dave und D. D. Sharma. (J. Indian chem. Soc. **45** (1968) 5, 413–19; Gov. Sci. Coll., Jabalpur, India; engl.) — *3-Methyl-6-hydroxyazobenzol-4'-sulfonsäure* **(I)**, *6-Hydroxyazobenzol-4'-methyl-3-sulfonsäure* **(II)** u. *6-Hydroxyazobenzol-3-sulfonsäure* **(III)** geben mit Kupfer(II)-Ionen 1 : 1- u. 1 : 2-Komplexe. Die pK_a-Werte der freien Liganden (**I**: 8,75, **II**: 7,72, **III**: 7,53) u. die log K_1- u. log K_2-Werte der Komplexe (**I**: 6,14 u. 4,61; **II**: 6,07 u. 4,43; **III**: 6,08 u. 4,42) stehen in engem Zusammenhang mit der Position der Methyl- u. Sulfogruppen.
Versuche: Die Farbstoffe wurden durch Diazotierung von Sulfanilsäure, p-Toluidin bzw. Anilin u. anschließende Kupplung mit p-Sulfophenol bzw. p-Cresol hergestellt. Hanspeter Schulz 156

0615 **Spektrophotometrische Untersuchung der Reaktion von Osmium(VIII) mit 4-[Pyridyl-(2)-azo]-resorcin.** A. I. Busev, L. I. Bogdanovič und V. M. Ivanov. (Vestnik Moskovskogo Univ., Ser. II **23** (1968) 3, 101–03; Kaf. anal. chim.; russ., Auszug: engl.) — Os(VIII) bildet mit 4-[Pyridyl-(2)-azo]-resorcin einen intensiv gefärbten 1 : 2-Komplex. Die Absorption der Lsg. bei 540–750 nm wird gemessen. Die Komplexbldg.- u. Stabilitätskonst. werden tabellar. angegeben.
H. Roschkowski 156

A–5. Elektrochemie

0616 **Bestimmung der kapillaren Steighöhe durch eine galvanostatische Impulsmethode.** Odile Dupréla Tour, Maurice Bonnemay, Guy Bronoël, Pierre Jonville und Eugène Levart. (C. R. hebd. Séances Acad. Sci., Sér. C **266** (1968) 14, 1014–16; Bellevue, Hauts-de-Seine, CNRS, Labor. d'Elektrolyse; franz.) — Vf. beschreiben ein elektr. Verf. zur Best. der kapillaren Steighöhe in einer einporigen Elektrode. Die Steighöhe wird gleichzeitig mit der Doppelschichtkapazität der Elektrode bestimmt. Das Meßverf. wurde an einer *Cu*-Rohrelektrode (∅ 400 μm) mit einer 1 n Na_2SO_4-Lsg. erprobt. Zwischen der experimentell bestimmten u. den direkt beobachteten Steighöhen besteht gute Übereinstimmung.
E. Winkler 161

0617 **Nernst-Planck-Gleichungen und die Elektroneutralitäts- und Donnan-Gleichgewichtsannahmen.** A. D. MacGillivray. (J. chem. Physics **48** (1968) 7, 2903–07; Dep. of Math., State Univ. of New York, Buffalo, N.Y.; engl.) — Vf. leitet mittels einer Störungstheorie die sogenannte „Elektroneutralitäts"-Bedingung in den Nernst-Planck-Strömungsgleichungen u. in der Poisson-Gleichung (zur Beschreibung des Ionentransports durch eine Membran mit einer festen Ladung) als Grenzfall ab. Danach ist die „Elektroneutralitäts"-Bedingung eine Konsequenz der Poisson-Gleichung, wenn ein bestimmter dimensionsloser Parameter klein ist. Aus dem gleichen Grunde ist das Donnan-Gleichgew. am Membranrand eine Konsequenz der Nernst-Planck-Gleichungen, so daß sich eine separate Bedingung eines solchen Gleichgew. erübrigt. Der kleine Parameter kann als das Verhältnis einer Debye-Länge u. der Membrandicke interpretiert werden. R. Blank 161

0618 **Homogener und heterogener optischer und thermischer Elektronenübergang.** N. S. Hush. (Electrochim. Acta [London] **13** (1968) 5, 1005–23; Dep. of Inorg. Chem., Univ., Bristol; engl.) — Theorie des opt. u. therm. Elektronenübergangs in Außenschalen. Für ein spezielles Donator/Akzeptor-Ionensyst. ergeben sich Beziehungen zwischen der Geschw. des homogenen therm. Elektronenaustauschs u. der Frequenz u. Bandbreite der entsprechenden opt. Absorption für den Intervalenzübergang, die ihrerseits mit den therm. u. opt. Übergängen an einer Grenzfläche Metall/Lsg. in Verb. gebracht werden. Diskussion der Beziehung zwischen dem Transmissionskoeff. des adiabat. therm. Austauschs u. der Übergangswahrscheinlichkeit im entsprechenden opt. Vorgang; Vorhersagen für den opt. Elektronenübergang zwischen einem Ion oder Mol. u. einer Elektrode.
M. Frenzel 161

0619 **Aktivitätskoeffizient des aktivierten Komplexes der Elektrodenreaktion.** L. I. Krischtalik. (Electrochim. Acta [London] **13** (1968) 4, 715–19; Inst. für Elektrochem. der AdW UdSSR, Moskau; dt.) — Für Rk., die der Brönsted-Regel folgen, wird für eine Beziehung zwischen dem Aktivitätskoeff. des aktivierten Komplexes γ_i^* u. den Aktivitätskoeff. der Ausgangsstoffe γ_i u. der Rk.-Prod. γ_k $\gamma^* = \Pi\gamma_i{}^\beta \Pi\gamma_k^\alpha$ erhalten. Die barrierelose Entladung von Wasserstoff in konz. LiBr-Lsg. wird untersucht u. der Einfl. des Aktivitätskoeff. des W. auf die H_2-Überspannung unmittelbar geprüft. Die erhaltenen Werte, in Verb. mit früheren Unters. von Frumkin u. Jofa über den Einfl. des Aktivitätskoeff. von H^+ bestätigen die abgeleitete Gleichung. M. Frenzel 162

0620 **Potential der mittleren Kraft für Makroionen mit Hartkugel-Potentialen.** A. Isihara und O. Aono. (J. chem. Physics **48** (1968) 1, 462–63; Dep. of Phys. and Astron., State Univ. of N.Y., Buffalo, N.Y.; engl.) — Ableitung eines Verf. zur Berechnung des genannten Potentials über die Paarverteilungsfunktion in einem Kettendiagramm; diese wird mit Hilfe der Pseudopotential-Meth. ermittelt. A. Blaschette 162

0621 **Entropie-Charakteristik der Nah- und Fernsolvatation der Ionen in einwertigen Alkoholen.** G. A. Krestov. (Izvest. vysšich učebnych Zavedenij [Ivanovo], Chim. i chim. Technol. **11** (1968) 7, 762–65; Ivanovskij chim.-technolog. inst.; russ.) — Die Entropieänderung bei der Solvatation von Ionen in einwertigen Alkoholen wird in die zwei Bestandteile aufgegliedert, welche der Nah- u. der Fernsolvatation entsprechen. Für die Ionen Li^+, Na^+, K^+, Rb^+, Cs^+, Fr^+, Mg^{2+}, Ca^{2+}, Sr^{2+}, Ba^{2+}, Cl^-, Br^-, J^-, At^- in CH_3OH, C_2H_5OH u. n-C_4H_9OH wurden die Entropieänderungen $\Delta S_{Solv.}$ (Entropieänderung bei der Solvatation des Ions in einwertigen Alkoholen), ΔS_{II} (Entropieänderung der Mol. der einwertigen Alkohole unter der Einw. der Ionen), ΔS_n u. ΔS_f (Entropieänderung im Bereich der Nah- u. Fernsolvatation) ber. u. tabelliert. Im Bereich der Nahsolvatation erfolgt im Gegensatz zu W. keine Umkehrung des Vorzeichens von ΔS_n. In den Bereichen der Nah- u. Fernsolvatation der untersuchten Ionen in einwertigen Alkoholen ist positive Solvatation charakteristisch. B. Karos 162

0622 **Thermodynamik der Strukturveränderungen des Lösungsmittels beim Lösen von Salzen in Wasser und in einwertigen Alkoholen.** G. A. Krestov. (Izvest. vysšich učebnych Zavedenij [Ivanovo], Chim. i chim. Technol. **11** (1968) 6, 650–56; Ivanovskij chim-technol. inst.; russ.) — Auf der Grundlage der vom Vf. vorgeschlagenen quant. Charakteristiken wird die Entropiecharakteristik der Strukturveränderungen von W., *CH_3OH*, *C_2H_5OH* u. *n-C_4H_9OH* beim Lösen von MeX (Me = Li, Na, K, Rb, Cs, Fr; X = F, Cl, Br, J, At) u. von MeX_2 (Me = Mg, Ca, Sr, Ba, Ra) ermittelt. Diese Veränderungen haben auf die Lsg.-Prozesse großen Einfl. u. können dieselben günstig beeinflussen oder auch eine negative Wrkg. haben. Die Änderung der Entropiecharakteristiken unterliegt bestimmten Gesetzmäßigkeiten. B. Karos 162

0623 **Verwendung der Aussalztheorie von Samojlov für Daten der Selbstdiffusion von Ionen in wäßrigen Lösungen.** V. I. Jaškičev. (Radiochimija **10** (1968) 4, 418–23; russ.) — Die Abhängigkeit des Selbstdiffusionskoeff. von der mol. Konz. des Salzes in der Lsg. wurde für Na^+, Rb^+, Cs^+, Cl^- u. J^- in wss. KCl-, NaCl- u. LiCl-Lsg. untersucht. Bei Berücksichtigung einer zunehmenden gegenseitigen Beeinflussung der Ionen mit wachsender Lsg.-Konz. u. einer verstärkten Hydratation der Aussalzmittelionen erklärt die Theorie von Samojlov die beobachteten Eigenheiten dieser Abhängigkeit.

J. J. Pohl 162

0624 **Bestimmung der sekundären Dissoziationskonstanten von Phosphor- und o-Phthalsäure in 50%iger Äthanol–Wasser-Mischung.** C. Luca und O. Enea. (Rev. roum. Chim. **13** (1968) 6, 721–26; Univ. of Bucharest; engl.) — Die sek. Dissoziationskonst. (K_2) wurden für 50 Gew.-% A.–W. in Abständen von 5° zwischen 15–35° nach der Gleichung $pK_2 = A_1/T - A_2 + A_3T$ berechnet. Tabelliert ist der Aussalzparameter β sowie die thermodyn. Werte der Rk. $HA^- \rightleftharpoons A^{2-} + H^+$ ΔG^0, ΔH^0 u. ΔS^0. Die Möglichkeit der Verw. der Säuren für Pufferlsg. in 50 % A.–W. wird diskutiert. G. Schatz 162

0625 **Hydratationsenthalpie der Alkalimetallhalogenid-Ionenpaare.** R. Hümbelin. (Electrochim. Acta [London] **13** (1968) 4, 705–13; Sandoz Akt.-Ges., Basel; dt.) — Auf der Grundlage eines thermodynam. Kreisprozesses wird ein Ansatz zur Berechnung der Hydratationsenthalpie von Ionenpaaren aus den Lsg.-Wärmen entwickelt: $\Delta H_s = L(O) - \Delta H_{subl} - \Delta H_{diss}$; ΔH_s Hydratationsenthalpie, L(O) Lsg.-Wärme (ideal), ΔH_{subl} Dissoziationsenthalpie des Ionenpaares. Für L(O) u. ΔH_{subl} stehen Literaturdaten zur Verfügung: ΔH_{diss} ist nach Denison u. Ramsay abschätzbar. Ber. Werte für die Alkalimetallhalogenide werden tabellar. mitgeteilt u. aus thermodynam. Daten auf anderem Wege ber. Werten gegenübergestellt. Fehlergrenzen, Fehlerquellen sowie Vor- u. Nachteile einzelner Meth. für Berechnung der Daten werden zusammen mit ihrem Einfl. auf die Zuverlässigkeit der Endwerte erörtert.

M. Frenzel 162

0626 **Aktivitätskoeffizienten von wäßrigen Natriumchloridlösungen bei 15 bis 50°. Bestimmung mit einer Glaselektrode.** Alfred H. Truesdell. (Science [Washington] **161** (1968) 3844, 884–86; U. S. Geolog. Survey, Menlo Park, Calif.; engl.) — Vf. bestimmte den mittleren Aktivitätskoeff. $\gamma \pm$ NaCl für die Temp. 15, 25, 38, 50° u. die Konz. 0,01–1 molal durch EMK-Messungen an der Kette: Glaselektrode (spezif. für Na^+)/NaCl(molal)/AgCl, Ag. Die Na^+-Selektivität war bez. H^+ (für pH 4, 1,2 mV) u. K^+ sehr groß. Die Temp.-Konstanz betrug $\pm 0,05°$. Die Berechnung aus den gemessenen EMK erfolgte durch Differenzbldg. gegen eine 0,01 molal Standardlsg. mit bekanntem γ. Die ermittelten Werte (Tabelle) werden denen anderer Autoren gegenübergestellt.

G. Schatz 162

0627 **Temperaturabhängigkeit thermodynamischer Charakteristiken der Solvatation von NaJ in Äthanol.** V. V. Aleksandrov, V. I. Lebed', T. M. Šichova und B. G. Zaslavskij. (Elektrochimija **4** (1968) 6, 711–14; Char'kovskij gos. univ. im. Gor'kogo; russ.) — Vf. ber. aus der Temp.-Abhängigkeit der Standard-EMK der Kette Na/NaJ/AgJ, Ag die thermodynam. Solvatationscharakteristiken von NaJ in Äthanol. Bei 25° wurde ein Potential von $E^0 = 2{,}7145$ berechnet. Aus $\Sigma\Delta G_{298} = \Sigma\Delta H_c - T\Sigma\Delta S_c$ wurde für $\Delta G_{c298} = 150{,}2$ kcal/Mol u. für ΔH_c bei 25° 171,1 kcal/Mol ermittelt. Im betrachteten Temp.-Intervall von 20–40° ändert sich die Entropie u. Solvatationsenthalpie von NaJ prakt. nicht. Die Hydratationsentropie u. Hydratationswärme wird negativer. Die Solvatationsenergie fällt in Äthanol schneller ab als in Wasser. H. Berge 162

0628 **Magnesium(II) in wäßrigem Aceton, Kinetik des Protonenaustauschs.** R. G. Wawro und T. J. Swift. (J. Amer. chem. Soc. **90** (1968) 11, 2792–96; Dep. of Chem., Case Western Reserve Univ., Cleveland, O.; engl.) — Das ^{1}H-NMR-Spektrum von Mg^{2+} [*$Mg(ClO_4)_2$*, *$Mg \cdot (NO_3)_2$*] in W./Aceton besteht bei Temp. $< -40°$ aus 2 Linien (freies W., freies Aceton); bei Temp. $< -60°$ spaltet das W.-Signal in eine Linie des freien W. u. eine von W. in der 1. Hydratsphäre von Mg^{2+} auf. Eine Linie von Aceton in der Solvatsphäre wurde bis $-90°$ nicht gefunden. Durch Analyse der Linienform wurde die mittlere Verweilzeit eines Protons in der 1. Hydratsphäre (τ_A) in Abhängigkeit von der Temp. bestimmt. Da τ_A ebenfalls von der Konz. von zugesetztem *$HClO_4$* (*HNO_3*) abhängig ist, existiert offenbar eine durch Säure katalysierte Protonenübertragung auch bei diamagnet. Nichtübergangsmetallionen in wss. Aceton, wie sie bisher an paramagnet. Metallionen in wss. Lsg. beobachtet wurde. B. Stender 162

0629 **Direkte Bestimmung der Koordinationszahl des Magnesium(II)-Ions in Wasser, Wasser–Aceton und Methanol–Aceton.** N. A. Matwiyoff und H. Taube. (J. Amer. chem. Soc. **90** (1968) 11, 2796–2800; Dep. of Chem., Pa. State Univ., University Park, Pa.; engl.) — Bei Temp. $< -60°$ wurde in den genannten Lsg. von Mg^{2+} ein *^1H*-NMR-Signal der Lsgm.-Mol. in der 1. Solvatsphäre von Mg^{2+} beobachtet. In CH_3OH/Aceton liegt der Komplex [*$Mg(CH_3OH)_6$*]$^{2+}$ (I), in W./Aceton u. W. [*$Mg(H_2O)_6$*]$^{2+}$ (II) vor. Bei bestimmten Konz.-Verhältnissen Aceton/W. konnte auch Aceton in der 1. Solvatsphäre nachgewiesen werden. Die Instabilität der Komplexe steigt in der Ordnung I in CH_3OH/Aceton < **II** in Aceton/W. < **II** in Wasser. Bei entsprechenden Unters. an *Li^+*, *Ca^{2+}*, *Zn^{2+}*, *Hg^{2+}*, *In^{3+}*, *Y^{3+}* u. *La^{3+}* konnten Signale von Lsgm.-Mol. in der Solvatsphäre nicht gefunden

werden. Dagegen wurden Signale von $[Be(H_2O)_4]^{2+}$, $[Ga(H_2O)_6]^{3+}$ u. $[Co(H_2O)_6]^{2+}$ beobachtet.
B. Stender 162

0630 **Elektrolytische Dissoziation von Komplexen in den Systemen von $SnCl_4$ mit Propionsäure, Önanthsäure- und Äthylvaleriat.** Ju. A. Lysenko, M. E. Krasnjanskij und L. F. Isačkina. (Ž. obšč. Chim. **38 (100)** (1968) 5, 953–59; Doneckij politechn. inst.; russ.) — In Lsg. von $SnCl_4$ in R = Äthylvaleriat, Önanthsäure u. Propionsäure verläuft eine Dissoziation unter Bldg. von $[SnCl_3 \cdot R]^+$ u. $[SnCl_5 \cdot R]^-$ bei ca. äquimol. Zus., während $[SnCl_2 \cdot 4\,R]^{2+}$ u. Cl^- in Lsg. mit $SnCl_4 : R = 1:4$ entstehen.
J. J. Pohl 162

0631 **Struktur der Hydrathülle der Ionen Fe^{2+}, Co^{2+}, Ni^{2+}, Cu^{2+} in wäßrigen Lösungen.** S. N. Andreev und M. F. Smirnova. (Ž. obšč. Chim. **38 (100)** (1968) 7, 1434–38; Leningradskij inst. tekstil'noj i legkoj prom. im. Kirova; russ.) — Durch Vgl. der Elektronenabsorptionsspektren der wss. Fe(III)- u. Ni(II)-Lsg. mit den Spektren der krist. Aquokomplexe dieser Elemente wird nachgewiesen, daß die nächste Hydrathülle der Fe^{2+}- u. Ni^{2+}-Ionen in den Lsg. aus sechs W.-Mol. besteht. Die Ionen $[Fe(H_2O)_6]^{2+}$ haben die Konfig. eines trigonal verzerrten Oktaeders (R_{Fe-H_2O} = 1,90–2,15 Å); die Ionen $[Ni(H_2O)_6]^{2+}$ sind nach dem Prinzip eines regelmäßigen Oktaeders aufgebaut (R_{Ni-H_2O} = 2,10 Å). Aus den Lsg.-Wärmen der krist. Aquokomplexe $[M(H_2O)_6](ClO_4)_2$ (M = Fe, Co, Ni, Cu) ergibt sich, daß die Hydratation der M^{2+}-Ionen mit der Angliederung von ca. 26 Mol. H_2O an die Ionen $[M(H_2O)_6]^{2+}$ beendet ist. Die stabile Hydrathülle der Ionen Fe^{2+}, Ni^{2+}, Co^{2+}, Cu^{2+} in wss. Lsg. besteht aus zwei monomol. Schichten u. kann durch die Formel $\{[M(H_2O)_6](H_2O)_{26}\}^{2+}$ beschrieben werden. Die mittlere Beständigkeit der Bindung der W.-Mol. dieser Struktur mit dem Zentralion beträgt entsprechend ca. 42 u. ca. 10 kcal.
B. Karos 162

0632 **Elektrische Leitfähigkeit von Lithiumchloridlösungen in aliphatischen Alkoholen.** A. M. Škodin, L. P. Sadovničaja und V. A. Podoljanko. (Élektrochimija **4** (1968) 6, 718–21; Char'kovskij gos. univ. im. Gor'kogo; russ.) — Beim Übergang vom Methanol zu Propanol verringern sich die Äquivalentleitfähigkeiten anfangs schnell, später fällt λ_0 langsamer ab. Im Gebiet Hexanol–Heptanol geht $\lambda_0\,\eta_0$ durch ein Maximum. Die Abhängigkeit der Elektrolytstärke vom DK-Wert hat im gleichen Bereich bei ε = 12,5–11,1 eine Abweichung von der Linearität. Die Abweichungen werden durch Veränderung der Polarisierbarkeit der anisotropen Alkoholmol. im elektr. Feld der Ionen erklärt. Die Abhängigkeit der mittleren Kerr-Konst. war in diesem Fall negativ d. h. die Richtung des Dipolmomentes fällt nicht mit der Hauptpolarisationsrichtung zusammen. Bes. Hexanol u. Heptanol liegen im Winkel zur Feldrichtung der Ionen u. werden geringer solvatisiert. Die Anomalien treten in verd. u. konz. Lsg. auf. Untersucht wurden LiCl-Lsg. in Methyl-, Äthyl-, Propyl-, Butyl-, Isoamyl-, Hexyl-, Heptyl-, Octyl- u. Decylalkohol.
H. Berge 164

0633 **Elektrische Leitfähigkeit wäßriger NaBr-Lösungen von 0–800° und bei Drücken bis 4000 bar.** Arvin S. Quist und William L. Marshall. (J. physic. Chem. **72** (1968) 6, 2100–05; Reactor Chem. Div., ORNL, Oak Ridge, Tenn.; engl.) — Aus den gemessenen elektr. Leitfähigkeiten verd. (0,002–0,015m) NaBr-Lsg. wurden Äquivalentleitfähigkeiten Λ_0 ber., sie sind lineare Funktionen der Lsgm.-Dichte. Bei Temp. $\geqq$ 400° u. konst. Lsgm.-Dichte war Λ_0 (NaBr) temperaturunabhängig; die Extrapolation auf die Lsgm.-Dichte null deutet an, daß wahrscheinlich alle 1:1-Elektrolyte denselben Λ_0-Wert unter diesen Bedingungen haben. Die Gleichgew.-Konst. für die Ionisation von NaBr wurden berechnet. Unter der Annahme, daß Hydratation ein wesentlicher Teil des Dissoziationsprozesses ist, ergeben sich von der Lsgm.-Dichte unabhängige isotherme Gleichgew.-Konstanten.
H. Liepack 164

0634 **Elektrochemie von Polyelektrolyten. 2. Mitt. Elektrizitätsüberführung in Lösungen von Copolymeren der Barium- und Strontiummethacrylate.** V. P. Barabanov und B. L. Bogdanov. (Élektrochimija **4 (1968) 6, 707** bis 710; Kazanskij chim.-technol. inst. im. Kirova; russ.) — 1. vgl. ibid. **3 (1967) 6, 734.** — Die radiochem. Unters. von Copolymeren des Methylmethacrylates (84%) mit Methacrylsäure (15%) u. Ba- bzw. Sr-Methacrylat (1%) in Ggw. von ^{131}Ba u. ^{89}Sr zeigte, daß die Konz. an Salzgruppen im nichtfrakt. Ausgangscopolymeren u. in den Proben nach Umwandlung u. Fraktionierung annähernd konst. bleiben. Wie aus Überführungsmessungen hervorgeht, bleibt eine teilweise Dissoziationsfähigkeit der Sr- u. Ba-Salze erhalten.
H. Berge 164

0635 **Reaktion zwischen Metall und geschmolzenen Salzen. 3. Mitt. Elektrische Leitfähigkeit von in geschmolzenem Wismuttrichlorid gelöstem Silber.** Naoki Kamegashira, Yoshiko Hama, Masanobu Miyake und Tadao Sano. (Trans. Japan Inst. Metals **9** (1968) 1, 59–63; Fac. of Engng., Osaka Univ., Osaka; engl.) — 1. vgl. C. **1967**, 31-0671. — Durch Rk. zwischen Ag u. $BiCl_3$ entsteht die Mischung AgCl + (Bi + $BiCl_3$). Die Leitfähigkeit ($\varkappa$) wurde für den Konz.- u. Temp.-Bereich reines Salz-30 Mol-% Ag, bei 250–400° bestimmt. $\varkappa$ wächst fast linear mit steigendem Ag-Geh., je höher die Temp., um so größer die Steigung. Die Abhängigkeit von $\varkappa$ von der Metallkonz. (Bi) verläuft exponentiell. Unterhalb von 13,5% Ag u. 350° ist die Ionenleitung dominierend, darüber gewinnt der Mechanismus der Halbleitung an Einfluß. Das Syst. wird mit dem Syst. Sn–$BiCl_3$ verglichen. Die Aktivierungsenergie als Funktion von [Ag] wurde bestimmt.
G. Schatz 164

0636 **Reduktionspotentiale von Selen und Tellur in salzsauren Lösungen.** O. B. Nevskij, A. D. Gerasimov und N. N. D'jačkova. (Élektrochimija **4** (1968) 6, 624–29; Moskva; russ.) — Zur Ausarbeitung einer Trennungstechnologie für Se u. Te untersuchten Vf. die Abhängigkeit des Red.-Potentials von Se u. Te von ihren Konz. im Bereich 2–11n HCl. Das Red.-Potential von Te verringert sich mit wachsender Säurekonz. u. kann nach E_{red} = 0,584 + 0,015 lg (Te^{4+}) = 0,584 + 0,015 log $\cdot$ $([TeCl_6^{2-}]/K_p(Cl^-\,\gamma_2)^4)$ ber. werden, wobei K_p = Gleichgew.-Konst. des $TeCl_6^{2-}$-Komplexes ist. Die ber. freie Energie des Te^{4+} beträgt +54 kcal/Mol, die Bldg.-Konst. des $TeCl_6^{2-}$-Komplexes $8{,}8 \cdot 10^{-4}$, die freie Bldg.-Energie des Komplexes 4,17 kcal/Mol, die freie Energie des $TeCl_6^{2-}$-Ions −129,3 kcal/Mol u. die Hydratationswärme von $TeCl_4$ −11 kcal/Mol. Die Ergebnisse zeigen, daß im Bereich 2–8m HCl SeO_3^{2-}-, bei 8–11m HCl Se^{4+}-Ionen auftreten.
H. Berge 166

0637 **Standardpotential der Silber–Silberbromid-Elektrode in Formamid.** K. W. Morcom und B. L. Muju. (Nature [London] **217** (1968) 5133, 1046–47; Dep. of Chem., Univ., Leicester; engl.) — Vf. messen die EMK der Kette H_2/HBr(m)/AgBr/Ag bei 25° mit Formamid als Lösungsmittel. Durch Extrapolation der Funktion $E' = E + 2{,}303 \cdot 2\,RT/F\,[\log(m) - A\sqrt{m}]$ auf m = 0 erhalten sie für die molale Standard-EMK den Wert (0,0967 ± 0,0007) V. Die Debye-Hückel-Konst. von Formamid bei 25° beträgt 0,3286 $(Mol/kg)^{-1/2}$.
J. J. Heinrich 166

0638 **Temperaturkoeffizient der EMK der Kette Cu/Cu-Seife (s), K-Seife, Ag-Seife (s)/Ag und Entropie der Reaktionen.** Wahid U. Malik und Ajay K. Jain. (J. electroanalyt. Chem. Interfacial Electrochem. [Lausanne] **16** (1968) 2, 271–72; Chem. Labor., Univ. of Roorkee; engl.) — Temp.-Koeff., Zellenrk. sowie ΔG, ΔH u. ΔS für vorst. Kette mit Seife = *Laurat, Myristat, Palmitat, Stearat.*
M. Frenzel 166

0639 **Ammoniak–Sauerstoff-Brennstoffzelle.** E. J. Cairns, E. L. Simons und A. D. Tevebaugh. (Nature [London] **217** (1968) 5130, 780–81; Schenectady, N.Y., Gen. Electr. Co.; engl.) — Teflongebundene Pt-Schwarz-Elektroden werden in einer Brennstoffzelle eingesetzt, die mit O_2 u. NH_3 betrieben wird. Jede Elektrode enthält 51 mg Pt/cm², der Elektrolyt ist 54%ig. KOH-Lsg., der Gesamtwiderstand der Zelle beträgt 0,03 Ω. Die Zellspannung hat einen Wert von 0,6 V bei 350 mA pro cm² u. 0,4 V bei 800 mA/cm². Nur H_2 oder N_2H_4 liefern bessere Ergebnisse.
J.-J. Heinrich 166

0640 **Brennstoffzellenkatalysatoren aus Wolframbronze.** Barret Broyde. (J. Catalysis **10** (1968) 1, 13–18; Linden, N.J., Esso Res. and Engng. Co.; engl.) — Vf. untersuchte W-Bronzen, M_xWO_3 (M = Ce, Sm, Eu, Gd, Dy, Ho, Yb, U, Na, K, Pb, Ba, Te, Cd, Ti, V, Cr, Mn, Fe, Ni, Zn, Zr; $0 < x < 1$), durch BET-Oberflächenmessungen, Röntgenbeugungsunters. u. durch elektrochem. Messungen auf ihre Verwendbarkeit als Katalysatoren für die Ox. von H_2 u. die Red. von O_2 in 3,7m H_2SO_4-Lsg. bei 90° u. in 14,7m H_3PO_4-Lsg. bei 150°. Zur Herst. der Prüfelektroden wurde 1 g Katalysator mit 5% Teflon auf ein Ta-Netz gepreßt u. 30 Sek. bei 300° gesintert. Für die Ox. von H_2 u. die Red. von O_2 erwiesen sich die Bronzen $M_{0,1}WO_3$ mit M = Ce, Sm, Eu, Gd, Dy, Ho, Yb, Ti, V, Cr, Mn, Fe, Ni, Zn u. Zr geeignet. Für die Red. von Sauerstoff kommen zusätzlich noch die für die Katalyse der Anodenrk. nicht wirksamen Bronzen $Na_{0,2}WO_3$, $Na_{0,4}WO_3$, $Na_{0,6}WO_3$, $Na_{0,8} \cdot WO_3$, $K_{0,5}WO_3$, $Ba_{0,1}WO_3$, $Pb_{0,2}WO_3$, $Tl_{0,19}WO_3$, $Tl_{0,35} \cdot WO_3$, $U_{0,1}WO_3$ u. $Cd_{0,1}WO_3$ in Frage.
E. Winkler 166

0641 **Durch Wasserstoffdiffusion durch die Membran verursachte Energieverluste eines Brennstoffelements.** Ivan Rubeš. (Chem. Listy **62** (1968) 5, 604–09; Praha, Polarograf. ústav J. Heyrovského, ČSAV; tschech.) — Die Energieverluste infolge Wasserstoffdurchgangs durch die Kationenaustauschermembran eines Brennstoffelements wurden aus dem Vgl. des Wrkg.-Grades bewertet. Eine Anordnung der Elektroden u. der Gaskammer wurde vorgeschlagen, bei der diese Verluste möglichst niedrig gehalten werden können.
V. Burjan 166△

0642 **„Schicht"-Methode bei der Lösung des Problems des elektrischen Feldes in Elektrolysegefäßen bei linearer Form der Polarisationskurve.** N. P. Gnusin, N. P. Poddubnyj und Ju. V. Golikov. (Ėlektrochimija **4** (1968) 7, 882–84; Inst. fiz.-chim. osnov pererabotki miner. syr'ja, Novosibirsk; russ.) — Theoret. Betrachtungen am Modell einer spaltförmigen Elektrolysezelle.
E. Winkler 168

0643 **Elektrochemische Abscheidung von Tellur aus Lösungen von Tellurtetrachlorid in Eisessig.** A. I. Alekperov. (Ėlektrochimija **4** (1968) 7, 847–51; Inst. neorg. i fiz. chim. AN Azerb. SSR, Baku; russ.) — Die elektrochem. Abscheidung von Te aus $TeCl_4$-Lsg. in Eisessig ist zur Gewinnung von reinem Te mit einigem Chlorgeh. vorteilhaft. Mit der Meth. kann ebenfalls eine Te- u. $TeCl_2$-Schicht beliebiger Stärke auf Graphit- u. C-Oberflächen aufgebracht werden. Die verwendeten Pt- u. C-Elektroden waren durch ein Glasdiaphragma voneinander getrennt. Die Stromausb. lagen zwischen 75 u. 110%. Beim Erwärmen der elektrolyt. Nd. im Vakuum bilden sich an den Wänden schwarze Krist. aus $TeCl_2$, die therm. bis 224° stabil sind. Bei der Elektrolyse wird Te(IV) zu Te(II) u. Te^0 reduziert. Daneben wird Te(II) durch Rk. von Te(IV) mit Te^0 gebildet.
H. Berge 168

0644 **Elektrochemische Bildung von Lithiumlegierungen in geschmolzenem Lithiumfluorid.** C. S. Tedmon jun. und W. C. Hagel. (J. electrochem. Soc. **115** (1968) 2, Part 1, 151–57; Gen. Electr. Res. and Dev. Center, Schenectady, N.Y.; engl.) — Aus einem geschmolzenen LiF-Bad (900–1100°) unter Verw. einer Graphitanode u. bei verschiedenen Rk.-Zeiten (10–360 Min.) wurden auf nachst. Metallen Li-reiche Überzüge erhalten: Ag, Cu, Ni, Pt u. Cr. Die Stromausb. variierte sehr stark (Pt 100, Cr 1%). Die Nd. auf Cu u. Ag sind Mischkrist. dieser Metalle mit Li. Bei Pt entsteht wahrscheinlich die intermetall. Verb. $LiPt_2$. Die Eindringtiefe von Li in Cr wurde metallograph. bestimmt; es ergab sich ein Li-Abfall, der mit den massenspektrometr. Daten übereinstimmt. Die Abscheidungsstromdichte betrug ca. 0,01–0,1 mA/cm².
G. Schatz 168

0645 **Elektrolytische Abscheidung von Mangan aus formiathaltigen Elektrolyten.** B. Ju. Girčene, V. S. Tulevičene und B. B. Stul'pinas. (Ėlektrochimija **4** (1968) 7, 810–14; Politechn. inst., Kaunas; russ.) — Bei der Abscheidung von Mn aus sulfathaltigen Elektrolyten ist die Ggw. von $(NH_4)_2SO_4$ erforderlich, das nicht nur als Puffer u. Komplexbildner, sondern auch als Lsgm. für den Oxidfilm bei der Korrosion von Mn dient. Aus Elektrolyten mit Ammoniumformiat u. Mn^{2+} wird an der Kathode metall. Mn abgeschieden. Die NH_4^+-Ionen bilden die lösl. Komplexe $Mn(NH_3)^{2+}$ bzw. $Mn(NH_3)_2^{2+}$ u. verhindern damit die Bldg. von Oxidhydraten in der Ankathodenschicht u. wirken depassivierend.
H. Berge 168

0646 **Goldelektrolyse in Thioharnstofflösungen.** S. Tătaru. (Rev. roum. Chim. **13** (1968) 2, 185–89; Div. des Rech. Technol. pour Métaux Rares, Bucarest; franz.) — Die Möglichkeiten der elektrolyt. Abscheidung von Gold wurden näher untersucht, indem als Elektrolyt salzsaure Thioharnstofflsg. eingesetzt wurden. Die Abhängigkeit des Faradayschen Wrkg.-Grades von der Goldkonz. im Elektrolyten wurde untersucht, ebenso die Funktion der Stromdichte an der Kathode. Ferner wurden an salzsauren Thioharnstofflsg. die Abhängigkeit der Goldelektrolyse von der Geschw. des Umlaufes des Elektrolyten untersucht. Feine, glatte Goldabscheidungen bei annehmbarem Stromverbrauch erhält man, wenn man salzsaure Thioharnstofflsg. bei 1,60 V u. 2000 A/m² unter gutem Rühren der Elektrolyse unterwirft. Der Faradaysche Wrkg.-Grad nimmt mit der Goldkonz. in der Lsg., mit der Geschw. des Umlaufes des Elektrolyten u. mit der Temp. zu. Schwankende Werte des Faradayschen Wrkg.-Grades sind auf das gleichzeitige Vorliegen von Au^+ u. Au^{3+}-Ionen im Elektrolyten zurückzuführen. Die Zunahme der Stromdichte an der Kathode verringert den Wrkg.-Grad u. verstärkt die Abscheidung von Schwefel als Folge der Zers. des Thioharnstoffs.
D. Bretzinger 168

0647 **Messung der Wärme elektrochemischer Adsorptionen und Reaktionen.** A. Ja. Gochštejn. (Ėlektrochimija **4** (1968) 7, 886; Inst. ėlektrochim. AN SSSR, Moskva; russ.) — Für die Messung der Wärme ϑ, die beim Durchtritt von Wechselstrom durch die Grenze Elektrode—Elektrolyt durch Schwingung entsteht, ist der Effekt der Oberflächenspannung γ durch Konz.-Erhöhung der reagierenden Substanzen oder durch Verw. von Elektroden verschiedener Dicken (10 μm bis 0,5 mm) zu eliminieren. Für eine Pt-Elektrode bei 20° u. 1 kHz wird die elektrochem. Rk.-Wärme für die Syst. $[Fe(CN)_6]^{3-}$/$[Fe(CN)_6]^{4-}$ u. J_3^-/J^- sowie die Adsorptionswärme von Wasserstoffionen auf Pt in H_2SO_4 bei verschiedenen Potentialen (+0,25 bis 0 V, normale H_2-Elektrode) bestimmt.
E. Bomke 170

0648 **Aufnahme von Elektrokapillarkurven nach der Form des polarisierten, hängenden Quecksilbertropfens.** V. I. Melik-Gajkazjan, V. V. Vorončichina und Ė. A. Zacharova. (Ėlektrochimija **4** (1968) 4, 479–81; Tomskij politechn. inst.; russ.) — Durch Ermittlung der Elektrokapillarkurven aus der Gestalt frisch gebildeter oder langsam wachsender Hg-Tropfen nach dem von Andreas et al. (1938) angegebenen Verf., das außerdem die Best. von Absolutwerten der Oberflächenspannung gestattet, wurde die gleichzeitige Messung der differentiellen Doppelschichtkapazität ermöglicht. Bei Messungen an 0,5m Na_2SO_4 mit Zusätzen von n-Hexylalkohol u. Emulsionen von Leuchtpetroleum konnte die Leistungsfähigkeit des Verf. nachgewiesen werden, indem Übereinstimmung zwischen den direkt gemessenen u. durch Integration aus den Kapazitätskurven erhaltenen Elektrokapillarkurven erzielt wurde. Die experimentelle Anordnung ist schemat. angegeben.
C. Herold 170

0649 **Meßmethode zur Schnellbestimmung der Abhängigkeit der Doppelschichtkapazität vom Elektrodenpotential.** E. A. Nečaev, N. T. Kudrjavcev und A. A. Kulakov. (Ž. fiz. Chim. **42** (1968) 6, 1541–44; Mosk. chim.-technol. inst. im. Mendeleeva; russ.) — Vf. bestimmen bei 25° die Doppelschichtkapazität bei der elektrolyt. *Ag*-Abscheidung aus einem Elektrolyten, der 0,25m an Ag, 0,8m an $Na_2S_2O_3$ u. 0,7m an Na_2SO_4 (pH 9) ist, in Abhängigkeit von der Potentialänderungsgeschw. u. von der Wechselstromfrequenz. Die Genauigkeit der dazu entwickelten Meßmeth. reicht für quant. Berechnungen nicht aus, sie liefert aber für prakt. Zwecke brauchbare Vgl.-Werte.
E. Bomke 170

0650 **Bestimmung der Doppelschichtkapazität in Gegenwart eines Depolarisators.** Dieter Britz und Henry H. Bauer. (J. electroanalyt. Chem. Interfacial Electrochem. [Lausanne] **16** (1968) 1, 13—19; CSIRO, Div. of Food Preservat., Ryde, N.S.W.; engl.) — Meth. zur Messung der Doppelschichtkapazität in Ggw. einer Faraday-Admittanz. M. Frenzel 170

0651 **Anwendung der „Time-Domain-Reflektometrie" bei der Untersuchung von Elektrodenvorgängen.** Richard Payne. (J. electroanalyt. Chem. Interfacial Electrochem. [Lausanne] **19** (1968) 1/2, 1—14; Air Force Cambridge Res. Labor., Hanscom Field, Bedford, Mass.; engl.) — Vf. beschreibt die „Time-Domain-Reflektometrie" (zeitlich aufgelöste Messung elektr. Impulse) u. ihre Verw. zur Impedanzbest. an der Grenzfläche Elektrode—Lsg. u. eine geeignete elektrolyt. Zelle u. Meßanordnung. RGK erster Ordnung von über 1000 cm/s^{-1} u. damit Umorientierungen der Dipole werden auf Grund der Relaxation der Mol.- gegenüber der Elektronen- u. Atompolarisation (ca. 10^{-11}s bei W.) erfaßt. An einer Pt-Elektrode wurde in wss. $HClO_4$- u. H_2SO_4-Lsg. die Impedanz u. die Abhängigkeit der Kapazität vom Elektrodenpotential für sehr kurze Zeiten ($t < 50$ns) bestimmt. Für das reversible Wasserstoffpotential bewirkt die Elektrodenrk. eine zeitabhängige Abnahme der Impedanz ($t > 30$ ns). Es war keine Relaxation der Doppelschicht feststellbar. G. Schatz 170

0652 **Potentialabhängigkeit elektrochemischer Geschwindigkeitskonstanten.** Keith B. Oldham. (J. electroanalyt. Chem. Interfacial Electrochem. [Lausanne] **16** (1968) 2, 125—30; North Amer. Aviat. Sci. Center, Thousand Oaks, Calif.; engl.) M. Frenzel 170

0653 **Messung chemischer Reaktionsgeschwindigkeiten nach einer Durchtrittsreaktion. Empirische Näherung unter Verwendung von Ringscheibenelektroden.** P. A. Malachesky, K. B. Prater, G. Petrie und R. N. Adams. (J. electroanalyt. Chem. Interfacial Electrochem. [Lausanne] **16** (1968) 1, 41—46; Dep. of Chem. Univ. of Kan., Lawrence, Kan.; engl.) — Entw. eines empir. Eichverf. für rotierende Scheibenelektroden (C-Pastenelektrode). M. Frenzel 170

0654 **Stofftransport an einer Doppelelektrode in der Wand eines Strömungskanals.** Rainer Braun. (J. electroanalyt. Chem. Interfacial Electrochem. [Lausanne] **19** (1968) 1/2, 23—35; Inst. für Phys. Chem. u. Elektrochem., TH, München; dt.) — Die Anwendungsmöglichkeiten der Meth. von Gerischer [ibid. **10** (1965) 553] zu kinet. Unters. werden durch theoret. Abschätzungen beträchtlich erweitert. Das l. c. dargestellte Modell wird vom Vf. durch weiterführende Betrachtungen ergänzt. Die Doppelelektrode in der Kanalströmung erzeugt eine definierte Strömung des Elektrolyten u. die Rk.-Prod. der ersten Elektrode können an der zweiten analysiert werden. Die Übertragungsausb. für ein stabiles Prod. kann mittels Laplace-Transformationen exakt ber. werden. Reagiert das Prod. im Elektrolyten weiter, muß man Näherungen anwenden. Die Berechnungen wurden für Rk. 1. Ordnung durchgeführt. Die Überlegungen sind unter gewissen Bedingungen auf ein Syst. von 2 konzentr. Ringelektroden auf einer rotierenden Scheibe anwendbar. G. Schatz 170

0655 **Kopplung zwischen Aufladung und Faraday-Prozeß. Elektrodenadmittanz für reversible Prozesse.** Paul Delahay und Karel Holub. (J. electroanalyt. Chem. Interfacial Electrochem. [Lausanne] **16** (1968) 2, 131—36; Dep. of Chem., New York Univ., New York, N.Y.; engl.) M. Frenzel 170

0656 **Polarisation in Lösungen mit hohem elektrischem Widerstand.** D. A. Jones. (Corrosion Sci. **8** (1968) 1, 19—27; Dep. of Metallurg. Res., Kaiser Aluminium and Chem. Corp., Spokane, Wash.; engl.) — In Elektrolytlsg. mit hohem Widerstand bildet sich bei Stromfluß ein Potentialgradient aus; die Ergebnisse der Messungen von Strom—Spannungs-Kurven können nur schwierig gedeutet werden, wenn die dabei gemessenen Potentiale einen Teil dieses Gradienten mit enthalten. Diese Widerstandspolarisation kann durch Verw. einer modifizierten Wheatstone-Brücke eliminiert werden. Die Schaltung wird mit Hilfe des Kirchhoffschen Gesetzes analysiert, die Meßtechnik bei Verw. der Schaltung beschrieben (kathod. Strom—Spannungs-Kurven, lineare kathod. Polarisationsmessungen). M. Frenzel 170

0657 **Admittanz der ideal reversiblen Elektrode mit adsorbierten Reaktionsteilnehmern. Analyse der theoretischen Gesichtspunkte.** Paul Delahay. (J. electroanalyt. Chem. Interfacial Electrochem. [Lausanne] **19** (1968) 1/2, 61—72; Dep. of Chem., N.Y. Univ., New York, N.Y.; engl.) — Die vom Vf. in einer früheren Mitt. [ibid. **16** (1968) 131] aufgestellte Theorie wird vertieft. G. Schatz 170

0658 **Korrekturen für die Aufladung der Doppelschicht in der Chronopotentiometrie.** Robert S. Rodgers und Louis Meites. (J. electroanalyt. Chem. Interfacial Electrochem. [Lausanne] **16** (1968) 1, 1—11; Dep. of Chem., Polytechn. Inst. of Brooklyn, Brooklyn, N.Y.; engl.) — Numer. Berechnungen u. Nachw. inkorrekter früherer Korrekturverf. sowie Vorschlag eines einfachen empir. Verf. zur Ableitung der Transitionszeit nach der Sand-Gleichung. M. Frenzel 170

0659 **Mechanismus der Beseitigung von Wasserstoffatomen, die bei der ungehemmten Entladung von Hydroniumionen gebildet werden.** L. I. Krištalik. (Élektrochimija **4** (1968) 7, 877—79; Inst. élektrochim. AN SSSR, Moskva; russ.) — Die auf der Grundlage von Energiebeziehungen über Teilrk. des Elektrodenprozesses entwickelten Vorstellungen über die unaktivierte elektrochem. Desorption von Wasserstoff unter Beteiligung von W.-Mol. stimmt mit den kinet. Daten der H_2-Entw. an der Hg-Elektrode überein. Obwohl die Energieeffekte bei der Ag-Elektrode beträchtlich geringer sind, ist auch hier die Beteiligung von W.-Mol. wahrscheinlich. E. Bomke 170

0660 **Sorption von Wasserstoff auf Palladium bei der Oxydation von Hydrazin.** N. V. Korovin und B. N. Jančuk. (Élektrochimija **4** (1968) 7, 887—88; Mosk. énerget. inst.; russ.) — Mit Hilfe von Ladungs- u. Ox.-Kurven an einer dünnen Pd-Membran wurde festgestellt, daß ohne Strom an Pd prakt. kein H_2 sorbiert wird. Bei der anod. Polarisation wächst die Menge des sorbierten H_2 u. erreicht bei $+0{,}3$ bis 0,6 V gegen Wasserstoffelektrode ein Max., fällt dann wieder ab u. geht bei $+0{,}55$ bis $+1{,}00$ V gegen Null. Die experimentellen Ergebnisse beweisen den elektrochem. Mechanismus $N_2H_{4ads} + n\,OH^- - n\,e^- = m\,H_{ads} + n\,H_2O + N_2H_{(4-n-m)}$. H. Berge 170

0661 **Reaktion zwischen Sauerstoff und Wasserstoff auf Platin. 1. Mitt. Reaktionskinetik.** V. A. Šepelin, C. I. Zalkind und V. I. Veselovskij. (Élektrochimija **4** (1968) 8, 975—78; Fiz.-chim. inst. im. Karpova, Moskva; russ.) — Nach der von Vf. ibid. **4** (1968) 138 beschriebenen Temp.-Gradientenmeth. wird die Geschw. der Knallgasrk. in Abhängigkeit von der Zus. des Rk.-Gemisches (O_2, H_2, N_2) u. vom Temp.-Gradienten (Filmbldg. der Lsg. auf einer glatten Pt-Elektrode) untersucht. Die Rk.-Geschw. wird durch die Diffusion des Gases durch den Lsg.-Film zur Elektrodenoberfläche sowie durch die Geschw. der Entfernung der Rk.-Prod. von der Elektrode (Verdampfung des W.) bestimmt. E. Bomke 170

0662 **Mechanismus der Elektrodenreaktionen von Wasserstoffperoxid an Kohleelektroden in sauren Elektrolyten.** A. I. Anurova, V. S. Daniel'-Bek und A. L. Rotinjan. (Élektrochimija **4** (1968) 7, 815—21; Naučnoissl. Akkumulatornyj inst., Leningrad; russ.) — Vf. untersuchen die stationären galvanostat. anod. u. kathod. Polarisationskurven zur Aufklärung der Elektrodenrk. von H_2O_2 in H_2SO_4 an Elektroden aus aktiviertem Kohlenstoff u. Pyrographit. Für die Elektrored. bzw. -Ox. des H_2O_2 wird ein stufenweiser Mechanismus diskutiert, dessen langsamster Schritt die Anlagerung bzw. Abspaltung des Elektrons ist. Unter der Voraussetzung, daß der Durchtrittsfaktor bei 0,5 liegt, haben die experimentellen Kurven die Form $\varphi_{st} = \text{const} + 0{,}059\,\text{pH}$ u. $i_0^{st} = k'[H_2O_2][H^+]^{1/2}$; φ_{st} = stationäres Potential u. i_0^{st} = Austauschstromdichte bei φ_{st}. E. Bomke 170

0663 **Bestimmung der Reaktionsordnung der elektrolytischen Reduktion von Sauerstoff an Platin.** L. N. Nekrasov und T. K. Zolotova. (Élektrochimija **4** (1968) 7, 864–67; Mosk. gos. univ. im. Lomonosova; russ.) – Vf. untersuchten die kathod. Red. von O_2 in 0,1 n H_2SO_4-Lsg. an platinierten Pt- u. in 0,125 n KOH-Lsg. an glatten Pt-Elektroden in Abhängigkeit vom Partialdruck des O_2 im Bereich p_{O_2} = 0,05–1,0 at mit der Meth. der rotierenden Scheibenelektrode bei Umdrehungsgeschw. v = 400–4000 U/min. Es wurde gefunden, daß die Rk.-Ordnung in den untersuchten Syst. p = 1 ± 0,04 beträgt. Das Halbstufenpotential ist für v = konst. abhängig von p_{O_2}. Eine Änderung der Vers.-Bedingungen hat wesentlichen Einfl. auf die Rk.-Kinetik u. in einigen Fällen auch auf den Rk.-Mechanismus der kathod. Red. von O_2 in festen Metallen. Es kann nicht ausgeschlossen werden, daß ein Übergang zu Elektrolyten anderer Zus., eine andere Elektrodenvorbehandlung usw. zu Änderungen in der Rk.-Ordnung führen. E. Winkler 170

0664 **Kinetik der anodischen Chlorabscheidung an porenfreiem Graphit.** R. G. Érenburg und L. I. Krištalik. (Élektrochimija **4** (1968) 8, 923–29; Inst. élektrochim. AN SSSR, Moskva; russ.) – In salzsaurem KCl bzw. NaCl wurde an unterschiedlich vorbehandelten, prakt. porenfreien Graphitelektroden [a) Hochtemp.-Pyrokohlenstoff, b) Graphit DÉZ, mit Polyäthylen bei 300° oder anod. aus der Schmelze bei 0,5–1 A/cm² mit AgCl bzw. $PbCl_2$ imprägniert] die Überspannung der Chlorabscheidung bei 25° untersucht. Die Polarisationskurven weisen zwei annähernd lineare Teile mit Anstiegen von 60 bis 90 mV u. 120–160 mV auf (η – logi). Die stöchiometr. Äquivalenzzahl der Rk. liegt zwischen 1 u. 1,7. Als Rk.-Mechanismus wird die ungehemmte langsame Durchtrittsrk. mit anschließender elektrochem. Desorption diskutiert. Die differentielle Kapazität der Graphitelektrode ($PbCl_2$) von 34 μF/cm² liegt in der Größenordnung der Doppelschichtkapazität. Die aus der Temp.-Abhängigkeit der Chlorabscheidung beim Gleichgew.-Potential bestimmte Aktivierungsenergie ergab, daß bei der ungehemmten Entladung der Chlorionen die Energie der Adsorptionsbindung des Chlors an ox. Graphitoberflächen bei 17 bzw. 22 kcal liegt. Aus den Unters.-Ergebnissen folgt, daß die Entladung eines schweren Ions tatsächlich durch die Gleichungen der Theorie der abs. Geschw. der Rk. beschrieben werden kann. E. Bomke 170

0665 **Kapazität der elektrischen Doppelschicht in wäßriger Lösung.** 3. Mitt. **Polykristallines Zinn.** N. A. Hampson und D. Larkin. (J. electrochem. Soc. **115** (1968) 6, 612–13; Loughborough Univ. of Technol., Leicestershire; engl.) – 2. vgl. C. **1968**, 34-0660. – Der Verlauf der differentiellen Kapazität (C, $\mu F \cdot cm^{-2}$) von polykrist. Sn (99,999) als Funktion des Potentials (E, –0,2 bis –1,4 V gegen HNE) wurde für nachst. Lsg. bestimmt: 0,1 m $NaClO_4$ pH 6,6–7 u. 3–3,2; $NaClO_4$ 0,007 u. 0,0007 m pH 3–3,3 u. 3–3,2. Die Meßfrequenz betrug 1 kHz, die Temp. 23°. Für negatives E verläuft C für pH 7 etwa gleich, für positives E ergeben sich beachtliche Unterschiede für die einzelnen Lösungen. Der Verlauf in saurer Lsg. ähnelt dem von Hg; das hier auftretende Minimum zeigt das E des Nulladungspunktes, das für pH 7 bei –0,7 V auftretende Max. den Auf- oder Abbau eines Oxid- oder Hydroxidfilmes an. Die geringe Dispersion von C als Funktion der Meßfrequenz wird auf geringe Rauhigkeit u. eine relativ homogene Oberfläche zurückgeführt. Der steile Anstieg von C bei –0,2 V in saurer Lsg. wird auf die beginnende Gitterauflösung zurückgeführt. G. Schatz 170

0666 **Magnetometrische Untersuchung der Eisenelektrode im alkalischen Akkumulator.** 1. Mitt. **Untersuchungsmethode und einige Besonderheiten der Phasenumwandlung.** F. I. Kukoz, N. I. Sannikov und V. I. Makarov. (Élektrochimija **4** (1968) 3, 274–79; Novočerkasskij politechn. inst.; russ.) – Es wurde eine App. entwickelt u. eine Meth. ausgearbeitet, die die kontinuierliche Messung der magnet. Suszeptibilität der Fe-Pulverelektrode im alkal. Akkumulator während der elektrochem. Polarisation erlauben. Damit wurde festgestellt, daß der positive Einfl. von LiOH-Zusätzen (25 g/l) zum Elektrolyten auf den Ausnutzungskoeff. mit einer Stimulierung der kathod. Red. der Fe-Oxide u. -Hydroxide zusammenhängt. Die in der zweiten Entladungsstufe gebildeten, frisch ox. Prod. der Elektrodenmasse zeigten ferromagnet. Eigenschaften. C. Herold 170

0667 **Abhängigkeit zwischen Polarisationswiderstand und Korrosionsgeschwindigkeit der Metalle.** M. Pražák. (Werkstoffe u. Korrosion **19** (1968) 10, 845–48; Staatl. Forschungsinst. für Materialschutz, Prag; dt.) – Zwischen Polarisationswiderstand R_p u. der Korrosionsgeschw. K besteht die Beziehung $K = c/R_p^k$ (c = Konst.; Exponent k liegt nahe eins, ist teilweise von den Meßbedingungen abhängig). Durch gleichzeitige Messung von R_p u. Ermittlung der durch die Korrosion hervorgerufenen Materialabnahmen der korrodierenden Metalle im akt. Zustand wird empir. der Wert von c bestimmt. Folgende Korrosionssyst. wurden untersucht: Fe (Weichblech)-10 % H_2SO_4; Fe (härtbarer Stahl)-10 % H_2SO_4; Zusatz von Thioharnstoff; Fe (härtbarer Stahl)-0,2 n HCl; Zusatz von 8-Hydroxychinolin-5-sulfonsäure; Ag-0,1 n H_2SO_4 + $Fe_2(SO_4)_3$-Lsg.; Cu-0,1 n H_2SO_4 + $Fe_2(SO_4)_3$-Lsg.; Cu-1 n H_2SO_4; Zn-1 n H_2SO_4; Zn-1 n NH_4OH + 0,01 m H_2O_2. I. Zoll 170

0668 **Disproportionierung und ECE-Mechanismen.** 1. Mitt. **Theoretische Analyse. Beziehungen für die linear sweep-Voltammetrie.** M. Mastragostino, L. Nadjo und J. M. Saveant. (Electrochim. Acta [London] **13** (1968) 4, 721–49; Labor. de Chim. de l'École Normale Super., Paris; engl.) M. Frenzel 172

0669 **Disproportionierung und ECE-Mechanismen.** 2. Mitt. **Reduktion des Uranylkations in Perchlorsäure.** M. Mastragostino und J. M. Saveant. (Electrochim. Acta [London] **13** (1968) 4, 751–62; engl.) – 1. vgl. vorst. Referat. – Die Red. von UO_2^{2+} in konz. $HClO_4$ an der Hg-Elektrode wird voltammetr. mit linearem Potentialdurchgang untersucht. Die Ergebnisse stützen die Annahme eines mit einer Disproportionierung gekoppelten ECE-Mechanismus. M. Frenzel 172

0670 **Untersuchungen mit der Wechselstrompolarographie (Polarographie mit überlagerter Wechselspannung).** 5. Mitt. **Einfluß des mittleren Molekulargewichts auf das Adsorptionsverhalten wasserlöslicher Makromoleküle.** H. Jehring und E. Horn. (Mber. dtsch. Akad. Wiss. Berlin **10** (1968) 4/5, 295–306; Inst. für physikal. Chem., DAW, Forschungsgemeinschaft, Berlin; dt.) – 3. vgl. C. **1966**, 23-0809. – An Hand der wasserlösl. Makromol. Polyäthylenglykol (PÄG) u. Polyvinylpyrrolidon (PVP) wird der Einfl. der Konz., der Tropfzeit der Hg-Elektrode (El.) u. des Molgew. (200–20000) auf die Doppelschichtkapazität (C) als Funktion des El.-Potentials untersucht. Aus den Unters. an PÄG ergibt sich u. a., daß das Adsorptionsgebiet bei niedrigen Konz. c im Gegensatz zu niedrigmol. Stoffen nicht oder nur wenig mit log c breiter wird, höhere Molgew. M eine größere elektr. Arbeit für die Desorption erfordern u. die C der Adsorptionsschicht bei vollständiger Bedeckung der El. abnimmt, da der Film dichter wird. Bei Vorliegen einer monomol. Schicht liegt für PÄG das Mol. anscheinend linear auf der Oberfläche. Die Adsorptionsenergie von PVP ist größer als die von PÄG. Unter normalen polarograph. Bedingungen beträgt die analyt. Empfindlichkeit für beide Prod. 1 mg/l. Die Adsorption von PVP erfolgt in Knäuelform. G. Schatz 172

0671 **Polarographische Untersuchung von Komplexen von Metallionen mit zweibasischen Säuren.** 1. Mitt. **Cd^{2+}-Komplexe mit Malon-, Bernstein-, Glutar- und Adipinsäure.** J. N. Gaur und M. M. Palrecha. (J. polarogr. Soc. **14** (1968) 1, 31–35; Chem. Labor., Univ. of Rajasthan, Jaipur, Indien; engl.) – Cd^{2+} gibt in Ggw. der genannten Säuren in $NaClO_4$-Lsg. (konst. Ionenstärke = 2,0) bei 30° eine reversible diffusionsbestimmte Red.-Stufe. Aus den polarograph. Daten wurde die Bldg. folgender Komplexe nachgewiesen: Cd[A], $Cd[A]_2^{2-}$ u. $Cd[A]_3^{4-}$ (A = Säureanion). Die Bldg.-Konst. (β) nehmen in der Reihenfolge Malon-, Bernstein-, Glutar- u. Adipinsäure ab. E. Bomke 172

0672 **Polarographische Bestimmung der Bildungskonstanten von Komplexen aus Metallionen und organischen Liganden.** 2. Mitt. **Hydroxybenzoatkomplexe von Blei und Cadmium.** D. S. Jain, Anand Kumar und J. N. Gaur. (J. polarogr. Soc. **14** (1968) 1, 19—23; Chem. Labor., Univ. of Rajasthan, Jaipur, India; engl.) — 1. vgl. C. **1968,** 47-0477. — Pb^{2+}- u. Cd^{2+}-Komplexe der m- (I) bzw. p-Hydroxybenzoesäure (II) geben in ca. 1 m KNO_3 (konst. Ionenstärke = 1,0) bei 30° eine diffusionsbestimmte zweielektron. Red.-Stufe. Die Analyse der Halbstufenpotentialverschiebung u. der i_d-Abnahme bei zunehmender Ligandenkonz. ergab, daß folgende Komplexe vorliegen: MeR^+, MeR_2 u. MeR_3^- (Me = Pb^{2+}, Cd^{2+}; R = I bzw. II) u. die Bldg.-Konst. (β) der II-Komplexe etwa doppelt so groß wie die der I-Komplexe sind. E. Bomke 172

0673 **Elektroreduktion von Niob(V) in Salzsäurelösungen an Quecksilberelektroden.** 1. Mitt. **Polarographie und Chronopotentiometrie.** John G. McCullough und Louis Meites. (J. electroanalyt. Chem. Interfacial Electrochem. [Lausanne] **18** (1968) 1/2, 123—35; Dep. of Chem., Polytechnic Inst. of Brooklyn, N.Y.; engl.) — In verd. Lsg. ist Nb(V) monomer. Es wird schrittweise zu Nb(IV) u. Nb(II) red., die schnell zu Nb(III) reagieren. In konz. Lsg. ist Nb(V) dimer. Es wird zu dimerem Nb(IV) red., das zu [Nb(V) · Nb(III)] disproportioniert, das zu [Nb(IV) · Nb(III)] weiterred. wird. Bei negativeren Potentialen wird es weiter zu [Nb(IV) · Nb(II)] red., das schnell zu Nb(III) synproportioniert. Das Nb(V)-Dimere ist wahrscheinlich anion. u. enthält wahrscheinlich 2 O-Brücken. Beim Verdünnen der Säure wird das Dimere durch Hydrolyse entladen u. fällt aus. Bei weiterer Verdünnung wird der Nd. wieder aufgelöst, u. es bildet sich ein nichtreduzierbares Kation. Wird die Lsg. vor der Verdünnung zum Sieden erhitzt, dann wird ein kation. Polymeres mit Cl-Brücken gebildet, das bei Hydrolyse nichtreduzierbar wird u. nicht ausfällt. J. Bardeleben 172

0674 **Kinetische Wellen von Kobalt(II) und cysteinähnliche Verbindungen enthaltenden Systemen.** 1. Mitt. **Vorwelle von Kobalt in Boratmedium.** I. M. Kolthoff, P. Mader und S. E. Khalafalla. (J. electroanalyt. Chem. Interfacial Electrochem. [Lausanne] **19** (1968) 3, 315—27; School of Chem., Univ., of Minn., Minneapolis, Minn.; engl.) — In Ggw. von Cystein werden definierte Vorwellen von Co in Komplexbindung mit Borat beobachtet. Das Verh. wurde im pH-Bereich 6,1—9,2 untersucht. Bei pH < 8 wird die Vorwelle durch einen Co-Komplex verursacht, der sowohl die Carboxyl- als auch die Thiolatgruppe des Cysteins umfaßt. Bei höherem pH wird der Komplex mit Thiolat u. ungeladenem Amin wirksam. Für Adsorption des Komplexes wurde kein Hinweis gefunden. Wenn die Carboxylfunktion blockiert ist wie beim *Cysteinäthylester*, sind die Verhältnisse einfacher. Für diesen Fall wurde für 25° die Gleichgew.-Konst. zu $4{,}0 \cdot 10^3\ Mol^{-1} \cdot l \cdot s^{-1}$ berechnet. *Cysteamin* bildet wie der Äthylester Komplexe nur mit S- u. mit NH_2-Gruppen u. verursacht Vorwellen. Thioglykol- u. β-Mercaptopropionsäure, bei denen auch Vorwellen zu beobachten sind, können nur mit ihren Carboxyl- u. Thiolatgruppen Komplexe bilden. $Co(NH_3)_6Cl_3$ verhält sich wie Co(II), wenn man die Red. $Co^{3+} \rightarrow Co^{2+}$ berücksichtigt. Die Überspannung von Co-Oxalatkomplexen ist sehr groß u. wird durch Cystein vermindert. Beim *Cystamin* u. *α-Alanin* treten kaum Vorwellen auf. J. Bardeleben 172

0675 **Untersuchung intermetallischer Verbindungen durch die Methode der anodischen Polarographie mit Anreicherung.** 2. Mitt. **Überprüfung der theoretischen Beziehungen am System Cu–Zn–Hg.** N. A. Mesjac, A. G. Stromberg und M. S. Zacharov. (Élektrochimija **4** (1968) 8, 987—90; Tomskij politechn. inst.; russ.) — 1. vgl. C. **1968,** 44-0547. — Vf. untersuchten durch anod. Polarographie mit Anreicherung durch Aufnahme von I-t-Kurven das Syst. Cu–Zn–Hg bei Verw. von 0,1 n NH_4-Tartrat + 0,25 m NH_4-Acetat als Leitelektrolyt. Aus den Messungen wird geschlossen, daß bei gleichzeitiger Anwesenheit von Cu u. Zn in der Lsg. u. damit als Metall im Amalgam sich schwerlösl. Cu–Zn-Verb. im Amalgam befinden. Diese Verb. hat die Zus. ZnCu, ihre Löslichkeit beträgt $1 \cdot 10^{-6}$ g-Ion/l. E. Winkler 172

A–6. Kolloidchemie, Grenzflächen

0676 **Chemie der Oberflächen fester Stoffe.** H. P. Boehm, R. Sappok, M. Schneider, F. Arendt, H. Wistuba, M. Herrmann und R. Jenne-Baumann. (Kolloid-Z., Z. Polymere **227** (1968) 1—2, 17—27; Anorg.-Chem. Inst., Univ. Heidelberg; dt.) — Übersichtsvortrag (Diamant, SiO_2, TiO_2). — 40 Literaturangaben. M. Frenzel 181

0677 **Bedeutung der Wasserstruktur in dispersen Systemen.** F. Franks. (Chem. and Ind. **18** (1968) 560—66; Unilever Res. Labor., Sharnbrook, Bedford; engl.) — Nach einem Überblick über die verschiedenen Modelle für die W.-Strukturen u. den Einfl. gelöster Substanzen (Ionen, Gase bzw. unpolare Lsgm., polare organ. Stoffe) auf diese Struktur wird der Einfl. der Lsgm.-Struktur auf die Eig. disperser Syst. besprochen. Das Max. in den Flockungskonz.-Alkoholkonz.-Kurven für Polystyrollatices in W.–Alkohol-Mischungen liegt bei einem Mischungsverhältnis, das auch die W.-Struktur wesentlich verändert. Die Temp.-Abhängigkeit der Flockungsgeschw. von Polyvinylacetatlatex bei der raschen Flokkung zeigt bei 35° eine Diskontinuität. Unterhalb 35° ist die Geschw. geringer als nach der Smoluchowski'schen Gleichung, oberhalb 35° wird der vorhergesagte Wert überschritten. Auch in der Temp.-Abhängigkeit der NMR-Relaxationsgeschw. von W. in PVA-Latices zeigen sich die Einfl. temperaturbedingter Strukturveränderungen. Der Nachw. des ortho-W. durch Derjagin (1966) ist ebenfalls ein Beweis für die Vielseitigkeit der möglichen W.-Strukturen. K. Strenge 181

0678 **Vergleich der Teilchengrößen-Verteilungen von „monodispersen" Teilchen mit einem Teilchendurchmesser von 0,8—3,5 μ mit Hilfe eines Coulter-Counters und der Elektronenmikroskopie.** W. D. Cooper und G. D. Parfitt. (Kolloid-Z., Z. Polymere **223** (1968) 2, 160 bis 166; Dep. of Chem., Univ. of Nottingham; engl.) — Die Teilchengrößenverteilung von 4 monodispersen Solen, deren Teilchendurchmesser 0,8—3,5 μ betrugen, wurde mit einem Coulter-Counter analysiert u. mit den elektronenmkr. erhaltenen Werten verglichen. Es traten zwei grundlegende Anomalien auf: Im Vgl. zu den elektronenmkr. Werten war bei kleineren Partikeln die Teilchenkonz. erhöht. Diese Erhöhung erwies sich als charakterist. für die benutzte 30 μ-Kapillare des Coulter-Counters. Die Verteilungskurve war außerdem zu großen Partikeln hin verbreitert, wahrscheinlich als Folge von Koinzidenzen. Es ist daher notwendig, den Einfl. der verwendeten Kapillare auf die Verteilungskurven vor der Unters. heterodisperser Syst. festzustellen. G. Malow 181

0679 **Wechselwirkung von Silberhalogeniden mit Gelatine gleicher Ladung.** Ronald Nemeth und Egon Matijevic. (Kolloid-Z., Z. Polymere **225** (1968) 2, 155 bis 161; Inst. of Colloid and Surface Sci., Clarkson College of Technol., Potsdam, N.Y.; engl.) — Die Wechselwrkg. zwischen Gelatine u. AgBr- bzw. AgJ-Solen (in statu nascendi, gealtert) in Abhängigkeit von der Gelatinekonz. dem pH-Wert u. der Konz. an neutralen Elektrolyten wird untersucht. M. Frenzel 182

0680 **Zusammenwirken von Diffusion und Turbulenz bei der rhythmischen Bildung von Grenzschichten.** W. Schaafs (Kolloid-Z., Z. Polymere **227** (1968) 1/2, 131—40; TU Berlin, Fak. II Abt. Phys.; dt.) — Theoret. Grundlagen des Konz.-Zonen-Effekts. M. Frenzel 188

0681 **Gegenseitige Fällungen von Aluminiumhydroxid-Eisenhydroxidsolen, Aluminiumhydroxid-Kieselsäuresolen und Eisenhydroxid-Kieselsäuresolen.** F. Kreža, N. Staničić und E. Rudžić. (Kolloid-Z., Z. Polymere **227** (1968) 1/2, 126—30; Labor. für analyt. Chem., Univ. Sarajewo; dt.) — Die gegenseitigen Flockungen u. Wechselwrkg. der vorst. Bauxitbestandteile werden untersucht. Eines der beiden Sole wird stets in statu nascendi angewendet u. das andere als bereits fertig vorliegend. Es wird gefunden, daß alle erwähnten Sole hydrophoben Charakter haben, wenn sie in statu nascendi vorliegen. Unter gegebenen Bedingungen wird das Verhältnis der optimalen Konz. von beiden entgegengesetzten Solen bestimmt. Der Einfl. der Wertigkeit, Konz. u. Ladungsdichte der Sole auf die Möglichkeit der Teilchenzusammenstöße werden diskutiert. M. Frenzel 188

0682 **Bildungsmechanismus der Koagulationsstrukturen von Bentonen in organischen Medien.** N. V. Vdovenko und N.N. Kruglickij. (Ukrainskij chim. Ž. **34** (1968) 9, 902—10; Inst. obšč. i neorg. chim. AN Ukr. SSR; russ.) — Bei zunehmender Konz. der dispersen Phase während einer stat. Ruhezeit wächst die Grenzschubspannung der Koagulationsstruktur von Bentonen (organ. Montmorillonitderiv.). Zugaben von Butylacetat, Aceton, des Benetzungsmittels SV-1056 u. von Xilital-15 rufen eine Änderung der Stabilität des Strukturnetzes in einem weiten Bereich hervor. Eine maximale Vereinfachung der Koagulationsstruktur kann nur bei bestimmten Verhältnissen der hydrophilen u. hydrophoben Teilchen auf der Oberfläche der Tonteilchen u. bei bestimmter räumlicher Lage der strukturbildenden Elemente realisiert werden. Zum Auswaschen von mit Dimethyldialkylammoniumchlorid modifiziertem Na-Montmorillonit wird am besten W. u. Bzl. verwendet. J. J. Pohl 188

0683 **Einfluß von Ultraschall auf die Kristallisationsprozesse von Aerosoltröpfchen.** V. K. Beljaev und I. I. Rešetnjak. (Akustičeskij Ž. **14** (1968) 3, 460—62; Kirovogradskij filial Char'kovskogo politechn. inst. im. Lenina; russ.) — Die Einw. von Ultraschall ($1 \cdot 10^6$ bis $2{,}5 \cdot 10^6$ Hz) auf Aerosole wss. Lsg. von *NaCl*, *$Ba(NO_3)_2$*, *NH_4Cl*, *$Pb(NO_3)_2$*, *NaBr*, *$CO(NH_2)_2$*, *KNO_3*, *$AgNO_3$*, *$NaNO_3$*, *$KClO_3$* u. *$B(OH)_3$* sowie auf *CH_3J*-Aerosole beschleunigen in allen Fällen die Kristallisation bedeutend. H. Roschkowski 196

0684 **Gerät zur Untersuchung der Bildungsprozesse von Flüssigkeitszuständen mit modifizierter Struktur.** V. V. Karasev und Ju. M. Lužnov. (Ž. fiz. Chim. **42** (1968) 9, 2366—67; Inst. fiz. chim. AN SSSR, Moskva; russ.) — Ein Gerät zur Unters. von Fl. bei der Kondens. von nichtgesätt. Dämpfen in Kapillaren wird vorgeschlagen. Es können hierbei Fl.-Säulen mit modifizierter Struktur erhalten werden. J. J. Pohl 200

0685 **Diffusion gelöster Substanzen in Silicagelen.** Z. M. Tovbina und D. N. Straževsko. (Ukrainskij chim. Ž. **34** (1968) 9, 876—80; Inst. fiz. chim. im. Pisarževskogo AN Ukr. SSR; russ.) — Die effektiven Diffusionskoeff. von Jod, Methanol u. Saccharose in Silicagelen mit verschiedener poröser Struktur wurden bei $20 \pm 0{,}5^0$ bestimmt. Eine Gleichung zur Berechnung der Verteilungskoeff. bei der Diffusion gelöster Substanzen in Globularstrukturen wird diskutiert. Die anomalen Eig. von W. in hydrophilen porösen Materialien wurde bestätigt. Die Abhängigkeit der relativen Viskosität von wss. Lsg. vom Porenradius des Silicagels wurde bestimmt. Die anomale Viskosität wss. Lsg. kann durch die Unters. der Kinetik der Übertragungsprozesse in porösen Medien verfolgt werden. J. J. Pohl 200

0686 **Einbau von Fremdionen in γ-Al_2O_3.** H. Krischner. (Kolloid-Z., Z. Polymere **227** (1968) 1/2, 10—16; Inst. für Phys. Chem., TH, Graz; dt.) — An Hand der Fällung von Al-Hydroxid-Gelen u. der Entwässerung von *Bayerit* wird gezeigt, daß die Ausbldg. einer großen Oberfläche bei γ-Al_2O_3 an eine zumindest intermediäre *Böhmit*-Bldg. gebunden ist. Der Kristallisationsgrad des Böhmits übt einen bedeutenden Einfl. auf die Oberflächenausbldg. des γ-Al_2O_3 aus. Der Einbau von Ca-Ionen bewirkt eine therm. Stabilisierung des Krist.-Gitters sowie der Oberfläche von γ-Al_2O_3. Aus Spinellbldg.-Rk. sowie aus spektroskop. Unters. wird geschlossen, daß Ca auf Tetraederplätzen in γ-Al_2O_3 eingebaut wird. Der Einbau von CO_2 in Al-Hydroxid-Gele behindert die Kristallisation u. bewirkt eine Stabilisierung der Oberflächen der Abbauprod. bei höheren Temperaturen. IR-Messungen zeigen, daß CO_2 zunächst als bas. Carbonat gebunden wird u. bei höheren Temp. als CO_2 nachweisbar ist. M. Frenzel 200

0687 **Untersuchung der Sinterung von Eisenoxid mit der Emanationsmethode und mit der Methode der Oberflächengasmarkierung.** G. M. Žabrova, M. D. Šibanova und Č. Ech. (Kinetika i Kataliz **9** (1968) 3, 703 bis 706; Inst. chim. fiz. AN SSSR, Moskva; russ.) — Die Sinterung von Fe_2O_3 u. Fe_3O_4, die durch die therm. Zers. von Eisenoxalat in einem Stickstoff- u. Luftstrom erhalten wurden, wurde radiochem. bei 220, 310, 420 u. 520^0 untersucht. Dem Oxalat wurde entweder Radio-Th beigemischt u. die Thoronemanation beim Sintern gemessen oder es wurden die Oxalatproben mit radioakt. Kr beschossen. Die spezif. Oberfläche der Proben wurde parallel bestimmt. Der Zusammenhang zwischen der Emanationsfähigkeit u. der spezif. Oberfläche von Fe_3O_4 ist geradlinig. J. J. Pohl 200

0688 **Porensysteme in Katalysatoren.** 11. Mitt. **Porenverteilungsberechnungen aus dem Adsorptionszweig einer Stickstoffadsorptionsisotherme im Falle von „Ink-Bottle"-Poren.** J. C. P. Broekhoff und J. H. de Boer. (J. Catalysis **10** (1968) 2, 153—65; Dep. of Chem. Technol., Technol. Univ. of Delft.; engl.) — 10. vgl. C. **1968**, 34-0696. — Die in der 9. u. 10. Mitt. angegebenen Meth. zur Analyse des Adsorptionszweiges einer Stickstoff-Sorptionsisotherme werden für ein Modell kugelförmiger Löcher erweitert u. auf verschiedene experimentell ermittelte Adsorptionssyst. angewendet. G. Malow 200

0689 **Verteilungsfunktionen in Oberflächenschichten.** 4. Mitt. **Asymptotik des Drucktensors in der Oberflächenschicht einer einfachen Flüssigkeit.** A. I. Rusanov und F. M. Kuni. (Ž. fiz. Chim. **42** (1968) 10, 2563—68; Leningradskij gos. univ. im. Ždanova; russ.) — 3. vgl. ibid. **42** (1968) 7, 1723; 2. vgl. C. **1969**, 12-0550. — Mit Hilfe der in den früheren Mitt. abgeleiteten Formeln, die das asymptot. Verh. der Ein- u. Zweiteilchen-Verteilungsfunktionen im inneren Teil der Oberflächenschicht einer Fl. beschreiben, werden asymptot. Formeln für den Drucktensor u. die lokale Spannung in der Oberflächenschicht einer einfachen Fl. erhalten, die an eine andere Phase oder das Vakuum angrenzt. H. Roschkowski 202

0690 **Verteilungsfunktionen in Oberflächenschichten.** 5. Mitt. **Verteilungsfunktionen und Drucktensor eines dünnen Flüssigkeitsfilms.** F. M. Kuni und A. I. Rusanov. (Ž. fiz. Chim. **42** (1968) 10, 2569—75; russ.) — 4. vgl. vorst. Referat. — Mit Hilfe von Reihenentw. u. unter der Voraussetzung, daß zwischen den Mol. des Syst. Fernbereichs-van-der-Waalssche-Kräfte wirken, werden asymptot. Gleichungen für die Ein- u. Zweiteilchen-Verteilungsfunktion in dem inneren Teil eines ebenen dünnen Films einer einfachen Fl. erhalten. Diese Beziehungen werden zur Berechnung des Drucktensors u. der Spannung des Films verwendet. H. Roschkowski 202

0691 **Änderung der Oberflächenspannung außerhalb des Gleichgewichts.** A. Ja. Gochštejn. (Elektrochimija **4** (1968) 6, 619—23; Moskva, Inst. elektrochim. AN SSSR; russ.) — Die vom Vf. früher beschriebene Meth. zur direkten experimentellen Unters. der Oberflächenspannung fester Stoffe [Zav. Labor. **32** (1966) 815] wurde unter Bedingungen angewandt, wo kein Gleichgew. zwischen den Phasen u. den sie trennenden Schichten herrschte. Dabei wurde festgestellt, daß im allg. Fall die Änderung der Oberflächenspannung der Änderung der freien Oberflächenenergie nicht proportional ist. An Pt- u. Ir-Elektroden in 1 n H_2SO_4 wurden Oszillogramme aufgenommen, die die Amplitude der Oberflächenspannung gegen das mittlere Potential wiedergeben. C. Herold 202

0692 **Oberflächenspannung von Thallium–Blei-Legierungen.** V. F. Koval'čuk, V. A. Kuznecov und L. V. Butuzova. (Ž. fiz. Chim. **42** (1968) 9, 2265—68; Ural'skij gos. univ. im. Gor'kogo; russ.) — Die D. u. die Oberflächenspannung fl. Tl–Pb-Leg. (0—100% Tl) wurden bei 673 u. 723 °K verfolgt. Die Oberflächenspannung weist bei 60 Atom-% Pb ein Minimum auf. Das Vol. der Schmelzen ist etwas größer als die rein additive Größe. Die experimentell bestimmte Änderung der Oberflächenspannung mit der Zus. kann mit Hilfe der bekannten Theorien für bin. Syst. nicht genau beschrieben werden. J. J. Pohl 202

0693 **Oberflächenspannung im System Indium–Blei.** N. L. Pokrovskij, P. P. Pugačevič und N. A. Golubev. (Doklady Akad. Nauk SSSR **118** (1968) 1, 80–83; Mosk. gos. univ. im. Lomonosova; russ.) — Ein neues Modell einer App. zur Best. der Oberflächenspannung wird vorgeschlagen. Die Oberflächenspannung von In–Pb-Leg. wurde bei 200–500° u. 0–100 Atom-% Pb bestimmt. Die Isothermen verlaufen flach. Pb setzt die Oberflächenspannung von In im gesamten Konz.-Bereich herab, diese Aktivität wird bei wachsender Pb-Konz. schwächer. Die Temp.-Abhängigkeit der Oberflächenspannung ist bei allen Zus. des Syst. linear. J. J. Pohl 202

0694 **Benetzungsgeschwindigkeit von Wolframcarbiden durch Eisen.** V. I. Išimov, V. V. Chlynov, O. A. Esin und A. Z. Šarypov. (Ž. fiz. Chim. **42** (1968) 10, 2628–30; Ural'skij politechn. inst. im. Kirova; russ.) — Die Ausbreitungsgeschw. eines Stahltropfens über die Oberfläche einer W_2C–WC-Probe (79 : 21) bei 1500–1650° wurde durch Hochgeschw.-Filmaufnahmen untersucht. Für Tropfen mit großem Krümmungsradius werden zwei Stadien des Prozesses beobachtet: ein kinet. (mit langsamem Adsorptionsverlauf) u. ein hydrodynamisches. Im kinet. Bereich ändert sich die lineare Ausbreitungsgeschw. nicht mit der Zeit u. wächst im obigen Temp.-Bereich von 115 auf 210 cm/s, im hydrodynam. Bereich vermindert sie sich mit der Zeit u. hängt prakt. nicht von der Temp. ab. H. Roschkowski 202

0695 **Veränderung der Oberflächenenergie der (110)- und (100)-Flächen der Einkristalle einer Fe–Si-Legierung unter dem Einfluß der Gase in der Glühatmosphäre.** Ju. S. Avraamov. (Fiz. Metallov Metallovedenie **26** (1968) 3, 527–34; Mosk. inst. stali i splavov; russ.) — Aus der Veränderung des Benetzungs-Randwinkels eines neutralen, auf Einkrist. mit orientierter Oberfläche (110) u. (100) liegenden Tropfens wird in Abhängigkeit von der Erhöhung des Geh. verschiedener Gase (CO_2, O_2, SO_2, H_2S u. NH_3) in der Glühatmosphäre auf die relative Veränderung der Oberflächenenergie für diese Flächen geschlossen. Es zeigt sich, daß unter bestimmten atmosphär. Bedingungen die Oberflächenenergie für die (100)-Fläche geringer als für die (110)-Fläche ist. Bei der Sekundärrekristallisation wachsen die Körner, die die geringste Oberflächenenergie besitzen. H. Hochstein 202

0696 **Neue volumetrische Berechnungsmethode der Adsorptionsisothermen.** Bernard Lespinasse und Édouard Brousse. (C. R. hebd. Séances Acad. Sci., Sér. C **267** (1968) 8, 553–55; Inst. Nat. des Sci. appl. de Lyon, Villeurbanne, Rhône; franz.) I. Zoll 204

0697 **Experimentelle Methode zur Untersuchung des Infrarotspektrums chemisorbierter Verbindungen.** George G. Guilbault, E. Scheide und J. Das. (Spectroscopy Letters **1** (1968) 4, 167–75; Chem. Dep., State Univ., New Orleans, La.; engl.) — Vf. beschreiben zur Unters. von Chemisorptionsrk. zwei einfach zu handhabende Gaszellen, die auf sehr niedrige Drücke evakuiert werden können u. kontinuierliche IR-Messungen der Rk.-Prozesse erlauben. Als Beispiele für Gas–Festkörper-Rk. sind die IR-Spektren von *Diisopropylmethylphosphonat* u. *Dimethylmethylphosphonat* vor u. nach der Rk. mit $FeCl_3$ beschrieben u. zugeordnet. R. Blank 204

0698 **Gleichungen der Adsorptionsisochronen und -isoplanen in Systemen mit Langmuirschem Verlauf der Adsorptionsisotherme.** Š. Kachaňák. (Chem. Zvesti **22** (1968) 6, 461–64; Slovens. vys. šk. techn., Bratislava; slowak.) — Zur Berechnung der Parameter stat. arbeitender Adsorptionskolonnen mit festem Adsorbens, für die die Langmuirsche Gleichung der Adsorptionsisotherme gilt, u. zur Ermittlung optimaler Arbeitsbedingungen wurden auf Grund der mathemat. Beziehungen nach Bikson [Ž. fiz. Chim. **27** (1953) 1530] genaue Gleichungen der Adsorptionsisochronen u. -isoplanen abgeleitet, in denen der deformierende Einfl. des Widerstandes in der festen Phase u. der Quasidiffusion auf die Adsorptionsgeschw. einbezogen ist. Die Genauigkeit der Gleichungen wurde an Hand umfangreichen Vers.-Materials mit Erfolg überprüft. K. Kámen/Prag 204△

0699 **Behandlung der physikalischen Adsorption nach der Virialentwicklung.** R. A. Pierotti. (Chem. Physics Letters [Amsterdam] **2** (1968) 6, 385–88; School of Chem., Ga. Inst. of Technol., Atlanta, Ga.; engl.) — Ableitung eines Ausdrucks für das Adsorptionspotential u. die Gibbsche Isotherme. H. Liepack 204

0700 **Natur der irreversiblen und reversiblen Formen der Chemisorption an Halbleitern.** E. N. Figurovskaja und F. F. Vol'kenštejn. (Doklady Akad. Nauk SSSR **180** (1968) 2, 408–11; Mosk. gos. univ. im. Lomonosova; russ.) — Die Erscheinung des Überganges der scheinbaren Irreversibilität der Chemisorption mit zunehmender Temp. in eine wahre Irreversibilität wird an Hand der Änderung der elektr. Eig. des Halbleiters diskutiert. Im Rahmen des Konzeptes der sog. scheinbaren Irreversibilität können die Eig. mit Hilfe eines Überganges von homogener zu heterogener Oberfläche interpretiert werden. J. J. Pohl 204

0701 **Untersuchung der Adsorption von Gasen an reinen Metalloberflächen mit Hilfe der Feldelektronenmikroskopie und der Feldionenmikroskopie.** W. M. H. Sachtler. (Angew. Chem. **80** (1968) 17, 673–87; dt.; int. Edit. **7** (1968) 9, 668–81; Koninklijke/Shell Labor., Amsterdam; engl.) — Übersicht. — 94 Literaturangaben. H. Roschkowski 204

0702 **Einige Aspekte der Wissenschaft und Technologie der Molekularsiebe.** R. M. Barrer. (Chem. and Ind. **1968,** 36, 1203–13; Phys. Chem. Labor., Imp. Coll., London; engl.) — Zusammenfassende Besprechung der Eig. von natürlichen u. synthet. Zeolithen, ihrer Ringstrukturen, Porosität, Mol.-Siebwrkg. u. Katalysatorqualitäten sowie einiger techn. Anwendungen. A. Becker 204

0703 **Van-der-Waals-Adsorption von Edelgasen an der (100)-Fläche von festem Argon und Xenon.** Franco Ricca und Cesare Pisani. (Ricerca sci. **37** (1967) 6, 536–46; Ist. di Chim. Analit., Univ. di Torino; engl.) — Berechnung der Potentialenergiekurven in Abhängigkeit vom Abstand für *He*, *Ne*, *Ar*, *Kr* u. *Xe*. D. Hoene 204

0704 **Van-der-Waals-Adsorption von Edelgasen an der (111)-Fläche von festem Argon und Xenon.** Franco Ricca und Cesare Pisani. (Ricerca sci. **37** (1967) 6, 547–54; engl.) — Vgl. vorst. Referat. D. Hoene 204

0705 **Molekültheorie der Adsorption von Ne und Ar durch den Zeolith NaA. 1. Mitt. Berechnung der Potentialfunktionen der adsorbierten Moleküle.** P. Brojer, A. V. Kieselev, E. A. Lesnik und A. A. Lopatkin. (Ž. fiz. Chim. **42** (1968) 10, 2556–62; Mosk. gos. univ. im. Lomonosova, Chim. fak.; russ.) — Die Potentialfunktionen von Ne u. Ar in den großen Hohlräumen der Zeolithstruktur werden unter Berücksichtigung des Dispersions-Attraktionspotentials, der Induktionsenergie u. des Abstoßungspotentials für die Wechselwrkg. der Adsorbate mit den O-Atomen u. Na^+-Ionen des Zeolithgitters berechnet. H. Roschkowski 204

0706 **Trennung von Stickstoff- und Sauerstoffisotopen durch Adsorption an synthetischen Zeolithen.** V. E. Kočurichin und Ja. D. Zel'venskij. (Isotopenpraxis **4** (1968) 10, 388–91; Chim.-technol. inst. im. Mendeleeva, Moskva; dt.) — Vf. bestimmten nach einem früher beschriebenen Verf. die Trennfaktoren α an den verschiedenen beladenen Zeolithen MgA, CaA, CoA, NiA, CuA, ZnA, CdA, NaX, CaX, NaY u. CaY im Temp.-Intervall 77 bis 100 °K. Verwendet wurde N_2 natürlicher Zus. (mit 0,365 % ^{15}N) u. O_2 mit 34 % ^{18}O, demnach bezieht sich die Trennung auf Gemische aus $^{14}N_2$ + $^{14}N^{15}N$ u. $^{16}O_2$ + $^{16}O^{18}O$ + $^{18}O_2$. Für die Trennung $^{14}N_2/^{14}N^{15}N$ wurden in der oben angegebenen Reihenfolge der Zeolithe folgende Trennfaktoren bei 77,3 °K u. P = 100 Torr erhalten: 1,024; 1,019; 1,02; 11,014; 1,012; 1,028; 1,015; 1,021; 1,017; 1,015 u. 1,019. An den Zeolithen NaA, CaA, ZnA, NaX, CaX, NaY u. CaY wurden folgende Gesamttrennfaktoren für ^{18}O erreicht: 1,030; 1,020; 1,020; 1,019; 1,017; 1,014 u. 1,019 (T = 77,3 °K u. P = 50 Torr). Somit ergeben sich für N_2 am Zeolith CaA (α = 1,029) u. für O_2 am Zeolith

NaA (α = 1,030) die höchsten Trennfaktoren. Für die Temp. 77,3; 90 u. 100 °K ist für MgA, CaA, CdA u. NaX die Temp.-Abhängigkeit von α angegeben. Diese drei Werte z. B. für CaA betragen: 1,029; 1,024 u. 1,018 (N_2). Für die theoret. Berechnung der Temp.-Abhängigkeit von α wird das Modell der nichtlokalisierten Adsorption an einer homogenen Oberfläche (Tolmačev) benutzt (zwei Translations-, ein Rotations- u. zwei Schwingungsfreiheitsgrade). Für die zuletzt angeführten Zeolithe zeigt sich eine gute Übereinstimmung der ber. Werte mit den Vers.-Daten. G. Ewald 204

0707 **Wechselwirkungen zweiter und dritter Ordnung von Benzol mit Graphit. Gehinderte Rotation bei physikalischer Adsorption.** R. A. Pierotti. (Chem. Physics Letters [Amsterdam] 2 (1968) 6, 420—22; School of Chem., Ga. Inst. of Technol., Atlanta, Ga.; engl.) — Unters. der Virialkoeff. für das Syst. Bzl.–Graphit. Verschiedene Potentialfunktionen werden betrachtet, u. es wird gezeigt, daß die Vernachlässigung der gehinderten Rotation in der Deutung von Ergebnissen für Konst. des Henryschen Gesetzes ein schwerer Fehler ist. H. Liepack 204

0708 **Einfluß der Modifizierung der Oberfläche von natürlichen Kohlesorten auf die Sorption von Methanoldampf.** S. N. Lavrik. (Izvest. sibirskogo Otd. Akad. Nauk SSSR, Ser. chim. Nauk **1968, 4,** 117—22; Inst. fiz.-chim. osnov pererabotki miner. syr'ja, Novosibirsk; russ., Auszug: engl.) — Braun-, Koks- u. Gaskohlenproben wurden durch Ox., Methylieren u. Acetylieren modifiziert, ihr Geh. an akt. sauerstoffhaltigen funktionellen Gruppen wurde bestimmt. Die Sorptionseig. der Proben in bezug auf Methanoldampf wurden in einem Vakuumgefäß ermittelt, die spezif. Oberfläche wurde unter Verw. der BET-Gleichung berechnet. Methanol stellt zur formalen Auswertung der spezif. Oberfläche von Naturkohle mit der Sorptionsmeth. einen geeigneten Sorbenten dar. J. J. Pohl 204

0709 **Infrarotspektroskopische Untersuchung der Adsorption von D_2O an Silicagel.** L. A. Ignat'eva und G. D. Čukin. (Vestnik Moskovskogo Univ., Ser. III **23** (1968) 5, 110—12; Kaf. opt.; russ.) — Die Auswertung der IR-Spektren von an Silicagel adsorbiertem D_2O zeigt, daß W. zunächst in Form von Mol. an koordinativ ungesätt. Si-Atomen der Oberfläche fest adsorbiert wird. Nach Auffüllung dieser Zentren verläuft die Adsorption über einen Wasserstoffbindungs-Mechanismus. H. Roschkowski 204

0710 **Adsorption von Edelgasen an Oberflächen von NaCl- und KCl-Kristallen.** B. G. Aristov, A. V. Kiselev, V. M. Luk'janovič, V. I. Trofimov und S. Špigil'. (Ž. fiz. Chim. **42** (1968) 4, 984—87; Mosk. gos. univ. im. Lomonosova, Chim. Fak.; russ.) — Vf. untersuchten die Adsorption von *Ar*, *Kr* u. *Xe* an hochdispersen, durch Verdampfung der Salze im trockenen Luftstrom erhaltenen NaCl- u. KCl-Krist.-Pulvern zwischen —130 u. —195°. Die Unters. der Krist.-Oberflächen erfolgte durch Elektronenmikroskopie nach Bedampfen mit Gold. Die beobachtete Uneinheitlichkeit der Oberfläche (Stufenwachstum u. a.) führt zur Bldg. von akt. Adsorptionszentren u. damit zum Auftreten von Knickpunkten in den Adsorptionsisothermen. Für die Abhängigkeit der Adsorptionswärme von der Bedeckung werden wellenförmige Kurven erhalten. D. Radeck 204

0711 **Untersuchung von Katalysatoren und Adsorbentien durch Thermodesorption** 4. Mitt. **Exoelektronenemission und Thermodesorption von Magnesiumoxid.** I. A. Rachmatullina und I. V. Krylova. (Ž. fiz. Chim. **42** (1968) 10, 2654—57; Mosk. gos. univ. im. Lomonosova Chim. fak.; russ.) — 3. vgl. C. **1968,** 37-0692. — Ein Max. der thermostimulierten Elektronenemission von MgO im Vakuum tritt bei Temp. der maximalen Thermodesorption von W. u. CO_2 auf. Es wird vermutet, daß die Zentren der Elektronenemission u. Thermodesorption OH-Gruppen sind. H. Roschkowski 204

0712 **Wechselwirkungsenergie heterocyclischer Verbindungen mit Zink- und Cadmiumsulfid.** L. G. Majdanovskaja, A. F. Terpugova und V. P. Plotnikova. (Ž. fiz. Chim. **42** (1968) 4, 822—25; Tomskij gos. univ. im. Kujbyševa; russ.) — Die Adsorption von Heterocyclen an ZnS u. CdS steigt mit der Zahl der kondensierten Benzolringe in der Reihe Py. (I) < Chinolin (II) < Acridin (III), wobei auf Grund des stärker sauren Charakter am ZnS eine stärkere Adsorption beobachtet wird. Mittels der Hückelschen LCAO-MO-Meth. wurden die Elektronendichten am Stickstoff in I mit 1,309, II 1,343 u. III 1,399 sowie an den anderen Atomen der Mol. berechnet. Die ber. Coulomb-Wechselwrkg.-Energien zwischen den Heterocyclen u. den Sulfiden zeigen eine zufriedenstellende Übereinstimmung mit den gemessenen Adsorptionswärmen zwischen 3,8 u. 10,9 kcal/Mol. Bei der Adsorption von Heterocyclen mit gleicher Molmasse werden Verb. mit dem Stickstoffatom im zentralen Benzolring, d. h. bei symm. Verb., besser adsorbiert. D. Radeck 204

0713 **Mechanismus des Einflusses adsorbierter Wassermoleküle auf die elektrophysikalischen Parameter einer realen Germaniumoberfläche.** V. F. Kiselev, Ju. F. Novotockij-Vlasov und R. V. Prudnikov. (Ž. fiz. Chim. **42** (1968) 4, 937—42; Mosk. gos. univ. im. Lomonosova; russ.) — Adsorbierte W.-Mol. bilden bei kleinen Sättigungsgraden auf dem Ge-Oxidfilm Donator–Akzeptor-Bindungen mit koordinativ ungesätt. Ge-Atomen der Oberfläche. Das Lokalfeld der entstehenden Dipole verändert das Oberflächenpotential u. neutralisiert Oberflächenrekombinationszentren. Ein Mechanismus der Änderung der elektrophysikal. Parameter der Ge-Oberfläche beim Erhitzen im Vakuum u. bei der Hydratation wird vorgeschlagen. J. J. Pohl 204

0714 **Massenspektrometrische Untersuchung der Sauerstoffadsorption an einer Molybdän-Einkristall-(100)-Fläche.** M. P. Vas'ko und Ju. H. Ptušyns'kyj. (Ukrains'kyj fiz. Ž. **13** (1968) 2, 344—47; Inst. fiz. AN URSR, Kyëv; ukrain.) I. Zoll 204

0715 **Elektronen- und Adsorptionseigenschaften von Scandiumfilmen auf (110)-Flächen von Wolfram.** V. B. Voronin und A. H. Naumovec'. (Ukrains'kyj fiz. Ž. **13** (1968) 8, 1384—88; Inst. fiz. AN URSR, Kyëv; ukrain., Auszug: engl.) — Unters. der Sc-Adsorption auf W-(100)-Flächen mittels der Kontaktpotentialmethode. Die Form der Austrittsarbeitskurven, die von der Abscheidungszeit des Sr abhängen, ändern sich stark mit der Temp. der W-Unterlage, d. h. wahrscheinlich durch unterschiedliche Strukturen der adsorbierten Sc-Filme. Aus den Adsorptions-Isobaren wird die Adsorptionswärme von Sc an (110)-Flächen bestimmt. Die Adsorptionswärme nimmt von 4,8 eV bei geringer Bedeckung auf 3,7 eV (Subl.-Energie von Sc) bei Oberflächenkonz. der Sc-Atome von $1{,}2 \cdot 10^{15}$ cm^{-2} ab. I. Zoll 204

0716 **Umsetzung von Tetrachlorkohlenstoff mit Alkalimetallbeimengungen auf der Oberfläche von Wolfram und Platin.** L. P. Rekova, A. D. Abramenkov und Ja. M. Fogel'. (Ž. techn. Fiz. **38** (1968) 9, 1570—79; Char'kovskij gos. univ.; russ.) — Durch Messung der Sekundäremission wird der Bldg.-Prozeß von NaCl u. KCl auf den Oberflächen von W u. Pt bei der Rk. der als Verunreinigung in den Metallen vorliegenden Alkalimetalle mit CCl_4-Dampf untersucht. Es wird gezeigt, daß oberhalb 750° keine meßbaren $NaCl^+$- u. KCl^+-Sekundärionenströme auftreten. Der Einfl. von CCl_4 auf den Emissionsstrom von Na^+ u. K^+ geht daher nicht auf die Bldg. der Chloride zurück. H. Roschkowski 204

0717 **Chemisorption und Zerfall der Wassermolekel an reinen Eisen- und Kupferoberflächen bei niedrigen Temperaturen.** R. Suhrmann, J. M. Heras, L. Viscido de Heras und G. Wedler. (Ber. Bunsenges. physik. Chem. **72** (1968) 7, 854—63; Inst. für Phys. Chem., TH, Hannover; dt.) — Der Einfl. der Chemisorption von W.-Mol. an dünnen im UHV aufgedampften Fe- u. Cu-Filmen auf den elektr. Widerstand R, das Elektronenaustrittspotential Φ u. die lichtelektr. Mengenkonst. αM der Filme wird bei 77 u. 273 °K untersucht. Die an Fe-Filmen bei 77 °K adsorbierten W.-Mol. zerfallen zu einem kleinen Teil in H u. OH. Die nicht zerfallenden Mol. bilden wie an Ni-Filmen einen Dipolbelag, dessen positive Ladung sich außen befindet. R nimmt bei Adsorption zu, Φ ab. Wird

der mit mehreren W.-Mol.-Schichten bedeckte Film auf 273 °K erwärmt, so bildet sich eine Oberflächenverb. (OV) unter Zunahme von R u. Φ sowie H-Abgabe. Ein Teil des H wird unter Abnahme von R adsorbiert u. beim Abpumpen desorbiert. Bei 273 °K chemisorbierte W.-Mol. zerfallen in größerer Menge unter OV-Bldg., auf OV adsorbierte unzersetzte W.-Mol. erniedrigen Φ ebenfalls. Sie sind schwächer polarisiert als die bei 77 °K auf dem reinen Film adsorbierten. Der Widerstandskoeff. β des Fe-Films wird durch die Bldg. der OV um 11% herabgesetzt. Die an Cu-Filmen adsorbierten W.-Mol. zerfallen bei schwacher Belegung weitgehend in H u. OH. H wird unter Abnahme von R adsorbiert. OH bildet einen Oberflächenbelag, der Φ herabsetzt, auf ihm werden W.-Mol. bei zunehmender Belegung adsorbiert unter fortlaufender Zunahme von R u. Abnahme von Φ bis zu einem Grenzwert. Beim Erwärmen auf 273 °K bildet sich eine OV unter Verzögerung von Φ u. R. Sie entsteht sofort, wenn die W.-Mol. bei 273 °K adsorbiert werden. β nimmt durch OV-Bldg. um 1—3% ab. Die Beanspruchung der Leitungselektronen des Metallfilms durch die OV ist beim Cu-Film geringer als beim Fe-Film.
D. Hoene 204

0718 **Benetzungswärme von Zinkoxid in Wasser.** Tetsuo Morimoto, Mahiko Nagao und Miyoshi Hirata. (Kolloid-Z., Z. Polymere **225** (1968) 1, 29—33; Dep. of Chem., Okayama Univ., Tsushima; engl.) — Die Benetzungswärme von ZnO in W. wird in Abhängigkeit von der Vorbehandlungstemp. bestimmt. Bei den Proben, die zwischen **400** u. **500°** entgast werden, tritt ein Max. der Benetzungswärme auf, das durch eine bes. starke Chemisorption erklärt wird. An den bei anderen Temp. entgasten Präp. findet nur eine physikal. Adsorption statt. Aus den gemessenen Benetzungswärmen u. dem H_2O-Geh. der Oberfläche werden die Adsorptionswärmen von W. an ZnO bei Physisorption u. Chemisorption berechnet.
M. Frenzel 204

0719 **Adsorption und Mitfällung von Silber an Eisen(III)-oxidhydrat.** Willy Dyck. (Canad. J. Chem. **46** (1968) 8, 1441—44; Ottawa, Geol. Surv. of Canada; engl.) — Die Ag^+-Adsorption an frisch hergestelltem Eisen(III)-oxidhydrat wurde bei pH 4—8 u. bei Ag^+-Konz. im Bereich 10^{-4}—10^2 ppm unter Anwendung von ^{110m}Ag als Leitisotop untersucht. Die Ergebnisse entsprechen der Freundlich-Adsorptionsisotherme. Vf. schließen daraus auf einen H^+/Ag^+-Austausch. Die Adsorption ist innerhalb 5 Min. beendet, sie ist stark pH-abhängig u. außerdem von der Art u. Weise der Oxidhydratherst. abhängig. Dagegen hat die Temp. (0—50°), $NaNO_3$-Konz. (ca. 10 g/l) u. NaCl-Konz. ($\leqq 1{,}5 \cdot 10^{-3}$ g/l) keinen Einfluß.
D. Ertel 204

0720 **Einfluß der Ladung des Adsorbens auf die konkurrierende Adsorption von zweiwertigen, organischen Kationen durch Schichtsilicat-Mineralien.** S. B. Weed und J. B. Weber. (Amer. Mineralogist. **53** (1968) 3/4, 478 bis 490; Raleigh, N.C., North Carolina State Univ., Dep. of Crop Sci.; engl.) — Die Isothermen für die konkurrierende Adsorption für *Diquat* (*1.1'-Äthylen-2.2'-dipyridiliumdibromid*) gegen *Paraquat* (*1.1'-Dimethyl-4.4'-dipyridiliumdichlorid*) durch Dreischicht-Tonmineralien, die in ihrer Oberflächenladungsdichte variieren, wurden ermittelt. Beide Verb. dissoziieren in W. unter Bldg. von zweiwertigen organ. Kationen. Paraquat wurde vorzugsweise an allen Montmorilloniten u. an den äußeren Oberflächen von Vermiculit adsorbiert, während Diquat vornehmlich an den inneren Oberflächen von Vermiculit u. den äußeren Oberflächen von nicht expandierten Glimmern adsorbiert wurde.
E. Schulte 204△

0721 **Acidität von Silanolgruppen.** P. Schindler und H. R. Kamber. (Helv. chim. Acta **51** (1968) 7, 1781—86; Inst. für anorg., analyt. u. phys. Chem., Univ., Bern; dt.) — Die wahre Säurekonst. $K_{int.}$ von Oberflächensilanolgruppen wurde durch coulometr. Titration von Silicagel in $NaClO_4$-Lsg. (Ionenstärke 0,1 m) bestimmt. Ferner wurde die Austauschkapazität ermittelt. Es ergab sich $\log K_{int.} = -6{,}81 \pm 0{,}2$.
D. Hoene 206

0722 **Kinetik der Ionenaustauschsorption an Furankationiten.** N. U. Rizaev, Ch. I. Muslimov und R. Muchamedžanov. (Izvest. vysšich učebnych Zavedenij [Ivanovo], Chim. i chim. Technol. **11** (1968) 4, 416—19; Tašketskij politechn. inst. problemnaja labor. polimerov; russ.) — Die Austauschkinetik Na^+–H^+ u. Ca^{2+}–Na^+ an Furankationiten vom Sulfo- u. Carboxytyp wurde unter stat. Bedingungen bei 25 ± 1° untersucht. Der Austausch von Na^+ verläuft an der H-Form des Carboxyfurfurolionits wesentlich langsamer als an der Salzform. Im Bereich 0,5—1 m verlaufen beide Austauschrk. nach innerer Diffusionskinetik, während bei einer Konz. von 0,1 m die Einfl. sowohl der inneren als auch der äußeren Diffusionskinetik ausschlaggebend sind.
J. J. Pohl 206

0723 **Austauschsorption von Be aus wäßrigem Dioxan mit dem Kationit KU-2 in der Na-Form.** A. A. Morozov, A. N. Baklanovskaja und A. M. Tribul'. (Ukrainskij chim. Ž. **34** (1968) 8, 826—31; Odesskij univ. im. Mečnikova; russ.) — Mit wachsendem Dioxangeh. von 0—40 Vol.-% wächst die Austauschkonst. Be^{2+}–Na^{2+} von 0,24 bis 0,71. Die Gleichgew.-Sorption von Be^{2+} nimmt in Ggw. von Dioxan ab. Die Austauschkapazität des Kationits in bezug auf Be sinkt bei dynam. Bedingungen von 5,98—4,52 mg · Äqu./1 g KU-2. Die Theorie der Dynamik des Ionenaustausches kann auch für die Sorption aus Medien mit kleiner DK verwendet werden. Mit zunehmender Filtriergeschw. einer $Be(NO_3)_2$-Lsg. in der Kolonne wird die Sorptionsfront breiter. Eine Meth. zur Best. der Be-Konz. in Lsg. mit sich änderndem Dioxan-u. Na-Geh. wurde vorgeschlagen.
J. J. Pohl 206

0724 **Ionenaustauschreinigung von Natriumchloridlösungen von Vanadin-Mikrobeimengungen.** T. I. Konončuk und P. I. Kostjučenko. (Ukrainskij chim. Ž. **34** (1968) 8, 842—45; russ.) — Die Sorption von V an KU-1, KU-2, KB-4P2, KB-2/7, AV-17, ÉDÉ-10P, AN-2F, AN-1, AN-23 u. AN-25 aus gesätt. NaCl-Lsg. wurde untersucht. Eine geringfügige Sorption der kation. Form wurde an KB-4P2 beobachtet. Die anion. Form wird an AN-1, AN-23, AN-25 u. AN-2F mit einer stat. Vol.-Kapazität von 450 bis 500 µg/g beobachtet. Bei dynam. Bedingungen ist die Sorption an AN-2F bei pH 2,5—3,5 optimal.
J. J. Pohl 206

0725 **Einfluß der Temperatur auf die Trennung von Chrom und Mangan an Ionenaustauschern.** 2. Mitt. **Untersuchung der den Trennprozeß beeinflussenden Faktoren.** V. Koprda und M. Fojtík. (Chem. Zvesti **22** (1968) 5, 333—40; Výzk. úst. hygieny práce a chorôb z povolania, Bratislava; slowak.) — 1. vgl. C. **1966**, 24-1843. — Aus den Parametern der Elutionskurven der Komplexanionen von *Cr(III)* u. *Mn(II)* in 10,5 m bzw. 7 m HCl am Anionenaustauscher Dowex 2X-8 bei 1—80° wurden die Änderungen der Werte der Verteilungskoeff. (D_v), des theoret. Austauschgrades, der Enthalpie der Austauschrk. u. des Verteilungsquotienten (α) mit der Temp. ermittelt u. hieraus Folgerungen für die Trennschärfe von Cr u. Mn abgeleitet. D_v für Mn wächst mit der Temp., während die Komplexform von Cr, die bei höheren Temp. stabil ist, ein Absinken des D_v-Wertes durch Temp.-Erhöhung aufweist. Zugleich wächst die Zahl der theoret. Austauschgrade der Säule, wodurch sich der α-Wert mit der Temp. wesentlich erhöht. Die optimale Trenntemp. ist 60—65°, bei der die Trennung von Cr u. Mn quant. wird.
K. Kámen 206△

0726 **Diffusionskoeffizient beim Ionenaustausch im Bereich der inneren Diffusion.** Ju. P. Znamenskij, A. I. Kasperovič und N. V. Byčkov. (Ž. fiz. Chim. **42** (1968) 8, 2017—21; russ.) — Die Kinetik der inneren Diffusion wird an Hand des Nernst-Planckschen Modells (NPM) theoret. untersucht. Die effektiven Koeff. der Gegendiffusion verändern sich nur gering mit Andauer des Austausches. Folglich sind die experimentellen Koeff. des NPM auch auf das 2. Ficksche Diffusionsgesetz anwendbar. Es werden neue Kriterien der Vorteilhaftigkeit der Nernst-Planck-Gleichung aufgestellt.
J. Eliassaf 206

0727 **Elektrische Leitfähigkeit von Ionitgemischen.** V. D. Grebenjuk, N. P. Gnusin und L. A. Semkina. (Izvest. sibirskogo Otd. Akad. Nauk SSSR, Ser. chim.

Nauk **1968**, 4, 125–28; Inst. fiz.-chim. osnov pererabotki mineral'nogo syr'ja SO AN SSSR, Novosibirsk; russ., Auszug: engl.) – Die Grenzfälle der Leitfähigkeit eines Ionitgemisches entsprechen einer parallelen ($\varkappa_{\parallel}$) bzw. einer Serien ($\varkappa_{\perp}$)-Leitfähigkeit der leitenden Phase. Eine Meth. zur Berechnung der elektr. Leitfähigkeit als Summe der Anteile der parallelen u. seriellen Leitfähigkeit nach $\varkappa_m = \alpha\varkappa_{\parallel} + (1 - \alpha)\varkappa_{\perp}$ wird vorgeschlagen, wobei eine lineare Abhängigkeit von α vom Vol.-Anteil der besser leitfähigen Phase angenommen wird.
J. J. Pohl 206

0728 **IR-Spektren des Sulfoformaldehydkationits KU-1 nach Oxydieren mit HNO_3, $KBrO_3$ und $FeCl_3$** E. I. Kazancev, N. V. Sapogov und V. M. Vinogradov. (Izvest. vysšich učebnych Zavedenij [Ivanovo] Chim. i chim. Technol. **11** (1968) 7, 780–84; Ural'skij inst. im. Kirova; russ.) – Die IR-Spektren der H^+-Form von KU-1 vor u. nach der Behandlung mit 1 n HNO_3, 0,1 n $KBrO_3$ u. 0,1 n $FeCl_3$ bei 500–3700 cm^{-1} sind abgebildet. HNO_3 bewirkt eine Entschwefelung u. Nitrierung des Harzes, es entstehen Säuren, Aldehyde u. Ketone. Bei der Ox. mit $KBrO_3$ u. $FeCl_3$ treten in der Struktur Carboxylverb. auf. Die Sulfogruppen des Harzes dürften in o-Lage zu den Gruppen vorliegen. J. J. Pohl 206

0729 **Anwendung der Austauschkonstante und der Verteilungskoeffizienten zur Vorhersage der Bedingungen der chromatographischen Trennung von Ionen.** I. K. Citovič. (Izvest. vysšich učebnych Zavedenij [Ivanovo], Chim. i chim. Technol. **11** (1968) 7, 758–61; Kubanskij sel choz. inst.; russ.) – Die Austauschkonst. K^H_{Fe} u. der Verteilungskoeff. K_{pFe} des Kations Fe^{3+}, welches durch die Ionenaustauscher gut sorbiert wird u. Komplexe mit vielen Liganden bildet, wurde in Vers.-Reihen mit dem H-Kationenaustauscher KU-2 u. dem Anionenaustauscher AV-17 in der Cl^--Form bestimmt u. die Abhängigkeit K^H_{Fe} von der Konz. der HCl-Waschlsg. (Konz.-Intervall 0,5–12n) u. von der Art des Waschmittels (1 n HCl-, H_2SO_4-, H_3PO_4-, Oxalsäurelsg.) untersucht. Für Fe^{3+} ist die Austauschkonst. im Konz.-Intervall der Waschlsg. 0,5–1,0n HCl konst., bei Erhöhung der HCl-Konz. auf 2–12n steigt K^H_{Fe} stark an. Die Austauschkonst. der Ionenkomplexbildner hängen von der Konz. der Säure in der Waschlsg. sowie von der Art der Waschsäure ab. Die Vorhersage der Bedingungen der chromatograph. Trennung nach der Austauschkonst. ist vorteilhaft für die Ionen, welche nicht zur Komplexbldg. neigen (Alkali- u. Erdalkalimetalle), oder unter Bedingungen, welche die Komplexbldg. ausschließen (verd. HCl-, HNO_3-, H_2SO_4-Lsg.). Für die Vorhersage der Bedingungen der Trennung von Ionen, welche Komplexe bilden, sowie bei Einsatz von komplexbildenden Waschfl. ist die Best. der Verteilungskoeff. vorzuziehen, welche eine verallgemeinerte Charakteristik der Metallsorption ergibt.
B. Karos 206

0730 **Chromatographie von Koordinationskomplexen.** Leonard F. Druding und George B. Kauffman. (Coordinat. Chem. Rev. [Amsterdam] **3** (1968) 4, 409 bis 428; Rutgers, State Univ., Newark, N.J.; engl.) – Übersicht (Trennung u. Nachw. von Elementen durch Komplexbldg., Darst. u. Reinigung von Komplexverb., Trennung von Komplexen mit gleicher oder verschiedener Ladung des gleichen Elements, Trennung u. Nachw. von geometr. Isomeren, Spaltung von opt.-akt. Komplexverb.). – 158 Literaturangaben. M. Frenzel 208

0731 **Theorie der Dünnschichtchromatographie.** 1. Mitt. **Differentialgleichung der Dünnschichtchromatographie und ihre Lösung.** B. G. Belen'kij, V. V. Nesterov und M. M. Smirnov. (Ž. fiz. Chim. **42** (1968) 6, 1484–89; Leningrad, Inst. vysokomol. soed. AN SSSR; russ.) – Es wird eine Theorie der Dünnschichtchromatographie vorgeschlagen, die auf einer Theorie einer zweidimensionalen, nichtidealen Nichtgleichgew.-Chromatographie beruht. Aus der abgeleiteten Gleichung kann geschlossen werden, daß die Verteilung der Substanz in den chromatograph. Zonen durch eine zweidimensionale Gauss-Verteilung beschrieben wird, deren Anisotropiegrad das Ungleichgew. des Prozesses charakterisiert.
E. Klever 208

0732 **Verteilungschromatographie am Fluorplast-4. Abtrennung von ^{56}Mn aus bestrahltem Kaliumpermanganat.** Ju. G. Žukovskij, G. S. Katychin, A. L. Martynov und M. K. Nikitin. (Radiochimija **10** (1968) 2, 252–53; russ.) – ^{56}Mn wird als Mn^{4+} abgetrennt. Als Extraktionsmittel (fixe Phase) fand Bis-[di-2-äthylhexyl]-phosphorsäure (I) Verwendung. Der Verteilungskoeff. K_p für Mn^{4+} beträgt bei Verw. von 100 %ig. I $K_p > 250$, der für MnO_4^- $K_p < 1{,}35$–100 ml einer 4 %ig. $KMnO_4$-Lsg. wurde 24 Std. lang mit Neutronen bestrahlt, danach bis 1 n H_2SO_4 angesäuert u. auf eine Kolonne mit Fluorplast-4/I aufgegeben. Nach dem Waschen mit 1 n H_2SO_4 wurde Mn^{4+} mit 1 ml konz. HCl bzw. 1 ml gesätt. $H_2C_2O_4$ eluiert. Radioakt. Ausb. 85–95 %, Gew. des Präp. 4 bis 6 mg. Wenn vor der Bestrahlung zu 70 ml der $KMnO_4$-Lsg. 0,5 ml einer gesätt. Ammoniumpersulfatlsg. zugegeben wurde, verringert sich das Gew. des Präp. auf 0,02–0,05. Die Aktivität derartiger Präp. beträgt (0,5 bis 3,0) · 10^{-6} Ci, die spezif. Aktivität 10–100 mCi/g.
G. Ewald 208

A–7. Kinetik, Katalyse

0733 **Überblicke über Oxydation und Verbrennung.** C. F. H. Tipper (Hrsg.). (Oxidation and Combustion Reviews) Bd. **3**, No. 1. (Amsterdam: Elsevier Publishing Company 1968, S. 1–96; engl.) – Mechanismus der Verbrennung von tropfenförmigen und zerstäubten flüssigen Brennstoffen (A. Williams; 1–45); Oxydation von niederen aliphatischen Aldehyden in der Gasphase bei tiefer Temperatur (I. F. Griffiths und G. Skirkow, 47–96).
D. Hoene 211

0734 **Anwendung der EPR in der chemischen Kinetik.** Ja. S. Lebedev. (Usp. Chim. **37** (1968) 5, 934–67; Moskva, AN SSSR, Inst. chim. fiz.; russ.) – Nach einer eingehenden Beschreibung der analyt. Verf. zur Unters. der EPR-Spektren wird die Anwendung der EPR-Meth. zur Unters. der Kinetik u. des Mechanismus von chem. Rk. in Gasen, Fl. u. Festkörpern zusammenfassend besprochen. – 115 Literaturangaben.
E. Klever 211

0735 **Anwendung der Aktivierungsentropie zur Bestimmung der Molekularität von Reaktionen.** Ja. V. Vitol. (Izvest. Akad. Nauk Latv. SSR, Ser. chim. **1968**, 3, 373; Inst. chim. drevesiny AN Latv. SSR; russ.) – Vom Vf. wird nachgewiesen, daß die häufig angewandte Meth. zur Best. der Molekularität von säurekatalyt. Rk. nach der Aktivierungsentropie gegenwärtig noch nicht hinreichend genaue Ergebnisse liefert, bes. wenn bei der Ermittlung der Aktivierungsentropie pK nicht berücksichtigt wurde. B. Karos 211

0736 **Anwendung der Zeitabhängigkeit des Elektrodenpotentials in der Reaktionskinetik.** 5. Mitt. **Verfahren zur Berechnung der Geschwindigkeitskonstanten aus einem E-t-Kurvensystem.** A. Tockstein und M. Matušek. (Collect. czechoslov. chem. Commun. **33** (1968) 8, 2715 bis 2719; Inst. für phys. Chem., TH für Chem., Pardubice; dt.) – 4. vgl. C. **1968**, 27-0707. – M. Frenzel 211

0737 **Derivatographische Bestimmung der Geschwindigkeitskonstante endothermer Reaktionen bei thermischer Zersetzung für den Typ Festkörper → Festkörper + Gas.** Béla Selmeczi. (Magyar Kémiai Folyóirat [Ung. Z. Chem.] **74** (1968) 10, 461–64; ung.) – Beschreibung der Meth. am Beispiel der Rk. $Cu_2(OH)_2CO_3 \rightarrow 2\,CuO + H_2O + CO_2$. D. Hoene 211

0738 **Algebraische Behandlung einer Klasse chemischer Reaktionen.** Árpád Pethő. (Magyar Kémiai Folyóirat [Ung. Z. Chem.] **74** (1968) 10, 488–91; ung.) – Es werden einfache Rk. behandelt. Eine gegebene Rk. heißt einfach, wenn keine andere Rk. unter den Rk.-Teilnehmern dieser gegebenen Rk. existieren kann; Rk., die sich um einen numer. Faktor unterscheiden, werden als ident. betrachtet. Einige allg. Eig. dieser Rk. werden aufgezählt u. an einem Beispiel betrachtet. D. Hoene 211

0739 **Diffusionskinetik von Reaktionen erster Ordnung in Mehrkomponentensystemen.** V. K. Egerev. (Doklady

Akad. Nauk SSSR **181** (1968) 3, 634—36; Vsesojuznyj zaočnyj politechn. inst.; russ.) J. J. Pohl 211

0740 **Quantenchemisches Modell der Substitutionsreaktion in Komplexverbindungen.** K. B. Jacimirskij. (Izvest. sibirskogo Otd. Akad. Nauk SSSR, Ser. chim. Nauk **1968**, 3, 3—9; Inst. obšč. i neorg. chim. AN Ukr. SSR, Kiev; russ., Auszug: engl.) — Die nicht monotone Änderung der Aktivierungsenergie bei Substitutionsrk. in der Reihe ähnlich gebauter Komplexverb. von Übergangsmetallen ist in erster Linie durch die nicht monotone Änderung der Antibindungseffekte bedingt. Die relative Größe dieser Effekte wurde unter Verw. von Modellen der MO-Meth. diskutiert. Mögliche Mechanismen der Substitution in Metallkomplexen mit verschiedener Elektronenstruktur wurden aufgestellt. Die Anwesenheit von π-Bindungen erleichtert den Verlauf nach einem Dissoziationsmechanismus. Der Einfl. des Liganden L auf die Beweglichkeit der übrigen Liganden X im Komplex MLX_5 wird besprochen. J. J. Pohl 211

0741 **Fortpflanzung der Front einer chemischen Reaktion in einem Feststoff.** 2. Mitt. **Berücksichtigung der Endlichkeit der Reaktionsgeschwindigkeit in der Front.** A. A. Abramov. (Ž. fiz. Chim. **42** (1968) 8, 1958—61; russ.) — 1. vgl. ibid. **41** (1967) 2282. — Ein Gesetz der Frontbewegungsgeschw. chem. Rk. u. ein analyt. Ausdruck der Verteilung der Reagenzkonz. im porösen Prod. unter Berücksichtigung der Endlichkeit der Geschw. chem. Rk. wurden abgeleitet. J. J. Pohl 211

0742 **Reaktion von Wasserstoff mit Jod. Ein Paradoxon der chemischen Kinetik.** Richard M. Noyes. (J. chem. Physics **48** (1968) 1, 323—31; Dep. of Chem., Univ. of Oreg., Eugene, Oreg.; engl.) — Theoret. Diskussion des Elementarschritts u. der Übergangszustände bei der therm. bzw. der photochem. Rk. von H_2 mit J_2.
A. Blaschette 211

0743 **Reaktionen von Heliumionen mit Wasserstoff.** R. W. Rozett und W. S. Koski. (J. chem. Physics **48** (1968) 1, 533—34; Dep. of Chem., Johns Hopkins Univ., Baltimore, Md.; engl.) — Es wurden Querschnitte für $X^+ + AB \rightarrow X + A^+ + B$ mit $X^+ = He^+$ u. $AB = H_2$ bzw. HD gemessen. Die Querschnitte sind wesentlich kleiner als die nach der Langevin-Theorie ber. Werte; außerdem nehmen sie mit steigender He^+-Energie zu. Bei der Rk. $He^+ + HD$ tritt ein bemerkenswerter Isotopeneffekt auf: bei niedrigen Energien werden mehr H^+-, bei höheren mehr D^+-Ionen gebildet.
A. Blaschette 212

0744 **EPR-Untersuchung thermischer Zerfallsreaktionen. Das OH-Radikal beim Zerfall von HNO_3 und H_2O_2 bei hohen Temperaturen.** Ju. M. Geršenzon, A. Dement'ev, und A. B. Nalbandjan. (Doklady Akad. Nauk SSSR **180** (1968) 5, 1147—49; russ.) — Die Verwendbarkeit der EPR-Meth. zur Unters. der Kinetik eines komplizierten nichtverzweigten Prozesses wurde untersucht. Bei hohen Drücken verlaufen die Rk. $HNO_3 \rightarrow OH + NO_2$ u. $H_2O_2 \rightarrow 2\,OH$, bei niedrigen Drücken $OH + HNO_3 \rightarrow H_2O + NO_3$ u. $OH + H_2O_2 \rightarrow H_2O + HO_2$. Die Aktivierungsenergie der Hochdruckrk. ist wesentlich höher. Bei großen Kontaktzeiten wurden beim Zerfall von HNO_3 die EPR-Spektren von NO, NO_2 u. O_2 beobachtet. J. J. Pohl 212

0745 **Isotopenaustauschgeschwindigkeiten.** 6. Mitt. **Homogener Selbstaustausch in Wasserstoffdeuterid.** David Lewis und S. H. Bauer. (J. Amer. chem. Soc. **90** (1968) 20, 5390—96; Ithaca, N.Y. 14850, Cornell Univ., Dept. of Chemistry; engl.) — 4. vgl. C. **1967**, 33-0719. — In einem Einzelimpulsstoßrohr (Verweilzeit ca. 1 ms) wird im Temp.-Bereich 1120—1659 °K in Mischungen von *Ar* mit 1,0—4,5% *HD* die Austauschrk. $2\,HD = H_2 + D_2$ untersucht. Die Rk. ist 1,43 ± 0,1. Ordnung für HD u. 0,57 ± 0,1. Ordnung für Ar. Die gemessene Konst. der Rk. 2. Ordnung $k_s = 2{,}45 \cdot 10^9 \cdot \exp(-35940/RT)$ [l/Mol s] deutet auf einen Mechanismus hin, der dem der Austauschrk. von $D_2 + H_2$, H_2S, H_3N u. H_4C entspricht. Danach ist der Austausch dann bes. wahrscheinlich, wenn beim Stoß von 2 HD eines über einen krit. Wert angeregt ist. Dadurch ist die Austauschgeschw. begrenzt durch die Geschw. der Repopulation dieses Schwingungsniveaus. Die Wahrscheinlichkeit von Anregung u. Austauschrk. bei HD—HD- oder HD—Ar-Stößen wird berechnet. Ebenso ergibt die Auswertung der Versuche die Geschw.-Konst. der Schwingungsanregung von HD durch Stöße mit Ar. Mit den Ergebnissen von Messungen der umgekehrten Rk. $H_2 + D_2 = 2\,HD$ u. direkten Messungen der Schwingungsrelaxationszeiten besteht gute Übereinstimmung. H. U. Borgstedt 212

0746 **Inkubationszeit bei der CO-Dissoziation.** A. R. Fairbairn. (J. chem. Physics **48** (1968) 1, 515—16; Avco Everett Res. Labor., Everett, Mass.; engl.) — Die Dissoziation von CO wurde im Stoßrohr hinter einer einfallenden Stoßwelle bei Temp. von 6000—11 000 °K untersucht. Es wurde eine Inkubationszeit gefunden, die durch nachst. Rk.-Mechanismus gedeutet wird: (1) $Co + M \rightleftharpoons C + O + M$, (2) (C oder O) + CO $\rightleftharpoons$ (C oder O) + CO^*, (3) $CO^* + M \rightleftharpoons C + O + M$, (4) $C + CO \rightleftharpoons C_2 + O$, (5) $C_2 + M \rightleftharpoons C + C + M$. Dabei bedeutet CO^* einen oder mehrere Triplett-Zustände von CO, deren Zerfall zu Atomen im Grundzustand führt. Es wird angenommen, daß (3) viel schneller als (1) abläuft, u. daß am Ende der Inkubationszeit (2) lokales Gleichgew. erreicht.
A. Blaschette 212

0747 **Flammenausstrahlung bei der Verbrennung von metallisierten Gemischen.** A. A. Zenin, A. P. Glazkova, V. K. Bobolev und O. I. Lejpunskij. (Doklady Akad. Nauk SSSR **181** (1968) 3, 637—39; Inst. chim. fiz. AN SSSR; russ.) — Die Wärmemenge, die durch die Flamme von der Oberfläche eines brennenden stöchiometr. $NH_4 \cdot ClO_4$-Gemisches mit Polyformaldehyd unter der Einw. von Ammoniak ausgestrahlt wird, wurde bestimmt. Der Einfl. von zugegebenen Al-Teilchen der Größe 10 u. 0,2 μ bei der Verbrennung bei konst. Druck in einer N_2-Atmosphäre wurde photograph. u. mit Hilfe von Mikrothermoelementen untersucht. Eine 10%ig. Zugabe von inerten Zusätzen kann die Wärmeabgabe von 210 zu 165 cal/g reduzieren. J. J. Pohl 214

0748 **Protonenaustausch zwischen Ammoniumionen und Ammoniak in flüssigem Ammoniak.** D. R. Clutter und T. J. Swift. (J. Amer. chem. Soc. **90** (1968) 3, 601—07; Cleveland, O., Care Western Res. Univ. Dep. of Chem.; engl.) — Vf. bestimmten die ^{1}H-NMR-Spektren von reinen NH_4Cl- bzw. NH_4Br-Lsg. in fl. NH_3 als Funktion von Konz. u. Temperatur. Für den Übergang eines Protons von NH_4^+ zu NH_3 wird für 25° in verd. Lsg. eine monomol. Geschw.-Konst. von $6{,}9 \cdot 10^9\,s^{-1}$ gefunden; $\Delta H^* = 0{,}5$ kcal/Mol; $\Delta S^* = (-8 \pm 2)$ cal/Mol · Grad^{-1}. Ergebnisse in konzentrierteren Lsg. sprechen für Ionenassoziation. Für Ionenpaare werden Stabilitätskonst. u. andere thermodynam. Größen angegeben. Zwischen H_2O u. NH_3 wird kein Protonenaustausch gemessen.
W. Lohse 216

0749 **Chemie geschmolzenen Schwefels.** 5. Mitt. **Kinetik der Einstellung des chemischen Gleichgewichts in reinem flüssigen Schwefel.** T. K. Wiewiorowski, A. Parthasarathy und B. L. Slaten. (J. physic. Chem. **72** (1968) 6, 1890—92; Freeport Sulphur Co., Belle Chasse, La.; engl.) — 4. vgl. C. **1968**, 24-0716. — Unters. der RG von S_8^R in der fl. Phase zur Erreichung des Ring–Kette-Gleichgew. durch Messung des Einfl. von Temp. u. Zeit auf den Gefrierpunkt von fl. Schwefel, der anfangs aus achtatomigen Ringen bestand. Die Temp.-Abhängigkeit der RGK wird thermodynam. durch die Dissoziationsenergie einer S—S-Bindung in achtatomigem Schwefel von $\Delta H = 32$ kcal/Mol gedeutet. H. Liepack 216

0750 **Heterogene katalysierte Elektronenaustauschreaktionen.** 1. Mitt. **System Thallium(I)–Thallium(III).** I. R. Jonasson und D. R. Stranks. (Electrochim. Acta [London] **13** (1968) 5, 1147—74; Dep. of Phys. and Inorg. Chem., Univ. of Adelaide; engl.) — Der langsame homogene Zweielektronenaustausch wird durch Pt-Schwarz merklich beschleunigt. Für die oberflächenkatalysierte Rk. (10^{-4}—10^{-1} m) gilt $R_{ex} = k_{ex}^s$ [Tl(I), ads.] [Tl(III), ads.] mit $k_{ex}^s = (1{,}5 \pm 0{,}4) \cdot 10^7\,cm^2/mol \cdot s$, $\Delta H_s^* = 11{,}1 \pm 0{,}7$ kcal/Mol, $\Delta S_s^* = +(10{,}2 \pm 0{,}6)$ cal/Grad · Mol. Geschwindigkeitsbestimmend ist der Elektronenaustausch zwischen den adsorbierten Ionen über Pt in

Verb. mit einem Übergangszustand in der inneren Koordinationssphäre. — Diskussion.

M. Frenzel 216

0751 **Kinetische Untersuchung von Cer(IV)-Komplexen mit Oxalsäure.** L'. Treindl. (Chem. Zvesti **22** (1968) 6, 407–14; Přírodoved. fak. Univ. Komenského, Bratislava; slowak.) — Die Ox.-Kinetik der *Oxalsäure* (**I**) durch $Ce(SO_4)_2$ in H_2SO_4-Lsg. wurde polarograph. untersucht. Die graph. Analyse der zeitlichen Stromabhängigkeit deutet auf eine Rk. 2. Ordnung hin. Bei der Rk. bildet sich zuerst der einfache Komplex $[Ce(SO_4)_2(C_2O_4)]^{2-}$, der weiterhin durch innere Redoxrk. unter Bldg. von Ce^{3+} u. CO_2 zerfällt. Mit zunehmender I-Konz. läßt die Rk. schnell nach, was auf die stufenweise Bldg. des höheren, wenig akt., jedoch stabilen Komplexes $Ce(SO_4)_2(C_2O_4)_2^{4-}$ (konsekutive Komplexkonst. 1816, Koordinationszahl von Ce^{4+} 8) zu Ungunsten des ursprünglichen akt. Komplexes zurückzuführen ist. Mit steigender Temp. nimmt die Rk.-Geschw. zu; bei äquimol. Verhältnis Ce : **I** u. 25° beträgt die Geschw.-Konst. der Rk. 2433 s^{-1} mol^{-1}. An Hand der Eyringschen Gleichung wurden die Aktivierungsenergie u. -entropie der Rk. 24,12 kcal/Mol bzw. 26,4 cal/Grad Mol berechnet. Der Rk.-Mechanismus wird eingehend erörtert u. die Gleichungen zur Ermittlung der Zus. von Ce(IV)-Komplexen mit mehreren I-Liganden u. ihrer Komplexkonst. werden angeführt.

K. Kámen 216△

0752 **Kinetische Untersuchungen von Metall-Carbonyl-Komplexen der 6. Gruppe. 6. Mitt. Substitutionsreaktionen von Hexacarbonylen von Metallen der 6. Gruppe.** James R. Graham und Robert J. Angelici. (Inorg. Chem. [Washington] **6** (1967) 11, 2082–85; Dep. of Chem., Ia. State Univ., Ames, Ia.; engl.) — 5. vgl. C. **1968**, 16-0702. — Die Kinetik der Rk. von $M(CO)_6$ mit *L* zu $M(CO)_5L$ in Decalin bei (M = *Cr*) 130,7°, (*Mo*) 112,0°, (*W*) 165,7° (L = *4-Äthyl-2.6.7-trioxa-1-phosphabicyclo-[2.2.2]-octan* (**I**, $P(OCH_2)_3C-C_2H_5$), Triäthyl- u. Triphenylphosphit (**II** u. **III**), Triphenyl- u. tri-n-butylphosphin (**IV** u. **V**) u. Triphenylarsin (**VI**) wurde IR-spektroskop. bei 1980 cm^{-1} untersucht. Die Rk. verläuft nach dem Rk.-Gesetz zweiter Ordnung: Rk.-Geschw. = $k_1[M(CO)_6] + k_2[L][M(CO)_6]$ nach dem S_N1- u. S_N2-Mechanismus. Die Aktivierungsenthalpie ΔH_1^{*} für k_1 vermindert sich in der Reihe Cr $\sim$ W > Mo. k_2 ist eine Funktion der Basizität der Substituenten u. steigt in der Folge **VI, III, IV, I, II, V**. An Hand der Substitutionsrk. mit **V** zeigen Verfasser, daß die Wahrscheinlichkeit des S_N2-Mechanismus mit der Größe der Metallatome zunimmt. I. Sarow 216

0753 **Kinetik der Komplexbildung von Hexacyanoferrat-(III) mit Eisen(III) zu Fe[Fe(CN)$_6$] (Berliner Braun).** R. G. Walker und K. O. Watkins. (Inorg. Chem. [Washington] 7 (1968) 5, 885–88; Dep. of Chem., Adams State Coll., Alamosa, Colo.; engl.) — Die Kinetik der Rk. von Fe(III)- mit $[Fe(CN)_6]^{3-}$-Ionen zum neutralen Komplex $Fe[Fe(CN)_6]$ wurde mit einer Stopped-flow-Meth. untersucht. Die Geschw.-Konst. der Komplexbldg., die bei 25° im Aciditätsbereich $[H^+]$ = 0,02–0,71 gemessen wurde, nimmt mit steigender Basizität zu. Ferner wurden Hinweise auf eine Selbstred. des Komplexes zu $KFe^{III}\cdot[Fe^{II}(CN)_6]$ (Berliner Blau) sowie auf eine weitere sehr langsame Rk. (10–70 s) gefunden.

A. Blaschette 216

0754 **Transannulare Elektroneneffekte im 1.1'-Ferrocenylkern. Geschwindigkeitskonstanten der Protodemercurierung heteroannularer substituierter Quecksilber-Ferrocenderivate.** A. N. Nesmejanov, É. G. Perevalova, S. P. Gubin und A. G. Kozlovskij. (Doklady Akad. Nauk SSSR **178** (1968) 3, 616–19; Mosk. gos. univ. im. Lomonosova; russ.) — Es werden die RGK der Protolyse von $(XC_5H_4FeC_5H_4)_2Hg$ (X = OCH_3 (**I**), H (**II**) $OCOCH_3$ (**III**), Cl (**IV**), Br (**V**) u. $COOCH_3$ (**VI**) bei HCl-Einw. in 90 Vol.-%ig. wss. Dioxan ermittelt u. der Substituenteneinfl. auf die Geschw. der Protodemercurierung untersucht. Bei den untersuchten Verb. besteht eine lineare Abhängigkeit zwischen den Aktivierungsenergien u. den -entropien, ebenso wie die Logarithmen der RGK der Ferrocenderiv. bei verschiedenen Rk.-Temp. lineare Abhängigkeit zeigen. Die formalen Redoxpotentiale der unsymm. Verb. $XC_5H_4FeC_5H_4HgCl$ werden angegeben u. mit ber. Werten verglichen. Zwischen den Substituenten u. dem Hg-Atom in den untersuchten Verb. bestehen keine direkten Wechselwrkg., weshalb auch eine RGK-Beeinflussung durch die Substituenten X von deren elektron. Effekten über das 1.1'-Ferrocenylensyst. hinweg abhängt. Somit ergeben sich folgende log (K_X/K_H)-Werte u. Aktivierungsenergien $E^{\neq}$: **I**: 0,276, $E^{\neq}$ = 24,4 (kcal/Mol); **II**: 0, 18,7; **III**: –0,540, 22,0; **IV**: –1,148, 25,8; **V**: –1,258, 23,1; **VI**: –1,485, 22,9. K. Jasche 216△

0755 **Chloraustausch in Dichloro-bis-[äthylenthioharnstoff]-kobalt(II) und Dichloro-bis-[p-toluidin]-kobalt(II) mit dem Chloridion.** Ali M. Elatrash und M. E. Sobeir. (J. Chem. U.A.R. **10** (1967) 3, 383–85; Dep. of Chem., Fac. of Sci., Ain-Shams Univ., Abbasia, Cairo; engl.) — Die Austauschrk. werden in A.-Dioxangemischen (1 : 2) bei 30 u. 0,2° unter Verw. von ^{36}Cl untersucht, das als $Li^{36}Cl$ zur Lsg. gegeben wird. Nach bestimmten Zeiten wurde AgCl aus der Lsg. ausgefällt u. die Aktivität der überstehenden Lsg. gemessen. Die Austauschrk. laufen schnell ab u. sind in weniger als 10 s bei 0,2° beendet.

H. Roschkowski 216

0756 **Anioneneintausch des cis-[Co(NO$_2$)(en)$_2$(DMSO)]$^{2+}$-Ions in Dimethylsulfoxid: Dissoziativer Austausch.** Warren R. Muir und Cooper H. Langford. (Inorg. Chem. [Washington] 7 (1968) 5, 1032–34; Moore Labor. of Chem., Amherst Coll., Amherst, Mass.; engl.) — Die Geschw. der Rk. cis-$[Co(NO_2)(en)_2(DMSO)]^{2+} + X^- \rightarrow$ cis-$[CoX(NO_2)(en)_2]^+$ (**I**) + DMSO mit X^- = Cl^-, NO_2^- u. SCN^- wurde spektrophotometr. in DMSO bei 35,0° u. μ = 0,050 m [eingestellt mit $(C_6H_5)_4AsClO_4$] verfolgt. Bei zunehmender Anionkonz. nähert sich die Geschw.-Konst. pseudoerster Ordnung für X^- = Cl^- u. NO_2^- einem Grenzwert, welcher der Bldg.-Geschw. von **I** aus dem Ionenpaar cis-$[Co(NO_2)(en)_2(DMSO)]^{2+}X^-$ entspricht. Die Gleichgew.-Konst. für die Ionenpaarbldg. sind > 10^2 für X^- = Cl^- u. NO_2^-, aber < 20 für X^- = SCN^-.

A. Blaschette 216

0757 **Untersuchung des Austausches von Wasser und Chloridionen mit Nickel(II)–Chlorid-Komplexen durch kernmagnetische Resonanz in konzentrierten wäßrigen Lösungen.** S. F. Lincoln, F. Aprile, Harold W. Dodgen und John P. Hunt. (Inorg. Chem. [Washington] 7 (1968) 5, 929–32; Dep. of Chem., Wash. State Univ., Pullman, Wash.; engl.) — Die Austauschgeschw. von H_2O u. Cl^- mit Chloroaquonickel(II)-Spezies wurden in konz. wss. Lsg. (0,0251–1,18 molal an Ni^{2+}; 7,8 molal an LiCl bzw. HCl) untersucht, indem die Verbreiterung der NMR-Signale von freiem $H_2{}^{17}O$ u. $^{35}Cl^-$ u. die paramagnet. Verschiebungen der $^{35}Cl^-$-Linie in Ggw. von Ni(II) gemessen wurden (Temp.-Bereich –27,6 bis +94,5°). Die beiden Austauschvorgänge sind im untersuchten Temp.-Bereich unabhängig voneinander; dagegen erhöhen Cl^- u. ClO_4^- die Geschw. des H_2O-Austausches bei Aquonickel-Komplexen. Es werden kinet. Daten u. skalare Kopplungskonst. mitgeteilt.

A. Blaschette 216

0758 **Geschwindigkeiten und Mechanismen von Substitutionsreaktionen sterisch behinderter Palladium(II)-Komplexe.** John B. Goddard und Fred Basolo. (Inorg. Chem. [Washington] 7 (1968) 5, 936–43; Northwestern Univ., Evanston, Ill.; engl.) — Komplexe des Typs $[PdLX_2]$ mit L = $HN(C_2H_4NH_2)_2$ = *dien*, $HN\cdot[C_2H_4N(C_2H_5)_2]_2$ = *Et$_4$dien*, $CH_3N[C_2H_4N(C_2H_5)_2]_2$ = *MeEt$_4$dien*, $CH_3N[C_2H_4N(CH_3)_2]_2$ = *Me$_5$dien* u. X_2 = SO_3 oder S_2O_3 sowie $[Pt(Et_4dien)(NH_3)]^{2+}$ wurden isoliert u. eine Lsg. von $[Pd(Et_4dien)(H_2O)](ClO_4)_2$ (**I**) in situ dargestellt. In diesen Komplexen ist das ster. behinderte L dreizähnig u. der andere Ligand einzähnig. Kinet. reagiert SO_3^{2-} mit $[Pd(Et_4dien)Br]Br$ (**II**) genau wie früher [vgl. Badley et al., J. Amer. Chem. Soc. 88 (1966) 2944] beschrieben mit einer Geschw.-Konst. 1. Ordnung, während die Rk. von $S_2O_3^{2-}$ mit **II**, $[Pd(Me_5dien)Cl]PF_6$ oder $[Pd(MeEt_4dien)Cl]Cl$ sowohl durch einen von $S_2O_3^{2-}$ abhängigen als auch einen davon unabhängigen Schritt beschrieben werden. Die kinet. Unters. der schnellen Rk. von **I** mit einer Reihe nucleophiler Anionen erfolgte mittels der „stopped-flow"-Meth., dabei wurde gefunden, daß sie sowohl bez. Substrat als auch bez. Reagenz 1. Ordnung, insgesamt also 2. Ordnung ist; $k_2(M^{-1}\cdot s^{-1})$

beträgt bei 25° u. Ionenstärke 0,02 für $S_2O_3^{2-}$ 1780; HSO_3^- 505; SCN^- 75,1; NO_2^- 12,5; Cl^- 7,36; Br^- 5,95; J^- 4,46; CH_3COO^- 2,18; Thioharnstoff 1,42 u. ist für SO_4^{2-} unmeßbar klein. Die Rk. wurden mit Hilfe von UV- u. IR-Spektren verfolgt.

Versuche (24std. Trocknen im Quecksilberdiffusionspumpenvakuum): *Lsg. von* **I**, 3std. Rühren von 0,3 g **II** in W. mit 4 g frisch dargestellten Ag_2O, Abfiltrieren, Titrieren der Lsg. mit 0,1 n $HClO_4$ bis pH 5,1; *$Pd(Et_4dien)SO_3$*, allmähliche Zugabe von Et_3dien zu einer wss. Lsg. von $Pd(H_2O)SO_3$, Filtrieren, Fällen mit Aceton im Filtrat u. mehrmaliges Umkristallisieren aus A. mit Aceton, hellgelbes Pulver; 33% (Ausb.); analog: *$Pd(dien)\cdot SO_3$*, aus 96%ig. A., Plättchen; 80%; *$Pd(Et_4dien)S_2O_3$*, Erwärmen einer wss. Suspension von $Pd(NH_3)_3S_2O_3$ mit Et_4dien, Eindampfen der orangefarbenen Lsg., mehrmaliges Extrahieren mit abs. Ae. u. Trocknen, orangefarbenes Pulver; *$[Pd(MeEt_4dien)S_2O_3]\cdot H_2O$*, wie vorst. orangefarben; 77%; *$[Pd(Me_5dien)S_2O_3]\cdot H_2O$*, gelborangefarbenes Pulver; 82%; *$[Pt(Et_4dien)(NH_3)][PtCl_4]\cdot H_2O$*, 14std. Rückflußkochen einer wss. Lsg. von cis-$Pt(NH_3)_2Cl_2$ mit vorher mittels 6n HCl auf pH 5 gebrachtem Et_4dien, Kühlen mit Eis, Abfiltrieren, Erwärmen der Lsg. auf 50° u. Fällen mit K_2PtCl_4 in W., rosafarben; 60%; *$[Pt(Et_4dien)(NH_3)]Cl_2$*, Rühren vorst. Verb. in W. mit $[Pt(NH_3)_4]Cl_2 \cdot H_2O$ (1 : 1), 4std. Erhitzen u. Aufarbeiten; 99%. G. Heller 216

0759 **Darstellung und nucleophile Substitutionsreaktionen von Komplexen des Typs trans-{Pt[Se(C₂H₅)₂]₂(C₆H₅)X}.** Rosario Pietropaolo, Sergio Sergi und Giuseppe Gaetano. (Ricerca sci. **38** (1968) 3, 195—200; Ist. di Chim. Gen. ed Inorg., Univ. di Messina; ital.) — Dargestellt werden Verb. mit X = *Cl* (**I**), *Br*, *J*, *NO_2*. Für **I** wird die Kinetik der Rk. mit N_3^-, NO_2^-, Br^-, J^-, SCN^- u. $SC(NH_2)_2$ in Methanol bei 30° bestimmt. Ferner werden die UV-Spektren der Verb. angegeben.

Versuche: *trans-$\{Pt(Cl)(C_6H_5)[Se(C_2H_5)_2]_2\}$* (**I**), F. 64°, durch Rk. von trans-$\{PtCl_2[Se(C_2H_5)_2]_2\}$ mit C_6H_5Li in Ae. unter N_2; $\{Pt(X)(C_6H_5)[Se(C_2H_5)_2]_2\}$ durch Metatese mit NaX in CH_3OH bei Raumtemp., X = *Br*, F. 78°; *J*, F. 79°; *NO_2*, F. 94°. D. Hoene 216

0760 **Durch Osmium(VIII) katalysierte Oxydation von Dioxan mit alkalischer Kaliumhexacyanoferrat(III)-Lösung.** U. S. Mehrotra und S. P. Mushran. (J. Indian chem. Soc. **45** (1968) 6, 526—30; Dep. of Chem., Univ., Allahabad; engl.) — Für die Ox. von 1.4-Dioxan mit $[Fe(CN)_6]^{3-}$ (**I**) in alkal. Lsg. wird folgende Rk.-Gleichung vorgeschlagen: $C_4H_8O_2 = 4\,I + 4\,OH^- \rightarrow 4\,HCHO + 4\,[Fe(CN)_6]^{4-} + 2\,H_2O$. Die RG ist unabhängig von der I-Konz. u. für die I-Abnahme gilt die Gleichung $-d[I]/dt = k \cdot [C_4H_8O_2] \cdot [OH^-] \cdot [Os(VIII)]^{1/2}$. Die Aktivierungsenergie beträgt 11,84 kcal/Mol u. die Aktivierungsentropie —39,36 e.u. W. Grimmich 216

0761 **Thermische Stabilität von Salzen der Chlorsauerstoffsäuren im festen Zustand.** 1. Mitt. **Kinetische Untersuchung der Disproportionierung und Explosion einiger Chlorite.** F. Solymosi und T. Bánsági. (Acta chim. Acad. Sci. hung. **56** (1968) 3, 251—70; React. Kinet. Res. Group, Hung. Acad. of Sci., Szeged; engl.) — Die Disproportionierung von Chloriten wurde thermograph. u. durch chem. Analyse untersucht, das Explosionsverh. an der Luft bestimmt. Untersucht wurden *$NaClO_2$*, *$Ba\cdot(ClO_2)_2$*, *$Pb(ClO_2)_2$* u. *$AgClO_2$*. Die Disproportionierung verläuft durch Gitterumordnung. Außer $NaClO_2$ zerfallen alle Chlorite explosionsartig bei 400° unter Bldg. von Cl_2 u. O_2. H. Roschkowski 218

0762 **Bildung von Kohlendioxid bei der Reaktion von Kohlenstoff mit Wasserdampf.** E. M. Čerednik, M. I. Temkin und L. O. Apel'baum. (Kinetika i Kataliz **9** (1968) 4, 824—30; Fiz.-chim. inst. im. Karpova, Moskva; russ.) — Zur Erklärung der Entstehung von CO_2 bei der Rk. von C mit W.-Dampf wurde die Bldg.-Geschw. des CO_2 bei der genannten Rk. mit der experimentell ermittelten Geschw. der Bldg. von CO_2 aus CO u. W.-Dampf in einem leeren Gefäß u. mit der theoret. errechneten Geschw. der homogenen Rk. von CO mit H_2O verglichen. Die homogene Rk. wird durch äußerst reinen pyrolyt. Graphit gebremst, ebenso durch Quarz. Vers. zur Vergasung von pyrolyt. Graphit durch W.-Dampf u. CO_2 haben ergeben, daß sich bei der Vergasung von C durch W.-Dampf CO_2 vorwiegend heterogen bildet infolge der Bremsung der Rk. von CO mit H_2O durch das C. B. Karos 218

0763 **Einfluß von Verunreinigungen einiger Ammoniumsalze auf die Geschwindigkeit der thermischen Zersetzung von Dinatriumphosphat.** N. M. Dombrovskij, R. N. Dombrovskaja. (Izvest. vysšich učebnych Zavedenij [Ivanovo], Chim. i chim. Technol. **11** (1968) 7, 748—52; Černovickij gos. univ.; russ.) — Der Einfl. geringer Mengen (bis zu 3,5 Mol-%) NH_4Cl, $(NH_4)_2C_2O_4$, NaCl, $Na_2C_2O_4$ auf die Geschw. der Dehydratation von Na_2HPO_4 wurde untersucht u. die Vers.-Ergebnisse graph. dargestellt (Abhängigkeit der gebildeten $Na_4P_2O_7$-Menge von der Zeit). In Anwesenheit geringer Mengen $(NH_4)_2\cdot C_2O_4$ u. NaCl sinkt die Temp. u. steigt die Geschw. der therm. Umwandlung von Na_2HPO_4 in $Na_4P_2O_7$. Die Wrkg. der Ammoniumsalze beruht auf der Bldg. saurer Salze u. auf der Protonendonatoreig. des NH_4^+-Kations. Saure Salze u. Ammoniumsalze (Protonendonator) führen zur Erhöhung der Konz. beweglicher u. delokalisierter Protonen im Vol. u. auf der Oberfläche des Krist., wodurch die Erhöhung der Geschw. der therm. Zers. von Na_2HPO_4 hervorgerufen wird. K. Karos 218

0764 **Thermische Zersetzung von Barium- und Quecksilber(II)-nitrat.** T. M. Oza, J. C. Jha und E. I. Ezekiel. (J. Indian chem. Soc. **45** (1968) 5, 420—24; Inst. of Sci., Bombay; engl.) — Während $Ba(NO_3)_2$ ab 525° im wesentlichen unter Sauerstoffabgabe zu Nitrit zerfällt, geht $Hg(NO_3)_2$ ab 160° zunächst in $HgO \cdot Hg(NO_3)_2$ über. Der therm. Abbau des Bariumnitrats wurde von 525—625°, der des Quecksilbernitrats von 160—300° untersucht. Hanspeter Schulz 218

0765 **Eigenschaften chlorierter Aluminiumoxide.** 1. Mitt. **Darstellung durch Einwirkung von Tetrachlorkohlenstoff auf γ-Aluminiumoxid.** Jean Basset, Michel-Vital Mathieu und Marcel Prettre. (Rev. Chim. minérale **5** (1968) 4, 879—95; Inst. de Rech. sur la Catalyse, CNRS, Villeurbanne; franz.) — Mittels TG u. eines dynam. Fließbett-Mikroreaktors wird die Chlorierung von γ-Al_2O_3 (**I**) mit CCl_4 (**II**) u. z. T. HCl untersucht. **I** reagiert mit **II** bereits bei Zimmertemp.; die Rk. beschränkt sich bis 220° auf die Oberfläche. Darüber (bis 300°) bilden sich nicht sublimierbare Al—Cl^--Verb.; ab 300° ist die Chlorierung vollständig, da $AlCl_3$ absublimiert. Obwohl bei 200° noch keine Textur- u. Strukturveränderung eintritt, ist die Acidität gemäß der Säure—Basen-Theorie von Lewis vergrößert. Der Oberflächenzustand von **I** beeinflußt die Rk.; ein an OH-Gruppen reiches Prod. (Vorbehandlung im Vakuum bei 200°) erfährt einen Austausch von OH gegen Cl unter Bldg. von $COCl_2$, während bei einem dehydratisierten Prod. (bei 800° im Vakuum vorbehandelt) ein O-Atom gegen 2 Cl ausgetauscht u. $COCl_2$ gebildet wird, das die C fortsetzt. Das mit dem Austausch von O gegen 2 Cl geschaffene Elektronendefizit erklärt die verstärkte Acidität u. die beschränkte Rk.-Fähigkeit der O-Atome der Oberfläche. G. Schatz 218

0766 **Initiierung in frühen Stadien der Autoxydation organischer Blei- und Zinnverbindungen.** Ju. A. Aleksandrov, V. M. Fomin und M. N. Spiridonova. (Ž. obšč. Chim. **38** (**100**) (1968) 6, 1410; russ.) — Bei der Autox. von $(C_2H_5)_4Pb$ (**I**) u. $(C_2H_5)_4Sn$ (**II**) erfolgt eine Initiierung durch Zerfall der Verb. in Radikale. Die Aktivierungsenergie E für die Initiierungsrk. bei der I-Ox. beträgt 44,3 (kcal/Mol); die mittlere Energie der Pb—C-Bindung wird mit 31,5 angegeben. Für **II** ergeben sich als entsprechende Werte E = 34,7 u. als mittlere Bindungsenergie Sn—C 47—50. K. Jasche 218△

0767 **Heteroaustausch von Sauerstoffisotopen in mit Pt promotiertem V₂O₅.** N. A. Stukanovskaja, V. A. Juza, L. G. Svincova, V. I. Dučinskaja und V. A. Rojter. (Doklady Akad. Nauk SSSR **180** (1968) 5, 1169—71; Inst. fiz. chim. im. Pisarževskogo AN Ukr. SSR; russ.) — Die katalyt. Aktivität von mit H_2PtCl_6-Lsg. behandelten u. bis 590° erhitzten V_2O_5-Proben wurde bei $p_{H_2} = 45$ Torr u. $p_{Luft} = 485$ Torr untersucht. Die gleiche katalyt. Wrkg. wie reines V_2O_5 bei 420° erzielt V_2O_5—Pt (0,5%)

schon bei 70°. Gemische von V_2O_5 mit auf gleiche Weise promotiertem $BaSO_4$ haben bei 130° den gleichen Effekt. Die Sauerstoffaustauschgeschw. mit O_2 wurde in einer stat. Zirkulationsapp. bei 300 l/Std. u. 2—3 g Katalysatoreinwaage bestimmt. Die Isotopenheteroaustauschgeschw. ist an V_2O_5 u. V_2O_5–Pt (0,5 %) prakt. gleich groß, die Stabilität der Bindung des Sauerstoffs am Katalysator ändert sich also nach dem Einbau von Pt nicht. Pt dürfte die Aktivierung u. Ionisation von Wasserstoff so stark erleichtern, daß dadurch die Chemosorption von Sauerstoff die geschwindigkeitsbestimmende Stufe wird.
J. J. Pohl 218

0768 **Oxydation von Tantal bei hohen Temperaturen: Geometrische Effekte.** J. Stringer. (J. less-common Metals [Lausanne] **16** (1968) 1, 55—64; Liverpool, Univ., Dep. of Metallurg.; engl.) — Ta-Proben in Form von kurzen Rohren wurden in O_2 bei Drücken von ca. 400 Torr bei 825 u. 930° oxydiert. Dabei waren die äußeren Durchmesser der Proben immer die gleichen, die inneren wurden variiert. Der Ox.-Grad der inneren Oberfläche nimmt mit abnehmendem Krümmungsradius ab, der Ox.-Grad der äußeren (konvexen) Flächen war etwa der gleiche wie der der inneren (konkaven) Flächen der dünnerwandigen Rohre. Während der Ox. dehnten sich die Rohre auf Grund der durch die ox. Oberflächen induzierten Spannungen. Es wird geschlossen, daß der Hauptgrund für diese Spannungen in der anhaftenden Oxidschicht liegt. E. Schulte 218△

0769 **Kinetik der thermischen Zersetzung von Wolframhexacarbonyl.** R. V. Mrazek, S. B. Knapp und F. E. Block. (Trans. metallurg. Soc. AIME **242** (1968) 6, 995—1000; Albany Metallurg. Res. Center, Bureau of Mines, U.S. Dep. of the Interior, Albany, Oreg.; engl.) — Es wird eine App. beschrieben, bei der *Wolframhexacarbonylproben* in die vorgeheizte Rk.-Kammer eingeführt u. der Rk.-Verlauf durch einfache Druckmessung verfolgt werden kann. Aus der Analyse der Rk.-Prod. läßt sich folgende Zers.-Gleichung erster kinet. Ordnung im Bereich von 500—560 °K als Ergebnis parallel verlaufender homogener u. heterogener Rk. aufstellen: $4\,W(CO)_6 \rightarrow WO_{2(fest)} + 3\,W_{(fest)} + 22\,CO_{(Gas)} + 2\,C_{(fest)}$. Der Diffusionseffekt der heterogenen Rk. ist klein. Als Aktivierungsenergien wurden für die homogenen bzw. heterogenen Rk. 62,6 bzw. 36,6 kcal/Mol berechnet. Danach kann man annehmen, daß die Zers. bei hohen Temp. fast vollständig homogen wird. Die Disproportionierung von CO kann nicht die Quelle des C in dem gebildeten W sein. Wahrscheinlicher ist die Rk. von CO mit W zu WO_2 u. C oder eine unvollständige Zers. des Carbonyls. R. Zimmer 218

0770 **Kinetische Untersuchung der Chlorierung von Eisen(III)-oxid-Pellets.** M. S. Jayaram und K. P. Abraham. (Indian J. Technol. **6** (1968) 5, 135—37; Dep. of Metallurg., Indian Inst. of Sci., Bangalore; engl.) — Bei 1370° gesinterte kugelförmige Proben von Fe_2O_3 werden zwischen 450 u. 600° mit $HCl_{(g)}$ umgesetzt. Die dem Gew.-Verlust proportionale RG wird thermogravimetr. verfolgt. Die RG ist linear abhängig vom HCl-Partialdruck. Die Aktivierungsenergie wird zu 3,5 kcal/Mol bestimmt. Es wird ein diffusionsabhängiger Rk.-Mechanismus angenommen. H. Tulhoff 218

0771 **Innere Oxydation von Eisen–Mangan-Legierungen.** J. H. Swisher. (Trans. metallurg. Soc. AIME **242** (1968) 6, 1035—38; Bell Telephone Labor., Murray Hill, N.J.; engl.) — Bei der inneren Ox. von *Fe–Mn-Leg.* werden MnO-Einschlüsse gebildet, die etwas FeO gelöst enthalten. Auf Grund des hohen Löslichkeitsprod. von Mn–O in Eisen bleibt etwas Mn in fester Lösung. In der Ox.-Zone besteht ein örtliches Mn–O-Gleichgewicht. Danach kann die innere Ox.-Geschw. einer Fe-Leg. mit 1 % Mn als Funktion der Temp. unter Verw. thermodynam. Daten u. Werte für die Löslichkeit u. Diffusion von Sauerstoff in Eisen ber. werden. R. Zimmer 218

0772 **Anwendung eines Glanzwinkel-Röntgenbeugung-Filmverfahrens zur Untersuchung der Tieftemperaturoxydation von Eisen–Chrom-Legierungen.** B. J. Isherwood und T. F. J. Quinn. (J. Physics, D. [Brit. J. appl. Physics] [2] **1** (1968) 8, 1089; Hirst Res. Center, Wembley, Middlesex; engl.) — Erwiderung zu den Bemerkungen von Pearce et al. (ibid. [2] **1** (1968) 387). Das Verf. soll nur der „versuchsweisen" Identifikation der Phasen an ox. Fe–Cr-Leg.-Oberflächen dienen. Eine detaillierte Analyse u. Verf.-Technik zur Unters. des Syst. Fe–Cr–O folgen.
I. Zoll 218

0773 **Einfluß der kristallographischen Orientierung auf die Oxydation von Cu.** S. I. Ali und G. C. Wood. (Corrosion Sci. **8** (1968) 6, 413—22, 6 Tafeln; Corrosion Sci. Div., Univ. of Manchester; engl.) — Die Ox. von polykrist. Cu u. der (001)-, (011)- u. (111)-Flächen von Cu-Einkrist. wird bei 200—600° u. $p(O_2) = 10^{-2}$ u. 1 Torr untersucht. Die Ox.-Geschw. nimmt in der Reihenfolge (001) > polykrist. Cu > (111) > (011) zu. Die Unterschiede nehmen mit ansteigender Temp. u. zunehmendem Gasdruck zu. An sämtlichen Oberflächen wird (3 Std., 200°, 10^{-2} bzw. 1 Torr) nur *Cu_2O*, bei 600° u. 10^{-2} Torr werden nur sehr geringe Mengen *CuO* gebildet, während bei 600° u. 1 Torr eine äußere Schicht aus CuO entsteht. Das Maß der Orientierung der Oxide nimmt mit ansteigender Temp. u. abnehmendem $p(O_2)$ sowie bei kurzer Vakuumbehandlung zu. Die Ggw. von CuO u. von Oxidwhiskern hängt auch von der Orientierung der Unterlage ab. Die Bldg. von CuO-Whiskern steht im Zusammenhang mit der Dicke der Cu_2O-Schicht, nicht aber mit der des CuO. Örtliche Spannungen in der Cu_2O-Schicht scheinen für das Wachstum der CuO-Whisker verantwortlich zu sein. Das Whiskerwachstum hat offensichtlich keinen großen Einfl. auf die Kinetik u. den Mechanismus der Oxydation.
M. Frenzel 218

0774 **Geometrische Faktoren bei Untersuchungen der Kinetik der Oxydation von Metallen bei hoher Temperatur.** 1. und 2. Mitt. J. Romanski. (Corrosion Sci. **8** (1968) 2, 67—87, 1 Tafel; Foundry Res. Inst., Cracow; engl.) — Die unterschiedlichen Ergebnisse von Messungen der Hochtemp.-Ox. von Metallen aus der Literatur können mit der Annahme unterschiedlicher geometr. Bedingungen gedeutet werden (bes. Einfl. des Verhältnisses von Oberfläche zur Masse der Proben). Am Beispiel der Schwefelung von *Fe* bei 700° wird gezeigt, daß dieser Einfl. der spezif. Oberfläche durch die Wahl geeigneter geometr. Parameter u. Vers.-Bedingungen ausgeschaltet werden kann. Die Frage der Best. der Gew.-Zunahmen pro Flächeneinheit bei Unters. der Ox. mit thermogravimetr. Meth. wird erörtert. Bei der Unters. von schnellen Vorgängen muß die Abnahme der Probenabmessungen im Verlauf der Rk. berücksichtigt werden.
M. Frenzel 218

0775 **Geometrische Faktoren bei Untersuchungen der Kinetik der Oxydation von Metallen bei hoher Temperatur. 3. Mitt. Einfluß von Form und Größe der Proben.** J. Romanski. (Corrosion Sci. **8** (1968) 2, 89—102, 1 Tafel; engl.) — 1. u. 2. vgl. vorst. Referat. — Das Wachstum dicker Oxidschichten durch Auswärtsdiffusion des Metalls wird erörtert. Die Starrheit der Schicht sowie Form u. Größe der Metallprobe beeinflussen die Rk.-Kinetik: Unters. an den Syst. *Fe–S*, *Ni–S*, *Cu–S* u. *Cu–O*. Die Ox.-Geschw. der Proben nimmt asymptot. mit zunehmender Oberflächengröße der Proben zu. Dieser Effekt beeinflußt nur den präexponentiellen Faktor der Arrhenius-Gleichung. Ein Verf. wird vorgeschlagen, das die Best. der Ox.-Geschw. unabhängig von geometr. Parametern gestattet. Große, flache Scheiben sind die günstigste Probenform, zylindr. Proben vergleichsweise geringem Durchmesser die schlechteste.
M. Frenzel 218

0776 **Reduktion von Kupfer-, Blei- und Zinkoxid mit Methan.** V. V. Šalja, R. A. Kaširina, R. L. Kaninskaja und Ja. B. Gorochovatskij. (Doklady Akad. Nauk SSSR **180** (1968) 6, 1408—23; Inst. metallurg. im. Bajkova AN SSSR; russ.) — Die Proben von CuO wurden vor der Red. bei 500°, die von ZnO bei 600° an der Luft u. die von PbO bei 650° in Ar erhitzt. Die Red. von CuO durch CH_4 verläuft bei 480—750° nach $4\,CuO + CH_4 \rightarrow 4\,Cu + CO_2 + 2\,H_2O$. Die kinet. Kurven im Syst. CH_4–Ar wurden mit einer kontinuierlichen thermokonduktometr. Meth. bestimmt. ZnO wird bei 750—900° nach $ZnO + CH_4 \rightarrow Zn + CO + 2\,H_2$ reduziert. Die scheinbare Aktivierungsenergie beträgt für

CuO 9,16 bzw. 22,0, für ZnO 60,8 kcal/Mol. PbO wird bis zur beginnenden Zers. des Methans an der inerten Quarzoberfläche (790°) nicht reduziert. Die verschiedenen Mechanismen sind auf unterschiedliche Eig. der Oxide als heterogene Katalysatoren der Chemosorptionszers. von Methan zurückzuführen. J. J. Pohl 218

0777 **Anwendung der Emanationsmethode auf die Untersuchung der thermischen Zersetzung von Silberoxid.** Jean-Claude Lagier, Paul Bussière und Marcel Prettre. (C. R. hebd. Séances Acad. Sci., Sér. C **267** (1968) 4, 277—80; Inst. de Rech. sur la Catalyse, Villeurbanne, Rhône; franz.) — Außer den Verf. der thermogravimetr. Analyse u. der DTA wenden Vf. die Emanationsmeth. auf die Unters. der therm. Zers. von Ag_2O zwischen 20 u. 600° an. Ferner wurde die Aktivierungsenergie für die Diffusion von Rn zwischen 220 u. 320° bestimmt. Die Emanogramme zeigen verschiedene Stufen des Prozesses. Herbert Weber 218

0778 **Auflösung von Magnesiumaluminatspinell in Natriumsilicatschmelzen.** D. Barham und L. R. Barrett. (Trans. Brit. ceram. Soc. **67** (1968) 2, 49—56; Dep. of Chem. Engng. and Chem. Technol., Imperial College, London; engl.) — Die Korrosionsgeschw. von Al_2O_3 (Spinell) u. MgO in Na-Metasilicatschmelze wird durch kontinuierliches Wägen beim Eintauchen der Proben in die Schmelze bestimmt, die Auflsg.-Geschw. von Mg-Aluminat in der Schmelze ber. u. mit an *Sapphir* gemessenen Werten verglichen. Es wird angenommen, daß die Gesamtauflsg.-Geschw. durch die Wegdiffusion von Al^{3+} (oder auch von komplexen Ionen) von der korrodierenden Probenoberfläche bestimmt wird. M. Frenzel 218

0779 **Thermischer Zerfall von Titanoxidchlorid, das sich bei der Hydrolyse von $TiCl_4$ bildet.** T. A. Zavarickaja und M. N. Podgajskaja. (Ž. prikl. Chim. **41** (1968) 5, 948—52; VNI i proektnyj inst.; russ.) — $TiOCl_2$ zersetzt sich bei 300° rasch u. vollständig. Die kinet. Daten können mit der Gleichung $\alpha = 1 - e^{-kt^n}$ beschrieben werden, wobei im kinet. Bereich n ca. 1 u. im Diffusionsbereich $n < 1$ ist. Der Zers.-Druck von $TiOCl_2$ ändert sich nach $\log P = 6{,}18 - 1{,}5 \cdot 1 \cdot 10^3/T$ mit der Temp., er hängt aber auch von der Aktivität des Titanoxidchlorids ab. J. J. Pohl 218

0780 **Einfluß von Calciumsaccharat auf die Kinetik des Lösens von Aluminium in Natriumhydroxid.** M. Miadoková und L. Štetinová. (Collect. czechoslov. chem. Commun. **33** (1968) 12, 4156—63; Inst. für phys. Chem., Komenský-Univ., Bratislava; dt.) — Durch Ca-Saccharat wird die Lsg.-Geschw. des Al wesentlich verringert. Die Inhibitionswrkg. beruht auf der Chemisorption an der Al-Oberfläche, der Verdrängung des Aggressivelektrolyten u. der Bldg. übersättigter Lsg. von Hexacalciumaluminat. G. Schildmann 218

0781 **Mechanismus und Kinetik des Lösens von Uran(IV)-oxid in Schwefelsäurelösungen bei Gegenwart von Eisen-(III)-Ionen.** J. Šklíbová-Klabalová und L. Neumann. (Collect. czechoslov. chem. Commun. **33** (1968) 6, 1678—86; Inst. für miner. Rohprod., TH für Chem., Prag; dt.) — Die Beziehung zwischen der linearen Auflsg.-Geschw. von UO_2, dem Redoxpotential der Lsg. u. der Mischgeschw. wird untersucht. Die Auflsg. unter Ox. mittels Fe^{3+}-Ionen wird offensichtlich durch den Übergang eines ox., durch Gleichgew.-Rk. zwischen UO_2 u. Fe^{3+}-Ionen an der Oberfläche der festen Phase entstehenden Zwischenprod. in die Lsg. bestimmt. M. Frenzel 218

0782 **Lösungsverhalten von calcinierten Eisen(III)-oxiden.** Hiroshi Kametani und Kiyoshi Azuma. (Trans. metallurg. Soc. AIME **242** (1968) 6, 1025—34; Hydrometallurg. Labor., Process Metallurg. Div., Nat. Res. Inst. for Metals, Tokyo, Japan; engl.) — Eisen(III)-oxidproben wurden durch therm. Zers. von $Fe(NO_3)_3$, $Fe(OH)_3$, $Fe_2(C_2O_4)_3$ u. $Fe_2(SO_4)_3$ bei möglichst niedriger Temp. sowie durch Erhitzen einer Mischung von $Fe_2 \cdot (SO_4)_3$ u. KCl auf über 1000° hergestellt u. bei Temp. zwischen 600 u. 1200° calciniert. Bei den meisten Vers. wurde die Probe in HCl bei 55,2° gelöst u. die Lsg.-Geschw. in Abhängigkeit von der Zeit graph. dargestellt. Der Kurvenverlauf folgt dem beschleunigten oder parabol. Prozeß, mit Ausnahme des bei über 1000° hergestellten, krist. Hämatits. Aus Unters. der physikal. Eig. geht hervor, daß die chem. hergestellten Oxide aus Kristalliten von 10^{-6} bis 10^{-5} cm bestehen, die sich zu sichtbaren Teilchen zusammenballen. Die mit der BET-Meth. ermittelte, gesamte Oberfläche reagiert nicht vollständig in saurer Lösung. Multipliziert man mit einem von der Aggregatstruktur abhängigen Normalisierungsfaktor, erhält man die tatsächlich reagierende Oberfläche, die mit der durch die Permeabilitätsmeth. ermittelten übereinstimmt. Ist der Faktor größer als 0,2, löst sich die Probe nach dem beschleunigten Prozeß, ist er kleiner, nach dem parabolischen. Durch Einführung des Normalisierungsfaktors u. der tatsächlich reagierenden Oberfläche läßt sich der Einfl. von Calcinierungszeit u. -Temp. auf das Lsg.-Verh. erklären. R. Zimmer 218

0783 **Heterogener Isotopenaustausch zwischen Metallatomen im abgeschiedenen Salz und Metallionen in der Lösung.** Wojciech Szymański. (Nukleonika [Warszawa] **13** (1968) 8, 897—910; Kat. Chem. Fiz. Uniw. M. Kopernika, Toruń; pol.) — Bei der Unters. der Syst.: $AgCN_{(fest)}$–Ag^+, $Mn(CN)_{2(fest)}$–CN^-, $Co_2[Fe(CN)_6]_{(fest)}$–Co^{2+} u. $Mn_2[Fe(CN)_6]_{(fest)}$–Mn^{2+} wurde festgestellt, daß der Isotopenaustausch fast ausschließlich an der Oberfläche des Nd. stattfindet. Angabe der Aktivierungsenergien u. der Kinetik. Rolf Heyer 218

0784 **Mechanismus und Kinetik der Reduktion von Palladium aus seiner Chloridlösung durch Kohlenmonoxid.** Vikt. I. Spicyn, I. V. Znamenskij und I. V. Fedoseev. (Doklady Akad. Nauk SSSR **181** (1968) 3, 617—18; Mosk. gos. univ. im. Lomonosova; russ.) — Durch Vgl. der im Bereich 390—500 nm aufgenommenen Absorptionsspektren von stark salzsauren (HCl 1/1) $PdCOCl_2$-, $PdCl_2$-Lsg. u. $PdCl_2$-Lsg., durch welche 40 Min. lang CO bei Zimmertemp. hindurchgeleitet worden war, wird nachgewiesen, daß die Red. von Pd durch CO unter Bldg. von $PdCOCl_2$ als Zwischenprod. erfolgt, welches sich leicht zersetzt nach $PdCOCl_2 + H_2O = Pd + CO_2 + 2\,HCl$. Die kinet. Kurven der Red. für 15, 25, 35, 45 u. 55° wurden aufgenommen u. die Abhängigkeit $\log K = (1/T)$ graph. dargestellt. Die Aktivierungsenergie der Red. beträgt 7950 cal/Mol. Die Geschw. des Red.-Prozesses ist sehr groß, bei Temp. von 15—55° ist die Red. innerhalb von 3—5 Min. vollständig abgeschlossen. K. Karos 218

0785 **Einfluß der Verdampfung von Cr_2O_3 auf das Sintern von MgO.** Larry L. Hench und Ralston Russell jun. (Trans. Brit. ceram. Soc. **67** (1968) 9, 377—90; Dep. of Metallurg. and Mater. Engng., Univ. of Fla., Gainesville, Fla.; engl.) — Der Verzögerungseffekt von Cr_2O_3-Zusätzen auf das Sinterverh. von MgO in Luft wird auf die Bldg. von $MgCr_2O_4$-Spinell zurückgeführt, der die MgO-Körner durch die Rk. mit flüchtigem CrO_3-Dampf bedeckt. Die Freie Bldg.-Energie beträgt 96 000 cal/Mol + 20,5/T cal/Mol °K, die Rk.-Geschw. $K' = 10^{11}$ exp. · (— 147 000/RT) $cm^2\,s^{-1}$. M. Frenzel 218

0786 **Benutzung der Atomabsorptionsanalyse zur Untersuchung der Kinetik der Reaktion zwischen MgO und SiO_2.** S. F. Hulbert und G. Lane. (Trans. Brit. ceram. Soc. **67** (1968) 8, 391—95; Dep. of Ceramic Engng., Clamson Univ., S.C.; engl.) — Ein Verf., das die Atomabsorptionsanalyse in Verb. mit konventionellen Lösetechniken benutzt, wird beschrieben u. auf die Kinetik der Festkörperrk. zwischen MgO u. SiO_2 angewendet. M. Frenzel 218

0787 **Kinetik der Hochtemperaturumsetzung im System V_2O_5–$MeCO_3$.** A. A. Fotiev. (Kinetika i Kataliz **9** (1968) 4, 927—30; Inst. chim. Ural'skogo filiala AN SSSR, Sverdlovsk; russ.) — Die kinet. Unters. im Syst. V_2O_5–$MeCO_3$ ($Me = Mg, Ca, Sr, Ba$) wurden an der Luft u. unter Vakuum bei einem Restdruck von 10^{-3} Torr durchgeführt. Graph. Darst. der Vers.-Ergebnisse (Derivatogramme, Geschw.-Konst. der Dissoziation der Carbonate in Abhängigkeit von der Temp., Kinetik der Rk. im Gemisch V_2O_5 u. $MeCO_3$). Aus den kinet. Kurven wurden die scheinbaren Aktivierungsenergien in den Syst. V_2O_5–$MgCO_3$, V_2O_5–$SrCO_3$ u. V_2O_5–$BaCO_3$ zu entsprechend 34, 10 u. 8 kcal/Mol bestimmt. Die Umsetzungen in den Syst. V_2O_5–$MeCO_3$ erfolgen in der festen Phase u. werden bestimmt durch das Stadium der Diffusion der Ionen in das V_2O_5-Gitter. Die Annahme, daß die Carbonate durch katalyt. Einfl. des V_2O_5 dissoziieren, hat sich nicht bestätigt. B. Karos 218

0788 **Scheinbare Aktivierungsenergie und scheinbare Ordnung für irreversible Reaktionen der Ordnung n bei heterogener Katalyse.** R. Tartarelli. (Chim. e Ind. [Milano] **50** (1968) 5, 556—557; Univ. Pisa; ital.) — Aus den Definitionen für die scheinbare Aktivierungsenergie E_s u. die scheinbare Rk.-Ordnung n_s werden unter gewissen Bedingungen die Beziehungen $E_s = E_0/2^\alpha$ u. $n_s = 1 + (n - 1)/2^\alpha$ abgeleitet (α = Anzahl der Porenverzweigungen; E_0 = Aktivierungsenergie der Reaktion, n = Rk.-Ordnung). H.-D. Schwartz 220

0789 **Untersuchung der sauren Zentren von Siliciumdioxid–Aluminiumoxid durch thermogravimetrische Bestimmung der Adsorption von Butylamin.** Francesco Braggio. (Atti Accad. naz. Lincei, Rend., Cl. Sci. fisiche, mat. natur. [8] **43** (1967) 1—2, 86—90; Centro di Studi di Chim. Appl., CNR; ital.) — Über die Adsorption von n-$C_4H_9NH_2$ an einem SiO_2-Katalysator mit 13% Al_2O_3 wird der Einfl. der Aktivierungstemp. (20° an Luft, 20—500° bei 10^{-4} Torr) auf die Acidität des Katalysators bestimmt. Die Möglichkeit, Desorptionskurven zur Analyse der topograph. Beschreibung der Aciditätszentren zu verwenden, wird diskutiert. D. Hoene 220

0790 **Hydroxylgruppen in Zeolith-Katalysatoren.** J. V. Smith und J. M. Bennett. (Nature [London] **219** (1968) 5158, 1040—41; Dep. of Geophys. Sci., Univ. of Chicago; engl.) — Auf Grund bekannter, interatomarer Abstände wird eine Betrachtung angestellt, welche Plätze im Zeolithgitter von den katalyt. wirksamen OH-Gruppen bevorzugt werden. Es wird angenommen, daß Protonen diejenigen O-Atome bevorzugen, die an 2 Al-Atome oder an ein Al- u. ein Si-Atom gebunden sind gegenüber den an 2 Si gebundenen. Ferner werden O-Atome bevorzugt, die nicht an austauschbare Kationen gebunden sind u. solche, die nahe bei einem anderen O liegen u. dem Proton eine Wechselwrkg. damit ermöglichen. Nach diesen Gesichtspunkten werden die O-Plätze in X- u. Y-Zeolithen, auch mit Ca u. mit La ausgetauschten, diskutiert, die für eine OH-Bindung in Frage kommen u. mit beobachteten OH-Frequenzen verglichen. Die an Gerüst-O-Atome gebundenen Protonen werden immer nach den Haupthohlräumen gerichtet sein, abgewendet von den Sodalitheinheiten mit ihrer Kationenkonzentration. A. Becker 220

0791 **Einfluß einer γ-Bestrahlung mit ^{60}Co auf die katalytischen Eigenschaften von La_2O_3 und CeO_2 bei der Reaktion $^{16}O_2 + {}^{18}O_2 \rightleftharpoons 2\,{}^{16}O^{18}O$.** G. V. Antošin, Ch. M. Minačev, M. E. Lochuaru, R. V. Dmitriev und A. V. Kuznecov. (Chim. vysokich Ėnerg. **2** (1968) 5, 478—79; Inst. org. chim. im. Zelinskogo AN SSSR; russ.) — Es wurde die Abhängigkeit der Geschw.-Konst. des Isotopenaustausches von der Temp., dem O_2-Druck u. der Dosisleistung bestimmt. Die Aktivierungsenergie der Rk. beträgt ohne Bestrahlung 27 kcal/Mol u. bei Bestrahlung — 5 kcal/Mol. Ein Einfl. der Bestrahlung liegt bei Nd_2O_3 unter 250°, bei La_2O_3 unter 150° u. bei CeO_2 unter 100° vor. Nd_2O_3 behält seine erhöhte katalyt. Aktivität bis 1 h nach der Bestrahlung, La_2O_3 nur 20 Min. u. CeO_2 verliert diese sofort nach Beendigung der Bestrahlung. A. Pinkowski 220

0792 **Bestimmung der katalytischen Aktivität von Mangandioxid und seinen Gemischen mit anderen Oxiden durch gasvolumetrische und thermographische Methoden.** L. G. Berg und N. P. Lazareva. (Zav. Labor. **34** (1968) 8, 978—80; Kazanskij gos. univ. im. Uljanova-Lenina; russ.) — Aus der Messung der Vol.-Kontraktion bei der Ox. von CO mit Sauerstoff in Ggw. von katalyt. wirkenden MnO_2–CuO- u. MnO_2–Ag_2O-Gemischen (Hopcalit) u. durch Messung des Temp.-Effekts bei der Ox. mittels eines Chrom–Aluminium-Thermoelements mit einigen Lötstellen (Zehntel–Grad-Messung ist möglich) wurde die katalyt. Aktivität der Oxidgemische ermittelt. Bei MnO_2–CuO-Gemischen wird bei 40% CuO die höchste Aktivität erreicht. Eine gleiche Aktivität wird bei MnO_2–Ag_2O-Gemischen bei 30% Ag_2O erreicht. Maximale Aktivität wird bei 50% Ag_2O beobachtet. D. Radeck 220

0793 **Hydrierungs- und Dehydrierungskatalysatoren. 1. Mitt. Einfluß der Aufbewahrungsart des Raney-Nickels W-4 auf dessen Aktivität und die Bindung des sorbierten Wasserstoffs.** V. Zapletal, J. Soukup, V. Růžička und K. Kolomazník. (Collect. czechoslov. chem. Commun. **33** (1968) 8, 2436—48; Inst. für org. Technol., TH für Chem., Prag; dt.) — Die Abhängigkeit der Aktivität (Hydrierung von Cyclohexen oder Hepten-(1) bzw. Nitrobenzol) von der Temp. u. der Art des Lsgm., in dem der Katalysator aufbewahrt wird, wird untersucht. Folgende Lsgm. kommen zur Anwendung: *dest. W.*, *96%ig. A.*, *abs. A.*, *Methanol*, *Äthylacetat* u. ein *Methanol–n-Heptan-Gemisch*. Eine anfängliche Schwankung der Aktivität bis zur Stabilisierung nach 10—20 Tagen wird bestätigt u. mit Veränderungen der Metall–H_2-Bindung gedeutet. In polaren Lsgm. aufbewahrtes Ni zeigt höhere Aktivität. Ein in 96%ig. A. bei —78° aufbewahrtes Ni zeigt nach 450 Tagen die gleiche Aktivität wie 10 Tage nach Herstellung. H. Tulhoff 220

0794 **Reinigung von technischem Stickstoff durch Hydrieren des Sauerstoffes mit Ammoniak.** V. M. Kakabadze, E. R. Dzneladze und M. V. Čagunava. (Soobšč. Akad. Nauk Gruz. SSR **51** (1968) 1, 111—14; AN Gruz. SSR, inst. neorg. chim. i elektrochim., Tbilisi; russ.) — Zur Reinigung von N_2 von O_2-Beimengungen werden dem Gemisch ca. 4% NH_3 zugesetzt, das mit O_2 am Kontakt zu N_2 u. H_2O reagiert. Die Rk. $4\,NH_3 + 3\,O_2 \rightleftharpoons 2\,N_2 + 6\,H_2O$ bei 200—500° wurde in Ggw. eines mit Bi aktivierten MnO_2-Katalysators verfolgt. MnO_2 wird nach thermogravimetr. u. DTA-Daten durch NH_3 in mehreren Stufen nach $MnO_2 \rightarrow Mn_2O_3 \rightarrow Mn_3O_4 \rightarrow MnO$ reduziert. Die Red. verläuft im Bereich 200—300° am intensivsten. Die auf Grund einer graph. Meth. bestimmte Aktivierungsenergie beträgt 11,3 kcal/Mol u. deutet auf einen Diffusionscharakter des Prozesses. J. J. Pohl 220

0795 **EPR-Untersuchung der katalytischen Oxydation von Wasserstoff an Platin.** D. M. Čižikov, Ju. I. Kusaev und Ju. V. Cvetkov. (Doklady Akad. Nauk SSSR **180** (1968) 6, 1422—10; Inst. fiz. chim. AN Ukr. SSR; russ.) — Der Mechanismus der Ox. von Wasserstoff (Gemisch aus 80% H_2 u. 20 O_2) am Pt-Katalysator wurde bei $<100°$ mit der EPR-Meth. untersucht. In Abwesenheit von Katalysatoren verläuft die Ox. bei 3 Torr bei $>400°$, bei 11 Torr bei $>100°$. Es wird ein heterogen-homogener Mechanismus am Pt angenommen, es findet bei 95° am Pt sowohl Kettenbldg. als auch Kettenabbruch statt. Bei 75° ist der homogene Anteil viel schwächer, bei 60° befinden sich im Prod. prakt. keine Radikale mehr. J. J. Pohl 220

0796 **Strahlenchemie des Systems Stickstoff–Sauerstoff.** M. T. Dmitriev. (Ž. prikl. Chim. **41** (1968) 5, 973—82; russ.) — Eine Beziehung zur Best. der gebildeten Ionenanzahl pro Zeiteinheit u. der stationären Ionen- u. Elektronenkonz. bei der Bestrahlung von Luft mit einer bekannten Strahlungsdosis bei verschiedenen Bedingungen wird vorgeschlagen. Die Abhängigkeit der Ozon- u. Stickstoffoxidkonz. von der Bestrahlungsstärke wird diskutiert. Probleme der Anreicherung von Ozon in fl. Luft u. Sauerstoff werden besprochen. J. J. Pohl 222

0797 **Bildung von Distickstoffmonoxid bei der Photolyse von Stickstoffmonoxid im fernen Ultraviolett.** Dhanwant S. Sethi und H. Austin Taylor. (J. chem. Physics **48** (1968) 1, 533; Nichols Chem. Labor., New York Univ., New York, N.Y.; engl.) — Ergänzung zu Leiga u. Taylor, ibid. **42** (1965), 2107. Zusätzlich zu den l. c. angegebenen Mol. (N_2 u. NO_2) wurde N_2O als Prod. der Photolyse von NO bei 1650—1236 Å gaschromatograph. nachgewiesen. Die Ausb. an N_2O nimmt mit zunehmender Strömungsgeschw. des NO zu. Für die Quantenausb. Φ (N_2O) wurden Werte zwischen 0,04 u. 0,48 gefunden. A. Blaschette 222

0798 **Verwendung der hochauflösenden Massenspektrometrie zur Identifizierung der Produkte bei der Mikro-**

wellenentladung in Kohle–D_2O-Gemischen. T. Kessler und A. G. Sharkey jun. (Spectroscopy Letters **1** (1968) 4, 177–80; U. S. Dep. of the Interior, Bur. of Mines, Pittsburgh Coal Res. Center, Pittsburgh, Pa.; engl.) — Vf. identifizierten bei der Rk. von *Kohle* u. D_2O in einer Mikrowellenentladung im Massenbereich 14–28 folgende Prod. mit einer Abweichung von < 1 Millimasseneinheit zwischen gemessenen u. theoret. Massen: CH_4, CDH_3, CD_2H_2, CD_3H, H_2O, HDO, D_2O, C_2H_2, C_2DH, C_2D_2, HCN, CO u. N_2. R. Blank 222

0799 **Angeregte Atome bei der Blitzlichtphotolyse einiger Germaniumverbindungen.** A. B. Callear und R. J. Oldman. (Spectroscopy Letters **1** (1968) 4, 149–51; Phys. Chem. Labor., Lensfield Rd., Cambridge, England; engl.) — Vf. berichten über qual. Beobachtungen der Zustände *Ge* ($4\,^3P_j$) bei 2498, 2651, 2710 u. 2755 Å u. *Ge* ($4\,^1D_2$) bei 2198 u. 2418 Å bei der Blitzlichtphotolyse von $Ge(C_2H_5)_4$ (**I**), $GeCl_4$ (**II**) u. $GeBr_4$ (**III**). Die angeregten Atome bei Verw. von **II** u. **III** werden durch Sekundärphotolyse von intermediärem GeX gebildet. Dadurch können nach Ansicht der Vf. Energieübertragungsprozesse u. chem. Rk.-Kinetik der freien Atome gemessen werden. Darüber hinaus wurden folgende Mol.-Bandensyst. genauer untersucht: in **I** bei 2465 u. 2483 Å, in **II** das *GeCl*-Syst. zwischen 2800 u. 2150 Å u. in **III** das *GeBr*-Syst. bei $\sim$3000 Å sowie ein Syst. bei 2100 bis 2500 Å von *GeBr* oder $GeBr_2$. R. Blank 222

0800 **Radiolyse von Salpetersäure in verschiedenen Phasenzuständen.** L. A. Dmitriev, S. A. Kameneckaja und S. Ja. Pšežeckij. (Chim. vysokich Énerg. **2** (1968) 5, 465–71; Fiz.-chim. inst. im. Karpova; russ.) — Die Radiolyse von HNO_3 bei γ-Bestrahlung wurde im Temp.-Bereich von -196 bis $+32°$ untersucht. Der Zerfall des gasf. HNO_3 bei 25° u. 13–40 Torr ist eine Rk. 1. Ordnung. Der Zerfall des festen HNO_3 zeigt eine geringe Temp.-Abhängigkeit. Beim Übergang von der fl. zur festen Phase steigt die Strahlenausb. sprunghaft von 5,5 auf 11 % an. A. Pinkowski 222

0801 **Bildung von CO_2 und C_3O_2 bei der γ-Radiolyse durch einen Energieübertragungsprozeß in flüssigem und festem CO.** H. W. Buschmann und W. Groth. (Chem. Physics Letters [Amsterdam] **2** (1968) 4, 245–48; Inst. für physikal. Chem. der Univ. Bonn, Germany; engl.) — In der fl. Phase wurden CO_2, C_3O_2 u. O_3 als Rk.-Prod. beobachtet. Die Bldg. von CO_2 u. C_3O_2 wird einem Energieübertragungsprozeß zugeschrieben. In der festen Phase wurde die Bldg. von CO_2 u. O_3 beobachtet; CO_2 wird z. T. in einer Energieübertragungsrk. gebildet. H. Liepack 222

0802 **Verletzung des Bunsen-Roscoeschen Gesetzes bei der photochemischen Oxydation von Antimonionen.** M. U. Belyj und B. A. Ochrimenko. (Optika i Spektroskopija **25** (1968) 2, 262–65; russ.) — Die photochem. Ox. von Sb(III) in wss. HCl-, LiCl- u. HCl-LiCl-Lsg. bei Einw. von UV-Strahlung wird untersucht. Die erhaltenen Daten verletzen das Bunsen-Roscoesche Gesetz. Die Konz. des photochem. Rk.-Prod. Sb(V) erweist sich als konst. bei $I \cdot t^2 =$ konst. ($I =$ Intensität des Lichts, $t =$ Zeit). Photochem. akt. ist die Absorption der Cl^--Ionen. H. Roschkowski 222

0803 **Thermo- und Photozerfall von Zinkdialkylderivaten.** G. A. Razuvaev, R. F. Galiulina und G. G. Petuchov. (Ž. obšč. Chim. **38** (**100**) (1968) 1, 3–7; russ.) — Sowohl beim Thermo- als auch Photozerfall von $(CH_3)_2Zn$ (**I**) u. $(C_2H_5)_2Zn$ (**II**) bilden sich vorwiegend Dimerisations- u. Disproportionierungsprod. der prim. gebildeten Alkylradikale. Die I-Thermolyse bzw. -Photolyse (10 Std. bei 290°) führt zu folgenden Rk.-Prod. (Ausb. in Mol-%): *Methan* (32,3 bzw. 27,5), *Äthan* (**III**) (13,2 bzw. 48,5), *Äthylen* (**IV**) (13,2 bzw. 11,0), *Propan* (**V**) (11,0), *Propylen* (**VI**) (2,7), *Butan* (**VII**) (3,8), *Butylen* (**VIII**) (1,9), nichtidentifizierte KW-Stoffe (7). Bei der II-Zers. (40 Std. bei 200°) entstehen analog: **III** (37,3 bzw. 33,7), **IV** (1,6 bzw. 31,5), **VII** (14,6 bzw. 24,3), **VIII** (13,2 bzw. 6), *Octan* (4,2), nichtidentifizierte KW-Stoffe (17,0). In deuteriertem Bzl. [30 % D-Geh. bei einem Mol-Verhältnis $R_2Zn : C_6H_6$ (1 : 20) u. 20std. Rk. bei 290°] entstehen als I-Thermolyseprod. CH_4 (54 %), CH_3D (12,0), **III** (7,0), **IV** (1,6), **V** (9,3), **VI** (2,4) u. als Rk.-Prod. der gebildeten CH_3-Radikale mit Bzl. *Toluol* (10,0). Die Zers. von **II** führt entsprechend zu **III** (29,0), C_2H_5D (19,0), **IV** (2,0), **VII** (2,0), **VIII** (2,2) u. *Äthylbenzol* (26,0). K. Jasche 222△

0804 **Wirkung von Bleimonoxid als anorganischer Photosensibilisator.** W. C. Tennant. (J. physic. Chem. **72** (1968) 3, 1078–80; Chem. Div., DSIR, Wellington, New Zealand; engl.) — Vgl. ibid. **70** (1966) 3523. — Gelbes (orthorhomb.) PbO sensibilisiert die photochem. Zers. von $PbCl_2$, $PbBr_2$ u. $HgCl_2$ in wss. Lsg. (Schwarzfärbung innerhalb 10 Min. bei Bestrahlung mit $\lambda < 4300$ Å). Rotes (tetragonales) PbO zeigt diesen Effekt nicht. Beide Formen reagieren mit den genannten Salzen in Ggw. von W. nach $PbO + MX_2 + H_2O \rightarrow Pb(OH)X + M(OH)X$, wobei ein röntgenograph. identifizierbares Prod., Pb(OH)X (X = Cl, Br), allerdings nur aus gelbem PbO u. $PbCl_2$ bzw. $PbBr_2$ erhalten wurde. A. Blaschette 222

0805 **Photochemische Stabilität der Metallanalogen von Chlorophyll.** B. D. Berezin und A. N. Drobyševa. (Ž. fiz. Chim. **42** (1968) 8, 2092–96; Ivanovskij chim.-technol. inst.; russ.) — Die photochem. Beständigkeit von Phäophytin, von Chlorophyll a u. b sowie der Phäophytinate von Hg, Cd, Zn, Co, Cu, Pd, Ni u. Fe wurde in Eisessig u. A. untersucht. Die Temp.-Abhängigkeit der therm. Zers. der Phäophytinate zeigt, daß die Rk. von erster Ordnung ist. Die Geschw.-Konst. ist bis zur vollständigen Zers. der Pigmente streng konstant. Die ion. Komplexe mit Mg, Cd u. Hg u. der mit Zn zeigen hohe, die kovalenten mit Cu, Ni, Pd, Co u. Fe niedrigere Rk.-Geschw. als Phäophytin. Die photochem. Stabilität der Phäophytinate stimmt mit ihrer thermodynam. Stabilität nicht überein. Die Lichtrk. ist in Eisessig schneller als in A., eine Ausnahme bildet hierbei der Co-Komplex. Die relative Beständigkeit der Chlorophyll-a- u. -b-Komplexe hängt von der Metallart ab, sie ist in A. für beide Verb. gleich. J. J. Pohl 222

0806 **Anwendung der potentiostatischen Methode zur Untersuchung der Zwischenprodukte der Strahlenoxydation von Fe^{2+} in 0,4m H_2SO_4.** V. M. Moralev und L. T. Bugaenko. (Chim. vysokich Énerg. **2** (1968) 5, 461–64; Inst. neorg. chim. SO AN SSSR; russ.) — Es wird eine Anordnung zur Registrierung kurzlebiger (0,1 Sek.) Radiolysezwischenprod. beschrieben. Die Ausb. an H- u. OH-Radikalen, an H_2O_2 u. Fe^{3+} wurden in luft- bzw. He-gesätt. Lsg. bei Elektronenbestrahlung bestimmt. Die mit Literaturwerten übereinstimmende Geschw.-Konst. für die Rk. $Fe^{2+} + H_2O_2 \rightarrow Fe^{3+} + OH + OH^-$ wurde zu $(7{,}2 \pm 0{,}2) \cdot 10$ l $\cdot$ Mol $\cdot$ s bestimmt. A. Pinkowski 222

0807 **Photolyse von Aquoamminkobalt(III)-Komplexen.** G. A. Šagisultanova und A. S. Tichonov. (Chim. vysokich Énerg. **2** (1968) 5, 475–76; Beloruss. gos. univ. im. Lenina; russ.) — $5 \cdot 10^{-3}$m Lsg. von $[Co(NH_3)_6]Cl_3$, $[Co(NH_3)_5H_2O]Cl_3$ u. $[Co(NH_3)_4(H_2O)_2]Cl_3$ wurden bei pH 0, 1, 2 u. 3 mit UV-Licht der Dosis $1{,}6 \cdot 10^{16}$ u. $3{,}2 \cdot 10^{16}$ Quanten/cm$^2 \cdot$ s bestrahlt. Mit zunehmendem W.-Geh. der Komplexe verringert sich die Beständigkeit gegen das Ausflocken von Niederschlägen. Im Dunkeln wurde eine freiwillig verlaufende Red. des Co(III) beobachtet. A. Pinkowski 222

0808 **Photochemische Aktivität einiger Tris-[methylamin]-Komplexe von Platin(IV).** N. N. Želigovskaja und N. M. Maruščenko. (Vestnik Moskovskogo Univ., Ser. II **23** (1968) 4, 20–25; Kaf. neorg. chim.; russ., Auszug: engl.) — Die mol. elektr. Leitfähigkeit, der pH-Wert u. die Redoxpotentiale von $[Pt(CH_3NH_2)_3(NO_2)Cl_2]Cl$ (**I**), $[Pt(CH_3NH_2)_3(NO_2)Br_2]Br$ (**II**) u. $[Pt(CH_3NH_2)_3NO_2 \cdot (OH)_2]Cl$ (**III**) wurden gemessen. Die mol. elektr. Leitfähigkeit wächst bei Beleuchtung der Lsg., der pH-Wert nimmt dabei ab. Die photochem. Aktivität ist bes. im Fall von **II** sehr stark, bei **III** ziemlich schwach. Die thermodynam. Charakteristiken der Redoxrk. im Falle von **I**–**III** sind tabelliert. J. J. Pohl 222

0809 **Neuere Aspekte der Photochemie von Übergangsmetallkomplexen.** V. Balzani, L. Moggi und V. Carassitti. (Ber. Bunsenges. physik. Chem. **72** (1968) 2, 288 bis 293; Centro Naz. di Chim. dei Composti di Coordin. ed Elem.-org., CNR, Ferrara; engl.) — Die Photork. von Übergangsmetallkomplexen werden an Hand von Beispielen eingeteilt in Photoredoxrk. (intramol. u. intermol.), Photosubstitutionen u. photochem. Umlagerungen (geometr. Photoisomerisierung, Photoracemisierung, photochem. Bindungsisomerisierung). Die Stereospezifität der photochem. Prozesse, das simultane Auftreten mehrerer Photork., die Natur u. Reaktivität der angeregten Zustände (Energie, Struktur, Lebensdauer, Elektronenverteilung) u. das Versagen einer einfachen „Ursache-Wrkg."-Vorstellung für die Beziehung zwischen Strahlungsart u. beobachtetem Photoprozeß werden diskutiert. — 34 Literaturangaben; Diskussion. A. Blaschette 222

0810 **Simultane photochemische Reaktionen von Kobalt(III)-Komplexen.** L. Moggi, V. Balzani und V. Carassitti. (Ber. Bunsenges. physik. Chem. **72** (1968) 2, 293–95; engl.) — Vgl. vorst. Referat. — Übersicht über simultane photochem. Rk. bei $[CoBr(NH_3)_5]^{2+}$, $[Co\cdot(SCN)(NH_3)_5]^{2+}$, *cis*-$[CoCl_2(en)_2]^+$, *trans*-$[CoCl_2(en)_2]^+$, *cis*- u. *trans*-$[CoCl(H_2O)(en)_2]^{2+}$, *cis*-$[CoCl(H_2O)(NH_3)_4]^{2+}$, $[Co\cdot Cl(NH_3)_5]^{2+}$ u. $[Co(NO_2)(NH_3)_5]^{2+}$ u. Diskussion ihrer Mechanismen an Hand von Absorptionsspektren, Quantenausb. u. deren Frequenzabhängigkeit sowie Reaktivitäten der angeregten Zustände. Es wird angenommen, daß diejenigen Photork., welche mit der jeweiligen Rk.-Fähigkeit der angeregten Zustände unvereinbar sind, von anderen angeregten Zuständen ausgehen, die durch strahlungslose Übergänge erzeugt werden. A. Blaschette 222

0811 **Kinetik der Anreicherung von Dichloridionen in einer Salzsäurematrix.** A. A. Rjabova und L. T. Bugaenko. (Chim. vysokich Énerg. **2** (1968) 4, 380–82; Mosk. gos. univ. im. Lomonosova; russ.) — Die Konz. von Cl_2^--Ionen in 6m HCl bei -196^0 steigt anfangs linear mit der Elektronenbestrahlungszeit an, um sich dann einem Sättigungswert zu nähern. Die Geschw.-Konst. der Rekombination der Cl_2^--Ionen zu mol. Cl_2 wurde zu $0{,}25 \pm 0{,}13$ l/Mol · min bestimmt. Die Rk. ist 2. Ordnung. A. Pinkowski 222

0812 **Kinetik der Reaktion von eingefangenen Wasserstoffatomen in Schwefelsäuregläsern.** K. Vacek und D. Schulte-Frohlinde. (J. physic. Chem. **72** (1968) 7, 2686–88; Inst. für Strahlenchem., Kernforschungszentrum, Karlsruhe; engl.) — *H*-Atome wurden in 6m H_2SO_4-*Glas* durch γ-Bestrahlung erzeugt, die Kinetik ihres Verschwindens in Ggw. oder Abwesenheit von *2-Propanol* (I) bei 77 bzw. 90 °K wurde durch ESR-Messungen untersucht. Die Rk. sollte ohne I nach der 2. Ordnung verlaufen u. in Ggw. von I ein Vorgang der pseudo-1. Ordnung sein. In beiden Fällen zeigten sich jedoch Abweichungen von der einfachen Kinetik. Diese lassen sich korrigieren, wenn berücksichtigt wird, daß die Diffusion in H_2SO_4-Glas langsamer als die Rk. erfolgt. Dafür spricht auch, daß die H-Atome bei niedriger Temp. gleich schnell mit I u. mit *Allylalkohol* (II) reagieren, bei 25° in fl. H_2SO_4 jedoch 35mal schneller mit II. Die Aktivierungsenergie für das Verschwinden der H-Atome in 6m H_2SO_4-Glas beträgt $6{,}0 \pm 0{,}2$ kcal/Mol sowohl mit als auch ohne Ggw. von I. A. Becker 222

0813 **Delokalisierung des in γ-bestrahltem wäßrigem „Alkaliglas" bei 77 °K eingefangenen Elektrons.** B. G. Eršov, O. Ja. Grinberg und Ja. S. Lebedev. (Ž. strukturnoj Chim. **9** (1968) 4, 694–98; Inst. fiz. chim. AN SSSR; russ.) — Die EPR-Spektren 10m wss. *NaOH*- u. *KOH*-Lsg., die durch rasches Abkühlen auf 77 °K in durchsichtige Gläser übergeführt wurden, werden nach γ-Bestrahlung (^{60}Co) bei der gleichen Temp. aufgenommen. Das EPR-Spektrum der eingefangenen freien Elektronen ist eine schmale symm. Linie, der g-Faktor beträgt $2{,}001 \pm 0{,}001$. Die Linienbreite nimmt stark beim Austausch von H_2O gegen D_2O ab. Die erhaltenen Daten weisen darauf hin, daß die bei der ionisierenden Bestrahlung gebildeten freien Elektronen als lokale Elektronenzentren stabilisiert werden. Der Bereich der effektiven Delokalisierung des eingefangenen Elektrons entspricht einer Solvatationsschicht von W.-Mol. (vier Mol.). H. Roschkowski 222

0814 **Absorptions- und EPR-Spektren bei der Photolyse gefrorener $K_3[Mn(C_2O_4)_3]$-Lösungen.** A. L. Poznjak, G. A. Šagisultanova und L. N. Neokladnova. (Teoret. èksper. Chim. **4** (1968) 4, 567–69; Beloruss. gosuniv. im. Lenina; russ.) — Die EPR- u. opt. Absorptionsspektren gefrorener Lsg. von $K_3[Mn(C_2O_4)_3]$ in Äthylenglykol-W.-Gemischen bei Bestrahlung mit UV-Licht werden untersucht. Die Art der bei der Bestrahlung gebildeten Ionengruppen u. Ionenradikale wird diskutiert. H. Roschkowski 222

0815 **Chemilumineszenzreaktion NO + O + (M) → NO_2^* + (M).** K. H. Becker, W. Groth und F. Joo. (Ber. Bunsenges. physik. Chem. **72** (1968) 2, 157–58; Inst. für physikal. Chem., Univ., Bonn; engl.) — Die Intensität der NO_2^*-Emission wurde in einem 200-l-Glasgefäß in Ggw. von Ar, O_2 oder SF_6 als Funktion des Gesamtdrucks ($2 \cdot 10^{-3}$ bis $2{,}5 \cdot 10^{-2}$ Torr) untersucht. Unterhalb $2{,}5 \cdot 10^{-2}$ Torr folgt die Rk. einem Dreikörpermechanismus. In diesem Druckbereich findet auch der Wechsel vom druckabhängigen zum druckunabhängigen Charakter der Chemilumineszenz statt. Diskussion der kinet. Daten. A. Blaschette 224

0816 **Chemolumineszenzemission aus der Reaktion von aktivem Stickstoff mit wasserfreiem Natriumsulfat.** Eric R. Allen und Ellen Leisman. (J. chem. Physics **48** (1968) 7, 3335–37; Nat. Center for Atmospheric Res., Boulder, Colo.; engl.) — Die Analyse der bei der Rk. von akt. Stickstoff (durch Mikrowellenentladung) mit wasserfreiem Na_2SO_4 auftretenden Chemolumineszenz zwischen 3600 u. 6300 Å weist auf die gleichzeitige Bldg. von Na-Atomen u. N_2^+ hin. R. Blank 224

A-8. Darstellung und Reaktionen von Elementen und anorganischen Verbindungen

Nichtmetalle

0817 **Hyponitrite.** M. N. Hughes. (Quart. Rev. (chem. Soc., London) **22** (1968) 1, 1–13; Chem. Dep., Queen Elizabeth Coll., London; engl.) — Zusammenfassende Betrachtung über Darst. u. Eig. von $H_2N_2O_2$ u. Hyponitriten, Stabilität u. Zers. wss. Lsg. von $H_2N_2O_2$, Struktur von Säure u. Säureanion, Ox. u. Red. von Hyponitriten, Nitroxyl, Ester, Metallhyponitrite u. Übergangsmetallkomplexverb. mit Hyponitritgruppen. — 63 Literaturangaben. I. Zoll 243

0818 **Oxydation von Ammoniumhydroxid zu Nitrit.** J. H. Anderson. (Chem. and Ind. **1968**, 12, 393–94; Long Ashton Res. Stat., Univ. of Bristol; engl.) — Es wird gezeigt, daß Cu(I)-Ionen, die aus Cu(II) durch gleichzeitige Ox. von N_2H_4 zu N_2 gebildet werden, mit O_2 zu Peroxid reagieren, welches seinerseits wss. NH_3 zu NO_2^- oxydiert. Die NH_3-Ox. ist begrenzt, da die Cu-Ionen außerdem die Zers. des Peroxids katalysieren. Es wird ein Rk.-Mechanismus diskutiert. A. Blaschette 243

0819 **Überführung von Schwefeldioxidabgasen in Schwefel und Schwefelkohlenstoff.** A. K. Biswas, N. C. Roy und M. N. Rao. (Indian J. Technol. **6** (1968) 5, 157–58; Dep. of Chem. Engng., Indian Inst. of Technol., Kharagpur; engl.) — Nach Überleiten der Abgase über Koks oder Holzkohle bei 900–1000° werden folgende Prod. erhalten: H_2S, CO, CO_2, COS, CH_4, S u. CS_2. Nach 3 Std. Rk.-Zeit fällt der zuerst hohe Anteil an H_2S, CO u. CH_4, u. die Ausb. an S u. CS_2 steigt stark an. Unter den Vers.-Bedingungen können 12–16% des eingesetzten SO_2 als S u. CS_2 gewonnen werden. H. Tulhoff 253

0820 **Statische Untersuchungen der Reaktionen von Schwefeldioxid in der Luft.** Paul Urone, Helmut Lutsep, Claudia M. Noyes und Jon F. Parcher. (Environment Sci. Technol. **2** (1968) 8, 611–18; Boulder, Colo., Univ. of Colo., Dep. of Chem.; engl.) — Die Rk. von SO_2 in ppm-Konz. mit gesätt. u. ungesätt. KW-Stoffen, NO_2, Feuchtigkeit, chem. Verb., wie z. B. NaCl, $CaCO_3$, Fe_2O_3, Cr_2O_3, PbO, PbO_2, V_2O_5, CaO, Al_2O_3, im Dunkeln sowie bei UV-Bestrahlung wurden mit Hilfe einer Kombination von kolorimetr. u. Radiotracermeth. untersucht. Tagelang im Dunkeln gehaltene Gasmischungen zeigten keine Rk.; dagegen reagierte SO_2 mit gepulverten Oxiden von Al, Ca, Cr, Fe, Pb u. V ohne Sonnenlicht oder UV-Bestrahlung innerhalb weniger Minuten. Die Rk. mit NaCl u. $CaCO_3$ verlaufen im Vgl. zu den anderen untersuchten Rk. sehr langsam. Die photochem. Rk.-Geschw. von SO_2 in Luft in Ggw. von W.-Dampf bis zu 100% relativer Feuchtigkeit ist von der Größenordnung 0,1%/h bei einer dem Mittagssonnenlicht entsprechenden UV-Bestrahlungsintensität. In Ggw. von KW-Stoffen u. NO_2 verläuft die photochem. Rk. schneller (einige Prozent/h). Die Vers.-App. u. -Meth. ist beschrieben. E. Schulte 253△

0821 **Darstellung der Imidodiselenate.** Karel Dostál und Antonin Růžička. (Z. Chem. 8 (1968) 4, 153; Inst. für anorgan. Chem., Naturwiss. Fak., Univ., Brno; dt.) — Im Gegensatz zu $AgSO_3NH_2$, das sich in fl. NH_3 glatt zum $[Ag(NH_3)_2]SO_3NH_2$ löst, reagiert $AgSeO_3NH_2$ mit fl. NH_3 stark exotherm, wobei neben der Bldg. von $[Ag(NH_3)_2]SeO_3NH_2$ (I) zu 60% die Kondens.-Rk. $3\,AgSeO_3NH_2 \rightarrow Ag_3(O_3SeNSeO_3)\cdot 6\,NH_3$ (II) $+ NH_4\cdot SeO_3NH_2$ abläuft. Das in fl. NH_3 unlösl. **II** läßt sich durch Extraktion von **I** u. $NH_4SeO_3NH_2$ trennen. Es enthält noch papierchromatograph. nachweisbare Spuren eines unbekannten Ammonolyseprodukts. Durch Umsetzung der wss.-alkohol. Lsg. von **II** mit NH_4J u. Fällung des Filtrats mit A. kann man reines $(NH_4)_3(SeO_3NSeO_3)$ darstellen u. daraus in W. unlösl. $Ag_3(SeO_3NSeO_3)$ (**III**) erhalten. Aus ammoniakal.-wss. Lsg. von **III** wurden mit den entsprechenden Jodiden die reinen Imidodiselenate, $Na_3(SeO_3NSeO_3)\cdot 3\,H_2O$, $K_3(SeO_3NSeO_3)\cdot H_2O$ u. $Ba_3\cdot(SeO_3NSeO_3)_2\cdot 5\,H_2O$, als krist. Substanzen dargestellt. Das Na-, K- u. NH_4-Salz sind in W. sehr gut, das Ba-Salz sehr wenig löslich. Das Anion $O_3SeNSeO_3^{3-}$ ist in alkal. u. neutraler Lsg. gegen Hydrolyse sehr beständig. **III** ist isotyp mit $Ag_3(SO_3NSO_3)$, welches ebenfalls einen Hexamminkomplex bildet. Die wasserhaltigen Imidodiselenate spalten ihr Kristallwasser bei 90—120° ab. Alle beschriebenen Salze der Imidodiselensäure zersetzen sich bei 140—150° stark exotherm unter teilweiser Red. des Se(VI). Bei mehrstd. Einw. von NH_3(g) auf eine Suspension von $AgSeO_3NH_2$ in Ae. bei Zimmertemp. tritt keine Kondens.-Rk. ein, sondern es wird quant. **I** gebildet. **I** ist isotyp mit $[Ag(NH_3)_2]SO_3NH_2$. A. Blaschette 254

0822 **Kristallines Tellurtrioxid, TeO_3.** J. Loub. (Z. anorg. allg. Chem. **362** (1968) 1/2, 98—107; Praha, Inst. für anorgan. Chem., Karls-Univ.; dt.) — Durch 3std. Erhitzen von Orthotellursäure im Einschlußrohr bei 350—400° wird β-TeO_3 erhalten; D. 6,22 g cm^{-3}. Beim 12—36std. Erhitzen von α-TeO_3 ($TeO_{3,1}\cdot 0{,}5\,H_2O$; röntgenamorph; D. 4,18 g cm^{-3}) entstehen ebenfalls krist. Produkte. Waschen mit gesätt. KOH, W. u. A. sowie Trocknen bei 105° führt zu $TeO_{2,85}(\gamma)$; D. 5,09 g cm^{-3}. IR-Spektrum, magnet. Suszeptibilität, Röntgenogramm, GTA-Unters., Rk. u. Löslichkeitsverh. der Verb. werden diskutiert. D. Hoene 255

0823 **Verhalten von Polonium-210 bei der Desaktivierung von Abwässern. Verhalten von Polonium-210 bei der Koagulierung mit Metallhydroxiden.** B. S. Pavlov-Verevkin und F. V. Rauzen. (Radiochimija **10** (1968) 4, 429—33; russ.) — Koll. Po-Hydroxid koaguliert zusammen mit dem Hydroxid des Zusatzmetalls Fe(III), Cu(II), Mn(IV), die Restkonz. von Po entspricht dem Löslichkeitsprod. von Po-Hydroxid. Die Meth. erlaubt nur die Entfernung der Hauptmenge von Po. Bei pH $8{,}5 \pm 0{,}3$ beträgt die Restkonz. von Po im Mittel 10^{-9} Curie/l. J. J. Pohl 256

0824 **Gegenwärtiger Stand der Arbeiten zur Trennung der Borisotope.** S. G. Katal'nikov, V. E. Nedeveckij, V. E. Pisarev und A. M. Vološuk. (Isotopenpraxis **4** (1968) 9, 341—52; Mosk. chim.-technol. Inst. im. Mendeleeva; russ.) — Vf. geben eine Übersicht über Arbeiten zur B-Isotopentrennung durch Rektifikation, durch Austauschrektifikation, durch einen chem. Isotopenaustausch u. durch andere Meth. bei bes. Berücksichtigung der Hochdruckmethoden. — 113 Literaturangaben. G. Ewald 258

0825 **Ausfällung von Borsäure aus verdünnten Lösungen als Salze der Mucatoborsäure.** E. M. Švarc und A. F. Ievin'š. (Izvest. Akad. Nauk Latv. SSR, Ser. chim. **1968**, **3**, 266—69; Inst. neorg. chim. AN Latv. SSR; russ., Auszug: engl.) — Die Ausfällung von B aus verd. Boratlsg. (B-Geh. 0,05, 0,01, 0,005 u. 0,001%) durch Präp. auf der Basis von Schleimsäure (Fällungsmittel: 1. 4,3 g Schleimsäure, gelöst in 500 ml 2,5%ig. NH_3-Lsg., zu welcher zuvor 50 g NH_4Cl zugesetzt werden; 2. 8,3 g Schleimsäure u. 9 g NaOH, gelöst in 500 ml H_2O; Zusatz von $BaCl_2$- bzw. NaCl-Lsg. bei der Ausfällung) wurde untersucht u. die Abhängigkeit der ausgefällten B-Menge vom Verhältnis B/Fällungsmittel graph. dargestellt. Nach der untersuchten Meth. können bis zu 80% des in alkal. Lsg. enthaltenen B (Konz. nicht unter 0,005—0,001% B) ausgefällt werden. Bei der Ausfällung stören die Ionen SO_4^{2-} u. Mg^{2+}. Das Reagenz $BaCl_2$–Schleimsäure–NaOH–NaCl ermöglicht die Ausfällung von B aus Lsg. mit einem $MgCl_2$-Geh. bis zu 10%. B. Karos 258

0826 **Darstellung des Isotops ^{13}C durch Rektifikation von Kohlenmonoxid.** P. Ja. Asatiani, V. A. Kaminskij, E. D. Oziasvili und G. A. Tevzadze. (Isotopenpraxis 4 (1968) 7, 275—77; NII stabil'nych izotopov, Tbilisi; russ.) — Angewendet wurde die Tieftemp.-Rektifikation von CO. Die Anlage besteht aus 3 Kolonnen mit 43 mm × 15 m, 20 mm × 10 m u. 10 mm × 11 m. Zwischen den vertikal übereinander angeordneten Kolonnen befinden sich Zwischenverdampfer. Kühlmittel: fl. N_2. Es wurde mit Unterdruck gearbeitet. Die Anlage ist beschrieben. CO wurde durch Ausfrieren, Erhitzen über Quarz bei 550° u. wiederholtem Ausfrieren bis auf 0,003% von CO_2 gereinigt. Kapazität: 1,7 g/Tag mit einer ^{13}C-Konz. von 60% bzw. 1 g/Tag mit 70%. Der stationäre Zustand wurde nach 40 Tagen erreicht. G. Ewald 260

0827 **Thermische Polykondensation von Diphenyldihydroxysilan.** A. I. Petraško. (Doklady Akad. Nauk SSSR **180** (1968) 5, 1116—18; Vses. ėlektrotechn. inst. im. Lenina; russ.) — Bei $>130°$ verläuft eine katalyt. Polykondens. von Diphenyldihydroxysilan (**I**) unter Abgabe von W. u. Benzol. Die entstandenen Polymere enthalten restliche Hydroxylgruppen. Bei 200° entsteht nach 25 Min. das Polykondensat $HO[(C_6H_5)_2SiO]_nH$. Bei längerem Erhitzen wird auch Bzl. in größeren Mengen abgespalten, es entsteht ein Polyorganosiloxan mit dem Molgew. 2000 u. dem C/Si-Verhältnis 9,5. Im Ditolylmethan entsteht ein Polymeres mit MG 935 u. 985, C/Si 9,8. J. J. Pohl 261

0828 **Abtrennung von radioaktivem Phosphor aus bestrahltem Schwefel.** R. F. Brigevič und R. A. Kuznecov. (Radiochimija **10** (1968) 4, 487; russ.) — Das bei $S(n,p)^{32}P$ entstehende ^{32}P stellt einen reinen β^--Strahler dar u. kann durch Lösen von 3—4 g des bestrahlten S in konz. HNO_3 unter Zugabe von 100—150 μg P (als Orthophosphat) als Träger, Einstellung der Konz. 5% H_2SO_4, 10% NH_4NO_3 u. 1 m HNO_3 u. Zugeben von 20—25 ml einer warmen 10%ig. $(NH_4)_2MoO_4$-Lsg. bei 40—50° abgetrennt werden. Der Nd. wird von NH_3 befreit, eine 10 m HF-Lsg. am AB 17-X 8 in Cl^--Form von Mo gereinigt, $99 \pm 0{,}5$%. J. J. Pohl 264

0829 **Kondensierte Phosphate.** 14. Mitt. **Cäsiumpolymetaphosphat und seine komplexen Derivate mit Calcium, Zink, Nickel und Magnesium.** R. C. Mehrotra und C. K. Oza. (J. Indian chem. Soc. **45** (1968) 4, 329—33; Chem. Labor., Rajasthan Univ., Jaipur, India; engl.) — 10. vgl. C. **1967**, 51/52-0660. — Durch Zusammenschmelzen von Cs_2CO_3 mit $(NH_4)_2HPO_4$ bei 850° werden $(CsPO_3)_n$ u., nach Zusatz von Metalloxiden, komplexe Deriv. der allg. Form $[Cs_4M(PO_3)_6]_n$ dargestellt (M = Ca, Zn, Mg, Ni). Aus Leitfähigkeitsmessungen u. Molgew.-Best. durch Titration der Endgruppen wird auf eine hochpolymere Struktur der Rk.-Prod. geschlossen, die der Struktur des Grahamschen Salzes entspricht. H. Tulhoff 264

Metalle

0830 **Gesetzmäßigkeiten der Kontaktwechselwirkung von Graphit mit geschmolzenen Metallen.** Ju. V. Najdič und G. A. Kolesničenko. (Izvest. Akad. Nauk SSSR, Metally **1968**, 4, 220—30; Kiev; russ.) — Übersicht über Rk. fl. Metalle mit Graphit. — 51 Literaturangaben.
H. Roschkowski 270

0831 **Koordinationschemie von aromatischen Amin-N-oxiden.** Roy G. Garvey, John H. Nelson und Ronald O. Ragsdale. (Coordinat. Chem. Rev. [Amsterdam] **3** (1968) 3, 375—407; Dep. of Chem., N.Dak. State Univ., Fargo, N.Dak.; engl.) — Übersicht (substituierte Pyridin-1-oxide, Chinolinoxide, 2.2'-Dipyridyl-1.1'-oxide, 1.10-Phenanthrolin-1-oxid, Adenosin-1-oxid, Komplexe mit Ti, V, Cr, Mn, Fe, Co, Ni, Cu, Zn, Seltenerdmetallen, Sn, B, Sb, Si, SO_3). — 103 Literaturangaben.
D. Hoene 270

0832 **Mucatoborate.** 5. Mitt. **Alkalimetall- und Ammoniummucatoborate.** E. M. Švarc, V. I. Jarovickaja und A. F. Ievin'š. (Izvest. Akad. Nauk Latv. SSR, Ser. chim. **1968**, 2, 140—43; Inst. neorg. chim. AN Latv. SSR; russ., Auszug: engl.) — 4. vgl. C. **1969**, 22-0837. — Durch Neutralisieren eines wss. $H_3BO_3:C_6H_{10}O_8$ (1 : 1)-Gemisches mit LiOH, KOH, NH_4OH bzw. NaOH entstehen die Verb. $3\,Li_2O \cdot B_2O_3 \cdot 2\,C_6H_8O_7 \cdot 8\,H_2O$ (**I**) (D.[25]) 1,66 (g/cm³), (Löslichkeit in W. bei 25°) 20 (g/l), $3\,K_2O \cdot B_2O_3 \cdot 2\,C_6H_8O_7 \cdot 3\,H_2O$ (**II**) 1,99, 24,9, $3\,(NH_4)_2O \cdot B_2O_3 \cdot 2\,C_6H_8O_7 \cdot 3\,H_2O$ (**III**) 1,63, 49,4, u. $5\,Na_2O \cdot 2\,B_2O_3 \cdot 3\,C_6H_8O_7 \cdot 13\,H_2O$ (**IV**) 1,69, 262, $N_g = 1{,}478$, $N_p = 1{,}455$. **I** u. **II** geben bei isothermer Entwässerung bis 100° das Kristallisationswasser, bei 100—130° 2 Mol. Konstitutionswasser ab. **III** gibt bis 75° 2 Mol. Kristallisationswasser u. 2 Mol. NH_3 ab. Bei 115° tritt noch 1 Mol. Kristallwasser aus, bis 130° werden 2 NH_3-Mol. abgegeben. **IV** verliert 5 Mol. Kristallwasser schon bis 30°, bis 90° tritt das gesamte Kristallwasser aus.
J. J. Pohl 272

0833 **Einfluß der hydrothermalen Behandlung auf die Umsetzung von Palygorskit mit Calciumhydroxid.** E. G. Agabal'janc, F. D. Ovčarenko, A. A. Govorov und E. V. Džus. (Ukrainskij chim. Ž. **34** (1968) 8, 857—58; russ.) — Die Umsetzung im Syst. Palygorskit–$Ca(OH)_2$ in einer N_2-Atmosphäre während 12 Std. wurde bei 0, 200, 300, 600, 1200 u. 2400 mg-Aqu CaO/100 g Palygorskit röntgenograph. u. elektronenmkr. untersucht. Es tritt $Ca_5(Si_6O_{18}H_2) \cdot 4\,H_2O$ auf. J. J. Pohl 283

0834 **Mechanismus des Einbaus von Verunreinigungen in Azidkristalle.** V. R. Pai Verneker und M. Blais. (Mater. Res. Bull. **3** (1968) 2, 127—38; Explosives Labor., Picatinny Arsenal, Dover, N.J.; engl.) — Vf. untersuchen Möglichkeiten zur Herst. hochreiner KN_3-, NaN_3- u. BaN_6-Proben. KN_3, NaN_3 u. BaN_6 werden durch Umsetzung von HN_3 mit den Carbonaten u. Fällen mit Aceton, BaN_6, daneben auch durch Fällen mit A. oder Einengen der Lsg. erhalten. Ihr Verunreinigungsgeh., bes. der Geh. u. die Einbauart von Fe in BaN_6, werden massenspektrometr. bestimmt. Die ppm-Geh. nachst. Elemente in NaN_3, KN_3 u. $Ba(N_3)_2$ werden tabellar. angegeben: Bi, Pb, Ta, Sn, Cd, Hg, Rb, Zn, Cu, Ni, Fe, Mn, Cr, Sc, Ca, K, Cl, S, P, Si, Al, Mg, Na, W, Sr.
H. Roschkowski 285

0835 **Zusammensetzung von Niederschlägen, die sich bei der Umsetzung von Zinksulfat mit Alkali bilden.** V. I. Meškov. (Ž. prikl. Chim. **41** (1968) 5, 945—47; russ.) — Lsg. mit 0,22—0,56m $ZnSO_4$, 0,8—1,43m H_2SO_4 u. 0,91—1,1m Na_2SO_4 wurden mit 1,72—1,82m NaOH bei 50 ± 0,1° potentiometr. titriert. Die Vers. zeigen die Bldg. von $ZnSO_4 \cdot 4\,Zn(OH)_2 \cdot x\,H_2O$. Es wurden keine Anzeichen einer Zinkatbldg. gefunden.
J. J. Pohl 288

0836 **Basische Zinkchloride.** J. W. Hoffman und I. Lauder. (Austral. J. Chem. **21** (1968) 6, 1439—43; Dep. of Chem., Univ. of Queensland, St. Lucia, Australia; engl.) — Die beiden nach Ostwald u. Feitknecht [Helv. chim. Acta **44** (1961) 847] dargestellten bas. Zinkchloride wurden chem. u. röntgenograph. als $ZnOHCl$ (**I**) u. $ZnCl_2 \cdot 4\,Zn(OH)_2 \cdot H_2O$ (**II**) identifiziert. Die therm. Zers. von **I** u. **II** bei Temp. bis zu 250° erfolgen nach: $2\,\mathbf{I} \rightarrow ZnCl_2 + ZnO + H_2O$ u. $\mathbf{II} \rightarrow ZnCl_2 + 4\,ZnO + 5\,H_2O$. Nach massenspektrometr. Messungen wird beim Erwärmen nur wenig HCl im Vgl. zu H_2O gebildet. Die Dissoziationsdrücke werden durch die Gleichungen **I**: $\log P\,(\text{atm}) = -1{,}93 \cdot 10^3/T + 4{,}22$ u. **II** $= -1{,}95 \cdot 10^3/T + 3{,}93$ wiedergegeben. Der Wert $\Delta H^0 = 9$ kcal/Mol für die Dissoziation ist bei beiden Rk. nahezu gleich. Wegen des größeren Dampfdrucks von reinem $ZnCl_2$ läßt sich dieses durch Subl. bei kontinuierlicher Evakuierung analyt. rein darstellen.
R. Blank 288

0837 **Mucatoborate.** 4. Mitt. **Magnesium- und Zinkmucatoborate.** E. M. Švarc, V. I. Jarovickaja und A. F. Ievin'š. (Izvest. Akad. Nauk Latv. SSR, Ser. chim. **1968**, 2, 137—39; Inst. neorg. chim. AN Latv. SSR; russ., Auszug: engl.) — 3. vgl. C. **1968**, 43-0587. — $0{,}5\,(NH_4)_2O \cdot 2{,}5\,MgO \cdot B_2O_3 \cdot 2\,C_6H_8O_7 \cdot 8\,H_2O$ (**I**) entsteht bei der Umsetzung von $H_3BO_3:C_6H_{10}O_8:MgCl_2$ = 1 : 1 : 3, 1 : 1 : 4, 2 : 1 : 3 u. 2 : 1 : 4 in heißen wss. Lsg. mit d = 1,77 g/cm³, Löslichkeit in W. bei 25° 1,45 g/l. **I** gibt nach derivatograph. Daten bis 110° 2 Mol W., bei 110—230° die restlichen 6 Kristallisationswassermol. u. bei 230—275° 2 Mol. Konstitutionswasser ab. Bei isothermer Entwässerung tritt das NH_3 bis 270° aus. $(NH_4)_2O \cdot 3\,ZnO \cdot B_2O_3 \cdot 2\,C_6H_8O_7 \cdot 5\,H_2O$ (**II**) bildet sich beim Verhältnis $H_3BO_3:C_6H_{10}O_8:Zn(NO_3)_2$ = 1 : 1 : 2, 1 : 1 : 3 u. 1 : 1 : 4, weiße Krist., D. 2,05 g/cm³, Löslichkeit in W. bei 25° 5,17 g/l. **II** gibt das Kristallisationswasser bis 100° ab. Bei 130—190° treten zwei Mol. Konstitutionswasser u. ein Mol. NH_3 aus, bis 300° wird ein zweites NH_3-Mol. abgegeben. J. J. Pohl 288

0838 **Nitrierungsreaktionen.** 15. Mitt. **Nitromercurierung und Synthese von β-Nitromercuriverbindungen.** G. Bryant Bachman und Maynard L. Whitehouse. (J. org. Chemistry **32** (1967) 7, 2303—08; Dep. of Chem., Purdue Univ., Lafayette, Ind.; engl.) — 14. vgl. C. **1965**, 12-0890. — Olefine reagieren in Lsg. mit Quecksilber(II)- u. Nitritionen unter Bldg. von β-Nitroalkylquecksilber-Salzen. Das Ausmaß der Umsetzung u. die Geschw. hängen ab von der Konz. der obigen Ionen u. der Struktur der Olefine. Die sich einstellenden Gleichgew. werden gestört durch Säuren, Basen, reduzierende Reagenzien u. Substanzen, die zur Regenerierung der Olefine oder deren Polymeren führen.

Versuche: Die β-Nitromercuriverb. stellt man dar aus wss. Lsg. von Quecksilber(II)-salz, Alkalimetallnitrit u. Olefin bei Raumtemperatur. Im einzelnen wurden so unter Verw. von $HgCl_2$ u. $NaNO_2$ dargestellt (alle F. unter Zers.): *1-Chlormercuri-2-nitroäthan* (**I**), 69% (Ausb.), (Rk.-Zeit) 12 Std., F. 103—105°; *1-Chlormercuri-2-nitropropan* (**II**), 80%, 18 Std., F. 74—75°; *1-Chlormercuri-2-methyl-2-nitrobutan*, 75%, 12½ Std., F. 68—69°; *2-Chlormercuri-4-methyl-3-nitropentan*, 12% in 144 Std., F. 117—118°; *1-Chlormercuri-2-nitrocyclohexan* (**III**), 79% in 28 Std., F. 91—93°; *1-Brommercuri-2-nitrocyclohexan*, 45% in 168 Std., F. 80—82°; *Methyl-2-chlormercuri-3-nitropropionat*, 69% in 24 Std., F. 149—152°; *2-Nitro-2-methyl-3-chlormercuri-4-pentanon*, 25% in 3 Std., F. 85—87°. — Brom reagiert mit **III** in W./Ae.-Gemisch in 12 Std. zu 62% $HgBr_2$ u. *1-Brom-2-nitrocyclohexan*, $Kp._{0,4}$ 75—77°, n_D^{25} 1,5113. — Mit Chlor liefert **II** in Chlf. nach 2 Std. 57% $HgCl_2$. H. Markert 290

0839 **α-Mercurierte Sulfone.** A. N. Nesmejanov, D. N. Kravcov, B. A. Fajngor und L. I. Petrovskaja. (Izvest. Akad. Nauk SSSR, Ser. chim. **1968**, 3, 534—41; Inst. élementoorgan. soedin. AN SSSR; russ.) — In den α-mercurierten Phenylmethylsulfonen stabilisiert die Sulfonylgruppe die Hg—C-Bindung gegenüber elektrophilen Agenzien. Der starke induktive Einfl. der SO_2-Gruppe ist auch aus den UV-, IR- u. NMR-Daten der untersuchten mercurierten Sulfone ersichtlich. Die bei Verb. des Typs RHgR' sonst spontan eintretende Symmetrisierung bleibt bei Einbau der SO_2-Gruppe in das Mol. aus. Eine Konjugation oder Koordination zwischen dem Hg-Atom u. der Sulfonylgruppe kann aus der Analyse der spektroskop. Daten ausgeschlossen werden.

Versuche (alle F. unter Zers.): *Bis-[phenylsulfonylmethyl]-quecksilber* (**I**), F. 282—289° (DMF/W.), Metallieren von Methylphenylsulfon (**II**) mit Butyllithium in THF/Ae., Zugabe von $HgBr_2$ in THF, Abscheidung eines grauen viskosen Öls, Hydrolyse des öligen Prod. nach dessen Abscheidung durch Zugabe von W., Abfiltrieren des grauen, amorphen Nd., Waschen mit W., A., Ae.; 78% (Ausb.). — *Phenylsulfonylmethylmercurichlorid* (**III**), F. 202—204° (A.), a) durch 3std. Erhitzen von **I** u. $HgCl_2$ in THF, Abdekantieren der Lsg. von wenig gebildetem metall. Hg u. Einengen auf ein kleines Vol., Abfiltrieren der ausgefallenen Krist.; 61%; b) durch 12std. Rückflußkochen von **I** mit dem 10fachen Vol. konz. HCl; 50%. Daneben: **II**, F. 80°. — Rk. von **III** mit Br_2: 6std. Erhitzen des Rk.-Gemisches von **III** u. Br_2 in sd. CCl_4, Entfärbung der Lsg. u. Bldg. von anorgan. Hg-Salzen, Abfiltrieren, Einengen des Filtrats, langsame Krist. des öligen Rückstands von Brommethylphenylsulfon, F. 52—54° (A.); 90%. — *Phenylsulfonylmethylmercuriacetat* (**IV**), F. 201—203°, Lösen von frisch gefälltem Ag_2O in wss. Essigsäure u. Zugabe einer sd. alkohol. **III**-Lsg., Abfiltrieren des AgCl u. Aufarbeitung des Filtrats; 88%. — Analog: *Phenylsulfonylmethylmercuricyanid*, F. 197° (wss. A.). — *-mercurithiocyanat*, F. 197° (A.). — *-phenylquecksilber* (**V**), F. 136—138° (wss. A.), durch Rk. von **IV** mit Phenylborsäure bei KOH-Ggw. in wss. A., Filtrieren u. Verd. des Filtrats auf das doppelte Vol., Abfiltrieren des krist. Nd., Waschen mit W. u. Umkrist.; 15%. — *-mercuribromid*, F. 176—178°, durch Bromierung von **V** mit Br_2 in $CHCl_3$, nach 1std. Rückflußkochen Aufarbeitung des Rk.-Gemisches; 61%.

K. Jasche 290△

0840 **Umsetzungsprodukte von Al_2O_3 mit verdünntem HF.** O. V. Bulgakov und T. V. Antipina. (Ž. fiz. Chim. **42** (1968) 8, 2060—62; Mosk. gos. univ. im. Lomonosova, Chim. fak.; russ.) — Die thermograph. Analyse zeigt Endo- u. Exoeffekte an den Erhitzungskurven der Umsetzungsprod. von 5 n HF mit Al_2O_3, die bei der Rk. bei 0—10° entstehen. Die Rk. bewirkt die Bldg. bas. Al-Fluoride. Die therm. Umwandlung dürfte von $AlF_2 \cdot (OH) \cdot 6\,H_2O$ bei 200° zu AlF_2OH (endotherm), bei 500—800° zu $AlF_3 + Al_2O_3$ (endotherm) u. bei 800—900° zu α-Al_2O_3 (exotherm) führen. Die Erhitzungsprod. wurden röntgenograph. charakterisiert.

J. J. Pohl 294

0841 **Umsetzung von γ-2 CaO · SiO_2 mit Aluminatlösungen.** N. I. Eremin und M. S. Durandina. (Ž. prikl. Chim. **41** (1968) 5, 933—40; VNI i proektnyj inst. aljuminievoj, magnievoj i elektrodnoj promyšl.; russ.) — Bei der Rk. von γ-2 CaO · SiO_2 mit Aluminatlsg. entstehen Mischkrist. der Zus. *3 CaO · Al_2O_3 · $xSiO_2$ · yH_2O* u. *(Na_2O · Al_2O_3 · 2 SiO_2) · n $NaAlO_2$ · xH_2O*, x = 0,4—1. In Aluminat-Soda-Lsg. entsteht $CaCO_3$. Die Umsetzung von γ-2 CaO · SiO_2 mit Aluminatlsg. beginnt mit der Zers. von 2 CaO · SiO_2, es entsteht *3 CaO · Al_2O_3 · 6 H_2O* u. Na-Hydroalumosilicat. Durch nachträgliches Eintreten von SiO_2 bildet sich dann *3 CaO · Al_2O_3 · $xSiO_2$ · yH_2O*.

J. J. Pohl 294

0842 **Synthese von Aluminiumalkanolaten (C_3—C_4).** I. K. Kozlova. (Neftepererabotka i Neftechim. **1968**, 8, 29—30; VZPI; russ.) — *$Al(OC_3H_7)_3$*, $Kp._3$ 224°, F. 106°, *Al(iso-$C_3H_7O)_3$*, $Kp._6$ 137—138°, F. 118°, *Al(n-$C_4H_9O)_3$*, $Kp._6$ 275°, F. 101—102°, *Al(iso-$C_4H_9O)_3$*, $Kp._{10}$ 246°, F. 214—215°, *Al(sek.-$C_4H_9O)_3$*, $Kp._{10}$ 160° u. *Al · (tert.-$C_4H_9O)_3$*, F. 207°, wurden mit 90—95%ig. Ausb. durch Versetzen von 190 g Alkohol mit 1 g Al, dessen Oberfläche mit 1 : 3 HCl u. 0,5 g gelbem Hg-Oxid in 10 ml 20%ig. HCl aktiviert wurde, Zugabe von Sublimat u. Jod-Krist. als Katalysator u. Kochen bis zum Sieden unter Zugabe von 26 g nichtaktiviertem Al nach Beginn der Rk. in 1 Std. dargestellt.

J. J. Pohl 294

0843 **Synthese und Eigenschaften von Komplexen aluminiumorganischer Verbindungen mit Diphenyläther.** V. P. Mardykin, P. N. Gaponik und E. I. Kvasjuk. (Ž. obšč. Chim. **38** (**100**) (1968) 1, 109—12; Beloruss. gos. univ. im. Lenina; russ.) — Es werden die Diphenylätheraddukte von $(C_2H_5)_3Al$, $(C_2H_5)_2AlX$, $(C_2H_5)AlX_2$ u. AlX_3 (X = Br, J) synthetisiert. Die koordinative Al ← O-Bindung in den Komplexen mit Diphenyläther (A) ist schwächer als in solchen mit alkylaromat. Äthern, z. B. Anisol u. Phenetol. Komplexe der Zus. $(C_2H_5)_2AlX \cdot A$ disproportionieren leicht unter Bldg. von *$(C_2H_5)_3Al \cdot A$* u. *$C_2H_5AlX_2 \cdot A$*, wobei letztere Verb. weiter in *$(C_2H_5)_2 \cdot AlX \cdot A$* u. *$AlX_3 \cdot A$* umgewandelt wird. Hinsichtlich der zunehmenden Komplexbldg.-Tendenz läßt sich folgende Reihe aufstellen: $(C_2H_5)_3Al < (C_2H_5)_2AlX < C_2H_5AlX_2 < AlX_3$.

Versuche: *$(C_2H_5)_3Al \cdot A$*, $C_{18}H_{25}AlO$, $Kp._{4,5}$ 98 bis 102°, Zugabe von C_2H_5J in Octan zu einem Gemisch aus Al-Leg., Mg u. A in Octan bei 110°, nach Abklingen der exothermen Rk. weiteres 2—2½std. Erhitzen auf 105—110°, Zugabe weiterer C_2H_5J-Mengen u. erneutes 2std. Erhitzen auf 105—110°, Filtrieren der Rk.-Mischung, Dest. (unter merklicher Dissoziation des Komplexes). — *$(C_2H_5)_2AlBr \cdot A$*, $C_{16}H_{20}AlBrO$, $Kp._4$ 102—106°, analog vorst. Verb. unter Berücksichtigung der Mengenverhältnisse der Komponenten. — *$(C_2H_5)_2AlJ \cdot A$*, $C_{16}H_{20}AlJO$, $Kp._1$ 104—105°, a) in üblicher Weise aus Al, Mg, C_2H_5J u. A in Octan; 80% (Ausb.); b) durch 1½std. Rk. von Al-Pulver mit C_2H_5J in Octan/Ae. bei 90° in entsprechendem Verhältnis der Komponenten, nach Abkühlen Filtrieren der gebildeten zwei Schichten, Aufarbeitung der oberen Schicht ($Kp._{12}$ 134—136°), daneben fällt als Prod. einer teilweisen Disproportionierung eine Fraktion $Kp._7$ 120 bis 122° (Al/J-Verhältnis 1,15 : 1,00) an. Dest.-Rückstand: *$C_2H_5AlJ_2 \cdot A$*, $C_{14}H_{15}AlJ_2O$, $Kp._4$ 162—165°. Die Aufarbeitung der unteren Schicht ergibt *$(AlJ_3 \cdot A)_2$*; 51%. Dest. der unteren Schicht: *$C_2H_5AlJ_2 \cdot A$* ($Kp._2$ 146—150°) u. *$(AlJ_3 \cdot A)_2$* ($Kp._2$ 169—172°). — *$C_2H_5AlBr_2 \cdot A$*, $C_{14}H_{15} \cdot AlBrO$, $Kp._2$ 101—104° (unter Disproportionierung des Rk.-Prod.). — *$(AlBr_3 \cdot A)_2$*, $C_{24}H_{20}Al_2Br_6O_2$, durch 4std. Umsetzung von Al u. C_2H_5Br in Octan/Ae. bei 100—105°; 65%. — *$(AlJ_3 \cdot A)_2$*, $C_{24}H_{20}Al_2J_6O_2$, analog vorst. Verb. aus Al u. C_2H_5J in Octan; 48%. — Disproportionierung von $C_2H_5AlBr_2 \cdot A$; 4std. Erhitzen unter N_2 auf 140—155° u. Dest.: *$(C_2H_5)_3Al \cdot A$* ($Kp._1$ 70—76°), Dest.-Rückstand: *$(AlBr_3 \cdot A)_2$* ($Kp._1$ 157—160°).

K. Jasche 294△

0844 **Komplexverbindungen der Alkyl- und Polyalkylchlorphosphorane mit Aluminiumchlorid. Darstellung von Alkyl-(trichlormethyl)-chlorphosphinoxiden und O-Alkyl-(trichlormethyl)-phosphinaten.** L. E. Dmitrieva, K. V. Karavanov und S. Z. Ivin. (Ž. obšč. Chim. **38** (**100**) (1968) 1, 157—58; russ.) — Folgende Verb. wurden synthetisiert: *Methyl-(trichlormethyl)-chlorphosphinoxid*, $C_2 \cdot H_3Cl_4OP$, F. 84°, durch Zers. von $Cl_3C(CH_3)PCl_3 \cdot AlCl_3$ (**I**) in CH_2Cl_2 mit W. in Ggw. von KCl bei —20°, nach Erwärmen auf Raumtemp. Abfiltrieren des $AlCl_3 \cdot KCl$ u. Abdest. des CH_2Cl_2 vom Filtrat; 87% (Ausb.). — *Äthyl-*, $C_3H_5Cl_4OP$, F. 36°, analog vorst. Verb.; 70%. — *O-Äthylmethyl-(trichlormethyl)-phosphinat*, $C_4H_8Cl_3O_2P$, F. 40°, durch Zutropfen von wss. A. zu **I** in CH_2Cl_2 bei —20°, Erwärmen auf Raumtemp., Abfiltrieren des $AlCl_3 \cdot 6\,H_2O$ u. Abdest. des Lsgm. vom Filtrat; 50%. — *O-Isopropyl-*, $C_5H_{10}Cl_3O_2P$, F. 45°, analog vorst. Verb.; 50%.

K. Jasche 294△

0845 **Reaktion von Benzoylperoxid mit Triäthylaluminium und organischen Thalliumverbindungen.** G. A. Razuvaev und E. V. Mitrofanova. (Ž. obšč. Chim. **38** (**100**) (1968) 2, 249—51; russ.) — Benzoylperoxid (**I**) setzt sich mit Triäthylaluminium unter Bldg. von *Äthylbenzoat* (**II**) u. *Diäthylaluminiumbenzoat* um. Dabei wird ein cycl. Übergangszustand durchlaufen. Mit Triäthylthallium reagiert **I** nach einem freiradikal. Mechanismus unter Bldg. von *Diäthylthalliumbenzoat*, $C_{11}H_{15}O_2Tl$, **II**, *Äthan*, *Äthylen* u. *Butan* (durch Disproportionierung u. Dimerisierung von Äthylradikalen). Cyclopentadienylthallium führt bei der Umsetzung mit **I** zu *Thallium (I)-benzoat*, $C_7H_5O_2Tl$, *Cyclopentadienylbenzoat*, *Cyclopentadienylalkohol* (beide Verb. als polymere Prod.) u. *Benzoesäure*.

K. Jasche 297△

0846 **Reduktion einiger Seltenerdmetallionen mit verdünnten Alkalimetallamalgamen.** V. P. Švedov und A. Z. Frolkov. (Radiochimija **10** (1968) 4, 482—85; russ.) — Eine spezif. Adsorption an der Hg-Oberfläche spielt bei der Red. von Sm^{3+}, Eu^{3+}, Yb^{3+} u. La^{3+} mit Li-, Na-, K-, Rb- u. Cs-Amalgamen eine Rolle. Da die ersten drei Elemente auch in zweiwertigem Zustand auftreten, verläuft ihre Red. gegenüber der von La^{3+} nach einem anderen Mechanismus. Der Red.-Prozeß wird auch durch den pH-Wert infolge der gleichzeitigen Red. von

H^+ sowie durch die Komplexbldg. der Seltenerdmetalle mit Anionen (ClO_4^-, Cl^-, $HCOO^-$, CH_3COO^-) in der Lsg. beeinflußt. J. J. Pohl 303

0847 **Melilithe der Seltenerdmetalle.** N. A. Toropov, A. A. Ismatov und V. A. Kolesova. (Doklady Akad. Nauk SSSR **180** (1968) 5, 1126–28; Inst. chim. silikatov AN SSSR; russ.) — Aluminate der allg. Formel $ABAl_3O_7$ ($A = Ca^{2+}, Sr^{2+}$; $B = La^{3+}, Nd^{3+}, Sm^{3+}$) wurden aus den Oxiden durch Festkörperrk. u. durch Abschrecken von Schmelzen dargestellt. Nach der 1. Meth. wurden die Ca-Verb. nach 4 Std. Brennen bei 1500° erhalten, die Sr-Verb. bei 1650° nach 8–16 Stunden. Zum Vgl. wurden auch Ca- u. Sr-Gehlenit synthetisiert. Nach dem Debyeogramm haben die hergestellten Verb. wie der Gehlenit ein primitives tetragonales Gitter der Raumgruppe D_{2d}^3. Die Krist. sind einachsig u. opt. positiv. Die Aluminate bestehen aus 5er-Ringen, die von AlO_4-Tetraedern gebildet werden. Der F. ist abhängig von der Ordnungszahl: $CaLaAl_3O_7$ 1770°, $CaNdAl_3O_7$ 1745°, $CaSmAl_3O_7$ 1720°. Die Mikrohärten aller Proben betragen um 600 kg/mm² (Gehlenit 425 kg/mm²). Die IR-Spektren zwischen 300 u. 1400 cm^{-1} bestätigen die Isomorphie der Verbindungen. Zum Unterschied von Gehlenit u. Sr-Gehlenit tritt bei Substitution des Ca durch Sr keine Frequenzverschiebung auf. Die Absorptionsbanden zwischen 700 u. 900 cm^{-1} werden durch antisymm. Schwingungen der AlO_4-Tetraeder hervorgerufen. U. Strobel 303

0848 **Wasserlösliche Seltenerdmetalldiphthalocyanine.** P. N. Moskalev und I. S. Kirin. (Ž. obšč. Chim. **38** (**100**) (1968) 5, 1191–92; russ.) — Sulfurierte Diphthalocyanine von Eu, Gd, Tm, Yb u. Lu sind in W. relativ gut löslich. Die Bindungen des Seltenerdmetallatoms mit den N-Atomen des Liganden sind sehr stabil, möglicherweise ist die schwere Hydrolysierbarkeit durch eine Sandwich-Struktur bedingt. Die frisch bereiteten wss. Lsg. der Eu- u. Lu-Komplexe zeigen bei pH $\geqq$ 7 intensive π–π^*-Maxima bei 634–464 nm. J. J. Pohl 303

0849 **Pulvermetallurgische Technik für die Herstellung von $HoZn_2$-Proben.** D. J. Michel und E. Ryba. (J. less-common Metals [Lausanne] **16** (1968) 1, 74–76; University Park, Pa., Pa. State Univ., Dep. of Mater. Sci., Metallurg Sect.; engl.) — Ergebnisse der Unters. der Prozeßvariablen bei der pulvermetallurg. Darst. von $HoZn_2$-Proben für die Messung mechan. Eig. werden mitgeteilt. E. Schulte 313

0850 **Herstellung von reinen Bariumtitanat-Sinterkörpern hoher Dichte.** C. A. Miller. (J. Mater. Sci. **3** (1968) 4, 436–39; Central Electr. Res. Labor., Leatherhead, Surrey, UK; engl.) — Es wurde versucht, durch langsames Sintern (bis zu 200 Std.), durch Zugabe von 0,1 bis 5,0 Gew.-% eines flüchtigen Fluxbildners (CdO, PbO, $BaCl_2$, KF, $CuCl_2$, $NiCl_2$) u. durch Beimischung von C zur Hemmung des Kornwachstums möglichst dichte $BaTiO_3$-Sinterkörper herzustellen. Nach der letzten Meth. wurden die besten Ergebnisse erhalten. Durch Zugabe von 0,8 Gew.-% Zucker als wss. Lsg. zum $BaTiO_3$ wurden nach Sintern bei 1350° u. $2 \cdot 10^{-6}$ Torr Sinterkörper mit 99 % der theoret. D. u. einer mittleren Korngröße von 0,7 µm erhalten. W. Laqua 321

0851 **Thorium(III)-oxidfluorid, ThOF.** Jacques Lucas und Jean-Pierre Rannou. (C. R. hebd. Séances Acad. Sci., Sér. C **266** (1968) 14, 1056–58; Labor. de Chim. minér., Fac. des Sci., Rennes, Ille-et-Vilaine; franz.) — ThOF wird quant. aus Th + ThF_4 + 2 ThO_2 bei 1200° im abgeschlossenen Ni-Rohr erhalten. Es krist. kub.-flächenzentriert mit a = 5,68 Å. I. Zoll 324

0852 **Die rote und weiße Form von Thoriumoxiddijodid und ihre Transportreaktionen.** John D. Corbett, Ronald A. Guidotti und Douglas G. Adolphson. (Inorg. Chem. [Washington] **8** (1969) 1, 163–65; Ames, Ia., Ia. State Univ., Inst. for Atomic Res., Dep. of Chem.; engl.) — Die rote (r) u. die weiße (w) Form von $ThOJ_2$ (**I**) wurden hergestellt: r-**I** durch Erhitzen von ThO_2 u. ThJ_4 bzw. von w-**I** in Ggw. von Th oder ThJ_2 (vgl. C. **1964**, **24-0632**); w-**I** nach dem Verf. von Scaife et al. (vgl. C. **1965**, **51-0782**). r- u. w-**I** unterscheiden sich nicht in den chem. u. röntgenograph. Eig. sowie beim chem. Transport in Ggw. von HJ + He oder Ar. Das diffuse Reflexionsspektrum von w-**I** zeigt Absorptionen (AB) bei 264–270 u. 400 nm; bei r-**I** tritt zusätzlich eine AB bei 542 nm mit Schultern bei 615 u. 430 nm auf. Während w-**I** kein ESR-Signal gibt, besitzt r-**I** $2 \cdot 10^{15}$ Spin/Mol mit g ≈ 2. Aus den Ergebnissen wird geschlossen, daß r-**I** wahrscheinlich ein sehr wenig red. w-**I** ist. G. Gattow 324

0853 **Gewinnung von Alkylgermylchloriden aus $GeCl_4$ und aluminiumorganischen Verbindungen.** V. F. Mironov, L. M. Antipin und E. S. Sobolev. (Ž. obšč. Chim. **38** (**100**) (1968) 2, 251–55; russ.) — $GeCl_4$ kann durch Al-organ. Verb. selektiv alkyliert werden, wenn nach vorhergehendem Erhitzen der Ausgangskomponenten NaCl zugegeben wird.

Versuche: Rk. von $GeCl_4$ (**I**) mit $(C_2H_5)_3Al$ (**II**): a) Zutropfen von 33,5 g **II** zu einem Gemisch aus 95,1 g **I** u. 55 g NaCl unter Selbsterwärmung bis 90°, danach $3^1/_2$std. Erhitzen auf 140–150°, nach gaschromatograph. Analyse des gebildeten Gasgemisches: 71,3 % *Äthan*, 23,3 % *n-Butan*, 5,15 % *Isobutan* u. 0,15 % *Isobuten*, Fraktionierung des Rk.-Gemisches: Unumgesetztes **I** (50,8 % Ausb.), $(C_2H_5)_4Ge$ (66,5 %), *Hexaäthyldigerman* (**III**; 12,5 %). b) 1std. Rk. von 39,7 g **II** mit 112,4 g **I** bei 110°, Rotfärbung des Rk.-Gemisches, nach weiterer $4^1/_2$std. Rk. bei 100–110° Abscheidung eines Nd. u. Entfärbung des Gemisches, Abdest. von 30,8 g **I** u. $(C_2H_5)_2GeCl_2$ (**IV**; 15,8 %), Zugabe von 28,3 g NaCl u. 34,6 g **II**, $3^1/_2$std. Erhitzen auf 150–160°, Abkühlen, Ae.-Zugabe u. langsame Zers. mit 5 %ig. wss. HCl, Lösen des gebildeten festen Hydrolyseprod. in THF, Aufarbeitung der Lsg.: 51,6 % *Tetraäthylgerman*, 5,8 % **III**, 0,17 % **IV** u. 0,13 % $(C_2H_5)_3GeCl$ (**V**) neben 1–2 g festem Rückstand. Nach Bromierung des Rückstands in Äthylbromid bei Raumtemp. (1 Std.), Isolierung einer Fraktion $Kp._{25}$ 75–82° bestehend aus $(C_2H_5)_3GeBr$, $(C_2H_5)_2GeBr_2$ u. $C_2H_5GeBr_3$. — Rk. von **I** mit $(C_2H_5)_2AlCl$ (**VI**): 6std. Rk. von 17,3 g **VI** u. 30,6 g **I** bei 120–150°, Zugabe von 25,7 g NaCl u. Dest.: 77,7 % **IV** u. 6,2 % **V**. — Rk. von **I** mit $(i\text{-}C_4H_9)_3Al$ (**VII**) 4std. Rk. von 29,3 g **VII** u. 31,8 g **I** bei 100–160°, Zugabe von 21,1 g NaCl u. Abdest. von *Triisobutylchlorgerman*, $C_{12}H_{27}ClGe$, $Kp._{1,5}$ 80–81°; D_4^{20} 1,0401; n_D^{20} 1,4659; 66,9 %. — Rk. von **I** mit $(i\text{-}C_4H_9)_2AlCl$ (**VIII**): $6^1/_2$std. Erhitzen von 22,1 g **VIII** u. 26,9 g **I** auf 100°, Zugabe von 12 g NaCl u. Abdest.: *Diisobutyldichlorgerman*, $C_8H_{18}Cl_2Ge$, $Kp._1$ 62–63°; D_4^{20} 1,1894; n_D^{20} 1,4736; 66,1 %. — Rk. von **I** mit $(C_3H_7)_3Al$ (**IX**): 6std. Rk. von 12,6 g **IX** u. 17,3 g **I** bei 110–130°, Zugabe von 16,3 g NaCl u. Abdest. von *Tri-(n-propyl)-chlorgerman*, $Kp._{15}$ 103–106°; n_D^{20} 1,4653 (1,4641); 85,4 %. — Rk. von CH_3GeCl_3 (**X**) mit $C_2H_5AlCl_2$ (**XI**): $4^1/_2$std. Rk. von 11,7 g **XI** mit 17,9 g **X** bei 110–150°, Zugabe von 22 g NaCl u. Dest.: *Methyläthyldichlorgerman*, Kp. 148–150°; n_D^{20} 1,4659. K. Jasche 326△

0854 **Reaktion von Keten mit Dialkylaminogermanen.** A. S. Kostjuk, L. N. Kalinina, Ju. I. Baukov und I. F. Lucenko. (Ž. obšč. Chim. **38** (**100**) (1968) 2, 413 bis 414; Mosk. gos. univ. im. Lomonosova; russ.) — Dialkylaminotrialkylgermane setzen sich mit Keten zu *N.N-Dialkyl-trialkylgermylacetamid* (A) um. Durch $LiAlH_4$-Red. von A sind die entsprechenden *Trialkyl-(N-dialkylaminoäthyl)-germane* (B) zugänglich. — Verb. des Typs A: $(CH_3)_3GeCH_2CON(C_2H_5)_2$, $Kp._{13}$ 115–116°; D_4^{20} 1,0837; n_D^{20} 1,4679; 70 % (Ausb.). — $(C_2H_5)_3 \cdot GeCH_2CON(CH_3)_2$, $Kp._7$ 126–127°, D_4^{20} 1,1017; n_D^{20} 1,4803; 61 %. — $(C_2H_5)_3GeCH_2CON(C_2H_5)_2$, $Kp._1$ 97 bis 98°; D_4^{20} 1,0629; n_D^{20} 1,4793; 63 %. — Verb. des Typs B: $(CH_3)_3GeCH_2CH_2N(C_2H_5)_2$, $Kp._{18}$ 64–65°; D_4^{20} 1,9731; n_D^{20} 1,4450; 60 %. — $(C_2H_5)_3GeCH_2CH_2N \cdot (CH_3)_2$, $Kp._{23}$ 106–107°; D_4^{20} 0,9889; n_D^{20} 1,4592; 62 %. — $(C_2H_5)_3GeCH_2CH_2N(C_2H_5)_2$, $Kp._3$ 101–102°, D_4^{20} 0,9773; n_D^{20} 1,4620; 58 %. K. Jasche 326△

0855 **Reaktion von O-Triäthylsilyl-O-methylketenacetal mit Silicium- und Germaniumhalogeniden.** V. K. Vorotilina, G. S. Burlačenko, Ju. I. Baukov und I. F. Lucenko. (Ž. obšč. Chim. **38** (**100**) (1968) 1, 200–01; Mosk. gos. univ. im. Lomonosova; russ.) — O-Triäthylsilyl-O-methylketenacetal (**I**) setzt sich mit $SiCl_4$ im Verhältnis 2 : 1 unter Bldg. von $Cl_3SiCH{=}C(OCH_3) \cdot$

$OSi(C_2H_5)_3$ (I), $C_9H_{19}Cl_3O_2Si_2$, Kp.$_1$ 99—100°; D.$_4^{20}$ 1,1340, n_D^{20} 1,4710; 89% (Ausb.) u. *$(C_2H_5)_3SiCl$* um. Analog entstehen aus I u. $Cl_3SiCH_2COOCH_3$, CH_3SiCl_3, $HSiCl_3$ u. $GeCl_4$ die nachst. Verb.: *$Cl_2Si(CH_2COOCH_3)-CH=C(OCH_3)OSi(C_2H_5)_3$*, $C_{12}H_{24}Cl_2O_4Si_2$, Kp.$_{0,04}$ 126—128°; D.$_4^{20}$ 1,1250; n_D^{20} 1,4700; 60%. — *$Cl_2(CH_3)SiCH=C(OCH_3)OSi(C_2H_5)_3$*, $C_{10}H_{22}Cl_2O_2Si_2$, Kp.$_2$ 107—108°; D.$_4^{20}$ 1,0553; n_D^{20} 1,4650; 65%. — *$Cl_2HSiCH=C(OCH_3)\cdot OSi(C_2H_5)_3$*, $C_9H_{20}Cl_2O_2Si_2$, Kp.$_1$ 107—108°; D.$_4^{20}$ 1,0720; n_D^{20} 1,4615; 90%. — *$Cl_3GeCH=C(OCH_3)OSi(C_2H_5)_3$*, $C_9H_{19}Cl_3GeO_2Si$, Kp.$_1$ 104—105°; D.$_4^{20}$ 1,3023; n_D^{20} 1,4875; 68%. — Br_2 wird an die I-Doppelbindung addiert. Bei der Dest. des Br_2-Addukts spaltet $(C_2H_5)_3\cdot SiBr$ unter Bldg. von *Trichlorsilylbromessigsäuremethylester*, $C_3H_4BrCl_3O_2Si$, Kp.$_{19}$ 104—105°; D.$_4^{20}$ 1,7396; n_D^{20} 1,4893; 67%, ab. K. Jasche 326△

0856 **Hydrosilylierung und Hydrogermylierung einiger Acetylenhydroxyäther der Cyclohexanreihe.** I. A. Šichiev und M. M. Nasirova. (Azerbajdžanskij chim. Ž. **1968**, 1, 23—25; Sumgaitsk. filial Inst. neftechim. processov AN Azerbajdž. SSR; russ.) — Durch Addition von Methyldiäthylsilan, Triäthylsilan bzw. Triäthylgerman an 1-Alkoxy-3-(1-hydroxycyclohexyl)-propine-(2) unter katalyt. Einw. von $H_2[PtCl_6]$ wurden die entsprechenden *1-Alkoxy-2-silyl(germyl)-3-(1-hydroxycyclohexyl)-propene-(2)* erhalten.

Versuche: Silyl-3-(1-hydroxycyclohexyl)-propene-(2), durch Versetzen des Komponentengemisches mit 0,1m Lsg. von $H_2PtCl_6\cdot 6\,H_2O$ in Isopropanol, 4std. Erhitzen auf 90—100° unter Rühren, Stehenlassen über Nacht, erneute Zugabe von Katalysatorlsg. u. 3std. Erhitzen auf 100°, 2malige Vakuumdest.: *1-Methoxy-2-methyldiäthyl-*, $C_{15}H_{30}O_2Si$, Kp.$_2$ 141 bis 142°; n_D^{20} 1,4842; D.$_4^{20}$ 0,9484; 39,17% (Ausb.). — *1-Methoxy-2-triäthyl-*, $C_{16}H_{32}O_2Si$, Kp.$_2$ 145—146°; n_D^{20} 1,4851; D.$_4^{20}$ 0,9469; 42,22%. — *1-n-Propoxy-2-methyldiäthyl-*, $C_{17}H_{34}O_2Si$, Kp.$_{0,5}$ 151—152°; n_D^{20} 1,4879; D.$_4^{20}$ 0,9478; 39,62%. — *1-n-Propoxy-2-triäthyl-*, $C_{18}H_{36}\cdot O_2Si$, Kp.$_2$ 158—159°; n_D^{20} 1,4875; D.$_4^{20}$ 0,9428; 42,34%. — Germyl-3-(1-hydroxycyclohexyl)-propene-(2), durch 3std. Rk. der Komponenten in Ggw. des Katalysators bei 110—120°, Stehenlassen über Nacht u. 1std. Erhitzen auf 100° nach erneuter Katalysatorzugabe: *1-Methoxy-2-triäthyl-*, $C_{16}H_{32}O_2Ge$, Kp.$_2$ 147—148°; n_D^{20} 1,4892; D.$_4^{20}$ 1,0746; 48,48%. — *1-n-Propoxy-2-triäthyl-*, $C_{18}H_{36}O_2Ge$, Kp.$_{0,5}$ 162°; n_D^{20} 1,4982; D.$_4^{20}$ 1,0709; 48,81% — *1-n-Butoxy-2-triäthyl-*, $C_{19}H_{38}O_2Ge$, Kp.$_1$ 166—167°; n_D^{20} 1,4866; D.$_4^{20}$ 1,460; 46,34%. E. Schmunk 326△

0857 **Bildung von $Na_2Sn_2O_5$.** Hermann Scheler. (Z. Chem. 8 (1968) 4, 150—51; Inst. für Anorg. u. Anorg.-techn. Chem., TU, Dresden; dt.) — Durch Rk. nach $2\,NaH_3SnO_4 \rightarrow Na_2Sn_2O_5$ (I) + $3\,H_2O$ bei 600° erhält man I, das sich in seinem Röntgenpulverdiagramm eindeutig von einem Gemisch aus Na_2SnO_3 u. SnO_2 unterscheidet. Die Darst. von I durch Erhitzen entsprechender Gemische von Na_2O u. SnO_2, NaOH u. SnO_2 sowie $Na_2\cdot CO_3$ u. SnO_2 gelingt nicht. Die Gemenge reagieren zu Prod., in welchen Na_2SnO_3 neben SnO_2 vorliegt. Ein Gemisch aus diesen beiden Substanzen verändert sich beim Tempern nicht. I ist nur bis ca. 800° beständig, bei höheren Temp. zersetzt es sich langsam in Na_2SnO_3 u. SnO_2. A. Blaschette 327

0858 **Elementorganische Chalkogenide.** N. S. Vjazankin, M. N. Bočkarev und L. P. Sanina. (Ž. obšč. Chim. 38 (**100**) (1968) 2, 414—15; Labor. stabilizacii polimerov AN SSSR, Gor'kij; russ.) — Durch die abfallende Reaktivität in der Reihe $(C_2H_5)_3SnH$ (I) > $(C_2H_5)_3GeH$ > $(C_2H_5)_3SiH$ (II) wird das Ausmaß der Rk. von $[(C_2H_5)_3M]_2X$ (M = Si, Ge, Sn; X = S, Se, Te) mit den genannten Hydriden bestimmt, z. B. werden *$[(C_2H_5)_3Ge]_2Te$* (III) u. II nach 36std. Rk. aus entsprechenden Komponenten bei 230° in 78,8 bzw. 49,0%ig. Ausb. gebildet. III reagiert mit I (1 Std. bei 70°) unter Bldg. von 72,6% *$[(C_2H_5)_3Sn]_2Te$* u. 57,0% I. In den Verb. $[(C_2H_5)_3\cdot M]_2X$ sinkt die Reaktivität des Chalkogens in der Reihe S > Se > Te, d. h. Se verdrängt Te u. S wiederum Se in diesen Verbindungen. Die Chalkogene können zwischen die Hydridbindung in II eingelagert werden. In 7std. Rk. bei 260° entstehen aus Se u. II 36,1% *H_2*, 34,4% *$[(C_2H_5)_3Si]_2Se$* u. 62,5% *$(C_2H_5)_3SiSeH$*, $C_6H_{16}SeSi$, Kp.$_{35}$ 81°; n_D^{20} 1,4840. Mit Te setzt sich II in 22std. Rk. bei 280° nur zum *$[(C_2H_5)_3Si]_2Te$* (70,6%) um. Nach 11std. Umsetzung von S mit $(C_6H_5)_3SiOH$ bei 200° entsteht in 57,0%ig. Ausb. *$(C_6H_5)_3SiSH$*. K. Jasche 327△

0859 **Reaktion von 1.3-Dichlorbuten-(2) mit metallischem Zinn.** A. A. Gevorkjan und Ž. G. Sarksjan. (Armjanskij chim. Ž. **21** (1968) 3, 269; VNI i proektnyj inst. polimernych prod.; russ.) — Bis-[γ-chlorcrotyl]-zinndichlorid (I; $C_8H_{12}Cl_4Sn$), Kp.$_1$ 103—106°, entsteht nach $CH_3CCl=CHCH_2Cl + Sn \rightarrow (CH_3CCl=CHCH_2)_n SnCl_{4-n}$ bei 80—110° aus 56,3 g Sn-Pulver u. 4,125 g 1.3-Dichlorbuten-(2) in Ggw. von 0,1 g Cu-Pulver u. 1—2 ml Wasser. I, eine dunkelbraune Fl., ergibt ein 1:2-Dipyridinaddukt mit F. 170° (Zers.); I reagiert leicht mit W., KF u. Grignard-Reagenzien. J. J. Pohl 327

0860 **Synthese und einige Eigenschaften zinnorganischer Äthinylvinylverbindungen.** M. F. Šostakovskij, N. V. Komarov, T. D. Burnašova und I. S. Akčurina. (Izvest. Akad. Nauk SSSR, Ser. chim. **1968**, 3, 625—29; Irkutskij inst. organ. chim. SO AN SSSR; russ.) — Bei Raumtemp. ohne Lsgm. reagieren Hexaalkyldistannoxane mit Äthinylvinyläthern, -aminen u. -sulfiden nach $R_3SnOSnR_3 + HC{\equiv}CCH{=}CHR' \rightarrow$ *$R_3SnC{\equiv}CCH{=}CHR'$* (A) + *R_3SnOH* (1) (R = CH_3, C_2H_5, n-C_3H_7, n-C_4H_9; R' = OC_4H_9, OC_2H_5, SC_4H_9, $N(C_2H_5)_2$. In Bzl. unter azeotropen Abdest. des Rk.-Wassers entstehen die gleichen Verb. A nach $R_3SnOSnR_3 + 2\,HC{\equiv}CCH{=}CHR' \rightarrow$ *$R_3SnC{\equiv}CCH{=}CHR'$* + *H_2O*. Im Vgl. zur Si—C≡-Bindung ist die entsprechende Sn—C≡-Gruppierung weniger stabil. Ein Mechanismus der Rk. nach Gleichung (1) wird vorgeschlagen u. einige Besonderheiten der Umsetzung ermittelt.

Versuche: *Triäthylstannyläthinylvinylbutyläther*, $C_{14}H_{26}OSn$, Kp.$_{0,5}$ 107—108°, durch 2—3std. Rk. von Bis-[triäthylzinn]-oxid (I) u. Äthinylvinylbutyläther bei Raumtemp., nach Stehen über Nacht Abfiltrieren der gebildeten Krist. des Triäthylstannanols (II), Dest. des Filtrats, D.$_4^{20}$ 1,1760; n_D^{20} 1,5098; 98% (Ausb.). — Analog: *Tri-n-propyl-*, $C_{17}H_{32}OSn$, Kp.$_1$ 148—149°; D.$_4^{20}$ 1,1467; n_D^{20} 1,5038; 82%. — *Tri-n-butyl-*, $C_{20}H_{38}OSn$, Kp.$_1$ 165—165,5°. D.$_4^{20}$ 1,0902; n_D^{20} 1,4987; 70%. — *Triäthylstannyläthinylvinyldiäthylamin*, $C_{14}H_{27}NSn$, Kp.$_{1,5}$ 125—126°, durch Rk. von I mit Äthinylvinyldiäthylamin in Bzl. unter azeotroper W.-Abtrennung; D.$_4^{20}$ 1,1648; n_D^{20} 1,5470; 80%. — Analog: *Tri-n-propyl-*, $C_{17}H_{33}NSn$, Kp.$_3$ 156—157°; D.$_4^{20}$ 1,1590; n_D^{20} 1,5105; 50%. — *Tri-n-butyl-*, $C_{20}H_{39}NSn$, Kp.$_2$ 170°; D.$_4^{20}$ 1,1414; n_D^{20} 1,5010; 51%. — *Triäthylstannyläthinylvinylbutylsulfid* (III), $C_{14}\cdot H_{26}SSn$, Kp.$_2$ 153—154°, a) durch 5—7std. Rk. von I mit Äthinylvinylbutylsulfid (IV) bei Raumtemp., Abfiltrieren der II-Krist. u. dest. Aufarbeitung des Filtrats, D.$_4^{20}$ 1,1891; n_D^{20} 1,5436; 98%; b) aus den gleichen Komponenten in Bzl. unter azeotroper W.-Abtrennung; 73%. — Analog: *Trimethyl-*, $C_{11}H_{20}SSn$, Kp.$_3$ 125,5°; D.$_4^{20}$ 1,2441; n_D^{20} 1,5482; 73%. — *Tri-n-propyl-*, $C_{17}H_{32}SSn$, Kp.$_2$ 171,5°; D.$_4^{20}$ 1,1370; n_D^{20} 1,5321; 72%. — *Trimethylsilyläthinylvinylbutylsulfid*, $C_{11}H_{20}SSi$, Kp.$_{1,5}$ 91 bis 92°, aus C_2H_5MgBr u. IV in Ae. bei —10°, nach Zugeben der Komponenten 3std. Rk. bei 20°, danach Zugabe von äther. $(CH_3)_3SiCl$ u. 4std. Umsetzung bei 20°, danach 1std. Erhitzen auf dem W.-Bad, Filtrieren, Abdest. des Ae. u. Vakuumdest. des Rückstandes, D.$_4^{20}$ 0,8938; n_D^{20} 1,5135; 58%. — Analog: *Triäthyl-*, $C_{14}H_{26}\cdot SSi$, Kp.$_{1,5}$ 132°; D.$_4^{20}$ 0,9101; n_D^{20} 1,5170; 42%. — Hydrolyse von III: 7std. Rühren von III mit W. bei Raumtemp., danach 8std. Erhitzen auf 110°, Vakuumfraktionierung: 46,3% I, Kp.$_{2,5}$ 116—117°, 14,5% IV, Kp.$_{2,5}$ 65° neben 31,3% Ausgangsverb. III u. harzigen Produkten. — Rk. von III (3,77 g) mit Hexachlorcyclopentadien (3,05 g): 20std. Erhitzen der Komponenten auf 150° u. frakt. Dest. des Rk.-Gemisches: *$(C_2H_5)_3SnCl$*, Kp.$_{2,5}$ 63°; 2,27 g. K. Jasche 327△

0861 **Neue Synthesemethode funktionell substituierter organischer Derivate von Elementen der IVb-Gruppe.** Din' Chyu Nguen, V. S. Fajnberg, Ju. I. Baukov und I. F. Lucenko. (Ž. obšč. Chim. **38 (100)** (1968) 1, 191—92; Mosk. gos. univ. im. Lomonosova; russ.) — Hexaorganyldisilthiane $(R_3Si)_2S$ oder ihre Ge- u. Sn-Analogen setzen sich in Abhängigkeit von ihrer Struktur u. den Rk.-Bedingungen mit $Hg(CH_2COR')_2$ unter HgS-Abspaltung entweder zu C-Element- oder O-Elementverb. also R_3MCH_2COR' oder $R_3MOC(R')=CH_2$ um. Folgende Verb. wurden synthetisiert: *$(CH_3)_3SiOCH=CH_2$*, Kp.$_{760}$ 73—75°; D.$_4^{20}$ 0,7754; n_D^{20} 1,3905; 61 % (Ausb.). — *$(CH_3)_2Si(OCH=CH_2)_2$*, Kp.$_{765}$ 109—111°; D.$_4^{20}$ 0,8768; n_D^{20} 1,4060; 59%. — *$(C_3H_7)_3GeCH_2COOCH_3$*, Kp.$_{1,5}$ 79 bis 82°; D.$_4^{20}$ 1,0542; n_D^{20} 1,4582; 47%. — *$(C_4H_9)_3 \cdot SnCH_2COCH_2CH_3$*, Kp.$_2$ 136—138°; D.$_4^{20}$ 1,1577; n_D^{20} 1,4899; 56%. — *$(C_4H_9)_3SnCH_2COOCH_3$*, Kp.$_{1,5}$ 119 bis 122°; D.$_4^{20}$ 1,1560; n_D^{20} 1,4811; 75%. — *$(C_6H_5)_3SnCH_2 \cdot COOCH_3$*, F. 54°; 53%. — *$(C_2H_5)_3SnC_6H_4N(CH_3)_2$-p*, Kp.$_1$ 134—136°; D.$_4^{20}$ 1,2670; n_D^{20} 1,5562; 81%.
K. Jasche 327△

0862 **Ungesättigte Zinnkohlenwasserstoffe. Einwirkung von Triäthylzinnhydrid auf Eninverbindungen.** E. N. Mal'ceva, V. S. Zabgorodnij, I. A. Maretina und A. A. Petrov. (Ž. obšč. Chim. **38 (100)** (1968) 1, 203—04; Leningradskij technolog. inst. im. Lensoveta; russ.) — $(C_2H_5)_3SnH$ wird an Eninsyst. $HC{\equiv}C-CH{=}CHX$ (A) (X = R, OR, SR, NR_2; R = Alkyl) vorwiegend an die CC-Dreifachbindung in A addiert; in geringerem Maße wird eine Anlagerung in 1.4-Stellung oder Substitution des sauren acetylen. H-Atoms durch die Triäthylstannylgruppe entsprechend der Bldg. von *$(C_2H_5)_3SnC{\equiv}CCH{=}CHX$* beobachtet. Die Additionsrk. wird bei einem Verhältnis Hydrid : Enin = 1 : 1,2 im zugeschmolzenen Rohr bei 120° über 6 Std. durchgeführt. Nachst. Verb. wurden identifiziert: *1-Triäthylstannylpentadien-(1.3)*, Kp.$_{0,2-0,3}$ 68°; D.$_4^{20}$ 1,1758; n_D^{20} 1,5070; 63% (Ausb.). — *1-Triäthylstannyl-4-methoxybutadien-(1.3)*, Kp.$_{0,03}$ 100—102°; D.$_4^{20}$ 1,2656; n_D^{20} 1,5102; 53%. — *1-Triäthylstannyl-4-äthylthiobutadien-(1.3)*, Kp.$_{0,03}$ 72—73°; D.$_4^{20}$ 1,2502; n_D^{20} 1,5230; 50%. — *1-Triäthylstannyl-4-diäthylaminobutadien-(1.3)*, Kp.$_1$ 110—111°; D.$_4^{20}$ 1,2610; n_D^{20} 1,5272; 46%. — *4-Triäthylstannyl-1-dimethylaminobuten-(1)-in-(3)*, Kp.$_{0,03}$ 79—80°; D.$_4^{20}$ 1,1732; n_D^{20} 1,5427; 35%.
K. Jasche 327△

0863 **Synthese und Charakterisierung neuer zinnorganischer Verbindungen des Typs $(C_6H_5)_2RSnX$ (X = J, OH, CH_3COO).** L. N. Snegur und Z. M. Manulkin. (Ž. obšč. Chim. **38 (100)** (1968) 1, 102—05; russ.) — Es wurden folgende Verb. synthetisiert: *Triphenyl-n-amylzinn* (I), $C_{23}H_{26}Sn$, Kp.$_3$ 222°, durch Rk. von $(C_6H_5)_3SnJ$ mit n-$C_5H_{11}MgBr$, D.$_4^{21}$ 1,2570; n_D^{21} 1,5970; 76,3% (Ausb.). — Analog: *Triphenylisoamyl-*, $C_{23}H_{26}Sn$, Kp.$_3$ 216°, F. 27°; D.$_4^{27}$ 1,2640; n_D^{27} 1,5930; 80,8%. — *Triphenyl-n-decyl-*, $C_{28}H_{36}Sn$, Kp.$_3$ 260°, F. 39°; 76,1%. — *Diphenyl-n-amylzinnjodid* (II), $C_{17}H_{21}JSn$, Kp.$_3$ 216°, durch portionsweise Zugabe von J_2 zu I in Ae., nach Abklingen der Rk. Abdest. des Ae. u. Vakuumfraktionierung des Rückstands; D.$_4^{23}$ 1,5942; n_D^{23} 1,6158; 86,6% (daneben: *Jodbenzol*, Kp.$_{726}$ 184°). Analog: *Diphenylisoamyl-*, $C_{17}H_{21} \cdot JSn$, Kp.$_3$ 205°; D.$_4^{27}$ 1,6053; n_D^{27} 1,6112; 92,1%. — *Diphenyl-n-hexyl-*, $C_{18}H_{23}JSn$, Kp.$_3$ 223° (Zers.); D.$_4^{25}$ 1,5361; n_D^{25} 1,6000; 94,6%. — *Diphenyl-n-heptyl-*, $C_{19}H_{25}JSn$, Kp.$_3$ 225° (Zers.); D.$_4^{24}$ 1,5090; n_D^{24} 1,5922; 88,6%. — *Diphenyl-n-nonyl-*, $C_{21}H_{29}JSn$, Kp.$_3$ 232° (Zers.); D.$_4^{20}$ 1,4650; n_D^{20} 1,5758; 79,9%. — *Diphenyl-n-decyl-*, $C_{22}H_{31}JSn$, Kp.$_3$ 235° (Zers.); D.$_4^{20}$ 1,4362; n_D^{20} 1,5695; 92,5%. — *Phenylmethylzinndijodid* (III), $C_7H_8J_2Sn$, Kp.$_3$ 163°; D.$_4^{20}$ 2,3575; n_D^{20} 1,6622; 83,2%. — *Phenylisoamyl-*, $C_{11}H_{16}J_2Sn$, Kp.$_4$ 190°; D.$_4^{23}$ 2,0070; n_D^{23} 1,6319; 84,2%. — *Phenylmethylzinnoxid*, C_7H_8OSn, durch Hydrolyse der äther. Lsg. von III mit 15%ig. wss. KOH, Abtrennen der wss. Phase, Abfiltrieren des weißen unschmelzbaren Nd., unlösl. in gewöhnlichen Lsgm.; 73%. — Analog: *Phenylisoamyl-*, $C_{11}H_{16}OSn$, F. 275° (Zers.); 80,5%. — *Diphenyl-n-amylzinnhydroxid* (IV), $C_{17}H_{22}OSn$, F. 68°, Umsetzung von II mit 15%ig. wss. KOH, im Verlauf von 15—20 Min. Ausfallen eines weißen Nd., Abtrennen der wss. Phase u. Filtrieren der äther. Phase, nach Abdest. des Ae. im Vakuum als weiße krist. Masse; 97,8%. — Analog: *Diphenylmethyl-*, $C_{13}H_{14}OSn$, unschmelzbar; 82%. — *Diphenylisoamyl-*, $C_{17}H_{22}OSn$, F. 86°; 94,6%. — *Diphenyl-n-heptyl-*, $C_{19}H_{26}OSn$; 95,4%. — *Diphenyl-n-nonyl-*, $C_{21}H_{30}OSn$, F. 90°; 72,0%. — *Diphenyl-n-decyl-*, $C_{22}H_{32}OSn$, F. 93°; 65,0%. — *Diphenyl-n-amylzinnacetat*, $C_{19}H_{24}O_2Sn$, F. 98° (A.), durch Umsetzung von IV mit Essigsäure auf dem W.-Bad; Umkristallisation der erhaltenen weißen Masse; 92,0%. — Analog: *Diphenylisoamyl-*, $C_{19}H_{24}O_2Sn$, F. 81°; 95%. — *Diphenyl-n-heptyl-*, $C_{21}H_{28}O_2Sn$, F. 81°; 89,0%. — *Diphenyl-n-nonyl-*, $C_{23}H_{32}O_2Sn$, F. 69°; 84,0%. — *Diphenyl-n-decyl-*, $C_{24}H_{34}O_2Sn$, F. 62°; 79%. K. Jasche 327△

0864 **Chemie metallorganischer Acetylene.** 2. Mitt. **Disubstituierte Acetylene des Typs $R_3MC{\equiv}CM'R_3$.** Wolfgang Findeiss, W. Davidsohn und M. C. Henry. (J. organometallic Chem. [Amsterdam] **9** (1967) 3, 435 bis 441; Natick, Mass., U. S. Army Natick Labor.; engl.) — Acetylenderiv. mit verschiedenen metallorgan. Substituenten (verschiedene Metalle der 4. Hauptgruppe) entstehen aus Organometallaminen mit Na-Acetylid, indem das gebildete Organometallnatriumacetylid mit einem entsprechenden Organometallhalogenid umgesetzt wird. Die Bldg. dieser gemischten Acetylenderiv. ist auch über das Li-Acetylid möglich, das durch Rk. von Bis-[organometall]-acetylen mit Li-Butyl erhalten wird. Die dargestellten Verb. wurden durch IR- u. ^{1}H-NMR-Spektren charakterisiert. Die Verb. $R_3MC{\equiv}CM'R_3$ mit M = M' = Si u. M = M' = Ge zersetzen sich erst oberhalb 350°, die Sn-haltigen Verb. im Bereich 290—310°, die Pb-haltigen bei 210—225°.

Versuche (unter Ar in Abwesenheit von Luftfeuchtigkeit): *Trimethyläthinylsilan* (I), Kp.$_{760}$ 51—52°, aus $(CH_3)_3SiCl$ u. Na-Acetylid in abs. Py. (50°/30 Min.); 50—70% (Ausb.). — $R_3MC{\equiv}CM'R_3$: *(R/M/M') = C_6H_5/Si/Ge*, F. 152—153° (Ligroin), a) durch Rk. von $(C_2H_5)_2NH$ mit Li-Butyl u. $(C_6H_5)_3GeCl$ zu $(C_6H_5)_3GeN \cdot (C_2H_5)_2$, Umsetzung mit Na-Acetylid u. $(C_6H_5)_3SiCl$; geringe Ausb.; b) durch Spaltung von Bis-[triphenylsilyl]-acetylen mit Li-Butyl zu $(C_6H_5)_3SiC{\equiv}CLi$ (II) u. n-$C_4H_9Si(C_6H_5)_3$ u. Rk. von II im Eintopfverf. mit $(C_6H_5)_3GeBr$; 42%; *C_6H_5/Si/Sn*, F. 124—126°, a) aus $(C_6H_5)_3SnN(C_2H_5)_2$, Na-Acetylid u. $(C_6H_5)_3SiCl$; 68%; b) wie vorst., aber nach Isolierung des $(C_6H_5)_3SnC{\equiv}CNa$; gute Ausb.; *C_6H_5/Si/Pb*, F. 128—129° (Ligroin), analog vorst. Verb. nach a) in 42%ig. Ausb. oder nach b) in guter Ausb.; *C_6H_5/Ge/Sn*, F. 149° (Ligroin), analog nach a) in 87%ig. oder nach b) in 64%ig. Ausb.; *C_6H_5/Ge/Pb*, F. 134—135°, analog nach a) in 58%ig. Ausb.; *C_6H_5/Sn/Pb*, F. 143—145°, analog nach a) in 56%ig. Ausb.; *CH_3/Ge/Sn*, F. 41—44°, Kp.$_1$ 47°, aus Na-Acetylid, $(CH_3)_3SnN(C_2H_5)_2$ u. $(CH_3)_3GeCl$; 40%; *CH_3/Si/Sn*, F. 24—25°, Kp.$_1$ 25°, aus $(CH_3)_3SnN(C_2H_5)_2$ u. I; 68%; *CH_3/Pb/Pb*, graues, krist., bei 100°/1 Torr sublimierbares Material, dessen Aufarbeitung zu einer heftigen Explosion führte. E. Hengge 328

0865 **Quantitative Untersuchung der Hydrolyse der Kaliumniobate.** Bernard Spinner. (Rev. Chim. minérale **5** (1968) 4, 839—68; Fac. des Sci. de Strasbourg; franz.) — Der Erfassungsbereich der Hydrolyse (H) auf potentiometr. Wege wurde durch Verw. geeigneter Elektroden u. Meßketten erweitert u. die Best. durch Einbeziehung kinet. Gesichtspunkte verbessert. Im pH-Bereich 8—12,5 liegt Hexakondens. vor. Folgende Ionen sind koexistent: $Nb_6O_{19}^{8-}$, (Nb_6O_{19} = A), HA^{7-}, H_2A^{6-}, H_3A^{5-}. Ihre scheinbaren Stabilitätskonst. (k) wurden nach Bjerrum durch Extrapolation u. auf numer. Wege bestimmt. Die k-Werte sind von der KCl-Konz. (zur Einstellung der Ionenstärke) abhängig. Die Ausdehnung der Best. bis pH 6,2 führt in den Bereich der Dodekakondens. ($Nb_{12}O_{36}$ = B). 4 Ionen sind existent: H_3B^{9-}, H_4B^{8-}, H_5B^{7-} u. H_6B^{6-}. H_3A^{5-} u. H^+ stehen im Gleichgew. mit H_4B^{8-}. Die Gleichgew.-Konst. zwischen H_4B u. H_3B bzw. H_4B u. H_5B betragen 1,48 · 10^{-8} bzw. 4,6 · 10^{-7}. Die Verteilung der Ionen der A- u. B-Reihe als Funktion des pH wurde bestimmt. *$K_{15}H(Nb_6O_{19})_2 \cdot 24\,H_2O$* (I) u. *$K_9H_3Nb_{12}O_{36} \cdot 28\,H_2O$* (II) wurden dargestellt. Das Verh. der wss. Lsg. von I läßt schließen, daß es sich um das Doppelsalz *$K_8Nb_6O_{19} \cdot K_7HNb_6O_{19} \cdot$*

24 H_2O handelt, D_{exp} 2,90 ± 0,02, Z = 0,99, isomorph mit $K_{15}HTa_{12}O_{19} \cdot 24\,H_2O$ (**III**). **II** wurde mittels TG u. DTA untersucht, bei 150° verliert es 8 H_2O, die wasserfreie Verb. ist zwischen 360 u. 470° stabil.

Versuche: **I** u. **III**, durch Zusammenschmelzen von K_2O u. $Nb_2O_5(Ta_2O_5)$, Auflösen in heißem W., Abtrennen des unlösl. Rückstandes in der Kälte u. Zusetzen eines gleichen Vol. Aceton zur klaren Lösung. — **II**, durch Schmelzen von K_2CO_3 u. Nb_2O_5. Abtrennen des nicht umgesetzten Nb_2O_5. G. Schatz 331

0866 **Neue Additionsverbindungen von Cyanchlorid mit Niob- und Tantalpentachlorid.** John MacCordick. (C. R. hebd. Séances Acad. Sci., Sér. C **266** (1968) 17, 1296—99; Labor. de Chim. min. et struct., Inst. de Chim., Strasbourg; franz.) — Durch 2—3tägige Einw. von CNCl auf $NbCl_5$ bzw. $TaCl_5$ bei 0° u. Abziehen des überschüssigen CNCl bei 0°/20 Torr werden die krist., hygroskop., bei 20° unter trockenem N_2 beständigen Addukte *$NbCl_5 \cdot CNCl$* (**I**; gelb) bzw. *$TaCl_5 \cdot CNCl$* (**II**; weiß) erhalten. Die Temp.-Bedingungen müssen bei der Darst. strikt eingehalten werden. In geschlossener Kapillare schmilzt **I** bei 174—175°, **II** bei 187—189°. Beide Verb. lassen sich bei 70°/0,005 Torr ohne Zers. sublimieren. Beim thermogravimetr. Abbau erfolgt lediglich eine kontinuierliche Gew.-Verminderung ab 135—140° bei **I** bzw. ab 180° bei **II**. **I** u. **II** sind nach Aussage der Röntgenpulverdiagramme isotyp untereinander u. mit *$TaCl_5 \cdot CH_3CN$*. Aus der Verschiebung von $\nu(C{\equiv}N)$ im IR-Spektrum wird auf eine Koordination des Typs $Cl_5M \leftarrow NCCl$ geschlossen. **I** u. **II** sind gut lösl. in CH_3CN, CH_3NO_2 u. $SOCl_2$; in letzterem sind sie schwache Elektrolyte. In Bzl. lösen sie sich unter Zers., in W. erfolgt sofortige Hydrolyse unter Bldg. von CNCl u. Nb_2O_5 bzw. Ta_2O_5. A. Blaschette 332

0867 **Tris-[triphenylsilyl]-antimon und -wismut.** N. S. Vjazankin, G. S. Kalinina, O. A. Kruglaja und G. A. Razuvaev. (Ž. obšč. Chim. **38** (**100**) (1968) 1, 205; Labor. stabilizacii polimerov AN SSSR; russ.) — *$[(C_6H_5)_3Si]_3Sb$* (**I**), F. 196—198° (Toluol/Octan), wird neben metall. *Sb* u. *Äthan* nach 20std. Erhitzen von $(C_6H_5)_3 \cdot SiH$ mit $(C_2H_5)_3Sb$ (3 : 1) auf 230° im evakuierten zugeschmolzenen Rohr in 66%ig. Ausb. gebildet. Analog entsteht *$[(C_6H_5)_3Si]_3Bi$* (**II**), F. 216—218°, in 48,2%ig. Ausbeute. **I** u. **II** setzen sich mit Benzoylperoxid in Toluol zu *Triphenylbenzoyloxysilan*, F. 126—127° (97,6%) u. *metall. Sb* bzw. *Bi* um. **I** u. **II** werden auch durch Rk. mit Dibromäthan (6 bzw. $1^1/_2$ Std. bei 100°) zu *Triphenylbromsilan, Äthylen* u. *metall. Sb* bzw. *Bi* zersetzt. K. Jasche 334△

0868 **Abtrennung von Molybdän-99 aus bestrahlten Proben von U_3O_8.** L. V. Širjaeva und Ju. M. Tolmačev. (Radiochimija **10** (1968) 4, 439—45; russ.) — Beim Erwärmen von mit Neutronen bestrahlten U-Oxiden der Zus. $UO_{2,655}$—$UO_{2,724}$ wird ^{99}Mo als flüchtiges Prod. in zwei Stufen abgetrennt. Die therm. Zers. von nichtbestrahlten Oxidproben erfolgt ebenfalls in zwei Stufen. Die Geschw. der ersten, schnelleren Phasen hängt von der Zus., von der Bestrahlungsdosis u. vom Medium, in dem die Probe erhitzt wurde, u. a. ab. Der Zers.-Grad der Probe u. der Abtrennungsgrad von ^{99}Mo hängen zusammen, die Aktivierungsenergie beträgt 45—55 kcal/Mol. In der zweiten Phase ist die Geschw. der Vol.-Diffusion von ^{99}Mo in der gebildeten hexagonalen Phase $UO_{2,662}$—$UO_{2,605}$ bestimmend, die Prozeßgeschw. ist nur von der Erwärmungstemp. abhängig, die Aktivierungsenergie beträgt 22—26 kcal/Mol. Bei > 1000° wird $U_3O_{8\pm y}$ stark zersetzt, ^{99}Mo tritt zu 80—90% aus. J. J. Pohl 336

0869 **Einfluß fremder Metalle auf die Wasserstoffreduktion von Molybdänsäureanhydrid auf einem Träger.** Jacqueline Masson, Bernard Delmon und Jacqueline Nechtschein. (C. R. hebd. Séances Acad. Sci., Sér. C **266** (1968) 7, 428—30; Inst. Français du Pétrole, CEN, Grenoble; franz.) — Die bei der Einw. von H_2 auf MoO_3 (Al_2O_3- oder Al_2O_3–SiO_2-Träger) auftretende Bldg. von paramagnet. Mo^{5+}-Ionen wird auf eine unvollständige Red. zu MoO_2 zurückgeführt. Durch Zusatz von Ni, Co, Pt wird die Bldg. von Mo^{5+} verringert. Dieser Vorgang wird durch katalyt. Wrkg. der genannten Metalle auf die Keimbldg. bei der Reduktion erklärt. O. Rösner 336

0870 **Wolframbronzen und verwandte Verbindungen.** P. G. Dickens und M. S. Whittingham. (Quart. Rev. (chem. Soc., London) **22** (1968) 1, 30—44; Inorg. Chem. Labor., Oxford; engl.) — Übersichtsarbeit (Darst., Struktur, elektr. u. magnet. Eig.). — 31 Literaturangaben. I. Zoll 337

0871 **Elektronenspektroskopische Untersuchungen an Uran(V)-Verbindungen.** J. Selbin, J. D. Ortego und G. Gritzner. (Inorg. Chem. [Washington] **7** (1968) **9**, 976—82; Coates Chem. Labor., La. State Univ., Baton Rouge, La.; engl.) — Die nachst. Verb. wurden hergestellt u. in inerter Atmosphäre charakterisiert: *$UCl_5 \cdot Cl_2C{=}CClCOCl$* (**I**), F. 147—149°, μ = 1,54 BM, dunkelrote Krist. durch exotherme Rk. von U_3O_8 mit Hexachlorpropen bei ca. 60°; *$RbUCl_6$* (**II**), F. > 280°, gelber Festkörper durch Rk. von **I** mit RbCl in $SOCl_2$; *$[(n\text{-}C_3H_7)_4N]UCl_6$* (**III**), analog **II** aus **I** u. $[(n\text{-}C_3H_7)_4N]Cl$ in $SOCl_2$; *$UCl_5 \cdot SOCl_2$* (**IV**), aus orange UO_3 u. überschüssigem $SOCl_2$ im Einschlußrohr bei 180°; *$UCl_5 \cdot PCl_5$*, nach Panzer u. Suttle [J. inorg. nuclear Chem. **20** (1961) 229]. Die Rk. von UO_3 mit $SiCl_4$ bei 400° liefert UCl_5. Mit $TiCl_4$ u. $SbCl_5$ reagiert UO_3 bei 400° kaum. Die vorst. Verb. wurden IR-spektroskop. charakterisiert. Ferner wurden die EA-Spektren im nahen IR- u. im sichtbaren Bereich registriert für **II** u. **III** in $SOCl_2$, für **I** in $SOCl_2$, Bzl., CS_2 u. CCl_4, für **IV** in $SOCl_2$ u. CCl_4 sowie für Lsg. von UCl_5 in $SiCl_4$ u. CCl_4. Es werden elektron. u. vibron. Banden dieser $5f^1$-Syst. zugeordnet sowie mehrere Schwingungsfrequenzen von UCl_6^- identifiziert. Außerdem werden erstmalig ESR-Spektren reiner U(V)-Verb. mitgeteilt; die mittleren g-Werte betragen 1,1. A. Blaschette 339

0872 **Organometallverbindungen mit Metall—Metall-Bindungen.** 9. Mitt. **Pentafluorphenylzinn-Derivate des Mangancarbonyls.** J. A. J. Thompson und W. A. G. Graham. (Inorg. Chem. [Washington] **6** (1967) 10, 1875—79; Dep. of Chem., Univ. of Alberta, Edmonton, Canada; engl.) — 8. vgl. C. **1968**, 45-0701. — Die Darst. von Verb. des Typs *$(C_6H_5)_n(C_6F_5)_{3-n}SnMn(CO)_5$* (n = 0, 1, 2) durch Umsetzung von $(C_6H_5)_nCl_{3-n}SnMn(CO)_5$ mit C_6F_5Li (**I**) oder C_6F_5MgBr (**II**) wird beschrieben. Bei der Rk. von $(C_6H_5)_2ClSnMn(CO)_5$ (**III**) mit **I** bilden sich nebeneinander *$(C_6H_5)_2C_6F_5SnMn(CO)_5$* u. *$[(C_6H_5)_2SnMn(CO)_5]_2$* (**IV**). Die analoge Darst. von $(CH_3)_2C_6F_5SnMn(CO)_5$ gelingt nicht; als Rk.-Prod. entstehen dabei *$(CH_3)_2Sn[Mn(CO)_5]_2$* (**V**) u. *$(CH_3)_2Sn(C_6F_5)_2$*. Die IR-Spektren der dargestellten Verb. werden aufgenommen. Die Kraftkonst. der Carbonylschwingungen werden berechnet. Aus der linearen Abhängigkeit der Frequenz der Carbonylschwingungen von der Elektronegativität der Liganden des Sn-Atoms wird auf eine Elektronegativität von 2,4 pro C_6F_5-Gruppe geschlossen.

Versuche: *Chlorodiphenyl-[pentacarbonylmangan]-zinn(IV)* (**III**), durch langsame Zugabe von $NaMn(CO)_5$ in THF zu $(C_6H_5)_2SnCl_2$ in THF bei —5°, 20std. Rühren bei Raumtemp., Umkrist. aus Bzl., weiße Nadeln, F. 102—103,5°. — *Phenyl-bis-[pentafluorphenyl]-(pentacarbonylmangan)-zinn(IV)*, a) durch Zugabe von $C_6H_5Cl_2 \cdot SnMn(CO)_5$ zu einer äther. Lsg. von **II**, $4^1/_2$std. Rühren bei Raumtemp., Hydrolyse mit verd. HCl, Umkrist. aus 95% A.; oder b) durch Einengen des Filtrats von **IV** u. Abkühlen auf —78°, Umkrist. aus PAe., weißen Nadeln, F. 94—95°. — *Bis-[diphenyl-(pentacarbonylmangan)-zinn(IV)]* (**IV**), durch Zugabe von **III** zu **I** in Ae. bei —78°, 30 Min. langes Rühren bei 0°, 1std. Rühren bei Raumtemp., Zugabe von PAe. zu filtrierten, eingeengten Lsg., weiße Krist., F. 158—161° (Zers.). — *Tris-[pentafluorphenyl]-(pentacarbonylmangan)-zinn(IV)*, durch Zugabe einer Suspension von $Cl_3SnMn(CO)_5$ in Ae. zu einer äther. Lsg. von **I** bei —78°, $2^1/_2$std. Rühren, Erwärmen auf Raumtemp., Zugabe von PAe. u. wenig Ae., blaßgelbe Krist., F. 151—154°. — *Bis-[pentafluorphenyl]-bis-[pentacarbonylmangan]-zinn(IV)*, Zugabe von $Cl_2Sn \cdot [Mn(CO)_5]_2$ zu äther. Lsg. von **I** bei —78°, 2std. Rühren, Erwärmen auf Raumtemp., Umkrist. aus Bzl./Hexan, weiße Prismen, F. 151—152°. — *Dimethyl-bis-[penta-*

carbonylmangan]-zinn(IV) (V), a) durch Zugabe von $(CH_3)_2ClSnMn(CO)_5$ (VI) zu einer Lsg. von I in Ae. bei -78^0, 1std. Rühren bei Raumtemp., Zugabe von PAe. u. wenig Ae., Umkrist. aus PAe.; oder b) durch Zugabe von VI zu II in Ae., 4std. Rühren bei Raumtemp., Hydrolyse mit W., weiße Krist., F. 104—105°. — *Dimethyl-bis-[pentafluorphenyl]-zinn(IV)*, durch Eindampfen der Mutterlauge von Va oder Vb. M. Steidinger 350

0873 **Neues Verfahren zur Herstellung von ^{113m}Indium-markiertem Makro-Eisenhydroxid.** W. J. Gemmill, D. M. Scott und H. H. Kramer. (J. nuclear Med. **9** (1968) 4, 170—71; Union Carbide Corp., Tuxedo, N.Y.; engl.) — Es wird eine Arbeitsvorschrift angegeben, nach der das markierte $Fe(OH)_3$ eine Teilchengröße von 30 bis 50 μ zeigt. Die Korngrößenverteilung ist sehr gleichmäßig u. eng. Die Abhängigkeit der Korngröße von den Fällungsbedingungen u. der Ggw. von Zr u. Si wird untersucht. Bei Tiervers. werden über 90% des Prod. in der Lunge aufgenommen u. weniger als 5% in der Leber. H. Tulhoff 354

0874 **Acetoacetarylamide als Chelatliganden.** 4. Mitt. **Eisen(III)-Chelate.** A. Syamal. (J. Indian chem. Soc. **45** (1968) 4, 347—48; Univ. of Burdwan, Burdwan, West Bengal; engl.) — 3. vgl. ibid. **45** (1968) 5,374; 1. vgl. C. **1969**, 3-0794. — Dunkelrote Komplexe $[FeL_3]$ mit HL = *Acetoacetanilid* (als Monohydrat isoliert, μ_{eff} = 5,82 BM), *Acetoacet-o-chloranilid* (5,85) oder *Acetoacet-o-anisidid* (5,90) wurden aus $FeCl_3 \cdot 6\,H_2O$ in wss. HCl u. HL (1 : 2) in wenig heißem W. oder A. durch Zugabe von wss. Na-Acetatlsg. zur schwachvioletten Lsg. gefällt. Die Komplexe zersetzen sich bei 120° nicht u. sind in Methanol Nichtelektrolyte. Die Elektronenabsorptionsspektren in A. zeigen eine CT-Bande bei 400 nm, es wird oktaedr. Struktur angenommen. G. Heller 354

0875 **Synthese ditertiärer Acetylen-γ-glykole der Ferrocenreihe.** I. M. Gverdciteli und L. P. Asatiani. (Soobšč. Akad. Nauk Gruz.SSR **51** (1968) 1, 91—94; Tbilisskij gos. univ.; russ.) — Durch Umsetzung von Acetylferrocen mit entsprechenden Grignard-Reagenzien werden nachst. Ferrocenderiv. erhalten u. durch die IR-Spektren charakterisiert: *2-Methyl-5-ferrocenyl-2.5-dihydroxyhexin-(3)*, F. 119—120°, durch Zugabe von Dimethylacetylenylcarbinol zu einem Grignard-Reagenz aus Mg u. Äthylbromid in Ae., Entfernen des Ae. in 2 Std., Zugabe von Acetylferrocen in abs. Bzl., 3std. Rk. bei 30—35°, Zugabe von wss. $AlCl_3$-Lsg. u. extraktive Aufarbeitung; 66,2% (Ausb.). — Analog werden erhalten: *3-Methyl-6-ferrocenyl-3.6-dihydroxyheptin-(4)*, F. 93—94°, mit Methyläthylacetylenylcarbinol; 70,8%. — *4-Methyl-7-ferrocenyl-4.7-dihydroxyoctin-(5)*, F. 86—87°, mit Methyl-n-propylacetylenylcarbinol; *3-Ferrocenyl-1-[1-hydroxycyclopentyl-(1)]-butin-(1)-ol-(3)*, F. 112—113°, mit Cyclopentyläthinylcarbinol; *3-Ferrocenyl-1-[1-hydroxycyclohexyl-(1)]-butin-(1)-ol-(3)*, F. 126—127°, mit Cyclohexyläthinylcarbinol. H. Roschkowski 354

0876 **Zersetzung von Kaliumtetranitrodiammincobaltat(III).** Pierre Devrainne und Bernard Belsot. (C. R. hebd. Séances Acad. Sci., Sér. C **267** (1968) 10, 648—51; Labor. de Chim. minér. II, Fac. des Sci., Lille; franz.) — Die Zers. von $K[Co(NO_2)_4(NH_3)_2]$ führt zu einem Gemisch von Co_3O_4 u. KNO_3 (1 : 3) u. N_2, NO, NO_2, NH_3, wobei die Gase untereinander reagieren. I. Zoll 355

0877 **Organometallverbindungen mit Metall—Metall-Bindungen.** 11. Mitt. **Einige Kobaltcarbonyl-Derivate des sechsfach koordinierten Zinns.** D. J. Patmore und W. A. G. Graham. (Inorg. Chem. [Washington] **6** (1967) 10, 1879—82; engl.) — 9. vgl. C. **1969**, 22-0872. — Die Darst. von $(C_5H_7O_2)_2SnCo_2(CO)_7$ (I), $(C_5H_7O_2)Sn[Co\cdot(CO)_4]_3$ (II) u. $(C_5H_7O_2)_2Sn(Cl)Co(CO)_4$ (III) durch Umsetzung von $(C_5H_7O_2)_2SnCl_2$ (IV) mit $NaCo(CO)_4$ (V) wird beschrieben. Die in geringer Ausb. erhaltenen Prod. werden durch Aufnahme der IR-, NMR- u. Massenspektren sowie durch Best. der Molgew. charakterisiert. Für I wird das Vorliegen einer Brücken-CO-Gruppe u. die Existenz eines dreieckigen $SnCo_2$-Clusters angenommen. Die Verb. II u. III tragen ausschließlich endständige CO-Gruppen u. besitzen trans-Konfiguration. Ein Rk.-Schema wird entworfen.

Versuche: *Bis-[2.4-pentandionato]-(heptacarbonyldikobalt)-zinn(IV)* (I), durch schnelle Zugabe von V in THF zu einer Lsg. von IV in THF bei Raumtemp., Entfernen des Lsgm. u. Extraktion mit n-Pentan, Abkühlen auf -20^0, Umkrist. aus n-Pentan; rote Krist.; F. 86 bis 88° (Zers.); Ausb. 12%. — *Bis-[2.4-pentandionato]-bis-[tetracarbonylkobalt]-zinn(IV)*, durch langsame Zugabe von V in THF zu einer Lsg. von IV in THF bei Raumtemp., Entfernen des Lsgm. u. Extraktion mit n-Pentan, Abkühlen auf -80^0, Umkrist. aus n-Pentan bei -20^0; Krist.; F. 88° (Zers.). — *Chloro-bis-[2.4-pentandionato]-(tetracarbonylkobalt)-zinn(IV)*, analog I unter Verw. von überschüssigem IV; gelbe Krist.; F. 109 bis 110°. M. Steidinger 355

0878 **Fluorokomplexe von Nickel(IV).** Roland Bougon. (C. R. hebd. Séances Acad. Sci., Sér. C **267** (1968) 11, 681—84; Serv. de Doc. de Saclay, Essonne; franz.) — Die Komplexverb. $Me_2[NiF_6]$ (Me = Na, K, Rb, Cs, NO) werden aus Mischungen von 2 MeF, 1 NiF_2 u. F bei 350 atm u. 350° hergestellt. Absorptionsspektren im Sichtbaren u. IR werden aufgenommen u. diskutiert. I. Zoll 356

0879 **Cyclododecatrien-(1.5.9)-Komplexe mit Nickel(0).** K. Jonas, P. Heimbach und G. Wilke. (Angew. Chem. **80** (1968) 24, 1033; dt.; int. Edit. **7** (1968) 12, 949—50; engl.; MPI für Kohlenforsch., Mülheim/Ruhr.) — Wie all-trans-Cyclododecatrien-(1.5.9) bilden die isomeren Cyclododecatriene-(1.5.9) (all-cis-CDT, cis, cis, trans-CDT u. cis, trans, trans-CDT) mit Nickel(0) definierte Komplexe der Form $C_{12}H_{18}Ni$. Bes. einfach läßt sich das all-cis-CDT-Ni(0) im Zuge einer Verdrängung aus dem all-trans-CDT-Ni(0) herstellen. Offensichtlich besteht keine Beziehung zwischen der Stabilität der einzelnen Komplexe mit Nickel(0) u. der Isomerenverteilung der am „nackten Ni" aus Butadien entstehenden Cyclododecatriene, denn das den stabilsten Komplex mit Ni(0) liefernde Isomere, das all-cis-CDT, wird katalyt. nicht gebildet.

Versuche: *all-cis-Cyclododecatrien-(1.5.9)-nickel(0)* (I) aus all-trans-Cyclododecatrien-(1.5.9)-nickel(0) u. all-cis-Cyclododecatrien in Ae. bei -78^0, langsames Erwärmen auf Raumtemp. u. erneute Abkühlung auf -78^0, fast farblose krist. Nadeln; 75% (Ausb.). — I reagiert mit CO zu $Ni(CO)_4$ u. freiem all-cis-CDT. I liegt sehr wahrscheinlich in der Kronenform vor. Autorreferat 356△

0880 **Einige physikalisch-chemische Eigenschaften von Chelaten zweiwertiger Kationen mit Schiffschen Basen.** T. N. Mackevič, E. P. Trailina und I. A. Savič. (Vestnik Moskovskogo Univ., Ser. II **23** (1968) 4, 31—37; Kaf. neorg. chim.; russ., Auszug: engl.) — Durch Umsetzung der Metallsalze in abs. A. mit den entsprechenden Schiffschen Basen in $CHCl_3$ wurden nachst. krist. Chelate erhalten, deren Löslichkeiten in Alkoholen u. anorgan. Säuren (H_2SO_4, HNO_3) qual. bestimmt werden: *[N.N'-(p-Phenylen)-bis-[2-hydroxybenzylidenaminato]-titandichlorid*, F. >260°; *-zirkoniumdichlorid*, F. >260°; *-hafniumdibromid*, F. 268°; *Bis-[N-(α-naphthyl)-2-hydroxy-1-naphthylidenaminato]-hafniumdibromid*, F. 190°; *Bis-[N-α-naphthyl)-3-hydroxy-1-naphthylidenaminato]-hafniumdibromid*, F. 183°; *N.N'-(p-Phenylen)-bis-[2-hydroxybenzylidenaminato]-mangan(II)*, F. 194°; *-nickel(II)*, F. 206°; *Bis-[N-(p-chlorphenyl)-2-hydroxy-1-naphthylidenaminato]-kupfer(II)*, F. >260°; *Bis-[N-(α-naphthyl)-2-hydroxy-1-naphthylidenaminato]-dioxouran(VI)*, F. >268°; *-kupfer(II)*, F. 210°; *-nickel(II)*, F. >260°; *Bis-[N-(α-naphthyl)-3-hydroxy-1-naphthylidenaminato]-nickel(II)*, F. >260°. H. Roschkowski 358

0881 **Synthese und Eigenschaften von Metallkomplexen mit Amidgruppen.** 6. Mitt. **Synthese von Kupfer(II)- und Nickel(II)-Komplexen mit N.N'-Bis-[aminoalkyl]-oxamiden.** Heijirō Ojima und Kiyoko Yamada. (J. chem. Soc. Japan, pure Chem. Sect. [Nippon Kagaku Zasshi] **89** (1968) 5, 490—94; Dep. of Chem., Aichi Univ. of Educat., Okazaki-shi, Japan; jap., Auszug: engl. S. A 28.) — 5. vgl. C. **1968**, 41-0666. — Die Liganden $[H_2NCH_2\cdot CH_2NHC(O)-]_2$ (I), $[H_2N(CH_3)CHCH_2NHC(O)-]_2$ (II) u.

$[H_2NCH_2CH_2CH_2NHC(O)-]_2$ (III) wurden durch eine einer Ammonolyse ähnlichen Rk. von Diäthyloxalat mit Äthylendiamin, 1.2-Diaminopropan bzw. 1.3-Diaminopropan in A. erhalten. Die Cu(II)- u. Ni(II)-Komplexe von I—III entstehen bei der Rk. der Liganden mit dem Metallhydroxid im alkal. Medium. Die Komplexe haben eine quadrat. ebene Konfiguration. Die Liganden sind über zwei Aminogruppen u. anion. über zwei negative Amid-N-Atome koordiniert, die Komplexe stellen Nichtelektrolyte dar. Die UV- u. IR-Charakteristika (19 bis 48 kK bzw. 700—1700 cm^{-1}) der Komplexe sowie ihr elektr. u. magnet. Verh. bei 15° wurden bestimmt.
J. J. Pohl 358

0882 **Komplexverbindungen von Übergangsmetallen mit Benzoylhydrazin.** M. V. Karkarašvili, P. V. Gogorišvili und D. S. Nagebašvili. (Soobšč. Akad. Nauk Gruz. SSR **51** (1968) 1, 101—06; AN Gruz.SSR, Inst. fiz. i org. chim. im. Melikišvili; russ.) — Bei der Umsetzung von Benzoylhydrazin (L) mit Übergangsmetallsulfaten werden Komplexe der Form $[MeL_3]SO_4$ (Me = Fe^{2+}, Co^{2+}, Ni^{2+}) u. $[CuL_2]SO_4$ erhalten, die 1—1-Elektrolyte darstellen u. deren Löslichkeit in W. in der Reihenfolge Fe(II) > Co(II) > Ni(II) > Cu(II) abnimmt. Die Cu-Verb. ist tetraedr., die Co- u. Ni-Komplexe sind oktaedr. gebaut. Ihre Umsetzung mit SCN^--Ionen führt zur Bldg. der Nichtelektrolyte $[MeL_2(NCS)_2]$ bzw. $[CuL\cdot(NCS)_2]$.

Versuche: $[FeL_3]SO_4$ aus $FeSO_4\cdot 7\,H_2O$ in wss. Lsg. durch Zugabe von L im molaren Verhältnis 1 : 3. — $[CoL_3]SO_4$ u. $[NiL_3]SO_4$ analog $[CuL_2]SO_4$ analog aus $CuSO_4$ u. L in wss. Lösung. — $[MnL_2(NCS)_2]$ aus $[MnL_3]Cl_2\cdot 2\,H_2O$ u. NaSCN in W. im molaren Verhältnis 1 : 2. — Analog werden aus $[MeL_3]SO_4$ oder $[MeL_3]Cl_2$ mit NaSCN die Komplexe $[FeL_2(SCN)_2]$, $[CoL_2(SCN)_2]$, $[NiL_2(SCN)_2]$ u. aus $[CuL_2](SO_4)_2$ $[CuL\cdot(SCN)_2]$ hergestellt.
H. Roschkowski 358

0883 **Selenid- und Telluridarsenide des Kupfers: CuAsSe und CuAsTe. Die Sulfid- und Selenidarsenide des Silbers: AgAsS und AgAsSe.** Jaques Kamsu Kom. (C. R. hebd. Séances Acad. Sci., Sér. C **265** (1967) 14, 727—29; Labor. de Chim. miner., Fac. des Sci., Abidjan; franz.) — *CuAsSe* (I), *CuAsTe* (II), *AgAsS* (III) u. *AgAsSe* (IV) werden aus den Elementen bei 600—1000° dargestellt. I bis IV sind nach Röntgenpulverunters. rhomb. [III: (a =) 5,506; (b =) 11,517; (c =) 3,578; ($D_{\cdot ber.}$ =) 6,250; ($D_{\cdot exp}$ =) 6,286; IV: 5,56; 11,84; 3,46; 7,585; 7,479; I: 5,56; 11,59; 3,52; 6,136; 6,118; II: 5,65; 12,66; 3,64; 6,748; 6,691) u. isostrukturell mit Lautit, sie sind wenig luft- u. wasserempfindlich u. werden von konz. Laugen u. in der Kälte von konz. HCl u. HCl-Gas nicht angegriffen; in der Wärme zersetzen sich I u. III unter Bldg. von *As*. I bis IV sind in Königswasser, II u. IV in konz. HNO_3 löslich. III reagiert analog IV exotherm mit Br_2 nach: $2\,III + 5\,Br_2 \rightarrow 2\,AgBr + S_2Br_2 + 2\,AsBr_3$. Bei der Thermolyse zersetzt sich III bei 450—750° nach: $6\,III \rightarrow 3\,Ag_2S + As_4S_3 + 2\,As$.
I. Sarow 359

0884 **Komplexbildung durch 1.2-Bis-[dimethylarsino]-tetrafluorcyclobuten und seines Diphenylphosphino-Analogons.** W. R. Cullen, P. S. Dhaliwal und C. J. Stewart. (Inorg. Chem. [Washington] **6** (1967) 12, 2256—59; Chem. Dep., Univ. of British Columbia, Vancouver, Canada; engl.) — Die komplexbildenden Eig. von *1.2-Bis-[dimethylarsino]-tetrafluorcyclobuten* (ffars) (I) u. *1.2-[diphenylphosphino]-tetrafluorcyclobuten* (ffos) (II) gegenüber einer Reihe von Salzen der Übergangsmetalle u. Carbonylen werden untersucht. Die IR- u. NMR-Spektren der dargestellten Komplexe werden diskutiert. I u. II reagieren mit Carbonylen leichter als ihre F-freien Analogen. Unter bes. schonenden Bedingungen gelingt die vollständige Substitution der CO-Gruppen des $Ni(CO)_4$ durch fars. Das entstehende Prod. ist wahrscheinlich polymer.

Versuche: *(ffos)Mo(CO)*$_4$, durch 6std. Kochen von $Mo(CO)_6$ u. II in Bzl., Umkrist. aus Toluol/A.; hellgelbe Krist.; F. 194°; 63 % (Ausb.). — *(ffos)Cr(CO)*$_4$, durch 13std. Kochen von $Cr(CO)_6$ u. II in Toluol, Umkrist. aus Bzl./A.; orange Krist.; F. 217°; 85 %. — *(ffos)Ni(CO)*$_2$, durch Mischen von $Ni(CO)_4$ u. II im abgeschmolzenen Rohr, Umkrist. aus Bzl./A.; gelbes Produkt. — *(ffos)PdCl*$_2$, durch Mischen von II u. $(NH_4)_2PdCl_4$ in heißem Aceton, Umkrist. aus Aceton; gelbe Krist.; F. ≈320°; 37 %. — *(ffos)PtCl*$_2$ (III), durch Zugabe von II in heißem Aceton zu einer wss. Lsg. von K_2PtCl_4 u. 30 Min. langem Kochen, Umkrist. aus Aceton; hellbraune Krist.; F. 334—337°; 40 %. — *(ffos)*$_2$*RhCl*$_3$, analog III aus II u. $RhCl_3\cdot 3\,H_2O$, Umkrist. aus A.; gelbe Krist.; F. 229—235°. — *(ffos)HgCl*$_2$, durch Mischen von $HgCl_2$ u. II in Aceton, Umkrist. aus Aceton; gelbe Krist.; F. 230—232°; 71 %. — *(ffars)Mo(CO)*$_4$, durch 2std. Kochen von I u. $Mo(CO)_6$ in THF, Umkrist. aus THF; blaßblaue Krist.; F. 147°. — *[(ffars)*$_2$*Ni]*$_x$, durch 10tägiges Stehen einer Lsg. von I u. überschüssigem $Ni(CO)_4$ in Bzl. bei 20°; dunkelgelbes Pulver; F. >360°; unlösl. in üblichen Lösungsmitteln. — *(ffars)*$_2$*RhCl*$_3$, durch 12std. Kochen einer Lsg. von I u. $RhCl_3\cdot 3\,H_2O$ in A., Umkrist. aus A.; gelber Feststoff. — *ffarsPdCl*$_2$, durch Mischen von I in Aceton mit wss. Lsg. von $(NH_4)_2\cdot PdCl_4$, Umkrist. aus Aceton u. $CHCl_3$; gelber Feststoff; F. 220°. — *ffarsHgCl*$_2$, durch Mischen von I u. $HgCl_2$ in Aceton, Umkrist. aus Aceton; weißer Feststoff; F. 123°.
M. Steidinger 368

0885 **Koordinative Reaktivität der Phosphin-Komplexe von Platin(0), Palladium(0) und Nickel(0).** R. Ugo. (Coordinat. Chem. Rev. [Amsterdam] **3** (1968) 3, 319—44; Ist. di Chim. Gen., Milano; engl.) — Übersicht (elektron. Eig. von d^{10}-Metall(0)-Deriv., Synth. u. allg. Verh. der Titelverb., allg. Züge der koordinativen Reaktivität, Rk. unter koordinativer Dissoziation, Rk. unter koordinativer Addition). — 82 Literaturangaben.
D. Hoene 368

0886 **Pyridin-N-oxid-Komplexe von Platin(II): trans-Dichloro-(pyridin-N-oxid)-ligand-platin(II).** Milton Orchin und Paul J. Schmidt. (Coordinat. Chem. Rev. [Amsterdam] **3** (1968) 3, 345—73; Dep. of Chem., Univ. of Cincinnati, O.; engl.) — Übersicht (L: *Olefine*, *Styrole*, *Carbonyle*, *Alkine* u. *Vinylverb.*; Darst., Struktur, Dipolmomente, IR- u. NMR-Spektren, Austauschrk. der organ. Liganden). — 43 Literaturangaben.
D. Hoene 368

A-9. Geochemie

0887 **Mineralogische Merkmale des Chrom-Chlorits (Kämmererit) und des Chrom-Granats (Uwarovit) von Chromit-Lagerstätten.** K. L. Chakraborty. (Mineralog. Mag. J. mineralog. Soc. **36** (1968) 283, 962—65; Calcutta, India, Jadavpur Univ., Dep. of Geol. Sci.; engl.) — Geolog. Befunde, chem. Zus., Brechungsindex u. Röntgendaten werden für Kämmererit u. Uwarovit von den Kalrangi Chromit Minen, Orissa, mitgeteilt. Es wird vermutet, daß der Granat eine Zwischenform zwischen Uwarovit u. Pyrop ist.
E. Schulte 380△

0888 **Kation- und Anion-Substitition in den Humit-Mineralien.** P. H. Ribbe, G. V. Gibbs und Norris W. Jones. (Mineralog. Mag. J. mineralog. Soc. **36** (1968) 283, 966—75; Blacksburg, Va., Va. Polytechn. Inst.; engl.) — Die Humite sind strukturell den Olivinen analog, in denen der Ersatz von vier *O* durch vier (F,OH) in der leicht verzerrten, hexagonal dicht gepackten Anordnung durch den Ersatz von tetraedr. koordiniertem Si durch eine tetraedr. Leerstelle entsprechend der allg. Formel $Mg_{2x}Si_{x-1}O_{4x-4}(F, OH)_4$ (x = 3, 5, 7, 9) ausgeglichen wird. In den Humiten sind die Grundeinheiten nicht „Olivin- u. Sellait- (oder Brucit-) Schichten", wie früher angenommen wurde, sondern Zickzack-Ketten von über die Kanten gebundenen Oktaedern wie in den Olivinen. Es wird gezeigt, daß sich in den Humiten u. in gleicher Weise in den Olivinen die Gitterkonst. a, b u. d_{001}/n sowie das Zellvol. linear mit dem mittleren Radius des oktaedr. koordinierten Kations in der Kette ändern. Substitution (F, OH) für *O* u. Leerstellen für *Si* haben in zweiter Linie Einfl. auf die Gitterkonst., sie bewirken eine lineare Abnahme des normalisierten Zellvol. mit steigendem F/O-Verhältnis in der synthet. Reihe Forsterit–Humit–Norbergit. Der Vgl. der Krist.-Strukturen von Forsterit u. Norbergit zeigt, daß die polyedr. Verzerrungen in Norbergit kleiner sind als in Forsterit in Übereinstimmung mit der abnehmenden Anzahl von verbundenen Kanten. Die F-Atome in

Norbergit sind an drei Mg gebunden, während alle Anionen in Forsterit an drei Mg u. ein Si gebunden sind.
E. Schulte 380△

0889 **Hoch–Tiefquarz-Inversion: Näherungsbeziehungen für Volumen und Kompressibilität gegen Temperatur bei hohen Drücken.** William Klement jun. (J. geophys. Res. **73** (1968) 14, 4711–16; Los Angeles, Calif., Univ. of Calif., Dep. of Engng.; engl.) — Sehr nahe der Hoch–Tiefquarz-Inversion ist die Änderung bestimmter thermodynam. Parameter ident. mit den aus Ising-Modellen abgeleiteten Voraussagen. Für Tiefquarz bei wenigstens 10^0 unterhalb der Inversionstemp. erklärt ein „klass." Modell viele der Daten über einen zweiten Temp.-Bereich. Eine Meth. zur Abschätzung des Vol. u. der Kompressibilität gegen die Temp. mit nur mäßigen Approximationen wird für Tiefquarz etwas unterhalb der Inversion u. bis zu 10 kb angegeben. E. Schulte 380△

0890 **Die verwandten Schichtmineralien Ganophyllit, Bannisterit und Stilpnomelan.** Marie Lindberg Smith und Clifford Frondel. (Mineralog. Mag. J. mineralog. Soc. **36** (1968) 283, 893–913; Washington, D.C., U.S. Geol. Surv.; Cambridge, Mass., Harvard Univ.; engl.) — Zwei früher als *Ganophyllit* (I) klassifizierte monokline Mineralien wurden auf Grund von Röntgen-Einkrist.-Daten unterschieden. Wirklicher I kommt in der Harstig Mine, Pajsberg, Schweden, [a = 16,60 ± 0,05 (Å); b = 27,04 ± 0,08; c = 50,34 ± 0,15; β = 94° 10′ ± 10′; Raumgruppe A2/a], in der Benallt Mine, Caernarvonshire, Wales, u. in Aroostock County, Ma., vor. *Bannisterit* (II), ein neues Mineral, kommt bei Franklin, N.J., (a = 22,20 ± 0,07; b = 16,32 ± 0,05; c = 24,70 ± 0,08; β = 94° 20′ ± 10′; Raumgruppe A2/a) u. in der Banallt Mine vor. Beide Mineralien haben ähnliche Pseudozellen a = 5,53; b = 3,3; c = 25; β = 94°. Die chem. Analysen u. die indizierten d-Werte werden für I u. II angegeben. In der Projektion von ausgewählten Zonen weisen beide Mineralien Ähnlichkeit mit Stilpnomelan von Deer Isle, Ma., auf. Die drei Mineralien weisen glimmerähnliche Spaltbarkeit parallel zu {001} auf. Stilpnomelan krist. triklin, pseudotrigonal u. pseudomonoklin. In der triklinen Zelle sind a = b = 22,05 ± 0,06; c = 17,70 ± 0,06; α = 124° 49′; β = 95° 58′; γ = 120° 00′ (je ± 5′); in der trigonalen Subzelle a′ = 3,2; c′ = 36,4. Die schwach verzerrten Subzellen von I haben α' = 3,38; c′ = 37,7 u. die von II a′ = 3,264 u. c′ = 37 Å.
E. Schulte 380△

0891 **Löslichkeit von Albit in überkritischem Wasser in den Bereichen 400 bis 600° und 750 bis 3500 bar.** K. L. Currie. (Amer. J. Sci. **266** (1968) 5, 321–41; Ottawa, Canada, Geol. Surv. of Canada; engl.) — Die Ergebnisse von 64 Löslichkeitsbest. von Albit mit Hilfe einer dynam. Meth. werden mitgeteilt. Die Abweichungen von Gleichgew. wurden experimentell ermittelt. Das Gelöste, bis zu 0,3 Gew.-%, hat nicht die gleiche chem. Zus. wie Albit im untersuchten Temp.- u. Druckbereich. Die Löslichkeit von Albit in überkrit. W. kann quant. durch für nicht ideale Rk.-Mischungen abgeleitete Gleichungen beschrieben werden. Qual. Berechnungen zeigen, daß Lsg. eine wichtige petrolog. Rolle in Regionen spielen, die trocknende Gesteinsmassen umgeben.
E. Schulte 382△

0892 **Kinetik der Hydrothermalsynthese von Andradit im System 3 $CaCO_3$–Fe_2O_3–3 SiO_2 unter Verwendung mineralisierender NaCl-Lösungen.** D. V. Kalinin. (Doklady Akad. Nauk SSSR **181** (1968) 4, 964–66; Inst. geol. i geofiz. SO AN SSSR; russ.) — Bei der Granatsynth. bei Temp. zwischen 500 u. 600° u. einem Druck von 500 atm sind zwei aufeinanderfolgende Rk. zu beobachten: 1. $CaCO_3 + SiO_2 \rightarrow CaSiO_3 + CO_2$; 2. $3\,CaSiO_3 + Fe_2O_3 \rightarrow Ca_3Fe_2Si_3O_{12}$. Die kinet. Kurven dieser Rk. zeigen einen typ. Verlauf, wobei die erstere bei relativ hoher Geschw. abläuft. Die geschätzte Aktivierungsenergie der Andradit-Bldg. beträgt 29200 ± 500 kal/g · Mol. H. Kelch 382

0893 **Synthese und Untersuchung von Diaboleit.** R. E. Winchell und H. E. Wenden. (Mineralog. Mag. J. mineralog. Soc. **36** (1968) 283, 933–39; Columbus, O., O. State Univ., Dep. of Miner.; engl.) — *Diaboleit* (I), $Pb_2CuCl_2(OH)_4$, wurde zwischen 25 u. 100° bei Atmosphärendruck u. einem W.-Dampf-Partialdruck von ≈ 14,7 lbs./in² dargestellt. Bei 170°, unter ähnlichen Bedingungen, scheint *Cumengeit* die stabile Phase zu sein. Synthet. I hat eine viel einfachere Morphologie als das natürliche Mineral, in den synthet. Proben kommt jedoch die hemimorphe Symmetrie morpholog. mehr zum Ausdruck. Die d-Werte von synthet. u. natürlichen Proben stimmen sehr gut überein, ebenso die Intensitäten. Gitterkonst. für I aus Pulveraufnahmen: a 5,869 ± 0,002 (Å), c 5,495 ± 0,003. E. Schulte 382△

0894 **Schmelzen von Diopsid unter den Bedingungen sehr hoher Wasserdampfdrücke.** I. D. Rjabčikov. (Doklady Akad. Nauk SSSR **181** (1968) 1, 207–09; Inst. geol. rudnych mestoroždenij, petrogr., miner. i geochim. AN SSSR; russ.) — Zur Unters. der p-T-Bedingungen der Schmelzprozesse in Syst. bas. Silicate mit W. wurde eine DTA-Meth. ausgearbeitet, die eine Registrierung der entsprechenden Phasenumwandlungen gestattet. Die angeführte Meth. wurde bes. zur Unters. der p-T-Bedingungen der monovarianten Rk. Diopsid + W. ⇌ Schmelze in einem breiten Druckintervall angewandt. Die Unters.-Ergebnisse sind von großer Bedeutung für das Verständnis jener Prozesse, die im Erdmantel ablaufen.
H. Kelch 382

0895 **Mineralogie der Kalium–Barium–Feldspat-Serie.** 3. Mitt. **Subsolidus-Beziehungen.** P. Gay und N. N. Roy. (Mineralog. Mag. J. mineralog. Soc. **36** (1968) 283, 914 bis 932; Cambridge, Dep. of Miner. and Petrology; engl.) — 2. vgl. C. **1968**, 13-0819. — Weitere Daten über die Eig. von Gliedern der *K–Ba–Feldspat*-Serien (natürliche u. synthet. Proben) werden mitgeteilt. Für über 50 Proben werden Gitterkonst. angegeben; die Aktivierungsenergie für die Hoch–Tief-Umwandlung eines Hyalophan wird zu 101,5 ± 5,0 kcal/Mol. bestimmt. Zusätzliche Einkrist.-Unters. zeigen komplexe Verhältnisse, die früher nicht bekannt waren. Die Probleme der Nomenklatur u. der Subsolidus-Verhältnisse zusammen mit einigen strukturellen Folgerungen werden diskutiert.
E. Schulte 382△

0896 **Mineralogische Charakteristik von Calcium–Eisen-Olivinen.** Marta Wyderko und Eugeniusz Mazanek. (Mineralog. Mag. J. mineralog. Soc. **36** (1968) 283, 955 bis 961; Krakow, Poland, Acad. of Mining and Metallurg.; engl.) — Zur Abschätzung der Eig. von *Ca–Fe-Olivinen* wurden synthet. Mischungen von CaO, FeO u. SiO_2 dargestellt u. erschmolzen; die erhaltenen Olivine wurden mkr. u. pulverröntgenograph. untersucht. Die Unters. lassen den Schluß zu, daß mit Ansteigen der Basizität das Verhältnis Fe : Ca in den Olivinen abnimmt. Durch das Fe : Ca-Verhältnis werden Farbe, Brechungsindex, Härte u. Gitterabstände beeinflußt. E. Schulte 382△

0897 **Infrarotspektrum und Produkte der thermischen Zersetzung von Thaumasit, $Ca_3H_2(CO_3/SO_4)SiO_4 \cdot 13\,H_2O$.** G. N. Kirov und C. N. Poulieff. (Mineralog. Mag. J. mineralog. Soc. **36** (1968) 283, 1003–11; Sofia, Univ. of Sofia, Chair of Mineralog. and Crystallogr.; engl.) — Das IR-Spektrum von Thaumasit (I) im unbehandelten Zustand u. das Spektrum u. die Röntgendiagramme von in Luft auf 200–1150° erhitztem I wurden untersucht. Zwischen 200 u. 550° wandelt sich I in ein glasähnliches, amorphes Prod. um. Beim Erwärmen bis 800° werden Ca_2SiO_4-Polymorphe u. Anhydrit gebildet. Von 900° an sind die Zers.-Prod. Ca-Silicatsulfat u. Anhydrit. Diese Ergebnisse wurden zur Zuordnung der IR-Absorptionsbanden von unbehandeltem I benutzt. Die Banden sind komplexer Natur auf Grund der Überlappung der Schwingungen der Sulfat- u. Silicat-Tetraeder.
E. Schulte 382△

0898 **Koexistenz zweier flüssiger Phasen bei hohen Temperaturen (System NaCl–Albitglas).** L. M. Delicyn und B. N. Melent'ev. (Doklady Akad. Nauk SSSR **180** (1968) 6, 1460–63; Geol. inst. Kol'skogo filiala AN SSSR; russ.) — Im Syst. Albitglas–NaCl wurde in einem breiten Temp.-Intervall ein ausgedehntes Stabilitätsfeld zweier miteinander koexistierender fl. Phasen festgestellt, die sich miteinander im Gleichgew. befinden. Die untere Stabilitätsgrenze liegt bei einer Temp. von ca. 850°. Bei dieser Temp. schmilzt in Ggw. bereits sehr kleiner Mengen NaCl (< 2,5%) Albitglas prakt. völlig. Während

Albitglas in NaCl prakt. unlösl. ist, nimmt die Löslichkeit von NaCl in Albitglas mit steigender Temp. zu.
H. Kelch 382

0899 **Beziehungen zwischen Druck, Temperatur und Dichte in wäßrigen NaCl- und KCl-Lösungen.** L. A. Samojlovič und L. N. Chetčikov. (Doklady Akad. Nauk SSSR 180 (1968) 6, 1450—52; VNII sinteza mineral. syr'ja, Aleksandrov; russ.) — Experimentelle Unters. im Gebiet divarianter u. trivarianter Gleichgew. im Temp.-Intervall zwischen 180 u. 550° u. Drücken bis zu 1500 atm ergaben, daß die Homogenisierungstemp. der Lsg. von ihrer D. abhängt u. mit wachsendem Füllungskoeff. (Verhältnis des Vol. der Lsg. zum freien Vol. des Syst. bei 20° u. 1 atm) abnimmt. Vf. weisen darauf hin, daß bei der Best. der Bedingungen der Mineralbldg. mit Hilfe der Gas-Fl.-Einschlüsse in Mineralen die Besonderheiten der Wechselwrkg. der thermodynam. Parameter der Lsg. berücksichtigt werden müssen. H. Kelch 382

0900 **Experimentelle Untersuchungen des Alkalinitätseinflusses silicatischer Schmelzen auf die Fluorsegregation in die Gasphase.** L. N. Kogarko, L. D. Krigman und N. S. Šarudilo. (Geochimija **1968,** 8, 948—56; Inst. geochim. i analit. chim. im. Vernadskogo AN SSSR, Moskva; russ., Auszug: engl.) — Im Syst. Na_2O–SiO_2–NaF findet die F-Absonderung in die Gasphase als NaF u. SiF_4 (weniger) statt. Mit zunehmender Alkalinität tritt eine Herabsetzung der Segregation ein. In alkal. Schmelzen ist F wahrscheinlich stärker an Na, in sauren an Si gebunden. Vers. einer thermodynam. Berechnung, die bes. auf Vergreisungsrk. von Nephelinsyeniten (Einführung des Alkalinitätsgrades) angewandt werden.
M. Hähnert 382

0901 **Orientierte Transformationen im System MnO–O–H_2O.** Lesley S. Dent Glasser und Ian B. Smith. (Mineralog. Mag. J. mineralog. Soc. **36** (1968) 283, 976 bis 987; Aberdeen, Univ. of Aberdeen, Dep. of Chem.; engl.) — Ausgedehnte Unters. von orientierten Rk. im Syst. MnO–O–H_2O ergeben überraschende Symmetrieänderungen, die nicht erklärt werden können. Die Orientierungsbeziehungen sind oft kompliziert; in den Fällen, wo eine Interpretation möglich war, stützen die Ergebnisse die Vermutung, daß die Orientierungen durch das Sauerstoff-Netzwerk bestimmt werden u. daß eine beträchtliche Wanderung von *Mn* auftritt. Die therm. Umwandlungen von bzw. in *Groutit*, (*Groutellit*), *Ramsdellit*, *Pyrolusit*, *Manganit*, *Manganosit*, *Bixbyit*, *Hausmannit* u. Mn_5O_8 werden untersucht.
E. Schulte 382△

B. Physikalische organische Chemie

0902 **DK, Dichte und Viskosität von Aceton–Propanol-(1)- und Aceton–n-Hexan-Mischungen bei 25°.** Gyan P. Johari. (J. chem. Engng. Data **13** (1968) 4, 541—43; Dep. of Chem., Univ. of Gorakhpur, India; engl.) — In 10%-Intervallen sind die Daten der Mischungen im gesamten Zus.-Bereich angegeben. D. Schmitt 400

B–1. Optische, elektrische und magnetische Eigenschaften, Spektren

0903 **Brechungsindex eines Gases ohne Resonanzabsorption im Mikrowellengebiet.** Georges Boudouris und Élie Dayan. (C. R. hebd. Séances Acad. Sci., Sér. A et B **267** (1968) 4, B 278—81; Labor. de Phys. expér. mol., Fac. des Sci., Paris; franz.) — Vf. untersuchten die Änderung des Brechungsindex mit dem Druck von *Methyl-* u. *Äthylchlorid* sowie *Isobutan*, um daraus die induzierte Mol.-Polarisierbarkeit zu erschließen.
J. Richter 402

0904 **Fluktuationen der Orientierungsordnung in der amorphen Phase von flüssig-kristallinen Stoffen und ihre elektrooptischen Eigenschaften.** V. N. Cvetkov und E. I. Rjumcev. (Doklady Akad. Nauk SSSR **176** (1967) 2, 382—84; Leningradskij gos. univ. im. Ždanova; russ.) — Untersucht wurde der Kerr-Effekt in der amorphen Phase der fl.-krist. Verb.: *p-Azoxyanisol* u. *Anisal-p-aminoazobenzol.* C. Kozák 402△

0905 **Optische Drehung von Molekülen mit verschiedenen Asymmetrie-Typen.** V. I. Sokolov. (Ž. obšč. Chim. **37** (**99**) (1967) 10, 2207—211; Inst. élementoorg. soed. AN SSSR; russ.) — Vf. zeigt, wie die opt. Drehung von asymm. Syst. mittels eines einfachen Diagramms (D) charakterisiert werden kann. Die Anwendung des D wird an Allenderiv. u. an 6.6′-disubstituierten 2.2′-Dimethyldiphenylen erläutert. Als Beispiel wird die absolute Konfig. von *Carpain*, *Schizandrin*, *Desoxyschizandrin* u. *Pseudo-γ-schizandrin* bestimmt. C. Kozák 404△

0906 **Magnetischer Zirkulardichroismus.** 4. Mitt. **Untersuchung von Annulen-Derivaten.** Bernard Briat, David A. Schooley, Ruth Records, Edward Bunnenberg und Carl Djerassi. (J. Amer. chem. Soc. **89** (1967) 26, 7062—71; Dep. of Chem., Stanford Univ., Stanford, Calif.; engl.) — 3. Mitt. C. **1969,** 2-0831. — Die Absorptionsspektren (im Sichtbaren u. nahen UV bis 230 nm) u. die Kurven des magnet. Zirkulardichroismus (MCD) folgender Verb. werden untersucht: *1.7.13-Tridehydro-*[*18*]*-annulen*, [*18*]*-Annulen*, [*18*]*-Annulentrioxid*, [*18*]*-Annulendioxidsulfid*, [*18*]*-Annulendisulfidoxid*, [*18*]*-Annulentrisulfid*, *Monodehydro-*[*14*]*-annulen*, *1.8-Bisdehydro-*[*14*]*-annulen*, *trans-14.16-Dimethyldihydropyren*, *1.9-Bisdehydro-*[*16*]*-annulen*, [*16*]*-Annulen* u. [*8*]*-Annulen.* Ein einfaches Modell zur mathemat. Analyse der MCD-Kurven wird entwickelt. K. H. Bielicki 404

0907 **Optische Eigenschaften von Hexahelicen.** Melvin S. Newman, Robert S. Darlak und L. Tsai. (J. Amer. chem. Soc. **89** (1967) 24, 6191—93; Columbus, O., O. State Univ., Dep. of Chem.; engl.) — Die ORD- (210—600 mμ), CD- u. UV-Spektren (s. Orig.) von (+)-*Hexahelicen* in CH_3OH u. $CHCl_3$ werden gemessen.
Versuche: *3-{Di-*[*naphthyl-*(*1*)]*-methyl}-glutarsäuredinitril*, $C_{28}H_{20}N_2$, F. 156—158° (Bzl./PAe.), aus 2.2-Di-[naphthyl-(1)]-1.3-dimesyloxypropan u. KCN/KJ in DMF/W. bei 80°; 86%. — *1.2.3.4-Tetrahydro-4-*[*naphthyl-*(*1*)]*-1-oxo-3-phenanthrenessigsäure*, F. 265—267° (Bzl./PAe.), aus 3-{Di-[naphthyl-(1)]-methyl}-glutarsäure u. abs. HF; 83%. — *7.8.8a.9.10.16c-Hexahydro-7-oxohexahelicen*, F. 216—220° (Bzl./PAe.), durch Kochen von 1.2.3.4-Tetrahydro-4-[naphthyl-(1)]-3-phenanthrenessigsäure mit PCl_5 in abs. Bzl. u. Versetzen mit $SnCl_4$/o-Dichlorbenzol; 85%. — *Hexahelicen*, F. 238—240° (Bzl./PAe.), durch Erhitzen von Hexahydrohexahelicen in Bzl. in Ggw. von Rh/Al_2O_3 unter N_2 auf 300°; 79% (unrein). *Pikrat*, $C_{32}H_{19}N_3O_7$, F. 196—197° (Zers.; Chlorbenzol).
G. O. Jäger 404△

0908 **Einfluß der Meßparameter auf die spezifische Drehung von Aminosäuren.** 2. Mitt. **Einfluß der Schwefelsäurekonzentration auf die spezifische Drehung.** Koichi Hayashi. (Agric. biol. Chem. [Tokyo] **30** (1966) 12, 1233—37; Kawasaki Fact., Ajinomoto Co., Inc., Kawasaki, Japan; engl.) — 1. vgl. C. **1969,** 20-0894. — Es wird die spezif. Drehung als Funktion der H_2SO_4-Konz. bei 20° an folgenden Verb. untersucht: *L-Arginin*, *L-Asparaginsäure*, *L-Isoleucin*, *L-Leucin*, *L-Phenylalanin* u. *L-Valin.* UV-, Raman- bzw. NMR-Spektren zeigen, daß das Absinken der $[\alpha]_D$ oberhalb der krit. H_2SO_4-Konz. auf eine Protonierung der Carboxylgruppe in den Verb. zurückzuführen ist. G. O. Jäger 404△

0909 **Kinetik der thermischen Entfärbung, Absorptionsspektren (im Sichtbaren) und thermodynamische Kennzahlen einer Reihe von Pyran-spiro-benzothiazolen.** Robert Guglielmetti, Michel Mossé, Jean-Christian Metras und Jacques Metzger. (J. Chim. physique. Physico-Chim. biol. **65** (1968) 3, 454—66; Labor. de Chim. Organ., Fac. de Sci. de Marseille; franz.) — Vf. untersuchten mit Hilfe der Blitzphotolyse die Photochromie [Öffnung des Pyranringes zum entsprechenden Merocyanin (M)] nachst. 6′-Nitro-8′-methoxybenzothiazolin-2-spiro-2′-2′H-benzo[b]-pyrane, d. h. die Stabilität der M in Abhängigkeit von dem Substituenten: *3.3′-Dimethyl-*, *3-Äthyl-3′-methyl-*, *3-Methyl-3′-äthyl-*,

3-Methyl-3'-isopropyl-, 3-Methyl-3'-n-butyl-, 3-Methyl-3'-phenyl-, 3-Äthyl-3'-phenyl-, 3-Methyl-3'-p-chlorphenyl-, 3.3'-Dimethyl-6-hydroxy-, -6-methoxy-, -6-methylmercapto-, -6-brom-, -6-chlor-, -6-carboxy-, -6-cyan-, -6-nitro-, -6-methoxy-7-nitro-, 3-Isopropyl-3'-methyl-; 6'-Nitro-3.3'-dimethylbenzothiazolin-2-spiro-2'-2'H-benzo-[b]-pyran. Die Effekte werden mit denen in nachst. 6'-Nitro-8'-methoxyindolin-2-spiro-2'-2'H-benzo-[b]-pyranen verglichen: *1-Methyl-, 1-Methyl-5-methoxy-, -5-brom-, -5-chlor-, 1-Methyl-3'-phenyl-, 1-Phenyl-; 1-Methyl-6'-nitroindolin-2-spiro-2'-2'H-benzo-[b]-pyran.*
J. Richter 406

0910 **Leistungsparameter einiger neuer wirksamer und gut löslicher Stoffe als Gelöstes für flüssige Szintillatoren.** E. Kowalski, R. Anliker und K. Schmid. (Molecular Crystals **4** (1968) 1–4, 403–13; Inst. of Appl. Phys., Univ., Bern, Schweiz; engl.) — Von nachst. Verb. werden Löslichkeitswerte in Toluol, Absorptions- u. Fluoreszenzdaten ermittelt u. die Szintillatoreig. u. z. T. die photochem. Zers. diskutiert: Thiophene: *2.5-Bis-[benzoxazolyl-(2)]-* (F. 220°), *2.5-Bis-[5-methylbenzoxazolyl-(2)]-* (F. 219°), *2.5-Bis-[5.6-dimethylbenzoxazolyl-(2)]-* (F. 287°), *2.5-Bis-[5.6-dimethylbenzoxazolyl-(2)]-3.4-dimethyl-* (F. 319°), *2.5-Bis-[5-isopropylbenzoxazolyl-(2)]-3.4-dimethyl-* (F. 181°), *2-[Benzoxazolyl-(2)]-5-[7-sek.-butylbenzoxazolyl-(2)]-* (F. 137°), *2-[Benzoxazolyl-(2)]-5-[5-tert.-butylbenzoxazolyl-(2)]-* (F. 189°), *2.5-Bis-[5-tert.-butylbenzoxazolyl-(2)]-* (F. 202°); Benzoxazole: *2-Phenyl-* (F. 103°), *2-p-Tolyl-* (F. 118°), *2-p-Tolyl-5-methyl-* (F. 133°), *2-p-Tolyl-5-tert.-butyl-* (F. 113°), *2-[p-tert.-Butylphenyl]-* (F. 105°), *2-Phenyl-5-tert.-butyl-* (F. 83°), *2-[p-tert.-Butylphenyl]-5-tert.-butyl-* (F. 157°), *2-p-Biphenylyl-* (F. 138°), *2-p-Biphenylyl-5-tert.-butyl-* (F. 135°), *2-p-Biphenylyl-6-phenyl-* (F. 190°); 1.3.4-Oxadiazole: *2.5-Diphenyl-* (F. 139°), *2-[p-tert.-Butylphenyl]-5-phenyl-* (F. 99°), *2.5-Bis-[p-tert.-butylphenyl]-* (F. 136°), *2-Phenyl-5-p-biphenylyl-* (F. 169°) u. *2-[p-tert.-Butylphenyl]-5-p-biphenylyl-* (F. 139°).
W. Sobieski 408

0911 **Phthalimidphosphoreszenz.** J. Glowacki und R. Pohoski. (Z. Naturforsch. **23a** (1968) 10, 1677–78; Labor. of Gen. Phys., High School of Pedagogy, Gdańsk, Poland; engl.) — Die Phosphoreszenzlebensdauer der Titelverb. in Borsäure wurde in Ggw. von $NiCl_2$, KBr u. KJ untersucht. Der Einfl. auf den Singulett–Triplett-Übergang ist gering. D. Schmitt 408

0912 **Einflüsse der Umgebung auf die angeregten Zustände von aromatischen o-Hydroxycarbonylverbindungen.** Angelo A. Lamola und Louis J. Sharp. (J. physic. Chem. **70**, 2634–38, 1966; Dep. of Chem., Univ. of Notre Dame, Notre Dame, Ind.; engl.) — Unters. der Phosphoreszenz von *Benzophenon, 4.4'-Dihydroxy-, 4.4'-Dimethoxy-, 2-Hydroxy-, 2.2'-Dihydroxy,- 2.2'-Dimethoxy-, 2.4-Dihydroxy-* u. *2-Hydroxy-4-methoxybenzophenon, 2-Hydroxyacetophenon, Salicylaldehyd, Anthrachinon, 1-Hydroxyanthrachinon* u. *4-Hydroxybenzophenon* in unpolaren (z. B. 3-Methylpentan) u. polaren Medien (z. B. Ae/A.) bei 77 °K. G. O. Jäger 408△

0913 **Verzögerte Excimerenfluoreszenz von Acriflavin in verstreckten PVA-Platten.** Masao Sato, Tohru Azumi und Hiroshi Azumi. (Bull. chem. Soc. Japan **39**, 857, **1966**; Dep. of Chem., Fac. of Sci., Tohoku Univ., Sendai; engl.) G. O. Jäger 408△

0914 **Existenz eines Ein- und eines Zweiphotonen-Mechanismus bei der verschiedenartigen Fluoreszenz von Proflavin in festem organischem Medium bei 77 °K.** Marc Ewald, Daniel Lavalette und Bernard Muel. (C. R. hebd. Séances Acad. Sci., Sér. A et B **267** (1968) 7, B 447 bis B 450; Inst. du Radium, Sect. de Biol., Paris; franz.)
J. Richter 408

0915 **Neue Methode zur Bestimmung der Relaxationszeit aus der Polarisierbarkeitsbeziehung. 1. Mitt. Fast kugelförmige Moleküle.** Suresh Chandra und Jai Prakash. (Indian J. pure appl. Physics **6** (1968) 3, 116–17; Phys. Dep., Univ. of Gorakhpur; engl.) — Es wird eine Meth. zur Berechnung der makroskop. dielektr. Relaxationszeit aus der Polarisierbarkeitskurve (an Stelle der Cole-Cole-Kurven) abgeleitet. Nach der neuen Meth. ber. Daten stimmen mit den nach Cole-Cole gut überein u. sind für nachst. Mol. angegeben: *Nitrochloroform, -bromoform; tert.-Butylcyanid, Trimethylacetaldehyd, tert.-Butylamin, Ae., Heptanon-(2); Isobutyl-, sek.-Butyl-, tert.-Butylbromid; Äthylenchlorid, Chlor-, Fluor-, Jod-* u. *Nitrobenzol.*
W. Sobieski 410

0916 **Dipolmomente einer Reihe endständiger 1-Bromalkane in der Gasphase.** Shmuel Weiss. (J. physic. Chem. **70**, 3146–49, 1966; Dep. of Phys. Chem., Hebrew Univ., Jerusalem, Israel; engl.) — Die Messungen wurden an *Äthyl-, n-Propyl-, n-Butyl-, n-Pentyl-* u. *n-Hexylbromid* bei 35° durchgeführt. Die μ-Werte nehmen mit der Kettenlänge zu. M. Knaack 410

0917 **Struktur und Eigenschaften von Sulfonen. 1. Mitt. Elektrisches Moment von 4.4'-Diaminodiphenylsulfon.** Judith A. Singer, William P. Purcell und Clifton C. Thompson. (J. med. Chem. **10** (1967) 4, 528–29; Dep. of Med. Chem., Univ. of Tenn. Coll. of Pharm., Memphis, Tenn.; engl.) — Die elektr. Momente von *4.4'-Diaminodiphenylsulfon* in Bzl. bzw. p-Dioxan u. von *4.4'-Diaminodiphenylsulfid* in Bzl. werden bei 25° bestimmt. K. H. Bielicki 410

0918 **Beeinflussung der optischen Absorption von Molekülen durch ein elektrisches Feld. 8. Mitt. Lösungsmittelabhängigkeit der Lage und Intensität von Elektronenbanden einiger Farbstoffe.** W. Liptay, H.-J. Schlosser, B. Dumbacher und S. Hünig. (Z. Naturforsch. **23a** (1968) 10, 1613–25; Inst. für Phys. Chem., Univ. Mainz; dt.) — 7. vgl. ibid. **23a** (1968) 10, 1601; 6. vgl. C. **1968**, 47-0827. — Von nachst. Farbstoffen wird die Solvatochromie diskutiert u. außer den Titelparametern eine Komponente des Tensors der Übergangspolarisierbarkeit bestimmt: *[1-Methyl-1.4-dihydropyridin]-4-azino-4-[2.6-dimethyl-1.4-dihydro-1-oxobenzol* u. *-4-azino-10-[anthron-(9)], 3-Phenyl-4-{4-[3-äthyl-3H-benzothiazolyliden-(2)]-buten-(2)-yliden}-4H-isoxazolon* u. *2.4.6-Triphenyl-N-[3.5-di-tert.-butyl-4-hydroxyphenyl]-pyridiniumbetain.*
D. Schmitt 410

0919 **Verbesserte mittlere Schwingungsamplituden für Naphthalin.** S. J. Cyvin, B. N. Cyvin und G. Hagen. (Chem. Physics Letters [Amsterdam] **2** (1968) 5, 341–42; Inst. of Phys. Chem., TU of Norway, Trondheim; engl.) W. Sobieski 415

0920 **Normalkoordinatenanalyse der nichtebenen Schwingungen von o-, m-, p-Fluorchlor- und -Fluorbrombenzol.** N. A. Narasimham und Ch. V. S. Ramachandra Rao. (J. molecular Spectroscopy **28** (1968) 1, 44–58; Spectroscopy Div., Bhabha Atomic Res. Centre, Trombay, Bombay; engl.) W. Sobieski 415

0921 **Spektrale Eigenschaften von Cubebin.** A. Chatterjee, S. C. Basa und A. B. Ray. (J. Indian chem. Soc. **45** (1968) 8, 723–25; Dep. of Chem., Univ. Coll. of Sci., Calcutta; engl.) — Angegeben sind UV-, IR-, NMR- u. Massenspektrum. D. Schmitt 415

0922 **Spektroskopie mit Blitzanregung durch Laser. Anwendung auf Naphthalin.** Roland Bonneau, Jean Faure, Jacques Joussot-Dubien, Lars Lindqvist und Claude Barthélemy. (C. R. hebd. Séances Acad. Sci., Sér. A et B **267** (1968) 6, B 412–B 415; Dép. de Chim. phys. de la Fac. des Sci. de Bordeaux, Talence, Gironde; franz.) — Vf. beschreiben App. u. 2 Vers.-Anordnungen mit deren Hilfe sie das Absorptionsspektrum von Naphthalin zwischen 4100 u. 4800 Å bestimmten. J. Richter 418

0923 **Diffusionslänge des Triplett-Exzitons in Anthracen-Kristallen.** D. F. Williams und J. Adolph. (J. chem. Physics **46** (1967) 11, 4252–54; Div. of Pure Chem., Nat. Res. Council, Ottawa, Canada; engl.) — Für die Diffusionslänge wird im Temp.-Bereich 130–410 °K eine schwache Temp.-Abhängigkeit gefunden.
K. H. Bielicki 418

0924 **Temperaturabhängigkeit der Singulett-Triplett-Intersystemüberführung in Anthracen-Kristallen.** J. Adolph und D. F. Williams. (J. chem. Physics **46** (1967) 11, 4248–51; Div. of Pure Chem., Nat. Res. Council, Ottawa, Canada; engl.) — Der Mechanismus der Bldg. von Triplett- aus Singulettexzitonen über einen strahlungslosen Übergang in Anthracenkrist. wird zwischen 140 u. 430 °K untersucht. K.-H. Bielicki 418

0925 **Absorptions- und Emissionsspektren von Anthracendimeren.** Edwin A. Chandross, J. Ferguson und E. G. McRae. (J. chem. Physics **45**, 3546—53, 1966; Bell Telephone Labor., Incorp., Murray Hill N.J.; engl.) G. O. Jäger 418△

0926 **Elektronenabsorptions- und ESR-Spektren von Benzol- und Paracyclophan-Anionen.** A. Ishitani und S. Nagakura. (Molecular Physics **12** (1967) 1, 1—12; Inst. for Solid State Phys., Univ. of Tokyo, Azabu, Shinryudo-cho, Minato-ku, Tokyo, Japan; engl.) — Die Spektren der Anionen in THF- oder DME-Lsg. bei —50 bis —80° werden analysiert. K.-H. Bielicki 418

0927 **Absorption und Fluoreszenz von Sandwich-Dimeren. Theorie des Excimerenzustands.** Edwin A. Chandross und J. Ferguson. (J. chem. Physics **45**, 397—98; 1966; Murray Hill, N.J., Bell Telephone Labor.; engl.) — Es werden die UV-Absorptions- u. Fluoreszenzspektren der *Sandwichdimeren* von *Anthracen, 9-Methyl-, 9-Chlor-, 9-Brom-, 9.10-Dichlor-* u. *9.10-Dibromanthracen*, sowie des *gemischten Dimeren* aus *Anthracen* u. *9.10-Dichloranthracen* vermessen u. diskutiert. G. O. Jäger 418△

0928 **Absorptions- und Excimerenfluoreszenzspektren von Sandwichdimeren substituierter Anthracene.** Edwin A. Chandross und J. Ferguson. (J. chem. Physics **45**, 3554—64, 1966; Bell Telephone Labor., Incorp., Murray Hill, N.J.; engl.) — Es werden die Absorptions- u. Fluoreszenzspektren der Sandwichdimeren folgender Anthracene vermessen: *unsubstituiert, 9-Methyl-, 9-Chlor-, 9-Brom-, 9-Cyan-, 9.10-Dichlor-* u. *9.10-Dibrom-*. G. O. Jäger 418△

0929 **Spektren von Polyen–Jod-Komplexen.** P. E. Blatz, N. Baumgartner und S. Dewhurst. (J. physic. Chem. **72** (1968) 7, 2690—92; Dep. of Chem., Univ. of Wyo., Laramie, Wyo.; engl.) — Die Absorptionsspektren von *Anhydroretinol* (**I**, 320—430 mμ) u. des **I**–J_2-Komplexes (430—700 mμ) in 1.2-Dichloräthan bei —27° werden untersucht. A. Meixner 418

0930 **Zuordnung des zweiten Singuletts der Carbonylgruppe.** W. Curtis Johnson jun. und William T. Simpson. (J. chem. Physics **48** (1968) 5, 2168—74; Dep. of Chem., Univ. of Oreg., Eugene, Oreg.; engl.) — Die Elektronenabsorptionsspektren von fl. u. krist. *Heptadecanon-(9)* u. *Undecanon-(6)* werden untersucht u. bez. der Extinktionsänderung beim Schmelzen u. der Zuordnung des zweiten Singuletts von CO als $n \rightarrow \sigma^*$ diskutiert. W. Sobieski 418

0931 **Photolumineszenz von Biacetyl in der Dampfphase. Phosphoreszenzspektrum.** Paule Longin. (C. R. hebd. Séances Acad. Sci., Sér. A et B **267** (1968) 6, B 404—B 407; Labor. d'Opt. mol. de la Fac. des Sci. de Bordeaux, Talence, Gironde; franz.) — Vf. untersuchten das Phosphoreszenzspektrum zwischen 20 u. 100° u. konnten ca. 60 Banden, ausgehend von der O—O-Frequenz des ^3A_u–A_g-Übergangs, zuordnen. J. Richter 418

0932 **Einfluß der Konformation auf das Elektronenabsorptionsspektrum der Carboxylatgruppe.** W. D. Closson, Peter J. Orenski und Bernard M. Goldschmidt. (J. org. Chemistry **32** (1967) 10, 3160—63; New York, N.Y., Columbia Univ., Dep. of Chem.; engl.) — Die Energien u. Intensitäten der $n \rightarrow \pi^*$-Übergänge folgender Verb. werden in einer Reihe von Lsgm. unterschiedlicher Polarität (Isooctan, CH_3CN, A., CH_3OH, 80%ig. wss. CH_3OH u. 2.2.3.3-Tetrafluorpropanol) bestimmt: *Propiolacton, Butyrolacton, Pentanolid* ($Kp._{4,5}$ 90°), *Hexanolid* ($C_6H_{10}O_2$, $Kp._2$ 87—89°), *Heptanolid* ($C_7H_{12}O_2$, $Kp._{10,5}$ 83—85°), *Octanolid* ($C_8H_{14}O_2$, $Kp._{13,5}$ 76—76,5°), *Nonanolid* ($C_9H_{16}O_2$, $Kp._{12}$ 92°), *Decanolid, Dodecanolid* ($C_{12}H_{22} \cdot O_2$, $Kp._5$ 119—120°), *Tridecanolid, Hexamethylenadipat* ($C_{12}H_{20}O_4$, F. 68—70°), *Hexamethylenazelat* ($C_{15}H_{26}O_4$, F. 54—56°), *Essigsäure-n-pentyl-* u. *-n-hexylester, Propionsäure-n-butyl-, -n-pentyl-* u. *-n-hexylester, Buttersäure-n-propyl-* u. *-n-pentylester, Valeriansäureäthyl-* u. *-n-propylester* u. *Capronsäuremethylester.* G. O. Jäger 418△

0933 **Solvatochromie einiger aromatischer Nitrosamine und Hammett-Konstante.** A. V. Finkel'štejn, A. I. Jarošenko, E. Ju. Beljaev und S. V. Luk'jančuk. (Ž. fiz. Chim. **41** (1967) 9, 2343—44; Sibir. technol. inst., Krasnojarsk; russ.) — An nachst. N-Nitroso-N-methylanilinen: *unsubstituiert, p-Hydroxy-, p-Methoxy-, p-Chlor-, m-Chlor-* u. *p-Brom-* wird der Substituenteneinfl. auf die Lsgm.-Verschiebung der K-Bande in Heptan u. A. untersucht. C. Kozák 418△

0934 **Fluoreszenzanregungsspektrum von Thymin: Beweis für die Wellenlängenabhängigkeit von der Quantenausbeute.** James E. Gill. (J. molecular Spectroscopy **27** (1968) 1—4, 539—42; Bio-Med. Div., Lawrence Radiation Labor., Univ. of Calif., Livermore, Calif.; engl.) D. Schmitt 418

0935 **Temperaturabhängigkeit der Absorptionsspektren von Ionenradikalen vom Typ des Wurster's Blau.** Ko Uemura, Shigeki Nakayama, Yukiko Seo, Keisuke Suzuki und Yuzuru Ooshika. (Bull. chem. Soc. Japan **39**, 1348, 1966; Fac. of Sci., Kwansei Gakuin Univ., Nishinomiya; engl.) — Es werden die UV-Absorptionsspektren von *p-Phenylendiaminbromid, N.N-Dimethyl-* u. *N.N.N'.N'-Tetramethyl-p-phenylendiaminperchlorat* im Bereich von —196 bis 22° in festem Zustand u. in Lsg. untersucht. G. O. Jäger 418△

0936 **Untersuchungen über Spektren der Protoberberin-Alkaloide.** 2. Mitt. **Absorptionsspektren von Jatrorrhizin.** Z. Gašparec und K. Weber. (Croat. chem. Acta **39** (1967) 3, 175—83; Dep. of Forens. Med., Med. Fac., Univ. of Zagreb, Yugoslavia; engl.) — 1. vgl. ibid. **38** (1966) 3, 143. — Die Absorptionsspektren von Jatrorrhizinchlorid werden im Sichtbaren u. im UV in wss. u. in verschiedenen alkohol. Lsg. sowie in Ggw. von HCl oder KOH gemessen. L. Dobel 418

0937 **Frequenzen, Anharmonizitäten und scheinbare Dissoziationsenergien von C—H-Bindungen.** Mansel Davies und Glynne J. Boobyer. (J. chem. Soc. [London], Sect. B **1966**, 910—12; Edward Davies Chem. Labor., Univ. Coll. of Wales, Aberystwyth; engl.) — Die ν(C—H) der Grund-, ersten u. zweiten Oberschwingungen u. Anharmonizitätskonst. sind angegeben von *H-* u. *D-Chloroform, Bromoform, Trinitromethan, Dichloracetonitril, Trichloracetaldehyd, Undekafluorcyclohexan, 1.1-Difluor-1.2.2-trichlor-, 1.1.1-Trifluorchlorbromäthan, Trichloräthylen, Tetrachlornitro-, Pentafluorbenzol* (**I**), *Phenylacetylen, 3-Brompropin* (**II**) u. *Pentin.* Nach Morse- u. Lippincott-Funktionen werden die C—H-Bindungsdissoziationsenergien ber. u. mit experimentellen Werten (Literatur) verglichen von vorst. Verb. außer **I** u. **II** u. von *Methan, Äthylen, Acetylen, Bzl., Toluol, Acetonitril, 2-Methylpropan, Formaldehyd, Acetaldehyd, Methanol, Ameisensäure, Propin, Trimethylsilylacetylen, Fluoroform,* CH u. *HCN.* A. Kratochwill 420

0938 **Normalschwingungen und Zuordnung der IR-Spektren von Propan und seinen D-Derivaten.** Teiichiro Ogawa, Jizaemon Hara und Kozo Hirota. (J. chem. Soc. Japan, pure Chem. Sect. [Nippon Kagaku Zasshi] **89** (1968) 1, 19—22; Osaka; Osaka Univ., Fac. of Sci., Dep. of Chem.; jap., Auszug: engl.) — Untersucht wurden dabei Propan u. nachst. D-Derivate: $CH_3CD_2CH_3$, $CH_3CH_2CD_3$, $CD_3CH_2CD_3$, $CD_3CD_2CD_3$, $CH_3CH_2CH_2D$, CH_3CHDCH_3, $CH_2DCH_2CH_2D$, $CH_3CH_2CHD_2$ u. $CH_3 \cdot CHDCH_2D$. H.-S. Park 420

0939 **Berechnung der absoluten Intensität von IR-Spektren einiger atomarer Gruppen.** 2. Mitt. **Intensitätsberechnung der IR-Spektren von Vinylgruppen in Alkenen.** Seiichiro Higuchi, Shigeyuki Tanaka und Hitoshi Kamada. (J. chem. Soc. Japan, pure Chem. Sect. [Nippon Kagaku Zasshi] **89** (1968) 1, 22—24; Tokyo; Tokyo Univ.; Fac. of Engng.; jap., Auszug: engl.) — 1. vgl. ibid. 88 (1967) 9, 930. H.-S. Park 420

0940 **Hochaufgelöste IR-Spektren von D_2-Acetylen. Analyse der Banden bei 4,1 μ.** Sergio Ghersetti und K. Narahari Rao. (J. molecular Spectroscopy **28** (1968)

1, 27–43; Labor. of Mol. Spectroscopy and IR-Studies, Dep. of Phys., O. State Univ., Columbus, O.; engl.) W. Sobieski 420

0941 **Kipp-Schwingungsmodus von B_{2g}-Methylen in Polyäthylen.** P. J. Hendra. (J. molecular Spectroscopy **28** (1968) 1, 118–19; Dep. of Chem., Univ. of Southampton; engl.) — Die Laser-Raman-Spektren von verschiedenen Polyäthylenproben werden untersucht. W. Sobieski 420

0942 **Raman-Spektren und externe Frequenzen einiger Benzolderivate.** Gérard G. Dumas, Agnès Marcou, Marie-Paule Chédin und René Freymann. (C. R. hebd. Séances Acad. Sci., Sér. A et B **267** (1968) 4, B 267 bis B 269; Phys. expér. mol., Fac. des Sci., Paris; franz.) — Untersucht wurden bei 80 °K *Bzl.*, C_6H_5D, *p*-D_2-*Bzl.*, C_6D_6, *Chlor-*, *Fluor-*, *Brom-* u. *Jodbenzol* sowie deren p-D-Derivate. J. Richter 420

0943 **Substituenteneinfluß auf die γ(CH)-Deformationsschwingungen 2-substituierter Thiophene.** Jean-Jacques Péron, Jeanne-Marie Lebas und Pierre Saumagne. (C. R. hebd. Séances Acad. Sci., Sér. A et B **267** (1986) 12, B 586–B 589; Labor. de Spectrochim. mol., Fac. des Sci., Brest, Finistère; franz.) — Vf. setzten die Frequenz ν_{19} nachst. Thiophene in Beziehung zur Resonanzkonst. $\sigma_R{}^0$ von Taft: *2-Methoxy-*, *2-Chlor-*, *2-Brom-*, *2-Jod-*, *2-Methyl-*, *2-Äthyl-*, *2-Mercapto-*, *2-Cyanmethyl-*, *2-Hydroxymethyl-*, *2-D-*, *2-Cyan-*, *2-Nitro-*, *2-Carbäthoxy-*, *2-Carboxy-*, *2-Acetyl-*, *2-Formyl-*, *2-Chlorcarbonyl-*. J. Richter 420

0944 **Struktur von Donator–Akzeptor-Komplexen. 6. Mitt. IR-Untersuchung der Komplexe von Nitrosylchloird mit organischen tertiären Basen.** Ram Chand Paul und S. L. Chadha. (Indian J. Chem. **6** (1968) 5, 272–74; Dep. of Chem., Panjab Univ., Chandigarh; engl.) — 5. vgl. Spectrochim. Acta [London] **22** (1966) 615; 2. vgl. C. **1966**, 39-0804. — Die IR-Spektren der 1:1-NOCl-Komplexe mit *Py.* (F. 82°), *β-Picolin*, *γ-Picolin* (F. 118°), *Chinolin* u. *Isochinolin* (F. 175°) werden untersucht. W. Sobieski 420

0945 **Beziehung zwischen Frequenzen und Intensitäten der Infrarotbanden der Diazoniumgruppe aromatischer Diazoniumverbindungen mit den Substituentenkonstanten.** L. A. Kazicyna, L. D. Aškinadze und O. A. Reutov. (Izvest. Akad. Nauk SSSR, Ser. chim. **1967**, 3, 702–03; Mosk. gos. univ. im. Lomonosova; russ.) G. Ewald 420

0946 **Spektren im IR und nahen IR von Alkohol-Wasser-Mischungen.** Makoto Kikuchi und Eiko Oikawa. (J. chem. Soc. Japan, pure Chem. Sect. [Nippon Kagaku Zasshi] **89** (1968) 2, 129–35; Morioka-shi; Iwate Univ. Coll. of Liberal Arts; jap., Auzsug: engl.) — Untersucht wurden in Bereichen von 4000–3000 u. 8000–4000 cm^{-1} die Mischungen von *Methanol*, *A.* u. *Propanol-(1)* mit W. in verschiedenen Mischverhältnissen, hinsichtlich intermol. Wechselwrkg. (H-Brücken) u. des Mol.-Zustandes der Lösungen. H.-S. Park 420

0947 **IR-Spektren von retro-Dehydrocarotinoiden.** Elena Nicoară, Virgil Tămaş, Gavril Neamţu und Cornel Bodea. (Liebigs Ann. Chem. **697**, 201–03, 1966; Biochem. Labor., Landwirtschaftl. Hochsch., Cluj, Romania; dt.) — Die IR-Spektren (900–1000 cm^{-1} in CCl_4) von *retro-Dehydro-β-carotin* (*Isocarotin*), *retro-Bis-dehydrocarotin*, *Anhydro-eschscholtzxanthin*, *retro-Dehydrokryptoxanthin*, *Anhydro-eschscholtzxanthon*, *Eschscholtzxanthin*, *Eschscholtzxanthon* u. *Rhodoxanthin* werden gemessen, wobei stets ein Dublett zwischen 950–1000 cm^{-1} beobachtet wird. Dieses ist für die retro-Struktur der Carotinoide charakterist. u. kann für deren Identifizierung herangezogen werden. D. Kunath 420

0948 **Mikrowellenspektrum und Molekülstruktur von trans-Acrolein.** E. A. Cherniak und C. C. Costain. (J. chem. Physics **45**, 104–10, 1966; Div. of Pure Phys., Nat. Res. Council, Ottawa, Canada; engl. G. O. Jäger 422△

0949 **Mikrowellenspektrum von Pentafluorbenzol.** S. Doraiswamy und S. D. Sharma. (Proc. Indian Acad. Sci., Sect. A **68** (1968) 2, 53–64; Tata Inst. of Fundamental Res., Bombay; engl.) — Angegeben sind außerdem Rotationskonst. u. die Asymmetrie-Parameter, sowie Bindungsabstände. D. Schmitt 422

0950 **Emission und verstärkte Absorption in Spektren der magnetischen Kernresonanz während schneller Organometall-Reaktionen.** Harold R. Ward und Ronald G. Lawler. (J. Amer. chem. Soc. **89** (1967) 21, 5518–19; Providence, R.I., Univ., Metcalf Res. Lab.; engl.) — Während der Rk. von Alkylhalogeniden mit Alkyllithiumverb. treten in den Kernresonanzspektren Emissions- u. verstärkte Absorptionslinien auf, die als chem. induzierte dynam. Kernpolarisation erklärt werden. Während der Rk. von *n-Butyl-Li* mit *n-Butylbromid* in Ggw. von *Diphenylacetylen* entsteht in Ae. als Lsgm. *Isobutylen* u. *Buten-(1)*, deren Kernresonanz-Multipletts z. T. in Emission u. in Absorption erscheinen. Dies deutet auf einen radikal. Mechanismus der Rk. hin. J. Bargon 424

0951 **Analyse der ^{1}H-NMR-Spektren von monosubstituierten Benzolen. Chemische Verschiebung der Ringprotonen bei unendlicher Verdünnung.** Kikuko Hayamizu und Osamu Yamamoto. (J. molecular Spectroscopy **28** (1968) 1, 89–100; Government Chem. Indust. Res. Inst., Tokyo; engl.) — Untersucht werden *Brombenzol*, *N-Methylanilin*, *Nitrobenzol*, *Isopropylbenzoat*, *Acetophenon*, *Anisol*, *Phenylacetat*, *Phenol*; *Benzoylchlorid*, *-bromid*; *Benzaldehyd*, *Benzolsulfochlorid*; *Methyl-*, *Isobutylbenzoat*; *Äthylphenylketon*, *Benzonitril*, *Anilin*, *Methylbenzolsulfonat*, *α.α.α-Trichlortoluol*; *Jod-*, *Chlorbenzol* u. *N.N-Dimethylanilin*. W. Sobieski 424

0952 **Konformative Beweglichkeit flexibler Ringsysteme. Untersuchungen mit Hilfe der Protonenresonanz-Spektroskopie. 9. Mitt. 1.1-Dimethylcyclohexan und davon abgeleitete Verbindungen.** H. Friebolin, W. Faißt und H. G. Schmid. (Tetrahedron Letters [London] **1966** 12, 1317–21; Freiburg, Inst. für Elektrowerkstoffe der Fraunhofer-Ges.; dt.) — 8. vgl. C. **1967**, 27-0972. — Es wird das „Einfrieren" der Ringinversion bei *1.1-Dimethyl-*, *1.1-Dimethyl-3.3.5.5-tetradeuterio-*, *1.1-Dimethyl-4.4-dimethoxy-* u. *1.1.4.4-Tetramethylcyclohexan* NMR-spektroskop. verfolgt. Die freie Aktivierungsenthalpie der Ringinversion wird nach der Meth. von Gutowsky u. Holm [vgl. J. chem. Phys. **25** (1956) 1228] bestimmt. G. O. Jäger 424

0953 **NMR-Spektren von Carbanionen. 1. Mitt. 1.1-Diphenyläthylen-Dimerdianion.** Kensuke Takahashi und Ryuzo Asami. (Bull. chem. Soc. Japan **41** (1968) 1, 231–32; Dep. of Ind., Chem., Nagoya Inst. of Technol., Gokiso-cho, Showa-ku, Nagoya; engl.) — Das NMR-Spektrum der Verb. (aus 1.1-Diphenyläthylen durch Red. mit K, Na oder Li in THF) wird analysiert. W. Damerau 424

0954 **^{1}H-NMR-Spektroskopie ungesättigter Ringsysteme. 3. Mitt. Die Spektren cyclischer Diene und Triene.** H. Günther und H. H. Hinrichs. (Tetrahedron Letters [London] **1966**, 8, 787–90; Köln, Univ., Inst. für Organ. Chem.; dt.) — 2. vgl. C. **1968**, 14-0900. — Durch komplette Analyse der PMR-Spektren von *cis-9.10-Dihydronaphthalin-9.10-dicarbonsäuredimethylester* u. *-anhydrid*, sowie von *12-Oxatricyclo-[4.4.3.0^{1,6}]-tridecatetraen-(2.4.7.9)*, *9.10-Äthano-cis-9.10-dihydronaphthalin*, *Tricyclo-[4.3.1.0.^{1,6}]-decadien-(2.4)*, *1.6-Dimethylcycloheptatrien-(1.3.5)* u. *Oxepin* u. durch partielle Analyse für die *β*- u. *γ*-Protonen in *Cycloheptatrien-(1.3.5)* u. *N-Äthoxycarbonylazepin* werden die PMR-Parameter (relative chem. Verschiebung zwischen $H_{(1)}$, $H_{(2)}$ u. $H_{(3)}$, $H_{(4)}$; Kopplungskonst.) bestimmt u. tabellar. zusammengestellt. Für eine einfache Unterscheidung zwischen den Dien- u. Trien-Syst. werden charakterist. Größen ermittelt. G. O. Jäger 424

0955 **^{1}H-NMR von di- und trisubstituierten Pyrazinen und ihren Kationen.** R. H. Cox und A. A. Bothner-By. (J. physic. Chem. **72** (1968) 5, 1642–45; Pittsburgh, Pa., Carnegie-Mellon Univ., Mellon Inst.; engl.) — Die ^{1}H-NMR-Spektren von *2.5-Dimethylpyrazin*, *2-Hydroxy-*, *2-Amino-*, *2-Methoxy-* (Kp.$_{25}$ 70°), *2-Chlor-3-methylpyrazin*, *2-Methoxy-* (Kp.$_{24}$ 85°) u. *2-Chlor-3.6-dimethylpyrazin* in neutralen u. sauren Lsgm. werden analysiert u. Fernkopplungen über 5 u. 7 Bindungen nachgewiesen.

Der Einfl. der Protonierung auf die Kopplungskonst. wird diskutiert. Das Hydroxypyrazin liegt in der Ketoform vor. B. I. 424△

0956 **^{1}H-NMR-Spektren monosubstituierter Pyrazine.** R. H. Cox und A. A. Bothner-By. (J. physic. Chem. **72** (1968) 5, 1646—49; engl.) — Vgl. vorst. Referat. — Die Kopplungskonst. u. chem. Verschiebungen von *2-Hydroxy-, 2-Amino-, 2-Methoxy-, 2-Methyl-, 2-Chlor-, 2-Fluorpyrazin, Pyrazin-2-carbonsäuremethylester* u. *-amid* werden aus den ^{1}H-NMR-Spektren bestimmt u. mit den entsprechenden substituierten Benzolen u. Pyridinen verglichen. Durch Spin-„tickling"-Experimente wird das Vorzeichen der m-Kopplungskonst. als negativ bestimmt. Die Ketoform des Hydroxypyrazins konnte nachgewiesen werden. B. I. 424△

0957 **Kopplungskonstanten in fluorierten cyclischen Verbindungen. 3. Mitt. Kopplungskonstanten und chemische Verschiebungen von Perfluormethylcyclohexan.** K. W. Jolley, L. H. Sutcliffe und S. M. Walker. (Trans. Faraday Soc. **64** (1968) 542, 269—79; Liverpool, Univ., Donnan Chem. Labor.; engl.) — 2. vgl. ibid. **62** (1966) 2969. — Das ^{19}F-NMR-Spektrum der Verb. wird analysiert. B. I. 424△

0958 **NMR-spektroskopische Untersuchung der konformativen Beweglichkeit von ungesättigten Hetero-7-Ringsystemen.** Heinz Dürr. (Z. Naturforsch. **22b** (1967) 7, 786—87; Inst. für org. Chem., Univ. des Saarlandes, Saarbrücken; dt.) — Die Temp.-Abhängigkeit der NMR-Spektren von *10H-Dibenzo-[b.f]-thiepinon-(10)* (**I**) u. **I**-*oxim* in CS_2 u. *10H-Dibenzo-[b.f]-sulfinylepinon-(10)* (**II**) u. **II**-*oxim* in C_6H_5CN wird analysiert u. RGK der Ringinversion angegeben. W. Damerau 424△

0959 **NMR-spektroskopische Untersuchungen an Komplexen von Pyridinderivaten mit Lewis-Säuren und Protonen.** H.-H. Perkampus und U. Krüger. (Ber. Bunsenges. physik. Chem. **71** (1967) 5, 439—46; Inst. für Org. Chem., TH Braunschweig; dt.) — Die NMR-Spektren der BF_3- u. $AlBr_3$-Komplexe (in Ae.) von *Py.* u. *2-, 3-* u. *4-Methyl-, 2-* u. *4-Äthyl-, 2-* u. *4-Vinyl-, 2-* u. *4-Phenyl-, 2-* u. *4-Cyan-, 2-* u. *3-Chlor-, 2-Fluor-, 2-* u. *3-Brom-, 2.6-Dimethyl-, 2.6-Dichlor-* u. *2.6-Dibrompyridin* werden gemessen u. mit den NMR-Spektren der *Hydrochloride* dieser Verb. (in D_2O/CH_3OH) verglichen. W. Damerau 424△

0960 **NMR-Untersuchungen aliphatischer stickstoffhaltiger Verbindungen. 6. Mitt. Protonenresonanzspektren einiger Typen von substituierten Ammoniumionen.** Kazuo Tori, Tatsuo Iwata, Katsutoshi Aono, Masako Ohtsuru und Toshio Nakagawa. (Chem. pharmac. Bull. [Tokyo] **15** (1967) 3, 329—36; Shionogi Res. Labor., Shionogi & Co. Ltd., Fukushima-ku, Osaka; engl.) — 5. vgl. Bull. chem. Soc. Japan **39** (1966) 1089; 8. vgl. C. **1968,** 33-1066. — Die chem. Verschiebungen der CH_3- bzw. CH_3- u. CH_2-Protonen u. die Kopplungskonst. $J_{^{14}N-CH_3}$ bzw. $J_{^{14}N-C-CH_3}$ folgender Verb. in D_2O werden bestimmt: $CH_3N^+H_3Cl^-$; $(CH_3)_2N^+H_2Cl^-$; $(CH_3)_3N^+RX^-$ [$R = CH_3$; $X^- = Cl^-$; CH_3, Br^-; CH_3, J^-; C_2H_5, J^-; CH_2CH_2Cl, Cl^-; CH_2CH_2Br, Br^-; CH_2CH_2OH, Cl^-; $CH_2CH_2OCOCH_3$, Br^-; CH_2COO^-; CH_2COOH, Cl^-; $CH_2C_6H_5$, Cl^-; $HC = CH_2$, Br^-; $HC = CHC_6H_5$, Br^-; C_6H_5, Br^-; C_6H_5, J^-]; $(CH_3)_2N^+(CH_2C_6H_5)(C_6H_5)Cl^-$; *N-Methylpyridinium-* u. *N-Methylchinoliniumjodid*; $C_2H_5N^+H_3Cl^-$; $(C_2H_5)_2N^+HRCl^-$ [$R = H$; C_2H_5; $CH_2 \cdot CH_2OH$]; $C_2H_5N^+(CH_3)_2RJ^-$ [$R = CH_3$; C_2H_5]; $(C_2H_5)_4 \cdot N^+X^-$ [$X^- = Cl^-$; Br^-; J^-]; $(C_2H_5)_3N^+RX^-$ [$R = CH_3$; $X^- = J^-$; $(CH_2)_2CH_3$, J^-; $(CH_2)_3CH_3$, J^-; $CH_2-CH=CH_2$, J^-; $CH_2C_6H_5$, Cl^-; $CH_2C_6H_5$, J^-; C_6H_5, J^-]; $C_2H_5N^+[(CH_2)_2CH_3]_3J^-$; *N-Äthylpyridiniumbromid* u. *N-Äthylchinoliniumjodid.* W. Damerau 424△

0961 **Bestimmung der Vorzeichen der ^{14}N-H-Spin–Spin-Kopplungskonstanten in Trimethylvinylammoniumbromid durch heteronukleare magnetische Doppelresonanz.** W. McFarlane und R. R. Dean. (J. chem. Soc. [London], Sect. A **1968,** 6, 1187—89; London, Sir John Cass Coll., Dep. of Chem.; engl.) — Die Vorzeichen der ^{14}N-H-Kopplungskonst. obiger Verb. werden relativ zur gem. H—H-Kopplungskonst. bestimmt. B. I. 424△

0962 **Anwendung der INDOR-Technik bei der Lösung von Strukturproblemen in der Organophosphorchemie.** R. Kosfeld, G. Hägele und W. Kuchen. (Angew. Chem. **80** (1968) 19, 794—95; dt.; int. Edit. **7** (1968) 10, 814—15; engl.); Inst. für Phys. Chem. der TH Aachen. — Die Meth. wird an den Rk.-Prod. von *tert.-Butylmagnesiumchlorid* mit *Dibrommethylphosphinsulfid* gezeigt. Angegeben sind die Daten für *Brom-, Mercapto-, Hydroxy-* u. unsubstituiertes *Methyl-tert.-butylphosphinsulfid.* D. Schmitt 424

0963 **NMR-Untersuchung von Schwefelverbindungen. 2. Mitt. Substituenteneinfluß auf die geminalen Kopplungskonstanten und die magnetische Nichtäquivalenz der Methylenprotonen von Sulfoxiden.** Motohiro Nishio. (Chem. pharmac. Bull. [Tokyo] **15** (1967) 11, 1669—76; Central Res. Labor., Meiji Seika Kaisha Ltd., Morooka-cho, Kohoku-ku, Yokohama; engl.) — 1. vgl. ibid. **13** (1965) 12, 1392. — Von den nachst. Sulfoxiden werden die NMR-Spektren in verschiedenen Lsgm. aufgenommen u. analysiert: p-$R'C_6H_4SOCH_2R$ [$R' = CH_3$, $R = C_6H_5$ (F. 140°); H, C_6H_5 (F. 127°); Cl, C_6H_5 (F. 134°); NO_2, C_6H_5 (F. 159—166°); CH_3, p-ClC_6H_4 (F. 160°); H, p-ClC_6H_4 (F. 171°); Cl, p-ClC_6H_4 (F. 126°); NO_2, p-$Cl \cdot C_6H_4$ (F. 139°); CH_3, p-$NO_2C_6H_4$ (F. 164°); H, p-$NO_2 \cdot C_6H_4$ (F. 161°); Cl, p-$NO_2C_6H_4$ (F. 154°); NO_2, p-$NO_2 \cdot C_6H_4$ (F. 176°); Cl, o-ClC_6H_4 (F. 83°); NO_2, o-ClC_6H_4 (F. 137°); CH_3, COC_6H_5 (F. 109°); H, COC_6H_5 (F. 81°); Cl, COC_6H_5 (F. 85°); NO_2, COC_6H_5 (F. 126°); CH_3, COC_6H_4Br-p (F. 139°; Zers.); H, COC_6H_4Br-p (F. 134°, Zers.); Cl, COC_6H_4Br-p (F. 139°; Zers.); Cl, $COCH_3$ (F. 108°); NO_2, $COCH_3$ (F. 129°)], $C_6H_5SOCH_2CONH \cdot C_6H_4R''$ [$R'' = H$ (F. 148°); o-CH_3 (F. 134°); m-CH_3 (F. 142°); p-CH_3 (F. 122°); p-OCH_3 (F. 130°); o-Cl (F. 123°); m-Cl (F. 159°); p-Cl (F. 168°); o-Br (F. 129°); m-Br (F. 161°); p-Br (F. 177°); o-NO_2 (F. 155°); m-NO_2 (F. 171°); p-NO_2 (F. 223°; Zers.)]. W. Damerau 424△

0964 **Analyse des Absorptionssignals des Komplexes Chloranil–p-Phenylendiamin in Abhängigkeit von der Temperatur.** Jean-Pierre Faucher und Henri Robert. (C. R. hebd. Séances Acad. Sci., Sér. A et B **267** (1968) 10, B 522—B 524; Labor. d'Électron. et Résonance magnét., Fac. des Sci. de Clermont-Ferrand; franz.) — Vf. untersuchten die auf der Existenz zweier Arten von paramagnet. Zentren im Einkrist. beruhenden 2 EPR-Signale bez. der Abhängigkeit ihrer Intensität von der Temp. sowie ihrer Breite von der Orientierung im äußeren Feld u. der Temperatur. J. Richter 426

0965 **ESR-Untersuchungen. 12. Mitt. Charakteristik der Iminoxyl-Radikale von 1-Halogenfluorenonoximen.** B. C. Gilbert und R. O. C. Norman. (J. chem. Soc. [London], Sect. B **1967,** 10, 981—84; York, Univ., Dep. of Chem.; engl.) — 11. vgl. C. **1969,** 19-0955. — Die ESR-Spektren der Iminoxyl-Radikale von *Fluorenonoxim, 1-Fluor-, 1-Chlor-, 1-Brom-* ($C_{13}H_8BrNO$, F. 214—215°) u. *1-Jodfluorenonoxim* (**I**; $C_{13}H_8JNO$, F. 217,5—219°) in Dichlormethylenlsg. bei 20° (Radikale von **I** auch in anderen Lsgm. u. bei anderen Temp.) werden analysiert. H. Pehlmann 426

0966 **Elektronenstoßuntersuchungen. 31. Mitt. Fragmente von Skelettumlagerungen in den Massenspektren von Anilen.** J. H. Bowie, R. G. Cooks, J. W. Fisher und T. McL. Spotswood. (Austral. J. Chem. **21** (1968) 8, 2021—30; Dep. of Organ. Chem., Univ., Adelaide, S.A.; engl.) — 29. vgl. C. **1968,** 62-0100. — Die Massenspektren nachst. Verb. werden untersucht: Aniline: *N-Benzyliden-*, dessen [2.4.6-D_3]- u. [2'.4'.6'-D_3]-Deriv., *N-[o-Methylbenzyliden]-, N-[p-Methylbenzyliden]-, N-Benzyliden-2-methyl-, N-Benzyliden-3-methyl-, N-Benzyliden-4-methyl-, N-[o-Chlorbenzyliden]-, N-[m-Chlorbenzyliden]-, N-[p-Chlorbenzyliden]-, N-Benzyliden-4-chlor-, N-[p-Brombenzyliden]-, N-Benzyliden-3-brom-, N-Benzyliden-4-brom-, N-[p-Fluorbenzyliden]-, N-[o-Methoxybenzyliden]-, N-[m-Methoxybenzyliden]-, N-[p-Methoxybenzyliden]-, N-Benzyliden-3-methoxy-, N-Benzyliden-4-methoxy-, N-[o-Hydroxybenzyliden]-, N-[p-Hydroxybenzyliden]-, N-Benzy-*

liden-4-hydroxy, N-[o-Nitrobenzyliden]-, dessen [2.4.6-D_3]-Deriv., *N-[m-Nitrobenzyliden]*-, *N-[p-Nitrobenzyliden]*-, *N-Benzyliden-3-nitro-* u. *N-[p-Dimethylaminobenzyliden]*-. W. Sobieski 428

0967 **Elektronenstoßuntersuchungen.** 32. Mitt. **Massenspektren negativer Ionen von aromatischen Verbindungen, die $=\overset{+}{N}-O$-Substituenten enthalten.** J. H. Bowie, S.-O. Lawesson, B. S. Larsen, G. E. Lewis und G. Schroll. (Austral. J. Chem. **21** (1968) 8, 2031–35; engl.) — 31. vgl. vorst. Referat. — Untersucht werden die Massenspektren von nachst. NNO-Azoxybenzolen: *unsubstituiert, p'-Methyl-, p.p'-Dimethyl-, p'-Nitro-, p'-Dimethylamino-, 2'.4'.6'-Trimethyl-, Naphthalin-(2)-; Naphthalin-(2)-ONN-azoxybenzol* u. von den Anilin-N-oxiden: *N-Benzyliden-, N-Benzyliden-4-chlor-*, dessen [α-D]- u. [2'.3'.4'.5'.6'-D_5]-Deriv., *N-[p-Methylbenzyliden]-, N-[p-Chlorbenzyliden], N-[m-Nitrobenzyliden]-* u. *N-[o-Methoxybenzyliden]-4-chlor-*. W. Sobieski 428

0968 **Massenspektrometrische Fragmentierung von Tetracyclon. Ein Tetraphenyltetraeder-Ion.** Maurice M. Bursey und Thomas A. Elwood. (Org. Mass Spectrometry **1** (1968) 4, 531–36; Venable Chem. Labor., Univ. of N.C., Chapel Hill, N.C.; engl.) — Die Massenspektren u. Fragmentierungsmechanismen von *3.4-Bis-[p-fluorphenyl]-2.5-, 2.5-Bis-[p-fluorphenyl]-3.4-* [F. 203–204°(Bzl./A.)] u. *2.4-Bis-[p-fluorphenyl]-3.5-diphenylcyclopentadienon* [F. 202–203° (Bzl./A.)] werden untersucht. Es zeigt sich, daß bei der Bldg. von Fragmentionen aus Tetracyclonen durch CO-Abspaltung vor der Fragmentierung ein tetraedr. Übergangszustand auftritt. — Dargestellt wurden außerdem *1.3-Bis-[p-fluorphenyl]-propanon-(2)* [F. 65–65,5° (A.)], *1.3-Bis-[p-fluorphenyl]-2.5-diphenylpentandion-(1.5)* [F. 162–167,5° (Isopropanol)] u. *2.4-Bis-[p-fluorphenyl]-3.5-diphenylcyclopentadien* [F. 169–172,5° (Bzl./A.)]. W. Sobieski 428

0969 **Chinazoline.** 10. Mitt. **Fragmentierung von Chinazolinen bei Elektronenstoß.** T. J. Batterham, A. C. K. Triffett und J. A. Wunderlich. (J. chem. Soc. [London], Sect. B **1967**, 9, 892–97; Dep. of Medical Chem., Australian Nat. Univ., Canberra; engl.) — 9. vgl. C. **1969**, 19-1043. — Folgende Verb. werden untersucht: *Chinazolin*, $D_{(4)}$-, *2.4-Dimethyl-, 2-, 4-, 5-, 6-, 7-* u. *8-Methyl-, 2-, 4-, 5-, 6-, 7-* u. *8-Chlor-, 6.8-Dichlor-, 2-Amino-, 2-, 4-, 5-, 6-, 7-* u. *8-Hydroxy-, 2.4-Dihydroxy-, 5-, 6-, 7-* u. *8-Nitro-, 2-, 4-, 5-, 6-, 7-* u. *8-Methoxy-* u. *4-Äthoxychinazolin*. K.-H. Bielicki 428

0970 **Naphthyridin-Chemie.** 8. Mitt. **Massenspektren der 1.X-Naphthyridine und einiger ihrer Methyl-Derivate.** William W. Paudler und Thomas J. Kress. (J. heterocyclic Chem. **4** (1967) 4, 547–54; Dep. of Chem., O. Univ., Athens, O.; engl.) — 7. vgl. C. **1969**, 12-1284. — Folgende Verb. werden untersucht: *1.5-, 1.6-, 1.7-* u. *1.8-Naphthyridin, 2-, 3-* u. *4-Methyl-1.5-naphthyridin, 2-, 3-* u. *4-Methyl-1.6-naphthyridin, 2-, 3-* u. *4-Methyl-1.8-naphthyridin, 2.5-, 2.6-, 2.7-, 3.5-, 3.6-, 4.5-* u. *2.4-Dimethyl-* u. *2.4.7-Trimethyl-1.8-naphthyridin*. J. Büttner 428

0971 **Massenspektren von Aminosäuren bei der Photoionisation.** V. M. Orlov und Ja. M. Varšavskij. (Doklady Akad. Nauk SSSR **176** (1967) 3, 602–05; Inst. molekuljarnoj biologii AN SSSR; russ.) — Vf. vergleichen die Intensitäten der Massenspektren der durch Photoionisation erhaltenen Ionen mit den aus der Elektroionisation erhaltenen Ionen. Nachst. Verb. werden untersucht: *Glycin, α-Alanin, Valin, Tryptophan, β-Phenyl-α-alanin, Serin, Tyrosin, Leucin, Prolin* u. *Methionin*. Die 3 letzten Verb. werden auch in Form der Methylester der N-Acetylderiv. untersucht. C. Kozák 428△

0972 **Massenspektren von Aminosäuren und Peptidderivaten.** J. H. Jones. (Quart. Rev. (chem. Soc., London) **22** (1968) 3, 302–16; Dyson Perrins Labor., Oxford Univ.; engl.) — Übersicht. 95 Literaturangaben. D. Schmitt 428

0973 **Massenspektrometrie bei Struktur- und stereochemischen Problemen.** 141. Mitt. **Elektronenstoßinduzierte Fragmentierungen und Umlagerungen bei Trimethylsilyläthern, -aminen und -sulfiden.** John Diekman, J. B. Thomson und Carl Djerassi. (J. org. Chemistry **32** (1967) 12, 3904–19; Dep. of Chem., Stanford Univ., Stanford, Calif.; engl.) — 140. vgl. ibid. **32** (1967) 11, 3485; 155. vgl. C. **1968**, 64-0147. — Untersucht wurden folgende Trimethylsilyläther: *Pentyl-(1)-* u. seine *[1.1-D_2]-**, *[2.2-D_2]*-*, *[3.3-D_2]*-*, *[4.4-D_2]*-* u. *[5.5.5-D_3]*-Deriv., Pentyl-(2)-, Benzyl-; p-Nitro-, p-Dimethylamino-, p-Fluor-* u. *p-Methoxybenzyl-; α-Methyl-, α.α-Dimethyl-* u. *α-Phenylbenzyl-; β-Phenyläthyl-, γ-Phenylpropyl-* u. seine *[1.1-D_2]*-*, *[2.2-D_2]*-* u. *[3.3-D_2]*-Deriv.*; folgende Amine: *Trimethylsilyl-benzyl-, Trimethylsilyl-α-methylbenzyl-, Trimethylsilyl-2-phenyläthyl-, Trimethylsilyl-2-phenylpropyl-(2)-, Methyl-trimethylsilyl-benzyl-** u. *Äthyl-trimethylsilyl-benzyl-**; die Sulfide: *Trimethylsilyl-benzyl-** u. *Trimethylsilyl-2-phenyläthyl-*; tert.-Butylbenzyl-, Triäthylsilyl-benzyl-*, β-Phenyläthyltriäthylsilyl-** u. *γ-Phenylpropyltriäthylsilyläther**. Die mit * gekennzeichneten Verb. wurden außerdem noch dargestellt. J. Büttner 428

0974 **Massenspektren einiger Aryl-Glukoside.** E. Haslam. (Carbohydrate Res. [Amsterdam] **5** (1967) 2, 161 bis 165; Chem. Dep., Univ., Sheffield; engl.) — Folgende Verb. werden untersucht: *Arbutinpentaacetat, Salicinpentaacetat, 2-* u. *6-O-Caffeoylarbutinhexaacetat, Populintetraacetat, Tremuloidintetraacetat, 2-* u. *6-O-Galloylarbutinheptaacetat, 1-O-Caffeoyl-β-D-glucosehexaacetat* u. *1-O-p-Cumaroyl-β-D-glucosepentaacetat*. J. Büttner 428

0975 **Massenspektren und organische Analyse.** 7. Mitt. **Massenspektren von Mentholen, Carvomentholen, deren Acetaten und verwandten Alkoholen.** A. F. Thomas und B. Willhalm. (J. chem. Soc. [London], Sect. B **1966**, 3, 219–27; Res. Labor., Firmenich and Cie., Geneva, Switzerland; engl.) — 6. vgl. C. **1968**, 34-0931. — Die Massenspektren von *Menthol, Carvomenthol, Neomenthol, Isomenthol, Neoisomenthol, Menthyl-, Carvomenthylacetat, Menthen-(1), -(2), -(3)* u. *Caran* sowie von deren teilweise deuterierten Formen wurden vermessen u. diskutiert. G. O. Jäger 428△

0976 **Chemie der Bestandteile von Flechten.** 6. Mitt. **Massenspektren von Usninsäure, Lichexanthon und deren Derivaten.** R. M. Letcher. (Org. Mass Spectrometry **1** (1968) 4, 551–62; Dep. of Chem., Univ. Coll. of Rhodesia, Salisburg; engl.) — 4. vgl. C. **1967**, 61-0066. — Untersucht werden die Massenspektren von Usninsäure, *Usnetol, Usnetsäure, Decarbousninsäure*, Lichexanthon u. *-methyläther*. W. Sobieski 428

0977 **Elektronenstoß und Moleküldissoziation.** 17. Mitt. **Massenspektren einiger halogenierter Kupferphthalocyanine.** H. C. Hill und R. I. Reed. (Appl. Spectroscopy **21** (1967) 2, 122–23; Chem. Dep., Univ., Glasgow,; engl.) — 16. vgl. C. **1967**, 59-0068. — Die Massenspektren von 3 verschiedenen Mischungen aus Bromchlorkupferphthalocyaninen werden untersucht. K.-H. Bielicki 428

0978 **Natürliche Cumarine.** 5. Mitt. **Massenspektren einiger linearer Furocumarine.** F. M. Abdel-Hay, E. A. Abu-Mustafa, B. A. H. El-Tawil, M. B. E. Fayez, C. S. Barnes und J. L. Occolowitz. (Indian J. Chem. **5** (1967) 3, 89–92; Nat. Res. Centre, Dokki, Cairo, UAR; engl.) — 4. vgl. C. **1968**, 60-0582; 6. vgl. C. **1969**, 13-1355. — Die Massenspektren von *Psoralen, 2-Isopropylpsoralen, 2.3-Dihydroxanthotoxin, Marmesin, 6-Brommarmesin* u. *4-Nitroxanthotoxin* sowie von *4-Bromxanthotoxol* ($C_{11}H_5BrO_4$, F. 259–262°, aus Xanthotoxol u. Br_2 in Essigsäure) u. *4-Bromimperatorin* ($C_{16}H_{13}BrO_4$, F. 140–141°, aus Tribromimperatorin u. Zn-Staub in A.) werden analysiert. K.-H. Bielicki 428

B–2. Strukturforschung

0979 **Coriolis-ζ-Summenregeln für ebene asymmetrische Kreisel-Moleküle.** L. Nemes. (J. molecular Spectroscopy **28** (1968) 1, 59–69; Central Res. Inst. for Chem., Hungarian Acad. of Sci., Budapest; engl.) — Analog den bekannten Summenregeln für Kugel- u. Symm.-Kreisel-Mol. werden Regeln für asymm. Kreisel aufgestellt u. am

Beispiel von *Äthylen* (I) [*trans-1.2-D*$_2$]-I, *D*-I, [*1.1-D*$_2$]-I u. *D*$_3$-I demonstriert. W. Sobieski 432

0980 **Chemische Protonenverschiebungen und Elektronendichten in aromatischen und heteroaromatischen Molekülen.** 1. Mitt. **Verfahren und Korrektur der chemischen Verschiebungen; Anwendung auf Azine.** P. J. Black, R. D. Brown und M. L. Heffernan. (Austral. J. Chem. **20** (1967) 7, 1305—24; Div. of Pure Chem., Nat. Res. Council, Ottawa; engl.) — Es wird eine Meth. entwickelt, um aus beobachteten u. korr. chem. Verschiebungen von heteroaromat. Verb. π-Elektronendichten zu bestimmen. Die Werte werden mit den nach der VESCF-Meth. ber. Elektronendichten verglichen. Es werden untersucht: *Py., Pyridazin, Pyrimidin, Pyrazin, Chinolin, Isochinolin, Chinoxalin, Phthalazin, Chinazolin, Cinnolin, Pteridin* u. *Acridin.* W. Damerau 432△

0981 **Chemische Protonenverschiebungen und Elektronendichten in aromatischen und heteroaromatischen Molekülen.** 2. Mitt. **Derivate von Pyrrol und Furan.** P. J. Black, R. D. Brown und M. L. Heffernan. (Austral. J. Chem. **20** (1967) 7, 1325—34; engl.) — 1. vgl. vorst. Referat. — Nach der l.c. angegebenen Meth. werden untersucht: *Pyrrol, Furan, Indol, 7-Azaindol, Benzofuran, Carbazol, Dibenzofuran, 1H-* u. *2H-Indazol, Indolizin, 1-, 2-* u. *3-Azaindolizin, 7H-* u. *9H-Purin.* W. Damerau 432△

0982 **Beweglichkeit von kleinen Molekülen in viskosen Medien. 1. Mitt. Untersuchung der Rotationsbewegung von Methylenchlorid-Molekülen in Polystyrol durch Spektroskopie im fernen IR.** Walter G. Rothschild. (Macromolecules [Washington] **1** (1968) 1, 43—47; Sci. Labor., Ford Motor Comp., Dearborn, Mich.; engl.) — Die Beweglichkeit von Methylenchlorid (I)-Mol. in I-Polystyrol-Lsg. wird nach der Heisenberg-Spektroskopiemeth., der Best. der IR-Bandenform eines Schwingungsmodus eines Mol. über das statist. Bild seiner Bewegung („Amplitudenverteilung mit der Zeit"), untersucht. Die Komponente des Rotationsdiffusionstensors längs der zweifachen Symmetrieachse des I-Mol. geht innerhalb von 0,4—5,0 · 10^{-12} s in Brownsche Bewegung über. An Hand eines einfachen Modells wird gezeigt, daß keine wesentliche Beziehung zwischen der makroskop. Viskosität der Lsg. u. der Rotationsbewegung von I besteht. O. Fuchs 432△

0983 **Elektronenbeugungsuntersuchungen der Molekularstruktur des freien Di-tert.-butylnitroxid-Radikals in der Gasphase.** Birgit Andersen und Per Andersen. (Acta chem. scand. **20**, 2728—36, 1966; Univ. kjem. inst., Blindern, Oslo; engl.) — Das Radikal besitzt die Symmetrie C_2, wobei die Koplanarität der N—O-Bindungen angenommen wurde. Die N—O-Bindungsparameter weisen auf eine stabile Drei-Elektronen-Bindung hin. Die Mol.-Parameter sind tabelliert. A. Kratochwill 432

0984 **Valenz-Schalen-Expansion in S-Heterocyclen.** W. G. Salmond. (Quart. Rev. (chem. Soc., London) **22** (1968) 3, 253—75; Univ. Chem. Labor., Cambridge; engl.) — Überblick über die Bindungsmöglichkeit des S u. die chem. Struktur von u. a. *Thiophen, γ-Thiapyron, Benzo-[d]-* u. *[b]-thiepindioxid, Dibenzothiepin, 1.2-* u. *1.4-Dithiin, Thiabenzole, Thiazole, 1.2.5-Thiadiazole, Thiothiophthene.* — 133 Literaturangaben. D. Schmitt 432

0985 **MO-Berechnungen an einigen Bithiophenen und Bifuranen.** N. Trinajstić und A. Hinchliffe. (Croat. chem. Acta **40** (1968) 3, 163—69; Inst. „Ruder Bošković" Zagreb; engl.) — Nach P.P.P. werden ber. die MO des Grundzustandes sowie UV-Spektren von *3.3'-* u. *2.2'-Bithiophen* u. *3.3'-* u. *2.2'-Bifuran.* D. Schmitt 432

0986 **Übertragungsintegrale für metallfreie Phthalocyanin-Einkristalle.** P. Devaux und G. Delacote. (Chem. Physics Letters [Amsterdam] **2** (1968) 5, 337—40; Dép. d'État Solide, IEN, Alger; engl.) W. Sobieski 432

0987 **Vergleich zwischen kinetischen Ergebnissen aus NMR-Linienformen und Gleichgewichtsmethoden.** 3. Mitt. **Protonenresonanz-Untersuchungen zur inneren Rotation.** Albrecht Mannschreck, Anne Mattheus und Gisela Rissmann. (J. molecular Spectroscopy **23** (1967) 1, 15—31; Heidelberg, Inst. für Organ. Chem. der Univ.; engl.) — 2. vgl. C. **1967**, 51/52-0849. — Die Geschw. der inneren Rotation um die C—N-Bindungen werden für beide Rotameren von *N-Benzyl-N.2.4.6-tetramethylbenzamid* [$C_{18}H_{21}NO$, F. 74—76° (PAe.)] durch ^{1}H-NMR-spektroskop. Verfolgung der Gleichgew.-Einstellung sowie für *N.N.2.4.6-Pentamethylbenzamid* ($C_{12}H_{17}NO$, F. 40—41°) aus den ^{1}H-NMR-Linienbreiten bestimmt. Die Aktivierungsparameter beider Meth. stimmen überein. Ster. Beiträge der freien Aktivierungsenthalpien der inneren Rotation werden außerdem für *N.N-Dimethyl-2.4.6-tribrom-*, *N-Benzyl-N-methyl-2.4.6-tribrom-* ($C_{15}H_{12}$ · Br_3NO, F. 74,5—76°) u. *N-Benzyl-N-methyl-2.4.6-tri-[tert.-butyl]-benzamid* sowie für *N.N-Dimethylformamid* bestimmt. B. I. 434△

0988 **Bevorzugte Konformation der Trifluormethylgruppe.** E. W. Della. (Tetrahedron Letters [London] **1966**, 3347—51; School of Phys. Sciences, Flinders Univ. of South Australia, Bedford Park; engl.) — Durch IR-spektroskop. Unters. bei 685—720 cm^{-1} wird die bevorzugte Konform. der CF_3-Gruppe in *Trifluormethylcyclohexan, trans-4-Methyl-, trans-4-tert.-Butyl-, cis-4-tert.-Butyl-* u. *cis-4-Methyltrifluormethylcyclohexan* bestimmt. D. Pavel 434

0989 **Konformationsanalyse. Trifluormethylgruppe.** E. W. Della. (J. Amer. chem. Soc. **89** (1967) 20, 5221—24; School of Phys. Sci., Flinders Univ. of South Australia, Bedford Park; engl.) — Für das Gleichgew. zwischen den Konformeren von *cis-4-Methyltrifluormethylcyclohexan* (I) mit axialer u. äquatorialer CF_3-Gruppe werden nach zwei verschiedenen ^{19}F-NMR-Meth. die Gleichgew.-Konst. in Lsgm. unterschiedlicher Polarität ($CFCl_3$, $CHCl_3$, Cyclohexan, Aceton, CH_3OH) bestimmt u. daraus $-\Delta G_{CF_3}$ zu 2,4—2,5 kcal/Mol berechnet. Zur Best. werden die chem. Verschiebungen der ^{19}F-Resonanzsignale von Trifluormethylcyclohexan (II) u. *cis-* u. *trans-4-tert.-Butyltrifluormethylcyclohexan* (III) herangezogen.

Versuche: *p-Methylbenzotrifluorid* (IV), Kp. 128 bis 129°, durch Kochen von p-Trifluormethylbenzylbromid mit $LiAlH_4$ in THF; 80% (Ausb.). — Trifluormethylcyclohexane: *Unsubstituiert* (II), Kp.$_{680}$ 101 bis 101,5°, durch Hydrieren von Benzotrifluorid in A. in Ggw. von PtO_2; 65%. — *4-Methyl-* (I), *cis-*, $C_8H_{13}F_3$, Kp.$_{680}$ 115—116°, durch Erhitzen von cis-5-Methylcyclohexancarbonsäure (cis V) mit SF_4 auf 70°; 50%; b) wie II aus 4,4 g IV u. präp. Gaschromatographie; 2,5 g; daneben trans-I; 0,5 g. — *trans-*, $C_8H_{13}F_3$, Kp. 118—119°, wie cis-I nach a) aus 8,5 g eines 2 : 1-Gemisches von cis- u. trans-V; 1,2 g. — *4-tert.-Butyl-*(III), *cis-*, $C_{11}H_{19}F_3$, Kp.$_{37}$ 89—90°, aus cis-4-tert.-Butylcyclohexancarbonsäure; cis-VI; 57%. — *trans-*, $C_{11}H_{19}F_3$, Kp.$_{34}$ 85—86° aus trans-VI; 76%. G. O. Jäger 434△

0990 **IR-Spektren einiger 1-Acyl-2-Phenylcyclopropane.** Kuak Dang Čeu, E. G. Treščova, U. Ji Sejn, I. G. Bolesov und R. Ja. Levina. (Doklady Akad. Nauk SSSR **176** (1967) 5, 1071—74; Mosk. gos. univ. im. Lomonosova; russ.) — Untersucht werden nachst. 2-Phenylcyclopropane: *trans-1-Acetyl-* (Kp.$_6$ 116,5°), *cis-1-Acetyl-* (Kp.$_6$ 113°), *trans-1-Propionyl-* (Kp.$_{6-7}$ 126 bis 127°), *cis-1-Propionyl-* (Kp.$_1$ 97—98°) u. *trans-1-Valeryl-* (Kp.$_{0,5}$ 116°). Die Unterschiede in den IR-Banden zwischen den trans- u. cis-Formen eignen sich zur Best. der Konfig. anderer 1-substituierter 2-Phenylcyclopropane. V. Burjan 434△

0991 **Molekülasymmetrie.** 7. Mitt. **trans-6.7.10.11-Tetrahydro-5H-benzocyclononen.** Arthur C. Cope und Michael W. Fordice. (J. Amer. chem. Soc. **89** (1967) 24, 6187—91; Cambridge, Mass., MIT, Dep. of Chem.; engl.) — 6. vgl. ibid. **88** (1966) 8, 1711; 8. vgl. C. **1968**, 58-0541. — An Hand der Rückbldg. von opt. inakt. trans-6.7.10.11-Tetrahydro-5H-benzocyclononen (trans-I) bei der Zers. von opt. akt. (+)-*trans-Dichlor-[trans-6.7.-10.11-tetrahydro-5H-benzocyclononen]-[R)-α-methylbenzylamin]-platin(II)* (II) bei — 60° wird geschlossen, daß die trans-Olefinbindung in trans-I sehr rasch rotiert u. spontane Racemisierung eintritt. Damit in Übereinstimmung weist das NMR-Spektrum von trans-I zwischen + 107 u. — 87° keine Veränderungen auf.

Versuche: *o-[Carboxymethyl]-hydrozimtsäure* (**III**), F. 140—142° (wss. A.), durch Red. von 3-Hydroxynaphthoesäure-(2) mit Na/Amylalkohol; 27 % (Ausb.). — *o-[Äthoxycarbonylmethyl]-hydrozimtsäureäthylester* (**IV**), $C_{15}H_{20}O_4$, $Kp._{0,6-0,8}$ 133—140°, durch Kochen von **III** u. A. in Ggw. von konz. H_2SO_4; 84 %. — *o-[3-Hydroxypropyl]-phenäthylalkohol* (**V**), $Kp._{0,3}$ 145—148°, durch Kochen von **IV** u. $LiAlH_4$ in THF; 91 %. — *1-[2-Chloräthyl]-2-[3-chlorpropyl]-benzol* (**VI**), $C_{11}H_{14}Cl_2$, $Kp._{0,13-0,20}$ 94 bis 102°, aus **V** u. $SOCl_2$ in Py.; 71 %. — *1-[2-Tosyloxyäthyl]-2-[3-tosyloxypropyl]-benzol* (**VII**), $C_{25}H_{28}O_6S_2$, aus **V** u. p-Toluolsulfochlorid in Py. bei —10°; 81 %. — *o-[3-Cyanpropyl]-hydrozimtsäurenitril* (**VIII**), $C_{13}H_{14}N_2$, $Kp._{0,25}$ 165—170°, aus **VI** bzw. **VII** mit NaCN in DMSO; 93 bzw. 84 %. — *o-[3-Methoxycarbonylpropyl]-hydrozimtsäuremethylester* (**IX**), $C_{15}H_{20}O_4$, $Kp._{0,25}$ 147—151°, a) durch Einleiten von HCl zu **VIII** in CH_3OH; 84 %; b) durch Ox. von trans-**I** in tert.-Butanol mit $KMnO_4$ u. $NaJO_4$ u. nachfolgende Veresterung mit CH_2N_2; 54 %; c) analog aus 413 mg cis-**I**; 338 mg. — Gemisch aus *8-Hydroxy-6.7.8.9.-10.11-hexahydro-5H-benzocyclononenon-(7)* u. *7-Hydroxy-6.7.8.9.10.11-hexahydro-5H-benzocyclononenon-(8)*, $C_{13} \cdot H_{16}O_2$, F. 119,5—126,5°, aus 32,69 g **IX** u. Na in sd. Xylol u. Hydrolyse in essigsaurer Lsg.; 20 %; daneben *5.6.7.8.-9.10-Hexahydrobenzocyclooctenon-(7)*, F. 49,0—50,5°; 69 mg. — *6.7.8.9.10.11-Hexahydro-5H-benzocyclononendion-(7.8)* (**X**), $C_{13}H_{14}O_2$, $Kp._{0,1}$ 93°, durch Kochen vorst. Gemischs mit Cu(II)-Acetat in 50 %ig. CH_3COOH; 48 %. — *6.7.10.11-Tetrahydro-8.9-dehydro-5H-benzocyclononen* (**XI**), $C_{13}H_{14}$, durch Red. von **X** mit 95 %ig. Hydrazin in A. u. Ox. mit HgO in Ggw. von Na_2SO_4 u. KOH in sd. Bzl.; 41 %; daneben *cis*-**I**, $C_{13}H_{16}$; 14 %. — *trans-6.7.10.11-Tetrahydro-5H-benzocyclononen* (trans-**I**), $C_{13}H_{16}$, a) durch Red. von **XI** mit Na in fl. NH_3; 39 %; b) aus **II** u. 15 %ig. NaCN bei 0°; c) aus **II** u. Triphenylphosphin in Acetanhydrid; 65 %. — *6.7.8.9.10.11-Hexahydro-5H-benzocyclononen*, $C_{13}H_{18}$, durch Hydrieren von cis-**I** in A. in Ggw. von PtO_2; 100 %. — (+)-*trans-Dichlor-[trans-6.7.10.11-tetrahydro-5H-benzocyclononen]-[(R)-α-methylbenzylamin]-platin(II)* (**II**), $C_{21}H_{27}Cl_2NPt$, F. 118,0 bis 121,5°, aus 127 mg trans-**I** u. (+)-trans-Dichlor-[äthylen]-[(R)-α-methylbenzylamin]-platin(II) in CH_2Cl_2 bei Zimmertemp.; $[\alpha]_D^{25}$ + 37,4° (c = 1,07; CH_2Cl_2); 96 mg.

G. O. Jäger 434△

0992 **Konformationsanalyse von Tritolylphosphinen.** Ellen J. Halpern und Kurt Mislow. (J. Amer. chem. Soc. **89** (1967) 20, 5224—28; Princeton, N.J., Princeton Univ., Dep. of Chem.; engl.) — Zur Deutung der beobachteten Unterschiede in den Dipolmomenten u. UV-Spektren von *Tris-[4-methylphenyl]-* (**I**), *Tris-[3-methylphenyl]-* (**II**) u. *Tris-[2-methylphenyl]-phosphin* (**III**) wird ein Modell entwickelt, bei dem der C—P—C-Bindungswinkel von 102° in allen Fällen erhalten bleibt, während sich der Torsionswinkel der P-Phenylbindung mit der Position der CH_3-Gruppe an den Phenylresten ändert. Neben den spektralen Änderungen, die durch die Verdrillung der P-Phenylbindung bewirkt werden, tragen zu der [im Vgl. zu **I**, **II** u. *Triphenylphosphin* (λ_{max} 261—263 mμ)] relativ starken Rotverschiebung der UV-Max. von **III** (275 mμ) u. *Tris-[2.4.6-trimethylphenyl]-phosphin* (312 mμ) offenbar noch induktive ortho-Effekte bei.

Versuche: *Tris-[2.4.6-trimethylphenyl]-phosphin*, $C_{27}H_{33}P$, F. 191,6—192,8° (abs. A.), durch Kochen von PCl_3, Brommesitylen u. Na-Pulver in Bzl.; 22—31 % (roh).

G. O. Jäger 434△

0993 **a-b-Isomerie der Cyano-aquo-Corrinoide. Zur Gleichgewichtslage der Isomerisierungsreaktion.** Wilhelm Friedrich und Matthäus Moskophidis. (Z. Naturforsch. **23b** (1968) 6, 804—12; Hamburg, Univ., Physiolog.-Chem. Inst.; dt.) — Cyano-aquo-Corrinoide lassen sich chromatograph. in 2 isomere Formen, a u. b, aufspalten. Die Isomerisation von *Cobinamidphosphorsäure* u. deren *Analoga S, M, L, N-Cobyryl-γ-aminobuttersäure, -ε-aminocapronsäure, -1-aminopropan, Cobyrinylpentamid-f-propylamid S, M, L, Cobinamidmonocarbonsäure β(S), γ(M), δ(L)* sowie der Isoverb. u. *Cobyramidmonocarbonsäure S, M, L* in a- u. b-Form wird in wss. Medium untersucht. Die Rk. wird durch Licht, Wärme, Anionen u. CO beschleunigt. Bei den Corrinoiden mit COOH-Gruppen wird das Gleichgew. in Richtung a → b verschoben, wenn die Carboxylgruppe dissoziiert. Die Corrinoide mit einer Phosphorsäuregruppe liegen als Gemisch von 55 % a u. 45 % b im pH-Bereich 2,5—9 vor.

B. I. 434△

0994 **IR-Spektrum von CH_2J_2-Kristallen. Kristallstruktur und Phasenübergang.** M. P. Marzocchi, V. Schettino und S. Califano. (J. chem. Physics **45**, 1400—04, 1966; Lab. di Spettroscopia Molecolare del CNR, Firenze, Italy; engl.) — Die IR-Spektren von 2 krist. Modifikationen **I** u. **II** von *Methylenjodid* (F. 5,54 bzw. 6,01°) wurden von 4000—400 cm^{-1} im Temp.-Bereich —196 bis +3° aufgenommen. Der Phasenübergang **I** → **II** ist monotrop. Eine orthorhomb. D_{2h}^5- oder D_{2h}^{13}-Krist.-Struktur für **I** u. eine monokline C_{2h}^5 für **II** wird vorgeschlagen.

A. Kratochwill 438

0995 **Kristallstruktur eines 1:1:1-Komplexes aus Acridin, Cytosin und Wasser.** Eli Shefter. (Science [Washington] **160** (1968) 3834, 1351—52; Dep. of Pharm., School of Pharm., State Univ. of N.Y., Buffalo, N.Y.; engl.) — Die Röntgenstrukturanalyse des krist. Komplexes wurde vervollständigt. Die Cytosin- u. W.-Mol. bilden eine flächenartige Struktur über eine Reihe von H-Bindungen. Die Acridinmol. werden über eine H-Brücke vom W. zum Ring-N an diese Schicht gebunden u. sind parallel zu den Cytosin-W.-Ebenen angeordnet. Der Abstand zwischen den Ebenen beträgt 3,5 Å. G. Malow 438

0996 **Hochauflösende EPR-Spektroskopie an organischen Radikalen in flüssigen Kristallen mit nematischer Mesophase.** K. Möbius, H. Haustein und M. Plato. (Z. Naturforsch. **23a** (1968) 10, 1626—38; II. Phys. Inst. der FU Berlin; dt.) — In p-Azoxyanisol werden die neutralen Radikale *Perinaphthenyl, Triphenylmethyl* u. *Pentaphenylcyclopentadienyl* ESR-spektroskop. untersucht u. die Hfs-Aufspaltkonst. sowie die δ-Werte bestimmt.

D. Schmitt 439

B–3. Thermodynamik

0997 **Molwärme und thermodynamische Eigenschaften von 2-Methylthiazol von 5 bis 350 °K.** Paul Goursot und Edgar F. Westrum jun. (J. chem. Engng. Data **13** (1968) 4, 468—71; Dep. of Chem., Univ. of Mich., Ann Arbor, Mich.; engl.) — Angegeben sind Schmelzentropie u. Molwärme, Entropie, Enthalpie- u. Gibbssche Energiefunktion für die Fl. bei 298,15 °K. D. Schmitt 441

0998 **Messung der Acetylendichte bei 0° und etwa 1 atm.** Ken-ichiro Bando. (Rep. Government chem. ind. Res. Inst., Tokyo **63** (1968) 6, 253—256; jap., Auszug: engl.) — Die Messung wird durchgeführt mit Hilfe einer magnet. kompensierten Gasauftriebswaage. M. Pankow 442

0999 **Thermodynamische Funktionen von 1.2-trans-Difluordiazin.** Emile Rutner. (J. chem. Engng. Data **13** (1968) 4, 598; engl.) — Erratum zu: ibid. **7** (1962) 398.

D. Schmitt 444

1000 **Mittlere Schwingungsamplituden und thermodynamische Eigenschaften von Methylcyanid und Methylisocyanid.** K. Venkateswarlu und C. Purushothaman. (Czechoslov. J. Physics, Sect. B **16** 144—49, 1966; Alwaye, India, Kerala Univ., U.C. Coll., Fac. of Phys.; engl.) — Durch eine Symmetriekoordinatenbehandlung werden die mittleren Schwingungsamplituden der Titelverb. bei 300 °K berechnet. Tabelliert sind außerdem spezif. Wärme, Freie Energie, Entropie u. Enthalpie. G. Opel 444

1001 **Mischungsenthalpien und -volumina von Benzol und Toluol mit Pyridin und α-Picolin.** W. Wóycicki und K. W. Sadowska. (Bull. Acad. polon. Sci., Sér. Sci. chim. **16** (1968) 6, 329—34; Polish Acad. of Sci., Inst. of Phys. Chem.; engl.) — Für die bin. Syst. *Py.–Bzl.*, Py.–*Toluol*, Py.–*α-Picolin* (**I**), **I**–*Bzl.* u. **I**–Toluol wurden die Zusatzfunktionen von Mischungsenthalpie bei 6, 15 u. 25° u. Mischungsvol. bei 25 u. 40° über den gesamten Konz.-Bereich bestimmt. Waldemar Köhler 444

1002 **Verbrennungswärme von trans-Stilben und trans-2.2′.4.4′.6.6′-Hexanitrosostilben.** Sidney Marantz und

George T. Armstrong. (J. chem. Engng. Data 13 (1968) 4, 599; engl.) — Erratum zu ibid. 13 (1968) 118. D. Schmitt 446

1003 **Thermochemische Untersuchung der Strukturen von 1-Nitroso-β-naphthol, 2- und 4-Nitroso-α-naphthol.** Janet V. Hamilton und Thomas F. Fagley. (J. chem. Engng. Data 13 (1968) 4, 523—27; Richardson Chem. Labor., Tulane Univ., New Orleans, La.; engl.) — Verbrennungs- u. Sublimationswärme der Titelverb. wurden bestimmt. Atom- u. Verbrennungswärmen werden für die Oxim- u. Nitrosoform ber. u. mit experimentellen Werten verglichen. Letztere ist die bevorzugte Form. D. Schmitt 446

1004 **Verbrennungsenergie und Differential-Thermogramme von organischen Aziden.** G. C. Denault, P. C. Marx und H. H. Takimoto. (J. chem. Engng. Data 13 (1968) 4, 514—16; Aerospace Corp., El Segundo, Calif.; engl.) — Aus der Verbrennungswärme wurde die Bldg.-Wärme nachst. Verb. bestimmt: 3-Azido-1.2.4-triazole: *unsubstituiert*, (F. 120—121,5°) *5-Methyl-* (F. 143 bis 145°), *5-Äthyl-* (F. 116,5—119°), *5-Phenyl-* [F. 191 bis 192° (Zers.)]; 4-Amino-3-azido-1.2.4-triazole: *unsubstituiert* [F. 52—55° (Zers.)], *5-Methyl-* [F. 84 bis 86° (Zers.)], *5-Äthyl-* [F. 81—82° (Zers.)] u. *5-Phenyl-* [F. 150—151° (Zers.)]. Die Thermogramme sind abgebildet u. werden zur Best. der Stabilität der Verb. verwendet. D. Schmitt 446

1005 **Diffusionskoeffizienten von einigen organischen und anderen Dämpfen in Luft.** G. A. Lugg. (Analytic. Chem. 40 (1968) 7, 1072—77; Maribyrnong, Victoria, Australien, Defence Standards Labor.; engl.) — Von nachst. Verb. werden die Diffusionskoeff. in Luft bei 25° u. 760 Torr bestimmt u. die Werte mit den nach 9 verschiedenen Gleichungen errechneten verglichen. Mit der Wilke-Lee-Gleichung stimmen ca. 70%, mit der Chen-Othmer-Gleichung ca. 75% mit ±5% überein. Untersucht wurden *n-Pentan, n-Hexan, n-Octan, Bzl., Toluol, Phenyläthylen, Äthylbenzol, o-, m-, p-Xylol, Mesitylen, n-Propyl-, Isopropylbenzol, Pseudocumol, p-Cymol, p-tert.-Butyltoluol, Benzylalkohol, Chlorbenzol, Nitrobenzol, Anilin, Benzylchlorid, o-, m-, p-Chlortoluol, Toluol-2.4-diisocyanat*; die Alkohole: *Methyl-, Äthyl-, Allyl-, n-Propyl-, Isopropyl-, n-Butyl-, Isobutyl-, sek.-Butyl-, tert.-Butyl-, n-Pentyl-, sek.-Pentyl-, Diaceton-, n-Hexyl-, n-Heptyl-, n-Octyl-, 2-Äthylbutyl-, 2-Methylpentyl-; p-Dioxan, Ae., Diisopropyl-, Di-n-butyl-, Bis-[dichloräthyl]-äther, Aceton, Methyläthyl-, Methyl-n-propylketon, Mesityloxid, Isophoron, Ameisen-, Essig-, Propion-, n-Butter-, Isobutter-, Isovalerian-, n-Capron-, Isocapronsäure, Methyl-, Äthyl-, n-Propyl-, Isobutyl-, n-Pentyl-, Isopentylformiat, Methyl-, Äthyl-, n-Propyl-, Isopropyl-, n-Butyl-, Isobutyl-, n-Pentyl-, Benzylacetat, Methyl-, Äthyl-, n-Butyl-, Isobutyl-, n-Pentylpropionat, Methyl-, Äthyl-, n-Propyl-, Isobutyl-, n-Pentyl-n-butyrat, Methyl-, Äthyl-, n-Propyl-, Isopropyl-, Isobutyl-, n-Pentylisobutyrat, Methyl-, Äthyl-, n-Propyl-, Isobutylvaleriat, Äthylenglykolmonomethylätheracetat, Methyl-n-capronat, Diäthyl-, Di-n-butyl-, Diisooctylphthalat, Tetrachlorkohlenstoff, Bromoform, Chloroform, Bromchlor-, Dichlormethan, Trichlor-, Tetrachloräthylen, Pentachlor-, 1.1.2.2-Tetrachlor-, 1.1.1-Trichlor-, 1.1-Dichlor-, 1.2-Dichlor-, 1.1.2-Trichloräthan, Äthylendibromid, Äthylbromid, 1.2-Dibrom-3-chlorpropan, Allylchlorid, Propylendichlorid, n-Propyl-, Isopropylbromid, n-Propyl-, Isopropyljodid, Äthylen-, Propylen-, Diäthylen-, Triäthylenglykol, Äthylenglykolmonomethyläther, -monäthyläther, Diäthylenglykolmonoäthyläther, Äthylendiamin, n-Butyl-, Isobutyl-, Diäthyl-, Triäthylamin, Dimethylformamid, Acryl-, Benzonitril, Triäthyl-, Tri-n-butylphosphat, Tetraäthylpyrophosphat, Bis-[2-äthylhexyl]-, Tri-o-kresylphosphat, Chlorpikrin, Äthylenchlorhydrin, Schwefelkohlenstoff,* Br_2 u. *Hg*. W. Luchsinger 448

1006 **Experimente zur Ultraschallkavitation unter Benutzung einer gepulsten Neutronenquelle.** C. West und R. Howlett. (J. Physics, D (Brit. J. appl. Physics) [2] 1 (1968) 2, 247—54; Harwell, Didcot, Berks., England, Atomic Energy Res. Establ., U.K.A.E.A. Res. Group, Electronics and Appl. Phys. Div.; engl.) — Mit gepulsten monochromat. Neutronen einer D-T-Quelle wird in *Tetrachloräthylen* die Ultraschallkavitation untersucht. H. U. Borgstedt 448

1007 **Kavitationsblasendynamik — einige Experimente und Rechnungen.** C. West und R. Howlett. (J. Physics, D (Brit. J. appl. Physics) [2] 1 (1968) 2, 255—57; Harwell, Didcot, Berks., England, Atomic Energy Res. Establ., U.K.A.E.A. Res. Group, Electronics and Appl. Phys. Div.; engl.) — Vgl. vorst. Referat. — Experimentelle Ergebnisse von durch Neutronenimpulse ausgelösten Kavitationsvorgängen in *Tetrachloräthylen* werden mit Rechnungen über die Lebensdauer von Kavitationsbläschen nach der Theorie von Noltingk u. Neppiras verglichen. H. U. Borgstedt 448

1008 **Abhängigkeit des Diffusionskoeffizienten von der Zusammensetzung binärer gasförmiger Systeme.** Robert V. Mrazek, Charles E. Wicks und K. N. S. Prabhu. (J. chem. Engng. Data 13 (1968) 4, 508—10; Chem. Engng. Dep., Oreg. State Univ., Corvallis, Oreg.; engl.) — Untersucht werden die Syst. *Chlf.-Luft* u. *Methanol*-Luft. D. Schmitt 448

1009 **Wärmeleitfähigkeit von Flüssigkeiten. Mischung von Methan und n-Butan.** L. T. Carmichael, Joan Jacobs und B. H. Sage. (J. chem. Engng. Data 13 (1968) 4, 489—95; Chem. Engng. Labor., Calif. Inst. of Technol., Pasadena, Calif.; engl.) — Eine Mischung von n-Butan mit 0,394 Molenbruch Methan wird bei 5000 psia u. 40—340 °F untersucht. D. Schmitt 448

1010 **Transporteigenschaften von n-Paraffinen bei Verdünnung.** T. R. Galloway und B. H. Sage. (J. chem. Engng. Data 13 (1968) 4, 598; engl.) — Erratum zu: ibid. 12 (1967) 59. D. Schmitt 448

1011 **Ultraschallgeschwindigkeit von aromatischen Verbindungen in organischen Lösungsmitteln.** Hiroyasu Nomura und Yutaka Miyahara. (J. chem. Soc. Japan, pure Chem. Sect. [Nippon Kagaku Zasshi] 89 (1968) 2, 145—48; Nagoya-shi, Nagoya Univ., Fac. of Engng., Dep. of Chem. Engng.; jap., Auszug: engl.) — Untersucht wurden dabei in Toluol u. Methyläthylketon *Bzl., Phenol, Brenzcatechin, Benzoesäure, Fumarsäure, Salicylsäure, Cyclohexan, Cyclohexanol, Cyclohexancarbonsäure, Naphthalin, Anthracen, Styrol, Diphenylmethan, Benzophenon, Diphenyläther, Biphenyl* u. *p-Terphenyl*. Aus der Ultraschallgeschw. u. den Dichten werden die partiellen, spezif. Grenzkompressibilitäten ber. u. bei Abweichungen der Werte von der Kompressibilität auf eine Wechselwrkg. von Lsgm. u. Gelöstem geschlossen. H.-S. Park 448

1012 **Ionenassoziation.** 3. Mitt. **Ultraschallrelaxation von Bu_4NBr in Aceton und in Aceton-p-Nitroanilin bei 25°.** Sergio Petrucci und Fabio Fittipaldi. (J. physic. Chem. 71 (1967) 9, 3087—89; Dep. of Chem., Polytechn. Inst. of Brooklyn, Brooklyn, N.Y.; engl.) — 2. vgl. C. 1968, 16-0615. K.-H. Bielicki 448

1013 **Wäßrige Hexamethylentetramin-Lösungen. Isopiestische Daten bei 25° sowie Dichte- und Viskositätsdaten im Bereich von 3—34°.** V. Crescenzi, F. Quadrifoglio und V. Vitagliano. (J. physic. Chem. 71 (1967) 7, 2313—18; Univ. di Napoli, Neapel, Italy; engl.) — Durch isopiest. Messungen wurden die osmot. Koeff. in Abhängigkeit von der Konz. bestimmt. Die übrigen Daten wurden auf üblichem Wege ebenfalls für Lsg. verschiedener Konz. ermittelt. U. Feist 448

1014 **Glucosetransport durch Celluloseacetat-Membranen: Einfluß von DMSO.** Avrom A. Blumberg und Perlita A. Ilagan. (J. Colloid Interface Sci. 27 (1968) 4, 681—83; De Paul Univ., Chicago, Ill.; engl.) — Die Diffusion von *D-Glucose* in W. u. DMSO-haltigen Lsgm. durch Celluloseacetat-Membranen wird untersucht u. bez. des Einfl. von DMSO u. der Viskosität des Lsgm. diskutiert. W. Sobieski 448

B-4. Phasengleichgewichte, chemische Gleichgewichte und ihre Energetik

1015 **Thermodynamische Eigenschaften von hochreinem Terephthalsäuredimethylester.** John H. Elliott und Marjorie D. Chris. (J. chem. Engng. Data 13 (1968)

4, 475—79; Res. Center, Hercules, Inc., Wilmington, Del.; engl.) — Bestimmt wurden F., Schmelzwärme, spezif. Wärme (30—200°) u. Tripelpunkt.
D. Schmitt 452

1016 **Flüssigkeit–Dampf-Phasengleichgewicht in binären Gemischen einiger sauerstoffhaltiger Produkte bei 760 mm Hg.** A. S. Možžuchin, V. A. Mitropol'skaja, L. A. Serafimov, A. I. Torubarov und T. S. Rudakovskaja. (Ž. fiz. Chim. 41 (1967) 1, 227—32; Mosk. inst. tonkoj chim. technol.; russ.) — Im Rahmen der Ausarbeitung eines technolog. Schemas zur Trennung von Rk.-Prod. der Oxosnyth. wurden die Fl.–Dampf-Gleichgew. in den Syst. *Propionaldehyd* (I)–*Isobutanol* (II), *n-Propanol* (III)–*W.*, I–III, *Propylformiat* (IV)–III, III–II, III–*Propylpropionat* (V), II–V, IV–II, IV–V untersucht.
K. Jasche 454△

1017 **Gleichgewicht Hydrat–Gasphase im System Propan–Propylen–Wasser.** V. I. Fomina und S. Š. Byk. (Gazovaja Prom. 12 (1967) 3, 50—56; NIISS; russ.)
R. K. Müller 454

1018 **Schmelzgleichgewicht im System Methylnaphthalin–Antimontrichlorid.** B. Kawalec. (Bull. Acad. polon. Sci., Sér. Sci. chim. 14, 471—74, 1966; Inst. of Phys. Chem., Polish Acad. of Sci.; engl.) — Die Gleichgew.-Daten sind detailliert für die Syst. *1-Methylnaphthalin* (I)–$SbCl_3$, *2-Methylnaphthalin* (II)–$SbCl_3$ u. I · 2 $SbCl_3$–II · 2 $SbCl_3$ sowie graph. für die Syst. II–I · 2 $SbCl_3$, I–II · 2 $SbCl_3$, I–II–I · 2 $SbCl_3$, II–I · 2 $SbCl_3$–II · 2 $SbCl_3$, I · 2 $SbCl_3$–II · 2 $SbCl_3$–$SbCl_3$ u. I–I · 2 $SbCl_3$–$SbCl_3$–II · 2 $SbCl_3$–II angegeben. Die Schmelzdiagramme werden bez. des Verh. der Komponenten u. der Trennung von I u. II durch Krist. mit $SbCl_3$ diskutiert.
M. Knaack 454

1019 **Schmelzgleichgewichte binärer Systeme von Chinolinbasen.** B. Zegalska. (Bull. Acad. polon. Sci., Sér. Sci. chim. 16 (1968) 6, 335—41; Polish Acad. of Sci., Inst. of Phys. Chem.; engl.) — Für die bin. Syst. *Chinaldin* (I)–*Chinolin* (II), I–*Isochinolin* (III), I–*Lepidin* (IV), I–*7-Methylchinolin* (V), I–*8-Methylchinolin* (VI), II–III, *6-Methylchinolin*–III, IV–III, VI–III, V–IV, *3-Methylisochinolin* (VII)–III, VII–I u. VII–IV wurden die Gleichgew.-Daten (fest–fl.) über den gesamten Konz.-Bereich bestimmt u. mit der vereinfachten Gleichung für ideale Mischungen beschrieben. Die Schmelzkurven sind abgebildet.
Waldemar Köhler 454

1020 **Das Gleichgewicht Flüssigkeit–Dampf des Systems Methanol–2.3-Dichlorbutadien-(1.3).** M. Čihová, J. Vojtko und M. Hrušovský. (Chem. Zvesti 22 (1968) 8, 599—604; Lehrstuhl für organ. Technol., Slowak. TH, Bratislava; dt.) — Die Gleichgew.-Daten u. y–x- u. t–x, y-Diagramme sind angegeben.
W. Sobieski 454

1021 **Zonenschmelzen und thermische Analyse des Systems Acetonitril–Benzol.** O. S. Čistozvonova, G. M. Dugačeva und A. G. Anikin. (Ž. fiz. Chim. 41 (1967) 1, 82—85; Moskovskij gos. univ.; russ.) — Durch therm. Analyse wird das Zustandsdiagramm des Syst. ermittelt. Gemische mit Bzl.-Geh. zwischen 3 u. 95 Mol-% werden dem Zonenschmelzverf. unterworfen. K. Jasche 454△

1022 **Bestimmung der Wasserlöslichkeit von Fettsäuren und -alkoholen.** I. D. Robb. (Austral. J. Chem. 19, 2281—84, 1966; Dep. of Chem., Univ. of Sidney; engl.) — Die Löslichkeit von *Dodecan-* (I), *Tetradecan-* (II), *Hexadecan-* (III), *Octadecansäure*, *Dodecanol*, *Tetradecanol*, *Pentadecanol*, *Hexadecanol* u. *Heptadecanol* in W., von I—III in verd. HCl u. die Dissoziationskonst. von II wurde bei 25° bestimmt.
M. Knaack 454

1023 **Untersuchung des Flüssigkeit–Dampf-Phasengleichgewichts im System Wasser–Ameisensäure–Propionsäure bei Atmosphärendruck.** T. M. Kušner, G. I. Tacievskaja und L. A. Serafimov. (Ž. fiz. Chim. 41 (1967) 1, 237—43; Mosk. inst. tonkoj chim. technol. im. Lomonosova; russ.)
K. Jasche 454△

1024 **Löslichkeit von Aminosäuren im CH_3OH–HCl-Medium. 1. Mitt. Löslichkeit von Glycin.** S. K. Dhar und David B. Chung. (Inorg. nuclear Chem. Letters 4 (1968) 12, 701—04; Suppl. zu: J. inorg. nuclear Chem.; Chem. Dep., De Paul Univ., Chicago, Ill.; engl.) — Durch pH-Titration mit $NaOCH_3$-Lsg. wird die Löslichkeit von Glycin in methanol. HCl verschiedener Konz. bestimmt.
A. Blaschette 454

1025 **Flüssigkeit–Dampf-Gleichgewicht im System Benzol–Essigsäureanhydrid.** M. L. Moločnikov, L. P. Markova und V. B. Kogan. (Ž. prikl. Chim. 40 (1967) 9, 2083—84; Leningradskij, technol. inst. celljuloznobumaznoj prom.; russ.)
C. Kozák 454△

1026 **Absorption und Ausscheidung von Arzneimitteln. 31. Mitt. Beziehungen zwischen Verteilungskoeffizienten und chemischer Struktur von Barbitursäurederivaten.** Kiichiro Kakemi, Takaichi Arita, Ryohei Hori und Ryoji Konishi. (Chem. pharmac. Bull. [Tokyo] 15 (1967) 11, 1705—12; Kyoto Univ., Yoshida-shimoadachi-cho, Sakyo-ku, Kyoto; engl.) — 30. vgl. ibid. 15 (1967) 10, 1534. — Die Verteilungskoeff. von *Barbitursäurederiv.* werden in verschiedenen Lsgm.-Syst. (zwischen W. u. CCl_4, $CHCl_3$ bzw. Isopentylacetat, z. T. Bzl. bzw. n-Octylalkohol bei pH 1,1 u. 37°) bestimmt u. die Ergebnisse unter Anwendung der Hammett-Gleichung analysiert. Aus den bekannten Diffusionskoeff. einiger Verb. werden Mol.-Radien u. der Assoziationsgrad in W. berechnet. Folgende Verb. werden untersucht: *Barbital*, *Pro-*, *Allo-*, *Pheno-*, *Pento-*, *Amo-*, *Meth-*, *N-Methylallo-*, *N-Methylcyclo-*, *N-Methylamo-*, *Mepho-* u. *Hexobarbital*, *5-Allyl-5-äthyl-*, *5-Allyl-5-äthyl-2-thio-* u. *5-[Cyclohexen-(1)-yl]-5-äthyl-2-thiobarbitursäure*, *Thiopental* u. *Thiamylal*.
G. Kirsten 454△

1027 **Löslichkeit der Purinalkaloide Coffein, Theophyllin und Theobromin in Wasser–Äthanol-Gemischen.** V. P. Gusjakov und A. I. Škadova. (Izvest. vysšich učebnych Zavedenij [Ivanovo], Chim. i chim. Technol. 10 (1967) 7, 833—34; L'vovskij gos. med. inst.; russ.)
C. Kozák 454△

1028 **Einfluß der Grenzfläche Gas–Flüssigkeit und des festen Trägers bei der Gaschromatographie polarer Verbindungen an apolaren Trennflüssigkeiten.** Robert L. Pecsok und Barry H. Gump. (J. physic. Chem. 71 (1967) 7, 2202—09; Dep. of Chem., Univ. of Calif., Los Angeles, Calif.; engl.) — Mit einer Kombination von McBain-Waage u. de Nouy-Tensiometer wird die Abhängigkeit der Oberflächenspannung von *Squalan* (I) u. *Hexadecan* (II) vom Geh. an CH_3OH, A., Aceton u. Diäthylamin bestimmt.
G. Bock 456

1029 **Chromatographie an Kieselsäuresäulen: Adsorptionsmechanismus und Lösungsmittelsysteme.** R. L. Hoffmann, D. G. McConnell und C. D. Evans. (J. Amer. Oil Chemists' Soc. 44 (1967) 11, 637—40; Northern Reg. Res. Labor., Peoria, Ill.; engl.) — Die Adsorptionsisothermen von *Methanol*, *A.*, *Isopropanol*, *n-Propanol*, *n-Butanol*, *Acetonitril*, *Propionitril*, *Chloracetonitril*, *Trichloracetonitril*, *Aceton*, *Butanon* u. *Pentanon-(2)* an SiO_2 in Bzl. als Lsgm. werden bestimmt. Die adsorbierten Mengen hängen vom Raumbedarf, der ster. Anordnung u. der Anzahl freier Elektronenpaare in den Adsorbatmol. ab. Die Alkohole bilden Monoschichten, wobei H-Brücken zwischen dem O der Hydroxylgruppe u. dem H der Silanolgruppe auftreten. Die Adsorption der Alkohole kann als Inaktivierung des Adsorbenten betrachtet werden, bei gleicher Bedeckung der Oberfläche geben alle Alkohole gleiche Trenneigenschaften.
G. Bock 456

1030 **Chromatographie an Kieselsäuresäulen: Parameter für ein binäres Lösungsmittelsystem.** D. G. McConnell, R. L. Hoffmann, G. J. Elman und C. D. Evans. (J. Amer. Oil Chemists' Soc. 44 (1967) 11, 641—44; engl.) — Vgl. vorst. Referat. — 16 Std. bei 100° getrocknetes SiO_2 adsorbiert bei Behandlung mit *Bzl.–CH_3OH* (I)-Gemischen fast ausschließlich I, wobei die adsorbierte Menge von der I-Konz. im Lsgm.-Gemisch abhängt. Die Darst. von Säulen mit 8—22% I als stationärer Phase auf SiO_2 wird beschrieben. Mit Bzl.–I-Gemischen als Elutionsmittel gelingen in diesen Säulen die Trennungen der unpolaren Fettsäureester von den Keto- u. Hydroxyestern u. der α- von den β-Monoglyceriden. Der Einfl. der I-Konz. auf die Elutionsvol. wird untersucht.
G. Bock 456

1031 **Adsorptionswärmen von Benzol und Cyclohexan auf den Zeolithen NaY und CaY.** A. L. Kljačko-Gurvič,

A. T. Chudiev und A. M. Rubinštejn. (Izvest. Akad. Nauk SSSR, Ser. chim. **1967**, 687—89; Inst. org. chim. im. Zelinskogo AN SSSR; russ.) G. Ewald 456

1032 **Adsorption von Octen-(1) aus Lösungen in p-Xylol beziehungsweise Octen-(2) durch Zeolithe vom Typ A und B.** G. Ja. Aleksandrova, A. V. Kiselev und Ju. A. El'tekov. (Ž. fiz. Chim. **41** (1967) 5, 1152—55; Inst. fiz. chimii AN SSSR; russ.) K. Jasche 456△

1033 **Anwendung der Gaschromatographie zur Bestimmung der Adsorption sowie der Adsorptionswärme aromatischer Kohlenwasserstoffe an Zeolithen bei hohen Temperaturen.** E. N. Rosolovskaja, K. V. Topčieva und O. L. Šachnovskaja. (Neftechimija **7** (1967) 3, 445—50; Mosk. gos. univ. im. Lomonosova, Chim. fak.; russ.) — Untersucht wird die Adsorption von *Bzl.* u. *Isopropylbenzol* an Zeolithen bei 350—540°. C. Kozák 456△

1034 **Oberflächenspannungen und Dichten der Lösungen großer organischer Ionen in geschmolzenem Pyridiniumchlorid.** H. Bloom und V. C. Reinsborough. (Austral. J. Chem. **21** (1968) 6, 1525—30; Hobart, Univ. of Tasmania, Dep. of Chem.; engl.) — Die Ergebnisse an *Cetyl-* u. *Myristylkationseifen* bei 155° werden mit Hilfe der Mizellenbldg. interpretiert. Die krit. Mizellenkonz. für gelöstes *Cetyldimethylbenzylammoniumchlorid* in geschmolzenem Pyridiniumchlorid beträgt 0,06 (Mol/kg). Die partiellen mol. Vol. werden ber. u. diskutiert. B. I. 456△

1035 **Einfluß von Phenol auf die Adsorption von Polymeren an Festkörper–Flüssigkeit-Grenzflächen.** Curt Thies. (J. Colloid Interface Sci. **27** (1968) 4, 734—42; Mater. Res. Labor., Central Res. Div., Nat. Cash Register Co., Dayton, O.; engl.) — Der Einfl. von Phenol auf die Adsorption von Polyvinylacetat u. einem Poly(äthylenvinylacetat)-Copolymeren an feinverteiltem SiO_2 aus Trichloräthylen u. Cyclohexan wird untersucht u. bez. der Wechselwrkg. zwischen Polymeren u. Additiv diskutiert. W. Sobieski 456

1036 **Kinetik und Gleichgewichtsuntersuchung der Adsorption von 2.4-Dichlorphenoxyessigsäure an einigen Oberflächen.** Rizwanul Haque und Richard Sexton. (J. Colloid Interface Sci. **27** (1968) 4, 818—27; Dep. of Agric. Chem., Oreg. State Univ., Corvallis, Oreg.; engl.) — Gleichgew.- u. thermodynam. Daten der Adsorption der Titelverb. an einigen Mineralien werden bestimmt. W. Sobieski 456

1037 **Viskosität und Oberflächenspannung von o- und m-Toluylsäure.** N. L. D'jačenko und G. D. Charlampovič. (Ž. prikl. Chim. **40** (1967) 9, 2082—83; Ural'skij politechn. inst. im. Kirova; russ.) C. Kozák 456△

1038 **IR-Untersuchungen der Assoziation von primären mit tertiären aliphatischen Aminen.** H. Wolff und J. Eints. (Ber. Bunsenges. physik. Chem. **70**, 728—36, 1966; Phys.-Chem. Inst., Univ. Heidelberg; dt.) — Erratum vgl. ibid. **70** (1966) 962. — Die IR-Spektren der Gemische von *Methylamin* (**I**) mit *Trimethyl-*, *Triäthyl-* (**II**), *Tri-n-propyl-* u. *Tri-n-butylamin* sowie von *Äthylamin* (**III**) mit **II** werden bei verschiedener Temp. u. verschiedenen **I**- bzw. **II**-Molenbrüchen bez. der NH-Valenzschwingungen der Selbstassoziation von I u. der Adduktbldg. vorst. Gemische untersucht. A. Kratochwill 458

1039 **Spektraluntersuchung der Komplexbildung methylsubstituierter Azobenzole.** N. B. Kupletskaja, A. A. Nil'son, N. M. Sokolova, L. A. Kazicyna und O. A. Reutov. (Vestnik Moskovskogo Univ., Ser. II **22** (1967) 2, 98—101; Kaf. org. Chim.; russ.) — p-CH_3-Gruppen erhöhen die Basizität der Azogruppierung, o-ständige CH_3-Gruppen beeinflussen dagegen die Azogruppe nicht, wie die pK_a-Werte der konjugierten Säuren nachst. Azobenzolderiv. zeigen: *Azobenzol* (**A**): $pK_a = -2{,}90$; *4-Methyl-* (**B**): $-2{,}30$; *4.4'-Dimethyl-* (**C**): $-1{,}75$; *2.2'-Dimethyl-* (**D**): $-2{,}85$ ($\pm$ 0,03). $SbCl_5$ u. $HClO_4$ bilden mit **A**—**D** 1 : 1-Komplexe, BF_3 dagegen 2 : 1-Komplexe. Die Struktur der Komplexe wird an Hand ihrer UV-Spektren diskutiert. K. Jasche 458△

1040 **Sulfitkomplexe von 1.3.5-Trinitrobenzol und verwandten Verbindungen.** A. R. Norris. (Canad. J. Chem. **45** (1967) 2, 175—80; Queen's Univ., Kingston, Ontario; engl.) — Bei der spektrophotometr. Unters. der Wechselwrkg. zwischen *1.3.5-Trinitrobenzol* [F. 123° ($CHCl_3$)] u. SO_3^{2-}-Ionen in wss. Lsg. (pH 8—10) wird bei 462 mμ eine neue Absorptionsbande beobachtet, die einem 1 : 1-Komplex zugeordnet wird. Die ΔH^0- u. ΔS^0-Werte sowie die Bldg.-Konst. u. der molare Extinktionskoeff. des Komplexes bei 25,3° werden bestimmt. Analog werden die SO_3^{2-}-Komplexe mit *2.4.6-Trinitrotoluol* [F. 81—82° (A.)] u. *2.4.6-Trinitrobenzaldehyd* [F. 119,0 bis 119,5° (A.)] untersucht. G. O. Jäger 458△

1041 **Isotopengleichgewicht im System BF_3-Komplex BF_3/n-Butylphenyläther.** S. G. Katal'nikov und G. N. Vasenin. (Ž. fiz. Chim. **41** (1967) 5, 1174—76; Mosk. technol. inst. im. Mendeleeva; russ.) — Vf. bestimmten die Zus. der Komplexverb. in Abhängigkeit von der Temp., seine u. die Dampfdruckkurven seiner Lsg. in n-Butylphenyläther (**I**), D., Viskosität, Bldg.-Wärme u. das Mol-Vol. von BF_3 im Komplex. Ferner wurde der Verteilungskoeff. der B-Isotopen entsprechend der Gleichung $^{10}BF_3 + I \cdot {}^{11}BF_3 \rightleftharpoons BF_3 + I \cdot {}^{10}BF_3$ bei 15° u. 25° bestimmt. G. Ewald 458

1042 **Assoziation in wäßrig-alkoholischen Lösungen. 4. Mitt. Einfluß von Wasserstoffbrückenbindungen auf die Reaktion von Methylradikalen mit Butylalkohol in wäßrigen Lösungen.** N. N. Ugarova und I. V. Berezin. (Ž. fiz. Chim. **41** (1967) 9, 2255—57; Mosk. gos. univ. im. Lomonosova; russ.) — 3. vgl. ibid. **41** (1967) 7, 1560. — Auf Grund kinet. Messungen werden die Assoziationskonst. zwischen den Mol. von Butanol (**I**) untereinander u. zwischen **I** u. W. bestimmt. C. Kozák 458△

1043 **H-Bindung zwischen Phenolen und Cyaniden.** S. C. White und H. W. Thompson. (Proc. Roy. Soc. [London], Ser. A **291**, 460—68, 1966; Univ. of Oxford, Phys. chem. Labor.; engl.) — Durch IR-Messungen wird die Assoziation zwischen nachst. Phenolen u. Cyaniden durch Ausbldg. von H-Bindungen in CCl_4 untersucht. Angegeben sind OH-Frequenzverschiebungen, Assoziationskonst. u. Taft-σ^*-Konst. von Mischungen von *Phenol* (**I**), *2.6-Dimethyl-*, *2.6-Diisopropyl-* u. *2.6-Di-tert.-butylphenol* mit *Benzonitril*, *Acetonitril*, *Propionitril* u. *tert.-Butylcyanid* sowie von **I** mit *Chlor-*, *Dichlor-*, *Trichloracetonitril*, *Acrylnitril*, *Benzylcyanid*, *Diphenylmethylcyanid*, *n-Butyronitril*, *Divinyl-* u. *Dimethylcyanamid*. G. Puschendorf 458

1044 **Ladungsübertragungskomplexe von Disulfiden mit Tetracyanäthylen.** Wayne M. Moreau und Karl Weiss. (J. Amer. chem. Soc. **88**, 204—10, 1966; Photochem. and Spectroscop. Labor., Northeastern Univ., Boston, Mass.; engl.) — Die Assoziationskonst. u. Extinktionskoeff. der Komplexe von Tetracyanäthylen (**I**) mit *Dimethyl-*, *Diäthyl-* (**II**), *Di-n-butyl-*, *Di-tert.-butyl-*, *Diphenyl-*, *Dibenzyldisulfid*, *6-Thioctsäure* (**III**) u. *Tetrahydrothiophen* in CH_2Cl_2 werden bestimmt u. mit Daten der J_2-Komplexe verglichen. Außerdem werden MO u. Energieniveaus von **I** u. Übergänge von **I**-**II**- u. **I**-**III**-Komplexen berechnet. H. G. Kuball 458

1045 **Untersuchungen an heterocyclischen Verbindungen. 5. Mitt. Paarbildung monomerer Einheiten von Nucleinsäuren. 1. Mitt. Stöchiometrische Wechselwirkung von komplementären Nucleosiden in Methanol. Nachweis durch Leitfähigkeitsmessungen.** Teisuko Okano, Takao Iwaguchi und Satoshi Mizuno. (Chem. pharmac. Bull. [Tokyo] **15** (1967) 4, 373—79; Tokyo Univ. School of Med., Kita-yobancho, Sendai, Miyagi-ken; engl.) — 4. vgl. J. pharmac. Soc. Japan [Yakugaku-Zasshi] **86** (1966) 10, 952. — Vf. untersuchen die Stöchiometrie u. Spezifität der Wechselwrkg. von monomeren Einheiten von Nucleinsäuren durch Best. der spezif. Leitfähigkeit von Gemischen der methanol. Lsg. der Nucleoside *Uridin*, *Adenosin*, *Cytidin*, *Guanosin*, *Desoxythymidin*, *Desoxyadenosin*, *Desoxycytidin*, *Desoxyguanosin* u. *Inosin* in unterschiedlichen mol. Verhältnissen. U. Feist 458

1046 **Assoziation der Reaktionsprodukte von Essigsäure, Mono- und Trichloressigsäure mit Dimethyl-, Diäthyl-**

anilin und Triäthylamin. M. N. Carevskaja. (Ukrainskij chim. Ž. **33** (1967) 1, 21–25; Luganskij gos. med. inst.; russ.) — Die Assoziation von Komplexen, die sich in Syst. der genannten Essigsäuren u. tert. Amine in Bzl. mit der Zus. 2 : 1 bilden, wird in Abhängigkeit von der Verd. kryoskop. untersucht. K. Jasche 458△

1047 **Komplexbildung mit Phthalsäureanhydriden.** G. P. Naletova, L. V. Osinceva und B. V. Tronov. (Ž. obšč. Chim. **37** (**99**) (1967) 8, 1779–83; russ.) — Durch kolorimetr. Messungen wurde die Komplexbldg. von *3-Nitro-* (**I**), *3-Fluor-*, *3-Chlor-* (**II**) u. *Thiophthalsäureanhydrid* sowie von *Phthalsäure-* u. *Maleinsäureanhydrid* mit *Diäthylanilin* (**III**), *Naphthalin*, *2-Methyl-*, *2.6-*, *2.3-* u. *1.3-Dimethylnaphthalin* untersucht. Die Spektren der Komplexe wurden zwischen 430 u. 500 mμ aufgenommen. K. Jasche 458△

1048 **Zur Frage des Bildungsmechanismus von Teilchen verschiedenen Typs in kolloiden Farbstofflösungen und trockenen Farbstoffschichten.** 1. Mitt. **Absorptionsspektren kolloider Lösungen organischer Farbstoffe.** E. A. Kirillov, E. A. Nesterovskaja, A. B. Goldenberg und S. J. Ploticer. (Z. wiss. Photogr., Photophysik Photochem. **61** (1967) 7–9, 89–94; Odessa, Mečnikov-univ., Wiss. Physikal. Forschungsinst.; dt.) — Es werden die Absorptionsspektren kolloidaler Lsg. von *Erythrosin*, *Fuchsin*, *Methylenblau*, *Thionin*, *3-Methyl-1-äthylthia-2-chinocyaninjodid* u. *3.3-Diäthylthiacarbocyaninjodid* in Bzl. bzw. von *3-Äthyl-5-[3-äthylbenzoxazoliniliden-2-äthyliden]-thiazolidinthion* in W. gemessen u. z. T. mit den Spektren der entsprechenden echten Farbstofflsg. in A. verglichen. G. O. Jäger 458△

1049 **Die Frage des Bildungsmechanismus von Teilchen verschiedenen Typs in kolloiden Farbstofflösungen und trockenen Farbstoffschichten.** 2. Mitt. **Über die Wirkung einiger physikalischer Faktoren auf die Absorption kolloidaler Farbstofflösungen und trockener Farbstoffschichten.** A. B. Goldenberg, E. A. Nesterovskaja und K. V. Čibisov. (Z. wiss. Photogr., Photophysik Photochem. **61** (1967) 7–9, 95–101; dt.) — 1. vgl. vorst. Referat. — Die für das Auftreten der schmalen Banden in den Absorptionsspektren kolloidaler benzol. Lsg. von *Erythrosin* u. *Methylenblau* verantwortlichen subkolloidalen Teilchen werden durch Dunkellagerung der Lsg. von den eigentlichen Kolloidpartikeln getrennt. Beide Fraktionen werden spektroskop. analysiert. G. O. Jäger 458△

1050 **Durch Jod katalysierte Isomerisierung von n-Heptenen. Thermodynamische Daten für die Stellungs- und geometrische Isomerisierung und der cis-Effekt in der Entropiedifferenz geometrischer Isomerenpaare.** K. W. Egger. (J. Amer. chem. Soc. 89 (1967) 3, 504–09; Monsanto Res. S. A., Zürich; engl.) — Die Gleichgew.-Konst. u. -Zus. sowie thermodynam. Daten von *cis-* (cis-**I**) $\rightleftharpoons$ *trans-Hepten-(3)*, *cis-*(cis-**II**) $\rightleftharpoons$ *trans-Hepten-(2)*, trans-**I** $\rightleftharpoons$ *Hepten-(1)* (**III**), trans-**I** $\rightleftharpoons$ trans-**II** werden im Temp.-Bereich 148,5–333,5° bestimmt, ebenso die Differenzen von Bldg.-Wärme u. -Entropie der Isomerenpaare bei 298 °K von *trans-Buten-(2)* mit **III** u. *cis-Buten-(2)*, von *trans-Penten-(2)* mit **III** u. *cis-Penten-(2)*, von trans-**II** mit **III** u. cis-**II**, von trans-**I** mit **III** u. cis-**I** sowie von den Paaren *cis-* u. *trans-Pentadien-(1.3)*, trans-**I** u. trans-**II**. J. Schaffenger 460

1051 **4-Thiazolinthione-(2).** 3. Mitt. **Thermodynamische Stabilität der intermediär gebildeten tautomeren Thiazolidine und Dithiocarbamate.** R. W. Lamon, W. J. Humphlett und W. P. Blum. (J. heterocyclic Chem. **4** (1967) 3, 349–54; Res. Labor., Eastman Kodak Comp.; engl.) — 2. vgl. C. **1965**, 13-1012. — Vf. stellen *3.5-Dimethyl-4-äthyl-*, *3-Vinyl-4-äthyl-5-methyl-*, *3-Benzyl-4-methyl-*, *3-Isopropyl-4-phenyl-5-methyl-*, *3-Isopropyl-4-p-chlorphenyl-5-methyl-*, *3-Phenyl-4-p-methoxyphenyl-5-methyl-*, *3-Äthyl-4-phenyl-*, *3.4-Diphenyl-5-methyl-*, *3-Phenyl-4-p-chlorphenyl-5-methyl-*, *3-Isopropyl-4-methyl-*, *3-Isopropyl-4-äthyl-5-methyl-*, *3-Methyl-4-isopropyl-* u. *3-Phenyl-4-isopropyl-4-hydroxythiazolidinthion-(2)* durch Umsetzung prim. Amine mit CS_2 u. α-Halogenketonen dar. Die Thiazolidinthione-(2) stehen im tautomeren Gleichgew. mit den entsprechenden Dithiocarbamaten. Der Anteil der beiden Tautomeren am Gleichgew. wurde durch IR-Messungen ermittelt. U. Feist 460

1052 **Ionenpaardissoziation solvatisierter Basen und Basenperchlorate in wasserfreier Essigsäure.** Orland W. Kolling. (Analytic. Chem. **40** (1968) 6, 956–59; Chem. Dep., Southwestern Coll., Winfield, Kan.; engl.) — Die pK-Werte nachst. Basen u. deren Perchlorate in CH_3COOH bei 25° werden bestimmt: *Acetamid*, *Acetanilid*, *p-Acetophenetidid*, *o-*, *p-Anisidin*, *Benzyl-*, *n-Butyl-*, *Isobutyl-*, *tert.-Butylamin*, *2.5-Dichlor-*, *N.N-Diäthyl-*, *N.N-Dimethylanilin*, *Diäthyl-*, *Diphenylamin*, *1.3-Diphenylguanidin*, *o-Nitroanilin*, *N-Phenylbenzyl-*, *Tri-n-butyl-*, *Triäthylamin*, *Thioharnstoff*, *m-Toluidin* u. *Harnstoff* sowie von *N-Äthylanilin*, *Py.*, *Li-* u. *Na-Acetat*, $LiClO_4$ u. $NaClO_4$. K. Dorfner 462

1053 **Protonenaffinität und Basizität von Alkylbenzolen.** H.-D. Klotz, H. Drost und W. Schulz. (Z. Naturforsch. **23a** (1968) 10, 1690–92; Dt. Akad. der Wiss. zu Berlin, Forsch.-Gemeinschaft, Inst. für Biophys., Berlin-Buch; dt.) — Die Daten sind angegeben für *Bzl.*, *Toluol*, *o-Xylol*, *Mesitylen* u. *1.2.4.5-Tetramethylbenzol*. D. Schmitt 462

1054 **Protonisierungsstelle von Anisol in konzentrierten wäßrigen Lösungen starker Säuren.** A. J. Kresge und L. E. Hakka. (J. Amer. chem. Soc. **88**, 3868, 1966; Dep. of Chem., Ill. Inst. of Technol., Chicago, Ill.; engl.) — Mit steigender H_2SO_4-Konz. wechselt bei Anisol die O-Protonisierung in eine C-Protonisierung. In $HClO_4$ ist eine meßbare O-Protonisierung nicht festzustellen. D. Pavel 462

1055 **pK$_a$-Wert von protoniertem DMSO in wäßriger HClO$_4$.** Warren L. Reynolds und Kathryn A. Lampe. (J. inorg. nuclear Chem. **30** (1968) 10, 2860–62; Dep. of Chem., Univ. of Minn., Minneapolis, Minn.; engl.) W. Sobieski 462

1056 **Basizität einiger Arylmethylsulfoxide.** Kenneth K. Anderson, Warren H. Edmonds, J. Brain Biasotti und Richard A. Strecker. (J. org. Chemistry **31**, 2859–62, 1966; Dep. of Chem., Univ. of N.H., Durham, N.H.; engl.) — Durch potentiometr. Titration mit $HClO_4$ in Acetanhydrid u. Vgl. der erhaltenen Werte mit denen der entsprechenden Amine werden die pK$_a$-Werte von *p-Methoxy-* (Kp.$_{0,25}$ 122–123°), *p-Methyl-*, *m-Methyl-* (Kp.$_1$ 109–110°), *m-Methoxy-* (Kp.$_{0,2}$ 113–115°), *p-Chlor-* (F. 46–48°), *m-Chlor-* (Kp.$_{1,3}$ 125–126°), *m-Trifluormethyl-* (Kp.$_{0,4}$ 88–89°), *m-Nitro-*, *p-Nitrophenylmethylsulfoxid*, *Phenylmethylsulfoxid*, *S.S-Dimethyl-* (F. 158 bis 159°), *S.S-Diphenyl-* u. *S-Phenyl-S-methyl-N-p-toluolsulfonylsulfilimin* bestimmt u. bez. der Substituenteneffekte diskutiert. D. Pavel 462

1057 **Reaktionen von Aminosäuren, Peptiden und Proteinen mit α,β-ungesättigten Verbindungen.** 4. Mitt. **Neue Differentialtitration zur Bestimmung von pK-Werten phenolischer Gruppen in Tyrosin und verwandten Aminophenolen.** Mendel Friedman. (Biochem. biophysic. Res. Commun. **23** (1966) 5, 626–32; Peoria, Ill., Northern Regional Res. Labor.; engl.) — 3. vgl. J. org. Chemistry **31** (1966) 9, 2888; 2. vgl. C. **1968**, 23-1021. — Säure-Base-Gleichgew. der Amino- u. Hydroxygruppen in *Tyrosin*, *N-Cyanäthyl-* u. *N.N-Dicyanäthyltyrosin* werden mittels potentiometr. u. spektrophotometr. Titrationsmeth. untersucht. G. O. Jäger 462△

1058 **Dissoziationskonstanten von 3- und 4-substituierten cis- und trans-Zimtsäuren in 50%igem Äthanol.** Richard Fuchs und Jordan J. Bloomfield. (J. org. Chemistry **31**, 3423–25, 1966; Dep. of Chem., Univ. of Houston, Tex.; engl.) — Die pK$_a$-Werte von nachst. Zimtsäuren werden bei 25° bestimmt: *trans-*, *cis-* [F. 67,4–68,8° (Hexan)], *m-Methoxy-trans-*, *m-Methyl-trans-* [F. 117,6–118,2° (Heptan)], *m-Fluor-trans-*, *m-Chlor-trans-*, *m-Brom-trans-* [F. 180–180,5° (Acetonitril)], *m-Nitro-trans-* [F. 204,5–205° (Äthylacetat)], *p-Methoxy-cis-* [F. 69,3–71,0° (Hexan/Bzl.)], *p-Methyl-cis-* [F. 77,2–77,9° (W.)], *p-Fluor-cis-* [F. 78,2–79° (Heptan)], *p-Chlor-cis-*, *m-Chlor-cis-* [F. 69,9–70,6° (W.), *m-Nitro-cis-* [F. 156,4–157,3° (A./W.)] u. *p-Nitro-cis-* [F. 144,6–145,2° (A./W.)]. Die Substituenteneffekte werden diskutiert. M. Knaack 462

1059 **Einfluß der Temperatur auf die Dissoziationskonstanten von Benzoe- und Salicylsäure sowie 2.5-Dinitrophenol in wäßrigen Lösungen.** B. S. Smoljakov. (Izvest. sibirskogo Otd. Akad. Nauk SSSR, Ser. chim. Nauk **1967**, 4, 8–12; Inst. neorg. chimii Sibir. otd. AN SSSR, Novosibirsk; russ., Auszug: engl.) C. Kozák 462△

1060 **Dissoziationskonstanten von Acetylendicarbonsäure.** Rudolph S. Bottei und William A. Joern. (J. chem. Engng. Data **13** (1968) 4, 522–23; Dep. of Chem. and Radiation Labor., Univ. of Notre Dame, Ind.; engl.) — pK_{a1} u. pK_{a2} werden bei verschiedenen Temp. bestimmt. D. Schmitt 462

1061 **Gleichgewichtsdaten für einige o.o'-Dihydroxyazofarbstoffe.** 1. Mitt. **Säuredissoziationskonstanten.** E. Coates, B. Rigg und D. L. Smith. (Trans. Faraday Soc. **64** (1968) 552, 3255–64; School of Colour Chem. and Colour Technol., Univ. of Bradford; engl.) — Spektrophotometr. wurden die pK-Werte bei 25° gemessen von *Mordantviolet 5* (C.I. 15670), *Mordant Black 3* (C.I. 14640), *Mordant Black 17* (C.I. 15705), *Mordant Black II* (C.I. 14645) u. *Mordant Black 1* (C.I. 15710). D. Schmitt 462

B–5. Elektrochemie

1062 **Konduktometrische Untersuchungen in ketonischen Lösungsmitteln.** 7. Mitt. **Die Temperaturabhängigkeit der Leitfähigkeitsparameter.** S. R. C. Hughes und D. H. Price. (J. chem. Soc. [London], Sect. **A, 1968,** 7, 1464–68; Dep. of Chem., Chelsea Coll., London; engl.) — 6. vgl. C. **1969,** 18-1049. — Es wurden die Leitfähigkeiten von *Tetraäthyl-, Tetra-n-propyl-, Tetra-n-heptyl-, Methyltri-n-propyl-, Methyltri-n-butyl-, Methyltri-n-heptyl-* u. *n-Butyltriisopentylammoniumjodid, Tetra-n-propyl-* u. *Tetra-n-heptylammoniumbromid* u. *n-Butyltriisopentylammoniumtetraphenylborat* in *Methyläthylketon* bei 15 u. 35° bestimmt. Die hydrodynam. Radien nehmen mit steigender Temp. ab, während die Assoziationsparameter zunehmen. Mit zunehmender Kationengröße wurde ein Ansteigen der Entropien u. der Assoziationswärmen beobachtet. K.-H. Bielicki 468

1063 **Bestimmung des isoelektrischen Punktes von Pyrrolidoncarbonsäure.** L. D. Bobrovnik und G. P. Vološanenko. (Izvest. vysšich učebnych Zavedenij [Krasnodar], piščevaja Technol. **1967,** 6, 28–29; Kievskij Technol. inst. piščevoj prom.; russ.) — Die Best. erfolgt konduktometr. u. papierelektrophoret. zu 3,35. S. Baryschnikow 468△

1064 **Photoionisierung von an ZnO, TlJ und AgBr adsorbierten Farbstoffen und Aromatenkohlenwasserstoffen.** V. M. Benca und F. I. Vilesov. (Chim. vysokich Ėnerg. 1 (1967) 5, 436–42; NIFI pri Leningradskom gos. univ.; russ.) — Die Ionisierungspotentiale von adsorbiertem *Eosin-Na, Kristallviolett, Rhodamin 6G, Methylenblau, Indigorot, Kryptocyanin, Naphthalin, Anthracen, Naphthacen, Pentacen* wurden bestimmt, u. die höchsten besetzten Niveaus der adsorbierten Mol. im Bändermodell der Adsorbentien werden aufgezeigt, K. Jasche 472△

1065 **Mechanismus über Elektrodenreaktion in nichtwäßrigen Lösungsmitteln.** Taitiro Fujinaga, Kosuke Izutsu, Kisaburo Umemoto, Toshio Arai und Kazunori Takaoka. (J. chem. Soc. Japan, pure Chem. Sect. [Nippon Kagaku Zasshi] **89** (1968) 2, 105–28; Kyoto-shi; Kyoto Uhiv., Fac. of Sci., Dep. of Chem.; jap., Auszug: engl.) — Auf Grund von polarograph., chronopotentiometr. u. kontrolliert potential-elektrolyt. Unters. sowie ESR-Spektren schlagen Vf. Rk.-Mechanismen über elektrolyt. Rk. von mehreren organ. Verb. in den protophil. Lsgm. DMF u. DMSO vor. Ferner wird der Einfl. der Protondonatoren W., Phenol, Essigsäure, Perchlorsäure sowie der Protonakzeptor Tetraäthylammoniumhydroxid untersucht. H.-S. Park 478

1066 **Mo-katalysierte Reduktion von Dimethylglyoxim an der Hg-Tropfelektrode.** A. Narayanan und P. R. Subbaraman. (Indian J. Chem. **6** (1968) 5, 265–67; Nat. Chem. Labor., Poona; engl.) — Die polarograph. Unters. zeigen, daß in HCl Mo(IV) u. in H_2SO_4 Mo(III) u. Mo(IV) die katalyt. aktiven Formen sind. W. Sobieski 478

1067 **Adsorption von optisch aktiver Dibenzoylweinsäure an der Hg-Tropfelektrode.** A. Inesi, F. Rallo und L. Rampazzo. (Trans. Faraday Soc. **64** (1968) 552, 3340–45; Ist. di Chim. della Fac. di Ingng., Roma; engl.) — Untersucht wird L-, D- u. DL-Dibenzoylweinsäure bez. ihrer Elektrokapillardaten. D. Schmitt 456

1068 **Polarographische Reduktion von Methylbenzoat und seinen Derivaten in nichtwäßrigen Lösungsmitteln.** Toshio Arai. (J. chem. Soc. Japan, pure Chem. Sect. [Nippon Kagaku Zasshi] **89** (1968) 2, 188–91; Nara-shi; Nara Univ. of Educ., Dep. of Chem.; jap., Auszug: engl.) — Durch Gleichstrom- u. Wechselstrompolarographie wurden in DMF nachst. Alkylbenzoate untersucht: *Methyl-, Äthyl-, n-Propyl-, n-Butyl-, Isopropyl-, tert.-Butyl-, Benzyl-, Phenäthyl-* u. *Phenyl-* sowie die Benzoesäuremethylester: *o-, p-, m-Amino-; o-, p-, m-Hydroxy-; p-Methyl-, p-Methoxy-, p-Brom-, p-Carboxy-; o-, p-, m-Nitro-; o-, p-, m-Methoxycarbonyl-* u. *p-Formyl-*. H.-S. Park 478

1069 **Anodische Oxydation von Dicarbonsäuren.** 1. Mitt. **Wäßrige Lösungen von Oxalsäure.** A. G. Kornienko, L. A. Mirkind und M. Ja. Fiošin. (Elektrochimija **3** (1967) 11, 1370–78; Mosk., chim.-technol. inst. im. Mendeleeva; russ.) — Die Kinetik der Ox. an einer glatten Pt-Anode wurde polarograph. untersucht. C. Kozák 478△

B–6. Kinetik, Katalyse

1070 **Anwendung der Orbital-Symmetrieregeln nach Woodward-Hoffmann auf organische Reaktionen.** G. B. Gill. (Quart. Rev. (chem. Soc., London) **22** (1968) 3, 338–89; Dep. of Chem., Univ. of Nottingham; engl.) — Übersicht. Diskutiert werden: intramol. elektrocycl. Rk., intramol. Fragmentierungen, intramol. Cycloaddition u. sigmatrope Umlagerungen. — 218 Literaturangaben. D. Schmitt 481

1071 **Konfigurative Zusammenhänge bei asymmetrischen Katalysen.** E. I. Klabunovskij. (Doklady Akad. Nauk SSSR **178** (1967) 6, 1378–81; Inst. organ. chimii im. Zelinskogo AN SSSR; russ.) — Mit dem Ziel, Zusammenhänge zwischen der Struktur der reagierenden Mol. u. der Katalysatoren in asymm. Katalyserk. zu ermitteln, werden einige Beispiele für homogene u. heterogene asymm. Katalysen diskutiert. K. Jasche 481△

1072 **Kinetik und Reaktionsmechanismus in konzentrierten starken Säuren.** 12. Mitt. **Kinetik der Hydrolyse von o-Nitroacetanilid in wäßrigen Lösungen von Schwefelsäure.** M. I. Vinnik, I. M. Medveckaja, L. R. Andreeva und A. E. Tiger. (Ž. fiz. Chim. **41** (1967) 1, 252–60; Inst. chim. fiz. AN SSSR; russ.) — 14. vgl. C. **1969,** 3-1140. K. Jasche 481△

1073 **Kinetik und Reaktionsmechanismus in konzentrierten starken Säuren.** 13. Mitt. **Kinetik der Nitrierung von p-Nitrotoluol, p-Nitrochlorbenzol und o-Nitrochlorbenzol in Gemischen von Schwefel- und Salpetersäure.** M. I. Vinnik, Ž. E. Grabovskaja und L. N. Arzamaskova. (Ž. fiz. Chim. **41** (1967) 5, 1102–07; Inst. chim. fiz. AN SSSR; russ.) — 12. vgl. vorst. Referat. K. Jasche 481△

1074 **Übertragung elektronischer Einflüsse in Systemen mit β-ständigem Sauerstoffatom.** B. A. Trofimov, A. S. Atavin, M. F. Šostakovskij und I. S. Emel'janov. (Izvest. Akad. Nauk SSSR, Ser. chim. **1967, 3,** 711–12; Irkutskij Inst. org. chim. sibirsk. otd. AN SSSR; russ.) — Vf. untersuchten die Hydrolysekinetik von substituierten Vinyläthern der allg. Formel $CH_2{=}CHO(CH_2)_nX$ in Abhängigkeit von Tafts σ^*. G. Ewald 481

1075 **Anwendung des Additivitätsprinzips bei der Berechnung der Freien Aktivierungsenergie von Radikalreaktionen.** R. V. Kučer, A. A. Turovskij und I. A. Opejda. (Teoret. ėksper. Chim. **3** (1967) 5, 678–83; Donezkij gosuniv.; russ.) K. Jasche 482△

1076 **Reaktionen von Ionen mit thermischer Energie.** 6. Mitt. **Wasserstoffübertragungs-Ionen–Molekül-Reaktionen mit polaren Molekülen.** S. K. Gupta, E. G. Jones, A. G. Harrison und J. J. Myher. (Canad. J. Chem. **45** (1967) 24, 3107–17; Dep. of Chem., Univ. of Toronto, Toronto, Ontario; engl.) — 5. vgl. C. **1968,** 27-0775. — Die RGK der Bldg. protonierter Mol. bei 373 °K durch Ionen–Mol.-Rk. in CH_3OH, $(CH_3)_2O$ u. CH_4 werden sowohl bei therm. Energien als auch bei 3,4 eV Ionenenergien massenspektrometr. untersucht. J. Büttner 482

1077 **Vergleich von Allyl- und Propargylradikalen.** Michael M. Martin und Edward B. Sanders. (J. Amer. chem. Soc. **89** (1967) 15, 3777–82; Dep. of Chem., Univ. of Mich., Ann Arbor, Mich.; engl.) — Untersucht wurde die Kinetik der Bldg. von Propargyl- bzw. Allylradikalen bei der therm. Zers. folgender tert.-Butylester: *Peroxypenten-(3)-säure-* ($Kp._{0,8}$ 56,5°), *Peroxypentin-(3)-säure-* ($Kp._1$ 67–68°), *2-Methylperoxypentin-(3)-säure-* ($Kp._{0,7}$ 56–57°), *4-Phenylperoxybuten-(3)-säure-*, *4-Phenylperoxybutin-(3)-säure-* (F. 45–46,5°) u. *2-Methyl-4-phenylperoxybutin-(3)-säure-*. Aktivierungsparameter sind angegeben. U. Feist 482

1078 **Ionenreaktion zwischen $^3H^+$ und Benzol, Toluol, o-, m- und p-Xylol.** V. Aquilanti, A. Giardini Guidoni und G. G. Volpi. (Trans. Faraday Soc. **64** (1968) 552, 3282–87; Labor. di chim. delle Radiazioni e Chim. Nucl. del CNEN, Univ., Roma; engl.) — Bestimmt werden die Geschw.-Konst. u. Ausb. der aromat. Ionen als Funktion des H_2-Partialdrucks. D. Schmitt 482

1079 **Ionen–Molekül-Reaktionen in Propin und Allen.** J. J. Myher und A. G. Harrison. (J. physic. Chem. **72** (1968) 6, 1905–13; Dep. of Chem., Univ. of Toronto, Ontario, Canada; engl.) — Es wurden die Ionen–Mol.-Rk. zwischen den Ionen $C_3H_4^+$, $C_3H_3^+$, $C_3H_2^+$ u. C_3H^+ u. Propin sowie zwischen $C_3H_4^+$ u. Propadien untersucht. K.-H. Bielicki 482

1080 **Absolute Geschwindigkeitskonstanten der Kombination von Trichlormethylradikalen und ihrer Reaktion mit tert.-Butylhypochlorit.** D. J. Carlsson, J. A. Howard und K. U. Ingold. (J. Amer. chem. Soc. **88,** 4726, 1966; Div. of Appl. Chem., Nat. Res. Council, Ottawa; engl.) — Für die photochem. induzierte Rk. von Chlf. mit tert.-Butylhypochlorit werden bei 24° die RGK für die Kettenfortpflanzung u. für den Kettenabbruch bestimmt. D. Pavel 482

1081 **Ionenreaktionen in gasförmigen Aminen.** M. S. B. Munson. (J. physic. Chem. **70,** 2034–38, 1966; Esso Res. and Engng. Co., Res. and Dev. Div., Baytown, Tex.; engl.) — Bei der Ionisation von NH_3, *Mono-* (**I**), *Di-* (**II**) u. *Trimethylamin* (**III**) im elektr. Feld bilden sich als Hauptprod. die protonierten Amine (**A**). Mit steigendem Druck wächst der Anteil der höher assoziierten **A**. Während bei **I** u. **II** Ladungs- u. Hydridübertragungsrk. neben der Protonenübertragung nur in geringem Maße stattfinden, treten diese bei **III** in größerem Umfange auf. Vf. bestimmen für die Ionenrk. die RGK, die parallel zu den Dipolmomenten der Amine in der Reihe NH_3, **I, II, III** sinken, während die Polarisierbarkeit in derselben Reihe ansteigt. D. Pavel 482

1082 **Freie Radikaleliminierungsreaktionen. Reaktion von Phenylradikalen mit Di-tert.-butylsulfid und Phenyl-tert.-butylsulfid.** J. A. Kampmeier, R. P. Geer, A. J. Meskin und Rose Marie D'Silva. (J. Amer. chem. Soc. **88,** 1257–65, 1966; Dep. of Chem., Univ. of Rochester, Rochester, N.Y.; engl.) — Es wird die Rk. von *Phenylradikalen* — erzeugt durch therm. Zers. von Phenylazotriphenylmethan — mit *Di-tert.-butylsulfid* u. *Phenyl-tert.-butylsulfid* bei 76–79° in Ggw. u. unter Ausschluß von O_2 untersucht.

Versuche: *Phenylazotriphenylmethan,* F. 110,5 bis 111,8° (Bzl./n-Pentan), aus Triphenylchlormethan (**I**) u. Phenylhydrazin u. nachfolgende H_2O_2-Oxydation. — *Phenyl-tert.-butylsulfid* (**IV**), $Kp._{26}$ 107°, durch Rk. von tert.-Butanol mit Thiophenol. — *Biphenylyl-(4)-diphenylmethanol,* F. 135–137°, aus Phenylmagnesiumbromid u. Biphenylcarbonsäure-(4)-methylester. — *Biphenylyl-(4)-diphenylmethan,* F. 110,5–112,5°, durch Red. vorst. Verb. mit Zn/CH_3COOH. — *Triphenylmethyl-tert.-butylsulfid,* $C_{23}H_{24}S$, F. 104,5–105,5° (95%ig. A.), aus **I** u. tert.-Butylthiol (**II**); 70% (Ausb.); daneben Tetraphenylmethan; 2%. — *[Biphenylyl-(4)-diphenylmethyl]-tert.-butylsulfid,* $C_{29}H_{28}S$, F. 133,5–135,5° (95%ig. A.), aus Biphenylyl-(4)-diphenylchlormethan u. **II**; 37%. — *[α.α-Diphenyl-p-tolyl]-tert.-butylsulfid,* $C_{23}H_{24}S$, F. 88,5–90,0° (A./W.), aus *Diphenyl-p-tert.-butylmercaptophenylmethanol* mit 47%ig. HBr/47%ig. HJ; 30%. G. O. Jäger 482△

1083 **Mechanismus der asymmetrischen Hydrierung.** E. I. Klabunovskij und Ju. I. Petrov. (Doklady Akad. Nauk SSSR **173** (1967) 5, 1125–28; Inst. organ. chim. im. Zelinskogo AN SSSR; russ.) — Asymm. Rk. an Katalysatoren, die durch opt. akt. Verb. modifiziert sind, laufen unter Ausbldg. eines dreigliedrigen cycl. Übergangskomplexes (**I**) aus Substrat (S), opt. akt. Modifikator (M) u. Katalysator (K) ab. Eine asymm. Katalyse wird nur dann beobachtet, wenn **I** eine genügende Lebensdauer besitzt. Unter diesem Aspekt werden die Stabilitäten u. die Rolle der M–K-, K–S- u. S–M-Bindung untersucht u. diskutiert. K. Jasche 483△

1084 **Anmerkung zu „Lineare Beziehungen der Substratreaktivität in heterogenen katalytischen Reaktionen" von Kraus.** Isao Mochida und Yukio Yoneda. (J. Catalysis **11** (1968) 2, 183–84; Dep. of Synth. Chem., Fac. of Engng., Univ. of Tokyo, Bunkyo-ku, Tokyo; engl.) — Vgl. Advances Catalysis **17** (1967) 75. — Diskussion der l. c. gegebenen Ergebnisse. Reaktivitätsparameter für die Hydrierung nachst. Verb. sind tabelliert: *Bzl., Toluol, Äthyl-, n-Propyl-, n-Butyl-, n-Pentyl-, Isopropyl-, Isobutyl-, sek.-Butyl-, tert.-Butyl-, Isopentylbenzol; Phenylessigsäure, Diphenylmethan, 1.1-Diphenyläthan, Triphenylmethan, Phenylcyclohexan* u. *Phenylcyclohexylmethan.* W. Sobieski 483

1085 **Asymmetrische Hydrierung auf mit optisch aktiven Stoffen modifiziertem Skelettnickel.** Ju. I. Petrov, E. I. Klabunovskij und A. A. Balandin. (Kinetika i Kataliz 8 (1967) 4, 814–20; Inst. organ. chimii im. Zelinskogo AN SSSR; russ.) — Die Modifizierung des Skelett-Ni erfolgte überwiegend mit D- bzw. *L-Weinsäure,* ferner mit L(+)- u. *D(–)-Mandelsäure, L(+)-threo-1-[p-Nitrophenyl]-2-aminopropandiol-(1.3)* u. *(–)-Ephedrin.* Untersucht wurde die Hydrierung von *Acetessigester, Acetophenon, Acetophenonoxim, Brenztraubensäureoxim, Dimethylmesaconat, Mesityloxid, Benzalaceton.* G. Ewald 483

1086 **Vergleich der Reaktionsfähigkeit von einfachen Olefinen und Fluorolefinen bei der katalytischen Hydrierung.** I. L. Knunjanc und E. I. Mysov. (Kinetika i Kataliz 8 (1967) 4, 834–40; Inst. ėlementoorgan. soed. AN SSSR; russ.) C. Kozák 483△

1087 **Kinetische Isotopeneffekte und die stöchiometrische Zahl des Grenzstadiums der Benzolhydrierung an Nickel.** N. E. Zlotina und S. L. Kiperman. (Ž. fiz. Chim. **41** (1967) 12, 3153–54; Inst. org. chimii im. Zelinskogo AN SSSR, Moskva; russ.) — Die RG der Hydrierung (H) von Bzl. zu Cyclohexan wird mit der RG der H mit D_2 u. der von *D_6-Benzol* mit H_2 bzw. D_2 verglichen. Die stöchiometr. Zahl des Grenzstadiums wird zu 1 ermittelt. C. Kozák 483△

1088 **Mechanismus der Oxydation durch Permanganat in alkalischer Lösung.** 1. Mitt. **Oxydation primärer und sekundärer C–H-Bindungen.** K. H. Heckner, R. Landsberg und S. Dalchau. (Ber. Bunsenges. physik. Chem. **72** (1968) 5, 649–52; Inst. für physikal. Chem., Humboldt-Univ. zu Berlin; dt.) — Der Mechanismus der alkal. MnO_4^--Ox. prim. u. sek. C–H-Bindungen wird unter der Annahme erklärt, daß das vorgelagerte Gleichgew. des alkal. MnO_4^--Zerfalls wirksam wird: $MnO_4^- + OH^- \rightleftharpoons MnO_4^{2-} + \dot{O}H$ (Modellverb.: *o-, p-Toluylsäure, p-Toluolsulfonsäure, Malonsäure*). In einer Folgerk. reagieren die OH-Radikale mit dem organ. Substrat. Diese Annahme wird durch das Geschw.-Gesetz, ^{18}O-Tracerunters., durch die Größe des kinet. Isotopieeffekts u. das Vorhandensein eines inversen Solventisotopieeffekts gestützt. M. Frenzel 484

1089 **Katalytische Oxydation mit SO_2. 1. Mitt. Voruntersuchungen.** C. R. Adams. (J. Catalysis **11** (1968) 2, 96—112; Shell Dev. Co., Emeryville, Calif.; engl.) — Die katalyt. Ox. von nachst. Verb. mit SO_2 an einer Reihe von Kontakten (K) wird untersucht u. die Selektivität der K bestimmt: *2-Methylbuten-(2), Buten, Propylen, Isobutylen, Propan, n-Butan, Isobutan, Isopentan, n-Hexan, Methylcyclopentan, 2-* u. *3-Methylpentan, 3-Methyl-, 3-Äthylpenten, n-Dodecan* u. *Mesityloxid.* W. Sobieski 484

1090 **Rolle der spezifischen Solvatation beim Mechanismus der Elementarstadien von Oxydationsprozessen.** G. E. Zaikov, L. M. Andronov, Z. K. Majzus und N. M. Emanuel'. (Doklady Akad. Nauk SSSR **174** (1967) 1, 127—30; Inst. chim. fiz. AN SSSR; russ.) — Vgl. C. **1965,** 11-0898. — Die Ox. von Methyläthylketon (I) wurde in wss. Lsg. bei verschiedenem Verhältnis I : W. untersucht. Als Initiator dient Azodiisobutyronitril. Die RGK der Kettenfortpflanzung u. des Kettenabbruchs wurden in Abhängigkeit von diesem Verhältnis u. der Temp. bestimmt. R. K. Müller 484

1091 **Kinetik der mit Nickel auf einem porösen Träger katalysierten Reaktion von Methan mit Wasserdampf.** I. M. Bodrov, L. O. Apel'baum und M. I. Temkin. (Kinetika i Kataliz 8 (1967) 4, 821—28; Fiz.-chim. inst. im. Karpova; russ.) G. Ewald 484

1092 **Gehemmte Autoxydation von Styrol.** 6. Mitt. **Relative Wirksamkeit und Kinetik der Hemmung durch N-Aryl- und N-Alkylaniline.** I. T. Brownlie und K. U. Ingold. (Canad. J. Chem. **45** (1967) 20, 2419—25; Ottawa, Canada, Nat. Res. Council, Div. of Appl. Chem.; engl.) — 5. vgl. ibid. **44** (1966) 8, 861. — Die Kinetik der Autox. von Styrol in o-Dichlorbenzol als Lsgm. wird bei 65° in Ggw. folgender Aniline als Inhibitoren gemessen: *4.4'-Dimethoxy-, 4-Methoxy-, 4.4'-Dimethyl-, 3-Chlor-, 4-Nitro-* u. *4.4'-Dinitrodiphenylamin, Diphenylamin, N-Phenyl-α-* u. *-β-naphthylamin, Di-β-naphthylamin, N.N'-Diphenyl-, N.N'-Dimethyl-* u. *N.N.N'-Trimethyl-p-phenylendiamin, p-Phenylendiamin, N.N'-Diphenyl-p-chinondiimin, 3-* u. *4-Methyl-N-methyl-, N-Methyl-, 4-Carbomethoxy-N-methyl-, 4-Methoxy-* u. *4-Methylanilin.* Der Mechanismus wird diskutiert. D-Isotopeneffekte durch Vgl. der Ox.-RGK in mit H_2O u. D_2O gesätt. Syst. werden bestimmt. H. Pehlmann 484

1093 **Gehemmte Autoxydation von Styrol.** 7. Mitt. **Hemmung durch Nitroxide und Hydroxylamine.** I. T. Brownlie und K. U. Ingold. (Canad. J. Chem. **45** (1967) 20, 2427—32; engl.) — 6. vgl. vorst. Referat. — Die Kinetik der Rk. wird in Ggw. folgender Verb. als Inhibitoren gemessen: *2.2.6.6-Tetramethylpiperidon-(4)-, 4.4'-Dimethoxydiphenyl-* u. *4.4'-Dinitrodiphenylnitroxid, 2.2.6.6-Tetramethylpiperidon-(4)-yl-, 4.4'-Dimethoxydiphenyl-* u. *4.4'-Dinitrodiphenylhydroxylamin* u. *N.N'-Diphenyl-p-chinondiimin-N.N'-dioxid.* D-Isotopeneffekte werden bestimmt. H. Pehlmann 484

1094 **Kinetik der Autoxydation von Toluol, katalysiert durch Kobaltacetat. 2. Mitt. Einflüsse von Benzaldehyd, Kobalt und Substituenten.** T. Morimoto und Y. Ogata. (J. chem. Soc. [London], Sect. B **1967,** 12, 1353—57; Chikusa-ku, Nagoya, Japan, Nagoya Univ., Fac. of Engng., Dep. of Appl. Chem.; engl.) — Es wird die Kinetik der durch Co(III)-Acetat katalysierten Autox. von *Toluol* (I) in Essigsäure bei 90°, außerdem von *p-Phenyl-, m-* u. *p-Chlor-, m-* u. *p-Nitro-, m-Carboxy-* u. *m-Cyantoluol* gemessen. Substituenteneffekte werden an Hand der Hammett-Gleichung analysiert. Einfl. von Konz.-Änderungen von I u. Benzaldehyd (Erhöhung der RG) werden untersucht. H. Pehlmann 484

1095 **Berechnete und beobachtete Oxydationskapazitäten von Manganoxiden bei der Oxydation von Zimtalkohol in neutraler Lösung.** D. Dollimore und K. H. Tonge. (J. chem. Soc. [London], Sect. B **1967,** 12, 1380—84; Salford, Lancashire, Univ. of Salford, Dep. of Chem. and Appl. Chem.; engl.) B. I. 484△

1096 **Katalytische Aktivität organischer Kupferkomplexe bei der Oxydation von Cystein.** N. N. Kundo und N. P. Kejer. (Kinetika i Kataliz 8 (1967) 4, 796—802; Inst. Kataliza SO AN SSSR; russ.) — Vf. untersuchten den Mechanismus der katalyt. Wrkg. der *Cu-Komplexe* von *Thiopicolinsäureanilid, Phthalocyanin, α.α'-Dipyridyl* u. *Phenanthrolin* in Abhängigkeit vom Charakter des Liganden u. verglichen die Aktivität dieser Komplexe mit der Aktivität des nicht komplexgebundenen Cu. G. Ewald 484

1097 **Oxydation von Pyruvinsäure durch Co(III).** K. Jijie und M. Santappa. (Indian J. Chem. **6** (1968) 5, 262—64; Dep. of Phys. Chem., Univ. of Madras; engl.) — Die Kinetik der Ox. von Pyruvinsäure u. Na-Pyruvat in H_2SO_4 u. HNO_3 durch Co^{3+} u. der Einfl. der Konz. von Co^{2+} u. SO_4^{2-} u. der Temp. auf die Ox. wird untersucht. W. Sobieski 484

1098 **Erhaltung von oxydativer Energie. Bildung von Acylanhydriden über die Oxydation von Hydrochinonmonocarbonsäureestern.** John W. Thanassi und Louis A. Cohen. (J. Amer. chem. Soc. **89** (1967) 22, 5733—34; Nat. Inst. of Health, Bethesda, Md.; engl.) — Die im Laufe der Ox. folgender Hydrochinonmonoester frei werdende Energie kann in hochreaktiven Verb. wie Säureanhydriden gespeichert werden. Die Rk. von *2-Methyl-1.4-naphthohydrochinon-1-acetat* mit *NBS* in Eisessig ergibt *2-Brom-3-methylnaphthochinon-(1.4)* u. *Essigsäureanhydrid.* Analog wird bei der Ox. von *5.7-Dibrom-6-hydroxychromanon-(2) 3.5-Dibrom-2-[2-acetoxycarbonyläthyl-(1)]-benzochinon-(1.4)* gebildet. U. Radlbeck 484

1099 **Untersuchungen organischer Peroxide.** 10. Mitt. **Reaktion von Benzoylperoxid mit sekundären Aminen.** Setsuo Kashino, Yutaka Mugino und Shigeo Hasegawa. (Bull. chem. Soc. Japan **40** (1967) 9, 2004 bis 2008; Tsushima, Okayama, Univ., Fac. of Sci., Dep. of Chem.; engl.) — 9. vgl. ibid. **40** (1967) 33; 8. vgl. C. **1969,** 6-1003. — Die Rk. von *Benzoylperoxid* (**I**) sowie *p.p'-Dimethoxy-, p.p'-Dimethyl-, p.p'-Dichlor-* u. *p.p'-Dinitrobenzoylperoxid* (**II**) mit *Diäthyl-* (**III**; Rk. außer mit **II**) u. *Diphenylamin* (**IV**), *Pyrrolidin* u. *Piperidin* (Rk. nur mit **I**) in Bzl. wird bei 15—30° kinet. untersucht. $\Delta H^{\neq}$- u. $\Delta S^{\neq}$-Werte werden angegeben. Substituenteneffekte u. der Rk.-Mechanismus werden diskutiert. Bei Rk. mit **III** u. **IV** wird ESR-spektroskop. die Bldg. freier Radikale nachgewiesen. H. Pehlmann 484

1100 **Organische Katalysatoren.** 3. Mitt. **Katalytische Wirkung von Kupfer-Eisen-Polyphthalocyanin auf die Oxydation von Acetaldehydäthylenacetal.** Hiroo Inoue, Yasuji Kida und Eiji Imoto. (Bull. chem. Soc. Japan **40** (1967) 1, 184—90; Dep. of Appl. Chem., Coll. of Engng., Univ. of Osaka, Sakai, Osaka; engl.) — 2. vgl. ibid. **39** (1966) 551; 4. vgl. C. **1969,** 16-0746. — Die Wrkg. von Cu-Fe-Polyphthalocyanin (Cu-Fe-PPC; aus 1.2.4.5-Tetracyanbenzol, $FeCl_3$ u. $CuCl_2$ in Äthylenglykol bei 180—200°) auf die Ox. von Acetaldehydäthylenacetal mit O_2 bei 30° wird untersucht. Bei der Rk. entsteht vorwiegend *Äthylenglykolmonoacetat,* neben geringen Mengen an *Äthylenglykoldiacetat, Äthylenglykol, $CH_3 \cdot CHO$* u. *CH_3COOH.* Cu-Fe-PPC katalysiert auch die Ox. von Benzaldehydäthylenacetal zu *Äthylenglykolmonobenzoat* u. von Cumol zu *Dimethylphenylcarbinol* u. *α-Methylstyrol.* Vers. zur katalyt. Ox. von *Acetaldehyddiäthyl-* u. *-dimethylacetal* waren erfolglos. G. O. Jäger 484△

1101 **Kinetik und Mechanismus der Oxydation von D-Xylose und L-Arabinose durch Cu(II) im alkalischen Medium.** S. V. Singh und M. P. Singh. (Z. physik. Chem. [Frankfurt/M.] **50,** 11—21, 1966; Allahabad, India, Univ., Dep. of Chem.; engl.) — Die Rk. wird in Abwesenheit von Komplexbildnern untersucht. D. Pavel 484

1102 **Paraffin-Olefin-Alkylierung an einem kristallinen Aluminiumsilicat.** W. E. Garwood und P. B. Venuto. (J. Catalysis **11** (1968) 2, 175—77; Appl. Res. and Dev. Div., Mobil Res. and Dev. Corp., Paulsboro, N.J.; engl.) — Die Alkylierung von *Isobutan* mit *Äthylen* an einem Seltene Erden u. H enthaltenden Katalysator vom Faujasit-X-Typ wird untersucht. W. Sobieski 486

1103 **Disproportionierung und gekoppelte Alkylierung von Fluoralkylbenzolen in Gegenwart von Al_2Cl_6 und $Cl_2AlOPO_3H_2$.** A. A. Kolpakči und E. P. Babin. (Ukrainskij chim. Ž. **33** (1967) 1, 62—65; Donezkij filial

VNII chim. reaktivov i osobo čistych chim. veščestb; russ.) — Bei der *Fluorbenzol* (I)-Alkylierung durch *Propylen* unerwünscht anfallende *Fluordi-* u. *-triisopropylbenzole* können bei 40° in Ggw. von Al_2Cl_6 oder $Cl_2AlOPO_3H_2$ in fl. Phase disproportioniert werden, wobei gleichzeitig weiteres I unter Bldg. von *Fluorisopropylbenzolen* alkyliert wird. K. Jasche 486△

1104 **Chlorierung organischer Verbindungen und Umwandlung von Chlorderivaten.** 6. Mitt. **Initiierung der Substitutionsreaktion von H durch Cl in Chlorderivaten von Äthan und Cyclohexan mit Hilfe von Divinylacetylen.** A. N. Akopjan und A. M. Saakjan. (Armjanskij chim. Ž. **20** (1967) 9, 716—18; Inst. org. chimii AN Arm. SSR; russ.) — 5. vgl. Izvest. Akad. Nauk Arm. SSR, chim. neruki **19** (1966) 4, 270. — Untersucht wird die Chlorierung von *1.2-Di-*, *1.2.2-Tri-*, *1.2.2.2-Tetra-* u. *1.1.2.2.2-Pentachloräthan*, *1.2.2-Trichloräthylen*, Cyclohexan u. *Chloroform*. C. Kozák 487△

1105 **Kinetik und Mechanismus der Bromierung von Styrolen.** Keith Yates und W. V. Wright. (Canad. J. Chem. **45** (1967) 2, 167—73; Dep. of Chem., Univ. of Toronto, Toronto, Ontario; engl.) — Die Kinetik der Bromaddition an *3-Fluor-*, *3-Chlor-*, *3-Brom-*, *3.4-Dichlor-*, *3-Nitro-* u. *4-Nitrostyrol* in abs. Acetanhydrid wird bei verschiedenen Temp. spektrophotometr. untersucht. Aktivierungsparameter werden angegeben; der Mechanismus wird diskutiert. G. O. Jäger 487△

1106 **Kinetik der Oxychlorierung von Äthylen in Gegenwart eines Kupfer–Aluminiumoxid-Katalysators.** Ken Miyauchi, Yoshio Sato, Kin-ichi Higuchi und Kaoru Fujimoto. (J. chem. Soc. Japan, ind. Chem. Sect. [Kōgyō Kagaku Zasshi] **71** (1968) 5, 695—99; Nagoya Mitsui Chem. Ind. Co. Ltd., Nagoya Works; jap., Auszug: engl.) — Die Kinetik der Bldg. von *1.2-Dichloräthan* (I) aus Äthylen (II) mit Chlor u. Sauerstoff durch den Titelkatalysator wurde bei 210—290° untersucht sowie die Rk.-Geschw. für die II-Verbrennung bestimmt. H.-S. Park 487

1107 **Stabilität von Andrographolid.** P. B. Talukdar und S. Banerjee. (Indian J. Chem. **6** (1968) 5, 252—54; Res. and Dev. Div., East India Pharm. Works, Calcutta; engl.) — Die Kinetik der Hydrolyse der Titelverb. wird untersucht, thermodynam. Parameter werden berechnet. Bei pH ~10 tritt neben der Spaltung des Lactonringes eine Doppelbindungswanderung auf. W. Sobieski 488

1108 **Säurekatalysierte Umlagerungen in Furanreihen.** 2. Mitt. **Solvolyse von 2-Acetylfuranoximtosylat in Methanol.** B. B. Greene und K. G. Lewis. (Austral. J. Chem. **21** (1968) 7, 1845—52; Dep. of Organ. Chem., Univ. of New England, Armidale, N.S.W.; engl.) — 1. vgl. C. **1957,** 11257. — Es wird gefunden, daß bei der Methanolyse von *anti-2-Acetylfuran-[oximtosylat]* [F. 79 bis 80° (Zers.; Bzl./PAe.)] *2-Acetyl-2.5-dimethoxy-2.5-dihydrofuran* ($Kp._{18}$ 86—88°) entsteht, das durch säurekatalysierte Umlagerung in *4.5-Dioxohexansäuremethylester* ($Kp._{0,5}$ 64°) übergeht. Dargestellt wurden u. a. *anti-2-Propionylfuranoxim*, dessen *Tosylat* [F. 71—72° (Zers.)], *4.5-Dioxohexansäure-4.5-dioxim* [F. 174—178° (W.)], *4.5-Dioxohexansäuremethylesterdioxim* [F. 114—115° (W.)], *2-Methyl-3-oxohexandisäurediäthylester* ($Kp._{0,12}$ 101°), *5-Hydroxyimino-4-oxohexansäure* [F. 120—122° (HCl_3)]. W. Sobieski 488

1109 **Iminolactone.** 2. Mitt. **Katalytische Effekte auf die Art der Hydrolyseprodukte.** Bruce A. Cunningham und Gaston L. Schmir. (J. Amer. chem. Soc. **88** (1966) 3, 551—58; New Haven, Conn., Yale Univ., Dep. of Biochem.; engl.) — 1. vgl. C. **1967,** 9-0954. — Bei der Hydrolyse von *2-[N-Phenylimino]-tetrahydrofuran* im Bereich von pH 0—6 entstehen vorwiegend *Anilin* u. *γ-Butyrolacton*, oberhalb pH 9 wird dagegen nahezu ausschließlich *γ-Hydroxybutyranilid* gebildet. Untersucht wurde die Abhängigkeit der Hydrolyse vom pH, von Art u. Konz. der verwendeten Puffer. RGK, pK-Werte u. UV-Daten sind angegeben. G. O. Jäger 488△

1110 **Basische Hydrolyse von Aminosäureestern.** R. W. Hay, L. J. Porter und P. J. Morris. (Austral. J. Chem. **19,** 1197—1205, 1966; Wellington, New Zealand, Victoria Univ., Chem. Dep.; engl.) — Von *Glycylglycinäthylester* u. nachst. Verb. außer I werden die pK-Werte bestimmt. Die RGK der bas. Hydrolyse bei verschiedenem pH-Wert werden von *Glycinmethylester*, *-äthylester*, *Cysteinmethylester*, *Triäthylammonioessigsäureäthylester* (I), *Leucinmethylester*, *-äthylester*, *Serinmethylester*, *Phenylalaninäthylester*, *Glutaminsäuredimethylester* u. *Histidinmethylester* werden ermittelt u. bez. elektrostat. u. ster. Effekte diskutiert. D. Pavel 488

1111 **Molekulare Umlagerungen.** 24. Mitt. **Eine mechanistische Analyse von geeigneten isotopischen Daten für die Solvolysen von 2-exo-Norbornyl- und 2-(Δ^3-Cyclopentenyl)-äthylestern.** Clair J. Collins und M. H. Lietzke. (J. Amer. chem. Soc. **89** (1967) 25, 6565—72; Chem. Div. of Oak Ridge Nat. Labor., Oak Ridge, Tenn.; engl.) — 23. vgl. C. **1969,** 15-1147. — Mechanist. u. mathemat. Standardmeth. wurden auf Daten, gewonnen aus der Isotopenverteilung, für die Kinetik der Acetolyse bzw. Formolyse von *exo-2-T-*, *exo-2-^{14}C-* u. *exo-3-^{14}C-Norbornylbrosylat* sowie von *{2-Δ^3-Cyclopentenyl-[^{14}C]-äthyl}-p-nitrobenzolsulfonat* angewandt. U. Radlbeck 488

1112 **Säurekatalysierte Hydrolyse von Methyl-2-chlor-2-desoxy-β-D-glucopyranosid.** E. Bunckel und P. R. Bradley. (Canad. J. Chem. **45** (1967) 5, 515—19; Dep. of Chem., Queens Univ., Kingston, Ontario; engl.) — Die Kinetik der Hydrolyse von *Methyl-2-chlor-2-desoxy-β-D-glucopyranosid* (F. 165—166°) wird in HCl-Lsg. verschiedener Säurekonz. bei 80—100° bestimmt; Aktivierungsparameter werden berechnet. Das Rk.-Prod. ist *2-Chlor-2-desoxy-D-glucose* [$C_6H_{11}ClO_5$, F. 147—148° (A./$CHCl_3$); Darst. auch durch Hydrolyse von 1.3.4.6-Tetra-O-acetyl-2-chlor-2-desoxy-D-glucose (F. 111—112°) in HCl-Lsg.]. H. P. Albrecht 488

1113 **Sterische Effekte bei der Pt-katalysierten Austauschreaktion von aromatischen Ringprotonen mit D_2O.** Robert R. Fraser und Roger N. Renaud. (J. Amer. chem. Soc. **88,** 4365—70, 1966; Dep. of Chem., Univ. of Ottawa; engl.) — Die relative Geschw. des Isotopenaustausches in der o-, m- u. p-Position bei *Phenol* (I), *Fluorbenzol*, *Chlorbenzol*, *Anilin* (II), *Anisol*, *Phenetol*, *Benzonitril*, *Methylbenzoat* u. *N.N-Dimethylanilin* in Ggw. von Pt mit Hilfe von NMR-Spektren werden bestimmt. Im geschwindigkeitsbestimmenden Schritt der Rk. bildet sich eine σ-Bindung zwischen Ring-C u. Pt. Dadurch machen sich beim Austausch ster., aber keine elektron. Effekte bemerkbar. Im Falle von I u. II wirkt die Bldg. eines σ-Komplexes zwischen Substituenten u. Katalysator beschleunigend auf den Austausch in der o-Position. D. Pavel 489

1114 **Nucleophile Substitution in der aromatischen Reihe.** 22. Mitt. **Beweglichkeit des Chlors bei den Reaktionen von Chlorbenzol und Dichlorbenzol mit Natriummethylat in wasserfreiem Methylalkohol.** S. M. Šejn und A. V. Evstifeev. (Izvest. sibirskogo Otd. Akad. Nauk SSSR, Ser. chim. Nauk **1967,** 4, 118—20; Novosibirskij inst. org. chimii Sibir. otd. AN SSSR; russ., Auszug: engl.) — 23. vgl. C. **1969,** 11-1159. — Vf. untersuchen die Kinetik der Rk. mit Chlor-, *o-Dichlor-*, *m-Dichlor-* u. *p-Dichlorbenzol*. C. Kozák 489△

1115 **Isotopenaustausch einiger fluoraromatischer Verbindungen mit Basen.** N. N. Zacepina und I. F. Tupicyn. (Isotopenpraxis **3** (1967) 7, 269—75; Gos. inst. prikl. chimii, Leningrad, Vatuj ostov 1; russ.) — Vf. untersuchten die Kinetik des H–D-Austausches in *Fluorbenzol*, *Phenol*, *o-* u. *m-Fluorphenol*, *Anilin* u. *m-* u. *p-Fluoranilin*, *m-* u. *p-Difluorbenzol*, *o-*, *m-*, *p-Fluoranisol*, *K-o-*, *-m-* u. *p-Fluorbenzoat*, *m-* u. *p-Fluortoluol*, *p-Fluorphenetol*, *Benzotrifluorid*, *2-Fluorpyridin*, *α-* u. *β-Fluornaphthalin* mit CH_3OH/CH_3OD. G. Ewald 489

1116 **Untersuchung der Kinetik und des Mechanismus des basischen Deuteriumaustausches bei Methylderivaten einiger stickstoffhaltiger Heterozyklen und quartärer Salze in alkoholischer Lösung.** N. N. Zacepina und I. F.

Tupicyn. (Isotopenpraxis **3** (1967) 3, 104–09; Gos. inst. prikl. chimii, Leningrad; russ.) — Bestimmt wurden die Geschw.-Konst. u. Aktivierungsenergien des H–D-Austausches in der $\equiv C-CH_3$- bzw. $>N-CD_3$-Gruppe folgender Verb.: *1-* bzw. *2-Methylnaphthalin*, *2-*, *4-*, *6-* bzw. *8-Methylchinolin*, *2.4-* bzw. *2.6-Dimethylchinolin*; D_3-Methojodide: *Py.*, *α-*, *β-* bzw. *γ-Picolin*, *γ.γ'-Dipyridyl*, *N.N-Dimethylanilin*, *6-Methylchinolin*; *α-*, *β-*, *γ-Picolin-N-oxid*. Die RG der nichtquart. Verb. wird mit Hammetts-σ-Werten in Beziehung gesetzt. G. Ewald 489

1117 **Vinyl-Protonenabspaltung beim basenkatalysierten Protonenaustausch an 2.3-Dihydrothiophen-1.1-dioxid.** Charles D. Broaddus. (J. Amer. chem. Soc. **88**, 3863–65, 1966; Procter & Gamble Comp., Miami Valley Labor., Cincinnati, O.; engl.) — Mit Hilfe der Veränderung der NMR-Spektren wird das Gleichgew. von 2.3-Dihydro- (I) u. 2.5-Dihydrothiophen-1.1-dioxid in OD^--haltiger D_2O-Lsg. u. der H–D-Protonenaustausch untersucht. Die Ergebnisse beweisen eine schnelle Protonenabgabe am $C_{(5)}$ in I. D. Pavel 489

1118 **S_N-Mechanismus bei aromatischen Verbindungen. 32. Mitt. Reaktivität einiger Perhalogenbenzole.** K. C. Ho und J. Miller. (Austral. J. Chem. **19** (1966) 423–436; Dep. of Chem., Univ., Hong Kong; engl.) — 31. vgl. C C. **1968**, 33-1172. — Untersucht wurde die Kinetik (RGK, Arrhenius-Parameter, Substituenteneinfl.) der Rk. von *Hexachlor-* (Kp. 227°), *Hexafluor-* (F. 81°), *Pentafluor-* (Kp. 85°), *Pentafluorbrom-* (Kp. 134°) u. *Pentafluorjodbenzol* (Kp. 162°), von *Pentafluor-* (Kp. 117°) u. *Oktafluortoluol* (Kp. 102°), von *Pentafluorbenzoesäure* (F. 102°), *-benzonitril* (Kp. 186–189°), *-anilin* (F. 33°), *-phenol* (Kp. 143°) u. *-anisol* (Kp. 139°) mit CH_3O^- in Methanol bzw. Methanol/Dioxan u. mit OH^- in Dioxan/Wasser. G. O. Jäger 489△

1119 **Tracer-Untersuchungen von Carbonsäuren.** 6. Mitt. **Äthylendiamintetraessigsäure.** Charmian O'Connor. (J. inorg. nuclear Chem. **30** (1968) 10, 2697–2708; Chem. Dep., Univ. of Auckland, New Zealand; engl.) — 5. vgl. C. **1969**, 18-1124. — Die Kinetik der O-Austauschrk. der ^{18}O-markierten Titelverb. mit H_2O im Temp.-Bereich 51,2–125,5° u. pH-Bereich 1,7–13 wird untersucht u. bez. acht Austauschmechanismen diskutiert. W. Sobieski 489

1120 **Katalytisches Verhalten von organischen Halbleitern. H–D-Austausch an Aromat–Alkalimetall-Ladungsübertragungskomplexen.** Nobuyuki Wakayama und Hiroo Inokuchi. (J. Catalysis **11** (1968) 2, 143–46; Inst. for Solid State Phys., Univ. of Tokyo, Roppangi, Tokyo; engl.) — Die Kinetik der H_2–D_2-Austauschrk. $H_2 + D_2 \rightleftharpoons 2\,HD$ wird bestimmt u. dadurch die Chemisorption von H_2 sowie der Austausch zwischen gasf. D_2 u. Ring-H-Atomen an nachst. Ladungsübertragungskomplexen ($D_2 + H - \Phi \rightleftharpoons HD + D - \Phi$; $HD + H - \Phi \rightleftharpoons H_2 + D - \Phi$) untersucht: *Na* mit *Phthalodinitril*, *Naphthacen*, *1.3-Dinitrobenzol*, u. *Cs* mit *Tetranitropyren* (I) u. *Tetracyanpyren* (II). Außer den RGK des H–D-Austausches an den Komplexen bei 95° sind die Halbleitfähigkeiten von Cs-I u. Cs-II angegeben. W. Sobieski 489

1121 **NMR-Untersuchung des Protonenaustausches in Alkoholen. 2. Mitt. Protonentransfer im System Wasser/Isopropanol.** Toshio Fukumi, Yuzuru Fujiwara, Yoji Arata und Shizuo Fujiwara. (Bull. chem. Soc. Japan **41** (1968) 1, 41–44; Dep. of Chem., Fac. of Sci., Univ. of Tokyo, Hongo, Tokyo; engl.) — 1. vgl. ibid. **39** (1966) 11, 2356. — Die RGK des Austausches werden bestimmt u. mögliche Mechanismen diskutiert. W. Damerau 489△

1122 **Isotopeneffekte in der organischen Chemie und Biochemie.** H. Simon und D. Palm. (Angew. Chem. **78**, 993–1007, 1966; Chem. Inst. Fak. für Landwirtschaft u. Gartenbau, Weihenstephan; dt.) — Als Beispiele werden Unters.-Ergebnisse bei E2-Rk. vom Typ des Hofmann-Abbaus diskutiert. G. O. Jäger 490△

1123 **Molekülorbitalbetrachtung der Reaktion des Zinkmethylen-Komplexes mit Doppelbindungen.** Mitsuhiko Hida. (Bull. chem. Soc. Japan **40** (1967) 11, 2497–2501; Fac. of Engng., Univ. of Tokyo, Hongo, Tokyo; engl.) — Der experimentelle Befund, wonach die Organo-Zink-Verb. aus CH_2J_2 u. einem Zn–Cu-Paar mit Olefinen zu Cyclopropanen u. mit Aldehyden zu Olefinen reagiert, wird durch die Wechselwrkg. der Agens- u. Substratorbitale gedeutet. Danach wird die Reaktivität der Carbonylgruppe hauptsächlich durch die nukleophile Superdelokalisierbarkeit des Carbonylkohlenstoffs u. die der olefin. Doppelbindung durch die elektrophile Gesamtdelokalisierbarkeit bestimmt. Folgende organ. Verb. wurden untersucht: *Benzaldehyd*, *p-Chlor-*, *p-Methyl-*, *p-Methoxybenzaldehyd*, *α-* u. *β-Naphthaldehyd*, *9-Anthracenaldehyd*, Alkylaldehyde, Alkylketone, *Zimtaldehyd*, *Acetophenon*, *Benzophenon*, *Benzoylchlorid*, *Methylbenzoat*, *o-*, *m-* u. *p-Methoxy-β-methylstyrol*, *β-Methylstyrol*, *Styrol*, *Äthylen*, *Vinylchlorid*, *Propen*, *Methylvinyläther*, *1.1-Diphenyläthylen*, *Vinylacetat*. R. Blank 490

1124 **Kinetik der hydrogenolytischen Demethylierung von 1.2.4-Trimethylbenzol.** Hiroo Tominaga, Kenji Takagi, Khalil Ahmed Moghul und Taiseki Kunugi. (J. chem. Soc. Japan, ind. Chem. Sect. [Kōgyō Kagaku Zasshi] **71** (1968) 1, 48–52; Tokyo, Univ. of Tokyo, Fac. of Engng., Dep. of Synthetic Chem.; jap., Auszug: engl.) — H.-S. Park 490

1125 **Addition von Carbonsäuren an Acetylenverbindungen.** J. Di Pietro und W. J. Roberts. (Canad. J. Chem. **44**, 2241–44, 1966; Summit Res. Labor., Celanese Corp. of America, Summit, N.J.; engl.) — Die Addition von *Essigsäure* (I) an *Hexin* in Ggw. von Ditert.-butylperoxid unter Bldg. von *Octen-(3)-säure* ($Kp._{0,7-1,0}$ 84–87°; 24% Ausb.) u. von I oder Acetanhydrid an *Acetylen* unter Bldg. von *Adipinsäure* wird untersucht u. für die Rk. ein Radikalkettenmechanismus vorgeschlagen. D. Pavel 490

1126 **Einfluß der Struktur der Arylsulfohalogenide auf ihre Reaktivität gegenüber Aminen.** L. M. Litvinenko, A. F. Popov und V. A. Savelova. (Ukrainskij chim. Ž. **33** (1967) 1, 57–61; Char'kovskij gos. univ. im. Gor'kogo; russ.) — Als Ergebnis kinet. Unters. der Rk. von *p-Anisidin* mit *p-Nitro-*, *m-Nitro-*, *m-Chlor-*, *p-Brombenzol-* u. *p-Toluolsulfobromid* in Nitrobenzol/Bzl. (1 : 1) bei 25° wird nachst. Geschw.-Ausdruck erhalten: $-d(ArSO_2X)/dt = \{k_2 + k_3[R_1R_2NH] + k_a[R_1R_2NSO_2Ar]\}[R_1R_2NH] \cdot [ArSO_2X]$ (k_2, k_3 u. k_a charakterisieren nichtkatalysierte bzw. durch Amin u. Arylsulfanilid katalysierte Prozesse). Der Substituenteneinfl. gehorcht der Hammett-Taft-Gleichung. K. Jasche 491△

1127 **Die mit der Claisen-Umlagerung verwandten Molekül-Umlagerungen.** A. Jefferson und F. Scheinmann. (Quart. Rev. [chem. Soc., London] **22** (1968) 3, 391–421; Dep. of Chem., Univ. of Salford, England; engl.) — Überblick. — 80 Literaturangaben. D. Schmitt 492

1128 **Isomerisierung an radioaktivem Magnesiumsulfat.** I. E. Michajlenko und O. M. Petrova. (Isotopenpraxis **3** (1967) 9, 361–63; Moskva, Inst. fiž. chimii AN SSSR; russ.) — Vf. untersuchten den Isomerisierungsmechanismus von *Hexen-(1)* u. *Decen-(1)* im Verlauf der Dehydratisierung von Alkoholen an radioakt. $Mg^{35}SO_4$. G. Ewald 492

1129 **Isomerisierung freier Radikale.** 1. Mitt. **Eine neue Umlagerung von Vinylradikalen.** E. I. Heiba und R. M. Dessau. (J. Amer. chem. Soc. **89** (1967) 15, 3772–77; Mobil Oil Corp., Central Res. Div., Princeton, N.J.; engl.) — 2. vgl. C. **1967**, 33-0976. — Mit Hilfe von NMR-Daten wird die radikal. Addition von CCl_4 u. $CHCl_3$ an *Hexin-(1)*, *Heptin-(1)* u. *6-Methylheptin-(1)* verfolgt. Neben den normalen Additionsprod. entstehen cycl. Deriv. von *2.2-Dichlorvinylcyclopentan*. Die Stereochemie u. Lsgm.-Einfl. werden untersucht. U. Feist 492

1130 **Isomerisation von n-Propylchlorid zu Isopropylchlorid im System $ZnCl_2$–HCl.** A. N. Lovcova, T. N. Šatkina und O. A. Reutov. (Doklady Akad. Nauk SSSR **177** (1967) 5, 1103–05; Inst. élementoorgan. soed. AN SSSR; russ.) C. Kozák 492△

1131 **CaO-katalysierte Reaktionen von KW-Stoffen und Alkoholen.** Y. Schächter und Herman Pines. (J. Catalysis **11** (1968) 2, 147—58; Ipatieff High Pressure and Catalyt. Labor., Dep. of Chem., Northwestern Univ., Evanston, Ill.; engl.) — Der Einfl. der Vorbehandlung von CaO-Katalysatoren (K) auf deren katalyt. Aktivität bei nachst. Rk. wird untersucht: Isomerisierung von *Hexen* (**I**), *Penten*, *2-Methylbuten-(2)* (**II**), *2-* (**III**) u. *3-Methylbuten* (**IV**), *Cyclohexadien-(1.3)* (**V**) u. *-(1.4)* (**VI**); H-Disproportionierung von *Cyclohexen* (**VII**), **V** u. **VI**; Rk. von **I**, **II**, **III**, **IV** u. **VII** im H_2-Strom an den K; die Rk. nachst. Alkohole an den K im H_2-Strom: *tert.-Butanol, n-Butanol, sek.-Butanol, Isobutanol, 2-Phenyläthanol* u. *Pinakolinalkohol* sowie die H-Übertragung in *Propanol-(2)* u. *Butanon-(2)*. W. Sobieski 492

1132 **Racemisierung und Spaltung von Sulfoxiden durch Methyllithium.** John Jacobus und Kurt Mislow. (J. Amer. chem. Soc. **89** (1967) 20, 5228—34; Princeton, N.J., Princeton Univ., Dep. of Chem.; engl.) — Bei den Rk. von (*R*)-(+)-*Phenyl-* (**I**) *-α-* u. *-β-Naphthyl-, -p-Biphenylyl-* u. *-Mesitylmethylsulfoxid* mit CH_3Li in Dimethoxyäthan (DMÄ) werden nach der Hydrolyse neben den entsprechenden aromat. KW-Stoffen (30—50%) teilweise racemisierte Ausgangsprod. erhalten. Die Mechanismen werden diskutiert. Die RGK für die Razemisierung von (R)-(+)-**I** bei 25° wird bestimmt.
Versuche: (*R*)-*Methansulfinsäurementhylester* (**II**), durch Einleiten von SO_2/N_2 zu CH_3Li in Ae. bei —70°, Zutropfen von $SOCl_2$ bei —15 bis —20° → [*Methansulfinylchlorid*; 50—60% (Ausb.)] u. Zutropfen von (—)-Menthol in Py. unterhalb —70°; 62%. — (R)-(+)-Arylmethylsulfoxide (**A**): *Phenyl-* (**I**), Kp.$_{0,2}$ 90°, a) aus **II** u. Phenyl-MgBr in Ae.; 61% (30% opt. rein); b) aus Benzolsulfinsäure-(—)-menthylester u. CH_3Li bzw. $CH_3 \cdot MgCl$ in Ae.; (opt. rein 70%; c) aus **III** u. CH_3Li bzw. CH_3MgCl in Ae. bei —70°; 53 bzw. 91%. — Analog **I** nach Meth. a: *α-Naphthyl-*, F. 58—65°, Kp.$_{0,5}$ 140°. — *β-Naphthyl-*, F. 103—108°, Kp.$_{0,25}$ 135°. — *p-Biphenylyl-*, F. 132—139°, Kp.$_{0,5}$ 140°. — *Mesityl-*, Kp.$_{0,03}$ 100°. — *^{13}C-Methylphenylsulfoxid*, aus $^{13}CH_3J$ u. Na-Thiophenolat in A. u. $NaJO_4$-Ox.; 87%. — *N-Phenylsulfinylmorpholin* (**III**), $C_{10}H_{13}NO_2S$, F. 79,5—81°, aus Morpholin u. Benzolsulfinylchlorid in Ae.; 51%. — (*R*)-(+)-*Naphthyl-(1)-sulfinylessigsäure*, F. 156—158°, aus (+)-Methyl-α-naphthylsulfoxid u. CH_3Li in DMÄ u. Versetzen mit festem CO_2; 43% (25,2% opt. rein). G. O. Jäger 492△

1133 **Umlagerung aromatischer Hydrazoverbindungen.** 5. Mitt. **Einfluß von Temperatur, Medium und Salzkonzentration auf die Kinetik der Umlagerung von Hydrazobenzol und Diskussion des Reaktionsmechanismus.** V. Štěrba und M. Večeřa. (Collect. czechoslov. chem. Commun. **31** (1966) 3486—99; Inst. of Chem. Technol., Pardubice; engl.) — Weitere 5. vgl. C. **1966**, 4-0766; 4. vgl. C. **1966**, 4-0765. G. O. Jäger 492△

1134 **Einfluß der Natur des Substituenten auf das Gleichgewicht bei der katalytischen Umlagerung von Cyclosiloxanen in Lösung.** Ju. A. Juželevskij, E. G. Kagan und E. B. Dmochovskaja. (Chim. geterocikličeskich Soedinenij **1967**, 5, 951—53; VNII sint. kaučuka im. Lebedeva, Leningrad; russ.) — Vf. bestimmten die Gleichgew.-Konz. Cyclosiloxan–Polycyclosiloxan. C. Kozák 492△

1135 **Thermische Umlagerung von cis-2-Alkylcyclopropancarbonsäuremethylestern.** Donald E. McGreer und Norman W. K. Chiu. (Canad. J. Chem. **46** (1968) 13, 2217—23; Dep. of Chem., Univ. of British Columbia, Vancouver, B.C.; engl.) — Kinet. u. Aktivierungsparameter der Isomerisierung unter Ringöffnung von *1.2.2-Trimethyl-* [Kp. 148,5°, durch Pyrolyse von *3.5.5-Trimethyl-3-carbomethoxy-Δ^1-pyrazolin* (Kp.$_{0,1}$ 55—56°)], *1-Methyl-2-äthyl-, 2.2-Dimethyl-* (aus *5.5-Dimethyl-3-carbomethoxy-Δ^1-pyrazolin*), *1.2-Dimethyl-, 2.3-Dimethyl-, 2-Methyl-* u. *1.2.3-Trimethylcyclopropancarbonsäuremethylester* bei ca. 250° zu nachst. *γ.δ*-ungesätt. Estern unter 1.5-H-Verschiebung werden bestimmt. Dargestellt wurden außerdem: *2.4-Dimethyl-* [Kp. 155°, NMR(-Daten)], *4-Methyl-* (Kp. 149°, NMR), *2-Methyl-* (Kp. 137,5°, NMR), *3-Methyl-* (Kp. 137,5°, NMR), *2.3-Dimethyl-* (Kp. 151,5°, NMR), unsubstituierter *Penten-(4)-carbonsäuremethylester* (Kp. 125,5°, NMR) *cis-2-Methyl-* (Kp. 164,5°, NMR) u. *trans-2-Methylhexen-(4)-carbonsäuremethylester* (Kp. 161°, NMR) sowie *trans-4-Methylpenten-(2)-carbonsäuremethylester* (Kp. 150°), *cis-* (Kp. 149°) u. *trans-1.2-Dimethyl-1-cyancyclopropan* (Kp. 157,5°). W. Sobieski 492

1136 **Thermische Umlagerung von α.β- zu β.γ-ungesättigten Estern. Nachweis eines 1.5-H-Übertragungsmechanismus.** Donald E. McGreer und Norman W. K. Chiu. (Canad. J. Chem. **46** (1968) 13, 2225—32; engl.) — Vgl. vorst. Referat. — Kinetik u. Aktivierungsparameter der therm. Isomerisierung von *cis-4-Methylpenten-(2)-carbonsäuremethylester* [cis-**I**, Kp. 140°, NMR(-Daten)] bei 240—260° werden bestimmt, ebenso die Gleichgew.-Zus. der therm. Isomerisierung von cis- u. trans-**I** (Kp. 150°, NMR), *4-Methylpenten-(3)-* (Kp. 153,5°, NMR), *cis-Penten-(2)-, trans-Penten-(2)-, trans-Penten-(3)-, cis-2.4-Dimethylpenten-(2)-* (Kp. 149,5°, NMR, Kinetik u. Aktivierungsparameter bei 283,7 u. 297,4°), *trans-2.4-Dimethylpenten-(2)-* (Kp. 165°, NMR), *2.4-Dimethylpenten-(3)-carbonsäuremethylester* (Kp. 159,5°, NMR) sowie qual. von *cis-2-Methylpenten-(2)-, trans-2-Methylpenten-(2)-* u. *trans-2-Methylpenten-(3)-carbonsäuremethylester* (Kp. 140°, NMR). W. Sobieski 492

1137 **Strukturänderungen von Flavyliumsalzen.** 1. Mitt. **Polarographische und spektrometrische Untersuchung von 7.4'-Dihydroxyflavyliumperchlorat.** K. A. Harper und B. V. Chandler. (Austral. J. Chem. **20** (1967) 4, 731 bis 744; Div. of Food Preservation, CISRO, Ryde, NSW; engl.) — An Hand der angegebenen Meth. werden die Strukturänderungen der Verb. (Flavyliumion, Chalcon, Anhydrobase, ionisierte Anhydrobase, ionisiertes Chalcon) zwischen pH 1—13 bei Abwesenheit von O_2 untersucht. K. H. Bielicki 492

1138 **Strukturänderungen von Flavyliumsalzen.** 2. Mitt. **Polarographische und spektroskopische Untersuchung von 4'-Hydroxyflavyliumperchlorat.** K. A. Harper und B. V. Chandler. (Austral. J. Chem. **20** (1967) 4, 745—56; engl.) — 1. vgl. vorst. Referat. K. H. Bielicki 492

1139 **Zersetzungsgeschwindigkeit von chemisch aktiviertem Propylen.** J. W. Simons, B. S. Rabinovitch und F. H. Dorer. (J. physic. Chem. **70**, 1076—86, 1966; Dep. of Chem., N.Mex., State Univ., University Park, N.Mex.; engl.) — Die Zers. von chem. aktiviertem Propylen (**I**) [durch Addition von Methylen an Äthylen (**II**) bei der UV-Photolyse von Diazomethan (**III**) bzw. Keten (**IV**) u. **II**] wird in Abhängigkeit vom Druck (0—300 Torr) untersucht. Angegeben sind die RGK der Zers. von **I** in den Syst. **II**–**IV**, **II**–**III** u. **II**–**IV**–He, die ber. RGK für verschiedene aktivierte Komplexe, Dissoziations- u. Aktivierungsenergien u. Frequenzzuordnungen der **I**-Zers. durch CH-Spaltung. D. Pavel 493

1140 **Einfluß von Metallacetatsalzen auf die katalytische Crackung von Cumol an SiO_2–Al_2O_3.** Tomlinson Fort jun. und Eugene Nebesh. (J. Catalysis **11** (1968) 2, 91—95; Chem. Engng. Sci. Div., Case Western Reserve Univ., Cleveland, O.; engl.) — Der Einfl. von Li-, Na-, K-, Ca-, Ba-, Zn- u. Cd-Acetat auf die katalyt. Aktivität von kommerziellen SiO_2-Al_2O_3-Kontakten bei der Crackung von Cumol zu Bzl. u. Propylen wird untersucht. W. Sobieski 493

1141 **Thermische Umsetzungen von Fluormethanen.** 1. Mitt. **Pyrolyse von Methylfluorid.** S. F. Politanskij und V. U. Ševčuk. (Kinetika i Kataliz 8 (1967) 1, 12—17; russ.) C. Kozák 493△

1142 **Reaktionsfähigkeit von Nitrobenzol und seiner Chlorderivate.** 3. Mitt. **Thermische Zersetzung.** V. I. Zetkin, G. M. Pancenkov, I. M. Kolesnikov, E. V. Zacharov und I. I. Kuprijanov. (Ž. fiz. Chim. **41** (1967) 4, 895—98; russ.) — 2. vgl. ibid. **40** (1966) 1658. — Vf. untersuchen die Kinetik der therm. Zers. nachst. Nitrobenzole: *unsubstituiert, o-, p-* u. *m-Chlor-* sowie *2.5-* u. *3.4-Dichlor-*. C. Kozák 493△

1143 **Thermischer Zerfall von Tetranitromethan und Hexanitroäthan in der Gasphase.** G. M. Nazin, G. B. Manelis und F. I. Dubovickij. (Doklady Akad. Nauk SSSR **177** (1967) 5, 1128—30; Inst. chim. fiz. AN SSSR;

russ.) — Vf. untersuchen die Kinetik der therm. Zers. der Titelverbindungen. C. Kozák 493△

1144 **Kinetik der Reaktionen von Silicon-Verbindungen.** 2. Mitt. **Thermische Gasphasenzersetzung von 3.3.3-Trifluorpropyltrifluorsilan.** R. N. Haszeldine, P. J. Robinson und R. F. Simmons. (J. chem. Soc. [London], Sect. B **1967**, 12, 1357—61; Manchester, Univ., Chem. Dep.; engl.) — 1. vgl. ibid. **1964**, 1890. — Die Kinetik der therm. Zers. von 3.3.3-Trifluorpropyltrifluorsilan ($C_3H_4F_6Si$, Kp. 45,1°) in der Gasphase wird bei Temp. von 550—640° untersucht. Der Mechanismus wird diskutiert. H. Pehlmann 493

1145 **Nachbarschaftseffekte.** 48. Mitt. **Aprotische Zersetzung von 2-Phenylcyclooctanon-p-toluolsulfonylhydrazon und 3-Phenylcyclooctanon-p-toluolsulfonylhydrazon.** Arthur C. Cope und Stephen S. Hecht. (J. Amer. chem. Soc. **89** (1967) 26, 6920—25; Cambridge, Mass., MIT, Dep. of Chem.; engl.) — 47. vgl. ibid. **89** (1967) 16, 4020; 46. vgl. C. **1969**, 1-1226. — Die aprot. Zers. bei 180° von 2- (**I**; $C_{21}H_{26}N_2O_2S$, F. 187—188°) u. 3-Phenylcyclooctanon-p-toluolsulfonylhydrazon (**II**; $C_{21}H_{26}N_2O_2S$, F. 151—153°) in Ggw. von Na-Methylat in Diglyme als Lsgm. werden untersucht. **I** ergibt mit 87%ig. Ausb. folgende KW-Stoffe: *1-Phenylcycloocten* (18% relative Ausb.), *3-Phenylcycloocten* (**III**; 42%), *exo-2-Phenyl-cis-bicyclo-*[*3.3.0*]*-octan* ($C_{14}H_{18}$; 15%), *endo-2-Phenyl-cis-bicyclo-*[*3.3.0*]*-octan* ($C_{14}H_{18}$; 4%), *2-Phenyl-cis-bicyclo-*[*5.1.0*]*-octan* ($C_{14}H_{18}$; 3%), *exo-8-Phenyl-cis-bicyclo-*[*5.1.0*]*-octan* ($C_{14}H_{18}$; 17%) u. *Benzylcycloheptan* ($C_{14}H_{20}$; 1%). **II** ergibt mit 49%ig. Ausb.: **III** (40% relative Ausb.), 4-Phenylcycloocten (38%), *3-Phenyl-cis-bicyclo-*[*3.3.0*]*-octan* ($C_{14}H_{18}$; 17%), *1-Phenyl-cis-bicyclo-*[*5.1.0*]*-octan* ($C_{14}H_{18}$; 1%) u. *3-Phenyl-cis-bicyclo-*[*5.1.0*]*-octan* ($C_{14}\cdot H_{18}$; 2%).

Versuche: *3-Phenylcyclohepten*, $C_{13}H_{16}$, Kp.$_{0,4}$ 70,5, bis 71,5°, aus 3-Bromcyclohepten u. C_6H_5MgBr; 40% (Ausb.). — *3-Phenylcyclooctanon*, Kp.$_{0,5}$ 118—120°, aus Cycloocten-(2)-on-(1) u. C_6H_5MgBr; 37%. — *3-Phenylcycloheptanon*, Kp.$_{0,5}$ 105°, aus Cyclohepten-(2)-on-(1) u. C_6H_5MgBr; 33%. *Semicarbazon*, F. 219—220°. H. Pehlmann 493

1146 **Stabilisierung und Zerfall von Sorbinsäure.** E. I. Petropavlovskij und A. V. Ustinova. (Izvest. vysšich učebnych Zavedenij [Krasnodar], piščevaja Technol. **1967**, 6, 36—39; Krasnodarskij politechn. inst.; russ.) — Kolorimetr. (Farbrk. mit Thiobarbitursäure) u. spektrophotometr. untersucht wurde der Einfl. der Temp. (35—98°) u. Anwärmdauer (0—20 Std.) auf die Zerfallsgeschw. von Sorbinsäure in wss. 0,1%ig. Lösung. S. Baryschnikow 493△

1147 **Kinetik des thermischen Zerfalls von Pentaerythrittetranitrat bei unterhalb des Schmelzpunkts liegenden Temperaturen.** B. I. Kajdymov. (Kinetika i Kataliz 8 (1967) 1, 60—65; Sofijskij univ. im. Ochridskogo, Chim. fak.; russ.) C. Kozák 493△

1148 **Kinetik und Mechanismus der Umwandlung einfacher Kohlenwasserstoffe bei Glimmentladung unter niedrigem Druck.** 3. Mitt. **Umwandlung von Äthan.** E. N. Borisova und E. N. Eremin. (Ž. fiz. Chim. **41** (1967) 4, 757—63; Mosk. gos. univ. im. Lomonosova, Chim. fak.; russ.) — 2. vgl. C. **1968**, 38-1090. R. K. Müller 494

1149 **Kinetik und Mechanismus der Umwandlung einfacher Kohlenwasserstoffe bei Glimmentladung bei tiefem Druck.** 4. Mitt. **Umwandlung von Methan.** E. N. Borisova und E. N. Eremin. (Ž. fiz. Chim. **41** (1967) 1, 137—43; russ.) — 3. vgl. vorst. Referat. K. Jasche 494△

1150 **Gasphasenreaktion von Natrium mit Äthyl-, n-Propyl- und Isopropylalkohol.** E. M. Nemeth und J. F. Reed. (J. physic. Chem. **70**, 3096—3102, 1966; Dep. of Chem., Loyola Univ., Chicago, Ill.; engl.) — Die Kinetik u. Thermodynamik der Rk. bei 570 °K wird untersucht. D. Pavel 494

1151 **Kupplungsreaktion zwischen p-Nitrobenzoldiazoniumchlorid und Naphtholen: Analyse von α- und β-Naphthol-Gemischen.** I. Balakrishnan und M. P. Reddy. (Indian J. Chem. **6** (1968) 5, 257—59; Nat. Chem. Labor., Poona; engl.) — Die Titelrk. wird im pH-Bereich 4—13,5 spektrophotometr. untersucht. W. Sobieski 494

1152 **Heterogene Katalyse unter Teilnahme einer astöchiometrischen Komponente.** Ja. T. Ejdus und N. I. Eršov. (Kinetika i Kataliz 8 (1967) 6, 1387—89; Inst. org. chimii im. Zelinskogo AN SSSR; russ.) — Übersicht über die Rolle u. Bedeutung der astöchiometr. Komponente bei heterogenen katalyt. Reaktionen. — 18 Literaturhinweise. C. Kozák 495△

1153 **Untersuchung von Metallchlorid–SiO_2-Trägerkatalysatoren für die Hydrochlorierung von Acetylen in der Dampfphase.** D. M. Smith, P. M. Walsh und T. L. Slager. (J. Catalysis **11** (1968) 2, 113—30; Hall Labor. of Chem., Wesleyan Univ., Middletown, Conn.; engl.) — Durch Unters. der IR-Spektren von an den Kontakten (K) adsorbiertem Acetylen bzw. *Propin* wird die Aktivität der K bestimmt, die Titelrk. untersucht u. bez. der gebildeten Adsorbat–K-Oberflächenkomplexe diskutiert. W. Sobieski 495

1154 **Cyclopentadienylderivate von Übergangsmetallen als Katalysatoren bei der Reaktion von Alkylmagnesiumhalogeniden mit Alkylhalogeniden.** L. I. Zacharkin. (Izvest. Akad. Nauk SSSR, Ser. chim. **1967**, 4, 956; Inst. ėlementorg. soedin. AN SSSR; russ.) H. Dalmer 495△

1155 **Art der aktiven Plätze an einem Fe-Mo-Katalysator für die Oxydation von Methanol.** P. Jirů, B. Wichterlová, M. Krivánek und J. Novaková. (J. Catalysis **11** (1968) 2, 182; Inst. of Phys. Chem., Czech. Acad. of Sci., Prague; engl.) — Vgl. ibid. **7** (1967) 33. — Analog l. c. wird der Mechanismus der Titelrk. an $Fe_2(MoO_4)_3$ u. der Einfl. von irreversibel an den Kontakt adsorbiertem Py. auf die Rk. untersucht. W. Sobieski 495

1156 **Reaktion heißer ^{35}S-Atome in an Zeolithen adsorbierten CS_2–CCl_4-Gemischen.** A. P. Švedčikov. (Radiochimija **9** (1967) 2, 274—75; russ.) — Vf. untersuchte die Stabilisierung von ^{35}S-Rückstoßatomen der Rk. $^{35}Cl\cdot(n, p)^{35}S$ als markiertes CS_2 bei Bestrahlung eines auf den Zeolithen 4A, 5A u. 13X sowie auf Silicagel adsorbierten Gemisches CS_2/CCl_4. G. Ewald 496

1157 **Reaktion heißer ^{35}S-Atome im System CCl_4–Cyclohexan.** 2. Mitt. **Bildung von markiertem Cyclohexylmercaptan und Pentamethylensulfid.** B. G. Dzantiev und A. P. Švedčikov. (Radiochimija **9** (1967) 2, 276 bis 278; russ.) — Vf. untersuchten die Einführung von ^{35}S in den Cyclohexanring (A) u. die Substitution durch ^{35}S am A durch Bestrahlung des genannten Gemisches mit heißen Neutronen. G. Ewald 496

1158 **Abhängigkeit der Ausbeute an markierten Produkten bei Bestrahlung von Benzol in fester Phase von der Energie der T^+-Ionen.** Ju. S. Kuklin und L. P. Firsova. (Vestnik Moskovskogo Univ., Ser. II **22** (1967) 1, 120 bis 123; kaf. radiochimii; russ.) G. Ewald 498

1159 **Strahlenchemische Beständigkeit von tiefschmelzenden organischen Wärmeträgern in flüssiger und fester Phase.** V. A. Chramčenkov, I. I. Čcheidze, Ju. N. Aleksenko und N. Ja. Buben. (Atom. Energ. **22** (1967) 1, 27—30; russ.) — Vf. untersuchten die Möglichkeit der Abschätzung der strahlenchem. Beständigkeit organ. Wärmeträger (*Monoisopropyldiphenyl*, *Gasöl* u. *Hydroterphenyl*) in der fl. Phase nach den Werten der Radikalausb. bei der Bestrahlung der festen Phase dieser Verb. mit schnellen Elektronen. G. Ewald 498

1160 **Untersuchung des Mechanismus der photochemischen Oxydation von Kohlenwasserstoffen in der Gasphase mit Hilfe von EPR.** T. A. Garibjan, G. L. Grigorjan, A. A. Mantašjan und A. B. Nalbandjan. (Doklady Akad. Nauk SSSR **176** (1967) 4, 866—68; russ.) — Vf. untersuchen die durch Hg-Dampf sensibilisierte Photooxydation von *n-Decan* u. *n-Butan*, wobei die entsprechenden Alkylradikale u. in Ggw. von O_2 *Butyl-* bzw. *Decylperoxyradikale* gebildet werden. C. Kozák 498△

1161 **Isotopenuntersuchung des Radiolysemechanismus wäßriger Benzollösungen in Gegenwart von Sauerstoff.** V. S. Žicharev und N. A. Vysockaja. (Ukrainskij chim. Ž. **33** (1967) 6, 551—55; Inst. fiz. chimii im. Pisarževskogo AN Ukr. SSR; russ.) G. Ewald 498

1162 **Geschwindigkeit radiothermischer Umwandlungen aromatischer Kohlenwasserstoffe in flüssiger Phase.** M. M. Florencev, Ju. N. Aleksenko und A. M. Brodskij. (Chim. vysokich Énerg. **1** (1967) 5, 459—65; Inst. neftechim. sintesa im. Topčieva; russ.) — Die Zers. von *Diphenyl* u. hydroaromat. KW-Stoffen im Strahlenfeld eines Kernreaktors wurde in einer Zirkulationsapp. bei 250—520° untersucht. K. Jasche 498△

1163 **Benzolphotosensibilisierte Isomerisierung von Buten-(2) und Penten-(2).** Masahiro Tanaka, Masaaki Kato und Shin Sato. (Bull. chem. Soc. Japan **39**, 1423—26, 1966; Dep. of Appl. Phys., Tokyo Inst. of Technol., Ookayama, Tokyo; engl.) — Für die benzolsensibilisierte cis–trans-Photoisomerisierung bei 253,7 nm wird an Hand der Druckabhängigkeit der Rk. ein Rk.-Mechanismus diskutiert. D. Pavel 498

1164 **Fängerkinetik bei der Radiolyse von Cyclohexanlösungen. 2. Mitt. Cyclohexan–Methyljodid-Gemische.** Inder Mani und Robert J. Hanrahan. (J. physic. Chem. **71** (1967) 10, 3301—10; Chem. Dep., Univ. of Fla., Gainesville, Fla.; engl.) — 1. vgl. ibid. **70** (1966) 7, 2233. — Der Fängereffekt von HJ u. J_2 bei der Radiolyse von Cyclohexan/CH_3J-Lsg. wird untersucht. U. Drehmann 498

1165 **Radiolyse von gasförmigem Isobutylen durch ^{60}Co-γ-Strahlen. 1. Mitt. Zersetzungsprodukte.** Guy J. Collin und Jan A. Herman. (Canad. J. Chem. **45** (1967) 24, 3097—3106; Dép. de Chim., Univ. Laval, Québec; engl.) — Folgende Prod. werden gebildet: *iso*-C_4H_{10}, H_2, *Propin, Allen*, C_3H_6, C_2H_2, C_2H_4, CH_4, *iso*-C_5H_{12}, C_3H_8, C_2H_6, *neo*-C_5H_{12} u. ein Polymeres. Ein Rk.-Schema wird vorgeschlagen. U. Drehmann 498

1166 **Erzeugung von Singulett-O_2 im photochemischen System Benzol–O_2.** D. R. Snelling. (Chem. Physics Letters [Amsterdam] **2** (1968) 5, 346—48; Canadian Armament Res. and Dev. Establ., Quebec, P.Q.; engl.) — Die Darst. von 1 Δg-O_2 wird in Bzl.–O_2-Gemischen bei UV-Bestrahlung direkt beobachtet u. der Löschung von Triplettbenzol durch O_2 zugeschrieben, deren RGK bestimmt wird. W. Sobieski 498

1167 **γ-Radiolyse von Cyclohexan mit Elektronenfängern. 4. Mitt. CO_2 als Elektronenfänger.** N. H. Sagert. (Canad. J. Chem. **46** (1968) 2, 336—38; Res. Chem. Branch, Chalk River Nucl. Labor., Chalk River, Ontario; engl.) — 3. vgl. C. **1969**, 10-1127. — Die γ-Radiolyse von Cyclohexan in fl. Phase bei Zimmertemp. wird in Ggw. von CO_2 u. von CO_2/N_2O untersucht. G-Werte werden angegeben. Der Mechanismus wird diskutiert. U. Drehmann 498

1168 **Strahleninduzierte Chlorierung von Paraffinen. 1. Mitt. Chlorierung von n-Tetradecan.** R. V. Džagacpanjan, V. I. Kosorotov und M. T. Filippov. (Chim. vysokich Énerg. **1** (1967) 5, 453—58; NII chlornoj prom., Moskva; russ.) — Es wird ein Ausdruck zur Best. der RGK am genannten Beispiel als Modellfall für den Einsatz langkettiger Paraffin-KW-Stoffe abgeleitet u. die Gleichung durch experimentelle Unters. überprüft. K. Jasche 498△

1169 **Innermolekulare Wanderung der Energie bei Bestrahlung von Alkylbenzolen durch beschleunigte T^+-Ionen.** Ju. S. Kuklin und L. P. Firsova. (Vestnik Moskovskogo Univ., Ser. II **22** (1967) 1, 117—19; Kaf. radiochim.; russ.) — Vf. untersuchten die Gesetzmäßigkeiten der Übertragung von Anregungsenergie aus aliphat. Seitenketten zum Ring nach Substitution von H-Atomen oder Alkylgruppen in der Seitenkette von *Toluol, Äthyl-* u. *n-Butylbenzol* durch „heiße" T-Atome. K. Jasche 498△

1170 **Untersuchung des Mechanismus photochemischer elektrophiler Substitutionsreaktionen am aromatischen Kern durch Fluoreszenz.** M. G. Kuz'min, V. L. Ivanov und O. E. Jakimčenko. (Chim. vysokich Énerg. **1** (1967) 5, 443—46; Mosk. gos. univ. im. Lomonosova; russ.) — Die Protonierung angeregter Aromaten (*Toluol, Naphthalin, Diphenyl, 4.5-Benzpyren, 2-Phenylnaphthalin, Phenanthren* u. *Anthracen*) wurde untersucht, wobei die Fluoreszenzdämpfung in Abhängigkeit von der Acidität des Rk.-Mediums (H_2SO_4/H_2O u. CH_3COOH/H_2SO_4) ermittelt wurde. K. Jasche 498△

1171 **Kinetik von schnellen Reaktionen in Lösung. 3. Mitt. Photoreduktion von Anthracenderivaten.** Jiro Osugi, Sigeru Kusuhara und Satoshi Hirayama. (J. chem. Soc. Japan, pure Chem. Sect. [Nippon Kagaku Zasshi] **89** (1968) 5, 459—63; Kyoto-shi, Kyoto Univ., Fac. of Sci., Dep. of Chem., Labor. of Phys. Chem.; jap., Auszug: engl.) — 2. vgl. C. **1969**, 8-1145. — Mit Hilfe von UV- u. IR-Spektren wurden die Rk.-Geschw. u. die Aktivierungsenergie der Photored. nachst. Anthracenderiv. mit Tri-tert.-butylstannan in Bzl. gemessen u. mit denen der Photoox. in CCl_4 verglichen: *Anthracen, 9-Acetyl-, 9-Chlor-, 9-Methyl-, 9-α-Hydroxyäthyl-* u. *9-Phenylanthracen.* H.-S. Park 498

1172 **Hg-photosensibilisierte Zersetzung von fluorierten Methanen.** J. D. Allen und M. C. Flowers. (Trans. Faraday Soc. **64** (1968) 552, 3300—10; Dep. of Chem., Univ., Southampton; engl.) — Es werden keine Beweise für das chem. Löschen von Hg(6^3P_1) durch *Tetrafluor-, Trifluor-* u. *Difluormethan* gefunden. Die Geschw.-Konst. des Löschens durch *Fluormethan* ist angegeben. D. Schmitt 498

1173 **Durch Chlor photosensibilisierte Gasphasenoxydation von Trichloräthylen.** G. Huybrechts und L. Meyers. (Trans. Faraday Soc. **62**, 2191—99, 1966; Bruxelles, Univ. Libre, Serv. de Chim. Phys.; engl.) — Während geringe O_2-Mengen die Chlorierung von Trichloräthylen (I) inhibieren, gewinnt mit steigendem O_2-Geh. die Gasphasenox. von I zu Dichloracetylchlorid an Bedeutung. Die Kinetik der Rk. wird zwischen 363 u. 403 °K untersucht. D. Pavel 498

1174 **Photoionisation des freien CF_3-Radikals.** Chava Lifshitz und William A. Chupka. (J. chem. Physics **47** (1967) 9, 3439—43; Argonne Nat. Labor., Argonne, Ill.; engl.) — Die Wrkg.-Querschnitte für Photoionisation des CF_3-Radikals (durch therm. Zers. von CF_3CH_2ONO) werden zwischen 1420 u. 800 Å gemessen. U. Drehmann 498

1175 **Photolyse von Methyljodid in Gegenwart von NO.** Timothy Johnston und Julian Heicklen. (J. physic. Chem. **70**, 3088—96, **1966**; Aerospace Corp., El Segundo, Calif.; engl.) — Durch IR-Spektroskopie wird die Kinetik der UV-Photolyse u. die Quantenausb. bei Raumtemp. bestimmt. D. Pavel 498

1176 **Kinetik der Wasserstoff- und Deuteriumabstraktion aus Hydrazinen und substituierten Hydrazinen durch Methylradikale.** Peter Gray, A. A. Herod, A. Jones und J. C. J. Thynne. (Trans. Faraday Soc. **62**, 2774—84, 1966; School of Chem., Univ., Leeds; engl.) — Die Kinetik der Rk. von CH_3-Radikalen (durch Photolyse von Azomethan) mit *Hydrazin, 1.1-* u. *1.2-Dimethylhydrazin* u. deren *D-Deriv.* wird untersucht. G. O. Jäger 498△

1177 **Zweiquantenphotoionisation von aromatischen Aminen in organischen Gläsern bei 77 °K. 2. Mitt. Photorekombination von Elektronen und Kationen.** V. A. Kondrat'ev und Ch. S. Bagdasar'jan. (Chim. vysokich Énerg. **2** (1968) 1, 10—15; Fiz.-chim. inst. im. Karpova; russ.) — 1. vgl. Kinetika i Kataliz **5** (1964) 777. — Vf. untersuchen mit Hilfe von Elektronenabsorptionsspektren bei 77 °K die UV-Photoionisation von *Diphenylamin, Triphenylamin* in *Äthyl-, Methyl-, Isopropylalkohol* u. in *Dipropyläther* sowie das Verh. der dabei entstehenden Elektronen u. Kationradikale. C. Kozák 498△

1178 **Photolyse von aromatischen Aziden. 4. Mitt. Lebensdauer von aromatischen Nitrenen und absolute Geschwindigkeit einiger ihrer Reaktionen.** A. Reiser, F. W. Willets, G. C. Terry, V. Williams und R. Marley. (Trans. Faraday Soc. **64** (1968) 552, 3265—75; Res. Labor., Kodak Ltd., Wealdstone, Harrow, Middlesex; engl.) — 3. vgl. C. **1969**, 6-1104. — Die Photolyse von *1-Azidonaphthalin* (**I**, Rekombinationsrk.), *4.4'-Diazidobiphenyl* (**II**, H-Abzugsrk.) u. *1-Azidoanthracen* (**III**, Rk. mit Azidogruppen) wird untersucht sowie die Lebensdauer der Nitrene nachst. Verb. in polymeren Matrizen: I, II, III, *Azidomesitylen*, *4-Azidoacetophenon*, *3-Azidochinolin* u. *2-Azidobiphenyl* ermittelt. D. Schmitt 498

1179 **Photochemische Reaktionen von Azoverbindungen. 13. Mitt. Photochemische Reaktion von 11H-Dibenzo-[c.f]-[1.2]-diazepin unter sauren Bedingungen.** C. P. Joshua und G. E. Lewis. (Austral. J. Chem. **20** (1967) 10, 2229 bis 2233; Dep. of Organ. Chem., Univ. of Adelaide; engl.) — 12. vgl. C. **1969,** 11-1206. — Bei Bestrahlung von *11H-Dibenzo-[c.f]-[1.2]-diazepin* [I, F. 110°, durch $LiAlH_4$-Red. von 1,0 g 2.2'-Dinitrodiphenylmethan (F. 83,5°, aus 4.4'-Diaminodiphenylmethan über 2.2'-Dinitro-4.4'-diaminodiphenylmethan); 0,45 g (Ausb.)] in schwach saurem A. entstehen *Dibenzo-[c.f]-[1.2]-diazepinon-(11)* ($C_{13}H_8N_2O$, F. 198°; 28%), *2.2'-Diaminobenzophenon* (II, F. 134°; 27%) u. *2.2'-Diaminodiphenylmethan* (F. 134°; 14%). Bei Bestrahlung von I in konz. H_2SO_4 entsteht nur ein *Sulfonsäurederiv.* von II ($C_{13}H_{12} \cdot N_2O_4S \cdot H_2O$). In neutralem A. oder Bzl. tritt keine photochem. Rk. auf. U. Drehmann 498

1180 **Stoßinduzierte Prädissoziation in der Gasphase. Photolyse von Methanol bei 1849 Å.** J. Hagege, P. C. Roberge und C. Vermeil. (Trans. Faraday Soc. **64** (1968) 552, 3288—99; Equipe de Rech. du Centre Nat. de la Rech. Sci., ESPCI, Paris; engl.) — Die Rk. wird mit Zusätzen von Alkanen, Edelgasen, CO_2 u. SF_6 untersucht. D. Schmitt 498

1181 **Quecksilberphotosensibilisierte Zersetzung von Dimethyläther. 1. Mitt. Mechanismus.** L. F. Loucks und K. J. Laidler. (Canad. J. Chem. **45** (1967) 22, 2763—66; Div. of Appl. Chem., Univ., Ottawa; engl.) — Die Kinetik der Zers. wird zwischen 200 u. 300° u. Drücken von 3—600 mm Hg untersucht. U. Drehmann 498

1182 **Quecksilberphotosensibilisierte Zersetzung von Dimethyläther. 2. Mitt. Thermische Zersetzung des Methoxymethylradikals.** Leon F. Loucks und Keith J. Laidler. (Canad. J. Chem. **45** (1967) 22, 2767—73; engl.) — 1. vgl. vorst. Referat. U. Drehmann 498

1183 **Quecksilberphotosensibilisierte Zersetzung von Dimethyläther.** 3. Mitt. **Kombinierung von Radikalen.** Leon F. Loucks. (Canad. J. Chem. **45** (1967) 22, 2775 bis 2783; engl.) — 2. vgl. vorst. Referat. U. Drehmann 498

1184 **Radiolyse von Aceton. 1. Mitt. Flüssige Phase.** V. A. Larin, N. V. Veselovskaja und N. A. Bach. (Chim. vysokich Energ. **1** (1967) 5, 447—52; Inst. élektrochimii AN SSSR; russ.) K. Jasche 498△

1185 **Radiolyse von aromatischen Aminosäuren, ihren Gemischen und Peptiden in fester Phase.** G. A. Brodskaja und V. A. Šarpatyj. (Chim. vysokich Ėnerg. **1** (1967) 4, 336—39; Inst. jadernoj fiz. Uzb. SSR; russ.) — Die Radiolyse mittels ^{60}Co-γ-Strahlen u. beschleunigten Elektronen bei 37 u. —196° von polykrist. *Glycin* (I), *Phenylalanin* (II), *Tyrosin* (III), I-II- u. I-III-Gemischen, *Glycylphenylalanin* u. *Glycyltyrosin* wurde mit Hilfe von ESR untersucht. C. Kozák 498△

1186 **Photochemische Carboxylierung von Methanol in wäßriger Lösung.** N. Getoff. (Z. physik. Chem. [Frankfurt/M.] [N. F.] **50,** 183—90, 1966; Wien, Inst. für Radiumforsch. u. Kernphys. der Österreich. Akad. der Wiss.; dt.) — Die Bldg. von *Glykolsäure* bei UV-Bestrahlung wss. Lsg. von Methanol (I) u. CO_2 wird als Funktion des pH-Werts, der Dosis u. der Konz. an I u. Bicarbonat untersucht. D. Pavel 498

1187 **Radiolyse wäßriger Lösungen von Phenylalanin.** G. A. Brodskaja und V. A. Šarpatyj. (Ž. fiz. Chim. **41** (1967) 5, 1108—13; Inst. jadernoj fiz. AN Uzb. SSR; russ.) K. Jasche 498△

1188 **Radiochemische Stabilität einiger Peptide.** A. Sultanov und V. A. Šarpatyj. (Chim. vysokich Ėnerg. **1** (1967) 6, 541—43; russ.) — Mit Hilfe von EPR wurde die radiochem. Beständigkeit bei —196 u. +35 bis +40° von nachst. Peptiden untersucht: *Glycylglycin*, *-valin*, *-leucin*, *-norvalin*, *-norleucin*, *-methionin*, *-asparagin*, *-tryptophan*, *-tyrosin*, *-β-phenyl-α-alanin*, *-prolin*, *-glycylleucin*, *-leucinvalin*, *-glycylleucylglycin*; *α-Alanylvalin*, *-glycylglycin*, *β-Alanyl-β-alanin*, *Glutathion* u. *Hippursäure*. C. Kozák 498△

1189 **Radiolyse und Strahlungsoxydation einiger aliphatischer Amide.** A. S. Fomenko, T. M. Abramova, E. P. Lar'eva und A. A. Galina. (Chim. vysokich Energ. **1** (1967) 4, 314—19; Inst. fiz. chimii im. Pisarževskogo AN USSR; russ.) — Die Bldg. u. Struktur von freien Radikalen sowie die Bldg. von gasf. u. fl. Prod. der Radiolyse u. Strahlungsox. von *N-Butylpropionamid* u. *N-Butylbutyroamid* bei —196°, im Vakuum, wurde mit Hilfe von EPR untersucht. C. Kozák 498△

1190 **Bestrahlung einiger glycinhaltiger Dipeptide auf Silicagel.** D. E. Rivett und J. F. K. Wilshire. (Photochem. and Photobiol. **6** (1967) 12, 867—74; Div. of Protein Chem., CSIRO, Wool Res. Labor., Parkville, Melbourne; engl.) — Bei UV-Bestrahlungen von *Glycylphenylalanin* (I) u. *Phenylalanylglycin* (II) in dünner Schicht auf Silicagel G treten Peptidbindungsspaltung, Diketopiperazinbldg. u. Desaminierung auf. Folgende Zers.-Prod. werden identifiziert: *Glycin*, *Phenylalanin*, *Glycinanhydrid*, *Glycylphenylalaninanhydrid* ($C_{11}H_{12}N_2O_2$, F. 274—275°), *Phenylalaninanhydrid* (F. 288—290°), *N-Acetylphenylalanin* (nur aus I) u. *3-Phenylpropionylglycin* ($C_{11}H_{13}NO_3$, F. 114—116°; nur aus II). U. Drehmann 498

1191 **Photoreduktion von Chlorophyllanaloga in sauren Medien.** A. V. Umrichina, G. A. Jusupova und A. A. Krasnovskij. (Doklady Akad. Nauk SSSR **175** (1967) 6, 1400—03; Inst. biochimii im. Bacha AN SSSR; russ.) — Vf. führen die vergleichende Unters. der Photored. von *Proto-* u. *Hämatoporphyrin*, *Protophäophytin*, *Phäophytin A* u. *Bacteriophäophytin* mittels *Ascorbinsäure* durch. C. Kozák 498△

1192 **Elementarschritte der Kationenbildung bei der Photolyse der Leukobasen von Triphenylmethanfarbstoffen.** D. N. Sigorin, M. A. Pak und Ju. I. Kozlov. Z. fiz. Chim. **41** (1967) 5, 1220-22; NI fiz.-chim. inst. im. Karpova, Moskva; russ.) — Auf der Grundlage von Absorptions-, Fluoreszenz-, Lumineszenz- u. EPR-spektroskop. Unters. bestrahlter Lsg. der *Leukobasen* von *Kristallviolett*, *Malachit-* u. *Brillantgrün* in verschiedenen Lsgm. bei —196 bis +20° werden die einzelnen Elementarschritte der Triphenylmethylkationenbldg. gedeutet. K. Jasche 498△

1193 **Natur der Absorption von bestrahlten Kohlenhydraten im Ultraviolettbereich.** V. V. Generalova und A. Sultanov. (Chim. vysokich Ėnerg. **1** (1967) 4, 320 bis 323; Inst. jadernoj fiz. AN Uzb. SSR; russ.) — UV-spektroskop. wird festgestellt, daß bei der Radiolyse von *Glucose*, *Saccharose* u. anderen Kohlenhydraten gleichzeitig mit *Dihydroxyaceton* u. anderen Verb. auch *Methylglyoxal* gebildet wird. C. Kozák 498△

C. Präparative organische Chemie, Naturstoffe

1194 **Einige neue unsymmetrische disubstituierte N-Nitrosoverbindungen, Hydrazine und 2-Hydroxy-5-nitrobenzylidenderivate.** Georg Neurath und Michael Dünger. (J. chem. Engng. Data **12** (1967) 1, 99—101; Res. Dep., Zentrallabor. H. F. & Ph. F. Reemstma, Hamburg; engl.) — *Unsymm. sek. Äthylamine* werden durch Acetylierung entsprechender prim. Amine u. nachfolgender Red. mit $LiAlH_4$ dargestellt. Durch Nitrosierung u. anschließende Red. mit $LiAlH_4$ werden die unsymm. disubstituierten Hydrazine gewonnen, aus denen durch Rk. mit 2-Hydroxy-5-nitrobenzaldehyd die entsprechenden *2-Hydroxy-5-nitrobenzylidenderiv.* entstehen.

Versuche: N-Nitrosoäthylamine: *Propyl-*, $Kp._{12}$ 72—73°. — *Isopropyl-*, $Kp._{12}$ 70°. — *Butyl-*, $Kp._{14}$ 87—90°. — *Isobutyl-*, $Kp._{12}$ 81—83°. — *sek.-Butyl-*,

Kp.$_{12}$ 79—81°. — *tert.-Butyl-*, Kp.$_{15}$ 75—77°. — *n-Pentyl-*, Kp.$_{14}$ 95—97°. — *Isopentyl-*, Kp.$_{15}$ 95—99°. — *Allyl-*, Kp.$_{14}$ 68—69°. — *N-Nitrosomethyl-[β-phenyläthyl]-amin*, Kp.$_{0,15}$ 85°. — *N-Nitroso-2-methylpyrrolidin*, Kp.$_{27}$ 113°. — *N-Nitroso-2.5-dimethylpyrrolidin*, Kp.$_{12}$ 87—89°. — *N-Nitroso-α-pipecolin*, Kp.$_{13}$ 100—101°. — *N-Nitroso-β-pipecolin*, Kp.$_{13}$ 99°. — *N-Nitroso-γ-pipecolin*, Kp.$_{13}$ 100°. — *N-Nitroso-2.6-lupetidin*, Kp.$_{12}$ 103—104°. — *N-Nitroso-2-[methylaminomethyl]-pyridin*, Kp.$_{12}$ 142—144°. — *N-Nitroso-3-[methylaminomethyl]-pyridin*, Kp.$_{13}$ 160—161°. — *N-Nitroso-4-[methylaminomethyl]-pyridin*, Kp.$_{16}$ 167 bis 168°. — *N-Nitroso-2-methyl-6-[methylaminomethyl]-pyridin*, Kp.$_{11}$ 144—146°. — N-Äthylhydrazine: *N-Propyl-*, Kp. 115—118°. *2-Hydroxy-5-nitrobenzylidenderiv.*, $C_{12}H_{17}N_3O_3$, F. 45—46°. — *N-Isopropyl-*, Kp. 110°. *2-Hydroxy-5-nitrobenzylidenderiv.*, $C_{12}H_{17}N_3O_3$, F. 64 bis 67°. — *N-Butyl-*, Kp. 140—145°. *2-Hydroxy-5-nitrobenzylidenderiv.*, $C_{13}H_{19}N_3O_3$, F. 43—44°. — *N-Isobutyl-*, Kp. 135°. *2-Hydroxy-5-nitrobenzylidenderiv.*, $C_{13}H_{19}N_3O_3$, F. 28—28,5°. — *N-sek.-Butyl-*, Kp. 140—145°. *2-Hydroxy-5-nitrobenzylidenderiv.*, $C_{13}H_{19}N_3O_3$, F. 40—42°. — *N-tert.-Butyl-*, Kp. 120°. *2-Hydroxy-5-nitrobenzylidenderiv.*, $C_{13}H_{19}N_3O_3$, F. 92°. — *N-Pentyl-*, Kp. 157—160°. *2-Hydroxy-5-nitrobenzylidenderiv.*, Öl. — *N-Isopentyl-*, Kp. 153 bis 160°. *2-Hydroxy-5-nitrobenzylidenderiv.*, Öl. — *N-Allyl-*, Kp. 115—120°. *2-Hydroxy-5-nitrobenzylidenderiv.*, $C_{12}H_{15}N_3O_3$, F. 35,5—36°. — *N-Methyl-N-[β-phenyläthyl]-hydrazin*, Kp.$_{30}$ 130°. *2-Hydroxy-5-nitrobenzylidenderiv.*, $C_{16}H_{17}N_3O_3$, F. 108—109°. — *N-Amino-2-methylpyrrolidin*, Kp. 131—133°. *2-Hydroxy-5-nitrobenzylidenderiv.*, $C_{12}H_{15}N_3O_3$, F. 110,5—111,5°. — *N-Amino-2.5-dimethylpyrrolidin*, Kp. 140—144°. *2-Hydroxy-5-nitrobenzylidenderiv.*, $C_{13}H_{17}N_3O_3$, F. 102—103°. — *N-Amino-α-pipecolin*, Kp. 157—161°. *2-Hydroxy-5-nitrobenzylidenderiv.*, $C_{13}H_{17}N_3O_3$, F. 143—144°. — *N-Amino-β-pipecolin*, Kp. 165 bis 168°. *2-Hydroxy-5-nitrobenzylidenderiv.*, $C_{13}H_{17}N_3O_3$, F. 143—144°. — *N-Amino-γ-pipecolin*, Kp. 165 bis 168°. *2-Hydroxy-5-nitrobenzylidenderiv.*, $C_{13}H_{17}N_3O_3$, F. 155—156°. — *N-Amino-2.6-lupetidin*, Kp. 169—173°. *2-Hydroxy-5-nitrobenzylidenderiv.*, $C_{14}H_{19}N_3O_3$, F. 112 bis 114°. — *N-Amino-2-[methylaminomethyl]-pyridin*, Kp.$_{11}$ 100—110°. *2-Hydroxy-5-nitrobenzylidenderiv.*, $C_{14}H_{14}N_4O_3$, F. 137—138,5°. — *N-Amino-3-[methylaminomethyl]-pyridin*, Kp.$_{15}$ 120—125°. *2-Hydroxy-5-nitrobenzylidenderiv.*, $C_{14}H_{14}N_4O_3$, F. 92—93°. — *N-Amino-4-[methylaminomethyl]-pyridin*, Kp.$_{12}$ 115—120°. *2-Hydroxy-5-nitrobenzylidenderiv.*, $C_{14}H_{14}N_4O_3$, F. 134°. — *N-Amino-2-methyl-6-[methylaminomethyl]-pyridin*, Kp.$_{12}$ 115—120°. *2-Hydroxy-5-nitrobenzylidenderiv.*, $C_{15}H_{16}N_4O_3$, F. 107—109°. G. Westphal 510△

C–1. Acyclische Verbindungen

1195 **Reduktion von Difluornitroessigsäureestern. Darstellung und Eigenschaften von 2.2-Difluor-2-nitroäthanol und neue Bildung von Hemiacetalen durch Reduktion.** Marion E. Hill und Leonard O. Ross. (J. org. Chemistry **32** (1967) 8, 2595—2600; Stanford Res. Inst., Menlo Park, Calif.; engl.) — Red. von Difluornitroessigsäuremethylester (I), -isopropylester (II) bzw.-benzylester (III) mit $NaBH_4$ in wasserfreien Lsgm. liefert die betreffenden *Hemiacetale* des *Difluornitroacetaldehyds*, die in Form der *Acetate* stabilisiert werden. In wss. Lsgm. wird hingegen *2.2-Difluor-2-nitroäthanol* (**IV**) als einziges Prod. erhalten. **IV** wird mit Carbonsäuren verestert u. mit CH_2O zu *Bis-[2.2-difluor-2-nitroäthyl]-formal* kondensiert. Die Darst. von Methylenmalonsäure-bis-[2.2-difluor-2-nitroäthylester] gelang nicht. Rk. von Malonsäure-bis-[2.2-difluor-2-nitroäthylester] (**VI**) mit Chlormethyläther (**VII**) liefert *Propantetracarbonsäure-(1.1.3.3)-tetrakis-[2.2-difluor-2-nitroäthylester]*, der zu *1.1.3.3-Tetracarboxypropan* verseift wird. $ZnCl_2$-katalysierte Kondens. von **VI** mit CH_2O in Essigsäure liefert *2.2-Bis-[β.β-difluor-β-nitroäthoxycarbonyl]-propandiol-(1.3)-diacetat*.

Versuche: *Difluornitroacetaldehyd-[isopropylhemiacetal]*, Kp.$_{32}$ 60—62°, durch Zugabe (10 Min.) von **II** zu $NaBH_4$ in 1.2-Dimethoxyäthan (DMA) bei 20—25°; 45% (Ausb.). *Acetat*, $C_7H_{11}F_2NO_5$, Kp.$_{28}$ 82—83°, durch 18std. Rühren vorst. Verb. in Essigsäureanhydrid (EA) bei 35—40°. — Analog: *Difluornitroacetaldehyd-[methylhemiacetal]*, Kp.$_{35}$ 58°, aus **I**. *Acetat*, Kp.$_{28}$ 86°. — *Difluornitroacetaldehyd-[benzylhemiacetal]*, aus **III**. *Acetat*, $C_{11}H_{11}F_2NO_5$. — *Difluornitroacetaldehyddiacetat*, $C_6H_7F_2NO_6$, Kp.$_{28}$ 92°, durch Zugabe von $NaBH_4$ zu $AlCl_3$ u. **II** in DMA bei < 35°; 8%. — *2.2-Difluor-2-nitroäthanol* (**IV**), $C_2H_3F_2NO_3$, Kp.$_{22}$ 59—61°, durch Zugabe von $NaBH_4$ in W. zu **III** in THF/W. bei 10—12°; n_D^{20} 1,3747; 70%. — Carbonsäure-[2.2-difluor-2-nitroäthyl]-ester: *Acrylsäure-*, Kp.$_{15}$ 58°, durch 30std. Kochen von Acrylsäure, **IV**, 96%ig. H_2SO_4 u. wenig Hydrochinon in Bzl. am Wasserabscheider; 69,5%. — Analog: *Essigsäure-* (**V**), Kp.$_{20}$ 54°; 70%. — *Malonsäure-bis-* (**VI**), Kp.$_{.54}$ 110°; 54%. — *Maleinsäure-bis-*, Kp.$_{0,05}$ 102°; 56%. — *Fumarsäure-bis-*, F. 45—46°, aus dem Säurechlorid; 22%. — *Itaconsäure-bis-*, Kp.$_{0,05}$ 110°; 47%. — *Bis-[2.2-difluor-2-nitroäthyl]-formal*, $C_5H_6F_4N_2O_6$, Kp.$_{0,6}$ 67—68°, a) durch Zugabe von **IV** zu Paraformaldehyd in 90%ig. H_2SO_4; 60%; daneben *Trioxymethylen-bis-[2.2-difluor-2-nitroäthyläther]*, $C_7H_{10}F_4N_2O_8$, Kp.$_4$ 84°; 22%; b) aus **V**; daneben *Formaldehyd-[2.2-difluor-2-nitroäthylhemiacetal]-acetat*, $C_5H_7F_2NO_5$. — *Propantetracarbonsäure-(1.1.3.3)-tetrakis-[β.β-difluor-β-nitroäthylester]*, $C_{15}H_{12}F_8N_4O_{16}$, a) durch Zugabe von **VII** zu **VI** u. Triäthylamin in Bzl.; 51%; b) analog aus dem Na-Salz von **VI**; 40%. — *1.1.3.3-Tetracarboxypropan*, $C_7H_8O_8$, F. 174—176° (Ae., $CHCl_3$), durch 72std. Rühren vorst. Verb. in 10%ig. KOH bei Raumtemp.; 14%; Decarboxylieren bei 185° → *Glutarsäure*. — *2.2-Bis-[β.β-difluor-β-nitroäthoxycarbonyl]-propandiol-(1.3)-diacetat*, $C_{13}H_{14}F_4N_2O_{12}$, durch 48std. Erhitzen von **VI**, Paraformaldehyd u. $ZnCl_2$ in Eisessig auf 110°; 14%. H. Miele 610△

1196 **Synthese von gemischten Acetalen des β-Chloracetaldehyds.** Šamchal Mamedov, E. G. Džagupova und M. A. Avanesjan. (Azerbajdžanskij chim. Ž. **1967**, 2, 43—48; INChP AN Azerb.SSR; russ.) — Durch Rk. von α.β-Dichloräthylmethyläther mit Alkoholen bzw. Phenolen in Ggw. von NaOH bei 10—40° bzw. 70—75° werden folgende Chloracetaldehydmethylalkyl- bzw. -arylacetale erhalten: *-n-propylacetal*, $C_6H_{13}ClO_2$, Kp.$_{20}$ 63—65°; D.$_4^{20}$ 1,0111; n_D^{20} 1,4205; 45% (Ausb.). — *-isoamylacetal*, $C_8H_{17}ClO_2$, Kp.$_7$ 71°; D.$_4^{20}$ 0,9701; n_D^{20} 1,4275; 62%. — *-n-hexylacetal*, $C_9H_{19}ClO_2$, Kp.$_9$ 86°; D.$_4^{20}$ 0,9630; n_D^{20} 1,4340; 59%. — *-n-heptylacetal*, $C_{10}H_{21}ClO_2$, Kp.$_7$ 98°; D.$_4^{20}$ 0,9504; n_D^{20} 1,4370; 50%. — *-phenylacetal*, $C_9H_{11}ClO_2$, Kp.$_{10}$ 104°; D.$_4^{20}$ 1,1652; n_D^{20} 1,5221; 26%. — *-2.4.6-trichlorphenylacetal*, $C_9H_8Cl_4O_2$, Kp.$_6$ 147—148°; D.$_4^{20}$ 1,4831; n_D^{20} 1,5552; 68%. — *-o-tolylacetal*, $C_{10}H_{13}ClO_2$, Kp.$_6$ 113°; D.$_4^{20}$ 1,1340; n_D^{20} 1,5138; 60%. — *-m-tolylacetal*, $C_{10}H_{13}ClO_2$, Kp.$_6$ 108°, D.$_4^{20}$ 1,1319; n_D^{20} 1,5116; 55%. — *-p-tolylacetal*, $C_{10}H_{13}ClO_2$, Kp.$_6$ 114—115°; D.$_4^{20}$ 1,1270; n_D^{20} 1,5102; 69%. — *-benzylacetal*, $C_{10}H_{13}ClO_2$, Kp.$_6$ 111°; D.$_4^{20}$ 1,1280; n_D^{20} 1,5147; 50%. — *-p-methylbenzylacetal*, $C_{11}H_{15}ClO_2$, Kp.$_3$ 116°; D.$_4^{20}$ 1,1102; n_D^{20} 1,5075; 57%. — *-o-chlorbenzylacetal*, $C_{10}H_{12}Cl_2O_2$, Kp.$_6$ 129°; D.$_4^{20}$ 1,2448; n_D^{20} 1,5301; 70,8%. — Analog folgende Chloracetaldehydäthylarylacetale: *-o-tolylacetal*, $C_{11}H_{15}ClO_2$, Kp.$_6$ 115°; D.$_4^{20}$ 1,0981; n_D^{20} 1,5056; 72%. — *-m-tolylacetal*, $C_{11}H_{15}ClO_2$, Kp.$_6$ 112—113°; D.$_4^{20}$ 1,0978; n_D^{20} 1,5029; 66%. — *-p-tolylacetal*, $C_{11}H_{15}ClO_2$, Kp.$_6$ 114°; D.$_4^{20}$ 1,0974; n_D^{20} 1,5017; 60%. — *-benzylacetal*, $C_{11}H_{15}ClO_2$, Kp.$_6$ 126—127°; D.$_4^{20}$ 1,1057; n_D^{20} 1,5038; 33%. — Die Rk. von α.β-Dichlordiäthyläther (I) mit K-Acetat in Bzl. bei 60° liefert *1-Acetoxy-1-äthoxy-2-chloräthan* (Kp.$_{14}$ 61—62°; D.$_4^{20}$ 1,1134; n_D^{20} 1,4253; 42%); mit BenzylMgBr wird aus I *1-Chlor-3-phenylpropyl-(2)-äthyläther* (im Orig. irrtümlich β-Chloracetaldehydäthylbenzylacetal genannt; $C_{11}H_{15}ClO$, Kp.$_5$ 91—92°; D.$_4^{20}$ 1,0581; n_D^{20} 1,5110; 31%) erhalten. H.-E. Toussaint 670

1197 **Ketene und ihre Derivate.** 16. Mitt. **Reaktion von Diketen mit Schiffschen Basen.** Tetsuzo Kato, Yutaka Yamamoto, Hiroshi Sekita und Takao Sakamoto. (J. pharmac. Soc. Japan [Yakugakuzasshi] 87 (1967) 6, 691—94; Pharm. Inst., Tohoku Univ., School of Med.; jap.) — 15. vgl. ibid. 87 (1967) 597. — Umsetzung von Diketen mit N-Benzylidenpropylamin, N-Benzylidencyclohexylamin, N-Cinnamylidencyclohexylamin, N-Äthyliden-tert.-butylamin, N-Äthylidencyclohexylamin u.

N-Isobutylidencyclohexylamin führt zu den entsprechenden *2-Alkylidenacetoacetamid-Deriv.*, deren katalyt. Red. die entsprechenden *2-Alkylacetoacetamid-Verb.* gibt. Versuche: *N-Alkyl-2-alkylidenacetoacetamide*, durch Umsetzung von Schiffschen Basen mit Diketen; IR-Maxima. *N-n-Propyl-2-benzyliden-* (I), $C_{14}H_{17}NO_2$, F. 80,5—82,5°, aus N-Benzyliden-n-propylamin; 3% (Ausb.). — *N-Cyclohexyl-2-benzyliden-* (II), $C_{17}H_{21}NO_2$, F. 96 bis 98°, aus N-Benzylidencyclohexylamin; 11%. — *N-Cyclohexyl-2-cinnamyliden-* (III), $C_{19}H_{23}NO_2$, F. 128—130°, aus N-Cinnamylidencyclohexylamin; 37%. — *N-tert.-Butyl-2-äthyliden-* (IV), $C_{10}H_{17}NO_2$, F. 117—118°, aus N-Äthyliden-tert.-butylamin; 32,4%; daneben eine *Verb.* $C_{18}H_{32}N_2O_4$, F. 247—250° (Zers.). — *N-Cyclohexyl-2-äthyliden-* (V), $C_{12}H_{19}NO_2$, F. 108—109°, aus N-Äthylidencyclohexylamin; 32,5%. — *N-Cyclohexyl-2-isobutyliden-* (VI), $C_{14}H_{23}NO_2$, aus N-Isobutylidencyclohexylamin; 28,5%. — *N-Alkyl-2-alkylacetoacetamide*, durch katalyt. Red. der entsprechenden 2-Alkylidenverb. in Ggw. von Pt; IR-Maxima; NMR-Daten. *N-n-Propyl-2-benzyl-*, $C_{14}H_{19}NO_2$, F. 92—94° (Ae./PAe.), aus I; farblose Nadeln; 63%. — *N-Cyclohexyl-2-benzyl-*, $C_{17}H_{23}NO_2$, F. 142 bis 144° (Aceton), aus II; farblose Nadeln; 67%. — *N-Cyclohexyl-2-(3-phenylpropyl)-*, $C_{19}H_{27}NO_2$, F. 113—115° (Ae.), aus III; farblose Nadeln; 87%. — *N-tert.-Butyl-2-äthyl-*, $C_{10}H_{19}NO_2$, F. 103—104° (Ae./PAe.), aus IV; farblose Nadeln; 90%. — *N-Cyclohexyl-2-äthyl-*, $C_{12}H_{21}NO_2$, F. 126 bis 128° (Ae.), aus V; farblose Nadeln; 95,7%. — *N-Cyclohexyl-2-isobutyl-*, $C_{14}H_{25}NO_2$, F. 119—121° (Ae.), aus VI; farblose Nadeln; 97%. R. Becker 700△

1198 **Zwei neue Methoden zur Darstellung von Acryl- und Methacrylsäurecyclohexenylestern.** N. P. Emel'janov, L. V. Naumova und M. M. Azanovskaja. (Doklady Akad. Nauk Beloruss. SSR **11** (1967) 2, 138—41; Inst. fiz.-org. chim. AN BSSR; russ.) — Folgende Verb. werden dargestellt: *Methacrylsäurechlorid* (I), C_4H_5ClO, Kp.$_{740}$ 94—96°, durch 2½std. Erhitzen von Methacrylsäure (II) mit $SOCl_2$ u. Hydrochinon (III) auf 40—50°; 69% (Ausb.). — *Acrylsäurechlorid*, C_3H_3ClO, analog; 54,2%. — *[Cyclohexen-(2)-yl]-methacrylat*, $C_{10}H_{14}O_2$, Kp.$_5$ 65—66°, a) durch Zugabe von I zu Cyclohexen-(1)-ol-(3) (IV), Py. u. III in Bzl. unter Eiskühlung, 2std. Rühren bei Raumtemp., Waschen mit W. u. Eindampfen der benzol. Schicht; D.$_4^{20}$ 0,9966; n_D^{20} 1,4760; 58,9%; b) durch Zugabe von p-Toluolsulfonsäure zu einem sd. Gemisch aus IV, II, Bzl. u. α-Nitroso-β-naphthol, Kochen unter W.-Abscheidung, Neutralisieren mit Sodalsg. u. Eindampfen der benzol. Schicht; 39,1%. — Analog: *[Cyclohexen-(2)-yl]-acrylat*, $C_9H_{12}O_2$, Kp.$_2$ 41°; D.$_4^{20}$ 1,0430; n_D^{20} 1,4782; a) 86,1%; b) 8%. H. Berger 810△

1199 **Chemische Umwandlungen der γ-Chlorester von Carbonsäuren.** B. F. Pišnamazzade und Š. D. Gasanova. (Azerbajdžanskij chim. Ž. **1967**, 2, 60—64; INChP AN Azerb.SSR; russ.) — γ-Chlorbutylacetat (I) wird durch 16std. Erhitzen mit K-Acetat u. wenig Eisessig im Rohr auf 160—180° in *1.3-Butylendiacetat* (II; $C_8H_{14}O_4$, Kp.$_4$ 103—105°; D.$_4^{20}$ 1,0453; n_D^{20} 1,4212; 67% (Ausb.) umgewandelt; analog stellt man das *Diacetat* (Kp.$_{15}$ 118—119°; D.$_4^{20}$ 1,0326; n_D^{20} 1,4265; 65,6%) u. das *1-Capronat-3-acetat* (Kp.$_2$ 104°; D.$_4^{20}$ 0,9756; n_D^{20} 1,4435; 69,2%) des *Pentandiols-(1.3)* dar. I wird durch 10std. Erhitzen in 10%ig. NaOH auf 60° zu *3-Chlorbutanol-(1)* (C_4H_9ClO, Kp.$_{16}$ 97—100°; D.$_4^{20}$ 1,0575; n_D^{20} 1,4467; 59,1%), II unter gleichen Bedingungen zu *Butandiol-(1.3)* (Kp.$_{10}$ 120—123°; D.$_4^{20}$ 1,0032; n_D^{20} 1,4387; 43,7%) verseift. Analog: *3-Chlorpentanol-(1)*, Kp.$_{14}$ 105—107°; D.$_4^{20}$ 1,0386; n_D^{20} 1,4460; 48,5%. — *1-Chlor-2-hydroxymethylcyclohexan*, Kp.$_3$ 91—92°; D.$_4^{20}$ 1,1231; n_D^{20} 1,4925; 27,3%. H.-E. Toussaint 810

1200 **Einige analgetisch und antipyretisch wirkende Derivate der Di-n-propylessigsäure (D.P.A.).** J. L. Benott-Guyod, A. Boucherle, G. Carfaz, P. Eymard und H. Meunier. (Chim. thérapeut. **2** (1967) 1, 49—52; Grenoble, Fac. de Méd. et de Pharmac.; franz.) — Durch Rk. von Di-n-propylessigsäure (α-n-Propylpentansäure) mit Phenolcarbonsäuren, Aminophenolen u. Trifluoranilinen werden *Verb.* dargestellt, von denen einige, z. B. I (s. unten) u. II (s. unten), eine höhere analget. u. antipyret. Wrkg. als Acetylsalicylsäure haben.

Versuche: *O-[α-n-Propylpentanoyl]-salicylsäure* (I), F. 75°, durch 2std. Kochen von α-n-Propylpentanoylchlorid (Dipropylacetylchlorid) mit Salicylsäure in Py., Zugabe von 5%ig. HCl zum Filtrat u. Extraktion mit Ae.; 58% (Ausb.). *Amid*, F. 113°; 63%. *Methylester*, Kp.$_6$ 120°; 54%. *Phenylester*, Kp.$_6$ 165°; 44%. — *2-[α-n-Propylpentanoyl]-3-carboxynaphthalin*, F. 134°, analog I; 80%. — *α-n-Propylpentansäure, 4-Hydroxyanilid*, F. 104°, durch 1std. Kochen von α-n-Propylpentanoylchlorid mit p-Aminophenol in Dioxan, Eindampfen, Lösen in A. u. Zugabe von Eis; 64%. *2-Methoxyanilid*, F. 143°; 80%. *3-Methoxyanilid*, F. 110°; 81%. *4-Methoxyanilid*, F. 164°; 50%. *4-Äthoxyanilid*, F. 153°; 92%. *3-Acetylaminoanilid*, F. 150°; 71%. *2-Chlor-5-trifluormethylanilid* (II), F. 89° (A.), durch 10 Min. lange Rk. von 1 Mol α-n-Propylpentanoylchlorid mit 2 Mol 2-Chlor-5-trifluormethylanilin bei Raumtemp.; 73%. *3-Trifluormethylanilid*, F. 64°, analog II; 70%. *4-Trifluormethylanilid*, F. 157°, analog II; 74%. Gottfried Schreiber 810△

1201 **Synthese von cis-Octadekadien-(9.15)-, -(8.15)- und -(7.15)-säure.** J. B. A. Stroink und S. Sparreboom. (J. Amer. Oil Chemists' Soc. **44** (1967) 9, 531—33; Unilever Res. Labor., Vlaardingen, Netherland; engl.) — Im Zusammenhang mit den Unters. über die Autox. einiger Isolinoleinsäuren werden die im Titel genannten Säuren durch partielle Hydrierung der entsprechenden Diinsäuren dargestellt. Die Synth. der Diinsäuren erfolgt durch Kondens. von ω-Chlorhexadiinen mit Na-Malonsäurediäthylester in Ggw. von J_2.

Versuche: *1-Chlorhexin-(5)* (I), Kp.$_{53}$ 68—69°, nach Newman u. Wotiz (1949); n_D^{25} 1,4485. — *1-Chlorheptin-(6)*, Kp.$_{13,5}$ 65—67°; n_D^{20} 1,4514. — *1-Chloroctin-(7)* (II), Kp.$_7$ 65—67°; n_D^{20} 1,4547. — *1-Chloroctin-(5)*, Kp.$_{12}$ 74°, durch Umsetzen von I mit Äthylbromid in fl. NH_3 in Ggw. von $NaNH_2$; n_D^{25} 1,4590; 66% (Ausb.). — *1-Chlornonin-(6)*, Kp.$_8$ 80—83°, analog vorst. Verb.; n_D^{25} 1,4596; 64,5%. — *1-Chlordecin-(7)*, Kp.$_{13}$ 108—110°; n_D^{20} 1,4609; 65%. — *1-Jodoctin-(5)* (III), Kp.$_{105}$ 104,5°, durch 20std. Kochen der entsprechenden Chlorverb. mit NaJ in Aceton; n_D^{25} 1,5196; 88,4%. — *1-Jodnonin-(6)*, Kp.$_8$ 110—112°, analog vorst. Verb.; n_D^{20} 1,5166; 90,4%. — *1-Joddecin-(7)*, Kp.$_{0,5}$ 71 bis 74°; n_D^{20} 1,5134; 69,3%. — *1-Jodhexadecadiin-(7.13)* (IV), Kp.$_{0,6}$ 143—146°, durch 20std. Kochen nachst. Verb. mit NaJ in Aceton; n_D^{20} 1,5120; 75,4%. — *1-Chlorhexadecadiin-(7.13)*, Kp.$_{0,5}$ 134—136°, durch ½std. Zugabe von II in Ae. zu $NaNH_2$ in fl. NH_3 in Ggw. von $Fe(NO_3)_3 \cdot 9\,H_2O$, 1std. Stehen bei —35°, Zugabe von III in Ae., 5std. Stehen u. Eindampfen; n_D^{25} 1,4816; 53,6%. — *1-Jodhexadecadiin-(6.13)*, Kp.$_{0,5}$ 146—150°, analog vorvorst. Verb. aus nachst. Verb.; n_D^{25} 1,5102; 78,2%. — *1-Chlorhexadecadiin-(6.13)*, Kp.$_{0,4}$ 131—133°, analog vorvorst. Verb.; n_D^{25} 1,4806; 55,1%. — *1-Chlorhexadecadiin-(5.13)*, Kp.$_{0,7}$ 142—144°, analog vorst. Verb.; n_D^{25} 1,4820; 50,1%. — *1-Jodhexadecadiin-(5.13)*, Kp.$_{0,6}$ 143—146°, aus vorst. Verb. mit NaJ in sd. Aceton; n_D^{25} 1,5087; 75,6%. — *Octadecadiin-(9.15)-säure* (V), F. 52,7° (PAe.), durch 16std. Kochen von IV mit Na-Malonsäurediäthylester in abs. A., 48std. Stehen mit KOH bei Raumtemp. u. Decarboxylieren bei 150—170°; n_D^{65} 1,4626; 62,2%. — *Octadecadiin-(8.15)-säure*, F. 42,2°, analog vorst. Verb.; n_D^{65} 1,4625; 68,7%. — *Octadecadiin-(7.15)-säure*, F. 51,3°; n_D^{65} 1,4625; 63,2%. — *Octadecadien-(9.15)-säure*, durch Hydrierung von V in A. an Lindlar-Katalysator in Ggw. von Chinolin; n_D^{20} 1,4691; 94,4%. — *Octadecadien-(8.15)-säure*, analog vorst. Verb.; n_D^{20} 1,4691; n_D^{65} 1,4531; 95,8%. — *Octadecadien-(7.15)-säure*, analog vorvorst. Verb.; n_D^{20} 1,4690; n_D^{65} 1,4529; 94,4%. G. Westphal 810△

1202 **Bromierung von Muconyldimalonaten.** D. Fleš, B. Majhofer und M. Kovač. (Bull. sci. [Zagreb], Sect. A **12** (1967) 5/6, 121—22; Istraživački inst. Organ.-kem. indust., Zagreb; engl.) — Es werden dargestellt: *3.4.5.6-Tetrabrom-2.7-dihydroxy-cis-$\Delta^{1.7}$-octadien-1.1.8.8-tetracarbonsäuretetraäthylester*, $C_{20}H_{26}Br_4O_{10}$, durch 5std. Bromieren von 0,01 Mol 2.7-Dihydroxy-cis-$\Delta^{1.3.5.7}$-octatetraen-1.1.8.8-tetracarbonsäuretetraäthylester, mit 0,02

Mol Br_2 in CCl_4 bei Raumtemp.; 100% (Ausb.). — *1.3.4.5.6.8-Hexabrom-2.7-dioxooctan-1.1.8.8-tetracarbonsäuretetraäthylester*, $C_{20}H_{24}Br_6O_{10}$, analog vorst. Verb. mit 0,03 Mol Br_2; Öl; 96%. — *1.1.3.4.5.6.8.8-Octabrom-2.7-dioxooctan-1.8-dicarbonsäurediäthylester*, $C_{14}H_{14}Br_8O_6$, F. 126—127° (Bzl./PAe.), a) analog vorvorst. Verb. mit 0,04 Mol Br_2; 6,5%; b) aus 0,9 g I mit 1,3 g Br_2; 42%. — *3.4.5.6-Tetrabrom-2.7-dihydroxy-cis-$\Delta^{1.7}$-octan-1.8-dicarbonsäurediäthylester*, $C_{14}H_{18}Br_4O_6$, durch Bromieren von 0,05 Mol 2.7-Dihydroxy-$\Delta^{1.3.5.7}$-octatetraen-1.8-dicarbonsäurediäthylester (I) mit 0,01 Mol Br_2; 85%. — *1.3.4.5.6.8-Hexabrom-2.7-dioxooctan-1.8-dicarbonsäurediäthylester*, $C_{14}H_{16}Br_6O_6$, F. 134—136° (A.), analog vorst. Verb. mit 0,02 Mol Br_2; 22%. G. Westphal 850△

1203 **4-Oxa-14-hydroxytetradecansäure und die isomere 2-Methyl-3-oxa-13-hydroxytridecansäure.** C. Paquot, A. Hochapfel und B. Agoh. (Rev. franç. Corps gras **14** (1967) 3, 167—73; Thiais (Val-de-Marne), CNRS, Labor. de Lipochim.; franz.) — Synth. u. Eig. der *4-Oxa-14-hydroxytetradecansäure* u. der isomeren *2-Methyl-3-oxa-13-hydroxytridecansäure* (II) werden beschrieben.

Versuche: *2-Methyl-3-oxa-13-bromtridecansäureäthylester* (I), $C_{15}H_{29}BrO_3$, Kp.$_1$ 120—130°, durch 2std. Kochen von Milchsäureäthylester mit Na u. 1.10-Dibromdecan in Ae., Zugabe von Toluol, Dest. des Ae., 17std. Rk. bei 60—65°, 2std. Rk. bei 80—90°, Zugabe von W. u. Extraktion mit Ae.; 48% (Ausb.). — *2-Methyl-3-oxatridecansäure*, durch Verseifen des Äthylesters. *Äthylester*, $C_{15}H_{30}O_3$, Kp.$_1$ 93°, a) durch 65std. Hydrieren von I an PtO_2 in A., Dest. u. Lösen in Ae., 51%; b) durch 1std. Erhitzen von Milchsäureäthylester u. $NaOC_2H_5$ in A. auf 60—65°, Dest. des A., Zugabe von Dioxan u. 1-Bromdecan, 48std. Rk. bei 60° u. Extraktion mit Ae., 68%; c) durch 14std. Kochen von 15,5 g Decanol-(1) mit Na in Dioxan unter Rühren, 12std. Rk. mit α-Brompropionsäureäthylester u. Extraktion mit Ae., 18,5 g. *p-Bromphenacylester*, $C_{21}H_{31}BrO_4$, F. 46,5—47,5°. — *2-Methyl-3-oxa-13-acetoxytridecansäureäthylester*, durch 72std. Kochen von 1 g I mit Na-Acetat, Eisessig u. Acetanhydrid, Zugabe von W. u. Extraktion mit Ae.; 0,9 g. — *2-Methyl-3-oxa-13-hydroxytridecansäure* (II), $C_{13}H_{26}O_4$, Kp.$_1$ 126 bis 129°, a) durch Verseifen vorst. Verb. mit 0,5 n äthanol. KOH, 70%; b) durch 14std. Kochen von Decandiol-(1.10) mit Na in Dioxan unter Rühren, 8std. Erhitzen mit α-Brompropionsäureäthylester auf 60—65°, Zugabe von W., Extraktion mit Ae., Kochen des Rückstandes mit KOH in A. u. Extraktion mit Essigsäureäthylester/HCl; 84%. *13-Acetylderiv.*; 95%. — *4-Oxa-14-hydroxytetradecansäure*, $C_{13}H_{26}O_4$, Kp.$_1$ 126—129°, a) neben II nach a) 26% u. nach b) 16%; b) durch Rk. von 17 g Decandiol-(1.10) mit Na u. β-Brompropionsäuremethylester in Dioxan, Verseifen u. Extraktion, 9 g. *Methylester*, $C_{14}H_{28}O_4$, Kp.$_1$ 132—133°. *p-Bromphenacylester*, $C_{21}H_{31}BrO_5$, F. 93,5—94°. *14-Acetylderiv.*, neben vorst. 13-Acetylderiv.; 3%. — *2-Methyl-3.14-dioxahexadecansäure*, $C_{15}H_{30}O_4$, durch Verseifen von I, Ansäuern u. Extraktion mit Äther. *p-Bromphenacylester*, $C_{23}H_{35}BrO_5$, F. 69—71°. — *2-Methyl-3-oxa-8-bromoctansäureäthylester*, Kp.$_1$ 74 bis 75°, aus 1.5-Dibrompentan in Toluol analog I, 23%; daneben 46% *2.10-Dimethyl-3.9-dioxaundecan-1.11-disäurediäthylester* mit Kp.$_1$ 117°. — *4-Oxatetradecansäure*, durch Verseifen des Methylesters. *Methylester*, Kp.$_1$ 87—89°, durch Rk. von Decanol-(1) mit Na u. β-Brompropionsäuremethylester in Dioxan; 25%. *p-Bromphenacylester*, $C_{21}H_{31}BrO_4$, F. 74—76°. — *1.4-Dioxa-2-oxo-3-methylcyclotetradecan*, $C_{13}H_{24}O_3$, Kp.$_1$ 65°, durch 15std. Zugabe von II zu Benzolsulfonsäure in Bzl. unter Kochen, 40std. Kochen, Dest. des Bzl. u. Zugabe von Ae., moschusartig riechend; 43%. Gottfried Schreiber 850△

1204 **Antistrahlungs-Verbindungen.** 8. Mitt. **Reaktion von Thiolen mit Bromcyan.** William O. Foye, Alicia M. Hebb und James Mickles. (J. pharmac. Sci. **56** (1967) 2, 292—93; Dep. of Chem., Mass. Coll. of Pharmacy, Boston; engl.) — 7. vgl. ibid. **54**, 557 (1965). — Die Umsetzung von Mercapto-Verb. mit BrCN gestattet eine spezif. Synth. von *Disulfiden* ohne weitere Oxydation. IR-Spektren vgl. Original.

Versuche: *2-Aminoäthyldisulfid, Dihydrochlorid*, $C_4H_{14}Cl_2N_2S_2$, F. 221—222° (95%ig. A.), a) durch Zugabe von BrCN zu 2-Aminoäthylmercaptan-Hydrochlorid (I) in abs. A.; 78% (Ausb.); b) durch Zugabe von wss. LiOH zu I in W., Zutropfen von 3%ig. H_2O_2 unter Kühlen, Ansäuern mit HCl auf pH 2, Einengen u. Kühlen; 60%. *Dibenzoyl-Deriv.*, F. 132—133°, durch 4tägige Rk. mit Benzoylchlorid in Py. bei 25°; 71%. — *2-Guanidinoäthyldisulfid, Dihydrobromid*, $C_6H_{18}Br_2N_6S_2$, F. 195—196° (A.), durch 2std. Rk. eines Gemisches aus S-[2-Aminoäthyl]-isothiuroniumbromid-Hydrobromid (II), NH_4OH u. BrCN u. Kühlen; 23%. — *2-Guanidinoäthanthiolsulfinsäure-[2-guanidinoäthyl]-ester, Dihydrobromid*, $C_6H_{18}Br_2N_6OS_2$, F. 175—176° (A.), durch Zugabe von 3%ig. H_2O_2 zu II in NH_4OH unter Rühren bei 40° u. Kühlen; 33%. — *2-Diäthylaminoäthyldisulfid, Dihydrobromid*, $C_{12}H_{30}Br_2N_2S_2$, F. 233—235°. — *o-Aminophenyldisulfid, Dihydrochlorid*, $C_{12}H_{14}Cl_2N_2S_2$, F. 225—227°. K.-P. Hilgetag 880△

1205 **Beckmannsche Umlagerung isomerer Oxime von Benzylidenaceton und dessen Derivaten.** Wojciech Zieliński und Stefan Goszczyński. (Zeszyty naukowe Politechn. Śląskiej, Chem. **1967**, 39, 59—66; Katedra Chem. Organicznej; pol.) — Die Umlagerung isomerer Oxime von Benzylidenaceton bzw. dessen Deriv. mit PCl_5 in äther. Lsg. wird untersucht. Dabei beschleunigen im Phenylring enthaltene Substituenten mit starken positiven mesomeren Effekten die Umlagerung. Anti-Methylmesomere, die keine Aktivierung durch ster. u. elektron. Effekte aufweisen, werden unter den beschriebenen Bedingungen nicht umgelagert.

Versuche: *4-Phenylbuten-(3)-on-(2)-oxim. syn-Form*, F. 120—121°. *anti-Form*, F. 98—99°. — *1-Phenyl-2-acetylaminoäthen*, F. 114—115°, durch Umlagerung vorst. syn-Form mit PCl_5 in Ae.; daneben *Phenylacetaldehyd*, Kp.$_{12}$ 80—82°. — *3-Methyl-4-phenylbuten-(3)-on-(2)-oxim*, F. 109—111°. — *1-Phenyl-2-acetylaminopropen-(1)*, F. 92—93°, aus vorst. Verb.; daneben *Phenylaceton*, Kp.$_{12}$ 97—98°. — *4-Phenylpenten-(3)-on-(2)-oxim. syn-Form*, F. 89—90°. *anti-Form*, F. 60—61°. — *1-Acetylamino-2-phenylpropen-(1)*, F. 126—127°, aus vorst. syn-Form. — *3-Phenylbuten-(2)-säuremethylamid*, F. 123 bis 124°, aus vorvorst. syn-Form. — *4-[p-Methoxyphenyl]-buten-(3)-on-(2)-oxim. syn-Form*, F. 129—131°. *anti-Form*, F. 157—158°. — *1-Acetylamino-2-[p-methoxyphenyl]-äthen*, F. 119—120°, durch Umlagerung vorst. syn-Form. — *3-[p-Methoxyphenyl]-propen-(2)-säuremethylamid*, F. 130—131°, aus vorvorst. anti-Form. — *4-[p-Nitrophenyl]-buten-(3)-on-(2)-oxim*, F. 184—185°. — *1-Acetylamino-2-[p-nitrophenyl]-äthen*, F. 154—155°. G. Westphal 910△

1206 **Synthese von langkettigen α-Aminoalkoholen aus α-Aminosäuren.** A. Časték, M. Šateva und M. Proštenik. (Bull. sci. [Zagreb], Sect. A **12** (1967) 9—10, 241 bis 242; Zavod za kemiju i biologiju Med. fak.; Zagreb; engl.) — Red. von α-Acylamidoketonen mit $NaBH_4$ liefert *α-Acylamidoalkohole*, die durch Kochen mit Eisessig/konz. HCl oder mit 10%ig. methanol. H_2SO_4 in *α-Aminoalkohole* übergeführt werden. Red. von α-Acylaminoketonen mit $LiAlH_4$ führt zu *α-Alkylaminoalkoholen*.

Versuche: *2-Hydroxy-3-acetamidononadecan* (I), $C_{21}H_{43}NO_2$, F. 112—113° (Bzl.) aus $NaBH_4$ u. dem entsprechenden α-Acylamidoketon in Methanol/Bzl. (1 : 1) (Meth. A); 67,7% (Ausb.). — *2-Methyl-3-hydroxy-4-[isobutyrylamido]-nonadecan*, $C_{24}H_{49}NO_2$, F. 111—112° (Bzl.), analog A; 55%. — *2-Methyl-4-[tetradecanoylamido]-5-hydroxyoctadecan*, $C_{33}H_{67}NO_2$, F. 69—70° (95%ig. A.), analog A; 80%. — *2-Methyl-4-[hexadecanoylamido]-5-hydroxyeicosan* (II), $C_{37}H_{75}NO_2$, F. 75—76° (Methanol), analog A; 86,7%. — *2-Methyl-4-[octadecanoylamido]-5-hydroxydocosan*, $C_{41}H_{83}NO_2$, F. 71—72° (95%ig. A.), analog A; 73,4%. — *2-Hydroxy-3-aminononadecan, Hydrochlorid*, F. 108—109° (Essigester), a) aus I, Eisessig u. 35%ig. HCl; 76%; b) aus I mit 10%ig. methanol. H_2SO_4; c) durch Red. von 3-Aminononadecanon-(2)-Hydrochlorid mit $LiAlH_4$. *N.O-Diacetyl-Deriv.*, $C_{23}H_{45}NO_3$, F. 78—79° (Zers.; Acetonitril). — *2-Methyl-4-amino-5-hydroxyoctadecan, Oxalat*, $C_{21}H_{41}NO_5$, F. 172—173° (95%ig. A.); 62%. — *2-Methyl-4-amino-5-hydroxyeicosan, Oxalat*, $C_{23}H_{45}NO_5$, F. 175—177° (95%ig. A.); 60%. *N.O-Diacetyl-Deriv.*, $C_{25}H_{49}NO_3$, F. 57—58° (Methanol). —

2-Methyl-4-amino-5-hydroxydocosan, Oxalat, $C_{25}H_{49}NO_8$, F. 153–155° (95%ig. A.); 78,6%. — *2-Methyl-4-hexadecylamino-5-hydroxyeicosan*, $C_{37}H_{77}NO$, F. 64–65° (A.; Aceton), aus 2-Methyl-4-[hexadecanoylamido]-eicosanon-(5) u. $LiAlH_4$; 94,5%. *N.O-Diacetyl-Deriv.*, $C_{41}H_{81} \cdot NO_3$, Kp.$_{0,4}$ 230–240°. K.-P. Hilgetag 920△

1207 **Trifluoracetylgruppe als Schutzgruppe für Aminosäurehydrazide.** J. Preston und B. Weinstein. (Experientia [Basel] **23** (1967) 4, 265–66; Dep. of Chem., Stanford Univ., Calif.; engl.) — Unter Verw. der Trifluoracetylgruppe wurden *Carbobenzoxy(Cbo)-N²-trifluoracetylaminosäurehydrazide* dargestellt, mit denen Peptidsynth. durchgeführt wurden.

Versuche: *N-o-Nitrophenylsulfenyl-L-alaninmethylester*, F. 75,5–76,5°, durch Neutralisation von L-Alaninmethylesterhydrochlorid in $CHCl_3$ mit Triäthylamin u. Rühren mit o-Nitrophenylsulfenylchlorid; $[\alpha]_D^{27,2}$ –72° (c = 1,0, DMF). — *N-o-Nitrophenylsulfenyl-L-alaninhydrazid*, F. 183–185°, aus vorst. Verb. in Methanol u. Hydrazinhydrat; $[\alpha]_D^{27,1}$ –51,0 (c = 1,0, DMF). — *N¹-o-Nitrophenylsulfenyl-N²-trifluoracetyl-L-alaninhydrazid*, F. 203–205°, aus vorst. Verb. u. p-Nitrophenyltrifluoracetat mit Triäthylamin in DMF; $[\alpha]_D^{26,7}$ –43,0 (c = 1,0, DMF). — *N-Cbo-N²-trifluoracetyl-L-alanyl-L-alaninhydrazid*, aus dem Hydrochlorid vorst. Verb. mit N-Cbo-L-alanin in Ggw. von Triäthylamin mit Hilfe von N.N'-Dicyclohexylcarbodiimid (**I**) bzw. 1-Äthyl-3-[3-dimethylamino]-propylcarbodiimidhydrochlorid in CH_2Cl_2 oder $CHCl_3$. — *N-Cbo-L-alanyl-L-alaninhydrazid*, durch Kochen vorst. Verb. in Methanol mit wss. NaOH unter Rückfluß. — *N-Cbo-N²-trifluoracetyl-L-alaninhydrazid*, F. 182–183°, aus N-Cbo-L-alaninhydrazid u. Trifluoressigsäure in THF mit **I** u. Sublimation bei 165°/0,3 mm, $[\alpha]_D^{26,7}$ –13,0° (c = 1,0, DMF). — *N-Trifluoracetyl-L-alaninhydrazid*, durch Hydrierung vorst. Verb. in Methanol/Essigsäure (10% Pd/Kohle). — *N¹-Trifluoracetyl-L-alaninhydrazid*, analog vorst. Verb. ohne Essigsäure im Gemisch mit vorst. Verbindung. W. Stender 950△

1208 **Reaktion von Trialkylphosphaten mit Bortribromid.** H. R. Hudson und K. Kelsall. (J. chem. Soc. [London], Sect. B **1967** 4, 390–92; Dep. of Chem., Northern Polytechnic, London; engl.) — Die Rk. von Trialkylphosphaten (Äthyl-, n-Propyl-, Isopropyl-, sek.-Butyl-, Pentyl-(2)-, Pentyl-(3)- u. Oktyl-(2)-) mit BBr_3 wird untersucht. Die dabei entstehenden *Alkylbromide* bilden sich schneller als bei der entsprechenden Rk. mit BCl_3 (vgl. Gerrard u. Griffey, J. Chem. Soc. **1961**, 4095). Die Isomerenreinheit der Bromide deutet eher auf intermediäre Komplexbldg. als auf Br^-/Alkoxyl-Austausch, bes. bei den n-Alkylestern. In Abwesenheit von Lsgm. geben die sek. Alkylester Bromide unter Umlagerung. Das daneben entstehende *Borphosphat* zeigt röntgenograph. erst bei Erhitzen auf $>$520° die spezif. krist. tetragonale Struktur. P. Boroffka 980

1209 **Diacylglycerylphosphorsäuren.** 5. Mitt. **Glycinester.** A. Chrzaszczewska und H. Starski. (Soc. Sci. Lodziensis, Acta **12** (1967) 139–45; Dep. of Organ. Chem., Univ., Lodz; engl.) — Vgl. ibid. **9** (1964) 227. — Die Darst. verschiedener *Triäthanolaminester* aus Phosphorsäurediestern wird beschrieben. Vers. zur Darst. des Morpholides des Phosphorsäure-bis-[1.2-dibrompropyl]-esters waren erfolglos. Lediglich *Morpholinhydrobromid* (F. 202–204°) konnte isoliert werden.

Versuche: *Phosphorsäure-di-[allyl]-mono-[N.N-bis-(β-hydroxyäthyl)-aminoäthyl]-ester*, $C_{12}H_{24}NO_6P$, durch Umsetzen von Diallylphosphit (**I**) mit Triäthanolamin in CCl_4 bei 0–10°, Stehen über Nacht bei Raumtemp. u. Abtrennen von Triäthanolaminhydrochlorid; 70% (Ausb.). — *Phosphorsäure-di-[1.2-diglycylglyceryl]-mono-[N.N-bis-(β-hydroxyäthyl)-aminoäthyl]-ester*, $C_{20}H_{40}N_5O_{14}P$, Zers.-P. 180–190°, durch Umsetzen von **I** mit Br_2, Rk. mit Triäthanolamin u. 7std. Erhitzen des *Phosphorsäure-bis-[1.2-dibrompropyl]-mono-[N.N-bis-(β-hydroxyäthyl)-aminoäthyl]-esters* mit Na-Glycinat auf 120°; 5%. — *Phosphorsäure-di-[1.2-diglycylglyceryl]-anilid*, $C_{20}H_{32}N_5O_{11}P$, Zers.-P. 160–170°, durch Umsetzen von Phosphorsäure-bis-[1.2-dibrompropyl]-esterbromid mit Anilin in abs. Ae., Abtrennen des Anilinhydrobromides u. 7std. Erhitzen mit Na-Glycinat auf 120–130°; 2%. W. Hampel 980△

1210 **Racematspaltung von asymmetrischen Phosphinylessigsäuren, Modellverbindungen für die Reaktionen des Phosphinat-carbanions.** J. Michalski und St. Musierowicz. (Angew. Chem. **79** (1967) 23, 1070, dt.; unt. Edit. **6** (1967) 12, 1078–79; Inst. für Organ. Synth., Techn. Hochsch., Lodz, Polen; engl.) — Durch Arbusov-Rk. wurden aus Phosphonigsäuredialkylestern (**A**) u. Chloressigsäure-tert.-butylester (**I**) entsprechende *Phosphinylessigsäure-tert.-butylester* dargestellt u. nach Verseifung die freien Säuren über die Cinchonidin- bzw. Chinin-Salze getrennt. Die so erhaltenen opt.-akt. Säuren sind gelbe, viskose Öle u. geben mit Diazomethan die opt.-akt. *Methylester*.

Versuche: Phosphinylessigsäure-tert.-butylester, aus äquimol. Mengen **A** u. **I** bei 140°: *Phenyläthoxy-*, Kp.$_{0,01}$ 92°; 70% (Ausb.). — *Phenylmethoxy-*, Kp.$_{0,1}$ 108°; 76%. — *Äthyläthoxy-*, Kp.$_{0,03}$ 80°; 66%. — Phosphinylessigsäuren: *Phenyläthoxy-, Racemat*, F. 88–91° (Aceton), aus vorst. Ester durch Hydrolyse mit 5%ig. HCl; 80%. *(+)-Isomeres*, aus dem Salz mit Ionenaustauschern; $[\alpha]_{589}^{25}$ +9,1° (c = 3; Bzl.). *Cinchonidinsalz*, F. 154–155° (Aceton), aus dem Racemat mit Cinchonidin; $[\alpha]_{589}^{25}$ –59,2° (c = 2,5124; A.). *(–)-Isomeres*, $[\alpha]_{589}^{25}$ –8,8° (c = 5,42; Bzl.). *Cinchonidinsalz*, F. 149 bis 150° (Aceton); $[\alpha]_{589}^{25}$ –81,5° (c = 3,777; A.). — *Phenylmethoxy-, Racemat*, F. 83–85° (Aceton/Ae.), aus dem Ester; 70%. *(+)-Isomeres*, $[\alpha]_{589}^{25}$ +26,6° (c = 2,081; W.). *Chininsalz*, F. 93–95° (Aceton/Ae.); $[\alpha]_{589}^{25}$ –87,4° (c = 4,827; A.). *(–)-Isomeres*, $[\alpha]_{589}^{25}$ –25,9° (c = 3,265; W.). *Chininsalz*, F. 124–125° (Aceton); $[\alpha]_{589}^{25}$ –126,6° (c = 4,578; A.). — *Äthyläthoxy-, Racemat*, F. 48–52° (Ae.); 73,5%. *(+)-Isomeres*, $[\alpha]_{589}^{25}$ +24,1° (c = 5,142; Bzl.). *Chininsalz*, F. 134–135° (Aceton); $[\alpha]_{589}^{25}$ –136,3° (c = 4,724; A.). *(–)-Isomeres*, $[\alpha]_{589}^{25}$ –24,5° (c = 6,088; Bzl.). *Chininsalz*, F. 86–88° (Aceton/Ae.); $[\alpha]_{589}^{25}$ –124° (c = 4,885; A.). P. Boroffka 980

1211 **P–N-Heterocyclen. Darstellung und Verwendung bei der katalytischen Umwandlung von Isocyanaten in Carbodiimide.** Henri Ulrich, Benjamin Tucker und Adnan A. R. Sayigh. (J. org. Chemistry **32** (1967) 5, 1360–62; Upjohn Co., Carwin Res. Labor., North Haven, Conn.; engl.) — Durch Rk. von *N.N'-Dimethyläthylen-* (**I**) bzw. *-propylendiamin* (**II**) mit Chlormethan- (**III**), Trichlormethan- (**IV**), Äthan- (**V**) u. Benzolphosphonsäuredichlorid (**VI**) bzw. mit Dichlorphosphorsäureäthylester (**VII**) oder -dimethylamid (**VIII**) wurden entsprechende *2-substituierte 1.3-Dimethyl-2-oxophospholane* (**A**) bzw. *-phosphorinane* (**B**) erhalten. Die Struktur dieser **A** u. **B** wurde ¹H-NMR-spektroskop. untersucht. Ihre katalyt. Wirksamkeit bei Umwandlung von o-Tolylisocyanat (**IX**) zu Di-o-tolylcarbodiimid (**X**) wird untersucht. Die katalyt. Wrkg. der **A** ist größer als die der **B** u. nimmt in der Reihenfolge der 2-Substituenten Äthyl $>$ Phenyl $>$ Chlormethyl $>$ Äthoxy $>$ Dimethylamino ab. Für *2-Äthyl-1.3-dimethyl-1.3.2-diazaphospholan-2-oxid* (**XI**) wird die katalyt. Wrkg. auch für Phenyl-, 2.6-Diäthylphenyl-, Octadecyl- u. tert.-Octylisocyanat untersucht; letzteres reagierte nicht, die ersteren drei bildeten bei Temp. zwischen 160–252° innerhalb 8–330 Min. entsprechende *Carbodiimide*. Das aus Malondiimidsäurediäthylesterdihydrochlorid (**XII**) mit **V** erhältliche *2-Äthyl-4.6-diäthoxy-2-oxo-1.3.2-diazaphosphorin* reagiert mit **IX** unter Verlust der katalyt. Wirkung. Diisocyanate lassen sich ebenfalls in Carbodiimide, mit endständigen Isocyanatogruppen, überführen wie am Beispiel von *3.3'.5.5'-Tetraäthyldiphenylmethan-4.4'-diisocyanat* (**XIII**) gezeigt wird.

Versuche: *2-Äthyl-1.3-dimethyl-1.3.2-diazaphospholan-2-oxid* (**XI**), $C_6H_{15}N_2OP$, Kp.$_{0,8}$ 90–92°, aus **I** u. **V** in Ggw. von Triäthylamin; 70,5% (Ausb.). — 1.3-Dimethyl-2-oxo-phospholane: *2-Chlormethyl-*, $C_5H_{12} \cdot ClN_2OP$, F. 75–77° (Ligroin), aus **I** u. **III** analog **XI**; ~100%. — *2-Trichlormethyl-*, $C_5H_{10}Cl_3N_2OP$, F. 88° (Ligroin), aus **I** u. **IV**; ~100%. — *2-Äthoxy-*, $C_6H_{15}N_2 \cdot O_2P$, Kp.$_{0,3}$ 82–84°, aus **I** u. **VII**; 59,5%. — *2-Dimethylamino-*, $C_6H_{16}N_3OP$, Kp.$_{0,2}$ 80°, aus **I** u. **VIII**; 76%. — *2-Phenyl-*, $C_{10}H_{15}N_2OP$, Kp.$_{0,7}$ 130°, aus **I** u. **VI**; 70%. —

1.3-Dimethyl-2-oxophosphorinane: *2-Äthyl-*, $C_7 \cdot H_{17}N_2OP$, Kp.$_{0,3}$ 98°, aus **II** u. **V**; 63,5%. — *2-Dimethylamino-*, $C_7H_{18}N_3OP$, Kp.$_{0,1}$ 90—91°, aus **II** u. **VIII**; 75%. — *2-Phenyl-*, $C_{11}H_{17}N_2OP$, Kp.$_{0,3}$ 140—143°, aus **II** u. **VI**; 71,5%. — Carbodiimide: *Di-o-tolyl-* (**X**), $C_{15}H_{14} \cdot N_2$, Kp.$_{0,3}$ 128—130°, aus **XI** u. **IX**; 84%. — *Diphenyl-*, $C_{13}H_{10}N_2$, Kp.$_{0,7}$ 118°, analog **X**; 81,7%. — *Di-m-chlorphenyl-*, $C_{13}H_8Cl_2N_2$, F. 43—46°, Kp.$_{1,4}$ 174—176°; 93,3%. — *Di-[2.6-diäthylphenyl]-*, $C_{21}H_{26}N_2$, Kp.$_{0,5}$ 189°; 83,6%. — *Dicyclohexyl-*, $C_{13}H_{22}N_2$, Kp.$_{0,3}$ 96—98°; 77,5%. — *Dioctadecyl-*, $C_{37}H_{74}N_2$, F. 50—53°; 100%. — *2-Äthyl-4.6-diäthoxy-2-oxo-1.3.2-diazaphosphorin*, $C_9H_{17} \cdot N_2O_3P$, F. 147—148° (Äthylacetat), aus **XII** u. **V**; 66% (Rohprod.). — *Bis-[2.6-diäthyl-4-(3.5-diäthyl-4-isocyanatobenzyl)-phenyl]-carbodiimid*, $C_{45}H_{52}N_4O_2$, F. 88—90° (Aceton), aus **XIII** mit **XI**. P. Boroffka 980

C–2. Isocyclische Verbindungen

1212 **Reaktionen mit Essigsäure/Cer-(IV)-ammoniumnitrat (CeAN).** Walter Sauermilch. (Explosivstoffe **15** (1967) 3, 49—51; Wiss. Zentrallabor., Wasag-Chemie Akt.-Ges., Sythen bei Haltern; dt.) — Dargestellt wurden: *1.3.5-Trinitro-2.4-dimethylbenzol*, $C_8H_7N_3O_6$, F. 180,5° (Aceton), a) durch mehrstd. Rk. von 2.4.6-Trinitrotoluol mit CeAN in 50%ig. Essigsäure bei 92—95° u. Zugabe von W. (Meth. **A**); 67% (Ausb.); b) analog **A** aus 1.3.5-Trinitrobenzol (**I**); 84%. — *1-Äthyl-2.4.6-trinitrobenzol*, F. 37°, analog **A** aus 300 g 35%ig. wss. Propionsäure u. 20,5 g **I**, folgendes Einstellen des pH auf 5—6 mit NH_3 u. Extrahieren mit Chloroform; 1 g. — *1-Äthyl-3-methyl-2.4.6-trinitrobenzol*, $C_9H_9N_3O_6$, F. 87° (A.), analog **A** aus vorst. Verb.; 80,5%. — *2.4.6-Trinitro-3-[methylnitroamino]-toluol*, $C_8H_7N_5O_8$, F. 101° (A.), nach **A** aus 7,2 g Tetryl; 7 g (roh). — *2-Formylpyridin*, a) nach **A** aus 21,6 g 2-Hydroxymethylpyridin; 4 g; daneben *Verb.* $C_{12}H_{10}N_4O_2$ [**II**; F. 223,5° (Methyläthylketon); 4,5 g]; b) nach **A** aus 10,8 g 1.2-Bis-[pyridyl-(2)]-äthylenglykol; 2 g; daneben 4,5 g **II**. R. Gnauck 1010△

1213 **Desalkylierung und Sulfonierung der hochsiedenden Rückstände der Cumolsynthese.** Alfred Hopfinger, Ewa Łękawska und Jerzy Skrzypek. (Zeszyty naukowe Politechn. Śląskiej, Chem. **1967**, 39, 105—12; Katedra Oiężkiej Syntezy Organicznej; pol.) — Vers. über die Desalkylierung u. Sulfonierung der hochsd. Rückstände der Cumolsynth. werden beschrieben. Aus den Rückständen konnten *Cumol* (Kp. 152°; n_D^{20} 1,4915), *o-Diisopropylbenzol* (Kp. 203,75°; n_D^{20} 1,4960), *m-Diisopropylbenzol* (Kp. 203,18°; n_D^{20} 1,4883, d = 0,8559), *p-Diisopropylbenzol* (Kp. 210,37°; n_D^{20} 1,4896, d = 0,8567), *1.3.5-Triisopropylbenzol* (Kp. 236—236,5°; n_D^{20} 1,4882, d = 0,8447), *1.2.4-Triisopropylbenzol* (Kp. 238,5°; n_D^{20} 1,4918, d = 0,8613), *4.4′-Diisopropyldiphenyl* (Kp. 235°), *4.4′-Diisobutyldiphenyl* (Kp.$_{20}$ 222—224°; n_D^{20} 1,5577, d = 0,9530), *4.4′-Dibutyldiphenyl* (Kp.$_{14}$ 228—230°; n_D^{20} 1,5503, d = 0,9499), *1-Isopropylnaphthalin* (Kp. 263 bis 264°; n_D^{20} 1,5728), *2-Isopropylnaphthalin* (Kp. 263 bis 265°; n_D^{20} 1,5778, d = 0,9745), *Diisopropylnaphthalin* (Kp. 317—319°; d = 0,9683) u. *Triisopropylnaphthalin* (Kp. 265—270°; n_D^{20} 1,5605, d = 0,9591) isoliert werden. G. Westphal 1010△

1214 **Alkylresorcinmonoäther.** 8. Mitt. **2-Önanthoyl- und 2-n-Heptyl-5-alkoxyphenole.** V. Zotta, Manon Stoenescu, D. Oțeleanu, Aurora Morait, C. Chiriță und Al. Mavrodin. (Farmacia [București] **15** (1967) 4, 199 bis 206; Bukarest, Fac. de farmac.; rum.) — 7. vgl. ibid. **10**, 1962, 203. — Einige *2-Önanthoyl-5-alkoxyphenole* werden dargestellt, die zu den entsprechenden *2-n-Heptyl-5-alkoxyphenolen* red. werden. Die anthelminth. Wrkg. der dargestellten Verb. wird an Ascaris suum bestimmt u. nimmt gleichlaufend mit dem Molgew. zu. Die aktivste Verb. ist *2-n-Heptyl-6-isoamyloxyphenol*. Die Toxizität der dargestellten Verb. ist wesentlich schwächer als die von Hexylresorcin. IR-Spektren vgl. Original.

Versuche: 2-Önanthoylphenole (**A**), durch 2std. Zugabe von äthanol. KOH zu 4-Önanthoylresorcin u. Alkylbromid unter Kochen, Einengen, Zugabe von HCl u. Extraktion mit Ae.: *5-Äthoxy-*, $C_{15}H_{22}O_3$, F. 33—34°; 74% (Ausb.). — *5-Propoxy-*, $C_{16}H_{24}O_3$, F. 44°; 72%. — *5-n-Butoxy-*, $C_{17}H_{26}O_3$, Kp.$_4$ 190—195°; 69%. — *5-Isoamyloxy-*, $C_{18}H_{28}O_3$, Kp.$_2$ 180—182°; 45%. — 2-n-Heptylphenole, durch Erhitzen der entsprechenden **A** mit Zn-Amalgam u. HCl u. Extraktion mit Ae.: *5-Äthoxy-*, $C_{15}H_{24}O_2$, Kp.$_4$ 176 bis 178°, durch 108std. Erhitzen; 81%. — *5-Propoxy-*, $C_{16} \cdot H_{26}O_2$, F. 38°, durch 67 std.Erhitzen; 76%. — *5-Butoxy-*, $C_{17}H_{28}O_2$, F. 30°, durch 30std. Erhitzen orangegelbe Krist.; 53%. — *5-Isoamyloxy-*, $C_{18}H_{30}O_2$, F. 31°, durch 180std. Erhitzen, orangegelbe Krist.; 42%. Gottfried Schreiber 1060△

1215 **Synthese und pharmakologische Eigenschaften einiger Arylalkylcarbinole und Derivate.** C. C. Bramanti, P. Bianchini, G. Cerbai, L. Turbanti und N. Tellini. (Chim. thérapeut. **2** (1967) 6, 415—21; Pisa, Labor. Ric. Guidotti & Co.; franz.) — Die Darst. einiger *Phenylalkylcarbinole* mit OH- u. Alkoxygruppen im aromat. Ring wird beschrieben. Die choleret. Wrkg., die an Ratten untersucht wird, wird durch Einführung von OH- u. Alkoxygruppen in den Phenylrest des 1-Phenylpentanol-(1) (Php) im allg. nicht erhöht. Nur 1-[p-Hydroxyphenyl]-pentanol-(1), Cyclohexyl-[3-methoxy-4-hydroxyphenyl]-carbinol, **I** (s. unten) u. **III** (s. unten) besitzen eine dem Php vergleichbare bzw. leicht höhere choleret. Aktivität.

Versuche: Pentanole-(1) (**A**), wenn nicht anders angegeben, durch 2std. Rühren von 0,1 Mol eines aromat. Aldehydes mit 0,6 Mol eines Alkyl-MgBr in Ae., Gießen in Eiswasser. Ansäuern mit 10%ig. H SO_4, Abtrennen der äther. Schicht, Dest. des Ae u. Umkristallisieren aus Bzl. oder Dest. im Vakuum: *1-[p-Hydroxyphenyl]-*, $C_{11}H_{16}O_2$, F. 82°. — *1-[p-Methoxyphenyl]-*, $C_{12}H_{18}O_2$, F. 44°, aus 0,2 Mol Butyl-MgBr. — *1-[3′.4′-Dihydroxyphenyl]-*, $C_{11}H_{16}O_3$, F. 125°. — *1-[3′-Methoxy-4′-hydroxyphenyl]-*, $C_{12}H_{18}O_3$, F. 81°. — *1-[3′-Hydroxy-4′-methoxyphenyl]-*, F. 46° (PAe.), durch Rk. von 0,1 Mol 3-Benzoxy-4-methoxybenzaldehyd mit 0,35 Mol Butyl-MgBr analog den **A**, Extraktion der äther. Schicht mit 5%ig. NaOH, Sättigen der alkal. Lsg. mit CO_2 u. Extraktion des gebildeten Öles mit Ae.; daneben *5-Phenylnonanol-(5)*, $C_{15}H_{24}O$, Kp.$_{0,02}$ 88—90°. — *1-[3′.5′-Dimethoxy-4′-hydroxyphenyl]-*, $C_{13}H_{20}O_4$, F. 102°. — *1-[3′.4′.-5′-Trimethoxyphenyl]-*, $C_{14}H_{22}O_4$, Kp.$_{0,5}$ 164°, aus 0,2 Mol Butyl-MgBr. — *1-[3′-Äthoxy-4′-hydroxyphenyl]-* (**I**), $C_{13} \cdot H_{20}O_3$, F. 75°, a) analog den **A**; b) durch 1std. Kochen von **II** (s. unten) mit $NaBH_4$ in Methanol, Eindampfen im Vakuum, Zugabe von W. u. Extraktion mit Ae.; c) durch 6std. Rühren von 11,1 g **II** mit Al-Isopropylat in Isopropanol bei 70—80° unter Dest. des gebildeten Acetons, Eindampfen im Vakuum, Zugabe von HCl unter Rühren u. Extraktion mit Ae.; daneben nach c) 2,25 g **III** (s. unten). — *1-[3′-Hydroxy-4′-methoxyphenyl]-butanol-(1)*, $C_{11}H_{16}O_3$, Kp.$_2$ 154°, analog den **A**. — *Cyclopentyl-[3-methoxy-4-hydroxyphenyl]-carbinol*, $C_{13}H_{18}O_3$, F. 99°, analog den **A**. — *Cyclohexyl-[3-methoxy-4-hydroxyphenyl]-carbinol*, $C_{14}H_{20}O_3$, F. 139°, analog den **A**. — *3-Hydroxy-4-methoxy-β-[n-propyl]-styrol*, $C_{12}H_{16}O_2$, F. 79° (Bzl.), analog den **A**. — *Valeriansäure-[2-äthoxyphenylester]*, $C_{13} \cdot H_{18}O_3$, Kp.$_{0,1}$ 99—101°, durch 5std. Rühren von Valeroylchlorid mit 2-Äthoxyphenol in 10%ig. NaOH u. Extraktion mit Äther. — *3-Äthoxy-4-hydroxyvalerophenon* (**II**), $C_{13}H_{18}O_3$, F. 69—70° (A.), durch 3/4std. Erhitzen vorst. Verb. mit $AlCl_3$ in Nitrobenzol auf 80°, 48std. Stehen bei 0°, Rk. des Nd. mit HCl u. Extraktion des gebildeten Öles mit $CHCl_3$. *p-Nitrophenylhydrazon*, $C_{19}H_{23}N_3O_4$, F. 109—110° (A.). — 1-[3′-Äthoxy-4′-hydroxyphenyl]-pentane, durch 90std. Kochen von **I** mit dem entsprechenden Alkohol.: *1-Methoxy-* (**III**), Kp.$_{0,1}$ 97°. — *1-Äthoxy-*, $C_{15}H_{24}O_3$, Kp.$_{0,1}$ 129°. — *1-Isopropoxy-*, $C_{16}H_{26}O_3$, Kp.$_{0,3}$ 115°. — *1-n-Propoxy-*, $C_{16}H_{26}O_3$. — *1-n-Butoxy-*, $C_{17}H_{28}O_3$. Gottfried Schreiber 1070△

1216 **Aromatische Fluorderivate.** 24. Mitt. **Fluorhaltige Benzolsulfofluoride.** 23. Mitt. G. G. Jakobson, V. M. Vlasov und N. N. Vorožcov jun. (Ž. obšč. Chim. **37 (99)**, 1967, 163—70; Novosibirskij inst. organ. chim. Sibir. otdelenija AN SSSR; russ.) — Bei Einw. von KF auf Chlorbenzolsulfofluoride u. -chloride bei 230—280° oder auf Benzolsulfofluorid (**I**) bei 300—310° entstehen *Fluorbenzolsulfofluoride* bzw. *Fluorbenzol* (**II**). Durch Photochlorierung werden aus Polyfluorchlorbenzolsulfochloriden u. -fluoriden die entsprechenden *Polyfluorchlorbenzole* erhalten. Die Einw. von Raney-Ni auf Halogenbenzolsulfochloride führt zu den entsprechenden *Halogenbenzolen*. IR- u. NMR-Daten sind angegeben.

Versuche: Benzolsulfonsäuren: *p-Fluor-, Fluorid* (**III**), $C_6H_4F_2O_2S$, Kp.$_{760}$ 200—201°, E. 13,9°, a) durch 35—40std. Erhitzen von p-Chlorbenzolsulfofluorid mit KF im Autoklaven auf 275—290°; D.$_4^{20}$ 1,4373; n_D^{20} 1,4785; 60% (Ausb.); b) analog durch 16std. Erhitzen mit p-Chlorbenzolsulfochlorid auf 150—160° u. 24std. Erhitzen auf 290—300°. *Chlorid* (**IV**), F. 33,5 bis 35°, durch 1—7 Tage langes Stehen von **III** mit $ClSO_3H$ bei Raumtemp.; 85%. *S-Benzylisothiuroniumsalz*, F. 165,5—167° (0,25n HCl), durch 2std. Erhitzen von **IV** in 70%ig. wss. Dioxan auf 75°, Zugabe von S-Benzylisothiuroniumchlorid in 0,25n HCl u. Filtrieren; 60%. *Amid*, F. 125—126° (wss. A.), durch 3—5std. Stehen von **IV** mit trockenem $(NH_4)_2CO_3$ bei 20° u. ½std. Erhitzen auf 95—100°; 83%. *Anilid*, F. 110—111° (wss. A.), durch 3std. Stehen von **IV** mit Anilin u. verd. NaOH bei 20°; 80%. *Phenylester*, $C_{12}H_9FO_3S$, Kp.$_8$ 95—96°, analog vorst. Verb. mit Phenol; n_D^{20} 1,5486; 25%. — Analog: *2.4-Difluor-, Fluorid* (**V**), $C_6H_3F_3O_2S$, Kp. 198—199°, E. —14,3°, durch 28std. Erhitzen mit 2.4-Dichlorbenzolsulfofluorid auf 260—270°; D.$_4^{20}$ 1,5398; n_D^{20} 1,4652; 55%. *Chlorid* (**VI**), $C_6H_3ClF_2O_2S$, Kp.$_3$ 84°; n_D^{20} 1,5174; 50%. *S-Benzylisothiuroniumsalz*, $C_{14}H_{14}F_2N_2O_3S_2$, F. 174,5—176° (0,25n HCl); 50%. *Amid*, $C_6H_5F_2NO_2S$, F. 158—159° (wss. A.); 83%. *Anilid*, $C_{12}H_9F_2NO_2S$, F. 107—108° (wss. A.); 55%. *Phenylester*, $C_{12}H_8F_2O_3S$; n_D^{20} 1,5392; 60%. — *2.4-Difluor-5-chlor-, Fluorid* (**VII**), $C_6H_2ClF_3O_2S$, Kp. 215 bis 216°, E. —3°, durch 25std. Erhitzen mit 2.4.5-Trichlorbenzolsulfofluorid auf 240—250°; D.$_4^{20}$ 1,6414; n_D^{20} 1,4909; 45%. *Chlorid* (**VIII**), $C_6H_2Cl_2F_2O_2S$, Kp.$_{3,5}$ 97 bis 98°; n_D^{20} 1,5388; 40%. *S-Benzylisothiuroniumsalz*, $C_{14}H_{13}ClF_2N_2O_3S_2$, F. 145,5—147° (0,25n HCl); 87%. *Amid*, $C_6H_4ClF_2NO_2S$, F. 121—122° (wss. A.); 66% [daneben *Bis-[2.4-difluor-5-chlorbenzolsulfonyl]-amid, NH_3-Salz*, $C_{12}H_8Cl_2F_4N_2O_4S_2$, F. 244—245° (W.)]. *Anilid*, $C_{12}H_8ClF_2NO_2S$, F. 135,5—136,5° (wss. A.); 56%. *Phenylester*, $C_{12}H_7ClF_2O_3S$; n_D^{20} 1,5490; 67%. — *2-Fluor-4.5-dichlor-, Fluorid*, $C_6H_2Cl_2F_2O_2S$, Kp. 234—235°, E. 11°, a) durch ½std. Erhitzen des Chlorids mit wss. KF auf 120°; n_D^{20} 1,5271; 40%; b) neben **VII**; 10%. *Chlorid*, $C_6H_2Cl_3FO_2S$, F. 58,5—59,5° (PAe.), durch Zugabe von $ClSO_3H$ zu 1-Fluor-3.4-dichlorbenzol bei 0°, 1std. Rühren bei 0° u. 1std. Erhitzen auf 150°; 50%. — *4-Fluor-2.5-dichlor-, Chlorid* (**IX**), $C_6H_2Cl_3FO_2S$, Kp.$_{12}$ 142—143°, analog vorst. Verb. mit **XX** u. Extrahieren mit Dichloräthan; n_D^{20} 1,5723; 65%. — *2-Fluor-3.5.6-trichlor-* (**X**), *Fluorid* (**XI**), $C_6HCl_3F_2O_2S$, F. 68—72° (PAe.), aus **XII**. — *2.3.5.6-Tetrachlor-, Fluorid*, $C_6HCl_4FO_2S$, Kp.$_2$ 125—126°, F. 111—112° (PAe.), neben **XIV**; 6%. — *Gemisch* (**XII**) von **XI** (hauptsächlich) u. *Pentachlorbenzol* (**XIII**), Kp.$_2$ 111—112°, F. 53—69°, neben **XIV**. — *Gemisch* (**XIV**) von *2.6-Difluor-3.5-dichlorbenzolsulfofluorid* (hauptsächlich) u. **XVII**, Kp.$_3$ 89—90°, durch 18std. Erhitzen von 2.3.5.6-Tetrachlorbenzolsulfochlorid (**XV**) mit KF auf 230° u. Extrahieren mit PAe. (Kp. 70—100°). — *1.3-Difluor-2.4.6-trichlorbenzol* (**XVI**), $C_6HCl_3F_2$, E. —2°, durch 10std. Photochlorierung von **XIV** in CCl_4 bei 70°; D.$_4^{20}$ 1,6184; n_D^{20} 1,5304; daneben: *1-Fluor-2.3.5.6-tetrachlorbenzol* (**XVII**), F. 74—75° (CH_3OH).— *1-Fluor-2.3.4.6-tetrachlorbenzol*, Kp.$_{745}$ 225—226°, Kp.$_1$ 68—69°, F. 22°, a) analog **XVI** mit **XII**; n_D^{26} 1,5706; b) durch 5std. Erhitzen von **XII** mit KF in 50%ig. wss. Dioxan auf 100°, Filtrieren (→ **X**), Fällen als Na-Salz aus wss. Lsg. u. 8std. Erhitzen mit PCl_5 auf 180°; daneben nach a): **XIII**, F. 82—84,5° (PAe.). — *Fluorbenzol* (**II**), Kp. 82—83°, analog **III** nach a) durch 4std. Erhitzen mit **I** (Kp. 205°) auf 300—310°; n_D^{20} 1,4672; 10%; daneben: Gemisch von **II** (hauptsächlich) u. *Bzl.*, Kp. 80—81,5°. — *Gemisch* von *Chlorbenzol* (**XVIII**; hauptsächlich), *Bzl.* u. *Thiophenol*, analog **II** durch 2std. Erhitzen mit Benzolsulfochlorid u. KCl. — *2.4-Difluorchlorbenzol* (**XIX**), a) analog **XVI** durch 2std. Photochlorierung von **VI**; n_D^{20} 1,4770; b) neben **V**. — *1.3-Difluor-4.6-dichlorbenzol*, Kp.$_{17}$ 58°, a) analog **XIX** mit **VIII**; n_D^{20} 1,5050; 72%; b) neben **VII**. — *1.2.4.5-Tetrachlorbenzol*, F. 139—140° (Bzl.), durch 8std. Kochen von **XV** mit Raney-Ni in Bzl. u. Filtrieren; 60%. — *1-Fluor-2.5-dichlorbenzol* (**XX**), analog vorst. Verb. mit **IX**; n_D^{20} 1,5189; 12%. — *p-Dichlorbenzol* (**XXI**), Kp. 170 bis 171°, F. 53—54° (PAe.), neben **III** nach b). — *Gemisch* von *p-Difluor-* (**XXII**), *p-Fluorchlorbenzol* (**XXIII**), **XXI** (hauptsächlich) u. **III**, Kp. 85—200°, neben **III** nach a). — *Gemisch* von **II** (hauptsächlich) u. **XXII**, Kp. 81—82,4°, neben **III** nach b). — *Gemisch* von **XXIII** (hauptsächlich) u. **XVIII**, Kp. 124—125°, neben **III** nach b). — *Gemisch* von **XIX** (hauptsächlich), **V**, **XX**, *1-Fluor-2.4-dichlor-*, *1.2.4-Trifluorbenzol* u. *Fluordichlorbenzolen*, Kp. 85 bis 198°, neben **V**. H.-J. Graubaum 1090△

1217 **Untersuchungen über Insektizide.** 8. Mitt. **Synthese von substituierten Benzolsulfonsäurephenylestern.** Takenobu Sohma und Kazuo Konishi. (Annu. Rep. Takeda Res. Lab. **26** (1967) 138—48; Res. and Development Div., Takeda Chem. Ind., Ltd., Osaka Japan; jap.) — 7. vgl. ibid. **25** (1966) 109. — Es werden dargestellt: *2-Chlor-5-methoxyphenol* (**I**), $C_7H_7ClO_2$, Kp.$_9$ 106—125°, durch Zutropfen einer Lsg. von 41,5 g $SOCl_2$ in 25 ml $CHCl_3$ zu einer Lsg. von 37,2 g 3-Methoxyphenol in 100 ml $CHCl_3$ bei Raumtemp., 2std. Kochen, Waschen der organ. Phase mit 10%ig. wss. $NaHCO_3$, Eindampfen bei vermindertem Druck u. frakt. Dest.; 28,5 g (Ausb.); daneben 10,4 g *4-Chlor-3-methoxyphenol* [F. 78,5° (n-Hexan)]. — Analog **I** werden nachst. Phenole dargestellt: *4-Chlor-2-methoxy-*, $C_7H_7ClO_2$, Kp.$_{20}$ 122—125°; 88,3%. — *4-Chlor-2-äthoxy-*, $C_8H_9ClO_2$, Kp.$_{15}$ 123—128°; 81,9%. — *4-Chlor-2-(n-propyloxy)-*, $C_9H_{11}ClO_2$, Kp.$_{17}$ 133—139°; 89,7%. — *4-Chlor-2-isopropyloxy-*, $C_9H_{11}ClO_2$, Kp.$_{16}$ 124 bis 131°; 83,2%. — *2.4-Dichlor-5-methoxy-*, $C_7H_6Cl_2O_2$, Kp.$_{17}$ 138—145°. — *2.5-Dichlor-4-methoxy-*, $C_7H_6Cl_2O_2$, Kp.$_{19}$ 142—149°. — *4-Chlor-2.3-dimethoxy-*, $C_8H_9ClO_3$, Kp.$_5$ 98—104°; 66,5%. — *4-Chlor-2.5-dimethoxy-*, $C_8H_9 \cdot ClO_3$, F. 92—93°; 14,2%. — *5-Chlor-2.4-dimethoxy-*, $C_8H_9ClO_3$, F. 78—79°; 14,2%. — Nachst. Phenole werden nach Literaturangaben dargestellt: *2-Chlor-4-methoxy-*, $C_7H_7ClO_2$, F. 44—45°; 71%. — *5-Chlor-2-methoxy-*, $C_7H_7ClO_2$, Kp.$_{15}$ 119—122°; 22,4%. — *4-Brom-2-methoxy-*, $C_7H_7BrO_2$, Kp.$_{16}$ 128—137°; 53,7%. — *4.5-Dichlor-2-methoxy-*, $C_7H_6Cl_2O_2$, Kp.$_{19}$ 146—155°. — *2.5-Dimethoxy-*, $C_8H_{10}O_3$, Kp.$_{22}$ 144°. — *2-Chlor-3.5-dimethoxy-*, $C_8H_9ClO_3$, F. 58—62°; 20,9%. — *3-Chlor-2.6-dimethoxy-*, $C_8H_9ClO_3$, Kp.$_9$ 144—146°; 33,9%. — *4-Chlor-3.5-dimethoxy-*, $C_8H_9ClO_3$, F. 120—128°; 17,9%. — *Benzoesäure-(2.3-dimethoxyphenyl)-ester* (**II**), $C_{15}H_{14}O_4$, Kp.$_2$ 159 bis 160°, durch Zugabe von 43 g Dimethylsulfat u. 47 g K_2CO_3 zu einer Lsg. von 30 g Benzoesäure-(2.3-dihydroxyphenyl)-ester in 300 ml Aceton, 7std. Kochen, Filtrieren, Eindampfen, Gießen des Öls in 500 ml W. u. Extraktion mit 400 ml Ae.; 20,6 g. — *Benzoesäure-(2.4-dimethoxyphenyl)-ester*, F. 88—89° (A.), analog **II** aus 71 g Benzoesäure-(2.4-dihydroxyphenyl)-ester; 46,2 g. — *Benzoesäure-(3.5-dimethoxyphenyl)-ester*, $C_{15}H_{14}O_4$, Kp.$_{0,2}$ 158—161°, analog **II** aus 10,7 g Benzoesäure-(3.5-dihydroxyphenyl)-ester; 9 g. — *2.3-Dimethoxyphenol* (**III**), $C_8H_{10}O_3$, Kp.$_{23}$ 133—135°, durch 2std. Kochen eines Gemisches aus 19,2 g **II**, 250 ml A. u. 250 ml 2n NaOH, 1tägiges Stehen bei Raumtemp., Abziehen des Alkohols bei vermindertem Druck, Ansäuern der wss. Lsg. mit konz. HCl, Filtrieren u. Extraktion mit Ae.; 9,3 g. — *2.4-Dimethoxyphenol*, $C_8H_{10}O_3$, Kp.$_{25}$ 140°, analog **III**; 81,7%. — *3.5-Dimethoxyphenol*, $C_8H_{10}O_3$, Kp.$_8$ 148—152°, analog **III**; 99%. — *3.4-Dimethoxyphenol*, $C_8H_{10}O_3$, Kp.$_{14}$ 166—167°, F. 79,5 bis 80,5° (Bzl.–n-Hexan), durch Lösen von 24,8 g Guajacol in 400 ml 10%ig. NaOH, Zutropfen einer Lsg. von 45,6 g $(NH_4)_2S_2O_8$ in 79 ml W. $<$ 20° in 3—4 Std., Stehen über Nacht bei Raumtemp., Ansäuern (pH $<$ 3) mit konz. HCl, Filtrieren, Extraktion des Filtrats mit Ae., Alkalisieren der wss. Phase mit NaOH, Eindampfen, 2malige Extraktion des Öls mit je 200 ml 95%ig. A., Eindampfen des Alkoholextrakts, Lösen des öligen Rückstands in 200 ml W., Zugabe von 7 g NaOH, 1std. Zutropfen von 75,6 g Dimethylsulfat bei 90—95° unter Rühren, Ansäuern mit HCl (pH $<$ 2), 1std. Erhitzen auf 90—95° unter Rühren, Extraktion mit Ae., Dest. u. Krist.; 3,1 g. — *2-Chlor-4.5-dimethoxyphenol*, analog **I** aus 1 g vorst. Verb.; 1,3 g. — *Methylcarbaminsäure-[2-chlor-4.5-dimethoxyphenyl]-ester* (**V**), $C_{10}H_{12}ClNO_4$, F. 107—109° (n-Hexan–Bzl.), durch Lösen von 0,9 g vorst.

Verb. in 25 ml Ae., Zugabe von 0,6 g Methylisocyanat u. 3 Tropfen Triäthylamin, 1wöchiges Stehen bei Raumtemp. u. Eindampfen; 0,65 g. — *2-Chlor-4.5-dimethoxybenzaldehyd* (**VI**), $C_9H_9ClO_3$, F. 143° (Bzl./n-Hexan), analog **I** aus 25 g 3.4-Dimethoxybenzaldehyd; 11 g. *Oxim*, $C_9H_{10}\cdot ClNO_3$, F. 153—155°, analog **I** aus 3.4-Dimethoxybenzaldehydoxim (**IV**); 86,2%. — *3.4-Dimethoxybenzonitril*, $C_9H_9NO_2$, F. 68,5° (A.), durch Lösen von 1,8 g **IV** in 6 ml Py., Zugabe von 2,1 g Benzolsulfonylchlorid, Stehen über Nacht bei 0—5°, Gießen auf Eis/2n HCl u. Extraktion mit Ae.; 1,1 g. — *3.4-Dimethoxybenzaldehyd-O-[methylcarbamoyl]-oxim*, $C_{11}H_{14}N_2O_4$, F. 124—125° (Zers.; Bzl./n-Hexan), analog **V** aus 1,8 g **IV**; 1,1 g. — *2-Chlor-4.5-dimethoxybenzaldehyd-O-[methylcarbamoyl]-oxim*, $C_{11}\cdot H_{13}ClN_2O_4$, F. 147—148° (Zers.), analog **V** aus 1,5 g **VI**-Oxim; 1,9 g. — *2-Chlor-4-benzyloxyphenylmethyläther*, $C_{14}H_{13}ClO_2$, F. 88—91° (n-Hexan), durch Lösen von 25 g Hydrochinonmonobenzyläther in 100 ml $CHCl_3$, Zutropfen einer Lsg. von 20,2 g SO_2Cl_2 in 10 ml $CHCl_3$, 2std. Rühren bei Raumtemp., 1std. Kochen, Waschen der organ. Phase, Eindampfen [→ 31 g *2-Chlor-4-benzyloxyphenol* (**VII**)], Lösen in 70 ml 10%ig. KOH, Zutropfen von 15,8 g Dimethylsulfat bei Raumtemp., $^1/_2$std. Rühren bei Raumtemp., $^1/_2$std. Erhitzen auf 90°, Zugabe von 500 ml W. u. Extraktion mit Ae.; 21,2 g. — *3-Chlor-4-methoxyphenol*, $C_7H_7ClO_2$, Kp.$_{14}$ 148—150°, F. 51° (n-Hexan), durch 4std. Einleiten von HCl-Gas in eine Lsg. aus 15 g vorst. Verb. in 150 ml Essigsäure, 1tägiges Stehen bei Raumtemp., Gießen in 2 l W., Filtrieren, Extraktion des Filtrats mit Ae., Extraktion der Ae.-Lsg. mit 2n NaOH, Ansäuern mit HCl u. Extraktion mit Ae.; 5 g. — *2-Methoxyphenylbenzyläther*, $C_{14}H_{14}O_2$, F. 54—55° (A.), aus 26 g 2-Benzyloxyphenol wie bei **VII**; 1,7 g. — Benzolsulfonsäurearylester, durch Umsetzung von Benzolsulfonylchlorid mit den entsprechenden Phenolen in Ggw. von Py.: *2-Methoxyphenylester*, $C_{13}H_{12}O_4S$, F. 51 bis 52°; 95%. — *3-Methoxyphenylester*, $C_{13}H_{12}O_4S$, F. 44 bis 45°; 95%. — *4-Methoxyphenylester*, $C_{13}H_{12}O_4S$, F. 49,5°; 98%. — *2-Chlor-4-methoxyphenylester*, $C_{13}H_{11}ClO_4S$, Kp.$_{0,06}$ 167°; 88,2%. — *2-Chlor-5-methoxyphenylester*, $C_{13}H_{11}ClO_4S$, F. 61°; 97%. — *3-Chlor-4-methoxyphenylester*, $C_{13}H_{11}ClO_4S$, F. 74°; 98,5%. — *4-Chlor-2-methoxyphenylester*, $C_{13}H_{11}ClO_4S$, F. 71—72°; 99%. — *4-Chlor-3-methoxyphenylester*, $C_{13}H_{11}ClO_4S$, F. 82—84°; 90,5%. — *5-Chlor-2-methoxyphenylester*, $C_{13}H_{11}ClO_4S$, F. 103,5°; 94%. — *4-Brom-2-methoxyphenylester*, $C_{13}H_{11}BrO_4S$, F. 57°; 85,2%. — *4-Chlor-2-äthoxyphenylester*, $C_{14}H_{13}\cdot ClO_4S$, Kp.$_{0,01}$ 157—159°; 97%. — *4-Chlor-2-[n-propyloxy]-phenylester*, $C_{15}H_{15}ClO_4S$, Kp.$_{0,03}$ 167—170°; 80%. — *4-Chlor-2-isopropyloxyphenylester*, Kp.$_{0,01}$ 164—165°; 82,8%. — *2.4-Dichlor-5-methoxyphenylester*, $C_{13}H_{10}Cl_2\cdot O_4S$, F. 101°; 96%. — *2.5-Dichlor-4-methoxyphenylester*, $C_{13}H_{10}Cl_2O_4S$, F. 119°; 86,1%. — *4.5-Dichlor-2-methoxyphenylester*, $C_{13}H_{10}Cl_2O_4S$, F. 124°; 98,9%. — *2.3-Dimethoxyphenylester*, $C_{14}H_{14}O_5S$, Kp.$_3$ 189—192°; 88,5%. — *2.4-Dimethoxyphenylester*, $C_{14}H_{14}O_5S$, F. 81—82°; 78,2%. — *2.5-Dimethoxyphenylester*, $C_{14}H_{14}O_5S$, F. 67°; 98%. — *2.6-Dimethoxyphenylester*, $C_{14}H_{14}O_5S$, F. 101 bis 102°; 88,4%. — *3.4-Dimethoxyphenylester*, $C_{14}H_{14}O_5S$, F. 67—68°; 68,2%. — *3.5-Dimethoxyphenylester*, $C_{14}H_{14}\cdot O_5S$, F. 69—71°; 40,8%. — *2-Chlor-3.5-dimethoxyphenylester*, $C_{14}H_{13}ClO_5S$, F. 102°; 88%. — *3-Chlor-2.6-dimethoxyphenylester*, $C_{14}H_{13}ClO_5S$, F. 95—96°; 68,5%. — *4-Chlor-2.3-dimethoxyphenylester*, Kp.$_{0,3}$ 157°; 69%. — *4-Chlor-3.5-dimethoxyphenylester*, F. 141—142°; 91%. — *5-Chlor-2.4-dimethoxyphenylester*, $C_{14}H_{13}ClO_5S$, F. 160°; 91%. — 4-Chlorbenzolsulfonsäurearylester, durch Rk. von 4-Chlorbenzolsulfonsäurechlorid mit den entsprechenden Phenolen in Ggw. von Py.: *2-Methoxyphenylester*, $C_{13}H_{11}ClO_4S$, F. 99—100°; 90%. — *3-Methoxyphenylester*, $C_{13}H_{11}ClO_4S$, F. 52—53°; 90%. — *4-Methoxyphenylester*, $C_{13}H_{11}ClO_4S$, F. 91—92°; 90%. — *2-Chlor-4-methoxyphenylester*, $C_{13}H_{10}Cl_2O_4S$, F. 73°; 77%. — *2-Chlor-5-methoxyphenylester*, $C_{13}H_{10}Cl_2O_4S$, F. 81°; 91%. — *3-Chlor-4-methoxyphenylester*, $C_{13}H_{10}Cl_2O_4S$, F. 64—65°; 85,8%. — *4-Chlor-2-methoxyphenylester*, $C_{13}H_{10}ClO_4S$, F. 96 bis 97°; 94%. — *4-Chlor-3-methoxyphenylester*, $C_{13}H_{10}ClO_4S$, F. 106—107°; 94%. — *5-Chlor-2-methoxyphenylester*, $C_{13}H_{10}ClO_4S$, F. 140,5°; 96%. — *4-Brom-2-methoxyphenylester*, $C_{13}H_{10}BrClO_4S$, F. 88°; 87,5%. — *4-Chlor-2-äthoxyphenylester*, $C_{14}H_{12}Cl_2O_4S$, F. 96°; 86,5%. — *4-Chlor-2-[n-propyloxy]-phenylester*, $C_{15}H_{14}Cl_2O_4S$, Kp.$_{0,03}$ 180 bis 186°; 78%. — *4-Chlor-2-isopropyloxyphenylester*, $C_{15}H_{14}\cdot Cl_2O_4S$, Kp.$_{0,02}$ 170—172°; 78%. — *2.4-Dichlor-5-methoxyphenylester*, $C_{13}H_9Cl_3O_4S$, F. 121,5°; 92,8%. — *2.5-Dichlor-4-methoxyphenylester*, $C_{13}H_9Cl_3O_4S$, F. 159°; 84,5%. — *4.5-Dichlor-2-methoxyphenylester*, $C_{13}H_9Cl_3O_4S$, F. 133 bis 134°; 90,5%. — *2.3-Dimethoxyphenylester*, $C_{14}H_{13}\cdot ClO_5S$, Kp.$_{2,1}$ 196°; 70%. — *2.4-Dimethoxyphenylester*, $C_{14}H_{13}ClO_5S$, F. 105,5—106,5°; 30,5%. — *2.5-Dimethoxyphenylester*, $C_{14}H_{13}ClO_5S$, F. 87°; 80%. — *2.6-Dimethoxyphenylester*, $C_{14}H_{13}ClO_5S$, F. 124—125°; 44,2%. — *3.4-Dimethoxyphenylester*, $C_{14}H_{13}ClO_5S$, F. 77—78°; 50,5%. — *3.5-Dimethoxyphenylester*, $C_{14}H_{13}ClO_5S$, F. 85—86°; 24,4%. — *2-Chlor-3.5-dimethoxyphenylester*, $C_{14}H_{12}Cl_2O_5S$, F. 115 bis 116°; 85,5%. — *3-Chlor-2.6-dimethoxyphenylester*, $C_{14}H_{12}Cl_2O_5S$, F. 80—81°; 80%. — *4-Chlor-2.3-dimethoxyphenylester*, $C_{14}H_{12}Cl_2O_5S$, Kp.$_{0,2}$ 167,5°; 57%. — *4-Chlor-3.5-dimethoxyphenylester*, F. 145,5—146,5°; 85,8%. — *5-Chlor-2.4-dimethoxyphenylester*, $C_{14}H_{12}Cl_2O_5S$, F. 161°; 93,5%. — Die insektiziden Eig. der Bzl.- u. 4-Chlorbenzolsulfonsäurearylester sind tabellar. angegeben.

L. Lamza 1090△

1218 **N⁴-Acylsulfonamide.** 2. Mitt. **Derivate von 4-[α-Methyl-α-äthylsuccinimido]- und 4-[α-Äthyl-α-phenylglutarimido]-benzolsulfonamid.** A. Junašević-Holjevac und B. Glunčić. (Croat. chem. Acta **39** (1967) 1, 49—54; Res. Dep. „Pliva", Pharm. and Chem. Works, Zagreb, Croatia, Yugoslavia; engl.) — 1. vgl. ibid. **38** (1966) 309. — Durch Kondens. von α-Methyl-α-äthylbernsteinsäureanhydrid (**I**) u. α-Äthyl-α-phenylglutarsäureanhydrid (**II**) mit entsprechenden Sulfonamiden in Py. werden die im Titel genannten Deriv. dargestellt u. auf ihre antibakterielle Wrkg. gegen *St. aureus*, *B. subtiles* u. *E. coli* getestet.

Versuche: *p-[α-Methyl-α-äthylsuccinimido]-benzolsulfonsäureamid*, $C_{13}H_{16}N_2O_4S$, F. 172° (verd. DMF), durch 2std. Kochen von **I** mit 4-Aminobenzolsulfonsäureamid in Py.; 49,7% (Ausb.). *N-[Thiazolyl-(2)]-deriv.*, $C_{16}H_{17}N_3O_4S_2$, F. 211° (Methanol); 84,1%. *N-[1-Phenylpyrazolyl-(5)]-deriv.*, $C_{22}H_{22}N_4O_4S$, F. 158° (Methanol); 61%. *N-[5-Methylisoxazolyl-(3)]-deriv.*, $C_{17}H_{19}N_3O_5S$, F. 203° (A.); 100%. *N-[Pyrimidinyl-(2)]-deriv.*, $C_{17}H_{18}\cdot N_4O_4S$, F. 260° (Methanol); 76,4%. *N-[4-Methylpyrimidinyl-(2)]-deriv.*, $C_{18}H_{20}N_4O_4S$, F. 209° (A.); 60,8%. *N-[6-Methoxypyridazinyl-(3)]-deriv.*, $C_{18}H_{20}N_4O_5S$, F. 176° (Methanol); 78,8%. *N-[5-Methoxypyrimidinyl-(2)]-deriv.*, $C_{18}H_{20}N_4O_5S$, F. 243° (Methanol); 83,4%. *N-[3.4-Dimethylisoxazolyl-(5)]-deriv.*, $C_{18}H_{21}N_3O_5S$, F. 170° (A.); 73%. *N-[4.6-Dimethylpyrimidinyl-(2)]-deriv.*, $C_{19}H_{22}N_4\cdot O_4S$, F. 187° (Methanol); 90%. *N-[2.6-Dimethoxypyrimidinyl-(4)]-deriv.*, $C_{19}H_{22}N_4O_6S$, F. 191° (Methanol); 90,6%. — *p-[α-Methyl-α-äthyl-β-hydroxycarbonylpropionylamino]-* oder *p-[β-Methyl-β-äthyl-β-hydroxycarbonylpropionylamino]-benzolsulfonsäureamid*. *N-[3.4-Dimethylisoxazolyl-(5)]-deriv.*, $C_{18}H_{23}N_3O_6S$, F. 189° (A.); 71%. *N-[4.6-Dimethylpyrimidinyl-(2)]-deriv.*, $C_{19}H_{24}N_4O_5S$, F. 213° (Methanol); 72,5%. *N-[2.6-Dimethoxypyrimidinyl-(4)]-deriv.*, $C_{19}H_{24}N_4O_7S$, F. 210° (A.); 59,4%. — *p-[2-Äthyl-2-phenyl-4-hydroxycarbonylbutyrylamino]-* oder *p-[4-Äthyl-4-phenyl-4-hydroxycarbonylbutyrylamino]-benzolsulfonsäureamid*, $C_{19}H_{22}N_2O_5S$, F. 201° (verd. A.); 37,2%. *N-[Thiazolyl-(2)]-deriv.*, $C_{22}H_{23}N_3O_5S_2$, F. 233° (Methanol), analog vorst. Verb. aus **II**; 91%. *N-[1-Phenylpyrazolyl-(5)]-deriv.*, $C_{28}H_{28}N_4O_5S$, F. 115° (verd. A.); 58,8%. *N-[3.4-Dimethylisoxazolyl-(5)]-deriv.*, $C_{24}H_{27}N_3\cdot O_6S$, F. 146° (verd. A.); 98,4%. *N-[5-Methylisoxazolyl-(3)]-deriv.*, $C_{23}H_{25}N_3O_6S$, F. 204° (verd. A.); 83%. *N-[Pyrimidinyl-(2)]-deriv.*, $C_{23}H_{24}N_4O_5S$, F. 230° (Methanol); 62%. *N-[4-Methylpyrimidinyl-(2)]-deriv.*, $C_{24}H_{26}N_4O_5S$, F. 125° (verd. A.); 73,7%. *N-[4.6-Dimethylpyrimidinyl-(2)]-deriv.*, $C_{25}H_{28}N_4O_5S$, F. 210° (verd. A.); 88,7%. *N-[6-Methoxypyridazinyl-(3)]-deriv.*, $C_{24}H_{26}N_4O_6S$, F. 226° (verd. A.); 92,2%. *N-[5-Methoxypyrimidinyl-(2)]-deriv.*, $C_{24}H_{26}N_4O_6S$, F. 130° (verd. A.); 90%. *N-[2.6-Dimethoxypyrimidinyl-(4)]-deriv.*, $C_{25}H_{28}N_4O_7S$, F. 209° (verd. A.); 37,9%. *N-Guanylderiv.*, $C_{20}H_{24}N_4O_5S$, F. 153° (A.); 80%. — *p-[α-Äthyl-α-phenylglutarimido]-benzolsulfonsäureamid*. *N-[Thiazolyl-(2)]-deriv.*, $C_{22}H_{21}N_3O_4S_2$, F. 206° (Methanol); 89%. *N-[1-Phenylpyrazolyl-(5)]-deriv.*, $C_{28}\cdot$

$H_{26}N_4O_4S$, F. 184° (Methanol); 82,6%. *N-[Pyrimidinyl-(2)]-deriv.*, $C_{23}H_{22}N_4O_4S$, F. 247° (Methanol); 89%. *N-[4-Methylpyrimidinyl-(2)]-deriv.*, $C_{24}H_{24}N_4O_4S$, F. 233° (Methanol); 56%. *N-[6-Methoxypyridazinyl-(3)]-deriv.*, $C_{24}H_{24}N_4O_5S$, F. 180° (Methanol); 94%. *N-[5-Methoxy-pyrimidinyl-(2)]-deriv.*, $C_{24}H_{24}N_4O_5S$, F. 255° (verd. A.); 89,6%. G. Westphal 1090△

1219 **4-Sulfoazo-4'- und -3'-sulfonamide.** A. Chrząszczewska, W. Miecznikowska-Stolarczyk und W. Truski. (Soc. Sci. Lodziensis, Acta chim. **12** (1967) 115 bis 117; Dep. of Organ. Chem., Univ., Łódź; engl.) — Die Synth. der Titelverb. wird beschrieben.

Versuche: *4-Nitrobenzolsulfochlorid*, F. 80° (PAe.) aus 4-Nitranilin durch Diazotieren u. Einleiten von SO_2 in die Essigsäurelsg.; 72% (Ausb.). — *4-Sulfoazobenzol-4'-sulfonamid, Na-Salz* (I), $C_{12}H_{10}N_3NaO_5S_2$, durch Umsetzen von 4-Nitrosobenzolsulfonamid mit nachst. Verb. in wss. NaOH bei 35—45°; aus W. orangerote Krist.; 68%. — *Sulfanilsäure*, aus vorst. Verb. durch Red. mit Zn; daneben das *Amid*. — *4-Sulfoazobenzol-3'-sulfonamid*, F. 305—308° (Zers.), aus vorst. Verb. u. 3-Nitrosobenzolsulfonamid. — *N.N-Dichlor-4-sulfoazobenzol-4'-sulfonamid, Na-Salz*, $C_{12}H_8Cl_2N_3NaO_5S_2$, durch Einleiten von Cl_2 in I in verd. NaOH; 4 g. W. Hampel 1090△

1220 **Kondensation von Nitrosoverbindungen mit Aminen in alkalischem Medium.** W. Miecznikowska-Stolarczyk, A. Sokolowska, Z. Frankiewicz und B. Klapecka. (Soc. Sci. Lodziensis, Acta chim. **12** (1967) 109 bis 113; Dep. of Organ. Chem., Univ., Łódź; engl.) — Über die Kondens. von o- (II) u. p-Nitrosotoluol (I) mit Sulfanilsäureamid oder o-Toluidin wird berichtet.

Versuche: *p-Nitrosotoluol* (I), F. 48—49°, analog II; 68% (Ausb.). — *o-Nitrosotoluol* (II), F. 72°, durch 20 Min. lange Red. von o-Nitrotoluol mit Zn in wss. alkohol. NH_4Cl-Lsg. bei 60—70°. Filtrieren, Zugabe zu $K_2Cr_2O_7$/konz. H_2SO_4 u. Dampfdest.; 45%. — *2-Methyl-azobenzol-4'-sulfonsäureamid*, $C_{13}H_{13}N_3O_2S$, F. 164 bis 165° (A.), durch Zugabe von II zu 34 g Sulfanilamid in wss. NaOH bei 40°, 8std. Stehen bei 40° u. Ansäuern mit HCl; 16%. — *4-Methylazobenzol-4'-sulfonsäureamid*, $C_{13}H_{13}N_3O_2S$, F. 222—223°, aus 50 g Sulfanilsäureamid mit I analog vorst. Verb. bei 30°; aus A. orangefarbene Krist.; 79%. — *2-Methylazobenzol-3'-sulfonsäureamid*, $C_{13}H_{13}N_3O_2S$, F. 171—172° (A.), durch 2½std. Zugabe von 3-Nitrosobenzolsulfonsäureamid zu o-Toluidin in 2n NaOH bei 20° u. Ansäuern des Na-Salzes; 41%. — *4-Methylazobenzol-3'-sulfonsäureamid*, $C_{13}H_{13}N_3O_2S$, F. 272—273°, analog vorst. Verb. aus p-Toluidin; hellgelbe Kristalle. — *4-Carboxyazobenzol-4'-sulfonsäureamid*, F. 326—327° (Dioxan), aus vorst. Verb. mit $KMnO_4$ in verd. NaOH; 81%. W. Hampel 1090△

1221 **Hydrolyse von Styrylacetamiden in saurem Medium.** Stefan Goszczyński und Wojciech Zieliński. (Zeszyty naukowe Politechn. Śląskiej, Chem. **1967**, **39**, 53—58; Kat. Chem. Organ.; pol.) — Die Hydrolyse von Styrylacetamiden in saurem Medium (pH 1—2) führt zu *Carbonylverb.* u. *Acetamid*. Der Rk.-Mechanismus wird diskutiert. Max. der UV-Spektren vgl. Original.

Versuche: *N*-Styrylacetamide: *Unsubstituiert* (I) *trans-Form*, F. 114—115°. *cis-Form*, Öl. — *α-Methyl-* (II), *trans-Form*, F. 92—93°. *cis-Form*, F. 83—84°. — *β-Methyl-* (III), *trans-Form*, F. 126—127°. — *α-Phenyl-* (IV), *trans-Form*, F. 174—175°. *cis-Form*, F. 193—194°. — *β-Phenyl-* (V), F. 163—164°. — *p-Methoxy-* (VI), *trans-Form*, F. 119 bis 120°. — *p-Nitro-* (VII), *trans-Form*, F. 154—156°. — *Phenylacetaldehyd*, $Kp._{12}$ 80—82°, durch saure Hydrolyse von I. — *Phenylaceton*, $Kp._{12}$ 97—98°, aus II. — *α-Phenyl-propionaldehyd*, $Kp._2$ 90—93°, aus III. — *α-Benzoyl-toluol*, F. 55—56°, aus IV. — *Diphenylacetaldehyd*, $Kp._{14}$ 171—174°, aus V. — *[p-Methoxyphenyl]-acetaldehyd*, $Kp._{12}$ 123—124°, aus VI. — *[p-Nitrophenyl]-acetaldehyd*, F. 85—86°, aus VII. — *Acetamid*, neben vorst. Carbonylverb. durch Hydrolyse der Verb. I—VII.

W. Hampel 1120△

1222 **Aryloxyacetate von Acetylen-γ-glykolen.** I. N. Azerbaev, T. G. Sarbaev und U. Makanov. (Izvest. Akad. Nauk Kaz. SSR, Ser. chim. **17** (1967) 2, 83—85; russ.) — Durch Einw. von Aroxyacetylchloriden auf 1.1.4.4-tetrasubstituierte Butin-(2)-diole-(1.4) werden entsprechende *Bis-[aroxyacetate]* erhalten.

Versuche: 1.1.4.4-tetrasubstituierte Butin-(2)-diole-(1.4), Bis-[aroxyacetate]: *1.1.4.4-Tetramethyl-, Bis-[phenoxyacetat]*, $C_{24}H_{26}O_6$, F. 67—68° (Bzn.), durch Zugabe von Phenoxyacetylchlorid zu 2.5-Dimethylhexin-(3)-diol-(2.5) u. Py. in Bzl. unter Kühlung u. 4std. Erhitzen auf 80—90°; 76% (Ausb.). — Analog: *1.1.4.4-Tetramethyl-, Bis-[2.4-dichlorphenoxyacetat]*, $C_{24}H_{22}Cl_4O_6$, F. 114—115° (Bzn.); 69%. — *1.1.4.4-Tetramethyl-, Bis-[2.4.5-trichlorphenoxyacetat*, $C_{24}H_{20}Cl_6O_6$, F. 156—157° (Bzn.); 61%. — *1.4-Dimethyl-1.4-diäthyl-, Bis-[phenoxyacetat]*, $C_{26}H_{30}O_6$, F. 62—63° (Bzl.); 70%. — *1.4-Dimethyl-1.4-diäthyl-, Bis-[2.4-dichlorphenoxyacetat]*, $C_{26}H_{26}Cl_4O_6$, F. 109—110° (Bzn.); 73%. — *1.4-Dimethyl-1.4-diäthyl-, Bis-[2.4.5-trichlorphenoxyacetat]*, $C_{26}H_{24}Cl_6O_6$, F. 148—149° (Bzl.); 72%. — *1.1;4.4-Bis-[pentamethylen]-, Bis-[phenoxyacetat]*, $C_{30}H_{34}O_6$, F. 54—55° (Bzn.); 63%. — *1.1;4.4-Bis-[pentamethylen]-, Bis-[2.4-dichlorphenoxyacetat]*, $C_{30}H_{30}Cl_4O_6$, F. 92—93° (Bzl.); 77%. — *1.1;4.4-Bis-[pentamethylen]-, Bis-[2.4.5-trichlorphenoxyacetat]*, $C_{30}H_{28}Cl_6O_6$, F. 140—141° (Bzl.); 65%.

H. Berger 1210△

1223 **Oxydation organischer Verbindungen. 53. Mitt. Oxydative Ammonolyse von 2.5-Dichlor-p-xylol an Zinnvanadat.** N. R. Bukejchanov, V. S. Kudinova, A. D. Kagarlickij und B. V. Suvorov. (Izvest. Akad. Nauk Kaz. SSR, Ser. chim. **17** (1967) 2, 86—92; russ.) — Die Ox. von 1.4-Dimethyl-2.5-dichlorbenzol mit Luft in Ggw. von NH_3 an einem Zinnvanadatkatalysator wird in Abhängigkeit von der Temp. (320—420°), der Konz. der Ausgangsstoffe sowie der Ggw. von W. u. einiger KW-Stoffe untersucht. Dabei werden folgende Verb. erhalten: *2.5-Dichlorterephthalonitril* (I), $C_8H_2Cl_2N_2$, F. 207—209° (A.); bis zu 75% (Ausb.). — *2.5-Dichlor-p-tolunitril* (II), $C_8H_5Cl_2N$, F. 91—92° (A.); bis zu 60%. — *2.5-Dichlor-p-toluylsäure* (III). — *2.5-Dichlorterephthalsäure* (IV). — Verseifung von I u. II mit KOH → IV (F. 305°; 97,6%) bzw. III (F. 185°). H. Berger 1220△

1224 **Beschleunigte Diels-Alder-Reaktionen in Gegenwart von Lewis-Säure bei der Phenolsynthese.** A. W. McCulloch und A. G. McInnes. (Chem. in Canada **19** (1967) 9, 51 u. 77; Atlantic Region. Labor., Nat. Res. Council, Halifax, N.S.; engl.) — 2.5-Diphenylfuran (III) reagiert mit Acetylendicarbonsäurediäthylester (I) in Methylenchlorid in Ggw. von $AlCl_3$ bei —20° zum *Diels-Alder-Addukt* in 35%ig. Ausbeute. Bei Raumtemp. entsteht durch $AlCl_3$-katalysierte Umlagerung *3-Hydroxy-4.6-diphenylphthalsäurediäthylester* in 80%ig. Ausbeute. Die Verw. von BCl_3, BF_3 u. $SnCl_4$ als Katalysatoren wird beschrieben. Das Monoaddukt von I mit Furan ist gegenüber $AlCl_3$ inert, während mit BF_3 beim 48std. Stehen bei Raumtemp. eine 75%ig. Umlagerung in die *aromat. Verb.* beobachtet wird. Furfurylalkohol reagiert mit I in Methylenchlorid in Ggw. von BF_3 zu *2-Äthoxycarbonyl-3-hydroxy-6-hydroxymethylbenzoesäurelacton*. 2.5-Dimethylfuran reagiert mit Propiolsäureäthylester (II) bei 25° in Ggw. von $AlCl_3$ zu einem *Gemisch* aus 45—50% *2-Hydroxy-3.5-dimethylbenzoesäureäthylester*, 45—50% *2.6-Dimethyl-3-hydroxybenzoesäureäthylester* u. 5—10% *2.4-Dimethyl-5-hydroxybenzoesäureäthylester*, während aus III mit II ein *Gemisch* aus 75% *2-Hydroxy-3.5-diphenylbenzoesäureäthylester*, 15% *2.6-Diphenyl-3-hydroxybenzoesäureäthylester* u. 10% *2.4-Diphenyl-5-hydroxybenzoesäureäthylester* erhalten wird. Das Addukt aus II mit III konnte bei —60° erhalten werden. Bei Verw. von 2-Methylfuran entsteht *2-Methyl-5-hydroxybenzoesäure*. N-Methylpyrrol reagiert mit II in Ggw. von $AlCl_3$ bei —60° zu einem *Gemisch* aus *cis-* u. *trans-3-[N-Methylpyrrolyl-(2)]-acrylsäureäthylester* u. *3.3-Bis-[N-methylpyrrolyl-(2)]-propionsäureäthylester*, die chromatograph. getrennt werden. G. Westphal 1250△

1225 **Potentielle Lokalanästhetika. Synthese von Benzyloxyacetaniliden und -propionaniliden.** J. P. Trivedi und I. D. Shah. (Indian J. appl. Chem. **30** (1967) 3—4, 91—95; Dep. of Chem., St. Xavier's Coll., Ahmedabad; engl.) — In Hinblick auf eine mögliche anästhet. u. anticonvulsantive Wrkg. werden *zahlreiche Titelverb.* dargestellt.

Versuche: Aniline: *N-Chloracetyl-p-benzyloxy-*, $C_{15}H_{14}ClNO_2$, F. 149° (verd. A.), durch Umsetzen von p-Benzyloxyanilin mit Chloracetylchlorid in wss. NaOH; 70–80% (Ausb.). — *N-Chloracetyl-p-[p-chlorbenzyloxy]-*, $C_{15}H_{13}Cl_2NO_2$, F. 148° (verd. A.). — *N-Chloracetyl-p-[p-methylbenzyloxy]-*, $C_{16}H_{16}ClNO_2$, F. 118° (verd. A.). — *N-[α-Brompropionyl]-p-benzyloxy-*, $C_{16}H_{16}BrNO_2$, F. 112° (verd. A.). — *N-[α-Brompropionyl]-p-[p-chlorbenzyloxy]-*, $C_{16}H_{15}BrClNO_2$, F. 85° (verd. A.). — *N-[α-Brompropionyl]-m-[p-methylbenzyloxy]-*, $C_{17}H_{18}BrNO_2$, F. 151° (verd. A.). — *N-Chloracetyl-m-benzyloxy-*, $C_{15}H_{14}ClNO_2$, F. 122° (verd. A.). — *N-Chloracetyl-m-[p-chlorbenzyloxy]-*, $C_{15}H_{13}Cl_2NO_2$, F. 103° (verd. A.). — *N-Chloracetyl-m-[p-methylbenzyloxy]-*, $C_{16}H_{16}ClNO_2$, F. 64° (verd. A.). — *N-[α-Brompropionyl]-m-benzyloxy-*, $C_{16}H_{16}BrNO_2$, F. 112° (verd. A.). — *N-[α-Brompropionyl]-m-[p-chlorbenzyloxy]-*, $C_{16}H_{15}BrClNO_2$, F. 82° (verd. A.). — *N-[α-Brompropionyl]-m-[p-methylbenzyloxy]-*, $C_{17}H_{18}BrNO_2$, F. 90° (verd. A.). — Anilinhydrochloride: *N-Dimethylaminoacetyl-p-benzyloxy-*, $C_{17}H_{21}ClN_2O_2$, F. 152° (Aceton), durch 4std. Kochen entsprechender vorst. α-Halogenverb. mit Dimethylamin in abs. A.; 50–58%. — *N-[α-Dimethylaminopropionyl]-p-benzyloxy-*, $C_{18}H_{23}ClN_2O_2$, F. 165° (Aceton). — *N-Dimethylaminoacetyl-p-[p-chlorbenzyloxy]-*, $C_{17}H_{20}Cl_2N_2O_2$, F. 162° (Aceton). — *N-[α-Dimethylaminopropionyl]-p-[p-chlorbenzyloxy]-*, $C_{18}H_{22}Cl_2N_2O_2$, F. 160° (Aceton). — *N-Dimethylaminoacetyl-p-[p-methylbenzyloxy]-*, $C_{18}H_{23}ClN_2O_2$, F. 178° (Aceton). — *N-[α-Dimethylaminopropionyl]-p-[p-methylbenzyloxy]-*, $C_{19}H_{25}ClN_2O_2$, F. 230° (Aceton). — *N-Diäthylaminoacetyl-p-benzyloxy-*, $C_{19}H_{25}ClN_2O_2$, F. 125° (Aceton). — *N-[α-Diäthylaminopropionyl]-p-benzyloxy-*, $C_{20}H_{27}ClN_2O_2$, F. 193° (Aceton). — *N-Diäthylaminoacetyl-p-[p-chlorbenzyloxy]-*, $C_{19}H_{24}Cl_2N_2O_2$, F. 185° (Aceton). — *N-[α-Diäthylaminopropionyl]-p-[p-chlorbenzyloxy]-*, $C_{20}H_{26}Cl_2N_2O_2$, F. 181° (Aceton. — *N-Diäthylaminoacetyl-p-[p-methylbenzyloxy]-*, $C_{20}H_{27}ClN_2O_2$, F. 178° (Aceton). — *N-[α-Diäthylaminopropionyl]-p-[p-methylbenzyloxy]-*, $C_{21}H_{29}ClN_2O_2$, F. 172° (Aceton). — *N-Piperidinoacetyl-p-benzyloxy-*, $C_{20}H_{25}ClN_2O_2$, F. 156° (Aceton). — *N-[α-Piperidinopropionyl]-p-benzyloxy-*, $C_{21}H_{27}ClN_2O_2$, F. 190° (Aceton). — *N-Piperidinoacetyl-p-[p-chlorbenzyloxy]-*, $C_{20}H_{24}Cl_2N_2O_2$, F. 205° (Aceton). — *N-[α-Piperidinopropionyl]-p-[p-chlorbenzyloxy]-*, $C_{21}H_{26}ClN_2O_2$, F. 189° (Aceton). — *N-Piperidinoacetyl-p-[p-methylbenzyloxy]-*, $C_{21}H_{27}ClN_2O_2$, F. 215° (Aceton). — *N-[α-Piperidinopropionyl]-p-[p-methylbenzyloxy]-*, $C_{22}H_{29}Cl_2N_2O_2$, F. 217° (Aceton). — *N-Morpholinoacetyl-p-benzyloxy-*, $C_{19}H_{23}ClN_2O_3$, F. 164° (Aceton). — *N-[α-Morpholinopropionyl]-p-benzyloxy-*, $C_{20}H_{25}ClN_2O_3$, F. 167° (Aceton). — *N-Morpholinoacetyl-p-[p-chlorbenzyloxy]-*, $C_{19}H_{22}Cl_2N_2O_3$, F. 171° (Aceton). — *N-[α-Morpholinopropionyl]-p-[p-chlorbenzyloxy]-*, $C_{20}H_{24}Cl_2N_2O_3$, F. 183° (Aceton). — *N-Morpholinoacetyl-p-[p-methylbenzyloxy]-*, $C_{20}H_{25}ClN_2O_3$, F. 169° (Aceton). — *N-[α-Morpholinopropionyl]-p-[p-methylbenzyloxy]-*, $C_{21}H_{27}ClN_2O_3$, F. 178° (Aceton). — *N-Piperazinoacetyl-p-benzyloxy-*, $C_{19}H_{24}ClN_3O_2$, F. 245° (Aceton). — *N-[α-Piperazinopropionyl]-p-benzyloxy-*, $C_{20}H_{26}ClN_3O_2$, F. 255° (Aceton). — *N-Piperazinopropionyl-p-[p-chlorbenzyloxy]-*, $C_{20}H_{25}Cl_2N_3O_2$, F. 144° (Aceton). — *N-Piperazinoacetyl-p-[p-methylbenzyloxy]-*, $C_{20}H_{26}ClN_3O_2$, F. 223° (Aceton). — *N-[α-Piperazinopropionyl]-p-[p-methylbenzyloxy]-*, $C_{21}H_{28}ClN_3O_2$, F. 287° (Aceton). — *N-Dimethylaminoacetyl-m-benzyloxy-*, $C_{17}H_{21}ClN_2O_3$, F. 182° (Aceton). — *N-Dimethylaminoacetyl-m-[p-chlorbenzyloxy]-*, $C_{17}H_{20}Cl_2N_2O_2$, F. 138° (Aceton). — *N-Dimethylaminoacetyl-m-[p-methylbenzyloxy]-*, $C_{18}H_{23}ClN_2O_2$, F. 130° (Aceton). — *N-[α-Dimethylaminopropionyl]-m-benzyloxy-*, $C_{18}H_{23}ClN_2O_2$, F. 258° (Aceton). — *N-[α-Dimethylaminopropionyl]-m-[p-chlorbenzyloxy]-*, $C_{18}H_{22}Cl_2N_2O_2$, F. 210° (Aceton). — *N-[α-Dimethylaminopropionyl]-m-[p-methylbenzyloxy]-*, $C_{19}H_{25}ClN_2O_2$, F. 232° (Aceton). — *N-Diäthylaminoacetyl-m-benzyloxy-*, $C_{19}H_{25}ClN_2O_2$, F. 157° (Aceton). — *N-Diäthylaminoacetyl-m-[p-chlorbenzyloxy]-*, $C_{19}H_{24}Cl_2N_2O_2$, F. 145° (Aceton). — *N-Diäthylaminoacetyl-m-[p-methylbenzyloxy]-*, $C_{20}H_{27}ClN_2O_2$, F. 185° (Aceton). — *N-[α-Diäthylaminopropionyl]-m-benzyloxy-*, $C_{20}H_{27}ClN_2O_2$, F. 213° (Aceton). — *N-[α-Diäthylaminopropionyl]-m-[p-chlorbenzyloxy]-*, $C_{20}H_{26}Cl_2N_2O_2$, F. 196° (Aceton). — *N-[α-Diäthylaminopropionyl]-m-[p-methylbenzyloxy]-*, $C_{21}H_{29}ClN_2O_2$, F. 193° (Aceton). — *N-Piperidinoacetyl-m-benzyloxy-*, $C_{20}H_{25}ClN_2O_2$, F. 210° (Aceton). — *N-Piperidinoacetyl-m-[p-chlorbenzyloxy]-*, $C_{20}H_{24}Cl_2N_2O_2$, F. 250° (Aceton). — *N-Piperidinoacetyl-m-[p-methylbenzyloxy]-*, $C_{21}H_{27}ClN_2O_2$, F. 206° (Aceton). — *N-[α-Piperidinopropionyl]-m-benzyloxy-*, $C_{21}H_{27}ClN_2O_2$, F. 207° (Aceton). — *N-[α-Piperidinopropionyl]-m-[p-chlorbenzyloxy]-*, $C_{21}H_{26}Cl_2N_2O_2$, F. 234° (Aceton). — *N-[α-Piperidinopropionyl]-m-[p-methylbenzyloxy]-*, $C_{22}H_{29}ClN_2O_2$, F. 215° (Aceton). — *N-Morpholinoacetyl-m-benzyloxy-*, $C_{19}H_{23}ClN_2O_3$, F. 169° (Aceton). — *N-Morpholinoacetyl-m-[p-chlorbenzyloxy]-*, $C_{19}H_{22}Cl_2N_2O_3$, F. 156° (Aceton). — *N-Morpholinoacetyl-m-[p-methylbenzyloxy]-*, $C_{20}H_{25}ClN_2O_3$, F. 170° (Aceton). — *N-[α-Morpholinopropionyl]-m-benzyloxy-*, $C_{20}H_{25}ClN_2O_3$, F. 176° (Aceton). — *N-[α-Morpholinopropionyl]-m-[p-chlorbenzyloxy]-*, $C_{20}H_{24}Cl_2N_2O_3$, F. 180° (Aceton). — *N-[α-Morpholinopropionyl]-m-[p-methylbenzyloxy]-*, $C_{21}H_{27}ClN_2O_3$, F. 173° (Aceton). — *N-Piperazinoacetyl-m-benzyloxy-*, $C_{19}H_{24}ClN_3O_2$, F. 251° (Aceton). — *N-Piperazinoacetyl-m-[p-chlorbenzyloxy]-*, $C_{19}H_{23}Cl_2N_3O_2$, F. 270° (Aceton). — *N-Piperazinoacetyl-m-[p-methylbenzyloxy]-*, $C_{20}H_{26}ClN_3O_2$, F. 230° (Aceton). — *N-[α-Piperazinopropionyl]-m-benzyloxy-*, $C_{20}H_{26}ClN_3O_2$, F. 273° (Aceton). — *N-[α-Piperazinopropionyl]-m-[p-chlorbenzyloxy]-*, $C_{20}H_{25}Cl_2N_3O_2$, F. 287° (Aceton). — *N-[α-Piperazinopropionyl]-m-[p-methylbenzyloxy]-*, $C_{21}H_{28}ClN_3O_2$, F. 290° (Aceton). G. Westphal 1310△

1226 **Dianile von o-Hydroxyaldehyden als potentielle Photochrome.** Ned D. Heindel, Sally M. Lemke und Velmer B. Fish. (J. chem. Engng. Data **12** (1967) 4, 596; Dep. of Chem., Lehigh Univ., Bethlehem, Pa.; engl.) — Die synthetisierten *Dianile* zeigen keinen bemerkbaren Photochromismus.

Versuche: *1.4-Bis-[2-hydroxy-3-methoxybenzylidenaminomethyl]-cyclohexan*, $C_{24}H_{30}N_2O_4$, F. 153–155° (Methanol), aus 1.4-Bis-[aminomethyl]-cyclohexan (**I**) u. 2-Hydroxy-3-methoxybenzaldehyd (**II**); 76% (Ausb.). — *1.4-Bis-[2-hydroxybenzylidenaminomethyl]-cyclohexan*, $C_{22}H_{26}N_2O_2$, F. 109° (Methanol), analog aus **I** u. 2-Hydroxybenzaldehyd (**III**); 45%. — *1.4-Bis-[2-hydroxynaphthylmethylenaminomethyl]-cyclohexan*, $C_{30}H_{30}N_2O_2$, F. 203 bis 204° (Methanol), analog aus **I** u. 2-Hydroxy-α-naphthaldehyd (**V**); 65%. — *4.4'-Bis-[2-hydroxy-3-methoxybenzylidenamino]-diphenylmethan*, $C_{29}H_{26}N_2O_4$, F. 192° (Methanol), analog aus 4.4'-Diaminodiphenylmethan (**IV**) u. **II** 70%. — *4.4'-Bis-[2-hydroxybenzylidenamino]-diphenylmethan*, $C_{27}H_{22}N_2O_2$, F. 214–215° (Methanol), analog aus **IV** u. **III**; 70%. — *1.5-Bis-[2-hydroxynaphthylmethylenamino]-3-azapentan*, $C_{26}H_{25}N_3O_2$, F. 153–154° (Methanol), analog aus Diäthylentriamin u. **V**; 73%. — *1.2-Bis [2-hydroxy-3-methoxybenzylidenamino]-äthan*, $C_{18}H_{20}N_2O_4$, F. 161–162° (Methanol), analog aus Äthylendiamin u. **II**; 70%. — *1.4-Bis-[2-hydroxybenzylidenamino]-benzol*, $C_{20}H_{16}N_2O_2$, F. 212–213° (Methanol), analog aus p-Phenylendiamin u. **III**; 94%. K.-P. Hilgetag 1320△

1227 **Arylen-bis-[tert.-phosphine] und -[phosphinsäuren].** Roger A. Baldwin und Ming T. Cheng. (J. org. Chemistry **32** (1967) 5, 1572–77; Whittier Res. Labor., American Potash & Chem. Corp., Whittier, Calif.; engl.) — Die Darst. der Titelverb. wird bez. höchstmöglicher Ausb. durch Verw. verschiedener Lsgm. u. Rk.-Temp. untersucht. Die Darst. erfolgte durch Metallierung von Arylendibromiden mit n-Butyl-Li (**I**), dann Rk. mit entsprechender Chlorphosphorverb., z. B. Diphenylchlorphosphin (**II**). Die Reinheit der *Arylen-bis-[diarylphosphine]* von begleitendem *Phosphinoxid* konnte mittels der IR-Banden von Triarylphosphinoxiden bei 8,5 u. 8,95 μ bis auf 0,8% Oxid genau bestimmt werden.

Versuche: *p-Phenylen-bis-[diphenylphosphin]*, $C_{30}H_{24}P_2$, F. 162–168°, a) aus p-Dibrombenzol (**III**) u. **I**, dann **II**; 69% (Ausb.); b) durch Rk. von **IV**, dargestellt in situ, dann **I**, dann **II**; 59%; c) durch Grignardierung analog vorst.; 25%; d) aus **IV** u. **I**, dann **II**; 80,3%. — *4.4'-Biphenylen-bis-[diphenylphosphin]*, $C_{36}H_{28}P_2$, F. 191 bis 193°, a) durch Grignardierung von 4.4'-Dibrombiphenyl, dann **II**; $<$ 50% (daneben *Diphenyl-4-hydroxybutylphosphinoxid*); b) analog vorst. mit **I**, dann **II**; 94%. — *4.4'-Biphenylen-bis-[diphenylbenzylphosphoniumchlorid]*, $C_{50}H_{42}Cl_2P_2$, F. $>$ 330°. — *4.4'-Diphenylenäther-bis-[diphenylphosphin]*, $C_{36}H_{28}OP_2$, F. 115–116° (Äthylacetat), aus 4.4'-Dibromdiphenyläther u. I, dann II; 70—80%. *Dioxid*, $C_{36}H_{28}O_3P_2$, F. 191—193°, durch $KMnO_4$-Ox.; 53%. — *4.4'-Diphenylenäther-bis-[diphenylbenzylphosphoniumchlorid]*, $C_{50}H_{42}Cl_2OP_2$, F. 321—323°.— *4-Bromphenyldiphenylphosphin* (IV), $C_{18}H_{14}BrP$, F. 78,5 bis 79,5° (Methanol), aus I in Hexan u. III in THF bei —66°, dann II; 100%. *Oxid*, $C_{18}H_{14}BrOP$, F. 151,5 bis 153,5°. — *3-Bromphenyldiphenylphosphin*, $C_{18}H_{14}BrP$, Kp.$_{0,01}$ 157—162°, durch Grignardierung oder Rk. mit I von m-Dibrombenzol (V), dann II; 33—53%. *Oxid*, $C_{18}H_{14}BrOP$, F. 113—115° (Toluol u. Methylcyclohexan). — *m-Phenylen-bis-[diphenylphosphin]*, $C_{30}H_{24}P_2$, aus vorst. Verb. u. I, dann II. *Dimethojodid*, $C_{32}H_{30}J_2P_2$, F. 282—284° (A.). — *Bis-[4-diphenylphosphinophenyl]-phenylphosphin*, $C_{42}H_{33}P_3$, F. 161—163° (Äthylacetat/A.), aus IV u. I, dann Phenyldichlorphosphin; 57,4%. *Trioxid*, $C_{42}H_{33}O_3P_3$, F. >320° (Isopropanol/W.). *Trisulfid*, $C_{42}H_{33}P_3S_3$, F. 295—298° ($CHCl_3$ u. A.). — *Bis-[4-diphenylphosphinophenyl]-diphenylsilan*, $C_{48}H_{38}P_2Si$, F. 250 bis 252° (Toluol), aus IV u. I, dann Diphenyldichlorsilan; 95%. *Disulfid*, $C_{48}H_{38}P_2S_2Si$, F. 305—308°. — *Bis-[4-diphenylphosphinophenyl]-phenylphosphinoxid*, aus IV u. I, dann Benzolphosphonsäuredichlorid. — *Triphenylphosphin*, F. 80—82,5°. *Oxid*, F. 154—156°. *Sulfid*, F. 160 bis 161°. — *3-Bromphenylphenylphosphinsäure*, $C_{12}H_{10}BrO_2P$, F. 163—164° (Isopropanol u. W.), aus V u. I, Rk. mit Benzolphosphonsäurechlorid-N.N-dimethylamid (VI), u. Hydrolyse mit konz. HCl; 76%. — *p-Phenylen-bis-[phenylphosphinsäure]*, $C_{18}H_{16}O_4P_2$, F. >315°, aus III u. I, dann VI analog vorst. Verb.; daneben *4-Bromphenylphenylphosphinsäure*, $C_{12}H_{10}BrO_2P$, F. 174—176°. — *4.4'-Biphenylen-bis-[phenylphosphinsäure]*, $C_{24}H_{20}O_4P_2$, F. 213—215° (Isopropanol/W.), analog vorst. Verb. aus 4.4'-Dibrombiphenyl; 30—40%. P. Boroffka 1380

1228 **α-Diazophosphoryl-Verbindungen durch Diazogruppenübertragung.** G. Petzold und H. G. Henning. (Naturwissenschaften **54** (1967) 17, 469; II. Chem. Inst., Humboldt-Univ., Berlin; dt.) — α-Methylenakt. Phosphorylverbindungen, die eine β-ständige Keto- oder Estercarbonylgruppe besitzen, reagieren mit äquivalenten Mengen Tosylazid in Ggw. von K-tert.-Butylat in Bzl./THF bei —5 bis 0° in Ausb. zwischen 60 u. 70% zu den *Diazoverbindungen*. Das Methylen-bis-[diphenylphosphinoxid] verhält sich prinzipiell gleichartig, die Reinisolierung des Rk.-Prod. ist jedoch recht verlustreich. Benzyldiphenylphosphinoxid ging unter den genannten Rk.-Bedingungen in nur sehr geringem Maße in das erwartete *α-Diazophosphinoxid* über. Durch Ersatz des K-tert.-Butylates durch Butyl-Li gelang eine Steigerung der Ausb. auf 20—25%. Die Diazophosphorylverb. reagieren in der Wärme mit Säuren (z. B. HCl, aber auch Phenol), sind jedoch gegenüber Triphenylphosphin, Aldehyden u. Ketonen sowie α,β-ungesätt. Carbonsäureestern (Maleinsäurediäthylester, Acrylsäureäthylester) auffallend stabil. Versuche: Phosphinoxide: *[Benzoyldiazomethyl]-diphenyl-*, F. 139° (Aceton); 65% (Ausb.). — *[Äthoxycarbonyldiazomethyl]-diphenyl-*, F. 104° (Dibutyläther); 60%. — *[Äthoxycarbonyldiazomethyl]-diäthoxy-*, Kp.$_{0,5}$ 95—96°; 65%. — *Diazomethylen-bis-[diphenylphosphinoxid]*, F. 154° (Aceton); 14%. — *Diphenyl-[α-diazobenzyl]-phosphinoxid*, F. 160° (A.); 25%. G. Westphal 1380△

1229 **Gemischte Alkyl- und Cyclohexylester des Äthylenglykols.** B. L. Zejnalov, D. T. Radžabov, A. A. Džafarova und N. V. Muradjan. (Azerbajdžanskij chim. Ž. **1967**, 2, 35—38; INChP AN AzerbSSR; russ.) — Cyclohexancarbonsäure (Kp. 229—234°, F. 29°; D.$_4^{20}$ 1,0177; n_D^{20} 1,4585) wird in den *β-Hydroxyäthylester* (Kp.$_{1,5}$ 110 bis 112°; D.$_4^{20}$ 1,0668; n_D^{20} 1,4680) übergeführt, aus dem man durch Acylieren mit den entsprechenden Fettsäuren in Bzl. in Ggw. von H_2SO_4 unter azeotroper Abdest. von Bzl.-W. folgende β-Cyclohexylcarbonyloxyäthylester darstellt: *Acetat*, Kp.$_2$ 108°; D.$_4^{20}$ 1,0619; n_D^{20} 1,4523. *Propionat*, Kp.$_2$ 120°; D.$_4^{20}$ 1,0486; n_D^{20} 1,4541. *Butyrat*, Kp.$_2$ 132°; D.$_4^{20}$ 1,0372; n_D^{20} 1,4576. *Valerianat*, Kp.$_2$ 141°; D.$_4^{20}$ 1,0246; n_D^{20} 1,4585. *Capronat*, Kp.$_2$ 154°; D.$_4^{20}$ 1,0125; n_D^{20} 1,4593. *Önanthat*, Kp.$_2$ 169°; D.$_4^{20}$ 1,09997; n_D^{20} 1,4542. *Caprylat*, Kp.$_2$ 181°; D.$_4^{20}$ 0,9872; n_D^{20} 1,4553. *Pelargonat*, Kp.$_2$ 194°; D.$_4^{20}$ 0,9759; n_D^{20} 1,4561. *Caprinat*, Kp.$_2$ 202°; D.$_4^{20}$ 0,9674; n_D^{20} 1,4571. *Undecylat*, Kp.$_2$ 212°; D.$_4^{20}$ 0,9638; n_D^{20} 1,4583. — Analog: *2-Methylcyclohexancarbonsäure*, Kp. 233—236°, F. 34°; D.$_4^{20}$ 1,0115; n_D^{20} 1,4630. *β-Hydroxyäthylester*, Kp.$_1$ 105—106°; D.$_4^{20}$ 1,0436; n_D^{20} 1,4665. — β-[2-Methylcyclohexylcarbonyloxy]-äthylester: *Acetat*, Kp.$_2$ 105°; D.$_4^{20}$ 1,0482; n_D^{20} 1,4520. *Propionat*, Kp.$_2$ 117°; D.$_4^{20}$ 1,0318; n_D^{20} 1,4525. *Butyrat*, Kp.$_2$ 129°; D.$_4^{20}$ 1,0222; n_D^{20} 1,4528. *Valerianat*, Kp.$_2$ 134°; D.$_4^{20}$ 1,0193; n_D^{20} 1,4536. *Capronat*, Kp.$_2$ 152°; D.$_4^{20}$ 1,0049; n_D^{20} 1,4547. *Önanthat*, Kp.$_2$ 168°; D.$_4^{20}$ 1,007; n_D^{20} 1,4559. *Caprylat*, Kp.$_2$ 177°; D.$_4^{20}$ 0,9975; n_D^{20} 1,4570. *Pelargonat*, Kp.$_2$ 189°, D.$_4^{20}$ 0,9857; n_D^{20} 1,4583. *Caprinat*, Kp.$_2$ 196°; D.$_4^{20}$ 0,9708; n_D^{20} 1,4555. *Undecylat*, Kp.$_2$ 203°; D.$_4^{20}$ 0,9692; n_D^{20} 2,4575. Verschiedene der (allg. mit 60—70%ig. Ausb. anfallenden) gemischten Ester stellen gute Löser u. Weichmacher (bes. für PVC) dar. H.-E. Toussaint 1850

1230 **Synthese von Cyclohexyl-β.β-dialkoxyäthyl- und -β-alkoxyvinylketonen.** M. M. Gusejnov, A. G. Ismajlov und F. E. Džavadov. (Azerbajdžanskij chim. Ž. **1967**, 2, 55—59; INChP AN Azerb.SSR; russ.) — β-Chlorvinylcyclohexylketon (I) wird durch Alkohole in Ggw. von KOH in *β-Alkoxyvinylcyclohexylketone* (A) umgewandelt, aus denen analog unter schärferen Bedingungen *β.β-Dialkoxyäthylcyclohexylketone* (B) erhalten werden. In Ggw. von Luftfeuchtigkeit gehen die A u. B in *1.3.5-Tris-[cyclohexylcarbonyl]-benzol* (F. 170—171°) über. Versuche: β-Alkoxyvinylcyclohexylketone (A): *β-Methoxyvinyl-* (II), $C_{10}H_{16}O_2$, Kp.$_{10}$ 121—123°, durch Zutropfen von I (Kp.$_2$ 97—99°; D.$_4^{20}$ 1,0956; n_D^{20} 1,4980) zu KOH (1 : 1) in CH_3OH bei 2—3° u. 3std. Rühren bei 20°; D.$_4^{20}$ 1,0450; n_D^{20} 1,4892; 80,9% (Ausb.). — Analog: *β-Äthoxyvinyl-*, Kp.$_2$ 122—124°; D.$_4^{20}$ 0,9817; n_D^{20} 1,4598; 89,1%. — *β-n-Propoxyvinyl-*, Kp.$_2$ 132 bis 134°; D.$_4^{20}$ 0,9799; n_D^{20} 1,4850; 77,6%. — *β-n-Butoxyvinyl-*, Kp.$_2$ 153—155°; D.$_4^{20}$ 0,9560; n_D^{20} 1,4684; 84,8%. — *β-Amyloxyvinyl-*, Kp.$_{10}$ 190—192°; D.$_4^{20}$ 0,9588; n_D^{20} 1,4845; 75%. — *β-Acetoxyvinyl-*, $C_{11}H_{16}O_3$, Kp.$_2$ 140 bis 142°, durch Zutropfen von I zu K-Acetat in Eisessig u. 1std. Rühren bei 80°; D.$_4^{20}$ 1,0755; n_D^{20} 1,4866; 66,3%. — β.β-Dialkoxyäthylcyclohexylketone (B): *β.β-Dimethoxyäthyl-*, $C_{11}H_{20}O_3$, Kp.$_{10}$ 139—141°, a) durch 20 Min. langes Erhitzen von II mit KOH in CH_3OH auf 60—70° u. 5std. Rühren bei 20°; 85,7%; b) durch Zutropfen von I zu $NaOCH_3$ in CH_3OH bei 4—5° u. 4std. Rühren bei 20°; D.$_4^{20}$ 1,0096; n_D^{20} 1,4595; 84,5%. — Analog nach a): *β.β-Diäthoxyäthyl-*, Kp.$_{10}$ 167—167,5°; 70,6%. — *β.β-Di-n-propoxyäthyl-*, Kp.$_2$ 98—99°; 68,9%. — *β.β-Di-n-butoxyäthyl-*, Kp.$_2$ 65—65,5°; 70,8%. — *β.β-Äthylendioxyäthyl-*, $C_{11}H_{18}O_3$, Kp.$_2$ 129—131°, aus I in Äthylenglykol in Ggw. von KOH; D.$_4^{20}$ 1,0741; n_D^{20} 1,4788; 78,8%. H.-E. Toussaint 1980

1231 **Cyclopropane aus Reaktionen von [Dimethylsulfuranyliden]-essigsäureäthylester mit α,β-ungesättigten Verbindungen.** George B. Payne. (J. org. Chemistry **32** (1967) 11, 3351—55; Shell Development Co., Emeryville, Calif.; engl.) — Behandeln von *[Äthoxycarbonylmethyl]-dimethylsulfoniumbromid* (III) in $CHCl_3$ mit K_2CO_3 in Ggw. von 1 Val NaOH liefert analyt. reinen *[Dimethylsulfuranyliden]-essigsäureäthylester* (IV), der bei —10° wochenlang haltbar ist. Beim Erhitzen in Dimethoxyäthan (DMA) wird IV zu *Methylmercaptoessigsäureäthylester* (V), *trans-Cyclopropandicarbonsäure-(1.2)-diäthylester* (trans-VI) u. *trans-Cyclopropantricarbonsäure-(1.2.3)-triäthylester* (trans-VII) zersetzt. Rk. von IV mit α,β-ungesätt. Estern, Ketonen, Aldehyden u. Nitrilen in aproton. Lsgm. liefert die betreffenden *substituierten Cyclopropane*, wobei stets die trans-Form überwiegt. Versuche: *[Äthoxycarbonylmethyl]-dimethylsulfoniumbromid* (III), F. 78—80° (Zers.), durch 3tägiges Stehen von Bromessigsäureäthylester (I) u. Dimethylsulfid (II) in Aceton bei 100°; 90% (Ausb.). — *[Dimethylsulfuranyliden]-essigsäureäthylester* (IV), $C_6H_{12}O_2S$, durch Zugabe von gesätt. K_2CO_3-Lsg. u. 12,5n NaOH zu III in $CHCl_3$ bei 5—10°; n_D^{25} 1,5253—1,5263; 95%. — *Methylmercaptoessigsäureäthylester* (V), Kp.$_5$ 50—52°, a) durch 2std. Erhitzen von IV in abs. DMA auf 125° unter N_2 im Autoklav, Flash-Dest. zur Abtrennung von

DMA u. **II** (68%) bei 25°/5 Torr u. Fraktionierung des Rückstandes; n_D^{25} 1,4561; b) aus **III** durch Erhitzen bei 5 Torr u. Gaschromatographie; 60%; daneben 12% **I**. — *Cyclopropan-1.2-dicarbonsäure*, F. 172—174° (Ae./Hexan), aus nachst. Verb. mit 30%ig. H_2O_2 in 98%ig. Ameisensäure bei 50—55°; 35% (roh). *Diäthylester* (**VI**). *trans-Verb.*, Kp.$_1$ 73—74°, a) neben **V** nach a); n_D^{25} 1,4386; b) aus der Säure mit Orthoameisensäuretriäthylester. *cis-Form*, Kp.$_1$ 83—84°, aus 50 g Acrylsäureäthylester u. Chloressigsäureäthylester; n_D^{25} 1,4404; 20 g. *Gemisch* (97 : 3) *aus cis- u. trans-Form*, Kp.$_1$ 70—71°, aus Acrylsäureäthylester u. **IV** in CH_2Cl_2; n_D^{25} 1,4392; 84%. — *2-Formylcyclopropancarbonsäureäthylester* (trans/cis-Gemisch 83 : 17), $C_7H_{10}O_3$, Kp.$_1$ 45°, durch Zugabe von Acrolein zu **IV** in sd. Aceton; n_D^{25} 1,4488; 63%. — *trans-Cyclopropan-1.2.3-tricarbonsäure*, F. 214—217°. *Triäthylester* (**VII**), Kp.$_1$ 106—108°, a) neben **V** nach a); n_D^{25} 1,4487; b) durchZugabe von **IV** in Bzl. zu Fumarsäure- oder Maleinsäurediäthylester; 91 bzw. 79%. — *Trihydrazid*, F. 200—203° (Zers.), aus **VII** mit Hydrazinhydrat in sd. Methanol; 50%. — Cyclopropancarbonsäureäthylester: *2-Formyl-3-methyl-* (cis/trans-Gemisch 18 : 82), $C_8H_{12}O_3$, Kp.$_1$ 40—43°, aus **IV** u. Crotonaldehyd in Aceton bei 60°; n_D^{25} 1,4498; 50%. — *2-Formyl-2-methyl-* (trans : cis = 68 : 32), $C_8H_{12}O_3$, Kp.$_1$ 45°, aus **IV** u. Methacrolein in Bzl. bei 80°; n_D^{25} 1,4487; 86%. — *2-Acetyl-* (trans : cis = 98 : 2), $C_8H_{12}O_3$, Kp.$_1$ 65 bis 68°, aus **IV** u. Methylvinylketon in CH_2Cl_2 bei 45°; n_D^{25} 1,4446; 87%. — *trans-2-Acetyl-3.3-dimethyl-* (**VIII**), $C_{10}H_{16}O_3$, Kp.$_1$ 69—70°, aus **IV** u. Mesityloxid in Bzl. bei 80°; n_D^{25} 1,4555; 75%. — *Bicyclo-[4.1.0]-heptanon-(2)-carbonsäure-(7)-äthylester*, $C_{10}H_{14}O_3$, Kp.$_1$ 94—96°, aus **IV** u. Cyclohexen-(2)-on-(1) in Bzl. bei 80°; n_D^{25} 1,4845; 71%. — *2-Methyl-2-methoxycarbonylcyclopropancarbonsäureäthylester* (**IX**; trans : cis = 91 : 9), $C_9H_{14}O_4$, Kp.$_2$ 75 bis 78°, aus **IV** u. Methacrylsäuremethyester in CH_2Cl_2 bei 45°; n_D^{25} 1,4420; 69%. — *3-Methylcyclopropan-1.2-dicarbonsäurediäthylester* (**X**; trans : cis = 57 : 43), Kp.$_1$ 62—67°, aus Crotonsäureäthylester u. **IV** in CH_2Cl_2 bei 45°; n_D^{25} 1,4422; 71%. — *2-Methoxycarbonyl-2-methoxycarbonylmethylcyclopropancarbonsäureäthylester*, $C_{11}H_{16}O_6$, aus **IV** u. Itaconsäuredimethylester in Bzl. bei 80°; n_D^{25} 1,4510; 89%. — *2.2-Dicyan-3.3-dimethylcyclopropancarbonsäureäthylester*, $C_{10}H_{12}N_2O_2$, Kp.$_1$ 93—94°, aus Isopropylidenmalonitril u. **IV** bei 25—45°; n_D^{25} 1,4624; 85%. — *2-Cyan-3.3-dimethylcyclopropan-1.2-dicarbonsäurediäthylester*, $C_{12}H_{17}NO_4$, Kp.$_1$ 104—106°, aus Isopropylidencyanessigsäureäthylester bei 25—45°; n_D^{25} 1,4560; 91%. — *3-Methylcyclopropan-1.1.2-tricarbonsäuretriäthylester*, $C_{13}H_{20}O_6$, Kp.$_1$ 96—99°, aus Äthylidenmalonsäurediäthylester u. **IV** bei 42—45°; n_D^{25} 1,4446; 90%. — *3.3-Dimethylcyclopropan-1.1.2-tricarbonsäuretriäthylester*, $C_{14}H_{22}O_6$, Kp.$_1$ 109—111°, aus Isopropylidenmalonsäurediäthylester u. **IV** bei 80°; n_D^{25} 1,4460; 65%. — *trans-1-Methylcyclopropan-1.2-dicarbonsäure*, F. 168—169° (Acetonitril), durch 7std. Kochen von **IX** mit 80%ig. HCOOH; 17%. — *3-Methyl-trans-cyclopropan-1.2-dicarbonsäuredichlorid*, Kp.$_2$ 50—51°, durch Kochen von 13 g **X** in 80%ig. HCOOH, Eindampfen, 2std. Behandeln mit $SOCl_2$ bei 25° u. 3std. Kochen; 5,5 g [gibt mit W. *trans-Disäure*, F. 144—147° (Acetonitril)]; daneben *3-Methyl-cis-cyclopropan-1.2-dicarbonsäureanhydrid*, F. 78—80° (Ae.); 0,4 g (gibt mit A. in Ggw. von Säure cis-**X**). — *4-Acetyl-3.5-dimethyl-2.3-dihydrofuran-2-carbonsäureäthylester*, $C_{11}H_{16}O_4$, Kp.$_1$ 87—90°, durch Zugabe von 3-Äthylidenpentandion-(2.4) zu **IV** in Bzl.; n_D^{25} 1,4761; 83%. — *Gemisch* (75 : 8 : 17) aus *trans-2-Cyancyclopropancarbonsäureäthylester* ($C_7H_9NO_2$, Kp.$_3$ 80 bis 82°; n_D^{25} 1,4458), *4-Cyanbuten-(3)-säureäthylester* (?) u. *cis-2-Cyancyclopropancarbonsäureäthylester* ($C_7H_9NO_2$, Kp.$_1$ 84—87°; n_D^{25} 1,4503), Kp.$_1$ 60—75°, durch Zutropfen von Acrylnitril in CH_2Cl_2 zu **IV**; 70% (ergibt mit konz. HCl u. Veresterung mit Orthoameisensäuretriäthylester Gemisch aus cis/trans-**VI**). — *2-Acetyl-3.3-dimethylcyclopropancarbonsäure*, $C_8H_{12}O_3$, F. 111 bis 112° ($CHCl_3$/Hexan), durch 3std. Kochen von **VIII**, A. u. 2n NaOH; 95%.

H. Miele 2030△

1232 **Substituierte Biphenyle und Terphenyle als oxydative autoinhibitive Verbindungen.** Helen E. Mertwoy und Henry Gisser. (Ind. Engng. Chem., Product Res. Development **6** (1967) 2, 108—12; Pitman-Dunn Res. Labor., Frankford Arsenal, Philadelphia, Pa.; engl.) — Eine Reihe substituierter *Biphenyle* u. *Terphenyle* wird synthetisiert u. deren Autox. bei 100° ermittelt. Verlauf der Autox. vgl. Original.

Versuche: *4-sek.-Butylbiphenyl*, $C_{16}H_{18}$, Kp.$_{0,7}$ 102—103°, a) durch Umsetzen von Biphenyl mit 2-Chlorbutan in CS_2 in Ggw. von $AlCl_3$ bei 0°, 24std. Stehen u. Zugabe von Eis; n_D^{20} 1,5749, $D._4^{25}$ 0,9700; 32% (Ausb.); b) durch 10std. Stehen analog a); 25,6%. — *4.4'-Di-sek.-butylbiphenyl*, $C_{20}H_{26}$, Kp.$_{0,72}$ 145°, neben vorst. Verb. nach a) bzw. b); n_D^{20} 1,5547, $D._4^{20}$ 1,5547, $D._4^{25}$ 0,9399; 9,2 bzw. 9%. — *4-sek.-Butyl-4'-tert.-butylbiphenyl*, $C_{20}H_{26}$, Kp.$_{0,19}$ 129—132°, durch Sättigen einer Lsg. vorvorst. Verb. in PAe. mit HCl, Einleiten von Isobutylen bei 45—50° in Ggw. von $AlCl_3$ u. 3std. Stehen bei Raumtemp.; n_D^{25} 1,5645, $D._4^{25}$ 0,9664; 7,3%. — *4-sek.-Butyl-di-tert.-butylbiphenyl*, $C_{24}H_{34}$, Kp.$_{0,6}$ 169—171°, neben vorst. Verb.; n_D^{25} 1,5552; 1,7%. — *4-sek.-Butyl-4'-methoxybiphenyl*, $C_{17}H_{20}O$, Kp.$_{0,65}$ 137—138°, durch Zugabe von $AlCl_3$ zu p-Phenylanisol in heißem Heptan, 2 bis 5std. Zugabe von 2-Chlorbutan bei 75—85°, 8std. Stehen u. Zugabe zu Eis; n_D^{20} 1,5684, $D._4^{25}$ 1,0052; 20%. — *Di-sek.-butyl-4'-methoxybiphenyl*, $C_{21}H_{28}O$, Kp.$_{0,75}$ 162 bis 163°, neben vorst. Verb.; n_D^{20} 1,5543; 9,6%. — *sek.-Butyl-o-terphenyl*, $C_{22}H_{22}$, Kp.$_{0,8}$ 183—185°, durch Umsetzen von o-Terphenyl mit 2-Chlorbutan in CS_2 in Ggw. von $AlCl_3$; $D._4^{25}$ 1,0184; 20,9%. — *Di-sek.-butyl-o-terphenyl*, $C_{26}H_{30}$, Kp.$_{0,5}$ 219°, neben vorst. Verb.; $D._4^{25}$ 0,9984; 7%. — *2-Methoxy-p-terphenyl*, $C_{19}H_{16}O$, F. 223°, Kp.$_{0,9}$ 95—103°, durch Sandmeyer-Rk.; 10%. — *4-Methoxy-p-terphenyl*, $C_{19}H_{16}O$, F. 118° (Cyclohexan), Kp.$_{0,9}$ 190—200°, neben vorst. Verb.; 5%. — *sek.-Butyl-2-methoxy-p-terphenyl*, $C_{23}H_{24}O$, Kp.$_{0,16}$ 181°, aus vorvorst. Verb. mit 2-Chlorbutan in n-Heptan in Ggw. von $AlCl_3$ bei 75—85°; 23,9%; daneben *Isomeres*, $C_{23}H_{24}O$, Kp.$_{0,22}$ 174° (wird fest); 27,2%. — *Di-sek.-butyl-2-methoxy-p-terphenyl*, $C_{27}H_{32}O$, Kp.$_{0,25}$ 182°, neben vorst. Verb.; 10,9%.

G. Westphal 2210△

1233 **Cyclisierungen durch Kohlenmonoxid bei Friedel-Crafts-Reaktionen. Leichte Synthese von β-disubstituierten α-Indanonen.** Herman A. Bruson und Howard L. Plant. (J. org. Chemistry **32** (1967) 11, 3356—62; Olin Mathieson Chem. Corp., New Haven, Conn.; engl.) — Kondens. von CO mit Benzol, $AlCl_3$ ($FeCl_3$, $SnCl_4$ u. $TiCl_4$ sind nicht geeignet) u. polyfunktionellen Alkylhalogeniden (**A**) mit mindestens 3 C-Atomen in der aliphat. Kette führt zu *2.2-disubstituierten Indanonen-(1)*, z. B. wird *2-Methyl-2-phenylindanon-(1)* (**I**) durch Rk. von Bzl., CO u. $AlCl_3$ mit 1.2-Dichlor- (**II**), 1.2.2-Trichlor- (**III**) u. 1.1.2-Trichlorpropan (**IV**), 1-Chlor-, 3-Chlor-, 1.2-Dichlor- u. 2.3-Dichlorpropen-(1) (**XI**) erhalten, während aus 1.1.1-Trichlorpropan (**V**) u. 1.1-Dichlorpropen-(1) (**VI**) *1.1-Diphenylpropen-(1)* entsteht, das auch bei Verw. von **IV** Hauptprod. ist. Ferner ist **I** aus 1.2-Diphenylpropan (**VII**) u. anderen phenylsubstituierten **A** erhältlich. Keine Indanone entstehen bei Verw. von 2.2-Dichlor-, 1.2.2.3-Tetrachlor- u. 1.1.1.2-Tetrachlorpropan, 2-Chlor-, 1.3-Dichlor- u. 1.2.3-Trichlorpropen-(1); Äthylenchlorid, 1.3-Dichlor- u. 1.2.3-Trichlorpropan geben Gemische aus *KW-Stoffen* u. *Aldehyden*. Nach analogen Meth. werden *2.2-Dimethyl-*, *2.3-Dimethyl-2-phenyl-*, *2.2.3-Trimethyl-*, *2.2.3.3-Tetramethyl-* u. *2-Methyl-2-[o-chlorphenyl]-4-chlorindanon-(1)* erhalten. Einige **A** geben anomale Resultate: 1.1-Dichlor-2-phenylcyclopropan (**XII**) gibt *3-Phenylinden* u. *1.2-* u. *2.3-Diphenylinden*; *2-Chlor-4-methylpenten-(1)* u. *-(2)* liefern *[1.1-Dimethylindanyliden-(3)]-[1.1.3-trimethylindanyl-(3)]-methan*; aus *2-Chlor-1-methylcyclohexen-(1)* u. *-(2)* entsteht *cis/trans-9a-Methyl-1.2.3.4.-4a.9a-hexahydrofluorenon-(9)*. Rk.-Mechanismen werden diskutiert.

Versuche: *2-Methyl-2-phenylindanon-(1)* (**I**), $C_{16}H_{14}O$, F. 110—111° (Methanol), a) durch 7std. Zutropfen von **II** in Bzl. zu $AlCl_3$ u. Bzl. bei 25—27° unter Einleiten von CO; 18,8% (Ausb.); b) analog a) aus **III**; 58,5%; c) durch $2^1/_2$std. Zutropfen von β.β'-Dichlorisopropyläther zu $AlCl_3$ u. Bzl. bei 22—24° unter Einleiten von CO; 10%; d) durch 4std. Einleiten von CO u. HCl (2 : 1) in

VII, $AlCl_3$ u. Bzl. bei 25—30°; 11%; e) aus Bzl., $AlCl_3$, 1-Phenyl-2-chlorpropan u. CO bei 23—25°; 14,4%; f) aus Bzl., $AlCl_3$, 1-Brom-2-methyl-2-phenyläthan u. CO bei 20—25°; 12%. g) durch Rk. von CO mit Bzl., $AlCl_3$ u. *Gemisch* (80 : 15 : 5) aus *1-Phenyl-2-chlorpropen-(1)*, *-(2)* u. *1-Phenyl-2.2-dichlorpropan* [Kp.$_{0,5}$ 65—78°, aus PCl_5 u. Phenylaceton; n_D^{23} 1,5455]; 42,3%. *2.4-Dinitrophenylhydrazon* (DNP), $C_{22}H_{18}N_4O_4$, F. 211° (A.). *Oxim*, $C_{16}H_{15}$ · NO, F. 184—185,5° (A.). — *1.1-Diphenylpropen-(1)*, $C_{15}H_{14}$, F. 48—49° (Methanol), a) aus V analog I, Hydrolyse mit Eis u. Dest. bei 95—110°/0,2 Torr; 67,5% [Rk. mit Br_2 gibt *2-Brom-1.1-diphenylpropen-(1)*, F. 48—49]; daneben 2% I; b) analog aus IV bzw. VI; 30 bzw. 17%; daneben 19 bzw. 2% I. — *2.2-Dimethylindanon-(1)*, $C_{11}H_{12}O$, F. 42 bis 43° (Ligroin), a) aus Neophylchlorid (IX); 81%; b) aus *1-Phenyl-2-chlor-2-methylpropan* [Kp.$_{10}$ 88°, durch 17std. Kochen von IX; n_D^{23} 1,5155; 65%); 60%; c) aus Methallylchlorid (X); 46—48,5%; d) aus Isocrotylchlorid; 68%; e) aus 1.2-Dichlor-2-methylpropan; 74,5%; f) aus 66,5 g VIII; 35,7 g; g) analog aus 2.2-, 1.2-, 2.3- u. 1.3-Dichlorbutan, 2.3-Dibrombutan bzw. Gemisch aus 2-Chlorbuten-(1) u. -(2); 63,5, 61, 69,5, 14, 55 bzw. 48,5%. *DNP*, $C_{17}H_{16}N_4O_4$, F. 186—188°. *Semicarbazon*, $C_{12}H_{15}N_3O$, F. 196—197°. — *2.3-Dimethyl-2-phenylindanon*, $C_{17}H_{16}O$, F. 89—90° (Methanol), a) aus 2.2.3-Trichlorbutan; 39%; b) aus 1.2.3-Trichlor-2-methylpropan; 23%. a) analog b) aus 1.2-Dibrom-3-chlor-2-methylpropan; 16%. *DNP*, $C_{23}H_{20}N_4O_4$, F. 149—150°. *Oxim*, C_{17} · $H_{17}NO$, F. 132,5—133°. — *1.2.3.4-Tetrahydronaphthaldehyd-(6)*, Kp.$_{10}$ 145°, durch Zutropfen von 42 g 1.4-Dichlorbutan zu $AlCl_3$ u. Bzl. unter Einleiten von CO bei 22 bis 24°; n_D^{24} 1,5734; 29,4 g (roh). *Semicarbazon*, $C_{12}H_{15}N_3O$, F. 223—224°. *DNP*, F. 219—220°. — *2.2.3-Trimethylindanon*, $C_{12}H_{14}O$, Kp.$_{0,6}$ 87—89°, durch 4std. Zutropfen von 2.3-Dibrom-2-methylbutan [Kp.$_{11}$ 50—53°, durch Zutropfen von Br_2 zu 2-Methylbuten-(2) in CCl_4] zu $AlCl_3$ in Bzl. bei 23—24° unter Einleiten von CO; n_D^{22} 1,5383; 60%. *DNP*, $C_{18}H_{18}N_4O_4$, F. 243—244°. — *2.2.3.3-Tetramethylindanon*, $C_{13}H_{16}O$, Kp.$_6$ 114—115°, a) durch Zutropfen von *2.3-Dibrom-2.3-dimethylbutan* (aus Br_2 u. 2.3-Dimethylbutan; 65%) in warmem Bzl. zu $AlCl_3$ in Bzl. unter Einleiten von CO; n_D^{20} 1,5356; 73%; b) aus 2.2-Dichlor-3.3-dimethylbutan; 31%; c) aus *1.2-Dibrom-3.3-dimethylbutan* [Kp.$_{12}$ 78—80°, durch Zutropfen von Br_2 zu 2.2-Dimethylbuten-(3) in CCl_4; n_D^{22} 1,5057; 93%]; 54%. *Oxim*, F. 142°. — *2-Methyl-2-[o-chlorphenyl]-4-chlorindanon-(1)*, $C_{16}H_{12}Cl_2O$, F. 96—97°, Kp.$_{0,15}$ 163 bis 165°, aus 56 g XI; 14 g. *DNP*, $C_{22}H_{16}Cl_2N_4O_4$, F. 215 bis 217° (Zers.). — *3-Phenylinden*, $C_{15}H_{12}$, F. 19°, Kp.$_{0,1}$ 121—125°, aus 56 g XII; n_D^{25} 1,6333; 41%; daneben *Gemisch* aus *1.2-* u. *2.3-Diphenylinden*, $C_{21}H_{16}$, Kp.$_{0,1}$ 175—180°; 3,6 g. — *Gemisch* aus *2-Chlor-1-methylcyclohexen-(1)* u. *-(2)*, Kp. 160—165°, durch Zugabe von PCl_5 zu 90 g 2-Methylcyclohexanon bei 10—20°; n_D^{22} 1,4771 bis 1,4784; 51,6 g. — *cis/trans-9a-Methyl-1.2.3.4.4a.9a-hexahydrofluorenon-(9)*, $C_{14}H_{16}O$, Kp.$_{0,1}$ 105—109°, durch Zutropfen von 131 g vorst. Gemisches zu $AlCl_3$ in Bzl. unter 5std. Einleiten von CO bei 18—21°; n_D^{24} 1,5600; hellgelbes Öl; 32,2 g. *DNP*, $C_{20}H_{20}N_4O_4$, F. 155°. — *Gemisch* aus *2-Chlor-4-methylpenten-(1)* u. *-(2)*, Kp. 101—104°, aus Methylisobutylketon u. PCl_5 bei 0—10°; n_D^{25} 1,4215. — *[1.1-Dimethylindanyliden-(3)]-[1.1.3-trimethylindanyl-(3)]-methan*, $C_{24}H_{28}$, Kp.$_{0,05}$ 132°, aus vorst. Gemisch; n_D^{25} 1,5608; 14%. — *2.5-Dimethyl-1.4-bis-[β-chlor-tert.-butyl]-benzol* (VIII), F. 117° (A.), durch Zutropfen von X zu p-Xylol u. 96%ig. H_2SO_4 bei 20—21°; 11,5%.

H. Miele 2650△

1234 **Reaktionen von Naphtholen und Naphthylaminen unter dem Einfluß von Hydrogensulfit (Bucherer-Reaktion). 13. Mitt. Neue Synthese für Alkyl- und Arylmercaptonaphthaline.** H. Seeboth. (Mber. dtsch. Akad. Wiss. Berlin 9 (1967) 2, 108—111; Inst. für organ. Chem. der Dt. Akad. Wiss., Forschungsgemeinschaft; dt.) — Es wird eine Reihe von *Alkyl-* bzw. *Arylmercaptonaphthalinen* dargestellt u. der Rk.-Mechanismus diskutiert.

Versuche: Alkyl(Aryl)-mercaptonaphthaline, a) aus Na-Tetralon-(1)-sulfonat-(3) oder Na-Tetralon-(3)-sulfonat-(1) (I) u. dem entsprechenden Mercaptan in Eisessig unter Durchleiten von HCl, 10—15std. Stehen, Gießen auf Eis, Ausäthern, Waschen mit verd. NaOH u. Dest.; b) analog a) nach Gießen auf Eis Absaugen, Waschen mit W. u. Sodalsg.; c) durch Lösen von I in Eisessig, Zugabe von konz. HCl u. dem entsprechenden Mercaptan u. 20std. Stehen: *1-Äthylmercapto-*, Kp.$_{20}$ 175°, nach a); 54% (Ausb.). — *1-Dodecylmercapto-*, Kp.$_{0,01}$ 195—196°, nach a); 83%. — *1-Phenylmercapto-*, F. 41—42° (W./A.), nach b); 71%. — *1-Benzylmercapto-*, F. 82° (W./A.), nach b); 84%. — *2-Phenylmercapto-*, F. 51° (W./A.), nach b) u. c); 37%. — *2-Benzylmercapto-*, F. 89° (A.), nach b) u. c); 74%. — *S-α-Naphthylthioglykolsäure*, F. 107° (A./W.), nach b); 53%. — Kalium-1-benzylmercaptonaphthalin-x-sulfonate (x = 4; 5; 6), durch Zugabe von Benzylmercaptan zum entsprechenden Dikaliumtetralon-(1)-disulfonat-(3.x) in Eisessig, 3std. Durchleiten von HCl, 10—15std. Stehen, Dekantieren, Einengen im Vakuum, Verrühren mit W. u. Krist. aus W./A. (1 : 3): *-4-sulfonat*, $C_{17}H_{13}KO_3S_2$; 69%. — *-5-sulfonat, Hemihydrat*, $C_{17}H_{13}KO_3S_2$ · 0,5 H_2O; 66%. — *-6-sulfonat*, $C_{17}H_{13}KO_3S_2$; 47%. E. Sidow 2700

1235 **Isomerisierung von Dialkyl-α-naphthylphosphiten.** Gil'm Kamaj, A. S. Chasanov, I. N. Azerbaev und É. V. Poletaev. (Izvest. Akad. Nauk Kaz. SSR, Ser. chim. Nauk 17 (1967) 6, 39—44; russ.) — *Alkyl-α-naphthylester* verschiedener Alkylphosphonsäuren wurden durch die Einw. von Alkyljodid auf Dialkyl-α-naphthylphosphite erhalten. Die Propyl-, Butyl- u. Pentylester der α-Naphthylphosphite unterliegen im Unterschied zu den entsprechenden Estern der phenyl-, diphenyl- u. thiokatechinsubstituierten Säuren einer relativ leichten Arbuzov-Isomerisierung. Die Methylphosphonsäurealkyl-α-naphthylester stellen farblose Fl. dar, die kaum riechen, in Aceton, Bzl. u. a. organ. Lsgm. lösl. u. in W. unlösl. sind.

Versuche: Methylphosphonsäurealkyl-α-naphthylester, durch Umsetzung von Methyljodid mit Dialkyl-α-naphthylphosphiten bei 40—100°; *Äthyl-*, Kp.$_{1,5}$ 152—153°; D_4^{20} 1,1852, n_D^{20} 1,5730; 87% (Ausb.). — *Isopropyl-*, Kp.$_{2,5}$ 160—162°; D_4^{20} 1,1520, n_D^{20} 1,5618; 86%. — *Propyl-*, Kp.$_2$ 165—166°; D_4^{20} 1,1552, n_D^{20} 1,5630; 85,5%. — *Isobutyl-*, Kp.$_2$ 168—170°; D_4^{20} 1,1397, n_D^{20} 1,5545; 75%. — *Butyl-*, Kp.$_2$ 172—174°; D_4^{20} 1,1396, n_D^{20} 1,5560; 89,1%. — *Isoamyl-*, Kp.$_2$ 180—181°; D_4^{20} 1,1159, n_D^{20} 1,5494; 51,6%. — *n-Amyl-*, Kp.$_{1,5}$ 181—183°; D_4^{20} 1,1166, n_D^{20} 1,5493; 66,7%. — *n-Hexyl-*, Kp.$_1$ 181—183°; D_4^{20} 1,0950, n_D^{20} 1,5434; 65,2%. — *Allyl-*, Kp.$_1$ 155—156°; D_4^{20} 1,1771, n_D^{20} 1,5758; 52,3%. — Alkylphosphonsäurealkyl-α-naphthylester: *Methyl-*, Kp.$_{0,8}$ 140—142°; D_4^{20} 1,2241, n_D^{20} 1,5850; 62%. — *Äthyl-*, Kp.$_{1,5}$ 162—165°; D_4^{20} 1,1624, n_D^{20} 1,5654; 71,3%. — *n-Propyl-*, Kp.$_2$ 182—184°; D_4^{20} 1,1201, n_D^{20} 1,5530; 63,4%. — *n-Butyl-*, Kp.$_{0,2}$ 174 bis 174,5°; D_4^{20} 1,0881, n_D^{20} 1,5414; 82,4%. — *n-Amyl-*, Kp.$_{1,5}$ 200—204°; D_4^{20} 1,0617, n_D^{20} 1,5316; 52,5%. — *α-Naphthol*, durch Hydrolyse vorst. Ester mit 10%ig. HCl bei 150—180°; daneben entsprechende Alkylphosphonsäuren. J. J. Pohl 2700

1236 **Ein 40gliedriges Ringsystem der Metacyclophanreihe.** W. Jenny und K. Burri. (Chimia [Aarau, Schweiz] 21 (1967) 9, 472—73; Forsch.-Labor., CIBA AG, Basel; dt.) — *Okta-m-xylylen* (*[2.2.2.2.2.2.2.2]-Metacyclophan*, $C_{64}H_{64}$, F. 100—102°; aus Methanol Nadeln) entsteht durch Wurtz-Synth. aus α.α'-Dibrom-m-xylol in 0,9%ig. Ausbeute. W. Hampel 2910△

1237 **Synthesen von 4'-Brom-10-methyl-1.2-benzanthracen und 4'-Chlor-10-methyl-1.2-benzanthracen.** Melvin S. Newman und N. Venkateswaran. (J. med. Chem. 10 (1967) 4, 728—29; Ohio State Univ., Columbus; engl.) — Beide Titelverb. zeigen keine kanzerogene Aktivität.

Versuche: *o-[Naphthyl-(1)]-benzoesäure*, F. 173 bis 174°, a) durch schnelle Zugabe von 1 m Naphthyl-(1)-MgBr-Lsg. in Ae./Bzl. (3 : 2) zu Phthalsäureanhydrid (I) in warmem Bzl.; 76% (Ausb.); b) analog bei Verw. von THF; 46%. — *o-[5-Bromnaphthoyl-(1)]-benzoesäure*, F. 196,5—198,5°, durch 3std. Stehen vorst. Verb. mit Br_2 u. wenig $AlCl_3$ in Essigsäure bei Raumtemp.; 71%. — *o-[5-Bromnaphthyl-(1)-methyl]-benzoesäure* (II), $C_{18}H_{13}$ · BrO_2, F. 175—177°, durch Zugabe von Zn-Staub zu vorst.

Verb. in 95%ig. HCOOH; 77%. — *o-[5-Bromnaphthyl-(1)-methyl]-acetophenon*, $C_{19}H_{15}BrO$, F. 74—76° (A.), durch 1std. Rk. von II in Ae. mit 0,68 m CH_3Li-Lsg. in Ae., Behandeln mit W. u. Aufarbeiten; 73%. *2.4-Dinitrophenylhydrazon*, $C_{25}H_{19}BrN_4O_4$, F. 178—180°. — *4'-Brom-10-methyl-1.2-benzanthracen*, $C_{19}H_{13}Br$, F. 183,5 bis 184,5° (Bzl.), durch 2std. Rühren vorst. Verb. in Polyphosphorsäure (PPS) bei 135°; 66%. *2.4.7-Trinitrofluorenonkomplex*, $C_{32}H_{18}BrN_3O_7$, F. 213—215° (Bzl.); braun. — *o-[5-Chlornaphthoyl-(1)]-benzoesäure*, F. 183—184°, durch schnelle Zugabe des Grignard-Reagenzes aus 1-Brom-5-chlornaphthalin in Ae./Bzl. (→ 64%) zu I in warmem Bzl.; 45%; Verw. von 1 Val Äthylendibromid bzw. Rk. in THF → 25 bzw. 33%. — *o-[5-Chlornaphthyl-(1)-methyl]-benzoesäure* (III), $C_{18}H_{13}ClO_2$, F. 180—182° (Bzl.), durch 18std. Kochen vorst. Verb. mit Zn-Staub in 90%ig. HCOOH; 74%. — *3-[5-Chlornaphthyl-(1)]-phthalid*, $C_{18}H_{11}ClO_2$, F. 177—179°, analog III in 99%ig. HCOOH; 64%; daneben 13% III. — *o-[5-Chlornaphthyl-(1)-methyl]-acetophenon*, $C_{19}H_{15}ClO$, F. 59—61° (A.), durch ¼std. Zugabe von 0,54 in CH_3Li-Lsg. in Ae. zu III in Bzl./Ae.; 83%. — *4'-Chlor-10-methyl-1.2-benzanthracen*, $C_{19}H_{13}Cl$, F. 165—166°, durch 2std. Erhitzen vorst. Verb. in PPS auf 135°; aus Bzl. hellgelbe Krist.; 69%. *2.4.7-Trinitrofluorenonkomplex*, $C_{32}H_{18}ClN_3O_7$, F. 210 (Zers., Bzl.); rotbraun. H. Miele 2910△

1238 **Nucleophile Additionen bei substituierten Cyclopropenen.** T. C. Shields und P. D. Gardner. (J. Amer. chem. Soc. **89** (1967) 21, 5425—28; Dep. of Chem., Univ. of Tex., Austin; engl.) — Folgende Rk. werden untersucht: Umsetzung von 7.7-Dichlorbicyclo-[4.1.0]-heptan (I) mit K-Isopropylat (II) in DMS → *cis-7-Chlor-1-isopropoxybicyclo-[4.1.0]-heptan* (III), Kp.$_{0,2}$ 38—39°; 0,7% (Ausb.) u. *cis-1.6-Diisopropoxybicyclo-[4.1.0]-heptan*, $C_{13}H_{24}O_2$, Kp.$_{0,2}$ 47°; 72%. — Na—NH_3-Red. von III → *1-Isopropoxybicyclo-[4.1.0]-heptan*, $C_{10}H_{18}O$; 33%. — Rk. von I mit K-Methylmercaptid (IV) u. K-tert.-Butylat (V) → *cis-7-Chlor-1-methylmercaptobicyclo-[4.1.0]-heptan*, $C_8H_{13}ClS$, Kp.$_{0,3}$ 80°; 69%. — Rk. von 1.1-Dichlor-2-phenylcyclopropan (VI) mit IV/V → *1.1-Bis-methylmercapto-2-phenylcyclopropan*, $C_{11}H_{14}S_2$, Kp.$_{0,25}$ 101°; 79%. — Rk. von VI mit KOH in Methanol → *1.1-Dimethoxy-2-phenylcyclopropan*, $C_{11}H_{14}O_2$, Kp.$_{0,42}$ 68°; 52%. — Rk. von cis-1.1-Dichlor-2.3-dimethylcyclopropan (VII) mit II → *2-Isopropoxy-2-methylmethylencyclopropan*, $C_8H_{14}O$; 31% u. *trans-2-Isopropoxy-3-methylmethylencyclopropan*, $C_8H_{14}O$; 35%. — Rk. von VII mit $NaOCH_3$/V → *2-Methoxy-2-methylmethylencyclopropan*, $C_6H_{10}O$; 35% u. *trans-2-Methoxy-3-methylmethylencyclopropan*, $C_6H_{10}O$; 17%. — Pentadien-(1.3)-Dichlorcarben-Addukte → *cis-* u. *trans-2.2-Dichlor-3-methyl-1-vinylcyclopropan* (VIII u. IX), $C_6H_8Cl_2$, 14 bzw. 6% u. *1.1-Dichlor-2-[propen-(1)-yl]-cyclopropan* (X), $C_6H_8Cl_2$; 20%. — Rk. von VIII u. IX mit $KOCH_3$/V → *cis-* u. *trans-2.2-Dimethoxy-3-methyl-1-vinylcyclopropan*, $C_8H_{14}O_2$; 31% bzw. 23%. — Umsetzung von X mit $KOCH_3$/V → *1.2-Dimethoxy-[propen-(1)-yl]-cyclopropan*, $C_8H_{14}O_2$; 57%, *2-tert.-Butoxy-[propen-(1)-yliden]-cyclopropan* (XI), $C_{10}H_{16}O$; 5% u. *2-tert.-Butoxy-1-methoxy-[propen-(1)-yl]-cyclopropan*, $C_{11}H_{20}O_2$; 5%. — Rk. von X mit V → XI, Kp.$_{30}$ 31°. K. Jasche 2950△

1239 **Synthesen mit Kohlenmonoxid.** 11. Mitt. **Zur Hydroformylierung des Bicycloheptenaldehyds und des Dicyclopentadiens.** J. Falbe und N. Huppes. (Brennstoff-Chem. 48 (1967) 6, 182—84; Shell Grundlagenforsch. G.m.b.H., Schloß Birlinghoven, Siegkreis bei Bonn; dt.) — 10. vgl. ibid. 48 (1967) 46. — Bicycloheptenaldehyd u. Dicyclopentadien (I) lassen sich in guten Ausb. durch Hydroformylierung in Ggw. von Rh-Katalysatoren in Gemische von Dialdehyden oder bei höherer Temp. in Gemische von Diolen überführen. Werden bei der Hydroformylierung Alkohole als Lsgm. verwendet, so können die Acetale der Dialdehyde als Rk.-Prod. erhalten werden. Die Auftrennung der Rk.-Gemische erfolgt durch Gaschromatographie. Max. der IR-Spektren vgl. Original.

Versuche: *Gemisch aus exo.exo-2.6-, exo.exo-2.5-, endo.exo-2.6-* u. *endo.exo-2.5-Bis-[hydroxymethyl]-bicyclo-[2.2.1]-heptan*, $C_9H_{16}O_2$, Kp.$_{0,07}$ 130°, durch 2½std. Erwärmen von Bicycloheptenaldehyd in THF in Ggw. von Rh_2O_3 auf 130° unter einem CO/H_2 (1 : 2) Druck von 200 at; 63% (Ausb.). — *Bis-[hydroxymethyl]-tricyclo-[5.2.1.0$^{2.6}$]-dekan*, $C_{12}H_{20}O_2$, Kp.$_{0,04}$ 155° analog vorst. Gemisch aus I; n_D^{20} 1,5290; 67%. — *Bis-formyltricyclo-[5.2.1.0$^{2.6}$]-dekan*, $C_{12}H_{16}O_2$, Kp.$_{0,08}$ 122°, durch Hydroformylierung von I in THF bei 115° analog vorvorst. Gemisch; n_D^{20} 1,5180; 61%. *Bis-dimethylacetal*, $C_{16}H_{28}O_4$, Kp.$_{0,01}$ 125—126°, aus I in abs. Methanol analog vorvorst. Gemisch; n_D^{20} 1,4820; 82%. *Bis-diäthylacetal*, $C_{20}H_{36}O_4$, Kp.$_{0,02}$ 120°; n_D^{20} 1,4855; 63%. G. Westphal 2950△

C–3. Heterocyclische Verbindungen

1240 **Aziridine.** 16. Mitt. **Isomerisierung einiger 1-Aroylaziridine.** Harold W. Heine und Mark S. Kaplan. (J. org. Chemistry **32** (1967) 10, 3069—74; Bucknell Univ., Lewisburg, Pa.; engl.) — Unter Einw. von NaJ in Aceton, H_2SO_4 oder bei Wärmebehandlung isomerisieren Aroylaziridine zu entsprechenden Aryloxazolinen. — *1-p-Nitrobenzoyl-2-phenylaziridin*, $C_{15}H_{12}N_2O_3$ [F. 127 bis 130° (wss. 95%ig. A.)] mit NaJ/Aceton → *2-p-Nitrophenyl-5-phenyl-Δ²-oxazolin* (I), $C_{15}H_{12}N_2O_3$, F. 148 bis 149° (A.); 98% (bei H^+-Katalyse 85%). — Säurekatalysierte (H_2SO_4) Umwandlung von N-[2-Phenyl-2-hydroxyäthyl]-p-nitrobenzamid [F. 205—209° (A.)] → 86% I. — *trans-1-p-Nitrobenzoyl-2-p-nitrophenyl-3-benzoylaziridin* (II), $C_{22}H_{15}N_3O_6$, F. 178—179°, aus trans-2-p-Nitrophenyl-3-benzoylaziridin mit p-Nitrobenzoylchlorid; 79%. — Isomerisierung von II (NaJ/Aceton) → *trans-2.4-Di-p-nitrophenyl-5-benzoyl-Δ²-oxazolin* (III), $C_{22}H_{15}N_3O_6$, F. 164—165° (Bzl.). — *trans-1.3-Dibenzoyl-2-p-nitrophenylaziridin* (IV), $C_{22}H_{16}N_2O_4$, F. 137,5—138,5° (A.), aus trans-2-p-Nitrophenylaziridin u. Benzoylchlorid; 77%. — Isomerisierung von IV (NaJ/Aceton) → *2-Phenyl-4-p-nitrophenyl-5-benzoyl-Δ²-oxazolin* (V), $C_{22}H_{16}N_2O_4$, F. 115 bis 117° (95%ig. A.); 92%. — Saure Hydrolyse von III → *N-[1-p-Nitrophenyl-2-hydroxy-2-benzoyläthyl]-p-nitrobenzamid* (VI), $C_{22}H_{17}N_3O_7$, F. 198—199° (Methanol); 91%. — V-Hydrolyse → *N-[1-p-Nitrophenyl-2-hydroxy-2-benzoyläthyl]-benzamid* (VII), $C_{22}H_{18}N_2O_5$, F. 213—215° (95%ig. A.); 25%. — CrO_3-Ox. von VII → *4-Nitrodibenzamid*, F. 176—178° (Essigsäure); 58%. — CrO_3-Ox. von VI → *4.4'-Dinitrodibenzamid*, $C_{14}H_9N_3O_6$, F. 225—227° (95%ig. A.); 10%. — Isomerisierung von II in sd. Xylol → *α-p-Nitrobenzoylamino-p-nitrobenzalacetophenon* (VIII), $C_{22}H_{15}N_3O_6$, F. 215—216° (Bzl.); 100%. — IV-Isomerisierung in sd. Xylol → *α-Benzoylamino-p-nitrobenzalacetophenon*, $C_{22}H_{16}N_2O_4$, F. 148—149,5° (95%ig. A.); 95%. — CrO_3-Ox. von VIII → *N-Phenyloxalyl-p-nitrobenzamid* (IX), $C_{15}H_{10}N_2O_5$, F. 199—200° ($CHCl_3$ oder A.); 59%. — CrO_3-Ox. von 2-p-Nitrophenyl-5-phenyloxazol → IX. — Thermolyse von cis-1-p-Nitrobenzoyl-2.3-diphenylaziridin in sd. Xylol → *cis-2-p-Nitrophenyl-4.5-diphenyl-Δ²-oxazolin*, F. 159—161° (Methanol); 80%. — Thermolyse von trans-1-p-Nitrobenzoyl-2.3-diphenylaziridin → *trans-2-p-Nitrophenyl-4.5-diphenyl-Δ²-oxazolin*, F. 120—122° (95%ig. A.); 70%. — *cis-1-Benzoyl-2.3-diphenylaziridin*, $C_{21}H_{17}NO$, F. 139—141° (PAe.); 75%. K. Jasche 3030△

1241 **Basische Eigenschaften von Dihydroisobenzofuranolen (Hydroxyphthalanen).** 9. Mitt. **3.3-Dimethyl-1-[phenanthryl-(9)]-1-hydroxyphthalan.** Henryk Glinka und Andrzej Fabrycy. (Zeszyty naukowe Politechn. Śląskiej, Chem. **1967**, 39, 79—92; Katedra Chem. Nieorganicznej Politechn. Śląskiej; pol.) — Im Rahmen der Unters. über die Eig. von Hydroxyphthalanen wird *3.3-Dimethyl-1-[phenanthryl-(9)]-1-hydroxyphthalan* (I) dargestellt. Das IR-Spektrum von I zeigt, daß diese Verb. nur in der cycl. Form vorliegt. Die Ionisationskonst. (pK_{B+} = —1,02) wird spektrophotometr. ermittelt. I kann im Gegensatz zu anderen Hydroxyphthalanen nicht mit Ameisensäure red. werden. Dagegen verlaufen die Rk. mit Dimethylanilin oder Methyl-MgJ glatt. IR- u. UV-Spektren vgl. Original.

Versuche: 3.3-Dimethyl-1-[phenanthryl-(9)]-phthalan: *1-Hydroxy-* (I), $C_{24}H_{20}O_2$, F. 176—177°, durch Umsetzen von 3.3-Dimethylphthalid mit Phenanthryl-(9)-MgBr in Ae.; 55% (Ausb.). *2.4-Dinitrophenylhydrazon*, $C_{30}H_{24}N_4O_5$, F. 220—221°. *Perchlorat*, $C_{24}H_{19}ClO_5$, F. 210—211°, aus I mit 60%ig. $HClO_4$ in Ae.; 96,6%

Tetrachlorferrat, $C_{24}H_{19}Cl_4FeO$, F. 213—214°; 91 %. — *1-Äthoxy-*, $C_{26}H_{24}O_2$, F. 156—157°, aus I mit A.; 92,5 %. — *1-Methoxy-*, $C_{25}H_{22}O_2$, F. 198—199°, aus I mit Methanol; 94 %. — *1-[p-Dimethylaminophenyl]-*, $C_{32}H_{29}NO$, F. 213 bis 214°, durch Kondens. von 3 g I-Perchlorat mit p-Dimethylanilin; 2,2 g. — *1-Methyl-*, $C_{25}H_{22}O$, F. 155—156°, aus I-Perchlorat mit Methyl-MgJ; 92 %.
G. Westphal 3061△

1242 **Untersuchungen auf dem Gebiet der Thiophensulfonamide und deren Derivate.** 2. Mitt. **Reaktion von α-Thiophensulfonamiden mit Brom und Chlor in alkalischem Medium.** A. Chrząszczewska und W. Szalecki. (Soc. Sci. Lodziensis, Acta chim. **12** (1967) 119—27; Dep. of Organ. Chem., Univ., Lodz; engl.) — 1. vgl. ibid. **10** (1966) 65. — Die Darst. einer Reihe von halogenierten *Thiophenen* aus den Sulfonamiden wird beschrieben. Zu Vgl.-Zwecken werden diese Verb. auch nach beschriebenen Meth. dargestellt.

Versuche: *5-Chlorthiophen-2-carbonsäure*, $C_5H_3 \cdot ClO_2S$, F. 153—153,5° (50 %ig. A.), durch Umsetzen von Äthylbromid mit Mg zu Äthyl-MgBr, 8std. Kochen nach Zugabe von 36,75 g 2-Brom-5-chlorthiophen in Ae., Zugabe von Trockeneis u. Zugabe von Eis/konz. HCl; 2,6 g (Ausb.). — *5-Bromthiophen-2-carbonsäure*, $C_5H_3 \cdot BrO_2S$, F. 140—141°, analog vorst. Verb. aus 2.5-Dibromthiophen. — *2.5-Dibromthiophen*, Kp. 210—213°, a) durch $1^1/_2$std. Zugabe von Br_2 zu 48 g 5-Bromthiophen-2-sulfonsäureamid in wss. LiOH bei 45—55°, Extrahieren der wss. Lsg. mit Bzl. u. Dest.; n_D^{20} 1,6287; $D._4^{21}$ 2,148; 15,6 g; b) nach Hartough (1952). — *2-Brom-5-chlorthiophen*, F. —22 bis —20°, Kp. 188—190°, $Kp._{13}$ 54 bis 57°, a) analog vorst. Verb. nach a) aus 39,5 g 5-Chlorthiophen-2-sulfonsäureamid; n_D^{21} 1,5923; 14 g; b) analog a) aus 24,2 g 5-Bromthiophen-2-sulfonsäureamid durch Einleiten von Cl_2 bei 50°; 5,1 g; c) nach Bachman u. Heisey (1948). — *2.5-Dibrom-3.4-di-[chlormercuri]-thiophen*, Zers.-P. > 300°, aus vorvorst. Verb. nach Steinkopf et al. (1936). — *2-Brom-5-chlor-3.4-bis-[acetoxymercuri]-thiophen*, $C_8H_6BrClHg_2O_4S$, Kp. 133—134°, aus 1,95 g vorvorst. Verb. mit HgO in Essigsäure, 4std. Erhitzen auf 100° u. Stehen über Nacht; 1,5 g. — *N.2.5-Tribromthiophen-3-sulfonsäureamid. Li-Salz-Trihydrat*, $C_4 \cdot HBr_3LiNO_2S_2 \cdot 3\,H_2O$, aus 4,8 g 2.5-Dibromthiophen-3-sulfonsäureamid mit LiOH u. Br_2 bei 45° u. 10 Min. langes Erwärmen auf 70°; 2 g. — *S.S-Dibenzyl-N-(2.5-dibromthienyl-(3)-sulfonyl)-sulfilimin*, $C_{18}H_{15}Br_2NO_2S_3$, Kp. 148—149° (A.), aus vorst. Verb. mit Dibenzylsulfid. — *2.5-Dibromthiophen-3-sulfonamid*, Kp. 150—152° (A.), aus vorst. Verb. mit konz. HCl in Dioxan/Aceton; daneben *Benzylsulfoxid*, Kp. 127—129°. W. Hampel 3071△

1243 **Untersuchungen auf dem Gebiet der Thiophensulfonamide und deren Derivate.** 3. Mitt. **Die Synthese der Alkalimetallsalze von N-Chlorthiophen-2-sulfonsäureamiden.** A. Chrząszczewska und W. Szalecki. (Soc. Sci. Lodziensis, Acta chim. **12** (1967) 129—32; engl.) — 2. vgl. vorst. Referat. — Die Synth. der *Na-* u. *K-Salze von N-Chlorthiophen-2-sulfonamiden* wird beschrieben.

Versuche: Thiophen-2-sulfonsäureamide, a) durch Zugabe von Cl_2 oder Br_2 zur Lsg. der Sulfonamide in wss. NaOH oder KOH bei 0—5° u. Stehen über Nacht; b) durch Zugabe von überschüssiger NaClO oder NaBrO-Lsg. zum entsprechenden Sulfonamid in wss. NaOH oder KOH: *N.5-Dichlor-*, *Na-Salz*, $C_4H_2Cl_2 \cdot NNaO_2S_2 \cdot 1{,}5\,H_2O$, nach a) oder b). — *N-Chlor-*, *Na-Salz* (I), $C_4H_3ClNNaO_2S_2 \cdot 1{,}5\,H_2O$, nach b). — *N-Brom-5-chlor-*, *K-Salz*, $C_4H_2BrClKNO_2S_2 \cdot H_2O$, nach a). — *N-Chlor-5-brom-*, *Na-Salz*, $C_4H_2BrClNNaO_2S_2 \cdot 1{,}5\,H_2O$, nach a) oder b). — *N.5-Dibrom-*, *Na-Salz*, $C_4H_2Br_2 \cdot NNaO_2S_2 \cdot 1{,}5\,H_2O$, nach b). — N-[Thienyl-(2)-sulfonyl]-S.S-dibenzylsulfilimine; *Unsubstituiert*, $C_{18}H_{17} \cdot NO_2S_3$, F. 136° (80 %ig. A.), durch 2tägiges Stehen von I mit Dibenzylsulfid in verd. Dioxan. — *5-Chlor-*, $C_{18}H_{16} \cdot ClNO_2S_3$, F. 167—168°. — *5-Brom-*, $C_{18}H_{16}BrNO_2S_3$, F. 169°. W. Hampel 3071△

1244 **Thiophenderivate.** 3. Mitt. **Synthese von 2-Brom-3-[5-nitrothienyl-(2)]-acrylsäure und verwandten Verbindungen.** Haruo Saikachi und Yoichi Taniguchi. (J. pharmac. Soc. Japan [Yakugakuzasshi] 87 (1967) 6, 704—11; Fac. of Pharm. Sci., Kyushu Univ.; jap.) — Aus 3-[5-Nitrothienyl-(2)]-acroleinoxim entsteht *3-[5-Nitrothienyl-(2)]-acrylnitril*, das *3-[5-Nitrothienyl-(2)]-acrylsäureäthylester* (I) gibt. I läßt sich zur freien *Säure* verseifen, die auch durch Perkin-Rk. aus 5-Nitro-2-formylthiophen (II) entsteht. Sie wird zur *3-[5-Nitrothienyl-(2)]-2.3-dibrompropionsäure* (III) bromiert, der entsprechende *Äthylester* (IV) entsteht durch Bromierung aus I. Umsetzung von IV mit K_2CO_3/Essigsäure führt entsprechend den Rk.-Bedingungen zu einem wechselnden Gemisch zweier Modifikationen von *2-Brom-3-[5-nitrothienyl-(2)]-acrylsäureäthylester*, von denen sich die eine in die andere umlagern läßt u. die beide zur freien *Säure* (V) verseift werden können. Mit Na-Äthylat entsteht aus IV *2-Äthoxy-3-[5-nitrothienyl-(2)]-acrylsäureäthylester*. III verhält sich bei der Einw. von K_2CO_3/Essigsäure analog IV. Die dabei entstehende *Säure* V wird auch durch Perkin-Rk. aus II mit Bromessigsäure bzw. aus *2-Brom-3-[5-nitrothienyl-(2)]-acrolein* mit Ag_2O erhalten, das wiederum aus 3-[5-Nitrothienyl-(2)]-acrolein (VI) durch Bromierung u. nachfolgende HBr-Abspaltung entsteht. Durch Perkin-Rk. mit Chloressigsäure entsteht aus II *2-Chlor-3-[5-nitrothienyl-(2)]-acrylsäure*, aus der über das mit $SOCl_2$ gebildete Säurechlorid u. weitere Umsetzung mit Aminen eine Reihe von *Säureamiden* hergestellt wurden, deren Br-Analoga auf die gleiche Weise auch aus V erhalten werden. Die Amide lassen sich leicht wieder zu den entsprechenden Säuren verseifen.

Versuche: *3-[5-Nitrothienyl-(2)]-acrolein* (VI), F. 129—130°. *Oxim*, $C_7H_6N_2O_3S$, F. 171,5—173,5° (Zers.); 95 % (Ausb.). — *3-[5-Nitrothienyl-(2)]-acrylnitril*, $C_7H_4 \cdot N_2O_2S$, F. 117—118°, aus vorst. Oxim mit $SOCl_2$; 92 %. — *3-[5-Nitrothienyl-(2)]-acrylsäure*, F. 255—256° (Zers.); a) aus dem Äthylester durch Verseifung; 71 %; b) durch Perkin-Rk. aus 5-Nitro-2-formylthiophen (II); 3 %. *Äthylester* (I), F. 90—91° oder 96—98°, aus vorst. Verb. mit A. u. HCl über das *Imidoesterhydrochlorid* [F. 235 bis 238° (Zers.)]; 54 %. — *3-[5-Nitrothienyl-(2)]-2.3-dibrompropionsäure* (III), $C_7H_5Br_2NO_4S$, F. 170,5°, durch Bromierung aus vorst. Verb.; 84,5 %. *Äthylester* (IV), $C_9H_9 \cdot Br_2NO_4S$, F. 99—100°, durch Bromierung aus I; 72,3 %. — *2-Brom-3-[5-nitrothienyl-(2)]-acrylsäure, β-Mod.* (Modifikation), $C_7H_4BrNO_4S$, F. 95,5—97°, aus 0,01 Mol III u. 0,05 Mol K_2CO_3/Essigsäure(A) durch 30 Min. lange Rk. auf dem W.-Bad; 3,5 %; daneben 30 % *α-Mod.*; *α-Mod.* (V); $C_7H_4BrNO_4S$, F. 255—256° (Zers.), a) aus 0,01 Mol III u. 0,05 Mol A durch 90 Min. lange Rk. auf dem W.-Bad oder durch Kochen in Essigsäure oder mit 0,01 Mol A; 32,5—57,4 %; b) aus der *β*-Mod. durch 10std. Erhitzen in Dioxan/HCl; 66 %; c) aus II durch Perkin-Rk. mit Monobromessigsäure; 7 %; d) aus VI durch Bromierung u. nachfolgende HBr-Abspaltung zum *2-Brom-3-[5-nitrothienyl-(2)]-acrolein* (F. 186—188°) u. dessen Umsetzung mit Ag_2O; 14 %; e) durch Verseifung aus beiden Mod. des Äthylester; 67 %. *Äthylester, α-Mod.*, $C_9H_8BrNO_4S$, F. 94 bis 95°, aus 0,01 Mol IV u. 0,05 Mol A durch 30 Min. lange Rk. auf dem W.-Bad; 25,4 %; daneben 15,1 % *β*-Mod.; b) aus 0,01 Mol IV u. 0,01 Mol Na-Äthylat in 30 Min. langer Rk. bei —5 bis 0°; 60 %; *β-Mod.*, $C_9H_8Br \cdot NO_4S$, F. 127—128°, a) aus 0,01 Mol IV u. 0,05 Mol A durch 1std. oder längere Rk. auf dem W.-Bad oder durch Kochen in Essigsäure oder mit 0,01 Mol A; 25—77,1 %; b) durch $3^1/_2$std. Erhitzen der α-Mod.; 70 %. — *2-Äthoxy-3-[5-nitrothienyl-(2)]-acrylsäureäthylester*, $C_{11}H_{13}NO_5S$, F. 69,5—71°, aus 0,01 Mol IV u. 0,01—0,05 Mol Na-Äthylat in wechselnden Rk.-Zeiten bei —5 bis 0°; 57,5—65 %. — *2-Chlor-3-[5-nitrothienyl-(2)]-acrylsäure*, $C_7H_4ClNO_4S$, F. 252—254°, aus II durch Perkin-Rk. mit Monochloressigsäure; 4—13 %. — *2-Chlor-3-[5-nitrothienyl-(2)]-acrylsäureamid* bzw. *-hydrazide*, aus der Säure durch Rk. mit $SOCl_2$ u. Umsetzung des Säurechlorids mit NH_3 bzw. dem entsprechenden Hydrazin. *-amid*, $C_7H_5ClN_2O_3S$, F. 219 bis 220°; gelbe Nadeln; 56,5 %. — *-phenylhydrazid*, $C_{13}H_{10}ClN_3O_3S$, F. 233—235°; gelbe Nadeln; 70 %. — *-(p-methoxyphenylhydrazid)*, $C_{14}H_{12}ClN_3O_4S$, F. 238 bis 240° (Zers.); gelbe Prismen; 65 %. — *-(p-aminosulfonylphenylhydrazid)*, $C_{13}H_{11}ClN_4O_5S_2$, F. 287—289°; gelbe Prismen; 25 %. — *2-Brom-3-[5-nitrothienyl-(2)]-acrylsäureamide* bzw. *-hydrazide*, aus V durch Rk. mit $SOCl_2$ u. Umsetzung des Säurechlorids mit NH_3-Gas bzw. dem entsprechenden Phenylhydrazin. *-amid*, $C_7H_5BrN_2O_3S$,

F. 218,5—220,5°; gelbe Nadeln; 50 %. — *-phenylhydrazid*, $C_{13}H_{10}BrN_3O_3S$, F. 216—218°; gelbe Nadeln; 65 %. — *-(p-methoxyphenylhydrazid)*, $C_{14}H_{12}BrN_3O_4S$, F. 223 bis 225°; gelbe Prismen; 65 %. — *-(p-aminosulfonylphenylhydrazid)*, $C_{13}H_{11}BrN_4O_5S_2$, F. 271—273°; gelbe Prismen; 20 %. R. Becker 3071 △

1245 **Sterisch gehinderte Amine. Acyclische und heterocyclische Kondensationsprodukte aus α-Aminoketonen und Benzaldehyd.** G. F. Hennion und George G. King. (J. chem. Engng. Data **12** (1967) 2, 275—77; The Chem. Labor., Univ., Notre Dame, Ind.; engl.) — Claisen-Schmidt-Kondens. von Aminoketonen mit aromat. Aldehyden liefert *α,β-ungesätt. Aminoketone* (**I**), die durch therm. Cyclisierung in entsprechende *1.2.2-Trialkyl-5-arylpyrrolidone-(3)* umgewandelt werden, während Red. mit $NaBH_4$ entsprechende *1.2.2-Trialkyl-5-arylpyrrolidinole-(3)* liefert. Red. der Verb. vom Typ **I** mit $NaBH_4$ oder katalyt. Hydrierung führt zu *α,β-ungesätt. 1.2-Aminoalkoholen, gesätt. Aminoketonen* bzw. *gesätt. Aminoalkoholen.*

Versuche: 1-Phenyl-3-oxo-4-amino-4-methylpentene-(1) (**I**): *N-Äthyl-*, F. 82—83,5°; 89 % (Ausb.). *Hydrochlorid* (**III**), $C_{14}H_{20}ClNO$, F. 202—203°. — *p-Methyl-N-äthyl-*, F. 66—68°; 94 %. *Hydrochlorid*, $C_{15}H_{22}$·ClNO, F. 219—220°. — *p-Methoxy-N-äthyl-*; 81 %. *Hydrochlorid*, $C_{15}H_{22}ClNO_2$, F. 229—230° (Zers.). — *p-Chlor-N-äthyl-*, F. 62—64°; 88 %. *Hydrochlorid*, $C_{14}H_{19}$·Cl_2NO, F. 245—246° (Zers.). — *N-Isopropyl-*, F. 56 bis 57,5°; 95 %. *Hydrochlorid* (**VII**), $C_{15}H_{22}ClNO$, F. 176 bis 177°. — *N-tert.-Butyl-*, F. 93—94°; 94 %. *Hydrochlorid* (**IX**), $C_{16}H_{24}ClNO$, F. 208—209° (Zers.). — *N.N-Dimethyl-*, $Kp._{2,6}$ 150—155°; 91 %. *Hydrochlorid* (**XI**), $C_{14}H_{20}ClNO$, F. 173—175°. — *N.N-Dimethyl-p-methyl-*, $Kp._{2,3}$ 152—154°; 73 %. *Hydrochlorid*, $C_{15}H_{22}ClNO$, F. 181 bis 183°. — *N.N-Dimethyl-p-methoxy-*, $Kp._{3,6}$ 179—181°; 70 %. *Hydrochlorid*, $C_{15}H_{22}ClNO_2$, F. 189—191° (Zers.). — *N.N-Dimethyl-p-chlor-*, F. 71—74°; 76 %. *Hydrochlorid*, $C_{14}H_{19}Cl_2NO$, F. 210—211°. — *1-Phenyl-3-oxo-4-[N-äthylamino]-4-methylhexen-(1)*, F. 51—52°; 96 %. *Hydrochlorid*, $C_{15}H_{22}ClNO$, F. 167—168°. — *1-Phenyl-3-oxo-3-[1′-äthylaminocyclohexyl]-propen-(1)*, F. 50—51°; 86 %. *Hydrochlorid*, $C_{17}H_{24}ClNO$, F. 219—220°. — *1-Phenyl-3-oxo-3-[1′-dimethylaminocyclohexyl]-propen-(1)*, $Kp._{1,9}$ 177 bis 180°; 67 %. *Hydrochlorid*, $C_{17}H_{24}ClNO$, F. 159—162°. — Pyrrolidine: *1.2.2-Trimethyl-3-oxo-5-phenyl-*, $C_{13}H_{17}$·NO, $Kp._{1,5}$ 102—108°; 70 %. *Hydrochlorid*, F. 62—63°. — *1-Äthyl-2.2-dimethyl-3-oxo-5-phenyl-*, $Kp._4$ 127—128°; 79 %. *Hydrochlorid*, $C_{14}H_{20}ClNO$, F. 192—194°. — *1-Äthyl-2.2-dimethyl-3-oxo-5-p-tolyl-*, $Kp._{1,9}$ 124—126°; 77 %. *Hydrochlorid*, $C_{15}H_{22}ClNO$, F. 191—194°. — *1-Äthyl-2.2-dimethyl-3-oxo-5-[p-methoxyphenyl]-*, $Kp._{1,5}$ 144—146°; 71 %. *Hydrochlorid*, $C_{15}H_{22}ClNO_2$, F. 167—170°. — *1-Äthyl-2.2-dimethyl-3-oxo-5-[p-chlorphenyl]-*, $Kp._{1,1}$ 130 bis 131°; 76 %. *Hydrochlorid*, $C_{14}H_{19}Cl_2NO$, F. 181—183°. — *1-Isopropyl-2.2-dimethyl-3-oxo-5-phenyl-*, $Kp._3$ 122 bis 125°; 80 %. *Hydrochlorid*, $C_{15}H_{22}ClNO$, F. 204—206°. — *1.2-Diäthyl-2-methyl-3-oxo-5-phenyl-*, $Kp._4$ 138—140°; 85 %. *Hydrochlorid*, $C_{15}H_{22}ClNO$, F. 174—175°. — *1-Äthyl-2.2-pentamethylen-3-oxo-5-phenyl-*; 94 %. *Hydrochlorid*, $C_{17}H_{24}ClNO$, F. 212—214°. — *1-Äthyl-2.2-dimethyl-3-hydroxy-5-phenyl-*, *Hydrochlorid*, $C_{14}H_{22}ClNO$, F. 169—171°; 65 %. *Freie Base*, $Kp._7$ 142—143°. — *1-Äthyl-2.2-dimethyl-3-hydroxy-5-p-tolyl-*, *Hydrochlorid*, $C_{15}H_{24}ClNO$, F. 181—184°; 84 %. — *1-Äthyl-2.2-dimethyl-3-hydroxy-5-[p-methoxyphenyl]-*, *Hydrochlorid*, $C_{15}H_{24}Cl$·NO_2, F. 184—187°; 86 %. — *1-Äthyl-2.2-dimethyl-3-hydroxy-5-[p-chlorphenyl]-*, *Hydrochlorid*, $C_{14}H_{21}Cl_2NO$, F. 165—168°; 76 %. — *1-Isopropyl-2.2-dimethyl-3-hydroxy-5-phenyl-*, $C_{15}H_{24}ClNO$, F. 162—165°; 60 %. — *1.2-Diäthyl-2-methyl-3-hydroxy-5-phenyl-*, F. 157—160°; 71 %. — *1-Äthyl-2.2-pentamethylen-3-hydroxy-5-phenyl-*, $C_{17}H_{26}ClNO$, F. 230—232°; 62 %. — 1-Phenyl-3-hydroxy-4-amino-4-methylpentene-(1): *N-Äthyl-* (**II**), $Kp._{10}$ 170—174°, F. 82—83°; 54 %. *Hydrochlorid*, $C_{14}H_{22}ClNO$, F. 174—175°. — *N-Äthyl-p-methyl-* (**V**), F. 96—97°; 69 %. *Hydrochlorid*, $C_{15}H_{24}ClNO$, F. 195 bis 197°. — *N-Isopropyl-* (**VI**), F. 85—86°; 58 %. *Hydrochlorid*, $C_{15}H_{24}ClNO$, F. 177—178°. — *N-tert.-Butyl-* (**VIII**), $Kp._{3,8}$ 159—161°; 64 %. *Hydrochlorid*, $C_{16}H_{26}ClNO$, F. 194—196°. — *1-Phenyl-3-hydroxy-4-[N-äthylamino]-4-methylhexen-(1)* (**XII**), $Kp._{1,5}$ 145—147°; 77 %. *Hydrochlorid*, $C_{15}H_{24}ClNO$, F. 179—180°. — *1-Phenyl-3-hydroxy-3-[1′-äthylaminocyclohexyl]-propen-(1)* (**XIII**), $Kp._3$ 182 bis 184°; 78 %. *Hydrochlorid*, $C_{17}H_{26}ClNO$, F. 161—162°. — 1-Phenyl-4-amino-4-methylpentane, Hydrochloride: *3-Oxo-N-äthyl-* (**IV**), $C_{14}H_{22}ClNO$, F. 170 bis 171°; 89 %. — *3-Oxo-N-tert.-butyl-*, $C_{16}H_{26}ClNO$, F. 175 bis 178° (Zers.); 95 %. *Freie Base*, F. 66—68°. — *3-Oxo-N.N-dimethyl-* (**X**), $C_{14}H_{22}ClNO$, F. 131—133°; 85 %. — *3-Hydroxy-N-äthyl-*, $C_{14}H_{24}ClNO$, F. 192—194°, a) durch katalyt. Hydrierung von **II** (Meth. **A**); 95 %; b) aus **III** analog **A**; 91 %; c) durch Red. von **IV** mit $NaBH_4$ (Meth. **B**); 74 %. — *3-Hydroxy-N-äthyl-p-methyl-*, $C_{15}H_{26}$·ClNO, F. 180—182° (Zers.), aus **V** analog **A**; 90 %. — *1-Phenyl-3-hydroxy-4-äthylamino-4-methylhexan*, *Hydrochlorid*, $C_{15}H_{26}ClNO$, F. 161—163°, aus **XII** analog **A**; 98 %. — *1-Phenyl-3-hydroxy-3-[1-äthylaminocyclohexyl]-propan*, *Hydrochlorid*, $C_{17}H_{28}ClNO$, F. 187—188°, aus **XIII** analog **A**; 94 %. — *1-Phenyl-3-hydroxy-3-[1-dimethylaminocyclohexyl]-propan*, *Hydrochlorid*, $C_{17}H_{28}ClNO$, F. 169—170°, aus nachst. Verb. analog **B** u. nachfolgend analog **A**; 98 %. — *1-Phenyl-3-oxo-3-[1-dimethylaminocyclohexyl]-propan*, *Hydrochlorid*, $C_{17}H_{26}ClNO$, F. 143 bis 154; 90 %. K.-P. Hilgetag 3081 △

1246 **Berichtigung: Pyrrol-Chemie.** 4. Mitt. **Darstellung und Reaktionen von bromierten Pyrrol-Derivaten.** Hugh J. Anderson und Shu -Fan Lee. (Canad. J. Chem. **45** (1967) 1, 99; Dep. of Chem. Memorial Univ. of Neufundland, St. John's Neufundland; engl.) — (Ref. Canad. J. Chem. **48** (1954) 409. — Auf Seite 409, Absatz 2, Zeile 6 muß es richtig heißen „enthält hauptsächlich den *5-Formyl-2-ester* zusammen mit etwas *4-Formyl-2-ester*." Auf Seite 414, Absatz 2, Zeile 3 muß es heißen „vom *Formyl-2-ester* [F. 121—122°] wird *Pyrrol-2.4-dicarbonsäuredimethylester* [F. 126—127°] erhalten". Auf Zeile 6 muß es heißen „vom *Formyl-2-ester* [F. 92—93°] wird *Pyrrol-2.5-dicarbonsäuredimethylester* [F. 128,5—129,5°] erhalten." Auf Seite 414, Absatz 3, Zeile 1 muß es heißen „der so geprüfte *5-Formylpyrrol-2-carbonsäuremethylester* [F. 92 bis 93°] wird in sein *Oxim* [F. 123—124° übergeführt u. mit heißem Acetanhydrid zum entsprechenden *5-Cyanpyrrol-2-carbonsäuremethylester* dehydratisiert. Analog wird der *4-Formyl-2-ester* über sein *Oxim* [F. 204 bis 205°] in *4-Cyanpyrrol-2-carbonsäuremethylester* übergeführt." K.-P. Hilgetag 3081 △

1247 **Darstellung von Pyrrol-2.5-diessigsäure.** G. M. Badger, J. A. Elix und G. E. Lewis. (Austral. J. Chem. **20** (1967) 8, 1777—78; Dep. of Organ. Chem., Univ. of Adelaide; engl.) — Aus 2-Äthoxycarbonylmethylpyrrol (**I**) u. Diazoessigsäureäthylester (**II**) entsteht in Ggw. von Cu-Pulver *2.5-Bis-[äthoxycarbonylmethyl]-pyrrol*, das mit wss.-äthanol KOH zu *2.5-Bis-[carboxymethyl]-pyrrol* (*Pyrrol-2.5-diessigsäure*) verseift wird.

Versuche: *2.5-Bis-[äthoxycarbonylmethyl]-pyrrol*, F. 73° (A./Kohle), $Kp._{0,6}$ 150—155°, aus **I** u. **II** in Ggw. von Cu-Pulver; 21 % (Ausb.). — *2.5-Bis-[carboxymethyl]-pyrrol*, $C_8H_9NO_4$, F. 120,5—121° (Zers.; Ae./Hexan), aus vorst. Verb. u. sd. wss. -äthanol. KOH; 54 %. *Bis-[piperidiniumsalz]*, $C_{18}H_{31}N_3O_4$, F. 156—158° (A./Ae.). Hans Köhne/Berlin 3081 △

1248 **Solvolytische Oxydation von O-Tosyl-4-hydroxyprolinen in Dimethylsulfoxid.** V. Nair und A. V. Robertson. (Austral. J. Chem. **20** (1967) 8, 1767—69; Dep. of Organ. Chem., Univ. of Sydney; engl.) — O.N.Ditosyl-trans-4-hydroxy-L-prolinmethylester (**I**) gibt mit Dimethylsulfoxid (DMS) bzw. mit DMS in Ggw. von Kollidin *N-Tosyl-4-oxo-L-prolinmethylester* (**II**) in 43 % bzw. 49 %ig. Ausbeute. O.N-Ditosyl-cis-4-hydroxy-L-prolinmethylester (**III**) gibt analog 61 % **II**. cis- bzw. trans-N-Tosyl-4-chlor-L-prolinmethylester werden von DMS nicht angegriffen.

Versuche: *N-Tosyl-4-oxo-L-prolinmethylester* (**II**), F. 101—102°, a) aus 0,5 g **I** in DMS bei 105°; 0,14 g (Ausb.); b) analog a) in Ggw. von Kollidin; 0,16 g; c) aus 0,5 g **III** nach a); 0,20 g. Hans Köhne/Berlin 3081 △

1249 **Untersuchungen in der Indol-Reihe.** 2. Mitt. **Synthese von Cycloalkano-[b]-indolonen.** Kikuo Ishizumi, Takayuki Shioiri und Shun-ichi Yamada. (Chem. pharmac. Bull. [Tokyo] **15** (1967) 6, 863—72; Fac. of Pharm. Sci., Univ. of Tokyo, Hongo, Tokyo; engl.) — 1. vgl. ibid. **15** (1967) 499. — Es wird durch Cyclisierung von 3-Indolalkansäuren unter Anwendung von Polyphosphorsäure (**II**) eine Reihe von *Cycloalkan-[b]-indolonen* dargestellt. Dabei liefert die Cyclisierung von 5-[1-Methylindolyl-(3)]-valeriansäure bzw. von 6-[1-Methylindolyl-(3)]-capronsäure (**VII**) sowohl *monomere* als auch *dimere Verbindungen.*

Versuche: *3-[1-Methylindolyl-(3)]-propionsäure* (**V**), $C_{12}H_{13}NO_2$, F. 124—125°, durch Zugabe von Na zu fl. NH_3 in Ggw. von $Fe_2(NO_3)_3 \cdot 9\,H_2O$, Zugabe einer Suspension von 3-[Indolyl-(3)]-propionsäure (**IV**) in Ae., Zutropfen von CH_3J, Abdest. des NH_3, Zugabe von W., Erhitzen, Filtrieren u. Ansäuern mit konz. HCl (Meth. **A**); aus W. Nadeln; 75% (Ausb.). — *4-[1-Methylindolyl-(3)]-buttersäure* (**III**), $C_{13}H_{15}NO_2$, F. 100—101° (n-Hexan), aus 4-Indolyl-(3)-buttersäure (**I**) analog **A**; 56%. — *5-[1-Methylindolyl-(3)]-valeriansäure* (**XII**), $C_{14}H_{17}NO_2$, F. 88° (Methanol), aus 5-[Indolyl-(3)]-valeriansäure analog **A**; 56%. — *6-[1-Methylindolyl-(3)]-capronsäure* (**VII**), $C_{15}H_{19}\cdot NO_2$, F. 61—63° (Methanol), aus 6-[Indolyl-(3)]-capronsäure (**VI**) analog **A**; 55%. — *6-[1-Methylindolyl-(3)]-hexansäuremethylester*, $C_{16}H_{21}NO_2$, Kp.$_5$ 202°, aus vorst. Verb. in methanol. HCl; 58%. — *2.3.4.9-Tetrahydro-1H-carbazolon-(1)*, $C_{12}H_{11}NO$, F. 164—165° (n-Hexan), a) aus **I** mit P_2O_5; 22%; b) durch Zugabe von BF_3-Ätherat zu **I** in Acetanhydrid–Essigsäure, $^3/_4$std. Rühren bei Raumtemp., Gießen in Eiswasser u. Extrahieren mit Bzl. (Meth. **B**); 50%; c) durch Zugabe von heißer **II** zu **I**, $^1/_2$std. Rühren bei 95°, Gießen in Eiswasser u. Extrahieren mit Bzl. (Meth. **C**); 55%. — *9-Methyl-2.3.4.9-tetrahydro-1H-carbazolon-(1)*, $C_{13}H_{13}NO$, F. 98—99° (Methanol), a) aus **III** analog **B**; 87%; b) durch Zugabe von BF_3-Ätherat zu **III** in Dioxan, 2std. Rühren bei Raumtemp., 4std. Kochen, Einengen u. Extrahieren mit Bzl./Ae. (1 : 1); 25%; c) aus **III** analog **C**; 90%. — *1.2-Dihydrocyclopent-[b]-4H-indolon-(3)*, $C_{11}H_9NO$, F. 245—248° (A.), aus **IV** analog **C**; 47%. — *4-Methyl-1.2-dihydrocyclopent-[b]-4H-indolon-(3)*, $C_{12}H_{11}NO$, F. 133—134° (A.), aus **V** analog **C**; 77%. — *7.8.9.10-Tetrahydrocyclohept-[b]-5H-indolon-(6)*, $C_{13}H_{13}NO$, F. 145,5—147° (A.), aus 5-[Indolyl-(3)]-valeriansäure analog **C**; 95%. — *5-Methyl-7.8.9.10-tetrahydrocyclohept-[b]-5H-indolon-(6)* (**IX**), $C_{14}H_{15}NO$, F. 64,5 bis 65,5° (A.), a) aus vorst. Verb. mit KOH u. Methylsulfat; 63%; b) aus 3 g **XII** analog **C**; 11%; daneben 0,3 g *Verb. vom F. 180—186°*, (A.) u. 0,3 g *2-{5-[1-Methylindolyl-(3)]-pentanoyl}-5-methyl-7.8.9.10-tetrahydrocyclohept-[b]-5H-indolon-(6)* [$C_{28}H_{30}N_2O_2$, F. 118—119° (A.)]. — *6.7.8.-9.10.11-Hexahydro-5H-cyclooct-[b]-indolon-(6)* (**X**), $C_{14}\cdot H_{15}NO$, F. 183° (A.), aus **VI** analog **C**; 30%. — *5-Methyl-6.7.8.8.10.11-hexahydro-5H-cyclooct-[b]-indolon-(6)*, $C_{15}\cdot H_{17}NO$, F. 91° (A.), aus vorst. Verb. u. Methylsulfat; 16%. — *2-{6-[1-Methylindolyl-(3)]-hexanoyl}-5-methyl-6.-7.8.9.10.11-hexahydro-5H-cyclooct-[b]-indolon-(6)*, $C_{30}H_{34}\cdot N_2O_2$, F. 118—119,5° (A.), a) aus 2 g **VII** analog **C**; 0,98 g; b) analog aus 2 g **VII** bei 150°; 0,59 g; daneben 85 mg *nicht identifizierte Verbindung.* — *2-Acetyl-3-methylindol*, $C_{11}H_{11}NO$, F. 146—147° (n-Hexan), aus Skatol analog **B**; 27%. — *3-[2-Acetylindolyl-(3)]-propionsäure*, $C_{13}H_{13}NO_3$, F. 173—175° (A.), aus **IV** analog **B**; 25%. — *6-[1-Methyl-2-acetylindolyl-(3)]-capronsäure*, $C_{17}H_{21}NO_3$, F. 98—99° (n-Hexan), aus **VI** analog **B**; 34%. — *1.3-Dimethylindol*, $C_{10}H_{11}N$, Kp.$_{10}$ 118°, aus Skatol analog **A**; 78%. — *2-Acetyl-1.3-dimethylindol* (**VIII**), $C_{12}H_{13}NO$, F. 86—87° (A.), aus vorst. Verb. analog **C**; 78%. — *p-Aminoacetophenon*, F. 104—105° (W.), aus p-Nitroacetophenon u. Fe; 65%. — *Pentandion-(2.3)*, *3-[p-Acetylphenylhydrazon]*, $C_{13}H_{16}N_2O_2$, F. 130—132° (Methanol), aus 2-Acetylbuttersäureäthylester, p-Acetylphenyldiazoniumchlorid [aus vorst. Verb. u. $NaNO_2$ in verd. HCl] u. Na-Acetat; 78%. — *2.5-Diacetyl-3-methylindol*, $C_{13}H_{13}NO_2$, F. 228 bis 228,5° (Essigester), aus vorst. Verb. mit **II**; 4,7%. — *1.3-Dimethyl-2.5-diacetylindol*, $C_{14}H_{15}NO_2$, F. 127—128° (A.), a) aus **VIII** mit **II** in Acetanhydrid 89%; b) aus vorst. Verb. u. Methylsulfat; 30%. — *2-Acetyl-5-methyl-7.8.9.-10-tetrahydrocyclohept-[b]-5H-indolon-(6)*, $C_{16}H_{17}NO_2$, F. 149,5—150° (Methanol), aus **IX** analog **C**; 77%. — *2-Acetyl-5-methyl-6.7.8.9.10.11-hexahydro-5H-cyclooct-[b]-indolon-(6)*, $C_{17}H_{19}NO_2$, F. 141—142° (A.), aus **X** analog **C**; 78%. K.-P. Hilgetag 3081△

1250 **Mannich-Basen von 2-Phenylindolizinen.** 1. Mitt. **3-Alkyl-1-dialkylaminomethylderivate.** William B. Harrell und Robert F. Doerge. (J. pharmac. Sci. **56** (1967) 2, 225—28; School of Pharmacy, Oregon State Univ., Corvallis; engl.) — Vf. synthetisieren eine Reihe von Mannich-Deriv. von *3-Methyl-* bzw. *3-Äthyl-2-phenylindolizin.* Der Rk.-Mechanismus wird diskutiert. *1-Diäthylaminomethyl-3-methyl-2-phenylindolizin* zeigt eine depressive Wrkg. auf das Zentralnervensystem.

Versuche: 2-Phenylindolizine, durch $^1/_4$std. Stehen des Gemisches aus dem entsprechenden sek. Amin u. Formaldehyd bei Raumtemp., Zugabe zum Indolizin in Dioxan, 24std. Stehen bei Raumtemp. u. Einengen: *1-Dimethylaminomethyl-3-methyl-*, $C_{18}H_{20}N_2$, F. 66—67° (Aceton/W.); 86% (Ausb.). — *1-Diäthylaminomethyl-3-methyl-*, $C_{20}H_{24}N_2$, F. 81—82° (Dioxan/W.); 89%. — *1-Pyrrolidinomethyl-3-methyl-*, $C_{20}H_{22}N_2$, F. 102—104° (Dioxan/W.); 89%. — *1-Piperidinomethyl-3-methyl-*, $C_{21}\cdot H_{24}N_2$, F. 104,5—106,5° (Dioxan/W.); 90,5%. — *1-Morpholinomethyl-3-methyl-*, $C_{20}H_{22}N_2O$, F. 133—134° (Dioxan/W.); 78%. — *1-[N-Methyl-N-phenylaminomethyl]-3-methyl-*, $C_{23}H_{22}N_2$, F. 131—132° (Aceton); 82,8%. — *1-Dimethylaminomethyl-3-äthyl-*, $C_{19}H_{22}N_2$, F. 65,5—66° (Aceton/W.); 87%. — *1-Diäthylaminomethyl-3-äthyl-*, $C_{21}\cdot H_{26}N_2$, F. 56—57° (A.); 80%. — *1-Pyrrolidinomethyl-3-äthyl-*, $C_{21}H_{24}N_2$, F. 78—79° (A.); 76%. — *1-Piperidinomethyl-3-äthyl-*, $C_{22}H_{26}N_2$, F. 101—102° (A.); 79%. — *1-Morpholinomethyl-3-äthyl-*, $C_{21}H_{24}N_2O$, F. 78—79° (A.); 75%. — *1-[4-Methyl-1.4-diazinomethyl]-3-äthyl-*, $C_{22}H_{27}\cdot N_3$, F. 117—118° (Aceton/W.); 76%. — *Bis-[3-methyl-2-phenylindolizinyl-(1)]-methan*, $C_{31}H_{26}N_2$, F. 162—163° (Zers.; Aceton/W.), durch 48std. Stehen eines Gemisches aus 3-Methyl-2-phenylindolizin, 37%ig. wss. Formaldehyd u. Dioxan bei Raumtemp., Zugabe von W. u. Kühlen; 87%. — *Bis-[3-äthyl-2-phenylindolizinyl-(1)]-methan*, $C_{33}\cdot H_{30}N_2$, F. 106—107°, aus 3-Äthyl-2-phenylindolizin analog vorst. Meth.; 70%. K.-P. Hilgetag 3081△

1251 **Eine neue Cyaninbase.** R. J. Packer und D. C. C. Smith. (Chem. and Ind. **1967**, 44, 1873—74; Dep. of Chem., Univ., Manchester; engl.) — Eine Cyaninbase **II**

II 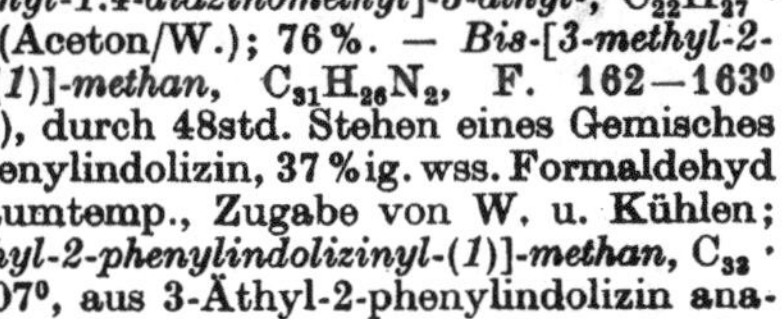

entsteht aus Naphthostyril (**I**) u. äther. CH_3MgJ. Die Lsg. ist intensiv blau, mit *Natriumdiaminoäthanoltetraacetat* erhält man eine purpurrote org. Schicht, die noch **I** enthält. **II** erhält man als rein schwarzes Pulver. Absorption in verschiedenen Lsgm. vgl. Original. In verd. Säure erhält man ein blaues Salz, in starker Säure ein gelbes Salz, Mg- u. Zn-Acetat bilden Komplexe. Ein Reaktionsmechanismus wird diskutiert. G. Behrendt 3081

1252 **Mit heterocyclischen Ringen kondensierte Cycloparaffine.** 8. Mitt. **Synthese von 9-[γ-Imino-γ-aminopropyl]-1.2.3.4-tetrahydrocarbazolderivaten.** W. E. Hahn, H. Zawadszka und R. Bartnik. (Soc. Sci. Lodziensis, Acta chim. **12** (1967) 77—84; engl.) — 7. vgl. vorst. Referat. — Es werden dargestellt: *α-[2-Cyanäthyl]-phenylhydrazin* (**I**), durch Zugabe von Acrylonitril zu Phenylhydrazin in Ggw. von Triäthylamin u. 50%ig. KOH bei 40—50°. — *9-[β-Cyanäthyl]-1.2.3.4-tetrahydrocarbazol*, F. 120—122°, durch Zugabe von 49 g Cyclohexanon zu **I** in A., 20 Min. langes Erwärmen auf 40—45°, 1std. Kochen, Zugabe von konz. HCl bei 40° u. 1std. Kochen; aus A. Flocken; 90—100 g (Ausb.). — *9-[γ-Imino-γ-äthoxypropyl]-1.2.3.4-tetrahydrocarbazolhydrochlorid*, $C_{17}H_{23}ClN_2O$, F. 132—134° (Zers.), durch 15std. Einleiten von HCl in eine Lsg. vorst. Verb. in $CHCl_3$/A. bei 5—8°, 48std. Stehen bei 5° u. Verdünnen mit Ae.; 83%. — *9-[γ-Imino-γ-piperidinopropyl]-1.2.3.4-tetrahydrocarbazolhydrochlorid*,

$C_{20}H_{28}ClN_3$, F. 218—223° (A./Ae.), durch Zugabe von Piperidin zu vorst. Verb. in abs. A. u. 1wöchiges Stehen bei Raumtemp.; 46%. — *9-[γ-Imino-γ-morpholinopropyl]-1.2.3.4-tetrahydrocarbazolhydrochlorid*, $C_{19}H_{26}ClN_3O$, F. 224—227° (abs. A.), analog vorst. Verb.; 40%. — *9-[γ-Imino-γ-pyrrolidinopropyl]-1.2.3.4-tetrahydrocarbazolhydrochlorid*, $C_{19}H_{26}ClN_3$, F. 231—232°; aus abs. A. Tafeln; 40%. — *9-[β-Cyanäthyl]-1.2-benzo-3.4-dihydrocarbazol*, $C_{19}H_{16}N_2$, F. 154—155°, durch ½std. Zugabe von α-Tetralon zu I in A., 1std. Kochen, Zugabe von konz. H_2SO_4 bei Raumtemp. u. Kühlen; aus 80%ig. A. Tafeln; 63%. — *9-[γ-Äthoxy-γ-iminopropyl]-1.2-benzo-3.4-dihydrocarbazolhydrochlorid*, F. 126°, durch Einleiten von HCl in eine Lsg. vorst. Verb. in abs. A. bei 5—7° u. 48std. Stehen bei 0°. — *Verb.* $C_5H_{12}ClN$, F. 242—250°, durch Umsetzen vorst. Verb. mit Piperidin. — *Verb.* $C_4H_{10}ClNO$, F. 172—176°, analog vorst. Verb. durch Umsetzen mit Morpholin. — *Verb.* $C_4H_{10}ClN$, F. 230—232°, analog vorst. Verb. durch Umsetzen mit Pyrrolidin. W. Hampel 3081△

1253 **Synthese von 1.4-Epimino-[18]-annulen-7.10; 13.16-disulfid.** G. M. Badger, G. E. Lewis und U. P. Singh. (Austral. J. Chem. **20** (1967) 8, 1635—42; Dep. of Organ. Chem., Univ. of Adelaide; engl.) — 2.5-Bis-[carboxymethyl]-pyrrol (I) u. cis-α.β-Bis-[5-formylthienyl-(2)]-acrylsäuremethylester werden mit Acetanhydrid u. Triäthylamin bei Raumtemp. zu einem *roten Polymeren* u. *5.18-Dicarboxy-1.4-epimino-7.10; 13.16-diepithio-[18]-annulen-11-carbonsäuremethylester* kondensiert. Das Rk.-Gemisch gibt nach Veresterung mit CH_3OH u. trockenem HCl-Gas *5.11.18-Trimethoxycarbonyl-1.4-epimino-7.10; 13.16-diepithio-[18]-annulen* (II). II wird von äthanol. KOH zu *5.11.18-Tricarboxy-1.4-epimino-7.10; 13.16-diepithio-[18]-annulen* (III) verseift. III gibt beim Erhitzen mit Cu-Chromit in Chinolin *1.4-Epimino-[18]-annulen-7.10;13.16-disulfid.*

Versuche: *cis-α.β-Bis-[5-formylthienyl-(2)]-acrylsäuremethylester*, F. 120—122° (Bzl./Hexan), aus cis-α.β-Bis-[thienyl-(2)-acrylsäuremethylester, 1.1-Dichlormethyläthyläther, $POCl_3$ u. wasserfreiem $SnCl_2$ unterhalb von 15° u. Stehen im Sonnenlicht in $CHCl_3$; 44% (Ausb.); daneben 5,5% *trans-Form* (F. 163—166°). — *5.11.18-Trimethoxycarbonyl-1.4-epimino-7.10; 13.16-diepithio-[18]-annulen* (II), $C_{24}H_{19}NO_6S_2$, F. 228° ($CHCl_3$/Cyclohexan), aus vorst. Verb. u. I in Acetanhydrid/Triäthylamin bei Raumtemp. u. Kochen mit abs. methanol. HCl; 7%; daneben *5.18-Dicarboxy-1.4-epimino-7.10;13.16-diepithio-[18]-annulen-11-carbonsäuremethylester* [F. >180° (Zers.; Aceton/Cyclohexan); 2%]. — *5.11.18-Tricarboxy-1.4-epimino-7.10;13.16-diepithio-[18]-annulen* (III), $C_{21}H_{13}NO_6S_2$, Zers. >360° (Aceton/Cyclohexan), aus II u. KOH in sd. 50%ig. CH_3OH; 97%. — *1.4-Epimino-[18]-annulen-7.10;13.16-disulfid, Cyclohexansolvat*, $C_{18}H_{13}NS_2 \cdot 1{,}5\ C_6H_{12}$, F. 129—130° ($CH_3OH$/Cyclohexan), au 250 mg III u. Cu-Chromit in Chinolin bei 185—190°; 33 mg. Hans Köhne/Berlin 3081△

1254 **Verbesserte Darstellungsmethode für N.O-Diacetyl- und N-Acetylindoxyl.** D. Răileanu, Oana Constantinescu-Simon, Elena Moşanu und C. D. Nenitzescu. (Rev. roum. Chim. **12** (1967) 2, 105—108; Inst. of Org. Chem.; Acad. of the Socialist Republic of Romania; Bucharest; engl.) — Die Cyclisierung von I mittels Triäthylamins an Stelle von Na-Acetat führt zur erheblichen Ausb.-Steigerung an II.

Versuche: *N-[o-Carboxyphenyl]-aminoessigsäure*, F. 220°, durch 4 Tage lange Rk. von Anthranilsäure (F. 144°) in wss. NaOH u. Chloressigsäure in W. in Ggw. von Na_2CO_3 bei 40°, Bldg. des Di-Na-Salzes durch NaOH-Überschuß bei 60° u. Ansäuern mit konz. HCl; 80% (Ausb.). — *N-Acetyl-N-[o-carboxyphenyl]-aminoessigsäure* (I), F. 206°, durch Lösen vorst. Verb. in wss. Na_2CO_3, ½std. Zugabe von Acetanhydrid u. Ansäuern mit konz. HCl; 91%. — *N.O-Diacetylindoxyl* (II), F. 80°, durch 20 Min. langes Kochen von Acetanhydrid/Triäthylamin/I (5 : 1 : 1), Einengen im Vakuum, Kristallisieren mit W., Lösen in Methylenchlorid (III) u. Eluieren mit III von Al_2O_3; 79%. — *N-Acetylindoxyl*, F. 138°, a) durch 1½std. Hydrolyse von II in W. mit Na_2SO_3 bei 70—75°, Kristallisieren durch mehrstd. Stehen bei Raumtemp., Lösen in III u. Eluieren mit III von Al_2O_3; 71% (bez. auf vorvorst. Verb.); b) durch Cyclisieren von I mit K_2CO_3/Acetanhydrid unter Kochen; 64%. W. Kuhn 3091△

1255 **Synthesen von Nitrofuranderivaten.** 12. Mitt. **Synthese von 3-[5-Nitrofuryl-(2)]-5-methylpyrazol und seinen Derivaten.** Masumi Ito. (J. pharmac. Soc. Japan [Yagugakuzasshi] 87 (1967) 5, 543—46; Res. Labor., Fujisawa Pharm. Co. Ltd.; jap.) — 11. vgl. ibid. 87 (1967) 539. — Bei der Rk. von 2-[4-Brom-3-oxobutenyl-(1)]-5-nitrofuran mit Hydrazin entsteht die *Titelverb.* (I), die auch durch Nitrierung von 3-[Furyl-(2)]-5-methylpyrazol erhalten wird. Mit Essigsäureanhydrid entsteht aus I die *1-Acetylverb.* (II), mit SO_2Cl_2 die *4-Chlorverb.* (III) u. mit Formaldehyd die *1-Hydroxymethylverb.* (IV). Die biol. Aktivitäten von I—IV gegenüber Escherichia coli NIHJ, Staphylococcus aureus FDA 209P u. Trichomonas vaginalis 4FM sind tabellar. angegeben.

Versuche: *3-[5-Nitrofuryl-(2)]-5-methylpyrazol* (I), $C_8H_7N_3O_3$, F. 221,5—222,5°, a) aus 2-[3-Oxo-4-brombutenyl-(1)]-5-nitrofuran durch Rk. mit Hydrazin; 26% (Ausb.); b) durch Nitrierung von 3-[Furyl-(2)]-5-methylpyrazol (V); 12,4%. — *1-Acetyl-3-[5-nitrofuryl-(2)]-5-methylpyrazol* (II), $C_{10}H_9N_3O_4$, F. 180—181°, a) aus 0,5 g I mit Essigsäureanhydrid; 0,6 g (Ausb.); b) durch Nitrierung von V in Ggw. von Essigsäureanhydrid; 21%. — *1-Hydroxymethyl-3-[5-nitrofuryl-(2)]-5-methylpyrazol* (IV), $C_9H_9N_3O_4$, F. 176—178° (Zers.), aus I durch Rk. mit Formaldehyd; 77%. — *3-[5-Nitrofuryl-(2)]-4-chlor-5-methylpyrazol* (III), $C_8H_6ClN_3O_3$, F. 225—226°, aus I mit SO_2Cl_2; 85%. R. Becker 3122△

1256 **Reaktion von α-Halogen-oximen mit Triphenylphosphin. Bildung von Imidoylbromid und von Oximinophosphoniumsalzen durch neuen katalytischen Einfluß von Basen.** Mitsuo Masaki, Kiyoshi Fukui und Masaki Ohta. (J. org. Chemistry **32** (1967) 11, 3564—68; Labor. of organ. Chem., Tokyo Inst. of Technol., Ookayama, Meguro-ku, Tokyo; engl.) — Reine *4'-substituierte 2-Bromacetophenonoxime* (A) konnten aus den entsprechenden Acetophenonen u. $NH_2OH \cdot HBr$ dargestellt werden. Die A reagieren mit Triphenylphosphin (VI) zu entsprechenden *N-Phenylacetimidoylbromiden* (B) u. *Triphenylphosphinoxid*. Die B wurden durch Rk. mit H_2O zu entsprechenden *Acetaniliden* bzw. mit Anilin zu *N.N'-Diphenylacetamidinen* nachgewiesen. Die Möglichkeit, in situ über die B entsprechende *N-Phenylketenimine* zu erhalten, wird experimentell gesichert. In Ggw. von katalyt. Mengen Basen reagieren die A mit VI zu *2-Oximinoäthyltriphenylphosphoniumbromiden*, die mit Basen dehydrobromiert werden. Die Struktur der neuen dehydrobromierten Verb. wird untersucht.

Versuche: 2-Bromacetophenonoxime (A): *Unsubstituiert* (I), C_8H_8BrNO, F. 98—99°; 75% (Ausb.). — *4'-Nitro-* (II), $C_8H_7BrN_2O_3$, F. 129—129,5°; 90%. — *4'-Methyl-*, $C_9H_{10}BrNO$, F. 117—118,5°; 86%. — *4'-Chlor-*, $C_8H_7BrClNO$, F. 118,5—119°; 94%. — *4'-Methoxy-*, $C_9H_{10}BrNO_2$, F. 101—102,5°; 83%. — N-[4-substituierte Phenyl]-acetimidoylbromide (B), aus entsprechenden A u. VI (nachgewiesen durch Rk. mit H_2O u./oder Anilin). *Unsubstituiert*; ca. 40%. —, *4-Nitro-*, 36%. — *4-Methyl-*, 83%. — *4-Chlor-*, 66%. — *N.N'-Diphenylacetamidin*, F. 131,5°, a) durch Rk. vorst. unsubstituierter Verb. mit Anilin; b) durch Rk. von Acetophenonoxim mit Triphenylphosphindibromid (VII) u. Umsetzen mit Anilin; 41%. — *N.N'-Diphenylanilinoacetamidin*, $C_{20}H_{19}N_3$, F. 178,5—181,5°, als Nebenprod. bei Rk. von I mit VI u. Zugabe von Anilin; 1,7%. — *Diphenylketen-N-phenylimin*, aus VII u. Diphenylacetophenonoxim in Ggw. von Triäthylamin; 45%. — *Diphenylacetanilid*, durch saure Hydrolyse vorst. Verbindung. — *Phenylketen-N-phenylimin*, aus VII u. Desoxybenzoinoxim; 74%. — *Phenylacetanilid*, aus vorst. Verb. durch Hydrolyse. — *[2-Phenyl-2-oximinoäthyl]-triphenylphosphoniumbromid* (III), $C_{26}H_{23}BrNOP$, F. 232—233° (Zers.), aus I u. VI in Acetonitril in Ggw. von katalyt. Mengen Basen (wss. KCN, wss. NaCN, wss. NaOH, wss. K_2CO_3, Triäthylamin oder Py.); 88%. — *[2-(4-Nitrophenyl)-2-*

oximinoäthyl]-triphenylphosphoniumbromid [V), $C_{26}H_{23}\cdot BrN_2O_2P$, F. 225,5° (Zers.), aus II u. VI analog III; 93%. — *[2-Phenyl-2-oximinoäthyl]-triphenylphosphoniumchlorid*, $C_{26}H_{23}ClNOP$, F. 219—220 °(Zers.), a) aus 2-Chloracetophenonoxim u. VI; 93%; b) aus IV u. HCl; 100%. — *[3-Phenyl-3-oxo-2-oximinopropyl]-triphenylphosphoniumchlorid*, $C_{27}H_{23}ClNO_2P$, F. 221,5° (Zers.), aus 3-Chlor-2-oximinopropiophenon u. VI in Ggw. wss. KCN; 96%. — *[2-Phenyl-2-oximinoäthyl]-pyridiniumbromid*, $C_{13}H_{13}Br\cdot N_2O$, F. 204° (Zers.), aus I u. Py.; 89%. — *2-Aza-3-oxa-4-phospha-1.4.4.4-tetraphenylcyclopenten* (IV), $C_{26}H_{22}NOP$, F. 131° (Zers.), aus III durch Behandlung mit methanol. KOH; 96%. — *2.5-Diphenylpyrazin*, F. 191—192°, bei Rekrist. von IV in Benzol. — *2-Aza-3-oxa-4-phospha-1-[p-nitrophenyl]-4.4.4-triphenylcyclopenten*, $C_{26}H_{21}N_2O_3P$, F. 149° (Zers.), analog IV aus V, 93%. — *[2-(4-Nitrophenyl-2-benzoyloximinoäthyl]-triphenylphosphoniumchlorid*, $C_{33}H_{26}ClN_2O_4P$, F. 112—113°, aus vorst. Verb. u. Benzoylchlorid. P. Boroffka 3122

1257 **Benzoheterocyclische Verbindungen.** 6. Mitt. **Synthese von Benzoxazolinon- und Benzoxazinonderivaten.** 4. Mitt. **Synthese von Mannichbasen des Benzoxazolinons-(2) und ihrer quartären Salze.** Shoji Toyoshima und Nobumichi Morishita. (J. pharmac. Soc. Japan [Yakugakuzasshi] 87 (1967) 12, 1548—52; Res. Labor., Eisai Co., Ltd., Koishikawa-cho, 4, Bunkyo-ku, Tokyo; jap.) — 5. bzw. 3. vgl. ibid. 86 (1966) 214. — Es wurden dargestellt: *5-Chlor-3-dimethylaminomethylbenzoxazolinon-(2)*, $C_{10}H_{11}ClN_2O_2$, F. 99—106° (A./n-Hexan), durch Zugabe von 2 ml 37%ig. wss. HCHO zu einer heißen Lsg. von 0,02 Mol 5-Chlorbenzoxazolinon-(2) u. 0,022 Mol Dimethylamin in 10 ml A., 5 Min. langes Erhitzen auf dem W.-Bad u. Abkühlen (Meth. A); 66%. *Methojodid*, $C_{11}H_{14}ClJN_2O_2$, F. 203—205° (A.-W.), durch 2std. Erhitzen von 0,01 Mol der Mannich-Base mit 3 ml Methyljodid auf 30—40° in der Druckflasche (Meth. B); 67%. — Nachst. Mannich-Basen werden, falls nicht anders angegeben, nach Meth. A, ihre Methojodide nach Meth. B dargestellt: Benzoxazolinone-(2): *5-Chlor-3-diäthylaminomethyl-*, $C_{12}H_{15}ClN_2O_2$, F. 65—67° (A./n-Hexan); 61%. *Methojodid*, $C_{13}H_{18}ClJN_2O_2$, F. 174—175° (A.-W.); 83%. — *5-Chlor-3-dipropylaminomethyl-*, $C_{14}H_{19}ClN_2O_2$, F. 73—75° (A.); 70%. *Methojodid*, $C_{15}H_{22}ClJN_2O_2$, F. 178° (Zers.; A.); 77%. — *5-Chlor-3-piperidinomethyl-*, $C_{13}H_{15}\cdot ClN_2O_2$, F. 112° (A.), a) nach Meth. A; 72%; b) durch 5 Min. langes Erhitzen von 1,7 g I mit 0,73 g Piperidin in 5 ml A. auf dem W.-Bad (Meth. C); 1,2 g. *Methojodid*, $C_{14}H_{18}ClJN_2O_2$, F. 185—187° (A.); 64%. — *5-Chlor-3-morpholinomethyl-*, $C_{12}H_{13}ClN_2O_3$, F. 154—155° (A.); 91%. — *5.6-Dichlor-3-dimethylaminomethyl-*, $C_{10}H_{10}Cl_2\cdot N_2O_2$, F. 101—102° (Methanol); 58%. *Methojodid*, $C_{11}H_{13}\cdot Cl_2JN_2O_2$, F. 226,5 (Zers.; Methanol–W.); 70%. — *5.6-Dichlor-3-diäthylaminomethyl-*, $C_{12}H_{14}Cl_2N_2O_2$, F. 65—66° (A./n-Hexan); 66%. *Methojodid*, $C_{13}H_{17}Cl_2JN_2O_2$, F. 203° (Zers.; A.); 71%. — *5.6-Dichlor-3-dipropylaminomethyl-*, $C_{14}H_{18}Cl_2N_2O_2$, F. 49—55° (A./n-Hexan); 65%. *Methojodid*, $C_{15}H_{21}Cl_2JN_2O_2$, F. 181—182° (Zers.; Methanol); 74%. — *5.6-Dichlor-3-piperidinomethyl-*, $C_{13}H_{14}Cl_2N_2O_2$, F. 139—140° (A.), a) nach Meth. A; 73%; b) nach Meth. C aus 0,5 g II u. 0,2 g Piperidin in 5 ml A.; 0,45 g. *Methojodid*, $C_{14}H_{17}Cl_2JN_2O_2$, F. 212° (Zers.; Methanol–W.); 90%. — *5.6-Dichlor-3-morpholinomethyl-*, $C_{12}H_{12}Cl_2N_2O_3$, F. 165—166° (A.); 68%. — *5-Chlor-6-brom-3-dimethylaminomethyl-*, $C_{10}H_{10}BrClN_2O_2$, F. 108—110° (A.); 62%. *Methojodid*, $C_{11}H_{13}BrClJN_2O_2$, F. 226,5 (Zers.; Methanol–W.); 72%. — *5-Chlor-6-brom-3-diäthylaminomethyl-*, $C_{12}\cdot H_{14}BrClN_2O_2$, F. 73—74° (A.); 60%. *Methojodid*, $C_{13}H_{17}\cdot BrClJN_2O_2$, F. 181—182° (Methanol); 70%. — *5-Chlor-6-brom-3-dipropylaminomethyl-*, $C_{14}H_{18}BrClN_2O_2$, F. 75 bis 76° (A.); 63%. *Methojodid*, $C_{15}H_{21}BrClJN_2O_2$, F. 184° (Zers.); 79%. — *5-Chlor-6-brom-3-piperidinomethyl-*, $C_{13}\cdot H_{14}BrClN_2O_2$, F. 145—146° (A.); 85%. *Methojodid*, $C_{14}H_{17}\cdot BrClJN_2O_2$, F. 219—220° (Methanol); 87%. — *5-Chlor-6-brom-3-morpholinomethyl-*, $C_{12}H_{12}BrClN_2O_3$, F. 169 bis 170° (A.), a) nach Meth. A; 57%; b) aus 800 mg III u. 250 ml Morpholin in 20 ml A. durch 5 Min. langes Kochen; 0,7 g. — *5-Chlor-3-hydroxymethyl-* (I), $C_8H_6\cdot ClNO_3$, F. 148—149°, durch Erhitzen eines Gemisches aus 7 g 5-Chlorbenzoxazolinon-(2), 6 ml 37%ig. wss. HCHO u. 25 ml A. auf dem W.-Bad; 8,1 g. — *5.6-Dichlor-3-hydroxymethyl-* (II), $C_8H_5Cl_2NO_3$, F. 141—142°, analog I aus 2,5 g 5.6-Dichlorbenzoxazolinon-(2) u. 3 ml 37%ig. wss. HCHO in 25 ml A. in 5 Min.; 2,5 g. — *6-Brom-5-chlor-3-hydroxymethyl-* (III), $C_8H_5BrClNO_3$, F. 151—152°, analog I aus 5 g 6-Brom-5-chlorbenzoxazolinon-(2) u. 5,6 ml 37%ig. wss. HCHO in 30 ml A. in 5 Min.; 5,4 g. — *5-Chlor-3-chlormethyl-*, $C_8H_5Cl_2NO_2$, F. 122,5—123° (Bzl./n-Hexan), durch 5std. Kochen von 8 g I mit 20 ml $SOCl_2$, Abkühlen u. Einrühren in 150 g Eis; 5,8 g. — *5.6-Dichlor-3-chlormethyl-*, $C_8H_4Cl_3NO_2$, F. 151—154° (Bzl./n-Hexan, 1 : 1), durch 5std. Kochen von 2,9 g II mit 10 ml $SOCl_2$, Abkühlen u. Zugabe von 50 ml Eiswasser; 2,5 g. — *6-Brom-5-chlor-3-chlormethyl-*, $C_8H_4BrCl_2NO_2$, F. 164—165° (Bzl./n-Hexan, 3 : 1), durch 7std. Kochen von 3 g III mit 20 ml $SOCl_2$, Abkühlen u. Gießen in 100 ml Eiswasser unter Rühren; 2,8 g. L. Lamza 3132△

1258 **Thiazole.** 18. Mitt. **Synthese einiger neuer trisubstituierter Thiazolderivate mit potentieller bakterizider und cytostatischer Aktivität.** Al. Silberg, Z. Frenkel, L. Szotyori und Valeria Axente. (Farmacia [București] 15 (1967) 5, 275—78; Cluj, Univ., Catedra de chim. organ.; rum.) — 17. vgl. Studii Cercetări [București] Chim. 13 (1964) 567. — Die Darst. einiger in 4-Stellung substituierter *2-Amino-* u. *2-Dichloracetylamino-5-methylthiazole* mit evtl. bakteriostat. u. cytostat. Wrkg. wird beschrieben.

Versuche: 2-Amino-5-methylthiazole (A), durch Behandeln der Hydrobromide mit konz. wss. NH_4OH oder konz. wss. Na_2CO_3-Lsg.: *4-[o-Tolyl]-*, $C_{11}H_{12}N_2S$, F. 123—124° (A.), cremefarben. *Hydrobromid*, $C_{11}H_{13}BrN_2S$, F. 75° (Bzl.), durch 5std. Kochen von Thioharnstoff mit o-Methyl-α-brompropiophenon in A. u. Zugabe von Ae.; 75% (Ausb.). — *4-[m-Tolyl]-*, $C_{11}H_{12}N_2S$, F. 86—87° (Benzin). *Hydrobromid*, $C_{11}H_{13}BrN_2S$, F. 193 bis 194° (Essigsäure), durch $1^1/_2$std. Kochen analog vorst. Hydrobromid ohne Ae.-Zugabe; 100%. — *4-[p-Tolyl]-*, $C_{11}H_{12}N_2S$, F. 174° (60%ig. A.). *Hydrobromid*, $C_{11}H_{13}\cdot BrN_2S$, F. 208° (Essigsäure), analog vorst. Hydrobromid; 100%. — *4-[m-Nitrophenyl]-*, $C_{10}H_9N_3O_2S$, F. 185° (A.), gelb. *Hydrobromid*, $C_{10}H_{10}BrN_3O_2S$, F. 185°, durch $1^1/_2$std. Kochen von Thioharnstoff mit m-Nitro-α-brompropiophenon in A., aus Essigsäure gelbe Krist.; 95%. — *4-[p-Nitrophenyl]-*, $C_{10}H_9N_3O_2S$, F. 233—234° (A.), rot. *Hydrobromid*, $C_{10}H_{10}BrN_3O_2S$, F. 251°, analog vorst. Hydrobromid, aus Essigsäure gelbe Krist.; 90%. — 2-Dichloracetylamino-5-methylthiazole, durch 6std. Kochen der A mit Dichloracetylchlorid in Bzl.: *4-[o-Tolyl]-*, $C_{13}H_{12}Cl_2N_2OS$, F. 109—111° (Bzl./A.); 50%. — *4-[m-Tolyl]-*, $C_{13}H_{12}Cl_2N_2OS$, F. 120—121° (60%ig. Methanol); 75%. — *4-[p-Tolyl]-*, $C_{13}H_{12}Cl_2N_2OS$, F. 160 bis 161° (A.); 80%. — *4-[p-Nitrophenyl]-*, $C_{12}H_9Cl_2N_3O_3S$, F. 217°, aus Essigsäure cremefarbene Krist.; 50%. — *4-[m-Nitrophenyl]-*, $C_{12}H_9Cl_2N_3O_3S$, F. 202—203°, analog vorst. Verb. u. Gießen auf Eis, aus Essigsäure hellcremefarbene Krist.; 60%. Gottfried Schreiber 3142△

1259 **Oxydation von 1-tert.-Butyl-3-phenylthioharnstoff mit Brom und Thionylchlorid.** P. H. Deshpande. (J. Indian chem. Soc. 44 (1967) 11, 951—54; Dep. of Chem., Nagpur Univ., Nagpur; engl.) — Vgl. ibid. 44 (1967) 233. — Rk. von *1-tert.-Butyl-3-phenylthioharnstoff* (I) mit Br_2 ergibt in $CHCl_3$ *2-Aminobenzthiazol* (II); in wss. A. entsteht über das nicht isolierte *Bis-tert.-butylphenylformamidindisulfid* unter Abspaltung von S *Bis-tert.-butylphenylformamidinsulfid* (IV). IV ergibt bei Hydrolyse I u. *1-tert.-Butyl-3-phenylharnstoff* (V), der bei Verw. eines Br_2-Überschusses in p-Stellung bromiert wird. IV wurde auch aus I mit Phenylcyanamid bzw. mit *N-tert.-Butyl-N'-phenylformamidinchlorid* (III) hergestellt; letzteres gewann man aus Phenyl-tert.-butylcarbodiimid u. HCl. Beim Erhitzen in Methanol wurde IV zu *1-[N-tert.-butyl-N'-phenylformamidino]-1-tert.-butyl-3-phenylthioharnstoff* (IX) isomerisiert. Aus IX u. Br_2/A. bzw. aus I u. $SOCl_2$ entstand *N-[Benzthiazolyl-(2)]-tert.-butyl-N'-phenyl-N''-tert.-butylguanidin*, das beim Erhitzen mit HCl zu II, *Phenylharnstoff* (VI) u. *tert.-Butylchlorid* (VII) zerfällt. Auch V u. sein p-Bromderiv. spalten mit HCl den tert.-Butylrest ab.

Versuche: *2-Aminobenzthiazol* (II). *Hydrobromid*, F. 240°, durch 24std. Stehenlassen einer Lsg. von I u. Br_2 in $CHCl_3$. *Freie Base*, F. 130° (W.). *Pikrat*, F. 265°. — *N-tert.-Butyl-N'-phenylformamidinchlorid* (III), $C_{11}H_{15}Cl \cdot N_2$, aus Phenyl-tert.-butylcarbodiimid u. HCl in Aceton. — *Bis-tert.-butylphenylformamidinsulfid* (IV), F. 90—95° (roh), durch Zutropfen einer Lsg. von Br_2 in wss. A. zu 4 g I in A., Abfiltrieren des S u. Alkalisieren; 5,5 g. *Dihydrobromid*, $C_{22}H_{30}N_4S \cdot 2\,HBr$, F. 110° (A./konz. HBr), a) durch Lösen von IV in A. u. Gießen in konz. HBr; b) durch Behandeln von I u. III in A. mit konz. HBr. *Dihydrochlorid*, $C_{22}H_{30}N_4S \cdot 2\,HCl$, F. 105°, a) aus I u. Phenylcyanamid; b) aus I u. III in Aceton mit konz. HCl. *Nitrosoderiv.*, F. 78°, mit wss. $NaNO_2$. — *1-tert.-Butyl-3-phenylharnstoff* (V), $C_{11}H_{16}N_2O$, F. 165° (wss. A.), durch Behandeln des nach Extraktion der Rohbase IV mit Bzl verbleibenden Rückstandes mit wss. Äthanol. — *Phenylharnstoff* (VI), F. 147°, aus V mit sd. HCl; daneben *tert.-Butylchlorid* (VII). — *1-p-Bromphenyl-3-tert.-butylharnstoff* (VIII), $C_{11}H_{15}BrN_2O$, F. 197° (A.), aus I mit überschüssigem Br_2 in wss. A. oder durch Bromierung von V. — *p-Bromphenylharnstoff*, F. 270°, durch Kochen von VIII mit HCl neben VII oder aus p-Bromanilin u. Harnstoff. — *1-[N-tert.-butyl-N'-phenylformamidino]-1-tert.-butyl-3-phenylthioharnstoff* (IX), *Hydrobromid*, F. 140° durch $^1/_4$std. Erhitzen von 1 g IV in Methanol; 0,6 g. — *N-[Benzthiazolyl-(2)]-tert.-butyl-N'-phenyl-N''-tert.-butylguanidin*, $C_{22}H_{28}N_4S$, F. 168° (A./Bzl.), a) aus IX u. Br_2 in A.; b) durch Zutropfen von $SOCl_2$ zu 3 g I in $CHCl_3$, 24std. Stehenlassen, Einengen, Aufnehmen in W., Abfiltrieren des S u. Alkalisieren; 2 g. *Hydrobromid*, $C_{22}H_{28} \cdot N_4S \cdot HBr$, F. 205°. *Pikrat*, $C_{22}H_{28}N_4S \cdot C_6H_3N_3O_7$, F. 238°. Kochen mit HCl ergibt II, VI u. VII.

W. Meise 3142

1260 **Die Synthese von 2-[2'-Hydroxy-5'-methylphenyl]-benzotriazolderivaten und deren Stabilisationseffekt auf die UV-Lichtzersetzung von Polyäthern.** Hajime Suzuki und Hiroshi Ono. (J. chem. Soc. Japan, ind. Chem. Sect. [Kōgyō Kagaku Zasshi] **70** (1967) 9, 1583—86; Katata Res. Inst., Toyobo Co., Ltd.: Katata Shiga, Japan; jap.) — 2-[2'-Hydroxy-3'-chlormethyl-5'-methylphenyl]-benzotriazol ($C_{14}H_{12}ClN_3O$, F. 159°) reagiert mit n-Butylmercaptan in A. in Ggw. von Na zu *2-[2'-Hydroxy-3'-(n-butylmercaptomethyl)-5'-methylphenyl]-benzotriazol.* In analoger Weise werden unter Verw. der anderen drei isomeren Butylmercaptane *2-[2'-Hydroxy-3'-(isobutyl-mercaptomethyl)-5'-methylphenyl]-*, *2-[2'-Hydroxy-3'-(sek.-butylmercaptomethyl)-5'-methylphenyl]-* u. *2-[2'-Hydroxy-3'-(tert.-butylmercaptomethyl)-5'-methylphenyl]-benzotriazol* dargestellt. Mit Hilfe von H_2O_2 kann die Sulfidgruppe in den Verb. in die Sulfoxy- bzw. Sulfongruppe übergeführt werden. Testergebnisse zeigen, daß die Verb. mit der Sulfongruppe den größten Stabilisierungseffekt auf die UV-Lichtzers. von Polyäthern aufweisen. *2-[2'-Hydroxy-3'-(2.3-dihydroxypropylmercaptomethyl)-5'-methylphenyl]-benzotriazol* wird auf gleichem Wege dargestellt. NMR- u. UV-Spektren vgl. Original. G. Westphal 3153△

1261 **Neue Synthese von α-Hydroxy-β-diketonen, γ-Brom-α-hydroxy-β-diketonen und ihren Phosphatestern.** Fausto Ramirez, S. B. Bhatia und C. P. Smith. (J. Amer. chem. Soc. **89** (1967) 12, 3026—30; Dep. of Chem., State Univ. of New York at Stony Brook, Stony Brook, N.Y.; engl.) — Das aus Biacetyl (I) u. Trimethylphosphit (II) erhaltene *Dioxaphospholen* reagiert mit Keten (III) zu *2.2.2-Trimethoxy-4-methylen-5-acetyl-5-methyl-1.3.2-dioxaphospholan* (IV). Mit HCl geht IV in den Dimethylphosphatester von *3-Methylpentanol-(3)-dion-(2.4)* (*Diacetylmethylcarbinol*) über, das daraus mit wss. Bzl. erhalten wird. Die Bromierung von IV gibt entsprechend den Dimethylphosphatester von *1-Brom-3-methylpentanol-(3)-dion-(2.4)*. Auf biochem. Zusammenhänge wird aufmerksam gemacht.

Versuche: *2.2.2-Trimethoxy-4-methylen-5-acetyl-5-methyl-1.3.2-dioxaphospholan* (IV), $C_9H_{17}O_6P$, $Kp._{0,1}$ 56—57°, $Kp._{0,2}$ 62°, aus 2.2.2-Trimethoxy-4.5-dimethyl-1.3.2-dioxaphospholen (I u. II-Addukt) u. III; 90% (Ausb.). — *[3-Methylpentadion-(2.4)-yl-(3)]-dimethyl-phosphat* (V), $C_8H_{15}O_6P$, $Kp._{0,1}$ 87°, aus IV u. HCl-Gas in abs. CH_2Cl_2; 90%. — *[1-Brom-3-methylpentandion-(2.4)-yl-(3)]-dimethylphosphat*, $C_8H_{14}BrO_6P$, aus IV u. Br_2; ≈100%. — *3-Methylpentanol-(3)-dion-(2.4)*, $C_6H_{10}O_3$, $Kp._{4,5}$ 43°, a) durch Hydrolyse von V mit wss. Bzl.; 67%; b) durch Hydrolyse von IV; 75%.

P. Boroffka 3183

1262 **Neue Synthese von 5-Acylhydantoinen, Vorläufern von β-Oxo-α-aminosäuren.** Fausto Ramirez, S. B. Bhatia und C. P. Smith. (J. Amer. chem. Soc. **89** (1967) 12, 3030—33; Dep. of Chem., State Univ. of New York at Stony Brook, Stony Brook, N.Y.; engl.) — Das aus Biacetyl (I) u. Trimethylphosphit (II) erhältliche u. vom Vf. in verschiedensten Rk. eingesetzten *2.2.2-Trimethoxy-4.5-dimethyl-1.3.2-dioxaphospholen* (III) reagiert mit Phenylisocyanat (IV) zu *2.2.2-Trimethoxy-4-phenylimino-5-acetyl-5-methyl-1.3.2-dioxaphospholan* (V), das sich mit weiterem IV zu *1.3-Diphenyl-5-acetyl-5-methylhydantoin* (VI) verbindet. Die Isolierung von V ist nicht notwendig, es kann sogar direkt aus I u. II u. IV das Hydantoin VI erhalten werden. Der Ersatz von IV durch p-Cyanophenylisocyanat (VII) führt entsprechend zu *1.3-Bis-[p-cyanophenyl]-5-acetyl-5-methylhydantoin.*

Versuche: *1.3-Diphenyl-5-acetyl-5-methylhydantoin* (VI) $C_{18}H_{16}N_2O_3$, F. 134—135°, a) aus III u. IV; 70% (Ausb.); b) aus I, II u. IV; c) aus IV mit V. *2.4-Dinitrophenylhydrazon*, $C_{24}H_{20}N_6O_6$, F. 195—196° (Bzl.). — *2.2.2-Trimethoxy-4-phenylimino-5-acetyl-5-methyl-1.3.2-dioxaphospholan* (V), aus IV u. überschüssigem III. — *1.3-Bis-[p-cyanophenyl]-5-acetyl-5-methylhydantoin*, $C_{20}H_{14} \cdot N_4O_3$, F. 234—235° (1.2-Dichloräthan), aus III u. VII; 70%. — Das aus IV mit Tri-n-butylphosphin erhältliche *1.3-Diaza-1.3-diphenylcyclobutandion-(2.4)*, F. 174—175°, reagiert nicht mit III. P. Boroffka 3183

1263 **Tetrazoliumsalze und deren Tetraazaderivate.** Cajetan Schiele. (Chimia [Aarau, Schweiz] **21** (1967) 8, 413—20; Forsch.-Inst. der Telefunken Akt.-Ges., Ulm; dt.) — Die Bindungsverhältnisse in *Triaryltetrazoliumsalzen* (A), *Triarylformazanen* (B) u. deren Ni-Komplexen (C) sowie von *Triarylverdazylen* wurden unter Zuhilfenahme IR-spektroskop. Daten gründlich diskutiert u. ein starker differenzierbarer Einfluß der C-Arylsubstituenten auf diese Systeme festgestellt. So findet beim Übergang von A zu C eine Homogenisierung der Einzelbindungen im Molekülteil N=C—N statt u. zugleich für die C^3—N-Bindung eine Zunahme der π-Bindungsordnung. Der „aromat." Charakter von B hängt vom Grad der Hybridisierung des Molekülteils N=C—N ab, die von der Art des Substituenten am C-Arylrest bestimmt wird.

Versuche: 2.3.5-Triaryltetrazoliumperchlorate. *2-Phenyl-3-p-chlorphenyl-5-(3.4-methylendioxyphenyl)-*, Mod. (Modifikation) I, F. 197—198°, Mod. II, F. 123—125°. — *2-p-Tolyl-3-p-anisyl-5-p-tolyl-*, Mod. I, F. 212—214°, Mod. II, F. 111—113°. — *2-Phenyl-3-p-anisyl-5-p-tolyl-*, Mod. I, 175—177°, Mod. II, 113—115°.

R. Becker 3184△

1264 **Stickstoffhaltige heterocyclische γ-Pyronderivate.** 2. Mitt. Kazuko Shimizu, Ikunori Sakamoto und Seigo Fukushima. (J. pharmac. Soc. Japan [Yakugakuzasshi] **87** (1967) 6, 672—76; Shizuoka College of Pharm.; jap.) — 1. vgl. ibid. **86** (1966) 114. — Aus 1.1.3.3-Tetramethoxypropan u. Malonsäurediäthylester entsteht über *3-Methoxyallylidenmalonsäurediäthylester* die *3-Aminoverb.*, aus der der *2-Hydroxynicotinsäureäthylester* (I) neben der freien *Säure* (II) gewonnen wird. I gibt *2-Methoxynicotinsäureäthylester* (III), entweder direkt mit Diazomethan oder durch Rk. mit $POCl_3$ u. nachfolgende Umsetzung mit Na-Methylat. Aus III entsteht mit Na/Aceton neben *2-Methoxynicotinsäure* (VI) das *2-Methoxy-3-acetoacetylpyridin*, das mit HJ in *2-Methyl-4H-pyrido-[2.3:b]-pyranon-(4)* (IV) übergeht. Aus IV entsteht mit NaOH II. Mit Benzaldehyd geht IV in *2-Styryl-4H-pyrido-[2.3:b]-pyranon-(4)* über. *2-Chlorchinolincarbonsäure-(3)-methyl-* (V) bzw. *-äthylester* entstehen aus 2-Hydroxychinolincarbonsäure-(3) durch Rk. mit $POCl_3$ u. nachfolgende Umsetzung mit den entsprechenden Alkoholen, V auch aus 2-Hydroxychinolincarbonsäure-(3)-methylester mit $POCl_3$. Mit methanol. KOH geht V in die freie *Säure* über. 2-Methoxychinolincarbonsäure-(3) läßt sich mit Diazomethan in den *Methylester* überführen, der mit Na/Aceton *2-Methoxy-3-acetoacetylchinolin* gibt, welches sich mit H_3PO_4/P_2O_5 zum *1-Methyl-4-hydroxy-3H-cyclopenta-[2.3:c]-chinolinon-(3)* cyclisieren läßt.

Versuche: *3-Methoxyallylidenmalonsäurediäthylester*, Kp.$_{0,35}$ 136—137°, aus 1.1.3.3-Tetramethoxypropan u. Malonsäurediäthylester in Essigsäureanhydrid in Ggw. von $ZnCl_2$; 64,3% (Ausb.). — *3-Aminoallylidenmalonsäurediäthylester*, aus vorst. Verb. mit NH_3-Gas. — *2-Hydroxynicotinsäure* (II), aus vorst. Verb. mit Na-Methylat/Methanol; daneben der *Äthylester* (I). — *2-Methoxynicotinsäure* (VI). *Äthylester* (III), $C_9H_{11}NO_3$, Kp.$_{23}$ 139—140°, a) aus I mit Diazomethan; 44,5%; b) aus I durch 2std. Rk. mit $POCl_3$ u. nachfolgende Umsetzung mit Na-Methylat/Methanol; 75%. — *2-Methoxy-3-acetoacetylpyridin*, $C_{10}H_{11}NO_3$, F. 144—146°, aus III mit Na/Aceton; 18,8%; daneben 32% VI. — *2-Methyl-4H-pyrido-[2.3:b]-pyranon-(4)* (IV), $C_9H_7NO_2$, F. 132—134°, aus vorst. Verb. mit HJ; 27%; geht mit NaOH in II über. — *2-Styryl-4H-pyrido-[2.3:b]-pyranon-(4)*, $C_{16}H_{11} \cdot NO_2$, F. 157—159°, aus IV u. Benzaldehyd in Na-Methylat/Methanol. — *2-Chlorchinolincarbonsäure-(3)*, F. 200° (Zers.), aus dem Methylester mit KOH. *Methylester* (V), $C_{11}H_8ClNO_2$, F. 80—81°, a) aus 2-Hydroxychinolincarbonsäure-(3) durch 2std. Rk. mit $POCl_3$ u. nachfolgende Umsetzung mit Methanol; 68%; b) aus 70 mg 2-Hydroxychinolincarbonsäure-(3)-methylester durch 2std. Rk. mit $POCl_3$; 73 mg (Ausb.). *Äthylester*, $C_{12}H_{10}ClNO_2$, F. 85—86°, analog V, Meth. a) mit Äthanol; 70%. — *2-Methoxychinolincarbonsäure-(3)-methylester*, $C_{12}H_{11}NO_3$, F. 52 bis 53°, aus der freien Säure mit Diazomethan; 93%. — *2-Methoxy-3-acetoacetylchinolin*, $C_{14}H_{13}NO_3$, F. 86—87°, aus vorst. Verb. mit Na/Aceton; 31%; daneben 20% *2-Methoxychinolincarbonsäure-(3)*. — *1-Methyl-4-hydroxy-3H-cyclopenta-[2.3:c]-chinolinon-(3)*, $C_{13}H_9NO_2$, F. 214 bis 216°, aus 0,1 g vorst. Verb. mit 85%ig. H_3PO_4/P_2O_5; 85 mg. R. Becker 3211△

1265 **Flavanderivate.** 16. Mitt. **Säurekatalysierte Reaktionen von sekundären Benzylalkoholen und Tetralolen-(1) in Methanol.** J. W. Clark-Lewis und V. Nair. (Austral. J. Chem. 20 (1967) 10, 2137—49; Univ. of Adelaide; engl.) — 15. vgl. Austral. J. Chem. 20 (1967) 149. — Unter solvolyt. Bedingungen reagiert 1-Phenylpropanol-(1) bzw. dessen p-Methyl- u. p-Methoxyderiv. zu *1-Arylpropenen-(1)*, während analog aus 1-[3.4-Dimethoxyphenyl]-propanol-(1) neben dem entsprechenden *Propen Diisohomogenol* (*Diisoeugenoldimethyläther*) erhalten wird. 1-[2.4.6-Trimethoxyphenyl]-propanol-(1) liefert unter milden sauren Bedingungen den entsprechenden *symm. Dibenzyläther*, während bei höheren Säurenkonz. neben dem erwarteten *Propen-(1)* ein *1.1-Diarylpropan* gebildet wird. *Tetralol-(1)* sowie *cis-* u. *trans-Tetralindiole-(1.2)* sind stabil gegenüber 3%ig. methanol. Essigsäure bzw. 3%ig. HCl, während 6-Methoxytetralol-(1) (III) mit 0,001%ig. methanol. Essigsäure in *1.6-Dimethoxytetralin* übergeführt wird. Dagegen wird bei höherer Tetralol-Konz. der entsprechende *symm. Bis-tetralyläther* erhalten. Beim Erhitzen von III mit 0,1%ig. methanol. HCl wird *3.4-Dihydro-6-methoxynaphthalin* bzw. dessen *Dimeres* gebildet.

Versuche: 1-Phenylpropanole-(1): *Unsubstituiert*, Kp.$_{13}$ 101—102°; n_D^{21} 1,5195. — *p-Methyl-*, Kp.$_{0,3}$ 80—81°. — *p-Methoxy-*, Kp.$_{0,7}$ 102°; n_D^{23} 1,5180. — *3.4-Dimethoxy-* (IV), Kp.$_{1,3}$ 106—107°; n_D^{27} 1,5288. — *2.4.6-Trimethoxy-* (V), $C_{12}H_{18}O_4$, Kp.$_{2,7}$ 148°, a) durch Zugabe von 2.4.6-Trimethoxybenzaldehyd in abs. Bzl. zu Äthylmagnesiumbromid in Ae.; n_D^{30} 1,5371; 96%; b) durch Red. von 1-[2.4.6-Trimethoxyphenyl]-propanon-(1) ($C_{12}H_{16}O_4$, F. 81—83°, aus Phloroglucintrimethyläther u. Äthylcyanid nach Hoesch); 65%. — Tetraline: *1-Hydroxy-*, Kp.$_{13}$ 134—135°, durch Red. von α-Tetralon mit $LiAlH_4$; n_D^{18} 1,5637; 77%. *Sulfonderiv.* $C_{17}H_{18}O_2S$, F. 127—129° (wss. Essigsäure), durch Rk. mit Na-p-Toluolsulfinat in verd. HCl/Essigsäure. — *cis-1.2-Dihydroxy-*, F. 102° (Bzl.), durch Acetoxylierung von *1.2-Dihydronaphthalin* (Kp.$_{16}$ 90—92°; n_D^{18} 1,5825) u. Hydrolyse. *Carbonat*, $C_{11}H_{10}O_3$, F. 81° (PAe.), durch Rk. des Diols mit Chlorameisensäureäthylester u. Triäthylamin bei 0°; 51%. — *cis-1.2-Diacetoxy-*, F. 79—80° (PAe.), aus vorst. Verbindung. — *trans-1.2-Dihydroxy-*, F. 112° (Bzl.), durch Red. nachst. Verb. mit $LiAlH_4$. *Carbonat*, F. 114—116° (PAe.); 43%. — *trans-1.2-Diacetoxy-*, F. 85° (PAe.). — *1-Oxo-6-methoxy-*, F. 77°, aus 6-Methoxytetralin (Kp.$_{15}$ 126—128°; n_D^{20} 1,5433) durch CrO_3-Oxydation. — *1-Hydroxy-6-methoxy-* (III), $C_{11}H_{14}O_2$, Kp.$_{1,5}$ 130°, aus vorst. Verb. u. $LiAlH_4$; n_D^{20} 1,5632; 69%. — *cis-1.2-Dihydroxy-6-methoxy-*, $C_{11}H_{14}O_3$, F. 117,5—118,5° (Bzl.), durch Zugabe von 3.4-Dihydro-6-methoxynaphthalin (II, Kp.$_{16}$ 134°; n_D^{20} 1,5838) in Ae./Py. zu OsO_4 in Ae.; 73%. *cis-trans-Gemisch* (2:1), $C_{11}H_{14}O_3$, F. 119—120° (Ae./PAe.), durch Rk. von II mit Perbenzoesäure in $CHCl_3$ bei 0°. — *cis-1-Hydroxy 3-phenyl-*, $C_{16}H_{16}O$, F. 113,5—114,5° (PAe.), durch Cyclisieren von 3.4-Diphenylbuttersäure (F. 95—96°, durch Hydrieren von β-Benzylzimtsäure in Ggw. von 5%ig. Pd-Kohle; 90%) mit $ZnCl_2$ u. PCl_5 u. Red. des erhaltenen *3-Phenyltetralons* ($C_{16}H_{14}O$, F. 65—66°; 92%) mit $LiAlH_4$ in Ae.; 86%. — *cis-1-Acetoxy-3-phenyl-*, $C_{18}H_{18}O_2$, F. 76° (PAe.), aus vorst. Verbindung. — *1.6-Dimethoxy-*, $C_{12}H_{16}O_2$, durch Erwärmen einer 0,125 m Lsg. von III in methanol. Essigsäure auf 40°; n_D^{20} 1,5462; 100%. — *3.4-Dihydro-6-methoxy-2-[1'.2'.3'.4'-tetrahydro-6'-methoxynaphthyl-(1')]-naphthalin*, F. 75—76°, durch Rk. von III mit 48%ig. HBr; 51%. — *3.4-Dihydro-6-methoxynaphthalin*, durch Rk. vorvorst. Verb. mit 0,1%ig. methanol. HCl. — *1-[3.4-Dimethoxyphenyl]-3-äthyl-5.6-dimethoxy-2-methylindan* (*Diisoeugenoldimethyläther*), $C_{22} \cdot H_{28}O_4$, F. 94° (Methanol), durch Erwärmen von IV mit 2%ig. methanol. HCl auf 50°. — *Bis-1-[2.4.6-trimethoxyphenyl]-propyl-(1)-äther*, $C_{24}H_{34}O_7$, F. 144—145°, durch Erwärmen von V mit methanol. HCl auf 50°; 10%. — *1.1-Bis-[2.4.6-trimethoxyphenyl]-propan*, $C_{21}H_{28}O_6$, F. 127 bis 128° (Methanol), durch Erwärmen von V mit 3%ig. methanol. HCl auf 40°; 5%. — *Bis-[1.2.3.4-tetrahydro-6-methoxynaphthyl-(1)]-äther*, $C_{22}H_{26}O_3$, F. 99—100°, durch Rk. von III mit 0,001%ig. methanol. HCl bei Raumtemp.; Nadeln; 5%. K.-P. Hilgetag 3211△

1266 **Flavanderivate.** 17. Mitt. **Epimerisierung der benzylischen 4-Hydroxylgruppe in Flavandiolen-(3.4) und die Bildung von 4-Alkyläthern durch Solvolyse.** J. W. Clark-Lewis und L. R. Williams. (Austral. J. Chem. 20 (1967) 10, 2151—67; engl.) — 16. vgl. vorst. Referat. — Flavandiole-(3.4) werden in *Epimerengemische* aus *3.4-cis-* u. *3.4-trans-Dihydroxyflavanen* übergeführt. cis.cis-3.4-Dihydroxyverb. liefern in wss. Lsg. *2.3-cis-3.4-trans-Dihydroxyverb.*, die durch Solvolyse in *2.3-cis-3.4-trans-4-Äthoxyflavanole-(3)* übergeführt werden. 2.3-trans-Flavandiole-(3.4) liefern Gemische aus *trans.trans-Diolen* u. *2.3-trans-3.4-cis-Diolen*, deren Solvolyse zur Bldg. von *2.3-trans-3.4-cis-4-Äthoxyflavanolen-(3)* u. Gemischen aus *3.4-cis-* u. *3.4-trans-Äthern* führt.

Versuche: *4'-Benzyloxy-2'-hydroxy-3.4-dimethoxychalkon*, $C_{24}H_{22}O_5$, F. 142—143° (A.), durch Kondens. von 2-Hydroxy-4-benzyloxyacetophenon mit Veratraldehyd nach Auwers u. Anschütz (1921); 74% (Ausb.). — *trans-3-Hydroxy-3'.4'-dimethoxy-7-benzyloxyflavanon*, $C_{24} \cdot H_{22}O_6$, F. 179—180° (A.), nach Bhide u. Limayl [Rasayanam [J. Progr. chem Sci.] 2 (1955) 55]; 27%. — Flavane: *2.3-trans-3.4-trans-Dihydroxy-3'.4'-dimethoxy-7-benzyloxy-*, $C_{24}H_{24}O_6$, F. 164—165° (A.), mit $NaBH_4$ aus vorst. Verb. in A.; 52%. *Diacetylderiv.*, $C_{28}H_{28}O_8$, F. 120 bis 122° (Bzl./PAe.). — *2.3-trans-3.4-cis-Dihydroxy-3'.4'-dimethoxy-7-benzyloxy-*, $C_{24}H_{24}O_6$, F. 177—178° ($CHCl_3$), aus vorvorst. Verb. in THF mit $LiAlH_4/AlCl_3$; 49%. — *2.3-trans-3.4-cis-4-Äthoxy-3-hydroxy-3'.4'-dimethoxy-7-benzyloxy-*, $C_{26}H_{28}O_6$, F. 124—125° (A.), durch Erwärmen von 0,6 g eines Gemisches aus vorst. u. vorvorst. Verb. mit 1%ig. äthanol. HCl; 47%; daneben 0,04 g eines nicht identifizierten Gemisches. — *2.3-trans.3.4-trans-3.4-Dihydroxy-3'.4'.7-trimethoxy-*, F. 141—142° (Bzl.), a) durch Red. von trans-3-Hydroxy-3'.4'.7-trimethoxyflavanon (VI) mit $LiAlH_4$ in Ae.; 30%; daneben 17% *trans-cis-Isomeres* [F. 173—174° (A.)]; b) durch analoge Red. in THF in Ggw. von $AlCl_3$; 33%; daneben 28% *trans-cis-Isomeres*. — *trans.trans-3-Hydroxy-4-äthoxy-3'.4'.7-trimethoxy-*, $C_{20}H_{24} \cdot O_6$, F. 159—160° (A.), durch Erwärmen eines Gemisches aus vorst. Epimeren in äthanol. HCl; 28%. *Acetylderiv.*,

$C_{22}H_{26}O_7$, F. 85—86° (wss. Methanol). — *2.3-cis-3-Äthoxy-3'.4'.7-trimethoxy-*, durch Hydrieren von 3-Äthoxy-3'.4'.7-trimethoxyflaven-(3) in A./Essigsäure in Ggw. von Rh-Al_2O_3-Katalysator; daneben *trans-Isomeres* (cis : trans = 72 : 28). — *2.3-trans-3.4-cis-Dihydroxy-4'.-7.8-trimethoxy-*, $C_{18}H_{20}O_6$, F. 164—165° (A.), durch Rk. von 2.3-trans-3-Hydroxy-4'.7.8-trimethoxyflavanon mit $LiAlH_4/AlCl_3$ in THF; 23%. *Carbonat*, $C_{19}H_{18}O_7$, F. 189 bis 191° (A.), mit Chlorameisensäure. — *2.3-trans-3.4-cis-3-Hydroxy-4-äthoxy-4'.7.8-trimethoxy-* (I), $C_{20}H_{24}O_6$, F. 137—138° (A.), aus 2 g trans-3-Hydroxy-4'.7.8-trimethoxyflavanon (V) in THF mit $LiAlH_4/AlCl_3$; 2,3%; daneben 60% *Dihydroflavonol* [F. 173—175° (A.)] u. 48% *2.3-trans-3.4-cis-Dihydroxy-4'.7.8-trimethoxyflavan* [$C_{18}H_{20}O_6$, F. 112—113° (A.), Nadeln; entsteht auch durch kurzes Kochen nachst. trans.trans-Isomeren mit A./Essigsäure] u. 15% trans.trans-3.4-Dihydroxy-4'.7.8-trimethoxyflavan [F. 104—107° ($CHCl_3$/Hexan)]. — *2.3-trans-3.4-cis-3-Hydroxy-4-äthoxy-3'.4'.7.8-tetramethoxy-*, $C_{21}H_{26}O_7$, F. 138—140° (A.), a) aus trans-3-Hydroxy-3'.4'.7.8-tetramethoxyflavanon (II) in THF mit $LiAlH_4/AlCl_3$ (1 : 2); 13%; daneben 7% *2.3-trans-3.4-cis-3.4-Dihydroxy-3'.4'.7.8-tetramethoxyflavan* [III, F. 178—179° (A.); entsteht auch aus II u. $LiAlH_4/AlCl_3$ (1 : 1); 25%; daneben 5% *trans.trans-Dihydroxyisomeres* (IV, F. 131 bis 132°). *Carbonat*, $C_{20}H_{20}O_8$, F. 163—164° (A.). *Diacetylderiv.*, $C_{23}H_{26}O_9$, F. 111—112° (A./Hexan)]; b) durch Kochen von III in äthanol. Essigsäure; 25%; c) analog b) aus 0,45 g IV; 10%; daneben 26 g *Isomerengemisch vom F. 110—120°*; d) durch Kochen eines Gemisches aus III u. IV mit äthanol. HCl; 37%. *Acetylderiv.*, $C_{23}H_{28}O_8$, F. 140—141° (A.). — *cis.cis-Bis-[2.3-trans-2-(4'-Methoxyphenyl)-7.8-dimethoxybenzpyrano]-dioxan*, $C_{36}H_{36}O_{10}$, F. 237—238° (Bzl./Hexan), durch Red. von 3,5 g V mit $NaBH_4$; 0,1 g; daneben 0,05 g I. — *3-Äthoxy-3'.4'.7-trimethoxyflaven-(3)*, $C_{20}H_{22}O_5$, F. 100—101° (A.), a) aus VI u. $LiAlH_4/AlCl_3$ in THF; 11%; b) aus Veratraldehyd u. α-Äthoxy-4'-methoxy-2'-hydroxyacetophenon [aus Resorcin u. Äthoxyacetonitril u. Rk. mit Diazomethan] u. Zugabe von $NaBH_4$ in Isopropanol zum erhaltenen *α-Äthoxy-2'-hydroxy-3.4.4'-trimethoxychalkon* [$C_{20}H_{22}O_6$, F. 105—106°] in sd. Isopropanol; 32%.

K.-P. Hilgetag 3211△

1267 **Flavanderivate.** 18. Mitt. **Synthese des den Peltogynolring enthaltenden Ringsystems: 3(3')-Hydroxyisochromano-[4'.3':2.3]-chroman. Umwandlung des 2'-Hydroxychalkons in Δ^3-Flavene und biosynthetische Folgerungen.** J. W. Clark-Lewis und D. C. Skingle. (Austral. J. Chem. **20** (1967) 10, 2169—90; engl.) — 17. vgl. vorst. Referat. — Die Red. von 1'-Oxoisochromeno-[4'.3':2.3]-chromonen mit $LiAlH_4$ führt zu *3(3')-Hydroxyisochromano-[4'.3':2.3]-chromanen* (A). Die Strukturen der Verb. A werden an Hand von NMR- u. massenspektroskop. Unters. bestimmt. Die erhaltenen Verb. A dehydratisieren beim Erhitzen in $CDCl_3$ zu *Isochromeno-[4'.3':2.3]-chromenen (Δ^2-Flavenen)*, die mit Säuren *Flavyliumsalze* bilden, die auch aus den Verb. A u. Säuren erhalten werden. *2'*-Hydroxychalkone werden durch $LiAlH_4$ in *Δ^3-Flavene* übergeführt, die mit Säuren *Anthocyanidine* liefern. Die biosynthet. Anwendbarkeit dieser Meth. wird diskutiert.

Versuche: *o-Hydroxyacetophenon* (I), aus o-Acetoxybenzoylchlorid [nach Riegel u. Wittcoff (1942)] u. *Mg-Äthoxymalonsäureäthylester*, nach Walker u. Hauser (1946). — *3-o-Hydroxyphenacylphthalid*, $C_{16}H_{12}O_4$, F. 146—147° (Bzl.), mit Br_2 in CCl_4 aus Phthalid in CCl_4 unter Bestrahlen, Hydrolysieren des erhaltenen 3-Bromphthalids, Zugabe von wss. KOH zu einem Gemisch aus der erhaltenen *Phthalaldehydsäure* [II, F. 95 bis 96°; Platten; 71% (Ausb.)] u. I in A.; 78%. *Acetylderiv.*, $C_{18}H_{14}O_5$, F. 84—85° (Isopropanol). — *1'-Oxoisochromeno-[4'.3':2.3]-chromon* (IV), $C_{16}H_8O_4$, F. 286 bis 287° (Zers.; Nitromethan), a) durch Zugabe von 30%ig. H_2O_2 zu einem Gemisch aus vorst. Verb., methanol. Triton B (III) u. Methanol bei 0°; 55%; b) durch Erwärmen eines Gemisches aus I, II u. III in Methanol auf 55° u. Rk. mit 30%ig. H_2O_2 bei 0°; 32%. — *3-[2-Hydroxy-4-methoxyphenacyl]-phthalid*, $C_{17}H_{14}O_5$, F. 134 bis 135° (Methanol), aus Resacetophenon-4-methyläther u. II. — *ω-Acetoxy-2-hydroxy-4-methoxyacetophenon*, $C_{11}H_{12}O_5$, F. 86—87° (CCl_4/PAe.), durch Rk. von ω-Acetoxyresacetophenon mit äther. Diazomethan; 67%. — *7-Methoxy-1'-oxoisochromeno-[4'.3':2.3]-chromon* (V), $C_{17}H_{10}O_5$, F. 291—292° (Zers.; Py./Methanol), a) aus vorvorst. Verb. u. 30%ig. H_2O_2 in 15%ig. wss.-methanol. KOH; 10—50%; b) aus vorst. Verb. u. o-Methoxycarbonylbenzoylchlorid in Py. nach King et al. (J. chem. Soc. [London] **1954**, 4594), Erhitzen des erhaltenen Prod. in Triäthylamin/Py. auf 100° unter N_2; 43%. — *2'-Hydroxy-4.4'.5-trimethoxychalkon-2-carbonsäure*, F. 255° ($CHCl_3$/Essigester), durch Kondens. von m-Opiansäure (F. 181 bis 182°, durch Bromieren von m-Meconin u. Hydrolyse; 76%) mit 2-Hydroxy-4-methoxyacetophenon; 55%. — *6'.7.7'-Trimethoxy-1'-oxoisochromeno-[4'.3':2.3]-chromon* (VI), F. 322° (Zers.), aus vorst. Verb. nach Hassall et al. (J. chem. Soc. [London] **1964**, 4941); 10%. — *3'.4'.7-Trimethoxyflavonol*, F. 185,5—186,5°, aus dem entsprechenden Chalkon (nach der Algar-Flynn-Oyamada-Rk.). — Isochromano[4'.3':2.3]-chromane: *3(3')-Hydroxy-* (VII), $C_{16}H_{14}O_3$, F. 174—175° (Bzl./PAe.), aus IV u. $LiAlH_4$ in Ae.; 66%. — *3(3')-Hydroxy-7-methoxy-*, $C_{17}H_{16}O_4$, F. 169—170° (Bzl./PAe.), aus V; 89%. — *cis-3(3')7-Dimethoxy-*, $C_{18}H_{18}O_4$, F. 106—106,5° (PAe.), durch Kochen von 0,14 g vorst. Verb. in Methanol unter N_2 u. Zugabe von p-Toluolsulfonsäure; 0,1 g. — *3(3')-Hydroxy-6'.7'.7-trimethoxy-*, $C_{19}H_{20}O_6$, F. 201,5—202° (Bzl.), aus VI u. $LiAlH_4$ in Ae.; 93%. — *7-Methoxisochromano-[4'.3':2.3]-chromon*, $C_{17}H_{12}O_4$, F. 210—211° (Methanol), durch Rk. von 2'-[Hydroxymethyl]-7-methoxyflavonol mit konz. H_2SO_4; 49%. — *trans-2'-[Hydroxymethyl]-flavanol-(3)*, $C_{16}H_{16}O_3$, F. 140—142° (Bzl.), durch Rk. von 0,2 g VII mit $NaBH_4$ in Isopropanol; 0,06 g. — *2'-[Hydroxymethl]-7-methoxyflavonol*, $C_{17}H_{14}O_5$, F. 175,5—176° (Methanol), aus V u. Li-Tris-[tert.-butoxyaluminium]-hydrid in THF; 51%. *Diacetylderiv.*, $C_{21}H_{18}O_7$, F. 124 bis 125° (Bzl./PAe.). — *3.7-Dimethoxyflavon-2'-carbonsäuremethylester*, F. 128—129° (Bzl./PAe.), aus 7-Methoxyflavonol-2'-carbonsäure mit Dimethylsulfat; 32%. — *3.7-Dimethoxy-Δ^3-chromen-[2-spiro-1']-phthalan*, $C_{18}H_{16}O_4$, F. 154—155° (Bzl./PAe.), aus vorst. Verb. u. äther. $LiAlH_4$; 32%. — *3.3'.4'.5.7-Pentamethoxy-Δ^3-flaven, $NaBH_4$-Komplex*, F. 181—184° (Zers.; A.), durch Red. von 0,374 g 2'-Hydroxy-α-3.4.4'.6'-Pentamethoxychalkon mit $NaBH_4$ in Isopropanol; 0,36 g. — *2.4-cis-3'.4-Dimethoxy-6-methylflavanol-(4)*, F. 140—141°, mit $NaBH_4$ aus 3'.4'-Dimethoxy-6-methylflavanon in Methanol; 83%. — *2.4-cis-4-Acetoxy-3'.4'-dimethoxy-6-methylflavan*, $C_{20}H_{22}O_5$, F. 138,5 bis 139° (A.). — *4-Brom-3'.4'-dimethoxy-6-methylflavan*, $C_{18}H_{19}BrO_3$, F. 94—95° (Ae.), durch Zutropfen von PBr_3 in abs. Ae. zu vorst. Verb. bei 0°; 100%. — *1-[3'.4'-Dimethoxy-6-methylflavanyl-(4)]-pyridiniumbromid*, $C_{23}H_{24}BrNO_3$, F. 211—212° (Methanol), durch Kochen vorst. Verb. in Py.; 83%. — *3'.4'-Dimethoxy-6-methyl-Δ^3-flaven*, $C_{18}H_{18}O_3$, F. 79,5—80,5° (Methanol), a) durch Erhitzen von 0,55 g vorvorst. Verb. mit $LiAlH_4$ in DMF; 0,4 g; b) durch Red. von 0,298 g 2'-Hydroxy-3.4-dimethoxy-5'-methylchalkon mit $NaBH_4$ in Isopropanol; 0,28 g. — *2.3-trans-3.4-cis-Dihydroxy-3'.4'-dimethoxy-6-methylflavan*, F. 200—201° (A.), durch Rk. vorst. Verb. mit OsO_4 in abs. Ae./Py.; 34%. — *Peltogynol, Trimethyläther*, F. 193—196° (Zers.), durch Extrahieren des Holzes von *Peltogyne porphyrocardia* nach Robinson (1935) u. Rk. des erhaltenen *Peltogynols* (3%) mit äther. Diazomethan; $[\alpha]_D^{24}$ +24° (c = 0,44; $CHCl_3$); 20%. *Acetylderiv.* d. *Trimethyläthers*, F. 152—153° (A./$CHCl_3$); $[\alpha]_D^{24}$ +175° (c = 0,42; $CHCl_3$). — *Peltogynon, Trimethyläther*, F. 210—211° (Zers.; $CHCl_3$/A.), aus vorst. Verb. mit MnO_2 in $CHCl_3$; $[\alpha]_D^{24}$ +325° (c = 0,86; $CHCl_3$); 49%. — *6.6'.7'-Trimethoxyisochroman-[3'-spiro-2]-cumaranon-(3)*, F. 179—180° (A.), aus vorst. Verb. nach Chan et al. (J. chem. Soc. [London] **1958**, 3174).

K.-P. Hilgetag 3211△

1268 **Phenylalkylamine.** Joseph Sam. (J. pharmac. Sci. **56** (1967) 10, 1344—47; Bristol Labor., Syracuse, N.Y.; engl.) — Ausgehend von 2-substituierten Pyridinen werden durch Umsetzen mit Phenylalkylbromiden die entsprechenden *Pyridiniumbromide* erhalten. Die Hydrierung dieser Verb. unter Druck liefert die erwarteten

Piperidine. Die Synth. einer Anzahl von *Phenylalkylaminen* wird beschrieben.

Versuche: *N-[2-(5-Äthylpyridyl-(2))-äthyl]-N-[2-hydroxy-2-phenyläthyl]-methylamin* (II), $C_{18}H_{24}N_2O$, Kp.$_{0,4}$ 178°, durch 18std. Kochen von 5-Äthyl-2-vinylpyridin, N-Methyl-β-hydroxyphenäthylamin u. Essigsäure in Methanol; n_D^{26} 1,5489; 29% (Ausb.). — *1-[4-Chlorphenyl]-3-[pyridyl-(2)]-propen-(2)-on-(1)* (I), $C_{14}H_{10}ClNO$, F. 85 bis 86° (n-Hexan), aus 4-Chloracetophenon u. Picolinaldehyd in Ggw. von Essigsäure/Piperidin bei 100°; 41%. — *1.5-Bis-[4-chlorphenyl]-3-[pyridyl-(2)]-pentandion-(1.5)*, $C_{22}H_{17}Cl_2NO_2$, F. 136—137° (Methanol), analog vorst. Verb. in alkohol.-wss. NaOH; 33%. — *1-[4-Nitrophenyl]-3-[pyridyl-(2)]-propen-(2)-on-(1)*, $C_{14} \cdot H_{10}N_2O_3$, F. 150—151° (Methanol), aus 4-Nitroacetophenon analog vorvorst. Verb.; 51%. — *4'-Chlor-3-[pyridyl-(2)]-propiophenon*, $C_{14}H_{12}ClNO$, Kp.$_{1}$ 169—172°, durch Hydrieren von I in Methanol an Pd/Kohle bei 52 psi H_2; 66%. — *2-[3.4-Dimethoxystyryl]-pyridin*, $C_{15}H_{15}NO_2$, Kp.$_{0,2}$ 195—200°, durch 66std. Kochen von Veratrumaldehyd mit α-Picolin in Essigsäureanhydrid; 38%. — *2-[3.4-Dimethoxyphenäthyl]-pyridin*, $C_{15}H_{17}NO_2$, Kp.$_{0,2}$ 152—155°, durch Hydrierung vorst. Verb.; 90%. — Pyridiniumbromide, durch 48std. Kochen des entsprechenden Py. mit dem entsprechenden Phenylalkylbromid in Acetonitril: *N-Phenäthyl-3-hydroxy-*, $C_{13}H_{14} \cdot BrNO$, F. 193—194° (Acetonitril); 90%. — *N-Phenäthyl-2-[p-methoxyphenäthyl]-*, $C_{22}H_{24}BrNO$, F. 148—150° (Acetonitril/Aceton); 75%. — *N-Phenäthyl-2-[3.4-dimethoxyphenäthyl]-*, $C_{23}H_{26}BrNO_2$; 57%. — *N-Phenäthyl-2-benzyl-*, $C_{20}H_{20}BrN$, F. 164—166° (Acetonitril); 66%. — *N-[3-Phenylpropyl]-4-[3-hydroxypropyl]-*, $C_{17} \cdot H_{22}BrNO$; Öl. — *N-[3-Phenylpropyl]-2-benzyl-*, $C_{21}H_{22} \cdot BrN$, F. 85—90°; 76%. — *N-Phenäthyl-3-hydroxymethyl-*, $C_{14}H_{16}BrNO$, F. 144—145° (Acetonitril); 85%. — *N-Phenäthyl-4-methoxycarbonyl-*, $C_{15}H_{16}BrNO_2$; Öl. — *N-Phenäthyl-3-äthoxycarbonyl-*, $C_{16}H_{18}BrNO_2$, F. 188 bis 190°; 88%. — N-Phenäthylpiperidine, durch Hydrierung vorst. Verb. an PtO_2 unter Druck: *3-Chlormethyl-*, $C_{14}H_{20}ClN$, Kp.$_{0,3}$ 124—126°; 87%. — *3-Hydroxy-*, $C_{13}H_{19}NO$, Kp.$_{0,5}$ 130°; 53%. — *2-[p-Methoxyphenäthyl]-*, *Hydrobromid*, $C_{22}H_{30}BrNO$, F. 138—139°; 87%. — *2-[3.4-Dimethoxyphenäthyl]-*, *Hydrobromid*, $C_{23}H_{32}BrNO_2$, F. 154—156°; 89%. — *2-Benzyl-*, *Hydrobromid*, $C_{20}H_{26} \cdot BrN$, F. 166—168°; 83%. — *4-Methoxycarbonyl-*, $C_{15}H_{21} \cdot NO_2$, Kp.$_{0,3}$ 142°; 54%. *Hydrazid*, $C_{14}H_{21}N_3O$, F. 154 bis 155°, aus dem Ester mit Hydrazinhydrat; 70%. — *3-Äthoxycarbonyl-*, $C_{16}H_{23}NO_2$, Kp.$_{0,5}$ 137°; 81%. — *N-[3-Phenylpropyl]-4-[3-hydroxypropyl]-piperidin*, $C_{17} \cdot H_{27}NO$, F. 172—175°; 83%. — *N-[3-Phenylpropyl]-2-benzylpiperidinhydrobromid*, $C_{21}H_{28}BrN$, F. 160—161°; 85%. — *N-{β-[5-Äthylpiperidyl-(2)]-äthyl}-N-[β-hydroxy-β-phenyläthyl]-methylamin*, Kp.$_{0,6}$ 178—180°, analog vorst. Verb. aus II; $n_D^{24,5}$ 1,5218; 88%. — *1-[3.4-Dimethoxyphenäthylamino]-indanol-(2)*, $C_{19}H_{23}NO_3$, F. 126—127° (Methanol), aus Indenoxid mit 3.4-Dimethoxyphenäthylamin in sd. Bzl.; 71%. — *2-Benzylaminomethylindanon-(1)*, *Hydrochlorid*, $C_{17}H_{18}ClNO$, F. 192—193° (Methanol), aus Indanon-(1) u. Benzylamin in konz. HCl in Ggw. von Formalin; 53%. — *2-Dimethylaminomethyl-4-[indanyl-(1)]-phenol*, $C_{18}H_{21}NO$, F. 63—64° (Methanol/W.), aus 4-[Indanyl-(1)]-phenol u. 25%ig. wss. Dimethylamin in Isopropanol in Ggw. von Formalinlsg.; 40%. — *2-Hydroxy-3-methoxybenzylmethylamin*, $C_9H_{13}NO_2$, F. 90 bis 91° (Bzl.), durch Hydrieren der entsprechenden Benzalverb.; 96%. — *N-Benzyl-N-[indanyl-(2)-methyl]-methylamin*, $C_{18}H_{21}N$, Kp.$_{1}$ 152—156°, aus 2-Brommethylindan u. N-Benzylmethylamin; 79%. *Hydrochlorid*, $C_{18}H_{22}ClN$, F. 193—194° (Methyläthylketon); 90%.

G. Westphal 3231△

1269 **Synthese und Umwandlungen von 1.2.5-Trimethyl-4-[3-dialkylaminopropin-(1)-yl]-piperidolen-(4).** I. N. Azerbaev, T. G. Sarbaev und K. B. Eržanov. (Izvest. Akad. Nauk Kaz. SSR, Ser. chim. 17 (1967) 2, 79—82; russ.) — Mannich-Rk. von 1.2.5-Trimethyl-4-äthinylpiperidol-(4) (I) mit sek. Aminen ergibt *1.2.5-Trimethyl-4-[3-dialkylaminopropin-(1)-yl]-piperidole-(4)*, die zu den entsprechenden *4-[3-Dialkylaminopropyl]-piperidolen* hydriert werden.

Versuche: 4-substituierte 1.2.5-Trimethylpiperidole-(4): *4-[3-Dimethylaminopropin-(1)-yl]-* (II), *γ-Isomer*, $C_{13}H_{24}N_2O$, Kp.$_{3}$ 154—155°, F. 55—56° (PAe.), durch 2std. Erhitzen des I-γ-Isomer mit Paraformaldehyd, Dimethylaminhydrochlorid u. CuCl in Dioxan auf 90 bis 100°, Aufarbeiten mit Sodalsg. u. Extrahieren mit Ae.; n_D^{20} 1,5015; 65% (Ausb.). *Dihydrochlorid*, $C_{13}H_{24} \cdot N_2O \cdot 2\,HCl$, F. 138—140° (A./Aceton), aus der Base in Ae. mit äther. HCl; 94%. — Analog: II, *β-Isomer*, $C_{13}H_{24}N_2O$, Kp.$_{3}$ 155—157°; n_D^{20} 1,5035; 62%. *Dihydrochlorid*, $C_{13}H_{24}N_2O \cdot 2\,HCl$, F. 225—226°; 90%. — *4-[3-Diäthylaminopropin-(1)-yl]-* (III), *γ-Isomer*, $C_{15}H_{28} \cdot N_2O$, F. 63—64° (PAe.); 70%. *Dihydrochlorid*, $C_{15}H_{28}N_2O \cdot 2\,HCl$, F. 216—217°; 95%. — III, *β-Isomer*, $C_{15}H_{28}N_2O$, F. 84—85° (PAe.); 73,4%. *Dihydrochlorid*, $C_{15}H_{28}N_2O \cdot 2\,HCl$, F. 245—246°; 93%. — *4-[3-Piperidinopropin-(1)-yl]-* (IV), *γ-Isomer*, $C_{16}H_{28}N_2O$, F. 86—87° (PAe.); 81%. *Dihydrochlorid*, $C_{16}H_{28}N_2O \cdot 2\,HCl$, F. 265—266° (Aceton/A.); 97%. — IV, *β-Isomer*, $C_{16}H_{28}N_2O$, Kp.$_{2}$ 173 bis 174°; n_D^{20} 1,5160; 85%. *Dihydrochlorid*, $C_{16}H_{28}N_2O \cdot 2\,HCl$, F. 256—257°; 94%. — *4-[3-Dimethylaminopropyl]-*, *γ-Isomer*, $C_{13}H_{28}N_2O$, Kp.$_{2}$ 122—123°, durch Hydrieren von II-γ-Isomer in A. bei 20° in Ggw. von Raney-Ni; n_D^{20} 1,4880; 89,5%. Analog: *β-Isomer*, $C_{13}H_{28}N_2O$, Kp.$_{2}$ 127—128°; n_D^{20} 1,4900; 92%. — *4-[3-Diäthylaminopropyl]-*, *γ-Isomer*, $C_{15}H_{32}N_2O$, Kp.$_{3}$ 147 bis 148°; n_D^{20} 1,4842; 90%. *β-Isomer*, $C_{15}H_{32}N_2O$, Kp.$_{3}$ 144 bis 145°; n_D^{20} 1,4855; 92%. — *4-[3-Piperidinopropyl]-*, *γ-Isomer*, $C_{16}H_{32}N_2O$, F. 45—46°; 87%. *β-Isomer*, $C_{16} \cdot H_{32}N_2O$, Kp.$_{2}$ 163—164°; n_D^{20} 1,5010; 90%.

H. Berger 3231△

1270 **Chemie von Endialon.** John Brammer Petersen, Jørgen Lei, Niels Clauson-Kaas und Kjeld Norris. (Kong. danske Vidensk. Selszk, mat.-fysiske Medd. 36 (1967) 5, 1—23; 28 Rugmarken, Farum, Denmark; engl.) — Durch Ox. von *Furfurol* (I) mit 1 bzw. 2 Mol Cl_2 u. nachfolgende Rk. mit Aminoverb. (NH_3, aliphat. prim. Amine, NH_2OH, Aminosulfonsäure oder Hydrazinverb.) werden zahlreiche neue *Pyridinverb.* erhalten. Max. der NMR-Spektren vgl. Original. Die Darst. einer molaren *Endialonlsg.* (E) durch $^1/_2$std. Einleiten von 1 Mol Cl_2 in eine wss. Emulsion von I bei 0°, Zugabe von 2 Mol NaOH-Lsg., Dekantieren, Verdünnen mit H_2O u. Stehen bei —25° wird beschrieben.

Versuche: *3-Hydroxy-1H-pyridon-(2)*, F. 251 bis 253° (Subl.), a) durch Zugabe von NaClO-Lsg. zu einer Lsg. von I u. NaBr in W./tert.-Butanol/konz. HCl bei 0° u. Rk. mit NH_4OH/NH_4Cl; 45% (Ausb.); b) durch Zugabe von NaClO-Lsg. bei 0° zu I in 1 n HCl analog a); 69%. — *1-Methyl-3-hydroxy-1H-pyridon-(2)*, $C_6H_7NO_2$, F. 130—132° (CCl_4), durch Umsetzen von E mit 33%ig. wss. Methylaminlsg. bei 0—15°, Einstellen von pH 7,5, $^1/_2$std. Stehen, Zugabe von 40%ig. NaOH, Erwärmen auf 75° u. Einstellen von pH 4; 19%. — *1-[3-(Dimethylamino)-propyl]-3-hydroxy-1H-pyridon-(2)*, Kp.$_{0,2}$ 112 bis 117°, durch Umsetzen von 0,1 Mol E mit N.N-Dimethyl-1.3-diaminopropan bei 0—20°, Einstellen von pH 7,5 mit 40%ig. NaOH, 10 Min. langes Erwärmen auf 70° u. Extrahieren mit Ae. bei pH 9; 5,65 g. *Phosphat*, $C_{10}H_{19} \cdot N_2O_6P$, F. 213—214° (80%ig. A.), durch $^1/_4$std. Kochen mit 85%ig. H_3PO_4 in A.; 6,28 g. — *[2-Oxo-3-hydroxy-2H-pyridyl-(1)]-essigsäure*, $C_7H_7NO_4$, F. 217—219° (Dioxan), analog vorvorst. Verb. mit Glycin; 8%. *Na-Salz*, $C_7H_6NNaO_4$, F. 280—283° (Zers.). — *1.5-Dihydroxy-1H-pyridon-(2)*, $C_5H_5NO_3$, F. >220° (W.), aus E mit $NH_2OH \cdot HCl$ bei 0° u. Zugabe von 40%ig. NaOH bis pH 2; 23%. — *1.3-Dihydroxy-1H-pyridon-(2)*, $C_5H_5 \cdot NO_3$, F. 188—190° (n-Butanol), analog vorst. Verb. mit 90%ig. Hydroxylamin-O-sulfonsäure; 14%. — *5-Hydroxypiperidon-(2)*, $C_5H_9NO_2$, F. 144—146°, durch Hydrieren vorvorst. Verb.; 67%. — *3-Hydroxypiperidon-(2)*, $C_5H_9 \cdot NO_2$, F. 133—135° (Subl.), durch Hydrieren vorvorst. Verb.; 62%. — *2-Imino-2H-pyridyl-(1)-sulfonsäuremonohydrat*, $C_5H_6N_2O_3S \cdot H_2O$, F. 70—90°, aus E mit Aminosulfonsäure in verd. NaOH, Einstellen von pH 1,7 u. $^1/_4$std. Stehen bei 10°; 31%. *Na-Salz*, *Hemihydrat*, $C_5H_5N_2NaO_3S \cdot {}^1/_2\,H_2O$, aus 3,4 g Säure mit konz. NaOH; 3,43 g. — *2-Amino-3-hydroxypyridin*, F. 172 bis 174° (Rohr), durch 5 Min. langes Kochen vorst. Verb.

in H_2O, Einstellen von pH 8 mit 40%ig. NaOH u. Extrahieren mit Ae.; 97%. — *3-Hydroxy-2-oxo-2H-pyridyl-1-sulfonsäure, Na-Salz, Hemihydrat*, $C_5H_4NNaO_5S \cdot {}^1/_2 H_2O$, durch Zugabe von E zu Aminosulfonsäure in verd. HCl bei -10^0, 1std. Stehen bei -10^0 u. Umsetzen zum Na-Salz; 43%. — *3-Hydroxy-1H-pyridon-(2)*, F. 253 bis 254° (Rohr), a) neben vorst. Verb. durch Extraktion der Mutterlaugen bei pH 5 mit Ae.; 10%; b) durch ${}^1/_4$std. Kochen vorst. Verb. mit H_2O, Zugabe von NaOH u. Extrahieren mit Ae.; 100%; c) durch Erwärmen vorst. Verb. bei pH 1—2 mit wss. $BaCl_2$-Lsg.; daneben $Na \cdot HSO_4$. — *1-Amino-3-hydroxy-1H-pyridon-(2)* (**III**), F. 161 bis 163° (Methanol), durch Zugabe von Hydrazinsulfat zu E in konz. HCl bei 10°, ${}^1/_2$std. Erwärmen auf 50° u. Einstellen von pH 4,5; 1%. — *3.3'-Dihydroxy-2.2'-dioxo-2H.2'H-bipyridyl*, $C_{10}H_8N_2O_4$, F. > 300° (Zers.), aus E in konz. HCl mit Hydrazinsulfat bei 10° u. 2std. Stehen; aus W. Nadeln; 14%. — *1-Dimethylamino-3-hydroxy-1H-pyridon-(2)* (**II**), $C_7H_{10}N_2O_2$, F. 81—83°, $Kp._{15}$ 113 bis 123°, aus E mit N.N-Dimethylhydrazin u. konz. HCl bei 0°, 1std. Erwärmen auf 60°, Neutralisieren mit 40%ig. NaOH u. Extrahieren mit Ae.; 33%. — *4-[3-Hydroxy-2-oxo-2H-pyridyl-(1)]-morpholin*, $C_9H_{12}N_2O_3$, F. 177 bis 179° (Toluol), durch Zugabe von E zu 4-Aminomorpholin in HCl bei pH 1, Erwärmen auf 60° unter Einhaltung von pH 1 durch Zugabe von 40%ig. NaOH u. Einstellen von pH 3,5; 40%. — *1-[3-Hydroxy-2-oxo-2H-pyridyl-(1)]-harnstoff*, $C_6H_7N_3O_3$, F. 233—235° (Zers.; W.), aus E u. Semicarbazidhydrochlorid bei 10—50°; 13% (ergibt beim 80 Min. langen Kochen mit 6n HCl, Einstellen von pH 5 u. Extrahieren mit Ae. 75% **III**, $C_5H_6N_2O_2$, F. 161—163°). — *1-Dimethylamino-3-acetoxy-1H-pyridon-(2)*, $C_9H_{12}N_2O_3$, F. 48—49°, $Kp._{0,4}$ 102°, durch Stehen von **II** mit Essigsäureanhydrid/Py. über Nacht; n_D^{25} 1,5232; 92%. — *1-Dimethylamino-3-benzoyloxy-1H-pyridon-(2)*, $C_{14}H_{14}N_2O_3$, F. 137—138° (Cyclohexan), aus **II** mit Benzoylchlorid in Py.; 81%. — *3.4-Dichlor-4-hydroxyglutaraldehyd* (**IV**, 1 m Lsg.), durch 40 Min. langes Einleiten von ${}^1/_2$ Mol Cl_2 in eine Suspension von **I** in H_2O bei 0°, Zugabe von konz. HCl u. wenig Polypropylenglykol, ${}^1/_2$std. Einleiten von ${}^1/_2$ Mol Cl_2, Verdünnen mit H_2O u. Aufbewahren bei -25^0. — *3-Hydroxy-4-chlor-1H-pyridon-(2)*, $C_5H_4ClNO_2$, F. 290—295° (Zers.), aus **IV** mit konz. NH_4OH bei 0°/pH 7; aus Essigsäure hellgraue Tafeln; 26% (bezogen auf **I**). — *3-Hydroxy-5-chlor-1H-pyridon-(2)*, $C_5H_4ClNO_2$, F. 290—295° (Zers.; Subl.), aus **IV** mit Aminosulfonsäure bei 50°; 53%. — *1-Methyl-3-hydroxy-4-chlor-1H-pyridon-(2)*, $C_6H_6ClNO_2$, F. 186 bis 187° (abs. A.), aus **IV** mit Methylamin bei pH 7,5; 21%. — 1-Phenyl-3-hydroxy-5-chlor-1H-pyridone-(2), durch Umsetzen von **IV** mit dem entsprechenden Anilinhydrochlorid bei 90°: *Unsubstituiert*, $C_{11}H_8ClNO_2$, F. 147 bis 149° (Subl.); 21%. — *2'-Methyl-*, $C_{12}H_{10}ClNO_2$, F. 172 bis 173° (Subl.); 6%. — *3'-Methyl-*, F. 158—160° (Subl.); 16%. — *4'-Methoxy-*, $C_{12}H_{10}ClNO_3$, F. 172—174° (Subl.); 14%. — *2'-Chlor-*, $C_{11}H_7Cl_2NO_2$, F. 164—165° (Subl.); 6%. — *3'-Chlor-*, F. 185—186° (Subl.); 23%. — *2'.3'-Dichlor-*, $C_{11}H_6Cl_3NO_2$, F. 222—223° (Subl.); 15%. — *2'.5'-Dichlor-*, F. 145—146° (Subl.); 13%. — *3'.4'-Dichlor-*, F. 193 bis 194° (Subl.); 15%. — *3'-Nitro-*, $C_{11}H_7ClN_2O_4$, F. 135 bis 136° (Subl.); 36%. — *1.3-Dihydroxy-4-chlor-1H-pyridon-(2)*, $C_5H_4ClNO_3$, aus **IV** mit $NH_2OH \cdot HCl$ bei pH 4 u. 1std. Erwärmen auf 60°; 15%. — *1.3-Dihydroxy-5-chlor-1H-pyridon-(2)*, $C_5H_4ClNO_3$, Zers.-Punkt 180°, durch 2std. Erwärmen von **IV** mit $NH_2OH \cdot HCl$ auf 75° u. Einstellen von pH 4; aus W. hellgelbe Krist.; 17%. — *1-Dimethylamino-3-hydroxy-4-chlor-1H-pyridon-(2)*, $C_7H_9 \cdot ClN_2O_2$, F. 135—137° (verd. A.), aus **IV** mit N.N-Dimethylhydrazin bei pH 3, Zugabe von konz. HCl u. 2std. Erwärmen auf 85°; 12%. G. Westphal 3231 △

1271 **Reaktion von Jod und einigen heterocyclischen tertiären Basen mit Aceton und Methylisobutylketon.** J. P. Saxena und M. R. Gelra. (Austral. J. Chem. **20** (1967) 8, 1771—72; Dep. of Chem., Univ. of Jodphur, Jodphur, Indien; engl.) — Aus J_2, Aceton u. Py. bzw. β-Picolin in CH_3OH werden *N-Acetonylpyridinium-* bzw. *-β-picoliniumjodid* dargestellt. Analog wird aus Methylisobutylketon u. Chinolin *N-[4-Methyl-2-oxopentyl]-chinoliniumjodid* erhalten. Isochinolin gibt mit Aceton u. J_2 in Aceton nur das *Hydrojodid*. α- bzw. γ-Picolin geben auch in Benzyl- bzw. Isopentylalkohol keine Reaktion. Methyläthylketon reagiert nicht mit den tert. Basen.

Versuche: *N-Acetonylpyridiniumjodid*, $C_8H_{10}J \cdot NO$, F. 230° (Zers.; 50%ig. CH_3OH), aus Py., J_2 u. Aceton in sd. CH_3OH; 30% (Ausb.). — *N-Acetonylpyridiniumpikrat*, F. 205° (Zers.). — *N-Acetonylpyridiniumperchlorat*, F. 260° (Zers.). — *N-Acetonylchinoliniumjodid*, $C_{12}H_{12}JNO$, F. 212° (Zers.; 50%ig. CH_3OH); 50%. — *N-Acetonylchinoliniumpikrat*, F. 215—217° (Zers.). — *N-Acetonylchinoliniumperchlorat*, F. 189 bis 190° (Zers.). — *N-Acetonyl-β-picoliniumjodid*, $C_9H_{12}JNO$, F. 235° (Zers.; 50%ig. CH_3OH); 30%. — *N-Acetonyl-β-picoliniumperchlorat*, F. 262° (Zers.). — *N-[4-Methyl-2-oxopentyl]-chinoliniumjodid*, $C_{15}H_{18}JNO$, F. 180 bis 182° (Zers.; CH_3OH); 40%. — *N-[4-Methyl-2-oxopentyl]-chinoliniumpikrat*, F. 140° (Zers.). — *N-[4-Methyl-2-oxopentyl]-chinoliniumperchlorat*, F. 145° (Zers.). Hans Köhne/Berlin 3231 △

1272 **Neue Verbindungen: Synthese einiger Sulfazopyridinderivate für pharmakologische Untersuchungen.** H. Y. Abou-Elenein, M. Khalifa und Y. M. Abou-Zeid. (J. pharmac. Sci. **56** (1967) 10, 1358—59; Fac. of Pharm., Cairo Univ., Cairo; engl.) — Die Synth. einer Reihe von *Sulfazopyridinderiv.* durch Diazotierung u. nachfolgende Kupplung wird beschrieben.

Versuche: 2.6-Diaminopyridine, a) durch Lösen des entsprechenden Sulfonamids in verd. HCl, Diazotieren mit $NaNO_2$ bei 0—5°, Zugabe der Diazoniumsalzlsg. zu 2.6-Diaminopyridin in 10%ig. HCl bei 5° u. Einstellen von pH 6,5—7; b) durch Lösen des Sulfonamids in 25%ig. NaOH, Zugabe von $NaNO_2$, Versetzen mit HCl u. Kuppeln analog a): *3-{N-[2-Phenylpyrazolyl-(3)]-p-sulfamoylphenylazo}-*, $C_{20}H_{18}N_8O_2S$, F. 134 bis 135° (Zers.; abs. A.), nach a); 95% (Ausb.). — *3-{N-[2.4-Dimethylpyrimidinyl-(6)]-p-sulfamoylphenylazo}-*, $C_{17}H_{18} \cdot N_8O_2S$, F. 250° (Zers.; abs. A.); nach a); 89—92%. — *3-{N-[3.4-Dimethylisoxazolyl-(5)]-p-sulfamoylphenylazo}-*, $C_{16}H_{17}N_7O_3S$, F. 250° (Zers.; verd. A.), nach a); 90%. — *3-{N-[2.4-Dimethoxypyrimidinyl-(6)]-p-sulfamoylphenylazo}-*, $C_{17}H_{18}N_8O_4S$, F. 220° (Zers.; verd. A.), nach a); 89%. — *3-{N-[3.4-Dimethylbenzoyl]-p-sulfamoylphenylazo}-*, $C_{20}H_{20}N_6O_3S$, F. 210° (Zers.; verd. A.), analog b); 88%. — *3-{N-[6-Methoxypyridazinyl-(3)]-p-sulfamoylphenylazo}-*, $C_{16}H_{16}N_8O_3S$, F. 180° (Zers.; abs. A.), nach b); 90%. G. Westphal 3231 △

1273 **Neue Verbindungen: N-substituierte Tetrahydroisochinoline.** Joseph Sam. (J. pharmac. Sci. **56** (1967) 9, 1198—99; Dep. of Pharm. Chem., School of Pharm., Univ. of Miss., Miss.; engl.) — Vf. synthetisiert unter Anwendung der Mannich-$NaBH_4$-Red. eine Reihe N-substituierter *Tetrahydroisochinoline*. Aminolyse von Cyanessigsäureäthylester (**II**) mit 1.2.3.4-Tetrahydroisochinolin (**III**) liefert das entsprechende *Cyanacetamid*.

Versuche: 1.2.3.4-Tetrahydroisochinoline: *N-[3-(p-Chlorphenyl)-3-oxopropyl-(1)]-, Hydrochlorid* (**I**), $C_{18}H_{19}Cl_2NO$, F. 200—202° (Methanol), aus p-Chloracetophenon u. 37%ig. Formaldehyd in konz. HCl, nach Mannich u. Lammering (1922)]; 66% (Ausb.). — *N-[3-(p-Methoxyphenyl)-3-oxopropyl-(1)]-*, $C_{19}H_{21}NO_2$, F. 81—82°, analog vorst. Verb.; 61%. *Hydrochlorid*, $C_{19}H_{22} \cdot ClNO_2$, F. 184—186° (Methanol/Methyläthylketon), aus dem Amin; 90%. — *N-[3-(p-Methoxyphenyl)-3-hydroxypropyl-(1)]-, Hydrochlorid*, $C_{19}H_{24}ClNO_2$, F. 155—156° (Methanol/Methylisobutylketon), aus vorst. Verb. u. $NaBH_4$ in Methanol; 60%. — *N-[3-(p-Chlorphenyl)-3-hydroxypropyl-(1)]-*, $C_{18}H_{20}ClNO$, $Kp._{0,4}$ 194—200°, F. 99—100°, aus **I** analog vorst. Verb.; 80%. *Hydrochlorid*, $C_{18}H_{21}Cl_2NO$, F. 184—186° (Methanol/Ae.); 95%. — *N-[3-(3.4.5-Trimethoxybenzoyloxy)-3-(p-methoxyphenyl)-propyl-(1)]-3.4-dihydroisochinolin, Hydrochlorid*, $C_{29}H_{34}ClNO_6$, F. 163—164° (Ae./Methyläthylketon), aus 3.4.5-Trimethoxybenzoylchlorid u. vorvorst. Verb.; 28%. — *2-[Cyanacetyl]-1.2.3.4-tetrahydroisochinolin*, $C_{12} \cdot H_{12}N_2O$, F. 105—106° (Methanol/Ae.), aus **II** u. **III**; 65%. K.-P. Hilgetag 3231 △

1274 **Über 1-Nitroisochinolin.** Eisaku Hayashi, Yukio Akahori und Yutaka Yamamoto. (J. pharmac.

Soc. Japan [Yakugakuzasshi] 87 (1967) 11, 1342—45; Shizuoka Coll. of Pharm., Oshika, Shizuoka; jap.) — Es wurden dargestellt: *1-Jodisochinolin* (II), C_9H_6JN, F. 70—72° (Bzl.-PAe.), durch Zugabe von 10 g NaJ u. 1,6 ml 57%ig. HJ zu einer Lsg. von 3,2 g 1-Chlorisochinolin in 50 ml Essigester, 8std. Erhitzen auf 70° unter Rühren, Eindampfen bei vermindertem Druck, Zugabe von Eiswasser, Alkalisieren mit wss. NH_3, Extraktion mit $CHCl_3$, Eindampfen, Lösen in Bzl. u. Filtrieren durch eine Al_2O_3-Säule; 2,3 g (Ausb.). — *1-Nitroisochinolin* (I), $C_9H_6N_2O_2$, F. 65—66° (Bzl.-PAe.), durch Zugabe von 5,4 g $NaNO_2$ zu einer Lsg. von 10 g II in 80 ml DMSO, 3std. Erhitzen auf 100° unter Rühren, Zugabe von Eiswasser, Extraktion mit $CHCl_3$, Eindampfen, Lösen in Bzl. u. Filtrieren durch eine Al_2O_3-Säule; 3,3 g. — *1-Aminoisochinolin*, F. 119—120,5° (Bzl.-PAe.), durch Hydrierung von 0,5 g I in 20 ml Methanol an Raney-Ni (aus 1 g Ni-Al) bei 760 Torr u. Raumtemp.; 0,2 g. — *Isocarbostyril*, F. 207° ($CHCl_3$ oder Aceton), a) durch 4std. Kochen von 200 mg I in 2 ml 2n NaOH, Neutralisieren mit Essigsäure u. Extraktion mit $CHCl_3$; 90 mg; b) durch 4std. Kochen eines Gemisches aus 300 mg I, 15 ml Methanol, 6 ml 40%ig. HCl u. 5 ml W., Alkalisieren mit Na_2CO_3 u. Extraktion mit $CHCl_3$; 170 mg; c) durch 6std. Kochen von 315 mg I in 2 ml Acetanhydrid, Zugabe von W., Alkalisieren mit wss. NH_3 u. Extraktion mit $CHCl_3$; 145 mg. — *1-Methoxyisochinolin*, durch 2std. Kochen von 500 mg I in einer Lsg. von 450 mg Na in 5 ml Methanol, Eindampfen, Zugabe von W. u. Extraktion mit Ae.; 290 mg. *Pikrat*, F. 161—162° (Methanol). — *1-Hydrazinoisochinolin*, F. 167° (Essigester), durch 1std. Kochen eines Gemisches aus 193 mg I, 2 ml Methanol u. 0,3 ml 80%ig. Hydrazin; 63 mg. — *1-Phenylmercaptoisochinolin*, $C_{15}H_{11}NS$, F. 59 bis 60° (PAe.), a) durch 2std. Kochen von 100 mg I in 1 g Thiophenol, Lösen in $CHCl_3$, Waschen mit 2n NaOH u. W., Schütteln mit konz. HCl, Schichtentrennung, Verdünnen der HCl-Schicht mit W., Alkalisieren mit wss. NH_3 u. Extraktion mit $CHCl_3$; 80 mg [daneben durch Eindampfen obiger $CHCl_3$-Schicht 360 mg *Diphenyldisulfid* (III), F. 54°]; b) durch Zugabe von 500 mg II zu Na-Thiophenolat (aus 50 mg Na u. 2 ml Thiophenol), 2std. Erhitzen auf 170° unter Rühren, Zugabe von $CHCl_3$ u. 2n NaOH, Eindampfen der $CHCl_3$-Schicht, Lösen in Bzl. u. Filtrieren durch eine Al_2O_3-Säule; 445 mg. — *1-Amino-4-phenylmercaptoisochinolin*, $C_{15}H_{12}N_2S$, F. 190 bis 192° (Bzl.), durch Zugabe von 500 mg I zu Na-Thiophenolat (aus 100 mg Na u. 2 g Thiophenol), 2std. Erhitzen auf 170° unter Rühren, Schütteln mit $CHCl_3$ u. 2n NaOH, Eindampfen der $CHCl_3$-Schicht, Lösen in Bzl., Adsorbieren an Al_2O_3, Eluieren von 995 mg III mit Bzl. u. anschließendes Eluieren mit $CHCl_3$; 375 mg. — Die Ox. von I mit H_2O_2 bzw. Perphthalsäure zum entsprechenden N-Oxid gelingt nicht.

L. Lamza 3231△

1275 **Katalytische Reduktion von 4-Acylaminoisochinolinen.** Shunsaku Shiotani, Katsumi Sakai und Kenmotsu Mitsuhashi. (J. pharmac. Soc. Japan [Yakugakuzasshi] 87 (1967) 5, 547—49; Fac. of Pharm. Sci., Univ. of Toyama; jap.) — 4-Acetamidoisochinolin (I) u. 4-Benzamidoisochinolin (II) werden durch Red. in Ggw. von Adams-Katalysator in Essigsäure/H_2SO_4 (C) in die *5.6.7.8-Tetrahydroderiv.*, durch Red. in Ggw. von Adams-Katalysator in Essigsäure (A) in das entsprechende *1.2.3.4-Tetrahydroderiv.* übergeführt, das aus I auch bei Red. in Ggw. von Raney-Ni in A. (B) entsteht. 4-Aminoisochinolin gibt bei Hydrierung mit A oder B das *5.6.7.8-Tetrahydroderivat*.

Versuche: 4-substituierte 5.6.7.8-Tetrahydroisochinoline: *4-Acetamido-* (III), $C_{11}H_{14}N_2O$, F. 119—120, 5°, aus 500 mg 4-Acetamidoisochinolin (I) durch Red. in Ggw. von Adams-Katalysator in Essigsäure/H_2SO_4 (C); 267 mg (Ausb.). — *4-Amino-* (IV), F. 127 bis 131°, a) aus 200 mg 4-Aminoisochinolin (V) durch Red. in Ggw. von Adams-Katalysator in Essigsäure (A); 95 mg; b) aus 100 mg V durch Red. in Ggw. von Raney-Ni in A. (B); 50 mg; läßt sich zu III acetylieren. — *4-Benzamido-*, $C_{16}H_{16}N_2O$, F. 178—181°, aus 100 mg 4-Benzamidoisochinolin (II) durch Hydrierung nach C; 35 mg; läßt sich zu IV verseifen. — 4-substituierte 1.2.3.4-Tetrahydroisochinoline: *4-Acetamido-*, $C_{11}H_{14}N_2O$, F. 124—126,5°, a) aus 500 mg I durch Hydrierung nach A; 267 mg; b) aus 10 g I durch Hydrierung mit B; 8,5 g. — *4-Benzamido-*, $C_{16}H_{16}N_2O$, F. 138,5—140°, aus 100 mg II durch Hydrierung nach A; 57 mg.

R. Becker 3231△

1276 **Synthese heterocyclischer Verbindungen.** 175. Mitt. **Synthese von 1-(α-Hydroxy-4-methoxybenzyl)-2-methyl-5-hydroxy-1.2.3.4-tetrahydroisochinolin.** Tetsuji Kametani, Shinzo Kano, Yohya Watanabe und Toyohiko Kikuchi. (J. pharmac. Soc. Japan [Yakugakuzasshi] 87 (1967) 4, 406—09; Pharm. Inst., School of Med., Tohoku Univ.; jap.) — 174. vgl. J. heterocyclic Chem. 4 (1967) 1. — *2-Benzyloxy-3.4-dimethoxy-ω-nitrostyrol* entsteht durch Umsetzung von 2-Benzyloxy-3.4-dimethoxybenzaldehyd mit Nitromethan u. kann mit $LiAlH_4$ zum *2-Benzyloxy-3.4-dimethoxyphenäthylamin* (I) hydriert werden. Kondens. von I mit p-Methoxyphenylacetylchlorid führt zum *N-(2-Benzyloxy-3.4-dimethoxyphenäthyl)-2-(p-methoxyphenyl)-acetamid*, das durch Bischler-Napieralski-Rk. in *1-(4-Methoxybenzoyl)-5-benzyloxy-6.7-dimethoxy-3.4-dihydroisochinolin* (II) übergeht. Behandlung von II mit Methyljodid u. nachfolgende Red. mit $NaBH_4$ gibt *1-(α-Hydroxy-4-methoxybenzyl)-2-methyl-5-benzyloxy-6.7-dimethoxy-1.2.3.4-tetrahydroisochinolin*, dessen Debenzylierung zur Titelverb. führt.

Versuche: *2-Benzyloxy-3.4-dimethoxy-ω-nitrostyrol*, $C_{17}H_{17}NO_5$, F. 100—102°, aus 43,3 g 2-Benzyloxy-3.4-dimethoxybenzaldehyd durch Umsetzung mit Nitromethan; 28 g (Ausb.). — *2-Benzyloxy-3.4-dimethoxyphenäthylamin* (I), $Kp._{0,04}$ 155—159°, aus 15 g vorst. Verb. durch Red. mit $LiAlH_4$; 3,3 g. *Oxalathydrat*, $(C_{17}H_{21}NO_3)_2 \cdot (COOH)_2 \cdot H_2O$, F. 174—175°. — *N-(2-Benzyloxy-3.4-dimethoxyphenäthyl)-2-(p-methoxyphenyl)-acetamid*, aus 9,29 g I durch Rk. mit p-Methoxyphenylacetylchlorid; 13,5 g. — *1-(4-Methoxybenzoyl)-5-benzyloxy-6.7-dimethoxy-3.4-dihydroisochinolin* (II), $C_{26}H_{25}NO_5$, F. 140 bis 142°, durch Bischler-Napieralski-Rk. unter Verw. von $POCl_3$ bzw. PCl_5 aus 13 bzw. 3 g vorst. Verb.; 4,8 bzw. 0,6 g. — *1-(α-Hydroxy-4-methoxybenzyl)-2-methyl-5-benzyloxy-6.7-dimethoxy-1.2.3.4-tetrahydroisochinolin*, $C_{27}H_{31}NO_5$, F. 127—129°, aus 2,4 g II durch Rk. mit Methyljodid u. nachfolgende Red. mit $NaBH_4$; 1,1 g. — *1-(α-Hydroxy-4-methoxybenzyl)-2-methyl-5-hydroxy-6.7-dimethoxy-1.2.3.4-tetrahydroisochinolin*, $C_{20}H_{25}NO_5$, F. 164—165°, aus 1 g vorst. Verb.; 0,3 g.

R. Becker 3231△

1277 **Neue Verbindungen: Mannich-Basen aus 2-Phenylindolizinen.** 2. Mitt. **3-[Dialkylaminomethyl]-derivate.** William B. Harrell und Robert F. Doerge. (J. pharmac. Sci. 56 (1967) 9, 1200—02; School of Pharm., Oreg. State Univ., Corvallis, Oreg.; engl.) — 1. vgl. ibid. 56 (1967) 225. — Vf. synthetisieren neben den *Titelverb.* *1-[2-Hydroxyäthyl]-2-phenylindolizin* (I) u. dessen *3-[Pyrrolidinomethyl]-derivat*. Der Rk.-Mechanismus wird diskutiert.

Versuche: 1.2-Diphenylindolizine: *3-[Diäthylaminomethyl]-*, $C_{25}H_{26}N_2$, F. 114,5—115,5° (sd. A.), aus 37%ig. Formaldehyd, Diäthylamin in DMF u. 1.2-Diphenylindolizin; 87,5% (Ausb.). — *3-[Dimethylaminomethyl]-*, $C_{23}H_{22}N_2$, F. 140—141° (A.); 95%. — *3-[Diisopropylaminomethyl]-*, $C_{27}H_{30}N_2$, F. 123—124° (Aceton/W.); 58%. — *3-[Pyrrolidinomethyl]-*, $C_{25}H_{24}N_2$, F. 143—144° (Aceton/W.); 85%. — *3-[Piperidinomethyl]-*, $C_{26}H_{26}N_2$, F. 128—129° (Aceton/W.); 90%. — *3-[Morpholinomethyl]-*, $C_{25}H_{24}N_2O$, F. 141—142° (Aceton/W.); 78,5%. — *3-[N-Methylanilinomethyl]-*, $C_{28}H_{24}N_2$, F. 162—163° (DMF/W.); 85%. — *3-[N'-Methylpyrazinomethyl]-*, $C_{26}H_{27}N_3$, F. 136—137° (Essigester); 84%. — *1-[2-Hydroxyäthyl]-2-phenyl-3-[pyrrolidinomethyl]-*, $C_{21}H_{24}N_2O$, F. 122—124° (DMF/W.), aus 37%ig. Formaldehyd u. Pyrrolidin in Dioxan u. I; 62%. — *2-[3-Hydroxypropyl]-1-phenacylpyridiniumbromid*, F. 138—140° (A.), aus 3-Pyridyl-(2)-propanol-(1) u. Phenacylbromid in Ae.; 78%. — *1-[2-Hydroxyäthyl]-2-phenylindolizin*, $C_{16}H_{15}NO$, F. 101,5—102,5° (sd. A.), mit $NaHCO_3$ aus vorst. Verb. in W. bei 60°; 92%.

K.-P. Hilgetag 3231△

1278 **Umsetzung von Acridin mit Propionaldehyd.** Eisaku Hayashi und Takeo Nakura. (J. pharmac. Soc. Japan [Yakugakuzasshi] 87 (1967) 6, 745–46; Shizuoka Coll. of Pharm.; jap.) — Beim mehrtägigen Stehen einer Lsg. von Acridin in Propionaldehyd bei Raumtemp. bildet sich *2-[Acridanyl-(9)]-propionaldehyd* (I, $C_{16}H_{15}NO$, F. 118°; Ausb. 38%). Mit Acetaldehyd, Butyraldehyd bzw. Isobutyraldehyd findet eine entsprechende Rk. nicht statt. Durch Einw. von Chloranil auf I wird *Acridinyl-(9)-methylketon* (F. 107°) erhalten.

R. Becker 3231 △

1279 **Neue Analoga von Lucigenin.** 3. Mitt. **N.N'-Di-[p-bromphenyl]-diacridyliumdinitrat.** A. Braun. (Soc. Sci. Lodziensis, Acta chim. 12 (1967) 101–07; Dep. of Organ. Chem., Univ., Łódź; engl.) — Vgl. ibid. 9 (1966) 189. — Die Darst. der Titelverb. wird beschrieben. Fluoreszenzfarben der Verb. im Tageslicht u. im UV-Licht in Abhängigkeit vom Lsgm. vgl. Original.

Versuche: *N-[p-Bromphenyl]-1.2.3.4-tetrahydroacridon*, $C_{19}H_{16}BrNO$, F. 270,5–271,5°, durch 6std. Kochen von N-[p-Bromphenyl]-anthranilsäure (durch Kondens. von o-Chlorbenzoesäure mit p-Bromanilin) mit Cyclohexanon auf 175°; aus Py. Säulen; 35% (Ausb.). *Pikrat*, $C_{25}H_{19}BrN_4O_8$, F. 187,5–188,5°; gelbe Nadeln aus Alkohol. — *N-[p-Bromphenyl]-acridon*, $C_{19}H_{12}BrNO$, F. 278,5–279,5°, durch 6std. Kochen vorst. Verb. mit S in Chinolin; aus Py. gelbe Krist.; 72%. — *N-[p-Bromphenyl]-acridonanil*, $C_{25}H_{17}BrN_2$, F. 196–197°, aus nachst. Verb. mit Anilin; aus Bzl. orangefarbene Kristalle. — *N-[p-Bromphenyl]-9-chloracridiniumdichlorphosphat*, durch 1½std. Erwärmen vorvorst. Verb. mit PCl_5. — *N.N'-Di-[p-bromphenyl]-diacriden*, $C_{38}H_{24}Br_2N_2$, F. >360°, durch Umsetzen vorst. Verb. mit Phenyl-MgBr; aus Py. gelbe Kristalle. — *N.N'-Di-[p-bromphenyl]-diacridiniumdinitrat, Monohydrat*, $C_{38}H_{24}Br_2N_4O_6 \cdot H_2O$, F. >360°, durch 20 Min. langes Erwärmen vorst. Verb. mit 1n HNO_3; aus W. orangefarbene Nadeln.

W. Hampel 3231 △

1280 **Mit heterocyclischen Ringen kondensierte Cycloparaffine.** 7. Mitt. **Synthese einiger N-Cyanmethyltetrahydrocarbazolderivate.** W. E. Hahn und H. Zawadzka. (Soc. Sci. Lodziensis, Acta chim. 12 (1967) 69–76; Dep. of Organ. Chem., Univ., Łódź; engl.) — Vgl. ibid. 11 (1966) 83. — Es werden dargestellt: *N.N-Cyanmethylphenylhydrazin*, durch 1std. Zugabe von Chloracetonitril zu Phenylhydrazin in Triäthylamin u. 1std. Erwärmen auf 70–80°. — *Benzaldehyd-[α-cyanmethylphenylhydrazon]*, $C_{15}H_{13}N_3$, F. 118–120°, aus 10,6 g Benzaldehyd mit vorst. Verb. in A. u. 1std. Kochen; aus A. Nadeln; 12 g (Ausb.). — *9-Cyanmethyl-1.2.3.4-tetrahydrocarbazol* (I), $C_{14}H_{14}N_2$, F. 126–127°, durch ½std. Stehen von 75 g vorvorst. Verb. mit Cyclohexanon in A. bei Raumtemp., 1std. Kochen, Zugabe von konz. HCl, 1std. Erwärmen nach Abflauen der exothermen Rk. auf 70–80° u. 24std. Stehen; aus A. cremefarbene Tafeln. — *9-Cyanmethyl-1.2-benzo-3.4-dihydrocarbazol*, $C_{18}H_{14}N_2$, F. 134 bis 135,5°, analog I aus α-Tetralon; aus 80%ig. A. Nadeln; 70 g. — *[1.2.3.4-Tetrahydrocarbazolyl-(9)]-essigsäure*, $C_{14}H_{15}NO_2$, F. 176–177°, durch 15–20std. Kochen von I mit wss. KOH; aus 65%ig. A. Tafeln; 34%. — *[1.2-Benzo-3.4-dihydrocarbazolyl-(9)]-essigsäure*, $C_{18}H_{15}NO_2$, F. 182–183,5° (Zers.), analog vorst. Verb. aus vorvorst. Verb.; aus 70%ig. A. Nadeln. — *9-[β-Imino-β-äthoxyäthyl]-1.2.3.4-tetrahydrocarbazolhydrochlorid*, $C_{16} \cdot H_{21}ClN_2O$, F. 196–198,5°, durch Einleiten von HCl in eine Lsg. von 21 g I in $CHCl_3$/abs. A. bei 5–8°; 10 g. — *9-[β-Imino-β-piperidinoäthyl]-1.2.3.4-tetrahydrocarbazolhydrochlorid*, $C_{19}H_{26}ClN_3$, F. 248–250°, durch 1wöchiges Stehen vorst. Verb. mit Piperidin in A. bei Raumtemp.; aus abs. A. Tafeln; 52%. — *9-[β-Imino-β-morpholinoäthyl]-1.2.3.4-tetrahydrocarbazolhydrochlorid*, $C_{18}H_{24}ClN_3O$, F. 232–233°, analog vorst. Verb. durch Stehen mit Morpholin; aus abs. A. Tafeln; 70%. — *9-[β-Imino-β-pyrrolidinoäthyl]-1.2.3.4-carbazolhydrochlorid*, $C_{18}H_{24} \cdot ClN_3$, F. 269–271° (Zers.), analog vorvorst. Verb. mit Pyrrolidin; aus abs. A. Tafeln; 54%.

W. Hampel 3231 △

1281 **Synthese von N.N-Dimethylchinacridon.** Yoshio Nagai, Hisao Nishi und Kunio Morikubo. (J. chem. Soc. Japan, ind. Chem. Sect. [Kōgyō Kagaku Zasshi] 70 (1967) 11, 2199–200; Fac. of Sci. and Engng., Saitama Univ., Shimo-Okubo, Urawa, Japan; jap.) — *N.N-Dimethylchino-[2.3 : b]-acridin-tetraon-(6.7.13.14)* (*N.N-Dimethylchinacridonchinon*) entsteht in 70%ig. Ausb. durch 5std. Cyclisierung von N.N-Dimethyl-2.5-bis-[2-hydroxycarbonylanilino]-1.4-benzochinon in H_2SO_4 bei 170°. Durch Red. mit Sn in Polyphosphorsäure bei 130° entsteht *6.13-Dihydro-N.N-dimethylchino-[2.3 : b]-acridindion-(7.14)* (*6.13-Dihydro-N.N-dimethylchinacridon*), aus dem durch Ox. mit Na-m-Nitrobenzolsulfonat *N.N-Dimethylchino-[2.3 : b]-acridindion-(7.14)* (*N.N-Dimethylchinacridon*; aus Nitrobenzol gelbrote Nadeln) in 74%ig. Ausb. erhalten wird. UV-Spektren vgl. Original.

G. Westphal 3231 △

1282 **Synthese von Mangiferin.** P. E. Nott und John C. Roberts. (Phytochemistry 6 (1967) 11, 1597–99; Dep. of Chem., Univ. of Nottingham; engl.) — Durch Synth., IR-Spektrum u. UV-Max. wird die Titelverb. als *2-C-β-D-Glucopyranosyl-1.3.6.7-tetrahydroxyxanthon* bestätigt.

Versuche: *Mangiferin*, F. 267–269° (Zers.; 60%ig. A.), a) durch Extraktion von gepulvertem „Bitis"-Holz (*Madhuca utilis*) nach Wessely (1930); b) durch 20std. Rk. von 1,82 g 1.3.6.7-Tetrahydroxyxanthon mit 20 g α-Acetobromglucose, 145 mg NaJ in abs. Methanol in Ggw. von Na-Methoxid u. Raumtemp., Einengen im Vakuum, 5std. Kochen mit 2n HCl, Ausäthern, Chromatographieren der wss. Phase an Polyamid (Woelm; I), Perkulieren mit W., Extrahieren mit n-Butanol, Waschen der Butanolphase mit W., Einengen im Vakuum, Chromatographieren in 60%ig. A. an I, Eluieren mit 99%ig. A. (II) u. Dünnschichtchromatographieren mit II; 3,4 g (Ausb.). W. Kuhn 3241 △

1283 **Synthese von Pyridazin-Derivaten.** 14. Mitt. **Von Pyrido-[2.3: d]-pyridazin abgeleitete Polyaza-Heterocyclen.** B. Stavonik, A. Krbavčič und M. Tišler. (J. org. Chemistry 32 (1967) 4, 1139–43; Dep. of Chem., Univ., Ljubljana, Yugoslavia; engl.) — Umsetzung von 5-Amino-8-chlorpyrido-[2.3 : d]-pyridazin (I) oder 5-Chlor-8-aminopyrido-[2.3 : d]-pyridazin (II) mit Bromacetaldehyd, Bromaceton oder Phenacylbromid führt zu isomeren *Imidazo-[1.2 : b]-pyridopyridazinen*, deren Hydrazinolyse die isomeren *Hydrazin-substituierten Verb.* liefert, aus denen auf zwei Wegen isomere tetracycl. *Imidazo-[1.2:b]-pyrido-symm.-triazolo-[3.4:f]-pyridazine* dargestellt werden.

Versuche (FF. korr.): Pyrido-[3.2 : d]-pyridazine: *6-Chlorimidazo-[1.2 : b]-* (III), $C_9H_5ClN_4$, F. 145° (W.), aus Bromacetaldehyddimethylacetal, HBr u. W. bei Siedetemp., Rk. mit I in A. bei Siedetemp. u. Umsetzung des erhaltenen *Hydrobromids* [$C_9H_6BrClN_4$, F. >340°; 91% (Ausb.)] mit wss. $NaHCO_3$; 78%. *Hydrochlorid*, $C_9H_6Cl_2N_4$, F. >320° (A.), aus der freien Base u. äthanol. HCl. *Sulfat*, $C_9H_7ClN_4O_4S$, F. >300° (Zers.). — *6-Chlor-2-methylimidazo-[1.2 : b]-*, $C_{10}H_7ClN_4$, F. 228° (W.), aus 0,6 g I u. 1 ml Bromaceton in A. bei Siedetemp. u. Rk. des erhaltenen *Hydrobromids* [$C_{10}H_8 \cdot BrClN_4$, F. 312–314° (A.); 90%] mit wss. $NaHCO_3$; 0,35 g. — *6-Chlor-2-phenylimidazo-[1.2 : b]-*, $C_{15}H_9ClN_4$, F. 195° (W./DMF; 2 : 1), aus 1 g Phenacylbromid u. 0,66 g I in A. bei Siedetemp. u. Rk. des erhaltenen *Hydrobromids* [$C_{15}H_{10}BrClN_4$, F. >320°; 430 mg] mit wss. $NaHCO_3$; 145 mg. — *6-Hydrazinoimidazo-[1.2 : b]-* (IV), $C_9H_8N_6$, F. 234–236° (W.), aus III u. 80%ig. Hydrazinhydrat bei Siedetemp.; 82%. *Dihydrobromid*, $C_9H_{10}Br_2N_6$, F. 320–322° (A.). *Dihydrochlorid*, $C_9H_{10} \cdot Cl_2N_6$, F. 289–290° (A.). *Sulfat*, $C_9H_{10}N_6O_4S$, F. >340° (A.). *p-Nitrobenzyliden-Deriv.*, $C_{16}H_{11}N_7O_2$, F. 310–311° (DMF). *Isopropyliden-Deriv.*, $C_{12}H_{12}N_6$, F. 250° (Aceton). — *6-[4-Phenylthiosemicarbazido]-imidazo-[1.2 : b]-* (V), $C_{16}H_{13}N_7S$, F. 216–218°, aus IV u. Phenylisothiocyanat; 45%. — *6-Äthoxymethylenhydrazinoimidazo-[1.2 : b]-*, $C_{12} \cdot H_{12}N_6O$, F. 180° (A./W.), a) aus IV u. Essigsäurediäthoxymethylester (A) bei Raumtemp.; 71%; b) aus 50 mg IV u. Orthoameisensäuretriäthylester bei Siedetemp.; 31 mg. — *Imidazo-[1.2 : b]-symm.-triazolo-[3.4 : f]-*, $C_{10}H_6N_6$, F. 322–324° (A.), aus 50 mg IV u. A bei Siedetemp.; 34 mg. — *3-Mercaptoimidazo-[1.2 : b]-symm.-triazolo-*

[*3.4 : f*]-, $C_{10}H_6N_6S$, F. >330°, aus V u. Äthylenglykol bei Siedetemp.; 58%. — *3-Methylmercaptoimidazo-*[*1.2 : b*]*-symm.-triazolo-*[*3.4 : f*]-, $C_{11}H_8N_6S$, F. 255—257° (A.), aus 74 mg vorst. Verb. u. CH_3J in äthanol. NaOH; 71 mg. — *Tetrazolo-*[*1.5 : b*]*-6-chlor-*, $C_7H_3ClN_6$, F. 218° (DMF/A.; 1 : 2), aus 0,1 g 5-Hydrazino-8-chlorpyrido-[2.3 : d]-pyridazin (VI) u. $NaNO_2$ in 30%ig. Essigsäure; 95 mg. — *symm.-Triazolo-*[*4.3 : b*]*-3-phenyl-6-chlor-*, $C_{14}H_8ClN_5$, F. 223—224° (DMF/W.), durch Rk. von VI zum *Benzyliden-Deriv.* [$C_{14}H_{10}ClN_5$, F. 210° (A.); 59%] u. Rk. mit Br_2 u. Na-Acetat; 28%. — Imidazo-[1.2:b]-pyrido-[2.3:d]-pyridazine: *6-Chlor-*, $C_9H_5ClN_4$, F. 171—172° (W.), aus 2,04 g II u. Bromacetaldehyd in A. bei Siedetemp.; 1,4 g. *Hydrobromid*, $C_9H_6BrClN_4$, F. >320°. *Sulfat*, $C_9H_7ClN_4O_4S$, F. 249—250° (A.). — *6-Hydrazino-*, F. 270—271° (W.), aus 228 mg vorst. Verb. u. 80%ig. Hydrazinhydrat bei Siedetemp.; 0,18 g. *Dihydrochlorid*, $C_9H_{10}Cl_2N_6$, F. 278° (A./Ae.). *Dihydrobromid*, $C_9H_{10}Br_2N_6$, F. 302—303°. *p-Nitrobenzyliden-Deriv.*, $C_{16}H_{11}N_7O_2$, F. 308—309°. — *6-*[*4-Phenylthiosemicarbazido*]-, $C_{16}H_{13}N_7S$, F. 175° (A.), aus 106 mg vorst. Verb. u. Phenylisothiocyanat; 130 mg. — *symm.-Triazolo-*[*3.4 : f*]-, $C_{10}H_6N_6$, F. 334—337° (A.), aus 50 mg vorvorst. Verb. u. A; 42 mg. — *symm.-Triazolo-*[*3.4 : f*]*-3-mercapto-*, $C_{10}H_6N_6S$, F. >330°, a) aus 0,1 g vorvorst. Verb. u. Äthylenglykol; 54 mg; b) aus vorvorst. Verb. bei 190°. — *Tetrazolo-*[*1.5:b*]*-6-chlorpyrido-*[*2.3:d*]*-pyridazin*, $C_7H_3ClN_6$, F. 201° (A.), aus 150 mg 5-Chlor-8-hydrazinopyrido-[2.3:d]-pyridazin (VII) u. $NaNO_2$ in 30%ig. Essigsäure; 85 mg. — *symm.-Triazolo-*[*4.3 : b*]*-3-phenyl-6-chlorpyrido-*[*2.3:d*]*-pyridazin*, $C_{14}H_8ClN_5$, F. 265—267° (Eisessig), durch Überführung von VII in das *Benzyliden-Deriv.* [$C_{14}H_{10}ClN_5$, F. 217° (A.)] u. Rk. mit Br_2 u. Na-Acetat in Eisessig; 21%. K.-P. Hilgetag 3272△

1284 **Synthese einiger N¹-[Pyrimidinyl-(5)]-sulfanilamide.** Hidetaka Yuki und Shigeru Hayakawa. (J. pharmac. Soc. Japan [Yakugakuzasshi] 87 (1967) 4, 458—61; Res. Labor., Chugai Pharm. Co., Ltd.; jap.) — Durch Rk. von 4.6-Dichlor-5-nitropyrimidin (I) mit Methanol zur *4.6-Dimethoxyverb.*, deren Red. zur *5-Aminoverb.* u. deren Umsetzung mit p-Acetamidobenzolsulfonylchlorid (ABSC) entsteht N^1-[*4.6-Dimethoxypyrimidinyl-(5)*]*-*N^4*-acetylsulfanilamid*, das zum N^1-[*4.6-Dimethoxypyrimidinyl-(5)*]*-sulfanilamid* (II) verseift werden kann. Red. von I zur *5-Aminoverb.* u. deren Umsetzung mit Methanol führt zu *4-Methoxy-5-amino-6-chlorpyrimidin*, dessen Rk. mit ABSC N^1-[*4-Methoxy-6-chlorpyrimidinyl-(5)*]*-*N^1*-(p-acetamidobenzolsulfonyl)-* bzw. N^1-[*4-Methoxy-6-chlorpyrimidinyl-(5)*]*-*N^4*-acetylsulfanilamid* (III) gibt. III kann zum N^1-[*4-Methoxy-6-chlorpyrimidinyl-(5)*]*-sulfanilamid* (IV) verseift werden, aus dem die N^1-[*4-Methoxy-6-methylaminopyrimidinyl-(5)*]*-verb.* (V) u. die N^1-[*4-Methoxypyrimidinyl-(5)*]*-verb.* (VI) zugänglich sind. Von den Verb. II, IV, V u. VI zeigt nur VI eine geringe antibakterielle Aktivität, u. zwar gegenüber *Shigella flexneri*.

Versuche: *4.6-Dimethoxy-5-nitropyrimidin*, $C_6H_7N_3O_4$, F. 170—171°, aus 5 g 4.6-Dichlor-5-nitropyrimidin (I) mit Methanol; 3,9 g (Ausb.). — *5-Amino-4.6-dimethoxypyrimidin*, $C_6H_9N_3O_2$, F. 95—96°, aus 8 g vorst. Verb. durch Red. mit $SnCl_2$; 3,5 g. — N^1-[*4.6-Dimethoxypyrimidinyl-(5)*]*-*N^4*-acetylsulfanilamid*, $C_{14}H_{16}N_4O_5S$, F. 243—245°, aus 2 g vorst. Verb. durch Umsetzung mit p-Acetamidobenzolsulfonylchlorid (ABSC); 1,8 g. — N^1-[*4.6-Dimethoxypyrimidinyl-(5)*]*-sulfanilamid* (II), $C_{12}H_{14}N_4O_4S$, durch Verseifung mit 10%ig. NaOH aus 1,7 g vorst. Verb.; 1,5 g. — *5-Amino-4.6-dichlorpyrimidin*, $C_4H_3Cl_2N_3$, F. 143—144°, aus 25 g I durch Red. mit $SnCl_2$; 16 g. — *4-Methoxy-5-amino-6-chlorpyrimidin*, $C_5H_6ClN_3O$, F. 62—64°, aus 15 g vorst. Verb. durch Umsetzung mit Methanol; 10 g. — N^1-[*4-Methoxy-6-chlorpyrimidinyl-(5)*]*-*N^1*-(p-acetamidobenzolsulfonyl)-*N^4*-acetylsulfanilamid*, $C_{21}H_{20}ClN_5O_7S$, aus 6 g vorst. Verb. durch Rk. mit ABSC; 3 g. — N^1-[*4-Methoxy-6-chlorpyrimidinyl-(5)*]*-*N^4*-acetylsulfanilamid* (III), $C_{13}H_{13}ClN_4O_4S$, F. 217 bis 218°, aus vorvorst. Verb. durch Rk. mit ABSC. — N^1-[*4-Methoxy-6-chlorpyrimidinyl-(5)*]*-sulfanilamid* (IV), $C_{11}H_{11}ClN_4O_3S$, aus 3 g III durch Verseifung mit 10%ig. NaOH; 2 g. — N^1-[*4-Methoxy-6-methylaminopyrimidinyl-(5)*]*-sulfanilamid* (V), $C_{12}H_{15}N_5O_3S$, F. 227—228°, aus 0,5 g IV; 0,3 g. — N^1-[*4-Methoxypyrimidinyl-(5)*]*-sulfanilamid* (VI), $C_{11}H_{12}N_4O_3S$, F. 227°, aus 0,8 g V; 0,3 g. R. Becker 3272△

1285 **2-Alkylderivate von Cyclohexandionen-(1.3). 2. Mitt In 4-, 5- und 2-Stellung substituierte Cyclohexandione-(1.3).** A. Kotarska. (Soc. Sc. Lodziensis, Acta chim. 12 (1967) 93—100; Dep. of Organ. Chem., Univ., Łódź; engl.) — Vgl. ibid. 7 (1961) 77. — Es werden dargestellt: *5-*[*α-Thienyl*]*-cyclohexandion-(1.3)*, $C_{10}H_{10}O_2S$, F. 143—144°, durch ½std. Erwärmen von Malonsäure mit 4-[α-Thienyl]-buten-(3)-on-(2) in Na-Äthanolatlsg. auf 100°; aus Bzl. Nadeln; 67% (Ausb.). — *2-*[*Uracilyl-(5)-methyl*]*-5.5-dimethylcyclohexandion-(1.3)*, $C_{13}H_{16}N_2O_4$, F. 303—305°, durch Alkylierung von 5.5-Dimethylcyclohexandion-(1.3) mit 5-Chlormethyluracil; aus verd. A. Nadeln; 62%. — *Uracilyl-(4)-essigsäureäthylester*, F. 192—193° (50%ig. A.), durch Einleiten von HCl in eine alkohol. Lsg. der Säure; 62%. — *4-*[*Uracilyl-(4)*]*-5-*[*4-hydroxy-3-methoxyphenyl*]*-cyclohexandion-(1.3)*, $C_{17}H_{16}N_2O_6$, F. 219—220°, aus vorst. Verb. u. Vanillylidenaceton; aus Methanol Nadeln; 40,5%. — *2H-Pyrido-*[*1.2 : a*]*-3H-pyrimidindion-(2.4)*, F. 296°, durch 4std. Erhitzen von 2-Aminopyridin mit Malonsäurediäthylester auf 180—190° unter Dest. von A.; aus W. Tafeln; 83%. — 2-[α-Naphthylmethyl]-cyclohexandione-(1.3), durch Alkylieren der entsprechenden vorst. Verb. mit α-Chlormethylnaphthalin in wss. alkohol. KOH in Ggw. von KJ: *5-*[*p-Isopropylphenyl*]-, $C_{26}H_{26}O_2$, F. 197—198°; aus verd. A. Tafeln; 32,5%. — *5-*[*α-Naphthyl*]-, $C_{27}H_{22}O_2$, F. 201—202°; aus Aceton/Bzn. Prismen; 46,5%. — *5-*[*α-Thienyl*]-, $C_{21}H_{18}O_2S$, F. 204—205°; aus Methanol Prismen; 36,5%. — *4-*[*Uracilyl-(4)*]*-5-phenyl-*, $C_{27}H_{22}N_2O_4$, F. 205—206°; aus Aceton/Bzn. Prismen; 38%. — *4-*[*Uracilyl-(4)*]*-5-*[*3-methoxy-4-hydroxyphenyl*]-, $C_{28}H_{24}N_2O_6$, F. 265—267° (Zers.; verd. A.); 34,6%. — *3-*[*α-Naphthylmethyl*]*-2H-pyrido-*[*1.2 : a*]*-3H-pyrimidindion-(2.4)*, $C_{19}H_{14}N_2O_2$, F. 316 bis 317°; aus 80%ig. Essigsäure Flocken; 37,5%. W. Hampel 3272△

1286 **Untersuchungen in der Reihe der Chinazolinone-(4). 1. Mitt. Herstellung von O-substituierten N-[2-Methyl-4-oxochinazolinyl-(3)-methyl]-urethanen mit Alkylradikalen.** Ana Berechet. (Farmacia [București] 15 (1967) 5, 287—93; Bukarest, Fac. de farmac.; rum.) — Die Darst. einiger *N-*[*2-Methyl-4-oxochinazolinyl-(3)-methyl*]*-urethane* mit evtl. hypnot. u. cytostat. Wrkg. wird beschrieben. IR-Spektren vgl. Original.

Versuche: *2-Methyl-4-oxochinazolinyl-(3)-essigsäure, Hydrazid*, $C_{11}H_{12}N_4O_2$, F. 270—273° (W.), durch 1std. Kochen von 2-Methyl-4-oxochinazolinyl-(3)-essigsäuremethylester mit 80%ig. $N_2H_4 \cdot H_2O$ in A.; 95% (Ausb.). *Azid*, $C_{11}H_9N_5O_2$, F. 110—115°, durch Rk. des Hydrazids mit $NaNO_2$ in Eisessig, Zugabe von Eiswasser u. 24std. Stehen bei 2—3°; 63,65%. — N-[2-Methyl-4-oxochinazolinyl-(3)-methyl]-urethane, durch 1std. Kochen vorst. Azids mit dem entsprechenden Alkohol: *O-Methyl-*, $C_{12}H_{13}N_3O_3$, F. 144—145° (W.); 65%. — *O-Äthyl-*, $C_{13}H_{15}N_3O_3$, F. 135—138° (W.); 74,52%. — *O-n-Propyl-*, $C_{14}H_{17}N_3O_3$, F. 100° (W.); 61,84%. — *O-Isopropyl-*, $C_{14}H_{17}N_3O_3$, F. 110° (W.); 57,4%. — *O-n-Butyl-*, $C_{15}H_{19}N_3O_3$, F. 102° (W.); 58,85%. — *O-sek.-Butyl-*, $C_{15}H_{19}N_3O_3$, F. 124—125° (W.); 50,44%. — *O-Isoamyl-*, $C_{16}H_{21}N_3O_3$, F. 112° (W.); 64,18%. — *O-n-Heptyl-*, $C_{18}H_{25}N_3O_3$, F. 200—205° (W.); 51,37%. — *O-n-Octyl-*, $C_{19}H_{27}N_3O_3$, F. 195° (W.); 49,29%. Gottfried Schreiber 3272△

1287 **Synthese von heterocyclischen Verbindungen. 202. Mitt. Dioxolanon und verwandte Verbindungen. 2. Mitt. Synthese von 7-(2.3-Dihydroxypropyl)-theophyllin-Derivaten.** Tetsuji Kametani, Toshio Suzuki und Kazuo Kigasawa. (J. pharmac. Soc. Japan [Yakugakuzasshi] 87 (1967) 11, 1411—13; Pharmaceut. Inst., Tohoku Univ. School of Med.; jap.) — 1. vgl. ibid. 87 (1967) 967; 201. vgl. ibid. 87 (1967) 1407. — Es wurden dargestellt: *4-*[*Theophyllinyl-(7)-methyl*]*-1.3-dioxolanon-(2)*, $C_{11}H_{12}N_4O_5$, F. 167—168° (Essigester/n-Hexan), durch Zugabe von 1,8 g Triäthylamin zu einer Lsg. von 3 g 7-(2.3-Dihydroxypropyl)-theophyllin in 80 ml DMF, Zugabe von 1,9 g Chlorkohlensäureäthylester unter Rühren u. Kühlen, 4std. Rühren, Zugabe von W. bis zur Auflsg. der abgeschiedenen Krist. u. Extraktion mit

Essigester; 2,3 g (Ausb.). — *7-(3-Carbamoyloxy-2-hydroxypropyl)-theophyllin*, $C_{11}H_{15}N_5O_5$, F. 163—165° (Ae.), durch Sättigen einer Lsg. von 1,2 g vorst. Verb. in 150 ml abs. A. unter Kühlen mit NH_3, 5std. Kochen u. Eindampfen bei vermindertem Druck; 1 g. — *7-(3-Hydrazinocarbonyloxy-2-hydroxypropyl)-theophyllin* (I), $C_{11}H_{16}N_6O_5$, F. 150 bis 151° (Methanol), durch Zugabe von 0,5 g Hydrazinhydrat zu einer Lsg. von 1 g vorvorst. Verb. in 170 ml A., 3½std. Kochen u. Eindampfen bei vermindertem Druck; 1 g. *N-(4-Methoxybenzyliden)-Deriv.*, *Hemihydrat*, $C_{19}H_{22}N_6O_6 \cdot {}^1/_2\,H_2O$, F. 173,5—174,5° (Methanol), durch Zugabe von 0,3 g Anisaldehyd zu 0,6 g I in 60 ml abs. A., Kochen u. Eindampfen; 0,6 g. *N-Benzyliden-Deriv.*, *Monohydrat*, $C_{18}H_{20}N_6O_5 \cdot H_2O$, F. 146—148° (Methanol), durch 4std. Kochen von 1 g I u. 0,3 g Benzaldehyd in 100 ml A. u. Stehen bei Raumtemp. über Nacht; 0,8 g. *N-(4-Hydroxy-3-methoxybenzyliden)-Deriv.*, $C_{19}H_{22}N_6O_7$, F. 129-131° (Methanol), durch 4std. Kochen von 0,6 g I u. 0,28 g Vanillin in 60 ml A. u. Eindampfen; 0,6 g. *N-(3.4-Dihydroxybenzyliden)-Deriv.*, *Monohydrat*, $C_{18}H_{20}N_6O_7 \cdot H_2O$ F. 110—112° (Methanol), durch 5½std. Kochen von 1 g I u. 0,3 g Protocatechualdehyd in 100 ml A. u. Auskristallisieren lassen; 1,1 g. L. Lamza 3272△

1288 **Synthese einiger bis-halogenacylierter Piperazinderivate.** S. Groszkowski, J. Sienkiewicz und L. Najman. (Farmacia [Bucureşti] **15** (1967) 5, 263—67; Lodz, Acad. de med., Fac. de farmac.; rum.) — Die Darst. einiger *N.N'-Bis-[halogenacyl]-piperazine* mit evtl. cytostat. Wrkg. wird beschrieben.

Versuche: *3-Chlorisobuttersäure*, Kp.₁₅ 106—107°, durch 5std. Einleiten von HCl in die äther. Lsg. von Methacrylsäure in Ggw. von Hydrochinon bei 0° u. 3tägiges Stehen bei Raumtemp.; n_D^{20} 1,4433; 93% (Ausb.). — *3-Chlorisobuttersäurechlorid*, Kp. 149—151°, durch 6std. Rk. vorst. Verb. mit $SOCl_2$ bei 60—70°; n_D^{20} 1,4530; 81,7%. — Piperazine, durch 4std. Rühren vorst. Verb. mit Piperazinhexahydrat u. $NaHCO_3$ in $CHCl_3$ bei 3—8°, 2tägiges Stehen, Zugabe von $NaHCO_3$ u. $MgSO_4$, 1std. Rühren u. Extraktion mit $CHCl_3$: *N.N'-Bis-[3-chlorisobutyryl]-*, $C_{12}H_{20}Cl_2N_2O_2$, F. 112 bis 115° (A./Cyclohexan, 1 : 1); 73%. — *N.N'-Bis-[3-chlorbutyryl]-*, $C_{12}H_{20}Cl_2N_2O_2$, F. 101—103° (A./Cyclohexan); 81%. — *N.N'-Bis-[2-brombutyryl]-*, $C_{12}H_{20}Br_2N_2O_2$, F. 128 bis 130° (A.); 69%. — *N.N'-Bis-[2-bromisovaleryl]-*, $C_{14}H_{24}Br_2N_2O_2$, F. 185—187° (A./$CHCl_3$); 58%. Gottfried Schreiber 3272△

1289 **Synthese einiger Benzylammonium-Derivate von Piperidinoacylpiperazinen.** S. Groszkowski. (Farmacia [Bucureşti] **15** (1967) 3, 145—48; Lodz, Acad. de med., Fac. de farmac.; rum.) — Die Darst. einiger *N.N'-Bis-[N''-benzylpiperidinioacyl]-piperazine* wird beschrieben. Bei der Rk. von Br_2 mit Propionylchlorid entsteht *2-Brompropionsäurebromid* (Kp. 155°) u. nicht, wie von Vogel (1948) angegeben, 2-Brompropionsäurechlorid.

Versuche: Piperazindibromide: *N.N'-Bis-[N''-benzylpiperidinioacetyl]-* (I), $C_{32}H_{46}Br_2N_4O_2$, F. 264 bis 266° (A.), durch 10 Min. langes Kochen von N.N'-Bis-[piperidinoacetyl]-piperazin mit Benzylbromid in Acetonitril; 76,4% (Ausb.). — *N.N'-Bis-[N''-benzyl-α-piperidiniopropionyl]-*, $C_{34}H_{50}Br_2N_4O_2$, F. 170—172° (A./Aceton), durch 20 Min. langes Kochen analog I; 48,2%. — *N.N'-Bis-[N''-benzyl-β-piperidiniopropionyl]-*, $C_{34}H_{50}Br_2 \cdot N_4O_2$, F. 236—238° (A.), durch 4std. Kochen von N.N'-Bis-[β-piperidinopropionyl]-piperazin mit Benzylbromid analog I; 78,5%. Gottfried Schreiber 3272△

1290 **Synthesen in der Azachinolizinreihe.** 2. Mitt. **Synthese von 1.3.4.6.7.8.9.9a-Octahydro-2H-pyrido-[1.2-a]-pyrazinabkömmlingen.** Takao Yamazaki, Masanori Nagata, Kiyomi Ogawa und Fujio Nohara. (J. pharmac. Soc. Japan [Yakugakuzasshi] 87 (1967) 6, 668—71; Fac. of Pharm. Sci., Univ. of Toyama; jap.) — 1. vgl. ibid. **87** (1967) 663. — Durch die Strecker-Synth. wurde Piperidincarbonsäure-(2)-äthylester in die *1-Cyanomethylverb.* übergeführt, die bei Red. in Ggw. von Raney-Ni *1.3.4.6.7.8.9.9a-Octahydro-2H-pyrido-[1.2-a]-pyrazinon-(1)* (II) gab, das mit $LiAlH_4$ zu *1.3.4.6.7.8.9.9a-Octahydro-2H-pyrido-[1.2-a]-pyrazin* (I) red. werden konnte. I entsteht auch aus 2-Aminomethylpyridin, dessen Umsetzung mit Chloracetylchlorid zur *Chloracetamidomethylverb.*, die sich zum *2-Oxo-1.2.3.4-tetrahydropyrazino-[1.2-a]-pyridiniumchlorid* cyclisieren läßt, dessen Hydrierung in Ggw. von PtO_2 zum *1.3.4.6.7.8.9.9a-Octahydro-2H-pyrido-[1.2-a]-pyrazinon-(4)* u. Red. mit $LiAlH_4$.

Versuche: *1-Cyanomethylpiperidincarbonsäure-(2)-äthylester*, F. 137—138°, durch Strecker-Synth. aus 15,7 g Piperidincarbonsäure-(2)-äthylester; 13,5 g (Ausb.). — *1.3.4.6.7.8.9.9a-Octahydro-2H-pyrido-[1.2-a]-pyrazinon-(1)* (II), $C_8H_{14}N_2O$, F. 134—135°, aus 13 g vorst. Verb. durch Hochdruckhydrierung in Ggw. von Raney-Ni bei 130°; 9,8 g. — *2-Chloracetamidomethylpyridin*, aus 7 g 2-Aminomethylpyridin durch Umsetzung mit Chloracetylchlorid; 6,8 g. *Pikrat*, $C_8H_9ClN_2O \cdot C_6H_3N_3O_7$, F. 157,5°. — *2-Oxo-1.2.3.4-tetrahydropyrazino-[1.2-a]-pyridiniumchlorid*, aus vorst. Verbindung. — *1.3.4.6.7.8.9.9a-Octahydro-2H-pyrido-[1.2-a]-pyrazinon-(3)*, $C_8H_{14}N_2O$, F. 114—115°, aus 1,4 g vorst. Verb. durch Red. in Ggw. von PtO_2; 1,1 g. *Pikrat*, $C_8H_{14}N_2O \cdot C_6H_3N_3O_7$, F. 213° (Zers.). — *1.3.4.6.7.8.9.9a-Octahydro-2H-pyrido-[1.2-a]-pyrazin*(I), aus 0,5 g vorst. Verb. bzw. aus 2,85 II durch Red. mit $LiAlH_4$; 0,4 bzw. 1,6 g. *Dipikrat*, $C_8H_{16}N_2 \cdot 2\,C_6H_3N_3O_7$, F. 253—254° (Zers.). R. Becker 3272△

1291 **Keten und dessen Derivate.** 24. Mitt. **Reaktionen von Diketen mit Ketiminen.** Tetsuzo Kato und Takao Sakamoto. (J. pharmac. Soc. Japan [Yakugakuzasshi] **87** (1967) 11, 1322—25; Pharmaceut. Inst., Tohoku Univ., School of Med., Kita-4, Sendai; jap.) — 23. vgl. ibid. **87** (1967) 1219. — Es wurden dargestellt: *2.2-Diphenyl-6-methyl-4-oxo-3.4-dihydro-2H-1.3-oxazin* (I), $C_{17} \cdot H_{15}NO_2$, F. 179—181° (Aceton), durch Zugabe von 0,02 Mol Diketen zu 0,01 Mol Benzophenonketimin in 5 ml abs. Ae. u. ½std. Kochen; 75,5% (Ausb.). — *2-Benzyl-6-methyl-4-oxo-2-phenyl-3.4-dihydro-2H-1.3-oxazin* (II), $C_{18}H_{17}NO_2$, F. 155° (Aceton), durch Zugabe von 0,06 Mol Diketen zu 0,036 Mol 1.2-Diphenyläthylidenimin in 15 ml abs. Ae. u. 1std. Kochen; 70%. — *2-Äthyl-6-methyl-4-oxo-2-phenyl-3.4-dihydro-2H-1.3-oxazin* (III), $C_{13}H_{15} \cdot NO_2$, F. 146—147° (Aceton), durch Zugabe von 0,04 Mol Diketen zu 0,02 Mol 1-Phenylpropylidenimin in 5 ml abs. Ae. u. 1std. Kochen; 71,4%. — Hydrolysevers.: Durch 1std. Erhitzen von 0,5 g I mit 5 ml 10%ig. HCl auf 130° (CO_2-Entw.), Zugabe von 5 ml A. bei Raumtemp., Dest. in eine Vorlage mit 2.4-Dinitrophenylhydrazin–H_3PO_4 wird *Aceton-2.4-dinitrophenylhydrazon* (IV) erhalten; aus dem Dest.-Rückstand wird durch Extraktion mit Ae. *Benzophenon* (Kp.₂ 132—134°, F. 45 bis 48°; 300 mg) isoliert. Analog werden aus 0,5 g II neben 320 mg *Desoxybenzoin* (F. 55—56°) bzw. aus 0,5 g III neben IV 77 mg *Propiophenon* (Kp.₂₂ 100°. *Semicarbazon*, F. 178—179°) erhalten. — *Acetoacetanilid*, F. 83—84,5°, a) durch 2std. Erhitzen von 0,5 g I mit 0,372 g Anilin in 5 ml Bzl. auf dem W.-Bad; 300 mg; daneben 326 mg *N-Benzhydrylidenanilin* (F. 112—114° (Ae.–PAe.)]; b) analog a) aus 0,5 g II u. 0,335 g Anilin in 5 ml Bzl.; 230 mg; daneben 110 mg *N-(1.2-Diphenyläthyliden)-anilin* [F. 86° (abs. A.)]; c) analog a) aus 1 g III u. 0,84 g Anilin in 5 ml Bzl.; 456 mg; daneben 850 mg *N-(1-Phenylpropyliden)-anilin* (Kp.₃ 140°, F. 49—50°). L. Lamza 3282△

1292 **Reaktionen von Dimercaptomaleinsäurederivaten.** 6. Mitt. **Oxydative Zersetzung von 1-Benzoyl-2-carboxy-3.6-dithiacyclohexen-(1)-derivaten.** W. E. Hahn und L. Wojciechowski. (Soc. Sci. Lodziensis, Acta chim. **12** (1967) 61—68; Dep. of Organ. Chem., Univ., Lodz; engl.) — 5. vgl. ibid. **10** (1965) 39. — Es werden dargestellt: *1-[3-Nitrobenzoyl]-3.6-dithia-Δ¹-cyclohexen-2-carbonsäure-S-oxid* (I), F. 226—231° (Essigsäure, durch Zugabe von $NaNO_3$ zu einer Lsg. von 13,3 g 1-Benzoyl-3.6-dithia-Δ¹-cyclohexen-2-carbonsäure (II) in konz. $H_2 \cdot SO_4$ bei 20—30°, 2std. Erwärmen auf 60° u. Zugabe zu Eis/W.; 8 g (Ausb.). — *m-Nitrobenzoesäure*, F. 140 bis 141° (W.), durch Zugabe von NaCl zu 6 g vorst. Verb. in Sodalsg. bei pH 8/60°, 16std. Stehen u. Ansäuern; 0,85 g. — *1-[3-Nitro-4-methylbenzoyl]-3.6-dithia-Δ¹-cyclohexen-2-carbonsäure-S-oxid*, F. 230—234° (Zers.), a) aus 14 g 1-[p-Toluyl]-3.6-dithia-Δ¹-cyclohexen-2-carbonsäure analog I; 11 g; b) durch Zugabe von 54%ig. HNO_3 zu

10,5 g 1-[p-Toluyl]-3.6-dithia-Δ^1-cyclohexen-2-carbonsäure-S-oxid (III) in konz. H_2SO_4 bei 20—30°, Erwärmen auf 90° u. Zugabe zu Eis/W.; 10 g. — *4-Methyl-3.5-dinitrobenzoesäure*, $C_8H_6N_2O_6$, F. 163—163,5° (50%ig. A.), neben vorst. Verb. nach b); 28%. — *4-Methyl-3-nitrobenzoesäure*, $C_8H_7NO_4$, F. 190—190,5° (50%ig. A.), a) aus vorvorst. Verb. nach a) bei 60° u. pH 8; 51%; b) durch Zugabe von $NaNO_3$ zu III in konz. H_2SO_4 bei 20—30°; 44%. — *1-Benzoyl-3.6-dithia-Δ^1-cyclohexen-2-carbonsäure-S-oxid*, F. 222—223° (A.), durch Zugabe von 30%ig. H_2O_2 zu II in Essigsäure bei 20°, 10std. Stehen u. Erwärmen auf 100°; 51%. — *Benzoesäure*, F. 121—121,5° (W.), analog vorst. Verb. durch 6std. Stehen bei 20°, Erwärmen auf 60°, erneute Zugabe von H_2O_2, 2std. Kochen u. Einengen; 49%. — *1-Benzoyl-3.6-dithiacyclohexan-2-carbonsäure*, $C_{12}H_{12}O_3S_2$, F. 173 bis 173,5° (50%ig. Methanol), durch Zugabe von Zn zu verd. HCl, Zugabe von $HgCl_2$-Lsg., Zugabe zu II in sd. Essigsäure u. 2½std. Kochen; 51%. — *β-Benzoylpropionsäure*, F. 115—116°, durch Desulfurierung vorst. Verb.; 50%. — *1-[3-Nitrobenzoyl]-3.6-dithia-Δ^1-cyclohexen-2-carbonsäure*, $C_{12}H_9NO_5S_2$, F. 197—198° (50%ig. A.), aus I durch Erwärmen mit konz. H_2SO_4 auf 110°; 51%.
W. Hampel 3292△

1293 **Friedel-Crafts-Reaktion von Chlor-symm.-triazinen mit aromatischen Verbindungen und Synthese ihrer Derivate. 3. Mitt. Reaktion mit Xylolen.** Tomomichi Ishikawa, Toichiro Ishii, Nobuo Kameda und Kenichi Kishi. (J. synth. org. Chem., Japan **25** (1967) 1, 55—59; Fac. of Technol., Tokyo Metropolitan Univ.; jap.) — Es wird die Friedel-Crafts-Rk. von Xylolen mit Cyanurchlorid (I) u. 2.4-Dichlor-6-methoxy-symm.-triazin (II) beschrieben. Für II gilt für die Reaktivität m- (IV) > o- (III) > p-Xylol (V). *2.4.6-Tris-[2.5-dimethylphenyl]-symm.-triazin* wird aus V u. I erhalten. II liefert mit III oder IV *2.4-Bis-[3.4-dimethylphenyl]-* bzw. *2.4-Bis-[2.4-dimethylphenyl]-1H-symm.-triazinon-(6)*.

Versuche: symm.-Triazine: *2.4.6-Tris-[3.4-dimethylphenyl]-*, F. 224—225°, aus I, III u. $AlCl_3$ (1 : 3 : 3); 36,1% (Ausb.). — *2.4.6-Tris-[2.4-dimethylphenyl]-*, F. 154 bis 156°, aus I, IV u. $AlCl_3$ (1 : 3 : 3); 79,3%. — *2.4.6-Tris-[2.5-dimethylphenyl]*, F. 108—113°, aus I, V u. $AlCl_3$ (1 : 3 : 3); 6,9%. — *2.4-Bis-[3.4-dimethylphenyl]-6-hydroxy-*, F. 295—296°, aus II, III u. $AlCl_3$ (1 : 2 : 2); 11,5%. — *2.4-Bis-[2.4-dimethylphenyl]-6-hydroxy-*, F. 212—214°, aus II, IV u. $AlCl_3$ (1 : 2 : 2); 12%. — *Gemisch aus 2-[2.5-Dimethylphenyl]-4.6-dihydroxy-* u. *2.4-Bis-[2.5-dimethylphenyl]-6-hydroxy-*, F. 269—271°, aus II, V u. $AlCl_3$ (1 : 2 : 2); 8,5%.
I. Schwandt 3313△

1294 **Friedel-Crafts-Reaktion von Chlor-symm.-triazinen mit aromatischen Verbindungen und Synthese ihrer Derivate. 4. Mitt. Oxydation von Xylolderivaten und Synthese von Trimellitsäure.** Tomomichi Ishikawa und Toichiro Ishii. (J. synth. org. Chem., Japan **25** (1967) 1, 60—65; jap.) — 3. vgl. vorst. Referat. — Es wurde versucht, Trimellitsäure u. Triazinylpolycarbonsäure aus den Kondens.-Prod. von Xylol mit Cyanurchlorid (I) darzustellen. Das Kondens.-Prod. von o-Xylol liefert bei der Ox. mit $Na_2Cr_2O_7$ *2.4.6-Tris-[3.4-dicarboxyphenyl]-symm.-triazin* in 70%ig. Ausb., das in das Anhydrid übergeführt wird. Durch Ox. der Kondens.-Prod. von o-, m- u. p-Xylolgemisch wird nach der Hydrolyse *Trimellitsäure* in Ausb. von 22, 25,5 u. 24,8% erhalten.

Versuche: *Trimellitsäure*, $C_9H_6O_6$, F. 219—221°, a) aus 2.4.6-Tris-[3.4-dimethylphenyl]-symm.-triazin (F. 224—225°); 83,9% (Ausb.); b) aus 2.4.6-Tris-[2.4-dimethylphenyl]-symm.-triazin (F. 157°); 59,6%; c) aus den Kondens.-Prod. eines Xylolgemisches mit I (F. 100°); 57,7%.
I. Schwandt 3313△

1295 **Selbstkondensation von Guanyl-O-methylisoharnstoff und Kondensation von Guanyl-O-methylisoharnstoff mit einigen Aminosäuren.** Yoshiatsu Kunitomo, Eiichi Ichikawa und Keijiro Odo. (J. synth. org. Chem., Japan **25** (1967) 5, 426—31; Tokyo Inst. of Technol.; jap.) — Die Rk. liefern *symm.-Triazine.* Aus Guanyl-O-methylisoharnstoff wird unter Eliminierung von Methanol *2.4-Diamino-6-guanidyl-symm.-triazin* bzw. *2.4-Diamino-6-methoxy-symm.-triazin* erhalten. Aus dem Salz u. der freien Base entsteht unter NH_3- u. Guanidin-Eliminierung *2-Amino-4.6-dimethoxy-symm.-triazin.* Der Mechanismus der Rk. wird diskutiert.

Versuche: *Guanyl-O-methylisoharnstoff*, $C_3H_8N_4O$, F. 72—73°. *Hydrochlorid*, $C_3H_9ClN_4O$, F. 158°. *Acetat*, $C_5H_{12}N_4O_3$, F. 125—128°. I. Schwandt 3313

1296 **Pharmakologische Untersuchungen an Nitrofuranverbindungen. 16. Mitt. Eine neue Methode zur Synthese von 6-substituierten 3-Amino-1.2.4-triazinen.** Toyoo Maeda und Isamu Saikawa. (J. pharmac. Soc. Japan [Yakugakuzasshi] 87 (1967) 12, 1509—13; Res. Labor., Toyama Chem. Co., Ltd., Shimookui, Toyama; jap.) — 15. vgl. ibid. 87 (1967) 1501. — Es werden dargestellt: *4-[5-Nitrofuryl-(2)]-buten-(3)-on-(2)-guanylhydrazon* (I), *Hydrochlorid*, $C_9H_{12}ClN_5O_3$, F. 246—248° (Zers.; W.), durch Lösen von 9,05 g 4-[5-Nitrofuryl-(2)]-buten-(3)-on-(2) in 70 ml warmem A., Zutropfen einer Lsg. von 6,08 g Aminoguanidinhydrochlorid in 10 ml W. in der Wärme, 1std. Kochen u. Abkühlen; 11,6 g (Ausb.). — *3-Amino-6-[2-{5-nitrofuryl-(2)}-vinyl]-1.2.4-triazin* (II), $C_9H_7N_5O_3$, F. 270° (Zers.; Äthylenglykolmonomethyläther), a) durch Suspendieren von 2 g I-Hydrochlorid in 60 ml Essigsäure, Zugabe von 1,21 g SeO_2 u. 0,5 ml W., 4std. Erhitzen auf 110—115°, Eindampfen des Filtrats bei vermindertem Druck, Extraktion des Rückstands mit verd. HCl in der Hitze, Neutralisieren mit wss. NH_3 u. Erhitzen auf 40—50°; 60%; b) durch Suspendieren von 1,5 g I in 45 ml Essigsäure, Zugabe von 2,6 g Trichloressigsäure, 1,04 g SeO_2 u. 0,4 ml W., 2std. Erhitzen auf 110—115° u. Aufarbeitung wie bei a); 51%; c) durch Suspendieren von 1,5 g I-Hydrochlorid in 45 ml Essigsäure, Zugabe von 1,19 g H_2SeO_4, 2std. Erhitzen auf 110 bis 115° u. Aufarbeitung wie bei a); 56%; d) durch 6½std. Erhitzen von 1,5 g I mit 1,65 g Na_2SeO_3 in 45 ml Essigsäure auf 110—115° u. Aufarbeitung wie bei a); 50,8%; e) durch 7std. Erhitzen von 2 g I mit 2,38 g Na_2SeO_4 in 40 ml Essigsäure auf 110—115° u. Aufarbeitung wie bei a); 31,5%; f) durch Lösen von 1,05 g SeO_2 in 45 ml Essigsäure, Zugabe von 1,56 g Na-Acetat u. 1,5 g I, 6½std. Erhitzen auf 110—115° u. Aufarbeitung wie bei a); 66%; g) durch Lösen von 1,05 g SeO_2 in 45 ml Essigsäure, Zugabe von 2,33 g Na-Acetat u. 1,5 g I, 7std. Erhitzen auf 110—115° u. Aufarbeitung wie bei a); 66,6%. — Ketonguanylhydrazonhydrochloride, durch Lösen von 1 Mol des entsprechenden Ketons in A. oder Dioxan u. Zugabe von 1,2 Mol Aminoguanidinhydrochlorid: *Acetophenon-*, $C_9H_{13}ClN_4$, F. 197—198° (A.). — *Methylstyrylketon-*, $C_{11}H_{15}ClN_4$, F. 242—243° (W.). — *Methyl-[α-bromstyryl]-keton-*, $C_{11}H_{14}BrClN_4$, F. 217 bis 218° (W.). — *Methyl-[p-nitrostyryl]-keton-*, *Monohydrat*, $C_{11}H_{16}ClN_5O_3$, F. 270° (Zers.; wss. DMF). — *Methyl-[4-nitro-α-bromstyryl]-keton-*, $C_{11}H_{13}BrClN_5O_2$, F. 248—249° (A.-DMF). — *Methyl-[5-nitrofuryl-(2)]-keton-*, $C_7H_{10}ClN_5O_3$, F. 256° (Zers.; A.). — *Methyl-[1-methyl-2-{5-nitrofuryl-(2)}-vinyl]-ketonguanylhydrazon*, $C_{10}H_{13}N_5O_3$, F. 208° (Methanol), durch Behandeln des analog dargestellten Hydrochlorids mit wss. NH_3. — *Methyl-[2-{5-nitrofuryl-(2)}-vinyl]-keton-ω-methylguanylhydrazonhydrochlorid*, $C_{10}H_{14}ClN_5O_3$, F. 245—248° (Zers.; W.), Darst. analog. — 3-Amino-1.2.4-triazine: *6-Phenyl-*, $C_9H_8N_4$, F. 194—196° (A.), a) analog II nach a) bzw. d); 53,6 bzw. 65,2%. — *6-Styryl-*, $C_{11}H_{10}N_4$, F. 170—172° (verd. A.), a) analog II nach a) mit Äthylenglykolmonomethyläther als Lsgm.; 60%; b) analog II nach d); 94,2%. — *6-[α-Bromstyryl]-*, $C_{11}H_9BrN_4$, F. 167—169° (A.), analog II nach a) bzw. d); 35,6 bzw. 27,9%. — *6-[4-Nitrostyryl]-*, $C_{11}H_9N_5O_2$, F. > 300° (DMF), analog II nach a); 60,6%. — *6-[4-Nitro-α-bromstyryl]-*, $C_{11}H_8BrN_5O_2$, F. 204—205,5° (n-Propylalkohol), analog II nach a); 22,5%. — *6-[5-Nitrofuryl-(2)]-*, $C_7H_5N_5O_3$, F. 275° (Zers.; Äthylenglykolmonomethyläther), analog II nach a); 42,6%. — *6-[2-{5-Nitrofuryl-(2)}-1-methylvinyl]-*, $C_{10}H_9N_5O_3$, F. 268° (Zers.; Aceton), analog II nach d) bzw. e); 72,2 bzw. 67,5%. — *3-Methylamino-6-[2-(5-nitro-2-furyl)-vinyl]-1.2.4-triazin*, $C_{10}H_9N_5O_3$; F. 235—237° (Zers.; Aceton), analog II nach a); 25,5%.
L. Lamza 3313△

1297 **Synthese von Nitrofuranderivaten. 11. Mitt. Synthese von Thiazol- und 6H-1.3.4-Thiadiazinderivaten.** Masumi Ito. (J. pharmac. Soc. Japan [Yakugakuzasshi] 87 (1967) 5, 539—42; Res. Labor., Fujisawa Pharm. Co.,

Ltd.; jap.) — 10. vgl. ibid. 87 (1967) 279. — Bei der Umsetzung von 2-[4-Brom-3-oxobuten-(1)-yl]-5-nitrofuran (I) mit Thioharnstoff entsteht *2-Amino-4-{2-[5-nitrofuryl-(2)]-vinyl}-thiazol*, mit Acetonthiosemicarbazon bildet sich die *2-(2-Isopropylidenhydrazino)-Verb.*, die mit Essigsäure in die *2-(2-Formylhydrazino)-Verb.* übergeht. I u. Thiosemicarbazid gibt *2-Amino-5-{2-[5-nitrofuryl-(2)]-vinyl}-6H-1.3.4-thiadiazin*, aus I u. Semicarbazidhydrochlorid entsteht *2-[4-Chlor-3-semicarbazonobuten-(1)-yl]-5-nitrofuran*. I u. K-Thiocyanat führt zu *2-[3-Oxo-4-thiocyanatobuten-(1)-yl]-5-nitrofuran*. Alle hergestellten Verb. wurden auf ihre biolog. Aktivität gegenüber Escherichia coli NIHJ, Staphylococcus aureus FDA 209p u. Trichomonas vaginalis 4FM untersucht.

Versuche: 2-substituierte 4-{2-[5-Nitrofuryl-(2)]-vinyl}-thiazole: *2-Amino-*, $C_9H_7N_3O_3S$, F. 188 bis 190° (Zers.). *Hydrobromidhydrat*, $C_9H_7N_3O_3S \cdot HBr \cdot H_2O$, F. > 235°, durch Rk. von 2-[4-Brom-3-oxobuten-(1)-yl]-5-nitrofuran (I) mit Thioharnstoff; 68% (Ausb.). — *2-Acetamido-*, $C_{11}H_9N_3O_4S$, F. 235°, aus vorst. Verb.; 80%. — *2-(2-Isopropylidenhydrazino)-*, $C_{12}H_{12}N_4O_3S$, F. 201° (Zers.), aus I mit Acetonthiosemicarbazon; 71%. — *2-(2-Formylhydrazino)-*, $C_{10}H_8N_4O_4S$, F. 247° (Zers.), aus vorst. Verb. mit Essigsäure; 79%. — *2-Amino-5-{2-[5-nitrofuryl-(2)]-vinyl}-6H-1.3.4-thiadiazin*, $C_9H_8N_4O_3S$, F. 175° (Zers.), aus I mit Thiosemicarbazid; 44%. — *2-(4-Chlor-3-semicarbazonobuten-(1)-yl]-5-nitrofuran*, $C_9H_9ClN_4O_4$, aus I mit Semicarbazidhydrochlorid; 87%. — *2-[3-Oxo-4-thiocyanatobuten-(1)-yl]-5-nitrofuran*, $C_9H_6N_2O_4S$, F. 118 bis 119°, aus I mit K-Thiocyanat; 82%. R. Becker 3333△

1298 **$C_{(3)}$-Arylsubstituierte Triarylverdazyle.** C. Schiele, K. Halfar und G. Arnold. (Z. Naturforsch. **22b** (1967) 1, 105; Forsch.-Inst. der Telefunken Akt.-Ges. Ulm/Donau; dt.) — Durch unterschiedliche Substitution am $C_{(3)}$-Arylrest wird festgestellt, daß *Verdazyle* eine für die aus Tetrazoliumsalzen resultierenden Tetraazaverb. charakterist. Beeinflussung struktureller Parameter durch den $C_{(3)}$-Arylsubstituenten aufweisen, was sich in einer deutlichen Beeinflussung ihres spektralen Verhaltens durch den jeweiligen Substituenten in p-Stellung ausdrückt. IR- u. UV-Maxima vgl. Original.

Versuche: 1.5-Diphenyltetrahydro-1.2.4.-5-tetrazine: *3-[p-Methoxyphenyl]-*, F. 122—123°; dunkelgrün. — *3-[p-Tolyl]-*, F. 143—144°; dunkelgrüne Nadeln. — *3-Phenyl-*, F. 143—145°, nach Kuhn u. Trischmann, Mh. Chem. **95** (1964) 457; schwarzgrüne Nadeln. — *3-[p-Chlorphenyl]-*, F. 146—147°; blauschwarze Nadeln. K.-P. Hilgetag 3354△

1299 **Cyclisierung von Nitrilen durch Halogensäuren.** 2. Mitt. **Neue Synthese von substituierten 3H-Azepinen.** W. A. Nasutavicus, Stephen W. Tobey und Francis Johnson. (J. org. Chemistry **32** (1967) 11, 3325—329; Eastern Res. Labor., The Dow Chem. Co., Wayland, Mass.; engl.) — 1. vgl. ibid. **32** (1967) 2367. — *2-Amino-5-aryl-(oder alkyl)-7-brom-3H-azepine* entstehen aus 2-Aryl-(oder alkyl)-1.4-dicyanbutenen-(1), die eine syn-Nitrilgruppe enthalten, mit HBr in wasserfreiem Medium in guten Ausbeuten. NMR- u. IR-Maxima vgl. Original.

Versuche: *cis-1.4-Dicyan-2-phenylbuten-(1)* (I), $C_{12}H_{10}N_2$, F. 65—66° (Methylenchlorid/Ae.), aus 14 g 3-Benzoylpropionitril u. Cyanmethylphosphonsäurediäthylester in 1.2-Dimethoxyäthan in Ggw. von NaH; 8,5 g (Ausb.). — *cis-1.4-Dicyan-2-[p-biphenylyl]-buten-(1)* (II), $C_{18}H_{14}N_2$, F. 112° (Methylenchlorid/Ae.), aus p-Biphenylyl-[β-cyanäthyl]-keton u. Cyanmethylphosphonsäurediäthylester analog I; 64%. — *3-Benzoyl-3-phenylpropionitril*, $C_{16}H_{13}NO$, F. 84—85° (Ae./PAe.), aus 35 g 2-Phenylacrylophenon u. KCN in A. unter Zugabe von HCl; 26 g. — *1.4-Dicyan-2.3-diphenylbuten-(2)*, $C_{18}H_{14}N_2$, F. 215—217° (Methylenchlorid/Ae.), durch Zugabe von 9 g vorst. Verb. zu Cyanmethylphosphonsäurediäthylester in 1.2-Dimethoxyäthan in Ggw. von NaH; 1 g. — *1.4-Dicyan-2.3-diphenylbuten-(1)* (V), F. 109—110° (Ae.), neben vorst. Verb.; 4 g; daneben *Isomeres vom F. 85°* (Methylenchlorid/Ae.); 1,3 g. — *3.5-Diphenyl-5-cyancyclopenten-(2)-imin*, $C_{18}H_{14}N_2$, F. 146—148° (Methylenchlorid/PAe.), durch Kondens. von 2-Phenyl-3-benzoylpropionitril analog vorvorst. Verbindung. — *Gemisch aus cis- u. trans-1.4-Dicyan-2-methylbuten-(1)* (III), $C_7H_8N_2$, aus 12,6 g Lävulinsäurenitril analog I; n_D^{25} 1,4745; 6 g. — *2-Amino-5-phenyl-7-brom-3H-azepin* (IV), $C_{12}H_{11}BrN_2$, F. 173 bis 175° (Zers.; Methylenchlorid), aus 3,4 g Hydrobromid mit $NaHCO_3$ in DMF; 2,7 g. *Hydrobromid*, $C_{12}H_{12}Br_2N_2$, F. 210—230° (Zers.; Methanol/Aceton/Ae.), aus 5,5 g I durch Einleiten von HBr in Methylenchlorid/Ae. bei 0°; 7 g. — *2-Amino-5-[p-biphenylyl]-7-brom-3H-azepin*, $C_{18} \cdot H_{15}BrN_2$, F. 195—200° (Zers.), aus dem Hydrobromid; 83%. *Hydrobromid*, $C_{18}H_{16}Br_2N_2$, F. 245—250° (Zers.), aus 2,6 g II analog III-Hydrobromid; 3,8 g. — *2-Amino-4.5-diphenyl-7-brom-3H-azepin*, $C_{18}H_{15}BrN_2$, F. 212 bis 215° (Zers.), aus dem Hydrobromid; 83%. *Hydrobromid*, $C_{18}H_{16}Br_2N_2$, F. 275° (Zers.); Methanol), aus V; 80%. — *2-Amino-5-methyl-7-brom-3H-azepin*, $C_7H_9BrN_2$, F. 160 bis 165° (Zers.; A.), aus 1,2 g III analog IV; 0,6 g. — *4-Phenyl-2.7-dioxo-2.3.6.7-tetrahydro-1H-azepin*, $C_{12}H_{11} \cdot NO_2$, F. 157—158° (THF/PAe.), aus IV mit verd. DMF bei 100°; 76%. G. Westphal 3370△

1300 **Reduktive Oxygenierung.** 1. Mitt. **Synthese von 1-Methyl-2.3.4.5.6.7-hexahydro-1H-2.6-methano-3.1-benzoxazocin.** 180. Mitt. **Studien über die Synthese von heterocyclischen Verbindungen.** Tetsuji Kametani, Kazuo Kigasawa und Mineharu Hiiragi. (J. pharmac. Soc. Japan [Yakugakuzasshi] 87 (1967) 5, 558—62; Pharm. Inst., Tohoku Univ., School of Med.; jap.) — Red. von 1-Methyl-4-(2-hydroxyäthyl)-3.4-dihydrocarbostyril nach Ladenburg oder mit $LiAlH_4$ führt zur *Titelverb.* (I), die auch durch $LiAlH_4$-Red. aus 1-Methyl-4-methoxycarbonylmethyl-3.4-dihydrocarbostyril entsteht. Red. von 4-(2-Hydroxyäthyl)-3.4-dihydrocarbostyril nach Ladenburg oder mit $LiAlH_4$ gibt *4-(2-Hydroxyäthyl)-1.2.3.4-tetrahydrochinolin*. I läßt sich zur entsprechenden *1-Methylverb.* hydrieren.

Versuche: *1-Methyl-2.3.4.5.6.7-hexahydro-1H-2.6-methano-3.1-benzoxazocin* (I), $C_{15}H_{15}NO$, Kp.$_{0,2}$ 91,5 bis 95°, Kp.$_{0,25}$ 93—96°, a) aus 1-Methyl-4-(2-hydroxyäthyl)-3.4-dihydrocarbostyril (II) durch Red. nach Ladenburg; 78,3% (Ausb.); b) aus II durch Red. mit $LiAlH_4$; 9%; daneben 44,6% nachst. Verb.; c) aus 7 g 1-Methyl-4-methoxycarbonylmethyl-3.4-dihydrocarbostyril durch Red. mit $LiAlH_4$; 2 g (Ausb.); daneben 1,2 g nachst. Verb. u. 1 g II. — *1-Methyl-4-(2-hydroxyäthyl)-1.2.3.4-tetrahydrochinolin*, Kp.$_{0,2}$ 125°, Kp.$_{0,25}$ 124 bis 127°, durch katalyt. Hydrierung von I in Ggw. von Pt oder durch Hydrierung mit $LiAlH_4$; 89,1 bzw. 84,2%. — *4-(2-Hydroxyäthyl)-1.2.3.4-tetrahydrochinolin*, Kp.$_{0,2}$ 160—170° (Bad), durch Hydrierung von 4-(2-Hydroxyäthyl)-3.4-dihydrocarbostyril nach Ladenburg bzw. mit $LiAlH_4$; 82,7 bzw. 21,5%. R. Becker 3380△

1301 **Octamethylenimin in der Mannich-Reaktion.** 1. Mitt. **Substituierte β-Aminoketone und α-Aminoalkohole.** Heino A. Luts, J. F. Grattan, S. Yankelowitz und W. L. Nobles. (J. pharmac. Sci. **56** (1967) 9, 1114—17; School of Pharm., Univ. of Miss., Univ.; engl.) — Vf. synthetisieren eine Reihe von Mannich-Basen mit *Octamethylenimin* als Aminokomponente.

Versuche: N-[β-Benzoyläthyl]-azacyclononan, Hydrochloride, aus dem entsprechenden Acetophenon, Octamethylenimin-Hydrochlorid u. Paraformaldehyd in abs. A.: *p-Nitro-* (I), $C_{17}H_{25}ClN_2O_3$, F. 190 bis 191°. — *p-[n-Butyloxy]-*, $C_{21}H_{34}ClNO_2$, F. 163°. — *p-Hydroxy-* (II), $C_{17}H_{26}ClNO_2$, F. 160—161°. — *p-Fluor-*, $C_{17}H_{25}ClFNO$, F. 138—139°. — *p-[Trifluormethyl]-*, $C_{18} \cdot H_{25}ClF_3NO$, F. 153—154°. — *N-[β-Thienyl-(2)-carbonyläthyl]-azacyclononan, Hydrochlorid*, $C_{15}H_{24}ClNOS$, F. 142 bis 143°. — *N-[γ-(p-Nitrophenyl)-γ-hydroxypropyl]-azacyclononan, Hydrochlorid*, $C_{17}H_{27}ClN_2O_3$, F. 182—186° (A.), mit $NaBH_4$ aus I in Methanol. — *N-[γ-(p-Hydroxyphenyl]-γ-hydroxypropyl]-azocyclononan, Hydrochlorid*, $C_{17}H_{28} \cdot ClNO_2$, F. 144—146° (A.), aus II analog vorst. Methode. K.-P. Hilgetag 3390△

C-4. Naturstoffe

1302 **Selektive Desaminierung von Nucleosiden mit 2.4-Dinitrophenylhydrazin.** Anil B. Patel und Harry Darrow Brown. (Nature [London] **214** (1967) 402, Dep. of Biochem., Univ. of Tex., Med. Branch

Galveston, Tex.; engl.) — Aus den entsprechenden Nucleosiden entstehen durch 24std. Rk. mit 2.4-Dinitrophenylhydrazin in A. in Ggw. von HCl bei Raumtemp. *6-Desamino-6-(2.4-dinitrophenylhydrazino)-adenosin* (F. 174°), *2-Desamino-2-(2.4-dinitrophenylhydrazino)-guanosin* (F. 197°) u. *4-Desamino-4-(2.4-dinitrophenylhydrazino)-cytidin* (F. 206°). R. Becker 3450△

1303 **Pyrrolizidin-Alkaloide.** F. L. Warren. (South African chem. Processing **2** (1967) 4, CP 121—CP 124; Fac. of Sci., Univ. Cape Town; engl.) — Übersicht über Struktur u. Stereochemie der Pyrrolizidinalkaloide. — 17 Literaturangaben. G. Westphal 3500△

1304 **Untersuchungen an Buxusalkaloiden: Isolierung und Strukturaufklärung von elf neuen Alkaloiden aus Buxus microphylla Sieb. et Zucc. var. suffruticosa Makino-Buxus microphylla Sieb. et Zucc. var. suffruticosa Makino forma major Makino und Buxus koreana Nakai.** Tatsuhiko Nakano. (Acta ci. venezolana **18** (1967) 3, Suppl., 335—44; Dep. de Quim., Inst. Venezolano de Invest. Cientificas (IVIC); Caracas, Venezuela; span.) — Für die aus den schwachbas. Fraktionen von *B. microphylla* Sieb. *et* Zucc. *var. suffruticosa* Makino isolierten neuen Alkaloide *Cyclomicrobuxein* (I), *Cyclobuxomicrein* (II) u. *Cyclo-*

I

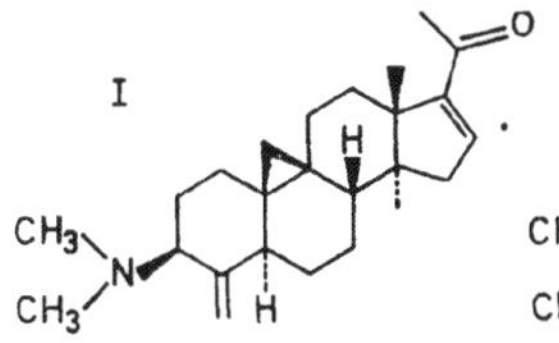

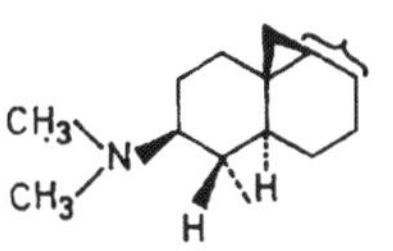

II

III

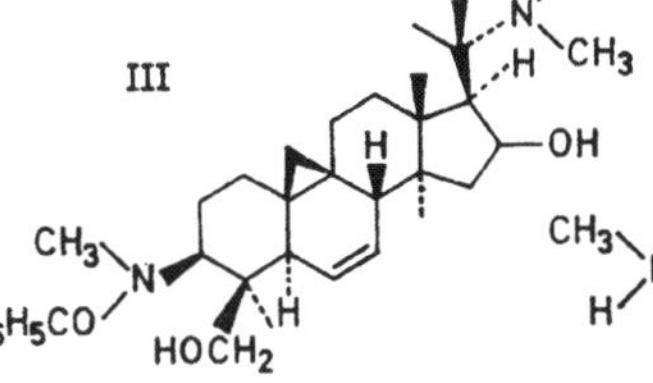

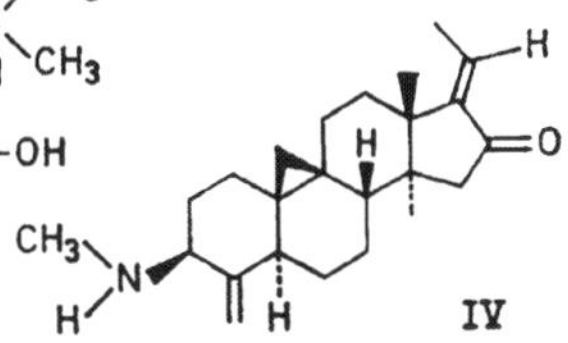

IV

microsin (III), für die aus den schwach bas. Fraktionen von *B. microphylla* Sieb. *et* Zucc. *var. suffruticosa* Makino *forma major* Makino erhaltenen neuen Alkaloide *Cyclo-*

V

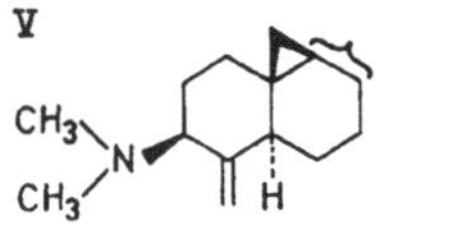

VI

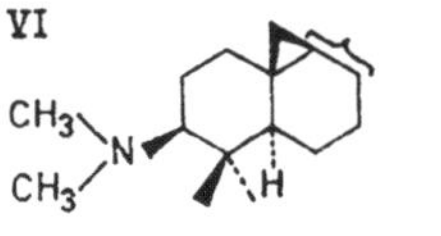

VII

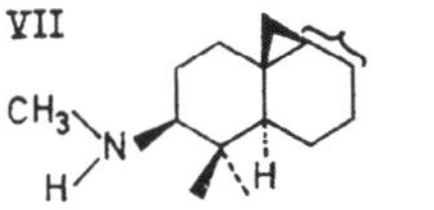

VIII

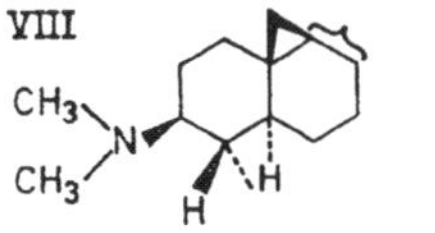

IX

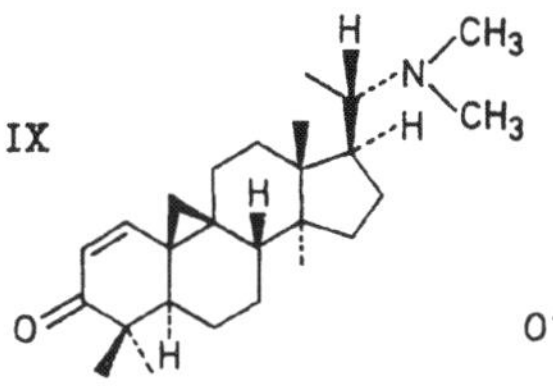

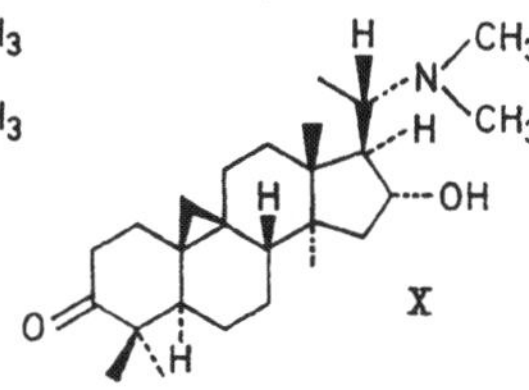

X

XI

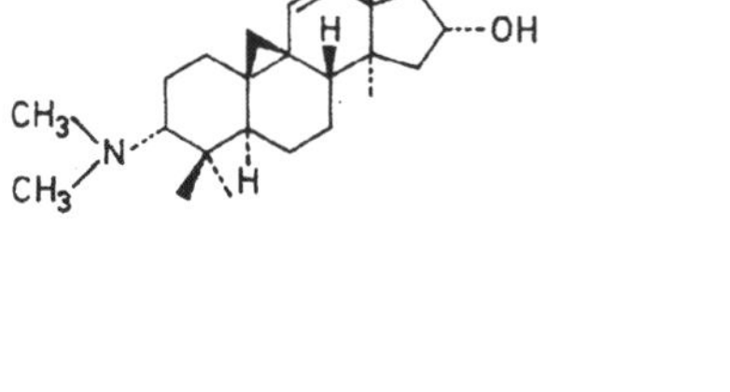

suffrobuxinin (IV), *Cyclosuffrobuxin* (V), *Cyclobuxosuffrin* (VI), *Cyclobuxophyllinin* (VII), *Cyclobuxophyllin* (VIII), *Cyclobuxoviridin* (IX) u. *Cyclomicuranin* (X) sowie für das aus den stark bas. Fraktionen von *B. koreana* Nakai gewonnene neue Alkaloid *Cyclocoreanin B* (XI) wurden auf Grund von IR-, UV-, NMR- u. massenspektroskop. Daten (s. Orig.) sowie durch Vgl. mit bekannten Verb. vorst. Strukturen aufgestellt. H.-J. Jahns 3500△

1305 **Indol-Alkaloide.** 14. Mitt. **Strukturzusammenhang von 20-Hydroxyconopharyngin mit Ibogalin.** C. Hootele, J. Pecher, U. Renner und R. H. Martin. (Chimia [Aarau, Schweiz] **21** (1967) 3, 133—34; Organ. Chem. Dep., Univ. Libre de Bruxelles, Belgique; engl.) — Das aus *Conopharyngia jollyana* isolierte *20-Hydroxyconopharyngin* konnte jetzt auch aus *C. durissima* isoliert u. durch Acetylierung in das *O-Acetylderiv.* [$C_{25}H_{32}N_2O_6$, F. 124—126°; $[\alpha]_D^{22}$ — 28° (c = 0,25; $CHCl_3$)] übergeführt werden. Durch Decarbomethoxylierung der Base mit Hydrazinhydrat bzw. durch Verseifen des O-Acetylderiv. u. nachfolgende Decarboxylierung in verd. HCl entsteht *20-Hydroxyibogalin* [$C_{21}H_{28}N_2O_3$. *Hydrochlorid*, F. 265 bis 270° (Zers.); $[\alpha]_D^{22}$ — 26° (c = 0,4; Methanol)], dessen quatern. *Tosylat* (F. 217—220°, mit p-Tosylchlorid in Py.) bei der Red. mit $LiAlH_4$ *Ibogalin* liefert. Die Red. des Tosylats mit $LiAlD_4$ führt zu *$D_{(20)}$-Ibogalin*. Max. der IR-Spektren vgl. Original. G. Westphal 3500△

1306 **Erneute Untersuchung von Evodia alata F. Muell. Struktur und Synthese von Evoprenin, einem neuen Acridonalkaloid.** J. A. Diment, E. Ritchie und W. C. Taylor. (Austral. J. Chem. **20** (1967) 8, 1719—27; Dep. of Organ. Chem., Univ. of Sydney; engl.) — Aus der Rinde von *Evodia alata F. Muell.* werden 0,09% *Evoxanthin*, 0,6% *Melicopidin*, 0,1% *Normelicopidin*, 0,053% *1.2.3-Trimethoxy-* (II), 0,002% *1-Hydroxy-2.3-dimethoxy-10-methylacridanon-(9)* (III), 0,01% *Kokusaginin* u. 0,01% *1-Hydroxy-2-methoxy-3-[3-methylbuten-(2)-yloxy]-10-methylacridanon-(9)* (I; *Evoprenin*) isoliert. Evoxanthin gibt mit methanol. KOH *1.3-Dimethoxy-2-hydroxy-10-methylacridanon-(9)* (IV), das mit äthanol. HCl in *1.2-Dihydroxy-3-methoxy-10-methylacridanon-(9)* (V) umgewandelt wird. V wird mit Prenylbromid (VI, 3-Methylbuten-(2)-ylbromid) zu *1-Hydroxy-2-[3-methylbuten-(2)-yloxy]-3-methoxy-10-methylacridanon-(9)* (VII) alkyliert. Aus IV werden VII bzw. *1-Hydroxy-2-äthoxy-3-methoxy-10-methylacridanon-(9)* dargestellt. Evoxanthin bildet mit Prenylalkohol (VIII) u. KOH *1-Methoxy-2-hydroxy-3-[3-methylbuten-(2)-yloxy]-10-methylacridanon-(9)*, das in *1.2-Dimethoxy-* (IX) bzw. *1-Methoxy-2-äthoxy-3-[3-methylbuten-(2)-yloxy]-10-methylacridanon-(9)* übergeführt wird. IX läßt sich nicht in 1-Stellung selektiv entmethylieren. Mit konz. HCl/Eisessig in A. gibt IX *1.3-Dihydroxy-2-methoxy-10-methylacridanon-(9)* (X). X wird analog auch aus I erhalten. Mit Benzylalkohol u. KOH entsteht aus Evoxanthin *1-Methoxy-2-hydroxy-3-benzyloxy-10-methylacridanon-(9)* (XI), das zu *1.2-Dimethoxy-3-benzyloxy-10-methylacridanon-(9)* (XII) methyliert wird. Von Säure wird XII zu X entmethyliert. X gibt mit VI I. II reagiert mit NaH in DMF zu III.

Versuche: 10-Methylacridanone-(9): *1-Hydroxy-2-methoxy-3-[3-methylbuten-(2)-yloxy]-* (I, *Evoprenin*), $C_{20}H_{21}NO_4$, F. 143° (A.), a) aus 4,4 kg Rinde von *Evodia alata F. Muell.* durch Extraktion mit Ae. u. PAe.; 0,45 g (Ausb.), daneben 25,4 g *Melicopidin*, 3,8 g *Evoxanthin*, 2,35 g II, 0,1 g III, 0,45 g *Kokusaginin* u. 5 g *Normelicopidin*; b) aus 1,5 g X u. VI in Aceton in Ggw. von K_2CO_3; 1,25 g. — *1.3-Dihydroxy-2-methoxy-* (X), $C_{15}H_{13}NO_4$, F. 242—244° (CH_3CN), a) aus I u. konz. HCl/Eisessig in sd. A.; ca. 100%; b) analog a) aus 4 g XII; 1,6 g; c) analog a) aus IX. — *1.3-Dimethoxy-2-[3-methylbuten-(2)-yloxy]-*, $C_{21}H_{23}NO_4$, F. 106° (Cyclohexan), aus 1,8 g IV u. VI in sd. abs. Aceton in Ggw. von K_2CO_3; 1,6 g. — *1-Hydroxy-2-äthoxy-3-methoxy-*, $C_{17}H_{17}NO_4$, F. 136° (A.), aus 1 g V, C_2H_5Br u. K_2CO_3 in sd. abs. Aceton; 0,8 g. — *1-Hydroxy-2-[3-methylbuten-(2)-yloxy]-3-methoxy-* (VII), $C_{20} \cdot H_{21}NO_4$, F. 110° (CH_3CN), aus 5 g V, VI u. K_2CO_3 in sd. abs. Aceton; 3,8 g. — *1-Methoxy-2-hydroxy-3-[3-methylbuten-(2)-yloxy]-*, $C_{20}H_{21}NO_4$, F. 150—151° (Essigester), aus 2 g Evoxanthin u. VIII in Ggw. von KOH; 1,4 g. — *1.2-Dimethoxy-3-[3-methylbuten-(2)-yloxy]-* (IX), $C_{21}H_{23} \cdot$

NO_4, F. 126° (Essigester), aus 0,42 g vorst. Verb., CH_3J u. K_2CO_3 in sd. abs. Aceton; 0,35 g. — *1-Methoxy-2-äthoxy-3-[3-methylbuten-(2)-yloxy]-*, $C_{22}H_{25}NO_4$, F. 120° (Essigester/Cyclohexan), analog **IX**. — *1.2-Dimethoxy-3-benzyloxy-* (**XII**), $C_{23}H_{21}NO_4$, F. 175° (Essigester), aus 12 g Evoxanthin, KOH u. sd. Benzylalkohol u. Rk. des **XI** mit CH_3J u. K_2CO_3 in Aceton; 8,1 g. — *1-Hydroxy-2-methoxy-3-benzyloxy-*, $C_{22}H_{19}NO_4$, F. 211° ($CHCl_3$/A.), aus **XII**, konz. HCl u. Eisessig in sd. Äthanol. — *1-Hydroxy-2.3-dimethoxy-* (**III**), F. 176° (A.), aus 1 g **II** u. NaH in heißem DMF; 0,55 g.

Hans Köhne/Berlin 3500△

1307 **Synthese des Veratrum-Alkaloids Verazin aus Δ^5-Tomatiden-3β-ol.** J. Tomko, G. Adam und K. Schreiber. (J. pharmac. Sci. **56** (1967) 8, 1039–40; Inst. of Chem., Slovak Acad. of Sci., Bratislava, CSSR; engl.) — Red. von Δ^5-Tomatiden-3β-ol mit $NaBH_4$ in Methanol liefert *(22S.25S)-22.26-Epimino-Δ^5-cholesten-3β.16β-diol* {F. 165–167; 189–191°; $[\alpha]_D$ –69,1° (c = 0,5; $CHCl_3$); 70% (Ausb.)}, das durch Acetylieren quant. in das *O.O.N-Triacetat* {$[\alpha]_D$ –10,3° (c = 0,5; $CHCl_3$)} übergeführt wird. 2std. Hydrolyse mit 5%ig. methanol. KOH gibt *(22S.25S)-22.26-Acetylepimino-Δ^5-cholesten-3β.16β-diol* {F. 248–250°; $[\alpha]_D$ –35° (c = 0,5; $CHCl_3$); 81%}. Partielle Ox. mit CrO_3 führt zum *(22S.25S)-22.26-Acetylepimino-Δ^5-cholesten-3β-ol-16-on* {F. 213–215°; $[\alpha]_D$ –121,1° (c = 0,5; $CHCl_3$); 81%}. Rk. des Ketons mit Dimercaptoäthan/HCl u. Entschwefelung des erhaltenen *Thioketals* mit Raney-Ni in A. gibt *(22S.25S)-22.26-Acetylepimino-Δ^5-cholesten-3β-ol* {F. 256–258°; $[\alpha]_D$ –19,4° (c = 0,5; $CHCl_3$); 74%}. Verseifung mit KOH in Äthylenglykol führt zum *(22S.25S)-22.26-Epimino-Δ^5-cholesten-3β-ol* {F. 167–171°; $[\alpha]_D$ –39° (c = 0,5; $CHCl_3$); 11%}, das durch Rk. mit N-Chlorsuccinimid u. Rk. der nicht isolierten *N-Chlorverb.* mit Na-Methylat in *25S-22.26-Epimino-$\Delta^{5.22,N}$-cholestadien-3β-ol* {*Verazin*, F. 173–176°; $[\alpha]_D$ –83,4° (c = 0,5; $CHCl_3$); 24%} übergeführt wird.

K.-P. Hilgetag 3500△

1308 **Chemie der $C_{(20)}$-Diterpenalkaloide.** S. W. Pelletier. (Quart. Rev. (chem. Soc., London) **21** (1967) 4, 525–48; Dep. of Chem., Univ. of Georgia, Athens, Ga.; engl.) — Übersicht über die Garrya-Alkaloide (Veatchin, Garryin, Cuauchichicin, Garryfolin, Napellin, Songorin u. Luciculin), über die Strukturen von Atisin (**I**) u. Atidin (**II**), die Chemie von Ajaconin, über den Zusammenhang von **I** u. **II** mit den Garrya-Alkaloiden u. von **II** mit Diterpenen, über tert.-Iminiumsalze von **I**, über die Chemie von Hetisin, über die Alkaloide Ignavin, Anhydroignavinol, Hypognavin, Hypognavinol, Kobusin, Pseudokobusin u. Isohypognavin u. über die Synth. von Diterpenalkaloiden. — 71 Literaturangaben.

W. Hampel 3500△

1309 **Chemie der Diterpenoide im Jahr 1966.** Eiichi Fujita. (Bull. Inst. chem. Res., Kyoto Univ. **45** (1967) 3, 229–265; Fujita Labor.; engl.) — Es werden die Fortschritte in der Chemie der *Abietane, Pimarane, Labdane, Kaurane, Gibbane, Diterpenalkaloide* u. verwandter Verb. im Jahr 1966 zusammenfassend dargestellt. — Übersicht über 181 Literaturangaben.

F. G. Weber 3600△

1310 **16-Oxygenierte Steroide. Synthese von 3β-Hydroxy-Δ^5-androsten-16-on.** Shoji Hara und Yoshimasa Ike. (J. pharmac. Soc. Japan [Yakugakuzasshi] **87** (1967) 12, 1573–74; Tokyo Coll. of Pharm., Women's Dep., Ueno-Sakuragi, Taito-ku, Tokyo; jap.) — Es wurden dargestellt: *3β.16β-Diacetoxy-Δ^5-androsten-17ξ-ol*, $C_{23}H_{34}O_5$, F. 174–175° (Methanol), durch Zugabe von 0,38 g $NaBH_4$ in 5 ml H_2O u. 2 ml Methanol zu 2,5 g 3β.16β-Diacetoxy-Δ^5-androsten-17-on unter Rühren, Eindampfen nach 1std. Rk. u. Extraktion mit CH_2Cl_2; 2,13 g (Ausbeute). — *3β.16β-Diacetoxy-17ξ-mesyloxy-Δ^5-androsten*, F. 183 bis 184° (Methanol), durch Zutropfen von 5 ml Mesylchlorid zu 1,24 g vorst. Verb. in 8 ml Py., Zugabe von W. nach 1 Std., Extraktion mit $CHCl_3$, Waschen mit 10%ig. HCl u. W. u. Eindampfen; 1,4 g. — *3β-Hydroxy-Δ^5-androsten-16-on, Hemihydrat* (**I**), $C_{19}H_{28}O_2 \cdot 1/2\ H_2O$, F. 165–168° (Methanol), durch Zugabe von 40 ml 1 n methanol. NaOH zu 770 mg vorst. Verb. in 40 ml Methanol, 5std. Kochen, Eindampfen, Extrahieren mit $CHCl_3$, Waschen mit 10%ig. HCl u. W. u. Eindampfen; 435 mg. *Acetat*, F. 123 bis 124° (Diisopropyläther). *Benzoat*, F. 222–225° (A.). *Tosylat*, $C_{26}H_{34}O_4S$, F. 164–166° (Methanol), durch 3std. Erhitzen von **I** mit p-Tosylchlorid in Py. auf 60 bis 70° (Badtemp.).

L. Lamza 3700△

1311 **8-Azasteroide. 4. Mitt. 8-Aza-19-nor-progestogene.** Richard E. Brown, David M. Lustgarten, R. John Stanaback und Robert I. Meltzer. (J. med. Chem. **10** (1967) 3, 451–56; Warner-Lambert Res. Inst., Morris Plains, N.J.; engl.) — 3. vgl. J. org. Chemistry **31** (1966), 1489. — Durch Kondens. von m-Methoxyphenyläthylamin (**X**) mit dem durch Michael-Addition aus 2-Methyl-3-carboxycyclopentanon u. Acrylnitril u. nachfolgende Hydrolyse erhaltenen *2-Methyl-2-[β-carboxyäthyl]-3-carboxycyclopentanon* wird **I** erhalten u. zu **II** reduziert.

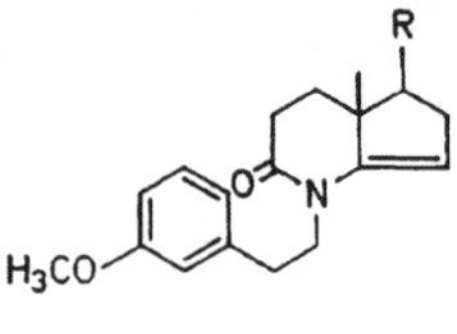

I R = COOH

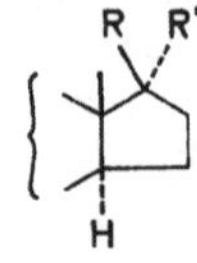

II R = COOH; R' = H
IX R, R' = O
XI R = CN; R' = OH
XVII R = OH; R' = C≡CH
XVIII R = OH; R' = $COCH_3$

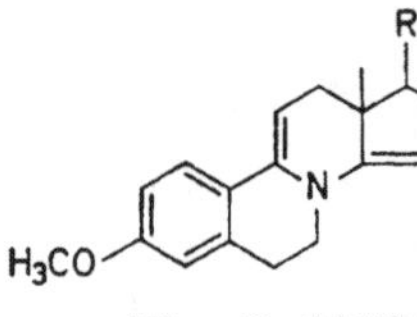

III R = $COOC_2H_5$

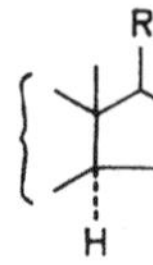

IV R = $COOC_2H_5$

II ist auch aus **X** u. der genannten Dicarbonsäure direkt durch reduktive Kondens. zugänglich. **I** bzw. **II** werden mit $POCl_3$ in **III** bzw. **IV** übergeführt. Durch Hydrierung oder Red. wird aus **III** oder **IV** die *Base* **V** gebildet, aus der über die *freie Säure* **VI** das nicht reine *Epimerengemisch*

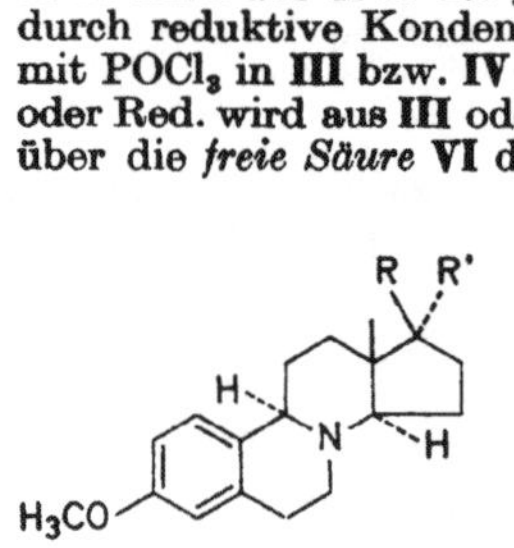

VII R = $COCH_3$; R' = H
VIII R = $COCH_2S(O)CH_3$; R' = H
XIV R = $COOCH_3$; R' = OH
XV R = $COCH_2S(O)CH_3$; R' = OH
V R = $COOC_2H_5$; R' = H
VI R = COOH; R' = H
XVI R = $COCH_3$; R' = OH
XX R = OH; R' = $COCH_3$

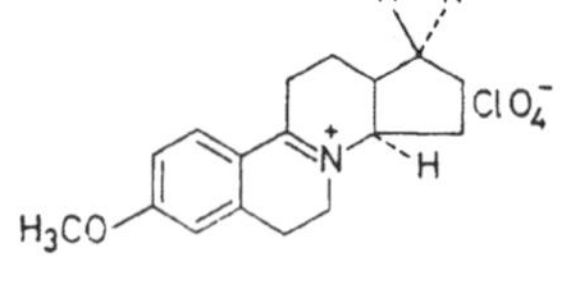

XII R = CN; R' = OH
XIII R = $COOCH_3$; R' = OH
XIX R = OH; R' = $COCH_3$

von **VII** erhalten wird. Daher wird **V** nach Corey in das *Sulfoxid* **VIII** übergeführt, aus dem reines **VII** durch red. Spaltung mit Al/Hg zugänglich ist. Überführung des Ketons **VII** in das *Äthylenketal*, Birch-Red. u. nachfolgende Säurehydrolyse liefert *8-Aza-19-norprogesteron*, frei von seinem Epimeren. Analog wird *17α-Hydroxy-8-aza-19-norprogesteron* aus **IX** über das *Cyanhydrin* **XI**, die *quatern. Verb.* **XII** u. **XIII**, die Verb. **XIV**, das *Sulfoxid* **XV** u. das *Keton* **XVI** synthetisiert. Dessen Epimeres, das *17β-Hydroxy-8-aza-19-nor-17α-progesteron* ist aus **IX** über das *Äthinyllactam* **XVII**, das *Acetyllactam* **XVIII**, das *quatern. Salz* **XIX** u. das *Keton* **XX** zugänglich. Die stereochem. Verhältnisse werden diskutiert; die progestationelle Aktivität der Verb. wurde bestimmt.

Versuche: *2-Methyl-3.3-dicarbäthoxyadipinsäurediäthylester*, $Kp._{1,8}$ 145—160°, durch 6std. Zugabe von 2-Carbäthoxyglutarsäurediäthylester in abs. Bzl. zu NaH/Öl-Dispersion in abs. Bzl. bei 12—18°, Erhöhen der Temp. auf 50°, Zufügen von α-Brompropionsäureäthylester in abs. Bzl. in 3 Std. u. 3std. Kochen; 54% (Ausb.). — *2-Methyl-3-carboxycyclopentanon*, aus vorst. Verb. nach Shemyakin et al. (1957); 54%. — *2-Methyl-2-[β-cyanäthyl]-3-carboxycyclopentanon*, $C_{10}H_{13}NO_3$, F. 136—137° (Äthylacetat), durch Zugabe von Acrylnitril zu vorst. Verb. in 40%ig. KOH bei 30°; 57%. — *2-Methyl-2-[β-carboxyäthyl]-3-carboxycyclopentanon*, durch Hydrolyse vorst. Verb. mit HCl; 63%. — *Lactam* I, $C_{19}H_{23}NO_4$, F. 125—127° (Äthylacetat), durch 2std. Kochen vorst. Verb. u. X in Xylol; 77%. — *Lactam* II, $C_{19}H_{25}NO_4$, F. 173—174° (Äthylacetat), a) durch Hydrieren von I in Eisessig bei 4,2 at in Ggw. von PtO_2; 71%; b) durch Hydrieren von 15 g vorvorst. Verb. u. 10,6 g X in A. bei 2,45 at u. 60° in Ggw. von PtO_2; 18 g. — *Verb.* III, $C_{21}H_{25}NO_3$, F. 87 bis 90° (A.), durch 2std. Erwärmen von I u. $POCl_3$ auf 100°; 88%. — *Verb.* IV, $C_{21}H_{27}NO_3$, F. 109—111° (A.), analog III aus II; 95%. *Perchlorat*, F. 154—156°. — *Verb.* V, $C_{21}H_{29}NO_3$, F. 89—90° (Aceton/W.), a) durch Hydrieren von III bei 3,5 at in Ggw. von PtO_2 in A.; b) durch 1/2std. Behandlung des Perchlorats von IV in wss. CH_3OH mit $NaBH_4$; 95%. *Hydrochlorid*, $C_{21}H_{30}ClNO_3$, F. 209—211° (A./Ae.), — *Freie Säure* VI, *Hydrochlorid*, $C_{19}H_{26}ClNO_3$, F. 202—203° (A./Ae.), durch 6std. Kochen von 21 g vorst. Hydrochlorids in 4 n HCl; 17,4 g. — *Keton* VII, $C_{20}H_{27} \cdot NO_2$, F. 148—149° (A.), a) *Epimerengemisch*, aus 15 g Hydrochlorid von VI in THF bei 10° durch Zutropfen von 1 n CH_3Li in Ae.; 11,5 g; b) durch Zugabe von Al/Hg zu VIII in sd. 15%ig. wss. THF u. 1½std. Kochen; 91%. — *Sulfoxid* VIII, $C_{21}H_{29}NO_3S$, F. 123—125° (A.), durch Zugabe von V in THF bei 5° zu NaH/Öl in DMS; 98%. — *8-Aza-19-norprogesteron*, $C_{19}H_{27}NO_2$, F. 152—154° (Äthylacetat), a) durch 2std. Kochen von 15 g VII nach a), Glykol u. p-Toluolsulfonsäure in Bzl., Isolieren des Ketals, Zugabe zu fl. NH_3/Li, Isolieren des Enolätherketals u. 1std. Kochen in 10%ig. H_2SO_4; 31%; daneben 0,7 g *8-Aza-19-nor-17α-progesteron*; b) analog aus VII, nach b); 50%. — *Cyanhydrin* XI, $C_{19}H_{24}N_2O_3$, durch Zutropfen von Eisessig zu IX u. KCN in Methanol; 75%. — *Quatern. Verb.* XII, $C_{19}H_{23}ClN_2O_6$, F. 205—207° (Methanol), durch 3/4std. Kochen von XI u. $POCl_3$ in Bzl.; 81%. — *Quatern. Verb.* XIII, $C_{20}H_{26}ClNO_8$, F. 161—163° (Methanol), durch 12std. Rühren von XII in konz. HCl bei 75°, 1std. Kochen in CH_3OH u. Behandeln mit 10%ig. $HClO_4$; 90%. — *Verb.* XIV, durch 1/2std. Zugabe von KBH_4 zu XIII in Äthanol. *Hydrobromid*, $C_{20}H_{28}Br \cdot NO_4$, F. 222—223° (A.). — *Sulfoxid* XV, $C_{21}H_{29}NO_4S$, F. 196—197° (Acrylnitril), analog VIII aus XIV; 87,5%. — *Keton* XVI, F. 195—197° (Aceton/W.), analog VII nach b) aus XV; 100%. *Hydrobromid*, $C_{20}H_{28}BrNO_3$, F. 250 bis 252° (Isopropanol). — *17α-Hydroxy-8-aza-19-norprogesteron*, $C_{19}H_{27}NO_3$, F. 195—197° (Isopropanol), aus 3,3 g XVI, Lösen des isolierten krist. Ketals in THF/tert.-Butanol u. Hydrolyse des Enolätherketals durch 1/2std. Kochen mit 3 n HCl in CH_3OH; 2,1 g. — *Äthinyllactam* XVII, $C_{20}H_{25}NO_3$, F. 142—143° (Äthylacetat), durch 2std. Einleiten von C_2H_2 in Äthyl-MgBr in THF, 10 Min. lange Zugabe von 3 g IX in THF, 1/2std. Rühren u. Zers.; 2,3 g. — *Acetyllactam* XVIII, F. 177—179° (Äthylacetat), durch 2std. Kochen von XVII in wss. CH_3OH mit Dowex 50; 91%. — *Quatern. Salz* XIX, $C_{20}H_{26}ClNO_7$, F. 219 bis 221° (CH_3OH), durch 1/2std. Kochen von XVIII u. $POCl_3$ in Bzl. u. Behandeln mit $HClO_4$; 46%. — *Keton* XX, F. 140—142°, durch 18std. Kochen von XIX, p-Toluolsulfonsäure u. Äthylenglykol. — *17β-Hydroxy-8-aza-19-nor-17α-progesteron*, $C_{19}H_{27}NO_3$, F. 191—194° (Isopropanol), analog dem Epimeren aus 4,6 g XX; 1,3 g.

K. Stühmer 3700

1312 **Intermediäre bei der Cholestan-2.3-dion-bis-phenylhydrazonbildung.** 1. Mitt. P. Catsoulacos. (Chim. Chron [Athen] 32 (1967) 5, 49—51; Dep. of Chem., Univ. of Colorado, Boulder, Colo.; engl.) — Die Rk. von Phenylhydrazin mit 2-substituierten Cholestan-3-onen u. die Isolierung der dabei entstehenden Intermediären wird beschrieben. Die Prod. werden durch IR- u. UV-Spektroskopie charakterisiert.

Versuche: *Cholestan-2.3-dion-bis-phenylhydrazon*, $C_{39}H_{56}N_4$, F. 207—209° (Aceton/Methanol), a) durch 10 bis 12std. Stehen von 2α-Bromcholestan-3-on mit Phenylhydrazin in Essigsäure bei Raumtemp.; 60% (Ausb.); b) durch 6std. Stehen von 270 mg I mit Phenylhydrazin in Essigsäure bei Raumtemp.; 320 mg. — *3-Phenylazo-Δ²-cholesten* (I), $C_{33}H_{50}N_2$, F. 175—176° ($CHCl_3$/A.), a) durch 1/2std. Kochen von 2α.3α-Epoxy-3β-acetoxycholestan mit Phenylhydrazin in A.; 57%; b) durch 2std. Stehen von 2α-Bromcholestan-3-on mit Phenylhydrazin in A. bei Raumtemp.; 80%; c) aus 2α-Acetoxycholestan-3-on analog b); 55—60%. — *Δ¹-Cholesten-3-on-phenylhydrazon*, $C_{33}H_{50}N_2$, F. 171—173° (Aceton), a) durch 48std. Stehen von 1,8 g 2α-Bromcholestan-3-on mit überschüssigem Phenylhydrazin in A. bei —5 bis —10°; 1,56 g; daneben I; b) durch 1/2std. Kochen von 260 mg Δ¹-Cholesten-3-on mit Phenylhydrazin in A.; 190 mg; c) durch 1/2std. Kochen von I mit Phenylhydrazinhydrobromid in Aceton.

G. Westphal 3700△

1313 **Neue stereospezifische Synthese von Peptiden der meso-α.α'-Diaminopimelinsäure.** 1. Mitt. **Synthese des Dipeptids meso-Diaminopimeloyl-(L)-D-alanin.** Philippe Dezélée und Evangelos Bricas. (Bull. Soc. Chim. biol. 49 (1967) 11, 1579—91; Inst. de Biochim., Fac. des Sci., Orsay; franz.) — Durch stereospezif. Hydrolyse des geschützten Dihydrazids der meso-α.α'-Diaminopimelinsäure mit Leucinaminopeptidase wird das geschützte *meso-α.α'-Diaminopimelinsäuremonohydrazid* erhalten, das an der freien Carboxylgruppe mit Aminosäurederiv. gekuppelt werden kann. Auf diesem Wege ist die Synth. von Modellpeptiden ähnlicher Konfig. wie die der aus Bakterienzellwänden isolierten Oligopeptide möglich.

Versuche: *Nα.Nα'-Bis-cbo-meso-α.α'-diaminopimelinsäure-bis-[N'-tert.-butoxycarbonylhydrazid]* (III), $C_{33} \cdot H_{46}N_6O_{10}$, F. 178—180° (wss. CH_3OH), a) aus Nα.Nα'-Bis-cbo-meso-α.α'-diaminopimelinsäure (I) u. Chlorkohlensäureisobutylester in THF bei —10° in Ggw. von Triäthylamin u. Rk. mit Carbazinsäure-tert.-butylester (II); 72% (Ausb.); b) aus I u. II in Acetonitril bei —10° mit Dicyclohexylcarbodiimid; 75%. — *Nα.Nα'-Bis-[tert.-butoxycarbonyl]-meso-α.α'-diaminopimelinsäure-bis-[N'-cbo-hydrazid]*, $C_{33}H_{46}N_6O_{10}$, F. ca. 120° (Ae.), analog III nach b); 80%. — *meso-α.α'-Diaminopimelinsäure-bis-[N'-tert.-butoxycarbonylhydrazid]*, $C_{17}H_{34}N_6O_6$, F. 186—188° (Ae.), aus dem Oxalat in methanol. NaOH; 91%. *Dioxalathydrat* (IV), $C_{21}H_{38}N_6O_{14} \cdot H_2O$, F. 128—130° (A.), aus III u. H_2 an Pd–Kohle in Essigsäure u. Rk. mit Oxalsäure; 72%. — *Nα.Nα'-Bis-cbo-meso-α.α'-diaminopimelinsäure-(D)-[mono-N'-tert.-butoxycarbonylhydrazid]*, $C_{28}H_{36}N_4O_9$, F. ca. 90° (Ae./Hexan), aus vorst. Verb. mit Leucinaminopeptidase bei pH 8,5 u. 37° über *meso-α.α'-Diaminopimelinsäure-(D)-[mono-N'-tert.-butoxycarbonylhydrazid]* (100% u. Rk. mit Cbo-Chlorid; 80%. — *Nα.Nα'-Bis-cbo-meso-α.α'-diaminopimelinsäure-[(D)-mono-N'-tert.-butoxycarbonylhydrazid]-[(L)-mono-N-(D-1-carbobenzoxyäthyl)-amid]*, *Sesquihydrat*, $C_{38}H_{47}N_5O_{10} \cdot 3/2\ H_2O$, F. 145° (Ae./Hexan), aus vorst. Verb. analog III nach a) mit D-Alaninbenzylester; $[\alpha]_D^{25}$ +16,2° (c = 1,5; CH_3OH); 62%. — *meso-α.α'-Diaminopimeloyl-(L)-D-alanin*, aus vorst. Verb. analog IV u. Ox. mit MnO_2; $[\alpha]_D^{25}$ +37° (c = 1; 1 n HCl); 40%.

W. Senf 3800△

1314 **Eine verbesserte Methode zur Partialsynthese und Reinigung von 5'-Desoxyadenosylcobalamin.** Colin G. D. Morley und Raymond L. Blakley. (Biochemistry [Washington] 6 (1967) 1, 88—92; Dep. of Biochem., John Curtin School of Med., Res., Australien National Univ., Canberra, ACT, Australia; engl.) — Die Titelverb. wird durch Red. von Vitamin B_{12}, Umsatz des *Hydridocobalamins* mit 5'-Tosyl-2'.3'-isopropylidenadenosin u. Abspaltung der Isopropylidengruppe dargestellt. Die Prod. werden durch Gelfiltration gereinigt u. dünnschichtchromatograph. mit anderen Vitaminen der B_{12}-Reihe verglichen (R_F-Werte vgl. Orig.).

Versuche: *Hydridocobalamin* (*Vitamin* B_{12s}), aus Vitamin B_{12} u. $NaBH_4$ in 50%ig. Methanol unter N_2. — *5'-Tosyl-2'.3'-isopropylidenadenosin*, aus 2'.3'-Isopropyladenosin u. p-Toluolsulfochlorid in Pyridin. — *5'-Desoxy-*

2'.3'-isopropylidenadenosylcobalamin, aus vorst. u. vorvorst. Verb. in Py. unter N_2. — *5'-Desoxyadenosylcobalamin*, aus vorst. Verb. in 0,1 n HCl bei 90°; 62—82% (Ausb.). G. Westphal 3850△

1315 **Struktur von Thujastandin, einem neuen Lignan aus Thuja standishii (Gord.) Carr.** Kôji Murakami. (J. Japan Wood Res. Soc. [Mokusai Gakkaishi] **13** (1967) 6, 265; Fac. of Agricult., Shinshu Univ., Ina, Nagano-ken; engl.) — Durch Extraktion von *Thuja standishii* (*Gord.*) *Carr.* mit W. konnte *Thujastandin* [*Di-O-methyläther*, $C_{22} \cdot H_{26}O_8$, F. 153—154°, durch Rk. mit Diazomethan in Methanol; $[\alpha]_D^7$ —119° ($CHCl_3$)] isoliert werden. Die Ox. des Diäthyläthers mit alkal. $KMnO_4$-Lsg. ergibt *3-Methoxy-4-äthoxybenzoesäure*, während die Ox. des Di-O-methyläthers mit alkal. $NaJO_4$-Lsg. zu *Formaldehyd* u. *3.4-Dimethoxyphenylessigsäure* führt. Auf Grund der chem. u. spektralanalyt. Unters. konnte die Struktur des Lignans als *2.3-Dihydroxy-2.3-bis-*[*3-methoxy-4-hydroxybenzyl*]*-butyrolacton* gesichert werden. G. Westphal 3950△

D. Makromolekulare Chemie

1316 **Bestimmung der Polymerisationsgeschwindigkeitskonstanten bei schneller, anionischer Polymerisation.** M. Litt und D. H. Richards. (J. Polymer Sci., Part B **5** (1967) 9, 867—70; Allied Chem. Corp., Morristown, N.J.; engl.) — Vf. geben eine experimentell vergleichsweise einfache Meth. zur Best. der Polymerisationsgeschw.-Konst. k_p an. Unter gewissen Voraussetzungen über die Durchführung der Polymerisation wurde $\overline{N}_w = 0{,}734\ (k_p/a)^{1/2}\ M_o$ abgeleitet. ($\overline{N}_w$ = Gew.-Mittel des Polymerisationsgrades, a = Geschw. der Initiatorzugabe, M_o = Anfangskonz. des Monomeren). Daraus kann k_p mit gemessenen Werten von $\overline{N}_w$ u. den durch die experimentellen Bedingungen festgelegten a u. M_o ber. werden. K. D. Müller 4001

1317 **Anionische Cooligomerisierung von Methacrylonitril und Methylmethacrylat.** Giora Teichman und Albert Zilkha. (Europ. Polymer. J. **3** (1967) 1, 25—32; Hebrew Univ., Jerusalem; engl.) — Bei der Cooligomerisierung von *Methacrylonitril* (**I**) u. *Methylmethacrylat* (**II**) durch $7^1/_2$std. Rk. in CH_3OH nach Zugabe von Na-Methylat bei 78° entstanden sowohl *Co-* wie *Homooligomere*. In dem komplexen Gemisch von Di- u. Trimeren wurden lediglich die Dimeren gaschromatograph. untersucht. In allen Fällen wurden nachgewiesen: a) das *Homodimere von* **I** (**Ia**; *1-Methoxy-2.4-dicyan-2-methylpentan*); b) das *Homodimere von* **II** (*1-Methoxy-2.4-dicarbomethoxy-2-methylpentan*); c) das *Codimere aus* **I** *u.* **II** (**III**; *1-Methoxy-2-carbomethoxy-2-methyl-4-cyanpentan*; $C_{10}H_{17}NO_3$, $Kp._{10}$ 140°; n 1,438). Die Struktur von **III** folgt aus dessen Bldg.-Tendenz bei Einsatz verschiedener Mengen an **I** bzw. **II** u. dem KMR-Spektrum. Die Menge an gebildetem Additionsprod. von CH_3OH an **I** bzw. **II**, die (n = 1)-Oligomeren, steigt mit wachsendem Verhältnis **I**/**II**, der Durchschnittspolymerisationsgrad des Gesamtgemisches mit dem Verhältnis Monomer/CH_3OH an. **I** fällt jeweils in zwei verschiedenen Formen an, der isotakt. meso-Form mit kürzerer u. der syndiotakt. Racemform mit längerer Retentionszeit. Die Strukturen folgen aus den KMR-Spektren bzw. den Dipolmomenten (2,49 bzw. 2,96 D in Bzl.). K. Gröbe 4001△

1318 **Herstellung und Eigenschaften photoreaktiver Polymerer. 2. Mitt. Quantenausbeute bei der durch Polyvinylbenzophenon sensibilisierten Photoisomerisierung von Stilben.** R. Searle, J. L. R. Williams, J. C. Doty, D. E. DeMeyer, S. H. Merrill und T. M. Laakso. (Makromolekulare Chem. [Basel] **107** (1967) 246—49; Eastman Kodak Co.; Rochester, N.Y.; engl.) — Vf. untersuchten den Einfl. der Mol.-Größe des Sensibilisators bei der Energieübertragung auf das Akzeptormolekül. Sowohl beim Polyvinylbenzophenon wie auch beim 4-Methylbenzophenon betrug die aus dem Phosphoreszenzspektrum bei 77°K ermittelte Triplett-Anregungsenergie 66 kcal/Mol. Es wurden keine Unterschiede bei der Sensibilisierung der Photoisomerisierung von cis- u. trans-Stilben beobachtet, wenn das Benzophenon an eine Polymerkette gebunden ist. Die Quantenausb. bei der Photoisomerisierung vom trans- zum cis-Stilben betrugen 0,42 ± 0,02 oder 0,44 ± 0,02 bei 4,3 u. 4,8% Umwandlung, unabhängig von der Mol.-Größe des Benzophenon-Sensibilisators. J. Gähde 4001

1319 **Mechanismus der strahlungsinduzierten Vernetzung von Polyolefinen.** D. O. Geymer. (Makromolekulare Chem. [Basel] **100** (1967) 186—99; Shell Dev. Co., Emeryville, Calif.; engl.) — Der Einfl. verschiedener Zusätze auf die Vernetzung (Vn.) von *Polypropylen*(**PP**)-*Flocken* mittels ^{60}Co-γ-Strahlung (Dosisgeschw. 0,8 Mrad/Std.; Gesamtdosis maximal 164 Mrad) bei —196 bis +60°, speziell bei 35° wurde untersucht. Als Inhibitoren der Vn. wurden zugesetzt: *Methylmercaptan* (**I**), die Vn. wird schon bei einem Zusatz von 1 **I** auf 1000 Monomereinheiten prakt. völlig unterdrückt, was zeigt, daß die akt. Stellen der **PP**-Kette eine relativ lange Lebensdauer besitzen, auch nach Zusatz von **I** unmittelbar nach der Bestrahlung ist dessen Wirksamkeit noch sehr hoch. Vers. mit nachst. Inhibitoren zeigen, daß die Vn. verhindert wird durch ein Agens, von welchem durch ein freies Radikal ein H-Atom abgespalten werden kann, d. h. es liegt eine radikal. Vn. vor. Es ergab sich nachst. Reihenfolge abnehmender Inhibierungsaktivität: *Jod*, **I**, *Isobutylen*, *Isopropylalkohol*, *3-Methylpentan*, *Isopropylamin*, *Methylamin*, *Butanon-(2)*, *Aceton*, *Neopentan*, *tert.-Butylamin*, *n-Pentan*, ohne Inhibitorzusatz, *tert.-Butanol* u. NH_3. Die Resultate werden diskutiert. Mit NH_3 tritt eine gesteigerte Gelbldg. auf (Zunahme der Vn. um ca. 90%, Zunahme der Kettenbrüche um ca. 40%), es wird angenommen, daß es zu einer Säure–Base-Rk. zwischen NH_3 u. dem polymeren Ionenradikal unter Bldg. von NH_4-Ionen u. polymeren Radikalen kommt. Bei —196° treten auch in Abwesenheit von Inhibitoren kaum (wenn überhaupt) Vn. auf, jedoch werden Kettenbrüche (wie auch bei Raumtemp.) beobachtet. Die Zahl der Vn. steigt stark an, wenn die Glasübergangstemp. (0°) von **PP** überschritten wird. Der G-Wert für die Vn. ergibt sich für eine Bestrahlung bei —196° u. eine 100std. Nachbehandlung bei +25° zu 0,36 u. für eine Bestrahlung bei +35° zu 0,50; die G-Werte für den Kettenbruch liegen bei 0,50 (—196°) bzw. 0,62 (+35°). Unmittelbar als Folge der γ-Bestrahlung werden freie Radikale gebildet, es treten Doppelbindungen auf u. H-Atome werden abgespalten, aber es kommt zu keiner Vn., diese ist erst Folge einer weiteren Rk. der Radikale. K. Gröbe 4010△

1320 **Mechanismus der anionischen Polymerisation von Dimethylketen.** Kenji Yoshida und Yuya Yamashita. (Makromolekulare Chem. [Basel] **100** (1967) 175—85; Fac. of Engng., Nagoya Univ., Nagoya; engl.) — *Dimethylketen* (**I**) wurde bei —78 bzw. —20 bis —30° in Ae. in Ggw. von Isopropyl-MgCl (**II**) oligomerisiert u. die entstandenen Rk.-Prod. nach Zers. mit kalter wss. HCl gaschromatograph. analysiert, wobei wenigstens 9 Verb. gefunden wurden: *Diisopropylketon*; *Diisopropylcarbinol*; *1-Hydroxy-2.2.4-trimethylpentanon-(3)*; *2.4.4.6-Tetramethylheptadion-(3.5)*; *2.4.4.6.6.8-Hexamethylnonatrion-(3.5.7)*; $(CH_3)_2C{=}CHOCOC(CH_3)_2COCH(CH_3)_2$ u. drei nicht identifizierte Verb., wahrscheinlich Red.-Prod. vom **I**-Dimeren u. **I**-Trimeren. Außerdem entstand eine nicht destillierbare Fraktion, ein Polymeres mit vorwiegender *Polyester*-Struktur (50—70% beim Verhältnis **I**/**II** = 2,6). Oligomere, die durch O-, nacheinanderfolgende O-, C- u. C-, O-Acylierung des von **I** u. **II** abgeleiteten Enolatanions gebildet würden, wurden nicht nachgewiesen. Daraus wird geschlossen, daß die Polyketonbldg. langsam abläuft, während die Polyesterbldg. eine schnelle Rk. ist; die Kettenfortpflanzung findet dagegen bei *Polyester-* u. *Polyketon*-Bldg. beinahe augenblicklich statt. **I** wurde außerdem mit n-Butyl-Li (**III**) in Ae. u. Toluol sowie mit Naphthalin-Na (**IV**) in Tetrahydrofuran, Toluol u. Dimethylformamid bei —78° polymerisiert. In Ggw. von **III** wurden im Ae.-lösl. Anteil, der nur in geringer Menge anfällt, hauptsächlich *Polyester* (40%) u. *Polyacetale* (53%) gebildet, im Falle von **IV** wurden im Ae.-unlösl. Anteil isolierte *Polyester*-Einheiten beobachtet. Die Kettenfortpflanzung scheint hier durch statist. C- u. O-Acylierung der freien ionenähnlichen wachsenden Enden mittels **I** zu erfolgen, wobei das Verhältnis O-/C-Acylierung sehr groß ist. Im Ae.-unlösl. Anteil wurden dagegen *Polyester*-Blöcke beobachtet. Es wird daher angenommen, daß die Kettenfortpflanzung zum *Polyester* sehr schnell erfolgt, wenn ein Syst. angewandt wird, das nicht leicht chelatisiert. Vf. entwickeln ein Polymerisationsschema unter der Annahme, daß drei Arten von wachsenden Ketten im dynam. Gleichgew. für den Mechanismus bestimmend sind, wobei je nach Katalysatortyp die drei Typen mehr oder weniger stark in Erscheinung treten. K. Gröbe 4010△

1321 **Zur Diffusionskontrolle des Kettenabbruches bei der radikalischen Polymerisation.** G. V. Schulz und J. P. Fischer. (Makromolekulare Chem. [Basel] **107** (1967) 253—58; Inst. für phys. Chem. der Univ. Mainz; dt.) — Mit Hilfe der Meth. des rotierenden Sektors, kombiniert mit Molmassebest. ermittelten die Vf. für *Methylmethacrylat* die Geschw.-Konst. aller Elementarrk.; als Lsgm. wurden niedermol. Ester u. Bzl. in wechselnden Mischungsverhältnissen verwendet, deren Viskosität insgesamt um den Faktor 170 variierte. Die Ergebnisse bestätigen die in der Literatur beschriebene umgekehrte Proportionalität der Geschw.-Konst. des Kettenabbruches k_a u. der Viskosität von Lsgm. u. Monomerem (ohne gebildetem Polymeren) η_{LM} u. zeigten, daß k_a bei Variation des Molgew. innerhalb der Fehlergrenzen unverändert bleibt. Im Anfangsstadium der Rk. nimmt k_a mit der Menge x (Vol.-%) des Polymeren nach der Gleichung $k_{a,x} \approx k_{a,0} \cdot (1 + ax)$ zu; a liegt zwischen 0,01 u. 0,5. Um diese Erscheinungen verständlich zu machen führten die Vf. folgende Modellrechnung durch. Die geknäuelten Polymerradikale werden durch äquivalente Kugeln ersetzt (gleiche Aufenthaltswahrscheinlichkeit für das radikal. Ende in allen Vol.-Elementen), die sich, damit Rk. stattfinden kann, etwas überlappen müssen; der Kettenabbruch soll ausschließlich in der entstehenden Doppelkalotte erfolgen. Vf. nehmen an, daß die Abbruchsgeschw. gegeben ist durch die Diffusionsgeschw. der geknäuelten Polymerradikale zueinander sowie durch die Diffusionsgeschw. der radikal. Kettenenden an den Rk.-Ort innerhalb des Begegnungskomplexes. Die Begegnungsdauer schätzen die Vf. ab, indem sie das Quadrat der doppelten Höhe der Doppelkalotte als mittleres Verschiebungsquadrat auffassen. Die Durchrechnung des beschriebenen Modells ergibt für k_a: $k_a = 8{,}6 \cdot 10^{16} D_{Seg}\, f(\bar{k})$; D_{Seg} = Diffusionskoeff. des Segmentes welches das radikal. Ende trägt, $f(\bar{k})$ = einfache Funktion der relativen Eindringtiefe $\bar{k}$ der Radikalketten ineinander. In Verbindung mit den Vers.-Ergebnissen läßt es die obige Gleichung verständlich erscheinen, daß k_a unabhängig vom Molgew. u. umgekehrt proportional zu η_{LM} ist ($D_{Seg} \sim 1/\eta_{LM}$). Die bei kleinen Umsätzen experimentell gefundene Unabhängigkeit der Abbruchskonst. k_a vom Diffusionskoeff. der Polymerradikale folgt ebenfalls aus dem Modell. Den leichten Anstieg von k_a in den ersten Stadien des Umsatzes erklären die Vf. mit einer Zunahme von $\bar{k}$ mit der Polymerkonzentration. Eine weitere Konsequenz des gewählten Modelles u. des experimentellen Befundes ist die Unabhängigkeit von $\bar{k}$ vom Molgew. u. vom Lsgm.; die Berechnung der ungefähren Größe von $\bar{k}$ aus den Vers.-Ergebnissen ergab 0,04—0,13. B. A. Wolf 4020

1322 **Thermische Zersetzung von Polyvinylchlorid. 1. Mitt. Kinetik der Dehydrochlorierung.** W. C. Geddes. (Europ. Polymer J. **3** (1967) 2, 267—81; Shropshire, Shrewsbury, Shawbury, Rubber and Plastics Res. Assoc. of Great Britain; engl.) — Es werden die optimalen Bedingungen für das Studium der ersten Stufen (0,005 bis 5%) der therm. *HCl*-Abspaltung aus nicht plastiziertem, unstabilisiertem *Polyvinylchlorid* (**I**) untersucht. Als geeignetste Vorgangsweise gibt der Vf. die Best. der Zeit an, die verstreicht bis der pH-Wert (Messung mittels Glaselektrode) der Absorptionslsg. (1% KCl + vorgegebene NaOH-Menge) durch das entwickelte HCl auf den Wert der reinen KCl-Lsg. zurückgeht. Der katalyt. Einfl. von O_2 u. HCl konnte nachgewiesen werden; zur Vermeidung von Verfälschungen der gemessenen Zers.-Geschw. durch höhere HCl- oder O_2-Konz. in der Probe infolge behinderter Abdiffusion dieser Gase wurden die Unters. an I-Pulvern (ca. 200 mg) durchgeführt. Die Ergebnisse der Zers. von **I** (150 u. 182°) in N_2 zeigen, daß bis zu einem gewissen Grad die Stabilität von **I** von den Herst.-Bedingungen abhängt. Verunreinigungen tragen nur wenig zum Start der therm. HCl-Abspaltung bei, während die Zahl der Kettenenden, gemessen als reziproke Molgew., einen größeren Einfl. zu haben scheint. Die erhaltenen Resultate werden sowohl in Hinblick auf die mol. Eliminierung von HCl, als auch auf den Radikalkettenmechanismus der Dehydrochlorierung diskutiert. B. A. Wolf 4040

1323 **Aminosäurezusammensetzung der A- und B-Kette von S-Sulfo-edestin.** Z. Zmrhal. (Collect. czechoslov. chem. Commun. **32** (1967) 6, 2337—42; Inst. of Org. Chem. and Biochem., Czechoslovak Acad. of Sci., Prague; engl.) — Die Summe der gefundenen Molmassen der *A*- (27568) u. der *B-Kette* (21055) von *S-Sulfo-edestin* von 48623 stimmt gut mit dem von Kimmel u. Smith [Bull. Soc. Chim. biol. **120** (1958) 2049] angegebenen Wert überein. Dagegen ergeben sich deutliche Unterschiede im Geh. an Gly, Asp, Val beim Vgl. der A- u. B-Kette mit dem intakten Edestin. P. Roth 4080

E. Biologische, physiologische und medizinische Chemie

1324 **Nucleosidphosphonsäuren.** 2. Mitt. **Synthese von 5'-Desoxythymidin-5'-phosphonsäure und ihren Pyrophosphatderivaten.** D. H. Rammler, L. Yengoyan, A. V. Paul und P. C. Bax. (Biochemistry [Washington] **6** (1967) 6, 1828—37; Inst. of Molecular Biol. Syntex Res. Center, Palo Alto, Calif.; engl.) — 1. ibid. **5** (1966) 3629. — *5'-Desoxythymidin-5'-phosphonsäure* (**I**), *-5'-phonylphosphat* u. *-5'-phosphonylpyrophosphat* (**II**) werden dargestellt. Aus I-Diallylester wird durch Hydrierung **I** im Gemisch mit dem Mono- u. Di-n-propylester erhalten. **II** wird nicht in Desoxyadenylylthymidylyl eingebaut u. hemmt auch nicht den Einbau von Thymidin-5'-triphosphat.

Versuche: *3'-O-Acetyl-5'-desoxy-5'-jodthymidin* (**III**), F. 129—131° (Methanol/Ae./PAe.), aus 5'-Desoxy-5'-jodthymidin u. Essigsäureanhydrid in Py. in der Kälte; 80% (Ausb.). — *5'-Desoxythymidin-5'-phosphonsäure* (**I**), durch Hydrierung des Diallylesters über $Pd/BaSO_4$ in 50%ig. CH_3COOH u. Chromatographie an Sephadex; 39%. *Di-n-propylester*, neben **I**; 13%. *Mono-n-propylester*; 47%. *Diallylester*, durch 30std. Erhitzen von 1,51 g **III** in Triallylphosphit auf 130° u. Chromatographie an SiO_2; 0,64 g. — *5'-Desoxythymidin-5'-phosphonylphosphat*, durch Schütteln von I-Mono-tri-n-butylammoniumsalz mit 1.1'-Carbonyldiimidazol in Dimethylformamid bis zur Lsg., 18std. Stehen, Zugabe von Tri-n-butylammoniumphosphat, 1std. Stehen mit Eiswasser, Zugabe von konz. NH_4OH u. Chromatographie an Sephadex; 40%. — *5'-Desoxythymidin-5'-phosphonylpyrophosphat* (**II**), wie vorst., jedoch mit Tri-n-butylpyrophosphat; 40%. W. Holland 4150

1325 **Potentielle Antitumormittel.** 5. Mitt. **Bisquartäre Salze.** G. J. Atwell und B. F. Cain. (J. med. Chem. **10** (1967) 4, 706—13; Cancer Chemotherap. Labor., Cornwall Geriatric Hosp., Auckland, New Zealand; engl.) — 4. vgl. Cain, J. chem. Soc. [London] **1966, 1041.** — Eine größere Zahl von neuen Bisquartären Salzen (BQS) wurde auf die Wirksamkeit gegenüber *L 1210-Mäuseleukämie* geprüft. Die Ausgangsbasen für die BQS waren aliphat., aromat. u. heterocycl. Dicarbonsäureamide, an beiden N-Atomen mit Heterocyclen u. dgl. substituiert. Die wirksamsten Verb. fanden sich in der Gruppe der *Pyridyl-[3]-* u. *Pyridyl-[4]-terephthalanilide*; diese hemmten auch das Wachstum von *Lymphosarkomen*. Vf. erörtern eingehend

Zusammenhänge zwischen biolog. Aktivität u. Coplanarität des Mol. sowie dem Verteilungskoeff. an einer Lipoid-W.-Schranke, der in den R_F-Werten sein Gegenstück findet.

Versuche: Die Mehrzahl der Verb. wurde nach den unten angeführten Meth. dargestellt. Nach der Beschreibung der Basen folgen die entsprechenden *BQS*, die ohne Ausnahme mit p-Toluolsulfonsäureestern bereitet wurden; die angegebenen Alkylradikale machen in den BQS die bei der Quaternisierung zusammen mit dem Toluolsulfonsäure-Anion eingeführten Reste aus. *N.N'-Bis-(chinolyl-[6])-terephthalamid*, $C_{26}H_{18}N_4O_2$, F. > 360° (DMF-Methanol bzw. Phenol); aus Terephthaloylchlorid u. 6-Aminochinolin in Toluol–Dioxan u. Freisetzen der Base mit NH_4OH. BQS: *Methyl-*, $C_{42}H_{38}N_4O_8S_2 \cdot H_2O$, F. 326° (Zers.); aus der vorigen Verb. in DMF durch Erwärmen mit p-Toluolsulfonsäuremethylester auf 140 bis 150°, Lösen der Fällung in heißem W.–A. u. Zusatz von toluolsulfonsaurem Na. — *Äthyl-*, $C_{44}H_{42}N_4O_8S_2 \cdot 2\,H_2O$, F. 299° (Zers.). — *n-Propyl-*, $C_{46}H_{46}N_4O_8S_2 \cdot 2\,H_2O$, F. 282° (Zers.). — *n-Butyl-*, $C_{48}H_{50}N_4O_8S_2 \cdot H_2O$, F. 284° (Zers.). — *n-Pentyl-*, $C_{50}H_{54}N_4O_8S_2 \cdot 1{,}5\,H_2O$, F. 302° (Zers.). — *n-Hexyl-*, $C_{52}H_{58}N_4O_8S_2 \cdot H_2O$, F. 302° (Zers.). — *2-Methoxyäthyl-*, $C_{46}H_{46}N_4O_{10}S_2 \cdot 2\,H_2O$, F. 282° (Zers.). — *2-Äthoxyäthyl-*, $C_{48}H_{50}N_4O_{10}S_2 \cdot 1{,}5\,H_2O$, F. 274° (Zers.). — *2-(n-Butyloxy)-äthyl-*, $C_{52}H_{58}N_4O_{10}S_2 \cdot 2\,H_2O$, F. 282° (Zers.). — *N.N'-Bis-(chinolyl-[6])-nitroterephthalamid*, $C_{26}H_{17}N_5O_4$, F. 297—299°. BQS: *Äthyl-* (I), $C_{44}H_{41}N_5O_{10}S_2 \cdot H_2O$, F. 322° (Zers.). — *n-Propyl-*, $C_{46}H_{45}N_5O_{10}S_2 \cdot 1{,}5\,H_2O$, F. 312° (Zers.). — *n-Butyl-*, $C_{48}H_{49}N_5O_{10}S_2 \cdot H_2O$, F. 308° (Zers.). — *n-Pentyl-*, $C_{50}H_{53}N_5O_{10}S_2 \cdot 0{,}5\,H_2O$, F. 306° (Zers.). — *N'.N''-Bis-(chinolyl-[6])-aminoterephthalamid*, BQS: *Äthyl-*, $C_{44}H_{43}N_5O_8S_2 \cdot 2\,H_2O$, F. 300° (Zers.; nach Braunwerden u. Sintern); aus I durch Red. mit $Fe(OH)_2$ in wss. Alkohol. — *n-Propyl-*, $C_{46}H_{47}N_5O_8S_2 \cdot H_2O$, F. 270° (Zers.; nach Braunwerden u. Sintern). — *n-Butyl-*, $C_{48}H_{51}N_5O_8S_2 \cdot 1{,}5\,H_2O$, F. 280° (Zers.; nach Braunwerden u. Sintern). — *n-Pentyl-*, $C_{50}H_{55}N_5O_8S_2 \cdot 2\,H_2O$, F. 275° (Zers.; nach Braunwerden u. Sintern). — *N.N'-Bis-(chinolyl-[6])-glutaramid*, $C_{23}H_{20}N_4O_2$, F. 229—230°. BQS: *Äthyl-*, $C_{41}H_{44}N_4O_8S_2 \cdot H_2O$, F. 264—265°. — *n-Butyl-*, $C_{45}H_{52}N_4O_8S_2 \cdot H_2O$, F. 258—259°. — *n-Hexyl-*, $C_{49}H_{60}N_4O_8S_2$, F. 238—240°. — *N.N'-Bis-(chinolyl-[6])-adipinamid*, $C_{24}H_{22}N_4O_2$, F. 250—251°. BQS: *Äthyl-*, $C_{42}H_{46}N_4O_8S_2$, F. 262—264°. — *Butyl-*, $C_{46}H_{54}N_4O_8S_2$, F. 264° (Zers.). — *Hexyl-*, $C_{50}H_{62}N_4O_8S_2$, F. 276° (Zers.). — *N.N'-Bis-(chinolyl-[6])-p-carbamoylhydrozimtsäureamid*, $C_{28}H_{22}N_4O_2$, F. 308—309°. BQS: *Methyl-*, $C_{44}H_{42}N_4O_8S_2 \cdot H_2O$, F. 302 bis 303°. — *Äthyl-*, $C_{46}H_{46}N_4O_8S_2$, F. 291—293°. — *n-Propyl-*, $C_{48}H_{50}N_4O_8S_2 \cdot H_2O$, F. 289—291°. — *N.N'-Bis-(chinolyl-[6])-p-phenylendiessigsäurediamid*, $C_{28}H_{22}N_4O_2$, F. > 360°. BQS: *Äthyl-*, $C_{46}H_{46}N_4O_8S_2$, F. 292—294°. — *n-Butyl-*, $C_{50}H_{54}N_4O_8S_2 \cdot H_2O$, F. 282—284°. — *N'.N''-Bis-(chinolyl-[6])-isocinchomeronsäurediamid*, $C_{25}H_{17}N_5O_2$, F. 320—322°. BQS: *Methyl-*, $C_{41}H_{37}N_5O_8S_2 \cdot H_2O$, F. 306 bis 307°. — *Äthyl-*, $C_{43}H_{41}N_5O_8S_2 \cdot 2\,H_2O$, F. 235—240°. — *n-Propyl-*, $C_{45}H_{45}N_5O_8S_2 \cdot 2\,H_2O$, F. 272—274°. — *n-Butyl-*, $C_{47}H_{49}N_5O_8S_2 \cdot 2\,H_2O$, F. 288—290°. — *n-Pentyl-*, $C_{49}H_{53}N_5O_8S_2 \cdot H_2O$, F. 281—284°. — *N.N'-Bis-(chinolyl-[5])-terephthalamid*, $C_{26}H_{18}N_4O_2$, F. > 360°. BQS: *Äthyl-*, $C_{44}H_{42}N_4O_8S_2 \cdot 2\,H_2O$, F. 298—299°. — *n-Butyl-*, $C_{48}H_{50}N_4O_8S_2$, F. 286° (Zers.). — *N.N'-Bis-(chinolyl-[7])-terephthalamid*, $C_{26}H_{18}N_4O_2$, F. 328—329°. BQS: *Äthyl-*, $C_{44}H_{42}N_4O_8S_2 \cdot 2\,H_2O$, F. 293—294°. — *n-Butyl-*, $C_{48}H_{50}N_4O_8S_2 \cdot H_2O$, F. 277—278°. — *N.N'-Bis-(chinolyl-[5])-isophthalsäurediamid*, $C_{26}H_{18}N_4O_2$, F. 312 bis 313°. BQS: *Äthyl-*, $C_{44}H_{42}N_4O_8S_2 \cdot 2\,H_2O$, F. 154—157°. — *n-Butyl-*, $C_{48}H_{50}N_4O_8S_2 \cdot H_2O$, F. 142—144°. — *N.N'-Bis-(chinolyl-[6])-isophthalsäurediamid*, $C_{26}H_{18}N_4O_2$, F. 293—294°. BQS: *Äthyl-*, $C_{44}H_{42}N_4O_8S_2 \cdot 2\,H_2O$, F. 144 bis 148°. — *n-Butyl-*, $C_{48}H_{50}N_4O_8S_2 \cdot 3\,H_2O$, F. 128 bis 132°. — *N.N'-Bis-(chinolyl-[7])-isophthalsäurediamid*, $C_{26}H_{18}N_4O_2$, F. 301—302°. BQS: *Äthyl-*, $C_{44}H_{42}N_4O_8S_2 \cdot 2\,H_2O$, F. 132—136°. — *n-Butyl-*, $C_{48}H_{50}N_4O_8S_2 \cdot 3\,H_2O$, F. 122—125°. — *N.N'-Bis-(chinolyl-[6])-p-carbamoylzimtsäureamid*, $C_{28}H_{20}N_4O_2$, F. 357—358°. BQS: *Methyl-*, $C_{44}H_{40}N_4O_8S_2 \cdot 2\,H_2O$, F. 348—349°. — *Äthyl-*, $C_{46}H_{44}N_4O_8S_2 \cdot H_2O$, F. 318—321°. — *n-Propyl-*, $C_{48}H_{48}N_4O_8S_2 \cdot H_2O$, F. 281—282°. — *n-Butyl-*, $C_{50}H_{52}N_4O_8S_2 \cdot 2\,H_2O$, F. 278—281°. — *4'.4''-Bis-(chinolyl-[2])-terephthalanilid*, $C_{38}H_{26}N_4O_2$, F. > 360°. BQS: *Methyl-*, $C_{54}H_{46}N_4O_8S_2 \cdot 2\,H_2O$, F. 343—345°. — *Äthyl-*, $C_{56}H_{50}N_4O_8S_2$, F. 323 bis 328°. — *N.N'-Bis-(chinolyl-[6])-p-carbamoylphenoxyessigsäureamid*, $C_{27}H_{20}N_4O_3$, F. > 360°. BQS: *Methyl-*, $C_{43}H_{40}N_4O_9S_2$, F. 301° (Zers.). — *Äthyl-*, $C_{45}H_{44}N_4O_9S_2 \cdot H_2O$, F. 279° (Zers.). — *n-Propyl-*, $C_{47}H_{48}N_4O_9S_2 \cdot 2\,H_2O$, F. 262° (Zers.). — *n-Butyl-*, $C_{49}H_{52}N_4O_9S_2 \cdot 2\,H_2O$, F. 235 bis 237°. — *n-Pentyl-*, $C_{51}H_{56}N_4O_9S_2 \cdot H_2O$, F. 228—232°. — *4'.4''-Bis-(pyridyl-[2])-terephthalanilid*, $C_{30}H_{22}N_4O_2$, F. > 360°. BQS: *Methyl-*, $C_{46}H_{42}N_4O_8S_2 \cdot H_2O$, F. 306 bis 308°. — *Äthyl-*, $C_{48}H_{46}N_4O_8S_2 \cdot H_2O$, F. 302—322°. — *n-Propyl-*, $C_{50}H_{50}N_4O_8S_2 \cdot H_2O$, F. 326—328°. — *4'.4''-Bis-(pyridyl-[3])-terephthalanilid*, $C_{30}H_{22}N_4O_2$, F. > 360°. BQS: *Methyl-*, $C_{46}H_{42}N_4O_8S_2 \cdot 2\,H_2O$, F. 330—335°. — *Äthyl-*, $C_{48}H_{46}N_4O_8S_2 \cdot H_2O$, F. 310—312°. — *n-Propyl-*, $C_{50}H_{50}N_4O_8S_2 \cdot 0{,}5\,H_2O$, F. 325—326°. — *4'.4''-Bis-(pyridyl-[4])-terephthalanilid*, $C_{30}H_{22}N_4O_2$, F. > 360°. BQS: *Methyl-*, $C_{46}H_{42}N_4O_8S_2 \cdot 3{,}5\,H_2O$, F. 335—343°. — *Äthyl-*, $C_{48}H_{46}N_4O_8S_2 \cdot 3\,H_2O$, F. 230—233°. — *n-Propyl-*, $C_{50}H_{50}N_4O_8S_2 \cdot 2{,}5\,H_2O$, F. 337—339°. — *Terephthalsäuremonobenzylester*, $C_{15}H_{12}O_4$, F. 179—180° (wss. A.); aus Terephthalsäure in wss. KOH u. Benzylchlorid in A. bei pH 9; 30% (Ausb.). — *4'-(Pyridyl-[3])-4-benzyloxycarbonylbenzanilid*, $C_{26}H_{20}N_2O_3$, F. 194—195° (Methanol); aus 5 g der vorst. Verb. über das *Säurechlorid* (F. 29 bis 30° [PAe.]; 4,1 g) u. Umsetzen des letzteren mit 3-(4-Aminophenyl)-pyridin; 5,7 g. — *4'-(Pyridyl-[3])-terephthalsäuremonoanilid*, $C_{19}H_{14}N_2O_3$, F. 330—331° (DMF-Methanol); durch Verseifung der vorst. Verbindung. — *4'-(Pyridyl-[3])-4''-(pyridyl-[2])-terephthalanilid*, $C_{30}H_{22}N_4O_2$, F. > 360° (N-Methylpyrrolidon–Methanol); aus 2,1 g der vorst. Verb. mit 2-(4-Aminophenyl)-pyridin u. PCl_3; 2,6 g. BQS: *Methyl-*, $C_{46}H_{42}H_4O_8S_2$, F. 305—308°. — *Äthyl-*, $C_{48}H_{46}N_4O_8S_2 \cdot 3\,H_2O$, F. 290—294°. — *n-Propyl-*, $C_{50}H_{50}N_4O_8S_2$, F. 290—291°. — Von sämtlichen BQS sind R_F-Werte angegeben. Ernst Frank 4160

1326 **Enzyminhibitoren.** 21. Mitt. **Hydrophobe und hydroxylische Bindungsstellen der Adenosindesaminase.** Howard J. Schaeffer und Charles F. Schwender. (J. pharmac. Sci. **56** (1967) 12, 1586—90; Dep. of Med. Chem., School of Pharmacy, State Univ. of New York, Buffalo, N.Y.; engl.) — Da 9-(p- bzw. o-Bromacetamidobenzyl)-adenin (**I** bzw. **II**) die *Adenosindesaminase* (**III**) in vitro stark u. irreversibel hemmen, wurden die *Adeninderiv. 9-[2-Bromacetoxyäthyl]-* (**IV**), *9-[3-Bromacetoxypropyl]-* (**V**), *9-[4-Bromacetoxybutyl]-* (**VI**), *9-[6-Bromacetoxyhexyl]-* (**VII**) u. *9-[8-Bromacetoxyoctyl]-* (**VIII**) durch Rk. der entsprechenden 9-(ω-Hydroxyalkyl)-adenine mit Bromessigsäure (Ggw. von Äthansulfonsäure, in Chlf., Kochen unter Rückfluß über ca. 23 Std.) hergestellt u. auf ihre Wrkg. gegenüber der **III**-Aktivität untersucht. **IV** < **V** < **VI** < **VII** < **VIII** hemmen ebenfalls **III**, jedoch reversibel, woraus hervorgeht, daß der 9-Substituent von **IV**—**VIII** in anderer Weise mit **III** komplexiert als **I** u. **II**. Ebenfalls reversible **III**-Inhibitoren sind die *Adeninderiv. 9-[2-Hydroxyäthyl]-*, *9-[3-Hydroxypropyl]-*, *9-[4-Hydroxybutyl]-*, *9-[5-Hydroxyamyl]-*, *9-[6-Hydroxyhexyl]-* (**IX**) u. *9-[8-Hydroxyoctyl]-* (**X**), wobei die Hemmwrkg. von der Länge der Alkylreste abhängig ist. Von diesen Hydroxyverb. binden die kurzkettigen offenbar über eine OH-bindende Stelle von **III**, während die langkettigen über eine hydrophobe Region in **III** binden.

Versuche: *8-Aminooctanol-(1)* (**XI**), $C_8H_{19}NO$, F. 54—59°, aus Bzl./Hexan, anders als bei Ruzicka et al. [Helv. chim. Acta **16** (1933) 1323] durch Red. von 8-Aminooctansäureäthylester mittels $LiAlH_4$; 63,8% (Ausb.). — *5-Amino-4-chlor-6-[8-hydroxyoctylamino]-pyrimidin* (**XII**), $C_{12}H_{21}ClN_4O$, F. 84—87°, aus A./W., durch Kochen unter Rückfluß von 692 mg 5-Amino-4.6-dichlorpyrimidin, 644 mg **XI** u. 504 mg $N(C_2H_5)_3$ in Butanol über 23 1/2 Std., Angabe der IR- u. UV-Maxima; 73,7%. — *Adeninderiv.*; *9-[2-Bromacetoxyäthyl]-* (**IV**), $C_9H_{10}BrN_5O_2$, F. 190—192° (Zers.), aus Aceton/Hexan; 18,7%. — *9-[3-Bromacetoxypropyl]-* (**V**), $C_{10}H_{12}BrN_5O_2$, F. 182—184° (Zers.), aus Aceton/Hexan; 56,5%. — *9-[4-Bromacetoxybutyl]-* (**VI**), $C_{11}H_{14}BrN_5O_2$, F. 139° (Zers.), aus Essigester/Hexan; 31,0%. —

9-[6-Bromacetoxyhexyl]- (VII), $C_{13}H_{18}BrN_5O_2$, F. 173 bis 178° (Zers.), aus Aceton/Hexan; 32,7%. — *9-[8-Bromacetoxyoctyl]-* (VIII), $C_{15}H_{18}BrN_5O_2$, F. 152—155° (Zers.), aus 1% Oxalsäure in CH_3OH; 48,2%. — *9-[2-Bromacetoxypropyl]-*, $C_{10}H_{12}BrN_5O_2$, F. 203° (Zers.), aus Aceton/Hexan; 68,9%. — *9-[6-Hydroxyhexyl]-* (IX), $C_{11}H_{17}N_5O$, F. 190—192°, aus A. durch Erhitzen einer Mischung von 6-Chlorhexanol-(1), Adenin, K_2CO_3 u. Dimethylacetamid auf 125° für 43 Std.; 37,4%. — *9-[8-Hydroxyoctyl]-* (X), $C_{13}H_{22}ClN_5O$, als Hydrochlorid, F. 207 bis 210°, aus CH_3OH/Ae., aus XII, Äthansulfonsäure u. Trimethylorthoformiat bei Zimmertemp.; 23½ Std.; 59,2%. W. Damerau 4230△

1327 **Bakterielle Carotinoide.** 26. Mitt. **C_{50}-Carotinoide.** 2. Mitt. **Bacterioruberin.** M. Kelly und S. Liaaen Jensen. (Acta chem. scand. 21 (1967) 9, 2578—80; Org. Chem. Labor., Norway Inst. of Technol., Trondheim; engl.) — 25. vgl. ibid. 21 (1967) 1972. — Die Struktur von *Bacterioruberin*, $C_{50}H_{76}O_4$, wird neu zu *2.6.35.39-Tetrahydroxy-2.6.10.14.18.23.27.31.35.39-dekamethyltetrakosatridekaen-(8.10.12.14.16.18.20.22.24.26.28.30.32)* oder *2.35-Dihydroxy-2.8.12.16.21.25.29.35-oktamethyl-5.32-bis-(α-hydroxyisopropyl)-hexatrikosatridecaen-(6.8.10.12.14.-16.-18.20.22.24.26.28.30)* bestimmt. Zwischen diesen Strukturen ist mit dem NMR-Spektrum nicht zu unterscheiden. Die Silylierung u. Dehydratisierung verlaufen in 4 Stufen. W. Holland 4315

1328 **Struktur von Mompain und Desoxyhelicobasidin und die Biosynthese von Helicobasidin. Chinonoide Stoffwechselprodukte von Helicobasidium mompa Tanaka.** Shinsaku Natori, Yuko Inouye (née Kumada) und Hidejiro Nishikawa. (Chem. pharmac. Bull. Tokyo 15 (1967) 4, 380—90; Tokyo, Nat. Inst. of Hygien. Sci.; engl.) — Für das früher isolierte *Mompain* (I) wird die Konstit. als *2.5.7.8-Tetrahydroxy-1.4-naphthochinon* durch Rk., Bldg. von Deriv., UV-, IR-, KMR- u. Massenspektren u. Vgl. mit der synthet. Verb. bewiesen. Als neues Stoffwechselprod. wird aus rohem *Helicobasidin* (II) durch Chromatographie (Chr.) an SiO_2 *Desoxyhelicobasidin* (III) isoliert u. seine Konstit. als *2-[1β.2.2-Trimethylcyclopentyl-(1α)]-5-methyl-6-hydroxybenzochinon-(1.4)* durch spektroskop. Vgl. mit II, Prezon u. Dihydroperezon ermittelt. Nach Gabe von Na-$^{14}C_{(2)}$-Acetat, $^{14}C_{(2)}$-Äthylmalonat bzw. $^{14}C_{(2)}$-Mevalonolacton an Kulturen von *Helicobasidium mompa* werden die markierten Verb. vom Typ I bzw. vom Typ II isoliert (Einbau 0,53, 0,12, 0,01 bzw. 0,05, 0,07, 0,11%) u. nach Standardmeth. abgebaut. Für I wird eine unerwartete, noch nicht zu deutende Verteilung der ^{14}C-Atome gefunden, während die Biosynth. von II aus Mevalonat nach dem Biosynth.-Weg der Sesquiterpene erfolgt. UV-Spektren von I, Ia, Ib, Ic u. das Massenspektrum von I sind angegeben.

Versuche: *Mompain* (I), $C_{10}H_6O_6$, F. 300—360° (Zers.), subl. > 200°, aus W. dunkelrote Blättchen. *Tetraacetat* (Ia), $C_{18}H_{14}O_{10}$, F. 176—179°, aus A. gelbe Nadeln. *2.7-Dimethyläther* (Ib), $C_{12}H_{10}O_6$, F. 260—262°, a) aus 30 mg I u. CH_2N_2 in Ae.; aus Dioxan dunkelrote Nadeln; 25 mg (Ausb.); b) durch 8std. Kochen von 15 mg I u. 20%ig. methanol. HCl u. Chr. an $CaHPO_4$; 5 mg; c) durch 2std. Erhitzen von 25 mg Spinochrom A (M) u. konz. H_2SO_4 auf 100°, Gießen in Eiswasser, Extrahieren mit Ae. u. Rk. des rohen I analog a); 2 mg. **Ib**-*Diacetat*, $C_{14}H_{14}O_8$, F. 249—250°, aus Aceton orangegelbe Nadeln. *Tetramethyläther* (Ic), $C_{14}H_{14}O_6$, F. 169—171°, a) aus 5 mg II, Dimethylsulfat u. K_2CO_3 in sd. Aceton; aus Bzl./Hexan gelbe Nadeln; 2 mg; b) durch 15std. Kochen von 0,2 g I, CH_3J u. Ag_2O in Chlf.; 30 mg. — *1.2.4.5.7.8-Hexaacetoxynaphthalin*, $C_{22}H_{20}O_{12}$, F. 229—232°, durch 1std. Kochen von I, Zn-Staub u. Eisessig/Acetanhydrid; aus Aceton/W. Prismen. — *Desoxyhelicobasidin* (III), $C_{15}H_{20}O_3$, F. 194 bis 195°, durch Chr. von rohem II an SiO_2; aus Hexan gelbe Nadeln; $[\alpha]_D^{25}$ —186,5° (c = 0,375; Chlf.). — *Helicobasidinleukotetraacetat*, F. 156—159° (Hexan/Äthylacetat), analog vorvorst. Verb. aus II. — *l-Camphononsäure*, F. 185—188°, aus II. — *3.6-Dimethyl-2.5.7.8-tetrahydroxy-1.4-naphthochinon*, $C_{12}H_{10}O_6$, F. 300° (Zers.), durch Zutropfen von Diacetylperoxid in Ae. zu 300 mg I in Eisessig bei 85—90°, 1std. Erhitzen auf 85—90°, Eindampfen im Vakuum u. Chr. an SiO_2; aus Bzl. dunkelviolette Nadeln; 32 mg. — *Essigsäure-p-bromphenacylester*, F. 85—87°, durch Ox. vorst. Verb. nach Kuhn-Roth u. weiter nach Standardmeth.; nach Chr. an SiO_2 aus A. Nadeln. F. Heller 4315

1329 **Darstellung und Antifunguswirkung von im Benzolring methylsubstituierten Diphenyldisulfid-2.2'-dicarbonsäurediamiden und 1.2-Benzoisothiazolinonen-(3).** R. Ponci, T. Vitali, L. Amoretti und F. Mossini. (Farmaco [Pavia], Ediz. sci. 22 (1967) 11, 935—46; Parma, Univ., Ist. di Chim. Farmaceut. e Tossicol.; ital.) — Die nach bekannten Verf. über die entsprechenden Isatine hergestellten *3-, 4-* u. *5-Methylanthranilsäuren* (Ia, Ib, Ic) u. die durch Red. von 2-Nitro-6-methylbenzoesäure erhaltene *6-Methylanthranilsäure* (Id) werden über die Diazoniumverb. in die *3.3'-, 4.4'-, 5.5'-* u. *6.6'-Dimethyldiphenyldisulfid-2.2'-dicarbonsäuren* (II—V) übergeführt. Aus den mit $SOCl_2$ erhaltenen *Säurechloriden* (IIa—Va) werden die *Diamide* (IIb—Vb) u. *Bis-n-butylamide* (IIc—Vc) dargestellt. Chlorolyse von IIa—Va u. Umsetzung der nicht isolierten 2-Chlorcarbonylphenylsulfenylchloride mit NH_3 bzw. n-Butylamin liefert *4-, 5-* u. *6-Methyl-1.2-benzoisothiazolinone-(3)* (VIa—VId) bzw. deren *2-n-Butylderiv.* (VIe—VIh). Die Verb. Vb, Vc, VId u. VIh sind gegen *Candida albicans, C. tropicalis, Saccharomyces cerevisiae* u. *Trichophyton mentagrophytes* nur wenig wirksam, die Verb. IIb—IVb, IIc—IVc, sowie die Verb. VIa, VIb, VIc, VIe, VIf u. VIg zeigen hohe fungistat. Aktivität (Tabelle).

Versuche: *4-Methylanthranilsäure* (Ib), F. 176 bis 177° (Bzl.), durch Zugeben von 80%ig. H_2SO_4 zu Hydroximinoacet-m-toluidid [F. 146° (A.)], Erhitzen bis 85—90°, Gießen in W., Ox. des Gemisches von *4-* u. *6-Methylisatin* mit H_2O_2 in verd. NaOH u. Ansäuern; 45% (Ausb.). — *6-Methylanthranilsäure* (Id), $C_8H_9NO_2$, F. 127—128° (CH_3OH), a) neben Ib; b) durch Hydrieren von 2-Nitro-6-methylbenzoesäure an Pd-Kohle in A. bei Raumtemp. u. 5—6 atü; 90—95%. — *3.3'-Dimethyldiphenyldisulfid-2.2'-dicarbonsäure* (II), $C_{16}H_{14}O_4S_2$, F. 168 bis 170° (verd. A.), durch Rk. der Diazoniumverb. aus Ia mit K-Äthylxanthogenat bei 70—80°, Ansäuern, Kochen des Nd. mit 10%ig. NaOH, Ansäuern des Filtrats u. Ox. mit J_2 in A. bei 40—50°; 63%. *Dichlorid* (IIa), F. 93 bis 95°, aus II u. sd. $SOCl_2$. *Diamid* (IIb), $C_{16}H_{16}N_2O_2S_2$, F. 195—197° (Dioxan/Bzl.), aus IIa u. NH_3 in Dioxan u. mehrstd. Stehen bei Raumtemperatur. *Bis-n-butylamid* (IIc), $C_{24}H_{32}N_2O_2S_2$, F. 142—144° (verd. A.), durch ¼std. Erwärmen von IIa u. n-Butylamin in Dioxan auf 40—50°, Gießen in W. u. Zugeben von HCl bis pH 5—6. — *4.4'-Dimethyldiphenyldisulfid-2.2'-dicarbonsäure* (III), $C_{16}H_{14}O_4S_2$, F. 291° (A.), analog II aus Ib. *Dichlorid* (IIIa), F. 154—156°, analog IIa. *Diamid* (IIIb), $C_{16}H_{16}\cdot N_2O_2S_2$, F. 257—259° (Dioxan), analog IIb. *Bis-n-butylamid* (IIIc), $C_{24}H_{32}N_2O_2S_2$, F. 191—193° (verd. A.), analog IIc. — *5.5'-Dimethyldiphenyldisulfid-2.2'-dicarbonsäure* (IV), $C_{16}H_{14}O_4S_2$, F. 284—286° (A.), analog II aus Ic; 90%. *Dichlorid* (IVa), F. 127—128°, analog IIa. *Diamid* (IVb), $C_{16}H_{16}N_2O_2S_2$, F. 176—177° (A.), analog IIc. — *6.6'-Dimethyldiphenyldisulfid-2.2'-dicarbonsäure* (V), $C_{16}\cdot H_{14}O_4S_2$, durch Zutropfen der aus Id gebildeten Diazoniumlsg. zu Na_2S_2 in verd. NaOH bei Raumtemp., Ansäuern, Kochen des Nd. mit Zn u. HCl, Extrahieren mit Ae. u. Ox. der Mercaptoverb. mit J_2 in A.; aus Eisessig gelb; 65%. *Dichlorid* (Va), F. 127—128° (Bzl./Bzn.), analog IIa. *Bis-n-butylamid* (Vc), $C_{24}H_{32}N_2O_2S_2$, F. 125 bis 127° (verd. A.), analog IIc. — 1.2-Benzoisothiazolinone-(3): *4-Methyl-* (VIa), C_8H_7NOS, F. 227—229° (verd. Essigsäure), durch Sättigen von IIa in abs. CCl_4 mit Cl_2, Entfernen von Cl_2 im Luftstrom, Sättigen mit NH_3, mehrstd. Stehen, Eindampfen im Vakuum u. Ansäuern mit HCl. — *5-Methyl-* (VIb), C_8H_7NOS, F. 197 bis 199° (verd. A.), analog VIa. — *6-Methyl-* (VIc), C_8H_7NOS, F. 213—214° (verd. A.), analog VIa. — *2-n-Butyl-4-methyl-* (VIe), $C_{12}H_{15}NOS$, Kp.$_{0,1}$ 112°, durch ¼std. Kochen der aus IIa erhaltenen Lsg. des Sulfenylchlorids mit n-Butylamin, Waschen mit HCl u. Eindampfen im Vakuum. *1.1-Dioxid*, $C_{12}H_{15}NO_3S$, F. 81—82° (verd. A.), aus VIe u.

$KMnO_4$ in Eisessig. — *2-n-Butyl-5-methyl-* (**VIf**), $C_{12}H_{15} \cdot NOS$, Kp.$_{0,12}$ 125°, analog **VIe**. *1.1-Dioxid*, $C_{12}H_{15}NO_3S$, F. 54—55° (verd. A.), aus **VIf** u. $KMnO_4$ in Eisessig. — *2-n-Butyl-6-methyl-* (**VIg**), $C_{12}H_{15}NOS$, F. 42—43° (PAe.), analog **VIe**. — *2-n-Butyl-7-methyl-* (**VIh**), $C_{12}H_{15}NOS$, Kp.$_{0,09}$ 117°, analog **VIe**. F. Heller 4330

1330 **Darstellung einiger neuer 4-substituierter Derivate von p-Amino-o-hydroxyphenyl-1.3.4-oxadiazolthion-(5) und Untersuchung ihrer mycobakteriostatischen Wirkung.** A. E. Wilder Smith. (Arzneimittel-Forsch. **17** (1967) 9, 1150—51; Dep. of Pharmacognisy and Pharmacology, Univ. of Ill., Chicago, Ill.; engl.) — 7. vgl. ibid. **17** (1967) 768. — Eine Reihe der genannten Verb. wird dargestellt. Die unsubstituierte Verb. zeigt die größte tuberkulostat. Wrkg. in dieser Reihe, jedoch um 1 Zehnerpotenz geringer als Isoniazid.

Versuche: 2-[4-Acetamino-2-hydroxyphenyl]-1.3.4-oxadiazolthione-(5): *Unsubstituiert* (**I**), F. 260°, durch Filtrieren einer Lsg. von p-Acetaminosalicylsäurehydrazid in W./Dioxan/konz. HCl mit Kohle, Sättigen mit N_2, Zugabe von $CSCl_2$ u. Erwärmen auf 60—70°, alles unter N_2; 72% (Ausb.). — *4-Methyl-*, F. 230—240° (Zers.), analog aus dem N-Methylhydrazid; 47%. — *4-Äthyl-*, F. 250—255°, aus 1,1 g N-Äthylhydrazid; 1 g. — *4-n-Propyl-*, F. 244—246°; 98%. — *4-Isopropyl-*, F. 192—195°; 70%. — *4-n-Butyl-*, F. 215—218°, aus 2 g n-Butylhydrazid; 1,5 g. — *4-Isobutyl-*, F. 234 bis 236°; 2 g. — *4-Benzyl-*, F. 255°, aus 4 g N-Benzylhydrazid; 3,6 g. — 2-[4-Amino-2-hydroxyphenyl]-1.3.4-oxadiazolthione-(5): *Unsubstituiert, Hydrochlorid (HCl)*, $C_8H_8ClN_3O_2S$, F. 255°, durch saure Verseifung von **I**; 93%. — *4-Methyl-*, $C_9H_9N_3O_2S$, F. 238 bis 240°; 23%. *HCl*, F. 268—269° (Zers.). — *4-Äthyl-, HCl*, $C_{10}H_{12}ClN_3O_2S$, F. 251—253° (Zers.); 66%. — *4-n-Propyl-, HCl*, $C_{11}H_{14}ClN_3O_2S$, F. 235—238°. — *4-Isopropyl-*, $C_{11}H_{13}N_3O_2S$, F. 151—152° (wss. A.); 47%. — *4-n-Butyl-, HCl*, $C_{12}H_{16}ClN_3O_2S$, F. 217—220° (A.); 89%. — *4-Isobutyl-, HCl*, $C_{12}H_{16}ClN_3O_2S$, F. 235—237°; 63%. — *4-Benzyl-, HCl*, $C_{15}H_{14}ClN_3O_2S$, F. 242—244°; 99%. W. Holland 4330

1331 **Neue fluorierte Chinolinverbindungen mit antibakterieller Wirkung.** G. Franchi und P. Vigni. (Farmaco [Pavia] Edit. sci. **22** (1967) 11, 923—29; Siena, Univ., Ist. di Chim. Farmaceut. e Tossicol.; ital.) — Durch Cyclisieren von substituierten Anilinoacetessigestern werden fluorierte *2-Methyl-4-hydroxychinoline* u. daraus die entsprechenden *4-Chlor-* u. *4-Mercaptoverb.* dargestellt. Die Verb. sind unwirksam gegen Viren, besitzen aber z. T. gute antibakterielle Wirkung (Tabelle).

Versuche: *β-[4-Fluoranilino]-crotonsäureäthylester* (**I**), $C_{12}H_{14}FNO_2$, F. 45° (A.), durch 48std. Stehen von 4-Fluoranilin (**II**) u. Acetessigsäureäthylester (**III**) bei Raumtemperatur. *N-Acetoacetyl-4-fluoranilin*, $C_{10}H_{10}FNO_2$, F. 102°, durch Zutropfen von **II** zu **III** in sd. Xylol; aus W. Schuppen. — 4-Methyl-6-fluorchinoline: *2-Hydroxy-*, $C_{10}H_8FNO$, F. 287° (Eisessig), aus vorst. Verb. u. H_2SO_4. — *2-Chlor-*, $C_{10}H_7ClFN$, F. 115° (A.), aus vorst. Verb. u. $POCl_3$. — *2-Mercapto-*, $C_{10}H_8FNS$, F. 302° (A.), aus vorst. Verb. u. Thioharnstoff. — 4-Hydroxy-2-methylchinoline: *6-Fluor-* (**IV**), $C_{10}H_8FNO$, durch Erhitzen von **I** im Vakuum auf 270—280°. — *7-Fluor-*, $C_{10}H_8FNO$, F. 258° (W.), wie vorst. Verb. aus dem öligen β-[3-Fluoranilino]-crotonsäureäthylester. Analog: *8-Fluor-*, $C_{10}H_8FNO$, F. 233° (Dioxan). — *7-Trifluormethyl-*, $C_{11}H_8F_3NO$, F. >320° (A.). — 4-Chlor-2-methylchinoline: *6-Fluor-*, $C_{10}H_7ClFN$, F. 78° (A.), aus **IV** u. $POCl_3$ bei 160° (1/2 Std.). Analog: *7-Fluor-*, $C_{10}H_7ClFN$, F. 48° (A.). — *8-Fluor-*, $C_{10}H_7ClFN$, F. 78° (A.). — *7-Trifluormethyl-*, $C_{11}H_7ClF_3N$, F. 47° (A.). — 4-Mercapto-2-methylchinoline: *6-Fluor-*, $C_{10}H_8FNS$, F. 235° (A.), aus dem 4-Chlorderiv. u. KSH. Analog: *7-Fluor-*, $C_{10}H_8 \cdot FNS$, F. 228° (A.). — *8-Fluor-*, $C_{10}H_8FNS$, F. 211° (A.). — *7-Trifluormethyl-*, $C_{11}H_8F_3NS$, F. 255° (A.). — *2-Methyl-4-[4-fluoranilino]-6-fluorchinolin*, $C_{16}H_{12}F_2N_2$, F. 178° (W.), aus dem Hydrochlorid u. NH_4OH. *Hydrochlorid*, $C_{16}H_{12}F_2N_2 \cdot HCl$, F. 318°, durch kurzes Erhitzen von 2-Methyl-4-chlor-6-fluorchinolin u. **II** in Vaselinöl auf 220—230°. F. Heller 4330

1332 **Flavonoide.** 5. Mitt. **Sulfinierung von Isoflavonen.** Kenneth H. Dudley, H. Wayne Miller, Robert C. Corley und Monroe E. Wall. (J. med. Chem. **10** (1967) 5, 985—86; Chem. and Life Sci. Labor., Res. Triangle Inst., Res. Triangle Park, N. C. engl.) — 4. vgl. J. org. Chemistry **32** (1967) 2317.

Versuche: 4'-Methoxyisoflavthione: *7-Tolyloxy-*, $C_{23}H_{18}O_3S$, F. 181—191° (PAe.), durch Kochen gleicher Mengen Isoflavon mit P_2S_5 in Bzl., Dekantieren u. Fällen mit PAe. bei —10°; 51% (Ausb.). — *7-Acetoxy-*, $C_{18}H_{14}O_4S$, F. 163—164°; 84%. — *2-Methyl-7-acetoxy-*, $C_{19}H_{16}O_4S$, F. 181—185°; 85%. *2-Äthyl-7-propionyloxy-*, $C_{21}H_{20}O_4S$, F. 93° u. 110—112°; 38,4%. W. Holland 4420

1333 **Inhaltsstoffe von Iva-Arten.** 10. Mitt. **Ivangulin, ein neues seco-Eudesmonolid aus Iva angustofolia Nutt.** Werner Herz, Y. Sumi, V. Sudarsanam und D. Raulais. (J. org. Chemistry **32** (1967) 11, 3658—62; Tallahassee, Fla., Florida State Univ., Dep. of Chem.; engl.) — 9. vgl. Farkas et al. Tetrahedron **23** (1967) 3557. — Aus oberird. Teilen von *Iva angustifolia* werden zwei neue Lactone, *Ivangustin* (**I**) u. *Ivangulin* (**II**) isoliert. Die Konstit. von **I** als *1β-Hydroxy-Δ$^{4.11,13}$-eudesmadienolid* wird durch Hydrierung zu *1β-Hydroxy-7αH-eudesmanolid* (*Tetrahydroasperilin*), Ox. von **I** zur *1-Oxoverb.* sowie Unters. der IR- u. KMR-Spektren bewiesen. Die Konstit. von **II** als *1.10-Seco-Δ$^{5,10.11,13}$-7αH-eudesmadienolid-1-säuremethylester* wird durch Herst. von Umwandlungsprod. u. deren spektroskop. Daten ermittelt.

Versuche (opt. Drehung in Chlf.): *Ivangustin* (**I**), $C_{15}H_{20}O_3$, F. 120—122° (Chlf./PAe.), durch Extrahieren von *I. angustifolia* mit Chlf. u. Chromatographie (Chr.) an SiO_2; $[\alpha]_D^{27}$ +85°. *Acetylderiv.*, Öl. — *Pyrazolinderiv.*, $C_{18}H_{24}N_2O_4$, F. 139—141° (Heptan), aus **I**-Acetat u. CH_2N_2 in Äther. — *11.13-Dihydroivangustin*, durch Hydrieren von **I** an Pd–$CaCO_3$ in A. bei Raumtemp. u. Normaldruck u. Chr. an SiO_2; Öl. *Acetylderiv.*, $C_{17}H_{24} \cdot O_4$, F. 149—150° (Heptan); $[\alpha]_D^{27}$ +69° (c = 0,875). — *Dehydroivangustin*, $C_{15}H_{18}O_3$, F. 98,5—100,5° (Heptan), aus 0,105 g **I** u. CrO_3 in Py.. bei 0° u. Chr. an SiO_2; 25 mg (Ausb.). — *Tetrahydroasperilin*, $C_{15}H_{24}O_3$, F. 149—150° (Chlf./PAe.), durch Hydrieren von 50 mg **I** an PtO_2 in Eisessig bei 30 psi u. Chr. an SiO_2; $[\alpha]_D^{26}$ +13,4° (c = 0,85); 20 mg. — *Ivangulin* (**II**), $C_{16}H_{22}O_4$, F. 84—85° (Heptan), neben **I**; $[\alpha]_D^{27}$ +109°. — *11.13-Dihydroivangulin*, $C_{16}H_{26}O_4$, F. 75—77° (Aceton/PAe.), durch Red. von 0,1 g **I** mit Na-Amalgam in A.; $[\alpha]_D^{27}$ +71° (c = 1,7); 75 mg. — *Dihydroivangulinepoxid* (**III**), $C_{16}H_{24}O_5$, F. 100—101° (Aceton/PAe.), aus 0,1 g vorst. Verb. u. m-Chlorperbenzoesäure in $CHCl_3$; $[\alpha]_D^{27}$ +35° (c = 0,8); 70 mg. — *2.2'-Dioxo-6'-α-hydroxy-5.3'.6'-trimethylspiro-[tetrahydropyran-6.5'-octahydrobenzofuran]*, F. 167—169° (Aceton/PAe.) durch mehrstd. Stehen von **III** in 70%ig. $HClO_4$ bei 5°, Gießen in W. u. Extrahieren mit Chlf.; 0,15 g. — *2.2'-Dioxo-5.3'-dimethyl-6'-methylenspiro-[tetrahydropyran-6.5'-octahydrobenzofuran]*, $C_{15}H_{20}O_4$, F. 151 bis 153° (Aceton/Hexan), a) aus 0,15 g **III** u. $SOCl_2$/Py. bei 0° u. Chr. an SiO_2; 15 mg; b) aus **III** u. Mesylchlorid. F. Heller 4420

1334 **Inhaltsstoffe von Swertia japonica.** 1. Mitt. **Struktur von Swertisin und Isoswertisin.** Manki Komatsu, Tsuyoshi Tomimori und Michiko Ito. (Chem. pharmac. Bull. [Tokyo] **15** (1967) 3, 263—69; Tokyo, Taisho Pharmaceutical Co. Ltd., Res. Labor.; engl.) — Das von T. Nakaoko (1927) aus *Swertia japonica* Makino (Sentianaceae) isolierte *Swertisin* (**I**) wird durch Chromatographie (Chr.) an Polyamid gereinigt u. zwei Nebenkomponenten, *Verb. B* [F. 265° (Zers.)] u. *Verb. C* [F. 237° (Zers.)] abgetrennt. Die Konstit. von **I** als *6-[β-D-Glucopyranosyl]-deriv.* des *Genkwanins* (*5.4'-Dihydroxy-7-methoxyflavon*) wird durch Methylieren mit CH_2N_2 zum **I**-*Dimethyläther* (**II**), Abbau von **I** u. **II** sowie UV-, IR- u. KMR-Spektren ermittelt. Bei der Rk. mit Säuren bildet sich aus **I** durch Wessely-Moser-Umlagerung das 8-Isomere, *Isoswertisin* (**III**), dessen *Dimethyläther* durch direkten Vgl. mit der authent. Verb. als *Tri-O-Methylvitexin* identifiziert wird.

Versuche: *Swertisin* (**I**), $C_{22}H_{22}O_{10}$, F. 243° (Zers.), a) durch Extrahieren von 6 kg getrockneten

Pflanzen mit sd. CH_3OH, Eindampfen im Vakuum, Lösen in W., Ausschütteln von Chlorophyll u. Swertianol mit Ae. u. Chr. des Nd. der wss. Lsg. an Polyamid; aus W. blaßgelb; 15 g (Ausb.); b) durch mehrstd. Stehen von **Ia** u. $Ba(OH)_2$-Lsg. bei Raumtemp. u. Ansäuern mit HCl bis pH 5. *Hexaacetylderiv.* (**Ia**), $C_{34}H_{34}O_{16}$, F. 155—158°, durch 3std. Erhitzen von 0,2 g **I** u. Acetanhydrid/Py. bei 110°; aus Chlf./Hexan Nadeln; 0,1 g. *Dimethyläther* (**II**), $C_{24}H_{26}O_{10}$, F. 302°, aus 1 g **I** u. CH_2N_2 in Ae./CH_3OH; aus CH_3OH Nadeln; 0,5 g; verbraucht 2 Mol $NaJO_4$ unter Bldg. von 1 Mol HCOOH. **II**-*Tetraacetylderiv.*, $C_{32}H_{34}O_{14}$, F. 150—155° (Chlf./Hexan). **II**-*Tetra-p-nitrobenzoylderiv.*, $C_{50}H_{38}N_4O_{22}$, F. 236°, aus CH_3OH Nadeln. — *p-Hydroxybenzoesäure*, F. 213°, neben *Phloroglucinmonomethyläther* u. *p-Hydroxyacetophenon* durch 2std. Kochen von **I** mit 50%ig. KOH unter N_2; aus W. Prismen. — *p-Anissäure*, F. 182° (CH_3OH), durch 1½std. Kochen von **II** u. verd. HNO_3. — *Apigenin*, F. 347—348° (Zers.), durch 8std. Kochen von **I**, HJ u. Phenol; aus A. gelbe Prismen. *Triacetylderiv.*, $C_{21}H_{15}O_8$, F. 187°. — *D-Glucose*, neben *D-Arabinose* durch Ozonolyse von **I**. — *2.4-Dimethoxy-3-[β-D-glucopyranosyl]-6-hydroxyacetophenon*, durch 3std. Kochen von **II** mit $Ba(OH)_2$-Lsg. unter N_2, Extrahieren von *p-Methoxyacetophenon* (*2.4-Dinitrophenylhydrazon*, F. 256°) mit Ae., Neutralisieren mit verd. H_2SO_4, Eindampfen im Vakuum u. Extrahieren mit Aceton; amorph. *Pentaacetylderiv.*, $C_{26}H_{28}O_{14}$, F. 169—170°, aus Ae. Prismen. — *3-Methyl-6-hydroxy-2.4-dimethoxyacetophenon*, $Kp._{0,2}$ 110—112°, durch 5std. Rühren vorst. Verb. mit $NaJO_4$ in verd. Essigsäure u. Red. des 2.4-Dimethoxy-3-formyl-6-hydroxyacetophenon nach Clemmensen; gelbes Öl. *2.4-Dinitrophenylhydrazon*, F. 205 bis 206°, aus Bzl. rote Prismen. — *6-Formyl-4'.5.7-trimethoxyflavon*, a) aus **II** u. $NaJO_4$ in W.; b) aus **II** u. Pb-Tetraacetat in Eisessig; gelb. *2.4-Dinitrophenylhydrazon*, $C_{25}H_{20}N_4O_9$, F. 299—300° (Zers.), rote Nadeln. — *Isoswertisin* (**III**), $C_{22}H_{22}O_{10}$, F. 295° (Zers.), durch 8std. Kochen von 2 g **I** u. 10%ig. H_2SO_4 u. frakt. Kristallisation des Gleichgewichtsgemisches aus **I** u. **III** aus Aceton; blaßgelb; 0,2 g. *Hexaacetylderiv.*, $C_{34}H_{34}O_{16}$, F. 134—136° (Chlf./Hexan). *Dimethyläther* (*Tri-O-methylvitexin*), $C_{24}H_{26}O_{10}$, F. 290°, a) analog **II** aus **III**; b) analog aus Vitexin. F. Heller 4420

1335 **Nichtbasische Nebenbestandteile von Narzissenzwiebeln.** C. Fuganti, A. Selva und F. Piozzi. (Chim. e Ind. [Milano] **49** (1967) 11, 1196—97; Ist. di Chim., Polytecnico, Milano; ital.) — Durch Dünnschichtchromatographie wird aus Narzissenzwiebeln in kleinen Mengen *Margetin* (**I**, *7-Deoxynarciclasin*), dessen Acetat nach UV-, IR- u. Massenspektrum in der Struktur bestimmt wird, isoliert. **I** wird durch $KMnO_4$ zu Hydrastinsäure ox., katalyt. zum Dihydroderiv. hydriert. Ox. von **I** mit HJO_4 führt zu *1-Oxo-6.7-methylendioxy-1.2-dihydroisochinolin-4-aldehyd.* W. Holland 4420

1336 **Sapogenine der Samen von Camellia sasanqua Thunb.** Itiro Yosioka, Akiko Matsuda und Isao Kitagawa. (Chem. pharmac. Bull. Tokyo **15** (1967) 4, 547—48; Toyonaka, Osaka, Osaka Univ., Fac. of Pharmaceut. Sci.; engl.) — Aus entfetteten Samen wird durch Extrahieren mit CH_3OH, saure u. alkal. Hydrolyse ein Sapogeningemisch erhalten, dessen Komponenten durch Chromatographie an Al_2O_3 u. SiO_2 getrennt werden. Isoliert u. durch direkten Vgl. werden identifiziert: 10% *Camellia-Sapogenol-I*, 1% *Camellia-Sapogenol-II*, 1% *Barringtogenol C*, 2% *Theasapogenol E*, 30% *Theasapogenol A*. Daneben werden 1% einer nicht identifizierten *Verb. S-III* isoliert. F. Heller 4420

1337 **Alkaloide von Vinca minor L.** 20. Mitt. **Weitere Nebenalkaloide.** J. Mikrý, I. Kompiš und G. Spiteller. (Collect. czechoslov. chem. Commun. **32** (1967) 7, 2523 bis 2531; Bratislava, Slovak Acad. Sci., Inst. of Chem.; engl.) — 19. vgl. Proceedings of the Symposium on Chem. and Stereochem. of Steroid and Indole Alkaloids, Smolenice 1965. — Aus den stark polaren Anteilen der Alkaloide von *Vinca minor L.* werden durch Gegenstromverteilung u. Chromatographie (+)-*Quebrachamin*, (+)-*1.2-Dehydroaspidospermidin* (**I**), (+)-*N-Methylaspidospermidin* (**II**), (±)-*Eburnamonin*, *Vincamidin*, *Epivincamin*, *Eburnamenin*, *Eburnamin* u. ein neues Alkaloid, *Vinoxin* (**III**) isoliert. Die Stereochemie der Alkaloide vom Typ des Aspidospermins u. Eburnamins wird besprochen. UV- u. IR-Spektren von **II** u. **III** sind angegeben.

Versuche: Einzelheiten zur Trennung der Alkaloide s. Original. (+)-*Quebrachamin*, F. 145—146° (CH_3OH); $[\alpha]_D^{24}$ +120 ± 2° (c = 1,0; A.). — (±)-*Eburnamonin*, F. 198—200° (CH_3OH); $[\alpha]_D^{24}$ 0 ± 2° (c = 0,8; Chlf.). — (+)-*N-Methyl-aspidospermidin* (**II**), $C_{20}H_{28}N_2$; $[\alpha]_D^{24}$ +24,4 ± 2° (c = 1,25; Chlf.); amorph. — *Eburnamenin*, gelbliches Öl. *Pikrat*, F. 195° (A.); $[\alpha]_D^{24}$ +183° (c = 0,2; Chlf.). — (+)-*1.2-Dehydroaspidospermidin* (**I**), $[\alpha]_D^{24}$ +226,7 ± 2° (c = 0,532; Chlf.); Öl. — *Isoeburnamin*, F. 191—192° (CH_3OH); $[\alpha]_D^{24}$ +91,4 ± 2° (c = 0,44; Chlf.). — *Vincamidin*, F. 135°. *1-Hydrat*, $C_{20}H_{22}N_2O_2 \cdot H_2O$, F. 78—80° (Ae.); $[\alpha]_D^{24}$ +103 ± 2° (c = 0,72; Chlf.). — *Eburnamin*, F. 179 bis 181° (Ae.); $[\alpha]_D^{26}$ −98,2 ± 2° (c = 0,40; Chlf.). — *Epivincamin*, $C_{21}H_{26}N_2O_3$, F. 189—191° (Ae.); $[\alpha]_D^{24}$ −38,9 ± 2° (c = 0,817; Chlf.). — *Vinoxin* (**III**), $C_{20}H_{24}N_2O_3$, amorph. *Hydrochlorid*, F. 216—218° (Zers.; abs. A.); $[\alpha]_D^{20}$ −25 ± 2° (c = 0,89; Chlf.). — (+)-*Eburnamonin*, F. 174° (A.), durch Ox. von Eburnamin mit CrO_3/Py.; $[\alpha]_D^{27}$ +90 ± 2° (c = 0,8; Chlf.). — (−)-*Quebrachamin*, F. 145—146°, durch Red. von **I** mit $NaBH_4$ in CH_3OH; $[\alpha]_D^{26}$ −118 ± 5° (c = 0,1; Chlf.). F. Heller 4420

1338 **Pachysandra-Alkaloide.** 4. Mitt. **Struktur von Pachysamin A und B.** Tohru Kikuchi und Shoichiro Uyeo. (Chem. pharmac. Bull. [Tokyo] **15** (1967) 3, 302—06; Fac. of Pharmaceut. Sci., Kyoto Univ.; engl.) — 3. vgl. ibid. **15** (1967) 207. — *Pachysamin A* (**I**, $C_{24}H_{44}N_2$, F. 167—168°, $[\alpha]_D$ +20°) aus *Pachysandra terminalis Sieb. et Zucc.* besitzt nach Spektren u. Abbaurk. die Struktur *3α-Methylamino-20α-dimethylamino-5α-pregnan. Pachysamin B* ist *N-(β.β-Dimethylacryloyl)-pachysamin A.*

Versuche: Pachysamine A: *N-Acetyl-*, $C_{26}H_{46} \cdot N_2O$, F. 150—152,5° (Aceton), aus 10 mg **I** u. Essigsäureanhydrid in Py., $[\alpha]_D^{25}$ +64°; 10 mg (Ausb.). — *N-Methyl-*, $C_{25}H_{46}N_2$, F. 165,5—167° (Aceton), a) durch Rk. von 45 mg **I** mit CH_2O u. Red. mit $NaBH_4$, $[\alpha]_D^{10}$ +16°; 40 mg. b) aus 19 mg 3α-Amino-20α-dimethylamino-5α-pregnan mit CH_2O/HCOOH; 10 mg. — *20α-Dimethylamino-5α-pregnan-3-on* (*Funtumafrin C*), F. 174—176° (Aceton), durch Ruschig-Rk. aus 120 mg **I**, $[\alpha]_D^{10}$ +43°; 20 mg. — *Pachysamin B*, $C_{29}H_{50}N_2O$, F. 173 bis 174° (Aceton), aus 85 mg **I** u. β.β-Dimethylacrylchlorid in Ae./CH_2Cl_2 in Ggw. von wss. NaOH; 35 mg. — *Dihydropachysamin B*, $C_{29}H_{52}N_2O$, F. 138,5—139,5° (Aceton), durch Hydrieren von 100 mg vorst. Verb. in Methanol über PtO_2, $[\alpha]_D^{10}$ +54°; 75 mg. W. Holland 4420

1339 **Die Chlorophyll-Photosynthese hemmende phytotoxische Anilide.** A. Baruffini, P. Borgna, G. Pagani und F. Gialdi. (Farmaco [Pavia], Ediz. sci. **22** (1967) 11, 895—916; Pavia, Univ., Inst. di Chim. Farmaceut. e Tossicol.; ital.) — N-Acylderiv. von 3-Trifluormethylanilin (**I**), 3-Äthoxyanilin (**II**) u. 3-Trifluormethyl-4-chloranilin (**III**) werden nach bekannten Meth. dargestellt. Die Hemmung der Hill-Rk. an isolierten Chloroplasten von *Spinacea oleracia L.* sowie die phytotox. Wrkg. auf verschiedene Mono- u. Dikotyledonen wird geprüft (Tabellen) u. bes. bei einigen **III**-Deriv. hohe u. selektive Wrkg. festgestellt. Die Beziehungen zwischen Struktur u. Aktivität werden eingehend besprochen.

Versuche: Darst. der Acylderiv. erfolgt a) durch ½std. Stehen von **I**, **II** bzw. **III** u. Acylchlorid in Eisessig bei Raumtemp. oder bei 50°; b) aus **I**, **II** oder **III** u. Acylchlorid in abs. Bzl.; c) analog b) in Ggw. von Py. oder Triäthylamin; d) aus **I**, **II** oder **III** u. Säureanhydrid bei 60—100°; die Hydroximinoacetylderiv. werden durch Rk. von **I**, **II** oder **III** mit NH_2OH, Chloralhydrat u. Na_2SO_4 in HCl dargestellt. N-Acyl-3-trifluormethylaniline: *N-Acetyl-*, $C_9H_8F_3NO$, F. 103° (Hexan). — *N-Hydroximinoacetyl-*, $C_9H_7F_3N_2O_2$, F. 142° (W.). — *N-Chloracetyl-*, $C_9H_7ClF_3NO$, F. 75° (Bzn.). — *N-Dichloracetyl-*, $C_9H_6Cl_2 \cdot F_3NO$, F. 80° (Bzn.). — *N-Propionyl-*, $C_{10}H_{10}F_3NO$, F. 69° (Bzn.). — *N-[3-Chlorpropionyl]-*, $C_{10}H_9ClF_3NO$, F. 59° (Bzn.). — *N-[3-Carboxypropionyl]-*, $C_{11}H_{10}F_3NO_3$, F. 123° (verd. A.). — *N-Acryl-*, $C_{10}H_8F_3NO$, F. 87° (Bzn.). — *N-Isobutyryl-*, $C_{11}H_{12}F_3NO$, F. 101° (Bzn.). — *N-Meth-*

acryl-, $C_{11}H_{10}F_3NO$, F. 88° (Bzl.). — *N-[2-Äthylbutyryl]-*, $C_{13}H_{16}F_3NO$, F. 84° (Bzn.). — *N-Phenylacetyl-*, $C_{15}H_{12}F_3 \cdot NO$, F. 80° (Bzn.). — *N-[2-Phenylbutyryl]-*, $C_{17}H_{16}F_3NO$, F. 60° (PAe.). — *N-[3-Phenylpropionyl]-*, $C_{16}H_{14}F_3NO$, F. 86° (Bzn.). — *N-Cinnamoyl-*, $C_{16}H_{12}F_3NO$, F. 102° (Bzn.). — *N-Benzoyl-*, $C_{14}H_{10}F_3NO$, F. 111° (Bzn.). — *N-[3-Chlorbenzoyl]-*, $C_{14}H_9ClF_3NO$, F. 108° (Bzl.). — *N-[3.4-Dichlorbenzoyl]-*, $C_{14}H_8Cl_2F_3NO$, F. 147° (Bzl.). — *N-[2-Carboxybenzoyl]-*, $C_{15}H_{10}F_3NO_3$, F. 192° (Aceton). — *N-[8-(3-Trifluormethylanilino)-8-oxo-4.5-dithiaoctanoyl]-*, $C_{20}H_{18}F_6N_2O_2S_2$, F. 128° (Bzn.). — N-Acyl-3-äthoxyaniline: *N-Acetyl-*, $C_{10}H_{13}NO_2$, F. 97° (W.). — *N-Chloracetyl-*, $C_{10}H_{12}ClNO_2$, F. 126° (Toluol). — *N-Hydroximinoacetyl-*, $C_{10}H_{12}N_2O_3$, F. 163° (verd. A.). — *N-Dichloracetyl-*, $C_{10}H_{11}Cl_2NO_2$, F. 108° (Bzn.). — *N-Propionyl-*, $C_{11}H_{15} \cdot NO_2$, Kp.$_{0,6}$ 156—157°. — *N-[3-Chlorpropionyl]-*, $C_{11}H_{14} \cdot ClNO_2$, F. 81° (PAe.). — *N-[3-Carboxypropionyl]-*, $C_{12}H_{15} \cdot NO_4$, F. 137° (Äthylacetat). — *N-Acryl-*, $C_{11}H_{13}NO_2$, F. 90° (Bzl.). — *N-Isobutyryl-*, $C_{12}H_{17}NO_2$, F. 79° (PAe.). — *N-Methacryl-*, $C_{12}H_{15}NO_2$, F. 96° (Bzn.). — *N-[2-Äthylbutyryl]-*, $C_{14}H_{21}NO_2$, F. 85° (Bzn.). — *N-Phenylacetyl-*, $C_{16}H_{17}NO_2$, F. 94° (Bzn.). — *N-[2-Phenylbutyryl]-*, $C_{18} \cdot H_{21}NO_2$, F. 89° (Bzn.). — *N-[3-Phenylpropionyl]-*, $C_{17}H_{19} \cdot NO_2$, F. 69° (Bzl./PAe.). — *N-Cinnamoyl-*, $C_{17}H_{17}NO_2$, F. 181° (Äthylacetat). — *N-Benzoyl-*, $C_{15}H_{15}NO_2$, F. 103° (A.). — *N-[3-Chlorbenzoyl]-*, $C_{15}H_{14}ClNO_2$, F. 96° (Bzn.). — *N-[3.4-Dichlorbenzoyl]-*, $C_{15}H_{13}Cl_2NO_2$, F. 149° (Bzl./PAe.). — *N-[2-Carboxybenzoyl]-*, $C_{16}H_{15}NO_4$, F. 144 bis 146° (A.). — N-Acyl-3-trifluormethyl-4-chloraniline: *N-Acetyl-*, $C_9H_7ClF_3NO$, F. 115° (Bzn.). — *N-Hydroximinoacetyl-*, $C_9H_6ClF_3N_2O_2$, F. 164° (Bzl.). — *N-Chloracetyl-*, $C_9H_6ClF_3NO$, F. 76° (Bzn.). — *N-Dichloracetyl-*, $C_9H_5Cl_3F_3NO$, F. 97° (Bzn.). — *N-Propionyl-*, $C_{10}H_9ClF_3NO$, F. 95° (Bzn.). — *N-[3-Carboxypropionyl]-*, $C_{11}H_9ClF_3NO_3$, F. 136° (PAe.). — *N-Acryl-*, $C_{10}H_7ClF_3NO$, F. 127° (Bzl.). — *N-Isobutyryl-*, $C_{11}H_{11}ClF_3NO$, F. 100° (Bzn.). — *N-Methacryl-*, $C_{11}H_9ClF_3NO$, Kp.$_{0,5}$ 152—153°. — *N-[2-Äthylbutyryl]-*, $C_{13}H_{15}ClF_3NO$, F. 107° (PAe.). — *N-Phenylacetyl-*, $C_{15}H_{11}ClF_3NO$, F. 132° (Bzn.). — *N-[2-Phenylbutyryl]-*, $C_{17}H_{15}ClF_3NO$, F. 112° (Chlf./PAe.). — *N-[3-Phenylpropionyl]-*, $C_{16}H_{13}ClF_3NO$, F. 82° (Bzn.). — *N-Cinnamoyl-*, $C_{16}H_{11}ClF_3NO$, F. 151° (Bzl.). — *N-Benzoyl-*, $C_{14}H_9ClF_3NO$, F. 130° (Bzn.). — *N-[3-Chlorbenzoyl]-*, $C_{14}H_8Cl_2F_3NO$, F. 140° (Bzl.). — *N-[3.4-Dichlorbenzoyl]-*, $C_{14}H_7Cl_3F_3NO$, F. 191° (Chlf.). — *N-[2-Carboxybenzoyl]-*, $C_{15}H_9ClF_3NO_3$, F. 181° (Äthylacetat).

F. Heller 4460

1340 **Biosynthese von Nicotiana Alkaloiden.** 11. Mitt. **Untersuchung der Tautomerie in N-Methyl-Δ^1-pyrroliniumchlorid und sein Einbau in Nicotin.** Edward Leete. (J. Amer. chem. Soc. **89** (1967) 26, 7081—84; School of Chem., Univ. of Minnesota, Minneapolis, Minn.; engl.) — Rk. von *$^{14}C_{(2)}$-N-Methyl-Δ^1-pyrrolinium* (**IV**) mit *Acetondicarbonsäure* liefert ein nur am $C_{(2)}$ markiertes *Hygrin* (**V**). Es tritt also keine tautomere Verschiebung der 1.2-Doppelbindung in 1,5-Stellung auf. Bei Verabreichung von **IV** an *Nicotiana tabacum* wird nur am $C_{(2)}$-Atom des Pyrrolidinringes markiertes *Nicotin* gebildet. Erfolgt die Nicotinsynth. über *$^{14}C_{(2)}$-Ornithin* wird am $C_{(2)}$ u. $C_{(5)}$ markiertes *Nicotin* erhalten. Es wird deshalb eine neue Hypothese für die Biosynth. des *Pyrrolidin*-Ringes mit der Rk.-Folge: *Ornithin* → *Putrescin* → *N-Methylputrescin* → *4-Methylaminobutanol* → *N-Methyl-Δ^1-pyrroliniumsalz*. Die Aktivität am $C_{(2)}$ bzw. das nicht Vorhandensein einer Aktivität am $C_{(5)}$ von **V** gelingt durch Abbau von **V** zu *Benzoesäure* (C-2) bzw. *HCHO* (C-5) u. *Hexanal*.

Versuche: *$^{14}C_{(1)}$-4-Chlorbutyronitril* (**I**), Kp.$_{760}$ 180—200°, 3 Std. Erhitzen eines Gemisches von 1-Brom-3-chlorpropan (50 g) in A. u. $K^{14}CN$ in W., Zugabe von W. u. $CHCl_3$, Abtrennen der $CHCl_3$-Schicht; 9,2 % (Ausb.). — *$^{14}C_{(1)}$-4-Chloräthylbutyrat* (**II**), Kp.$_{760}$ 184—186°, aus **I**, mit HCl gesätt. A. u. W. durch 16 Std. Kochen am Rückfluß. — *$^{14}C_{(2)}$-N-Methylpyrrolidon-(2)* (**III**), Kp.$_{760}$ 198 bis 202°, 16 Std. Erhitzen von **II**, Methylamin u. Bzl. im Bombenrohr auf 110°; 2,3 g. — *$^{14}C_{(2)}$-N-Methyl-Δ^1-pyrroliniumchlorid* (**IV**), Red. von **III** mit $LiAlH_4$, Zugabe von 25 %ig. NaOH, Extrahieren der Ae.-Schicht mit 2 n HCl, im Vakuum Abdampfen zur Trockne, Lösen des Restes in $CHCl_3$ u. Zugabe von Bzl.; UV. — *Hygrin* (**V**), Kp.$_{20}$ 75—80°, a) Red. von **III** mit $LiAlH_4$ in Ae., Mischen des Rk.-Prod. mit Eis/W. u. Essigsäure, Entfernen des Ae., Versetzen der wss. Lsg. mit *Acetondicarbonsäure* (**VI**), K-Hydrogenphosphat u. NaOH, nach 5 Tagen Stehen Ansäuern mit konz. HCl, Konzentrieren, Extrahieren mit Ae., Zugabe von Alkali zur wss. Lsg. u. erneute Extraktion mit Ae., Reinigung erfolgt über das Pikrat; b) aus **IV**, **VI** u. Alkali; *-Pikrat*, F. 153—154°; *-Oxim*, F. 121—122° (PAe.).

G. Menz 4460

1341 **Biosynthese von Nicotiana-Alkaloiden.** 12. Mitt. **Einbau von α u. δ-N-Methylornithin in den Pyrrolidinring von Nicotin.** Terry J. Gilbertson und Edward Leete. (J. Amer. chem. Soc. **89** (1967) 26, 7085—88; School of Chem., Univ. of Minnesota, Minneapolis, Minn.; engl.) — 11. vgl. vorst. Referat. — *^{14}C-* u. *$^{14}C_{(2)}$-DL-α-N-Methylornithin* (**A**) u. *^{14}C-* u. *$^{14}C_{(2)}$-DL-δ-N-Methylornithin* (**B**) werden synthetisiert u. an *Nicotiana tabacum* Pflanzen verfüttert. **A** liefert radioakt. *Nicotin* (**I**), daß am $C_{(2)}$ u. an der Methylgruppe markiert ist, wobei die Verteilung der Aktivität auf diese zwei Positionen darauf schließen läßt, daß beim Aufbau von **I** keine Abspaltung der N-Methylgruppe bei der Vorstufe erfolgte. **B** führt zur Bldg. von am $C_{(2)}$, $C_{(5)}$ u. an der Methylgruppe markiertem **I** u. die Verteilung der Aktivität deutet auf eine Demethylierung der Vorstufe vor dem Einbau in den Pyrrolidinring hin. Die Rolle von **B** als Vorstufe bei der Biosynthese von **I** wird diskutiert.

Versuche: N-Methylornithinmonohydrochloride: *$^{14}C_{(2)}$-DL-α-*, $C_6H_{15}ClN_2O_2$, F. 229—233°, Rk. von $^{14}C_{(2)}$-DL-Ornithin (**II**), $CuCO_3$ u. Benzoylchlorid zum δ-N-Benzoylderiv., Umsetzung mit p-Toluolsulfonylchlorid zum δ-N-Benzoyl-α-N-p-toluolsulfonylderiv., Rk. mit Dimethylsulfat zum α-N-Methyl-α-N-p-toluolsulfonyl-δ-N-benzoylderiv. ($C_{20}H_{24}N_2O_5S$, F. 184—186°) u. Erhitzen dieser Verb. mit konz. HCl im Bombenrohr; 83 %. — ^{14}C-*DL-α-*, F. 225—229°, aus ^{14}C-Dimethylsulfat u. DL-α-N-p-Toluolsulfonyl-δ-N-benzoylornithin u. Hydrolyse des erhaltenen α-N-Methylderiv.; 41 %. — *$^{14}C_{(2)}$-DL-δ-*, $C_6H_{15}ClN_2O_2$, F. 236—237°, Rk. von **II** mit $CuCO_3$ u. p-Toluolsulfonylchlorid zum δ-N-p-Toluolsulfonylderiv., Benzoylierung zum α-N-Benzoyl-δ-N-p-toluolsulfonylderiv., Methylieren zum α-N-Benzoyl-δ-N-methyl-δ-N-p-toluolsulfonylderiv. ($C_{20}H_{24}N_2O_5S$, F. 190—192°) u. Hydrolyse; 77 %. — *^{14}C-DL-δ-*, analog Synth. des α-Isomeren aus DL-α-N-Benzoyl-δ-N-p-toluolsulfonylornithin.

G. Menz 4460

1342 **Biochemische Untersuchungen über den Bakanae-Pilz.** 74. Mitt. **Synthese von mit Gibberellinen verwandten Substanzen.** 16. Mitt. **Ein anderweitiger Syntheseweg zu einer Gibban-10-carbonsäure.** Tomoya Ogawa, Kenji Mori, Masanao Matsui und Yusuke Sumiki. (Agric. biol. Chem. [Tokyo] **31** (1967) 10, 1242—43; Bunkyo-ku, Tokyo, Univ. of Tokyo, Dep. of Agric. Chem.; engl.) — 15. Tetrahedron Letters [London] **1964,** 1803. — Durch Entschwefeln von *10-Epi-6-oxodehydrohomogibbersäuremethylester* (**I**)*-8.8-äthylendithioacetal* (**Ia**) mit Raney-Ni u. Barbier-Wieland-Abbau wird in geringer Ausb. (±)*-10-Epidesoxogibbersäure* erhalten.

Versuche: *10-Epi-6-oxo-dehydrohomogibbersäuremethylester* (**I**), *8.8-Äthylendithioacetal* (**Ia**), aus 250 mg **I**, Äthandithiol u. BF_3–Ae. in Chlf. bei Raumtemp.; Öl; 240 mg. — (±)*-10-Epidesoxohomogibbersäure*, $C_{19}H_{24}O_2$, F. 156—157°, durch Verseifen von 50 g Methylester mit methanol. KOH; aus Äthylacetat/PAe. Nadeln; 40 mg. *Methylester*, durch 16std. Kochen von 220 mg **Ia** u. Raney-Ni-W 7 in Dioxan; Öl; 160 mg. — (±)*-10-Epidesoxogibbersäure*, durch Zugeben von 150 mg vorst. Methylester zu C_6H_5MgBr in Ae., 3std. Kochen, Zers. mit verd. HCl, Dehydratisieren mit sd. Eisessig–Acetanhydrid, Ox. mit CrO_3 in Essigsäure u. Chromatographie an SiO_2; 7 mg.

F. Heller 4485

1343 **Iridoide.** 2. Mitt. **Iridoidglucoside aus Lamium amplessicaule.** Maria Luisa Scarpati und Marcella Guiso. (Ricerca sci. **37** (1967) 2, 115—17; Roma, Univ., Ist. di Chim. Organ.; ital.) — Aus *Lamium amplessicaule* werden zwei neue Iridoidglucoside, *Lamiosid* (**I**) u. *Lamiol* (**II**) isoliert. **I** gibt bei alkal. Hydrolyse **II**, das beim Acetylieren ein *Penta-* u. ein *Hexaacetylderiv.* liefert. Hydrierung von **I** gibt *Dihydrolamiosid*, das bei der Ox. mit HJO_4 3 Mol Reagens verbraucht. Auf Grund der KMR-Spektren

u. Vgl. mit Verb. des Arpagids ergibt sich für **I** u. **II** die Konstit. als $C_{(4)}$-Methylderiv. von 8-O-Acetylarpagid bzw. Arpagid. F. Heller 4520

1344 **Struktur und Biogenese von Phäomelanin.** 3. Mitt. **Abbauprodukte.** Luigi Minale, Ernesto Fattorusso, Guido Cimino, Salvatore De Stefano und Rodolfo A. Nicolaus. (Gazz. chim. ital. **97** (1967) 11, 1636—63; Centro Nazionale di Chim. delle Sostanze Org. Naturali del CNR, Sezione III, Napoli; ital.) — Durch Extraktion mit 0,1 n NaOH u. vorsichtiges Ansäuern werden aus rotbraunen Hühnerfedern 4 hochmol. Pigmente erhalten, die *Gallophäomelanin 1, 2, 3* u. *4* genannt werden. Sie ergeben bei der Alkalischmelze *Brenzcatechin, Protocatechusäure, 3-Amino-4-hydroxy-* u. *3-Hydroxy-4-aminobenzoesäure, o-Aminophenol* sowie *3-Amino-4-hydroxy-* u. *3-Hydroxy-4-aminotoluol.* Bei der Ox. mit H_2O_2 in CH_3COOH entstehen *Cystein, Asparaginsäure* u. *Glycin,* beim Kochen mit HCl *β-[4-Hydroxybenzthiazolyl-(6)]-alanin,* dessen *Methylester* ($C_{11}H_{12}N_2O_3S$) in das O.N.-Bis-(2.4-dinitrophenyl)-Deriv. [$C_{23}H_{16}N_6O_{11}S$, F. 174—176° (Methanol)] übergeführt wird. Ebenso wird das 2-Methyl-Analoge, F. 191—192° (Methanol), isoliert. Die Gallophäomelanine entstehen wahrscheinlich durch Kondens. aus Cystein u. Chinonen, die ihrerseits aus DOPA gebildet sind. W. Holland 4520

1345 **Synthese von Triaminoacylinsulin und Verwendung der tert. Butyloxycarbonylgruppe zur reversiblen Blockierung der Aminogruppen von Insulin.** Daniel Levy und Frederick H. Carpenter. (Biochemistry [Washington] **6** (1967) 11, 3559—68; Berkeley, Univ. of Calif., Dep. of Biochem.; engl.) — Das tert. Butyloxycarbonylazid reagiert mit *Insulin* (**I**) in DMF unter Bldg. eines Deriv., in dem alle 3 NH_2-Gruppen substituiert sind, u. das verminderte biolog. Aktivität besitzt. Behandlung von tert. Butyloxycarbonyl-**I** mit wasserfreier Trifluoressigsäure (**II**) entfernt die Schutzgruppe unter Bldg. von krist. **I** mit hoher biolog. Wirksamkeit. Rk. der p-Nitrophenylester von tert. Butyloxycarbonylaminosäuren mit **I** bewirkt Einführung von 3-Aminosäureestern an jedem NH_2-Ende der A- u. B-Kette u. an der ε-NH_2-Gruppe von Lysin 29 der B-Kette. Mit **II** wird dann Triaminoacyl-**I**, unter Abspaltung der tert. Butyloxycarbonylgruppen, erhalten, z. B. *Trialanyl-, Triasparaginyl, Trilysyl-, Trimethionyl-* u. *Triglutamyl-***I**. Die Prod. wurden durch Aminosäurezus., DEAE - Sephadex - Chromatographie, chem. u. enzymat. Abbau u. biolog. Aktivität charakterisiert. Alle Triaminoacyl-**I** besaßen etwa die gleiche Aktivität, ca. 40—50 % der von Rinder-**I** im Mäusekrampftest u. etwas mehr bei der immunochem. Bestimmung.

Versuche: *N-tert.-Butyloxycarbonyl-L-glutaminsäure-γ-methylester,* aus Glutaminsäure-γ-methylester durch 1 Std. Rühren mit MgO in 50 %ig. wss. Dioxan, dann 6 Std. bei 48° mit tert. Butyloxycarbonylazid, Äthylacetatextraktion der wss. Phase; Öl; 53 %. — *N-tert.-Butyloxycarbonyl-L-glutaminsäure-γ-methylester-α-p-nitrophenylester,* $C_{17}H_{22}N_2O_8$, F. 83—86° (Ae.–PAe.), aus vorst. Verb. in Äthylacetat bei 0° mit p-Nitrophenol u. Dicyclohexylcarbodiimid (2 Std. 0°, 4 Std. 20°); 65 %. — *Trimet-, Triala-, Triasn-, Triglu-, Trilys-Insulin,* aus **I**-HCl in gereinigtem DMF durch Zusatz von $(C_2H_5)_3N$ u. p-Nitrophenylester einer tert. BOC-Aminosäure (18 Std., Raumtemp.), Ae-Fällung, Lösen der trockenen Prod. in wasserfreier Trifluoressigsäure (1 Std., Raumtemp.), Ae.-Fällung u. Reinigung durch isoelektr. Fällung; 90 bis 95 %. — *Triglutamyl-γ-methylester-***I**, wie vorst., Hydrolyse in Carbonatpuffer, pH 11 (3 Std., Raumtemp.); 80 %. — *tert.-BOC-***I**, aus **I**-HCl in DMF mit $(C_2H_5)_3N$ u. tert. BOC-Azid (5 Std., 40°), Ae.-Fällung u. isoelektr. Fällung bei pH 4,5; 85 %. **I**-Regenerierung mit Trifluoressigsäure (2 Std., Raumtemp.); 88 %. K. Maier 4564

1346 **Beziehungen zwischen Struktur und Aktivität einiger Lockstoffe für Mittelmeerfruchtfliegen.** T. M. Valega und Morton Beroza. (J. econ. Entomol. **60** (1967) 2, 341—47; Beltsville, Md., USDA, Entomol. Res. Div.; engl.) — Zum Vgl. ihrer Wrkg. mit dem bekannten Lockstoff trans-6-Methyl-Δ^3-cyclohexen-1-carbonsäure (**I**)-sek.-butylester (**Ia**; „Siglure") werden verwandte Cyclohexen- u. Cyclohexancarbonsäureester dargestellt u. ihre Konstit. durch Spektren u. Gaschromatographie gesichert. Die Abhängigkeit der Lockwirkung auf ♂ Exemplare von *Ceratitis capitata* Wiedemann von der Struktur wird ausführlich besprochen.

Versuche: (Aktivität in [] als Anzahl der durch die Testverb. angelockten Exemplare im Vgl. mit W.; Wrkg.-Dauer in Tagen): *trans-Δ^2-Pentensäure* (**II**), $Kp._{17}$ 102—103°; n_D^{20} 1,4521. — *trans-6-Äthyl-Δ^3-cyclohexen-1-carbonsäure* (**III**), $C_9H_{14}O_2$, F. 79—81° (W.), $Kp._{26}$ 135 bis 158°, durch 8std. Erhitzen von **II**, Butadien u. wenig Hydrochinon im Autoklaven auf 145°; 22 % (Ausb.). *sek.-Butylester,* $C_{13}H_{22}O_2$, $Kp._{16}$ 102—131° (Blocktemp.), aus **III** über das Säurechlorid; n_D^{25} 1,4536; 68 % [135/39; —]. *tert.-Butylester* (**IIIa**), $C_{13}H_{22}O_2$, $Kp._{15}$ 99—116° (Blocktemp.), aus **III** u. Isobuten in Ggw. von konz. H_2SO_4; n_D^{25} 1,4500; 73 % [1326/39; —]. — *1-Methyl-Δ^3-cyclohexen-1-carbonsäure,* F. 75—77°, durch Verseifen des Methylesters. *Methylester,* $Kp._{0,12}$ 27—31°, aus Butadien u. Methacrylsäuremethylester; n_D^{20} 1,4596; 29 % [inakt.]. *tert.-Butylester,* $C_{12}H_{20}O_2$, $Kp._{16}$ 44—88° (Blocktemp.), analog **IIIa**; n_D^{25} 1,4431; 66 % [1169/10; —]. — *cis-1.6-Dimethyl-Δ^3-cyclohexen-1-carbonsäure,* $C_9H_{14}O_2$, F. 66,5 bis 68° (W.), $Kp._{26}$ 124—154°, analog **III** aus Butadien u. Tiglinsäure (193°; 24 Std.). *tert.-Butylester,* $C_{13}H_{22}O_2$, $Kp._{16}$ 77—107° (Blocktemp.), analog **IIIa**; n_D^{25} 1,4491; 71 % [1145/39; —]. — *cis-4.6-Dimethyl-Δ^3-cyclohexen-1-carbonsäure,* $C_9H_{14}O_2$, F. 81,5—83° (W.), analog **III** aus Isopren u. trans-Crotonsäure (160°; 2½ Std.). *Äthylester,* $C_{11}H_{18}O_2$, $Kp._{14}$ 80—90°, aus der Säure durch azeotropes Verestern; n_D^{25} 1,4529 [1600/84; 7]. *tert.-Butylester,* $C_{13}H_{22}O_2$, $Kp._{0,08}$ 46—47°, analog **IIIa**; n_D^{25} 1,4495; 31 % [1795/84; 4]. — *4-Chlor-trans-6-methyl-Δ^3-cyclohexen-1-carbonsäure,* $C_8H_{11}ClO_2$, F. 92—99° (W.), durch Verseifen des Äthylesters. *Äthylester,* $Kp._{0,1}$ 59—69°, analog **III** aus Chloropren u. Äthylcrotonat in Ggw. von Phenothiazin (160°; 16 Std.). *tert.-Butylester,* $C_{12}H_{19}ClO_2$, F. 52,5—53,5° (A.), analog **IIIa**; [2921/108; 25]. — *trans-4-Methyl-7-oxabicyclo-[4.1.0]-heptan-3-carbonsäure, sek.-Butylester,* $Kp._{0,09}$ 82,5—85,5° als Gemisch der cis- u. trans-Epoxide aus **Ia** u. m-Chlorperbenzoesäure in Äthylenchlorid; n_D^{25} 1,4552; 45 % [2919/108; 28]. *tert.-Butylester,* $C_{12}H_{22}O_3$, $Kp._{0,08}$ 64,5—68,5°, analog vorst. Deriv. als cis–trans-Gemisch; n_D^{25} 1,4517; 43,5 % [2308/108; 21]. — Weiter wurden geprüft: *Δ^3-Cyclohexen-1-carbonsäure, Methylester* [498/51; —]. *Äthylester* [1093/51; —]. *sek.-Butylester* [961/51; —]. *tert.-Butylester* [1104/51; —]. *Cyclopentylester* [492/10; —]. — *trans-6-Methyl-Δ^3-cyclohexen-1-carbonsäure* (**I**), *Methylester* [903/61; 1]. *Äthylester* [1305/21; 2]. *sek.-Butylester* (**Ia**) [—; 6]. *tert.-Butylester* [911/17; 3]. *Cyclopentylester* [1210/61; 37]. — *trans-2-Methylcyclohexancarbonsäure, Äthylester* [1975/56; —]. *sek.-Butylester* [2056/62; 2]. *tert.-Butylester* (926/17; 2]. *Cyclopentylester* [635/19; 21]. F. Heller 4569

1347 **Thiamindisulfide.** 18. Mitt. **Oxydation von Thiaminalkylsulfiden.** Goro Tsukamoto, Tashio Watanabe und Isamu Utsumi. (J. Vitaminol. [Kyoto] **13** (1967) 4, 313—21; Pharm. Res. Labor., Tanabe Seiyaku Co., Ltd., Higashiyodogawaku, Osaka; engl.) — 17. ibid. **11** (1965) 248. — *S-Alkylthiamine* (**I**) werden mit H_2O_2 u. Perbenzoesäure je nach Menge des Ox.-Mittels zu *Sulfoxiden* (**II**) u. Sulfonen oxydiert. **II** werden mit Säureanhydriden unter Umlagerung zu S-[α-Acyloxyalkyl]-thiaminen umgesetzt, so daß auf diesem Wege durch Hydrolyse nicht zu **I** zu gelangen ist. *O-Benzoyl-S-äthoxycarbonylthiamin* (**III**) ox. sich mit H_2O_2 zu O-Benzoylthiaminsäure. Die Red. von **II** zu **I** gelingt nur mit HJ.

Versuche: Thiamine: *S-Benzyl-,* $C_{19}H_{24}N_4O_2S$, F. 154—156° (Aceton), durch Zugabe von 2 n NaOH zu einer eiskalten Lsg. von 3,4 g Thiamin-HCl in W., 30 Min. langes Stehen, Zutropfen von 1,7 g Benzylbromid u. 2std. Erwärmen auf 50°; 2,5 g (Ausb.). — *S-Propyl-* (**V**), durch 1std. Stehen von 0,55 g **IV** mit HJ, konz. HCl u. KJ in W., Alkalisieren mit Na_2CO_3 u. Extraktion mit Essigester; 45 mg. — *S-[α-Benzoyloxypropyl]-,* $C_{22}H_{28}N_4O_4S$, F. 148—149° (Bzl.), durch 3tägiges Stehen von 0,9 g

IV mit Benzoesäureanhydrid in Chlf.; 0,6 g. — Thiaminsulfoxide: *S-Methyl-* (VI), $C_{13}H_{20}N_4O_3S$, F. 205—207° (Zers.; A./Ae.), durch 3tägiges Stehen von 3 g S-Methylthiamin mit H_2O_2 in CH_3COOH bei Raumtemp.; 1,4 g. — *S-Äthyl-*, $C_{14}H_{22}N_4O_3S$, F. 204—205° (Zers.). — *S-n-Propyl-*, (IV), $C_{15}H_{24}N_4O_3S \cdot 0,5\ H_2O$, F. 139—140° (Zers.; A./Essigester), durch Zutropfen von Perbenzoesäure in Chlf. zu V in CH_3COOH/Chlf. unter Kühlung u. 2std. Stehen. — *S-n-Butyl-*, $C_{16}H_{26}N_4O_3S$, F. 161—162° (Zers.; A./Essigester), aus 1,1 g S-Butylthiamin mit H_2O_2; 0,76 g. — *S-β-Hydroxyäthyl-*, $C_{14}H_{22}N_4O_4S$, F. 195—196° (Zers.; Butanol), aus 3,3 g S-Hydroxyäthylthiamin; 0,64 g. *O-Benzoyl-*, $C_{21}H_{26}N_4O_5S$, F. 180—181° (Zers.; A.). — *S-Benzyl-*, $C_{19}H_{24}N_4O_3S$, F. 178—180° (Zers.; A.). — Thiaminsulfone: *S-Methyl-*, $C_{13}H_{20}N_4O_4S$, F. 206—207° (Zers.; A./Essigester), durch Ox. von VI mit H_2O_2. — *S-Äthyl-*, $C_{14}H_{22}N_4O_4S$, F. 190—191° (Zers.). — *S-n-Propyl-*, $C_{15}H_{24}N_4O_4S$, F. 152—153° (Zers.; A./Essigester). — *S-n-Butyl-*, $C_{16}H_{26}N_4O_4S$, F. 174—175° (Zers.; A./Essigester). — *S-β-Hydroxyäthyl-*, $C_{14}H_{22}N_4O_5S$, F. 174—175° (Zers.; A.). *O-Benzoyl-*, $C_{21}H_{26}N_4O_6S$, F. 173 bis 174° (Zers.). — *S-Benzyl-*, $C_{19}H_{24}N_4O_4S$, F. 187—188° (Zers.; A.). — *O-Benzoylthiaminsäure*, F. 234—235° (Zers.; 50%ig. A.), durch 1wöchiges Stehen von 0,1 g III mit H_2O_2 in CH_3COOH; 160 mg. W. Holland 4587

1348 **Pantothensäure und verwandte Verbindungen. 5. Mitt. Chemische Studien. 4. Mitt. Eine Totalsynthese von Coenzym A über ein intermediäres Thiazolin.** Masao Shimizu, Osamu Nagase, Seizaburo Okada, Yasuhiro Hosokawa, Hiroaki Tagawa, Yasushi Abiko und Tadao Suzuki. (Chem. pharmac. Bull. [Tokyo] **15** (1967) 5, 655—62; Tokyo, Doiichi Sciyaku Co., Ltd., Central Res. Labor.; engl.) — Kondens. von D-Pantothenonitril (I) u. Morpholino-N.N'-dicyclohexylcarboxamidiniumadenosin-5'-phosphoromorpholidat (II) in abs. Py. liefert *P¹-[Adenosyl-(5')]-P²-[pantothenonitril-(4)]-pyrophosphat* (III), das als *Li-Salz* (IIIa) isoliert wird. Umsetzen von IIIa mit Cysteamin u. Hydrolyse des rohen Thiazolinderiv. mit verd. HCl gibt *D-3'-Dephosphocoenzym A* (IV). Analog III wird aus I u. II-2'.3'-Cyclophosphat (IIa) das *III-2'.3'-Cyclophosphatderiv.* (V) erhalten, das durch Ribonuclease T_2 (aus Takadiase; Darst. ist angegeben) zum *III-3'-Phosphat* (VI) hydrolysiert wird. Die Umwandlung der CN-Gruppe mit Cysteamin in das entsprechende Thiazolin u. dessen saure Hydrolyse liefert nach Chromatographie (Chr.) reines (100%ig.) *Coenzym A* (VII). Die Reinheit von VII vor der Chr. beträgt 77—80% nach der von Vf. verbesserten enzymat. Meth. mittels Phosphotransacetylase aus *E. coli* u. erreicht damit die gleiche Reinheit wie VII aus Hefe oder das nach der Meth. von Moffat u. Khorana [J. Amer. chem. Soc. **83** (1961) 663] hergestellte VII.

Versuche: *P¹-[Adenosyl-(5')]-P²-[pantothenonitril-(4)]-pyrophosphat* (III), *Di-Li-Salz, 4-Hydrat* (IIIa), $C_{19}H_{27}Li_2N_7O_{12}P_2 \cdot 4\ H_2O$, durch mehrstd. Stehen von I u. II in abs. Py. bei Raumtemp., Eindampfen im Vakuum unter Nachgeben von CH_3OH, Lösen in W., Zugeben von NH_4OH bis pH 4,5 Adsorption an ECTEOLA-Cellulose (Cl-Form) u. Gradientelution mit LiCl/HCl, Einstellen mit LiOH auf pH 4,5, Eindampfen im Vakuum u. Umfällen aus CH_3OH/Aceton; 52,5% (Ausb.). — *D-3'-Dephosphocoenzym A* (IV), *Di-Li-Salz, 4-Hydrat* (IVa), $C_{21}H_{33}Li_2 \cdot N_7O_{13}P_2S \cdot 4\ H_2O$, a) durch 8std. Kochen von IIIa u. Cysteamin in CH_3OH unter N_2, Eindampfen im Vakuum, Lösen in W., Einstellen auf pH 4,7 mit HCl, 4std. Erhitzen auf 60° unter N_2, Filtrieren über Dowex-50 (H^+-Form), Einengen des Filtrats im Vakuum, Zugeben von Mercaptoäthanol, mehrstd. Stehen, Eindampfen im Vakuum, Lösen in CH_3OH u. Fällen mit Aceton; 64,0%; b) nach Moffat u. Khorana. — *P¹-[3'-Phosphoryladenosyl-(5')]-P²-[D-pantothenonitril-(4)]-pyrophosphat* (VI), *Tri-Li-Salz, 6-Hydrat* (VIa), $C_{19}H_{27}Li_3N_7O_{15}P_2 \cdot 6\ H_2O$, analog IIIa aus I u. IIa, 2½std. Stehen des rohen V mit Ribonuclease T_2 in W., Chr. an DEAE-Cellulose u. Umfällen aus CH_3OH/Aceton; 61,8%. — *Coenzym A* (VII), *Tri-Li-Salz, 4-Hydrat*, $C_{21}H_{33}Li_3N_7O_{16}P_3S \cdot 4\ H_2O$, a) analog IVa aus VIa; 19,8%; b) durch saure Hydrolyse von P¹-[2'.3'-cyclophosphoryladenosyl-(5')]-P²-[D-pantothein-(4)]-pyrophosphat nach Moffat u. Khorana u. Chr. an ECTEOLA-Cellulose; c) analog IIIa aus IIb u. D-Pantothein-4-phosphat u. weiter analog VIa; 29,7%.

F. Heller 4587

1349 **Intermediärverbindungen bei der nichtenzymatischen Transamination zwischen Pyridoxal und Aminosäuren.** C. Cennamo. (Ital. J. Biochem. **16** (1967) 3, 179—93; Istituti di Chimica Biologica e di Fisiologia Umana dell'Università di Modena; engl.) — In Gemischen von Pyridoxal (I) bzw. *3-O-Methyl-I* u. Aminosäuren bzw. Peptiden oder deren Ester u. von *Pyridoxamin* (II) u. Ketosäuren wird spektrophotometr. bei 25° die Bldg. von Chelaten mit Al^{3+}, Ga^{3+} u. Cu^{2+} untersucht. In Ggw. von Al^{3+} entsteht in beiden Gemischarten der gleiche Chelattyp mit einer Absorption bei 370 mμ. Für die Komplexbldg. ist es erforderlich, daß die Carboxylgruppe der Aminosäure u. die phenol. Hydroxylgruppe von I frei sind. Bei der Hydrolyse der Chelate mit Al u. Ga handelt es sich um eine Rk. erster Ordnung, während die Chelate mit Cu sehr stabil sind. Da die Bldg. der beiden Komplextypen, die das Imin zwischen I u. der Aminosäure (Aldimin) bzw. zwischen II u. einer Ketosäure (Ketimin) aufweisen, sehr intensiv abläuft (bes. in Ggw. von Al^{3+} als aktivstem Metallion), handelt es sich bei ihnen offenbar um Zwischenprod.; bei der eigentlichen Transaminierung (Übertragung der NH_2-Gruppe von einer α-Amino- auf eine α-Ketosäure) wirken I u. II dagegen nur als Katalysatoren. E. Wilke 4587△

1350 **Zusammenhänge zwischen Struktur und Aktivität in der Vitamin-E-Reihe. 1. Mitt. Einfluß einer Substitution an der 5-Methylgruppe im 6-Hydroxy-2.2.5.7.8-pentamethylchroman.** W. A. Skinner, R. M. Parkhurst, J. Scholler, P. Alaupovic, Q. E. Crider und K. Schwarz. (J. med. Chem. **10** (1967) 4, 657—61; Life Sci. Res., Stanford Res. Inst., Menlo Park, Calif.; engl.) — 9 neu dargestellte Verb. wurden zusammen mit einigen früher beschriebenen *Ox.-Prod.* des *dl-α-Tocopherols* (I) bzw. dessen Modellsubstanz (*6-Hydroxy-2.2.5.7.8-pentamethylchroman* [II]) auf E-Vitamin-Aktivität untersucht. Die pharmakolog. Prüfungen umfaßten: Resorption von Embryonen (Fortpflanzungsfähigkeit; Ratten), Enzephalomalazie (Küken), diätbedingte Muskeldystrophie (Kaninchen), diätbedingte nekrot. Leberdegeneration (NLD; Ratten) u. Verhinderung der Atmungsminderung (VAM) von Rattenleberhomogenaten in vitro. Lediglich in den 2 letztgenannten Testen wiesen einige der Verb. Aktivität auf. Im NLD-Test waren II, *6-Acetoxy-5-chlormethyl-2.2.7.8-tetramethylchroman* (III), die entsprechende *6-Hydroxy-5-äthoxymethylverb.* (IV) u. *6-Hydroxy-5-benzoxymethylverb.* (V) am wirksamsten, aber weniger akt. als I. Im VAM-Test hatten II, *5.6-Dioxo-2.2.7.8-tetramethylchroman* (VI) u. *6-Hydroxy-2.2.5.7-tetramethylchroman* kräftige Wrkg., VI übertraf hier I um das 7fache. Ausgangsstoff für die neuen Verb. war III, das aus II bereitet wurde.

Versuche: 6-Acetoxy-2.2.7.8-tetramethylchromane: *5-Chlormethyl-* (III), $C_{16}H_{22}ClO_3$, F. 136 bis 138° (Bzl.–PAe); aus II durch Ox. mit $AgNO_3$ u. darauffolgende Behandlung des Rk.-Prod. mit Acetylchlorid; 27% (Ausb.). — *5-Dodecylmercaptomethyl-* (VII), $C_{28}H_{46} \cdot O_3S$, F. 38—40° (PAe.); durch Erwärmen von III mit n-Dodecylmercaptan u. KOH in W.–Dioxan; 20%. — *5-Isothioureidomethyl-, Hydrochlorid* (VIII), $C_{17}H_{25}ClN_2 \cdot O_3S$, F. 232—235°; durch Kochen von III mit Thioharnstoff in A. unter N_2; 68%. — *5-Morpholinomethyl-* (IX), $C_{20}H_{29}NO_4$, F. 120—122° (A.); aus III mit Morpholin nach mehrtägigem Stehen in A.–W.–Ae.; 51%. — *5-Jodmethyl-* (X), $C_{16}H_{22}JO_3$, F. 129—131° (Aceton–W.); aus III durch Kochen mit NaJ in Aceton; 94%. — *5-Äthylmercaptomethyl-* (XI), $C_{18}H_{26}O_3S$, F. 70—73°; aus III nach Kochen mit Äthylmercaptan in einer W.–Dioxan–KOH-Mischung, Reinigung durch Chromatographie; 74%. — 6-Hydroxy-2.2.7.8-tetramethylchromane: *5-Piperidinomethyl-* (XII), $C_{19}H_{29}NO_2$, F. 154—157° (W.–A.); aus III durch Umsetzung mit Piperidin; 60%. — *5-Dimethylaminomethyl-* (XIII), $C_{16}H_{25}NO_2$, F. 126—128° (W.–CH_3OH); aus III mit Dimethylamin; 90%. — *5-Äthoxymethyl-* (IV), $C_{16}H_{24}O_3$., F. 97—98° (A.–W.); durch Erwärmen von III mit A. u. KOH; 68%. — *5-Methoxymethyl-* (XIV), $C_{15}H_{22}O_3$, F. 70—72° (CH_3OH–W.); aus III mit CH_3OH

analog **IV**; 18 %. — *5-Benzyloxymethyl-* (**V**), $C_{21}H_{26}O_3$, F. 100—103° (A.-W.); ähnlich **IV** mit Benzylalkohol; 23 %. — Einzelheiten des IR-Spektrums sind angeführt für die Verb. **III–V**, **VII–XIV**, u. des NMR-Spektrums für **III–V**, **VII**, **IX** u. **XI–XIV**. Ernst Frank 4587

1351 **Synthesen und biologische Wirkungen von Apogalanthamin-Analogen.** Katsumi Kotera, Michiko Motomura, Sadao Miyazaki, Tetsuo Okada und Yoshinori Hamada. Ryonosuke Kido, Katsumi Hirose, Masami Eigyo, Hirokuni Jyoyama und Hatsuo Sato. (Annu. Rep. Shionogi Res. Lab. [Osaka] **17** (1967) 88—106; engl.) — Eine Anzahl *5.6.7.8-Tetrahydrodibenz-[c.e]-azocine* (**I**), *6-Amino-5.6.7.8-tetrahydrodibenzo-[a.c]-cyclooctene* (**II**), *6.7-Dihydro-5H-dibenz-[c.e]-azepine* (**III**), *6-Amino- oder 6-Aminomethyl-6.7-dihydro-5H-dibenzo-[a.c]-cycloheptene* (**IV**) u. *6.7.8.9-Tetrahydro-5H-dibenz-[d.f]-azonine* (**V**) werden dargestellt. **I** zeigen hauptsächlich hypotensive Wrkg., einige stärkere als *Ilidar* (**VI**). Weiter verhindern **I** die Kontraktion der Nickhaut auf sympath. Stimulierung sowie die Vasopression u. Toxizität von Adrenalin. **II** besitzen nur sehr geringe hypotensive Wirkung. Bei **III** u. **IV** werden keine wirksameren Verb. als **VI** gefunden. **V** sind unwirksam. *6-Methylamino-6.7-dihydro-5H-dibenzo-[a.c]-cyclohepten* wird ausführlich auf seine Wrkg. auf das Zentralnervensyst. untersucht. Seine Wrkg. liegt etwa zwischen der von Chlordiazepoxid u. Chlorpromazin.

Versuche: *2-Brommethyl-2′-[2-brommethyl]-biphenyl* (**VII**), $C_{15}H_{14}Br_2$, ölig, durch 6std. Erwärmen von 5 g 2-Hydroxymethyl-2′-[2-hydroxyäthyl]-biphenyl mit PBr_3 in Bzl. auf 69—73°, 24std. Stehen bei Raumtemp. u. Gießen auf Eiswasser; 3,69 g (Ausb.). — 5.6.7.8-Tetrahydrodibenz-[c.e]-azocine (**I**): *1.2-Dihydroxy-6-methyl-* (*Apogalanthamin*), *Hydrobromid* (*HBr*), $C_{16}H_{17}NO_2 \cdot HBr$, F. 234° (Zers.), aus Galanthamin nach Kabayashi u. Uyeo, J. chem. Soc. [London] **1957**, 638. — *1-Hydroxy-2-methoxy-6-methyl-* (**VIII**), $C_{17}H_{19}NO_2$, F. 178—179°. *Methojodid*, $C_{17}H_{19}NO_2 \cdot CH_3J$, F. 264,5—266° (Zers.). — *1.2.11-Trihydroxy-6-methyl-*, *Hydrojodid*, $C_{16}H_{17}NO_3 \cdot HJ$, F. 262—264° (Zers.). — *1.2-Dimethoxy-6-methyl-*, *HCl*, $C_{18}H_{21}NO_2 \cdot HCl \cdot H_2O$, F. 219—220° (Zers.). *Methojodid*, $C_{18}H_{21}NO_2 \cdot CH_3J$, F. 224—226° (Zers.). — *1-Phenoxy-2-methoxy-6-methyl-*, *HCl*, $C_{23}H_{23}NO_2 \cdot HCl$, F. 238—238,5° (Bzl.), durch 10std. Kochen von 100 mg **VIII** mit Brombenzol, K_2CO_3, Cu-Pulver u. KJ in Py.; 87 mg. *Pikrat*, $C_{29}H_{26}N_4O_9$, F. 191—192° (A.). — *2-Methoxy-6-methyl-*, *HCl*, $C_{17}H_{19}NO \cdot HCl \cdot {}^3/_2\,H_2O$, F. 120—122° (Bzl./Methanol), aus 224 mg vorst. Verb. mit Na in fl. NH_3; 110 mg. *Pikrat*, $C_{17}H_{19}NO \cdot C_6H_3N_3O_7$, F. 207—208° (A.). — *2-Hydroxy-6-methyl-*, *HBr*, $C_{16}H_{17}NO \cdot HBr$, F. 270—271° (Methanol), durch Entmethylierung von 262 mg vorst. Verb. mit HBr; 222 mg. — *6-Äthyl-*, HBr, $C_{17}H_{19}N \cdot HBr$, F. 225° (A./Essigester), a) durch 4std. Erhitzen von **VII** mit Äthylamin in Bzl. im Rohr auf 130—140°. b) aus **X** in Bzl. mit Äthyljodid. — *7-Oxo-*, $C_{15}H_{13}NO$, F. 158 bis 159° (Aceton), durch Zugabe von NaN_3 zu 5 g 6.7-Dihydro-5H-dibenzo-[a.c]-cycloheptenon-(6) (**IX**) in Trichloressigsäure bei 55—60° u. 4std. Erwärmen auf 60°; 3,55 g. — *Unsubstituiert* (**X**), $C_{15}H_{15}N$, F. 114—115° (Aceton), durch Red. von 2,62 g vorst. Verb. mit $LiAlH_4$; 2,55 g. *HCl*, $C_{15}H_{15}N \cdot HCl \cdot {}^1/_6\,H_2O$, F. 290—291° (Zers.). — *6-Methyl-*, *HBr*, $C_{16}H_{17}N \cdot HBr$, F. 221—222° (A./Essigester), durch 6std. Kochen von 3,43 mg **X** mit $HCOOH/CH_2O$; 319 mg. — *6-Allyl-*, *HBr*, $C_{18}H_{19}N \cdot HBr$, F. 227—228°. — *6-[3-Dimethylaminopropyl]-*, *Dimethojodid*, $C_{20}H_{26}N \cdot 2\,CH_3J$, F. 203—205° (Zers.). — *6-Benzyl-*, *HBr*, $C_{22}H_{21}N \cdot HBr$, F. 210—211°. — 5.6.7.8-Tetrahydrodibenzo-[a.c]-cyclooktene: *6-Oxo-*, $C_{16}H_{14}O$, F. 110—111° (Methanol), durch Zugabe von **IX**, LiCl u. Methanol bei 0° zu CH_2N_2 in Ae. u. 30std. Stehen bei 0°; 28 %. — *6-Formylamino-*, $C_{17}H_{15}NO$, F. 143—144° (Aceton), durch Leuckart-Rk. aus 665 mg vorst. Verb.; 34 %. — *6-Methylamino-*, *HCl*, $C_{17}H_{19}NHCl$, F. 218 bis 218,5° (A./Essigester), durch Red. von 880 mg vorst. Verb. mit $LiAlH_4$ in Ae.; 371 mg. — 6.7-Dihydro-5H-dibenz-[c.e]-azepine; nach Wenner, J. org. Chemistry **16** (1951) 1475: *6-Methyl-*, *HBr*, $C_{15}H_{15}N \cdot HBr$, F. 227—229° (Zers.). — *6-Allyl-*, *Phosphat*, $C_{17}H_{17}N \cdot H_3PO_4$, F. 215—217°. — *6-[2-Dimethylaminoäthyl]-*, *Dimethojodid*, $C_{18}H_{22}N_2 \cdot 2\,CH_3J$, F. 244—245°. — *6-[3-Dimethylaminoäthyl]-*, *Di-HCl*, $C_{19}H_{24}N_2 \cdot 2\,HCl \cdot H_2O$, F. 235—237°. *Dimethojodid*, $C_{19}H_{24}N_2 \cdot 2\,CH_3J \cdot H_2O$, F. 242 bis 243° (Zers.). — 6.7-Dihydro-5H-dibenzo-[a.c]-cycloheptene: *6-Methylamino-*, *HCl*, $C_{16}H_{17}N \cdot HCl$, F. 273—276° (W.), durch Red. von 600 mg 6-Formylamino-6.7-dihydro-5H-dibenzo-[a.c]-cyclohepten mit $Li \cdot AlH_4$; 551 mg. — *Unsubstituiert*, *HCl*, $C_{15}H_{15}N \cdot HCl$, F. 260—262°. — *6-Allylamino-*, *HBr*, $C_{18}H_{19}N \cdot HBr$, F. 221 bis 222° (Methanol/Aceton), aus 310 mg vorst. Verb. mit Allylbromid; 144 mg. — *6-Dimethylamino-*, *HCl*, $C_{17}H_{19}N \cdot HCl$, F. 270—271°. — *6-n-Propylamino-*, *HBr*, $C_{18}H_{21}N \cdot HBr$, F. 203—204°. — *6-[3-Dimethylaminopropylamino]-*, *Oxalat*, $C_{20}H_{26}N_2 \cdot 2\,C_2H_2O_4 \cdot {}^2/_3\,H_2O$, F. 224 bis 225°. — *2.3.9.10-Tetramethoxy-6-methylamino-*, $C_{20}H_{25}N_4O$, F. 134—135,5° (Ae.), *HCl*, $C_{20}H_{25}NO_4 \cdot HCl$, F. 271—272° (Zers.; A./Essigester), durch Red. von 776 mg nachst. Verb. mit $LiAlH_4$ in Dioxan; 691 mg. — *2.3.9.10-Tetramethoxy-6-formylamino-*, $C_{20}H_{23}NO_5$, F. 233—235° (Chlf./Aceton), durch $1^1/_2$std. Erhitzen von 500 mg 2.3.9.10-Tetramethoxy-**IX**, Harnstoff u. HCOOH auf 148—150°, dann für weitere 2 Std. auf 182—185°; 298 mg. — *2.3.9.10-Tetramethoxy-6-amino-*, *HCl*, $C_{19}H_{23}NO_4 \cdot HCl \cdot {}^1/_2 H_2O$, F. 250—253° (Zers.; A.), durch 3std. Erhitzen von 50 mg vorst. Verb. mit 10 %ig. HCl auf 130—150°; 48 mg. *Base*, $C_{19}H_{23}NO_4$, F. 158—160°. — *1.2.3.4-Tetrahydro-6-amino-*, *HCl*, F. 278—279° (Zers.). *Acetat*, $C_{17}H_{21}NO$, F. 152 bis 159° (Essigester), durch Red. von 9 g **IX**-Oxim mit Na in A. u. Acetylierung; 43 mg. *Pikrat*, $C_{15}H_{19}N \cdot C_6H_3N_3O_7$, F. 233° (Zers.). — *1.2.3.4-Tetrahydro-6-methylamino-*, *HCl*, $C_{16}H_{21}N \cdot HCl$, F. 270—271° (A./Essigester), durch Red. von 100 mg nachst. Verb. mit $LiAlH_4$; 83 mg. — *1.2.3.4-Tetrahydro-6-formylamino-*, $C_{16}H_{19}NO$, F. 125 bis 128° (Aceton), durch 3std. Erhitzen von 200 mg vorvorst. Verb. mit Ameisensäureäthylester im Rohr auf 100°; 86 mg. — *6-Methylaminocarbonyl-*, $C_{17}H_{17}NO$, F. 173 bis 174° (Bzl.), aus 800 mg Säure über das *Chlorid* (Kp.$_{12}$ 170 bis 180°) mit Methylamin in Bzl.; 710 mg. — *6-Methylaminomethyl-*, *HCl*, $C_{17}H_{19}N \cdot HCl$, F. 220—222° (A./Essigester), durch Red. von 500 mg vorst. Verb. mit $LiAlH_4$ in Tetrahydrofuran; 376 mg. — *6-Dimethylaminomethyl-*, *HBr*, $C_{18}H_{21}N \cdot HBr$, F. 240—241°. — *6-[3-Dimethylaminopropyl]-aminomethyl-*, *Oxalat*, $C_{21}H_{28}N_2 \cdot 2\,C_2H_2O_4 \cdot H_2O$, F. 224—225° (Zers.). — *5-Chlor-6-amino-*, *HCl*, $C_{15}H_{14}ClN \cdot HCl$, F. 242—243° (Zers.), durch Rk. von **XI** mit HCl. — *cis-5-Hydroxy-6-amino-*, *HCl*, $C_{15}H_{15}NO \cdot HCl$, F. 261—263° (Zers.). — *trans-5-Hydroxy-6-amino-*, *HCl*, $C_{15}H_{15}NO \cdot HCl$, F. 267—268°. — *5.6-Imino-* (**XI**), *Glykolat*, $C_{15}H_{13}N \cdot {}^2/_5\,C_2H_6O_2$, F. 95—97°. — 6.7.8.9-Tetrahydro-5H-dibenz-[d.f.]-azoninhydrobromide: *7-Methyl-*, $C_{17}H_{19}N \cdot HBr$, F. 248—251° (W.), durch 2std. Erhitzen von 0,5 g 2.2′-Bis-(2-bromäthyl)-biphenyl, mit Methylamin in Bzl. im Rohr auf 130—140°; 90 mg. — *7-Äthyl-*, $C_{18}H_{21}N \cdot HBr$, F. 230—231° (Zers.). *7-Allyl-*, $C_{19}H_{21}N \cdot HBr$, F. 221—222° (Zers.). — *7-n-Propyl-*, $C_{19}H_{23}N \cdot HBr$, F. 226—227°. — 6.7.8.9-Tetrahydro-5H-dibenz-[c.e]-azonine: *7-Oxo-*, $C_{16}H_{15}NO$, F. 215,5—216,5° (Aceton), aus 660 mg 5.6.7.8-Tetrahydrodibenzo-[a.c]-cyclooktenon-(7) mit NaN_3 in Trichloressigsäure; 710 mg. — *Unsubstituiert*, *HBr*, $C_{16}H_{18} \cdot BrN$, F. 245—246° (A./Essigester), durch Red. von 427 mg vorst. Verb. mit $LiAlH_4$; 351 mg. — *6-Methyl-*, *Pikrat*, $C_{17}H_{19}N \cdot C_6H_3N_3O_7$, F. 196—197° (Methanol), aus 351 mg vorst. Verb. mit $HCOOH/CH_2O$; 342 mg.
W. Holland 4607

1352 **Einflüsse der molekularen Struktur auf die Anticholinesterase- und insektizide Wirkung substituierter Phenyl-N-methylcarbamate.** R. L. Metcalf und T. R. Fukuto. (J. agric. Food Chem. **15** (1967) 6, 1022—29; Univ. of Calif., Riverside, Calif.; engl.) — Die insektiziden Eig. gegen die Hausfliege werden bei einer Reihe von N-Methylcarbamaten zur Struktur in Beziehung gesetzt, wobei der aromat. u. nichtaromat. Charakter der alkohol. Komponente, Alkylsubstitution des Phenylkerns, Einfl. der Mehrfachsubstitution u. Isomerien in der Substitution berücksichtigt werden. Daneben werden einige Bis-Carbamate untersucht, die aber wenig wirksam sind. Cyclohexyl- u. Benzylcarbamate sind unwirksam, ebenso p-Alkylphenylcarbamate. Doppelbindungen in der Seitenkette haben nur geringen Einfluß. Die Mehrfachsubstitution wirkt sich sehr unterschiedlich aus, die Verb. bleiben aber wirksam.

Versuche: Phenole: *2-Brom-5-isopropyl-*, Kp.$_{0,1}$ 52—56°, durch Red., Diazotierung u. Hydrolyse von 3-Nitro-4-bromcumol; $n_D^{25,5}$ 1,5504. — *2-Chlor-5-isopropyl-*, Kp.$_{0,1}$ 54°, analog. — *3.5-Bis-[dimethylamino]-*, aus 1.3.5-Triaminobenzol über 3.5-Diaminophenol, Kochen mit CH_3J in Methanol in Ggw. von Na_2CO_3 über Nacht u. Erhitzen auf 180—200°. — N-Methylcarbamate: *Phenyl-*, F. 85—86°, aus Phenol u. Methylisocyanat in Ggw. von Triäthylamin. — *Benzyl-*, Kp.$_3$ 102 bis 104°. — *Cyclohexylmethyl-*, Kp.$_{1,4}$ 107—109°. — *2-Isopropylcyclohexyl-*, F. 78—81°. — *2-Isopropyl-5-methylcyclohexyl-*, F. 107—108°. — *2-Isopropoxybenzyl-*, Kp.$_{0,5}$ 124°. — *Benzylidenimino-*, F. 94—96°. — *Cyclohexylidenimino-*, Kp.$_1$ 138—140°. — *anti-Isophoronylidenimino-*, F. 97,5—99°. — *syn-Isophoronylidenimino-*, F. 116 bis 118°. — *2-n-Propylphenyl-*, F. 64—66°. — *2-Allylphenyl-*, F. 70—72°. — *2-Isobutylphenyl-*, F. 67—72°. — *2-Isobuten-(1)-yl-phenyl-*, F. 66—68°. — *2-β-Methallylphenyl-*, F. 67—72°. — *4-Isopentylphenyl-*, F. 90—93°. — *4-Isooctyl-(2)-phenyl-*, F. 101—103°. — *Biphenylyl-(4)-*, F. 132 bis 133,5°. — *4-Benzylphenyl-*, F. 95—97°. — *4-α-Phenyläthylphenyl-*, F. 117—119°. — *2-Isopropylphenyl-*, F. 96 bis 97°. — *4-Benzyloxyphenyl-*, F. 121,5—125°. — *2-Benzyloxyphenyl-*, F. 72—73°. — *3-Isopropylphenyl-*, F. 72 bis 74°. — *2-Isopropyl-5-methylphenyl-*, F. 89,5—91°. — *3-Isopropyl-5-methylphenyl-*, F. 87—89°. — *2-Isopropyl-4-methylphenyl-*, F. 97—99°. — *3-Methyl-4-isopropylphenyl-*, Kp.$_{0,25}$ 120°. — *2-Methoxy-5-isopropylphenyl-*, F. 118—120°. — *2-Chlor-5-isopropylphenyl-*, F. 90—91°. — *2-Brom-5-isopropylphenyl-*, F. 77,5—79°. — *2-Fluor-5-isopropylphenyl-*, F. 100—102°. — *3-Isopropyl-4-fluorphenyl-*, F. 107,5—108,5°. — *3.5-Diisopropylphenyl-*, F. 80°. — *2.4-Diisopropylphenyl-*, F. 66—67°. — *2-Isopropoxyphenyl-*, F. 77—79°. — *2-Isopropoxy-5-isopropylphenyl-*, Kp.$_{0,6}$ 124°. — *2-Isopropoxy-5-methylphenyl-*, F. 63—66°. — *2-Isopropoxy-5-methoxyphenyl-*, F. 96,5—98°. — *2-Methoxy-5-isopropoxyphenyl-*, F. 116—117,5° — *3-tert.-Butylphenyl-*, F. 144—145°. — *3-tert.-Butyl-5-methylphenyl-*, F. 110—112°. — *2-tert.-Butyl-5-methylphenyl-*, F. 110—113°. — *2-tert.-Butyl-5-methoxyphenyl-*, F. 84—89°. — *2-Methoxy-5-tert.-butylphenyl-*, F. 121 bis 123°. — *3.5-Di-tert.-butylphenyl-*, F. 97—99°. — *2.5-Di-tert.-butylphenyl-*, F. 132—135°. — *3-Dimethylaminophenyl-*, F. 86—87°. — *3-Isopropyl-5-dimethylaminophenyl-*, F. 77—81°. — *3-Isopropyl-5-trimethylammoniophenyl-*, F. 143—150°. — *4-Dimethylaminophenyl-*, F. 131 bis 132°. — *3-Isopropyl-4-dimethylaminophenyl-*, F. 85 bis 86°. — *3-Isopropyl-4-trimethylammoniophenyl-*, F. 165 bis 166°. — *3.5-Bis-(dimethylamino)-phenyl-*, F. 103 bis 106°. — *3-Dimethylamino-5-trimethylammoniophenyl-*, F. 170°. — *3.5-Bis-(trimethylammonio)-phenyl-*, F. 90° (Zers.). — *2-Methyl-4-dimethylamino-5-isopropylphenyl-*, F. 73—75°. — *2-Methyl-4-trimethylammonio-5-isopropylphenyl-*, F. 166—168° (Zers.). — *2-Isopropyl-4-dimethylamino-5-methylphenyl-*, F. 68—70°. — *2-Isopropyl-4-trimethylammonio-5-methylphenyl-*, F. 188—189° (Zers.). — *2-Cyclohexyl-5-methoxyphenyl-*, F. 105—107°. — *2-tert.-Butyl-5-phenylphenyl-*, F. 143—147°. — *2-Isopropyl-4-chlor-5-methylphenyl-*, F. 91—94°. — *2-Isopropyl-4.6-dichlor-5-methylphenyl-*, F. 154—158°. — *2.3.4-Trimethylphenyl-*, F. 91—94°. — *2.3.5-Trimethylphenyl-*, F. 123—124°. — *2.3.6-Trimethylphenyl-*, F. 117—120°. — *2.4.5-Trimethylphenyl-*, F. 116—119°. — *3.4.5-Trimethylphenyl-*, F. 117—119°. — *2.4.6-Trimethylphenyl-*, F. 136 bis 137°. — *1.2-Phenylen-bis-N-methylcarbamat*, F. 147 bis 150°. — *1.4-Phenylen-bis-N-methylcarbamat*, F. 209 bis 212°. — 1.3-Phenylen-bis-N-methylcarbamate: *Unsubstituiert*, F. 147—152°. — *4.6-Diisopropyl-*, F. 259 bis 262°. — *1.3-Benzoxazolon-(2)*, F. 180—185°.

W. Holland 4607

1353 **Potentielle Antimalariamittel.** 9. Mitt. **Pyrimidinderivate von Harnstoff und Guanidin.** Tadeusz Urbański, Barbara Serafin und Jerzy Żylowski. (J. med. Chem. **10** (1967) 4, 521—25; Dep. of Org. Techn., Inst. of Techn., Warsaw, Poland; engl.) — 8. vgl. Wutkiewicz u. Venulet, Acta Phys. Polon. **16** (1965) 885. — Die Synth. von Deriv. des *6-Methylpyrimidinharnstoffs* (**I**) u. des *6-Methylpyrimidinguanidins* (**II**) wird beschrieben. Zusammen mit einigen Arylbiguaniden u. -guanylharnstoffen wurden die Verb. nach parenteraler Verabfolgung auf Toxizität sowie im Vgl. mit *Nitroguanil* (*1-[p-Nitrophenyl]-3-guanylharnstoff · HCl*) auf Antimalariawrkg. geprüft, 4 Substanzen außerdem nach oraler Zufuhr. Die Verb. waren wenig tox. u. unwirksam. 1-Aryl-3-guanylharnstoffe (**III**) wurden in bekannter Weise aus prim. aromat. Aminen durch Rk. mit Dicyandiamid (**IV**) oder auch aus Arylbiguaniden (**V**) durch Kochen mit HCl erhalten. Mit Acetessigsäureäthylester (**VI**) bzw. Acetylaceton (**VII**) gehen **III** u. **V** unter Ringschluß in Deriv. des **I** u. **II** über. Diese Rk. beweist die Richtigkeit der früher für **II** vorgeschlagenen Formel $ArNHCONHC\langle{}^{NH}_{NH_2}$. Zwecks Sicherstellung der Konstit. von I-Seriv. wurden diese auch durch Kondens. von aromat. Urethanen bzw. Arylisocyanaten mit 2-Aminopyrimidinen, von prim. aromat. Aminen mit Pyrimidyl-(2)-harnstoffen oder von Phenylharnstoff mit 2-Methylmercapto-4-hydroxy-6-methylpyrimidin bereitet.

Versuche: Biguanide: *m-Boronophenyl-*, $C_8H_{12}BN_5O_2$, F. 320° (W.); aus m-Aminophenylborsäure · HCl u. **IV**, Freisetzung der Base mit $NaHCO_3$; 56% (Ausb.). *Hydrochlorid* (**VIII**), $C_8H_{13}BClN_5O_2$, F. 302 bis 303° (W.). — *p-Fluorphenyl-*, $C_8H_{10}FN_5$, F. 140—142° (Bzl.); aus p-Fluoranilin · HCl u. **IV**; 70%. *Hydrochlorid*, $C_8H_{11}ClFN_5$, F. 219—222° (W.). — 3-Guanylharnstoffe: *1-(m-Boronophenyl)-*, $C_8H_{11}BN_4O_3$, F. >320°; aus **VIII** durch Kochen mit HCl u. Freisetzen der Base mit $NaHCO_3$; 40%. *Hydrochlorid*, $C_8H_{12}BClN_4O_3$, F. 214 bis 216° (15%ig. HCl). — *1-(m-Nitrophenyl)-*, $C_8H_9N_5O_3$, F. 197—198° (A.); aus m-Nitroanilin u. **IV**; 36%. *Hydrochlorid*, F. 225—227° (W.). *Pikrat*, $C_{14}H_{12}N_8O_{10}$, F. 250° (Zers.; W.). *Nitrat*, $C_8H_{10}N_6O_6$, F. 202—203° (Zers.). — *1-(o-Chlorphenyl)-*, F. 124—125°; a) aus o-Chlorphenylbiguanid · HCl durch Kochen mit 8%ig. HCl u. Freisetzen der Base; 58%; b) aus o-Chloranilin u. **IV**; 54%. — *1-(m-Chlorphenyl)-*, F. 93—94°; a) u. b) analog; 62 bzw. 44%. — *1-(p-Fluorphenyl)-*, *Hydrochlorid*, $C_8H_{10}ClFN_4O$, F. 163—166° (W.); aus p-Fluorphenylbiguanid u. $NaNO_2$; 32%. — 3-[4-Hydroxy-6-methylpyrimidyl-(2)]-harnstoffe (**A**), a) aus **III** mit **VI** u. NaOH in A.–W. durch 7tägiges Stehenlassen; b) aus **III** u. **VI** durch 1std. Erwärmen auf 120—130°: *1-Phenyl-*, $C_{12}H_{12}N_4O_2$, F. 275—276°; 66 bzw. 46%. — *1-(p-Nitrophenyl)-*, $C_{12}H_{11}N_5O_4$, F. 306—310° (Zers.); 0 bzw. 48%. — *1-(p-Chlorphenyl)-*, $C_{12}H_{11}ClN_4O_2$, F. 292—294°; 69 bzw. 46%. — *1-(p-Fluorphenyl)-*, $C_{12}H_{11}FN_4O_2$, F. 297—302°; 48 bzw. 52%. — *1-(p-Bromphenyl)-*, $C_{12}H_{11}BrN_4O_2$, F. 285—286°; 77 bzw. 55%. — *1-(p-Jodphenyl)-*, $C_{12}H_{11}JN_4O_2$, F. 273—275°; 27 bzw. 42%. — *1-(β-Naphthyl)-*, $C_{16}H_{14}N_4O_2$, F. 283—285°; 58 bzw. 25%. — 3-[4-Hydroxy-6-methylpyrimidyl-(2)]-guanidine, aus **V** analog **A**: *1-Phenyl-*, $C_{12}H_{13}N_5O$, F. 256—258°; 74 bzw. 65%. — *1-(p-Nitrophenyl)-*, $C_{12}H_{12}N_6O_3$, F. 279—281°; 0 bzw. 62%. — *1-(p-Fluorphenyl)-*, $C_{12}H_{12}FN_5O$, F. 263 bis 266°; 79 bzw. 70%. — *1-(p-Chlorphenyl)-*, $C_{12}H_{12}ClN_5O$, F. 287—288°; 79 bzw. 66%. — *1-(p-Bromphenyl)-*, $C_{12}H_{12}BrN_5O$, F. 285°; 80 bzw. 75%. — *1-(p-Jodphenyl)-*, $C_{12}H_{12}JN_5O$, F. 280—281°; 43 bzw. 67%. — *1-(β-Naphthyl)-*, $C_{16}H_{15}N_5O$, F. 263—265°; 78 bzw. 62%. — 3-[4.6-Dimethylpyrimidyl-(2)]-harnstoffe, aus **III** mit **VII** analog den bei **A** genannten Meth.: *1-(p-Nitrophenyl)-*, $C_{13}H_{13}N_5O_3$, F. 270—271°; 0 bzw. 33%. — *1-(p-Fluorphenyl)-*, $C_{13}H_{13}FN_4O$, F. 206—210°; 59 bzw. 46%. — *1-(p-Chlorphenyl)-*, $C_{13}H_{13}ClN_4O$, F. 210—211°; 38 bzw. 33%. — *1-(p-Bromphenyl)-*, $C_{13}H_{13}BrN_4O$, F. 214—216°; 50 bzw. 51%. — *1-Phenyl-*, $C_{13}H_{14}N_4O$, F. 198—200°; 48 bzw. 35%. — *1-(p-Jodphenyl)-*, $C_{13}H_{13}JN_4O$, F. 208—210°; 20 bzw. 29%. — *1-(β-Naphthyl)-*, $C_{17}H_{16}N_4O$, F. 204—207°; 40 bzw. 19%. — 3-[4.6-Dimethylpyrimidyl-(2)]-guanidine, aus **V** mit **VII** analog den bei **A** genannten Meth.: *1-Phenyl-*, $C_{13}H_{15}N_5$, F. 207—209°; 64 bzw. 67%. — *1-(p-Nitrophenyl)-*, $C_{13}H_{14}N_6O_2$, F. 237—239°; 0 bzw. 63%. — *1-(p-Chlorphenyl)-*, $C_{13}H_{14}ClN_5$, F. 209—211°; 50 bzw. 68%. — *1-(p-Fluorphenyl)-*, $C_{13}H_{14}FN_5$, F. 223—226°; 66 bzw. 71%. — *1-(p-Bromphenyl)-*, $C_{13}H_{14}BrN_5$, F. 188—191°; 76 bzw. 51%. — *1-(p-Jodphenyl)-*, $C_{13}H_{14}JN_5$, F. 178

bis 180°; 41 bzw. 54%. — *1-(β-Naphthyl)-*, $C_{17}H_{17}N_5$, F. 240—243°; 54 bzw. 58%. Ernst Frank 4610

1354 **Synthese und grundlegende Pharmakologie N-substituierter und N.N'-disubstituierter Allylbarbiturate.** M. H. Weinswig, A. M. Burkman, W. D. Jones und E. J. Rowe. (J. pharmac. Sci. **56** (1967) 7, 909—11; Coll. of Pharm., Butler Univ., Indianapolis, Ind.; engl.) — Mit Hilfe von Anionenaustauschern werden N-Allyl- u. N.N'-Diallylbarbitursäuren dargestellt. Keine der Verb. erreicht in der Wrkg. Phenobarbital.

Versuche: Barbitursäuren: *5.5-Diäthyl-N-allyl-*, $C_{11}H_{16}N_2O_3$, F. 80—81° (50%ig. Methanol), durch Adsorption von Barbital an einen stark bas. Ionenaustauscher u. Behandlung mit 1 Mol. *Allylbromid* (**I**) in A.; 47% (Ausb.). — *5.5-Diäthyl-N.N'-diallyl-*, $C_{14}H_{20}\cdot N_2O_3$, F. 120,5—121,5°, analog mit 2 Mol. I; 30%. — *5-Phenyl-5-äthyl-N-allyl-*, $C_{15}H_{16}N_2O_3$, F. 73—73,5°; 37%. — *5-Phenyl-5-äthyl-N.N'-diallyl-*, $C_{18}H_{20}N_2O_3$, F. 40°; 35%. — *5-Cyclohexenyl-5-äthyl-N-methyl-N'-allyl-*, $C_{15}H_{20}N_2O_3$, F. 75—76°; 70%. — *5.5-Diallyl-*, $C_{10}H_{12}\cdot N_2O_3$, F. 169—170°; 45%. — *5.5.N.N'-Tetraallyl-*, $C_{16}H_{20}N_2O_3$, F. 148,5—149°; 25%. W. Holland 4627

1355 **Neuropharmakologische Untersuchungen an N-Benzylsulfamiden.** Paul Aeberli, John Gogerty und William J. Houlihan. (J. med. Chem. **10** (1967) 4, 636—42; Res. Labor., Sandoz Pharmaceut., Hanover, N.J.; engl.) — Eine größere Anzahl von Deriv. des N-Benzylsulfamids, $R^2C_6H_4\underset{R}{C}H\underset{R^1}{N}SO_2\underset{R^4}{N'}-R^3$, wurde synthetisiert u. im Vgl. mit *Glutethimid, Aminoglutethimid, Phenytoin, Meprobamat, Mesuximidum* u. *Methylpentynol* auf neuropharmakolog. Aktivität geprüft. Mit Dosen von 25—300 mg/kg wurden untersucht: Antagonismus gegenüber Strychnin u. Elektroschock sowie Wiederauslösung der Evipananästhesie nach i.p. Verabreichung an Mäuse, u. außerdem mit einer Auswahl von Verb. die Spinalreflexe an narkotisierten Katzen nach i.v. Injektion. Der Einfl. der Substituenten u. der ihrer Stellung im Mol. auf die Wirksamkeit in den verschiedenen Testen wird erörtert.

Versuche: Benzylamine: *2-Chlor-4-fluor-* (**I**), C_7H_7ClFN, $Kp._{12}$ 96—99°; n_D^{20} 1,5308—1,5312; aus 72,5 g 2-Chlor-4-fluortoluol durch Behandlung mit Br_2, dann mit Hexamethylenimin in $CHCl_3$; 55,6 g (Ausb.). — *2.3.6-Trichlor-*, $Kp._{0,7-0,8}$ 96—98°; n_D^{20} 1,5958. — *2.6-Dichlor-*, $Kp._{1,8}$ 79—81°; n_D^{20} 1,5325. — *2.4.5-Trichlor-*, $Kp._{2,5}$ 110°; n_D^{20} 1,5948. — *2.3.4.5.6-Pentachlor-*, F. 138 bis 140° (Ae.-Pentan). — *2.4-Dichlor-4-methyl-*, $C_8H_9Cl_2N$, $Kp._{0,17}$ 82°. — *2-Chlor-6-fluor-*, C_7H_7ClFN, $Kp._{18}$ 94—96°; n_D^{20} 1,5330. — *2-Chlor-*, $Kp._{0,7}$ 62,3°; n_D^{20} 1,5540. — *2.3.5.6-Tetrachlor-4-methyl-*, $C_8H_7Cl_4N$, F. 150—152°. — *2.3.6-Trichlor-N-methyl-*, $C_8H_8Cl_3N$, F. 51—53°, $Kp._{0,07}$ 97°; aus 29,4 g 2.3.6-Trichlortoluol zunächst mit Br_2, dann mit CH_3NH_2; 24,5 g. — *2.6-Dichlor-N-methyl-* (**II**), $Kp._{1,75}$ 79—81°; n_D^{20} 1,5598. — *N-Isobutenyl-* (**III**), $Kp._{20}$ 112—114°; n_D^{20} 1,5189. — *4-Chlor-N-methyl-*, $Kp._{1,0}$ 60°; n_D^{20} 1,5375; aus 70,5 g 4-Chlorbenzaldehyd in Isopropanol mit CH_3NH_2 u. Hydrierung des Rk.-Prod. an Raney-Ni; 46,5 g. — *N-n-Decyl-*, $Kp._{0,1}$ 124°. — *N-Cyclopentyl-*, $C_{12}H_{17}N$, $Kp._{0,2-0,35}$ 68—70°; n_D^{20} 1,5280. — *2-Methoxy-N-methyl-*, $Kp._{1,5}$ 78—79°; n_D^{20} 1,5307. — *4-Methoxy-N-methyl-*, $Kp._{0,25-0,3}$ 63—65°; n_D^{20} 1,5290. — *2-Chlor-N-methyl-*, $Kp._{2}$ 75—76°; n_D^{20} 1,5415. — *3.4-Methylendioxy-N-methyl-*, $Kp._{0,3-0,5}$ 75 bis 77°; n_D^{20} 1,5435. — *3.4-Dichlor-N-methyl-*, $Kp._{1}$ 77 bis 79°; n_D^{20} 1,5562. — *2.4-Dichlor-N-phenäthyl-*, $Kp._{1,75}$ 174°; n_D^{20} 1,5800. — *2.4-Dichlor-N-methyl-*, $Kp._{0,2}$ 83 bis 85°; n_D^{20} 1,5558. — *2.4-Dichlor-N-propargyl-* (**IV**), $Kp._{0,75}$ 120°; n_D^{20} 1,5648; aus **141** g 2.4-Dichlorbenzylamin in Toluol mit Propargylbromid; 46 g. — *4-Chlor-N-propargyl-* (**V**), $Kp._{0,2}$ 98—101°. — *3.4-Dichlor-N-propargyl-* (**VI**), $Kp._{0,6}$ 115—117°; n_D^{20} 1,5621. — *2.4-Dichlor-N-benzyl-*, $Kp._{0,4}$ 178—181°; n_D^{20} 1,5930. — *3.4-Dichlor-N-benzyl-*, $Kp._{1,75}$ 117—119°; n_D^{20} 1,5935. — *N-Cyclopropyl-*, $C_{10}H_{13}N$, $Kp._{0,3}$ 50—51°; n_D^{20} 1,5195; 10,4 g Cyclopropylamin wurden mit Benzoylchlorid kondensiert u. das erhaltene *Cyclopropylbenzamid* [$C_{10}H_{11}NO$, F. 95—97° (CH_3OH-W.); 9,5 g] mit $LiAlH_4$ reduziert. — Benzylsulfamide, durch Kochen von Sulfamid u. dem geeigneten Benzylamin (**VII**) in A.-W. bzw. bei sek. **VII** in Pyridin. N'-substituierte Deriv. wurden durch Rk. von z. B. N.N-Dimethylsulfamoylchlorid mit dem geeigneten **VII** in Bzl. unter Kühlung bereitet: *Unsubstituiert*, $C_7H_{10}N_2O_2S$, F. 102—104° (A.-W.); 45%. — *N-Methyl-*, $C_8H_{12}N_2O_2S$, F. 91—92° (A.-W.); 28%. — *N-Äthyl-*, $C_9H_{14}N_2O_2S$, F. 77—78,5° (CCl_4); 34%. — *N-Propargyl-* (**VIII**), $C_{10}H_{12}N_2O_2S$, F. 116—118° (A.-W.); 71%. — *N-Allyl-*, $C_{10}H_{14}N_2O_2S$, F. 59—61° (CCl_4); 25%. — *N-Cyclopropyl-*, $C_{10}H_{14}N_2O_2S$, F. 136—137° (CH_3OH-W.); 36%. — *N-n-Propyl-*, $C_{10}H_{16}N_2O_2S$, F. 93 bis 94° (A.-W.); 75%. — *N-Isopropyl-*, $C_{10}H_{16}N_2O_2S$, F. 92—94° (A.-W.); 45%. — *N-(2-Methylallyl)-*, $C_{11}H_{16}\cdot N_2O_2S$, F. 64—64,5° (A.-W.); 29%. — *N-n-Butyl-*, $C_{11}H_{18}N_2O_2S$, F. 70—72° (A.-W.); 38%. — *N-Isobutyl-*, $C_{11}H_{18}N_2O_2S$, F. 95—96° (CCl_4); 35%. — *N-Cyclopentyl-*, $C_{12}H_{18}N_2O_2S$, F. 122—124° (A.); 36%. — *N-Benzyl-*, $C_{14}H_{16}N_2O_2S$, F. 111,5—112,5° (CH_2Cl_2); 20%. — *N-Norbornyl-(2)-*, $C_{14}H_{20}N_2O_2S$, F. 154—155° (CH_3OH-W.); 19%. — *N-n-Decyl-*, $C_{17}H_{30}N_2O_2S$, F. 63—65° (A.-W.); 60%. — *N'.N'-Dimethyl-* (**IX**), $C_9H_{14}N_2O_2S$, F. 69—72° (CH_3OH-W.); 75%. — *N.N'.N'-Trimethyl-* (**X**), $C_{10}H_{16}\cdot N_2O_2S$, F. 41—43° ($CH_3OH$-W.); 88%. — *4-Chlor-N.N'.N'-trimethyl-*, $C_{10}H_{15}ClN_2O_2S$, F. 49—50° (A.-W.); 33%. — *N-Propargyl-N'.N'-dimethyl-* (**XI**), $C_{12}H_{16}N_2O_2S$, F. 144—145° (A.-W.); 29%. — *N-Benzyl-N'.N'-dimethyl-* (**XII**), $C_{16}H_{20}N_2O_2S$, F. 178—180° (A.-W.); 63%. — (+)- bzw. (—)-*N.α-Dimethyl-* (**XIII**), $C_9H_{14}\cdot N_2O_2S$, F. 86—88° (CH_2Cl_2-Pentan); $[\alpha]_{578}^{22}$ +22,3°; $[\alpha]_{546}^{22}$ +25,3°; $[\alpha]_{436}^{22}$ +44,9° bzw. —27,4°, —31,3° u. —55,1° (c = 3,22 bzw. 4,10; A.); 40 bzw. 31%. — *α-Phenyl-*, $C_{13}H_{14}N_2O_2S$, F. 135—137° (CH_3OH-Ae.); 27%. — *α-Benzyl-*, $C_{14}H_{16}N_2O_2S$, F. 108—110° (A.-W.); 20%. — *2-Chlor-*, $C_7H_9ClN_2O_2S$, F. 95—96° (CH_3OH-W.); 53%. — *2-Methoxy-N-methyl-*, $C_9H_{14}N_2O_3S$, F. 74—76° (CCl_4); 35%. — *4-Methoxy-N-methyl-*, $C_9H_{14}N_2O_3S$, F. 133—134° (A.-W.); 40%. — *2-Chlor-N-methyl-*, $C_8H_{11}ClN_2O_2S$, F. 112—113° (n-Butanol); 30%. — *4-Chlor-N-methyl-*, $C_8H_{11}ClN_2O_2S$, F. 132—133° (A.-W.); 35%. — *3.4-Methylendioxy-N-methyl-*, $C_9H_{12}N_2O_4S$, F. 127 bis 128° (A.-W.); 53%. — *4-Chlor-N-propargyl-*, $C_{10}H_{11}\cdot ClN_2O_2S$, F. 106—108° (Bzl.); 13%. — *2-Chlor-4-fluor-*, $C_7H_8ClFN_2O_2S$, F. 87—89° (A.-W.); 55%. — *2-Chlor-6-fluor-*, $C_7H_8ClFN_2O_2S$, F. 107—108° (A.-W.); 36%. — *2.4-Dichlor-*, $C_7H_8Cl_2N_2O_2S$, F. 129—130° (CH_3OH-W.); 48%. — *2.4-Dichlor-N'-methyl-*, $C_8H_{10}Cl_2N_2O_2S$, F. 118 bis 121° (CCl_4). — *2.4-Dichlor-N'-(2.4-dichlorbenzyl)-*, $C_{14}H_{12}Cl_4N_2O_2S$, F. 123—124° (Isopropanol); 30%. — *2.4-Dichlor-N-methyl-*, $C_8H_{10}Cl_2N_2O_2S$, F. 113—115° (CH_3OH-W.); 68%. — *2.4-Dichlor-N.N'-dimethyl-* (**XIV**), $C_9H_{12}Cl_2N_2O_2S$, F. 168—170° (A.-W.); 82%. — *2.4-Dichlor-N-propargyl-* (**XV**), $C_{10}H_{10}Cl_2N_2O_2S$, F. 87—88,5° (Isopropanol); 25%. — *2.4-Dichlor-N-benzyl-*, $C_{14}H_{14}\cdot Cl_2N_2O_2S$, F. 95,5—97° (A.-W.); 25%. — *2.4-Dichlor-N-phenäthyl-*, $C_{15}H_{16}Cl_2N_2O_2S$, F. 100—101° (CH_3OH-Pentan); 33%. — *2.5-Dichlor-4-methyl-*, $C_8H_{10}Cl_2N_2O_2S$, F. 107—108° (A.-W.); 30%. — *2.6-Dichlor-N-methyl-*, $C_8H_{10}Cl_2N_2O_2S$, F. 148—148,5° (A.-W.); 43%. — *3.4-Dichlor-*, $C_7H_8Cl_2N_2O_2S$, F. 106—107° (A.-W.); 25%. — *3.4-Dichlor-N-methyl-*, $C_8H_{10}Cl_2N_2O_2S$, F. 92—93° (A.-W.); 24%. — *3.4-Dichlor-N-propargyl-*, $C_{10}H_{10}Cl_2N_2O_2S$, F. 119—120° (A.-W.); 13%. — *3.4-Dichlor-N-benzyl-*, $C_{14}H_{14}Cl_2N_2O_2S$, F. 95—96° (Ae.-Pentan); 33%. — *2.3.6-Trichlor-*, $C_7H_7Cl_3N_2O_2S$, F. 117—119° (CH_3OH-W.); 50%. — *2.3.6-Trichlor-N-methyl-*, $C_8H_9Cl_3N_2O_2S$, F. 128,5—131° (A.-W.); 55%. — *2.4.5-Trichlor-*, $C_7H_7\cdot Cl_3N_2O_2S$, F. 151—152° (A.-W.); 38%. — *2.3.5.6-Tetrachlor-4-methyl-*, $C_8H_8Cl_4N_2O_2S$, F. 215° (A.-W.); 40%. — *Pentachlor-*, $C_7H_5Cl_5N_2O_2S$, F. 204—206° (A.-W.); 52%. — *Indanyl-(3)-sulfamid*, $C_9H_{12}N_2O_2S$, F. 115—116° (A.-W.); 25%. — *1.2.3.4-Tetrahydronaphthyl-(1)-sulfamid*, $C_{10}H_{14}\cdot N_2O_2S$, F. 99,5—100° ($CH_3OH$-Ae.); 20%. — *1.2.3.4-Tetrahydroisochinolin-2-sulfonamid*, $C_9H_{12}N_2O_2S$, F. 157 bis 159° (A.-W.); 39%. — *1-Benzyl-1.2.3.4-tetrahydroisochinolin-2-sulfonamid*, $C_{16}H_{18}N_2O_2S$, F. 135—137° (A.-W.); 80%. — Einzelheiten des NMR-Spektrums der Verb. **I—VI** u. **VIII—XV** sind angeführt, desgleichen die Lage der charakterist. Banden in den IR-Spektren der Sulfamidderivate. Ernst Frank 4627

1356 **O-substituierte N-n-Propyl-[p-hydroxyanilino]-acylamide mit analgetischer Wirkung.** G. Brancaccio, A. Larizza, G. Lettieri und R. Viterbo. (Farmaco [Pavia], Ediz. sci. **22** (1967) 11, 930—34; Napoli, Labor. di Ric. „Richardson-Merrell" s. p. A.; ital.) — Nach bekannten Meth. werden *N-n-Propyl-α-[4-alkoxyanilino]-propionamide* u. *-acetamide* dargestellt, die z. T. gute analget. u. choleret. Wrkg. besitzen.

Versuche: *4-[3-Hydroxypropoxy]-anilin* (I), F. 88 bis 89° (Chlf.), durch 2std. Kochen von **Ia** u. 4n HCl, Eindampfen u. Alkalisieren mit NH_4OH. *N-Acetylderiv.* (**Ia**), $C_{11}H_{15}NO_3$, F. 103—104° (W.), durch 3std. Kochen von 4-Hydroxyacetanilid, 3-Chlorpropanol u. C_2H_5ONa in abs. Alkohol. — α-[4-Alkoxyanilino]-N-n-propylpropionamide: *4-Allyloxy-* (II), $C_{15}H_{22}N_2O_2$, F. 87—88° (Ae.), durch Zugeben von N-n-Propyl-α-[4-hydroxyanilino]-propionamid zu C_2H_5ONa in abs. A., Zutropfen von Allylhalogenid in A. u. 3std. Kochen (Meth. A); ca. 50% (Ausb.). — *4-Methallyloxy-* (III), $C_{16}H_{24}N_2O_2$, F. 51—53° (PAe.), nach **A**. — *4-Propargyloxy-*, $C_{15}H_{20}N_2O_2$, F. 85—86° (PAe.), nach **A**. — *4-Cyclopentyloxy-*, $C_{17}H_{26}N_2O_2$, F. 59—61° (PAe.), nach **A**. — *4-[2-Dimethylaminoäthoxy]-*, $C_{16}H_{27}N_3O_2$, F. 66—67° (PAe.), nach **A**. — *4-[2-Diäthylaminoäthoxy]-*, *Dihydrobromid*, $C_{18}H_{33}Br_2N_3O_2$, F. 178—180° (Aceton/Ae.), nach **A**. — *4-[2-Piperidinoäthoxy]-*, $C_{19}H_{31}N_3O_2$, F. 54 bis 56° (PAe.), nach **A**. — *4-[1-Methyl-2-oxo-(2-n-propylamino)-äthoxy]-*, $C_{18}H_{29}N_3O_3$, F. 144° (Äthylacetat), nach **A**. — *4-[2-Hydroxyäthoxy]-*, $C_{14}H_{22}N_2O_3$, F. 64 bis 65° (Äthylacetat/PAe.), durch 18std. Kochen von 4-[2-Hydroxyäthoxy]-anilin, N-n-Propyl-2-brompropionamid u. $NaHCO_3$ in A. (Meth. **B**). — *4-[3-Hydroxypropoxy]-*, $C_{15}H_{24}N_2O_3$, F. 92—93° (Äthylacetat), nach **B**. — *4-[2.3-Dihydroxypropoxy]-*, $C_{15}H_{24}N_2O_4$, F. 133—134° (Äthylacetat), nach **B**. — *4-Phenoxy-*, $C_{18}H_{22}N_2O_2$, F. 93—95° (Aceton/PAe.), nach **B**. — *α-[4-(3-Hydroxypropoxy)-anilino]-N-n-propylacetamid*, $C_{14}H_{22}N_2O_3$, F. 89 bis 90° (PAe.), nach **B**. — *α-[4-(2.3-Dihydroxypropoxy)-anilino]-N-n-propylacetamid*, $C_{14}H_{22}N_2O_4$, F. 83—84° (Aceton/PAe.), nach **B**. — *α-[3-Allyl-4-hydroxyanilino]-N-n-propylpropionamid*, $C_{15}H_{21}N_2O_2$, F. 111—113° (Äthylacetat), durch 3std. Erhitzen von 17,5 g **II** auf 200°/0,001 Torr; 10,5 g. — *α-[3-Methallyl-4-hydroxyanilino]-N-n-propylpropionamid*, $C_{16}H_{23}N_2O_2$, F. 123—124° (Ae.), wie vorst. Verb. aus 14 g **III**; 8,5 g. F. Heller 4627

1357 **Cholesterinspiegelsenkende tertiäre Alkohole.** Jacques R. Boissier, Roger Ratouis, Claude Dumont, Jacqueline Lesbros und Jean-Paul Lavaux. (Arzneimittel-Forsch. **17** (1967) **9**, **1193—96**; Paris, Fac. de Méd., Inst. de Pharmacol., et Centre de Rech. SIFA; franz.) — Einige, dem *Triparanol* verwandte Verb. setzen Cholesterin- u. Lipidspiegel normaler oder Triton-behandelter Ratten mehr oder weniger herab. Die stärkste Wrkg. zeigt *2-[4-(2-Diäthylaminoäthoxy)-phenyl]-1-[4-chlorphenyl]-decanol-(2)* (*Citrat*).

Versuche: Phenylester: *Nonansäure-* (I), $Kp._{0,02}$ 95—100°, aus Nonanoylchlorid u. Phenol (sd. W.-Bad, 1 Std.); n_D^{24} 1,481; 86% (Ausb.). — *β.β-Dimethylbuttersäure-*, $Kp._{0,01}$ 106°; n_D^{20} 1,4830; 79%. — *Tetrahydrogermaniumsäure-*, $Kp._{0,01}$ 112°; n_D^{20} 1,5810; 80%. — *7-Phenylheptansäure-*, $Kp._{0,01}$ 180°, F. 28°; 92%. — 4-Hydroxyphenylalkylketone: *Octyl-* (II), F. 52 bis 53°, aus I durch 48std. Erwärmen mit $AlCl_3$ in Nitrobenzol bei 30°; 66%. — *Hexyl-*, F. 91°; 43%. — *Heptyl-*, F. 61°; 59%. — *Undecyl-*, F. 70°; 65%. — *ω-Phenylhexyl-*, F. 76°; 48%. — *β.β-Dimethylpropyl-*, F. 105°; 53%. — *2′.6′-Dimethylheptyl-*, F. 80°; 55%. — 4-[β-Diäthylaminoäthoxy]-phenylalkylketone: *Octyl-* (III), $Kp._{0,001}$ 156—166°, aus **II** in abs. A. durch 1std. Erhitzen mit äthanol. $NaOC_2H_5$-Lsg., Zutropfen von 2-Diäthylaminoäthylchlorid in Toluol nach Abkühlen u. 5std. Rückfluß; n_D^{21} 1,5077; 68%. *Fumarat*, F. 75 bis 77°. — *Hexyl-*, $Kp._{0,05}$ 148—150°; n_D^{21} 1,5123; 76%. *Fumarat*, F. 86—87°. — *Heptyl-*, $Kp._{0,005}$ 156—166°; n_D^{21} 1,5100; 80%. — *Undecyl-*, $Kp._{0,002}$ 210—220°; n_D^{21} 1,5036; 68%. — *ω-Phenylhexyl-*, $Kp._{0,005}$ 210—220°; n_D^{21} 1,5430; 47%. *Fumarat*, F. 75—76°. — *β.β-Dimethylpropyl-*, $Kp._{0,02}$ 150—160°; n_D^{21} 1,5136; 82%. — *2′.6′-Dimethylheptyl-*, $Kp._{0,001}$ 165—180°; n_D^{21} 1,5058; 80%. — 2-[4-(β-Diäthylaminoäthoxy)-phenyl-1-[4-chlorphenyl]-alkohole (Citrate): ... *decanol-(2)*, $C_{34}H_{50}ClNO_9$, F. 88—90° (Äthylacetat), aus 85 g **III** u. 4-Chlorbenzylmagnesiumchlorid in sd. Ae. (3 Std.), Zers. mit wss. NH_4Cl-Lsg., Extraktion der Base mit n-HCl, Ae.-Extraktion der Base nach Alkalischstellen (135 g gelbes Öl) u. Rk. mit Citronensäure in abs. A.; 60%. — ... *propanol-(2)*, $C_{27}H_{36}ClNO_9$, F. 109—112°. — ... *pentanol-(2)*, $C_{29}H_{40}ClNO_9$, F. 97—99°. — ... *octanol-(2)*, $C_{32}H_{46}ClNO_9$, F. 88—90°. — ... *nonanol-(2)*, $C_{33}H_{48}ClNO_9$, F. 85—87°. — ... *tridecanol-(2)*, $C_{37}H_{56}ClNO_9$, F. 92—93°. — ... *ω-phenyloctanol-(2)*, $C_{38}H_{58}ClNO_9$, F. 78—79°. — ... *4′.4′-dimethylpentanol-(2)*, $C_{31}H_{44}ClNO_9$, F. 78—79°. — ... *4′.8′-dimethylnonanol-(2)*, $C_{35}H_{52}ClNO_9$, F. 80—82°. — ... *1-phenyloctanol-(2)*, $C_{32}H_{47}NO_9$, F. 110 bis 120°. K. Maier 4630

F. Pharmazeutische Chemie

1358 **Pharmazeutische Wissenschaften — 1967. Eine Literaturübersicht.** Louis J. Ravin und Peter D. Bernardo. (J. pharmac. Sci. **57** (1968) 7, 1075—97; Res. and Dev. Div., Smith Kline & French Labor., Philadelphia, Pa.; engl.) — Übersicht über allg. Pharmazie (Stabilitätskinetik, Stabilität von Antibiotika u. Vitaminen), pharmazeut. Technologie, physikal. Pharmazie (Löslichkeit, Komplexbldg., Oberflächenphänomene, Kristallisation, Rheologie), pharmazeut. Gesichtspunkte (Antibiotika, Radiopharmazeutika) u. Biopharmazeutika (Wrkg. der physikochem. Eig. u. der Zubereitung, Resorptionskontrolle, Resorptionsmechanismus, kinet. Unters., Arzneimittelresorption). — 753 Literaturangaben. D. Pankow 4840

1359 **Kinetik des Abbaus von Glutethimid.** J. W. Wesolowski, Seymour M. Blaug, Ting-fong Chin und John L. Lach. (J. pharmac. Sci. **57** (1968) 5, 811—15; Coll. of Pharm., Univ. of Ia., Iowa City, Ia.; engl.) — Die Hydrolyse von *Glutethimid* (I) zu 4-Äthyl-4-phenylglutaraminsäure u. der entsprechenden Glutarsäure wird im pH-Bereich von 1,5—8 untersucht. Sie ist eine basenkatalysierte Rk. 1. Ordnung bez. der Konz. von **I**. Die Aktivierungsenergie bei pH 8 beträgt 25,86 kcal. Als Mechanismus wird die Anlagerung von OH^- an die ster. ungehinderte CO-Gruppe u. Ringöffnung sowie weitere Anlagerung eines Protons angenommen. W. Holland 4846

1360 **Bestimmung von Sulfanilamid als Abbauprodukt in Natriumsulfacetamid enthaltenden pharmazeutischen Zubereitungen.** Murray P. Gruber und Robert W. Klein. (J. pharmac. Sci. **57** (1968) 7, 1212 bis 1214; Analyt. Res. Dep., Dermik Labor., Inc., Syosset, N.Y.; engl.) — In Sulfacetamid (I)-Präp. wurde *Sulfanilamid* (II) dünnschichtchromatograph. u. spektrophotometr. als Abbauprod. unter den eluierten Bestandteilen bestimmt u. beträchtliche **II**-Mengen als Verunreinigung in ophthalmolog. u. dermatolog. **I** enthaltenden Pharmazeutika gefunden, die einer beschleunigten Stabilitätsprüfung (St.P) oder längerer Lagerung unterworfen worden waren. Das Verf. konnte auch zur St.P anderer Sulfonamide verwendet werden. U. Drehmann 4846

1361 **Identifizierung von Sulfonamiden durch Papierchromatographie.** E. G. C. Clarke. (J. Physiology **196** (1968) 6, 13P—14P; Royal Veter. Coll., London; engl.) — Die papierchromatograph. Identifizierung von Sulfonamiden erfolgt nach der Meth. von Curry u. Paul [Nature [London] **173** (1954) 1143]. Es werden folgende R_F-Werte angegeben: *Sulfadimethoxin* 94; *Sulfafurazol* 94; *Sulfasomizol* 93; *Sulfaphenazol* 92; *Sulfamethoxazol* 89; *Sulfaaethidole* 86; *Sulformetoxin* 85; *Sulfamethizol* 84; *Sulfamethoxydiazin* 83; *Sulfamethoxypyridin* 83; *Sulfadiazin* 76; *Sulfapyridin* 75; *Sulfathiazol* 72; *Sulfasomidin* 66; *Sulfanilamid* 48; *Sulfaguanidin* 34. K. Zingraf 4846

1362 **Bestimmungsmethoden für Antihistaminika. 1. Mitt. Spektrophotometrische Bestimmung von Diphenhydramin mit Plasmocorinth B.** Hisashi Koike, Kaoru Ohashi,

Masaaki Matsuo und Atsuko Kawasaki. (Japan Analyst 17 (1968) 5, 603—08; Fac. of Pharm. Sci., Nagoya City Univ., Mizuho-ku, Nagoya-shi; jap., Auszug: engl.) — *Diphenhydramin* bildet mit PCB (Di-Na-1-hydroxy-4-chlor-2.2'-diazobenzol-1.8-dihydroxynaphthalin-3.6-disulfonat) eine bei pH 2—3 mit $CHCl_3$ extrahierbare Verb., die bei λ_{max} 540 nm photometriert werden kann. W. Grimmich 4846

1363 **Bestimmungsmethoden für Antihistaminika. 2. Mitt. Spektrophotometrische Bestimmung von Diphenylpyralin mit dem Metallindicator NN.** Hisashi Koike, Kaoru Ohashi, Akira Miyakata und Masaaki Matsuo. (Japan Analyst 17 (1968) 5, 608—12; jap., Auszug: engl.) — 1. vgl. vorst. Referat. — *Diphenylpyralin* (I) bildet mit NN (2-Hydroxy-1-[2-hydroxy-4-sulfo-1-naphthylazo]-3-naphthoesäure) in saurer Lsg. ein mit organ. Lsgm. extrahierbares Rk.-Produkt. Zur Extraktion ist $C_2H_2Cl_4$ am besten geeignet. Die Lsg. zeigt Absorptionsmaxima bei 586 u. 627 nm. Das Beersche Gesetz gilt bei λ_{max} 627 nm für 8—64 μg I/ml. W. Grimmich 4846

1364 **Bestimmungsmethoden für Antihistaminika. 3. Mitt. Spektrophotometrische Bestimmung von Chlorpheniramin mit Plasmocorinth B.** Kaoru Ohashi, Masaaki Matsuo, Atsuko Kawasaki und Hisashi Koike. (Japan Analyst 17 (1968) 7, 843—46; jap., Auszug: engl.) — 2. vgl. vorst. Referat. — PCB bildet mit *Chlorpheniraminmaleat* (I) in saurer Lsg. einen mit $CHCl_3$ extrahierbaren Komplex (λ_{max} 567 nm), der zur Best. von 0,5—3,0 mg I pro ml geeignet ist. Chininsulfat stört. W. Grimmich 4846

1365 **Dünnschichtchromatographie und Ultraviolettabsorption homöopathischer Arzneimittel. 1. Mitt. Ipecacuanha-Stammlösung.** D. Ghosh, D. D. Datta und P. C. Bose. (J. Chromatogr. [Amsterdam] 32 (1968) 4, 774—76; Central Drugs Labor., Calcutta, India; engl.) — *Ipecacuanha*-Zubereitungen verschiedener Herkunft zeigten übereinstimmende R_F-Muster, auf Kieselgel G mit Bzl./Essigester/Diäthylamin (7 : 2 : 1) entwickelt. Nach Jodbehandlung waren im UV *Emetin* (R_F-Werte 0,55 bis 0,64) u. *Cephaelin* (0,05—0,08) in jeder Probe nachweisbar. Die Meth. wird als Standardmeth. empfohlen. Fr. Büchele 4846

1366 **Differentialchromatographische Untersuchung des Gentamicinkomplexes mittels Ninhydrin.** Gerald H. Wagman, Janet V. Bailey und Morton M. Miller. (J. pharmac. Sci. 57 (1968) 8, 1319—22; Res. Labor., Schering Corp., Bloomfield, N.J.; engl.) — Bei dem papierchromatograph. Verf. zur quant. Best. der 3 *Gentamicin*-Komponenten wurden die Papierstreifen nach der Trennung (Chlf.–Methanol–17%ig. NH_4OH-Lsg. 2 : 1 : 1) mit dem Ninhydrinreagens behandelt, entwickelt u. die Farbintensitäten bestimmt. Die Resultate stimmten mit denen der mikrobiolog. Meth. gut überein. U. Drehmann 4848

1367 **Systematische Anwendung der Gaschromatographie auf die Analyse pharmazeutischer Präparate.** C. Cardini, V. Quercia und A. Calò. (J. Chromatogr. [Amsterdam] 37 (1968) 2, 190—93; Ist. Super. di Sanità, Roma; engl.) — Bei der Unters. der gaschromatograph. Trennung u. Identifizierung einiger Monoaminoxydasehemmstoffe u. psychotroper Arzneimittel, wie Imipramin, Phenelzin, Methylphenidat, Tranylcypromin, Pipradol, Iproniazid, *Nialamid* (I), *Isocarboxazid* (II), wurde gefunden, daß nach dem von Vf. beschriebenen Verf. alle Verb. außer I u. II gut getrennt werden, ebenso ein Gemisch von Glutethimid, Hydroxyzine, Carisoprodol, Methaqualon u. Meprobamat. U. Drehmann 4850

1368 **Trennung und Bestimmung von Opiaten und Streckmitteln in verbotenen narkotischen Gemischen.** John R. Broich, Mary M. De Mayo und Leo A. Dal Cortivo. (J. Chromatogr. [Amsterdam] 33 (1968) 3—4, 526—29; Off. of the Med. Examiner, Suffolk County, Hauppage, N.Y.; engl.) — Das zu prüfende Drogenpulver wird in Phosphatpuffer (A) gelöst u. auf eine SE-Sephadex C 25-Säule gegeben, mit A eluiert u. die Fraktionen im Beckman-DBG-Spektrophotometer kontinuierlich bei 240 nm geprüft. Aus dem Vgl. der so erhältlichen Peaks mit dem Peak-Elutionsvol. ergibt sich die Zuordnung zu den entsprechenden Morphiumderiv. oder anderen Alkaloiden sowie den Streckmitteln Chinin, Lactose u. Mannit an Hand der angegebenen Tabellen u. Kurven. Fr. Büchele 4850

1369 Wellcome Foundation Ltd., Großbritannien, **erythro-α-[2.5-Dialkoxyphenyl]-β-aminopropanole,** hergestellt durch katalyt. Red. entsprechender sek. Ketoamine, die ihrerseits aus Halogenketonen u. prim. Aminen hergestellt werden, werden parenteral u. oral gegen *Herzarhythmie* verwendet. — erythro-α-[2.5-Diäthoxyphenyl]-β-aminopropanol (rac. Form der Base) wird in Aceton u. Methanol an PtO_2 red. zu *rac.-erythro-α-[2.5-Diäthoxyphenyl]-β-isopropylaminopropanol, Hydrochlorid*, F. 185—187°, analog *-β-[sek.-butylamino]-propanol, Hydrochlorid*, F. 182—183°. — Aus p-Di-n-propoxybenzol (F. 52—54°) u. Propionylchlorid stellt man in Ggw. von $AlCl_3$ 2.5-Di-n-propoxypropiophenon ($Kp._1$ 141 bis 144°) her, führt dieses in das Isonitrosoderiv. (F. 99 bis 100°) über, hydriert zu *rac.-erythro-α-[2.5-Di-n-propoxyphenyl]-β-aminopropanol* (Hydrochlorid, F. 173 bis 175°) u. bildet daraus das *-β-isopropylaminopropanol, Hydrochlorid*, F. 171—172°. — 2.5-Dimethoxy-α-brompropiophenon wird mit tert.-Butylamin umgesetzt u. red. zu *DL-erythro-1-[2.5-Dimethoxyphenyl]-2-[tert.-butylamino]-propanol*, $Kp._{0,3}$ 127—128°. *Hydrochlorid*, F. 249 bis 251°. (F. P. [Méd.] 3741 vom 9/10. 1964, veröff. 10/1. 1966. Brit. Prior. 11/7. 1963.) — 5 S. S. Böttcher 4846

1370 Merck & Co., Inc., USA (Erfinder: Everett Maynard Schultz und James Maurice Sprague), **p-[α-Alkylidenalkanoyl]-phenylessigsäurederivate,** hergestellt durch Acylierung von Phenylacetonitril (I), Verseifung u. Rk. mit Aminen u. Aldehyden oder aus Hydrozimtsäuren u. Acylchloriden bei anschließender Red. der entstehenden Deriv., Veresterung, Grignardierung, Ox., Dehydratisierung, nochmalige Ox. u. Rk. mit Aminen u. Paraformaldehyd (II) oder durch Halogenierung von Acetylphenylessigsäuren u. Abspaltung von Halogenwasserstoff werden oral u. parenteral als *Diuretika* verwendet. — I wird in Ggw. von $AlCl_3$ mit Butyrylchlorid zur 4-Butyrylverb. (F. 65—68°) umgesetzt, diese mit konz. HCl behandelt unter Bldg. von 4-Butyrylphenylessigsäure (F. 80—82°); man erhitzt mit II, Dimethylaminhydrochlorid u. äthanol. HCl u. erhält 4-[2-Dimethylaminomethylbutyryl]-phenylessigsäurehydrochlorid (F. 180—185°), das beim Erwärmen mit $NaHCO_3$ in *4-[2-Methylenbutyryl]-phenylessigsäure* (III), F. 73—75°, übergeht; analog deren *3-Methyl*-Deriv., über 3-Methyl-4-butyrylphenylessigsäure (F. 112 bis 113°). Bei Hydrierung von III an Pd–Kohle in Isopropanol, anschließender Bromierung u. Behandlung mit LiBr u. Dimethylformamid erhält man *4-[2-Äthylidenpropionyl]-phenylessigsäure*. — *3-Chlorderiv.* von III erhält man aus 3-Chlorhydrozimtsäure über 3-[3-Chlor-4-butyrylphenyl]-propionsäure (F. 79—80°), 3-[3-Chlor-4-(1-hydroxybutyl)-phenyl]-propionsäure, deren Methylester ($Kp._{0,3}$ 152—153°) u. die 1.1-Diphenylpropanol-(1)-verb., 3-[3-Chlor-4-butyrylphenyl]-1.1-diphenylpropanol-(1), 2'-Chlor-4'-[3.3-diphenylallyl]-butyrophenon u. 3-Chlor-4-butyrylphenylessigsäure (F. 67°); analog die *3-Bromverbindung*. — Phenylessigsäuren: *4-[2-Phenoxyacryloyl]-*, aus 4-Acetyl- über 4-Bromacetyl- u. 4-Phenoxyacetyl-. — *4-[2-Methylen-3-phenylpropionyl]-*, aus 4-[3-Phenylacryloyl)- über 4-[3-Phenylpropionyl]-. — Ferner III-*Na-Salz*, III-*Methylester*, III-*Amid* u. III-*N.N-Dimethylhydrazidhydrochlorid*. (F. P. [Med.] 3784 vom 21/5. 1964, veröff. 31/1. 1966. U. S. Prior. 7/3. 1963.) — 9 S. S. Böttcher 4846

1371 Merck & Co., Inc., Rahway, N.J., USA, **Herstellung von Phenoxyessigsäuren** der allg. Formel (*p-Z*) · *C_6H_3(Cl)—O—CH_2—COOH* [Z = R^2—C(Y)(CH_2—X)—CO; Y = H oder Halogen; X = Halogen; R^2 = Alkylrest durch Rk. von Verb. der allg. Formel (p-Z')C_6H_3(Cl)—O—CH_2—COOH [Z' = R^2—C(=CH_2)—CO] mit Halogen oder Halogenwasserstoffsäure. — 3-Chlor-4-[2'-methylidenbutyryl]-phenoxyessigsäure wird mit HBr in Ae. umgesetzt: *3-Chlor-4-[2'-(brommethyl)-butyryl]-phenoxyessigsäure*, F. 140,5—142,5°; 91 % (Ausb.). — Analog folgende 3-Chlorphenoxyessigsäuren: *4-[2'-(Chlor-*

methyl)-butyryl]-, F. 142—143°; 77%. — *4-[2'-Brom-2'-(brommethyl)-butyryl*]-, F. 153,5—155°; 92%. — *Diuretika, Natriuretika, Chloruretika, Saluretika.* **(Oe. P. 250 983** vom 17/1. 1962, ausg. 12/12. 1966. U. S. Prior. 19/1. 1961.) — 4 S. K.-D. Stolp 4846

1372 Dr. A. Wander Akt.-Ges., Bern (Erfinder: Rudolf Hirt, Muri), Schweiz, **Herstellung basischer Verbindungen** der allg. Formel **I** (X = —NH—R^3, A =

I 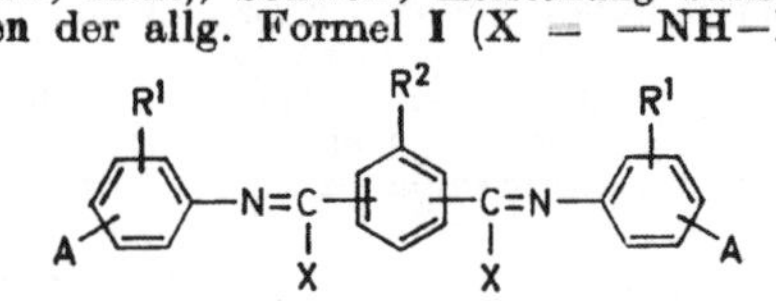

direkt oder über —NH— mit dem Bzl.-Ring verbundene Gruppe —C[=NR']—NHR"; R' u. R" = H, gerades oder verzweigtes Alkyl, Alkenyl, Hydroxyalkyl mit ≦ 7 C-Atomen oder zusammen = Äthylen- oder Propylengruppe, in denen einzelne H-Atome durch C_1—C_6-Alkyl ersetzt sein können; R^1 u. R^2 = H, Halogen, C_1—C_3-Alkyl, Alkoxy; R^2 auch = NO_2; R^3 = H, C_1—C_6-Alkyl) erfolgt durch Rk. einer Verb. der allg. Formel **I**, in der X = einen zusammen mit dem H von NH_3 oder einem prim. Amin abspaltbaren Rest bedeutet u. ggf. A = —C[X]=N—R' ist, mit NH_3 oder H_2N—R^2, oder durch Rk. eines Imidoäthers der allg. Formel RO—C[=NH]—C_6H_3[R^2]—C[=NH]—OR oder eines entsprechenden Thioäthers mit einem durch R^1 u. A substituierten Anilin, wobei die bas. Verb. bei beiden Rk. als Salz mit einer Hydroxy-, Keto- oder Aminocarbonsäure gewinnbar ist. — *N'.N"-Bis-[p-(N'-N"-dimethylamidino)-phenyl-N".N""-dimethyl-T* (*T* = Tere- u. B = Isophthalamidintetrahydrochlorid), F. 325° (Zers.), aus 23,2 g N.N"-Bis-[p-(N'.N"-dimethylamidino)-phenyl]-terephthalimidchlorid u. 3,1 alkohol. Monomethylamin. — *N.N'''-Bis-[p-(N'-methylamidino)-phenyl]-T* (**II**), F. 240° (Zers.). — *2-Chlor-***II**, F. 265° (Zers.). — *N'.N'''-Bis-[p-(N'-äthylamidino)-phenyl]-T*, F. 248° (Zers.). — *N.N'''-Bis-[p-(N'-methylamidino)-phenyl]-B* (**III**), F. 260° (Zers.). — *2-Chlor-***III**, F. 268° (unter Aufschäumen). — *N.N'''-Bis-[p-(N'-äthylamidino)-phenyl]-B*, F. 245° (gelbe Schmelze). — *N'.N'''-Bis-[p-(N'-n-propylamidino)-phenyl]-T*, F. 335° (Zers.). — *N'.N'''-Bis-[p-(N'-methyl-N"-äthylamidino)-phenyl]-N".-N""-diäthyl-T*, F. 245° (Zers.). — 0,05 (Mol) Terephthal-bis-[imidoäthyläther]-dihydrochlorid u. 0,1 p-Aminophenylimidazolindihydrochlorid werden in 200 ml abs. A. u. 50 ml Py. 2 Std. gekocht → *N'.N'''-Bis-[p-imidazolin-2-ylphenyl]-T*, F. 360° (Zers.), ab 320° Braunfärbung. **Analog: II, III**, 2-Chlor-**II** u. 2-Chlor-**III**. — *Pharmazeutika.* **(Schwz. PP. 405 281** u. **405 282** vom 24/11. 1961, ausg. 15/7. 1966. **Brit. P. 1 016 653** vom 20/11. 1962, ausg. 12/1. 1966. Schwz. Prior. 24/11. 1961.) — 5 S. — 3 S. — 8 S. C. Lüttgen 4846

1373 F. Hoffmann-La Roche & Co. Akt.-Ges., Basel, Schweiz, **Herstellung von Hydrazinverbindungen** der allg. Formel $H_3CNHNHCH_2$—$C_6H_3(Z)(XCOY)$ (X = ggf. durch OH, =O, 1—2 Alkyl-, 2 Alkoxygruppen oder ein Halogenatom substituierte Methylengruppe oder ggf. alkylsubstituierte —O—C- oder —N—C-Gruppe; Y = NH_2, Alkyl- oder Hydroxyalkylamino- oder ggf. alkylsubstituierte Ureidogruppe; Z = H, ggf. halogenierte Alkyl-, acylierte Amino- oder alkylierte Ureido- oder Carbamoyl- oder Acylgruppe), a) durch Abspaltung von R aus Verb. der Formel $H_3CN(R)$·$N(R)CH_2C_6H_3(Z)(XCOY)$ (R = Arylalkoxycarbonylrest) bei Hydrogenolyse oder Acidolyse, b) durch Hydrierung von Verb. der Formel H_3CNHN=$CHC_6H_3(Z)(XCOY)$. — 22 g 1.2-Bis-[benzyloxycarbonyl]-1-[p-(carbamoylmethyl)-benzyl]-2-methylhydrazin werden in Eisessig mit 75 ml 33%ig. HBr in Eisessig in 4 Std. bei Raumtemp. umgesetzt: *1-[p-(Carbamoylmethyl)-benzyl]-2-methylhydrazin, Hydrobromid* (= *HBr*), F. 192—194°. *Hydrochlorid* (= ***HCl***), F. 195—197°. — 2-Methylhydrazine: *1-[p-(tert.-Butylcarbamoylmethyl)-benzyl]-, HCl*, F. 149 bis 151°. — *1-[p-(Carbamoylmethoxy)-benzyl]-, HBr*, F. 184 bis 186°. — *1-[p-Isopropylcarbamoylmethoxy)-benzyl]-, HCl*, F. 146—148°. — *1-[p-Isopropylcarbamoylmethyl)-benzyl]-, HBr*, F. 197° (Zers.). — *1-[p-(β-Hydroxyäthylcarbamoylmethyl)-benzyl]-, HCl*, F. 123—125°. — *1-[p-(Allophanoylmethyl)-benzyl]-, HBr*, F. 224° (Zers.). — *Zytostatika.* **(Oe. PP. 248 416** u. **248 417** vom 24/2. 1964, ausg. 25/7. 1966. Beide Schwz. Prior. 13/3. 1963.) — 8 bzw 5 S. K.-D. Stolp 4846

1374 Imperial Chemical Industries Ltd., London (Erfinder: Ralph Howe und Leslie Harold Smith, Macclesfield, Cheshire), Großbritannien, **Herstellung von Alkanolaminen** der Formel $(R^3)(R^4)N-C_6H_4-OCH_2-CH(OH)-CH_2-NH(R^2)$ (R^2 = Alkyl-, Cycloalkyl-, Alkenyl- oder Aralkylgruppe; R^3 = H oder Alkylrest; R^4 = Acylgruppe) durch Rk. von Verb. der Formel (R^3)(R^4)N—C_6H_4—OCH_2—X[X = Oxiranylrest oder —CH(OH)—CH_2-Halogen] mit Verb. der Formel HNH(R^2) oder durch Hydrierung von Verb. der Formel (R^3)(R^4)N—C_4H_6—OCH_2—CH(OH)—CH_2—N(R^2)(R^6) (R^6 = hydrierbarer Rest) in Ggw. von Pd-Kohle. — 1-[4-Methylsulfamidophenoxy]-3-[N-benzylisopropylamino]-propanol-(2) wird in Ggw. von 5%ig. Pd-Kohle in A. bei 100 at H_2-Druck hydriert: *1-[4-Methylsulfamidophenoxy]-3-isopropylaminopropanol-(2)*, F. 126—128°. — Analog folgende 3-Isopropylaminopropanole-(2): *1-[4-Benzolsulfonamidophenoxy]-*, F. 130°. — *1-[4-Acetamidophenoxy]-*, F. 134—136°. *Hydrochlorid-Monohydrat*, F. 140—142°. — *1-[4-Benzamidophenoxy]-*, F. 172—174°. — *1-[N-Methyl-4-methylsulfonamidophenoxy]-*, F. 96—98°. — *1-[2-Methylsulfonamidophenoxy]-, Oxalat*, F. 190—192° (Zers.). — *1-[3-Acetamidophenoxy]-*, F. 99—101°. — *1-[2-Benzamido-4-methylphenoxy]-, Hydrogenoxalat*, F. 188 bis 189°. — *1-[4-Benzamido-1-naphthyloxy]-*, F. 177—178°. — *1-[4-Acetamido-1-naphthyloxy]*, F. 176—178°. — 3-tert.-Butylaminopropanole-(2): *1-[4-Acetamidophenoxy]-*, F. 126°. — *1-[4-Acetamidonaphthyl-(1)-oxy]-*, F. 120—121°. — Verb. der Formel $p\text{-}CH_3CONH-C_6H_4-OCH_2-CH(OH)-CH_2-NHR^2$: $R^2 = C(CH_3)_2CH_2OH$, F. 116—118°. — $R^2 = CH(CH_3)-(CH_2)_6-CH_3$, F. 93 bis 96°. — $R^2 = CH_2CH=CH_2$, F. 104—105°. — R^2 = *Cyclopentyl*, F. 122—124°. — $R^2 = CH(CH_3)CH_2CH_2 \cdot C_6H_5$, F. 125—126°. — $R^2 = CH(CH_3)CH_2C_6H_4OCH_3(p)$, F. 117—118°. — $R^2 = CH_2CH_2CH_3$, F. 127—129°. — $R^2 = C(CH_3)_2CH_2CH_2C_6H_4Cl(p)$, F. 132—133°. — $R^2 = CH(CH_3)CH_2CH_3$, F. 83—84°. — Verb. der Formel $p\text{-}(R^4NH)-C_6H_4-OCH_2-CH(OH)-CH_2NHCH(CH)_3)_2$: $R^4 = CH_3CH_2CH_2CO$-, F. 127—128°. — $R^4 = C_6H_5CH_2 \cdot CO$-, F. 138—140°. — $R^4 = CH_3(CH_2)_4CO$- ,F. 136—138°. — R^4 = *p-Chlorbenzoyl*, F. 178—180°. — R^4 = *p-Toluolsulfonyl*, F. 88—90°. — *β-adrenerg. Blockierungsmittel.* **(D. P. [DDR] 55 037** Kl. 12q vom 24/11. 1965, ausg. 5/4. 1967 [Ausschließungspatent]. Brit. Prior. 30/9. 1964 u. 8/9. 1965.) — 7 S. K.-D. Stolp 4846

1375 F. Hoffmann-La Roche & Co. Akt.-Ges., Basel, Schweiz (Erfinder: Jay Philip O'Brien, Irvington, und Albert Israel Rachlin, Verona, N.J., USA), **Herstellung acetylenischer Amine** der allg. Formel $Ar-Y-C(R)_2-C{\equiv}C-(CH_2)_n-N(R^1)(R^2)$ [Y = O oder S; R = H oder Alkylrest; R^1, R^2 = H, Alkyl-, Alkenyl-, Alkinylrest oder zusammen eine ggf. durch —NH—, —N(Alkyl)—, —O— u./oder —S— unterbrochene Alkylengruppe; n = 1—3; Ar = ggf. substituierter Phenylrest] a) durch Rk. von Verb. der allg. Formel Ar—Y—$C(R)_2$—C≡CH (**I**) mit Verb. der allg. Formel HN(R^1)(R^2) (**II**) in Ggw. von HCHO, b) durch Rk. von **I**, einer Grignard-Verb. u. einer Verb. der allg. Formel X—$(CH_2)_m$—N(R^1)(R^2) (X = Halogen; m = 2 oder 3), c) durch Rk. einer Verb. der allg. Formel Ar—Y—C(R^2)—C≡C—$(CH_2)_n$—X mit **II**. — Man kocht 2.4.5-Trichlorphenylpropin-(2)-yläther, Paraformaldehyd u. HN$(C_2H_5)_2$ in Dioxan, versetzt mit Ae. u. extrahiert mit verd. HCl: *N.N-Diäthyl-4-[2.4.5-trichlorphenoxy]-butin-(2)-ylamin, Hydrochlorid* (= *HCl*), F. 151—153° (Ae.). — Analog folgende 4-[2.4.5-Trichlorphenoxy]-butin-(2)-ylamine: *Unsubstituiert, HCl*, F. 195—196°. — *N-Methyl-, HCl*, F. 168—170°. — *N-Allyl-, HCl*, F. 153—154°. — *N-n-Propyl-, HCl*, F. 165—166°. — *N-Äthyl-, HCl*, F. 163—164°. — *N.N-Dipropyl-, HCl*, F. 168—170°. — *N.N-Diallyl-, HCl*, F. 161—162°. — *N.N-Dimethyl-, HCl*, F. 171—172°. — N.N-Diäthylbutin-(2)-ylamine: *4-[2.3-Dichlorphenoxy]-, HCl*, F. 144°. — *4-[4-Methoxyphenoxy]-*, Kp.$_{0,08}$ 136°; n_D^{22} 1,5180. *Citrat*,

F. 97—99°. — *4-[2-Chlorphenoxy]-*, Kp.$_{0,03}$ 114°; n_D^{22} 1,5300. *Citrat*, F. 114—115°. — *4-[3-Trifluormethylphenoxy]-*, *Citrat*, F. 119—120°. — *4-[2.6-Dimethoxyphenoxy]-*, *HCl*, F. 136—137°. — *4-[4-Nitrophenoxy]-*, *HCl*, F. 164 bis 165°. — *4-[2.4-Dichlorphenoxy]-*, *Citrat*, F. 127—128°. — *4-[2.3-Dichlorphenylmercapto]-*, F. 159—160°. — 4-Phenoxybutin-(2)-ylamine: *N-Äthyl-*, *HCl*, F. 149—150°. — *N-n-Propyl-*, *HCl*, F. 111—112°. — *N-Methyl-*, *HCl*, F. 91—92°. — 4-[2.4.5-Trichlorphenoxy]-butine-(2): *1-Morpholino-*, *HCl*, F. 205—206°. — *1-[4-Methylpiperazino]-*, *Di-HCl*, F. 226—228°. — *1-Pyrrolidino-*, *HCl*, F. 151—152°. — *N.N-Diäthyl-5-[2.4.5-trichlorphenoxy]-pentin-(3)-ylamin*, *HCl*, F. 179—181°. — *Antidepressiva, Monoaminoxidaseinhibitoren.* (**D. P. [DDR] 57 120** Kl. 120 vom 21/10. 1966, ausg. 5/8. 1967 [Ausschließungspatent]. U. S. Prior. 22/10. 1965.) — 8 S. K.-D. Stolp 4846

1376 Wellcome Foundation Ltd., Großbritannien, **Analgetika** (in Form von Tabletten, Pulver, Kapseln u. Säften) enthalten *p-[tert.-Butoxy]-acetanilid* (**I**) neben anderen Wirkstoffen, wie Coffein, Kodeinphosphat, Acetylsalicylsäure sowie Stärke u. Na-Laurylsulfat. — I, F. 131—132°, wird aus p-Fluornitrobenzol u. K-tert.-Butoxid in tert.-Butanol über p-[tert.-Butoxy]-nitrobenzol, Kp.$_{0,4}$ 112—114°, hergestellt, daß man an Pt-Katalysatoren reduziert. — *p-tert.-Butoxyformanilid*, F. 74°, *-propionanilid*, F. 101°, *-butyranilid*, F. 126—130°, *-N-methylacetanilid*, F. 80—81°, *-N-propylacetanilid*, Kp. Kp.$_{0,01}$ 133°, *p-[2-Methylbutyl-(2)-oxy]-*, F. 113—113,5°, *p-[3-Methylpentyl-(3)-oxy]-*, F. 102—104°, u. *p-[2-Methylbutin-(3)-yl-(2)-oxy]-acetanilid*, F. 83—84°. — *N-Äthylderiv.* von **I**, F. 50—53°. — *2-[p-Acetamidophenoxy]-2.5-dimethylhexanol-(5)*, F. 106—108°. — Vgl. Port. P. 42 526; C. **1965**, 47-1632. — (**F. P. [Méd.] 3 798** vom 28/8. 1964, veröff. 31/1. 1966. Brit. Prior. 31/5. u. 1/10. 1963.) — 9 S. S. Böttcher 4846

1377 Ortho Pharmaceutical Corp., Raritan, N.J., USA, **Herstellung von Δ^4- und Δ^3-2-Methyl-3-äthyl-4-phenylcyclohexencarbonsäure (I).** Aus 2-Äthyl-3-methyl-4-carboxycyclohexanon u. Phenyl-MgBr hergestelltes 2-Methyl-3-äthyl-4-phenyl-4-hydroxyhexancarbonsäure wird in Eisessig mit p-Toluolsulfonsäure dehydratisiert. Nach frakt. Kristallisation erhält man: *Δ^4-2-Methyl-3-äthyl-4-phenylcyclohexencarbonsäure*, F. 158—163°, u. **I**, F. 137—144°. — *Heilmittel.* (**Oe. P. 250 337** vom 26/2. 1964, ausg. 10/11. 1966. U. S. Prior. 14/3. 1963.) — 4 S. K.-D. Stolp 4846

1378 Farbwerke Hoechst Akt.-Ges. vormals Meister Lucius & Brüning, Frankfurt/M. (Erfinder: Rudi Weyer, Frankfurt/M., Walter Aumüller, Kelkheim/Taunus, Helmut Weber und Gerhard Korger, Frankfurt/M.), **Benzolsulfonylcyclohexylharnstoffe** der allg. Formel $(R)(R^1)C_6H_3-SO_2-NHCONH-C_6H_{10}(R^2)$ (R u. R^1 = H, Halogen, Alkyl, Alkoxy; bedeutet R^1 H, so ist R = Azido, CF_3, Acyl, R^2 = Alkyl) erhält man durch Hydrolyse der entsprechenden Benzolsulfonylisoharnstoffäther, Benzolsulfonylisothioharnstoffäther, Benzolsulfonylguanidine oder Benzolsulfonylparabansäuren. — Aus (4-Isopropylcyclohexyl)-harnstoff (F. 142—145°) mit $(CH_3)_2SO_4$ → Isoharnstoffäther, daraus durch Hydrolyse mit konz. HCl → *N-(4-Methylbenzolsulfonyl)-N'-(4-isopropylcyclohexyl)-harnstoff*, F. 185 bis 186°. — *Antidiabetikum.* (**Schwz. P. 441 278** vom 11/9. 1963, ausg. 15/1. 1968. D. Prior. 14/9. 1962 u. 23/1. 1963.) — 2 S. R. Bollinger 4846

1379 Farbwerke Hoechst Akt.-Ges. vormals Meister Lucius & Brüning, Frankfurt/M. (Erfinder: Rudi Weyer, Frankfurt/M., Walter Aumüller, Kelkheim/Taunus, Helmut Weber und Gerhard Korger, Frankfurt/M.), **Benzolsulfonylcyclohexylharnstoffe** der allg. Formel $(R)(R^1)C_6H_3-SO_2-NHCONH-C_6H_{10}(R^2)$ (R u. R^1 = H, Halogen, Alkyl, Alkoxy; bedeutet R^1 H, so ist R = Azido, CF_3, Acyl, R^2 = Alkyl) erhält man durch Ersatz des S durch O in Verb. der allg. Formel $(R)(R^1)C_6H_3-SO_2-NHCSNH-C_6H_{10}(R^2)$. — Aus N-Benzolsulfonyl-N'-(4-isopropylcyclohexyl)-thioharnstoff (F. 156—158°) mit $NaNO_2$ u. CH_3COOH → *N-Benzolsulfonyl-N'-(4-isopropylcyclohexyl)-harnstoff*, F. 151—153°. — *Antidiabetikum.* (**Schwz. P. 441 279** vom 11/9. 1963, ausg. 15/1. 1968. D. Prior. 14/9. 1962 u. 23/1. 1963.) — 2 S. R. Bollinger 4846

1380 Merck & Co., Inc., Rahway (Erfinder: Norman Lord Wendler, Summit, und David Taub, Metuchen), N.J., USA, **Dibenzocycloheptene** der allg. Formel **I**

I 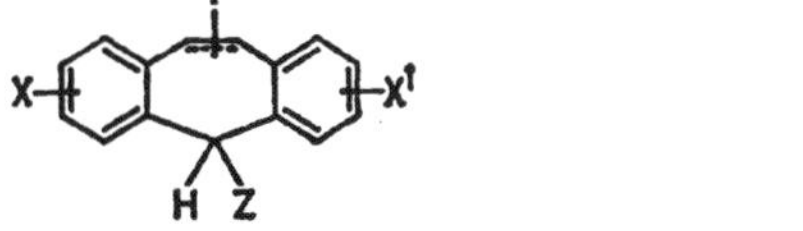

(X u. X^1 = H, Alkyl, Alkenyl, Perfluoralkyl, ggf. substituiertes Phenyl, Alkancarbonyl, Perfluoralkancarbonyl, Alkyl- oder Dialkylamino, Alkan- oder Perfluoralkancarbonylamino, Alkylsulfonylamino, F. Cl, Br, J, OH, Alkoxy- oder Perfluoralkoxy, CN, COOH, Carbamoyl, Alkyl- oder Dialkylcarbamoyl, Carbalkoxy, Mercapto, Alkyl- oder Perfluoralkylmercapto, Alkyl- oder Perfluoralkylsulfonyl, Sulfamyl, Alkyl- oder Dialkylsulfamyl; Y = H oder Halogen; Z = ggf. alkylsubstituiertes Allyl) erhält man aus dem entsprechenden in 5-Stellung durch Halogen substituierten Dibenzocyclohepten durch Rk. mit einer Verb. der allg. Formel ZMgHal oder aus dem in 5-Stellung durch Li, Na oder K substituierten Dibenzocyclohepten durch Rk. mit einer Verb. der Formel ZHal. — Das K-Salz von 5H-Dibenzo-[a.d]-cyclohepten (**II**) gibt mit Allylchlorid in Ae. *5-Allyl-II.* — *Heilmittel.* (**Schwz. P. 446 311** vom 19/6. 1963, ausg. 15/3. 1968. U. S. Prior. 19/6., 12/7. u. 24/7. 1962.) — 3 S. R. Bollinger 4846

1381 Merck & Co., Inc., Rahway (Erfinder: Norman Lord Wendler, Summit, und David Taub, Metuchen), N.J., USA, **Dibenzocycloheptene** der allg. Formel **I**

I 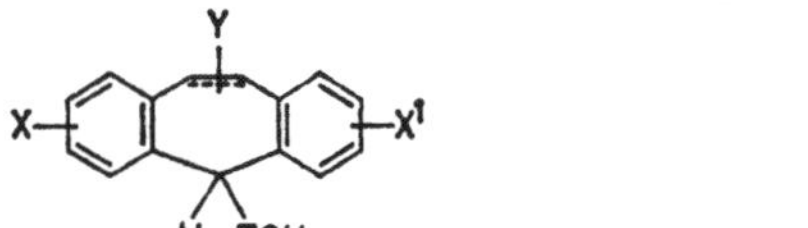

(X u. X^1 = H, Alkyl, Alkenyl, Perfluoralkyl, ggf. substituiertes Phenyl, Alkancarbonyl, Perfluoralkylcarbonyl, Alkylamino, Dialkylamino, Alkancarbonylamino, Perfluoralkancarbonylamino, Alkylsulfonylamino, F, Cl, Br, J, OH, Alkoxy, Perfluoralkoxy, CN, COOH, Carbamoyl, Alkyl- oder Dialkylcarbamoyl, Carbalkoxy, Mercapto, Alkylmercapto, Perfluoralkylmercapto, Alkylsulfonyl, Perfluoralkylsulfonyl, Sulfamyl, Alkyl- oder Dialkylsulfamyl; Y = H oder Halogen; Z = ggf. alkylsubstituiertes Trimethylen) erhält man durch Rk. des entsprechenden Dibenzocycloheptens, das durch Li, Na, K oder MgCl in 5-Stellung substituiert ist, mit einem Alkylenoxid. — Das 5-Li-Salz von 5H-Dibenzo[a.d]-cyclohepten (**II**) gibt mit Trimethylenoxid in Ae. *5-[γ-Hydroxypropyl]-II.* — *Heilmittel.* (**Schwz. P. 446 314** vom 19/6. 1963, ausg. 15/3. 1968. U. S. Prior. 19/6., 12/7. u. 24/7. 1962.) — 2 S. R. Bollinger 4846

1382 Merck & Co., Inc., Rahway (Erfinder: Norman Lord Wendler, Summit, und David Taub, Metuchen), N.J., USA, **Dibenzocycloheptene** der allg. Formel **I**

I 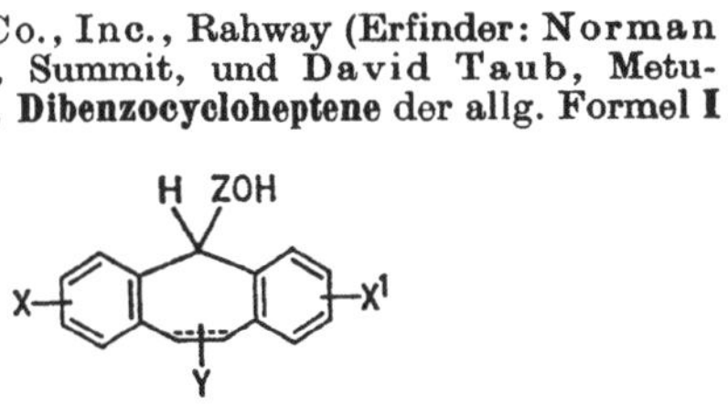

(X u. X^1 = H, Alkyl, Alkenyl, Perfluoralkyl, ggf. substituiertes Phenyl, Alkancarbonyl oder Perfluoralkancarbonyl, Alkylamino oder Dialkylamino. Alkancarbonylamino, Perfluoralkancarbonylamino, Alkylsulfonylamino, F, Cl, Br, J, OH, Alkoxy, Perfluoralkoxy, CN, COOH, Carbamyl, Alkyl- oder Dialkylcarbamyl, Carbalkoxy, Mercapto, Alkylmercapto, Perfluoralkylmercapto, Alkylsulfonyl, Perfluoralkylsulfonyl, Sulfamyl, Alkyl- oder Dialkylsulfamyl;

Y=H oder Halogen; Z = ggf. alkylsubstituiertes Trimethylen) erhält man durch Rk. der entsprechenden Verb., die statt ZOH ein ggf. alkylsubstituiertes Allyl tragen, mit Boran u. anschließende oxydative Hydrolyse. — 5-Allyl-5H-dibenzo[a.d]cyclohepten gibt mit Bis-3-methyl-2-butylboran in Ae. u. anschließend mit H_2O_2 u. NaOH in W. *5-[γ-Hydroxypropyl]-5H-dibenzo[a.d]cyclohepten. — Heilmittel.* (**Schwz. P. 447 153** vom 19/6. 1963, ausg. 29/3. 1968. U. S. Prior. 19/6., 12/7. u. 24/7. 1962.) — 2 S.

R. Bollinger 4846

1383 Rhône-Poulenc Soc. An., Paris (Erfinder: Jean Clément Fouché, Sceaux, Seine), Frankreich, **10-Aminodibenzo[a.d]cycloheptadien** erhält man durch Red. des 10-Oxims. — Aus 10-Hydroximinodibenzo-[a.d]cycloheptadien durch Red. mit Na in Butanol → *10-Aminoderiv.*, F. 81—83°, *Hydrochlorid*, F. 260—265°. — *Heilmittel.* (**Schwz. P. 444 854** vom 26/3. 1965, ausg. 29/2. 1968. F. Prior. 4/2. 1965.) — 2 S.

R. Bollinger 4846

1384 F. Hoffmann-La Roche & Co. Akt.-Ges. (Erfinder: Gérald Rey-Bellet und Hans Spiegelberg), Basel, Schweiz, **Dibenzocycloheptatrienverbindungen,** die in 10-Stellung durch den Rest C(=X)Y u. in 5-Stellung durch den Rest =CHAB [A = Alkylen, B = Halogen, Alkoxy, Alkylthio, X = O, =NH, Y = (substituiertes) NH_2] u. in einem Bzl.-Kern ggf. durch Halogen, Alkyl, CF_3, Alkoxy, Alkylthio, Acyl, Alkylsulfonyl substituiert sind, erhält man durch Dehydratisierung aus den entsprechenden Verb., die in der 5-Stellung durch OH u. den Rest CH_2AB substituiert ist. Ist B Halogen, so kann die Verb. mit einem Alkoholat oder Mercaptid umgesetzt werden. — Aus 10-Bromdibenzo[a.d]cyclohepta-(1.4.6)-trien-5-on durch Rk. mit Cu-Cyanid in Dimethylformamid das *10-Nitril*, F. 174—175°, daraus durch Verseifung die *10-Carbonsäure*, F. 201—203°, daraus mit $SOCl_2$ das *Säurechlorid*, daraus mit Dimethylamin das *10-Dimethylamid*, F. 146—147°, daraus mit Methylpropargyläther in Ggw. von Na in fl. NH_3 → *5-Hydroxy-5-(3'-methoxypropinyl)-dibenzo[a.d]cyclohepta-(1.4.6)-trien-10-carbonsäuredimethylamid*, daraus durch Hydrierung das *Propylderiv.*, F. 183—185°, daraus durch Dehydratisierung → *5-(3'-Methoxypropyliden)-dibenzo-[a.d]cyclohepta-(1.4.6)-trien-10-carbonsäuredimethylamid*, F. 102—103°; ähnlich: *5-(3'-Methoxypropyliden)-dibenzo-[a.d]cyclohepta-(1.4.6)-trien-10-carbonsäure-R* [R = *N-methyl-N-(β-picolyl)-amid*, F. 103—105°, *-(2'-dimethylaminoäthylamid)*, F. 118—119°, *N.N-dimethylamidinhydrochlorid*, F. 290—291°, *N-methyl-N-benzylamid*, F. 124 bis 126°, *-amid*, F. 164—166°, *-methylamid*, F. 178—180°], ferner *5-(3'-Methoxypropyliden)-10-[4'-(2''-hydroxyäthyl)-piperazinocarbonyl]-dibenzo[a.d]cyclohepta-(1.4.6)-trien*, F. 210—213°, *5-(3'-Chlorpropyliden)-dibenzo[a.d]cyclohepta-(1.4.6)-trien-10-carbonsäuredimethylamid*, F. 141—143°, *5-(3'-Äthoxypropyliden)-dibenzo[a.d]cyclohepta-(1.4.6)-trien-10-carbonsäuredimethylamid*, F. 123—124°. — *Heilmittel.* (**Schwz. P. 443 281** vom 18/2. 1964, ausg. 15/2. 1968.) — 4 S.

R. Bollinger 4846

1385 Rhein-Pharma Arzneimittelgesellschaft m. b. H., Heidelberg (Erfinder: Josef Klosa, Berlin), **Herstellung von α-[4-Chlorbutoxy]-diphenylessigsäureaminoalkylestern** durch Rk. von Verb. der allg. Formel $(C_6H_5)_2C$(Halogen)—COX (X = OH, Halogen oder O-Alkyl) mit Aminoalkoholen u. Umsetzen der Prod. mit 4-Chlorbutanol (**II**). — 18 g α-Chlordiphenylessigsäure-[β-dimethylaminoäthyl]-ester u. 25 ml **II** werden 6—8 Std. auf 80—100° erhitzt: *α-[4-Chlorbutoxy]-diphenylessigsäure* (**I**)-*[β'-Dimethylaminoäthyl]-ester* (**III**), *Hydrochlorid* (= *HCl*), F. 102—104°, Ausb. 12 g; bei Durchführung der Rk. bei 60—80° u. 3—4std. Rühren bei Raumtemp. erhält man: **III**-*HCl* mit F. 161—163°. — Analog: **I**-*[β'-Methyl-γ'-dimethylaminopropyl]-ester*, Öl, *HCl*, F. 113 bis 115°; Ausb. 60%. — **I**-*[β'-Diäthylaminoäthyl]-ester*, Öl; *HCl*, F. 103—105°. — *Analgetika, Spasmolytika.* (**Oe. P. 246 780** vom 6/8. 1963, ausg. 10/5. 1966. D. Prior. 11/10. 1962.) — 4 S.

K.-D. Stolp 4846

1386 Sandoz Akt.-Ges., Basel (Erfinder: Franz Troxler, Bottmingen), Schweiz, **Herstellung von Acetylenderivaten** der Formel *HC≡C—CH₂—N(CH₃)—CH₂—A* (A = Indan-, Benzo[b]furan- oder 5.6.7.8-Tetrahydronaphthalinrest) durch Rk. von Verb. der Formel CH_3—NH—CH_2—A mit Verb. der Formel HC≡C—CH_2·—X (X = akt. Säurerest), Methylierung von Verb. der Formel HC≡C—CH_2—NH—CH_2—A oder Rk. von N-Methylpropin-(2)-ylamin mit Verb. der Formel X—CH_2—A. — 5-Methylaminomethylindan wird in CH_2Cl_2 mit Propin-(2)-ylbromid gekocht: *5-[N-Methyl-N-propin-(2)-ylaminomethyl]-indan*, $Kp._{0,01}$ 100—105°. *Hydrogenmaleinat*, F. 112—113°. — Analog: *4-[N-Methyl-N-propin-(2)-ylaminomethyl]-indan*, $Kp._{0,01}$ 98—106°. *Methansulfonat*, F. 163—165°. — *2-[N-Methyl-N-propin-(2)-ylaminomethyl]-5.6.7.8-tetrahydronaphthalin, Hydrogenmaleinat*, F. 114—117°. — *6-[N-Methyl-N-propin-(2)-ylaminomethyl]-benzo[b]furan, Hydrochlorid*, F. 197 bis 198°. — *Heilmittel* zur *Behandlung* von *Hypertonie* u. *pektanginöser Zustände.* (**D. P. [DDR] 57 029** Kl. 12o vom 29/9. 1966, ausg. 20/7. 1967 [Ausschließungspatent]. Schwz. Prior. 30/9., 30/9. 1965, 6/5. u. 11/5. 1966.) — 6 S.

K.-D. Stolp 4846

1387 Imperial Chemical Industries Ltd., London, Großbritannien, **Herstellung von Naphthalinderivaten** der allg. Formel $C_{10}H_7—O—C(R^3)(R^4)—CH(OCOR^6)·CH(R^5)N(R^1)(R^2)$ (R^1 = H, Alkyl, Cycloalkyl-, Alkenyl-, Aralkyl- oder Alkanoylgruppe; R^2 = H oder ggf. substituierter Alkylrest R^3—R^5 = H oder Alkylrest, R^6 = Alkyl-, Alkenyl- oder Arylgruppe) durch Acylierung von Verb. der allg. Formel $C_{10}H_7—O—C(R^3)(R^4)—CH(OH)—CH(R^5)—N(R^1)(R^2)$. — 1-Isopropylamino-3-[naphthyl-(1')-oxy]-propanol-(2) u. Acetanhydrid werden in Essigsäure umgesetzt: *1-Isopropylaminomethyl-2-[naphthyl-(1')-oxy]-äthylacetat, Hydrogenoxalat*, F. 202—204°. *Hydrochlorid*, F. 170—171°. — Analog: *1-Isopropylamino-2-[naphthyl-(1')-oxy]-äthylbenzoat, Hydrochlorid*, F. 130 bis 132°. — *Heilmittel.* (**Oe. P. 246 785** vom 22/11. 1963, ausg. 10/5. 1966. Brit. Prior. 28/10. 1963.) — 4 S.

K.-D. Stolp 4846

1388 Wellcome Foundation Ltd., Großbritannien, **Naphthamidinderivate.** Zu Port. P. 42 226; C. **1965,** 24-1687 sind folgende α-Naphthamidine zu ergänzen: *N.N-Di-n-amyl-4-hexyloxy-, Hydrochlorid*, F. 217—218°. — *N.N-Di-n-heptyl-4-amyloxy-, Hydrochlorid*, F. 207°. — *N.N-Di-n-octyl-4-methoxy-, Hydrochlorid*, F. 173°. — *N.N-Di-n-hexyl-4-amyloxy-, Hydrochlorid*, F. 213°. — *N.N-Di-n-butyl-* u. *-n-amyl-4-amyloxy-, Hydrochloride*, F. 215 bzw. 220—221°. — *N.N-Di-n-amyl-4-butoxy-, Hydrochlorid*, F. 222°. — *N.N-Di-n-hexyl-4-heptyloxy-, Hydrochlorid*, F. 197—198°. — *N.N-Di-n-octyl-4-hexyloxy-, Hydrochlorid*, F. 190—191°. — Pulver u. Tabletten mit Stärke u. Mg-Stearat. — *Heilmittel.* (**F. P. [Méd.] 3766** vom 22/6. 1964, veröff. 24/1. 1966. Brit. Prior. 22/3., 22/3. u. 19/12. 1963.) — 5 S. S. Böttcher 4846

1389 Imperial Chemical Industries Ltd., London (Erfinder: Ralph William Turner, Macclesfield, Cheshire), Großbritannien, **Herstellung von Benzo[b]thiophenen** der Formel *B—O—CH₂—CH(OH)—CH₂—NHR* (B = Benzo[b]thiophenrest; R = Alkyl-, Cycloalkyl- oder Alkenylrest) durch Rk. von Verb. der Formel B—O—CH_2—Y [Y = CH(OH)—CH_2X oder Oxiranylrest; X = Halogen) mit Verb. der Formel H_2NR. — Man kocht 8 (Teile) 4-Hydroxybenzo[b]thiophen, 200 Epichlorhydrin u. 1 Piperidin 4 Std., erhitzt den Rk.-Rückstand im Autoklaven mit 200 Isopropylamin 10 Std. auf 100° u. arbeitet das Prod. auf: *4-[2-Hydroxy-3-isopropylaminopropoxy]-benzo[b]thiophen*, F. 85° (PAe.). — Analog folgende Benzo[b]thiophene: *4-[2-Hydroxy-3-tert.-butylaminopropoxy]-*, F. 115—116°. — *4-[2-Hydroxy-3-cyclopentylaminopropoxy]-*, F. 96—98°. — *5-[2-Hydroxy-3-isopropylaminopropoxy]-*, F. 117°. — *5-[2-Hydroxy-3-n-propylaminopropoxy]-*, F. 104°. — *5-[2-Hydroxy-3-allylaminopropoxy]-, Hydrogenoxalat*, F. 166 bis 168°. — *β-Adrenerg. Blockierungsmittel.* (**D. P. [DDR] 56 799** Kl. 12q vom 23/6. 1966, ausg. 5/7. 1967 [Ausschließungspatent]. Brit. Prior. 30/6. 1965 u. 18/5. 1966.) — 3 S.

K.-D. Stolp 4846

1390 Merck & Co., Inc., Rahway (Erfinder: George Gal, Summit, und Meyer Sletzinger, North Plainfield), N.J., USA, **Herstellung von α-[1-Acylindolyl-(3)]-alkan- und -alkensäuren** durch Rk. der prim. oder sek. Alkylester mit einer Alkansulfonsäure in Ggw. einer

Alkansäure oder der tert. Alkyl- oder Phthalimidomethylester mit Halogenwasserstoff. — 0,004 Mol Phthalimidomethyl-1-[p-chlorbenzoyl]-2-methyl-5-methoxyindolyl-(3)-acetat werden in Toluol mit HCl bei Raumtemp. umgesetzt: *1-[p-Chlorbenzoyl]-2-methyl-5-methoxyindolyl-(3)-essigsäure*. — Weitere Beispiele. — *Heilmittel*. (**D. P.** [**DDR**] **58 741** Kl. 12p vom 13/7. 1966, ausg. 20/11. 1967 [Ausschließungspatent]. U. S. Prior. 14/7. 1965.) — 6 S.
K.-D. Stolp 4846

1391 Hommel Akt.-Ges., Adliswil, Zürich (Erfinder: Jean Heusser, Langnau a/A., und Christian Schmidt-Adliswil), Schweiz, **Herstellung von 2-Allyl-2-[β-hydroxypropyl]-malonsäureureidlacton** durch Rk. einer der Doppelbindungen der Diallylbarbitursäure mit H_2SO_4, Ringspaltung des gebildeten Schwefelsäureesters u. Lactonbldg. mit NH_3 oder Py. in Ggw. von aliphat. Alkohol. — *Heilmittel*. (**Ung. P. 154 561** vom 25/7. 1966, ausg. 23/12. 1967. Schwz. Prior. 26/7. 1965.)
F. Landsberger 4846

1392 Smith, Kline & French Laboratories, USA (Erfinder: George Lawrence Dunn), **Nitropyrrylbenzazole**, hergestellt aus 2-Formyl-5-nitropyrrolen u. o-Phenylendiamin (I), o-Aminophenol oder -thiophenol, werden als *Anthelminthika* verwendet. — 5-Nitro-2-formylpyrrol wird mit I umgesetzt u. die entstandene Schiffsche Base in Eisessig mit Pb-Tetraacetat behandelt unter Bldg. von *2-[5′-Nitropyrryl-(2′)]-benzimidazol*, F. 265—265,5°; analog das entsprechende *Benzoxazol-*, F. 161—161,5°, u. *Benzthiazol*-Deriv., F. 160—161°. — *2-[N′-Methyl-5′-nitropyrryl-(2′)]-benzimidazol*, F. 242 bis 243°, *-benzoxazol*, F. 186,5—187,5°, u. *-benzthiazol*, F. 140 bis 141°. — *2-[N′-Äthyl-* u. *-Hydroxyäthyl-5′-nitropyrryl-(2′)]-benzimidazol*. (**F. P.** [**Méd.**] **3817** vom 17/11. 1964, veröff. 7/2. 1966. U. S. Prior. 22/11. 1963.) — 3 S.
S. Böttcher 4846

1393 Smith, Kline & French Laboratories, Philadelphia (Erfinder: Philip Paul Actor, Phoenixville, und Joseph Frank Pagano, Paoli), Pa., USA, **Herstellung von Benzimidazolyl-(2)-carbaminsäureestern** durch Umsetzung von S′-Alkylpseudothioharnstoffsulfat mit Verb. der allg. Formel ClCOOR u. Rk. des Prod. mit einem Y- u. Z-substituierten o-Phenylendiamin (R = C_{1-6}-Alkyl-, Cycloalkyl-, Alkylcycloalkyl-, C_{2-6}-Alkenyl- oder Phenylrest; Y = C_{1-6}-Alkyl-, C_{2-6}-Alkoxygruppe, Cl, Phenyl-, Alkylmercapto-, -amino-, Dialkylamino-, Dialkylaminoalkyl-, CN-, COOH- oder C_{2-7}-Carbalkoxygruppe; Z = H, C_{1-6}-Alkyl- oder -Alkoxyrest). — 2-Carbomethoxyaminobenzimidazole: *5-n-Butyl-*, F. 225—227° (Zers.). — *5-n-Propyl-*, F. 239—240,5° (Zers.). — *5-n-Amyl-*, F. 228—230° (Zers.). — *5-n-Hexyl-*, F. 221,5—223° (Zers.). — *5-n-Propoxy-*, F. 230—230,5°. — *5-n-Butoxy-*, F. 224—225°. — *5(6)-Chlor-*, F. 295 bis 300°. — *5(6)-Dimethylamino-*, F. 236—237,5°. — *4-n-Propyl-*, F. 147—148°. — *5(6)-Amyloxy-*, F. 211—213°. — *5(6)-Methyl-*, F. 297—303° (Zers.). — *5(6)-Äthoxy-*, F. 223 bis 225°. — *5-Äthyl-*, F. 237—238,5°. — *5(6)-Hydroxypropyl-*, F. 285° (Zers.). — *5-Isobutyl-*, F. 239,5—242°. — *5-tert.-Butyl-*, F. 221—223° (Zers.). — *5(6)-Isopropoxy-*, F. 213—215°. — *5(6)-Phenyl-*, F. 265° (Zers.). — *5.6-Di-n-butoxy-*, F. 290° (Zers.). — *5.6-Dimethyl-*, F. 295—305° (Zers.). — *Anthelminthika*. (**D. P.** [**DDR**] **58 510** Kl. 12p vom 18/1. 1967, ausg. 5/11. 1967 [Ausschließungspatent].) — 6 S.
K.-D. Stolp 4846

1394 Shionogi & Co. Ltd., Osaka, Japan, **Herstellung von Isoxazolverbindungen** zu Port. PP. 42 770 u. 42 771; C. **1964**, 34-1734 sind folgende 5-Phenylisoxazole nachzutragen: *3-[Piperidinoacetyl]-*, F. 147—148° (Zers.; A.), durch Rk. von 50 (Gew.-Teilen) 3-Chloracetyl-5-phenylisoxazol u. 48,2 Piperidin in Bzl. bei 50°. — *3-[Morpholinoacetyl]-*, F. 134—135°. — *3-[3-Piperidinopropionyl]-*, F. 93—96,5°. — *3-[3-Morpholinopropionyl]-*, F. 111,5—113°. — *Heilmittel* mit *antipyret., analget., hustenreizverhindernder* u. *entzündungshemmender Wirkung*. (**Oe. P. 250 952** vom 30/7. 1964, ausg. 12/12. 1966. Jap. Prior. 31/7. 1963.) — 5 S.
K.-D. Stolp 4846

1395 Chinoin Gyógyszer és Vegyészeti Termékek Gyára (Erfinder: Lajos Guczoghy und Maria Puklics), Budapest, Ungarn, **Herstellung von 2-[Thiazolyl-(4′)]-benzimidazolen**, die in 2′-Stellung durch Halogen, eine OH-, Alkoxy-, Aryloxy-, Amino-, Acyl-, Alkylamino-, Diazonium-, Mercapto- oder Mercaptoalkylgruppe) substituiert sein können), durch Rk. von o-Nitranilin (II) oder o-Phenylendiamin mit einem akt. 2-Halogenthiazol-4-carbonsäure-Deriv., Cyclisierung der erhaltenen Prod. u. ggf. Ersatz des Halogenatoms. — Aus 1 (g) 2-Chlorthiazol-4-carbonsäure (I) mit $SOCl_2$ erhaltenes I-Chlorid wird mit 0,84 II in Bzl. gekocht u. der Rk.-Rückstand in heißem CH_3OH aufgearbeitet: 1,25 N-[o-Nitrophenyl]-2-chlorthiazol-4-carbonsäureamid, F. 160—161°. Nach Red. der Nitrogruppe werden 0,8 des N-[o-Aminophenyl]-Deriv. in halbkonz. HCl gekocht: *2-[2′-Chlorthiazolyl-(4′)]-benzimidazol*, F. 210—213°. — Analog folgende Benzimidazole: *2-[Thiazolyl-(4′)]-*, F. 298—301°. — *2-[2′-Methoxythiazolyl-(4′)]-*, F. 175 bis 176°. *Hydrochloridmonohydrat*, F. 168—172°. — *Heilmittel* gegen *Helminthiase*. (**D. P.** [**DDR**] **56 794** Kl. 21p vom 6/9. 1966, ausg. 5/7. 1967 [Wirtschaftspatent]. Ung. Prior. 8/9. u. 8/9. 1965.) — 4 S.
K.-D. Stolp 4846

1396 Chinoin Gyógyszer és Vegyészeti Termékek Gyára R. T. (Erfinder: Lajos Guczoghy, Mária Puklics, György Kelemen und György Leszkovszki), Budapest, Ungarn, **Herstellung von 4-Methyl-5-[β-chloräthyl]-thiazolphosphat** durch Rk. von 4-Methyl-5-[β-chloräthyl]-thiazol mit Phosphorsäure. — *Antiepileptikum, Spasmolytikum*. (**Ung. P. 153 879** vom 28/4. 1965, ausg. 23/10. 1966.) F. Landsberger 4846△

1397 Krewel-Leuffen G. m. b. H., Eitorf, **Herstellung von 3.4.5-Trimethoxybenzoesäureestern** durch Rk. von 3.4.5-Trimethoxybenzoesäure (I)-Chlorid (II) mit Verb. der allg. Formel HO—CH_2—C(R^1)(R^2)—CH_2—B (R^1, R^2 = Alkyl-, Aralkyl- oder Arylgruppe; B = Dialkylamino- oder gesätt. N-heterocycl. Rest). — 28 (g) 2.2-Diäthyl-3-diäthylaminopropanol, 6 NaOH in 80 W. u. 34,5 II werden in Bzl. gekocht: 40 I-*2.2-Diäthyl-3-diäthylaminopropylester*, Kp.$_{0,2}$ 172°; n_D^{25} 1,5103. — Analog: I-*2.2-Diäthyl-3-piperidinopropylester*, F. 57°; 32.5% (Ausb.). — I-*2.2-Diäthyl-3-pyrrolidinopropylester*, F. 68°; 39,5%. — I-*2-Phenyl-2-äthyl-3-piperidinopropylester*, F. 74 bis 75°; 32%. — *Sedativa*. (**Oe. P. 250 888** vom 13/7. 1964, ausg. 10/11. 1966. D. Prior. 24/7. 1963.) — 3 S.
K.-D. Stolp 4846

1398 UCB (Union Chimique-Chemische Bedrijven) Soc. An., Saint-Gille-lez-Bruxelles, Belgien, **Herstellung von Estern** der allg. Formel *X—C₆H₄—C(R)(R′)·COOCH(CH₃)CH(Y)(CH₂)ₙN(Z)(Z′)* (X = H, Halogen, Alkyl-, Alkoxy-, Carbalkoxy-, Amino- oder Alkylcarbamylrest; Y = H oder Alkylgruppe; Z, Z′ = H, niedermol. Alkylrest oder zusammen mit dem N-Atom heterocycl. Rest; R, R′ = niedermol. Alkylrest oder zusammen mit dem C-Atom carbocycl. oder heterocycl. Rest; n = 0 bis 4) durch Rk. von Verb. der Formel X—C_6H_4—C(R)·(R′)COCl mit Verb. der Formel HOCH(CH_3)CH(Y)·(CH_2)$_n$N(Z)(Z′). — Man kocht 78,7 (g) 4-Phenyltetrahydropyran-4-carbonsäurechlorid u. 50,7 4-[Diäthylamino]-butanol-(2) 5 Std. in Toluol, versetzt mit W. u. 10%ig. NaOH u. erhält aus der organ. Phase 97,5 *4-Phenyltetrahydropyran-4-carbonsäure* (I)-*4′-(diäthylamino)-butyl-(2′)-ester*, Kp.$_{0,1}$ 150°. *Hydrochlorid* (= *HCl*), F. 136°. *Citrat*, F. 108—110°. — I-*5′-[diäthylamino]-pentyl-(2′)-ester*, F. 100°. — I-*3′-[Diäthylamino]-propyl-(2′)-ester*, *HCl*, F. 172—173°. — I-*4′-[dimethylamino]-butyl-(2′)-ester*, Kp.$_{0,001}$ 142°. — *4′-[Diisopropylamino]-butyl-(2′)-ester*, Kp.$_{0,001}$ 135—137°. — I-*3′-methyl-4′-[diäthylamino]-butyl-(2′)-ester*, Kp.$_{0,01}$ 152°, *HCl*, F. 126°. — I-*4′-morpholinobutyl-(2′)-ester*, *HCl*, F. 148—149°. — *4′-Piperidinobutyl-(2′)-ester*, Kp.$_{0,1}$ 160°. *Citrat*, F. 86°. — 4′-Diäthylaminobutyl-(2′)-ester: *4-[p-Chlorphenyl]-tetrahydropyran-4-carbonsäure-*, *HCl*, F. 146°. — *4-[p-Methoxyphenyl]-tetrahydropyran-4-carbonsäure-*, *Citrat*, F. 103°. — *4-Phenyltetrahydrothiapyran-4-carbonsäure-*, *HCl*, F. 156°. — *1-Phenylcyclohexan-1-carbonsäure-*, *HCl*, F. 142°. — *1-Methyl-4-phenylpiperidin-4-carbonsäure-*, Kp.$_{0,005}$ 140°. *Dicitrat*, F. 107°. — *2-Äthyl-2-phenylbuttersäure-*, *Citrat*, F. 121°. — *4-[p-Chlorphenyltetrahydropyran-4-carbonsäure-3′-[diäthylamino]-propyl-(2′)-ester*, Kp.$_{0,5}$ 170°. — *4-[o-Me-*

thylphenyl]-tetrahydropyran-4-carbonsäure-4'-[dimethylamino]-butyl-(2')-ester, HCl, F. 154°. — *4-Phenyltetrahydrothiapyran-4-carbonsäure-5'-[diäthylamino]-pentyl-(2')-ester, HCl*, F. 154°. — *Hustenstillende Mittel.* (**Oe. P. 244 964** vom 2/10. 1964, ausg. 10/2. 1966. Brit. Prior. 4/10. 1963.) — 4 S. K.-D. Stolp 4846

1399 F. Hoffmann-La Roche & Co. Akt.-Ges., Basel (Erfinder: Albrecht Edenhofer, Riehen, Henri Ramuz, Birsfelden, und Hans Spiegelberg, Basel), Schweiz, **Herstellung von aromatischen Äthern** der allg. Formel $C_6H_5-Y-C_6H_4-O-CH_2-X-CH_2-R^1$ [die aromat. Kerne können substituiert sein; R^1 = über das N-Atom mit CH_2 verbundener, ganz oder z. T. hydrierter Py.- oder Pyrazinrest; X = CO oder substituierte CH_2-Gruppe; Y = CO, CH_2, CH(OH), C(=NOH)] durch Rk. von Verb. der allg. Formel $C_6H_5-Y-C_6H_4-O-CH_2-X'-CH_2-R^2$ (R^2 = Halogen, Alkyl- oder Aralkylsulfonyloxygruppe; X' = X oder X' + CH_2 + R^2 = $-CH-CH_2-O$) mit Verb. der allg. Formel R^1-H oder von Verb. der allg. Formel $C_6H_5-Y-C_6H_4-OH$ mit Verb. der allg. Formel $R^2-CH_2-X''-CH_2-R^1$ (X'' = X oder R^2 + CH_2 + X'' = $-CH-CH_2-O$). — Man kocht 4-[2.3-Epoxypropoxy]-benzophenon u. 4-Phenyl-1.2.3.6-tetrahydropyridin in Dioxan: *4-[3-(1.2.3.6-Tetrahydro-4-phenylpyridyl-(1))-2-hydroxypropoxy]-benzophenon* (I), *Hydrochlorid* (= *HCl*), F. 192—194°. — Analog folgende 4-[3-(1.2.3.6-Tetrahydro-4-phenylpyridyl-(1))-2-hydroxypropoxy]-benzophenone: *4'-Methoxy-, HCl*, F. 185—186°. — *3-Methyl-*, F. 200—203°. — *4'-Methyl-, HCl*, F. 209—210°. — *3'.4'-Dichlor-, HCl*, F. 206° (Zers.). — *4'-Nitro-, HCl*, F. 201—203°. — *4'-Brom-, HCl*, F. 210—212°. — *4'-Fluor-, HCl*, F. 198—200°. — *4'-Chlor-* (II), *HCl*, F. 202° (Zers.). — *4'-Trifluormethyl-, HCl*, F. 231° (Zers.). — *3'-Chlor-, HCl*, F. 175° (Zers.). — *2'.4'-Dichlor-*, F. 132—134°. — 4-[3-(4-{p-Fluorphenyl}-1.2.3.6-tetrahydropyridyl-(1))-2-hydroxypropoxy]-benzophenone: *Unsubstituiert, HCl*, F. 160°. — *4'-Fluor-, HCl*, F. 192—193°. — *4'-Chlor-, HCl*, F. 203—204°. — *4-Brom-, HCl*, F. 233°. — 4-[3-(4-{p-Chlorphenyl}-1.2.3.6-tetrahydropyridyl-(1))-2-hydroxypropoxy]-benzophenone: *Unsubstituiert, HCl*, F. 217 bis 218°. — *4'-Chlor-, HCl*, F. 212° (Zers.). — *3'-Trifluormethyl-, HCl*, F. 130—134°. — *4'-Brom-, HCl*, F. 217°. — Benzophenone: *4-[3-(4-Hydroxy-4-phenylpiperidino)-2-hydroxypropoxy]-, HCl*, F. 184°. — *4-[3-(4-{p-Chlorphenyl}-piperazino)-2-hydroxypropoxy]-, HCl*, F. 175°. — *4-[3-(o-Methoxyphenylpiperazino)-2-hydroxypropoxy]-, HCl*, F. 210—211°. — *4-[3-(4-{p-Methoxyphenyl}-piperazino)-2-hydroxypropoxy]-, HCl*, F. 145°. — *4-[3-(4-{m-Methoxyphenyl}-piperazino)-2-hydroxypropoxy]-, Di-HCl*, F. 193—196°. — *4-[3-(4-{o-Methoxyphenyl}-piperazino)-2-hydroxypropoxy]-4'-chlor-, HCl*, F. 201°. — *4-[3-(4-{p-Chlorphenyl}-piperazino)-2-hydroxypropoxy]-4'-fluor-, Di-HCl*, F. 191—193°. — *4-[3-(4-Phenylpiperazino)-2-hydroxypropoxy]-, HCl*, F. 210—211°. — *4-[3-(4-{o-Chlorphenyl}-piperazino)-2-hydroxypropoxy]-, HCl*, F. 179 bis 180°. — *4-[3-(4-{p-Tolyl}-piperazino)-2-hydroxypropoxy]-*, F. 128°. — *4-[3-(4-Phenylpiperidin)-2-hydroxypropoxy]-, HCl*, F. 175—177°. — *4-[3-(1.2.3.6-Tetrahydro-4-phenylpyridyl-(1))-2-acetoxypropoxy]-, HCl*, F. 181—182°. — *4-[3-(1.2.3.6-Tetrahydro-4-phenylpyridyl-(1))-2-oxopropoxy]-, HCl*, F. 179—180°. — **I**-*Oxim*, F. 178° (Zers.). — **II**-*Oxim*, F. 178—182°. — 1-[p-Benzylphenoxy]-3-[4-phenyl-1.2.3.6-tetrahydropyridyl-(1)]-propane: *2-Hydroxy-, HCl*, F. 191° (Zers.). — *2-Acetoxy-, HCl*, F. 178° (Zers.). — *2-Oxo-, HCl*, F. 176°. — Benzhydrole: *4-[3-(1.2.3.6-Tetrahydro-4-phenylpyridyl-(1))-2-hydroxypropoxy]-*, F. 94°. — *4-[3-(4-{o-Methoxyphenyl}-piperazino)-2-hydroxypropoxy]-, HCl*, F. 173°. — 2-Hydroxy-3-[4-phenyl-1.2.3.6-tetrahydropyridyl-(1))-propane: *1-[p-(2-Phenyl-1.3-dioxolanyl-(2))-phenoxy]-*, F. 120°. — *1-[p-(2-Phenyl-1.3-dioxanyl-(2))-phenoxy]-*, F. 116°. — 3-[4-Phenyl-1.2.3.6-tetrahydropyridyl-(1)]-propane: *1-[p-Benzoylphenoxy]-2-[p-toluolsulfonyloxy]-*, F. 198—200°. — *1-[p-Benzoylphenoxy]-2-phosphoryloxy-*, F. 246—248°. — *1-[p-(4-Chlorbenzoyl)-phenoxy]-2-methoxycarbonyloxy-*, F. 93—96°. — *Hypotensiva, Sedativa.* (**D. P. [DDR] 56 789** Kl. 12p vom 22/7. 1966, ausg. 5/7. 1967 [Ausschließungspatent]. Schwz. Prior. 30/7. 1965.) — 12 S. K.-D. Stolp 4846

1400 Sandoz Akt.-Ges., Basel (Erfinder: Ernst Jucker, Ettingen, Adolf Lindenmann und Arnold Vogel, Basel), Schweiz, **Herstellung von Guanidinderivaten** der Formel $(R^1)(R^2)C_5H_8N-CH_2-CH_2-N\cdot(Z)-Y-C(=NR^3)-NHR^4$ (R^1, R^2 = H u./oder niedermol. Alkylreste; R^3, R^4 = H oder CH_3; Y = direkte Bindung u. Z = NH_2 oder Y = NH u. Z = H) durch Rk. von Verb. der Formel $(R^1)(R^2)C_5H_8N-CH_2-CH_2-NH-NH_2$ mit Salzen von Verb. der Formel Alkyl$-S-C(=NR^3)-NHR^4$, von Pyrazolderiv. der Formel $(R)(R^1)\cdot C_3N_2H-C(=NR^3)-NHR^4$ (R, R^1 = H oder CH_3), mit Verb. der Formel $N\equiv C-NHR^3$ oder durch Rk. von Verb. der Formel $(R^1)(R^2)C_5H_8N-CH_2-CH_2-X$ (X = akt. Säurerest) mit Verb. der Formel $H_2N-NH-C\cdot(=NR^3)-NHR^4$. — Man versetzt 0,83 g Cyanamid in A. mit 3,1 g 1-[2-Hydrazinoäthyl]-3-methylpiperidin u. 1,08 ml konz. H_2SO_4, kocht 16 Std. u. filtriert nach Abkühlen auf 5° ab: *N-Amino-N-[2-(3-methylpiperidino)-äthyl]-guanidin, Sulfat*, F. 246—248° (Zers.). — Analog folgende N-Aminoguanidine: *N-[2-(4-Methylpiperidino)-äthyl]-, Sulfat*, F. 239—243° (Zers.). — *N-[2-(2-Äthylpiperidino)-äthyl]-, Hemisulfat*, F. 259—263° (Zers.). — *N-[2-(4-Methylpiperidino)-äthyl]-methyl-, Dihydrochlorid*, F. 198—203° (Zers.). — *N-[2-(4.4-Dimethylpiperidino)-äthyl]-, Hemisulfat*, F. 282—286° (Zers.). — *N-[2-(4-Äthyl-2-methylpiperidino)-äthyl]-, Hemisulfat*, F. 236—240° (Zers.). — *N-[2-(cis-2.6-Dimethylpiperidino)-äthylamino]-guanidin, Hydrochlorid*, F. 153—156°. — *N-[2-(cis-2.6-Dimethylpiperidino)-äthyl]-, Dihydrochlorid*, F. 221—222°. *Hydrochlorid*, F. 168—170° (Zers.). *Sulfat*, F. 278—280°. *Hemisulfat*, F. 254—258°. — *N-[2-(trans-2.6-Dimethylpiperidino)-äthyl]-, Sulfat*, F. 286° (Zers.). — *N-[2-(cis-2.6-Dimethylpiperidino)-äthyl]-methyl-, Sulfat*, nichtkristallin. — *Heilmittel* mit *antihypertensiver Wirkung.* (**D. PP. [DDR] 56 790** Kl. 12p vom 18/10. 1965, ausg. 5/7. 1967 u. **57 080** Kl. 12p vom 18/10. 1965, ausg. 20/7. 1967 [Ausschließungspatente]. Beide Schwz. Prior. 5/11. 1964 u. 8/9. 1965.) — 5 S. — 5 S. K.-D. Stolp 4846

1401 Parke, Davis & Co., USA (Erfinder: Edward F. Elslager und Leslie M. Werbel), **1-[3-(5.6.7.8-Tetrahydro-4-{p-brom- und -chlorphenylazo}-naphthyl-(1)-amino)-propyl]-piperidin** (**I**), F. 173—175° bzw. 156—158°, hergestellt aus N-[γ-Chlorpropyl]-piperidin über 1-[3-(5.6.7.8-Tetrahydronaphthyl-(1))-aminopropyl]-piperidin ($Kp._{0,1}$ 159—160°) u. deren Salze, z. B. **I**-*Hydrochlorid*, F. 194—196°, *Dihydrochlorid*, F. 194—195°, *Salicylat*, F. 166—167°, werden oral als *Tuberkulosemittel* verwendet. (**F. P. [Méd.] 3880** vom 26/11. 1964, veröff. 7/3. 1966. U. S. Prior. 30/8. 1963.) — 4 S. S. Böttcher 4846

1402 Parke, Davis & Co., USA (Erfinder: Edward F. Elslager und Leslie M. Werbel), **1-[3-(5.6.7.8-Tetrahydro-4-{6-methoxypyridyl-(3)-azo}-naphthyl-(1)-amino)-propyl]-piperidin**, F. 129—131° (*Hydrochlorid*, F. 214—216°; *Naphthalin-1.5-disulfonat*, F. 235°; *Salicylat*, F. 163—165°; *4.4-Methylen-bis-[3-hydroxynaphthoat-(2)]*, F. 135°), hergestellt aus N-[γ-Chlorpropyl]-piperidin u. 5.6.7.8-Tetrahydronaphthyl-(1)-amin über 1-[3-(5.6.7.8-Tetrahydronaphthyl-(1)-amino)-propyl]-piperidin ($Kp._{0,1}$ 159—160°) wird oral als *Tuberkulosemittel* verwendet. (**F. P. [Méd.] 3881** vom 26/11. 1964, veröff. 7/3. 1966. U. S. Prior. 30/8. 1963.) — 4 S. S. Böttcher 4846

1403 Sandoz Akt.-Ges., Basel (Erfinder: Ernst Jucker, Ettingen, und John Gmünder, Muttenz), Schweiz, **Herstellung von N-[2-(2.2.6.6-Tetramethylpiperidino)-äthyl]-benzamiden,** die am Bzl.-Kern mehrfach substituiert sein können, durch Rk. von 2-[2.2.6.6-Tetramethylpiperidino]-äthylamin (**I**) mit entsprechenden Benzoylhalogeniden. — Man versetzt 9,2 g **I** in $CHCl_3$ mit 12,3 g 4-Chlor-3-sulfamoylbenzoylchlorid u. rührt 48 Std. bei Raumtemp.: *4-Chlor-3-sulfamoyl-N-[2-(2.2.6.6-tetramethylpiperidino-äthyl]-benzamid, Hydrochlorid* (= *HCl*), F. 293—295°. *Hydrogenmalat*, F. 173° (Zers.). — Analog folgende N-[2-(2.2.6.6-Tetramethylpiperidino)-äthyl]-benzamide: *3.4-Dichlor-, HCl*, F. 245 bis 247°. — *4-Sulfamoyl-, HCl*, F. 295—297°. — *4-Fluor-3-sulfamoyl-, HCl*, F. 273—275°. — *4-Methyl-3-sulfamoyl-, HCl*, F. 290—292°. — *4-Brom-3-sulfamoyl-, HCl*, F. 297—298°. — *3-Sulfamoyl-, HCl*, F. 277—278°. — *2.4-Dichlor-5-sulfamoyl-, HCl*, F. 139° u. 245—247°. — *4-Chlor-3-nitro-*, F. 261—264°. — *3-Chlor-, HCl*, F. 243 bis 245°. — *4-Chlor-, HCl*, F. 220—222°. — *Unsubstituiert, HCl*, F. 258—259°. — *3.4.5-Trimethoxy-, HCl*, F. 245 bis 247° (Zers.). — *Antihypertensiva*. (**D. P. [DDR] 56 580** Kl. 12p vom 5/1. 1966, ausg. 20/6. 1967 [Ausschließungspatent]. Schwz. Prior. 19/1., 6/4 u. 25/8. 1965.) — 5 S. K.-D. Stolp 4846

1404 Egyesült Gyógyszer- és Tápszergyár (Erfinder: József Rákóczi, Endre Komlós, Lujza Petőcz, Gábor Fazekas, Ibolya Kosóczky und Gyula Mikite), Budapest, Ungarn, **Herstellung von N'.N'-Bis-[benzylcarbamoyläthyl]-N-isonicotinoylhydrazin** durch Rk. von 2 Mol Isonicotinsäureanhydrid mit β-Halogenpropionsäure-N-benzylamid oder dessen mit tert. organ. Basen gebildeten Salzen in Ggw. von Alkalicarbonat. — *Heilmittel* zur Hemmung der Monoaminooxydase. (**Ung. P. 154 758** vom 5/11. 1966, ausg. 23/1. 1968.) F. Landsberger 4846△

1405 McNeil Laboratories, Inc., übert. von: Richard Joseph Mohrbacher, Fort Washington, Pa., USA, **Octahydroindolizinverbindungen** der allg. Formel I

I 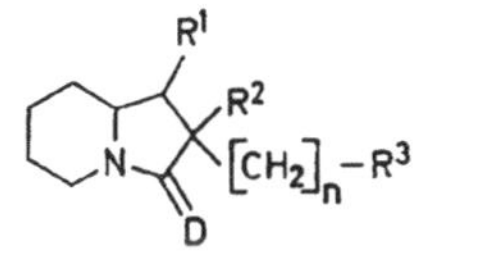

[R^1 = H, Phenyl; R^2 = H, Benzyl; R^3 = OH, Azacyclo- oder Diarylhydroxyacetoxy; n = 1—3; D = 2 H, falls R^1 = H, dann R^2 = Benzyl u. R^3 = OH, oder falls D = O, dann n = 0; R^3 = H; R^2 = 4-Phenyl-1-piperazinyl, 4-Phenyl-1-piperazinyl, —O—R—N(R)$_2$, —O—X—R, —X—Ar, —NH—R—N(R)$_2$, —NH—R—Ar, —NH—R—X, —X, —X—ROH; R = ggf. verzweigter C_1—C_7-Alkyl, X = Azacycloalkyl, Oxaazacycloalkyl mit 4—5 C-Atomen; Ar = ggf. substituiertes Phenyl). — Aus 2-Pyridincarboxaldehyd, Dimethylmalonat, Piperidin u. Benzoesäure in Bzl. durch Erhitzen unter azeotrop. Abdest. des W. → Dimethyl-2-pyridylmethylenmalonat (**II**), F. 83,5—84,5°, das mit Phenyl-MgBr umgesetzt wird → Dimethylphenyl-2-pyridylmethylmalonat (**III**), F. 97—98°. — Analog: Diäthyl-2-pyridylmethylenmalonat, F. 100—101,5°. — Diäthyl-2-pyridylmethylmalonat, F. 71,5—72°. — Aus **II** durch Red. mit H_2 in Ggw. von Pt-Oxid → *Methyl-A* (*A* = Octahydro-3-oxo-2-indolizincarboxylat), Kp.$_1$ 138—145°. — Analog: *Äthyl-A*, Kp.$_{0,06}$ 110—111°; daraus durch Hydrolyse → *Octahydro-3-oxo-2-indolizincarbonsäure* (**IV**), F. 123 bis 124,5°. — Analog aus **III** → *Methyl-1-phenyl-A* (**V**), F. 84—89° (Isomerengemisch). — Aus Methyl-A in Toluol mit NaH 1 Std. u. nach Zusatz von Benzylchlorid 16 Std. gekocht → *2-Benzyl-***IV**, F. 177° (Zers.), neben *Methyl-2-benzyl-A*, Kp.$_{0,2}$ 160°. — Aus **V** durch Red. mit $LiAlH_4$ u. Behandeln des Red.-Prod. mit Fumarsäure (**VII**) → *Octahydro-1-phenyl-2-imidazolinmethanol* (**VI**)*-fumarat*, F. 173—175° (Zers.). — Analog: **VI**-*Methojodid* (Isomerengemisch), F. 218,5—219,5°. — *Octahydro-2-benzyl-2-indolizinmethanolhydrochlorid*, F. 235 bis 237°. — Aus Octahydro-2-indolizinmethanol, CH_3ONa u. Äthylbenzilat → *Octahydro-2-indolizinmethylbenzilat* (**VII**), F. 104—106°. — Analog *1-Phenyl-***VII**, F. 108 bis 109°. — Aus **IV**, NaOH u. β-Dimethylaminoäthylchlorid u. Behandeln des Rk.-Prod. mit **VII** → *2-Dimethylaminoäthyl-A-fumarat*, F. 113—115°. — Analog: *2-Dimethylaminoäthyl-1-phenyl-A-fumarat*, F. 161 bis 163°. — Aus 1-Phenyl-**IV**-chlorid u. 1-Methyl-4-hydroxypiperidin → *[1-Methyl-4-piperidyl]-1-phenyl-A-fumarat*, F. 174—176°. — Aus Äthyl-A, CH_3ONa u. 4-Phenylpiperazin → *2-[4-Phenyl-1-piperazinylcarbonyl]-B* (*B* = Octahydro-3-oxoindolizin), F. 162—164°. — Analog: *2-[N-(2-Dimethylaminoäthyl)-carbamoyl]-B*, Kp.$_{0,35}$ 174° *Hydrochlorid*, F. 174—176°. — *2-[N-(α-Methylphenäthyl)-carbamoyl]-B*, Kp.$_{0,075}$ 185—192°. — *2-[N-(3-Pyridylmethyl)-carbamoyl]-B*, F. 115—116,5°. — *1-Phenyl-2-[1-pyrrolidinylcarbonyl]-B* (**VIII**), F. 169—170°. — *1-Phenyl-2-[4-phenyl-1-piperazinylcarbonyl]-B*, F. 164 bis 165°. — *1-Phenyl-2-morpholinocarbonyl-B*, F. 128 bis 129°. — *1-Phenyl-2-[4-(2-hydroxymethyl)-1-piperazinylcarbonyl]-B*, F. 179—180°. — Aus **VIII** mit $LiAlH_4$ → *1-Phenyl-2-[1-pyrrolidinylmethyl]-octahydroindolizindihydrochlorid*, F. 245,5—247°. — Analog: *Octahydro-1-phenyl-2-morpholinomethylindolizindihydrochlorid*, F. 270 bis 272° (Zers.). — Aus 2-Benzyl-**IV** durch Erhitzen → *Octahydro-3-oxo-2-benzylindolizin*, Kp.$_{0,175}$ 138°, das durch Red. mit $LiAlH_4$ u. dann in das Hexamat übergeführt wird → *Octahydro-2-benzylindolizinhexamat*, F. 108 bis 120°. — Aus 2-Benzyl-**IV** durch Erhitzen mit Polyphosphorsäure auf 100° → *1'.5'.6'.7'.8'.8a'-Hexahydro-1-oxospiro-[indan-2.2'-indolizin]-3'-[2'H]-on* (**IX**), F. 121 bis 122°; daraus durch Red. mit $LiAlH_4$ → *Octahydro-1-hydroxyspiro-[indan-2.2'-indolizin]*, F. 110—122°. — Aus **IX** durch Red. mit $NaBH_4$ → 2 isomere 1'.5'.6'.7'.8'.8a'-Hexahydro-1-hydroxyspiro-[indan-2.2'-indolizin]-3'-[2'H]-on, F. 137—142° bzw. 151—155°. — *Pharmazeutika*. (**U. S. PP. 3 245 990** vom 14/6. 1965, **3 245 991** vom 2/4. 1963, beide ausg. 12/4. 1966, **3 274 202** vom 2/4. 1963, ausg. 20/9. 1966, **3 268 535** vom 2/4. 1963 u. **3 268 540** vom 14/6. 1965, beide ausg. 23/8. 1966.) — 6 S. — 6 S. — 6 S. — 6 S. — 6 S. C. Lüttgen 4846

1406 Imperial Chemical Industries Ltd., London, Großbritannien, **Herstellung von Benzo-1.4-dioxanderivaten** der allg. Formel *$C_8H_7O_2$—CH(OH)—CH(R^1)—N(R^2)(R^3)* (R^1, R^2 = H oder Alkylrest; R^3 = Alkyl-, Alkenyl- oder Aralkylgruppe; der aromat. Kern des Benzo-1.4-dioxans kann durch Halogen, Alkyl oder durch —CH=CH—CH=CH— substituiert sein) durch Hydrierung von Verb. der allg. Formel $C_8H_7O_2$—COR^4 [R^4 = COR^1 oder C(R^1)(OR^5)(OR^6); R^5, R^6 = H oder Alkylrest] in Ggw. von Verb. der Formel HN(R^2)(R^3) mit komplexen Metallhydriden. — Man setzt 1 (Teil) $NaBH_4$, 1 Benzo-1.4-dioxanyl-(2)-glyoxalhydrat u. 8 tert.-Butylamin in CH_3OH bei Raumtemp. um: *Racemat* von *1-[Benzo-1.4-dioxanyl-(2)]-2-tert.-butylaminoäthanol, Hydrochlorid* (= *HCl*), F. 162—164°. — Analog folgende 1-[Benzo-1.4-dioxanyl-(2)]-äthanole: *2-Allylamino-, Bioxalat*, F. 161—162°. — *2-[3-Methoxypropylamino]-, Bioxalat*, F. 163—165°. — *2-[2-(3.4-Dimethoxyphenyl)-äthylamino]-, HCl*, F. 172—173°. — *2-[2-Methoxy-2-(3-methoxyphenyl)-äthylamino]-, Bioxalat*, F. 150 bis 151°. — Verb. der allg. Formel *A—CH(OH)—CH_2—NH—R* [*A* = *Benzo-1.4-dioxanyl-(2)*]: *R* = *CH_3CH_2·CH(CH_3), Bioxalat*, F. 204—206°. — *R* = *$HOCH_2C(CH_3)_2$*, F. 137—140°. — *R* = *C_6H_5—CH_2—C(CH_3)$_2$*, F. 111 bis 113°, *HCl*, F. 196—197°. 2. *Form, HCl*, F. 237—238°. — *R* = *$C_6H_5CH_2CH_2CH(CH_3)$, HCl*, F. 220—221°. — *R* = *4-Cl—C_6H_5—CH_2—CH_2—C(CH_3)$_2$, HCl*, F. 203—204°. — *β-adrenerg. Blockierungsmittel*. (**Oe. P. 246 737** vom 13/2. 1964, ausg. 10/5. 1966. Brit. Prior. 13/2. 1963.) — 4 S. K.-D. Stolp 4846

1407 Chinoin Gyógyszer- és Vegyészeti Termékek Gyára R. T. (Erfinder: István Dőry, László Feuer und Kálmán Lányi), Budapest, Ungarn, **Herstellung von 5-Phenyl-5-äthylbarbitursäure** durch Kondens. von Phenyläthylcyanessigester u. Guanidin in Ggw. von Na-Alkoholat u. Dicyandiamid u. saure Hydrolyse des entstandenen Zwischenprod. (Cyaniminoimino- bzw. Diiminobarbitursäure), wobei die Rk. in Ggw. von α-Phenylbuttersäurenitril u. die Ringbldg. in Ggw. von Na-Butylat, Na-Methylglykolat u. dgl. bei 95—120° durchgeführt wird. Nach der Esterkondens. wird Methanol oder A. durch Kolonnendest. entfernt. — *Antiepileptikum*. (**Ung. P. 154 226** vom 12/5. 1966, ausg. 23/8. 1967.) F. Landsberger 4846△

1408 Sandoz Akt.-Ges., Basel, Schweiz, **Herstellung von Phenothiazinen.** Zu Port. P. 42797; C. **1967**, 4-1737 sind folgende 10-[3-(4-Chlorpiperidino)-propyl-(1)]-phenothiazine nachzutragen: *3-Methylmercapto-*, F. 151—153°. *Fumarat*, F. 160—162°. — *3-Äthylmercapto-*, F. 127—129°. *Fumarat*, F. 170—172°. —

Heilmittel. (**Oe. P. 247 841** vom 5/8. 1964, ausg. 10/6. 1966. Schwz. Prior. 5/8. u. 17/10. 1963.) — 3 S. K.-D. Stolp 4846

1409 Sandoz Akt.-Ges., Basel (Erfinder: Jany Renz, Jean-Pierre Bourquin, Hans Winkler, Basel, Pierre Gagnaux, Allschwil, Simon Guldimann, Leo Ruesch, Basel, und Gustav Schwarb, Allschwil), Schweiz, **Herstellung von Thieno-[2.3:b]-benzo-1.4-thiazinen,** die in 6- oder 7-Stellung ggf. durch Cl, Br oder eine Alkylmercaptogruppe u. in 4-Stellung durch $-CH(R^2)CH(R^3)N(R^4)(R^5)$ [R^2, R^3 = H oder CH_3, R^4 u. R^5 zusammen mit dem N-Atom = Piperidinrest; oder R^2 = H, R^4 = C_{1-4}-Alkyl- u. R^5 u. R^3 zusammen = $(CH_2)_3$-Gruppe] substituiert sind, durch Rk. von 4H-Thieno-[2.3:b]-benzo-1.4-thiazinen mit Verb. der allg. Formel Halogen$-CH(R^2)CH(R^3)N(R^4)(R^5)$. — Ein sd. Gemisch aus 20 (g) 4H-Thieno-[2.3:b]-benzothiazin u. 4,57 $NaNH_2$ in Xylol wird mit 14,25 1-Dimethylamino-2-chlorpropan gekocht. Nach Aufarbeitung erhält man *4-[2-Dimethylaminopropyl]-4H-thieno-[2.3:b]-benzo-1.4-thiazin, Fumarat,* F. 181—183°. — Analog folgende 4H-Thieno-[2.3:b]-benzo-1.4-thiazine: *4-[1-Dimethylaminopropyl-(2)]-, Fumarat,* F. 156—158°. — *4-[2-Diäthylaminoäthyl]-6-chlor-, Maleinat,* F. 142 bis 144°. — *4-[1-Methylpyrrolidyl-(2)-methyl]-6-chlor-, Fumarat,* F. 196—198° (Zers.). — *4-[2-Dimethylaminoäthyl]-7-brom-, Maleinat,* F. 163—165°. — *4-[2-Piperidinoäthyl]-6-methylmercapto-, Fumarat,* F. 178—180°. — *Sedative Neuroleptika, Antihistaminika, Antidepressiva.* — Vgl. Port. P. 44 701; C. **1968,** 12-2577. (**D. P. [DDR] 55 021** Kl. 12p vom 29/9. 1965, ausg. 5/4. 1967 [Ausschließungspatent]. Schwz. Prior. 8/10. 1964, 12/1. u. 18/8. 1965.) — 6 S. K.-D. Stolp 4846

1410 Sandoz Akt.-Ges., Basel (Erfinder: Jany Renz, Jean-Pierre Bourquin, Hans Winkler, Basel, Pierre Gagnaux, Allschwil, Simon Guldimann, Leo Ruesch, Basel, und Gustav Schwarb, Allschwil), Schweiz, **Herstellung von 4H-Thieno-[2.3:b]-benzo-1.4-thiazinen,** die in 6- oder 7-Stellung ggf. durch Cl, Br, eine Alkoxy-, Alkylmercapto-, -sulfonyl-, -sulfinyl-, aliphat. Acyl-, CF_3- oder CN-Gruppe u. in 4-Stellung durch $-CH(R^2)CH(R^3)CH(R^4)N(R^5)(R^6)$ substituiert sind (R^2, R^3, R^4 = H oder CH_3; R^5 u. R^6 = Alkylgruppen; R^5 oder R^6, auch zusammen mit dem N-Atom = ggf. substituierte Piperidin- oder Piperazingruppe) durch Rk. von 4H-Thieno-[2.3:b]-benzothiazinen (I) mit Verb. der allg. Formel Halogen$-CH(R^2)CH(R^3)CH(R^4)N\cdot(R^5)(R^6)$ oder von 4-[3-Halogenpropyl-(1)]-4H-thieno-[2.3:b]-benzo-1.4-thiazinen mit Verb. der allg. Formel $HN(R^5)(R^6)$. — Man versetzt ein sd. Gemisch aus 25 (g) I u. 5,7 $NaNH_2$ in Xylol mit 17,8 3-Dimethylamino-1-chlorpropan. Nach 3std. Rk. wird aufgearbeitet: *4-[3-Dimethylaminopropyl]-4H-thieno-[2.3:b]-benzo-1.4-thiazin, Fumarat,* F. 160—162°. — Analog folgende 4-[3-Dimethylaminopropyl]-4H-thieno-[2.3:b]-benzo-1.4-thiazine: *6-Chlor-, Fumarat,* F. 146 bis 148°. — *6-Methylmercapto-, Fumarat,* F. 127—129°. — *7-Brom-, Maleinat,* F. 115—117°. — *6-Methoxy-, Fumarat,* F. 143—147°. — *6-Methylsulfinyl-, Naphthalin-1.5-disulfonathydrat,* F. 158—160°. — *6-Methylsulfonyl-, Maleinat,* F. 126—128°. — 4-[2-(1-Methylpiperidyl-(2))-äthyl]-4H-thieno-[2.3:b]-benzo-1.4-thiazine: *Unsubstituiert, Naphthalin-1.5-disulfonat,* F. 276—278°. *Benzolsulfonat,* F. 132—134°. — *6-Methylmercapto-, Benzolsulfonat,* F. 143—145°. — *6-Chlor-, Benzolsulfonat,* F. 133—135°. — *7-Brom-, Fumarat,* F. 176—178°. — *6-Trifluormethyl-, Benzolsulfonat,* F. 148 bis 149°. — *6-Cyan-,* F. 121—123°. — *6-Methylsulfinyl-, Benzolsulfonat,* F. 158—160°. — 4-[3-(1-{2-Hydroxyäthyl}-piperazinyl-(4))-propyl]-4H-thieno-[2.3:b]-benzo-1.4-thiazine: *Unsubstituiert, Fumarat,* F. 157—159°. — *6-Chlor-,* F. 105—106°. — *7-Chlor-, Dimaleinat,* F. 162—164° (Zers.). — *6-Brom-, Dimaleinat,* F. 157—159° (Zers.). — *6-Trifluormethyl-, Dimaleinat,* F. 163—165°. — 4H-Thieno-[2.3:b]-benzo-1.4-thiazine: *4-[1-Methylpiperidyl-(3)-methyl]-, Fumarat,* F. 216—218° (Zers.). — *4-[3-(1-Methylpiperazinyl-(4))-propyl]-6-methylmercapto-, Dimaleinat,* F. 174—176° (Zers.). — *4-[2-Methyl-3-(4-hydroxypiperidino)-propyl]-6-chlor-, Maleinat,* F. 137—140°. — *Sedative Neuroleptika, Antihistaminika, Antidepressiva.* (**D. P. [DDR] 55 832** Kl. 12p vom 29/9. 1965, ausg. 20/4. 1967 [Ausschließungspatent]. Schwz. Prior. 9/10., 29/10., 23/12. 1964, 1/4. u. 19/8. 1965.) — 13 S. K.-D. Stolp 4846

1411 Rhône-Poulenc Soc. An., Paris (Erfinder: Daniel Farge, Thiais, Claude Jeanmart, Brunoy, und Mayer Naoum Messer, Sceaux), Frankreich, **Herstellung von Phenthiazinyl-(3)-essigsäuren,** die in α-Stellung ggf. durch CH_3 oder C_2H_5, in 7-Stellung ggf. durch Halogen, eine Alkyl-, Alkoxy- oder Alkylmercaptogruppe u. in 10-Stellung ggf. durch CH_3 substituiert sind, durch Willgerodt-Rk. an einem 3-Acetylphenthiazin u. Hydrolyse des Amids oder Thioamids, durch Hydrolyse u. Decarboxylierung von Phenthiazinyl-(3)-malonsäuredialkylestern oder durch Hydrolyse von 3-[Carbamoylmethyl]-, 3-[Alkoxycarbonylmethyl]- oder 3-[Cyanmethyl]-phenthiazinen. — **Man kocht 43,9** (g) 10-Methyl-3-acetylphenthiazin u. 8,8 S 16 Std. in Morpholin u. versetzt mit A.: 52,5 10-Methylphenthiazinyl-(3)-acetothiomorpholid (I), F. 185—187°. 52,5 I u. 88 85%ig. KOH werden in A. 16 Std. gekocht. Den Rk.-Rückstand versetzt man in W. mit Aktivkohle, filtriert u. säuert an: 36 rohe *10-Methylphenthiazinyl-(3)-essigsäure,* F. 146° (Bzl.). — Analog folgende 10-Methylphenthiazinyl-(3)-essigsäuren: *7-Methoxy-,* F. 160—161°. — *7-Methyl-,* F. 137°. — *α-Methyl-,* F. 144°. — *α-Äthyl-,* F. 174°. — *α-Methyl-7-methoxy-,* F. 124—125°. — Phenthiazinyl-(3)-essigsäuren: *7-Chlor-,* F. 255°. — *7-Methoxy-,* F. 238—240°. — *α-Methyl-,* F. 240°. — *Antiinflammator.* u. *antirheumat. Heilmittel.* (**D. P. [DDR] 55 888** Kl. 12p vom 27/10. 1965, ausg. 20/4. 1967 [Ausschließungspatent]. F. Prior. 29/10., 29/10., 30/10., 28/12. 1964, 24/9., 24/9. u. 24/9. 1965.) — 14 S. K.-D. Stolp 4846

1412 Gebrüder Giulini G.m.b.H., Ludwigshafen/Rh., **Herstellung von 6-Chlor-7-sulfamyl-3.4-dihydrobenzo-1.2.4-thiadiazin-1.1-dioxid,** F. 269° (W.), in 68- bis 78%ig. Ausb. durch Kondens. von 1-Amino-3-chlorbenzol-4.6-disulfonsäurechlorid mit einer Verb. $(H)_nN\cdot(CH_2-O-R^1)_m$ (R^1 = Alkylrest; n = 0—2; m = 1—3, wobei m = 3—n). — Vgl. D. A. S. 1 108 700; C. **1962,** 950. (**Oe. P. 252 247** vom 2/8. 1960, ausg. 10/2. 1967. D. Prior. 13/8. 1959.) — 2 S. K.-D. Stolp 4846

1413 Hoffmann-La Roche & Co. Akt.-Ges., Basel, Schweiz (Erfinder: Earl Reeder, Nutley, Arthur Stempel, Teaneck, und Leo Henryk Sternbach, Upper Montclair, N.J., USA), **Herstellung von Benzo-1.4-diazepinen beziehungsweise Benz-4.1.5-oxadiazocinen** durch Behandeln eines α-Oxims eines 2-Acetamidophenylarylketons der allg. Formel $(R^1)(R^2)C_6H_2[-N(R^3)\cdot COCH_2L]C(A)=NOH$ (A = R^4-Phenyl- oder Pyridylgruppe; R^1, R^2 = H, Halogen, CF_3 oder NO_2; R^3 = Alkylrest; R^4 = H oder Halogen; L = abspaltbare Gruppe) mit einer Base. — Man versetzt 2'-Benzoyl-2.4'-dichloracetanilid-syn-oxim (α-Form) in Dioxan mit n-NaOH, rührt 20 Std., filtriert u. extrahiert das konz. Filtrat mit $CHCl_3$: *7-Chlor-1.3-dihydro-3-hydroxy-5-phenylbenzo-2H-1.4-diazepinon-(2),* F. 195—196°. *Na-Salz,* F. 210 bis 225° (Zers.). — Analog folgende 3-Hydroxy-1.3-dihydrobenzo-2H-1.4-diazepinone-(2): *5-[4-Hydroxyphenyl]-7-chlor-,* F. 178—179°. — *5-Phenyl-7-nitro-,* F. 214—215° (Zers.). — *5-[Pyridyl-(2)]-7-brom-,* F. 198—200° (Zers.). — 6-Phenyl-1.3-dihydrobenz-2H-4.1.5-oxadiazocinone-(2): *Unsubstituiert,* F. 236 bis 238°. — *8-Trifluormethyl-,* F. 212—214°. — *8-Nitro-,* F. 254—255°. — *Sedativa, Muskelrelaxantia, Antikonvulsiva.* (**D. P. [DDR] 57 853** Kl. 12p vom 2/11. 1966, ausg. 20/9. 1967 [Ausschließungspatent]. U. S. Prior. 2/11. 1965 u. 9/9. 1966.) — 6 S. K.-D. Stolp 4846

1414 Heilmittelwerke Wien G. m. b. H. (Erfinder: Marianne Königstein), Wien, Österreich, **Herstellung von Salzen der Primulasäure (I),** die je 1 Mol Glucose, Galaktose u. Uronsäure in glykosid. Bindung enthält, durch Umsetzen von I mit Verb. der allg. Formel $R_3C_6H_{10}-CH(C_2H_5)COOAN(R^1)(R^2)$ [A = C_{2-5}-Alkylengruppe; R^1, R^2 = H oder C_{1-5}-Alkylrest; $N(R^1)(R^2)$ = ggf. O, S, NX enthaltender 5- oder 6gliedriger hetero-

cycl. Rest; X = H oder Alkylrest; R^3 = H, Alkylrest oder Halogen]. — Eine Lsg. von 10 g **I** [F. 236—238° (Zers.)] u. 5 g α-Cyclohexylbuttersäuredimethylaminoäthylester (**II**) in CH_3OH wird zur Trockne eingedampft: I-Salz von **II**, F. 112—114° (Zers.). — Weitere *I-Salze* nachst. α-Cyclohexylbuttersäure-Verb.: *-Diäthylaminoäthylester*, F. 220—222° (Zers.). — *-Morpholinäthylester*, F. 214—216° (Zers.). — *-Piperidinoäthylester*, F. 215—217° (Zers.). — *-Propylaminoäthylester*. — *-Butylaminoäthylester*. — *-Dimethylaminoisobutylester*. — *Heilmittel* mit *expektorierender* u. *spasmolyt. Wirkung*. (**Oe. P. 246 338** vom 17/1. 1963, ausg. 12/4. 1966.) — 5 S.
K.-D. Stolp 4846

1415 F. Hoffmann-La Roche & Co. Akt.-Ges. (Erfinder: Joseph Hellerbach und Otto Schnider), Basel, Schweiz, **Herstellung von zentralanalgetisch wirkenden Phenanthrenderivaten.** Zu Ung. P. 152 721; C. **1968** 25-1864 ist nachzutragen: Die Substitution des H-Atoms in der entsprechenden Phenanthrenverb. kann auch durch Rk. mit einem den Rest —CO—Z abgebenden Säurederiv. u. nachfolgende Red. der CO-Gruppe zur CH_2-Gruppe erfolgen. — *N-[1'-Methylcyclopropylmethyl]-morphinane*: (—)-*3-Hydroxy-*, F. 168—170°; $[\alpha]_D^{23}$ — 76,5° ± 5° [c = 0,3 in CH_3OH (**I**)]; daraus durch Veräthern → (—)-*3-Methoxy-*, F. 119—120°; $[\alpha]_D^{25}$ —166,2° (c = 1,1 in **I**); *Hydrochlorid*, F. 222—223°; $[\alpha]_D^{25}$ 51,1° (c = 1 in **I**). — (—)-*3-Allyloxy-*, *Tartrat*, F. 150—151°; $[\alpha]_D^{25}$ — 30° (c = 1 in **I**). — (—)-*3-Propyloxy-*, F. 179—181°. — (—)-*3-Acetoxy-*, *Hydrobromid*, F. 223—224°; $[\alpha]_D^{25}$ — 34,18° (c = 1,1 in **I**). — (—)-*Hydroxy-N-cyclopentylmethyl]-morphinan*, F. 218—219°; $[\alpha]_D^{25}$ — 68,76° (c = 1 in **I**). — (—)-*3-Hydroxy-N-cyclohexylmethylmorphinanmaleinat*, F. 217—218°; $[\alpha]_D^{25}$ — 57,4° (c = 1,04 in **I**). — (—)-*3-Hydroxy-N-[1'-methylcyclopropylmethyl]-isomorphinanhydrochlorid*, F. 282—283° (Zers.); $[\alpha]_D^{25}$ — 63° (c = 0,78 in **I**). (**Schwz. P. 446 370** vom 5/3. 1964, ausg. 15/3. 1968. **Brit. P. 1 048 859** vom 4/3. 1965, ausg. 28/9. 1966. Schwz. Prior. 5/3. 1964.) — 4 S. — 7 S.
C. Lüttgen 4846

1416 N. V. Koninklijke Pharmaceutische Fabrieken v/h Brocades-Stheeman & Pharmacia, Meppel, Niederlande, **Herstellung von Nortropanen.** Zu Ung. P. 152 157; C. **1968**, 17-1820 sind folgende 3-[Dibenzo-(a.d)-cycloheptadien-(1.4)-yl-(5)-oxy]-nortropane nachzutragen: *8-Äthyl-*, *Citrat*, F. 162 bis 164°; Ausb. 90%. — *8-[β-Phenyläthyl]-*, *Maleat*, F. 205 bis 207°. — *Heilmittel*. (**Oe. P. 249 275** vom 14/2. 1964, ausg. 12/9. 1966. Brit. Prior. 6/8. 1963.) — 4 S.
K.-D. Stolp 4846

1417 Chinoin Gyógyszer és Vegyészeti Termékek Gyara R. T. (Erfinder: Csaba Szántay und László Töke), Budapest, Ungarn, **Herstellung von Emetin** durch Red. von 2.3-trans-2-Carbalkoxymethyl-3-äthyl-9.10-dimethoxy-1.2.3.4.6.7-hexahydro-11bH-benzo-[a]-chinolizinen mit Diisobutyl-Al-Hydrid (**I**) in Toluol bei < — 20° zum entsprechenden Aldehyd der mit 4-Hydroxy- oder 4-Methoxy-3-hydroxy-β-phenyläthylamin kondensiert wird. — 3,59 (g) opt. akt. (—)-2.3-trans-2-Carbäthoxy-3-äthyl-9.10-dimethoxy-1.2.3.4.6.7-hexahydro-11bH-benzo-[a]-chinolizin werden unter N_2 in Toluol bei — 60° mit 2,25 ml **I** u. nach 1 Std. mit 40 ml gesätt. Na-HSO_3-Lsg. versetzt. Nach einigen Std. macht man alkal., extrahiert mit Ae. u. kocht den Rückstand in A. unter N_2 mit 1,55 β-[3.4-Dihydroxyphenyl]-äthylamin, setzt CH_2N_2 hinzu u. arbeitet nach 2std. Stehen auf: *2,3(+)-Emetinhydrobromid*. — Analog: *rac. Emetindihydrochloridhydrat*. — *rac. Cephaelin*, F. 115—116° u. 150°. — *rac. Norcephaelin* (**II**)-*Oxalat*, F. 225—228°. — *opt. akt.* **II**, F. 230—235°. — *Heilmittel* gegen *Dysenterie* u. *Lebererkrankungen*. (**Oe. P. 252 467** vom 6/7. 1964, ausg. 27/2. 1967.) — 5 S.
K.-D. Stolp 4846

1418 F. Hoffmann-La Roche & Co. Akt.-Ges., Basel, Schweiz (Erfinder: Milan Radoje Uskokovic, Upper Montclair, und Thomas Henry Williams, Passaic, N.J., USA), **Herstellung von 9β.10α-Steroiden** der *Androstan-* u. *Pregnanreihe* durch Kondens. von 9β.-10β-des A-Androstan-5-onen oder 9β.10β-des A-Pregnan-5-onen mit einem Alkylvinylketon, Alkyl-β-dialkylaminoäthylketon, Alkyl-β-bromäthylketon oder dessen Alkylketal, einem freien, veresterten oder verätherten Alkyl-β-bromäthylcarbinol, einem entsprechenden 1.3-Dichloralken-(2), Alkyläthinylketon, Alkyl-β-dialkylaminovinylketon oder einem Alkyl-β-alkoxyvinylketon. — 17α-Äthyl-17β-hydroxy-des A-9β.10β-androstan-5-on [F. 142 bis 144° (Ae.); $[\alpha]_D^{25}$ — 11,65 (c = 1,245; CH_3OH)] wird unter N_2 in A. in Ggw. von $NaOC_2H_5$ mit Methylvinylketon umgesetzt. Nach Zusatz von Eisessig wird mit Ae. extrahiert u. der Rückstand an Fluoreszenzsilicagel mit Äthylacetat–Heptan (60 : 40) chromatographiert: *17α-Äthyl-9β.10α-testosteron*, F. 131—135°. — Analog: *20β-Hydroxy-9β.10α-pregn-4-en-3-on*, F. 176,5—178,5°, $[\alpha]_D^{25}$ — 143° ($CHCl_3$). — 17β-Hydroxy-9β.10α-androstan-4-en-3-one: *17α-[Propinyl-(1')]-*, F. 164—165°. — *17α-[2'-Methylpropen-(2')-yl]-*, F. 106—108°. — *17α-Methyl-9β.10α-testosteron*, F. 128—129°. — *Heilmittel*. (**D. P. [DDR] 51 034** Kl. 12o vom 27/3. 1965, ausg. 20/10. 1966 [Ausschließungspatent]. U. S. Prior. 29/9. 1964.) — 24 S.
K.-D. Stolp 4847

1419 G. D. Searle & Co., Chicago (Erfinder: Leonard N. Nysted, Highland Park, und Raphael Pappo, Skokie), Ill., USA, **Herstellung von 2-Oxa-3-oxosteroiden.** Zu U. S. P. 3 109 016; C. **1965**, 29-1730 ist nachzutragen: *17β-Hydroxy-2-oxa-5α-androstan-3-on*, F. 198—203°; *17α-Äthinyl-17β-hydroxy-2-oxa-5α-androstan-3-on*, F. 289 bis 290°. — *Heilmittel*. (**Schwz. P. 450 447** vom 12/3. 1963, ausg. 30/4. 1968. U. S. Prior. 12/3. 1962.) — 4 S.
R. Bauereis 4847

1420 Sandoz Akt.-Ges., Basel (Erfinder: Janos Pless, Basel, Stephan Guttmann, Allschwil, und Roger Boissonnas, Bottmingen), Schweiz, **Herstellung des Pentacosapeptids** *D-Ser–Tyr–Ser–Norleu–Glu–His–Phe–Arg–Trp–Gly–Lys–Pro–Val–Gly–Lys–Lys–Arg–Arg–Pro–Val–Lys–Val–Tyr–Pro–Val·NH_2* (**I**) auf folgendem Wege: Z—(NO_2)Arg—(NO_2)Arg—Pro—OMe (Z = Benzyloxycarbonyl; OMe = Methoxy) wird in Dioxan/W. mit NaOH verseift: *Z-(NO_2)Arg–(NO_2)Arg–Pro* (**II**), F. 108° (Zers.); $[\alpha]_D$ — 19° (Dimethylformamid = DMF). **II** wird mit HBr in CH_3COOH behandelt: *(NO_2)Arg–(NO_2)Arg–Pro · 3 HBr* (**III**), F. 84° (Zers.); $[\alpha]_D^{21}$ — 19° (95%ig. CH_3COOH). **III** setzt man mit Z-Val-Gly-(Boc)Lys-(Boc)Lys-N_3 in DMF u. $(C_2H_5)_3N$ bei 0° um: *Z-Val–Gly–(Boc)Lys–(Boc)Lys–(NO_2)–Arg–(NO_2)Arg–Pro* (**IV**), F. 151° (Zers.); $[\alpha]_D$ — 38° (CH_3OH). In DMF u. Tetrahydrofuran wird **IV** in Ggw. von $(C_2H_5)_3N$ u. $ClCOOC_2H_5$ mit Val–(Boc)Lys–Val–Tyr–Pro–Val–NH_2 zu *Z–Val–Gly–(Boc)Lys–(Boc)Lys–(NO_2)Arg–(NO_2)Arg–Pro–Val–(Boc)·Lys–Val–Tyr–Pro–Val–NH_2* (**V**), F. 190° (Zers.), $[\alpha]_D$ — 36° (DMF), umgesetzt. **V** wird in 80%ig. CH_3COOH in Ggw. von Pd hydrogenolyt. behandelt: *Val–Gly–(Boc)·Lys–(Boc)Lys–Arg–Arg–Pro–Val–(Boc)Lys–Val–Tyr–Pro–Val–NH_2* (**VI**), *Tritoluolsulfonat*, F. 185° (Zers.); $[\alpha]_D^{20}$ — 42° (DMF). — Man versetzt **VI** in Py. u. CH_3CN mit Trt–(OtBu)Glu–(Trt)His–Phe–Arg–Trp–Gly–(Boc)Lys–Pro u. Dicyclohexylcarbodiimid (= DCC; Trt = Trityl; OtBu = Butoxy): *Trt–(OtBu)Glu–(Trt)His–Phe–Arg–Trp–Gly(Boc)Lys–Pro–Val–Gly–(Boc)Lys–(Boc)Lys–Arg–Arg–Pro–Val–(Boc)Lys–Val–Tyr–Pro–Val–NH_2*, *Tritoluolsulfonat* (**VII**), F. 184° (Zers.), $[\alpha]_D$ — 51° (CH_3OH). **VII** wird mit 80%ig. CH_3COOH u. Amberlite IRA-410 (Acetatform) behandelt: *OtBu–Glu–(Trt)His–Phe–Arg–Trp–Gly–(Boc)Lys–Pro–Val–Gly–(Boc)Lys–(Boc)Lys–Arg–Arg–Pro–Val–(Boc)Lys–Val–Tyr–Pro–Val–NH_2* (**VIII**), F. 170° (Zers.); $[\alpha]_D^{20}$ — 49° (CH_3OH). — Ser–Norleu–OMe·HCl u. Z–Tyr werden in CH_3CN in Ggw. von $(C_2H_5)_3N$ mit DCC bei 0° umgesetzt, worauf man das Prod., *Z–Tyr–Ser–Norleu–OMe*, F. 140—142°, $[\alpha]_D^{20}$ — 15° (DMF), in methanol. HCl in Ggw. von Pd–Kohle hydriert: *Tyr–Ser–Norleu–OMe · HCl* (**IX**), F. 227°, $[\alpha]_D^{20}$ — 7° (DMF). — D-Ser–OMe · HCl reagiert mit Boc-N_3 zu Boc-D-Ser–OMe, das über *Boc–D–Ser–$NHNH_2$*, F. 114°, $[\alpha]_D^{21}$ — 3° (DMF), zu *Boc–D–Ser–N_3* (**X**) umgesetzt wird. Durch Rk. von **X** mit **IX** in Essigester u. DMF in Ggw. von $(C_2H_5)_3N$ erhält man Boc–D–Ser–Tyr–Ser–Nle–OMe, F. 135°, $[\alpha]_D^{20}$ — 6° (CH_3OH), daraus mit $H_2NNH_2 \cdot H_2O$ *Boc–D–Ser–Tyr–Ser–Norleu–$NHNH_2$*, F. 210°, $[\alpha]_D^{20}$ 6,4° (DMF), u. mit $NaNO_2$ *Boc–D–Ser–Tyr–Ser–Norleu–N_3* (**XI**). — **XI** u. **VIII**-Acetat werden in DMF zur Rk. gebracht, das isolierte Prod. wird mit 90%ig. CF_3COOH behandelt u. in Essigester mit Amberlite-IRA-410 (Acetatform) umgesetzt: *I-Heptaacetat-Dekahydrat*, F. 209° (Zers.); $[\alpha]_D^{20}$ — 8° (1 n CH_3COOH). — *Heilmittel* mit *adrenocorticotroper Wirkung*. (**D. P. [DDR] 55 960** Kl. 12q vom 23/8. 1966, ausg. 20/5. 1967 (Ausschließungspatent]. Schwz. Prior. 24/8. 1965.) — 8 S. K.-D. Stolp 4847

1421 Egyesült Gyógyszer és Tápszergyár (Erfinder: József Rákóczi und János Török), Budapest, Ungarn, **Herstellung von D(—)-Chloramphenicolmonosuccinat** durch Rk. von Chloramphenicol mit Bernsteinsäureanhydrid in polarem Lsgm. (Isopropylalkohol, A.) in Ggw. von katalyt. Mengen schwach bas. Salze u. Monoäthylamin bei 100°. (**Ung. P. 154 759** vom 5/11. 1966, ausg. 23/2. 1968.) F. Landsberger 4848△

1422 Chinoin Gyógyszer és Vegyészeti Termékek Gyára R. T. (Erfinder: Rezsö König, Frau István Szabô und József Schwartz), Budapest, Ungarn, **α-Aminophenylacetamidopenicillansäure** erhält man aus einem tert. Aminsalz der N-[1-Methyl-2-äthoxycarbonylvinyl]-α-aminophenylessigsäure u. 2-Äthylbutansäurechlorid. (**Ung. P. 154 934** vom 3/12. 1965, ausg. 23/3. 1968.) F. Landsberger 4848△

1423 Chinoin Gyógyszer és Vegyészeti Termékek Gyára R. T. (Erfinder: Sándor Szöke, Péter Szentmiklôsi, Agoston Dávid und Gábor Horváth), Budapest, Ungarn, **Herstellung pentacyclischer Antibiotika** durch Umsetzen von Tetracyclin, 6-Desmethyl- oder Chlortetracyclin mit starker Säure (HCl, Benzolsulfonsäure) bei pH 2, Überführen des erhaltenen 4-Desdimethylamino-5a.6-anhydro-12-desoxy -[(N-dimehyl)-4.12-aza]-tetracyclins in ein quatern. Salz u. ggf. dessen Umwandlung mit schwacher Base in das innere Salz. (**Ung. P. 154 517** vom 9/8. 1966, ausg. 23/12. 1967.) F. Landsberger 4848△

1424 Chinoin Gyógyszer és Vegyészeti Termèkek Gyára R. T., Budapest (Erfinder: Tibor Vályi-Nagy, Gábor Kulcsár, Imre Szilágyi, Gabriella Valu, Debrecen, Károly Magyar, István Horváth und Géza Hegyaljai-Kiss, Budapest), Ungarn, **Herstellung des Antibiotikums Primycin** durch Züchten von Thermopolyspora galeriensis (OKI Nr. 650707), dessen Varianten oder Mutanten in submerser aerober Kultur in C- u. N-Quellen (Kohlenhydrate, Aminosäuren, Basen usw.), anorgan. Salze, natürliche oder synthet. Fette, Öle, Fettalkoholsulfonate bzw. Fettsäuren enthaltenden Nährböden. (**Ung. P. 153 598** vom 20/10. 1965, ausg. 23/12. 1966.) F. Landsberger 4848△

1425 Rhône-Poulenc Soc. An., Paris (Erfinder: Jean Preud 'homme, Paris und Serge Tchelitcheff, Vitry-sur-Seine), Frankreich, **Herstellung von Triacetylspiramycin-I** durch Verestern von Spiramycin-I mit Essigsäureanhydrid bei 50—100° u. Behandlung des entstandenen Tetraacetylderiv. mit wss. Methanol bis zum Entfernen einer Acetylgruppe. (**Ung. P. 154 811** vom 23/1. 1967, ausg. 23/2. 1968.) F. Landsberger 4848△

1426 E. R. Squibb & Sons, Inc., New York, N.Y. (Erfinder: Edward Meyers, Highland Park, Richard Donovick, Green Brook, Frank Lee Weisenborn, Somerset, und Felix E. Pansy, Jamesburg, N.J.), USA, **Herstellung des Antibiotikums Prazinomycin** durch Züchten von Streptomyces prasinus (ATCC 15825), Streptomyces hirsutus oder Streptomyces prasino-pilosus u. aerobes submerses Fermentieren in wss., C- u. assimilierbare N-Quelle enthaltendem Nährboden. Das Antibiotikumgemisch wird aus dem Myzel durch physikochem. Meth. gewonnen, der Gegenstromverteilung unterworfen u. die Typen A, B, C, D durch Papierchromatographie getrennt. (**Ung. P. 154 046** vom 2/2. 1966, ausg. 23/5. 1967. U. S. Prior. 3/2. u. 6/10. 1965.) F. Landsberger 4848△

1427 Takeda Chemical Industries, Ltd., Osaka (Erfinder: Motoo Shibata, Kazumori Hatano, Komei Mizuno, Mitsuko Asai, Masayuki Muroi, Osaka, und Eiji Higashide, Hyogo), Japan, **Herstellung des Antibiotikums Enduracidin** durch aerobes Fermentieren der Kultur von Streptomyces fungicidus Var. B.-5477 oder Mutante ATCC-21014 auf assimilierbare C- u. N-Quellen enthaltenden Nährböden (40—240 Std. bei 20—45°) u. Gewinnung des Antibiotikums aus der Fermentbrühe. (**Ung. P. 155 081** vom 13/10. 1966, ausg. 23/5. 1968. Jap. Prior. 13/10. u. 26/10. 1965.) F. Landsberger 4848△

1428 Rhône-Poulenc Soc. An., Paris (Erfinder: Denise Mancy, Charenton, Seine. Léon Ninet und Jean Preud'homme, Paris), Frankreich, **Herstellung des Antibiotikums 8036 R. P.** durch aerobes Fermentieren von Streptomyces canadiensis (NRRL 3155) in assimilierbare C- u. N-Quellen enthaltendem Nährboden, Isolieren des Antibiotikums auf Dowex-Ionenaustauscherharz u. Umwandlung der Säure in das K-Salz. (**Ung. P. 153 561** vom 17/11. 1965, ausg. 23/11. 1966. F. Prior. 18/11. 1964.) F. Landsberger 4848△

1429 Eli Lilly & Co. (Erfinder: Michael Eduard Haney, Marvin Martin Hoehn und James Myrlin McGuire, Indianapolis), Ind., USA, **Herstellung des Antibiotikums A 3823** durch Züchten des Bakterienstammes Streptomyces cinnamonensis (ATCC **15413**) mit submersen aeroben Kulturen in assimilierbaren N (Pepton, Sojamehl, Aminosäuren), C (Melasse, Glucose, Fructose, Maltose, Stärke) u. anorgan. Salze (Na-, K-, NH_4-, Ca-Phosphate, -Carbonate, -Chloride) enthaltenden Nährböden, Isolieren des Antibiotikums aus der Fermentbrühe durch Filtrieren, Extrahieren des Filtrats u. Kristallisieren aus dem konz. Extrakt. (**Ung. P. 154 827** vom 2/4. 1966, ausg. 23/10. 1967.) F. Landsberger 4848△

1430 Ciba Akt.-Ges., Basel, Schweiz (Erfinder: Vladimir Prelog, Zürich, Schweiz, Hans Zaehner, Tübingen, und Hans Bickel, Binningen, Schweiz), **Herstellung eines Antibiotikums** durch Züchten von Streptomyces antibioticus **A** 28829 (Dep. NRRL 3207) in aerober submerser Kultur in eine C- u. N-Quelle u. anorgan. Salze enthaltendem Nährboden. Das Antibiotikum wird mit dem Mikroorganismus Botrytis cineres kontrolliert, das Myzel mit einem mit W. mischbaren, Lipoide lösenden Lsgm. (Aceton) extrahiert u. nach dem Gegenstrom-Verteilungsverf. mit CCl_4-Methanol gereinigt. (**Ung. P. 154 935** vom 7/10. 1966, ausg. 23/4. 1968. Schwz. Prior. 8/10. 1065.) F. Landsberger 4848△

1431 Danbal Akt.-Ges. Basel, Schweiz (Erfinder: Julius Berger, Passaic, Andrew E. Karr, Bloomfield, Benjamin Tabenkin, Upper Montclair, N.J., USA, und Arno Johannes Schocher, Benken, Schweiz), **Herstellung von Antibiotika** durch Züchten der thermophilen Variante des Stammes Streptomyces refuineus Nr. **3143** u. **3144** NRRL bei aerobem Fermentieren bei 35—55° auf 0,1—9 Gew.-% Eiweißquelle (peptonisierte oder Trockenmilch, Fischeiweiß, Sojabohnenöl; Gesamt-N-Geh. 0,005—0,48%) u. Kohlenhydrate enthaltendem Nährboden; Anfangs-pH-Wert 6—8,5, nach 12—15std. Fermentieren eingestellt auf 6—6,9. Nach Filtrieren der Fermentbrühe wird der nichtflüchtige Anteil mit mit kaltem W. in geringer Menge mischbarem, einwertigem aliphat. Alkohol enthaltendem Lsgm. (Kp. $\leq$ 200°) extrahiert, der Wirkstoff isoliert u. ggf. mit einem Lsgm.-Syst. gereinigt. (**Ung. P. 154 228** vom 7/12. 1965, ausg. 23/9. 1967. U. S. Prior. 7/12. 1964.) F. Landsberger 4848△

1432 J. R. Geigy Akt.-Ges., Basel, Schweiz, **Herstellung von 4-[5'-Nitrofurfuryliden-(2')-amino]-1.2.4-triazolonen-(5)**, die in 1-Stellung durch eine OH- oder halogensubstituierte Alkyl- oder eine Alkanoyl-, Alkenoyl- oder Alkoxycarbonylgruppe u. in 3-Stellung durch einen Alkylrest substituiert sein können, a) durch Rk. von 5-Nitrofurfurol (I) mit entsprechenden 4-Aminotriazolen, b) durch Cyclisierung von 1-[5'-Nitrofurfuryliden-(2)]-carbohydrazid mit Orthoestern, c) durch Hydroxymethylierung von 1-unsubstituierten Verb. mit HCHO. — 4-Amino-1.2.4-triazolon-(5) u. I werden in A. gekocht: *4-[5'-Nitrofurfuryliden-(2')-amino]-1.2.4-triazolon-(5)* (**II**), F. 216° (Zers.). — Analog folgende **II**-Deriv.: *3-Methyl-*, F. 267° (Zers.). — *3-Äthyl-*, F. 240° (Zers.). — *1-[2''-Hydroxyäthyl]-*, F. 158—160°. — *1-[3''-Hydroxypropyl]-*, F. 142 bis 143°. — *1-Hydroxymethyl-*, F. 189° (Zers.). — *1-Hydroxymethyl-3-methyl-*, F. 264° (Zers.). — *1-Hydroxy-*

methyl-3-äthyl-, F. 172–174° (Zers.). — *Antimikrobielle Heilmittel.* (**Oe. PP. 252 228, 252 229** u. **252 230** vom 10/9. 1965, ausg. 10/2. 1967. Alle Brit. Prior. 12/9. 1964.) — 3 S. — 2 S. — 2 S. K.-D. Stolp 4852

1433 **Smith, Kline & French Laboratories**, USA (Erfinder: **John Joseph Laferty** und **Bernard Loev**), *Tranquillizer.* (**F. P. [Méd.] 3 293** vom 9/12. 1963, veröff. 8/6. 1965. U. S. Prior. 14/9. u. 6/12. 1962. — C. **1967,** 25-1615 [Brit. P. 1 006 887].)

1434 **Sandoz Soc. An.**, Schweiz (Erfinder: **Dietrich Stauffacher**), *Herzstärkungsmittel.* (**F. P. [Méd.] 3 114** vom 3/12. 1963, veröff. 15/3. 1965. Schwz. Prior. 6/9. 1962 u. 29/1. 1963. — C. **1966,** 37-1784 [Ung. P. 151 507].)

1435 **Chas. Pfizer & Co., Inc.,** USA (Erfinder: **Lloyd Hillyard Conover** und **Robert Burus Woodward**), *Malonsäurederivate.* (**F. P. 1 357 627** vom 14/8. 1962, ausg. 8/7. 1964. U. S. Prior. 18/8. 1961 u. 11/7. 1962. — C. **1966,** 37-1806 [Brit. P. 973 022].)

1436 **A/B Hässle, Apotekare Paul Nordströms Fabriker,** Schweden (Erfinder: **Arne Elof Brändström** und **John Albert Sjögren**), *Lösliche Acetylsalicylsäure.* (**F. P. [Méd.] 2 819** vom 3/7. 1963. Schwed. Prior. 9/7. 1962. — C. **1966,** 30-1708 [D. A. S. 1 205 977].)

1437 **F. Hoffmann-La Roche & Cie. Soc. An.,** Schweiz, *Hydrazinderivate.* (**F. PP. [Méd.] 2 671** vom 24/9. 1962, ausg. 23/8. 1965 **u. 1 340 991** vom 17/9. 1962, ausg. 20/1. 1964. Beide Schwz. Prior. 29/9. 1961. — C. **1966,** 34-1716 [D. P. [DDR] 40 931].)

1438 **F. Hoffmann-La Roche & Cie. Soc. An.,** Schweiz, *Substituierte Hydrazine.* (**F. PP. [Méd.] 2 337** vom 7/6. 1962, ausg. 28/6. 1965 u. **1 326 817** vom 6/6. 1962, ausg. 23/8. 1963. Beide Schwz. Prior. 9/6. 1961. — C. **1966,** 38-1 706 [Brit. P. 968 460].)

1439 **A/S Dumex,** Dänemark, *N-[3'-Dimethylaminopropyl]-iminodibenzyl-N-oxid.* (**F. P. [Méd.] 2 508** vom 26/3. 1963, ausg. 15/7. 1965. Brit. Prior. 27/3. 1962 u. 5/2. 1963. — C. **1966,** 25-1670 [Brit. P. 971 951].)

1440 **J. R. Geigy Akt.-Ges.,** Basel (Erfinder: **Walter Schindler,** Riehen), Schweiz, *Herstellung von Aminen.* (**D. P. [DDR] 42 392** Kl. 12o vom 9/3. 1962, ausg. 6/12. 1965 [Ausschließungspatent]. Schwz. Prior. 14/3. u. 30/3. 1961. — C. **1966,** 28-1661 [Oe. P. 234 657].)

1441 **Smith, Kline & French Laboratories,** USA (Erfinder: **Joseph Weinstock**), *Cyclopropylamine.* (**F. P. 1 349 124** vom 23/8. 1961, ausg. 13/4. 1964. U. S. Prior. 19/9. 1960. — C. **1966,** 39-1891 [D. A. S. 1202 791].)

1442 **Rhône-Poulenc Soc. An.,** Paris, Frankreich, *Herstellung von Dibenzo[a.d]cycloheptadienderivaten.* (**Oe. P. 244 343** vom 17/6. 1963, ausg. 27/12. 1965. F. Prior. 15/6. 1962. — C. **1966,** 34-1739 [D. A. S. 1 197 891].)

1443 **F. Hoffmann-La Roche & Cie. Soc. An.,** Schweiz, *5-Aminoalkylidendibenzo-[a.d]-cycloheptatriene-(1.4.6).* (**F. P. 1 366 413** vom 14/8. 1963, ausg, 13/11. 1964. Schwz. Prior. 16/8 1962. — C. **1966,** 38-1723 [Schwz. P. 385 191].)

1444 **N. V. Koninklijke Pharmaceutische Fabrieken v/h Brocades, Stheeman & Pharmacia,** Niederlande, *Diphenylalkenylamine.* (**F. P. [Méd.] 2 535** vom 8/1. 1963, ausg. 15/7. 1965. Brit. Prior. 10/10. 1961. — C. **1966,** 30-1661 [Brit. P. 956 616].)

1445 **Shionogi & Co. Ltd.,** Japan (Erfinder: **H. Kano, J. Adachi, R. Kido** und **K. Hirose**), *Isoxazolderivate.* (**F. P. [Méd.] 3 509** vom 29/7. 1964, veröff. 4/10. 1965. Jap. Prior. 31/7. 1963. — C. **1966,** 34-1734 [Port. P. 42 770].)

1446 **Shionogi & Co. Ltd.,** Japan (Erfinder: **Hideo Kano, Ikuo Adachi, Ryonosuke Kido** und **Katsumi Hirose**), *Isoxazolderivate.* (**F. P. [Méd.] 3 510** vom 29/7. 1964, veröff. 4/10. 1965. Jap. Prior. 31/7. 1963. — C. **1966,** 34-1734 [Port. P. 42 771].)

1447 **Roussel Uclaf,** Frankreich (Erfinder: **André Allais** und **Pierre Girault**), *Disubstituiertes Tryptamin.* (**F. P. 1 357 604** vom 26/6. 1959, ausg. 8/7. 1964. — C. **1964,** 16-1545 [D. A. S. 1 150 983].)

1448 **Byk-Gulden Lomberg, Chemische Fabrik G. m. b. H.,** Deutschland, *Herstellung von 3-[β-Aminoäthyl]-cumaronen.* (**F. P. 1 343 073** vom 30/10. 1962, ausg. 14/2. 1964. D. Prior. 3/11. 1961. — C. **1966,** 34-1727 [D. A. S. 1 203 276].)

1449 **F. Hoffmann-La Roche & Cie. Soc. An.,** Schweiz, *Sulfapyridine.* (**F. P. [Méd.] 3 033** vom 22/10. 1963, veröff. 1/2. 1965. Schwz. Prior. 25/10. 1962. — C. **1966,** 29-1693 [Oe. P. 240 363].)

1450 **Glaxo Laboratories Ltd.,** Großbritannien, *Substituierte Tetrahydroisochinoline.* (**F. P. 1 349 199** vom 5/9. 1962, ausg. 22/4. 1964. Brit. Prior. 8/9. 1961. — C. **1966,** 28-1677 [U. S. P. 3 143 550].)

1451 **Dr. Karl Thomae G. m. b. H.,** Deutschland, *Polymethylentetrahydrochinoline.* (F. P. [**Méd.**] **2 240** vom 7/11. 1962, ausg. 21/5. 1965. D. Prior. 14/11. 1961. — C. **1966,** 28-1675[Brit. P. 964 059].)

1452 **Egyesült Gyógyszer és Tápszergyár,** Ungarn, übert. von: **Gyógyszeripari Kutato Intézet,** *Heterocyclische Aminderivate.* (**F. P. [Méd.] 2 523** vom 3/12. 1962, ausg. 15/7. 1965. Ung. Prior. 5/9. 1961. — C. **1964,** 29-1596 [Ung. P. 150 598].)

1453 **Egyesült Gyógyszer és Tápszergyár,** Ungarn, übert. von: **Gyógyszeripari Kutató Intézet,** *Piperazinderivate.* (**F. PP. [Méd.] 2 549** vom 22/2. 1963, ausg. 15/7. 1965. u **1 349 622** vom 22/2. 1963, ausg. 17/4. 1964. Beide Ung. Prior. 24/2. 1962. — C. **1966,** 25-1682 [Oe. P. 238 207].)

1454 **Spofa, Sdruzení Podniků pro Zdravotnickou Vyrobu,** ČSSR (Erfinder: **Zdeněk Buděšínský, Václav Jelínek. Jaroslav Přikryl** und **Alois Šváb**), *4-Hydroxy-5-halogenpyrimidine.* (**F. P. 1 348 696** vom 23/1. 1963, ausg. 8/4. 1964. Tschech. Prior. 23/1. u. 18/9. 1962. — C. **1966,** 29-1699 [Oe. P. 242 147].)

1455 **F. Hoffmann-La Roche & Cie. Soc. An.,** Schweiz (Erfinder: **Oscar Keller, Norbert Steiger** und **Leo Henryk Sternbach**), *Benzodiazepinderivate.* (**F. PP. [Méd.] 2 571** vom 20/3. 1963, ausg. 23/8. 1965 **u. 1 351 219** vom 20/3. 1963, ausg. 4/5. 1964. Beide U. S. Prior. 21/3. 1962. — C. **1966,** 25-1689 [Oe. P. 237 623].)

1456 **Shionogi & Co. Ltd.,** Japan (Erfinder: **Hoshiro Sawa, Naoki Tsuzi** und **Haruhiko Tada**), *Morphinanderivate.* (**F. P. 1 355 143** vom 5/4. 1963, ausg. 17/6. 1964. Jap. Prior. 6/4. 1962. — C. **1967,** 32-1768 [Jap. A. S. 5831/1965].)

1457 **Shionogi & Co. Ltd.,** Japan (Erfinder: **Yoshiro Sawa** und **Naoki Tsuzi**), *C-Normorphinanderivate.* (**F. P. 1 355 144** vom 5/4. 1963, ausg. 17/6. 1964. Jap. Prior. 6/4. 1962. — C. **1966,** 28-1691 [Can. P. 694 452].)

1458 **Shionogi & Co. Ltd.,** Japan (Erfinder: **Yoshiro Sawa** und **Shin Maeda**), *6-Alkylmorphinanderivate.* (**F. PP. [Méd.] 3 367** vom 8/4. 1963, veröff. 19/7. 1965 u. **1 355 148** vom 8/4. 1963, ausg. 17/6. 1964. Beide Jap. Prior. 9/4. 1962. — C. **1966,** 28-1690 [Can. P. 694 451].)

1459 **Shionogi & Co. Ltd.,** Japan (Erfinder: **Yoshiro Sawa, Shin Maeda** und **Naoki Tsuzi**), *6-Alkylmorphinanderivate.* (**F. PP. [Méd.] 3 562** vom 8/4. 1963, veröff. 2/11. 1965 u. **1 360 407** vom 8/4. 1963, ausg. 20/8. 1964. Beide Jap. Prior. 9/4. 1962. — C. **1966,** 28-1692 [Can. P. 694 453].)

1460 **Shionogi & Co. Ltd.,** Japan (Erfinder: **Yoshiro Sawa** und **Shin Maeda**), *3-Oxo-Δ^1-morphinanderivate.* (**F. P. 1 360 412** vom 10/4. 1963 ausg. 20/8. 1964. Jap. Prior. 11/4. 1962. — C. **1966, 47-1854 [Jap. A. S.** 3 916/1965].)

1461 **Dr. A. Wander Akt.-Ges.,** Schweiz (Erfinder: **Jean Schmutz, Fritz Hunziker** und **Franz Martin Künzle**), *5.6-Dihydro-6-oxo-morphanthridine.* (**F. P. [Méd.] 3 537** vom 17/6. 1964, veröff. 18/10. 1965. Schwz. Prior. 21/6. 1963. — C. **1966,** 30-2477 [Port. P. 42 584].)

1462 **Roussel-Uclaf,** Seine, Frankreich, übert. von: **Laboratoires Français de Chimiothérapie** (Erfinder: **Georges Muller, André Allais** und **Roland Bardoneschi**), *6.6-Dimethyl-16β-methoxycarbonyl-17α-methoxy-18β-[3'.4'.5'-trimethoxybenzoyloxy]-3β.20α-yohimban.* (**F. P. 1 366 730** vom 21/3. 1961, ausg. 18/11. 1964. — C. **1966,** 34-1754 [Brit. P. 978 531].)

1463 **F. Hoffmann-La Roche & Cie. Soc. An.,** Schweiz (Erfinder: **Robert Duschinsky**), *Uridinderivate.* (**F. P. 1 350 260** vom 1/3. 1963, ausg. 24/4. 1964. U. S.Prior. 2/3. 1962. — C. **1966,** 29-1710 [Brit. P. 967 616].)

1464 **Nyegaard Co. A/S,** Norwegen, *Polypeptide — Wirkstoff.* (**F. P. [Méd.] 2 981** vom 14/2. 1963, veröff. 11/1. 1965. Brit. Prior. 16/2. u. 4/10. 1962. — C. **1966,** 26-1717 [D. A. S. 1 201 006].)

1465 **Farbenfabriken Bayer Akt.-Ges.,** Deutschland (Erfinder: **Fritz Schultz**), *Kallikreininaktivatoren.* (**F. P. 1 395 949** vom 9/4. 1964, ausg. 26/7. 1965. D. Prior. 11/4. 1963. — C. **1965,** 30-1833 [D. A. S. 1181 371].)

1466 **Roussel-Uclaf Soc. An.,** Paris, Frankreich, *Herstellung eines Penicillinderivates.* (**Oe. P. 243 436** vom 28/8. 1963, ausg. 10/11. 1965. F. Prior. 31/8. 1962 u. 20/2. 1963. — C. **1966,** 30-1704 [D. A. S. 1 203 274].)

1467 **Farbwerke Hoechst Akt.-Ges. vormals Meister Lucius & Brüning,** Deutschland, *Herstellung von Mercaptophenoxymethylpenicillinen.* (**F. P. 1 414 817** vom 15/7. 1964, ausg. 12/1. 1966. D. Prior. 13/7. 1963. — C. **1966,** 43-1932 [D. A. S. 1 207 046].)

1468 **Beecham Research Laboratories Ltd.,** Großbritannien, *Herstellung von α-Aminobenzylpenicillinen.* (**F. P. 1 365 220** vom 7/8. 1963, ausg. 30/10. 1964. Brit.Prior. 18/8. 1962. — C. **1966,** 29-1735 [Brit. P. 975 379].)

1469 **Bristol-Myers Co.,** USA (Erfinder: **David A. Johnson** und **Saul Wolfe**), *Herstellung von α-Aminobenzylpenicillinen.* (**F. P. 1 360 191** vom 29/1. 1963, ausg. 12/8. 1964. U. S. Prior. 29/1. 1962. — C. **1966,** 29-1737 [Brit. P. 962 719].)

1470 **Bristol-Myers Co.,** USA (Erfinder: **David Aaron Johnson** und **Glenn Alfred Hardcastle**), D-(—)-*α-Aminobenzylpenicillintrihydrat.* (**F. P. [Méd.] 3 413** vom 16/6. 1964, veröff. 9/8. 1965. U. S. Prior. 21/3. 1963. — C. **1966,** 32-1730 [U. S. P. 3 157 640].)

1471 **American Home Products Corp.,** USA (Erfinder: **Harvey Eugene Alburn, Norman Howard Grant** und **Horace Fletcher**), *6-[α-Aminoacylamino]-penicillansäuren.* (**F. P. 1 349 621** vom 22/2. 2963, ausg. 17/4. 1964. U. S. Prior. 26/2. 1962. — C. **1966,** 29-1727 [Brit. P. 977 609].)

1472 **Merck & Co., Inc.,** USA (Erfinder: **Clarence Carl Christman, Rudolph Cicchetti** und **William John Timson**), *Herstellung von Streptomycinsulfat.* (**F. P. 1 360 861** vom 5/4. 1963, ausg. 24/8. 1964. U. S. Prior. 6/4. 1962. — C. **1966,** 33-1752 [U. S. P. 3 142 670].)

1473 **U.S. Vitamin & Pharmaceutical Corp.,** USA (Erfinder: **Seymour L. Shapiro** und **Louis Freedman**), *Alkoxypropylbiguanide.* (**F. P. [Méd.] 2 100** vom 8/1. 1962, ausg. 18/3. 1965. U. S. Prior. 18/1. 1961. — C. **1966,** 36-1782 [F. P. 1 315 273].)

1474 **Imperial Chemical Industries Ltd.,** Großbritannien, *2-[p-Aminobenzolsulfonamido]-5-methoxy-1-3.4-thiadiazol.* (**F. P. [Méd.] 2 117** vom 6/2. 1962, ausg. 28/4. 1965. Brit. Prior. 18/11. 1960 u. 27/9. 1961. — C. **1966,** 36-1784 [Brit. P. 916 062].)

1475 **Deutsche Gold- und Silber-Scheideanstalt vormals Roessler,** Deutschland, *Benzothiazol-, -oxazol- und -imidazolderivate.* (**F. P. 1 344 993** vom 8/10. 1962, ausg. 3/4. 1964. Brit. Prior. 3/11. 1961. — C. **1966,** 25-1717 [Brit. P. 967 469].)

1476 **A/B Astra Apotekarnes Kemiska Fabriker,** Schweden (Erfinder: **Sven Axel Eriksson, Max Fischler** und **Ake Samuel Gidlund**), *Röntgenkontrastmittel.* (**F. P. [Méd.] 3 197** vom 6/3. 1964, veröff. 20/4. 1965. Schwed. Prior. 21/3. 1963. — C. **1966,** 39-1951 [D. A. S. 1 206 118.])

G. Analytische Chemie, Laboratoriumspraxis

G-1. Allgemeine Verfahren und Apparate

1477 **Untersuchungen über die strömungstechnischen Vorgänge in der Kapelle eines Laborabzuges.** C. B. v. d. Decken und B. Hündorf. (G-I-T Fachz. Lab. **12** (1968) 8, 736—44; Vers.-Abt. Brown Boveri/Krupp Reaktorbau GmbH, Jülich; dt.) — Durch qual. Experimente werden die strömungstechn. Vorgänge in einer Kapelle eines Laborabzuges aufgeklärt. Im Bereich der Raumwalze werden Konz. möglicher tox. oder radioakt. Stoffe innerhalb von ca. 12 s auf $^1/_{10}$ herabgesetzt. Die Geschw. des Gasaustausches kann nicht wesentlich durch erhöhten Gasdurchsatz beeinflußt werden. Durch konstrukiven Maßnahmen kann der Strömungsverlauf einer Kapelle wesentlich verbessert werden. H.-D. Schenke 5002

1478 **Apparatur zur Strahlungserhitzung bei physikalisch-chemischen Untersuchungen.** B. V. Derjagin, G. G. Lopatina, B. V. Spicyn und D. V. Fedoseev. (Ž. fiz. Chim. **42** (1968) 9, 2360—62; Inst. fiz. chim. AN SSSR, Moskva; russ.) — Beschreibung einer Strahlungswärmeapp. zur Erzeugung von Temp. bis 3000 °K im Lichtstrom von ca. 2000 W/cm².
H. Roschkowski 5012

1479 **Keramisches Heizelement für Hochtemperaturöfen.** Michèle Faucher, René Rudelle und Anne-Marie Anthony. (C. R. hebd. Séances Acad. Sci., Sér. C. **267** (1968) 17, 995—97; CNRS, Bellevue, Hauts-de-Seine; franz.) — Ein Heizelement aus ZrO_2-Keramik mit 3% CaO u. eine dafür geeignete Ofenkonstruktion, mit deren Hilfe Temp. bis 2500 °K in oxydierender oder neutraler Atmosphäre erzeugt werden können, wird beschrieben. J. Pickardt 5012

1480 **Kryostat zur Messung von Tieftemperatur-Ramanspektren von Kristallen.** James I. Bryant. (Spectrochim. Acta [Oxford], Part A 24 (1968) **1**, 9—14; U. S. Army Engng. Res. and Dev. Labor., Fort Belvoir, Va.; engl.) — Vf. beschreibt einen Kryostaten für das Raman-Spektrometer Cary 81. Seine Leistungsfähigkeit wird durch Aufnahme der Spektren von C_3N_{12} u. RbN_3 bei 300 u. 80 °K demonstriert. R. Blank 5012

1481 **Beobachtungen über das Kristallwachstum bei synchronisierter Fällung.** Tadeusz Adamski. (Mikrochim. Acta [Wien] **1967,** Suppl. II, 1—15; Inst. für Kernforsch., Warschau; dt.) — Vf. beschreibt eine neue Meth. zur Ausführung von Fällungen schwerlösl. Salze in mikrokrist. Form, die systemat. Beobachtungen über Keimbldg. u. Dendritenwachstum gestattet. Bes. die natürlichen radioakt. Spurenelemente haben spezif. Wrkg. auf das Krist.-Wachstum. Neben den theoret. Erkenntnissen ergibt sich die Möglichkeit der prakt. Anwendung für die Konzentrierung von Spurenelementen u. die Herst. hochreiner Substanzen. H.-D. Schenke 5022

1482 **Kernphysikalische Geräte und Verfahren.** (Nuclear Instruments Methods [Amsterdam] **58** (1968) 2, 181—364; engl.) — Elektronenspektrometer mit einer magnetischen Kondensorlinse (Kollimatorlinse für Elektronen) (F. Falk, J.-E. Thun, A. Linnfors und K. Siegbahn; 181—200); Zeitbereichmethode zur Berechnung des Rauschens aktiver Integratoren in der Impulsamplituden-spektrometrie (M. O. Deighton; 201—12); Emittanzmessungen mit einem Einspaltbeschleuniger und die Erzeugung von Protonenbündeln sehr niedriger Emittanz (H. Wroe; 213—22); Gedächtnissystem mit mehrstufiger Verzögerungslinie und deren Anwendung auf Mehrkanal-Impulshöhenanalysatoren mit kurzer Totzeit (S. Takaba; 223—28); Zweikristall Ge(Li)–NaJ(Tl)-Paarspektrometer mit hohem Wirkungsgrad (P. Suominen und J. Kantele; 229—35); Plastik-Szintillationsspektrometer für Elektronen im Energiebereich 2—20 MeV (NE 102 A-Szintillator) (H. Feist, D. Harder und R. Metzner; 236—40); Neue Methode für Ladungsbestimmung schwerer Höhenstrahlteilchen (Stapel dielektrischer Detektoren) (E. V. Benton und R. P. Henke; 241—44; dt.); Konstruktive Betrachtungen für ein Isochron-Zyklotron mit getrennten Windungen (Protonenströme von 200—1000 MeV) (M. M. Gordon; **245** bis 252); Aufbau des konst. Anteils des Impulshöhenauslösers für optimale Zeitauflösung (Szintillator–Photomultiplier-System) (D. A. Gedcke und W. J. McDonald; 253—60); Neutronen-Spinflip-Chopper (Messung kleiner Änderungen der Energie) (H. Rauch, J. Harms und H. Moldaschl; 261—68; dt.); Korrektur für die radiale Abhängigkeit des Wirkungsgrades des γ-Zählers bei Messungen des Verhältnisses der schnellen Spaltung (in Stäben aus Natururan) (G. Maracci und F. Rustichelli; 269—73); Gleichgew.-Ladungszustandsfraktionen für 11,5—37,3 MeV-^{16}O-Ionen in Kohlenstoff (R. A. Brown, G. D. Symons und I. Hall; 274—76); Linearität und Energieauflösung eines Hochdruck-Heliumgas-Szintillationszählers (G. L. Morgan und R. L. Walter; 277—81); Fernsehprojektor für Blasenkammerphotographien (M. Birk, H. Brafman, H. Feldman, A. Jacob, E. L. Leboy, T. Nunamaker, J. Sokolowski und G. Yekutieli; 282—88); Beobachtung von ~15-GeV-Höhenstrahlphotonen mittels einer Funken-Emulsionskammer (H. Kobayakawa, A. Masaike, Y. Ohashi, K. Yokoi und T. Yuda; **289**—92); Mittel zur Erhöhung der effektiven Speicherkapazität eines Gedächtnisses für partiell korrelierte Daten (J. B. S. Waugh; 293—97); „Signacon"-Massenmeter hoher Präzision (Auflösungsvermögen von 8000 bei Masse 800) (R. A. Lloyd und A. E. M. Hodgson; 298—302); Elektronenbeschuß-Ionisator mit schwachem Feld für eine polarisierte Ionenquelle (Wirkungsgrad $2 \cdot 10^{-3}$ für H-Atome) (G. A. Vasil'ev und E. A. Glasov; 303—06); Strahlungsqualitätseffekte bei chemischer Dosimetrie (Einfluß sekundärer Elektronen bei Ausbeute des Fricke-Dosimeters) (R. E. Faw und H. J. Donnert; 307—08); Beschleuniger mit Nachfokussierung für ein $\pi \sqrt{2}$-Spektrometer (K- und L-Auger-Linien von ^{113}In aus ^{113}Sn) (R. J. Krisciokaitis und S. K. Haynes; 309—14); Nichtrelativist. Formel zur Berechnung der Doppler-Verbreiterung bei Zweikörperstößen (für Gruppen von Atom- oder Kernteilchen) (D. L. Smith; 315—17); Statistik von Digital-Stabilisatoren (für Impulshöhenanalysesysteme) (J. M. Ferguson; 318—24); Anwendung der Summenkoinzidenzmeth. für Messungen des g-Faktors kurzlebiger angeregter Kernzustände (g-Faktor des 603-keV-Zustandes in ^{124}Te) (E. Bożek, A. Z. Hrynkiewicz, G. Zapalski, R. Kulessa und W. Waluś; 325—26); Theoretische und experimentelle Bündeluntersuchungen für das Zyklotron der Michigan State Universität (Protonenenergiebereich von 23—56 MeV) (R. E. Berg, H. G. Blosser und M. M. Gordon; 327 bis 341); Erhöhung der Flexibilität eines Computers für gleichzeitige Datensammlung und -berechung (R. K. Hobbie und R. W. Goodwin; 342); Dosisleistung aus energiereichen Elektronen und Photonen (von 0,1 bis 20 GeV bzw. 0,01—20 GeV) (R. G. Alsmiller jun. und H. S. Moran; 343—44); Einfachere Näherung an den geometrischen Wirkungsgrad eines Syst. aus Parallelplattenquelle und Detektor (L. Ruby und J. B. Rechen; 342—46); Wirkungsgrade eines Koinzidenzspektrometers für Positron-Vernichtungsstrahlung. Nachtrag (zu ibid. **34**, 1965, 132) (M. L. Verheijke; 347—48); Neuer Typ eines Spektrometers für innere Paarbildung (Nachweis von Positron–Elektron-Paaren u. Positron-Vernichtungsquanten) (W. Michaelis und D. Lange; 349—50); Einfache Falle für Hochdruck-Gastargets (zur Entfernung kondensierbarer Verunreinigungen) (M. D. Mancusi und C. M. Jones; 351—52); Begleitimpulse aus dem Philips 58 AVP-Photomultipler u. deren Einfluß auf (γ, n)-Flugzeitspektroskopie (Y. M. Shin, S. H. Ku, C. Glavina und J. A. Rawlins; 353—55).
Gerhard Schmidt 5030

1483 **Stabile Festkörper-Hochspannungsquelle zur Elektrodenpolarisation.** E. Bishop. (Analyst **93** (1968) 1108, 433—35; Exeter, Devon, Univ. of Exeter, Chem. Dep.; engl.) — Vf. beschreibt eine vielseitig anwendbare

Spannungsquelle, die bei 1000 V bis zu 70 µA liefern kann. Störpegel u. Abweichung liegen unter 0,1 %.
Ruth Müller 5032

1484 **Blitzlichtlampe mit Monochromator für Festkörper-Untersuchungen unter Ultrahochvakuum im fernen Ultraviolett.** (H. D. Breuer, A. Heindrichs und H. Moesta. (Messtechnik [Braunschweig] **76** (1968) 6, 129—32; Inst. für Phys. Chem., Univ., Bonn; dt.) — Vf. beschreiben eine UHV-App., die aus einer Drahtexplosionslichtquelle, einem UV-Monochromator u. 2 auswechselbaren Meßkammern besteht. Der Monochromator wird im Hinblick auf große Lichtstärke (2—3 · 10^6 Quanten innerhalb von 10^{-5} s bei einer Wellenlänge von 1500 ± 15 Å) u. einfache Bedienbarkeit unter UHV-Bedingungen gebaut. Eine der Meßkammern dient zum Messen von Kontaktpotentialänderungen an Oberflächen unter der Einw. von Licht, die andere besteht aus einem speziellen Massenspektrometer u. dient dem Studium der Photoionisation an Oberflächen. Beschreibung eines typ. Experiments. H.-D. Schenke 5032

1485 **Erzeugung von Ultraviolettstrahlen durch wiederholte Kilowattimpulse im Subnanosekunden Bereich.** K. G. Ericsson und L. R. Lidholt. (Appl. Optics **7** (1968) 1, 211; Res. Inst. of Nat. Defense, Fys. Inst., Uppsala; engl.) — Der beschriebene N_2-Laser liefert Strahlungsimpulse von 1—2 kW mit einer typ. Halbwertsbreite von 0,7 ns. Die Wiederholungsfrequenz beträgt 200 Impulse/s. H.-D. Schenke 5032

1486 **Lasersystem mit kugelförmigem Pumpreflektor.** Karel Hamal. (Czechoslov. J. Physics, Sect. B **18** (1968) 3, 419—22; Fac. of Techn. and Nucl. Sci., Prague; engl.) — Der Stab des akt. Mediums (Rubin, Nd) u. die Entladungsröhre sind symmetr. in bezug auf eine durch den Kugelmittelpunkt hindurchgehende Ebene angeordnet. Mit Nd^{3+}-dotiertem Glas wird ein Wrkg.-Grad von 3 % erhalten. H.-D. Schenke 5032

1487 **Analog-Registriergeräte.** H. Sima. (G-I-T Fachz. Lab. **12** (1968) 8, 755—64; Siemens AG, Wernerwerk für Meßtechnik, Karlsruhe; dt.) — Allgemeiner Überblick über den gegenwärtigen Stand der Analog-Registriertechnik. H.-D. Schenke 5041

1488 **Vergleichende Untersuchung von Methoden zur Korngrößenbestimmung.** 2. Mitt. Jaroslav Šimeček. (Staub — Reinhalt. Luft **27** (1967) 6, 282—85; Inst. für Arbeitshygiene u. Berufskrankheiten, Prag; dt.) — 1. vgl. ibid. **26** (1966) 9, 372. — Es wird über Vgl.-Messungen zur Best. der Korngrößenverteilung berichtet, wobei als Teststaub Quarz u. Flugasche verwendet wurden. Zusammen mit den l.c. veröffentlichten Ergebnissen wurden 11 Verf. zur Korngrößenmessung untersucht u. ihre Brauchbarkeit für techn. u. hygien. Zwecke geprüft. Die Frage der Best. faserartiger Stäube (Asbest, Textilstäube) bleibt ungelöst. G. Malow 5044

1489 **Apparatur zur kryoskopischen Molgewichtsbestimmung.** N. E. Šmidt, Ju. A. Buslaev, U. G. Muratov, und L. D. Kulikovskaja. (Ž. fiz. Chim. **42** (1968) 9, 2354—57; Inst. obščej i neorg. chim. im. Kurnakova AN SSSR, Moskva; russ.) H. Roschkowski 5048

1490 **Anwendung der Ultrazentrifuge zur Massenbestimmung und Untersuchung der Polydispersion von synthetischen Polymeren.** Henri Benoit und Marcel Jacob. (Analytica chim. Acta [Amsterdam] **39** (1967) 2, 245—57; Centre de Recherches sur les Macromolécules, Strasbourg; franz.) — Es werden zunächst die klass. Meth., die auf der Sedimentationsgeschw. u. dem Gleichgew. in bin. Medien beruhen u. ferner modernere Meth. wie D.-Gradientenmeth., Zonensedimentation usw. beschrieben. Die Anwendung elektron. Rechenanlagen zur Auswertung wird diskutiert. — 59 Literaturangaben.
J. Pickardt 5048

1491 **Bestimmung der Molekularmasse starker binärer Elektrolyte des Typs 1-1, 1-2, 1-3, 1-4 mit der kryoskopischen Methode.** Karel Komers. (Chem. Průmysl 18 (43) (1968) 7/8, 374—81; Kat. fyz. chem. Vys. šk. chem.-technol., Pardubice; tschech.) — Zur Best. der Molmasse starker bin. anorgan. u. organ. Elektrolyte des Typs 1-1, 1-2, 1-3 u. 1-4 nach der kryoskop. Meth. in W. wird die theoret. Beziehung zwischen der GPE u. der Konz. der wss. Lsg. der angeführten Stoffe abgeleitet. — Ein Vgl. der experimentell ermittelten Abhängigkeit der GPE von der Konz. bei wss. Lsg. anorg. u. organ. Salze mit der theoret. Gleichung ergibt eine mathemat. Beziehung für die Berechnung der Molmasse der angeführten Elektrolyten. Zur Best. des Polymerisationsgrades organ. Elektrolyte wird (Typ 1-1) eine Meth. angegeben, deren Genauigkeit an einem prakt. Beispiel dargelegt wird.
O. Rösner 5048

1492 **Platin-Widerstandsthermometer für die Messung niedriger Temperaturen.** Richard Gerber. (Českoslov. Časopis Fysiku, Sekce A **18** (1968) 1, 94—95; Praha, Ústav fys. pevných látek ČSAV; tschech.) — Für den Bereich von 20—300 °K wird eine einfache Konstruktion (Genauigkeit einige Hundertstel °K) beschrieben.
V. Burjan 5052 △

1493 **Temperaturmessung in Medien mit hoher Viskosität und schlechter Wärmeleitung.** J. van Leeuwen. (Ingenieur ['s Gravenhage] **79** (1967) 51, Ch 124—Ch 132; Kunststoffeninst. TNO, Delft; niederl.) — Unter diesen Bedingungen können 3 Fehlermöglichkeiten auftreten: Wärmeleitung durch die Temp.-Meßsonde, verzögertes Ansprechen durch ihre Wärmekapazität u. Reibungswärmeerzeugung an der Sondenoberfläche. Theoret. u. experimentelle Analysen dieser Fehler für Thermoelemente mit zylindr. Metallmantelumhüllung wurden durchgeführt. Wärmeübergangsdaten von einer Fl. auf einen Zylinder bei kleiner Reynolds- u. großer Prandtl-Zahl wurden ermittelt. Sonden, die parallel zur u. in Flußrichtung gerichtet sind, können den Anforderungen in etwa gerecht werden; einige Konstruktionen zur Anwendung in kunststoffverarbeitenden Maschinen werden beschrieben. J. Pickardt 5052

1494 **Einfaches Absolutviskosimeter zur Anwendung in Experimentiersystemen mit begrenztem Zugang zur Flüssigkeit.** M. K. Nagarajan. (Canad. J. Chem. **46** (1968) 12, 1969—76; Indian Inst. of Technol., Bombay; engl.) — Vf. beschreibt ein Viskosimeter, das im wesentlichen aus einer Quarzfeder mit angehängter Au-Kugel besteht. Die Auslenkung des Syst. wird durch einen Metallkern, der sich zwischen Feder u. Kugel befindet, induktiv nach außen übertragen. Das Syst. wird in Schwingungen versetzt; aus dem durch Induktion erzeugten Strom bzw. dessen Abklingkurve läßt sich die Viskosität der Fl. berechnen. Das Gerät ist bes. zum Einbau in geschlossene Syst. geeignet (Vakuumkammern, Öfen, Druckgefäße). Die Genauigkeit der Absolutmessungen beträgt ±1,5 %. J. Pickardt 5058

1495 **Studium der physikalisch-chemischen Eigenschaften von Filmen und monomolekularen Schichten mit Hilfe eines neuartigen Oberflächen-Viskosimeters auf Grund der harmonisch gedämpften Oszillation.** M. Gara und A. Lörinc. (Abh. dtsch. Akad. Wiss. Berlin, Kl. Chem., Geol. Biol. **1966** (1967) 6a, 667—74; Zentrallabor. für Kolorist. Forsch., Budapest; dt.) — Ein neuartiges, auf der Basis der harmon. gedämpften Oszillation fußendes Oberflächenviskosimeter wird beschrieben. Die Oberflächenspannung der zu untersuchenden Substanzen kann aus dem Maß u. der Zeitdauer der harmon. Dämpfung ber. werden. Vom Vf. wird ein neuer Begriff, die sog. spezif. Oberflächenspannung, eingeführt, die die Änderung der Oberflächenspannung bezogen auf die Einheitssubstanzmenge charakterisiert. Auf Grund der Ergebnisse der Oberflächenviskositätsmessungen werden auch für die Oberflächenviskosität neue Begriffe eingeführt, die die einzelnen Tenside charakterisieren. Der Einfl. des Sulfatierungsgrades verschiedener Fettalkoholsulfate (z. B. Na-Laurylsulfat) auf die entsprechenden Oberflächenspannungs- bzw. -viskositätswerte wurde untersucht.
D. Vollhardt 5070

1496 **Präzisionseichung von Cer(IV)-sulfat-Lösungen.** A. J. Zielen. (Analyt. Chem. **40** (1968) 1, 139—45; Argonne Nat. Labor., Argonne, Ill.; engl.) — Genaue Einstellungsverf. für $Ce(SO_4)_2$-Lsg. werden auf ihre Richtigkeit mit den NBS-Redox-Reagenzien As_2O_3, $Na_2C_2O_4$ u. $K_2Cr_2O_7$ nachgeprüft. Bes. wird der Einfl. von OsO_4 bei der As(III)/Ce(IV)-Rk. untersucht. Unvollständige Reox.

des Os zu Os(VIII) wird als erhebliche Fehlerquelle erkannt u. erreicht zusammen mit einigen anderen Fehlern bei einer Probenmenge von 2 mVal eine Größe von 0,3—0,4 %. Als einzige fehlerfreie Meth. wird die potentiometr. Titration von Ce(IV) mit As(III)-Lsg., also umgekehrt wie gewöhnlich, gefunden. Wird eine Blindwertkorrektur vorgenommen, kann Ferroin als Redoxindikator verwendet werden. Eine ähnliche Richtungsabhängigkeit wird bei der potentiometr. Einstellung von Fe(II)-Lsg. mit $Cr_2O_7^{2-}$-Lsg. beobachtet. K. Zinke 5086

1497 **NMR-Spektren des Liebermann-Burchard-Farbreagenzes.** Tohru Wainai und Kiyoshi Mashimo. (Japan Analyst 17 (1968) 6, 787—89; Fac. of Sci. and Engng., Nihon Univ., Chiyoda-ku, Tokyo; jap., Auszug: engl.) — Die Intensität der Farbe, die sich beim Lösen von Ergosterin in Gemischen von Eisessig/Acetanhydrid/H_2SO_4 (Liebermann-Burchard-Reagenz) bildet, wurde durch Vgl. der NMR-Spektren untersucht. Eine positive Beziehung zwischen Farbintensität u. chem. Verschiebung der CH_3-Protonen des Gemisches wurde gefunden. Die chem. Verschiebung der Methylgruppe in Essigsäure im Reagenz bewegt sich zu niedrigen Feldern hin, der Betrag ist abhängig von der H_2SO_4-Konz., welche die Bldg. von CH_3CO^+ begünstigt. Die Verschiebung nimmt bei 0—25 Mol-% H_2SO_4 mit steigender Acetanhydridkonz. u. bei $\geqq$ 25 Mol-% H_2SO_4 mit steigender Eisessigkonz. zu. Es scheint, daß die Farbintensität weitgehend von der CH_3CO^+-Konz. abhängt u. der Bewegung der chem. Verschiebung der CH_3-Protonen zu niederen Feldstärken hin proportional ist. Ein Rk.-Mechanismus wird diskutiert. J. Pickardt 5086

1498 **Bestimmung der Arsenazo III-Gehaltes in dessen Präparaten.** A. A. Nemodruk. (Ž. analitičeskoj Chim. **22** (1967) 4, 629—32; Inst. für Geochem. u. analyt. Chem., V. I. Vernadsky, AN SSSR, Moskva; russ., Auszug: engl.) — Es wurde eine Meth. zur Schnellbest. von Arsenazo III in seinen Verb. u. Lsg. entwickelt, die auf der Messung der Extinktion von Arsenazo III in konz. H_2SO_4 bei 675 nm beruht. Arsenazo I stört diese Best. nicht, kann aber selbst bei 560 nm bestimmt werden. Der gefundene Geh. an Arsenazo I muß entsprechend dem Geh. an Arsenazo III korr. werden, da letzteres bei der Wellenlänge absorbiert. H. Heegn 5086

1499 **Anwendung von Maskierungsmitteln bei der chelatometrischen Titration.** 4. Mitt. **Maskierungseigenschaften von Thioäthern und Vergleich der Maskierungseigenschaften verschiedener Thiolderivate.** Hiroko Yamaguchi, Kiyotoshi Iwasaki, Kôichi Yamaguchi und Keihei Ueno. (Japan Analyst **16** (1967) 7, 703—07; Fac. of Pharm., Kumamoto Univ., Ōe-machi, Kumamoto-shi; jap., Auszug: engl.) — 1. vgl. C. **1965, 41-1992.** — Es können maskiert werden: Zn, Hg, Co, Cu u. Ni mit Bis-(β-aminoäthyl)-sulfid bei der Titration von Mn mit Erio T oder Brenzcatechinviolett (I) als Indikator; Mn mit Thiodipropionsäure bei der Titration von Cu mit **I** als Indikator; Th mit Carboxymethylmercaptobernsteinsäure (**II**) bei der Titration von Bi mit **I** als Indikator; Mn u. Hg mit **II** bei der Titration von Cd, Zn u. Pb mit Xylenolorange als Indikator. Die Thioäther sind schwächere Chelatbildner als die früher untersuchten Thiolverbindungen. W. Klank 5086

1500 **Photometrische Titration auf der Grundlage der Distimuluskolorimetrie.** 2. Mitt. **Distimulustitrationen schwacher Säuren und schwacher Basen in wäßrigen und nichtwäßrigen Medien.** Mitsuo Itô und Sôichirô Musha. (Japan Analyst **16** (1967) 7, 712—15; Dep. of Appl. Chem., Coll. of Engng., Univ. of Osaka Prefecture, Sakai-shi, Osaka; jap., Auszug: engl.) — NaH_2PO_4, H_3BO_3 u. NH_4Cl wurden in wss. Medium mit NaOH; N.N-Dimethylacetamid u. Harnstoff in CH_3COOH mit $HClO_4$ titriert. Die Auswertung erfolgte nach der Meth. von Higuchi [Analytic. Chem. **28** (1956) 1506]. Die Titrationen wurden im Konz.-Bereich $2-6 \cdot 10^{-4}$ Val pro 50 ml mit einem Variationskoeff. von 2 % ausgeführt. W. Klank 5094

1501 **Indirekt kontrollierte Potentialcoulometrie mit dem Quecksilber(II)-DTPA-Komplex.** Toshio Kawaguchi und Giichi Mutô. (Japan Analyst **17** (1968) 1, 38—42; Tokyo, Minato-ku, Univ. of Tokyo, Inst. of Ind. Sci.; jap., Auszug: engl.) — Das Elektrolysepotential des Hg(II)-DTPA-Komplexes verändert sich nach Zusatz von Metallionen. Die Abweichung hängt von der Stabilitätskonst. des neu entstandenen Me–DTPA-Komplexes ab. Cu, Zn u. Ca können nach Einstellung eines geeigneten Potentials bestimmt werden. Zur Best. wurde eine mit Hg überzogene Pt-Elektrode benutzt. In 0,1 m NH_3/NH_4NO_3-Pufferlsg. (pH 10) u. — 0,05 V gegen SCE kann 1 mg Cu, Zn oder Ca mit guter Genauigkeit bestimmt werden. I. Degen 5096

1502 **Gewinnung reproduzierbarer Polarisationskurven mit Graphitelektroden.** Ju. V. Vodzinskij, I. P. Skvorcov und K. N. Kozin. (Zav. Labor. **33** (1967) 8, 936; russ.) — Für die Automatisierung der Phenolbest. in Abwässern nach Vodzinskij et al. („Trudy po chimii i chimičeskoj Technologii" Gorkij 1965, Vyp. 2. S. 128) wird eine App. zur automat. Reinigung der Arbeitsoberfläche von Graphitelektroden beschrieben. E. Bomke 5098

1503 **Potentialstufen-Elektrolyse mit nachfolgender linear ablaufender Voltammetrie an einer planen Quecksilber-Film-Elektrode.** W. T. de Vries. (J. electroanalyt. Chem. Interfacial Electrochem. [Lausanne] **16** (1968) 3, 295 bis 312; Dep. of Chem., Free Univ., Amsterdam; engl.) — Es wird eine theoret. Abhandlung für die Elektrolyse bei konst. Potential mit nachfolgender Voltammetrie an einer Hg-Elektrode gegeben. Der Fall eines oxydierenden Potentialschritts vor einer Red. mit kontinuierlicher Spannungsänderung wird ebenso behandelt wie der einer Red. bei konst. Potential mit nachfolgender Oxydation. Die analyt. Aspekte der Ergebnisse werden diskutiert. Der Einfl. der Anfangs- u. Grenzbedingungen auf die Strom–Spannungs-Kurve zu Beginn des Spannungsanstiegs wird ebenfalls behandelt. K. Zinke 5098

1504 **Anwendbarkeit der Heyrovský-Ilkovič-Gleichung in der Polarographie in Salzschmelzen unter Benutzung einer Mikrofestelektrode.** H. C. Gaur und H. L. Jindal. (J. electroanalyt. Chem. Interfacial Electrochem. [Lausanne] **16** (1968) 3, 437—39; Dep. of Chem., Univ., Delhi; engl.) — Für $(6{,}7-36{,}04) \cdot 10^{-4}$ m $CdCl_2$-Lsg. im geschmolzenen $MgCl_2$/KCl-Eutektikum (32,5 : 67,5 Mol% bei 475°) werden Polarogramme aufgezeichnet, unter Verw. einer Pt/Pt(II)-Bezugselektrode u. W- u. Pt-Mikroelektroden. Das angelegte Mikroelektrodenpotential $E_{m.e.}$ u. der log (i_d-i) sind proportional mit einer Steigung von 0,076—0,080. Der ber. Wert für den 2-Elektronenprozeß ist 0,074. Es wird festgestellt, daß das Material der Mikroelektrode bestimmt, ob die Heyrovský-Ilkovič- oder die Kolthoff-Lingane-Gleichung die Strom–Spannungs-Funktionen einer polarograph. Stufe beschreibt. K. Zinke 5098

1505 **Sonde für die Aufnahme kernmagnetischer Resonanzspektren unter Druck.** I. Ja. Slonim, A. G. Konovalov und I. B. Belen'kaja. (Ž. fiz. Chim. **42** (1968) 9, 2362—63; NII plast. mass., Moskva; russ.) H. Roschkowski 5102

1506 **Bestimmung von Argon, Sauerstoff und Stickstoff durch Gaschromatographie.** Edward J. Havlena jun. und Kenneth A. Hutchinson. (J. Gas Chromatogr. **6** (1968) 8, 419—20; Detroit, Mich., Detroit Edison Co.; engl.) — Vf. benutzen eine aus 3 Abschnitten bestehende Säule (Cu, $^1/_4$ in. ∅). 9 ft. sind mit Mol.-Sieb 5 Å (1 Std. bei 350° aktiviert), 3 ft. mit Porapak T u. 1 ft. mit Porapak Q (I) gefüllt. I ist mit $PdCl_2$ imprägniert, das durch Erhitzen im H_2-Strom auf 180° red. wird. Das O_2, das an normalen Trennsäulen nicht vom Ar getrennt wird, geht unter der katalyt. Wrkg. des Pd in W. über, das als getrennter Peak eluiert wird. Im Trägergas vorhandene Feuchtigkeit wird an der Mol.-Sieb-Säule adsorbiert. $5 \cdot 10^{-8}$ Mol O_2 können so bestimmt werden. C.-E. Döring 5104

1507 **Bestimmung von Verunreinigungen in aufgedampften Schichten mit Hilfe der Funkenquellen-Massenspektrometrie.** J. Kutil und D. Urválková. (Collect. czechoslov. chem. Commun. **33** (1968) 3, 983—86; Tesla, A. S. Popov Res. Inst. for Radiocommunicat., Prag; engl.) — Um zu vermeiden, daß das Grundmaterial die Analyse der aufgedampften Schicht beeinflussen kann, verwenden die Vf. eine Kohleelektrode, die in die Aufdampfkammer gebracht u. dann zur Analyse verwendet wird. Als Beispiel wird die Analyse von Na, Mg, Al, Si, K u. Fe in Ge beschrieben. J. Büttner 5106

1508 **Prozeßrefraktometer REMAT.** Wolfgang Nebe, Heinz Riegler und Werner Menzel. (Jenaer Rdsch. **13** (1968) 4, 224—27; VEB Carl Zeiss, Jena; dt.) — Beschreibung des robusten Betriebs- u. Labor.-Refraktometerautomaten REMAT, mit dem im Durchfluß fortlaufend die Brechzahldifferenz von Fl. gemessen werden kann. H.-D. Schenke 5108

1509 **Erfahrungen mit dem Prozeß-Refraktometer REMAT.** Hans-Joachim Schmidt. (Jenaer Rdsch. **13** (1968) 4, 228—31; VEB Chemiefaserwerk „Friedrich Engels", Premnitz; dt.) — Vf. zeigt am Beispiel der Konz.-Überwachung u. -Regelung von Lsgm.-Gemischen den Einsatz des Prozeßrefraktometers REMAT. H.-D. Schenke 5108

1510 **Maske zur Auswahl der Ordnungen bei Gebrauch des Jarell-Ash-„order sorter".** A. Mykytiuk und S. S. Berman. (Appl. Spectroscopy **22** (1968) 3, 206—07; Div. of Appl., Chem. Nat. Res. Council, Ottawa; Canada; engl.) — Mit einem „order sorter" können bei stigmat. Spektrographen die einzelnen Ordnungen auf der photograph. Platte getrennt werden. Bei Verw. einer Maske direkt am Spalt ist es möglich, Teile, die den jeweiligen Ordnungen entsprechen, auszublenden u. diese Linien von vornherein auf der Platte zu eliminieren. H. Bensch 5116

1511 **2 M-Interferenzfilter für das Ultraviolett.** Robert L. Maier. (Thin solid Films [Amsterdam] **1** (1967) 1, 31—37; Inst. of Optics, Univ. of Rochester, Rochester, N.Y.; engl.) — Die Konstruktion von Interferenzfiltern vom Fabry-Perot-Typ für den Bereich von 2000 bis 3000 Å wird beschrieben. Die Filter bestehen aus mehreren Schichten von Al u. einem Dielektrikum. Für die 1. Ordnung wurde bei ca. 2600 Å eine Peakdurchlässigkeit von 67 % bei einer Bandbreite von 84 Å erhalten. J. Pickardt 5116

1512 **Neue Transmissionsfilter für das ferne Infrarot.** Pierre Quintard und Pierre Delorme. (C. R. hebd. Séances Acad. Sci., Sér. A et B **264** (1967) 17, B 1254 bis B 1257; Labor. de Spectroscopie, Fac. des Sci. de Reims, Reims, Marne; franz.) — Vf. beschreiben 2 Meth. zur Herst. von Alkalihalogenidfiltern. Das Halogenid wird als feines Pulver entweder in einem Polyäthylenträger suspendiert oder in einzelnen Schichten angeordnet, die durch dünne Polyäthylenfolien getrennt sind. Es lassen sich so Filter herstellen, die bis zu Wellenlängen von 440 μm durchläsisg sind, wenn man geeignete Mischungen von Halogeniden wählt, z. B. LiF + BaF_2 + TlCl + TlJ. J. Pickardt 5116

1513 **Herstellung von Polyäthylentabletten für den Laboratoriumsgebrauch.** W. B. Barish, G. T. Behnke und K. Nakamoto. (Appl. Spectroscopy **22** (1968) 4, 337—38; Dep. of Chem., Ill. Inst. of Technol., Chicago, Ill.; engl.) — Vf. beschreiben ein Verf. zur Herst. von Polyäthylentabletten für spektroskop. Unters. im fernen IR (650—33 cm^{-1}). Die Tabletten sind hart u. fest, absorbieren keine Luftfeuchtigkeit u. verändern sich nicht über längere Zeiten. H.-D. Schenke 5116

1514 **Verwendung eines 8X-Kondensors für die Beckman-Geräte IR-11 und IR-12.** J. L. Basile, C. Postmus und J. R. Feraro. (Spectroscopy Letters **1** (1968) 5, 189—95; Argonne nat. Labor., Argonne, Ill.; engl.) — Die Anwendung einer Diamantküvette u. eines 8X-Kondensors für Beckman-Spektrometer zur Aufnahme von Spektren unter erhöhtem Druck wird beschrieben u. an einigen Beispielen (HgO; $ZnCl_2$; HgJ_2; 2.2′.2″-Terpyridyl) erläutert. J. Pickardt 5116

1515 **Atomabsorption mit einem elektrodenlosen Hochfrequenz-Plasmabrenner.** S. Greenfield, P. B. Smith, A. E. Breeze und N. M. D. Chilton. (Analytica chim. Acta [Amsterdam] **41** (1968) 2, 385—87; Res. Dep., Albright & Wilson [Mfg.] Ltd., Oldbury, Warley, Worcs.; engl.) — Vgl. C. **1965,** 28-1791. — Der bereits verwendete elektrodenlose Hochfrequenz-Plasmabrenner wird durch Verlängerung des äußeren Kühlrohres der Plasmazelle auf 21 in. so modifiziert, daß nun die Länge der „tail flame" auf ca. 2 ft. anwächst u. dabei rechtwinklig abgebogen werden kann. Anschließend werden die Verw.-Möglichkeiten dieses Plasmabrenners sowohl als Absorptionsküvette als auch als Emissionsquelle diskutiert. K. Henning 5116

1516 **Laser als Anregungsquelle zur Emissionsspektrographie.** D. J. Swaine. (Hilger J. **11** (1968) 4, 69—71; CSIRO, Div. of Mineral Chem., Sydney; engl.) — Es wird die Jarrel-Ash-Laser-Mikrosonde in Verbindung mit dem großen Hilger-Quarz-Spektrographen beschrieben u. Details der Arbeitsweise sowie Hinweise u. Vorschriften zum Betrieb angegeben. Das Gerät eignet sich zur quant. u. halbquant. Analyse von Mikroeinschlüssen in den verschiedenartigsten Proben. H. Bensch 5118

1517 **Ultraschallsprühgerät zur Atomemissions- und -absorptionsspektrochemie.** C. D. West. (Analytic. Chem. **40** (1968) 1, 253—54; Fullerton, Calif., Beckman Instr., Inc.; engl.) — Der Ultraschallzerstäuber arbeitet bei 300 kHz u. gibt eine Energie von 12 W/cm^2 ab. Der App. liefert einen konst. Nebel über ca. 10 Min. aus einer Probe von 10 ml. H.-U. Borgstedt 5118

1518 **Emissionsspektrographen mit Analog- und Digitalrechnern.** B. W. Glover und A. Long. (Hilger J. **11** (1968) 4, 63—68; engl.) — Nach kurzer Einführung in die Grundlagen der Spektrographen-Elektronik werden die Aufgaben des Rechners, wie Linearisierung der Eichkurven durch Segmentaufteilung, Eliminierung von Interelementeffekten, Auswertung mit internem Standard, Durchschnittsbldg., Überwachung der Analysengrenzen, automat. Eichung, Chargenberechnung u. Statistik diskutiert u. die Möglichkeiten der Datenverarbeitung, Programmierung sowie Datenübermittlung mit Rechnern besprochen. — Schaltschema. H. Bensch 5118

1519 **Flammenphotometer mit SPM 2 und Flammenzusatz zum Spektralphotometer VSU 2.** Ingrid Kulick und Ernst Winter. (Jenaer Rdsch. **13** (1968) 4, 237 bis 239; VEB Carl Zeiss, Jena; dt.) — Beschreibung des Flammenphotometers mit SPM 2 u. des Flammenzusatzes zum VSU 2, mit denen über 60 Elemente zur qual. u. quant. Analyse zwischen 210 u. 1100 nm angeregt werden können. H.-D. Schenke 5118

1520 **Theoretische Grundlagen der Verwendung interner Standards in der Emissionsspektralanalyse.** W. B. Barnett, V. A. Fassel und R. N. Kniseley. (Spectrochim. Acta [Oxford], Part B **23** (1968) 10, 643—64; Inst. for Atomic Res. and Dep. of Chem., Ia. State Univ., Ames, Ia.; engl.) — An Hand eines von einem Rechner für ein induktionsgekoppeltes Ar-Plasma entwickelten theoret. Modells wird der Einfl. der Anregungsenergie, der Ionisationsenergie, der Verteilungsfunktion u. der Elektronendichte auf das Intensitätsverhältnis eines zur Analyse verwendeten Linienpaars untersucht. Der von den einzelnen Parametern zum Intensitätsverhältnis geleistete Beitrag wird im Bereich von 3000—15000° K an einigen Beispielen demonstriert, u. dabei auftretende Probleme werden diskutiert. H. Bensch 5118

1521 **Möglichkeiten zur Steigerung der Empfindlichkeit von Spektralapparaturen bei der Aufnahme der Spektren von Elementspuren.** L. S. Zacharov, T. K. Ajdarov, E. S. Lachtionova und T. A. Koreeva. (Ž. prikl. Spektroskopii **9** (1968) 2, 189—92; russ.) — Übersicht. H. Roschkowski 5118

1522 **Einfluß der Entgasung von Kohleelektroden auf die kinetischen Intensitätskurven der Spektrallinien einiger Elemente.** É. Ja. Ogneva und V. R. Ognev. (Izvest. sibirskogo Otd. Akad. Nauk SSSR, Ser. chim. Nauk **1967,** 9, 152—55; Irkutsk, sibirskogo otgelenija AN SSSR, inst. geologii; russ.) — Theoret. Betrachtungen über die Nichtübereinstimmung des Verlaufs der Verdampfungskurven mit der Intensitätsverteilung in der Elektrode. Die Verdampfungskurven von NaCl u. NaF bei 1000° u.

CaF_2 u. Cu bei 1400° werden mitgeteilt u. die Anomalien diskutiert. Herbert Hoffmann 5118

1523 **Spektralanalytische Anwendungsmöglichkeiten des nicht kontinuierlich brennenden Wechselstrombogens.** V. S. Suchnevič. (Ž. prikl. Spektroskopii **9** (1968) 2, 199—202; russ.) — Beschreibung einer entsprechenden Apparatur. Bei der Best. von *Yb, Y, La, Sc, Li, Ba, Be, Te, Sb, Pb, Mn* u. *Ti* in Al_2O_3 wurden Nachw.-Grenzen von 0,001—0,0001 % erzielt. H. Roschkowski 5118

1524 **Spektrochemische Analyse radioaktiver Substanzen. 5. Mitt. Einfluß der Elektrodeneigenschaften auf die absolute Analysenempfindlichkeit.** V. Svoboda. (Collect. czechoslov. chem. Commun. **32** (1967) 5, 1888—1902; Inst. for Res., Prod. and Use of Radioisotopes, Prague; engl.) — 1. vgl. C. **1964,** 19-1652. — Mit Hilfe eines Analogmodells wurden Elektrodenrk. simuliert u. z. B. Temp.-Zeit-Abhängigkeiten für verschieden geformte Kohleelektroden bei unterschiedlichen Vers.-Bedingungen ber. sowie ber. Verdampfungsgeschw. mit gemessenen verglichen. — Es wird angenommen, daß die Verdampfungsgeschw. des Elektrodenmaterials der der Probe, die sich auf der Elektrode befindet, direkt proportional ist. Die Beziehung zwischen relativer Intensität der Spektrallinien u. dem Elektrodenabbrand kann daher als Beziehung zwischen Intensität u. der Probenverdampfungsgeschw. aufgefaßt werden; die Änderung der Linienintensitäten bei verschiedenen Verdampfungsgeschw. ist dann der abs. Empfindlichkeit der Best. direkt proportional. J. Pickardt 5118

1525 **Röntgenfluoreszenzanalyse mit Anregung durch Radioaktivität.** A. Robert. (Bull. Soc. franç. Céram. **1968,** 78, 33—39; CEN, Saclay; franz.) — Vf. beschreibt Grundlagen u. Strahlungsquellen der Röntgenfluoreszenzanalyse mit Anregung durch eine radioakt. Primärstrahlungsquelle u. erläutert die Anwendbarkeit an einigen Analysenbeispielen. J. Pickardt 5122

1526 **Flache oder konkave Aluminiumprobenhalter für die Röntgenfluoreszenzspektrometrie.** Harvey D. Spitz. (Appl. Spectroscopy **22** (1968) 3, 206; Johnson & Johnson Res., New Brunswick, N.Y.; engl.) — Der Vgl. flacher u. konkaver Al-Scheiben als Probenhalter bei der Analyse einer $ZnSO_4$-Lsg. ergab prakt. keine signifikanten Unterschiede. Es scheint, daß bei Verw. flacher Scheiben eine etwas bessere Empfindlichkeit erreicht wird. Beim Eindampfen größerer Lsg.-Vol. u. bei größeren Rückständen sind jedoch konkave Scheiben vorzuziehen. H. Bensch 5122

1527 **Verfahren des Steigungsverhältnisses zur Bestimmung von Spurenelementen durch Röntgenspektroskopie. Neuer Weg zur Lösung von Matrix-Problemen.** Frank Cuttitta und Harry J. Rose jun. (Appl. Spectroscopy **22** (1968) 4, 321—24; U.S. Geol. Survey, Washington, D.C.; engl.) — Starke Matrixeffekte bei einer röntgenspektroskop. Analyse werden durch Verdünnen der Probe vermindert; das Problem des veränderlichen Untergrundes infolge der jetzt geringeren Matrixeffekte wird von Vf. durch das neue Verf. des Steigungsverhältnisses überwunden. Bei diesem Verf. wird die Steigung einer Standardkurve, die mit reinen Lsg. erhalten wird, mit derjenigen einer dotierten Probe verglichen. Das Verhältnis der Steigungen gestattet die Berechnung eines korr. Untergrundes für die betreffende Probe. Die Meth. wird bei der Best. von Br in Salzlsg. u. Zn in Silicaten erprobt. Die Ergebnisse stimmen sehr gut mit denen konventioneller Verf. überein. H.-D. Schenke 5122

1528 **Röntgenfluoreszenzspektrometer für Mehrkanalanalyse von Schlamm.** Jaakko Rislakki. (Kem. Teollisuus [Chem. Ind.] **24** (1967) 2, 99—104; O. Y. Regulator; finn.) — Vf. beschreiben die simultane quant. Analyse der Elemente mit höherem Atomgew. als Al in mehreren angereicherten Erz-, Zement- oder Kunstdünger-Proben mit Hilfe des automat. Spektrometers „Elliott Process 1070". J. J. Pohl 5122

1529 **Photoelektrische Registrierung der He-Linien 30,4 und 58,4 nm auf dem Untergrund der H Lα-Strahlung bei 121,6 nm.** O. M. Sorokin. (Ž. prikl. Spektroskopii **9** (1968) 3, 400—03; russ.) — Beschreibung einer entsprechenden Meßapparatur. H. Roschkowski 5122

1530 **Ramanspektren von Mikroproben mit Laseranregung.** Teruo Kajura. (Japan Analyst **17** (1968) 5, 132—34; Japan Electron Optics Labor. Co., Nakagamimachi, Akishima-shi, Tokyo; jap., Auszug: engl.) — Das Raman-Spektrum von Mikromengen CCl_4 konnte in extrem kurzer Zeit durch Anregung mit der 4880-Å-Linie eines Ar-Lasers als Anregungslichtquelle erhalten werden, wobei die Leistung des Lasers auf < 250 mW während der Messung gehalten wurde. Die App. bestand ferner aus einem Prismenspektrographen zur besseren photograph. Messung u. einem einfachen opt. Syst. für die Raman-Küvette. Die Probenmenge betrug 3 bis 30 μl, die Belichtungszeit 3—15 Min. bei Verw. von Eastman Kodak 103a-F-Platten. Bei verlängerter Belichtungszeit wurde eine Oberschwingung der 760-cm^{-1}-Linie bei **1539** cm^{-1} beobachtet. Andere Laserlinien als 4880 Å müssen ggf. durch Interferenzfilter ausgeschaltet werden. J. Pickardt 5124

1531 **Theoretische Primärstrahlprofile bei der Kratky-Kleinwinkelkamera.** W. R. Krigbaum und R. W. Godwin. (Rev. sci. Instruments **38** (1967) 3, 398—404; Dep. of Chem., Duke Univ., Durham, N.C.; engl.) — Vf. beschreiben eine geometr. Meth. zur Best. der theoret. Profile der Einfallsstrahlintensitäten bei einer Kratky-Röntgenkleinwinkelkamera. Die Übereinstimmung von experimentell ermittelten u. theoret. Profilen ist ausgezeichnet. Im Gegensatz zu einer Best. der Strahlenbreite durch Extrapolation, die unter bestimmten Bedingungen fehlerhaft ist, erhält man durch die Best. des gesamten Linienprofils eine genaue Kontrolle bez. der Kamerajustierung für alle Arbeitsbedingungen. Die Fläche unter dem theoret. Profil bildet ferner ein relatives Maß für die gesamte verwendbare Strahlintensität, aus der die optimalen Werte der Kameraparameter für jede gewünschte Max.-Auflösung bestimmt werden können. J. Pickardt 5126

1532 **Röntgenprimärstrahlanalysator und seine Anwendung.** Hitoshi Kamada, Takuji Ui, Shizuo Kimoto und Masayuki Sato. (Japan Analyst. **16** (1967) 9, 952—57; Dep. of ind. Chem., Fac. of Engng., Univ. of Tokyo, Bunkyo-ku, Tokyo; jap., Auszug: engl. S. 957.) — Ein Röntgenprimärstrahlanalysator mit einem Vakuum-Röntgenspektroskop mit flachem Krist. zur Erzeugung charakterist. Röntgenstrahlung durch Beschießen der Probenoberfläche mit einem Elektronenstrahl von 2 bis 8 mm ∅ u. zur Best. der mittleren Konz. des betrachteten Elements wurde entwickelt. Einzelheiten der App. u. einige Anwendungen zur qual. u. quant. Analyse von Feststoffen werden angegeben. Messungen von Spektren, z. B. B-Kα, C-Kα, N-Kα, O-Kα zeigen, daß die Elektronenanregung bes. im Bereich weicher Röntgenstrahlung bzw. Analyse leichter Elemente wirksam ist; die optimale Anregungsspannung für leichte Elemente ist sehr klein, z. B. 10 kV für O-Kα. Die Eichkurve für Si-haltige, niedrig legierte Stähle weist eine gute Linearität auf; die Nachw.-Grenze von Si ergibt sich daraus zu 0,003 % bei einer Zähldauer von 1 Min., die Si-Best. läßt sich mit einem Fehler ≦ 0,001 % durchführen. Qual. Analysen von Gläsern u. niedrig legierten Stählen wurden ausgeführt. J. Pickardt 5126

1533 **Auswertung von Absorptionskorrekturfunktionen zur Elektronensonden-Mikroanalyse.** C. A. Andersen und D. B. Wittry. (J. Physics, D [Brit. J. appl. Physics] [2] **1** (1968) 5, 529—40; Hasler Res. Center, Appl. Res. Labor., Goleta, Calif.; engl.) — Vf. bestimmen die Abhängigkeit der experimentell ermittelten Absorptionskorrekturfunktionen (A) zur quant. Elektronensonden-Mikroanalyse von der prim. Elektronenbeschleunigungsspannung E_0, dem Anregungspotentialverhältnis U u. der Ordnungszahl Z. Dabei wird davon ausgegangen, daß die mittlere Tiefe der Röntgenerzeugung $(\overline{\rho z})$ die Verteilung der Röntgenemission mit der Tiefe $\Phi(\rho z)$ genau genug beschreibt, um den Einfl. von E_0, U u. Z auf A zu zeigen. Durch Monte-Carlo-Berechnungen wird gezeigt, daß $(\overline{\rho z})$ durch eine modifizierte Näherung an das Bethesche Elektronenverzögerungsgesetz dargestellt werden kann.

Die von den Vf. vorgeschlagenen Korrekturfunktionen werden über einen weiten Bereich von E_0, U u. Z mit den Ergebnissen der Interpolationsverf. von Philibert, Duncumb u. Shields verglichen.
H.-D. Schenke 5126

1534 **Raster-Elektronenmikroskopie an Festkörperoberflächen.** M. Polke. (G-I-T Fachz. Lab. **12** (1968) 9, 873–79; Farbenfabriken Bayer Akt.-Ges., Leverkusen, Anwendungstechn. Abt.; dt.) — Im Rasterelektronenmikroskop werden Sekundärelektronen zur Bildentstehung benutzt. Ihre Erzeugung u. die Abhängigkeit der Größe des Sekundärelektronenstromes von verschiedenen Faktoren sowie die Bildentstehung werden besprochen. Es liefert ein Auflsg.-Vermögen von mindestens 50 nm. Wegen seiner extrem großen „Schärfentiefe" ist es bes. geeignet zur Unters. dreidimensionaler Objekte. Mit einer förderlichen Vergrößerung von 20–10000fach steht es zwischen Licht- u. Elektronenmikroskop. Da die Probenoberfläche selbst abgebildet wird, können Veränderungen beobachtet u. Präparationsfehler vermieden werden. Außerdem können Informationen über die örtliche Verteilung von elektr. Potentialen auf der Probenoberfläche erhalten werden. R. Zimmer 5128

1535 **Ansprechen von Zweikopf- und Einkopfkollimatoren zum Abtasten.** S. Popovic und J. F. Fowler. (Int. J. appl. Radiat. Isotopes **19** (1968) 4, 313–25; Radioisotope Dep., Med. Fac., Univ., Zagreb; engl.) — Die Parameter von Kollimatoren werden diskutiert, um eine schlechte Abhängigkeit der Empfindlichkeit von der Tiefe zu vermeiden. Krist.-Detektoren von großem Durchmesser sind ungünstig. 2 sich gegenüberstehende Kollimatoren sind besser als ein einziger Kollimator mit langem Fokus u. derselben Gesamtdetektorfläche.
H.-D. Schenke 5130

1536 **Möglichkeiten der Verwendung synthetischer Polymere in Kernemulsionen für die Dosimetrie schneller Neutronen.** F. Bradna. (Czechoslov. J. Physics, Sect. B **18** (1968) 2, 251–65; Nucl. Res. Inst., Czechosl. Acad. Sci., Řež; engl.) — Es wird über neue photograph. Emulsionen mit bes. hohem H-Geh. u. damit großer Nachw.-Empfindlichkeit für schnelle Neutronen berichtet. Für die Herst. der Emulsion werden die folgenden Polymerisationsprod. im Gemisch mit Gelatine verwendet: Polyvinylacetal des Na-Salzes der Benzaldehyd-2.4-disulfonsäure (I) u. Copolymer der α-Acetylaminoacrylsäure mit n-Vinylpyrrolidon (II). Die Empfindlichkeit der Kernemulsion für schnelle Neutronen wird durch I um 14, durch II um 25% erhöht. Bei zusätzlicher H_2-Sättigung steigt die Empfindlichkeit der I-haltigen Emulsion um 100%. Hinzufügen von Polyvinylalkohol, Cellulosetriacetat u. Polyäthylen bewirkt eine maximale Erhöhung um 330%. W. Reusse 5130

1537 **Computergrogramm für β-Strahler unter Verwendung von Flüssigkeitsszintillationszähler-Systemen.** C. R. Creger, M. N. A. Ansari, J. R. Couch und L. B. Colvin. (Atompraxis **13** (1967) 1, 24–27; Dep. of Poultry Sci. and Biochem., Tex. A & M Univ., College Station, Tex.; engl.) — Vf. beschreiben u. diskutieren ein Programm für Fl.-Szintillationszähler, bei dem zur Berechnung die Kanalverhältnismeth. nach Baillie angewendet wird. J. Pickardt 5130

1538 **Radiochemische Trennungsmethoden.** D. Betteridge. (Chem. Zvesti **21** (1967) 8, 629–37; Swansea, United Kingdom, Univ. Coll., Dep. of Chem.; engl.) — Vf. beschreibt einige Anwendungsmöglichkeiten anorgan. Ionenaustauscher u. mehrere Varianten der Fl.-Extraktion. H. Glaser 5132

1539 **Schnelle Berechnung von Empfindlichkeit, Störreaktionen und optimaler Bestrahlungsenergie bei der ^{3}He-Aktivierungsanalyse.** Enzo Ricci und R. L. Hahn. (Analytic. Chem. **40** (1968) 1, 54–60; ORNL, Oak Ridge, Tenn.; engl.) — Für die 12 wichtigsten Rk. von ^{3}He mit den Elementen Be, B, C, N, O, F werden Konst. u. Parameter angegeben, die mit Hilfe einer einfachen Formel die Berechnung eines mittleren Wrkg.-Querschnitts gestatten. Der mittlere Fehler der Meth. ist $<$13,5%. Karl-Heinz Walter/Jülich 5132

1540 **Rückstoßtechnik und Möglichkeiten ihrer Anwendung in der Aktivierungsanalyse.** Richard L. Hahn. (Analytic. Chem. **40** (1968) 1, 219–21; ORNL, Oak Ridge, Tenn.; engl.) — Es wird vorgeschlagen, die unterschiedliche Rückstoßenergie, die auf Targetkerne verschiedener Masse bei der Aktivierungsanalyse übertragen wird, zu ihrer Trennung zu verwenden. Als Beispiel wird die Best. von O auf der Oberfläche von Cu durch Bestrahlung mit ^{3}He-Partikeln (25 MeV) angegeben. Die bei der Rk. $^{16}O(^3He, p)^{18}F$ entstehenden ^{18}F-Rückstoßatome werden auf einer Al-Folie gesammelt u. γ-spektrometr. gemessen. Karl-Heinz Walter/Jülich 5132

1541 **Anwendbarkeit der β-Rückstrahlung in der analytischen und metallurgischen Chemie.** Rudolf Jorkowský. (Freiberger Forsch.-H., Reihe B **130**, 1–50, 1968; dt.) — Übersicht über die Grundlagen der β-Rückstrahlung, die sie beeinflussenden Parameter, ihre Anwendung zur Analyse von Fe- u. Cr-Erzen, Cr- u. W-Schlacken, Fe-Leg., Graphit u. Hochofenagglomeraten sowie Beschreibung eines automat. β-Strahldetektors zur Best. des Aschegeh. von Kohle. — 88 Literaturangaben.
W. Wesly 5132

1542 **Autoradiographische Sensitometrie.** R. S. Ashworth. (J. photogr. Sci. **15** (1967) 4, 181–84; Res. Labor., Kodak Ltd. Wealdstone, Harrow, Middlesex; engl.) — Bei der steigenden medizin. u. biolog. Anwendung langlebiger Isotope niedriger Aktivität, die autoradiograph. Belichtungen von einigen Monaten erfordern, wurden zur Verbesserung der Arbeitsverf. u. zur Reduzierung der Fehlerniveaus akt. Ag-Stufenkeile benutzt, deren Herst. durch Ag-Ionenaustausch zwischen inertem AgBr u. akt. $AgNO_3$ in einer Reihe von Vers. beschrieben wird. U. Drehmann 5132

1543 **Automatische Apparatur zur Untersuchung der Kinetik einiger Reaktionen bei konstanter Extinktion (Optostat).** M. S. Sytilin. (Ž. fiz. Chim. **42** (1968) 9, 2353–54; Mosk. inst. narodnogo chozjajstva im. Plechanova; russ.) H. Roschkowski 5134

1544 **Prinzip und Theorie der Quotientkalorimeters.** Ad. Engelter. (Kolloid-Z., Z. Polymere **266** (1968) 1, 58–63; Pretoria, South Africa, NRIMS, Council for Sci. and Ind. Res., Solid State Electron. Div.; engl.) — Eine neuartige Meth. zur dynam. Best. kalor. Größen wird beschrieben, bei der das Meßresultat direkt aus dem Verhältnis der Wärmekapazität der Meßprobe zu der einer inerten Vgl.-Probe gebildet wird. Das Meßergebnis wird in 1. Näherung nicht durch lineare Aufheizung oder Abkühlung, temperaturabhängige Wärmeübertragung u. Herst.-Toleranzen beeinflußt. Die Fehler 2. Ordnung, die durch diese Effekte entstehen, werden diskutiert; sie liegen im allg. unterhalb 1%.
Waldemar Köhler 5136

1545 **Zur Untersuchung kleiner Materialmengen besonders geeignetes Mikrokalorimeter.** William J. Evans, Emile J. McCourtney und William B. Carney. (Analytic. Chem. **40** (1968) 1, 262–64; New Orleans, La., Seed Protein Pioneering Res. Labor.; engl.) — Das beschriebene Zwillings-Wärmefluß-Mikrokalorimeter (A) vom Typ Tian-Calvet hat eine relativ kurze Einstellzeit (ca. 1 Std.) für therm. Gleichgew. u. eine elektr. Peltier-Kompensation. Waldemar Köhler 5136

1546 **Einfaches Strömungskalorimeter für die Messung der spezifischen Wärme von Gasen.** V. A. Gruzdev und A. I. Šumskaja. (Inž.-fiz. Ž. **13** (1967) 1, 31–36; Novosibirsk, AN SSSR, Sibir. otd., Inst. teplofiz.; russ.) — Die spezif. Wärme C_p von Gasen bei konst. Druck wird durch ein Kapillarströmungskalorimeter in Verbindung mit einer Wheatstoneschen Brücke gemessen. Meßwerte für Luft u. CO_2 stimmen mit Handbuchwerten gut überein. R. K. Müller 5136

1547 **Kalorimetrische Bestimmung von log K, ΔH^0 und ΔS^0 aus thermometrischen Titrationsdaten. Erweiterung der Entropie-Titrationsmethode auf mittlere pK-Bereiche ($4 < pK < 10$).** James J. Christensen, Donald P. Wrathall und Reed M. Izatt. (Analytic. Chem. **40** (1968) 1, 175–81; Brigham Young Univ., Provo, Ut.;

engl.) — Vf. beschreiben eine Meth. zur Best. von log K, ΔH^0 u. ΔS^0, bei der die Verw. schwacher Säuren (oder Basen) mit pK-Werten 4 < pK < 10 als Titrand möglich ist. Die Anwendungsmöglichkeit der Meth. wird bei der Ermittlung obiger Daten für die Protonendissoziation der *Metanilsäure*, der *Pyridinium-* u. *Imidazoliumionen*, des protonierten *Tris-(hydroxymethyl)-aminomethans* u. des *Glycins* durch Verw. von Essigsäure als Titrand gezeigt. K. Zinke 5136

1548 **Verwendung von Tetracyanäthylen als Sprühreagenz für die Dünnschichtchromatographie.** G. F. Macke. (J. Chromatogr. [Amsterdam] **36** (1968) 4, 537—39; Hercules, Inc., Magna, Ut.; engl.) — Tetracyanäthylen bildet mit vielen aromat. Verb. auf Silicagel gefärbte Komplexe, die bes. stark nach Erhitzen auf 80° hervortreten. Die Rk. u. Farben der Rk.-Prod. mit *Phenol, 2-Chlor-, 2.4-* u. *2.6-Dibrom-, 2.4.6-Trichlorphenol, β-Naphthol, m-Kresol, Resorcin, 2-, 3-, 4-Hydroxypyridin, 2.3-, 2.4-, 2.6-, 3.5-Dihydroxybenzoesäure, Pyrogallol, Phloroglucin, 2-Mercaptobenzthiazol, Anilin, Diphenylamin, 1.3-Diaminobenzol, 2.4-* u. *3.4-Diaminotoluol* werden angegeben. J. Pickardt 5138

1549 **Papierchromatographische Untersuchung von Farbstoffen.** Ferenc Péter und Anna Karlené Keszthely. (Koloristikai Értesitő [Kolorist. Rdsch.] **10** (1968) 1—2, 52—55; Budapest, Textilipari Kutató Intézet; ung.) — Es werden geeignete Papiersorten u. Fließmittel zur papierchromatograph. Unters. von Farbstoffen verschiedener Gruppen angegeben. J. Plank 5138△

1550 **Ionenaustausch in geschmolzenen Salzen.** 3. Mitt. **Herstellung, thermische Stabilität und Ionenaustauscheigenschaften eines vollkommen in die Salzform übergeführten amorphen Zirkoniumphosphats.** G. Alberti und S. Allulli. (J. Chromatogr. [Amsterdam] **32** (1968) 2, 379—84; Rom, Univ., Ist. di Chim. Gen. ed Inorg.; engl.) — 2. vgl. C. **1968**, 51/52-1838. — Amorphes Zr-Phosphat (ZP-1 Ionenaustauscher der BioRad Labor.) wird vollständig in eine Li-K-Form in geschmolzenen Nitraten bei 160° u. dann in die reine Na- oder Li-Form durch Behandlung mit $NaNO_3$ oder $LiNO_3$ übergeführt. Die so erhaltenen Zr-Phosphate (ca. 7 mVal/g) zeigen gute therm. Stabilität in geschmolzenen Salzen bis 400—500°. Die Verteilungskoeff. von Pb, Ni u. Li in den geschmolzenen Nitraten $(Li-K)NO_3$ + 10% NH_4NO_3 bzw. KNO_3 bei 160 bzw. 450° werden bestimmt. K. Dorfner 5138

1551 **Dampfträger-Adsorptionsgaschromatographie für polare organische Verbindungen.** Akira Nonaka. (Japan Analyst **17** (1968) 1, 91—92; Tokyo, Shinjuku-ku, Kyoiku Univ., Inst. of Optic. Res.; jap., Auszug: engl.) — Zur Trennung von Polyalkoholen wurden zermahlene gebrannte Isolierziegel (50% SiO_2, 45% Al_2O_3) nach Behandlung mit KF (zur Trennung von Diolen) oder H_3PO_4 (in Ggw. von Glycerin) in eine Glassäule gefüllt. Die Trennungen wurden bei 130° ohne Schwanzbldg. durchgeführt. Zur Trennung können auch wss. Probelsg. benutzt werden. Zur Trennung von Fettsäuren (bis C_{18}), Phenol, Kresol u. Alkylphenolen wird die Kolonnenfüllung mit 1—3% H_3PO_4 versetzt. Die Trennung wird bei 500° durchgeführt. Bei Verw. eines FID können niedere Fettsäuren oder Phenole in Konz. <1 ppm nachgewiesen werden. Alkalisalze von Fettsäuren zeigen die gleichen Chromatogramme wie die freien Fettsäuren. Zur Trennung von Aminen wurde Magnesiapulver in eine Al-Kolonne gefüllt. Bei einer Temp. von 100—230° konnten Alkylamine, Py., Anilin u. deren Deriv. in verd. wss. Lsg. getrennt werden. I. Degen 5138

1552 **Gerät für wiederholte Verteilungsgaschromatographische Trennungen einer Probe.** R. A. Prosser. (Analytic. Chem. **39** (1967) 10, 1125—30; Natick, Mass., U. S. Army Natick Labor.; engl.) — Das auf dem Prinzip der cycl. Anreicherung aufgebaute Gerät ermöglicht die Ausführung verschiedener Rk. von mit Inertgasen verd. Gasen u. Dämpfen, deren Konzentrierung u. verlustarme, verunreinigungsfreie Übertragung z. B. in einen Gaschromatographen. Die App. hat vor allem in Kombination mit einer Pyrolyseapp. den Vorteil, daß die Pyrolyseprod. aus der Spaltzone rasch weggeführt werden können, wodurch weitere Zers. unterbunden werden; ferner gibt es prakt. keine Übertragungsverluste zwischen der Pyrolyse- u. Analyseeinheit u. die Pyrolyseprod. treten als gedrängter Pfropfen in die Kolonne, so daß eine gute Auflösung der Peaks gewährleistet ist. Diesen Vorteilen stehen anderseits Einschränkungen der Arbeitsbedingungen, bes. der Pyrolyseparameter, gegenüber. Es hat sich ergeben, daß eine gesonderte Einrichtung zur Übertragung des Pyrolysats bei erhöhter Temp. im gasf. Zustand nötig ist. Die Beeinflussung der Zers. von pulverisierten Polymeren, z. B. Polyvinylidenfluorid, u. bzw. oder entsprechender Pyrolyseprod. durch Metallpulver oder andere Zusätze bei 450° konnte eindeutig nachgewiesen werden. An Hand von 5 typ. Beispielen werden die Arbeitsmöglichkeiten mit dem entwickelten Konzentrator dargestellt. Durch IR- u. Massenspektren ist eine Identifizierung der bei einem weichmacherfreien Polyvinylidenfluoridpolymeren auftretenden Peaks vorgenommen worden. Hauptbestandteil (ca. 25%) bildete symm. Trifluorbenzol. Ferner wurden noch nachgewiesen: CHF_3, $CH_2{=}CF_2$, $CH_2{=}CHF$, $CF_2{=}CHF$; weiterhin $CF_2{=}CH-CF_2H$, $CF_2{=}CH-CF_3$, $CHF{=}CH-CF_3$, $CF_2{=}CF-CF_2H$, $CF_2H-CF_2-CH_3$, $CF_3-CF_2-CH_3$ u. $CF_3-CH_2-CF_2-CF_2H$. R. Tannenberger 5138

1553 **Vergleich zweier Träger für die Verteilungsgaschromatographie: Polytetrafluoräthylen und dehydroxyliertes Kieselsäureträgermaterial.** William Jequier und Jacques Robin. (C. R. hebd. Séances Acad. Sci., Sér. C **266** (1968) 13, 972—74; Inst. nat. des Sci. appl., Villeurbanne, Rhône; franz.) — Vf. untersuchten die Retention von verschiedenen Typen von KW-Stoffen an Squalan unter Verw. zweier neuer Trägermaterialien: Polytetrafluoräthylen (Chromosorb T, Teflon 6, „T") u. eine dehydroxylierte Kieselsäureverb. (Chromosorb P, mit Säuren gewaschen u. mit Hexamethyldisilazan behandelt, „P-HMDS"). Die relativen Retentionen einiger KW-Stoffe an diesen Trägern in Abhängigkeit von der Masse der stationären Phase sind graph. dargestellt. Geradkettige Paraffine werden bevorzugt an schwach imprägniertem T adsorbiert, gefolgt von Bzl. u. den Cycloparaffinen. Die relativen Retentionen von n-Paraffinen gegenüber Cycloparaffinen sind jedoch bei P-HMDS konstant. J. Pickardt 5138

1554 **Detektor für die Gaschromatographie auf der Grundlage der Emissionsspektrometrie unter Verwendung einer Hochfrequenzentladungsmethode.** Hitoshi Kamada und Nobuhiko Kokubun. (Japan Analyst **17** (1968) 5, 575—79; Fac. of Engng., Univ. of Tokyo, Bunkyo-ku, Tokyo; jap., Auszug: engl.) — Ein neuer Detektortyp für die Gaschromatographie wird beschrieben, der aus einer HF-Entladungsröhre besteht, die an den Ausgang der Gaschromatographensäule angeschlossen wird. Ar wurde als Trägergas benutzt. Die Intensität des Emissionsspektrums der organ. Verb., die in diese Entladungsröhre eluiert werden, wurde photoelektr. gemessen. Für den Bereich 10^{-6} bis 10^{-8} Mol wurde für A., Ae., Aceton u. Toluol gute Reproduzierbarkeit u. Linearität zwischen Konz. u. Intensität des Spektrums festgestellt. Der Koeff. der Standardabweichung betrug 1%. Die Nachw.-Grenzen waren: $2 \cdot 10^{-11}$ (Mol/s) für A., $1 \cdot 10^{-11}$ für Propanol, $4 \cdot 10^{-13}$ für Bzl. (CH-Bande), $4 \cdot 10^{-9}$ für CCl_4 (CCl-Bande) u. $5 \cdot 10^{-11}$ für CS_2 (CS-Bande). J. Pickardt 5138

1555 **Chemisch selektiver polarographischer Detektor für die Gaschromatographie.** R. P. Van Duyne und David A. Aikens. (Analytic. Chem. **40** (1968) 1, 254 bis 256; Troy, N.Y., Rensselaer Polytechn. Inst.; engl.) — Vf. erzielen hohe chem. Selektivität u. empfindliche Nachw.-Grenzen bei Verw. katalyt. polarograph. Wellen als Meßprinzip für die Messung gaschromatograph. Peaks. In einer der Trennsäule nachgeschalteten Strömungszelle wird das Syst. Ni(II)/Py. untersucht. Infolge des großen Vol. ist die Ansprechzeit des polarograph. Detektors größer als die der Wärmeleitfähigkeitsmeßzelle. Bis 60 μg Py. spricht der Detektor linear an. Die Standardabweichung für eine Einzelbest. (49,2 μg Py.) beträgt ±2,7 μg. Die Nachw.-Grenze für Py. liegt mit 7,1 ·

10^{-8} g/ml zwischen den Werten bei Thermistorzellen u. Ionisationsdetektoren. C.-E. Döring 5138

1556 **Verwendung von Elektroneneinfangdetektoren in der Gaschromatographie. 2. Mitt. Vergleichende Untersuchung der Ansprechempfindlichkeiten für verschiedene organische Verbindungen.** Philippe Devaux und Georges Guiochon. (Bull. Soc. chim. France **1967**, 4, 1236—47; Labor. du Prof. Jacqué, École Polytechn., Paris; franz.) — 1. vgl. C. **1968, 51**/52-1846. — Vf. zeigen, daß die Ansprechempfindlichkeit des Detektors eine Funktion der Konz. der betreffenden Verb. im Trägergas u. nicht des Massendurchflusses ist. Die relativen Ansprechfaktoren (bezogen auf 1-Chlorbutan) wurden für eine Reihe vergleichbarer organ. Verb. ermittelt u. der Einfl. verschiedener Arbeitsparameter des Detektors auf diese Koeff. untersucht. Aus diesen Größen konnten die Nachw.-Grenzkonz. für verschiedene halogenierte KW-Stoffe ber. werden. J. Pickardt 5138

1557 **Gegenstromverteilung: Einfluß verschiedener Anzahl von Austauschböden.** R. O. Butterfield, Constance K. Tjarks und H. J. Dutton. (Analytic. Chem. **39** (1967) 4, 497—500; Northern Reg. Res. Labor., Peoria, Ill.; engl.) — Die Beziehungen der Bodenzahl (N), dem Verteilungskoeff. (D) u. der Zahl der Verteilungsschritte (Z) bei der Gegenstromverteilung mit kontinuierlicher Probenzugabe werden mit Hilfe eines Digitalcomputers theoret. ber. u. in Form von Kurvenscharen dargestellt. Formeln zur Berechnung von N u. Z werden angegeben. K. Henning 5140

1558 **Quantitative Bestimmungen durch Ionenpaarextraktion. 1. Mitt. Ionenpaare quaternärer Ammoniumionen mit organischen Anionen.** Rolf Modin und Göran Schill. (Acta pharmac. suecica **4** (1967) **6**, 301—26; Kungl. Farmaceut. Inst., Stockholm; engl.) — Ionenpaare von Anionen verschiedener Sulfonsäuren u. Phenole mit quatern. Ammoniumionen (Tetraäthyl-, -butyl-, -propyl- u. -pentylammonium) werden auf ihre Verwendbarkeit in der quant. photometr. Analyse untersucht. Die Extraktionskonst. für *p-Toluolsulfonsäure, β-Naphtholsulfonsäure, Trinitrobenzolsulfonsäure, Methylorange, Naphtholorange, Fast Red A, Naphtholgelb, Bromthymolblau* (*BTB*), *Dinitro-α-naphthol, Pikrinsäure* u. *Dipikrylamin* in $CHCl_3$ werden wiedergegeben. Ebenso werden die Konst. für die Säuredissoziation, das Verteilungsverh., Dimerisation der Anionen u. die Ionenpaarbldg. in der wss. Phase sowie die Assoziation von Ionenpaaren in der organ. Phase angegeben. Die gefundenen Molarextinktionen zeigen, daß BTB, Azobenzol- u. Trinitrobenzolabkömmlinge bis herab zu 10^{-5}m Lsg. in 1-cm-Küvetten gut bestimmt werden können. Geeignete pH-Bereiche für die Anionen werden ber. u. ihre Eignung zur Unterstützung der Ionenpaarextraktion miteinander verglichen. K. Zinke 5140

1559 **Solventextraktion mit Triisooctylamin in Methylisobutylketon aus wäßriger Salzsäure.** M. Y. Mirza, M. Ejaz, A. R. Sani, S. Ullah, M. Rashid und G. Samdani. (Analytica chim. Acta [Amsterdam] **37** (1967) 3, 402—04; Lahore, Westpakistan, Atomic Energy Centre; engl.) — Triisooctylamin (I) ist ein wirksames Extraktionsmittel für Fe, Zn, Co, Ag, Ru, Nb, W, Cd, In, Sb, Hg, Tl u. Pb bei verschiedenen HCl-Konzentrationen. I wird als 5%ig. Lsg. in MIBK benutzt. Durch Änderung der Acidität lassen sich einige Metalle auf diesem Wege voneinander trennen, z. B. kann mit 1m HCl-Lsg. Zn von Co isoliert werden. Weiterhin ist es möglich, Zn von Co u. Hg, W von Ir u. Sn von Sb zu trennen. G. Gawalek 5140

1560 **Elektrolysezelle mit einer rotierenden Doppelringelektrode für hohe Drehzahlen zur Messung schneller Reaktionen.** G. Trimborn, A. Heinrichs und W. Vielstich. (Messtechnik [Braunschweig] **76** (1968) 9, 224—29; Inst. für physikal. Chem., Univ., Bonn; dt.) — Vf. beschreiben die Herst. einer Doppelringelektrode (Breite der Elektrodenringe 1 mm, Elektrodenabstand 0,1 mm) für Drehzahlen bis zu 400 Hz u. die techn. Anlage für derartige Umdrehungsgeschwindigkeiten. Die Elektrode dient zur Messung von Geschw.-Konst. homogener Rk., die zwischen 2 an den Elektroden ablaufenden elektrochem. Rk. eingelagert sind. Das beschriebene Syst. ist einer Scheibe–Ring-Elektrode weit überlegen, weil kürzere Laufzeiten der produzierten Teilchen zwischen den Elektroden erzielt werden. H.-D. Schenke 5144

1561 **Bestimmung des Gehalts an nichtflüchtigen Komponenten höher viskoser Dispersionen.** Jitka Obrazová. (Chem. Průmysl **18** (43) (1968) 2, 99—101; Praha, Výzkumný ústav nátěrových hmot; tschech.) — Vf. schlägt ein Verf. zur Best. nichtflüchtiger Komponenten in höher viskosen Substanzen vor, durch das die Schwierigkeiten bei der Vorbereitung der Probe nach der tschech. Norm behoben werden. Die Meth. wird an wäßrigen Polyvinylacetatdispersionen überprüft. L. Bartovská 5144△

G-2. Analyse der Elemente und anorganischen Verbindungen

1562 **Polarographische Bestimmung der Isotopenzusammensetzung des Wassers.** A. Calusaru. (Rev. Chim. minérale **5** (1968) 2, 387—96; Inst. de Phys. Atomique, Bucarest; franz.) — Die polarograph. Best. von D bei der katalyt. Entladung von Wasserstoff in Ggw. von Co u. Ni mit Hilfe des Isotopieeffekts wurde unter Verw. von 99,5%ig. D_2O untersucht. In Ggw. von Co ist die Stufe für die H-Entladung 5,2mal höher als die für die D-Entladung. In Ggw. von Ni beträgt das Verhältnis 5,45. Nur Co-haltige Lsg. sind genügend beständig zur Analyse. Nachst. Lsg. wird zur Aufnahme der polarograph. Stufen vorgeschlagen: $5 \cdot 10^{-5}$(m) Cystein, 10^{-3} Co^{2+}, 0,1 NH_4Cl u. 0,1 NH_3. Die Stufenhöhe ändert sich linear mit dem D-Gehalt. Spuren von D in H_2O sind nicht bestimmbar. D. Bretzinger G 240

1563 **Den Endpunkt halbautomatisch anzeigendes Gerät zur Karl-Fischer-Titration.** B. Cope. (Analyst **93** (1968) 1108, 436—40; Manchester, Urmston, Shell Res. Ltd., Carrington Plastics Labor.; engl.) — Vf. beschreibt den Aufbau (Bauelemente u. Schaltplan) u. die Wirkungsweise eines Geräts zur halbautomat. Best. des W.-Geh. in Fl. u. Gasen durch Karl-Fischer-Titration sowie Büretten- u. Zellenkonstruktion. Ruth Müller G 240

1564 **Spektraloptische Isotopenanalyse von Stickstoff mit geringem ^{15}N-Gehalt.** J. P. Leicknam, V. Middelboe und G. Proksch. (Analytica chim. Acta [Amsterdam] **40** (1968) 3, 487—502; IAEA, Seibersdorf, Österreich; franz.) — Vf. beschreiben eine Meth. zur spektralopt. Analyse des ^{15}N-Geh. in NH_4-Salzen, Düngern u. Pflanzen mit einer Genauigkeit von $\pm 3\%$ bei natürlicher Isotopenzus. u. von $\pm 1\%$ bei einem Atomverhältnis von $^{15}N : {}^{14}N = 1,5 : 100$. Zur Best. wird die dem Übergang $2 \rightarrow 0$ des Syst. $C(^3\Pi_u) \leftrightarrow B(^3\Pi_g)$ entsprechende Bande herangezogen. Verwendet wird ein Hochfrequenzspektrometer mit einem Photomultiplier als Detektor. Karl-Heinz Walter/Jülich G 243

1565 **Spektralanalyse im Vakuum-Ultraviolett mit der Hohlkathode. 2. Mitt. Quantitative Analyse.** Giulio Milazzo und Nello Sopranzi. (Appl. Spectroscopy **21** (1967) 4, 256—60; Ist. Super. di Sanità, Rome; engl.) — 1. vgl. C. **1969, 4**-1794. — Nach Unters. der Vf. läßt sich das l. c. mitgeteilte Verf. bei Anwendung folgender Bedingungen zur quant. Analyse von J verwenden: Je 10 mm^3 von Lsg., die 1 mg KCl u. 0,1—100 μg J enthalten, werden in die Hohlkathode eingebracht u. bei 105° getrocknet. Die aus techn. Al hergestellte Hohlkathode wird bei 300 mA betrieben, die Belichtungszeit beträgt 5 Minuten. Als Trägergas wird He bei einem Druck von 5 mm Hg u. als Film ein Kodak SWR verwendet. H. Bensch G 249

1566 **Bestimmung kleiner Mengen Jodid durch Atomabsorptionsspektrophotometrie mit Cadmium als Lichtquelle.** Yuroku Yamamoto, Takahiro Kumamaru, Yasuhisa Hayashi und Yuzuru Otani. (Japan Analyst **17** (1968) 1, 92—93; Hiroshima-shi, Higashisendamachi, Hiroshima Univ., Fac. of Sci., Dep. of Chem.; jap., Auszug: engl.) — Nach Extraktion des farblosen Ionenpaares von 1.10-Phenanthrolin–Cd(II) u. J^- mit

Nitrobenzol wird die Cd-Konz. des Extrakts durch Messung der Cd-Linie bei 2288 Å unter Verw. einer Cd-Hohlkathodenlampe bestimmt. I. Degen G 249

1567 **Coulometrische Argentometrie von Sulfiden im Mikrogrammbereich.** 3. Mitt. **Bestimmung von Mikro- und Submikrogrammengen von Sulfiden durch coulometrische Argentometrie bei konstanter Spannung.** I. Čaderský. (Z. analyt. Chem. **232** (1967) 2, 103–13; Brno, Res. Inst. of Macromol. Chem.; engl.) — 2. vgl. C. **1968, 34-1967.** — Die Meth. beruht auf der Bldg. von Ag_2S an einer Ag-Elektrode (A). Als Grundelektrolyt wird 0,1 n NaOH-Lsg. verwendet. Zur Durchführung der Best. dient ein spezielles Elektrolysiergefäß mit einer großflächigen Kalomelelektrode u. einer A. Das optimale Potential der A beträgt —360 mV gegen SCE. Es lassen sich 0,01—20 µg S^{2-} in einer Probe von maximal 10 ml bestimmen. Zwischen 0,05 u. 20 µg S^{2-} ist der Fehler kleiner als 5%, die Reproduzierbarkeit ist besser als 1%. Bei 0,01 µg S^{2-} wurde ein Fehler von —10% u. eine Reproduzierbarkeit von 2,5% gefunden. G. Gawalek G 253

1568 **Analytische Chemie des Selens. Absorptionsspektrophotometrische Bestimmung mit 2-Mercaptobenzoesäure.** M. S. Cresser und T. S. West. (Analyst **93** (1968) 1110, 595—600; Chem. Dep., Imp. Coll., London; engl.) — Se(IV) bildet mit 2-Mercaptobenzoesäure (I) einen Komplex im Verhältnis Se : I = 1 : 3; 10—20facher Reagenzüberschuß genügt. Die Verb. ist im pH-Bereich 0,5—2,5 durch Äthylacetat quant. extrahierbar u. zeigt im Extrakt Absorptionsmaxima bei 268 u. 315 nm. Der Komplex entwickelt sich in wss. Lsg. sofort u. ist im Extrakt über 2 Std. stabil. Bei 268 nm sind 0,02—12 ppm Se in der organ. Phase bestimmbar. Das Beersche Gesetz ist im Bereich 0,02 bis 4 ppm erfüllt. Einen Fehler von <3% bei Best. von 1 ppm Se(IV) verursachen in 200fachem Überschuß: Na, K, Al, Ga, Ca, Sr, Ba, Cd, Mg, Be, Zn, Fe(III), Se(VI), Te(VI), SO_4^{2-}, PO_4^{3-}, NO_3^-, F^-, Cl^-, Br^-, $C_2O_4^{2-}$ u. CH_3COO^-. Fe(II), Sn(II), SO_3^{2-}, J^- u. CN^- müssen mit Br_2 ox. werden. Dabei entstandenes Se(VI) ist durch Kochen mit konz. HCl zu reduzieren. Co, Cu, Li, Ni, Mn u. Ag werden mit einem starken Kationenaustauscher abgetrennt. Zr in 200—300fachem Überschuß ist mit EDTA maskierbar. Te stört stark; ein bis zu 5000facher Überschuß an Te(IV) kann aus 5m HF-Lsg. mit Tribenzylamin/$CHCl_3$ extrahiert werden. Es bleibt als einzige Störung Hg. G. Wünsch G 254

1569 **Bestimmung der Sauerstoffkonzentration in Silicium mit dem UR 10.** Wolfgang Reitzenstein. (Sprechsaal Keram., Glas, Email, Silikate **101** (1968) 9, 358—64; DAW zu Berlin, Inst. für Metallphys. u. Reinstmetalle, Dresden; dt.) — Vf. beschreibt die mathemat. u. IR-spektroskop. Meth. zur Ermittlung des Absorptionskoeff. u. Reflexionsfaktors bei 1106 cm^{-1} (ν Si—O) von plangeschliffenen Si-Krist. verschiedener Schichtdicke. Mit den erhaltenen Werten wurden die O-Geh. einiger zonengeschmolzener u. Czochralski-Krist. (A) bestimmt. Bei den A existiert eine Ortsabhängigkeit der O-Konzentration. M. Meyer zur Heyde G 261

1570 **Selektive Verstärkungstitration zur Bestimmung von Mikrogrammengen Phosphat.** G. F. Kirkbright, A. M. Smith und T. S. West. (Analyst **93** (1968) 1105, 224—27; Chem. Dep., Imp. Coll., London; engl.) — 3—30 µg PO_4^{3-} werden in Ammoniummolybdatphosphat übergeführt, mit einem Überschuß an Mo(VI)-Lsg. versetzt u. aus HCl saurer Lsg. selektiv mit Isobutylacetat extrahiert. Das Molybdatophosphat wird mit 4m NH_3-Lsg. reextrahiert, mit HCl-Lsg. angesäuert u. das Mo(VI) über eine Ag-Red.-Kolonne zu Mo(V) reduziert. Die einem PO_4^{3-} entsprechenden 12 Mo-Ionen werden anschließend mit einer Standard-$Ce(SO_4)_2$-Lsg. titriert. Der Endpunkt wird photoelektr. mit Ferroin als Indikator angezeigt. Die Heteropolysäuren der Elemente As, Sb, Ge u. Si stören die Best. ebensowenig wie die Elemente Se, Te, Ba, Mn, Al, Pb, Co, Ni, Zn, Cd u. Cu. Die Standardabweichung bei der Best. von 25 µg PO_4^{3-} beträgt ±1,3%. K. Zinke G 264

1571 **Elektrophoretische Trennung von bei der (n, γ)-Aktivierung von TPP in Benzol erhaltenen ^{32}P-Verbindungen.** Olga Ž. Jovanović-Kovačević. (J. Chromatogr. [Amsterdam] **32** (1968) 2, 368—78; Boris Kidrič Inst. of Nucl. Sci., Beograd-Vinča; engl.) — Die Neutronenbestrahlung von Lsg. von TPP in Bzl. führt zu P-Verb., die sich in vier Gruppen eingliedern lassen: a) aromat. Ester der Phosphor- u. phosphorigen Säure, b) aromat. Organophosphorverb., c) einfache anorgan. P-Verb. u. d) aliphat. P-Verbindungen. Die Trennung erfolgt durch Hochspannungselektrophorese, Solventextraktion u. Papierchromatographie. Zur Messung der ^{32}P-Aktivität dienten Geiger-Müller-Fl.-Zähler u. Geiger-Müller-Endfensterzähler. Ein Einfl. von Bestrahlungsbedingung u. TPP-Konz. auf die Ausb. der einzelnen P-Verb. wurde festgestellt. Karl-Heinz Walter/Jülich G 264

1572 **Arsenbestimmung mit Silberdiäthyldithiocarbamat.** Anonym. (G-I-T Fachz. Lab. **12** (1968) 8, 751; dt.) — Das mit Zn u. HCl red. As wird als AsH_3 in einer Py.-Lsg. mit Ag-Diäthyldithiocarbamat absorbiert. Das dabei entstehende rote Komplexsalz wird photometr. gemessen (λ_{max} 5380 Å). Bei einer Konz. von 5 µg As wird eine Genauigkeit von ±2,5% erzielt. 0,2 µg können noch nachgewiesen werden. Beschreibung einer einfachen Apparatur. H.-D. Schenke G 265

1573 **Schnelle Bestimmung von Arsen in Kupfer und Messing durch Neutronenaktivierungsanalyse.** A. P. Grimanis und A. G. Souliotis. (Analyst **92** (1967) 1098, 549—52; Athens, Greece, Nucl. Res. Center Democritos, Chem. Dep.; engl.) — Vf. bestrahlten die Proben 35 Min. mit einem Fluß von $2{,}2 \cdot 10^{12}$ n · cm^{-2} · s^{-1}. In Ggw. von As-Träger wurden die Proben in heißer $HClO_4$ gelöst. Die Lsg. (7,4m $HClO_4$ u. 1,2m HBr) wurde mit Bzl. extrahiert. Die ^{76}As-Aktivität der organ. Phase wurde direkt in einem Bohrlochkrist. gemessen. Nach der Bestrahlung dauert die Analyse weniger als 15 Minuten. Durch die angegebene Meth. können weniger als 1 µg As bestimmt werden. H. Glaser G 265

1574 **Analyse von Butyllithium in bei Polymerisationen benutzten Konzentrationen.** J. R. Urwin und P. J. Reed. (J. organometallic Chem. [Lausanne] **15** (1968) 1, 1—5; Dep. of Phys. and Inorg. Chem., Univ. of Adelaide, South Australia; engl.) — Durch Vgl. der integrierten NMR-Signale einer definierten Menge Mesitylen u. der dem Li benachbarten CH_2-Gruppe des n-Butyllithiums (I) wird I in Konz. bis hinunter zu 0,1 Mol/l bestimmt. Außerdem wurde I bei 285 nm photometr. (ε = 91 l · Mol^{-1} · cm^{-1}) bis zu Konz. von 10^{-3} Mol/l bestimmt. NMR- u. UV-Proben wurden in der gleichen App. unter Luftausschluß hergestellt. A. Lange G 273

1575 **Bestimmung von Hexacyanoferrat(II) und verwandten Verbindungen in handelsüblichem Natriumchlorid.** R. F. Roberts und R. H. Wilson. (Analyst **93** (1968) 1105, 237—43; Imp. Chem. Ind. Ltd., Northwich, Cheshire; engl.) — 0,013—50,0 ppm $[Fe(CN)_6]^{4-}$ können als Fe-Komplex nach Anreicherung durch Filtration an Kieselgur photometr. bei 700 nm bestimmt werden, indem der Komplex mit KOH-Lsg. vom Kieselgur abgelöst wird u. unter definierten Bedingungen durch Ansäuern wieder ausgefällt wird. $[Fe(CN)_5 \cdot H_2O]^{3-}$ kann ebenso bestimmt werden. Auf prinzipiell ähnliche Weise wird der Geh. an $[Fe(CN)_5CO]^{3-}$ erfaßt, die Abtrennung erfolgt als Cu-Komplex. Andere stabile Cyanoferrate sowie Verunreinigungen u. Zusätze in NaCl stören nicht. W. Grimmich G 274

1576 **Bestimmung von Radiocäsium in Spaltprodukten durch Adsorption an Ammoniumolybdatophosphat.** J. Krtil, M. Bezděk und A. Moravec. (Collect. czechoslov. chem. Commun. **33** (1968) 3, 750—756; Prague-Řež, Czechoslov. Acad. of Sci., Nucl. Res. Inst.; engl.) — Im Hinblick auf die Erzielung optimaler Adsorptionsausb. an festem Ammoniummolybdatophosphat untersuchen Vf. den Einfl. der HNO_3- u. NH_3-Konz. sowie der inakt. Cs-Trägermenge. Vf. teilen optimale Arbeitsbedingungen für die Adsorption von Cs sowie für Sr, Ce, Ru u. Zr/Nb mit. D. Ertel G 277

1577 **Chromatographie von Erdalkalimetallen in umgekehrter Phase an mit Di-n-butylphosphat behandeltem Papier.** N. Cvjetićanin. (J. Chromatogr. [Amsterdam] **32** (1968) 2, 384—93; Belgrad, Boris-Kidrič-Inst. of Nucl. Sci., Hot Labor. Dep.; engl.) — An Whatman No. 1-Papier, imprägniert mit Di-n-butylphosphat, wird das chromatograph. Verh. von Be, Mg, Ca, Sr u. Ba untersucht. Als Elutionsmittel diente $1 \cdot 10^{-3}$—10m HCl-Lösung. Aus den Ergebnissen ergibt sich eine Möglichkeit zur Trennung der Erdalkalien untereinander u. von anderen Kationen. K. Dorfner G 280

1578 **Fällung von Beryllium in Gegenwart von Succinat mit der Harnstoffhydrolysenmethode.** T. P. Prasad und M. N. Sastri. (Talanta [London] **15** (1968) 1, 141—43; Andhra Univ., Waltair, India; engl.) — Die Fällung ist quant. für 7—40 mg Be, Ca, Mg u. Mn stören weniger als bei der Fällung mit NH_3-Lsg.; man erhält jedoch in Ggw. von NH_4^+ zu niedrige Ergebnisse. Thermogravimetr. Unters. zeigten, daß der Nd. bei 530° quant. in BeO übergeführt wird. Das IR-Spektrum des Nd. wird diskutiert. K. Zinke G 281

1579 **Einfluß der Adduktbildung bei der Extraktion von Zink mit substituierten 8-Hydroxychinolinen.** Fa-Chun Chou und Henry Freiser. (Analytic. Chem. **40** (1968) 1, 34—38; Univ. of Ariz., Tucson, Ariz.; engl.) — Die Verteilungskoeff. für die Extraktion von Zn(II) mit 8-Hydroxychinolin (HL) u. seinen 2-Methyl-, 4-Methyl-, 5-Chlor-, 5-Brom-, 5-Jod- u. 5-Nitro-Analogen zwischen $CHCl_3$ u. W. werden bei 25° bestimmt. Vf. berechnen daraus die Bldg.-Konst. des Zn-Chelats in W. u. die Bldg.-Konst. des Adduktes mit Py., 2- u. 4-Methyl- u. 2.4.6-Trimethylpyridin in der organ. Phase. Außer bei 2-Methyl- u. 5-Jod-8-hydroxychinolin wurden Selbstadduktkomplexe der Formel $ZnL_2 \cdot HL$ gefunden. Die Extraktionsergebnisse konnten durch thermogravimetr. Analyse der festen Addukte bestätigt werden. K. Zinke G 288

1580 **Spektrophotometrische Bestimmung von Aluminium mit Chromazurol S und Cetyltrimethylammoniumchlorid.** Yoshio Shijo und Tsugio Takeuchi. (Japan Analyst **17** (1968) 1, 61—65; Nagoya-shi, Chikusa-ku, Univ. of Nagoya, Fac. of Engng., Dep. of Synth. Chem.; jap., Auszug: engl.) — Chromazurol S bildet mit Al in Ggw. von Cetyltrimethylammoniumchlorid ein blaues tern. Chelat, dessen Absorptionsmax. vom pH u. von der Reagenzienkonz. abhängig ist. Bei 620 nm ist die Extinktion im Bereich von pH 5,8—6,0 konst. u. folgt dem Lambert-Beerschen Gesetz im Konz.-Bereich von 0,01 bis 0,08 μg Al/ml. Der molare Extinktionskoeff. ist $1{,}08 \cdot 10^5$. Die Best. wird durch Be, Ga, Ti, Th, U, V, Zr, Cu, Fe, Cr, Sn u. Ta gestört. Cu u. Fe(II) können mit o-Phenanthrolin maskiert werden. I. Degen G 294

1581 **Trägerfreie Abtrennung von ^{115m}In aus bestrahltem Cd durch Lösungsmittelextraktion mit 1-Phenyl-3-methyl-4-caproylpyrazolon-(5).** M. Y. Mirza. (Talanta [London] **15** (1968) 1, 137—40; Pakistan Inst. of Nucl. Sci. and Technol., P. O. Nilore, Islamabad, Rawalpindi; engl.) — Bei der Bestrahlung von ^{114}Cd im Kernreaktor entstandenes Cd wurde aus der HCl-Lsg. mit Puffer vom pH 2,8 (26,42 ml 0,1 m HCl- u. 50 ml 0,1 m K-Hydrogenphthalat-Lsg., auf 100 ml aufgefüllt) extrahiert. Eine Woche lang wurde täglich das Tochterprod. ^{115m}In abgetrennt, indem es mit 15 ml 1 %ig. Lsg. von 1-Phenyl-3-methyl-4-caproylpyrazolon-(5) (I) in Methylisobutylketon ausgeschüttelt u. daraus anschließend mit 5 ml 1 m HCl-Lsg. extrahiert wurde. Die Ausb. an ^{115m}In aus der restlichen Cd-Aktivität beträgt 85—90 % (Messung bei 335 keV). Die Herst. von I aus 1-Phenyl-3-methylpyrazolon wird beschrieben. K. R. Fröhner G 296

1582 **Indirekte mercurimetrische Thalliumbestimmung über die Jodidfällung.** A. L. J. Rao. (Z. analyt. Chem. **235** (1968) 2, 180—81; Dep. of Chem., Punjabi Univ., Patiala-4, India; engl.) — Zu einer Tl-Lsg. (20—80 mg Tl) wird KJ im Überschuß gegeben, das ausgefällte TlJ abfiltriert u. das überschüssige J^- mit $Hg(NO_3)_2$-Lsg. gegen eine gesätt. alkohol. Lsg. von Diphenylcarbazon als Indikator bis zur Violettfärbung zurücktitriert. Der maximale Fehler betrug im untersuchten Bereich 0,37 %. W. Ast G 297

1583 **Untersuchung der Cer(IV)–Thallium(I)-Reaktion und Analyse von Thallium(I)-Gemischen auf Grund kinetischer Unterschiede.** George H. Schenk und William E. Bazzelle. (Analytic. Chem. **40** (1968) 1, 162—68; Wayne State Univ., Detroit, Mich.; engl.) — Die Rk. zwischen Ce(IV) u. Tl(I) läuft bei Raumtemp. in H_2SO_4-Lsg. ohne u. mit Ag(I) als Katalysator nur sehr langsam ab ($k = 0{,}03\ Mol^{-1} \cdot h^{-1}$). Bei Zugabe von Mn(III) wird die Rk. stark beschleunigt ($k = 3{,}4 \cdot 10^{-3}\ Mol^{-1} \cdot min^{-1}$), so daß Tl(I) photometr. titriert werden kann. Der Endpunkt wird durch einen Überschuß an gelben Ce(IV)-Salzen angezeigt. Die Messung erfolgt bei 425 nm. Der große Unterschied der Rk.-Geschw. ermöglicht die Best. von Tl(I) neben anderen Metallionen. Bei einem Gemisch von Tl(I)/Fe(II) wird zuerst ohne Katalysator das schnell reagierende Fe(II) mit Ce(IV)-Lsg. titriert, Mn(III)-Katalysatorlsg. zugegeben u. anschließend Tl(I) titriert. Liegen Hg(I), As(III) u. Cr(III) neben Tl(I) vor, wird zu Beginn der Titration Mn(III) zugefügt. Man titriert so nur Tl(I), da es schneller reagiert als die übrigen Metallionen. Neben 0,2 mVal Tl(I) können 0,55 m Val Fe(II), 0,2 mVal As(III) u. Hg(I) sowie 0,3 m Val Cr(III) mit einem Fehler < 1 % bestimmt werden. K. Zinke G 297

1584 **Quantitative Bestimmung der Seltenerdelemente in Yttriumoxid durch Spektrophotolumineszenz.** Lyuji Ozawa und Takao Toryu. (Analytic. Chem. **40** (1968) 1, 187—90; Dai Nippon Toryo Co., Ltd., Chigasaki, Kanagawa; engl.) — Emissions- u. Anregungsspektren der Seltenerdmetalle (SE) *Pr, Sm, Eu, Gd, Tb, Dy, Ho, Er* u. *Tm* werden im sichtbaren u. nahen UV-Bereich gemessen. Die Emissionsintensität steigt linear mit der Konz. bis zu $1 \cdot 10^{-3}$ Mol $(SE)_2O_3$/Mol Y_2O_3, ausgenommen Gd (bis zu $2 \cdot 10^{-2}$ Mol). Die untere Grenze wird mit 10^{-9} bis 10^{-6} Mol je nach Element angegeben (Gd u. Sm bis zu 10^{-5} Mol). Die Best. erfolgt über Eichkurven mit einer Genauigkeit von ± 10 %. Die Lumineszenzeig. der einzelnen Elemente werden diskutiert. K. Zinke G 300

1585 **Logarithmischer Verteilungskoeffizient von fraktioniert aus homogenen Lösungen gefällten Verbindungen der Seltenerdelemente.** F. H. Firsching, Guy W. Aton, Ralph S. Bakowski, Marvin R. Klotz, Haralambos N. Meggos, Gerald D. Melm, Thomas R. Paul, Michael J. Smith und James D. White. (Analytic. Chem. **40** (1968) 1, 152—57; Southern Ill. Univ., Edwardsville, Ill.; engl.) — Der durch Komplexierung u. anschließende Verdrängung mit Kationen, die stabilere Komplexe bilden, erzielbare Trennfaktor benachbarter Seltenerdelemente wurde theoret. ber. u. experimentell geprüft. Als Komplexbildner dienten N-(Carboxymethyl)-N′-2-hydroxyäthyl-N.N′-äthylendiglycin, [(Carboxymethylimino)-bis-(äthylennitrilo)]-tetraessigsäure u. (1.2-Cyclohexylendinitrilo)-tetraessigsäure in KJO_3-Lösung. K. Zinke G 303

1586 **Anionenaustauschverhalten der Seltenerdmetallkomplexe mit trans-1.2-Diaminocyclohexan-N.N′-tetraessigsäure.** Ludmiła Wódkiewicz und Rajmund Dybczyński. (J. Chromatogr. [Amsterdam] **32** (1968) 2, 394—402; Warschau, Inst. of Nucl. Res., Dep. of Analyt. Chem.; engl.) — An Dowex 1-X4 werden für die Komplexe der Elemente ^{134}Cs, ^{140}La, ^{142}Pr, ^{147}Pm, ^{153}Sm, ^{152,154}Eu, ^{153}Gd, ^{160}Tb, ^{165}Dy, ^{166}Ho, ^{170}Tm, ^{177}Lu, ^{46}Sc u. ^{90}Y mit trans-1.2-Diaminocyclohexan-N.N′-tetraessigsäure (DCTA) die Verteilungskoeff. bestimmt. Aus den Trennfaktoren ergeben sich Trennungsmöglichkeiten für Cs, Tm, Dy, La u. Pr sowie für Cs, Y, Sc u. Sm mit 0,0011 m DCTA- u. für Cs, Y, Eu u. Pm mit 0,0025 m DCTA-Lösung. Im Vgl. zu EDTA ist im DCTA-Syst. die Höhe eines theoret. Bodens jedoch größer u. damit die Ionenaustauschkinetik weniger günstig. K. Dorfner G 303

1587 **Spektralanalyse von Thorium hoher Reinheit.** O. F. Degtjareva und L. G. Sinicyna. (Ž. analitičeskoj Chim. 22 (1967) 10, 1500—05; russ., Auszug: engl.) — Eine Meth. zur Analyse des metall. Th u. seiner Verb. nach Umwandlung in ThO_2 auf 36 Begleitelemente (BE) mit einer Empfindlichkeit von $1 \cdot 10^{-6}$ bis $1{,}5 \cdot 10^{-3}$ % wird beschrieben. Die Durchführung erfolgt mit einem Spezialverdampfer u. Konzentrieren der BE bei 2300—2400°.

Untersucht wird die Flüchtigkeit der BE aus ThO_2 bei 1100—2600°. Die hohen Verdampfungstemp. der BE erlauben eine gleichzeitige Best. von leichtflüchtigen Elementen u. solchen mit mittlerer u. niedriger Flüchtigkeit. Die Anregung der Spektren des Kondensates wird mit Wechselstrom von 4,5 A vorgenommen, die Expositionszeit beträgt 50 s, der mittlere quadrat. Fehler 7 bis 22%. Mitgeteilt werden die Verdampfungskurven (K_V) der BE, die K_V der BE aus ThO_2 bei 2300° in Abhängigkeit von der Verdampfungsdauer, die Eichkurven für die Best. der BE in Th, die Bedingungen der Spektrenregistrierung, die analyt. Linien u. die Konz.-Grenzen für die Best. der BE in Th. E. Pfluger G 324

1588 **Zerstörungsfreie Aktivierungsanalyse von Spurenverunreinigungen in Germanium.** R. de Neve, D. de Soete und J. Hoste. (Analytica chim. Acta [Amsterdam] **40** (1968) 3, 379—86; Ghent Univ., Ghent; engl.) — GeO_2 bzw. Ge wurden 15 Std. bei einem therm. Neutronenfluß von $1 \cdot 10^{14}$ n/cm² · s bestrahlt. Nach 30 Tagen Abklingzeit können Hg, Sn, Cr, Sb, Sc, Zn u. Co ohne vorherige Abtrennung γ-spektrometr. bestimmt werden. Die quant. Auswertung des komplexen γ-Spektrums erfolgt durch Kombination der Covellschen Meth. mit Matrixberechnungen. Als Nachw.-Grenzen werden angegeben (obige Reihenfolge); 2, 200, 7, 1, 0,1, 10 u. 0,2 ppb. Karl-Heinz Walter/Jülich G 326

1589 **Titrimetrische Bestimmung von Molybdän in Ammoniummolybdat, Molybdänsäure und Molybdäntrioxid mit Natriumhydroxid.** D. Thorburn Burns, P. Deadman und J. A. Clark. (Analyst **93** (1968) 1105, 249—51; Dep. of Chem., Univ. of Technol., Loughborough, Leicestershire; engl.) — Das Verf. beruht auf der Rk. der Verb. mit NaOH u. ist hinsichtlich der Geschw. u. der Einfachheit den oxydimetr. u. gravimetr. Meth. überlegen. Für jede Einzelbest. ist die maximale Abweichung nicht größer als ±0,2%. Die Endpunktsanzeige erfolgt mit einer Einstabglaselektrode. K. Zinke G 336

1590 **Säulenchromatographische Trennung von Niob, Tantal, Molybdän und Wolfram.** James S. Fritz und Lionel H. Dahmer. (Analytic. Chem. **40** (1968) 1, 20—23; Inst. for Atomic Res., Ia. State Univ., Ames, Ia.; engl.) — Die Verteilungskoeff. für Nb(V), Ta(V), Mo(VI) u. W(VI) aus verschiedenen Gemischen von HF, HCl u. H_2SO_4 in MIBK werden untersucht. Die Ergebnisse zeigen, daß eine Trennung der Elemente nur bei mehrstufiger Verteilung durch Säulenchromatographie mit MIBK auf Teflon-6 möglich ist. Bei Verw. unterschiedlicher Eluierungsmittel werden Nb(V)/Ta(V), Mo(VI)/W(VI) u. ein Gemisch aus allen vier Elementen getrennt. Im Mittel werden 99,3% eines Elementes nach der Trennung mit einer relativen Standardabweichung von ±0,8% wiedergefunden. Bei Einsatz radioakt. Tracer kann noch 0,1 ppm eines Metalls von den anderen getrennt u. nachgewiesen werden. K. Zinke G 337

1591 **Papierelektrochromatographische Untersuchung der Bildung von Verbindungen des Urans und einiger Begleitelemente in Gegenwart von Essigsäure.** 1. Mitt. **Trennung des UO_2^{2+} von Y^{3+}, Ce^{3+}, Fe^{3+}, Co^{2+}, Ni^{2+}, Cu^{2+}, Sr^{2+} und Cs^+.** Gh. Marcu und Al. Botar. (Rev. roum. Chim. **12** (1967) 6, 645—51; Chem. Inst. der Akad., Zweigstelle Cluj; dt.) — Die Wanderungsgeschw. der untersuchten Ionen wurden in 0,5 m CH_3COOH im pH-Bereich 2,14—6,01 bestimmt. Unter diesen Bedingungen kann nur UO_2^{2+} negativ geladene Komplexe $UO_2 \cdot (CH_3COO)_3^-$ bilden, die in entgegengesetzter Richtung zu den übrigen Metallionen wandern. — Die Abtrennung des U erfolgt am besten bei pH 3,56—3,84 u. einem Potential von 900 V unter Verw. von Whatman-Papier Nr. 5. J. Pickardt G 339

1592 **Gaschromatographie von Uranhexafluorid bei niedrigen Temperaturen.** Shigeo Tsujimura, Ginji Fujisawa und Hiroshi Ito. (J. nuclear Sci. Technol. [Tokyo] **5** (1968) 3, 127—31; JAERI, Tokaimura, Ibaraki-ken; engl.) — Gaschromatograph. Unters. von UF_6 an Säulen, die mit Polytrifluormonochloräthylen als fl. Phase beladen waren. Im Temp.-Bereich —10 bis 40° untersuchen Vf. die Abhängigkeit der Retentionszeit u. des HETP-Wertes von UF_6 vom Polymerisationsgrad der fl. Phase u. der Beladung sowie von der Art des festen Trägers. Sie teilen optimale Bedingungen für eine quant. Analyse von UF_6 mit. Ferner wird der Zusammenhang zwischen Säulencharakteristik u. BET-Oberfläche des festen Trägers diskutiert. D. Ertel G 339

1593 **Chronopotentiometrische Bestimmung von U(III), U(IV), UO_2(VI) und Np(IV) im geschmolzenen LiCl/KCl-Eutektikum.** F. Caligara, L. Martinot und G. Duyckaerts. (J. electroanalyt. Chem. Interfacial Electrochem. [Lausanne] **16** (1968) 3, 335—40; Labor. of Nucl. Chem. of the Univ., Liege, Belgium; engl.) — U(IV) u. Np(IV) können im LiCl/KCl-Eutektikum mit einem Fehler von ±4% u. U(III) u. UO_2^{2+} mit einem Fehler von ±6% bestimmt werden (Konz. 0,01—0,02 m). Vf. benutzen eine Ag/Ag(I)/LiCl–KCl/Pyrex-Elektrode u. eine Pt-Indikatorelektrode. Die Transitionszeiten betragen 0,5—7 s bei 400—500°. U(IV) u. U(III) können aus der gleichen Lsg. durch Red. von U(IV) mit einem U-Draht u. Np(IV) u. Np(III) durch Verw. einer metall. Np-Elektrode bestimmt werden. Die gemessenen Kurven weichen vom idealen Verlauf durch Verunreinigungen, Zellkonst. u. ungenügende Temp.-Kontrolle ab. K. Zinke G 342

1594 **Schnelle Lösung von Plutoniumdioxid durch eine Natriumperoxid–Natriumhydroxid-Schmelze und nachfolgende Bestimmung des Plutoniumgehaltes durch Coulometrie bei kontrolliertem Potential.** G. W. C. Milner und D. Crossley. (Analyst **93** (1968) 1108, 429—32; Harwell, Atomic Energy Res. Establ., UKAEA Res. Group, Anal. Sci. Div.; engl.) — Vf. erhitzten PuO_2 mit Na_2O_2/NaOH 15 Min. lang auf 600° in einem Al-Schmelztiegel, laugten anschließend mit W. aus u. säuerten mit H_2SO_4 an. Das in der Lsg. befindliche H_2O_2 wurde durch Erwärmen zersetzt. Nach weiterer Verdünnung erfolgte in aliquoten Teilen der Lsg. mit ca. 4 mg Pu-Geh. die coulometr. Best. des Pu außerhalb der Glove-Box bei +0,30 V gegen SCE [Red. zu Pu(III)] u. +0,70 V gegen SCE [quant. Ox. zu Pu(IV)]. 50—100 mg PuO_2, die vorher auf 850—1600° erhitzt worden waren, konnten mit einem Variationskoeff. von ±0,11—0,54% bestimmt werden. Ruth Müller G 343

1595 **Amperometrische Bestimmung von Rhenium.** 3. Mitt. **Titration von Rhenium(VII) mit Eisen(II)-Salzlösungen.** Z. A. Gallaj und T. Ja. Rubinskaja. (Ž. analitičeskoj Chim. **22** (1967) 9, 1378—81; Mosk. gos. univ. im. M. V. Lomonosova; russ., Auszug: engl.) — 2. vgl. ibid. **21** (1966) 8, 961; 1. vgl. C. **1968**, 44-1821. — Eine Meth. zur amperometr. Titration von Rh(VII) in 8 m H_3PO_4/10 m H_2SO_4 mit einer $FeSO_4$-Lsg. wird vorgeschlagen. Sie ist zur Rh-Best. in Leg. u. in Ggw. einer 500fachen Fe-Menge, einer 100fachen Ni- u. Co-Menge, einer 10fachen Nb-, Zr-, Ti- u. W-Menge sowie gleicher Mo- u. V(V)-Mengen anwendbar. K. Karos G 352

1596 **Fraktionierte Sublimation einiger Metallchelate von Thenoyltrifluoraceton.** Eugene W. Berg und Kenneth P. Reed. (Analytica chim. Acta [Amsterdam] **42** (1968) 2, 207—12; La. State Univ., Baton Rouge, La.; engl.) — Vf. untersuchten die frakt. Subl. der Chelate folgender Metallionen mit Thenoyltrifluoraceton (TTA): Cd, Ni(II), Mg, UO_2^{2+}, Al, Zr(IV), Pd(II), Pb(II), Co(II), Cu(II), Fe(III), Fe(II), Mn(II), Tl(III), Cr(III), Zn u. Be. Von diesen sind nur die Chelate von Mn(II) u. Fe(II) nicht flüchtig. Die Chelate von UO_2^{2+}, Zr(IV), Pb(II) u. Cr(III) zersetzen sich während der Subl. teilweise u. sind nur unvollständig wiederzugewinnen. Die Subl.-Temp. liegen bei einem Druck von 1,0 mm Hg im allg. zwischen 170 u. 200°, die Rekrist.-Zonentemp. bei ca. 120—150°. Die Ausb. der subl. Chelate von Ni(II), Mg, Al, Pd(II), Co(II), Cu(II), Fe(III), Tl(III), Zn u. Be liegen zwischen 87 u. 100% u. sind meist quantitativ. Im allg. sublimieren die Chelate von TTA schneller als die von Benzoyltrifluoraceton, sind jedoch für eine Trennung durch frakt. Subl. weniger geeignet als die entsprechenden Acetylacetonate. Eine quant. Trennung des Fe(III) von Ni, Al, Mn u. Fe(II) durch frakt. Subl. der TTA-Chelate wird vorgeschlagen. J. Pickardt G 354

1597 **Bestimmung des sulfidischen Nickels in sulfidischen Erzen und Konzentraten.** E. T. Karapetjan. (Zav. Labor. **34** (1968) 8, 939; VNI i proektnyj inst. „Mecha-

nobr"; russ.) — Die Ox. der sulfid. Rohstoffe wird mit Br anstatt wie bisher mit H_2O_2 durchgeführt. 0,2—0,5 g Probe werden mit 100 ml W., 3 ml Br u. 10 ml CCl_4 versetzt u. 30 Min. bei Zimmertemp. gerührt u. dann filtriert; das silicat. Ni bleibt ungelöst. Der unlösl. Rückstand wird mit 2—3 g Citronensäure versetzt u. bis zur Entfernung von Br u. CCl_4 gekocht u. dann das Ni wie üblich bestimmt. Gebracht werden die abs. Best.-Ergebnisse von sulfid. Ni in 5 verschiedenen Proben von Erzen, Konzentraten u. Abfallmaterialien.
E. Pfluger G 356

1598 **Untersuchung einer Methode zur vorhergehenden Abtrennung von Nickel zu dessen spektrophotometrischer Bestimmung in hochreinem Kobalt.** Tran Van Danh, J. P. Tardif und J. P. Spitz. (Analytica chim. Acta [Amsterdam] **42** (1968) 2, 341—43; Centre d'Études nucl., Grenoble; franz.) — Aus Lsg., die wenig Ni neben viel Co enthalten, kann Co mit Methylisobutylketon in Ggw. von NH_4SCN extrahiert werden; Ni verbleibt in der wss. Phase, wobei der Trenneffekt > 98% ist. Ni kann dann als Dithiocarbamat extrahiert u. photometr. bestimmt werden. Mit Hilfe dieser Meth. können μg-Mengen Ni erfaßt werden. J. Pickardt G 356

1599 **Gravimetrische Bestimmung von Kupfer(II) mit p-Aminobenzoesäure.** L. Erdey, P. Marik-Korda und G. Liptay. (Talanta [London] **15** (1968) 1, 149—151; Techn. Univ., Budapest; engl.) — Aus heißer, acetatgepufferter Lsg. (pH 4—4,6) werden 20—100 mg Cu mit einem Überschuß p-Aminobenzoesäure als $Cu(C_7H_6O_2N)_2$ gefällt. Der Nd. wird über eine Glasfritte abfiltriert, bei 80—100° getrocknet u. kann direkt ausgewogen oder bei Temp. > 400° zu CuO verglüht u. in dieser Form ausgewogen werden. Ag, Hg(II), Pb, Al, Fe(II), Bi, Sb(III) u. Sn(II) stören die Best., Zn, Co(H), Ni u. Cd jedoch nicht. Die Standardabweichung bei 199,2 mg Nd. beträgt 0,58 mg. K. Zinke G 358

1600 **Indirekte mercurimetrische Bestimmung von Kupfer, Cadmium, Kobalt, Nickel, Zink und Mangan über die Pyridin–Thiocyanat-Komplexe.** A. L. J. Rao und B. K. Puri. (Z. analyt. Chem. **235** (1968) 2, 176—78; Dep. of Chem., Punjabi Univ., Patiala-4, India; engl.) — Wird zu einer Nitratlsg., die 5—25 mg der oben genannten Metalle enthält, ein bekannter Überschuß an SCN^--Lsg unter Zusatz von Py. gegeben, so bildet sich ein definierter, unlösl. Komplex $Me(py)_4(SCN)_2$ für Me = Co oder Ni oder $Me(py)_2(SCN)_2$ für Me = Cu, Cd, Zn oder Mn. Nach Filtration des Nd. u. Einstellen des pH mit wss. HCOOH-Lsg. auf 3,1 wird das überschüssige SCN^- mit $Hg(NO_3)_2$ gegen gesätt. alkohol. Lsg. von Diphenylcarbazon als Indikator zurücktitriert. Es stören Fe(III), Cr(III), Al, Bi(III), Sb(III), Sn(II) u. Sn(IV); Pb(II) bildet Pb(OH) · (SCN) u. kann nach der gleichen Meth. bestimmt werden.
W. Ast G 358

1601 **Bestimmung von Iridiumspuren in Rhodium durch Neutronenaktivierungsanalyse.** R. Gijbels und J. Hoste. (Analytica chim. Acta [Amsterdam] **39** (1967) 1, 89—93; Ghent, Univ., Inst. for Nuclear Sci.; engl.) — Die Proben wurden nach zweitägiger Bestrahlung mit einem Fluß von $4 \cdot 10^{11}$ n · cm^{-2} · s^{-1} u. einwöchigem Abklingen durch γ-Spektrometrie analysiert. Radiochem. Trennungen waren nicht erforderlich. Bes. Aufmerksamkeit wurde der Selbstabsorption in den Rh-Proben gewidmet. Die Empfindlichkeit betrug einige ppm Ir/mg.
H. Glaser G 364

1602 **Reaktionen des Palladiums mit Pyridylazoverbindungen.** 3. Mitt. **Extraktionsphotometrische Bestimmung von Palladium mittels 4-(2-Pyridylazo)-naphthol-(1) und dessen Brom- und Dibrom-Derivaten.** S. I. Gusev und V. A. Vin'kova. (Ž. analitičeskoj Chim. **22** (1967) 7, 1039—45; Permskij gos. med. inst.; russ., Auszug: engl.) — 2. vgl. C. **1968**, 39-2001. — Pd bildet mit 4-(2-Pyridylazo)-naphthol-(1) (**I**), 4-(5-Brom-2-pyridylazo)-naphthol-(1) (**II**) u. 4-(3.5-Dibrom-2-pyridylazo)-naphthol-(1) (**III**) in H_2SO_4-Lsg. gefärbte Verb., die sich mit $CHCl_3$ extrahieren lassen. Pd u. die Pyridylazoverb. (**A**) reagieren im Verhältnis 1 : 1. Das Max. der Extinktion liegt entsprechend bei 640, 660 u. 670 nm. Die molaren Extinktionskoeff. sind 13700, 16300 u. 14200. Die Beständigkeitskonst. der Komplexe mit **II** u. **III** betragen 0,9 · 10^{-7} u. 2,7 · 10^{-7}. Vf. bringen die Synth. von **I**, **II** u. **III**, die Strukturformeln, den pH des Rk.-Beginns der **A** mit fast allen Metallionen u. die Farbe der Komplexe, die Absorptionskurven von **I**–Pd-Komplexen nach Extraktion aus 2n H_2SO_4 mit Toluol, von **II**– u. **III**–Pd-Komplexen aus 2 n H_2SO_4 mit $CHCl_3$. Die Reagenzien eignen sich zur Pd-Best. in Ggw. der anderen Platinmetalle. E. Pfluger G 365

1603 **Neutronenaktivierungsanalyse von Gold in Osmium.** R. Gijbels und J. Hoste. (Analytica chim. Acta [Amsterdam] **39** (1967) 1, 132—35; Ghent, Univ., Inst. for Nucl. Sci.; engl.) — Au wurde in Os mit u. ohne chem. Trennung vor der Bestrahlung mit einem Fluß von $4 \cdot 10^{11}$n · cm^{-2} · s^{-1} bestimmt. Die Bestrahlungszeit betrug 3 Tage. Die Empfindlichkeit ist vom Ir-Geh. der Proben abhängig. Vf. schätzt, daß ohne chem. Trennung 1 ppm Au neben 25 ppm Ir in Os bestimmt werden können. Nach chem. Trennung kann das entsprechende Verhältnis 1 : 100 betragen. H. Glaser G 366

1604 **Spektrophotometrische Bestimmung kleiner Mengen Zinn in Blei und Antimon–Blei-Legierungen.** J. C. H. Jones. (Analyst **93** (1968) 1105, 214—18; Associated Lead Manufacturers, Res. Labor., Perivale, Greenford, Middlesex; engl.) — Vf. beschreiben eine Meth. zur Best. von 0,001—0,1% Sn in Pb u. Sb–Pb-Legierungen. Die Probe (0,25—2,5 g) wird in HNO_3/Citronensäure gelöst. Nach Zugabe von ÄDTE u. NH_4Cl wird mit NH_3-Lsg. auf pH 5,5 eingestellt u. die Probe über eine mit Silicagel gefüllte Kolonne geleitet. Sn wird adsorbiert, während Sb, Pb u. andere Metalle (Zn, Cd, Cu, Bi, As, Ni u. Fe) durchlaufen. Nach Elution mit 50%ig. HCl-Lsg. wird das Sn photometr. mit Gallein bestimmt. Der Komplex hat nach 30 Min. ein Absorptionsmax. bei 520 nm (pH 2—3). Die Standardabweichung bei 0,0051 u. 0,038% Geh. beträgt ± 0,0005 bzw. ± 0,002. K. Zinke 5156

1605 **Farbsynthese als Hilfe bei der Elektronenstrahlmikrosondenanalyse.** M. P. Jones, J. Gavrilovič und C. H. J. Beaven. (Instn. Mining Metallurgy, Trans., Sect. B **77** (1968) B 135; Sonderteil Bull. Nr. **741**; engl.) — In Erwiderung einer Diskussionsbemerkung zu einem vorhergehenden Artikel der Vf. [ibid. **77** (1968) 79] wird erwähnt, daß eine blaue Fluoreszenz, wie sie bei der Analyse auftritt, wenn sich Hämatit u. Quarz in Kontakt miteinander befinden, auch durch Zirkon verursacht werden kann. J. Pickardt 5158

1606 **Verhalten von Tonmineralen bei polarographischer Reduktion.** Wahid U. Malik und G. C. Gupta. (Talanta [London] **15** (1968) 1, 39—49; Chem. Dep., Univ. of Roorkee, Indian; engl.) — Suspensionen der Tonminerale Bentonit, Kaolin, Illit u. Chlorit wurden polarograph. untersucht. Es wurden Red.-Stufen bei —1,6 (SCE) u. Max. bei —0,3 V (außer Bentonit) gefunden. Das unterschiedliche Verh. mit u. ohne oberflächenakt. Reagenzien wird diskutiert. Die polarograph. Red. von Tonmineralen kann zu ihrer Identifizierung dienen.
H. D. Zimmermann 5158

1607 **Ionenaustausch-Auflösungsmethode in der Silicatanalyse.** Kuppusami Govindaraju. (Analytic. Chem. **40** (1968) 1, 24—26; Centre de Recherches Pétrographiques et Géochim., Nancy; engl.) — Nach dem Aufschluß der Silicate mit K_2CO_3/H_3BO_3 (1 + 1) wird die Aufschlußmasse zusammen mit einem stark sauren Kationenaustauscher (Dowex 50 W) in der H^+-Form, X8, 100 bis 200 mesh, gewaschen mit 4 m HCl-Lsg. u. W. u. bei 105° getrocknet) in wss. Lsg. einige Min. verrührt. Anschließend werden zunächst mit W. nur B u. Si u. dann mit 2 m HCl-Lsg. die übrigen Elemente eluiert. Die Analyse der einzelnen Elemente kann anschließend durch Atomabsorption, chem. u. spektrochem. Meth. oder durch Analyse des auf einem Klebestreifen befestigten Harzes im Quantometer ausgeführt werden. Analysenwerte von Standardgesteinen werden mitgeteilt.
K. Henning 5158

1608 **Röntgenuntergrundmethode zur Bestimmung des Gesamteisens in trioktaedrischen Glimmern.** William C. Hood. (Amer. Mineralogist **53** (1968) 5/6, 1054—56;

Univ. of South Fla., Tampa; engl.) — Cu-K_α-Strahlung verursacht bei Röntgendiffraktometermessungen an Fe-haltigen Substanzen eine Fluoreszenzuntergrundstrahlung, die sich bei $2\,\Theta > 20^0$ am stärksten bemerkbar macht. Ist kein anderes Element mit einem Massenabsorptionskoeff., der dem von Fe entspricht, vorhanden u. sind die Matrixeffekte konst. u. eine Reihe von analysierten Standards verfügbar, so kann die Intensität des Untergrundes zur Best. des Fe-Geh. dienen. J. Pickardt 5158

1609 **Bestimmung von Natriumoxid in Aluminiumoxid durch Röntgenfluoreszenzanalyse.** Nobuhisa Matano, Katsumi Ono und Takayuki Fujii. (Japan Analyst **17** (1968) 5, 560—65; Nat. Res. Inst. for Metals, Meguro-ku, Tokyo; jap., Auszug: engl.) — 0,11—0,98% Na_2O in Al_2O_3, Ausgangsprod. zur Al-Herst., konnten mit Hilfe dieser Meth. mit einem Fehler von 0,03% bestimmt werden. Bei Verw. der Standardausrüstung eines Röntgenfluoreszenzspektrometers wurde wegen der geringen Durchlässigkeit des Detektorfensters für die Na-K_α-Strahlung diese Linie nur sehr schwach erhalten. Durch Ersatz des Fensters durch eine Polypropylenfolie von 1 µm Dicke konnte die gemessene Intensität der Linie versiebenfacht werden. Zählmeth., -zeit usw. wurden statist. untersucht. J. Pickardt 5158

1610 **Reinigung von handelsüblichem Alizarinrot S für die Aluminiumbestimmung in Silicaten.** H. G. C. King und G. Pruden. (Analyst **93** (1968) 1110, 601—05; Rothamsted Exper. Station, Harpenden, Herts.; engl.) — Zur qual. Reinheitsprüfung von rohem Alizarinrot S (I) ist die Dünnschichtchromatographie an Cellulosepulver mit Butanol/Essigsäure/W. (6 : 1 : 2) bzw. mit wassergesätt. Butanol geeignet. Zur Reinigung wird eine Lsg. von 1 g **I** in 5 ml W. (leicht lösl. Na-Salz) auf eine Säule von 75 g Sephadex G-10 gegeben u. mit W. eluiert. Nach Durchlauf von 145 ml W. erscheinen gemeinsam die freie Alizarinsulfonsäure (**II**) u. ihr Na-Salz im Eluat. Man eluiert bis zur Farblosigkeit. Die Lsg. wird auf 50 ml eingeengt, mit NaOH bis pH 4 neutralisiert u. zur Trockne eingedampft. Proben von **I**, welche das K-Salz von **II** enthalten, lösen sich nur zu 2% in W. u. erfordern eine proportional größere Menge Sephadex. Bei Best. von Al in Silicaten mit gereinigtem **I** ist die Eichkurve bis 180 µg Al linear. G. Wünsch 5158

1611 **Schnellmethoden zur Bestimmung von Yttriumoxid in Xenotim- und Monazitkonzentraten mit Hilfe der Röntgenfluoreszenzanalyse.** Wong Yew Choong. (Instn. Mining Metallurgy, Trans., Sect. B **77** (1968) B 105 bis B 108; Sonderteil Bull. Nr. 741; Geolog. Survey, West Malaysia; engl.) — Verdünnungsmeth. unter Verw. von Fe_2O_3, $KHSO_4$ u. Boraxglas wurden untersucht u. die Ergebnisse mit den in verschiedenen Labor. erhaltenen verglichen. Obwohl Schmelzmeth. unter Verw. von $KHSO_4$ u. Boraxglas anwendbar sind, wird die Verdünnungsmeth. mit Fe_2O_3 auf Grund der Einfachheit u. Schnelligkeit empfohlen, die Genauigkeit beträgt $\pm$ 0,3%. J. Pickardt 5158

1612 **Bestimmung von Rhenium in Molybdänglanz durch Neutronenaktivierungsanalyse.** Iv. Boyadjov, R. de Neve und J. Hoste. (Analytica chim. Acta [Amsterdam] **40** (1968) 3, 373—78; Ghent Univ., Ghent; engl.) — Die Aktivierung erfolgte durch 2std. Bestrahlung bei einem Neutronenfluß von $4 \cdot 10^{11}$ n/cm^2 · s. Re wird durch Extraktion mit Py. aus 4n NaOH-Lsg. mit einer Ausb. von ca. 99,7% abgetrennt. Die akt. Re-Isotope werden nach Zerfall des ^{99m}Tc γ-spektrometr. oder neben ^{99m}Tc β-spektrometr. bestimmt. Die empfindlichere β-Spektrometrie erlaubt die Best. von Re im ppb-Bereich. Karl-Heinz Walter/Jülich 5158

1613 **Bestimmung von Molybdän, Eisen und Titan in Erzen und Gesteinen mit Hilfe eines tragbaren Radioisotopen-Röntgenfluoreszenzanalysators.** M. J. Gallagher. (Instn. Mining Metallurgy, Trans., Sect. B **77** (1968) B 129—34; Sonderteil Bull. Nr. 741; engl.) — Primärstrahlungsquellen, Filter u. Arbeitsbedingungen zur Analyse von Ti, Cr, Mn, Fe, Ni, Cu, Zn, W, Pb, Mo, Sn u. Ba werden beschrieben unter bes. Berücksichtigung der Analyse von Mo, Fe, Ti. Die Genauigkeiten betragen allg. $\pm$ 0,1—0,2%. Analysenergebnisse werden diskutiert. J. Pickardt 5158

1614 **Untersuchungen über die spektrochemische Analyse von Eisenerzen unter Anwendung von Briketts.** Christina Prăvčeva, E. Ninow und P. Ganev. (Z. analyt. Chem. **239** (1968) 5, 307—12; Forsch.-Inst. für Eisenhüttenwesen, Botunec, Kremikovzi, Bulgarien; dt.) — Unters. der spektrochem. Analyse von Eisenerzproben in Brikettform (Best. von SiO_2, Fe, MnO, CaO, Al_2O_3 u. BaO) zeigen, daß der Einfl. der mineralog. Zus. durch Vorbehandlung der Proben durch Sintern u. bes. durch Schmelzen ausgeschaltet wird. Zur Steigerung der Reproduzierbarkeit wird empfohlen, aus der Probenschmelze 2 Briketts herzustellen, die beiderseitig abgefunkt u. auf 2 Platten aufgenommen werden. Die Ergebnisse werden gemittelt. W. Wesly 5158

1615 **Untersuchungen über die lösungsspektrochemische Silicatanalyse von Eisenerzen.** Christina Prăvčeva. (Z. analyt. Chem. **239** (1968) 5, 303—07; Forsch.-Inst. für Eisenhüttenwesen, Botunec, Kremikovzi, Bulgarien; dt.) — Unters. über die lösungsspektrochem. Silicatanalyse von Fe-Erzen zeigen, daß Proben mit $\leq$ 20% SiO_2 am besten im Ni-Tiegel bei 900° mit NaOH + Na_2O_2 aufgeschlossen werden. Probenaufschluß u. Auflsg. der Schmelze erfordern genaue Einhaltung der Arbeitsbedingungen. Die Standardabweichungen betragen 0,30(%) bei 10—15(%) SiO_2, 0,50 bei 35 Fe, 0,32 bei 10 MnO, 0,20 bei 3 CaO, 0,20 bei 3 Al_2O_3, 0,08 bei 5 MgO u. 0,20 bei 5 BaO. Von der Gesamtstreuung werden 70% durch den Probenaufschluß verursacht. W. Wesly 5158

1616 **Bestimmung von Gold in Erzen und Lösungen durch Aktivierungsanalyse mit einem Neutronengenerator.** E.-A. Uken, J. I. W. Watterson, A. Knight und J. P. F. Sellschop. (Int. J. appl. Radiat. Isotopes **19** (1968) 8, 615—23; Nat. Inst. for Metallurgy, Johannesburg, South Africa; engl.) — Vf. erprobten die Neutronenaktivierung mit anschließender γ-Spektroskopie mit 14-MeV-Neutronen (a), 3-MeV-Neutronen (b) u. 0,025-eV-Neutronen (c) aus einem 250-kV-Generator an Au-Lsg. in Königswasser u. an Au-reichen Erzen von Witwatersrand. (a): Bei $1 \cdot 10^8$ n · cm^{-2} · s^{-1}, Rk. ^{197}Au(n, 2n)^{196}Au, 0,33- u. 0,36-MeV-γ-Strahlung, liegt die Erfassungsgrenze bei 40 ppm in einer 25-ml-Probe. Infolge Selbstthermalisierung tritt auch die Rk. auf: ^{197}Au(n, γ)^{198}Au, 0,41-MeV-γ-Strahlung. (b): Bei $1 \cdot 10^7$ n · cm^{-2} · s^{-1} liegt die Erfassungsgrenze bei 220 ppm in 25-ml-Probe; Rk. ^{197}Au(n, n')·^{197m}Au, 0,13- u. 0,28-MeV-γ-Strahlung mit 7,2 s Halbwertszeit. (c): Bei $5 \cdot 10^6$ n · cm^{-2} · s^{-1} liegt die Erfassungsgrenze bei 6 ppm in 25-ml-Proben; Rk. ^{197}Au(n, γ)^{198}Au. Insgesamt gesehen ermöglicht die Meth. die schnelle Analyse kleiner Proben mit hohem Au-Geh., bietet jedoch nur in Sonderfällen Vorteile gegenüber den konventionellen Methoden. K. R. Fröhner 5158

1617 **Ionenaustauschanreicherung von Spurenelementen für die spektrochemische Analyse von Gesteinen und Böden.** H. H. Le Riche. (Geochim. cosmochim. Acta [London] **32** (1968) 7, 791—94; Harpenden, Herts., Rothamsted Exp. Stat.; engl.) — Die feingemahlenen Proben werden mit HF, H_2SO_4, HCl u. HNO_3 behandelt u. die erhaltenen Chlorokomplexe zur Anreicherung von *Ag, Mo, Pb, Sn* u. *Zn* auf einem Anionenaustauscherharz gesammelt. Die Harze werden getrocknet, bei 450° verascht u. spektrograph. analysiert. Die Nachw.-Grenzen sind: Ag 0,02 (ppm), Mo 0,1, Pb u. Sn 0,5, Zn 20. Für die U. S. Geol. Surv. Standards G-2, AGV-1, BCR-1, DTS-1, GSP-1, PCG-1, G. 1 u. W. 1 werden die Geh. an Ag, Mo, Pb, Sn u. Zn mitgeteilt. E. Schulte 5160△

1618 **Bestimmung von Gasen in Sedimenten.** William S. Reeburgh. (Environment Sci. Technol. **2** (1968) 2, 140—41; Baltimore, Md., Johns Hopkins Univ., Chesapeake Bay Inst.; engl.) — Zur Best. von Gasen, z. B. Ar, N_2, CH_4, in interstitiellem W. von Sedimenten werden Probenahme, Vorbehandlung u. gaschromatograph. Analyse (Trennsäule mit Mol-Sieb 5 Å) beschrieben u. Analysenergebnisse von verschiedenen Tiefen der Chesapeake Bay mitgeteilt. W. Luchsinger 5162

G–3. Analyse organischer Verbindungen

1619 **Versuche zur Automatisierung der gravimetrischen C—H-Bestimmung.** 3. Mitt. H. Trutnovsky. (Z. analyt. Chem. **232** (1967) 2, 116–17; Medizin.-chem. Inst. u. Pregl-Labor., Graz; dt.) — 2. vgl. C. **1969,** 20-1592. — Vf. beschreibt die Weiterentw. des Geräts, das in den Mitt. 1 u. 2 geschildert worden war. Die Kühlfallen sind nicht mehr nötig; die Absorption von N-Oxiden erfolgt an MnO_2. F. Glombitza 5176

1620 **Arbeitsbedingungen für einen automatischen, registrierenden Sauerstoffanalysator unter Verwendung einer optischen Integrationsmethode.** Keiichiro Hozumi und Hideo Tamura. (Japan Analyst **17** (1968) 5, 622–28; Fac. of Pharmaceut. Sci., Kyoto Univ., Sakyo-ku, Kyoto-shi; jap., Auszug: engl.) — Verbesserte Arbeitsbedingungen für einen automat. Analysator für organ. O, bei dem das Unterzaucher-Prinzip mit einer neuen opt. Integrationsmeth. für dampfförmiges J in einer langen, auf 120° geheizten Gasküvette kombiniert wird, werden beschrieben. J. Pickardt 5176

1621 **Methode zur quantitativen Dünnschichtchromatographie unter Anwendung der Kolbenverbrennungsmethode.** Yukio Imai, Kaoru Yamauchi, Shigeru Terabe, Ryusei Konaka und Jitsuo Sugita. (J. Chromatogr. [Amsterdam] **36** (1968) 4, 545–48; Shionogi Co. Ltd., Fukushima-ku, Osaka; engl.) — Vf. beschreiben eine Meth. zur Best. halogenhaltiger organ. Substanzen auf Dünnschichtchromatogrammen mit Hilfe einer Kolbenverbrennungsmeth., der die durch Abschaben der Chromatogrammflecke gewonnenen Substanzen unterworfen werden. Die Verbrennungsprod. werden im Kolben in W./30%ig. H_2O_2 (10 : 1) absorbiert, u. die Lsg. wird mit 0,005n $Hg(ClO_4)_2$-Lsg. gegen Diphenylcarbazon/Harnstoff (1 : 25) titriert. Der Fehler der Meth. ist < 3%. J. Pickardt 5176

1622 **Bestimmung olefinischer Doppelbindungen durch Bromierung.** James S. Fritz und Garth E. Wood. (Analytic. Chem. **40** (1968) 1, 134–39; Ia. State Univ., Ames, Ia.; engl.) — Vf. beschreiben eine Meth. zur titrimetr. Best. olefin. Doppelbindungen. Zu einem Gemisch von 85 ml Eisessig u. 10 ml W. werden 5 ml einer Lsg. von 0,3–1,0 mMol der ungesätt. Verb. in CCl_4 gegeben, u. die Extinktion wird bei 400 nm auf 0 eingestellt. Dann wird langsam mit 0,12m Br_2-Lsg. in Eisessig titriert, wobei die Bürette in die Lsg. eintaucht. Wenn eine Extinktion zwischen 0,1 u. 0,3 erreicht ist, wird das Vol. abgelesen u. jeweils nach Zugabe von weiteren 0,2-ml-Mengen Br_2-Lsg. die Extinktion festgestellt. Der Schnittpunkt der so erhaltenen Geraden mit der 0-Linie stellt den Endpunkt der Titration dar. Ohne Zugabe von Hg(II) als Katalysator können olefin. Doppelbindungen neben stark elektronenabgebenden Substituenten in Allylstellung zur Doppelbindung oder neben einer zur Doppelbindung konjugiert stehenden Carbonylgruppe titriert werden. Für geringe Olefinmengen wurde eine indirekte spektrophotometr. Meth. entwickelt, bei der die Extinktionsabnahme nach Zugabe überschüssiger Br_2-Lsg. verfolgt wird. U. Feist 5178

1623 **Analyse elementorganischer Verbindungen.** 2. Mitt. **Bestimmung von Alkoxygruppen.** A. P. Terent'ev, E. A. Bondarevskaja und T. V. Kirillova. (Ž. analitičeskoj Chim. **22** (1967) 8, 1242–44; Mosk. gos. univ. im. M. V. Lomonosova; russ., Auszug: engl.) — 1. vgl. C. **1968,** 38-2098. — Vf. beschreiben ein Verf. zur Best. von Äthoxy-, Propoxy- u. Butoxygruppen durch photometr. Best. der entsprechenden Alkohole in HNO_3-Lsg. mit Ce–NH_4-Nitrat. Die Hydrolyse der elementorgan. Verb. wird durch 20 Min. langes Erhitzen mit verd. HCl (1 : 1) erreicht. Der Fehler der Best. ist $\pm 0{,}2-0{,}3$%. Testbest. wurden an monomeren elementorgan. Verb. u. Polyorganosiloxanen durchgeführt. D. Radeck 5178

1624 **Oxydative Bestimmung olefinischer Verbindungen mit MBTH.** E. Sawicki, C. R. Engel und M. Guyer. (Analytica chim. Acta [Amsterdam] **39** (1967) 4, 505–11; Public Health Serv., Cincinnati, O.; engl.) — Die Ox. olefin. Verb. (**A**) mit katalyt. Mengen $KMnO_4$ (**I**) u. größeren Mengen $NaJO_4$, das **I** kontinuierlich regeneriert, ergibt bei anschließender Rk. mit 3-Methyl-2-benzothiazolinhydrazon (MBTH) durch Bldg. von gefärbtem Formazan eine empfindliche spektrometr. Meth. zur Best. von **A**, wie an zahlreichen in Essigsäure oder W. lösl. Verb. (Olefinen, ungesätt. Säuren, Alkoholen, Aminen) gezeigt wird. Der Chemismus der Meth. wird diskutiert. Alkene mit einer Doppelbindung im Innern des Mol. reagieren schlechter als 1-Alkene. Die Verw. von Essigsäure drückt den molaren Extinktionskoeff. um das Vielfache. **A** mit endständiger C=C-Bindung u. polarer Gruppe werden nach dieser Meth., die auch für die Analyse niedrigsd. Alkene u. chromatograph. oder durch Elektrophorese isolierte **A** geeignet ist, richtig bestimmt. Schlechte Ergebnisse werden bei allen gesätt. KW-Stoffen, Alkoholen, Säuren (ausgenommen Malonsäure) u. Ketonen erhalten. W. Morneweg G 570

1625 **Verwendung der Dehydrierung in der Reaktionsgaschromatographie.** Vera Pacáková und Eva Smolková. (J. Gas Chromatogr. **6** (1968) 8, 426–30; Prague, ČSSR, Charles Univ.; engl.) — Vf. kombinieren einen Dehydrierungsreaktor (Pt bzw. Ni als Katalysator) mit einer nachgeschalteten Säule zur Identifizierung prim., sek. u. tert. Alkohole. Die Alkohole können auf Grund der auftretenden Dehydrierungsprod. oder des Verhältnisses der Retentionszeiten des Alkohols zu der des Dehydrierungsprod. nachgewiesen werden. Der Verlauf der Dehydrierung verschiedener Alkohole u. Amine wird diskutiert. C.-E. Döring G 600

1626 **Identifizierung von Thiolen durch mercuriertes Fluorescein.** Mieczysław Wroński. (Talanta [London] **15** (1968) 2, 241–47; Dep. of Chem. Technol., Univ., Łódź; engl.) — Vf. gibt eine Meth. zur Identifizierung von Thiolen durch Messung der Fluoreszenzintensität (**A**) ihrer Komplexe mit Tetraacetoxymercurifluorescein (TMF) an. Sie beruht auf der Best. der Fluoreszenz als Funktion des pH-Wertes u. der Anregungswellenlänge u. der Best. der Extinktion bei 465 u. 510 nm als Funktion des pH-Wertes. Die Fluoreszenz der Komplexe wird zwischen 460 u. 500 nm von der Anregungswellenlänge nicht beeinflußt. Die Ggw. einer Thiolgruppe im Mol. ergibt einen starken Anstieg der Fluoreszenzintensität bei steigendem pH u. bei einer Anregungswellenlänge >500 nm. Die Meth. wurde auf *Methylmercaptan, β-Mercaptoäthanol, Cysteamin, Thioglykol-, β-Mercaptopropion-, Thioäpfelsäure, Thioglucose, Thioglykol-, β-Mercaptopropion-, Penicillamin, Cystein, N-Acetyl-, Homo-, N-Benzoylcystein, Cysteinvalin* u. *Glutathion* angewandt. U. Feist G 640

1627 **Emissionsspektralanalytische Bestimmung von Chrom in organischen Säuren.** A. L. Schalge, B. D. McCarty und R. E. Lewis. (Analytica chim. Acta [Amsterdam] **40** (1968) 3, 393–99; Marathon Oil Co., Littleton, Colo.; engl.) — Die beschriebene Meth. erlaubt die direkte Best. von 10–10000 ppm Cr. Die Analysensubstanz wird 1 : 9 mit einer Mischung aus Li_2CO_3/1%ig. Co-Standard (Co-Cyclohexanbutyrat in Graphit)/Graphitpulver (1 : 2 : 15) vermischt. 7 mg dieser Mischung werden in eine Graphitelektrode eingebracht u. in einem 10-A-Gleichstrombogen angeregt. Zur Auswertung dienen die Cr-Linien bei **2843,25** u. **4254,35** Å sowie die Co-Linien bei 2521,4, 3952,9 u. 3935,97 Å. Die relative Standardabweichung bei einem Cr-Geh. von **14,7** ppm beträgt $\pm 11{,}8$%. H. Bensch G 800

1628 **Quantitative gaschromatographische Bestimmung von freier Adipinsäure.** David E. Gross und H. Burnham Tinker. (Analytic. Chem. **40** (1968) 1, 239–40; St. Louis, Mo., Monsanto Co.; engl.) — Freie Adipinsäure (**I**) wird an einer 2 ft. × $^1/_8$ in.-Säule aus rostfreiem Stahl mit 7% FFAP (Carbowax 20-M mit endständiger Terephthalsäure) auf Porapak Q gaschromatograph. untersucht. Die Säulentemp. (200°) wird nach 2 Min. auf 250° (8°/min) programmiert. Die Temp. von Einlaßteil u. Detektor betragen 275 bzw. 300°. Zur Unters. werden Lsg. von **I** in DMF verwendet, denen Dimethyladipat als innerer Standard zugesetzt ist. C.-E. Döring G 820

1629 **Verwendung von 2.4.6-Trinitrobenzolsulfonsäure zum Aminosäurennachweis in automatischen Amino-**

säurenanalysatoren. J. Harmeyer, H.-P. Sallmann und L. Ayoub. (J. Chromatogr. [Amsterdam] **32** (1968) 2, 258–68; Physiolog. Inst. der Tierärztl. Hochsch. Hannover; dt.) — Vf. beschreiben eine Meth., die statt der Ninhydrinmeth. ohne Modifikation des Analysenschemas in handelsüblichen automat. Aminosäurenanalysatoren anwendbar ist, wenn die Möglichkeit zur Messung der Extinktion bei 350 nm besteht. Der Nachw. mit 2.4.6-Trinitrobenzolsulfonsäure (I) erwies sich als halb so empfindlich wie mit Ninhydrin. Zur Best. optimaler Rk.-Bedingungen wurde der Einfl. verschiedener Puffer, des pH-Wertes organ. Lsgm., der I- u. der Aminosäurenkonz. untersucht. I. Klee G 950

1630 **Aktivierungsanalytische Bestimmung der Verunreinigungen des Silicochloroforms.** H. Rausch, G. I. Csada und E. Szabó. (Chem. Zvesti **21** (1967) 8, 592 bis 601; Budapest, Forschungsinst. für Fernmeldewes.; dt.) — Die Spurenverunreinigungen Cu, Sb, Cr, Au, As, Hg u. P in Silicochloroform wurden mit Triphenylchlormethan zu Komplexen gebunden, zur Trockne eingedampft u. in fester Form bestrahlt ($1{,}5 \cdot 10^{13}\,n \cdot cm^{-2} \cdot s^{-1}$). Da Cl den Nachw. von P stört, wurden Parallelproben unter Anwendung von Cd-Filtern aktiviert. H. Glaser G 980

1631 **Trennung einiger Phenole und Phenolcarbonsäuren durch Dünnschichtchromatographie an Cellulose.** Jürgen Dittmann. (J. Chromatogr. [Amsterdam] **32** (1968) 4, 764–68; Neurochirurg. Klinik, Univ. des Saarlandes, Homburg/Saar; dt.) — Vf. beschreibt die Trennung von 42 Phenolen, Phenolcarbonsäuren u. Indolderiv. durch Dünnschichtchromatographie an Cellulose. Die Entw. erfolgt mit Essigsäureäthylester/n-Propanol (I)/25%ig. NH_3-Lsg. (30 : 50 : 20), Amylalkohol/HCOOH/W. (40 zu 40 : 2), I/W. (65 : 35) oder n-Heptan/CCl_4/CH_3OH (70 zu 40 : 30), der Nachw. mit diazotiertem p-Nitroanilin, diazotierter Sulfanilsäure oder Ninhydrinreagenz. I. Klee G 1060

1632 **Chromatographische Identifizierung von Verunreinigungen im Cumolphenol.** Ladislav Hála. (Chem. Průmysl **18** (**43**) (1968) 7/8, 412–17; Celozávodné Labor. petrochém., Slov naft, n. p., Bratislava; slowak.) — Verunreinigungen, die beim Herst.-Prozeß von Cumolphenol auftreten können, werden gaschromatograph. bestimmt, zur Trennung der Komponenten mehrere stationäre Phasen herangezogen (Tridox [einheim. Präp.], Polyäthylenglykol 20 M, Neopentylglykoladipat) u. miteinander verglichen. Die Durchführung der Vers. wird eingehend beschrieben, die Ergebnisse in Tabellen u. Diagrammen zusammengestellt, diskutiert u. eine genaue Analysenvorschrift zur Best. der Verunreinigungen gegeben. Die Verw. von Tridox ergibt eine bessere Wärmestabilität als die anderen überprüften stationären Phasen. O. Rösner G 1060

1633 **Mikroanalyse von Nitroverbindungen.** 2. Mitt. **Photometrische Bestimmung von Nitrophenolen.** Melvin Schrier, Andrew Fono und T. S. Ma. (Mikrochim. Acta [Wien] **1967,** 2, 218–22; O. B. May, Inc., Newark, N.J.; engl.) — 1. vgl. C. **1967,** 45-1901. — Die Best. von Nitrophenol (I) beruht auf der gelben Farbrk. von I mit Imino-bis-[propylamin] (II) in C_6H_5Cl-Lösung. Neben II wurde auch Tetraäthylenpentamin für die Farbrk. verwendet, jedoch sind hier die Fehler größer. Untersucht wurden o-, m-, p-I, 2-Nitro-4-chlorphenol, Nitrokresol, 3.5-Dinitro-o-kresol sowie Nitrosalicylaldehyd u. -säure mit den Aminen. Bei den meisten Verb. ist die Extinktion der Konz. zwischen 1 u. 20 µg/ml linear. Carbonyl- u. Carboxylgruppen stören die Best. nicht. Isomere Verb. können an Hand der Absorptionsspektren unterschieden werden. F. Glombitza G 1060

1634 **Untersuchung von analytischen Methoden durch reflektiertes Licht.** 2. Mitt. **Bestimmung von Terephthalaldehydsäure in Terephthalsäure mit dem Tollens-Reagenz.** Nakaaki Oda, Shigeo Ono und Hideki Matsumori. (Japan Analyst **16** (1967) 4, 341–44; Toyama, Takaoka-shi, Nippon Soda Co. Ltd., Phys. and Chem. Res. Labor.; jap., Auszug: engl.) — 1. vgl. C. **1968,** 29-2028. — 100 mg der Terephthalaldehydsäure (I) enthaltenden Terephthalsäure werden in einem kleinen Glastiegel in 3 ml Tollens-Reagenz gelöst. 12–13 Min. nach Reagenzzusatz wird der Tiegel auf ein Stück Filtrierpapier gestellt u. die Reflexion der Probe (in %) bei 440 nm gegen die Reflexion von W. gemessen. Die Konz. an I (C) wird nach der Gleichung $C = \alpha\,(100\text{-}R/R\text{-}10)$ ber. (α = Konst., R = % Reflexion). Die Ergebnisse, die mit diesem Verf. erhalten wurden, stimmen mit polarograph. Werten gut überein. Die untere Best.-Grenze von I beträgt ca. 0,005%. I. Degen G 1260

1635 **Bestimmung isomerer Diaminotoluole durch direkte Verteilungsgaschromatographie.** Charles E. Boufford. (J. Gas Chromatogr. **6** (1968) 8, 438–40; Wyandotte, Mich., Wyandotte Chem.; engl.) — Vf. analysieren Lsg. von 2.3-, 3.4-, 2.5-, 2.6- u. 2.4-Diaminotoluol (Elution in dieser Reihenfolge) an Säulen aus rostfreiem Stahl (80 cm × 5 mm) mit 5% Benton **34** + 15% Hyprose SP 80 (Oktakis-[2-hydroxypropyl]-sucrose) auf KOH-behandeltem Chromosorb W bei 170° (0,0031 g KOH/g Träger). C.-E. Döring G 1310

1636 **Elektrophoretische Abtrennung und Nachweis des Diphenyljodoniumions in Gegenwart von Thallium(I), Tetraphenylarsonium- und Tetraphenylphosphoniumionen.** D. Thorburn Burns, A. G. Fogg und C. T. Higgens. (J. Chromatogr. [Amsterdam] **32** (1968) 4, 793–94; Dep. of Chem., Loughborough Univ. of Technol., Leicestershire; engl.) — Vf. beschreiben eine papierelektrophoret. Abtrennung der Tl^+-, Tetraphenylarsonium- u. -phosphoniumionen vom Diphenyljodoniumion als Voraussetzung zu dessen Bestimmung. Die Trennung erfolgt an Whatman-Nr. 1-Papier bei 300 V unter Verw. einer 1,5%ig. wss. Citronensäurelösung. P. Roth G 1380

1637 **Untersuchung stationärer Phasen bei der Gaschromatographie mehrkerniger aromatischer Kohlenwasserstoffe.** Katsuya Sato, Masami Matsui und Nobuo Ikekawa. (Japan Analyst **17** (1968) 5, 639–43; Shimadzu Seisakusho Ltd., Tokyo Res. Labor., Shibasaki-machi, Chofu-shi, Tokyo; jap., Auszug: engl.) — Die Retentionszeiten von 14 verschiedenen mehrkernigen Aromaten u. Methylcholanthren wurden bei Verw. von SE-30, SE-52, JXR, XE-60, Cyclohexandimethanolsuccinat u. Neopentylglykolsuccinat als stationäre Phasen bestimmt, die Ergebnisse sind tabelliert. Die Analysenbedingungen für schwer zu trennende Verb. wurden ermittelt. So konnten Phenanthren u. Anthracen an einer 2%-SE-30-Säule bei 90° befriedigend getrennt werden. Die Möglichkeit zur Verw. anorgan. Materialien als stationäre Phasen werden diskutiert. Ein Gemisch aus $LiNO_3$ u. SE-30 lieferte sehr zufriedenstellende Ergebnisse. J. Pickardt G 2600

1638 **Aussalzchromatographie von Naphthylamindisulfonsäureisomeren.** Wataru Funasaka, Tsugio Kojima und Kazumi Fujimara. (Japan Analyst **17** (1968) 1, 48–53; Kyoto-shi, Sakyo-ku, Kyoto Univ., Fac. of Engng., Dep. of Ind. Chem.; jap., Auszug: engl.) — Für die Trennung wurden Kationenaustauscherharze als stationäre u. konz. saure $CaCl_2$-Lsg. als mobile Phase benutzt. Bei schwach sauren Harzen steigt der Verteilungskoeff. der Säuren mit steigender $CaCl_2$-Konz. u. zeigt ein Max. bei einem pH von 2,5–3,5. Stark saure Harze zeigen ein analoges Verh., weisen jedoch größere Trennfaktoren auf. Eine vollständige Trennung kann mit Gemischen von Amino-R- u. Amino-G-, Amino-R- u. Amino-C- oder Amino-R- u. Amino-J-Säuren durch Elution bei 40° mit 3 m $CaCl_2$-Lsg. mit einem pH von 2,9 aus einer 17 × 450-mm-Säule mit Amberlite-CG-120-Füllung erzielt werden. Der quant. Austausch wurde photometr. kontrolliert. I. Degen G 2700

1639 **Farbreaktionen der Pyridine mit Pentacyanoamminferrat.** T. A. Larue. (Analytica chim. Acta [Amsterdam] **40** (1968) 3, 437–42; Nat. Res. Council of Canada, Saskatoon, Saskatchewan; engl.) — $Na_3 \cdot [Fe(CN)_5NH_3]$ (I) gibt gelbe bis orangefarbene Prod. mit Pyridinen (A) u. kann als Tüpfelreagenz u. Sprühmittel für die Papierchromatographie verwendet werden. Zur photometr. Best. der A werden zu 2 ml Lsg. mit $\leqq 100$ µg A 1,5 ml Citrat–Phosphat-Puffer (pH 6,5) u. 0,5 ml einer unmittelbar vorher hergestellten Lsg. von

0,2%ig. I-Lsg. in 0,02n NH_3-Lsg. gegeben. Die Absorptionskurven werden nach 20 Min. zwischen 360 u. 750 nm aufgenommen. Das Beersche Gesetz wird am Absorptionsmax. für 10—100 µg erfüllt. Untersucht wurden *Py.*, *2-*, *3-* u. *4-Cyan-*, *2-*, *3-* u. *4-Amino-*, *3-* u. *4-Methyl-*, *4-Äthyl-*, *3-Hydroxypyridin*, *Pyridin-3-natriumsulfonat*, *L-Anabasin*, *3-* u. *4-Pyridylmethylketon*, *Nicotin* (II), II-*Säure*, II-*Säureamid*, II-*Säureäthylester*, *Isonicotinsäure* (III), III-*Hydrazid*, *-Amid*, *-Äthyl-*, *-Hexylester* u. *Brenztraubensäureisonicotinylhydrazon*.
U. Feist G 3231

1640 **Dünnschichtchromatographische Analyse von Chinolinchlorderivaten neben Anilinchlorderivaten.** Alfred Lachowicz, Tadeusz Mazoński und Jadwiga Smulska. (Zeszyty naukowe Politechn. Śląskiej, Chem. **1967**, 35, 23—29; pol.) — Die Vers. haben gezeigt, daß es bei der dünnschichtchromatograph. Analyse von Chinolin (I)- u. Anilin (II)-Deriv. möglich ist, die Cl-Deriv. des I zu identifizieren. Dazu verwendet man Silicagel als Träger, Bzl./Methanol (95 : 5) als Lsgm. u. Dragendorffs Reagenz u. p-N.N-Dimethylbenzaldehyd als Entwickler. Die Identifizierung der II-Deriv. ist wegen der kleinen R_F-Unterschiede mancher Deriv. erschwert. M. Sidillo G 3231

1641 **Identifizierung der Abbauprodukte einiger Barbiturate durch Dünnschichtchromatographie.** Władysław Kahl, Mirosław Melzacka und Jacek Bojarski. (Chem. analit. [Warszawa] **12** (1967) 6, 1171—75; Kraków, Acad. of Med., Dep. of Org. Chem.; engl.) — Nach 48std. Erhitzen einer wss. Lsg. ergaben sich folgende Abbauprod.: Aus 5.5-Diäthylbarbitursäure entstanden Harnstoff (I), Diäthylacetylharnstoff, Diäthylmalonursäure u. Diäthylessigsäure, aus 5-Äthyl-5-phenylbarbitursäure I, Phenyläthylacetylharnstoff, Phenyläthylessigsäure, aus 1.5-Dimethyl-5-cyclohexylbarbitursäure Methylharnstoff, Cyclohexenylmethylacetyl-N-methylharnstoff, Cyclohexenylmethyl-N-methylmalonursäure u. *Cyclohexenylmethylessigsäure*. Laufmittel u. Identifizierungsreagenzien sind angegeben.
H. Rüssel G 3272

1642 **Spektrophotometrische Bestimmung von Phenothiazin mit Eisen(III)-chlorid.** Hisashi Koike, Kaoru Ohashi und Akira Miyakata. (Japan Analyst **17** (1968) 1, 88—90; Nagoya-shi, Mizuho-ku, Nagoya City Univ., Fac. of Pharmaceut. Sci.; jap., Auszug: engl.) — Phenothiazin wird nach Ox. mit $FeCl_3$ zu Phenothiazinon-(3) durch Messung der Extinktion bei 531 nm bestimmt. Das Lambert-Beersche Gesetz gilt im Konz.-Bereich von 2—20 µg/ml. Der Fehler der Best. ist 2%. Das Verf. kann auch zur Best. von Phenothiazinderiv. benutzt werden. Die Extinktionsmaxima der Rk.-Prod. einiger Phenothiazinderiv. werden mitgeteilt.
I. Degen 3292

1643 **Auflösung racemischer Kohlenhydratdiastereomerer durch Gaschromatographie.** Glenn E. Pollock und D. A. Jermany. (J. Gas Chromatogr. **6** (1968) 8, 412 bis 415; Moffett Field, Calif., NASA, Ames Res. Center; engl.) — Diskussion des Retentionsverh. von 33 Deriv. verschiedener Kohlenhydrate an einer Carbowax 20 M-Kapillare (150 ft. × 0,02 in.). C.-E. Döring G 3400

1644 **Analytik von Östrogenen, Hormonen und Testosteron.** (Abh. dtsch. Akad. Wiss. Berlin, Kl. Med. **1968**, 3, 3—178.) — Faktoren, die die von Zeit zu Zeit auftretende Änderung in der Östriolausschüttung bei Schwangeren bedingen (A. Klopper; 3—6; engl); Bedeutung des Tagesrhythmus der Ausscheidung von Pregnandiol und Östrogenen für die Standardisierung der Urinsammlung (J. Malek und J. Stastny; 7—11; dt.); Östrogenkonjugate und Sephadex–Gel-Filtration (J. S. Elce, E. R. Smith und A. E. Kellie; 13—16; engl.); Steroidkonjugate in menschlichem Plasma (G. W. Oertel; 17—24; engl.); Trennung und Isolierung konjugierter Östrogene (K. F. Støa; 25—29; engl.); Unterschiedliche Salzsäurehydrolysebedingungen für die Extraktion östrogener Steroide aus Körperflüssigkeiten landwirtschaftlicher Nutztiere (P. Rommel; 31—36; dt.); Gaschromatographie von Östrogenen (H. Adlercreutz und T. Luukkainen; 37—44; engl.); Identifizierung der in biologischen Medien landwirtschaftlicher Nutztiere nachweisbaren Östrogene durch Mikrosublimation und Mikroschmelzpunktbestimmung (P. Rommel; 45—50; dt.); Analytik der neueren Östrogene (H. Breuer; 51—67; dt.); Untersuchungen über das chromogene Verhalten phenolischer Steroide in der Kober-Reaktion unter dem Einfluß verschiedener Reaktionsbedingungen (W. Nocke; 69—75; dt.); Dünnschichtchromatographie von Östrogenen (B. Lisboa; 77—88; dt.); Anwendung der Dünnschichtchromatographie ohne Bindungsmittel für die Trennung der Östrogene (L. Starka; 89—93; dt.); Quantitative Bestimmung, Isolierung und Identifizierung von 16-Epiöstriol aus Nichtschwangerenurin (W. Nocke; 95—100; dt.); Spektrofluorimetrische Östrogenbestimmung (K. F. Støa; 101—09; engl.); Fluorimetrische Bestimmung von Östrogenen nach Ittrich (R. Scholler; 111—28; engl.); Spezifität fluorimetrischer Östrogenbestimmung nach der Ittrichschen Extraktionsmethode (F. Stahl und G. Dörner; 129—33; dt.); Analytische und klinische Bedeutung der direkten Fluorimetrie von Harnöstrogenen nach Ittrich (I. Stastny; 135—57; dt.); Isolierung von Testosteron und weiteren α.β-ungesättigten Ketosteroiden aus Harn (K. Wehrberger; 161—63; dt.); Bestimmung von Testosteron und Δ^4-Androsteron-3.17-dion im Harn (G. Frankenberg; 165—67; dt.); Analytik von Testosteron durch Aromatisierung mittels Placentaextrakt (G. Ittrich und U. Herrmann; 169 bis 174; dt.); Bestimmung von Testosteron in Plasma; Anwendung der Methode in einigen klinischen Problemen (J. H. Casey und A. E. Kellie; 175—78; dt.).
K. Worm G 3700

1645 **Verbesserte Lösungssysteme für die Dünnschichtchromatographie von Östrogenen.** Joseph C. Touchstone, Taras Murawec und Ofelia Brual. (J. Chromatogr. [Amsterdam] **37** (1968) 2, 359—60; Philadelphia, Pa., Univ. of Pa., Dep. of Obstetr. and Gynecol., Steroid Labor.; engl.) — Bei der Auftrennung der Östrogene aus Frauenharn durch Gas- u. Dünnschichtchromatographie enthielten sowohl die Östron- als auch die Östradiol-17β-Zonen unbekannte Verb., die bei der Verw. von Isopropyläther im Laufmittel aufgetrennt werden konnten. Dabei gelang der Nachw. einer Substanz „X" mit einer Lsg. von 20% Aceton in Isopropyläther. I. Schlegelmilch G 3700

1646 **Dünnschichtchromatographische Bestimmung von Steroiden.** David Kritchevsky und Shirley A. Tepper. (J. Chromatogr. [Amsterdam] **37** (1968) 2, 361—62; Philadelphia, Pa., Wistar Inst. of Anat. and Biol.; engl.) — Steroide werden auf Kieselgel G mit Isooctan/Isopropyläther/CH_3COOH (2 : 1 : 1) chromatographiert u. mit einer Lsg. von Anisaldehyd in Eisessig sichtbar gemacht. Aus den sich beim Erhitzen entwickelnden Farben u. den R_F-Werten kann auf die Ggw. bestimmter Steroide geschlossen werden, da die Farben für einzelne Gruppen innerhalb der Mol. spezif. sind.
I. Schlegelmilch G 3700

1647 **Chromatographische Bestimmung der Anzahl der Sauerstoffsubstituenten in Steroiden.** D. J. H. Trafford und R. W. H. Edwards. (Analyst **93** (1968) 1108, 453—55; London, Univ., Inst. of Child Health; engl.) — Aufbauend auf einer Arbeit von Edwards [I. Smith (Editor), Chromatographic and Electrophoretic Techniques, Vol. I., London 1968] werden bei der Papierchromatographie von Steroiden (I) die Mengen einzelner Komponenten der Laufmittel verändert. Über die Abweichungen der R_M-Werte von einem definierten R_{MO}-Wert läßt sich auf die Anzahl der Hydroxyl- u. Ketogruppen schließen. Die Meth. wurde angewendet auf die Identifizierung von I im Harn neugeborener Kinder.
I. Schlegelmilch G 3700

1648 **Mikrobestimmung von Ketosteroiden als 2.4-Dinitrophenylhydrazone.** Peter P. Mazzella und T. S. Ma. (Mikrochim. Acta [Wien] **1968**, 2, 253—56; Dep. of Chem., City Univ. of New York, Brooklyn, N.Y.; engl.) — Die mikrogravimetr. Best. einfacher CO-Verb. als 2.4-Dinitrophenylhydrazon nach Ma et al. (vgl. ibid. **1957**, 1, 67) wird auf Ketosteroide angewendet. Die erhaltenen Ergebnisse (mg-Bereich) liegen um 0,1—0,4% unterhalb der Theorie. K. Henning G 3700

1649 **Gaschromatographische Untersuchung von 17-Ketosteroiden. 1. Mitt. Analyse von 11-Desoxy-17-ketosteroiden.** Yoshiro Masada, Keizi Hashimoto, Takehisa Inoue, Hideo Yoshida, Iwao Fukui, Kiyotaka Masaki und Satoru Yoshikawa. (Japan Analyst **17** (1968) 6, 741–46; Kyoto Coll. of Pharm., Yamashina, Higashiyama-ku, Kyoto-shi; jap., Auszug: engl.) — Bei der gaschromatograph. Analyse der Trimethylsilylderiv. von 17-Ketosteroiden treten Verluste durch Ätherbldg. u. Unbeständigkeit der Deriv. auf. Vf. beschreiben eine Meth. zur direkten Gaschromatographie der Steroide an einer Glassäule von 0,4 × 262,5 cm bei 180° unter Verw. von XF-1150 als Füllmaterial u. H_2-Flammenionisationsdetektor. Die Ergebnisse sind mit denen der Trimethylsilylderiv.-Meth. vergleichbar. J. Pickardt G 3700

1650 **Gaschromatographische Untersuchung von 17-Ketosteroiden. 2. Mitt. Analyse von 11-Hydroxy-17-ketosteroiden.** Yoshiro Masada, Keizi Hashimoto, Takehisa Inoue, Hideo Yoshida, Iwao Fukui, Kiyotaka Masaki und Satoru Yoshikawa. (Japan Analyst **17** (1968) 6, 747–52; Kyoto Coll. of Pharm., Yamashina, Higashiyama-ku, Kyoto-shi; jap., Auszug: engl.) — 1. vgl. vorst. Referat. — Vf. schlagen eine Meth. zur direkten Gaschromatographie der Verb. ohne vorhergehende Überführung in die Trimethylsilylderiv. vor, die vergleichbare Ergebnisse liefert. Als optimale Analysenbedingungen wurden ermittelt: 3% OV-17 in einer Glassäule 0,4 × 150 cm bei 230° u. Verw. eines H_2-Flammenionisationsdetektors. J. Pickardt G 3700

1651 **Differenzspektrofluorometrische Bestimmung von Adrenalin und Noradrenalin.** R. F. C. Vochten, J. Hoste, A. L. Delaunois und A. F. de Schaepdryver. (Analytica chim. Acta [Amsterdam] **40** (**1968**) **3**, **443**–49; Ghent, Belgien, Univ., Labor. of Analyt. Chem.; engl.) — Vf. beschreiben eine einfache u. empfindliche Differenzmeth. zur Best. von 0,01–1 µg/ml Adrenalin (I) u. Noradrenalin (**II**). Man ox. **I** u. **II** mit $K_3[Fe(CN)_6]$ bei pH 6, stabilisiert die Ox.-Prod. von **I** + **II** u. **II** allein mit bas. Ascorbatlsg. bzw. mit Cystein/Thioglykolsäure u. mißt die Fluoreszenz bei 409 u. 520 nm gegen eine Blindlsg. ohne Hexacyanoferrat. Der Geh. der Probe an **I** u. **II** läßt sich nach einer angegebenen Formel berechnen. A.-M. Fretzdorff G 3750

1652 **Bestimmung von Vitamin B_1 (Thiamin) mit Lithiumpikrolonat.** P. Vassiléva-Alexandrova und A. Alexandrov. (Mikrochim. Acta [Wien] **1968**, **2**, 277–81; Plovdiv, Bulgarien, Inst. technol. sup. des Ind.; franz.) — Vitamin B_1 wird mit einem definierten Überschuß von gesätt. Li-Pikrolonatlsg. als Thiaminpikrolonat gefällt. Nach Filtrieren wird überschüssiges Fällungsmittel mit $5 \cdot 10^{-4}$m Methylenblaulsg. zurücktitriert. Der mittlere Fehler der Meth. beträgt für 0,2–1 mg Vitamin B_1 3,25%, andere Vitamine stören nicht; Schwermetalle, Erdalkalien u. Amine müssen entfernt werden. A.-M. Fretzdorff G 3850

1653 **Radiometrische Bestimmung von Cholinesteraseinhibitoren im Nanogrammbereich.** H. Marchart. (Mikrochim. Acta [Wien] **1968**, **3**, 669–73; Ghana Acad. of Sci., New Tafo, Ghana; engl.) — Angegeben ist eine Best.-Meth. für *3-Hydroxy-N.N-dimethyl-cis-crotonamid-dimethylphosphat* (*Bidrin*) (**I**) u. für *2-Isopropoxyphenyl-N-methylcarbamat* (*Arprocarb*) (**II**), die auf der radiometr. Meth. zur Best. von Cholinesterase im Blut von Winteringham u. Disney (C. **1966**, 8-1195) beruht. Die Standardabweichung beträgt 10 bzw. 14% für den Bereich von 0,05–0,6 ng **I** u. von 5–160 ng **II**. K. Henning G 3850

1654 **Absorption von Nucleinsäuren an Aktivkohle.** Herbert S. Rosenkranz und Samuel Rosenkranz. (J. Chromatogr. [Amsterdam] **30** (1967) 2, 549–55; Dep. of Microbiol., Coll. of Physic. and Surg., Columbia Univ., New York, N.Y.; engl.) — Obwohl Aktivkohle eine hohe Affinität zu denaturierten u. abgebauten DNS besitzt, kann sie nicht zur Trennung derartiger Mol. von hochmol. doppelstrangiger (natürlicher) DNS verwendet werden. H.-D. Schenke G 4090

G–4. Analyse biologischer Materialien, forensische Analyse

1655 **Zusammensetzung der Schwefelverbindungen in Rapssamen. 1. Mitt. Über ihren Ursprung und ihre Bestimmung.** J. Gasset. (Rev. franç. Corps gras **14** (1967) 10, 593–600; Paris, École. Sup. d'Applic. des Corps Gras; franz.) — Zusammenfassende Betrachtung über verschiedene S-haltige Glykoside in Rapssamen, ihre enzymat. Hydrolyse u. deren Folgerk. sowie Möglichkeiten zur Identifizierung u. Bestimmung. — 35 Literaturangaben. H. Rüssel 5206

1656 **Vergleich säulenchromatographischer Methoden zur quantitativen Bestimmung von Mono- und Digalaktodiglyceriden in frischem Alfalfa (Medicago sativa).** J. Van Der Veen, K. Hirota und H. S. Olcott. (Lipids [Chicago] **2** (1967) 5, 406–10; Dep. of Nutrit. Sci., Univ. of Calif., Berkeley, Calif.; engl.) — Chromatographie an Kieselsäure mit $CHCl_3/CH_3OH$ (9:1) als Eluierungsmittel, stufenweise Chromatographie an Florisil, DEAE-Cellulose u. Kieselsäure sowie Chromatographie an Kohlenstoff/Celite werden verglichen. Die letzte Meth. ergab den höchsten Monogalaktodiglyceridgeh., die erste lieferte reine Fraktionen (Nachw. durch Dünnschichtchromatographie, IR-Absorption u. chem. Analyse). Von den 1,2% Gesamtlipid des Extrakts waren ca. 12% Mono-, 8% Digalaktodiglycerid; 90% der Fettsäuren waren Linolensäure. J. Pickardt 5206

1657 **Bestimmung des Gesamtchlorophyllgehalts von Laubblättern mit Hilfe des Spektralkolorimeters SPEKOL.** Heinrich Borriss und Karl-Hermann Köhler. (Jenaer Rdsch. **13** (1968) 4, 232–36; Botan. Inst., Ernst-Moritz-Arndt-Univ., Greifswald; dt.) — Die Genauigkeit der Gesamtchlorophyllbest. mit Hilfe des mit Photozelle u. Verstärker ausgerüsteten Spektralkolorimeters SPEKOL wird nicht durch die Leistungsfähigkeit des Instruments begrenzt, sondern hängt in erster Linie von der Richtigkeit des spektralphotometr. ermittelten Chlorophyllwertes ab, der als Bezugsgröße zur Berechnung von K_{sp} dient. H.-D. Schenke 5206

1658 **Ammoniakbestimmung in biologischen Flüssigkeiten unter klinischen Bedingungen.** A. F. Žloba, V. F. Rabotnova und M. S. Kirillova. (Labor. Delo **1968**, 10, 621–22; Obninskaja gorodskaja bol'nica, Kalužskaja oblast'; russ.) — Das Verf. nach Seligson zur Best. von freiem NH_3 in Blut u. anderen Fl. wurde verbessert. Der diagnost. Wert, vor allem bei Leberkrankheiten, wird betont. M. Wiedemann 5208

1659 **Mikromethode zur schnellen Umesterung von Lipoiden auf Dünnschichtplatten mit Natriummethylat für die gaschromatographische Analyse der Fettsäuremethylester.** Kurt Oette und Manfred Doss. (J. Chromatogr. [Amsterdam] **32** (1968) 3, 439–50; Köln, Medizin. Univ.-Klinik; dt.) — Vf. beschreiben ein Mikroverf. zur raschen quant. Umesterung von Glyceriden, Glycerinphosphatiden u. Estercerebrosiden bei Zimmertemp. u. von Cholesterinestern u. Wachsen durch Erhitzen mit 2,0n Na-Methylatlösung. Die Umesterung dieser Lipoide wird nicht nur im $CHCl_3$-Extrakt durchgeführt, sondern auch auf Kieselgel-H-Platten entweder sofort nach dem Auftragen an der Startlinie oder nach Entw. des Chromatogramms durch Besprühen der Platte mit Na-Methylatlösung. Auch eine serienmäßige Umesterung kann auf Dünnschichtplatten durchgeführt werden. Die erhaltenen Methylester werden dann gaschromatograph. getrennt u. bestimmt. An Estercerebrosiden u. Glykolipoiden zeigen Vf., daß Na-Methylat nur die Ester-, nicht aber die Säureamidbindung spaltet. Fettsäuremethylester u. langkettige Alkohole aus Wachsen trennt man nach der Umesterung mit Hilfe der Dünnschichtchromatographie, da diese Verb. bei der Gaschromatographie ähnliche Retentionszeiten zeigen. A.-M. Fretzdorff 5208

1660 **Dünnschichtchromatographische Trennung von phosphorylierten und von UDP-Derivaten von Hexosaminen und Acetylhexosaminen.** Giovanni Marzullo und James W. Lash. (Analyt. Biochem. [New York] **18** (1967) 3, 579–82; Philadelphia, Pa., Univ. of Pa.,

School of Med., Dep. of Anat.; engl.) — An keilförmig abgeschrägten Kieselgelschichten können mit n-Propanol/konz. NH_3-Lsg. (D. 0,897) (52 : 48) als Lsgm. Gemische aus *Glucos-*, *Galaktos-*, *Mannosamin*, *N-Acetylglucos-* u. *-galaktosamin*, *Glucosamin-6-*, *N-Acetylglucosamin-6-* u. *-1-phosphat*, *UDP-N-Acetylgalaktosamin* u. *UDP-Glucuronsäure* getrennt werden. Die Meth. eignet sich gleichzeitig zur Auftrennung von AMP, CMP, GMP u. UMP. Sie wurde für die Analyse der Zwischenprod. bei der Biosynth. von Chondroitin entwickelt.
A.-M. Fretzdorff 5208

1661 **Bestimmung des Zellpackungsvolumens mittels Messung der elektrischen Leitfähigkeit im Vollblut. Kritik einer Methode.** A. Avenarius und K. G. v. Boroviczény. (G-I-T Fachz. Lab. **11** (1967) 11, 1083—85; Univ. Freiburg/Br.; dt.) — Vf. vergleichen die Meth. mit der herkömmlichen Hämatokritmethode. Die elektr. Meth. ist schnell u. einfach, weist aber gegenüber der letzteren Fehler bis zu $\pm 50\%$ auf, so daß sie für klin. u. Praxis-Labor. ungeeignet erscheint.
J. Pickardt 5212

1662 **Spektrochemische Bestimmung von Nanogramm-Mengen Kobalt im Blut mit der Kupfer-Funkenmethode.** A. M. Kabiel, Z. G. Hanna und Y. S. Youssif. (Appl. Spectroscopy **22** (1968) 3, 183—87; Med. Res. Inst., Phys. Dep., Alexandria, Egypt; engl.) — Die Blutprobe wird 24 Std. bei 500° trocken verascht in 7 ml 9 m HCl gelöst, Fe^{3+} durch Extraktion mit Ae. entfernt u. auf 1 ml eingeengt. Zur Abtrennung störender Elemente wird die Lsg. mit 20 ml 9 n HCl unter Druck über einen Anionenaustauscher Dowex-1 (200—400 mesh) gegeben u. das Co mit 30 ml 4n HCl eluiert. Nach Einengen des Eluats auf 0,5 ml wird 1 ml einer Ni-Lsg. (40 ng/ml) zugegeben u. $^1/_4$ dieser Lsg. auf 2 Cu-Elektroden (Ø 7 mm) gebracht. Die Anregung erfolgt in einer Funkenentladung (12 kV eff., 0,02 mH, 24 nF), zur Auswertung dienen die Linien Co 2541 sowie 2663 u. Ni 2607 Å. Die Eichung erfolgt mit Standardproben gleicher Zusammensetzung. 10^{-9} g Cu können noch bestimmt werden. H. Bensch 5212

1663 **Bestimmung von Cholesterin in auf Papier getrocknetem Serum.** F. F. Boečko. (Labor. Delo **1968**, 10, 624; Kaf. chim. Umanskogo pedagogičeskogo inst.; russ.) — Die trockenen Flecken werden mit einer Mischung von $CHCl_3$, Essigsäureanhydrid u. H_2SO_4 angefärbt. Die grüne Färbung wird photoelektrokolorimetr. bestimmt. Die Resultate der Cholesterinbest. stimmen gut mit den anderer Meth. überein.
M. Wiedemann 5214

1664 **Bestimmung von Bilirubin in kleinen Volumina Serum.** A. A. Kornakova. (Labor. Delo **1968**, 10, 624 bis 625; Gor'kovskij gos. NII gigieny truda i profzabol evanij; russ.) — Zur Best. von Bilirubin in kleinen Vol. (ca. 0,02 ml) wurde die Farbrk. mit Sulfanilsäure unter Zugabe von p-Nitranilin durchgeführt. Eine Eichskala wurde aufgestellt. Best. beim Menschen ergaben gute Übereinstimmung mit anderen Methoden.
M. Wiedemann 5214

1665 **Gaschromatographische Messung von Plasma-Östrogenen mit Hilfe eines Elektroneneinfangdetektors.** Herbert H. Wotiz, Genevieve Charransol und Irmeli N. Smith. (Steroids **10** (1967) 2, 127—54; Dep. of Biochem., Boston Univ. School of Med., Boston Univ., Med. Center, Boston, Mass.; engl.) — Freie oder Gesamt-Östron, -Östradiol- u. -Östriol-Konz. in Plasma werden als Heptafluorbutyrate der Hormone mit Hilfe eines Elektroneneinfangdetektors bestimmt. Die mittleren Werte für die Gesamtkonz. bei schwangeren Frauen betragen 0,241, 0,166 bzw. 0,229 µg/100 ml.
H.-D. Schenke 5214

1666 **Schnellmethode zur Bestimmung von Testosteron in männlichem Plasma.** R. Horton, T. Kato und R. Sherina. (Steroids **10** (1967) 3, 245—56; Dep. of Med., UCLA School of Med., Los Angeles, Calif.; engl.) — Das Verf. zur Best. von Testosteron (**I**) in männlichem Plasma beruht auf dem Ersatz von markiertem **I** an einem spezif. bindenden Protein durch das **I** der Probe. Die Trennung des gebundenen u. des freien **I** erfolgt durch Adsorption an dextranbeschichteter Aktivkohle. Unters. in Ggw. physiolog. Mengen C_{21}-, C_{19}- u. C_{18}-Steroide zeigen, daß die Bindung von **I** sehr spezif. ist. Die Best. läßt sich in 3—4 Std. durchführen. H.-D. Schenke 5214

1667 **Bestimmung von Testosteron, Androstendion und Dehydroepiandrosteron in Human-Plasma mit Hilfe von Brom-82.** J. Saroff, R. E. Keenan, A. A. Sandberg und W. R. Slaunwhite jun. (Steroids **10** (1967) 1, 15—30; Med. Foundat. of Buffalo and Roswell Park Memorial Inst.; engl.) — Eine doppelte Isotopenmeth. zur gleichzeitigen Best. von Testosteron, Androstendion u. Dehydroepiandrosteron in 5—10 ml Human-Plasma besteht in der chromatograph. Trennung der 3 Androgene, ihrer Aromatisierung zu Östradiol mit einer mikrosomalen Plazentafraktion u. einer anschließenden Halogenierung des Östradiols mit ^{82}Br zu seinem 2.4-Dibromderivat. Die acetylierten Prod. werden chromatograph. gereinigt. Die ^{14}C-markierten Androgene werden benutzt zur Korrektur bei der Rückgewinnung u. ^{82}Br zur Best. der Massen. Der Rückgewinnungsgrad beträgt durchschnittlich 11%. H.-D. Schenke 5214

1668 **Verteilungsgaschromatographie der Trimethylsilylderivate von Jodaminosäuren und jodhaltigen Röntgenkontrastmitteln.** Egbert T. Backer und Vincent J. Pileggi. (J. Chromatogr. [Amsterdam] **36** (1968) 3, 351—53; Bio-Science Labor., Van Nuys, Calif.; engl.) — Im Hinblick auf die Best. von Jodaminosäuren im Serum untersuchten Vf. das gaschromatograph. Verh. der Trimethylsilylderiv. von *3-Jodtyrosin* (**I**), *3.5-Dijodtyrosin* (**II**), *3.3'.5'-Trijodthyronin* u. *Thyroxin*. Ferner wurden die Röntgenkontrastmittel Telepaque, Hypaque, Bilopaque, Urokon, Conray, Miokon, Orabilix u. Teridax, die die chem. Best. der Aminosäuren stören, mit in die Unters. einbezogen. An einer mit 3% VO-1 auf Gaschrom Q beladenen Säule konnten bei einer Temp.-Programmierung von 210—220° u. einer Temp.-Zunahme von 2°/5 Min. sowohl **I** als auch **II** von den Kontrastmitteln getrennt werden. P. Ziska 5214

1669 **Dynamische Änderungen verschiedener Serumglycoproteingehalte nach Knochenbrüchen.** Mala Herzberg, Z. Oberman, S. L. Weissman und H. Z. Herold. (Clin. Chem. [New York] **13** (1967) 12, 1065—70; Tel-Aviv, Univ. Med. School, Dep. of Clin. Biochem.; engl.) — Nach einfachen Knochenbrüchen kommt es beim Menschen innerhalb weniger Tage im Serum zu einer Abnahme des Albumingeh. u. zu einer Zunahme folgender Serumbestandteile: α_1-, α_2- u. β-Globulin, hexosebindendes Protein, Seromucoid, Haptoglobulin, Coeruloplasmin u. Fibrinogen. Die erhöhten Geh. normalisieren sich meist innerhalb von 30 Tagen, sie werden als Rk. auf die Beschädigung des Knochengewebes aufgefaßt.
H. Rüssel 5214

1670 **Papierchromatographische Auftrennung von Kininen nach Papierelektrophorese.** Elvira Gapanhuk und Olga B. Henriques. (J. Chromatogr. [Amsterdam] **32** (1968) 4, 782—84; Inst. Gamaleya, Moscow; engl.) — Die Anwendung der Papierchromatographie mit Butanol/CH_3COOH/W. (63 : 10 : 27) als Laufmittel nach Elektrophorese in 3 m CH_3COOH-Lsg. mit einem Potentialgradienten von 25 V/cm gestattet die Trennung von *Methionyl-Lysyl-Bradykinin*, *Bradykinin* u. *Kallidin*, wenn diese Verb. vorher an Sephadex-Säulen von Proteinen u. anderen inakt. Substanzen befreit werden. Das Verf. ist zur Analyse der bei enzymat. Rk. im Plasma auftretenden Kinine geeignet. P. Roth 5214

1671 **Neue Methode zur Ascorbinsäurebestimmung mit Diazoniumsalzen im Blutplasma.** G. Michaëlsson und M. Michaëlsson. (Scand. J. clin. Lab. Invest. **20** (1967 2, 97—103; Uppsala, Univ. Hosp., Dep. of Dermatol. and Pediatr.; engl.) — Es wird die Rk. zwischen dem Zinkchlorid-Doppelsalz des diazotierten 4-Nitroanilin-2.5-dimethoxyanilins u. der Ascorbinsäure benutzt. 7-(2.3-Dihydroxypropyl)-theophyllin dient als Stabilisator für die blaue Farbe, die bei 600 nm photometriert wird. Die Meth. ist empfindlich u. genau. H. Rüssel 5214

1672 **Verteilungsgaschromatographie der Trimethylsilylderivate einiger biologisch interessanter Amine.** W. J. A. Van den Heuvel. (J. Chromatogr. [Amsterdam] **36** (1968) 3, 354—58; Merck Inst. for Therapeut. Res., Rahway, N.J.; engl.) — Die Möglichkeiten der gaschromatograph. Best. von Aminen im Harn von normalen u. an der Parkinsonschen Krankheit leidenden Patienten wurden untersucht. Zu diesem Zweck wurden die bes. interessierenden *3.4-Dimethoxyphenyläthylamin* (I) u. *Tryptamin* (II) mit *Bis-[trimethylsilyl]-acetamid* (III) oder mit III u. *Trimethylchlorsilan* in Py. umgesetzt. Die Retentionszeiten der Deriv. wurden bestimmt. P. Ziska 5224

1673 **Quantitative chromatographische Untersuchungen der Aminosäureausscheidung im Harn.** Richard P. Geer, Richard K. Hatman und Cyrus V. Swett. (Clin. Chem. [New York] **14** (1968) 1, 12—21; First United States Army Med. Labor., Fort George G. Meade, Md.; engl.) — Bei 26 Patienten im Alter von 1 Monat bis zu 37 Jahren wurden im 24 Std.-Harn das α-Amino-N u. folgende Aminosäuren (AS) mit Hilfe eines Technicon-Analyzers quant. bestimmt: *O-Phosphoäthanolamin, Taurin, Asparaginsäure, Threonin, Serin, Glutaminsäure, Glycin, Alanin, Valin, Cystin, Leucin, Tyrosin, Phenylalanin, β-Aminoisobuttersäure, Äthanolamin, Ornithin, Lysin* u. *Histidin.* Die Patienten wurden in 4 Altersgruppen eingeteilt u. die AS-Werte der einzelnen Gruppen mit Hilfe des t-Testes verglichen. Es konnten keine signifikanten Unterschiede festgestellt werden. Die Werte für die einzelnen AS wurden durch den Index μMol AS/Tag dividiert durch mg α-Amino-N/Tag wiedergegeben. Dieser Index scheint vom Alter der Patienten unabhängig zu sein u. liefert bessere Angaben als die bis jetzt in der Literatur empfohlenen Methoden. Die AS-Werte bei zwei abnormalen Patienten mit Cystinurie bzw. renaler Glykosurie wurden eingehend besprochen. P. Ziska 5224

1674 **Spektrofluorimetrische Bestimmung von 5-OH-Tryptamin.** H. Sentenac-Roumanou, J.-Y. Le Gall, G. Marble und J.-C. Marc. (Ann. Biol. clin. **25** (1967) 7/9, 825—34; Fontenay-aux-Roses, Comm. à l'Énergie Atom., Dép. de la Protect. Sanitaire; franz.) — Vf. unterziehen die Meth. von Oates (1961) zur Isolierung u. fluorimetr. Best. von Serotonin im Harn einer krit. Untersuchung. Durch Chromatographie des zu untersuchenden Harns an Amberlite IRC 50 läßt sich Serotonin von anderen 5-OH-Indolderiv., wie 5-Hydroxyindolylessigsäure u. 5-Hydroxytryptophan, gut trennen u. im Eluat fluorimetr. bei 340 nm bestimmen (Fluoreszenzanregungsmax. 295 nm). A.-M. Fretzdorff 5224

1675 **Fluorimetrische Bestimmung von Testosteron, Epitestosteron und Androst-4-en-3.17-dion nach dünnschichtchromatographischer Isolierung aus dem Harn.** W. Hubl und K. Schollberg. (Acta endocrinol. [Copenhagen] **58** (1968) 3, 353—63; Bezirkskrankenhaus Dresden-Friedrichstadt, Frauenklinik der Med. Akad., Dresden; dt.) — Die Vf. berichten über eine einfache Meth. zur Best. von Testosteron (I), Epitestosteron (II) und Androstendion (III). Die Arbeitsgänge: 1. Enzymatische Hydrolyse der Glucuronosidkonjugate. 2. Extraktion mit Äther. 3. Girard-T-Trennung zur Isolierung des keton. Anteils u. zur Abtrennung störender Harnchromogene. 4. Dünnschichtchromatographie auf gereinigtem Polyamid zur Abtrennung der I + II sowie der III-Fraktion von den übrigen C_{19}-Steroiden. 5. Dünnschichtchromatographische Trennung von I u. II auf Al_2O_3. 6. Reinheitsprüfung durch dünnschichtchromatographische Trennung auf Kieselgel. 7. Fluorimetr. Bestimmung. Die mittleren Wiederfindungsquoten der Testsubstanzen lagen für 200 μg Einwaagen bei: I 87 ± 5%, II 90 ± 2%, III 92 ± 3%. Der mittlere Variationskoeff. betrug 9,5%. Die Nachw.-Grenze lag bei 0,002 μg. Die Spezifität war nach Kontrolle auf Kieselgel absolut. Die Vf. stellen bes. die Vorteile der Polyamid-Dünnschichtchromatographie heraus. H. Wolf 5224

1676 **Verteilungsgaschromatographie von 17-Ketosteroid- und Progesteron-Stoffwechselprodukte im Harn: Vergleich verschiedener Hydrolysemethoden.** H.-Ch. Curtius und M. Müller. (J. Chromatogr. [Amsterdam] **30** (1967) 2, 410—27; Pediatric Dep., Univ., Zürich; engl.) — Vf. beschreiben eine GLC-Meth. zur Routinebest. von 17-Ketosteroid- u. Progesteron-Stoffwechselprod. im menschlichen Harn u. benutzen sie zur Beurteilung von 10 verschiedenen Hydrolyse- u. Solvolyseverfahren. Bestes Verf. ist die Hydrolyse mit β-Glucuronidase mit anschließender Ae.-Extraktion der wss. Phase bei pH 0,8. Auch die Hydrolyse mit Helicase verläuft zufriedenstellend. H.-D. Schenke 5224

1677 **Messung von 3β-Hydroxy-Δ^5-Steroiden in Human-Fötusblut, amniotischer Flüssigkeit, Kinder- und Erwachsenenharn.** Cedric H. L. Shackleton und Frederick L. Mitchell. (Steroids **10** (1967) 3, 359—85; Univ. Dep. of Clin. Chem., Roy. Infirmary, Edinburgh; engl.) — Vf. beschreiben eine einfache Trennung u. Messung der folgenden Δ^5-Steroide aus Human-Fötusblut, amniot. Fl., Kinder- u. Erwachsenenharn: 3β-Hydroxypregnen-(5)-on-(20), 3β-Hydroxyandrosten-(5)-on-(17), 3β.21-Dihydroxypregnen-(5)-on-(20), 3β.17α(u. 17β)-Dihydroxyandrosten-(5), 3β.17β-Dihydroxyandrosten-(5)-on-(16), 3β.16α-Dihydroxyandrosten-(5)-on-(17), 3β.16α-Dihydroxypregnen-(5)-on-(20) u. 3β.16α.17β-Trihydroxyandrosten-(5) u. 2 nichtidentifizierte Verbindungen. Nach der Enzymhydrolyse u. -solvolyse werden die Steroide extrahiert, dünnschichtchromatograph. an Silicagel getrennt u. durch direkte photoelektr. Messung der mit $SbCl_3$ entwickelten Farbbänder bestimmt. Die Identität der Verb. wird gaschromatograph., massenspektrometr. u. dünnschichtchromatograph. kontrolliert. H.-D. Schenke 5224

1678 **Modifiziertes Verfahren zur Bestimmung von Östrogenen in Harn.** Patricia H. Jones und R. E. Erb. (J. Dairy Sci. **50** (1967) 5, 772—74; Dep. of Animal Sci., Purdue Univ., Lafayette, Ind.; engl.) — Vf. beschreiben die Verw. der GLC als Mittel, um die Abtrennung u. Best. der Östrogene im Rinderharn nach der Meth. von Mellin (ibid. 48 [1965] 895) in einem Schritt zusammenzufassen. H.-D. Schenke 5224

1679 **Ausscheidung von Xanthurensäure im Harn.** E. W. Kwarts, A. Looyé, J. G. Bouman und A. Groen. (Pharmac. Weekbl. **103** (1968) 6, 141—53; Groningen, Univ. Hosp.; engl.) — Zur Xanthurensäure-Best. wird der Harn auf pH 1 gebracht u. mit NaCl gesättigt. Man extrahiert mit Isobutanol, verdampft das Lsgm., löst den Rückstand u. trägt ihn auf Elektrophoresepapier auf. Es wird mit 200 V/cm elektrophoretisiert (Py./Essigsäurepuffer vom pH 3,6). Dann markiert man die I-Flecken im UV-Licht u. sprüht mit diazotierter Sulfanilsäure. Das resultierende Kupplungsprod. wird mit Py./Aceton extrahiert u. bei 512 nm photometriert. H. Rüssel 5224

1680 **Verteilung der Koproporphyrinisomeren im Harn beim Dubin-Johnson-Syndrom.** Pentti Koskelo, Ilkka Toivonen und Herman Adlercreutz. (Clin. Chem. [New York] **13** (1967) 11, 1006—09; Helsinki, Univ., Dep. of Med.; engl.) — Beim Dubin-Johnson-Syndrom wird nur 10—20% des Gesamtkoproporphyrins als III-Isomeres im Harn ausgeschieden gegenüber 50—80% bei Gesunden u. Patienten mit anderen Lebererkrankungen. H. Rüssel 5224

1681 **Bestimmung von Calcium in Knochengewebe.** A. F. Grišilo, M. V. Šubinec. (Labor. Delo **1968**, 10, 621; Kaf. chim. Iwanofpankovskogo med. inst.; russ.) — Nach der Entfernung der Schwermetalle durch Extraktion mit Diäthyldithiocarbamat in $CHCl_3$ u. des PO_4^{3-} durch Fällung mit Na-Molybdat wird Ca mit Trilon B gegen Murexid titriert. M. Wiedemann 5230

1682 **Bestimmung von Progesteron in biologischen Geweben und Körperflüssigkeiten schwangerer Frauen durch doppelte Isotopenanalyse.** Walter G. Wiest. (Steroids **10** (1967) 3, 279—90; Dep. of Obstetrics and Gynecol. and Biol. Chem., Washington Univ. School of Med., St. Louis, Mo.; engl.) — Angabe des Progesteron-Geh. einer Reihe von Geweben u. Fl. schwangerer Frauen. H.-D. Schenke 5230

1683 **Dünnschichtchromatographie von Vitamin-A-Stoffwechselprodukten in menschlichem Serum und Lebergeweben.** J. Kahan. (J. Chromatogr. [Amsterdam] **30** (1967) 2, 506—13; Central Clin. Labor., Södersjukhuset, Stockholm; engl.) — Vf. trennt dünnschichtchromatograph. Vitamin-A-Deriv. aus wss. A./Cyclohexan-Extrakten von menschlichem Serum (I) u. Lebergewebe (II). In I-Extrakten wird nur eine sich langsam bewegende Fraktion gefunden, die den Vitamin-A_1-Alkohol u. die Karotinoide mit völliger trans-Konfig. enthält. In I-Extrakten nach einer Vitamin A/Palmitat-Einnahme werden ca. 75% des Vitamins in einer sich schnell bewegenden Fraktion als Ester nachgewiesen, der kein Palmitat ist. In II-Extrakten werden mehrere Flecken gefunden, die alle Vitamin-A-Deriv. darstellen. 3 davon können als Vitamin-A_1-Alkohol, -Acetat u. -Palmitat mit völliger trans-Konfig. identifiziert werden. H.-D. Schenke 5230

1684 **Verbesserte Extraktion chlorierter Kohlenwasserstoffpestizide aus tierischen Geweben.** C. F. Li, R. L. Bradley jun. und T. Richardson. (Bull. environment. Contaminat. Toxicol. **3** (1968) 5, 317–21; Univ. of Wis., Madison, Wis.; engl.) — Durch Zugabe von oberflächenakt. Material zu fettreichem Gewebe kann die Extraktionsausb. wesentlich verbessert werden. Vf. führten die Vers. an Omentalfett von Milchkühen mit den Pestiziden *Dieldrin, Lindan, Heptachlorepoxid* u. *DDT* durch. Die Gewebe wurden mit Na_2SO_4 u. Span 60, Span 80, Sojabohnenrohlecithin oder Triton X-100 vermischt u. mit PAe. extrahiert. Span 80 ergab eine beträchtliche Erhöhung der Extraktionsausb., Rohlecithin ist weniger geeignet, die beiden anderen Verb. sind ohne Effekt. E. Haase-Sajak 5230

1685 **Mikrobestimmung von Carbonat im Zahnschmelz.** J. A. Weatherell und C. Robinson. (Analyst **93** (1968) 1105, 244–48; Biol. Res. Unit, Dental School and Hosp., Univ. of Leeds; engl.) — Carbonatmengen von 0,5 bis 3 μg werden mit einer relativen Standardabweichung von 4–7% in 50-μg-Teilchen menschlichen Zahnschmelzes bestimmt. Der Zahnschmelz wird in die 100 μm weite Vertiefung zwischen zwei planparallelen Glasplatten eines Neubauer-Hämocytometers gebracht u. das CO_2 mit $HClO_4$/A. in Freiheit gesetzt. Das Gas bildet ein einzelnes Bläschen, dessen Fläche gemessen u. daraus das Vol. ber. wird. In Verb. mit einer neuartigen Probenahme ist es möglich den CO_3^{2-}-Geh. in Tiefen von 10–100 μm im Zahnschmelz zu bestimmen. K. Zinke 5232

1686 **Bremsstrahlungsmessung von im Skelett abgelagertem Strontium-90 bei Menschen.** R. A. Dudley und A. Ben Haim. (Health Physics **14** (1968) 5, 449–59; Internat. Atomic En. Agency, Vienna; engl.) — Durch Bremsstrahlungsmessungen mit Ganzkörperzählern kann bei Menschen im Skelett abgelagertes ^{90}Sr u. damit im Gleichgew. stehendes ^{90}Y nach einem Verf. gemessen werden, bei dem die Bremsstrahlungsausb. bei Anwendung von ^{90}Sr-Quellen in geeigneten Absorbern innerhalb von ca. 10% verdoppelt wird. Die Effektivität der Bremsstrahlungs (im Körper entstanden)-Messung (Impulse/Photon) kann wahrscheinlich innerhalb 5% durch Messung der in-vivo-Tracerdosen der γ-Strahler ^{47}Ca u. ^{85}Sr kalibriert werden. Unter bes. Meßbedingungen zeigt der ^{90}Sr-Vers. im nCi-Maßstab bei Gesunden eine Standardabweichung von ca. ±15nCi. U. Drehmann 5232

1687 **Gaschromatographische Trennung von aliphatischen, sauerstoffhaltigen Substanzen in Wasser.** 4. Mitt. **Neue Trennsäule zur direkten, quantitativen Bestimmung. von Äthanol in wäßriger Lösung für forensische Zwecke.** U. P. Schlunegger. (J. Chromatogr. [Amsterdam] **26** (1967) 1, 1–7; Gerichtl.-Med. Inst., Univ., Bern; dt.) — 3. vgl. C. **1968**, 24-2062. — Ein Verf. zur direkten quant. Best. von A. im ‰-Bereich in wss. Lsg. wird beschrieben. Die Trennsäule [Chromosorb A mit Nonylphenol-/Isooctylresorcinglycerinäther (78 : 22)] trennt andere Alkohole, Ketone u. Ester vollständig ab. Der Standardfehler der Doppelbest. beträgt 0,8%. W. Dedek 5234

1688 **Trennung und Identifizierung von Alkaloiden durch Papierelektrophorese und ihre Anwendung in forensischen Fällen.** Swarup Narain Tewari. (Mikrochim. Acta [Wien] **1968**, 2, 390–94; Agra, India, Toxikol. Sect., Chem. Examiners Labor.; engl.) — Es wurden 24 toxikolog. wichtige Alkaloide (A) papierelektrophoret. in zwei verschiedenen Pufferlsg. (pH 8,4 u. pH 3,4) getrennt. Die angewandten Pufferlsg. ergaben gute Distanzen in den Wanderungsstrecken zwischen den einzelnen A. Die A wurden durch Fluoreszenz im UV Licht u. durch Farbrk. mit Dragendorff sowie $[PtJ_6]^{2-}$-Sprühreagenz bestimmt. Der A-Geh. konnte densitometr. mit hinreichender Genauigkeit erfaßt werden. G. Düring 5234

G–5. Analyse technischer Produkte

1689 **Chemische Verunreinigung von Grundwasser und deren eventuelle Gefahren.** Paolo Armandola. (Bull. Lab. chim. provinc. **18** (1967) 6, 877–84; Labor. Chim. Provinc., Novara; ital.) — Betrachtungen über die Beurteilung von W.-Verunreinigungen unter bes. Berücksichtigung von Cr-haltigen Abwässern galvan. Betriebe. W. Holland 5242

1690 **Ionisationsmethode zur Kontrolle der Zusammensetzung von Wasser.** M. T. Dmitriev und N. A. Kitrosskij. (Vodosnabž. san. Techn. **1967**, 7, 24–28; russ.) — Durch Gaschromatographie direkt injizierter Proben fließender Wässer u. Ionisierung in einer H_2-Flamme nach dem Austritt aus der Säule werden lösl. organ. Verb. ab 0,2 γ/l mit 5% Genauigkeit erfaßt. Schwerlösl. emulgierte Verunreinigungen werden als äther. Extrakt chromatographiert u. so Verschmutzungen von ≦ 0,2 γ/l erfaßt. Für wss. Lsg. werden mit Ziegelmehl (mit 25% Dibutylphthalat) gefüllte 82-cm-Säulen bei 110° u. einem N_2- (bzw. H_2-) Durchtritt von 18 (bzw. 80) ml/Min. verwendet. D. Linke 5242

1691 **Titrimetrische Bestimmung von Kalium in Flußwasser durch Solventextraktion.** Shoji Motomizu, Tadashi Iwachido und Kyoji Tôei. (Japan Analyst **17** (1968) 1, 23–27; Okayama-shi, Tsushima, Okayama Univ., Fac. of Sci., Dep. of Chem.; jap., Auszug: engl.) — Die Probe ($2{,}5 \cdot 10^{-5}$ m, 500 ml) wird mit einer 0,02 m Lsg. von 2.4.6.2'.4'.6'-Hexanitrodiphenylamin in Nitrobenzol extrahiert. K wird aus der organ. Phase mit 10 ml HCl (pH 1) reextrahiert u. mit Na-Tetraphenyloborat ausgefällt. Nach Filtration der Lsg. wird das überschüssige Fällungsmittel durch Titration mit Tetradecyldimethylbenzylammoniumchlorid gegen Titangelb bestimmt. 0,7 bis $2 \cdot 10^{-3}$ m K-Lsg. können nach diesem Verf. mit einem Fehler von $\pm 0{,}04 \cdot 10^{-3}$ Mol/l bestimmt werden. I. Degen 5242

1692 **Bestimmung von Acetophenon in Wasser.** Z. N. Boldina. (Gig. i San. **32** (1967) 8, 65–66; Moskva, NII gig. im. F. F. Erismana; russ.) — Zur Best. des Geh. von Acetophenon in Abwässern werden 100 ml der Probe 10 Min. lang mit 10 ml n-Hexan extrahiert u. nach 30 Min. die Extinktion der organ. Phase bei 237–239 nm gemessen. Das Beersche Gesetz ist bis 10 μg/ml erfüllt. Höhere Rk.-Prod. von Phenol u. Aceton stören nicht. H.-D. Schenke 5242

1693 **Gaschromatographische Methode zur Bestimmung niedriger Abate-Konzentrationen im Wasser.** M. T. Shafik. (Bull. environment. Contaminat. Toxicol. **3** (1968) 5, 309–16; U. S. Dep. of Health, Educat. and Welfare, Perrine, Fla.; engl.) — Für das gegen Moskitolarven benutzte Abate entwickelt Vf. eine Meth., die eine gaschromatograph. Best. von geringen Restgeh. im Trinkwasser erlaubt, indem er das bei der Hydrolyse entstehende Abbauprod. 4.4'-Thiodiphenol (I), das wegen seines niedrigen Gasdruckes nicht gaschromatographiert werden kann, mit Trimethylchlorsilan u. Hexamethyldisilan silanisiert. 88% des dem W. zugesetzten Abate werden wiedergefunden. E. Haase-Sajak 5242

1694 **Gerät zur kontinuierlichen Bestimmung der Konzentration staubförmiger Luftverunreinigungen.** Karl Aurand und Julius Bosch. (Staub — Reinhalt. Luft **27** (1967) 10, 445–47; Berlin; dt.) — Vf. beschreiben ein registrierendes Staubmeßgerät, das den Staubgeh. von Luft auf Grund der β-Strahlenabsorption mißt. Die Empfindlichkeit ist so groß, daß auch die Staubimmissionswerte reiner Luft gut erfaßbar sind. J. Pickardt 5242

1695 **Konzentrationsbestimmung feinster Aerosolteilchen mittels Thermalpräzipitator.** Marie Polydorová. (Staub — Reinhalt. Luft **27** (1967) 10, 448–50; Tschechoslovak. Akad. der Wiss., Prag; dt.) — Ein Verf. zur Konz.-Best. von Teilchen ≈ 10^{-2} μm mit einem derartigen Gerät wird vorgeschlagen. Mit Hilfe einer graph. Extrapolationsmeth. werden die Zahl der in der Spur abgeschiedenen Teilchen sowie die Spurbreite annähernd bestimmt. J. Pickardt 5242

1696 **Methode zur Bestimmung des Radongehalts in Atemluft.** I. I. Gusarov, V. I. Abramov und Z. G.

Ivanov. (Gig. i San. **32** (1967) 8, 71—77; Radiolog. Labor. CNII kurortol. i fisioterap. i kaf. radiazionnoi gig. zentraln. inst. usoveršenstvovanija vračej, Moskva; russ.) — Vf. untersuchen die Bedingungen für die Best. kleiner Rn-Konz. in Atemluft von Menschen bei vorgegebener Empfindlichkeit ($2 \cdot 10^{-15}$ Ci) der Messung u. einer für die Dosimetrie ausreichenden Genauigkeit (± 20%). Das Rn wird an — 78° kalter Aktivkohle adsorbiert, anschließend durch Erhitzen auf 500° in die Emanationskammer übergetrieben u. seine Aktivität elektrometr. gemessen. H.-D. Schenke 5242

1697 **Schnellmethode zur Mikrobestimmung von Cyanwasserstoff in Luft mit Hilfe von Detektorröhrchen.** Tatsuaki Hori, Genichiro Yasue und Yoshitaka Kobayashi. (Japan Analyst **10** (1968) 5, 613—15; Komyorikagakukogyo Co. Ltd., Meguro-ku, Tokyo; jap., Auszug: engl.) — Vf. untersuchen die Möglichkeit zum Schnellnachw. von HCN in Luft unter Verw. verschiedener granulierter Gele, die in Ggw. von HCN eine Verfärbung zeigen. Hohe Empfindlichkeit u. Stabilität zeigt ein Detektorreagenz, das aus gereinigtem Silicagel, imprägniert mit $HgCl_2$ u. Methylorange, besteht. Dieses Gel wird in Glasröhrchen gefüllt u. Luft mit einer konst. Geschw. (1 ml/s) hindurchgesaugt. Eine Best. durch Messen der Länge der verfärbten Zone ist möglich. Der Nachw.-Bereich ist 1—100 ppm HCN; die Nachw.-Grenze 0,2 ppm, der Fehler ± 5%. J. Pickardt 5242

1698 **Spektrophotometrische Bestimmungsmethode von Xylol und seinen Isomeren in Luft.** L. S. Samosvat und N. I. Verbljudova. (Gig. i San. **32** (1967) 8, 59—61; Kiev, VNII gig. i toksikol. pesticidov, pólimernych i plasticeskich mass; russ.) — Xylolisomere in Luft werden durch Absorption bei 265 nm in einer Isopropylalkohollsg. mit hinreichender Genauigkeit bestimmt. Die Empfindlichkeit der Meth. beträgt 10 μg/ml. H.-D. Schenke 5242

1699 **Bestimmung von Magnesium in Nickel für Elektronenröhren.** Eiichi Chiaki, Yoshifumi Tomita und Masayoshi Ezawa. (Japan Analyst **17** (1968) 1, 8—12; Chiba-ken, Mobara-shi, Hayano, Mobara Works of Hitachi Ltd.; jap., Auszug: engl.) — Die Probe wird in $HNO_3/HClO_4$ gelöst u. abgeraucht. Ni u. andere störende Elemente werden durch Hg-Kathodenelektrolyse u. anschließende Solventextraktion entfernt. Die Probelsg. wird zur Trockne eingedampft u. zur Zers. des Diäthyldithiocarbamates abgeraucht. Der Rückstand wird in W. aufgenommen, mit einer Lsg. von Xylidylblau in A. versetzt u. nach Zugabe von Na-Boratpufferlsg. 20 Min. stehengelassen. Nach Ablauf dieser Zeit wird die Extinktion der Lsg. bei 520 nm gemessen. Das Verf. kann zur Best. von 0,1 % Mg in Ni benutzt werden. I. Degen 5243

1700 **Schnelle spektrophotometrische Bestimmung von Mangan in Mangan-Magnesiumferrit.** Eiichi Chiaki, Yoshifumi Tomita und Masayoshi Ezawa. (Japan Analyst **17** (1968) 1, 13—17; Chiba-ken, Mobara-shi, Hayano, Mobara Works of Hitachi Ltd.; jap., Auszug: engl.) — Die Probe wird in H_3PO_4 gelöst, mit W. verd. u. in einem aliquoten Teil durch Zusatz weiterer H_3PO_4 auf einen pH < 1 gebracht. Nach Zusatz von $K_4P_2O_7$-Lsg. wird mit $KBrO_3$-Lsg. ox. u. die Extinktion der Lsg. bei 520 nm gemessen. I. Degen 5243

1701 **Einige Eigenschaften von Siliciummonoxid.** K. K. Kolobova. (Ogneupory **32** (1967) 12, 42—43; VI Ogneuporov; russ.) — *SiO* (I) wird im Vakuumofen bei 1500—1600° aus SiC-Heizelementen erhalten. I kondensiert an den kälteren, äußeren Teilen des Ofenrohres glasähnlich (76—100% I). I wird bei längerem Mörsern teilweise ox., ebenso beim Erhitzen auf 650—900°. I ist im Gegensatz zu Si in heißem HF vollkommen löslich. U. Strobel 5244

1702 **Abdrücke von Al_2O_3-Pulvern für elektronenmikroskopische Untersuchungen.** Igor Karpenko. (J. Amer. ceram. Soc. **51** (1968) 7, 408—09; Reynolds Metals Co., Alumina Res. Div., Bauxite, Ark.; engl.) — Es wird eine Arbeitsvorschrift gegeben, nach der Al_2O_3-Körner auf einer Glasplatte im Vakuum mit C bedampft werden. Mit HF werden danach Glas u. Al_2O_3 weggelöst. Die resultierenden C-Filme ermöglichen sehr kontrastreiche Abb. der Kornoberflächen. H. Tulhoff 5244

1703 **Kontinuierliche Ultraschallzerstäubung und Spektralanalyse geschmolzener Metalle.** Velmer A. Fassel und George W. Dickinson. (Analytic. Chem. **40** (1968) 1, 247—49; Inst. for Atomic Res., Dep. of Chem., Ia. State Univ., Ames, Ia.; engl.) — In der beschriebenen Vorr. wird mit einem Ultraschallgenerator fl. Metall zu einem Aerosol zerstäubt, das schnell zu einem Metallstaub erstarrt, der durch einen Gasstrom einem Plasma zur Anregung zugeführt wird. Gute Resultate werden bei der Analyse von Woodscher Lsg. erhalten. Bei höher schmelzenden Metallen oder Lsg. muß, um eine Überhitzung zu vermeiden, intermittierend mit Kühlperioden gearbeitet werden. Als Folge dieser Arbeitsweise ist nur eine photograph. Auswertung möglich. Als Beispiel wird die Best. von Cu u. As in Lötleg. auf Sn-Basis mit relativen Standardabweichungen von 6,1 % für Cu u. 12,2 % für As angegeben. H. Bensch 5245

1704 **Bestimmung von Calcium und Magnesium in Erzen und Schlacken nach Abtrennen von R_2O_3 und P_2O_5 mit einer wäßrigen Suspension von ZnO.** Zdeněk Pánek, Dagmar Zemanová und Josef Novák. (Silikáty [Praha] **11** (1967) 1, 67—80; Praha, Výzk. úst. ČKD; tschech.) — 0,5—1 g der feinzerriebenen Probe werden mit W. aufgeschlämmt u. in 25 ml sd. HCl gelöst. Nach Ox. mit 10 ml HNO_3 (1 : 1) wird zur Trockne verdampft, mit 5 ml HCl versetzt u. wieder zur Trockne verdampft. Der Rückstand wird mit 5 ml HCl befeuchtet, mit 100 ml warmem W. versetzt u. gekocht. Aus der Lsg. wird Kieselsäure abfiltriert (das Filter wird verascht, der Nd. mit H_2SO_4 u. HF raffiniert, mit 1—3 g $KHSO_4$ u. W. ausgelaugt u. filtriert). Das Filtrat zusammen mit dem Filtrat nach Raffination wird mit 5 ml einer ZnO-Suspension (50 g pulvriges ZnO + 300 ml W.) gefällt, filtriert u. mit W. auf 500 ml verdünnt. Ist eine größere Menge von Mn anwesend, so muß es als $MnO(OH)_2$ durch Kochen mit 2 g $K_2S_2O_8$ gefällt u. abfiltriert werden. Zu einem Teil des Filtrats, der 0,01—0,1 g der Probe entspricht, werden 15—30 ml 2m KOH-Lsg., 5—15 ml 3m KCN-Lsg. (Maskierung von Zn) u. eine kleine Menge von Fluorexon (Gemisch mit KCl 1 : 100) zugefügt. Durch Titration mit 0,05m Lsg. von EDTA wird CaO bestimmt. Einem aliquoten Teil der ursprünglichen Probe werden 10—20 ml einer Pufferlsg. (54 g NH_4Cl/350 ml NH_3-Lsg. zu 1000 ml), 5—15 ml 3m KCN-Lsg. u. eine kleine Menge Eriochromschwarz T zugefügt, u. durch Titration mit 0,05m EDTA-Lsg. wird die Summe CaO + MgO bestimmt. J. Řepiš 5245△

1705 **Schnellbestimmung des Eisengehalts von Konverterschlacke mit Hilfe eines tragbaren Geräts zur Isotopenfluoreszenzanalyse.** A. Wagner und P. Eck. (Hilger J. **10** (1967) 3, 70—74; ARBED, Esch-Belval, Luxemburg; engl.) — Das näher beschriebene Gerät (Abb.) ist eine Röntgenfluoreszenzvorr. mit einer radioakt. ^{3}H-Zr-Quelle zur Erregung der Fluoreszenzstrahlung in der zu untersuchenden Probe. Die Analysenlinie des zu bestimmenden Elements (Fe) wird von 2 selektiven Absorptionsfiltern (Cr- bzw. Mn-Filter) isoliert; die Intensität der Fe-Linie wird mit Hilfe eines Szintillationszählers gemessen. Unters. zeigen, daß bei Messungen mit dem Mn-Filter kein Einfl. eines 3. Elements auf die Fe-Analyse erkennbar ist, so daß auf die Differenzmessung mit Hilfe beider Filter verzichtet werden u. der Hintergrund unberücksichtigt bleiben kann. Auf diese Weise ergeben sich in kürzerer Zeit genauere Werte als bei der Differenzmessung mit 2 Filtern. Die in zahlreichen Proben ermittelten Fe-Geh. zeigen gegenüber den mit naßchem. Verf. gefundenen Werten eine Abweichung von ± 0,35(%) bei 1 Messung mit dem Mn-Filter bzw. von ± 0,43 bei 2 Messungen mit dem Mn- u. Cr-Filter. W. Wesly 5245

1706 **Betriebserfahrungen beim Einsatz des direktanzeigenden Spektralanalysators DSA 24 in einer Tempergießerei.** Wolfgang Reckrühm. (Jenaer Rdsch. **13** (1968) 4, 221—23; Schönheide, Erzgebirge; dt.) — Vf. beschreibt die Betriebserfahrungen u. die erzielten Reproduzierbarkeiten der Meßergebnisse beim Einsatz des DSA 24 in einem Duplexschmelzbetrieb. Es werden innerhalb von 8 Std. die Haupt- u. Begleitelemente von 30–40 Proben bestimmt. H.-D. Schenke 5245

1707 **Spektrochemische Analyse von Spurenelementen in reinem Eisen.** Kazuo Kawamura, Toshio Watanabe, Shiro Watanabe, Norio Molita und Takeshi Furukawa. (J. spectroscop. Soc. Japan [Bunkô Kenkyû] **16** (1968) 5, 225–32; Fuji Iron and Steel Co. Ltd., 5-10-1, Fuchinobe, Sagamihara City, Kanagawa Prefecture; jap., Auszug: engl.) – Die Probe wird in Säure gelöst, Fe mit Isopropyläther extrahiert u. die Lsg. mit Graphitpulver getrocknet. Das Pulver wird mit Li_2CO_3 vermischt u. im Gleichstrombogen in Ar/O_2-Atmosphäre untersucht. 0,1–100 ppm Mn, Cu, Ni, Cr, Al, Ti, V, Co, Zn oder Cd können bestimmt werden. W. Grimmich 5245

1708 **Schnellbestimmung von Kohlenstoff in Stahl.** V. Mayer, M. Kovařík und R. Fierla. (Hilger J. **11** (1967/68) 1, 21–25 u. 27; Vitkovice Ironworks, Ostrava; engl.) – Zur Schnellbest. von C in Stahl dient ein näher beschriebenes Gerät (Hilger and Watts carbon-in-solids analyser, Abb.), mit dem die IR-Absorption eines Gemisches von O_2 u. dem aus der Probe entwickelten CO_2 mit der von O_2 allein verglichen wird. Aus der Differenz beider Werte ergibt sich der C-Geh. der Probe. Beleganalysen zeigen die Genauigkeit des Verf., dessen Werte mit denen der volumetr. u. coulometr. Best. verglichen werden. W. Wesly 5245

1709 **Untersuchung der Fehlerquellen bei einem Verfahren zur Stickstoffbestimmung in Stahl durch Auflösen in Säuren und Dampfdestillation.** Kazuo Kawamura, Shiro Watanabe, Takashi Otsubo und Syunsuke Goto. (Japan Analyst **17** (1968) 5, 637–39; Central Res. Labor., Fuji Iron & Steel Co. Ltd., Fuchinobe, Sagamihara-shi, Kanagawa-ken; jap., Auszug: engl.) – Wurden Stahlproben in Glasgefäßen gelöst, so wurden die Ergebnisse durch Adsorption von N-Verb. an der Glasoberfläche verfälscht. Adsorption trat auch bei der Dest. auf, wobei ein Teil des dest. NH_3 an den Innenwänden von Dest.-Kolben u. Kühler adsorbiert wurde. Es wird daher vorgeschlagen, die Glasgefäße im Vakuumexsikkator aufzubewahren oder mit dest. W. zu füllen, zur Dest. Teflongerät zu verwenden u. den Kühler so klein wie möglich zu halten oder NH_3 direkt in der Vorlage zu kondensieren. J. Pickardt 5245

1710 **Bestimmung von Mikromengen Sauerstoff in zonengereinigtem Eisen mit Hilfe der Vakuumschmelzmethode.** Keiichi Furuya, Tadashi Kikuchi und Hitoshi Kamada. (Japan Analyst **17** (1968) 6, 770–73; Univ. of Tokyo, Bunkyo-ku, Tokyo; jap., Auszug: engl.) – Eine Vakuumschmelzmeth. zur Best. von O-Konz. bis < 1 ppm wird beschrieben. O-Kontaminierungen wurden durch elektrolyt. Polieren (2,8 $\mu g/cm^2$) u. Behandeln mit Ar (0,7 $\mu g/cm^2$) u. durch H_2-Red. bei elektr. Heizung oder Radiowellenentladung (0,4 $\mu g/cm^2$) beseitigt. Bei einer Probe von 12 g zonengereinigtem Fe wurde eine Standardabweichung von 0,008 ppm bei einem Geh. von 0,5 ppm ermittelt. J. Pickardt 5245

1711 **Stabilisierung der Plasmastrahlflamme und Bestimmung von Aluminium und Bor in Stahl.** Hidehiro Gotô und Ikuo Atsuya. (Z. analyt. Chem. **240** (1968) 2, 102–10; Res. Inst. for Iron, Steel and other Metals, Tôhoku Univ., Sendai; engl.) – Bei Unters. über die Stabilisierung einer Plasmastrahlflamme als Lichtquelle bei der Emissionsspektrometrie gemäß der früher von Vf. [vgl. ibid. **225** (1967) 121] angegebenen Arbeitsweise wird das Gerät (im Hinblick auf die Verw. von sauren Lsg.) verbessert. Die Arbeitsbedingungen für die Best. von Al u. B in Stahl werden angegeben. Der Variationskoeff. für die Best. von 0,061 % Al in Stahl beträgt 4,9 %. Diese Best. sind mit Hilfe der Flammen- oder Atomabsorptionsspektrometrie bei Verw. von Verbrennungsflammen schwieriger auszuführen, weil dabei beständige Oxide von Al u. B entstehen. W. Wesly 5245

1712 **Photometrische Bestimmung von Aluminium in Eisenlegierungen mit Stilbazo.** Shizuya Maekawa und Kiyotoshi Kato. (Japan Analyst **17** (1968) 1, 70–75; Hokkaido, Muroran-shi, Chazu-machi, Japan Steel Works Co. Ltd., Muroran Plant; jap., Auszug: engl.) – Al wurde nach diesem Verf. in Fe/V-, Fe/Ti-, Fe/Zr- u. Fe/Nb-Leg. in Konz. von 0,01–5 % bestimmt. Der Al-Stilbazo-Komplex zeigt ein Absorptionsmax. bei 495 nm. Die Extinktion bleibt im pH-Bereich von 4,3 bis 6,0 unverändert. Das Lambert-Beersche Gesetz wird in Ggw. von 2,5 ml 0,08 %ig. Stilbazo-Lsg. (**I**) bis 50 μg Al erfüllt. Zur Best. wird die Probe in HCl/HNO_3 (Fe/V- bzw. Fe/Ti-Leg.) oder HF/HNO_3 (Fe/Zr- oder Fe/Nb-Leg.) gelöst. Nach dem Abrauchen der HF werden die störenden Elemente Fe, V, Ti, Zr u. Nb durch Extraktion mit $Cupferron/CHCl_3$ aus 3,5n HCl entfernt. Nach dem Einstellen des pH-Wertes auf 5 (mit HCl bzw. NH_3-Lsg. gegen p-Nitrophenol) wird die Lsg. mit 1 ml Ascorbinsäurelsg. (5 Gew.-%), 10 ml Pufferlsg. (pH 5,6) u. 2,5 ml **I**-Lsg. (0,08 %ig) versetzt, mit W. auf 50 ml verd. u. bei 495 nm gegen eine Blindprobe gemessen. I. Degen 5245

1713 **Gleichzeitige Bestimmung von Blei und Zink in Eisen und Stahl durch eine kathodenstrahlpolarographische Methode.** Michiko Namiki und Hidehiro Gotô. (Japan Analyst **17** (1968) 1, 43–47; Sendai-shi, Katahiracho, Tohoku Univ., Res. Inst. for Iron, Steel and other Metals; jap., Auszug: engl.) – Zur Best. wird die Probe in HCl/HNO_3 gelöst u. zur Trockne abgedampft. Der Rückstand wird in 5n HCl gelöst u. Fe durch Extraktion mit MIBK entfernt. Mitextrahiertes Zn wird mit 6n HCl reextrahiert. Die Lsg. wird 3mal mit $HClO_4/HNO_3$ zur Trockne abgedampft, mit 0,5m H_3PO_4 als Leitelektrolyt u. Gelatine versetzt. Die Stufenhöhe der Peakpotentiale wird bei –0,52 u. –1,17 V gegen SCE gemessen. $> 7 \cdot 10^{-3}$ % Pb u. Zn können mit einem Variationskoeff. von 11,3 bzw. 15,1 % bestimmt werden. I. Degen 5245

1714 **Röntgenbestimmung von Cer in sphärolithischem Gußeisen.** S. Cohen und F. R. Bryan. (Appl. Spectroscopy **22** (1968) 4, 342–43; Mfg. Serv. Labor., Ford Motor Co., Dearborn, Mich.; engl.) – Der Ce-Geh. in sphärolith. Gußeisen wird durch Röntgenfluoreszenz mit Cr-Strahlung bei einem Primärstrom von 4 mA bestimmt. Der erfaßbare Bereich beträgt 0,01–0,1 % Ce. Die Röntgen- u. chem. Ergebnisse stimmen innerhalb der Reproduzierbarkeit der Meth. überein. H.-D. Schenke 5245

1715 **Spektrographische Bestimmung von Nickel in Stahlschmelzen.** J. B. Headridge und A. K. Lambert. (Analyst **93** (1968) 1105, 211–13; Dep. of Chem., Univ., Sheffield; engl.) – Die emissionsspektrograph. Analyse des Ni erfolgt von der Oberfläche einer Stahlschmelze (1600°) unter Ar-Atmosphäre. Die Schmelze wird in einem induktionsbeheizten Magnesiatiegel erzeugt. Als Anregung dient ein 15-kV-Funken zwischen der Schmelzenoberfläche u. einer Graphitelektrode. Zur Best. werden die Ni-Linie 3414,77 Å u. die Fe-Linie 3417,84 Å als Bezug verwendet u. eine Eichgerade aufgestellt. Die relative Standardabweichung im Bereich von 0,7 bis 1,8 % Ni beträgt $\pm 4{,}5$ %. Die Analyse von festen Stahlproben unter ähnlichen Bedingungen ergibt bei geringerer Empfindlichkeit der Eichkurve einen Variationskoeff. von $\pm 2{,}2$ %. K. Zinke 5245

1716 **pH-Messung in technisch reinem Dimethylsulfoxid.** Jean Armand Martin. (Bull. Soc. chim. France **1968**, 1, 138–45; Fac. de Pharm., Nancy; franz.) – 6 verschiedene Glas- u. 2 Sb-Elektroden wurden auf ihre Verwendbarkeit in techn. reinem DMSO untersucht. Die mit gepuffertem DMSO gefüllten Glaselektroden erwiesen sich als geeigneter als die mit wss. Füllung oder die Sb-Elektroden. Die Titration zahlreicher Säuren u. Basen wurde ohne Schwierigkeit in techn. reinem DMSO durchgeführt. Starke Basen sind in DMSO nicht stabil, geringe Mengen W. (bis 13 %) störten die Best. nicht. Alkohole verringern den Potentialsprung. Für die durchgeführten Best. werden die Potentiale für 50 %ig. Neutralisation angeführt. G. Schatz 5246

1717 **Polarographische Untersuchung von Alkylnaphthalinsulfonsäuren (Nekal BX).** Georg Sonnek und Friedrich Wolf. (Tenside [München] **4** (1967) 12,

386—90; Inst. für techn. Chem. der Univ. Halle; dt.) — Nekal BX (I) ist keine einheitliche Verb., es setzt sich aus 3 Hauptkomponenten, den Na-Salzen der *Butyl-* (ca. 30%), *Dibutyl-* (ca. 35%) u. *Tributylnaphthalin-1-sulfonsäure* (ca. 15%), zusammen. Da die mengenmäßige Verteilung schwankt, ist die Best. mit einem größeren Fehler behaftet. I wird in DMF mit 0,1 m $[(C_2H_5)_4N]J$ als Leitsalz polarograph. red., wobei die Na^+- (reversibel) u. die Naphthalinkernstufe (irreversibel) gut ausgeprägt u. proportional der Konz. auftreten, sofern I salzfrei ist. In Ggw. von Na_2SO_4 wird nicht das gesamte Na^+ erfaßt. Die Höhe des Grenzstroms der Naphthalinstufe ist vom Butylierungsgrad abhängig. H. Marsen 5246

1718 **Dünnschichtchromatographie der α- und β-Strukturisomeren von N-Allyl-dl-campheraminsäure.** R. G. Henein und Á. Dávid. (J. Chromatogr. [Amsterdam] **36** (1968) 4, 543—45; Med. Univ., Budapest; engl.) — Eine Trennung gelingt an Kieselgel G unter Verw. von n-Butanol, gesätt. mit W. (BW), oder n-Butanol, gesätt. mit 7% einer 28%ig. NH_3-Lsg. (BA). Als Sprühreagenz diente Methylrot/Bromthymolblau. Es konnten 2 µg nachgewiesen werden. Folgende R_F-Werte wurden gemessen: α-Isomeres: BW 0,80, BA (1 Lauf) 0,31, (3 Läufe) 0,50; β-Isomeres: BW 0,58, BA 0,30 bzw. 0,40; Camphersäureanhydrid: BW 0,89, BA 0,17 bzw. 0,21; Camphersäure: BW —, BA 0,08 bzw. 0,12; Allylamin (nichtumgesetzter Teil bei der Darst.-Rk.): BW 0,08, BA — bzw. —. Die Verb. wurden mit methanol. J_2-Lsg. sichtbar gemacht. J. Pickardt 5246

1719 **Säurebestimmung gesättigter Laugen durch Messung ihres spezifischen Gewichts.** Zygmunt Frankl und Halina Augustyn. (Koks-Smoła-Gaz **12** (1967) 3, 67—68; Inst. Chem. Przeróbki Węgla; pol.) — Beschrieben wird die Möglichkeit, den Säuregeh. von NH_3-Waschwässern durch Messung des spezif. Gew. zu bestimmen. Es wurde festgestellt, daß bei gleicher Temp. das spezif. Gew. der $(NH_4)_2SO_4$-Lsg. linear vom Geh. an freier H_2SO_4 abhängt. Rolf Heyer 5247

1720 **Atomabsorptionsspektrophotometrische Bestimmung von Zink in Schmieröl.** Takeshi Ishii, Sôichirô Musha und Makoto Munemori. (Japan Analyst **17** (1968) 1, 27—32; Osaka-fu, Sakai-shi, Univ. of Osaka, Prefecture, Coll. of Engng., Dep. of appl. Chem.; jap., Auszug: engl.) — Zur Zn-Best. wird die Ölprobe mit MIBK verd. u. bei 2138 Å, einem Lampenstrom von 30 mA, einer Spaltbreite von 0,06 mm, einem Luftdruck von 1,2 kg/cm² u. einem Propandruck von 0,04 kg/cm² gemessen. Zur Erstellung der Eichkurve wurde eine Lsg. von $Zn(NO_3)_2$ in MIBK benutzt, deren Viskosität durch Zusatz von Paraffin auf die der Originalprobe gebracht wurde. Bei Verw. der Additionsmeth. ist das Verf. ebenso genau wie die polarograph. Best. oder die EDTA-Titration. I. Degen 5247

1721 **Untersuchung von Detergenzien.** 4. Mitt. **Gelfiltration von Lipiden.** Teruo Tsunoda und Yoichi Oba. (J. chem. Soc. Japan, pure Chem. Sect. [Nippon Kagaku Zasshi] 89 (1968) 5, 450—53; Hitachi Central Res. Labor., Kokubunj-shi, Tokyo; jap., Auszug: engl. S. A25.) — 3. vgl. Bull. chem. Soc. Japan **41** (1968) 475. — Die Elutionsvol. von Tristearin, Cholesterin (I), Stearat, Squalen, Stearin- u. I-Säure bei der Trennung an Sephadex LH-20 werden ermittelt. Die Verteilungskoeff. (Ke) werden als Funktion des Molgew. M graph. dargestellt. Sie ändern sich bei M $>$400 mit zunehmendem M nur wenig. W. Grimmich 5249

1722 **Chronokonduktometrische Methode zur Analyse von Polymeren und Copolymeren der Methacrylsäure.** A. P. Kreškov, T. A. Chudjakova und A. P. Arbatskij. (Plastičeskie Massy **1967**, 4, 63—66; russ.) — Eine bereits für Copolymere der Methacrylsäure (I) mit Methylmethacrylat (II) ausgearbeitete chronokonduktometr. Meth. zur Best. von Na-Polymethacrylat (III) wird zur Analyse von Gemischen der Polymethacrylsäure (IV) mit verschiedenen Säuren, die sich im pKα-Wert unterscheiden, verwendet. Weiterhin werden die Titrationsbedingungen für saure IV-Salze aus Kationen verschiedener Basen untersucht. Auf Grund der Ergebnisse werden Analysenmeth. für Copolymere von I u. II, für IV in letzteren sowie für III oder Ammoniumpolymethacrylat in z. T. oder vollständig neutralisierten Copolymeren u. in deren Gemischen mit Basen beschrieben. Die Messungen der elektr. Leitfähigkeit werden automat. registriert. A. F. Ledich 5250

1723 **Gaschromatographische Bestimmung von Diäthylenglykol in Polyäthylenterephthalat.** Leonard H. Ponder. (Analytic. Chem. **40** (1968) 1, 229—31; Enka, N.C., Amer. Enka Corp.; engl.) — Polymerproben werden unter Druck 4 Std. bei 230° hydrolysiert. Das Hydrolysat wird gaschromatograph. untersucht, wobei Säulen mit verschiedenen silanierten Trägermaterialien (Chromosorb W-HMDS, Gas Chrom Z, Aeropak 30) u. 10% Carbowax 20 M als fl. Phase verwendet werden. Die Temp. von Einlaßteil, Säule u. Detektor betragen 260, 180 bzw. 270°. Zur quant. Auswertung wird Benzylalkohol als innerer Standard zugesetzt. Mit Wärmeleitfähigkeitszelle können 0,5%, mit Flammenionisationsdetektor 0,05% Diäthylenglykol (I) nachgewiesen werden. Bei I-Geh. um 1% liegt die Standardabweichung bei 0,06%. C.-E. Döring 5250

1724 **Bestimmung von zwei Säuren und ihren Anhydriden nebeneinander. Analyse technischer Polyanhydride.** Vladimír Zvonař, Emil Krejcar und Jiří Klaban. (Chem. Průmysl **18** (**43**) (1968) 7/8, 407—12; Výzk. úst. synt. pryskyřica Laků, Pardubice; tschech.) — Da die klass. Meth. bei der Analyse eines Syst. zweier organ. Säuren (Monocarbon- u. Dicarbonsäure) in Ggw. ihrer Anhydride infolge des ähnlichen Verh. der Komponenten versagen, wird ein neues Verf. vorgeschlagen, das chem. u. physikal. Arbeitsgänge kombiniert. Es beruht auf der bekannten u. oft angewandten Best. der Anhydride neben der Säure durch doppelte Titration, die durch die photometr. Best. einer der Säuren oder durch Dest. der flüchtigen Säure u. ihres Anhydrids ergänzt wird. Der Analysengang, die Aufstellung der Eichkurve u. die Auswertung der Ergebnisse wird eingehend beschrieben u. an Beispielen erläutert. O. Rösner 5252

1725 **Polarographische Bestimmung von Verunreinigungen in Monomeren.** 1. Mitt. **Bestimmung von Eisen, Kupfer und Zink in Styrol.** Vlastimil Novák und Jaroslav Malinský. (Chem. Průmysl **18** (**43**) (1968) 7/8, 421—24; Výzk. úst. synt. pryskyřic alaků, Pardubice; tschech.) — Zur quant. Analyse von Fe, Cu u. Zn in Styrol werden polarograph. Meth. ausgearbeitet, die noch eine Best. dieser Metalle in Konz. von $2 \cdot 10^{-6}$ bis 10^{-4} Vol.-% gestatten. Die Durchführung der Analyse, die Auswertung der Polarogramme werden eingehend beschrieben u. die Ergebnisse diskutiert. Die Überprüfung der Meth. an Modellsubstanzen bestätigt ihre Genauigkeit (Tabelle). O. Rösner 5252

1726 **Chromatographisches Verfahren zur Bestimmung von Maloran und Metaboliten im Boden.** Stanley E. Katz und Richard F. Strusz. (Bull. environment. Contaminat. Toxicol. **3** (1968) 5, 258—68; Rutgers State Univ., New Brunswick, N.J.; engl.) — Mit Hilfe des angegebenen Dünnschicht- u. gaschromatograph. Verf. kann der Abbaumechanismus von Maloran (I) [3-(3-Chlor-4-bromphenyl)-1-methoxy-1-methylharnstoff], das als Herbizid im Getreideanbau verwendet wird, qual. u. quant. verfolgt werden. R_F-Werte u. Retentionszeiten von I u. einigen seiner Metaboliten aus verschiedenen Böden werden angegeben. E. Haase-Sajak 5253

1727 **Gaschromatographische Bestimmung von Malathion in Wasser und in Fischen.** Mohamed Tawfik H. Ragab. (Bull. environment. Contaminat. Toxicol. **3** (1968) 3, 155—63; Rutgers State Univ., New Brunswick, N.J.; engl.) — Malathion wird mit Hexan extrahiert u. die gereinigte Lsg. gaschromatographiert. Die Wiederfindungsquoten liegen im Durchschnitt bei 90%. W. Huhn 5253

1728 **Molekülgrößeverteilung von Lignosulfonaten durch Dünnschichtchromatographie.** A. N. James, E. Pickard und P. G. Shotton. (J. Chromatogr. [Amsterdam] **32** (1968) 1, 64—74; Cementat. Co., Rickmansworth, Herts.; engl.) — Durch Fraktionierung von Lignosulfonaten (I) an opt. einheitlichen dünnen Schichten von Sephadex G-25, G-50, G-75 u. G-100 auf Quarzplatten u. nachfolgende spektrophotometr. Auswertung bei 282 nm mit Hilfe einer automat. Vorr. ist es gelungen, eine Schnellmeth. zur Feststellung der Mol.-Größeverteilung der **I** anzugeben. Die Chromatogramme sind auf $\pm 5\%$ reproduzierbar. Zur Eichung dienten I-Präp., die durch Säulenchromatographie an Sephadex in engen Grenzen fraktioniert waren. W. Scheele 5254

1729 **Bestimmung von Kupfer, Chrom und Arsen in konserviertem Holz.** A. I. Williams. (Analyst **93** (1968) 1110, 611–17; Forest Prod. Res. Labor., Princes Risborough, Aylesbury, Bucks.; engl.) — Die zu untersuchenden Holzstreifen von 100–300 μ Dicke werden mit HCl, NaOH-Lsg. bzw. H_2SO_4 ausgelaugt. Zur Best. von Cu digeriert man mindestens 5 Min. lang mit 10 ml konz. HCl, verd. mit W. u. bestimmt das Cu photometr. mit Zn-Dibenzyldithiocarbamat. Zur Isolierung des Cr erhitzt man die Probe mit 2 ml 2n NaOH-Lsg. + 1 Tropfen 50%ig. H_2O_2 5 Min. lang auf 120°, jedoch nicht zur Trockne. Man säuert mit H_2SO_4 an u. bestimmt Cr mit Diphenylcarbazid. As wird durch Erhitzen der Holzprobe mit H_2SO_4-saurer Molybdat/Hydrazinsulfat-Lsg. extrahiert, dabei in Molybdatoarsenblau übergeführt u. als solches photometriert. Bei einem Geh. des Holzes (je ca. 0,5%) an Cu, Cr bzw. As beträgt die Standardabweichung 0,020% Cu, 0,016% Cr bzw. 0014% As. 45 Best. erfordern 9 Std. Zeit. G. Wünsch 5254

1730 **Extraktion von Farbstoffen aus Lebensmitteln mit quaternären Ammoniumverbindungen.** Judit Sohár. (Z. Lebensmittel-Unters. u. -Forsch. **132** (1967) 6, 359–62; Inst. für Ernährungswiss., Budapest; dt.) — Vf. berichtet über Vers. mit den in Ungarn zugelassenen Lebensmittelfarbstoffen: Säuregelb, Tartrazin, Amaranth Neucoccin, Indigocarmin, Brillantschwarz, die mit Cetyltrimethylammoniumbromid Verb. bilden, die in W. nicht oder wenig, in organ. Lsgm. jedoch gut lösl. sind, was die quant. Extraktion der Farbstoffe aus Lebensmitteln u. Getränken ermöglicht. IR-spektroskop. wurde festgestellt, daß die Verb.-Bldg. zwischen den Azo- bzw. Carbonylgruppen der Farbstoffe u. dem quatern. N zustande kommt. I. Klee 5255

1731 **Potentiometrische Bestimmung von Salz in Lebensmitteln.** S. J. Cole. (Food Technol. **21** (1967) 3, 84–86; Australasian Food Res. Labor., Cooranbong, N.S.W.; engl.) — Die Probe mit 20–30 mg NaCl wird in einem Becherglas in 50 ml W. verteilt, man setzt 2 ml 5n HNO_3-Lsg. zu u. titriert potentiometr. mit $AgNO_3$-Lösung. F^- u. PO_4^{3-} stören nicht, dagegen Br^-, J^- u. SH^-, solange $\leqq 0{,}1\%$ Cl^- enthalten ist, andernfalls darf man den Fehler vernachlässigen. Fetthaltige Proben sind zunächst in 15 ml Aceton zu lösen. Die Abweichung vom Mittelwert beträgt $< 2\%$. W. Huhn 5255

1732 **Methylketontest-positive Substanzen in kommerziellem Kaliumsorbat.** Shozo Yamada und Tsugio Baba. (Japan Analyst **17** (1968) 5, 593–97; Osaka City Inst. of Hyg., Kita-ku, Osaka-shi; jap., Auszug: engl.) — Trennung u. Identifizierung Salicylaldehydtest-positiver Substanzen in Proben von K-Sorbat werden beschrieben. Die Carbonylverb. in der Probe wurden als 2.4-Dinitrophenylhydrazone abgetrennt, sie wurden in saure u. neutrale Komponenten aufgeteilt. Die Identifizierung erfolgte durch Dünnschichtchromatographie u. Spektroskopie im Sichtbaren u. im IR. Als eine der testpositiven Substanzen wurde Acetaldehyd identifiziert. Fumaraldehydsäure, die als ein anderer Teil der Prod. bei dem oxydativen Abbau des Sorbats erwartet wurde, konnte ebenfalls identifiziert werden. J. Pickardt 5255

1733 **Untersuchungen zur Restmengenbestimmung von Phosphorwasserstoff in Lebensmitteln.** E. Kröller. (Dtsch. Lebensmittel-Rdsch. **64** (1968) 1, 6–9; Bundesgesundheitsamt, Berlin-Dahlem; dt.) — Vf. beschreibt eine Meth., die auf der Ox. des PH_3 mit Br_2 u. nachfolgender Best. von H_3PO_4 als Molybdänblaukomplex (gemessen bei 820 nm) basiert. I. Klee 5255

1734 **Bestimmung von Phosphamidrückständen in Milch.** L. G. Sarkisova und A. I. Solov'eva. (Labor. Delo **1968,** 10, 626–27; Uzb. NII sanitarii gigieny i profzabollevanij, Taškent; russ.) — Phosphamid wird aus der Milch mit Ae. extrahiert u. chromatograph. gereinigt. Der Nachw. beruht auf der Rk. mit alkal. Lsg. von diazotierter Sulfanilsäure. Genauigkeit 0,005 mg. M. Wiedemann 5255

1735 **Aufgeschlossenes Milcheiweiß. Einfache Schnellmethode zur Bestimmung des Caseingehalts.** P. de Hoog, S. van den Reek und F. Brouwer. (Fleischwirtschaft **48** (1968) 1, 66–67; Coöperatieve Centrale Melkproductenfabriek „De Meijerij“, Veghel, Niederlande; dt.) — Die bekannte Pfaff-Meth [vgl. ibid. **45** (1965) 1427] zur Best. von Casein (**I**) in aufgeschlossenem Milcheiweiß (**II**) wird modifiziert u. diskutiert. Im Anschluß daran wird eine neue Meth. beschrieben. Dabei wird **II** in Äthylenglykol suspendiert u. in eine mit Bromkresolpurpur angefärbte Agar-Lsg. vom pH 5,2 in einer Petri-Schale eingebettet. Die Anzahl u. Größe der gelb gefärbten I-Partikeln können nach opt. Projektion bestimmt werden. Über eine angegebene Formel errechnet man daraus den prozentualen I-Gehalt. I. Schlegelmilch 5255

1736 **Isolierung von Trien- und Tetraenfettsäuren durch Kombination von Dünnschicht- und Gaschromatographie.** Harold B. White jun. und Shirley S. Powell. (J. Chromatogr. [Amsterdam] **32** (1968) 3, 451–57; Jackson, Miss., Univ. of Miss., School of Med., Dep. of Biochem.; engl.) — Das früher [vgl. ibid. **21** (1966) 215] entwickelte Verf., mit dem ungesätt. Fettsäuren als Hg-Salze dünnschichtchromatograph. nach der Zahl ihrer Doppelbindungen u. die so erhaltenen Fraktionen gaschromatograph. aufgetrennt wurden, wurde in verbesserter Form auf die Trennung der Trien- u. Tetraensäuren von Fischöl angewendet. Es wurden 17 Triensäuren, auch ungeradzahlige, mit 12–24 C-Atomen gefunden. Bei den Tetraensäuren wurden 15 verschiedene Komponenten erhalten, mit hauptsächlich 15–20 C-Atomen in der Kette. Die Analyse der Cholesterinester des menschlichen Blutplasmas weist ein weniger kompliziertes Fettsäurespektrum auf. A.-M. Fretzdorff 5255

1737 **Ringversuch zur Bestimmung des ätherischen Öls in Citrussäften durch Bromattitration.** W. Clifford Scott. (J. Assoc. off. analyt. Chemists **51** (1968) 4, 928–31; U. S. Fruit and Vegetable Prod. Labor., Winter Haven, Fla.; engl.) — Das äther. Öl aus Orangen-, Tangerinen- u. Grapefruit-Säften besteht zu 98% u. mehr aus *D-Limonen* (**I**). Es wird nach Zusatz von Isopropanol abdest., das Destillat mit HCl angesäuert u. **I** mit 0,099n $KBr/KBrO_3$-Lsg. gegen Methylorangelsg. titriert. Die Best. ist bei Zitronenöl weniger genau, da dieses bis 5% *α-Pinen* u. 4% *Citral* enthält. Die Standardabweichung beträgt für 0,005 bzw. 0,010 bzw. 0,030% Öl 0,0004 bzw. 0,0008 bzw. 0,0014% Öl. Bei Prüfung von 0,035% frisch dest. Orangenöl wurden 0,0345% mit einer Standardabweichung von 0,0007 wiedergefunden. K. Herrmann 5255

1738 **Nachweis der Verfälschung dunkel gefärbter Fruchtsäfte.** J. Fitelson. (J. Assoc. off. analyt. Chemists **51** (1968) 4, 937–39; Fitelson Labor., New York, N.Y.; engl.) — Zum Nachw. der Verfälschung von Säften der Kirsche, Himbeere, Brombeere u. Erdbeere, z. B. mit 20% Traubenschalenextrakt oder Holunderbeersaft, schlägt Vf. die semiquant. papierchromatograph. Best. der Anthocyanine nach Fitelson [vgl. ibid. **50** (1967) 293] vor. In bes. Fällen ist auch ein Nachw. über die Anthocyanidine möglich. K. Herrmann 5255

1739 **Ringversuch zum Nachweis der Traubensorten.** A. C. Rice. (J. Assoc. off. analyt. Chemists **51** (1968) 4, 931–33; Taylor Wine Co., Hammondsport, N.Y.; engl.) — Concord-Traubensaft enthält Malvidinmono- oder -diglucoside nur in Spuren u. kann damit von anderen Traubensorten unterschieden werden. Zum Nachw. von Verfälschungen des Concord-Traubensaftes eignet sich die papierchromatograph. Best. der Anthocyanine mit W. als Fließmittel u. HCl als Sprühmittel. K. Herrmann 5255

1740 **Bestimmung und Beurteilung des Nitratgehalts von Traubenmosten und Wein.** H. Rebelein. (Dtsch. Lebensmittel-Rdsch. **63** (1967) 8, 233–39; Staatl. Chem. Untersuchungsanst., Würzburg; dt.) — Bei der für Serienbest. geeigneten Meth. wird NO_3^- mit einem Zeitaufwand von 30 Min. durch einen im Wein direkt erzeugten Cd-Schwamm zu NO_2^- red. u. dieses mit Sulfanilsäure u. Naphthylamin in CH_3COOH/W. als Diazoverb. photometr. bei 530 nm bestimmt. Da der NO_3^--Geh. des Gebrauchswassers höher als der des Weins ist, kann das NO_3^-/Asche-Verhältnis als zusätzliches Kriterium für den Nachw. von Wässerungen herangezogen werden. K. Herrmann 5255

H. Angewandte Chemie

H–3. Anorganische Industrie

1741 **Fortschritte auf dem Gebiet der Darstellung von Perchloraten und Überchlorsäure.** M. Ja. Fiošin und A. M. Mežerickij. (Chim. Prom. **43** (1967) 9, 676—79; russ.) — Übersicht. — 14 Literatur- u. Patentangaben. R. K. Müller H 247

1742 **Schwefelreinigung von Roheisen mit Berücksichtigung der schwedischen Verhältnisse.** Bo Kalling. (Jernkontorets Ann. **151** (1967) 9, 584—602; schwed.) — Übersicht über die verschiedenen Verf. zur Entschwefelung von Roheisen, von denen die Raffination mit trockenem CaO oder CaC_2 im Drehrohrofen oder in der Rüttelpfanne der Behandlung mit Na_2CO_3 vorgezogen wird. — 20 Literaturangaben. R. K. Müller H 253

1743 **Silicidüberzüge auf Niob und Tantal und Verbesserung ihrer Oxydationsbeständigkeit.** H. W. Lavendel und A. Grant Elliot. (Trans. metallurg. Soc. AIME **239** (1967) 2, 143—48; Lockheed Palo Alto Res. Labor., Palo Alto, Calif.; engl.) — Mit $TaSi_2$ überzogenes Ta u. mit $NbSi_2$ überzogenes Nb sind weniger beständig gegen Ox. als mit $MoSi_2$ überzogenes Mo. Das rührt hauptsächlich daher, daß Ta_2O_5 u. Nb_2O_5, nicht aber MoO_2 oder MoO_3, fast so thermodynam. stabil wie SiO_2 sind. Ferner verläuft die Si-Diffusion im Syst. Ta–Si u. Nb–Si viel langsamer als im Syst. Mo–Si. Dadurch wird der Mechanismus der selektiven Si-Ox. (die die Ox.-Beständigkeit von mit $MoSi_2$ überzogenem Mo erklärt) gehemmt. Die Silicide können durch Zusatz geeigneter modifizierender Stoffe, die die thermodynam. Stabilität der bei der Ox. gebildeten Silicate steigern, stabilisiert werden, wozu sich bes. Al eignet. In Ggw. von Al ist die Geschw. der Oxidbldg. um den Faktor 1,8 geringer als in Abwesenheit von Al. W. Wesly H 270

1744 **Auswahl und Untersuchung von Legierungen auf Zn-Basis für Einzelteile von Erdöleinrichtungen.** M. Ju. Ametov und S. B. Bunjatov. (Izvest. vyssich učebnych Zavedenij [Baku], Neft Gaz **10** (1967) 1, 101—04; Azerbajdž. inst. Azizbekova; russ.) — Untersucht wurden bin. *Zn–Al-Leg.* mit 5—95% Al. Die Leg. mit ca. 40% Al besitzen die günstigsten mechan. Eig., wie σ_B = 30 (kg/mm²); HB 90; δ = 7,8%; a_k = 1,38 kgm/cm². Ein Legieren mit *Cu* (2%) führt zur Erhöhung von σ_B auf ca. 35 kg/mm² u. zur Verringerung der Plastizität, δ = 4,4%. Die Leg. mit 1—4% Cu besitzen höhere mechan. Eig. im Vgl. zu *Sn-Bronzen Br OCS 6-6-3* u. können als Konstruktionswerkstoffe verwendet werden. E. Pfluger H 294

1745 **Oxydation von Zirkon und Diffusion von Sauerstoff in Oxid und Metall.** Jean Debuigne. (Métaux **42/43** (1967) 502, 235—58; franz.) — Übersicht über die Eig. von Zr-Leg. (Art der Verteilung von O-Atomen in den Leg., ihre mechan. Eig. u. ihre Sprödigkeit, Sprödigkeit der O-Diffusionsschichten in Zr, Beziehung zwischen Härte u. O-Konz. in den Diffusionszonen), Verh. von Zr an der Luft (Syst. Zr–N, Kinetik der Ox. von Zr an der Luft, mikrograph. u. radiokristallograph. Unters., Ox.-Verh. von Zr–Sn-, Zr–Ti- u. Zr–P-Leg.). — 73 Literaturangaben. W. Wesly H 322

1746 **Elektrolytische Abscheidung von Wismut aus Jodidlösungen.** Jerzy Weber. (Prace Inst. Mechan. precyzyjnej. **15** (1967) 2, 10—18; pol.) — Unters. zeigen, daß Bi aus komplexen Jodidlsg. zur elektrolyt. Abscheidung in Pulverform an der Kathode neigt, was aber durch starkes Rühren des Elektrolyten verhindert wird, so daß Überzüge guter Qualität gewonnen werden. Bi tritt im Elektrolyten als Bi^{2+} u. Bi^{3+} auf. Der durch verschiedene Elektrolytzusätze nicht zu vermindernde hohe J-Geh. ($\leqq$ 30%) in den Bi-Abscheidungen u. der Verlauf der Kurven der Kathodenausb. deuten darauf, daß die Bi-Abscheidung hauptsächlich aus dem Kation $[Bi^{II} J]^+$ erfolgt. W. Wesly H 334

1747 **Herstellung von $CrCl_3$.** F. N. Tavadze, Ju. M. Kartevilišvili, T. D. Abuladze und D. G. Bardzimašvili. (Soobšč. Akad. Nauk Gruz. SSR **45** (1967) 1, 149—54; Grusin. metallurg. inst.; russ.) — Das Verf. besteht in der *Chlorierung* (A) von Cr-haltigen Rohstoffen bei hoher Temp., Abtreiben der entstandenen Cr-, Fe- u. Al-Chloride u. anschließender fraktionierter Kondensation. Gemäß thermodynam. Berechnungen ist A von Cr_2O_3 nur bei Ggw. eines O-entziehenden Reagenzes möglich u. verläuft am günstigsten nach: $^1/_3\,Cr_2O_3 + C + Cl_2 \rightarrow {}^2/_3\,CrCl_3 + CO$ u. $^1/_3\,Cr_2O_3 + CO + Cl_2 \rightarrow {}^2/_3\,CrCl_3 + CO_2$. Gebracht werden die thermodynam. Kennzahlen für 8 mögliche Rk. für 473—973 °K, die Skizze der App. u. die Vers.-Durchführung. Für A wird Cr_2O_3 mit C u. W. vermischt, pelletisiert u. in C-Umhüllung bei 300—350° getrocknet. In den Pellets wird C in der 1,5fachen theoret. Menge benötigt. Bei 900° beginnt die intensive A u. bei 950° findet während der A die $CrCl_3$-Dest. statt. Die Cr-Ausb. beträgt 86—90% spektralreines $CrCl_3$. E. Pfluger H 335

1748 **Elektrolytische Abscheidung einer Cr-Fe-Ni-Legierung auf der Basis eines sich selbst regelnden Tetrachromat-Elektrolyten.** A. I. Sajmanova und N. T. Drobanceva. (Z. prikl. Chim. **40** (1967) 12, 2722—27; Char'kovskij politechn. inst. im. Lenina; russ.) — Beim Zusatz von $FeSO_4 \cdot 7\,H_2O$ (50 g/l) u. $NiSO_4 \cdot 7\,H_2O$ (150 bis 200 g/l) zu einem sich selbst regelnden Tetrachromat-Elektrolyten bei 295—297 °K u. bei 8—10 A/dm² Stromdichte werden glänzende glatte Abscheidungen einer Cr–Fe–Ni-Leg. mit 93,44(%) Cr, 5,7 Fe u. 0,86 Ni erzielt. Die hohe D. der Abscheidungen u. ihre Beständigkeit gegen verd. Säuren (HCl, H_2SO_4, HNO_3) ergeben die Möglichkeit der Herst. einer gegen Korrosion u. chem. Einw. beständige Cr–Fe–Ni-Leg. auf der Grundlage von 6wertigen Cr-Verbindungen. H. Hochstein H 335

1749 **Magnetisierendes Rösten von eisenhaltigen Kuchen.** V. I. Gaprindašvili und R. M. Dudučava. (Soobšč. Akad. Nauk Gruz. SSR **48** (1967) 3, 655—59; AN Gruz. SSR, Inst. neorgan. chim. i ėlektrochim.; russ.) — Unters. verschiedener Faktoren auf das Verh. von Fe beim reduzierenden Rösten in einer Wirbelschicht an einer Probe mit 42,13(%) Fe, 22,46 SiO_2, 13,00 $BaSO_4$, 2,85 Zn, 1,56 Pb u. 0,07 Cu. Beim Niedertemp.-Rösten der Fe-haltigen Kuchen unter Verw. von 98% CO wird das Erscheinen von metall. Fe festgestellt, dessen Austrag bis auf 700° zunimmt, worauf eine durch Wechselwrkg. der metall. Fl. mit BaS bedingte Abnahme stattfindet. Eine Verringerung der CO-Konz. hemmt den Prozeß der Bldg. von metall. Eisen. Die wirkungsvollste Meth. der Anreicherung der red. Fe-haltigen Kuchen ist eine Scheidung unter Anwendung eines schnellumlaufenden Magnetfeldes. H. Hochstein H 354

1750 **Kinetik der Reduktion von Eisenoxiden durch CO und die sekundäre Reaktion der Kohlenstoffabsetzung.** D. K. Lambiev und D. G. Dimitrov. (Doklady bolgarskoj Akad. Nauk **20** (1967) 9, 919—22; Inst. Gen. Inorgan. Chem. Bulgar. Acad. Sci.; engl.) — Die Red. von Fe_2O_3 (Teilchengröße 1—2 μ) u. Fe_3O_4 (20 bis 30 μ) wurde zwischen 300—1000° bei einem CO-Strom von 1,75—3,50 nl/h untersucht. Bei 300—400° folgt die Red. der Gleichung $\alpha^2 = k^t$, wo α der Red.-Grad ist. Bei 500° bringt die C-Absetzung die Red. zum Stehen, bei höheren Temp. verläuft die Red. fast linear bis zum Gleichgew.-Zustand. Die Geschw. der Red. steigt mit steigendem CO-Strom. Es bestehen zwei Stufen:

Zers. von CO in C auf dem Metall (oder bereits abgesetztem C), u. die Red. an der Metall-Oxidgrenze. C-freies Fe-Pulver kann nur bei Red. bei einem größeren CO_2-Geh. im Gas erhalten werden, als bei der gegebenen Temp. dem $CO-CO_2$-Gleichgew. entspricht.
J. Tůmová H 354△

1751 **Herstellung von Nickel–Eisen-Legierungen, Abscheidung aus Sulfamatbädern.** S. S. Misra und T. L. Rama Char. (Metal Finishing **65** (1967) 5, 62–67; Bangalore Indien, Indian Inst. of Sci.; engl.) — Aus einem Elektrolyten, der Ni-, Fe-Sulfamat, Na-Acetat u. Sulfaminsäure in wss. Lsg. enthält, ist es möglich, galvan. Leg. mit Geh. von 5–95% Fe abzuscheiden. Die Kurven des Kathodenpotentials für Fe u. Ni liegen bei den verschiedenen Badkonz. dicht nebeneinander. Die Zus. des Nd. ändert sich mit der Dauer der Abscheidung nicht. Der Elektrolyt ist stabil; Zusätze wie Citronensäure, $B(OH)_3$, Coffein, Dextrin, Glycerin, Sulfosalicylsäure, Thioharnstoff u. Na-Laurylsulfonat beeinflussen den Nd. prakt. nicht. F. Vier H 356

1752 **Wirkung der martensitischen Umwandlung auf die elektrischen und magnetischen Eigenschaften von NiTi.** J. E. Hanlon, S. R. Butler und R. J. Wasilewski. (Trans. metallurg. Soc. AIME **239** (1967) 9, 1323–27; Wilmington, Del., E. I. du Pont de Nemours; engl.) — NiTi-Leg. wandeln sich zu einer Struktur niedriger Symmetrie nahe bei Raumtemp. um. Die Änderungen der elektr. u. magnet. Eig., die bei dieser Umwandlung auftreten, wurden untersucht. Ebenso werden die Wrkg. der Zus. u. der Wärmebehandlung auf die elektr. Eig. erörtert. Während sich der Widerstand nur ca. um 15% ändert, ändert sich dagegen der Halbkoeff. um den Faktor von ca. 3,5. F. Vier H 356

1753 **René 100 — eine σ-phasenfreie Legierung für Turbinen.** E. W. Ross. (J. Metals **19** (1967) 12, 12–14; Cincinnati, O., General Electric Co.; engl.) — Die aus der Leg. *IN 100* durch Herabsetzen des Ti-Geh. entwickelte Leg. René 100 enthält 4,0–4,4(%) Ti, 5,2–5,7 Al, 9,0 bis 10,0 Cr, 14–16 Co, 2,7–3,3 Mo, 0–1,0 Fe, 0,01–0,02 B, 0,15–0,20 C, 0,9–1,1 V, 0,03–0,09 Mo, Rest Ni. Sie zeichnet sich dadurch aus, daß bei Wärmebehandlungen eine Ausscheidung der schädlichen σ-Phase vermieden wird. F. Vier H 356

1754 **Technologie der Verarbeitung und des Drehens von Aluminiumbronze.** Gh. Murarețu, F. Nicola und S. Șontea. (Rev. Chim. [București] **18** (1967) 11, 679–82; rum.) — Die Herst. einer gießbaren Al-Spezialbronze mit 85–91(%) Cu, 7,2–9 Al, 2,4–4 Fe, maximal 0,5 Sn, 0,1 Pb, 0,5 Zn, 0,1 Ni u. 0,4 Mg wird beschrieben. Die Leg. ist gut verarbeitbar. R. M. Müller H 358△

1755 VEB Technische Gase-Werke Berlin (Erfinder: Hasso Meinert und Gerhard Gnaude), Berlin, **Xenon- und Kryptonfluoride** werden hergestellt durch Rk. von Xe oder Kr mit Fluorchlorkohlenstoffen unter Energieeinw., z. B. durch hochfrequente elektr. Entladungen mittels Außenelektroden. — Verw. zur *Speicherung* von *Xe* oder *Kr* u. zur *Trennung von Edelgasen.* (**Schwz. P. 458 307** vom 16/11. 1965, ausg. 30/8. 1968. D. Prior. 27/4. 1965.) — 2 S. A. Debo H 230

1756 Hans Hofmann, Halle/Saale, **Elektrochemische Herstellung von Chlor** und gleichzeitige Gewinnung von *Soda* oder *$NaHCO_3$*. In einer mit Diaphragma ausgerüsteten Elektrolysezelle wird im Anodenraum gesätt. NaCl-Lsg. elektrolysiert, nach Erschöpfung mit festem NaCl wieder gesätt. u. in den Anodenraum zurückgeführt, während im Kathodenraum eine mit NaCl u. $NaHCO_3$ gesätt. wss. Lsg. unter Umwandlung von $NaHCO_3$ zu Na_2CO_3 elektrolysiert wird, die nach Verlassen des Kathodenraumes mit CO_2 gesätt. wird, wonach das feste $NaHCO_3$ abgetrennt u. die Mutterlauge nach Aufsättigen mit NaCl in den Kathodenraum zurückgeleitet wird. (**D. P. [DDR] 58 497** Kl. 12i vom 12/5. 1966, ausg. 5/11. 1967 [Wirtschaftspatent].) — 4 S.
W. Wittholz H 247

1757 Siemens Akt.-Ges., Berlin und München (Erfinder: Hans Pink, Starnberg, und Irmgard Ebigt, München), **Gewinnung von hochreinem, insbesondere schwermetallfreiem Jod** aus noch bes. mit Schwermetallen verunreinigtem Jod, dad. gek., daß das verunreinigte J in einem, **Sauerstoff** in seiner chem. Zus. enthaltenden Lsgm. für J in Form einer Anlagerungsverb., bes. in KJ enthaltendem W., gelöst wird u. daß der Lsg. ein mit dem Lsgm. nicht mischbares zweites, J in mol. Form, d. h. physikal., lösendes organ. Lsgm. hinzugegeben wird, daß die Lsg. mit diesem zweiten Lsgm. vermengt wird, daß die beiden Lsgm. durch Abscheidung wieder voneinander getrennt werden u. daß das J aus dem abgetrennten zweiten Lsgm. zurückgewonnen wird. Man geht bes. von doppelsublimiertem J als Ausgangsmaterial aus. Als organ. Lsgm. werden verwendet aliphat., cycloaliphat. oder aromat. KW-Stoffverb., bes. solche deren Kp. unter ca. 100° liegt, z. B. PAe. mit Kp. von 40–70°. Dem Lsgm., in dem das verunreinigte J gelöst wird, werden bes. Schwermetallkomplexbildner, z. B. RCN u./oder NaF u./oder Weinsäure, zugesetzt. — Zeichnung. (**D. A. S. 1 270 010** Kl. 12i vom 15/6. 1964, ausg. 12/6. 1968.) — 3 S.
K. Demmler H 249

1758 Commercial Solvents Corp., übert. von: Herbert L. Wehrmeister und Harald I. Yalowitz, Terre Haute, Ind., USA, **Herstellung von kristalliner Hydroxylamin-O-sulfonsäure (I)** $H_2N-O-SO_3H$. Unter wasserfreien Bedingungen wird Nitromethan mit H_2SO_4 zu saurem Hydroxylammoniumsulfat umgesetzt u. dieses in der 2. Stufe in I übergeführt u. aus dem Rk.-Gemisch abgetrennt; Ausb. 71–83%, vgl. Tabelle. (**U. S. P. 3 281 209** vom 28/5. 1964, ausg. 25/10. 1966.) — 3 S.
E. Miessgang H 253

1759 Progil, Paris, Frankreich, **Herstellung von Schwefelkohlenstoff.** S-Dämpfe wurden bei 550–850° 0,1 bis 20 Sek. in Abwesenheit eines Katalysators mit einem Mono- oder Diolefin, bes. Äthylen, Propylen, Butadien umgesetzt. Nicht umgesetzter S wird im Kreislauf geführt. (**Brit. P. 1 104 125** vom 13/12. 1966, ausg. 21/2. 1968. F. Prior. 7/4. u. 15/11. 1966.) — 4 S.
E. Miessgang H 253

1760 Kali-Chemie Akt.-Ges., Deutschland (Erfinder: Jürgen Dultz), **Herstellung von Kieselsäuregel** erhöhter Widerstandsfähigkeit gegen W. durch Kalzinieren bei 300–450°, bes. bei 300–400°. — *Entwässerungsmittel.* (**F. P. 1 450 270** vom 18/10. 1965, veröff. 19/8. 1966. D. Prior. 25/11. 1964.) W. Wittholz H 261

1761 Monsanto Co., übert. von Chung Yu Shen, St. Louis, Mo., USA, **Herstellung von kondensierten Alkali- und Erdalkaliphosphaten** erfolgt dadurch, daß eine kondensierte Phosphorsäure u. ein Alkali- oder Erdalkalisalz, bzw. ein entsprechendes Oxid oder Hydroxid oder Gemische davon unter Bldg. eines amorphen Zwischenprod. umgesetzt werden, das auf Temp. zwischen 260° u. dem F. des gewünschten kondensierten Phosphates erhitzt wird. Nach dem Verf. werden Alkalitrimetaphosphate, -tripolyphosphate u. -pyrrophosphate, sowie Erdalkalimetaphosphate u. -pyrrophosphate in krist. Form gewonnen, bes. *Na-Pyrophosphat*, $Na_4P_2O_7$, *Penta-K-tripolyphosphat*, $K_5P_3O_{10}$, *Penta-Na-tripolyphosphat*, $Na_5P_3O_{10}$, *Tri-Na-trimetaphosphat*, $Na_3P_3O_9$, *Di-Ca-pyrophosphat*, $Ca_2P_2O_7$, *Na-K-trimetaphosphat*. — Beispiele. (**U. S. P. 3 361 523** vom 19/3. 1963, ausg. 2/1. 1968.) — 6 S. H.-W. Wille H 264

1762 Dorr-Oliver, Inc., Stamford, Conn., USA, **Herstellung von Ammoniumpolyphosphat** erfolgt dadurch, daß auf einen P_2O_5-Geh. von 50–58 Gew.-% konz. Naßverf.-Phosphorsäure kontinuierlich in einer Rk.-Zone mit gasf. wasserfreien NH_3 umgesetzt wird, wobei die Rk.-Wärme Temp.-Anstieg auf 300 °F u. teilweise Entwässerung des nichthygroskop. Ammoniumpolyphosphates bewirkt; dieses hat P_2O_5-Geh., 56–65 Gew.-%. Rk.-Temp. bes. zwischen 400 u. 500 °F. *Düngemittel.* (**Brit. P. 1 104 663** vom 9/3. 1965, ausg. 28/2. 1968. U. S. Prior. 18/3. 1964.) — 8 S. H.-W. Wille H 264

1763 Fabriques de Produits Chimiques de Thann et de Mulhouse Soc. An., Thann, Frankreich, **Herstellung von Titandioxid** durch Gasphasenrk. unter Verw. einer Hilfsflamme bei 900–1600°. Es werden 40–150 m^3 pro h eines Gemisches aus CO, CO_2 u. N_2, in dem CO

≧ 60—85 Vol.-% ist u. der Rest bes. aus 5—15 CO_2 u. 5—30 N_2 besteht, mit 20—80 (m³/Std.) O_2 u. 43—195 eines Gemisches aus $TiCl_4$ u. O_2 umgesetzt; TiO_2 wird abgetrennt, im Restgas der Cl_2-Geh. durch Zugabe von Cl_2 auf 50—70 Vol.-% gebracht, mit dem angereicherten Gas in einer Chlorierungszone TiO_2, z. B. Ilmenit, in Ggw. eines Red.-Mittels bei 700—1200° chloriert u. $TiCl_4$ in die Ox.-Zone übergeführt. (**Brit. P. 1 100 575** vom 28/7. 1966, ausg. 24/1. 1968. F. Prior. 6/9. 1965.) — 5 S. H. Roos H 321

1764 E. I. du Pont de Nemours & Co., Wilmington, Del., übert. von: Kamran Aykan, Woodbury, N.J., USA, **Herstellung von Bleititanat,** $PbTi_3O_7$, durch Kalzinieren einer Mischung von PbO u. Anatas mit einem Mol-Verhältnis von 1 : 2,5 bis 1 : 3,5 bei 600—900, bes. 750—850° für 1—150, bes. 4—30 Std.; zweckmäßig wird eine durch gemeinsame Fällung erhaltene Mischung von wasserhaltigen Oxiden als Ausgangsgemisch eingesetzt. — Verw. als *Katalysator* für Gasphasenreaktionen. (**U. S. P. 3 361 519** vom 11/1. 1967, ausg. 2/1. 1968.) — 4 S. H. Roos H 321

1765 Fabriques de Produits Chimiques de Thann et de Mulhouse, Thann, Frankreich, **Herstellung von TiO_2** durch Gasphasenox. von $TiCl_4$ mit O_2 oder einem O_2-enthaltenden Gas unter Anwendung der CO-Verbrennung als Hilfsrk., wobei CO eingesetzt wird, das einer Brennmaterialmischung entstammt, die zu 10—100% aus Holzkohle u. ggf. zum restlichen Teil aus Koks, bes. Gas- oder Hausbrandkoks oder aus Graphit besteht, u. wobei das so erhaltene CO im wesentlichen noch N_2, CO_2, H_2 u. 50—200 mg/m³ mitgerissene anorgan. Aschebestandteile enthält. Das Gasgemisch enthält z. B. neben CO u. der Asche 60—80% N_2, 5—15 CO_2 u. 0,8—1,5 H_2. (**Brit. P. 1 104 196** vom 22/7. 1966, ausg. 21/2. 1968. F. Prior. 4/8. 1965.) — 5 S. H. Roos H 321

1766 Soc. d'Études, de Recherches et d'Applications pour l'Industrie S. E. R. A. I., Brüssel, Belgien (Erfinder: Jean Piret), **Herstellung von Titanphosphat** durch Behandlung von TiO_2 mit einem Sulfat, z. B. $[NH_4]_2SO_4$, in Ggw. von H_2SO_4 (D. 1,84), bes. bei 200°, u. anschließendes Behandeln der erhaltenen klaren $TiO[SO_4]$-Lsg. mit H_3PO_4 in einem wss. Medium ohne äußere Wärmezufuhr. Das Prod. fällt in krist. Form an. (**Brit. P. 1 106 131** vom 19/3. 1965, ausg. 13/3. 1968.) — 2 S. H. Roos H 321

1767 Titanium Metals Corp. of America, New York, N.Y., übert. von: Dwayne L. Day, Wintersville, O., USA, **α-Titanlegierung** besteht aus 5,5—7,5(%) *Al*, 3,5—4,5 *Zr*, 0,7—2,3 *V*, ≦ 0,15, bes. ≦ 0,12, O_2, ≦ 0,1 N_2, wobei der Gesamtgeh. an Zwischengitterelementen, einschließlich *C*, ≦ ca. 0,35 beträgt, Rest Ti u. zufällige Verunreinigungen. Die meerwasserbeständige, schweißbare, geringen β-Phasenanteil aufweisende Leg. zeichnet sich bei Raumtemp. durch eine Zugfestigkeit ≧ 120000 lbs./sq.in. bei ≧ 10% Dehnung u. ≧ 20% Einschnürung sowie durch eine Kerbschlagzähigkeit nach Charpy bei —80 °F von > 25 ft.lbs. aus. Das spezif. Gew. der Leg. beträgt ca. 0,160 lbs./in³. (**U. S. P. 3 364 017** vom 10/5. 1966, ausg. 16/1. 1968.) — 2 S. C. F. Gross H 321

1768 E. I. du Pont de Nemours & Co., Wilmington, Del., übert. von: Lothar H. Brixner, West Chester, Pa., USA, **Thermoelektrische Legierung auf Niob- und/oder Tantalbasis** mit einer Zus. gemäß der Formel $Nb_x Ta_{1-x} Si_y Ge_{2-y}$, wobei x Werte von 0—1 u. y-Werte von 0—2 annimmt, mit der Maßgabe, daß wenigstens einer der x- u. y-Werte um wenigstens den Wert 0,25 von den Grenzwerten des entsprechenden Bereichs abweicht. Bevorzugte Zus.: NbSiGe, TaSiGe oder $Nb_{0,5}Ta_{0,5}Si_2$. Die Leg. zeichnet sich durch einen Seebeck-Koeff. (S) von z. B. ca. 10—66 μV/Grad, einen elektr. Widerstand (r) von z. B. ca. 0,06—0,38 m Ω · cm u. eine Wärmeleitfähigkeit (k) von z. B. ca. 0,013—0,033 Watt/Grad · cm aus, so daß die Kenngröße $Z = S^2/r \cdot k$ für jede Zus. der Leg. ≧ 0,5 · 10^{-4} $Grad^{-1}$ ist. Zur Herst. der Leg. werden die pulverförmigen Bestandteile gemischt u. unter Edelgas auf 1000—2200° (z. B. 10—20 Std. auf 1000—1200°) erhitzt oder im Lichtbogen geschmolzen u. zur Rk. gebracht. Das im 1. Fall erhaltene Prod. kann für den thermoelektr. Einsatz gepreßt werden, während das geschmolzene Material im allg. wieder gemahlen, kalt gepreßt u. bei 1500—1800° gesintert wird. (**U. S. P. 3 298 777** vom 12/12. 1961, ausg. 17/1. 1967.) — 3 S. C. F. Gross H 332

1769 W. C. Heraeus G. m. b. H. (Erfinder: Maria Mentzner und Konrad Ruthardt), Hanau/M., **Ruthenium-Rhenium-Legierung** besteht aus 10—40(%) Re, 15—45 Ru, Rest ≦ 50 *W*. Die Leg. kann auf Kosten des Ru ggf. 5—35 *Os* sowie zusätzlich oder an Stelle des Os insgesamt ≦ 25 andere Metalle der VIII. Gruppe des Period. System, einzeln oder zu mehreren, enthalten, bes. *Fe*, *Co*, *Ni*, *Pt* u./oder *Pd*. Die weitgehend porenfreie schmelzbare, zähe, gut verarbeit- u. polierbare Leg. wird zur Herst. von *Schreibfederspitzen* verwendet. (**D. A. S. 1 276 332** Kl. 40b vom 7/11. 1964, ausg. 29/8. 1968.) — 2 S. C. F. Gross H 337

1770 W. R. Grace & Co., New York, N.Y., USA (Erfinder: Frederick Troop Fitch und Ann Baker Braun), **Herstellung eines Organosols,** das *koll. Kohlenstoff* u. ggf. *koll. Metalloxide* enthält. Man mischt eine mit W. nicht mischbare organ. Fl., z. B. Benzylalkohol, CCl_4, Furfural, Tetrachloräthan, einen prim. oder sek. einwertigen Alkohol mit wenigstens 4 C-Atomen, Bzl., Isopropyläther oder Äthylacetat, mit W., kolloidalem C u. ggf. einem kolloidalen Metalloxid, wobei der Hauptteil der kolloidalen Teilchen mit W., der Rest mit der organ. Fl. eine disperse Phase bildet, u. wobei die koll. Teilchen mit einer organ. Säure mit mindestens 5 C-Atomen, z. B. Benzoesäure, Capron-, Heptancarbon-, Capron-, Decancarbon-, Isovalerian-, Isocapron- oder α-Phenylpropionsäure, in einer Menge von 2,5/R bis 5,6/R Molen pro Mol der kolloidalen Teilchen umhüllt wurden (R = durchschnittlicher Durchmesser der kolloidalen Teilchen in My). Man kann z. B. eine wss. Dispersion des C u. ggf. der Metalloxide mit der Säure mischen u. die erhaltene Mischung mit der organ. Fl., vermengen, oder man stellt ein Organosol durch Vermischen einer wss. Dispersion des C mit der organ. Fl. her u. mischt dieses Organosol mit einem Gemenge aus einem wss. Sol des Metalloxids und der Säure. Als Metalloxide kommen z. B. ZrO_2, Al_2O_3, Actinid- u. S.E.-Oxide in Betracht. — Herst. von *Actinidcarbiden*. (**Brit. P. 1 106 833** vom 2/9. 1965, ausg. 13/3. 1968. U. S. Prior. 24/9. 1964.) — 4 S. H. Ross H 338

1771 International Nickel Ltd., London, Großbritannien (Erfinder: Stuart Walter Ker Shaw und Reginald Massey Cook), **Warmfeste Nickel-Chrom-Legierung,** bestehend aus 3—7, bes. 6(%) *Cr*, ≦ 3, bes. 2 *Mo*, 2—6, bes. 3 *Ta*, mindestens 7, bes. 11 *W*, 6 *Al*, < 0,03, bes. ≦ 0,01 *C*, 0,01—0,1, bes. ≦ 0,05 *B*, 0,05 bis 1,5, bes. 1 *Zr*, Rest *Ni*. Die Leg. wird im *gegossenen* Zustand z. B. für *Gasturbinen*-Teile verwendet, die im Betrieb bei 1000° gegen *Ox.* u. gegen die Einw. von *S* beständig sein müssen u. hat Dehnungswerte zwischen 3,6 u. 8,2%. (**Brit. P. 1 106 087** vom 19/8. 1964, ausg. 13/3. 1968. **Zusatz zu Brit. P. 1 087 051.**) — 3 S. K. Bayer H 356

1772 Siemens Akt.-Ges., Berlin und München (Erfinder: Arnold Loeschmann und Siegfried Bogott, Berlin), **Kupfer-Silicium-Legierung** besteht aus 0,08 bis 2(%), bes. 0,1—1, Si, ggf. 0,01—0,2 *Ag*, Rest Cu. Die spannungskorrosionsbeständige, gut hartlötbare Leg. zeichnet sich im Vgl. zu Cu durch eine verbesserte Warmfestigkeit aus. Verw. findet die Leg. zur Herst. von *Dämpferwicklungen*, bes. von Dämpferstäben, elektr. Maschinen. — 1 Leitfähigkeits-Si-Geh.-Diagramm. (**D. A. S. 1 271 407** Kl. 40b vom 15/4. 1965, ausg. 27/6. 1968.) — 3 S. C. F. Gross H 358

1773 **Casson and Crane,** Canada (Erfinder: **George Joseph Crane**), *Herstellung von ClO_2*. (**F. P. 1 406 874** vom 4/9. 1964, ausg. 24/11. 1965. Can. Prior. 5/11. 1963. — C. **1966,** 38-2104 [Can. P. 696 945].)

1774 **Asaki Kasai Kogyo K. K.** (Erfinder: **Hideo Arita**), Japan, *Herstellung von Ammoniumperchlorat.* (**UdSSR. P. 176 532** vom 9/2. 1962, ausg. 23/6. 1966. — C. **1966,** 34-2114 [D. A. S. 1 207 926].)

1775 **Casson and Crane,** Canada (Erfinder: **George Joseph Crane**), *Herstellung von Alkalichloraten und -perchloraten.* (**F. P. 1 402 590** vom 29/7. 1964, ausg. 22/10. 1965. Can. Prior. 5/11. 1963. — C. **1966,** 38-2103 [Can. P. 696 944].)

1776 **Chemische Werke Hüls Akt.-Ges.**, Deutschland, *Wiedergewinnung von Hg*. (**F. P. 1 457 779** vom 19/10. 1965, veröff. 4/11. 1966. D. Prior. 27/10. 1964. — C. **1966**, 30-2312 [D. A. S. 1 205 705].)

1777 **Vereinigte Aluminium-Werke Akt.-Ges.**, Deutschland, *Herstellung von alkaliarmem Al-Oxid*. (**F. P. 1 417 925** vom 22/12. 1964, ausg. 9/2. 1966. D. Prior. 13/2. 1964. — C. **1966**, 30-2034 [D. A. S. 1 205 957].)

1778 **United States Atomic Energy Commission** (Erfinder: **Edward Joseph Felten** und **Stanley Frank Bartram**), USA, *Herstellung von W oder Mo enthaltenden Oxiden*. (**F. P. 1 374 709** vom 8/11. 1963, ausg. 20/1. 1965. U. S. Prior. 15/11. 1962. — C. **1966**, 39-2334 [D. A. S. 1 211 137].)

H-6. Organische Industrie

1779 **Alkylierung von Toluol und Benzol durch Chlorkerosin in Gegenwart synthetischer Alumosilicate.** R. G. Usmajlov, S. M. Aliev und N. K. Rzaev. (Izvest. vysšich učebnych Zavedenij [Baku], Neft Gaz **10** (1967) 5, 65—68; Azerbajd. inst. Azizbekova; russ.) — Bzl. u. Toluol werden bei 250—350°, Raumgeschw. 5 h^{-1}, Rk.-Dauer 4 Std. in Ggw. von synthet. Alumosilicaten mit Chlorkerosin (9—13% Cl) im Verhältnis Chlorkerosin zu Bzl. bzw. Toluol 1 : 2 alkyliert. Auf den Einfl. von Temp. u. Rohstoffdosierung wird eingegangen. Nicht umgesetzte Aromaten werden in den Rk.-Prozeß zurückgeführt. Ca. 22—26% Chlorkerosin werden umgesetzt.
Herbert Hoffmann H 510

1780 **Gleichgewichte zwischen Chlorolyseprodukten von Propan.** Kiyonori Shinoda und Hiromichi Watanabe. (J. chem. Soc. Japan, ind. Chem. Sect. [Kōgyō Kagaku Zasshi] **70** (1967) 9, 1482—85; Nishiki Res. Center, Kureha Chemica, Ind. Comp. Ltd., Nishiki, Iwaki, Japan; jap., Auszug: engl.) — Chlorierungen führen oft zu einem Gleichgew. u. werden von Dehydrochlorierungen u. C—C-Spaltungen begleitet. O_2-Zusatz senkt die Bldg. von höher sd. chlorierten KW-Stoffen. Die Zus. der Hauptprod. im Gleichgew. wird durch Gleichgew.-Gleichungen u. Prod.-Bilanzen erfaßt.
R. Hintsche H 560

1781 **Pyrolyse von Buten-(1) in Gegenwart von Wasserstoff.** Taiseki Kunugi, Hiroo Tominaga, Shiro Abiko, Katsuya Uehara und Toshiharu Ohno. (J. chem. Soc. Japan, ind. Chem. Sect. [Kōgyō Kagaku Zasshi] **70** (1967) 9, 1477—82; Dep. of Synthet. Chem., Fac. of Engng., Univ. of Tokyo; jap., Auszug: engl.) — Buten-(1) wird in Ggw. von H_2 (5 : 3) bei 655—805° u. Atmosphärendruck in einem Fließreaktor aus Quarz bei einer Verweilzeit von 0,7—0,8 Sek. pyrolysiert. Dabei findet Hydrogenolyse von Buten-(1) zu CH_4 u. *Propylen* oder zu *Äthan* u. *Äthylen*, Isomerisierung zu *Buten-(2)* sowie Dehydrierung zu *Butadien* statt. Die Rk. wird initiiert durch Zers. von Buten-(1) in Allyl- u. Methylradikale. Aktivierter H bildet Butylradikale, die in niedrige Olefine u. Radikale zerfallen. Eine Geschw.-Gleichung wird angegeben. R. Hintsche H 570

1782 **Zersetzungsreaktionen von Diisobutylen mit Zeolith-Katalysatoren.** Hiroshige Matsumoto und Yoshiro Morita. (J. Fuel Soc. Japan **46** (1967) 479, 168—71; Waseda Univ.; jap., Auszug: engl.) — Zers.-Rk. von Diisobutylen (I), katalysiert durch synthet. Zeolithe, die Na-, Mg-, Ca-, Sr-, Ba- u. Cd-Kationen enthielten, werden unter Atmosphärendruck u. unter Verw. einer Rückflußapp. untersucht. Die krackende Wrkg. dieser krist. Al-Silicat-Katalysatoren überschreitet diejenige des konventionellen SiO_2–Al_2O_3-Katalysators; jedoch besteht das mit z. B. Na-Zeolith gebildete Prod. nahezu nur aus Isobutylen u. nicht reagiertem **I**. Die Aciditäten der Zeolith-Katalysatoren, gemessen durch n-Butylamin-Titration, zeigen lineare Beziehung zur Krackungsaktivität. F. W. Guthke H 570

1783 **Reaktionskinetik bei der Herstellung von Vinylchlorid aus Dichloräthan.** Kazimierz Zieleński, Paweł Sztafrowski und Bolesław Grabowski. (Przemysł chem. **46** (1967) 5, 267—69; Zakłady Chem., Oświęcim; pol.) — Die Bldg. von Vinylchlorid aus *Dichloräthan* (**I**) in Ggw. eines Katalysators (15% $BaCl_2$ auf Aktivkohle Carbopol Z-5) ist eine Rk. erster Ordnung in bezug auf die Konz. von **I** auf der Katalysatoroberfläche. Für die Temp. 300, 350 u. 400° sind Rk.-Geschw.-Konst. u. Gleichgew.-Konst. angegeben.
H. Kurek H 570

1784 **Gleichgewicht der Methanolsynthese bei hohen Drücken.** Ja. S. Kazarnovskij, S. A. Michajlova und D. B. Kazarnovskaja. (Chim. Prom. **43** (1967) 9, 679—82; russ.) — Vgl. C. **1965**, 19-0301; C. **1967**, 27-2157. — Aus der Zus. der Ausgangsgemische von CO u. H_2 wird unter Verw. der l.c. ber. Kompressibilitäten die Gleichgew.-Konz. an CH_3OH bei verschiedenen Drücken (50 bis 500 at) u. 350° nach den Gleichungen von Gillespie u. Lerberg u. von Lewis u. Randall ber. u. in Tabellen u. Diagrammen wiedergegeben. In allen Fällen werden ausgeprägte Max. beim stöchiometr. Verhältnis CO : H_2 = 1 : 2 erhalten. Allg. gilt, daß bei Best. des Vol.-Verhältnisses des Rk.-Gemisches durch die Konz. des Endprod., unabhängig vom Verhältnis der Ausgangsstoffe, die Messung der Kompressibilität der Gemische bei stöchiometr. Verhältnis der Ausgangsstoffe u. verschiedenen Molenbrüchen des Endprod. für die Berechnung des Gleichgew. genügt. R. K. Müller H 610

1785 **Glycerinsynthese durch drucklose Hydrolyse von Epichlorhydrin-Dämpfen in alkalischer Lösung.** Jerzy Myszkowski, Kazimierz Kozłowski und Antoni Z. Zieliński. (Chem. stosowana, Ser. A **11** (1967) 1, 45 bis 52; Politechnika Szczecińska; pol.) — Es wird festgestellt, daß die Einführung von *Epichlorhydrin* (**I**)-Dämpfen in alkal. Lsg. zu einer günstigen Hydrolyse von **I** führt. Der Prozeß kann unter atmosphär. Druck durchgeführt werden. Man erreicht eine Konz. des *Glycerins* (**II**) im Hydrolysat bis 30% bei ca. 100% Ausb. von **II** u. einer hohen Ausnutzung der Rk.-Fläche (5 Mol/l · h).
M. Sidillo H 630

1786 **Untersuchung der katalytischen Hydratisierung von C_2H_2 und seiner Derivate in der Dampfphase. 14. Mitt. Hydratisierung von C_2H_2 der oxydativen Pyrolyse von CH_4.** Ju. A. Gorin, I. K. Gorn und N. A. Rozenberg. (Ž. prikl. Chim. **40** (1967) 2, 399—403; russ.) — Die thermodynam. Berechnungen der Veränderung der freien Energie u. der Gleichgew.-Konst. der Hydratisierungsrk. von C_2H_2 zeigen, daß die Rk. in einem breiten Temp.-Bereich bis zu Ende verlaufen muß. Die Hydratisierung wurde über einem Cd–Ca–Phosphat-Katalysator (Mol-Verhältnis CaO + CdO/P_2O_5 = 2,90) bei 370—400° u. verschiedenen Vol.-Geschw. durchgeführt, wobei sowohl C_2H_2–H_2-Gemische als auch konz. Pyrolyse-C_2H_2 verwendet wurden. Bei C_2H_2-Konz. von 7—9% im Gemisch beträgt die Hydratisierung von C_2H_2 $\leqq$ 72—75%, selbst bei geringen Vol.-Geschwindigkeiten. Bei geringerer C_2H_2-Konz. (2%) verläuft die Hydratisierung nur zu 20—30%. Daher wird mit aus dem Pyrolysegas abgetrenntem konz. C_2H_2 bei der Synth. von *Acetaldehyd* u. *Crotonaldehyd* gearbeitet. Dabei sind die Acetaldehydausb. bei gleichen Vers.-Bedingungen die gleichen, wie bei der Verw. von Carbid-Acetylen. Der Katalysator kann dabei 2500 bis 3000 Std. ohne Regenerierung verwendet werden.
G. Mögel H 670

1787 **Eigenschaften, Herstellungsverfahren und praktische Verwendung von Diketen.** N. G. Poljanskij. (Chim. Prom. **43** (1967) 10, 32—37; russ.) — Übersichtsarbeit. — 58 Literaturangaben.
Herbert Hoffmann H 700

1788 **Katalysatoren aus Aluminiumchlorid und Schwefelverbindungen bei der Toluolalkylierung.** Hiroshi Yasui, Hidemi Arioka und Hideo Ochi. (J. chem. Soc. Japan, ind. Chem. Sect. [Kōgyō Kagaku Zasshi] **70** (1967) 9, 1518 bis 1520; Tobata Labor., Yawata Chem. Ind. Co., Ltd., 46—51; Nakabaru Sakinohama, Tobata-ku, Japan; jap., Auszug: engl.) — Die Friedel-Crafts-Alkylierung von Toluol mit Isopropylchlorid in Ggw. von $AlCl_3/(CH_3)_2S$ (1 : 2 bis 1 : 1) ergibt *Cymol* in hoher Ausb. mit niedrigem Geh. an m-Isomeren. R. Hintsche H 1010

1789 **Terephthalsäure. 1. Mitt. Geschichte der Terephthalsäure.** Jerzy Polaczek, Kazimierz Frączek und Roman Klosowicz. (Probl. Syntezy org. **13** (1967) 5, 314—28; Blachownia Śl., Polska, Inst. Ciężkiej Synt. Organ.; pol.) — Entdeckung, Verw., alte u. neue Darst.-Meth. werden besprochen. — 104 Literaturangaben.
A. Babczyński H 1220△

1790 **Lösungsmitteleinflüsse auf die Geschwindigkeit der Reaktion von substituierten Methylanilinen mit Phenylglycidyläther.** Shizuyoshi Sakai, Tatsuo Sugiyama

und Yoshio Ishii. (J. chem. Soc. Japan, ind. Chem. Sect. [Kōgyō Kagaku Zasshi] 70 (1967) 9, 1521—25; Dep. of Synthet. Chem., Fac. of Engng., Nagoya Univ., Nagoya, Japan; jap., Auszug: engl.) — Die Additionsrk. (k_A) von Methylanilinen u. Phenylglycidyläther wird begleitet von einer Additionsrk. (k_B) zwischen Methylanilinen u. dem Lsgm. Alkohol. Die Rk.-Geschw. werden durch Zugabe von kleinen Mengen unpolarer Lsgm. stark herabgedrückt. Bas. Lsgm. hemmen k_A mehr als k_B, während schwach durch Wasserstoff gebundene Alkohole umgekehrt wirken. Die Arrhenius-Diagramme geben konkave Kurven, u. die ϱ-Werte der Hammett-Gleichung für k_A u. k_B liegen im Bereich von —1,0 bis 1,2 u. —2,2 bis 2,6. Nitrobzl. zeigt anormale Lsgm.-Wirkung.
R. Hintsche H 1320

1791 **Aminierung von Cyclohexanol.** Yuichi Omote, Katsuya Iwase und Jutaro Nakamura. (J. chem. Soc. Japan, ind. Chem. Sect. [Kōgyō Kagaku Zasshi] 70 (1967) 9, 1508—12; Central Res. Labor., Kanto Elektrochem. Ind. Co., Kanai, Japan; jap., Auszug: engl.) — Bei der Rk. von Cyclohexanol mit NH_3 u. H_2 im Verhältnis 1 : 4 : 1 mit einem Cu-Zn-Oxid-Katalysator entsteht bei 180—270° während einer Verweilzeit von 8 Sek. *Cyclohexylamin* (I) u. als Nebenprod. *Dicyclohexylamin* u. *Cyclohexanon-Cyclohexylimid*. Die Nebenprod. werden bei Rückführung in den Reaktor rasch in I umgewandelt.
R. Hintsche H 2110

1792 **Gewinnung von Terphenyl aus Benzol.** D. A. Aliev, F. I. Gurevičev, A. V. Kerimbekov und N. V. Tuzova. (Neftepererabotka i Neftechim **1967**, 1, 26—28; Neftegas, Baku; russ.) — Terphenyl bildet sich als Nebenprod. bei der Darst. von Diphenyl bei der Bzl.-Pyrolyse bei 800°. Es verbleibt neben anderen KW-Stoffen im Kesselrückstand. Aus letzterem werden die KW-Stoffe mit Cyclohexan vom Terphenyl abgetrennt. Aus dem verbleibenden grauen Rückstand wird durch Sublimation *p-Terphenyl* erhalten (18—22% des Kesselrückstandes bzw. 0,7—0,8%, auf Ausgangsbzl. bezogen). Wenn die Pyrolysetemp. von 800 auf 850° erhöht wird, beträgt die Ausb. an p-Terphenyl (auf Bzl. bezogen) 1,8—2,1%.
G. Mögel H 2210

1793 **Indol.** Kazimierz Wiszniowski. (Koks-Smoła-Gaz **12** (1967) 4, 97—104; Inst. Chem. Przeróbki Węgla; pol.) — Die physikal. u. chem. Eig. von *Indol* (I) werden angegeben. Vf. beschreibt Meth. zur Synth. von I u. die Bedingungen seiner Herst. aus Kohlenteer. Die wichtigsten Meth. der qual. u. quant. Analyse von I werden zusammengefaßt u. die Verw. von I u. seiner Verb. wird beschrieben. — 95 Literaturangaben.
M. Sidillo H 2650

1794 **Technologischer Prozeß der Synthese von 2.2'-Dihydroxy-1.1'-dinaphthylmethan.** Zbigniew Jedliński, Jan Orłowski, Krzysztof Salmonowicz und Piotr Świątkowski. (Przemysł chem. **46** (1967) 5, 272—74; Politechnika Śląska, Gliwice; pol.) — Die Herst. von 2.2'-Dihydroxy-1.1'-dinaphthylmethan erfolgt durch Kondens. von *2-Naphthol* (I) mit *Formaldehyd* (II). Eine 100%ig. Umsetzung von I erreicht man bei 55—65° durch Dosieren von II in eine 50%ig. Lsg. von I in A., energ. Rühren u. Kühlen des Rk.-Gemisches. Der II-Überschuß soll 100% betragen. Als Katalysator dieser Rk. wird Na-Acetat angegeben.
H. Kurek H 2700

1795 Imperial Chemical Industries Ltd., London (Erfinder: John Thomas Gallagher und John Mitchell Kidd, Norton Hall), Großbritannien, **Herstellung von Methanol** durch Umsetzen von CO_2 oder CO + 1—20, bes. 3—12 Vol.-% CO_2 mit H_2 bei 150 at in Ggw. schwer reduzierbarer Oxide von mindestens einem Metall der Gruppen II—IV des Periodensystems. — Beispiele; Tabellen. (**D. P. [DDR] 56 773** Kl. 12o vom 14/8. 1966, ausg. 5/7. 1967 [Ausschließungspatent]. Brit. Prior. 18/8., 27/9. 1965 u. 26/7. 1966.) — 6 S.
K.-D. Stolp H 610

1796 Nehézvegyipari Kutató Intézet, Veszprém (Erfinder: László Harmathy, Veszprém, György Király, Budapest, und Miklós Nadásy, Veszprém), Ungarn, **Kontinuierliche Herstellung von Perchlormethylmercaptan,** durch Chlorieren von CS_2 bei Atmosphärendruck in gekühltem Reaktor, wobei das Chlorgas mit dem CS_2-Fl.-Film in Berührung gebracht u. das Chlorgas bei 10—25° kontinuierlich durch den Reaktor geleitet wird. (**Ung. P. 155 138** vom 8/2. 1967, ausg. 23/5. 1968.)
F. Landsberger H 640△

1797 Lonza Akt.-Ges., Basel (Erfinder: Theodor Völker, Freiburg, Schweiz, und Erika Schindelmann-Pichler, Dachau), **Herstellung von α.β-ungesättigten Carbonsäuren** durch dehydratisierende Ätherspaltung von Verb. der allg. Formel $Z-C(CH_3)(R)-O-C(CH_3)(R^1)-Z^1$ (R, R^1 = H, Alkyl-, Aryl- oder Alkenylreste; Z, Z^1 = COOH oder funktionelle Deriv.) in polaren Medien mit Kp. > 190°, bes. mehrbas. anorg. Säuren oder organ., ein Heteroatom enthaltende Verb., bei 160 bis 330°. — Diisopropyläther-α.α'-dicarbonsäure → *Methacrylsäure* (I) u. I-*Methylester*, Ausb. ≦ 87,6%. — Weitere Beispiele. (**D. P. [DDR] 55 655** Kl. 12o vom 29/1. 1966, ausg. 5/5. 1967 [Ausschließungspatent]. Schwz. Prior. 5/2. u. 27/7. 1965.) — 6 S.
K.-D. Stolp H 810

1798 Montecatini Edison S. p. A. (Erfinder: Giorgio Caporali, Natale Ferlazzo und Nicola Giordano), Mailand, Italien, **Herstellung ungesättigter Aldehyde oder ungesättigter Nitrile** aus Olefinen u. O_2 bzw. NH_3 u. O_2 in der Dampfphase bei hoher Temp., z. B. *Acrylnitril* aus Propylen (I), NH_3 u. O_2, *Methacrylnitril* aus Isobuten (II), NH_3 u. O_2, *Acrolein* oder *Methacrolein* aus I bzw. II u. O_2 oder Luft, in Ggw. eines im Wirbel gehaltenen festen Ox.-Katalysators, z. B. aus 25 (Gew.-%) $Te_4Ce_5Mo_{12}O_{54}$, auf 75 SiO_2 niedergeschlagen, in einem Reaktionsgefäß, das einen Zyklon zur Rückgewinnung des durch Rk.-Gase mechan. mitgerissenen Katalysators enthält. Luft oder O_2 werden in solchen Mengen in ein Saugrohr des Zyklons eingeleitet, daß ihre Geschw. zwischen der Geschw. minimaler Wirbelbldg. des Katalysators u. der Mitreißgeschw. der Katalysatorteilchen liegt. Der im Zyklon abgetrennte Katalysator wird zum Katalysatorbett zurückgeführt, dann wird O_2 oder Luft unter Bldg. einer kontinuierlichen Regenerierzone im Rk.-Gefäß eingeleitet, deren Temp. bei der Rk.-Temp. oder etwas darüber gehalten wird. Der Katalysator besitzt in kontinuierlichem Betrieb gleichbleibende Qualität (**D. P. [DDR] 62 827** Kl. 12o vom 26/4. 1967, ausg. 20/7. 1968 [Ausschließungspatent]. It. Prior. 28/4. 1966.) — 4 S.
F.-W. Schränkler H 810

1799 Farbwerke Hoechst Akt.-Ges. vormals Meister Lucius & Brüning, Frankfurt/M., übert. von: Wolfgang Schwiersch, Frankfurt/M., und Robert Hartwimmer, Hofheim/Taunus, **Herstellung von N-Vinylcarbaminsäureestern** der allg. Formel $CH_2=CH-N(R^1)COO-R^2$ erfolgt durch Kracken von N-(α-Alkoxyäthyl)-carbaminsäureestern bzw. N-(α-Alkoxyäthyl)-N-alkylcarbaminsäureestern in Ggw. von entweder oberflächenakt., unlösl. schwach sauren Verb. (Al-Oxid, Al-Phosphat, K-Al-Sulfat) oder einer lösl. Säure (Oxalsäure, Bernsteinsäure), um das pH auf 3—5,5 einzustellen, jeweils bei 50—200°. — N-(α-Äthoxyäthyl)-carbaminsäureäthylester → *N-Vinylcarbaminsäureäthylester*, $Kp._{20}$ 86—87°. — Vgl. D. A. S. 1 173 454; C. **1965**, 3-2419. (**U.S. PP. 3 336 368** vom 4/5. 1964; ausg. 15/8. 1967. D. Prior. 14/2. 1964 u. **3 336 369** vom 4/5. 1964, ausg. 15/8. 1967. D. Prior. 11/5. 1963.) — 3 S. — 3 S.
A. Jahn H 880

1800 Rhône-Poulenc Soc. An., Paris (Erfinder: André René Marcel Bazouin, Jacques Paul Dunogues, Lyon, und Marcel Joseph Célestin Lefort, Caluire), Frankreich, **Herstellung von Si-organischen Verbindungen** mit ≧ 1 Ätherfunktion u. Bindung des O-Atoms an das Si-Atom u. an einen Vinylrest durch Rk. von Organosilanen, Organosiloxanen oder Organosilylgruppen tragenden KW-Stoffen, die ≧ 1 Cl—Si-Bindung aufweisen, mit enol. Carbonylverb. in Ggw. von $ZnCl_2$. — Man kocht 216 (g) Acetophenon, 202 $N(C_2H_5)_3$, 1 $ZnCl_2$ u. 100 $(CH_3)_2SiCl_2$ 4 Std. in Bzl., filtriert u. dest.: 254,5 *Dimethyl-bis-[1-phenyläthen-(1)-yloxy]-silan*, $Kp._1$ 128 bis 129°; n_D^{20} 1,5558; $D._4^{20}$ 1,0537. — Analog folgende Trimethylsilane: *Buten-(1)-yloxy-*, Kp. 120°; n_D^{20} 1,4061; $D._4^{20}$ 0,790. — *Isobuten-(1)-yloxy-*, Kp. 119°; n_D^{20} 1,4070; $D._4^{20}$ 0,792°. — *Isopropenyloxy-*, Kp. 93 bis 94°; n_D^{20} 1,3961; $D._4^{20}$ 0,780. — *Cyclohexen-(1)-yloxy-*,

Kp. 165°; n_D^{20} 1,4461; $D._4^{20}$ 0,882. — *1-Methylpropen-(1)-yloxy-* u. *Äthylvinyloxy-*. — *Butadien-(1.3)-yloxy-*, Kp.$_{16}$ 36°, Kp. 131°; n_D^{20} 1,4472; $D._4^{20}$ 0,8237. — *1-Methylen-3-methylbuten-(2)-yloxy-* u. *1.3-Dimethylbutadien-(1.3)-yloxy-*. — *3.7-Dimethyloctatrien-(1.3.6)-yloxy-*. — *2-Methylpentadien-(1.3)-yloxy-*, Kp.$_{15}$ 66—69°; n_D^{20} 1,4588; $D._4^{20}$ 0,8374. — *Vinyloxy-*, Kp. 74°; n_D^{20} 1,3892; $D._4^{20}$ 0,7759. — Silane: *Methyl-tris-[isopropenyloxy]-*, Kp.$_{19}$ 75°; n_D^{20} 1,4267; $D._4^{20}$ 0,9285. — *Diphenyldiisopropenyloxy-*, Kp.$_{0,9}$ 134—136°; n_D^{20} 1,5497; $D._4^{20}$ 1,085. — *Dimethyl-bis-[butadien-(1.3)-yl-(1)-oxy]-*, Kp.$_{0,4}$ 54—57°; n_D^{20} 1,4865; $D._4^{20}$ 0,9120. — *Methyl-tris-[butadien-(1.3)-yl-(1)-oxy]-*, Kp.$_{0,3}$ 89—92°; n_D^{20} 1,5054; $D._4^{20}$ 0,9628. — *Di-[isobuten-(1)-yloxy]-dimethyl-*, Kp.$_{23}$ 83—83,5°; n_D^{20} 1,4308; $D._4^{20}$ 0,8705. — *Tris-[2-methylpropen-(1)-yloxy]-methyl-*, Kp.$_{16}$ 112,5—113°; n_D^{20} 1,4400; $D._4^{20}$ 0,9153. — *1.2-Bis-[methyl-bis-(isopropen-(1)-yloxy)-silyl]-äthan*, Kp.$_{0,4}$ 102°; n_D^{20} 1,4511; $D._4^{20}$ 0,963. — *1.3-Bis-[propen-(1)-yloxy]-tetramethyldisiloxan*, Kp.$_{25}$ 88—90°; n_D^{20} 1,4130; $D._4^{20}$ 0,9132. (**D. P. [DDR] 54 692** Kl. 12o vom 10/10. 1965, ausg. 20/3. 1967 [Ausschließungspatent]. F. Prior. 12/10. 1964 u. 29/6. 1965.) — 7 S. K.-D. Stolp H 980

1801 Halcon International, Inc., New York, N.Y., USA (Erfinder: Richard Leslie Golden und Ernest I. Korchak), **Herstellung von Aralkanen** durch Hydrogenolyse von α-Aralkylalkoholen in fl. Phase bei > 50 bis 120° in Ggw. eines Katalysators aus der Gruppe der Pt-Metalle. Dimethylphenylcarbinol → *Cumol* (Umwandlung 99%). — α-Dimethyl-p-isopropylphenylcarbinol → *p-Diisopropylbenzol*. (**Brit. P. 1 122 702** vom 27/1. 1966, ausg. 7/8. 1968. U. S. Prior. 27/1. 1965.) — 5 S.
A. Jahn H 1010

1802 Északmagyarországi Vegyimüvek, Sajóbábony (Erfinder: József Haraszti, Miskolc), Ungarn, **Kontinuierliche Herstellung von 1-Äthyl-2.4-dinitrobenzol** durch Nitrieren von o-Nitroäthylbenzol mit einem Gemisch von H_2SO_4, HNO_3 u. W. unter heftigem Rühren in 2 Stufen, die erste bei 61—65° u. die zweite bei 70—80°, wobei das Abfallsäuregemisch 1,8—2% HNO_3 u. 11 bis 12% W. enthält. Die organ. Phase wird abgetrennt, säurefrei gewaschen, mit Na-Sulfit behandelt u. getrocknet. (**Ung. P. 155 184** vom 29/12. 1966, ausg. 23/6. 1968.)
F. Landsberger H 1010△

1803 Nagynyomásu Kisérleti Intézet (Erfinder: Dániel Kriza, József Károlyi, Tamás Mándy und Kálmán Matolcsy), Budapest, Ungarn, **Herstellung von Phenol** durch katalyt. Ox. von Benzoesäure in Schmelzphase bei atmosphär. Druck in Ggw. von Cu- oder Mg-Benzoat u. 5—10% bas. Alkali- oder Erdalkaliverb. enthaltendem SiO_2-Beschleuniger. (**Ung. P. 154 799** vom 28/12. 1966, ausg. 23/2. 1968.)
F. Landsberger H 1060△

1804 Egyesült Gyógyszer és Tápszergyár, Budapest (Erfinder: Jenő Körösi und Aladár Benesáth), Ungarn, **Herstellung von 2.3-Dichlorphenol (I)** durch Disulfonieren von m-Chlorphenol mit 10—24%ig. Oleum, Gießen des Gemisches auf Eis, Chlorieren mit HCl u. Na- oder K-Chlorat, Erhitzen der erhaltenen 2.3-Dichlorphenol-4.6-disulfonsäure auf 160—165° u. Abtrennen von I durch gleichzeitiges Destillieren. (**Ung. P. 155 433** vom 3/6. 1967, ausg. 23/9. 1968.)
F. Landsberger H 1060△

1805 General Aniline & Film Corp., New York, N.Y., übert. von: Eldred Welch, David E. Graham, Westfield, N.J., und Abdul Munim Nashu, New Haven, Conn., USA, **Dialkylolalkylphenole** der allg. Formel I

I 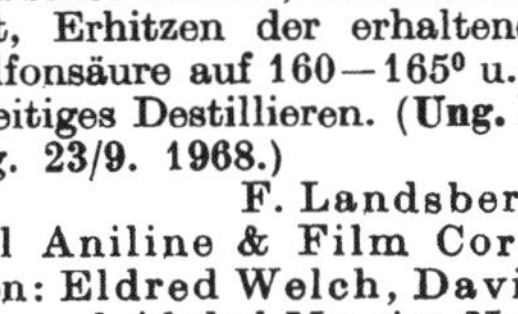

(R = Alkyl, R¹ = H, Alkyl) mit verbesserter Farbe, erhält man durch Rk. eines aliphat. Aldehyds mit einem Alkylphenol im neutralen wss. Medium u. Zufügen von Oxalsäure. — Beispiele: 4-Nonylphenol + HCHO → *2.6-Dimethylol-4-nonylphenol*, usw. (**U. S. P. 3 306 938** vom 8/10. 1963, ausg. 28/2. 1967.) — 4 S.
R. Bollinger H 1060

1806 Bostik Ltd., Leicester, Großbritannien, **Herstellung von Diarylsulfonen** durch Rk. von Sulfonylchloriden (I) der allg. Formel RSO_2Cl mit Arylverb. der allg. Formel R^1H in Ggw. von 0,001—0,05 Gew.-Teilen $ZnCl_2$, bezogen auf die I-Menge, im nicht wss. fl. Medium (R u. R¹ = Arylreste, die ggf. durch Alkoxy-, Aryloxy- oder Halogenatome substituiert sind). *Xylylnaphthylsulfon*. — *Ditolylsulfon*. — *p-Tolylnaphthylsulfon*, F. 94—102°. — *Xylylphenoxyphenylsulfon*. — *Bis-[chlorphenyl]-sulfon*, F. 135—145° (A.). (**Brit. P. 1 128 861** vom 1/12. 1965, ausg. 14/8. 1968. U. S. Prior. 2/12. 1964.) — 5 S.
A. Jahn H 1090

1807 Deutsche Gold- und Silber-Scheideanstalt vormals Roessler, Frankfurt/M., **Herstellung von Nitrilen** aus KW-Stoffen, bes. Olefinen, Aromaten oder ungesätt. Heterocyclen, die in α-Stellung zur C=C-Doppelbindung ≧ 1 Methylgruppe aufweisen, z. B. Propylen, o-Xylol, durch Umsetzung bei 200—800° unter Normaldruck in der Gasphase mit 1 (Äquivalent) HNO_2 bzw. 1 eines Gleichgew.-Gemisches, welches durch Ox. von NH_3 mittels O_2 bzw. Luft u. W.-Dampf mit Hilfe von Katalysatoren, z. B. Pt–Rh-Netze, erhalten wird. Man erhält z. B. aus Propylen bei 38,7%ig. Umsatz ein Gemisch aus 88,2(%) Acrylnitril u. 1,5 Acetonitril, aus o-Xylol bei 89,5%ig. Umsatz ein Gemisch aus 91,1 o-Phthalodinitril u. 1,9 Tolunitril. (**Oe. P. 259 589** vom 15/7. 1965, ausg. 25/1. 1968. D. Prior. 6/8. 1964.) — 4 S.
F.-W. Schränkler H 1200

1808 United Coke & Chemicals Co. Ltd., Rotherham, übert. von: Harry Lister Riley, Oxford, und Andrzej Romanski, Sheffield, Großbritannien, **Phthalsäureanhydrid** erhält man durch Überleiten eines Gemisches aus Naphthalindampf u. Luft über V_2O_5 u. $K_2S_2O_7$ auf Silicagel als Fließbettkatalysator im Mol-Verhältnis von $K_2O : V_2O_5 = 1—6$. — Vorr., Zeichnungen, Diagramme. — Vgl. Brit. P. 906 311; C. **1964**, 9-1841. (**U. S. P. 3 352 887** vom 3/1. 1961, ausg. 14/11. 1967. Brit. Prior. 3/7. 1959.) — 3 S. R. Bollinger H 1220

1809 Universal Oil Products Co., Des Plaines, Ill., übert. von: Joseph Levy, Paramus, N.J., USA, **p-Nitrodiphenylamine** erhält man durch Rk. von p-Halogennitrobenzolen der allg. Formel I (X = Halogen, bes. Cl,

I 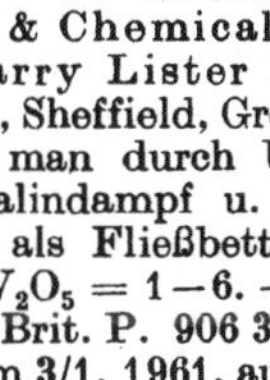

Br; R = H, Alkyl mit 1—5 C-Atomen, Halogen; R¹ = H, Alkyl) mit einem aromat. Amin der allg. Formel $R_nC_6C_{5-n} \cdot NH_2$ (R = H, Alkyl, Alkoxy, Halogen, n = 1 oder 2) in Ggw. von K_2CO_3 u. 0,01—5 Gew.-%, bezogen auf das Gesamtgew. von Halogenbenzol u. Amin, Cu(I)- oder Cu(II)-Oxid, 0,1—5 Gew.-% des Formylderiv. des verwendeten Amins bei 150—250°. — Aus p-Chlornitrobenzol durch Rk. mit Anilin in Ggw. von CuO u. Formanilid in Xylol bei 185° → *p-Nitrodiphenylamin*. (**U. S. P. 3 313 854** vom 23/4. 1965, ausg. 11/4. 1967.) — 3 S.
R. Bollinger H 1310

1810 Goodyear Tire & Rubber Co., Akron, übert. von: Ronald B. Spacht, Kent, O., USA, **Diamine** der allg. Formel I (R u. R¹ = Alkyl, Aralkyl, Cycloalkyl, ggf.

I 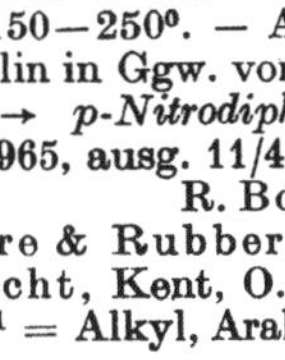

alkyliertes Aryl, R' u. R'' = H, Alkyl) erhält man durch Rk. einer polyhydroxyaromat. Verb. mit einem prim. Amin in Ggw. eines Fe-Halogenids als Katalysator bei 120—350° u. 100—150 psi in einem fl. KW-Stoff, der mit W. ein azeotrop. Gemisch bildet, als Lsgm. u. Zufügen einer Verb., die mit Fe ein unlösl. Salz bildet, bes. Carbonate, Hydroxide, Phosphate der Alkalimetalle. — Aus Anilin durch Rk. mit Hydrochinon bei 240° in Ggw. von

$FeCl_3$ u. Zufügen von Na-Phosphat ein *Diamin*, F. 132°. (**U. S. P. 3 305 584** vom 15/6. 1964, ausg. 21/2. 1967.) – 4 S. R. Bollinger H 1310

1811 Laboratorio Bioterapico Milanese Selvi et C. S. A. S., Mailand (Erfinder: Luigi Almirante, Mailand, und Walter Murmann, Arona), Italien, **Herstellung von l-1-[4'-Nitrophenyl]-2-isopropylaminoäthanol** u. dessen *Säureadditionssalzen* durch Lösen der Racemmischung mit opt. akt. Säuren [D-(–)-Dibenzoylbernsteinsäure, D-(+)-Weinsäure, L-(+)-Glutaminsäure, (+)-Camphersulfonsäure] u. frakt. Kristallisieren aus W., Methanol, A., Aceton oder deren Mischungen. (**Ung. P. 154 786** vom 18/11. 1966, ausg. 23/1. 1968.) F. Landsberger H 1320△

1812 Union Carbide Corp., New York (Erfinder: Bernhard Kanner, Tonawanda, und Donald Lerry Bailey, Snyder), N.Y., USA, **Coproportionierung von Siliciumhalogenverbindungen**, die wenigstens ein Si-gebundenes F-Atom u. wenigstens ein anderes Si-gebundenes Halogenatom enthalten, erfolgt durch Rk. von einem oder mehreren Halogensilanen, die ggf. noch andere reaktive, über C-Atome an ein Si-Atom gebundene Gruppen enthalten, oder der entsprechenden Siloxane mit katalyt. Mengen eines Triorganophosphins, ggf. in Ggw. eines Lsgm., bei – 20 bis + 200°. – 0,5 (Mol) $C_6H_5SiF_3$, 0,74 $SiCl_4$ u. 0,5 g $C_6H_5P(C_2H_5)_2$ → 95,4 g $C_6H_5SiCl_3$, Kp. 192–198°. 0,2 $C_6H_5Si(CH_3)F_2$, 0,2 $SiBr_4$ u. 0,3 ml $C_6H_5P(C_2H_5)_2$ → 49 g $C_6H_5SiBr_3$, Kp. 232 bis 237°. – Vgl. U. S. P. 3 128 297; C. **1966**, 45-2607. (**D. A. S. 1 220 418** Kl. 12o vom 10/7. 1961, ausg. 7/7. 1966.) – 3 S. A. Debo H 1380

1813 Union Carbide Corp., New York, N.Y. (Erfinder: Erich Marcus und John Kai-Fai Chan, Charleston, W.Va.), USA, **2-Alkylcyclopentan-1.3-dione** erhält man durch Red. von 2-Acylcyclopentan-1.3-dionen der allg. Formel I mit H_2 in inertem fl. Verdünnungs-

I 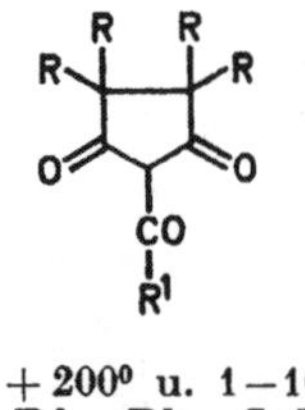

mittel bei – 50 bis + 200° u. 1–100 at in Ggw. eines fein verteilten Pt-, Pd-, Rh-, Ir-Katalysators [R^1 = C_1–C_8-Alkylrest; R = H, R^1]. – *2-Äthylcyclopentan-1.3-dion*, F. 166–168° (W.) (Ausb. 62,2%). (**Schwz. P. 439 248** vom 24/5. 1965, ausg. 15/12. 1967. U. S. Prior. 26/5. u. 9/11. 1964.) – 5 S. A. Jahn H 1970

1814 Ciba Akt.-Ges., Basel (Erfinder: Erwin Friedrich Jenny, Riehen, und Karl Schenker, Binningen), Schweiz, **Herstellung von 1-[Äthylaminomethyl]-5-methoxybenzocyclobuten** u. dessen *Salzen* a) durch Überführen einer anderen, in 1-Stellung befindlichen Gruppe in die Äthylaminomethylgruppe, b) durch Methylieren der entsprechenden 5-Hydroxyverb. u. ggf. Überführen der freien Base in ein Salz. (**Ung. P. 154 838** vom 27/12. 1966, ausg. 23/2. 1968. Schwz. Prior. 28/12. 1965.) F. Landsberger H 2120△

1815 Sun Oil Co., Philadelphia, übert. von: Edward J. McNelis, Wallingford, Pa., USA, **Substituierte Äthane** der allg. Formel I (R^1 u. R^2 = Alkoxy, Alkyl) erhält man

I 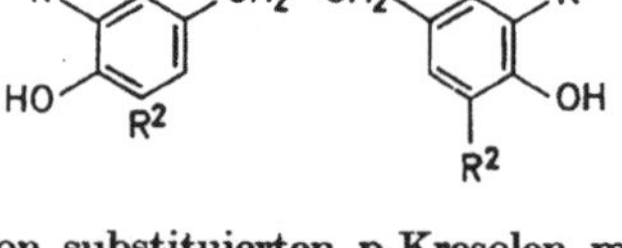

durch Rk. von substituierten p-Kresolen mit Ag_2O bei 0–100°. – Aus Mesitol mit Ag_2O in Bzl. → *1.2-Bis-(3.5-dimethyl-4-hydroxyphenyl)-äthan*, F. 167–168°. (**U. S. P. 3 298 807** vom 23/12. 1963, ausg. 20/12. 1966.) – 2 S. R. Bollinger H 2250

1816 F. Hoffmann-La Roche & Co. Akt.-Ges., Basel, Schweiz, **Isocryptoxanthin und Echinenon** erhält man durch Rk. eines Polyenaldehyds der allg. Formel I

I 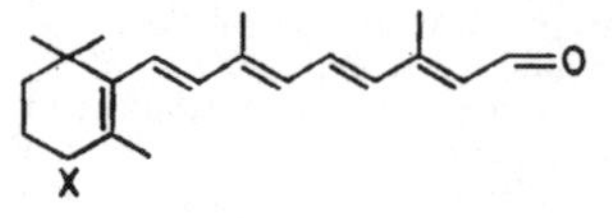

II 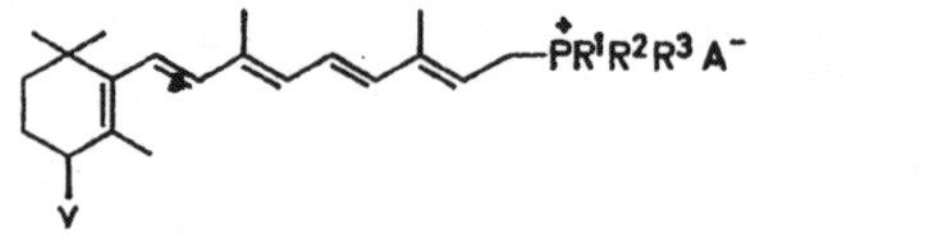

mit einem Phosphoniumsalz der allg. Formel II (X = H, Y = Alkanoyloxy, Arylcarboxy oder umgekehrt, R^1, R^2 u. R^3 = Aryl, Aralkyl, Alkyl, $A^{\ominus}$ = Anion einer Mineralsäure) in Ggw. eines Alkalihydrids, -amids, -alkylats, -hydroxids in einem Alkanol bzw. in Ggw. einer metallorgan. Verb.; das dabei erhaltene Isocryptoxanthin wird durch Ox. mit einem Al-Oxid u. einem Keton ox.; dabei erhält man das Echinenon. – Aus Retinen durch Rk. mit Acetanhydrid u. N-Bromsuccinimid in Ggw. von N.N-Dimethylanilin → *4-Acetoxyretinen*; aus Vitamin-A-Acetat mit Triphenylphosphin in Ggw. von NaOH in CH_3OH das entsprechende *Triphenylphosphoniumsalz*, daraus mit 4-Acetoxyretinen *Isocryptoxanthin*, F. 136–139°, daraus durch Ox. mit Al-Isopropylat u. Aceton in Bzl. → *trans-Echinenon*, F. 179°. – *Farbstoffe in der Lebensmittel- u. pharmazeut. Industrie.* (**Brit. P. 1 076 806** vom 22/4. 1966, ausg. 19/7. 1967. U. S. Prior. 28/4. 1965.) – 6 S. R. Bollinger H 2600

1817 Roussel-Uclaf Soc. An., Paris, Frankreich, **Herstellung von 2.3.4-Trimethoxy-5-(2'-carbalkoxy- oder -carbaralkoxyäthyl)-6-(2''-cyanäthyl)-8.9-dihydro-7H-benzocycloheptenen** der allg. Formel I (R = Alkyl, Aralkyl).

I 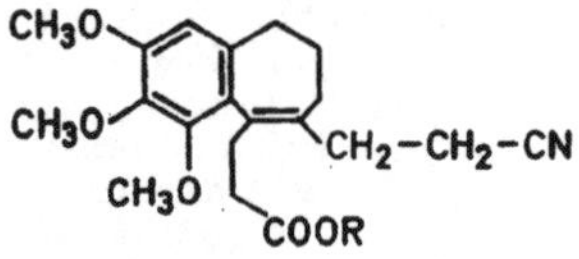

– Durch Rk. von $POCl_3$ unter N_2 mit N-Methylformanilid, dann mit 2.3.4-Trimethoxy-5-(2'-carbomethoxyäthyl)-8.9-dihydro-7H-benzocyclohepten auf 55–60° → *2.3.4-Trimethoxy-5-(2'-carbomethoxyäthyl)-6-formyl-8.9-dihydro-7H-benzocyclohepten*, F. 92°. Hieraus mit Cyanessigsäuremethylester u. Piperidinacetat in Bzl. u. Hydrierung des 2.3.4-Trimethoxy-5-(2'-carbomethoxyäthyl)-6-(2''-carbomethoxy-2''-cyanvinyl)-8.9-dihydro-7H-benzocyclohepten in A. in Ggw. von PtO → 2.3.4-Trimethoxy-5-(2'-carbomethoxyäthyl)-6-(2''-carbomethoxy-2''-cyanäthyl)-8.9-dihydro-7H-benzocyclohepten, das zu *2.3.4-Trimethoxy-5-(2'-carboxyäthyl)-6-(2''-carboxy-2''-cyanäthyl)-8.9-dihydro-7H-benzocyclohepten*, F. 163°, verseift wird. Die Dicarbonsäure wird bei 180° decarboxyliert u. die entstandene Monocarbonsäure mit Diazomethan in Ae. verestert → *2.3.4-Trimethoxy-5-(2'-carbomethoxyäthyl)-6-(2''-cyanäthyl)-8.9-dihydro-7H-benzocyclohepten*, F. 70°. – *Zwischenprod.* für *Colchicinsynthese*. (**Niederl. P. 122 681** vom 4/12. 1964, ausg. 17/7. 1967. F. Prior. 5/12. 1963.) – 4 S. F. Böhm H 2910

1818 Dow Chemical Co., Midland, Mich., übert. von: George E. Ham, Lake Jackson, Tex., USA, **Aziridinylalkylharnstoffe** der allg. Formel I (m = 1 oder 2, R =

I 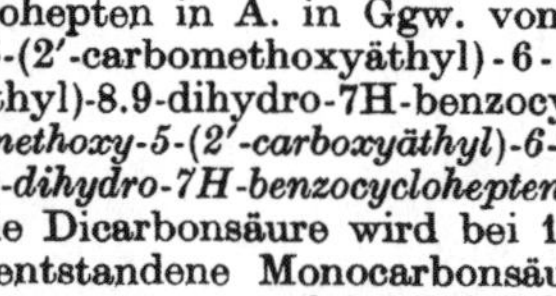

C_{1-12}-KW-Stoffrest mit der Wertigkeit m, A = zweiwertiger gesätt. C_{1-4}-KW-Stoffrest, R_0 = H, C_{1-4}-Alkyl) erhält man durch Rk. einer Verb. der allg. Formel

R–[–N=C=O]$_m$ mit einem entsprechenden Aziridin bei 40–95°. – 8,6 (g) 1-[2-Aminoäthyl]-aziridin in CCl_4 (**II**) werden mit 11,9 Phenylisocyanat in **II** vermischt. Nach Beendigung der exotherm. Rk. wird **II** im Vakuum abdest. → 20,1 *N-Phenyl-N'-2-[1-aziridinyl]-äthylharnstoff*, $C_{11}H_{15}N_3O$, F. 131–132° (aus Bzl.–n-Hexan). – Analog: *N-[1-Naphthyl]-N'-2-[1-aziridinyl]-*, $C_{15}H_{17}N_3O$, F. 143°, *N-o-Tolyl-N'-2-[1-aziridinyl]-äthylharnstoff*, $C_{12} \cdot H_{17}N_3O$, F. 132–136°, u. Verb. der Formel **I**, in der R_0 = H, A = C_2H_4, R = $^-[CH_2]_6^-$ u. m = 2, $C_{18}H_{32}N_6O_2$, F. > 260°. – *Härter für Olefin-Anhydrid-Mischpolymerisate.* (**U. S. P. 3 280 106** vom 31/1. 1964, ausg. 18/10. 1966.) – 4 S. C. Lüttgen H 3030

1819 Sankyo Co. Ltd. (Erfinder: Genshun Sunagawa und Yasunobu Sato), Tokio, Japan, **Cyclohepta-[b]-pyrrolderivate** der allg. Formel **I** (R^2 = H, OH,

I 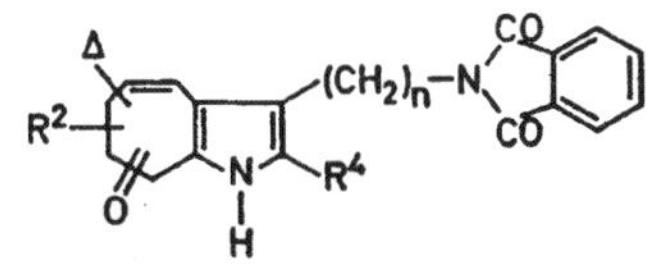

Alkoxy mit 1–5 C-Atomen, Halogen, gerades oder verzweigtes Alkyl mit 1–5 C-Atomen, Phenyl; R^4 = H, Alkyl mit 1–5 C-Atomen, Carboxyl, Monohydroxyalkoxycarbonyl mit 2–12 C-Atomen in der Alkoxygruppe, Dihydroxyalkoxycarbonyl mit 2–12 C-Atomen in der Alkoxygruppe; n = 1–4; Δ = Doppelbindung in 6–7- oder 7–8-Stellung) erhält man durch Erhitzen eines Troponylhydrazonderiv. in Ggw. eines sauren Katalysators. Durch Erhitzen von 1-Äthoxycarbonyl-4-phthalimidobutan-1-on-2'-hydroxy-5'-troponylhydrazon in konz. H_2SO_4 → *2-[2'-Hydroxyäthoxy]-carbonyl-3-[2''-phthalimidoäthyl]-5-hydroxycyclohepta-[b]-pyrrol-6[1H]-on*, F. 280° (Zers.). – Analog: *2-Methyl-3-[2'-phthalimidoäthyl]-7-bromcyclohepta-[b]-pyrrol-8[1H]-on*, F. 240°, u. *2-Methyl-3-[2'-phthalimidoäthyl]-cyclohepta-[b]-pyrrol-8[1H]-on*, F. 180° (Zers.). (**Brit. P. 1 076 208** vom 22/6. 1964, **ausg. 19/7. 1967. Schwz. P. 448 089** vom 19/6. 1964, ausg. 29/3. 1968. Beide Jap. Prior. 22/6. 1963.) – 4 S. R. Bauereis H 3081

1820 Gerhard H. Alt und Angelo John Speziale, Creve Coeur, Mo., USA, **Herstellung von Halogeniminiumsalzen** durch Rk. von PCl_5 oder PBr_5 mit einer Verb. der allg. Formel $O=C[R_1]-CH=C[R_2]-NR_3R_4$ (R_1 = C_{1-4}-Alkyl oder mit R_2 zusammen = geschlossener Ring von 4–8 C-Atomen, R_2 = H, C_{1-4}-Alkyl, R_3 u. R_4 = C_{1-4}-Alkyl oder zusammen = zweiwertiger C_{2-8}-Alkylenrest, –R–O–R– oder –R–S–R–, R = C_{2-6}-Alkylen), in einem inerten organ. Lsgm. bei 50–180°. – Man löst das Enaminoketon der Formel **I** in Bzl., gibt

I 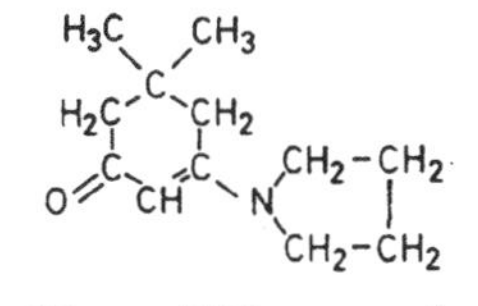

die stöchiometr. Menge PCl_5 zu u. kocht 3 Std. unter Rückfluß → *N-[3-Chlor-5.5-dimethylcyclohex-5-en-1-yliden]-pyrrolidiniumchlorid; Perchlorat.* – Analog: *N-[3-Chlor-5.5-dimethylcyclohex-5-en-1-yliden]-morpholiniumchlorid*; weitere Verb. ohne physikal. Kennzahlen. – *Antioxydanzien.* (**U. S. P. 3 282 924** vom 22/8. 1963, ausg. 1/11. 1966.) – 3 S. C. Lüttgen H 3081

1821 Dow Chemical Co., übert. von: Roger F. Monroe, Midland, Mich., USA, **Imidazolinderivate** der allg. Formel **I** (R = C_{1-25}-Alkyl-, Alkenyl-, Alkadienyl-, Alka-

I 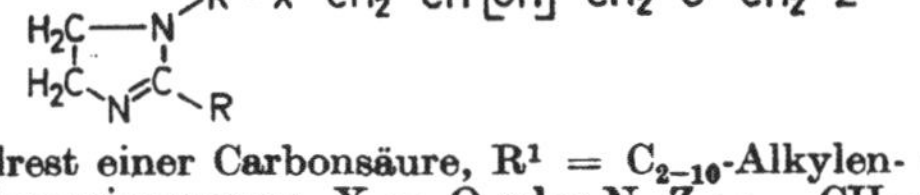

trienylrest einer Carbonsäure, R^1 = C_{2-10}-Alkylen- oder -Alkylenaminogruppe, X = O oder N, Z = $-CH=CH_2$ oder $-C\equiv CH$) erhält man durch Rk. eines C_{2-12}-Alkylenpolyamins (**III**) oder [Hydroxyalkyl]-**III** mit einer Carbonsäure, dann einem Mono- oder Diglycidyläther eines äthylen. oder acetylen. Alkohols. – Stöchiometr. Mengen raffinierter Tallölfettsäure, bestehend aus 57,5(%) Olein, 37,5 Linol-, 6 konjugierte Linol-, 2,5-Stearin-, 1 Abietin-, Rest Palmitin- u. Palmitoleinsäure, u. Diäthylentriamin werden auf 150–280° erhitzt, bis 2 (Mol) W. für 1 Polyamin u. Säure abdest. sind → 1-[2-Aminoäthyl]-2-[8-heptadecenyl]-2-imidazolin. Dieses wird bei 40–70° langsam mit Allylglycidyläther gemischt → *1-[Allyloxy]-3-{2-[2-(säurerest)-2-imidazolin-1-yl]-äthylamino}-2-propanol.* – Analog: *1-{2-[2-(8-Heptadecenyl)-2-imidazolin-1-yl]-äthoxy}-3-[2-propinyloxy]-2-propanol.* – *Mittel zum Brechen von Emulsionen.* (**U. S. P. 3 228 956** vom 14/11. 1962, ausg. 11/1. 1966.) – 3 S. C. Lüttgen H 3122

1822 Monsanto Research Corp., St. Louis, übert. von: Robert Z. Greenley, St. Louis, Mo., und Morris L. Nielsen, Dayton, O., USA, **Herstellung von Diimidazol-1-ylphosphinoxiden** der allg. Formel **I** (R = aromat.

I 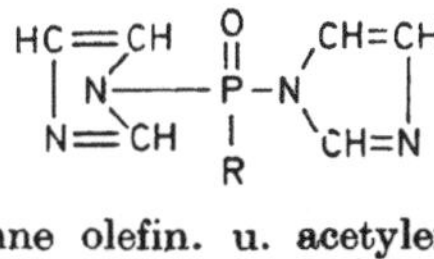

KW-Stoffrest ohne olefin. u. acetylen. ungesätt. Bindungen mit 6–12 C-Atomen) erfolgt durch Rk. von Imidazol (**II**) oder dessen Alkali- oder Erdalkaliverb. mit einem Dihalogenid der allg. Formel $R-P(=O)=(X)_2$ (X = Halogen). – Eine Lsg. von 0,063 (Mol) Phenylphosphonsäuredichlorid (**IV**) in Tetrahydrofuran (**III**) wird unter N_2 langsam mit 0,25 **II** in **III** versetzt u. 3 Std. gekocht → *Diimidazol-1-ylphosphinoxid* (**V**), F. 98 bis 100°. – Zu einem Gemisch aus 2,2 **II** u. fl. NH_3, das kleine Mengen $Fe[NO_3]_3 \cdot 6\,H_2O$ als Katalysator enthält, gibt man langsam 2 Na u. darauf Toluol u. erhitzt langsam im Vakuum bis 194° → Imidazol-1-yl-Na; Ausb. 98,2%; daraus in Dimethoxyäthan mit **IV** nach 4std. Rühren u. 1½std. Kochen → **V**. (**U. S. PP. 3 227 727** vom 10/7. 1963 u. **3 227 728** vom 26/11. 1963, beide ausg. 4/1. 1966.) – 2 S. – 3 S. C. Lüttgen H 3122

1823 American Polymer & Chemical Corp., Natick, übert. von: Emery Nyilas, Bedford, und Imre L. Pinter, Belmont, Mass., USA, **2.2'-Bis-benzoxazole** der allg. Formel **I** [R^1–R^4 = H, CH_3, C_2H_5, $-OCH_3$,

I 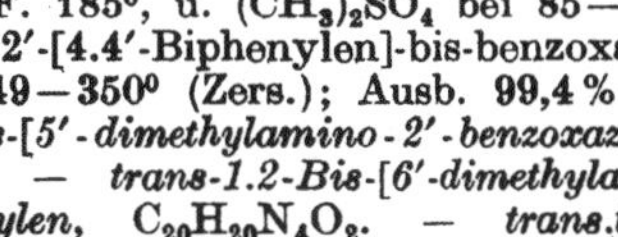

$-N[CH_3]_2$; X = direkte Bindung, $-[CH=CR]_n-$ (R = H oder CH_3, wobei sämtliche Konfig. trans-Stellungen sein müssen u. n = 1 oder 2), o- oder p-Phenylen, p.p'-Biphenylen, β.β'-Naphthylen] erhält man durch Rk. eines entsprechend substituierten o-Aminophenols mit einer Dicarbonsäure der allg. Formel $X[COOH]_2$ bzw. deren Anhydrid durch Erhitzen mit Polyphosphorsäure (**II**). – Man trägt in 110 (g) auf 90° erhitzte **II** 5,45 o-Aminophenol u. 3,55 trans.trans-Muconsäure ein u. erhitzt 6 Std. unter Rühren auf 185–190° → *trans.trans-1.4-Bis-[2'-benzoxazolyl]-butadien*, $C_{18}H_{12}N_2O_2$, F. 264° (Zers.); Ausb. 87,2%. – Analog: *trans.trans-1.2-Bis-[2'-benzoxazolyl]-äthylen*, $C_{16}H_{10}N_2O_2$, F. 244°; Ausb. 88,4%. – *trans-1.2-Bis-[6'-methyl-2-benzoxazolyl]-äthylen*, $C_{18}H_{14} \cdot N_2O_2$, F. 193°; Ausb. 95,1%. – *2.2'-o-Phenylen-bis-benzoxazol*, $C_{20}H_{12}N_2O_2$, F. 177°; Ausb. 92%. – *2.2'-o-Phenylen-5.5'-dimethylamino-bis-benzoxazol*, $C_{24}H_{22}N_4O_2$, F. 173 bis 174° [hergestellt aus *2.2'-o-Phenylen-5.5'-diamino-bis-benzoxazol*, F. 185°, u. $(CH_3)_2SO_4$ bei 85–90° u. pH 8 bis 9]. – 2.2'-[4.4'-Biphenylen]-bis-benzoxazol, $C_{26}H_{16} \cdot N_2O_2$, F. 349–350° (Zers.); Ausb. 99,4%. – Ferner: *trans-1.2-Bis-[5'-dimethylamino-2'-benzoxazolyl]-äthylen*, $C_{20}H_{20}N_4O_2$. – *trans-1.2-Bis-[6'-dimethylamino-2'-benzoxazolyl]-äthylen*, $C_{20}H_{20}N_4O_2$. – *trans.trans-1.4-Bis-[5'-methyl-2'-benzoxazolyl]-butadien*, $C_{20}H_{16}N_2O_2$. – *trans.-trans-1.4-Bis-[6'-methyl-2'-benzoxazolyl]-butadien*, $C_{20}H_{16} \cdot N_2O_2$. – *2.2'-o-Phenylen-5.5'*(oder *6.6'*)*-dimethyl-bis-benzoxazol*, $C_{22}H_{16}N_2O_2$. – *2.2'-o-Phenylen-6.6'-dimethylamino-bis-benzoxazol*, $C_{24}H_{22}N_4O_2$. – *2.2'-[4.4'-Biphenylen]-bis-*

benzoxazol, $C_{28}H_{18}N_2O_2$. — *2.2'-[4.4'-Biphenylen]-5.5'*(oder *6.6'*)*-dimethyl-bis-benzoxazol*, $C_{28}H_{20}N_2O_2$. — *2.6-[Bis-benzoxazolyl-(2')]-naphthalin*, $C_{24}H_{14}N_2O_2$. — *2.2'-Bis-benzoxazol*, $C_{14}H_8N_2O_2$. — *2.2'-p-Phenylen-bis-benzoxazol*, $C_{21}H_{12}N_2O_2$. — *2.2'-p-Phenylen-5.5'*(oder *6.6'*)*-dimethyl-bis-benzoxazol*, $C_{22}H_{16}N_2O_2$. — Verw. in Scintillatoren. (**U. S. P. 3 314 894** vom 30/11. 1962, ausg. 18/4. 1967.) — 8 S. O. Schön H 3132

1824 J. R. Geigy Akt.-Ges., Basel (Erfinder: André Gagneux, Franz Häfliger, Basel, und Conrad Eugster, Wallisellen), Schweiz, **Herstellung von 3-Hydroxy-5-aminomethylisoxazol** u. seiner *Säureadditionssalze* durch Red. von 3-Hydroxyisoxazol-5-carbonsäureamid mit Diboran in organ. Lösungsmitteln. (**Ung. P. 154 846** vom 30/5. 1966, ausg. 23/2. 1968. Schwz. Prior. 31/5. 1965.) F. Landsberger H 3132 △

1825 Z. I. Moskalenko und M. A. Alperovič, **Herstellung von Pyrazolo-[5.4-d]-thiazolen** der allg. Formel I

I 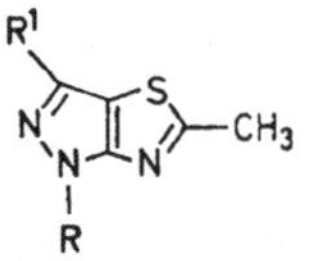

(R u. R^1 = Alkyl- oder Arylreste) durch Rk. von 4-Brom-5-acetylaminopyrazolen mit P_2S_5. — 4,2 (g) 1-Phenyl-3-methyl-5-acetylaminopyrazol werden in 5 ml 50%ig. Essigsäure mit 3,7 Br_2 in 6 ml Eisessig u. danach mit 20 W. u. 50 ml 25%ig. Sodalsg. behandelt: 6 *1-Phenyl-3-methyl-4-brom-5-acetylaminopyrazol* (I). 3 I u. 3 P_2S_5 werden bis zum Ende der H_2S- u. HBr-Entw. auf 145 bis 150° erhitzt. Die Masse wird mit 20 W. u. 5 ml 25%ig. NaOH-Lsg. versetzt u. dann mit W.-Dampf dest.: *2.6-Dimethyl-4-phenylpyrazolo-[5.4-d]-thiazol*, F. 90 bis 91° (PAe.). (**UdSSR. P. 178 881** vom 12/12. 1964, ausg. 15/4. 1966.) — 2 S. F. Eßer H 3142

1826 J. R. Geigy Akt.-Ges., Basel (Erfinder: Reinhard Zweidler, Basel, Rudolf Keller, Riehen, und Max Keller, Basel), Schweiz, **Verbindungen der Stilbenreihe** mit der allg. Formel I erhält man durch Kuppeln

I 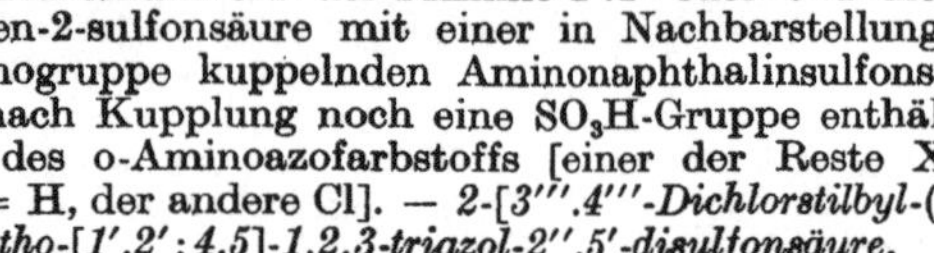

von Diazoniumverb. der 4-Amino-2'.4'- oder -3'.4'-dichlorstilben-2-sulfonsäure mit einer in Nachbarstellung zur Aminogruppe kuppelnden Aminonaphthalinsulfonsäure, die nach Kupplung noch eine SO_3H-Gruppe enthält, u. Ox. des o-Aminoazofarbstoffs [einer der Reste X^1 u. X^2 = H, der andere Cl]. — *2-[3'''.4'''-Dichlorstilbyl-(4'')]-naphtho-[1'.2':4.5]-1.2.3-triazol-2''.5'-disulfonsäure, Di-Na-Salz*, F. > 300°. — *2-[3'''.4'''-Dichlorstilbyl-(4'')]-naphtho-[1'.2':4.5]-1.2.3-triazol-2''.6'-* bzw. *-2''.7'-* bzw. *-2''.4'-disulfonsäure, Di-Na-Salz*, F. > 300°. — *2-[2'''.4'''-Dichlorstilbyl-(4'')]-naphtho-[1'.2':4.5]-1.2.3-triazol-2''.6'-disulfonsäure, Di-Na-Salz*, F. > 300°. — Opt. Aufheller. (**Schwz. P. 444 171** vom 23/9. 1965, ausg. 15/2. 1968.) — 3 S. A. Jahn H 3153

1827 Reilly Tar & Chemical Corp., übert. von: Francis E. Cislak, William H. Rieger und John H. Chapman, Indianapolis, Ind., USA, **Di-(N-cyanalkylpiperidyl)-alkane** der allg. Formel I (R, R^1, R^2, R^3 u.

I 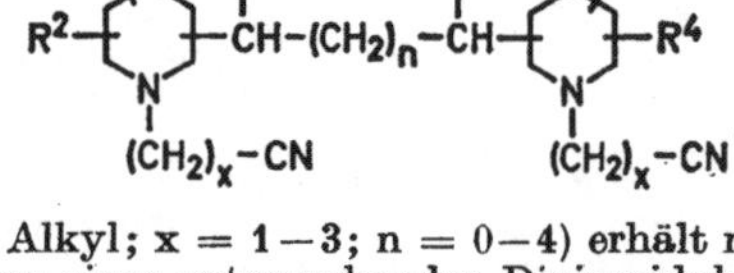

R^4 = H, Alkyl; x = 1—3; n = 0—4) erhält man durch Alkylierung eines entsprechenden Dipiperidylalkans mit einem Halogenalkylnitril in Ggw. von W. u. eines Alkalicarbonats, ggf. durch Anlagerung von Acrylnitril an das Dipiperidylalkan. — Man versetzt eine wss. Suspension von 1.3-Di-4-piperidylpropan bei ca. 40° mit Acrylnitril → *1.3-Di-4-(N-β-cyanäthylpiperidyl)-propan*, F. 70°. — Nennung weiterer Verb. ohne Angabe der physikal. Kennzahlen. — Zwischenprod. für *Polyester*. (**U. S. P. 3 352 870** vom 24/5. 1965, ausg. 14/11. 1967.) — 2 S. A. Ullrich H 3231

1828 Reilly Tar & Chemical Corp., übert. von: Francis E. Cislak, Indianapolis, Ind., USA, **Fettsäurephenylalkylpiperidide** der allg. Formel I (R = C_1—C_{29}-

I 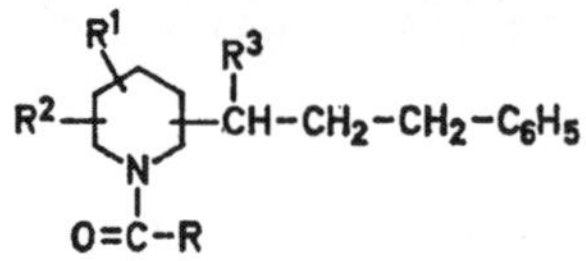

Alkyl, C_2—C_{29}-Alkylen; R^1, R^2 u. R^3 = H, Alkyl) erhält man durch Rk. eines entsprechend substituierten Phenylalkylpiperidins mit einer Fettsäure, deren Ester oder Säurechlorid. — Durch Erhitzen einer Mischung aus Methylstearat u. 4-Phenylpropylpiperidin auf 150 bis 175° → *Stearinsäure-4-phenylpropylpiperidid*, Kp.$_{0,5-1,0}$ ca. 250°. — Weitere Beispiele. — Zusatz für *Druckerschwärze; PVC-Weichmacher*. (**U. S. P. 3 352 871** vom 5/4. 1965, ausg. 14/11. 1967.) — 3 S. A. Ullrich H 3231

1829 Reilly Tar & Chemical Corp., übert. von: Charles K. McGill, Indianapolis, Ind., USA, **Methylen-bis-[(N-hydroxyalkylpiperidyl)-alkyl]-piperidine** der allg. Formel I (R, R^1 u. R^2 = H, Alkyl; x = 0—4; y = 0—2;

I

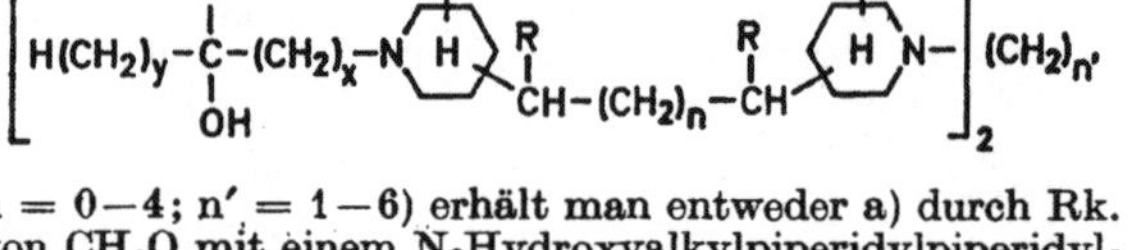

n = 0—4; n' = 1—6) erhält man entweder a) durch Rk. von CH_2O mit einem N-Hydroxyalkylpiperidylpiperidylalkan oder b) durch Rk. eines ω.ω-Polymethylendihalogenids mit einem N-Hydroxyalkylpiperidylpiperidylalkan in Ggw. eines Alkalihydroxids oder -carbonats. — Eine methanol. Lsg. von 1-(4-Piperidyl)-3-(4-N-β-hydroxyäthylpiperidyl)-propan wird bei Raumtemp. mit einer 53%ig. wss. Lsg. von CH_2O versetzt → *1.1'-Methylen-bis-4-[3-(N-β-hydroxyäthyl-4-piperidyl)-propyl]-piperidin*, F. 116—119°. — Aus 1-(4-Piperidyl)-3-(4-N-β-hydroxyäthylpiperidyl)-propan, $C_2H_4Cl_2$ u. NaOH bei 85 bis 100° → *1.1'-Äthylen-bis-4-[3-(N-β-hydroxyäthyl-4-piperidyl)-propyl]-piperidin*, F. 110°. — Weitere Beispiele. — *Weichmacher, Antirostmittel, Zusätze für Polyester*. (**U.S.P. 3 352 875** vom 28/7. 1965, ausg. 14/11. 1967.) — 2 S. A. Ullrich H 3231

1830 Reilly Tar & Chemical Corp., übert. von: Francis E. Cislak, William H. Rieger und John H. Chapman, Indianapolis, Ind., USA, **N-Hydroxyalkylpiperidyl-N'-cyanalkylpiperidylalkane** der allg. Formel I (R, R^1, R^2, R^3, R^4 u. R^5 = H, Alkyl; x = 0—4;

I 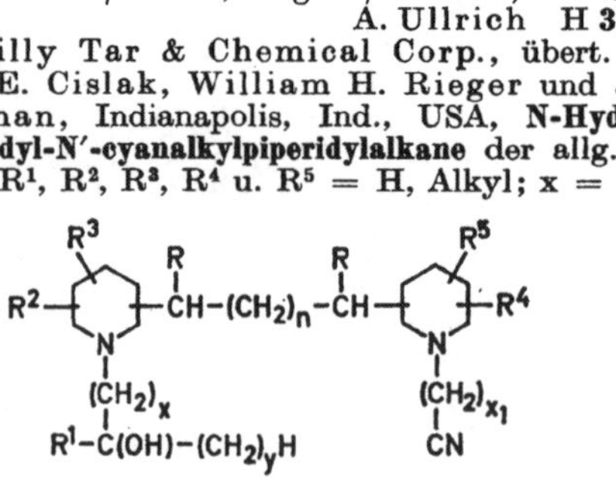

y = 0—2; x_1 = 1—3; n = 0—4) erhält man a) durch Rk. eines Halogenalkylnitrils mit einem N-Hydroxyalkylpiperidylpiperidylalkan oder b) durch Anlagerung von Acrylnitril an ein N-Hydroxyalkylpiperidylpiperidylalkan. — Eine Lsg. von 1-(N-Hydroxyäthyl-4-piperidyl)-3-(4-piperidyl)-propan in tert.-Butylalkohol wird bei 28—30° langsam mit Acrylnitril versetzt u. 5 Std. bei dieser Temp. gerührt → *1-(N-Hydroxyäthyl-4-piperidyl)-3-(N-cyanäthyl-4-piperidyl)-propan*, F. 42°. — Weitere Beispiele. — Zwischenprod. für Polyester u. Polyesteramide. (**U. S. P. 3 352 874** vom 14/6. 1965, ausg. 14/11. 1967.) — 2 S. A. Ullrich H 3231

1831 Sterling Drug, Inc. (Erfinder: Emery Weservelt Dennis, Evan William McChesney und Alexander Robert Surrey), New York, N.Y., USA, **Herstellung von 7-Chlor-4-[4-(2-hydroxyäthylamino)-1-methylbutylamino]-chinolin** u. dessen *Säureadditionssalzen* durch Rk. von 7-Chlor-4-[4-halogen-1-methylbutylamino]-chinolin (Halogen = Cl, Br) mit 2-Hydroxyäthylamin u. ggf. Bldg. des entsprechenden Salzes. (**Ung. P. 155 264** vom 18/5. **1966, ausg.** 23/6. 1968. U. S. Prior. 18/5. 1965.) F. Landsberger H 3231△

1832 VEB Arzneimittelwerk Dresden, Radebeul (Erfinder: Herbert Goldner, Radebeul, Günther Dietz, Dresden, und Ernst Carstens, Radebeul), **Xanthinderivate** der allg. Formel **I** erhält man durch

I 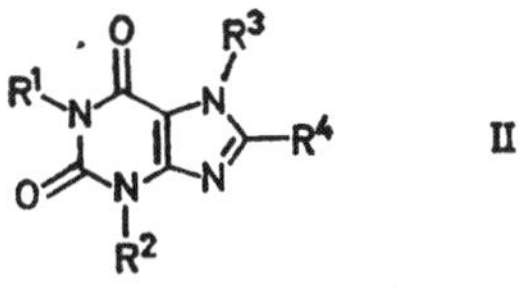 II 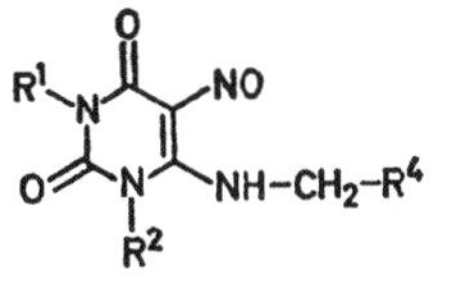

einstufige Rk. von 5-Nitrosouracilderiv. der allg. Formel **II** mit Alkylierungs- bzw. Aralkylierungsmitteln ohne Gewinnung der Zwischenprod. (R^1 u. R^2 = Alkylreste; R^3 = R^1 oder Aralkylrest; R^4 = H oder R^1). — 1.3-Dimethyl-4-methylamino-5-nitrosouracil + CH_2N_2 → *Coffein.* — Analog erhält man *8-Methylcoffein,* $C_9H_{12}N_4O_2$, F. 210—212° (A.). — *8-Isopropylcoffein,* $C_{11}H_{16}N_4O_2$, F. 142—144° (Methanol). — *7-Isopropyltheophyllin,* F. 138 bis 140° (A.). — *7-Benzyltheophyllin,* F. 157—159° (A.). (**D. A. S. 1 270 044** Kl. 12p vom 22/7. 1965, ausg. 12/6. 1968.) — 4 S. A. Jahn H 3272

1833 Ciba Ltd., Basel, Schweiz, **Herstellung von o-Hydroxyphenyl-1.3.5-triazinen** der allg. Formel **I**

I 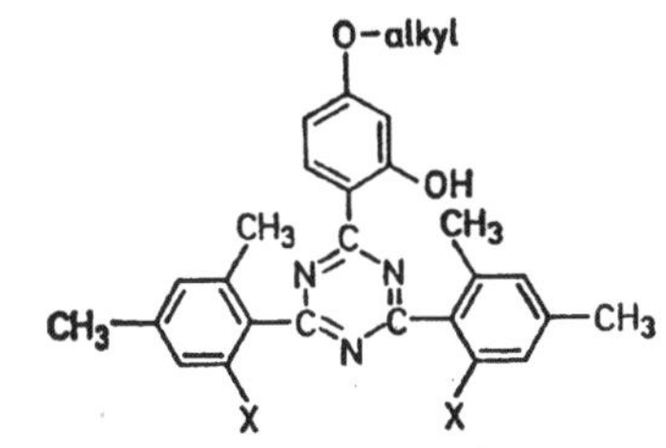

(X = H, CH_3). Man erhitzt z. B. 6,6 (Gew.-Teile) der durch Kondens. von 1 (Mol) Cyanurchlorid mit 2 1.3-Dimethylbenzol in Ggw. von $AlCl_3$ erhaltenen Verb. (F. 135 bis 136°) mit 3 1.3-Dihydroxybenzol u. 3 $AlCl_3$ in 60 Nitrobenzol 3 Std. auf 110° → $C_{25}H_{23}N_3O_2$ (**II**), F. 197,5 bis 198,5°. 100 hiervon kocht man in 1000 W. mit 40 NaOH u. 40 Dimethylsulfat → $C_{26}H_{25}N_3O_2$, F. 179,5—180°. — Analog aus **II** u.: Diäthylsulfat → $C_{27}H_{27}N_3O_2$, F. 155 bis 156°; n-Propylbromid → $C_{28}H_{29}N_3O_2$, F. 128,5 bis 129°; n-Octylbromid → $C_{33}H_{39}N_3O_2$, F. 83,5—84°. — *Stabilisatoren* für Hochpolymere, wie Acetylcellulose, Polyamide, Polyvinylchlorid. (**Niederl. P. 123 744** vom 29/10. 1963, ausg. 15/2. 1968.) — 6 S. F. Böhm H 3313

1834 Schenectady Chemicals, Inc., New York, N.Y., USA, **Isocyanurattrianhydride** der allg. Formel **I**

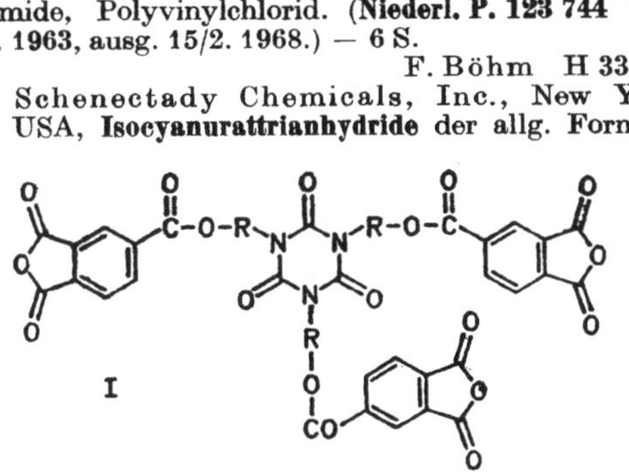

(R = C_1—C_4-Alkylenrest) erhält man durch Rk. von Estern aus Tris-hydroxyalkylisocyanurat u. gesätt. aliphat. oder carbocycl. aromat. Carbonsäuren mit Trimellitsäureanhydrid (**II**). — Tris-(acetoxyäthyl)-isocyanurat + **II** → Verb., F. 120°. — *Härter für Epoxyharze.* (**Brit. P. 1 055 090** vom 25/11. **1965,** ausg. 11/1. 1967. U. S. Prior. 4/12. 1964.) — 4 S. A. Jahn H 313

1835 Bernd Noll, Dessau, Gerhard Chmell, Wolfen, Gerhard Knöchel, Leipzig, und Lothar Zölch, Wolfen, **Herstellung von optischen Aufhellern** der allg. Formel **I** (X = bes. SO_3H oder COOH oder deren Salz-

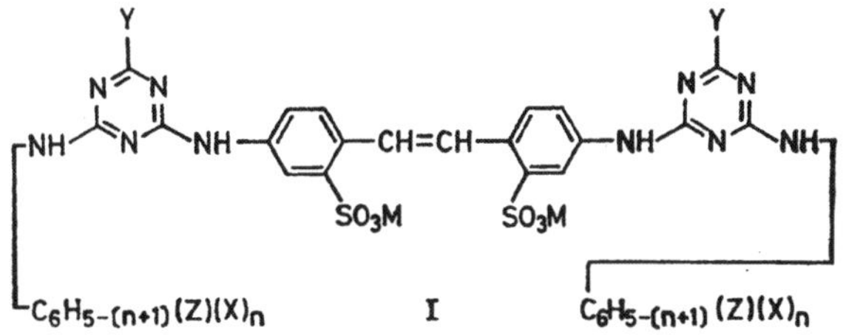

form; Y = prim. oder sek. aliphat. Alkyl- oder Hydroxyalkylamino-, cycloaliphat. oder ggf. substituierte aromat. Aminogruppe; Z = H, Halogen oder Alkoxyrest; M = H oder Alkalimetall; n = 1 oder 2) durch Rk. von Verb. der allg. Formel $(X)_n(Z)C_6H_{5-(n+1)}NH_2$ mit überschüssigem Cyanursäurechlorid in W. in Abwesenheit organ. Lsgm. bei 0—5°, Neutralisation u. Rk. des gelösten Prod. mit 4.4'-Diaminostilben-2.2'-disulfonsäure u. einer Verb. der Formel Y—H. — Beispiele. (**D. P. [DDR] 55 668** Kl. 12p vom 21/1. 1966, ausg. 5/5. 1967 [Wirtschaftspatent].) — 3 S. K.-D. Stolp H 3313

1836 Schenectady Chemicals, Inc., Schenectady, übert. von: Howard E. Sheffer, Burnt Hills, N.Y., USA, **Isocyanursäurederivate** der allg. Formel **I** (R =

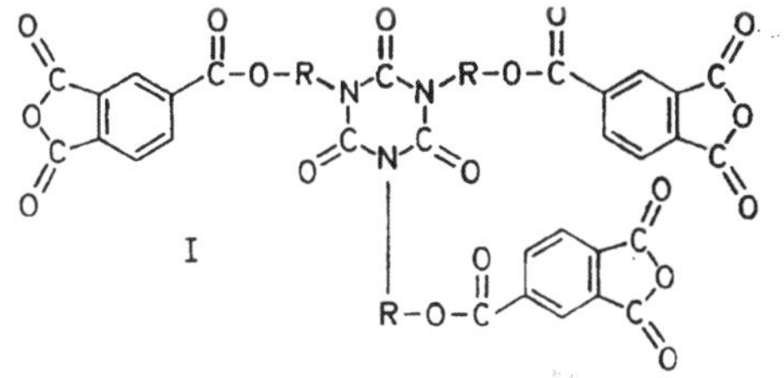

C_nH_{2n}, wobei n = 2, 3 oder 4) erhält man durch Umestern eines Carbonsäureesters eines Tri-[hydroxyalkyl]-isocyanurats mit Trimellitsäureanhydrid (**II**), wobei bes. in Ggw. eines hochsd. Lsgm. gearbeitet wird. — 1 (Mol) Tri-[acetoxyäthyl]-isocyanurat (hergestellt aus Trihydroxyäthylisocyanurat mit überschüssiger Essigsäure am Rückfluß), 3 **II** u. 600 g Diphenyläther werden 2 Std. auf 300° erhitzt, wobei Essigsäure abdest. wird → **I** (*R* = —CH_2—CH_2—). — *Härter* für *Epoxy-, Harnstoff-* u. *Melaminharze.* (**U. S. P. 3 293 248** vom 4/12. 1964, ausg. 20/12. 1966.) — 2 S. O. Schön H 3313

1837 Farbenfabriken Bayer Akt.-Ges., Leverkusen, **1.4-Diaza-2.5-diboracyclohexadien-(3.6)-Derivate** bes. der allg. Formel **I** erhält man durch Rk. von Verb.

I 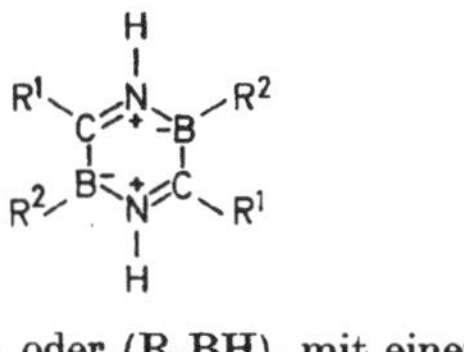

der allg. Formel BR_3 oder $(R_2BH)_2$ mit einem Nitril der allg. Formel R^1CN, bes. bei 50—200° (R = Alkyl, Cycloalkyl; R^1 = R, Aryl). Die Prod. sind hydrolysebeständig. $B(C_3H_7)_3$ + Propionitril → *2.2.5.5-Tetrapropyl-3.6-diäthyl-I,* (73%), Kp.$_1$ 100—101°. — Analog: *2.2.3.5.5.6-Hexapropyl-I,* (91,5%), Kp.$_1$ 103—105°. — *2.2.5.5-Tetrapropyl-3.6-dibutyl-I,* (36,5%), Kp.$_1$ 128—130°. — *2.2.5.5-Tetraäthyl-3.6-dibutyl-I,* (34%). — *2.2.5.5-Tetrapropyl-3.6-dimethyl-I,* (47,4%), Kp.$_1$ 133—134°. — *2.2.5.5-Tetrapropyl-3.6-didodecyl-I,* (93,4%). — *2.2.5.5-Tetrapropyl-3.6-distearyl-I,* (100%), F. 57—58°. — *2.2.5.5-Tetrapropyl-*

3.6-diphenyl-**I**, (100%), Krist. aus CH_3OH. – *2.2.5.5-Tetrapropyl-3.6-di-p-tolyl*-**I**, F. 138–139° (Hexan). – *2.2.5.5-Tetrapropyl-3.6-di-(o-chlorphenyl)*-**I**, (100%), F. 96–97° (Hexan). – *2.2.5.5-Tetrapropyl-3.6-di-(1-naphthyl)*-**I**, (86,2%), F. 106–107°. – *2.2.5.5-Tetrapropyl-3.6-dibenzyl*-**I**, Kristalle. – *Zusätze zu Treibstoffen u. Schmiermitteln.* (**Brit. P. 1 058 804** vom 5/5. 1965, ausg. 15/2. 1967. D. Prior. 9/5. 1964 u. 5/1. 1965.) – 10 S.
A. Jahn H 3354

1838 Dr. A. Wander Akt.-Ges. (Erfinder: Fritz Hunziker), Bern, Schweiz, **Herstellung von 5-Methyl-10-[2′-dimethylaminopropyl]-10.11-dihydro-11-oxo-5H-dibenzo-[b.e]-1.4-diazepin** u. dessen *Säureadditionssalzen* durch Cyclisieren von an der Amingruppe entsprechend substituiertem 2-Amino-2′-carboxy- bzw. -carbalkoxy-diphenylamin unter Abspaltung von W., Alkohol, Säure oder Ester u. ggf. Umsetzen in das *Salz*. (**Ung. P. 155 280** vom 24/3. 1967, ausg. 23/6. 1968. Schwz. Prior. 25/3. 1966.) F. Landsberger H 3370△

1839 Chemische Werke Hüls Akt.-Ges. (Erfinder: Willi Ziegenbein, Wolfgang Schneider und Wolfram Lang), Marl, **Herstellung von Laurinlactam.** Man setzt Cyclododecatrien in Ggw. eines Oxydierungs- u. eines CO-festen Hydrierungskatalysators, z. B. Dikobaltoctacarbonyl u. Adkins-Katalysator (hergestellt aus $Cu[NO_3]_2 \cdot 3\,H_2O$, $Na_2Cr_2O_7$, $Ba(NO_3)_2$ in W. u. NH_4OH) zu einem Gemisch aus Hydroxymethylcyclododecan, F. 32–33°, u. symmetr. Dicyclododecyldimethyläther, $Kp._{0,05}$ 175 bis 178°, um, dehydriert dieses Gemisch in der Alkalischmelze zu Cyclododecancarbonsäure, F. 92–93°, nitrosiert diese mit Nitrosylschwefelsäure–Oleum u. lagert zum Laurinlactam, F. 149–150°, um; Ausb. 87%. – Vgl. D. A. S. 1 211 174; C. **1966**, 46-2516. (**Schwz. P. 437 306** vom 14/10. 1964, ausg. 30/11. 1967. **Brit. P. 1 075 268** vom 16/10. 1964, ausg. 12/7. 1967. Beide D. Prior. 17/10. 1963.) – 3 S. – 4 S.
C. Lüttgen H 3390

1840 Ethyl Corp., New York, N.Y., übert. von: John Kozikowski, Walled Lake, Mich., USA, und Michael Cais, Haifa, Israel, **Mangantricarbonylcyclopentadienylcarbonsäuren** und deren Alkalisalze werden hergestellt durch Rk. von **I** mit Alkali in wss. oder alkohol.

I 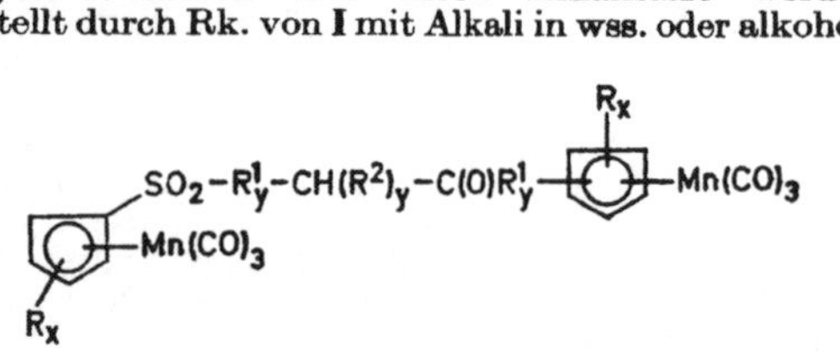

Lsg., Extraktion u. ggf. Ansäuern, wobei die in W. unlösl. freie Säure ausfällt (R = KW-Stoff; R^1 = KW-Stoff; R^2 = H, R; jeder KW-Stoff enthält 1–8 C-Atome; x = 0–3; y = 0 oder 1). – **I** (x, y = 0; R^2 = H) mit KOH in Ä./W. → Methylsulfonylcyclopentadienylmangantricarbonyl, das abfiltriert wird. Aus der wss. Lsg. mit HCl → *Mangantricarbonylcyclopentadienylcarbonsäure*, gelb, F. 194–195°. – *Treibstoff* u. *Ölzusätze, Metallplattierungsmittel.* (**U. S. P. 3 350 431** vom 12/8. 1960, ausg. 31/10. 1967.) – 2 S. A. Debo 6680

1841 Imperial Chemical Industries Ltd., London (Erfinder: David Thomas Thompson, Runcorn), Großbritannien, **Herstellung einer zweikernigen Übergangsmetall-Brückencarbonylkomplexverbindung,** worin jeder der Brückenliganden ein Elektronendonatorenatom koordiniert mit beiden Übergangsmetallen enthält. Man setzt ein Übergangsmetallcarbonyl mit einer 3wertigen P-Verb. der allg. Formel $R^1-P(R^2)-S-R^3$ um (R^1, R^2, R^3 = Alkyl, Aryl). – Aus $Fe(CO)_5$ u. Phenylmercaptodiphenylphosphin nach 24 Std. 150° im Druckrohr → $(CO)_3Fe \langle {}^{P(C_6H_5)_2}_{S(C_6H_5)} \rangle Fe(CO)_3$, $C_{24}H_{15}O_6PSFe_2$, oranges Pulver, F. 163–166° (PAe.). – *Polymerisations-* u. *Carbonylierungskatalysatoren.* (**D. A. S. 1 274 579** Kl. 12o vom 8/7. 1966, ausg. 8/8. 1968. Brit. Prior. 8/7. 1965 u. 24/6. 1966.) – 2 S. A. Jahn 6680

1842 **Farbenfabriken Bayer Akt.-Ges.**, Leverkusen (Erfinder: **Hermann Oediger, Karl Eiter**, Köln, **Friedrich Möller** und **Hans-Joachim Kabbe**, Leverkusen), *Herstellung von ungesättigten Verbindungen.* (**Oe. P. 246 933** vom 13/5. 1963, ausg. 10/5. 1966. **F. P. 1 364 173** vom 15/5. 1963, ausg. 16/10. 1964. Beide D. Prior. 15/5. 1962. – C. **1966**, 39-1922 [**D. A.** S. 1 186 063].)

1843 **Celanese Corp. of America**, New York, N.Y, übert. von: **Alexander F. Mac Lean**, Corpus Christi, und **George M. Burlingame**, Houston, Tex., USA, *Herstellung von α.ω-disubstituierten Alkanen.* (**U. S. P. 3 285 981** vom 14/10. 1963, ausg. 15/11. 1966. – C. **1969**, 8-1991 [Brit. P. 1 078 934].)

1844 **Pittsburgh Plate Glass Co.**, Pittsburgh, Pa., übert. von: **Charles Ronald Reiche**, Corpus Christi, Tex., und **Jefferson M. Jackson jun.**, Lake Charles, La., USA, *Herstellung von 1.1.2-Trichloräthan.* (**U. S. P. 3 344 197** vom 10/7. 1963, ausg. 26/9. 1967. – C. **1968**, 24-2502 [Brit. P. 1 022 980].)

1845 **Imperial Chemical Industries Ltd.**, London, Großbritannien, *Herstellung von Tetrafluoräthylen.* (**Oe. P. 246 111** vom 24/1. 1963, ausg. 12/4. 1966. Brit. Prior. 24/1. u. 22/6. 1962. **F. P. 1 353 072** vom 24/1. 1963, ausg. 27/5. 1964. Brit. Prior. 24/1., 22/6. 1962 u. 9/1. 1963. – C. **1966**, 29-2488 [Brit. P. 960 309].)

1846 **Imperial Chemical Industries Ltd.**, London, Großbritannien, *Herstellung von Tetrafluoräthylen.* (**Oe. P. 249 648** vom 13/8. 1963, ausg. 26/9. 1966. Brit. Prior. 16/8. 1962. **F. P. 1 366 450** vom 16/8. 1963, ausg. 13/11. 1964. Brit. Prior. 16/8. 1962 u. 12/7. 1963. – C. **1966**, 39-2684 [Brit. P. 971 995].)

1847 **Imperial Chemical Industries Ltd.**, London, Großbritannien, übert. von: **John F. Moakes**, Fairleight, New South Wales, Australien, *Stabilisierung von Vinylidenchlorid mit p-Alkoxyphenol und Ammoniak.* (**U. S. P. 3 346 651** vom 27/2. 1964, ausg. 10/10. 1967. Brit. Prior 8/3. 1963. – C. **1968**, 8-2476 [D. A. S. 1 243 172].)

1848 **A. E. C. Soc. de Chimie Organique et Biologique**, Commentry (Erfinder: **Joseph Redel** und **Jean Baptiste Christian Boch**, Néris-le-Bains), Allier, Frankreich, *Herstellung von Isophytol.* (**Schwz. P. 445 472** vom 17/8. 1965, ausg. 29/2. 1968. F. Prior. 3/9. 1964. – C. **1969**, 8-2000 [Brit. P. 1 087 837].)

1849 **Stamicarbon N. V.**, Heerlen (Erfinder: **Abraham Hermanus de Rooij**, Geleen, und **Pierre Antoine Marie Aggenbach**, Brunssum), Niederlande, *Herstellung der Nitritester von Alkoholen.* (**Schwz. P. 442 261** vom 23/2. 1965, ausg. 31/1. 1968. Niederl. Prior. 28/2. 1964. – C. **1968**, 21-2735 [U. S. P. 3 214 458].)

1850 **Imperial Chemical Industries Ltd.**, London, übert. von: **Duncan Clark** und **Percy Hayden**, Norton-on-Tees, Großbritannien, *Ester des Glycerins oder substituierter Glycerine.* (**U. S. P. 3 360 548** vom 25/7. 1966, ausg. 26/12. 1967. Brit. Prior. 12/11. 1962. – C. **1967**, 6-2575 [Brit. P. 987 278].)

1851 **Farbwerke Hoechst Akt.-Ges. vormals Meister Lucius & Brüning**, übert. von: **Ernst Hieronymus, Therese Quadflieg** und **Rudolf Wirtz**, Frankfurt/M., *Aliphatische γ- oder δ-Sultone.* (**U. S. P. 3 357 992** vom 7/7. 1964, ausg. 12/12. 1967. D. Prior. 9/7. 1963. – C. **1968**, 7-2574 [D. A. S. 1 240 070].)

1852 **Goodyear Tire & Rubber Co.**, Akron, O., USA, *Herstellung von Thiuramdisulfiden.* (**D. A. S. 1 276 024** Kl. 12o vom 19/2. 1965, ausg. 29/8. 1968. U. S. Prior. 21/2. 1964. – C. **1968**, 42-2126 [U. S. P. 3 255 251].)

1853 **Wacker-Chemie G.m.b.H.**, München, *Herstellung von gesättigten aliphatischen Aldehyden.* (**Oe. P. 250 927** vom 5/3. 1965, ausg. 12/12. 1966. **F. P. 1 426 565** vom 5/3. 1965, ausg. 15/4. 1966. Beide D. Prior. 7/3. 1964. – C. **1966**, 30-2393 [D. A. S. 1 206 878].)

1854 **Farbwerke Hoechst Akt.-Ges. vormals Meister Lucius & Brüning**, Frankfurt/M. (Erfinder: **H. Fernholz, K. Ruths** und **K. Heimann-Trosien**), *Herstellung von Sorbinsäure.* (**Schwed. P. 204 004** vom 30/12. 1958, ausg. 3/5. 1966. D. Prior. 4/1. 1958. Zusatz zu Schwed. P. 195 141. – C. **1966**, 23-2597 [F. P. 74 770].)

1855 **Distillers Co. Ltd.**, Edinburgh, Schottland, übert. von: **Christopher John Brown**, Walton-on-the-Hill, und **Frank-Christopher Newman**, Great Bookham, Surrey, Großbritannien, *Herstellung konzentrierter Acrylsäurelösungen.* (**U. S. P. 3 344 178** vom 11/5. 1964, ausg. 26/9. 1967. Brit. Prior. 16/5. 1963. – C. **1967**, 15-2635 [Brit. P. 995 472].)

1856 **Knapsack Akt.-Ges.**, Knapsack, *Herstellung von Acrylsäureestern durch Spaltung von Cyclobutanverbindungen.* (**Brit. P. 1 043 305** vom 25/6. 1964, ausg. 21/9. 1966. D. Prior. 12/7. u. 10/9. 1963. – C. **1969**, 7-1918 [Schwz. P. 433 250].)

1857 **Wacker-Chemie G.m.b.H.**, München (Erfinder: **Fritz Knörr** und **Hellmuth Spes**, Burghausen), *Herstellung von Acrylsäureestern durch Spaltung von β-Alkoxycarbonsäureestern.* (**D. A. S. 1 279 015** Kl. 12o vom 29/12. 1961, ausg. 3/10. 1968. – C. **1969**, 5-1956 [Schwz. P. 407 095, Brit. P. 1 023 176 u. U. S. P. 3 227 746].)

1858 **Halcon International, Inc.**, übert. von: **Irwin Schlossman**, New York, N.Y., und **Charles N. Winnick**, Bergen County, N.J., USA, *Herstellung von ungesättigten Carbonsäureestern aus ungesättigten Aldehyden.* (**U. S. P. 3 358 015** vom 12/11. 1963, ausg. 12/12. 1967. – C. **1969**, 8-2024 [Brit. P. 1 015 877].)

1859 **Farbwerke Hoechst Akt.-Ges. vormals Meister Lucius & Brüning**, Frankfurt/M., übert. von: **Günther Roscher**, Kelkheim/Taunus, und **Wilhelm Riemenschneider**, Frankfurt/M., *Herstellung von Vinylestern.* (**U. S. P. 3 346 627** vom 1/4. 1965, ausg. 10/10. 1967. D. Prior. 18/4. 1964. – C. **1967**, 39-2391 [D. A. S. 1 233 387].)

1860 **E. I. du Pont de Nemours & Co.**, Wilmington, Del. (Erfinder: **Harry Bugbird Copelin**, Niagara Falls, N.Y.), USA, *Herstellung von Vinylacetat.* (**D. A. S. 1 271 708** Kl. 12o vom 16/2. 1965, ausg. 4/7. 1968. U. S. Prior. 17/2. 1964. – C. **1969**, 8-2018 [Brit. P. 1 063 435].)

1861 **Montecatini Edison S. p. A.**, Mailand, übert. von: **Gian Paolo Chiusoli** und **Giorgio Bottaccio**, Novara, Italien, *Herstellung von Decatriendisäuredimethylester.* (**U. S. P. 3 312 731** vom 1/4. 1963, ausg. 4/4. 1967. It. Prior. 5/4. 1962. – C. **1967**, 36-2639 [Brit. P. 967 299].)

1862 **Knapsack Akt.-Ges.**, übert. von: **Kurt Sennewald, Alfred Hauser**, Knapsack, und **Winfried Lork**, Friesheim, *Cyanessigsäureester.* (**U. S. P. 3 360 540** vom 12/4. 1965, ausg. 26/12. 1967. D. Prior. 8/5. 1964. – C. **1966**, 43-2735 [D. A. S. 1 210 789].)

1863 **Badische Anilin- & Soda-Fabrik Akt.-Ges.** (Erfinder: **Horst Metzger** und **Martin Pape**), Ludwigshafen/Rh., *s-Cyncapgronsäure.* (**U. S. P. 3 346 618** vom 2/2. 1965, ausg. 10/10. 1967. D. Prior. 7/2. 1964. – C. **1966**, 35-2646 [D. A. S. 1 203 749].)

1864 **National Distillers and Chemical Corp.**, New York, N.Y., USA (Erfinder: **E. G. Pritchett, I. L. Mador** und **L. J. Bekers**), *Herstellung ungesättigter Diamine.* (**Schwed. P. 202 126** vom 22/5. 1967, ausg. 22/2. 1966. U. S. Prior. 23/5. 1956. Zusatz zu Schwed. P. 197 681. – C. **1962**, 11 730 [F. P. 72 035].)

1865 **British Celanese Ltd.**, London, Großbritannien, *Herstellung von Polyacetylmethylendiaminen.* (**Oe. P. 246 715** vom 20/8. 1963, ausg. 10/5 1966. **F. P. 1 367 207** vom 19/8. 1963, ausg. 20/11. 1964. Beide Brit. Prior. 20/8. 1962. – C. **1966**, 34-2680 [D. A. S. 1 200 798].)

1866 **Farbwerke Hoechst Akt.-Ges. vormals Meister Lucius & Brüning**, Frankfurt/M., *Bis-quartäre Salze von Triaminen.* (**Brit. P. 1 036 090** vom 12/6. 1964, ausg. 13/7. 1966. D. Prior. 15/6. 1963. – C. **1969**, 9-1412 [Schwz. P. 433 367].)

1867 **Dow Corning Corp.**, übert. von: **Harold A. Clark** und **Loren A. Haluska**, Midland, Mich., USA, *Hydroxyorganosilane.* (**U. S. P. 3 355 473** vom 1/4. 1963, ausg. 28/11. 1967. – C. **1967**, 31-2793 [Brit. P. 998 549].)

1868 **Dow Corning Corp.** (Erfinder: **Edwin Paul Plueddemann**), Midland, Mich., USA, *Vinylsulfidgruppen enthaltende Silane und Siloxane.* (**Schwz. P. 437 672** vom 9/11. 1962, ausg. 30/11. 1967. U. S. Prior. 28/2. 1962. – C. **1966**, 46-2889 [Brit. P. 970 598, Belg. A. S. 628 951 u. U. S. P. 3 186 965].)

1869 **Knapsack-Griesheim Akt.-Ges.**, Knapsack, übert. von: **Hermann Niermann**, Brühl, **Joseph Cremer**, Hermülheim, und **Heinz Harnisch**, Lövenich, *Dialkoxythiophosphorsäurechloride.* (**U. S. P. 3 356 774** vom 27/8. 1964, aus 5/12. 1967. D. Prior. 13/9. 1963 u. 24/7. 1964. – C. **1965**, 51-2562 [D. A. S. 1 191 369] u. C. **1966**, 46-2474 [D. A. S. 1 211 270].)

1870 **General Aniline & Film Corp.**, New York, N.Y., übert. von: **John G. Papalos**, Forth Worth, Tex., USA, *Herstellung von Phosphatestern.* (**U. S. P. 3 346 670** vom 11/12. 1962, ausg. 10/10. 1967. – C. **1968**, 11-2550 [Brit. P. 994 136].)

1871 **Monsanto Chemicals Ltd.**, Großbritannien, *Herstellung halogenierter Aromaten.* (**F. P. 83 657** vom 6/2. 1963, ausg. 4/1. 1965. Brit. Prior. 8/2. 1962. Zusatz zu F. P. 1 340 883; C. 1968, 4-2157. – C. **1966**, 37-2640 [Brit. P. 957 957].)

1872 **Ministerul Industriel Chimice** (Erfinder: **Gheorghe Andreescu** und **Carol Stummer**), Bukarest, Rumänien, *Benzol und p-Toluolsulfonamid.* (**Schwz. P. 456 576** vom 3/6. 1966, ausg. 31/7. 1968. – C. **1969**, 8-2102 [Brit. P. 1 073 330].)

1873 **Farbenfabriken Bayer Akt.-Ges.**, Leverkusen (Erfinder: **Sigurd Hartung**, Köln, und **Herbert Grünewald**, Leverkusen), *Herstellung von 3.4-Dinitrobenzoesäure.* (**Oe. P. 249 036** vom 24/7. 1964, ausg. 25/8. 1966. **F. P. 1 403 506** vom 5/8. 1964, ausg. 2/11. 1965. Beide D. Prior. 8/8. 1963. – C. **1966**, 30-2420 [D. A. S. 1 206 884].)

1874 **Showa Denko K. K.**, übert. von: **Taijiro Oga, Hideo Ichinokawa** und **Masatomo Ito**, Tokio, Japan, *Aromatische Nitrile.* (**U. S. P. 3 355 479** vom 19/10. 1964, ausg. 28/11. 1967. Jap. Prior. 22/10. 1963. – C. **1968**, 5-2559 [D. A. S. 1 236 494].)

1875 **Chemische Werke Witten G.m.b.H.** (Erfinder: **Hans-Leo Hülsmann** und **Gustav Renckhoff**), Witten, *Herstellung von Esteramiden aromatischer Dicarbonsäuren.* (**D. P. [DDR] 51 848** Kl. 12o vom 17/7. 1964, ausg. 20/11. 1966 [Ausschließungspatent]. D. Prior. [Bundesrepublik Deutschland] 3/8. 1963. Zusatz zu D. P. [DDR] 44 738; C. 1967, 28-2766. **Oe. P. 246 123** vom 1/4. 1964, ausg. 12/4. 1966. **F. P. 86 167** vom 21/7. 1964, ausg. 11/3. 1966. Zusatz zu F. P. 1 365 574; C. 1968, 28-2698. Beide D. Prior. 3/8. 1963. – C. **1966**, 39-2887 [D. A. S. 1 194 394].)

1876 **Kurashiki Rayon Co. Ltd.**, übert. von: **Teruo Yasui** und **Hiromichi Kohara**, Kurashiki, Japan, *Herstellung von Benzoldicarbonsäuren und aliphatischen Dinitrilen.* (**U. S. P. 3 341 567** vom 22/1. 1965, ausg. 12/9. 1967. Jap. Prior. 14/2. 1964. – C. **1968**, 7-2608 [D. A. S. 1 238 893].)

1877 **Teijin Ltd.**, Osaka (Erfinder: **Kazuo Ogata**, Matusyama, **Seij Uno** und **Fumio Uno**, Iwakuni), Japan, *Herstellung gereinigter Terephthalsäure.* (**Schwz. P. 439 254** vom 19/4. 1963, ausg. 15/12. 1967. – C. **1966**, 34-2471 [D. A. S. 1 203 754].)

1878 **Laboratoire d'Analyses et de Recherches Biologiques Mauvernay-Centre Européen de Recherches Fondamentales et Appliquées (C.E.R.F.A.)** (Erfinder: **Roland-Yves Mauvernay**), *Herstellung von Allyloxybenzoesäurederivaten.* (**Aust. P. 274 330** vom 24/4. 1963, ausg. 4/5. 1967. F. Prior. 5/5. u. 25/6. 1962. – C. **1969**, 9-1295 [Schwz. P. 415 682].)

1879 **Merck & Co., Inc.**, Rahway, übert. von: **Leonhard M. Weinstock**, Rocky Hill, und **William Paleveda jun.**, Rahway, N.J., USA, *2.2'.4.4'-Tetrabrom-N-alkyldiphenylamine.* (**U. S. P. 3 317 605** vom 4/2. 1964, ausg. 2/5. 1967. – C. **1967**, 2-2842 [Brit. P. 979 388].)

1880 **Stamicarbon N. V.**, Heerlen, übert. von: **Johannes W. M. Steman** und **Johan P. H. von der Hoff**, Geleen, Niederlande, *Herstellung von cyclischen Alkoholen.* (**U. S. P. 3 350 465** vom 17/12. 1962, ausg, 31/10. 1967. Niederl. Prior. 15/1. 1962, – C. **1968**, 21-2802 [Brit. P. 1 025 443].)

1881 **Rhône-Poulenc Soc. An.**, übert. von: **Marc Julia**, **Paris**, Frankreich, *Cyclopropylalkenole.* (**U. S. P. 3 342 877** vom 8/12. 1960, ausg. 19/9. 1967. F. Prior. 5/8. 1958 u. 8/7. 1959. – C. **1966**, 13-2426 [D. A. S. 1 106 320].)

1882 **Chemische Werke Witten G.m.b.H.** (Erfinder: **Hans-Leo Hülsmann** und **Gustav Renckhoff**), Witten, *Herstellung von Cyclohexan-1.4-dicarbonsäuredialkylestern.* (**D. P. [DDR] 42 405** Kl. 12o vom 20/10. 1962, ausg. 6/12. 1965 [Ausschließungspatent]. **F. P. 1 346 768** vom 8/2. 1963, ausg. 20/3. 1964. Beide D. Prior. [Bundesrepublik Deutschland] 23/2. 1962. – C. **1966**, 25-2556 [Oe. P. 232 987].)

1883 **Halcon International, Inc.**, Del., übert. von: **Robert S. Barker**, Port Washington, N.Y., USA, *Herstellung von Cyclohexylamin.* (**U. S. P. 3 346 636** vom 13/2. 1964, ausg. 10/10. 1967. – C. **1969**, 8-2143 [Brit. P. 1 059 575].)

1884 **Badische Anilin- & Soda-Fabrik Akt.-Ges.**, übert. von: **Ludwig Schuster** und **Paul Raff**, Ludwigshafen/Rh., *Herstellung von Cyclododecylamin.* (**U. S. P. 3 347 918** vom 13/7. 1964, ausg. 17/10. 1967. D. Prior. 24/7. 1963. – C. **1966**, 22-2415 [D. A. S. 1 201 335].)

1885 **Snia Viscosa Soc. Nazionale Industria Applicazioni Viscosa S. p. A.**, Mailand, Italien, *Herstellung von Cyclohexylphenylketon.* (**Oe. P. 242 689** vom 29/5. 1963, ausg. 27/9. 1965. **F. P. 1 358 184** vom 30/5. 1963, ausg. 10/7. 1964. Beide It. Prior. 7/6. 1962. – C. **1966**, 28-2494 [Can. P. 692 097].)

1886 **Gulf Research & Development Co.**, Pittsburgh, Pa., USA, *Herstellung von Diarylcarbonsäureamiden und -imiden.* (**Brit. P. 1 087 329** vom 10/12. 1964, ausg. 18/10. 1967. U. S. Prior. 16/12. 1963. – C. **1968**, 38-2734 [U. S. P. 3 275 651].)

1887 **Procter & Gamble Co.**, übert. von: **William F. Erman** und **Herbert C. Kretschmar**, Cincinnati, O., USA, *Herstellung von 2.3.6.7.8.9-Hexahydro-1H-benz[e]inden und dessen Derivaten.* (**U. S. P. 3 288 863** vom 17/9. 1964, ausg. 29/11. 1966. – C. **1969**, 8-2152 [Brit. P. 1 076 724].)

1888 **J. R. Geigy Akt.-Ges.** (Erfinder: **Franz Häfliger**), Basel, Schweiz, *Herstellung von [Adamantyl-(1)]-mercaptoessigsäurederivaten.* (**D. P. [DDR] 46 816** Kl. 12o vom 5/3. 1963, ausg. 15/7. 1966 [Ausschließungspatent]. **F. P. 1 350 317** vom 8/3. 1963, ausg. 24/4. 1964. Schwz. Prior. 9/3. 1962. – C. **1966**, 34-1724 [D. A. S. 1 188 590].)

1889 **Farbwerke Hoechst Akt.-Ges. vormals Meister Lucius & Brüning**, Frankfurt/M. (Erfinder: **Hans Biener**, Kelkheim/Taunus, und **Konrad Albrecht**, Frankfurt/M.), *Herstellung von β-Lactamderivaten.* (**Schwz. P. 456 602** vom 6/4. 1965, ausg. 31/7. 1968. **Brit. P. 1 097 642** vom 7/4. 1965, ausg. 3/1. 1968. D. Prior. 8/4. 1964. – C. **1969**, 9-1931 [U. S. P. 3 278 523].)

1890 **Chemische Werke Witten G.m.b.H.** (Erfinder: **Klaus Thewalt**), Witten, *Herstellung von β-[5-Phenyltetrahydrofuryl-(2)]-propionsäureestern.* (**D. P. [DDR] 35 142** Kl. 12g vom 29/6. 1962, ausg. 25/1. 1965 [Ausschließungspatent]. **F. P. 1 341 794** vom 28/11. 1962, ausg. 29/1. 1964. Beide D. Prior. [Bundesrepublik Deutschland] 6/12. 1961. – C. **1966**, 25-2571 [Oe. P. 233 002].)

1891 **Ciba Ltd.**, Basel, übert. von: **Peter Liechti**, Binningen, **Leonardo Guglielmetti**, Basel, **Erwin Maeder**, Aesch, und **Emil Adolf Siegrist**, Basel, Schweiz, *Herstellung von 2-Aroxazolyl-5-arylthiophenen.* (**U. S. P. 3 284 462** vom 23/11. 1964, ausg. 8/11. 1966. Schwz. Prior. 25/11. 1963. – C. **1969**, 9-1942 [Brit. P. 1 045 818].)

1892 **Soc. de Produits Chimiques et de Synthese** (Erfinder: **André Henri Passedouet** und **Jacqueline Pigeot**), *1-α-Thienylphenylcarbinole.* (**Aust. P. 275 418** vom 10/1. 1964, ausg. 15/6. 1967. F. Prior. 30/8. 1963. – C. **1969**, 7-1349 [Schwz. P. 415 680].)

1893 **American Cyanamid Co.** (Erfinder: **George Allen jun.**, **John Poletto, William Remers, Martin Wiess** und **John Webb**), *Pyrroloindolderivate.* (**Aust. P. 270 953** vom 27/5. 1963, ausg. 24/11. 1966. – C. **1969**, 2-1714 [U. S. P. 3 206 470].)

1894 **International Business Machines Corp.**, New York, N.Y., USA, *Herstellung von substituierten Carbazolderivaten.* (**Brit. P. 1 075 628** vom 26/8. 1964, ausg. 12/7. 1967. U. S. Prior. 26/8. 1963. – C. **1969**, 3-2290 [U. S. P. 3 252 993].)

1895 **Ciba Akt.-Ges.**, Basel (Erfinder: **Paul Schmidt, Kurt Eichenberger**, Therwil, und **Max Wilhelm**, Allschwil), Schweiz, *Herstellung neuer Aminopyrazole.* (**Schwz. P. 440 292** vom 23/1. 1962, ausg. 29/12. 1967. – C. **1968**, 42-1608 [U. S. P. 3 228 946].)

1896 **Inphar Soc. An.**, Mesocco, Schweiz (Erfinder: **G. G. Massaroli**), *Substituierte Oxazolidone.* (**Schwed. P. 204 295** vom 22/11. 1963, ausg. 17/5. 1966. – C. **1969**, 7-1356 [Niederl. P. 120 945].)

1897 **J. R. Geigy Akt.-Ges.**, Basel, Schweiz, *Herstellung von 2-[2'-Hydroxy-3'-alkenylphenyl]-benztriazolen.* (**Oe. P. 247 321** vom 15/6. 1962, ausg. 10/6. 1966. **F. P. 1 325 404** vom 15/6. 1962, ausg. 31/7. 1963. Beide Schwz. Prior. 16/6. 1961. – C. **1966**, 38-2506 [Brit. P. 974 713].)

1898 **Merck & Co., Inc.**, Rahway (Erfinder: **Janos Kollonitsch**, Westfield), N.J., USA, *Halogenniederalkylpyridine.* (**Schwz. P. 444 863** vom 2/4. 1964, ausg. 29/2. 1968. U. S. Prior. 2/4. 1963. – C. **1969**, 8-2179 [Brit. P. 1 060 276].)

1899 **Imperial Chemical Industries Ltd.**, London (Erfinder: **Roy Duffy**, Widnes), Großbritannien, *Herstellung von Bipyridylverbindungen.* (**D. P. [DDR] 54 695** Kl. 12p vom 19/3. 1963, ausg. 20/3. 1967 [Ausschließungspatent]. **Oe. P. 250 354** vom 20/3. 1963, ausg. 10/11. 1966. Brit. Prior. 20/3. 1962. **F. P. 1 357 180** vom 20/3. 1963, ausg. 3/7. 1964. Brit. Prior. 20/3., 19/10. 1962 u. 6/3. 1963. – C. **1966**, 31-2531 [D. A. S. 1 206 435].)

1900 **Imperial Chemical Industries Ltd.**, London, Großbritannien, *Herstellung von Bipyridylen.* (**Oe. P. 250 353** vom 14/3. 1963, ausg. 10/11. 1966. Brit. Prior. 14/3. 1962. **F. P. 1 353 229** vom 14/3. 1963, veröff. 21/2. 1964. Brit. Prior. 14/3. 1962 u. 1/3. 1963. – C. **1966**, 30-2463 [D. A. S. 1 206 434].)

1901 **Ciba Akt.-Ges.**, Basel, Schweiz (Erfinder: **Albert Aebi, Mohan Damodaran Nair**, Bombay, Indien, und **Karl Bucher**, Basel, Schweiz), *Herstellung neuer Isochinolinverbindungen.* (**Schwz. P. 438 308** vom 21/2. 1963, ausg. 15/12. 1967. – C. **1967**, 47-1658 [Brit. PP. 1 021 525 u. 1 021 526].)

1902 **Burroughs Wellcome & Co. (USA), Inc.**, Tuckahoe, N.Y., USA, übert. von: **Harry Tacon Openshaw** und **Norman Whittaker**, London, Großbritannien, *Benzo-[a]-chinolizinderivate.* (**U. S. P. 3 342 825** vom 22/11. 1960, ausg. 19/9. 1967. Brit. Prior. 24/11. 1959. – C. **1966**, 12-2507 [Oe. P. 226 707].)

1903 **Ward Blenkinsop & Co. Ltd.**, Middlesex, übert. von: **Maurice Shapero**, Edgware, und **Peter Nicholl Green**, Pinner, Großbritannien, *2-substituierte 1.4-Benzodioxane.* (**U. S. P. 3 308 136** vom 31/8. 1964, ausg. 7/3. 1967. Brit. Prior. 3/9. 1963. – C. **1969**, 9-1349 [Schwz. P. 434 292].)

1904 **Deutsche Gold- und Silber-Scheideanstalt vormals Roessler**, Frankfurt/M., *Herstellung von Triazinen.* (**Oe. P. 246 153** vom 3/4. 1964, ausg. 12/4. 1966. D. Prior. 3/5. 1963. **F. P. 85 766** vom 11/3. 1964, ausg. 29/12. 1965. D. Prior. 3/5. 1963. Zusatz zu F. P. 1 339 393. – C. **1966**, 35-2733 [D. A. S. 1 201 355].)

1905 **Süddeutsche Kalkstickstoff-Werke Akt.-Ges.**, Trostberg/Obb., *Herstellung von Melamin.* (**Oe. P. 248 444** vom 26/6. 1963, ausg. 25/7. 1966. **F. P. 1 366 241** vom 11/6. 1963, ausg. 13/11. 1964. Beide D. Prior. 20/7. 1962. – C. **1966**, 38-2707 [Can. P. 688 923].)

1906 **Süddeutsche Kalkstickstoff-Werke Akt.-Ges.**, Trostberg/Obb. (Erfinder: **Ernst Doehlemann,** Tacherting, **Franz Kaess.** Traunstein, **Leo Reitter**, Nenschalchen, und **Kurt Scheinost,** Tacherting), *Kontinuierliche Herstellung von Melamin.* (**Schwz. P. 436 321** vom 27/6. 1963, ausg. 15/11. 1967. D. Prior. 20/7. 1962. — C. **1966**, 37-2707 [Can. P. 688 923].)

1907 **Karl Ziegler**, übert. von: **Herbert Lehmkuhl** und **Rolf Schäfer,** Mülheim/R., *Aluminiumphenylverbindungen.* (**U. S. P. 3 341 562** vom 24/7. 1963, ausg. 12/9. 1967. D. Prior. 30/7. 1962. — C. **1964**, 41-1810 [D. A. S. 1 161 895].)

1908 **Studiengesellschaft Kohle m. b. H.**, übert. von: **Wilhelm Paul Neumann,** Gießen, und **Horst Niermann** Köln, *Organozinnhydride.* (**U. S. P. 3 347 891** vom 15/10. 1963, ausg. 17/10. 1967. D. Prior. 19/10. 1962. — C. **1967**, 32-2606 [Belg. A. S. 638 642].)

1909 **Albright & Wilson (Mfg.) Ltd.**, Oldbury, übert. von: **Harold Coates,** Wombourn, und **Peter Albert Theodore Hoye,** Stourbridge, Großbritannien, *Organozinnhalogenide.* (**U. S. P. 3 387 011** vom 21/12. 1964, ausg. 4/6. 1968. Brit. Prior. 31/12. 1963. — C. **1969,** 8-2194 [Brit. P. 1081 823].)

1910 **Stauffer Chemical Co.**, New York (Erfinder: **Walter Stamm,** Tarrytown), N.Y., USA, *Herstellung von heterocyclischen Organo-N-zinnverbindungen.* (**Schwz. P. 440 304** vom 16/9. 1964, ausg. 29/12. 1967. **F. P. 1 409 197** vom 29/9. 1964, veröff. 12/7. 1965. **Belg. A. S. 653 662** vom 28/9. 1964, bekanntgegeben 29/3. 1965. Alle U. S. Prior. 1/10. 1963. — C. **1967**, 1-3096 [D. A. S. 1 212 976].)

1911 **Ethyl Corp.**, New York, N.Y., übert. von: **Paul Kobetz** und **Francis M. Beaird,** Baton Rouge, La., USA, *Tetramethylblei.* (**U. S. P. 3 322 685** vom 31/8. 1962, ausg. 30/5. 1967. — C. **1966**, 39-2883 [D. A. S. 1 210 840].)

H–8. Farbstoffe

1912 Sandoz Patents Ltd., Toronto, Ontario, Canada (Erfinder: Hermann Burkhard, Neuallschwil, Curt Muller, Basel, und Otto Senn, Arlesheim, Schweiz), **Herstellung von feinteiligem, hitzebeständigem 1-Phenylamino-2-nitrobenzol-4-sulfonsäurephenylamid (I)** erfolgt dadurch, daß das auf bekannte Weise hergestellte **I** fein zerteilt wird, bes. auf eine Partikelgröße $< 10\ \mu$ u. so lange unterhalb des F., bes. zwischen 90 u. 150°, erhitzt wird, bis sich irreversibel entweder die jeweils durch Röntgenogramme gekennzeichnete α- oder die *β-Form* gebildet hat. Die Umsetzung kann in fl. Phase, in wss., mineralsaurem oder organ. Medium erfolgen. — *Farbstoff für hydrophobes organ. Material,* bes. *für Textilmaterial aus Polyestern, Polyamiden, Celluloseacetaten, Wolle oder Baumwolle.* — Färbevorschriften, Röntgenogramme. (**Brit. P. 1 040 607** vom 23/5. 1963, ausg. 1/9. 1966. Schwz. Prior. 24/5. u. 25/5. 1962.) — 8 S.
H.-W. Wille 6840

1913 Imperial Chemical Industries Ltd., London (Erfinder: Brian Ribbons Fishwick, Manchester), Großbritannien, **Herstellung von Dispersionsfarbstoffen.** Zu Brit. P. 1 012 238 u. F. P. 1 377 496; C. **1968, 22-2812,** sind folgende Verb. nachzutragen (Farbton auf Polyäthylenterephthalat): *2-Brom-4.6-dinitranilin* (**I**) → *3-Acetamido-6-methoxy-***II** (**II** = *N.N-Bis-[β-carbomethoxyäthyl]-anilin*) (grünlichmarineblau). — *2.5-Dichlor-4.6-dinitranilin* → *3-Acetamido-6-methoxy-***II** (rötlichmarineblau). — **I** → *2-Methoxy-5-formamido-***II** (kräftig marineblau). — *2-Chlor-4-nitranilin* → *3-Acetamido-***II**, F. 150 bis 152° (Butanol) (leuchtend bläulichrot). — *2.5-Dichlor-4-nitranilin* → *3-Acetamido-***II**, F. 180—181° (Butanol) (bläulichrot). — *p-Nitranilin* → *3-Acetamido-***II** (rot). — (**Schwz. P. 435 500** vom 24/9. 1963, ausg. 31/10. 1967. Brit. Prior. 24/9. 1962, 14/3. u. 4/9. 1963.) — 7 S.
A. Jahn 6842

1914 Sandoz Akt.-Ges., Basel (Erfinder: August Schweizer, Muttenz), Schweiz, **Herstellung von Reaktionsfarbstoffen,** die mindestens eine Gruppe der Formel (Halogen)$_2$C=C(Halogen)—CO— enthalten. Man setzt organ. Verb., die mindestens eine ggf. monosubstituierte Aminogruppe u. mindestens einen zur Azofarbstoffbldg. befähigenden Substituenten tragen, mit mindestens 1 Mol eines Trihalogenacrylsäurederiv. um u. führt die Rk.-Prod. durch Azokupplung in wasserlösl. Farbstoffe über. — Man kuppelt z. B. diazotierte 1-Aminobenzol-2-sulfonsäure mit dem Rk.-Prod. aus 2-Amino-5-hydroxynaphthalin-7-sulfonsäure u. α.β.β-Trichloracrylsäurechlorid (**V**), orangefarbenes Pulver. — Ferner wurden folgende Farbstoffe erhalten: Diazotierte 1-Amino-3-(α.β.β-trichloracrylylamino)-benzol-6-sulfonsäure (**I**) + 1-(2′.5′-Dichlorphenyl)-3-methyl-5-pyrazolon-4′-sulfonsäure (**II**), gelbes Pulver. — Diazotierte 1-Amino-4-(α.β.β-trichloracrylylamino)-benzol-6-sulfonsäure + **II**, rotstichiggelber Farbstoff. — **I** + 1-Hydroxynaphthalin-4.7-disulfonsäure rotes Pulver. — 1-(α.β.β-Trichloracrylylamino)-8-hydroxynaphthalin-3.6-disulfonsäure (**III**) + diazotierte 1-Aminobenzol-2-sulfonsäure (**IV**), rotes Pulver. — **III** + diazotierte 1-Amino-4-methylbenzol-2-sulfonsäure, blaustichigrotes Pulver. — 1-(α.β.β-Trichloracrylylamino)-8-hydroxynaphthalin-4.6-disulfonsäure + **IV**, Farbstoff gibt scharlachfarbene Drucke. — 1-(α.β.β-Tribromacrylylamino)-8-hydroxynaphthalin-4.6-disulfonsäure + **IV**, Farbstoff gibt scharlachfarbene Drucke. — Der durch saures Kuppeln von diazotiertem 1-Amino-4-nitrobenzol mit 1-Amino-8-hydroxynaphthalin-3.6-disulfonsäure u. Red. der NO_2-Gruppe mit Na_2S hergestellte Aminoazofarbstoff wird mit **V** u. das Rk.-Prod. mit **I** umgesetzt, schwarzes Pulver, färbt Cellulose grüngrau bis schwarz. (**Schwz. P. 410 238** vom 10/4. 1959, ausg. 31/10. 1966. **Zusatz zu Schwz. P. 369 532**; **C. 1964, 17-2570.**) — 4 S.
A. Jahn 6842

1915 Polaroid Corp., Cambridge, übert. von: Phylis T. Moore, Lexington, Mass., USA, **Herstellung von Azonaphthol-Farbstoffen,** die in p-Stellung zur OH-Gruppe den Rest —O—A—CO—O—CO—O—A^1 enthalten, durch Rk. von entsprechenden Farbstoffen, die den Rest —O—A—CO_2H enthalten, in Form der Ammoniumsalze mit Alkylchlorcarbonaten (A = niederer Alkylenrest; A^1 = Alkylrest). — Anhydrid aus α-[3p-(2′.5′-Diacetoxyphenylmethyl)-phenylazo-4-hydroxy-1-naphthoxy]-propionsäure u. Isobutylchlorcarbonat (**I**). — Anhydrid aus α-[3-(o-Methoxyphenylazo)-4-hydroxy-1-naphthoxy]-propionsäure (**II**) (F. 248—249°) u. **I**. — Anhydrid aus α-[3-(o-Carbomethoxyphenylazo)-4-hydroxy-1-naphthoxy]-propionsäure u. **I**. — Anhydrid aus **II** u. **I** liefert bei der Rk. mit p-[β-2.5-Diacetoxyphenäthyl]-anilin → *4α-[p-(β-2′.5′-dihydroxyphenäthyl)-phenylcarbamyl]-äthoxy-2-[p-(2″.5″-dihydroxyphenylmethyl)-phenylazo]-1-naphthol,* F. 194—199°. — (**U. S. P. 3 256 269** vom 4/3. 1963, ausg. 14/6. 1966.) — 7 S.
A. Jahn 6842

1916 Jaromír Pirkl und Ctibor Fišar, Pardubice, ČSSR, **Reaktive Monoazofarbstoffe,** welche pflanzliche u. tier. Fasern scharlachrot färben, werden hergestellt, indem man eine Azokomponente der allg. Formel R—N(A)X (R = ein in 2-Stellung gebundener Rest der 5-Naphthol-7-sulfonsäure; A = H oder CH_3; X = eine ≧ 1 reaktionsfähigen Rest tragende Gruppe oder Acetylgruppe) mit einer diazotierten 1-Sulfomethyl-2-naphthylaminsulfonsäure, bes. 1-Sulfomethyl-2-naphthylamin-6- (**I**) bzw. -7-sulfonsäure, kuppelt, dann die ggf. vorhandene Acetylgruppe abspaltet u. den gebildeten Azofarbstoff mit einer Verb. umsetzt, welche mit der mindestens einen reaktionsfähigen Rest tragenden Gruppe reagieren kann. — Zum Beispiel wird die aus 31,7 (Gew.-Teilen) **I** bereitete Diazoverb. in Ggw. von Na-Acetat mit 29 2-Acetamido-5-naphthol-7-sulfonsäure gekuppelt. Der gebildete Monoazofarbstoff wird mit KCl ausgesalzt u. durch Erwärmen mit 5%ig. wss. KOH-Lsg. desacetyliert; der Farbstoff wird nach Neutralisieren der Lsg. mit HCl wieder mit KCl ausgeschieden u. in 700 W. aufgelöst. Dann wird die Lsg. mit 0,5 eines Netzmittels (z. B. di-n-butylnaphthalinsulfonsaures Na) u. bei 0° mit 36,8 Cyanurchlorid versetzt u. 2 Std. gerührt, wobei man durch period. Zugabe 10%ig. Sodalsg. bei pH 6—6,5 hält. Dann werden 60 25%ig. Ammoniaklsg. zugesetzt, u. das Gemisch wird 1 Std. bei 45° aufbewahrt. Der gebildete reaktive Monoazofarbstoff wird mit KCl ausgesalzt u. bei 50° getrocknet; man erhält ein rotes, in W. gut lösl. Pulver, das Baumwolle in gelbstichigem Scharlach hoher Echtheiten färbt. (**Tschech. P. 125 770** vom 16/11. 1966, ausg. 15/1. 1968.) — 2 S.
J. Milka 6842

1917 Martin-Marietta Corp., USA (Erfinder: Gordon A. Geselbracht und Frederick E. Barwick), **Herstellung von 1-Phenyl-3-methyl-4-[4′-thiosulfophenylazo]-5-pyrazolon Na-Salz** durch Kupplung von *diazotiertem Na-S-[4-aminophenyl]-thiosulfat* mit *1-Phenyl-3-methyl-5-pyrazolon.* Wasserlösl. leuchtendgelber Farbstoff. Die Verb. wird auf Cellulosefasern, bes. nach dem Thermofixierverf. angewendet. (**F. P. 1 446 709** vom 9/9. 1965, veröff. 13/6. 1966. U. S. Prior. 11/9. 1964.) — 3 S.
A. Jahn 6842

1918 Eastman Kodak Co., Rochester, N.Y., übert. von: David I. Wallace und Max A. Weaver, Kingsport, Tenn., USA, **Herstellung von Monoazofarbstoffen** der allg. Formel $R-N=N-R^1-N(R^2)R^3CONH_2$ durch Kuppeln diazotierter 2-Aminothiazole mit entsprechenden N-Carboxamidoalkylanilinen (R = monocycl. 2-Thiazolylrest der allg. Formel $-C=N-V-S$; V = ggf. substituierter Vinylenrest; R^1 = monocycl. Arylenrest; R^2 = H, Alkyl-, Hydroxyalkyl- oder Cyanalkylrest; R^3 = niederer Alkylenrest). — *2-Amino-5-nitrothiazol* → *N-β-Carboxamidoäthyl-N-äthyl-m-toluidin*, färbt Celluloseacetat leuchtendblau. — Tabellenbeispiele. (**U. S. P. 3 349 075** vom 1/5. 1963, ausg. 24/10. 1967.) — 3 S. A. Jahn 6842

1919 Eastman Kodak Co., USA (Erfinder: James Madison Straley, David Jefferson Wallace und Max Allen Weaver), **Herstellung von Azofarbstoffen** der allg. Formel $R-N=N-R^1-N(R^2)-R^3-N-CO-Z$ durch Rk. von diazotierten Anilinen der allg. Formel RNH_2 mit entsprechenden Kupplungskomponenten (R = Benzol- oder 2-Benzthiazolylrest; R^1 = Phenylenrest; R^2 = H oder niederer Alkylrest; R^3 = niederer Alkylrest; Z = Bestandteil eines 5—6gliedrigen heterocycl. Ringes). — Folgende Verb. wurden erhalten (Farbton auf Celluloseester u. Polyester): *p-Nitranilin* (**I**) → *1-[β-(N-Äthyl-N-m-toluidino)-äthyl]-2-pyrrolidinon* (**II**) (scharlach). — **I** → *1-[β-(N-Cyanäthyl-N-m-toluidino)-äthyl]-2-pyrrolidinon* (**III**) (orange, auch auf Nylon). — *2.6-Dichlor*-**I** → **III** (orange). — *p-Toluidin* → **II** (lebhaft gelb, auch auf Nylon). — **I** → *1-[β-(N-Cyanäthyl-N-m-toluidino)-äthyl]-3.4-benz-2-pyrrolidinon* (orange). — *2-Amino-6-methylsulfonylbenzthiazol* → **II** (violettrot). — *2-Amino-6-cyanbenzthiazol* → **II** (rot). — Tabellenbeispiele. (**F. P. 1 457 449** vom 9/8. 1965, veröff. 26/9. 1966. U. S. Prior. 17/8. u. 17/8. 1964.) — 10 S. A. Jahn 6842

1920 Sandoz Akt.-Ges. (Erfinder: Hans Ischer, Basel, und Albin Peter, Binningen), Schweiz, **Herstellung von wasserlöslichen Pyrimidinazofarbstoffen,** die mindestens einen Pyrimidinring enthalten, dad. gek., daß man organ. Verb., die mindestens eine ggf. monosubstituierte Aminogruppe u. mindestens einen zur Azofarbstoffbldg. befähigenden Substituenten besitzen, mit einem 2.4-Dihalogenpyrimidin, das in 6-Stellung einen von Halogen verschiedenen negativen Substituenten u. in 5-Stellung H oder einen von dem Substituenten in 6-Stellung verschiedenen Substituenten trägt, kondensiert u. die erhaltenen Rk.-Prod. durch Azokupplung in wasserlösl. Farbstoffe überführt. — Reaktivfarbstoffe. — Man löst 23,9 (Gew.-Teile) 2-Amino-5-hydroxynaphthalin-7-sulfonsäure in 400 W. mit NaOH neutral, versetzt bei 80—90° unter Rühren bei pH 5—7 in ca. 1 Std. mit 22 2.4-Dichlorpyrimidin-6-carbonsäureäthylester, salzt, sobald keine Aminogruppe mehr nachweisbar ist, das Kondens.-Prod. neutral aus, verrührt es mit 500 W., versetzt mit 30 $NaHCO_3$, kühlt auf 0—10°, fügt langsam bei stets schwach alkal. Rk. die aus 17,3 1-Aminobenzol-2-sulfonsäure hergestellte Diazoverb. zu u. rührt noch ca. 2 Std. bei 10°. Der Farbstoff, ein in W. orange lösl. orangebraunes Pulver, färbt mercerisiertes Baumwollgewebe naß- u. lichtecht orange. — Färbevorschrift. (**Schwz. P. 452 078** vom 30/4. 1959, ausg. 31/5. 1968. **Zusatz zu Schwz. P. 369 532; C. 1964, 17-2570.**) — 3 S. O. Roick 6842

1921 Imperial Chemical Industries Ltd., London (Erfinder: George de Winter Anderson, Gerald Booth und Victor David Poole, Manchester, Lancs.), Großbritannien, **Herstellung von Azofarbstoffen,** die mindestens die Gruppe der allg. Formel $-N(R)-T$ enthalten, erfolgt durch Diazotieren eines prim. Amins oder einer entsprechenden Sulfaminsäure u. nachfolgendes Kuppeln, wobei das Amin oder die Kupplungskomponente mindestens eine $-N(R)-T$-Gruppe enthält (R = H, ggf. substituiertes Alkyl, Cycloalkyl; T = Pyrimidinrest, der durch ein C-Atom an das N gebunden ist u. mindestens eine Gruppe OA über C gebunden enthält; A = sulfoniertes Aryl). — Folgende Farbstoffe wurden erhalten (Farbton auf Cellulose): 2-Amino-5-naphthol-7-sulfonsäure + 5-Cyan-2.4.6-trichlorpyrimidin (**I**) + Orthanilsäure, orange. — Na-Salz der 1-Naphthol-4-sulfonsäure + 2.4.5.6-Tetrachlorpyrimidin (**II**) + Na-4-Aminoanisol-3-sulfonat, scharlach. — Na-Phenol-4-sulfonat (**III**) + **II** + Na-2-Naphthol-6-sulfonat (**IV**), rot. — **I** + **III** + **IV**. (**Schwz. P. 401 306** vom 23/8. 1960, ausg. 30/4. 1966. Brit. Prior. 24/6. u. 2/8. 1960.) — 3 S. A. Jahn 6842

1922 Imperial Chemical Industries Ltd., London, Großbritannien (Erfinder: Herbert Francis Andrew), **Herstellung wasserlöslicher Metallkomplexverbindungen von Azofarbstoffen,** die aus einem Schwermetallatom mit der Ordnungszahl 24—29 u. einer Azoverb. der allg. Formel $HO(CO)_{n-1}-A-N=N-M-N(R)-T^1-N(R^1)-B-N(R^2)-T^2$ bestehen, erfolgt durch Rk. von Aminoazoverb. der allg. Formel $HO(CO)_{n-1}-A-N=N-M-N(R)-T^1-N(R^1)-B-NH-R^2$ mit Polyhalogen-symm. triazinen oder Polyhalogenpyrimidinen (M = 1-Hydroxy-3-sulfonaphthylen, das $>N-R$ in 6- oder 7-Stellung des Naphthalinringes direkt oder über eine Anilinogruppe gebunden enthält; n = 1, 2; A = o-Phenylen, vicinales Naphthylen; R, R^1 u. R^2 = H, Alkyl mit ≤ 4 C-Atomen; T^1 = Triazin-, Pyrimidinring, der einen labilen Substituenten trägt; T^2 = Triazin- oder Pyrimidinring, der mindestens einen labilen Substituenten trägt; B = $-D-N=N-E$; D = Phenyl, Naphthyl, das in o-Stellung ggf. durch Cl, NO_2, SO_3H oder COOH substituiert ist; E = Rest eines in p-Stellung kuppelnden Amins der Bzl.-, Naphthalin- oder 5-Pyrazolonreihe, der in 4-Stellung an die Azogruppe gebunden ist u. in 1-Stellung einen mono- oder dicycl. Rest der Bzl.-Reihe trägt, an den das N-Atom gebunden ist). — Man setzt das Na-Salz von 1.4-Phenylendiamin-3-sulfonsäure mit dem Tri-Na-Salz der 1 : 2-Cr-Komplexverb. von 2-(4'.6'-Dichlor-1'.3'.5'-triazin-2'-yl-amino-6-(2''-carboxyphenylazo)-5-hydroxynaphthalin-7-sulfonsäure um, diazotiert, kuppelt mit m-Toluidin u. setzt mit Cyanurchlorid um; die Verb. färbt Leder braun. — Tabellenbeispiele. (**Brit. P. 1 067 152** vom 18/1. 1963, ausg. 3/5. 1967.) — 23 S. A. Jahn 6842

1923 VEB Farbenfabrik Wolfen, Wolfen (Erfinder: Günter Eßbach, Wolfen, Hans-Walter Modrow, Jeßnitz, Erhard Schick, Bitterfeld, und Hans Baumann, Dessau), **Herstellung von braunen Lederfarbstoffen** der allg. Formel I (X = Sulfonsäuregruppe; Y =

I 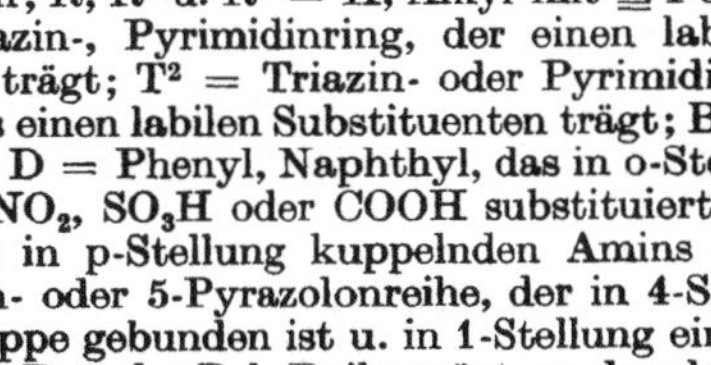

CH_3O- oder Cl) aus einem Monoazofarbstoff, aus Pikraminsäure u. Resorcin durch Kuppeln mit diazotierter Anilinsulfonsäure, die durch ein Cl-Atom oder eine Methoxygruppe substituiert ist; anschließend Chromierung zu einem 1 : 1-Chromkomplexfarbstoff. — 19,9 (Teile) 4.6-Dinitro-2-aminophenol werden in 160 W. u. 12 NaOH (35 °Bé) angeschlämmt, mit 25 HCl (20° Bé) versetzt u. bei 5—8° mit der Lsg. von 7 $NaNO_2$ diazotiert. Die Diazolsg. wird in eine Lsg. von 11 Resorcin, 11 Na_2CO_3 u. 300 W. eingetragen u. gerührt. Nach Abkühlen auf 0° wird mit einer diazotierten Lsg. aus 20,8 2-Chloranilin-5-sulfonsäure in 300 W. u. 5 Na_2CO_3 gekuppelt. Nach Aussalzen u. Abpressen wird mit W. angeschlämmt, mit konz. NH_3-Lsg. versetzt u. mit einer Chromsalicylatlsg., welche Chromalaun enthält, bei 100—102° chromiert. Beim Aufarbeiten wird ein Farbstoff erhalten, der Leder in braunen Tönen färbt. (**D. P. [DDR] 33 019** Kl. 22a vom 11/7. 1961, ausg. 5/4. 1967 [Wirtschaftspatent].) — 2 S. M. F. Müller 6842

1924 Erhard Schick, Bitterfeld, Hans-Walter Modrow, Wolfen, und Kurt Lippold, Dessau, **Herstellung substantiver blauer Disazofarbstoffe** der Formel I (X = Acyl- bzw. Aroylrest) aus 1 Mol tetrazotiertem 4.4'-Diamino-3.3'-dimethoxydiphenyl durch aufeinanderfolgende Kupplung mit 1 Mol einer acylierten oder aroylierten 1-Amino-8-naphthol-3.6-disulfonsäure u. 1 Mol einer acylierten oder aroylierten 2-Amino-5-naphthol-7-sulfon-

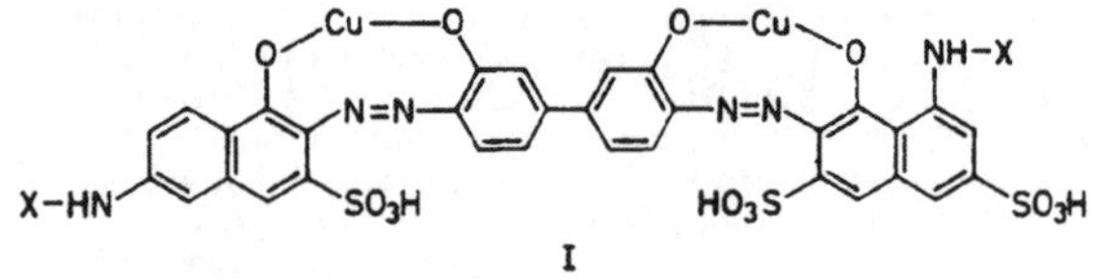

I

säure in alkal. Lsg. u. Überführung der entstandenen Disazofarbstoffe in ihre Kupferkomplexe. (**D. P. [DDR] 53 266** Kl. 22a vom 2/11. 1965, ausg. 5/1. 1967 [Wirtschaftspatent].) — 3 S. M. F. Müller 6842

1925 Miloslav Veselý, Pardubice, Vladimír Kmoníček, Habřina, František Vondrák und Jan Kunt, Pardubice, ČSSR, **Polyazofarbstoffe,** die Leder in braunen Tönen ausfärben, werden erhalten, indem man den aus äquimol. Mengen diazotierter **1**-Amino-8-naphthol-3.6-disulfonsäure (**I**) u. Resorcin (**II**) hergestellten Monoazofarbstoff mit 2 diazotierten aromat. Aminoverb. umsetzt, von denen mindestens eine eine Aminoazobenzolmono- oder -disulfonsäure ist. — Zum Beispiel *Polyazofarbstoffe*: 4-Aminoanisol (**III**) → (**I** → **II**) ← 4-Amino-1.1'-azobenzol-4'-sulfonsäure u. **III** → (**I** → **II**) ← 4-Amino-1.1'-azobenzol-3.4'-disulfonsäure. (**Tschech. P. 123 388** vom 13/8. 1965, ausg. 15/6. 1967.) — 3 S. J. Milka 6842

1926 Interchemical Corp., New York, übert. von: Paul Resnick, Brooklyn, N.Y., und John J. Maitner, Hazlet, N.J., USA, **Herstellung von Monoazopigmenten** durch Kuppeln von Malonanilid bzw. Malon-2.2'.4.4'-tetramethoxydianilid mit diazotiertem Anilin, o- oder p-Nitro- oder p-Chloranilin. — Malonanilide: *Phenylazo-*, F. 180—181°. — *o-Nitrophenylazo-*, F. 226—228°. — *p-Nitrophenylazo-*, F. 282—284°. — *p-Chlorphenylazo-*, F. 203—205°. — *Phenylazo-2.2'.4.4'-tetramethoxy-*, F. 209 bis 211°. — *o-Nitrophenylazo-2.2'.4.4'-tetramethoxy-*, F. 278 bis 281°. — *p-Nitrophenylazo-2.2'.4.4'-tetramethoxy-*, F. 256 bis 258°. (**U. S. P. 3 252 968** vom 25/3. 1963, ausg. 24/5. 1966.) — 1 S. A. Jahn 6842

1927 Sterling Drug, Inc., New York, N.Y., USA (Erfinder: Albert Edward Munro, Nathan Norman Grounse und Edward Melvin Davis), **Herstellung von Kristallviolettlacton** durch Rk. einer wss. Lsg. des Alkalisalzes von 2-[4.4'-Bis-(dimethylamino)-benzylhydryl]-5-dimethylaminobenzoesäure bei 15—160° u. pH 8 bis 12,5 mit O_2 unter intensiver Mischung, F. 176—179°. (**Brit. P. 1 039 704** vom 28/4. 1965, ausg. 17/8. 1966.) — 4 S. A. Jahn 6844

1928 **Casella Farbwerke Mainkur Akt.-Ges.**, Frankfurt/M. (Erfinder: **Hanswilli von Brachel**, Offenbach/M., **Otto Gräwinger**, Frankfurt/M., und **Dieter Cornelius**, Seeheim a. d. B.), *Herstellung wasserunlöslicher Azofarbstoffe*. (**Schwz. P. 454 312** vom 23/7. 1965, ausg. 28/6. 1968. D. Prior. 25/7. 1964. — C. **1968**, 46-2461 [F. P. 1 441 175].)

1929 **Casella Farbwerke Mainkur Akt.-Ges.**, Frankfurt/M. (Erfinder: **Hanswilli von Brachel**, Offenbach/M., **Otto Gräwinger**, Frankfurt/M., und **Dieter Cornelius**, Seeheim a. d. B.), *Herstellung wasserunlöslicher Monoazofarbstoffe*. (**Schwz. P. 454 314** vom 23/12. 1965, ausg. 28/6. 1968. D. Prior. 24/12. 1964. — C. **1968**, 46-2464 [F. P. 1 461 855].)

1930 **Sandoz Ltd.** (Erfinder: **Curt Müller**), Basel, Schweiz, *Herstellung von Azofarbstoffen*. (**Brit. P. 1 087 276** vom 16/2. 1965, ausg. 18/10. 1967. Schwz. Prior. 25/2. 1964. — C. **1969**, 2-2456 [F. P. 1 431 156].)

1931 **J. R. Geigy Akt.-Ges.**, Basel (Erfinder: **Werner Bossard**, Riehen, und **François Favre**, Basel), Schweiz, *Herstellung von in Wasser dispergierbaren, schwerlöslichen Azofarbstoffen*. (**Schwz. P. 454 305** vom 28/2. 1961, ausg. 28/6. 1968. Zusatz zu Schwz. P. 373 842; C. 1966, 3-2712. — C. **1966**, 33-2705 [F. P. 81 222].)

1932 **Ciba Akt.-Ges.**, Basel (Erfinder: **Hans Wilhelm Liechti**, Oberwil), Schweiz, *Herstellung neuer basischer Azofarbstoffe*. (**Schwz. P. 425 033** vom 26/5. 1961, ausg. 31/5. 1967. — C. **1967**, 10-2937 [Brit. P. 957 364].)

1933 **Ciba Akt.-Ges.**, Basel (Erfinder: **Karl Ronco**, Muttenz), Schweiz, *Herstellung von Carbonsäureamidazofarbstoffen*. (**D. A. S. 1 250 944** vom 29/12. 1961, ausg. 28/9. 1967. Schwz. Prior. 30/12. 1960. **Schwz. P. 404 030** vom 30/12. 1960, ausg. 30/6. 1966. — C. **1967**, 10-2934 [F. P. 1 311 555].)

1934 **Ciba Akt.-Ges.**, Basel (Erfinder: **Hans Wilhelm Liechti**, Oberwil), Schweiz, *Herstellung von wasserlöslichen Disazofarbstoffen*. (**D. A. S. 1 217 525** Kl. 22a vom 10/2. 1961, ausg. 26/5. 1966. Schwz. Prior. 11/2. 1960. — C. **1965**, 15-2598 [F. P. 1 279 854].)

1935 **Ciba Akt.-Ges.**, Basel (Erfinder: **Hans Wilhelm Liechti**, Oberwil), Schweiz, *Herstellung wasserlöslicher Disazofarbstoffe*. (**Schwz. P. 411 180** vom 29/12. 1961, ausg. 15/11. 1966. — C. **1967**, 32-2728 [F. P. 1 343 210].)

1936 **Farbwerke Hoechst Akt.-Ges. vormals Meister Lucius & Brüning**, (Erfinder: **Fritz Meininger**, Frankfurt/M., und **Walter Noll**, Bad Soden), *Herstellung von wasserlöslichen Monoazofarbstoffen*. (**D. A. S. 1 278 041** Kl. 22a vom 16/3. 1962, ausg. 19/9. 1968. — C. **1968**, 41-2887 [F. P. 1 350 536].)

1937 **Farbwerke Hoechst Akt.-Ges. vormals Meister Lucius & Brüning**, Frankfurt/M., *Basische Benzimidazol-Monoazofarbstoffe*. (**Brit. P. 1 087 068** vom 14/12. 1964, ausg. 11/10. 1967. D. Prior. 14/12. 1963 u. 23/10. 1964. — C. **1968**, 25-2954 [F. P. 1 420 692].)

1938 **Farbenfabriken Bayer Akt.-Ges.**, Leverkusen (Erfinder: **Gerhard Wolfrum** und **Hermann Wunderlich**), *Monoazofarbstoffe*. (**Brit. P. 1 086 975** vom 22/7. 1966, ausg. 11/10. 1967. D. Prior. 28/7. 1965. — C. **1969**, 4-2258 [Schwz. P. 428 990].)

1939 **Farbenfabriken Bayer Akt.-Ges.**, Leverkusen (Erfinder: **Helmut Kleiner**), *Disazo-Dispersionsfarbstoffe*. (**Brit. P. 1 087 175** vom 28/6. 1965, ausg. 11/10. 1967. D. Prior. 27/6. 1964. — C. **1968**, 45-2948 [Belg. **A. S.** 665 505].)

1940 **Ciba Akt.-Ges.** (Erfinder: **Istvan Hari** und **Max Stäuble**), Basel, Schweiz, *Herstellung von Küpenfarbstoffen*. (**D. A. S. 1 228 733** Kl. 22b vom 8/6. 1962, ausg. 17/11. 1966. Schwz. Prior. 12/6. u. 21/6. 1961 u. 15/5. 1962. — C. **1967**, 39-2569 [F. P. 1 328 604].)

1941 **Ciba Akt.-Ges.**, Basel (Erfinder: **Kurt Weber**, **Max Stäuble**, Basel, **Paul Hugelshofer**, Muttenz, **Istvan Hari** und **Max Jost**, Basel), Schweiz, *Herstellung neuer Küpenfarbstoffe*. (**Schwz. P. 398 846** vom 29/11. 1960, ausg. 15/3. 1966. — C. **1967**, 12-2760 [F. P. 1 310 801].)

1942 **Ciba Akt.-Ges.** (Erfinder: **Rudolf Winkler**), Basel, Schweiz, *Herstellung von O-acylierten Leukoküpenfarbstoffen*. (**Schwz. P. 411 181** vom 28/2. 1961, ausg. 13/11. 1966. — C. **1964**, 44-2277 [F. P. 1 315 478].)

1943 **Ciba Akt.-Ges.** (Erfinder: **Paul Rhyner**), Basel, Schweiz, *Herstellung wasserunlöslicher Anthrachinonfarbstoffe*. (**Schwz. P. 397 915** vom 21/2. 1961, ausg. 28/2. 1966. — C. **1964**, 49-2256 [F. P. 1 314 701].)

1944 **Ciba Akt.-Ges.** (Erfinder: **Paul Rhyner**), Basel, Schweiz, *Herstellung wasserunlöslicher Anthrachinonfarbstoffe*. (**Schwz. P. 413 175** vom 23/8. 1961, ausg. 15/12. 1966. — C. **1967**, 37-2484 [F. P. 1 330 396].)

1945 **Ciba Akt.-Ges.** (Erfinder: **Paul Rhyner**), Basel, Schweiz, *Herstellung halogenierter Dihydroxydiaminoanthrachinone*. (**Schwz. P. 404 038** vom 1/3. 1961, ausg. 30/6. 1966. — C. **1964**, 44-2272 [F. P. 1 316 293].)

1946 **Ciba Akt.-Ges.**, Basel (Erfinder: **Paul Rhyner**, Binningen), Schweiz, *Herstellung halogenierter Oxyaminoanthrachinone*. (**Schwz. P. 410 242** vom 23/12. 1960, ausg. 31/10. 1966. — C. **1966**, 2-2598 [F. P. 1 308 425].)

1947 **Ciba Akt.-Ges.**, Basel (Erfinder: **Max Jost**, Basel, **Walter Kern**, Sissach, und **Maurice Grélat**, Bettingen), Schweiz, *Herstellung von 4.4'-Diamino-1.1'-dianthrachinonyl-3.3'-disulfonsäuren*. (**Schwz. P. 396 264** vom 5/5. 1960, ausg. 14/1. 1966. **D. A. S. 1 205 215** vom 4/5. 1961, ausg. 18/11. 1965. **U. S. P. 3 234 242** vom 17/4. 1961, ausg. 8/2. 1966. Beide Schwz. Prior. 5/5. 1960. — C. **1964**, 14-2427 [F. P. 1 289 750].)

H–13. Schädlingsbekämpfungsmittel

1948 Gulf Oil Corp., Pittsburgh, Pa., übert. von: Lee V. Phillips, Overland Park, Kan., USA, **Ester der 1-Alkoxycyclopropancarbonsäure** erhält man durch Rk. von Estern der 4-chlor-2-substituierten Buttersäure mit $NaNH_2$. — Aus **4**-Chlor-2-methoxybuttersäuremethylester erhält man durch Rk. mit $NaNH_2$ in Bzl. *1-Methoxycyclopropancarbonsäuremethylester*, $Kp._{43}$ 77—80°; n_D^{18} 1,4294. — *Herbizide*. (**U. S. P. 3 294 833** vom 8/5. 1963, ausg. 27/12. 1966.) — 1 S. R. Bollinger 7365

1949 Kaken Kagaku K. K., Tokyo (Erfinder: Akira Ueno, Tokyo, Etsuko Matsuzaki, Urawa-shi, Yoshio Momoki, Yoshino Ishimaru, Gosaku Saito und Sumio Sakai, Tokyo), Japan, **11-Jod-10-undecinsäure** (**I**), $C_{11}H_{17}JO_2$, F. 63—64°, erhält man durch Rk. von 10-Undecinsäure mit J_2 in alkohol.-wss. Lösung. — Ferner wurden folgende **I**-Deriv. hergestellt: *Zn-Salz*, farblose Krist., F. 143—146°. — *Phenylester*, $C_{17}H_{21}JO_2$, gelbes Öl. — *2-Methylphenylester*, $C_{18}H_{23}JO_2$, gelbes Öl. — *[4-Chlorphenyl]-ester*, $C_{17}H_{20}ClJO_2$, gelbes Öl. — *[2.4.6-Tribromphenyl]-ester*, $C_{17}H_{18}Br_3JO_2$. — *[2.4.5-Trichlorphenyl]-ester*, gelbes Öl. — *Fungizide*. (**Schwz. P. 434 236** vom 12/3. 1965, ausg. 14/10. 1967. Jap. Prior. 13/3., 8/6. u. 4/7. 1964.) — 3 S. H.-W. Ebersbach 7370

1950 Diamond Alkali Co., Cleveland, übert. von: Edmond R. Osgood, Painesville, O., Lawrence E. Limpel, Yonkers, N.Y., Roger L. Annis, Mentor, O., und Nathan J. Turner, Yonkers, N.Y., USA, **Herstellung von Octachlorthiolan** erfolgt durch Rk. von Hexachlorbutadien mit S bei 140—240°, Entfernung des gebildeten SCl_2 durch Dest., Chlorierung des Rk.-Gemisches bei 50—200° zur Entfernung des nicht umgesetzten S u. weitere Chlorierung des gebildeten Tetrachlorthiophens bei 100—200 psig u. 70—90° in Ggw. von 1—2 Gew.-% J_2 oder Jodhalogeniden. — *Fungizide*. (**U. S. P. 3 354 179** vom 20/11. 1964, ausg. 21/11. 1967.) — 5 S. R. Bauereis 7370

1951 Fisons Pest Control Ltd., Harston, Großbritannien (Erfinder: David William John Lane und Geoffrey Tattersall Newbold), **Herstellung von 4.5.6.7-Tetrachlorbenzimidazol,** F. 327—328°, durch 2std. Kochen von 98%ig. HCOOH mit 3.4.5.6-Tetrachloro-phenylendiamin. Verw. zur Herst. *fungizider Mittel* im Gemisch mit 4.5.6-Trichlorbenzimidazol. (**Brit. PP. 1 063 472** u. **1 063 473** vom 23/11. 1962, ausg. 30/3. 1967.) – 4 S. – 1 S. C. Lüttgen 7370

1952 Sankyo Co. Ltd. (Erfinder: Issei Iwai, Yukichi Kishada, Tetsuo Hiraoka und Norio Nakamura), Tokio, Japan, **Herstellung von 3-Hydroxyisoxazolen,** die in 5-Stellung durch eine Alkyl-, ggf. substituierte Phenyl- oder Di-C_{1-5}-alkoxymethylgruppe substituiert sein können, erfolgt durch Rk. eines entsprechend substituierten Propiolsäure-C_{1-5}-alkylesters mit NH_2OH in Ggw. eines Alkalihydroxids, bes. bei ca. 30–60°. – Man gibt zu einer Lsg. von 4,9 (g) Äthylpropiolat in 100 ml A. eine Lsg. von 13,9 $NH_2OH \cdot HCl$ in 180 ml einer 10%ig. NaOH u. läßt bei Raumtemp. über Nacht stehen → *3-Hydroxyisoxazol*, $C_3H_3NO_2$, F. 98–99°; Ausb. 2,5 = 59%. – Analog nachst. 3-Hydroxyisoxazole (Ausb. in %): *5-Methyl-*, $C_4H_8NO_2$, F. 85 bis 86° (74). – *5-Äthyl-*, F. 45–46°. – *5-n-Propyl-*, F. 41–41,5°. – *5-Isopropyl-*, F. 41–42°. – *5-n-Butyl-*, F. 38,5–39,5°. – *5-Isobutyl-*, Kp.$_{0,3}$ 128–133°. – *5-Decyl-*, F. 65,5–66,5°. – *5-Phenyl-*, $C_9H_7NO_2$, F. 163 bis 165° (87). – *5-[p-Nitrophenyl]-*, $C_9H_6N_2O_4$, F. 224 bis 226° (Zers.) (82). – *5-[Diäthoxymethyl]-*, $C_8H_{13}NO_4$, F. 86–87° (61). – Ferner werden hergestellt: *4.4-Diäthoxytetrolohydroxamsäure*, $C_8H_{13}NO_4$, F. 73–74° (65,2). – *Tetrolohydroxamsäure*, F. 143–144°. – Mittel zur *Bekämpfung* pathogener *Erdpilze* der Gattungen *Pellicularia, Fusarium* u. *Pythium*. (**Schwz. P. 451 153** vom 13/9. 1965, ausg. 15/5. 1968. Jap. Prior. 14/9. 1964 u. 12/6. 1965.) – 4 S. O. Schön 7370

1953 Nepera Chemical Co., Inc., übert. von: Godfrey Wilbert, Carmel, und Seymour Hyden, Spring Valley, N.Y., USA, **O-Pyridylalkyl-N-alkenylurethane** erhält man durch Rk. eines ggf. substituierten Hydroxypyridins mit einem Isocyanat in Ggw. von Py. oder Ae. als Lsgm. bei Temp. von 5–10°. – Beispiel: Zu einer Suspension von Pyridin-3-carbinol in Ae. wird bei 5° Allylisocyanat tropfenweise zugegeben → *O-3-Pyridylmethyl-N-allylcarbamat*, Kp.$_{1-2}$ 151–154°; n_D^{21} 1,5276, IR-Bande bei 1705 cm^{-1}. – Analog: *O-2-[β-Pyridyläthyl]-N-allylcarbamat*, Kp.$_{2-3}$ 150–155°, F. 54,5–56,5°, IR-Bande bei 1695 cm^{-1}; *O-3-Pyridylmethyl-N-phenylcarbamat*, F. 134–136°, IR-Bande bei 1710 cm^{-1}. – *Fungistatika* u. *Pflanzenwachstumsregulatoren*. (**U. S. P. 3 284 461** vom 27/11. 1964, ausg. 8/11. 1966.) – 1 S. A. Ullrich 7370

1954 Allied Chemical Corp., New York, N.Y. (Erfinder: Pasquale Lombardo, East Hanover, N.J.), USA, **Insektenvertilgungsmittel,** enthaltend als Wirkstoff ein Decachloroctahydro-1.3.4-methan-2H-cyclobuta-(c.d) pentalen-2-onderiv. der Formel **I**, in der H oder Methyl

I 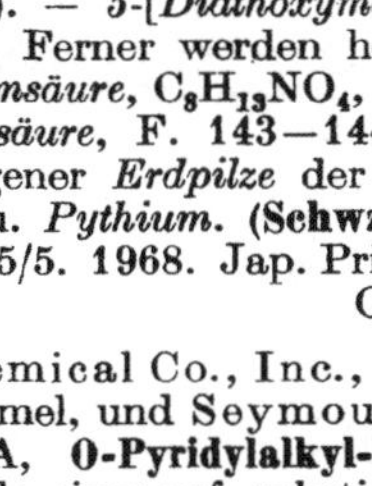

u. R_1 Aryl, Acyl oder ggf. substituiertes Alkyl oder R u. R_1 zusammen ein ggf. durch Alkylreste substituierter Tri- oder Tetramethylenrest sind. – Man erhält **I** durch *Rk. von* 0,5–2 (Mol) *Decachloroctahydro-1.3.4-methan-2H-cyclobuta-*(c.d)*-pentalen-2-on* (**II**) *mit* 1 *Keton der Formel* RCH_2COR_1 bei 15–250°. – **I**-Beispiele: *Feste Addukte* von **II** u. *Aceton*, F. 342–348° (Zers.), u. *4-Methyl-2-pentanon*, F. 160–165°, u. *Äthyllävulinat*, F. 74 bis 81°, u. *Cyclopentanon*, F. 195–197°, u. *2-Octanon*, F. 76–78°, u. *2-Nonanon*, F. 70–76°, u. *2-Heptanon*, F. 85–86°, u. *2-Undecanon*, F. 68–71°, u. *3-Pentanon*, F. 344–348° (Zers.), u. *2-Butanon*, F. 346–350° (Zers.), u. *2-Pentanon*, F. 84–160°, u. *Cyclohexanon*, F. 166 bis 171°, u. *Diacetyl*, F. 122–350° (Zers.), u. *Chloraceton*, F. 145–152°, u. *Phenylaceton*, F. 140–143°, u. *Acetophenon*, F. 152–153°, u. *3-Methyl-2-butanon*, F. 139 bis 143°, u. *Äthylacetacetat*, Öl, u. *tert.-Butylacetacetat*, Öl, u. *Äthylpyruvat*, F. 240–247°, u. *Butyllävulinat*, F. 94 bis 96°, u. *Methylpyruvat*, F. 248–251°. (**Schwz. P. 448 609** vom 18/3. 1964, ausg. 11/4. 1968. U. S. Prior. 19/3. 1963.) – 7 S. H. Nebelsiek 7375

1955 Farbenfabriken Bayer Akt.-Ges., Leverkusen, **Nortricyclyl-3-amide,** deren Amidgruppe der allg. Formel NHCOR entspricht (R = H, Alkyl, Aryl, ein heterocycl. Rest oder die Gruppe $-NR^1R^2$, wobei R^1 u. R^2 gleich oder verschieden sind u. H einen ggf. substituierten Alkyl- oder Arylrest bedeutet oder zusammen mit dem N einen heterocycl. Ring bildet), erhält man, wenn es sich 1. um das Harnstoffderiv. handelt, durch Rk. von Nortricyclyl oder Nortricyclylcarbaminsäureester mit einem Amin, ggf. in einem Lsgm. bei 0–150°, handelt es sich 2. um ein Säureamid, so wird Nortricyclylamin mit einem Säureester der allg. Formel $RCOR^3$ (R^3 = Alkyl oder Phenyl), ggf. in einem Lsgm. bei 80–250°, bes. 150–250°, umgesetzt. – Aus Nortricyclyl-3-isocyanat erhält man durch Rk. mit Methylbutylamin den *N-[Nortricyclyl-3]-N'-methyl-N'-butylharnstoff*. Durch Rk. von Nortricyclyl-3-isocyanat mit Dimethylamin erhält man *N-[Nortricyclyl-3]-N'.N'-dimethylharnstoff*, F. 136°. Ähnlich erhält man folgende N-Tricyclylharnstoffe der allg. Formel *Nortricyclyl–N–CO–NR¹R²*: $R^1 = H$, $R^2 = H$, F. 148°; *H, Nortricyclyl*, F. 269°; C_2H_5, C_2H_5, F. 78°; *H*, *n*-C_4H_9, F. 156°; *H*, *iso*-C_4H_9, F. 208°; *H*, *tert.*-C_4H_9, F. 268°; *n*-C_3H_7, C_3H_7, F. 103°; *n*-C_4H_9, C_4H_9, F. 68°; *iso*-C_4H_9, *iso*-C_4H_9, F. 126°; CH_3, C_6H_5, F. 80°; C_2H_5, $C_{10}H_7$, F. 116°; C_2H_5, *o*-C_6H_4Cl, F. 80°; *Allyl, Allyl*, F. 45°; C_2H_4OH, C_2H_4OH, viskoses Öl; $-C_2H_4OC_2H_4-$, F. 174°; $-CH_2(CH_2)_3CH_2-$, F. 174°; *H*, $-C_2H_4OH$, viskoses Öl; *H, Allyl*, F. 133°; $-CH_2CH_2C(CH_3)=CHCH_2-$, F. 93°, u. CH_3, $C_{17}H_{37}$, F. 60°. Durch Rk. von Nortricyclylamin, Kp.$_{14}$ 51–56°, mit Methylformiat erhält man *3-Formylaminonortricyclylamin*, Kp.$_{15}$ 159–161°. – *Insekten u. Milben abweisende Mittel*. (**Brit. P. 1 062 705** vom 3/2. 1966, ausg. 22/3. 1967. D. Prior. 5/2. 1965.) – 10 S. R. Bollinger 7375

1956 Chemische Werke Hüls Akt.-Ges., übert. von: Walter Dittmann, Marl, **Herstellung von 4-Hydroxy-2-sulfolen,** Kp.$_{0,5}$ 165–167°, erfolgt durch Erhitzen von 3.4-Epoxysulfolan auf ≧ 90° in Ggw. katalyt. Mengen eines wasserfreien Halogenids eines Elements der Gruppe Ia oder IIa des period. Systems. – *Zwischenprod.* für *Insektizide*. (**U. S. P. 3 338 920** vom 15/8. 1966, ausg. 29/8. 1967. D. Prior. 11/8. 1964 u. 16/10. 1965.) – 2 S. R. Bauereis 7375

1957 Dow Chemical Co., Midland, Mich., übert. von: Hugh T. Harrison, Tulsa, Okla., USA, **4-Amino-3.5.6-trichlorpicolinsaure Salze** der Hexafluorarsen- bzw. Hexafluorphosphorsäure erhält man durch Rk. der 4-Amino-3.5.6-trichlorpicolinsäure mit der äquimol. Menge Hexafluorarsen- bzw. Hexafluorphosphorsäure in W. bei 20–100°, bes. 20–40°. – Man versetzt eine 65%ig. wss. Lsg. von HPF_6 portionsweise unter Rühren mit 4-Amino-3.5.6-trichlorpicolinsäure → *4-amino-3.5.6-trichlorpicolinsaures Hexafluorphosphat*, F. 230–232° (Zers.). Analog bei Verw. von $HAsF_6$ → *4-amino-3.5.6-trichlorpicolinsaures Hexafluorarsenat*, F. 198–200°. – *Parasitizide, Insektizide* u. *Nematozide*. (**U. S. P. 3 288 796** vom 18/11. 1964, ausg. 29/11. 1966.) – 2 S. A. Ullrich 7375

1958 Shell Internationale Research Mij. N. V., Den Haag, Niederlande (Erfinder: Johannes Thomas Hackmann, Johannes Theodore Wilhelm Montagne und Barrington Cross), **Biozide Phenazine,** deren Mono- oder Di-N-oxide, die durch Halogen, Alkyl, Aryl oder ggf. substituiertes Alkaryl substituiert sind, erhält man durch Rk. eines entsprechenden o-Phenylendiamins mit einem Brenzcatechin in Ggw. von MnO_2 oder HgO. – Beispiel: Erhitzen von 4-Äthylbrenzcatechin mit o-Phenylendiamin im geschlossenen Rohr auf 240° u. Erwärmung des Prod. in Toluol in Ggw. von HgO → *2-Äthylphenazin*, F. 59–60°, $C_{14}H_{12}N_2$; Ausb. 12%. – Analog folgende Phenazine (**I**): *2-Isopropyl-***I** F. 91–92°, $C_{15}H_{14}N_2$; 34%; *1-Isopropyl-***I**, F. 141–142° $C_{15}H_{14}N_2$; 10%; *1-Methyl-3-[1'.1'.3'.3'-tetramethylbutyl]-***I** F. 93–94°, $C_{21}H_{20}N_2$; *1.7*(oder *8*)*-Dimethyl-***I**, F. 110

bis 111°, $C_{14}H_{12}N_2$; *2-n-Stearyl*-**I**, F. 78—80°, $C_{30}H_{44}N_2$; **44**%. *2-n-Octyl*-**I**, F. 56—57°, $C_{20}H_{24}N_2$; 7%; *2-n-Lauryl*-**I**, F. 68—69°, $C_{24}H_{32}N_2$; 35%; *2-n-Pentyl*-**I**, F. 45 bis 46,5°, $C_{17}H_{18}N_2$; 21%; *2-n-Hexyl*-**I**, F. 65,5—66,5°, $C_{18}H_{20}N_2$; 27%; *2-n-Heptyl*-**I**, F. 45—46°, $C_{19}H_{22}N_2$; 35%; *2-Methyl*-**I**, F. 117°, $C_{13}H_{10}N_2$; 62%; *2-n-Butyl*-**I**, F. 49—51°, $C_{16}H_{16}N_2$; 16%; *2-Isopropyl*-**I**-*5.10-dioxid*, F. 138,5—139°, $C_{15}H_{14}N_2O_2$; 73,5%; *2-tert.-Butyl*-**I**-*5.10-dioxid*, F. 133—133,5°, $C_{16}H_{16}N_2O_2$; 66%; *2-[1'.1'.3'.3'-Tetramethylbutyl]*-**I**, F. 99°, $C_{20}H_{24}N_2$; 90%; *2.3-Dimethyl-7-[1'.1'.3'.3'-tetramethylbutyl]*-**I**, F. 127—129°, $C_{22}H_{28}N_2$; *1-Brom-3-[1'.1'.3'.3'-tetramethylbutyl]*-**I**, F. 126 bis 127°, $C_{20}H_{23}N_2Br$; 34%; *1-Chlor-3-[1'.1'.3'.3'-tetramethylbutyl]*-**I**, F. 138—139,5°, $C_{20}H_{23}ClN_2$; 50%; *1-Methyl-3-tert.-butyl*-**I**, $C_{17}H_{18}N_2$; 62%; *1.3-Diisopropyl*-**I**, F. 48—50°, $C_{18}H_{20}N_2$; 47%; *1.2.3.4-Tetrafluor-7-[1'.1'.3'.3'-tetramethylbutyl]*-**I**, F. 138,5—139,5°, $C_{20}H_{20}F_4N_2$; 31%; *2-[1'.1'.3'.3'-Tetramethylbutyl]-7*-(oder *8*)-*methyl*-**I**, F. 126—127,5°, $C_{21}H_{26}N_2$; 46%; *2-[1'.1'.3'.3'-Tetramethylbutyl]-7*-(oder *8*)-*chlor*-**I**, F. 138,5—139°, $C_{20}H_{23}ClN_2$; 55%; *2.3.7-Trimethyl*-**I**, F. 198—199°, $C_{15}H_{14}N_2$; 38%; *1.2.4-Trichlor*-**I**, F. 185—186°, $C_{12}H_5Cl_3N_2$; 17%; *1.4.7-Trichlor*-**I**, F. 220—221°, $C_{12}H_5Cl_3N_2$; 17%; *1.2.9-Trichlor*-**I**, F. 204,5—205,5°, $C_{12}H_5Cl_3N_2$; 0,8%; *1.2.3-Trichlor*-**I**, F. 202°, $C_{12}H_5Cl_3N_2$; 1,1%; *1.4-Dibrom*-**I**, F. 190,5°, $C_{12}H_6Br_2N_2$; 3,5%; *2-Dimethylamino*-**I**, F. 155—156°, $C_{14}H_{13}N_3$; 40%; *2-Azido*-**I**, F. 127—128°, $C_{12}H_7N_5$; *2-n-Propoxy*-**I**, F. 92—92,5°, $C_{15}H_{14}N_2O$; *2-Thiocyanato*-**I**, F. 174°, $C_{13}H_7N_3S$. — *Akarizide, Fungizide, Herbizide.* (**Brit. P. 1 086 522** vom 3/9. 1964, ausg. 11/10. 1967.) — 21 S. R. Bauereis 7375

1959 Ciba Akt.-Ges., Basel (Erfinder: Henry Martin, Dieter Dürr, Basel, Hans-Rudolf Hitz, Muttenz, und Marcus von Orelli, Münchenstein), Schweiz, **Textilschutzmittel,** enthaltend als Wirkstoff einen N-Aryl-N-aralkylharnstoff (**I**) oder -thioharnstoff (**II**). Genannt werden: *N-3.4-Dichlorbenzyl-N'-3.4-dichlorphenyl*-**II**, F. 133,5—134°; *N-β-[3.4-Dimethylphenyl]-äthyl-N'-3.4-dichlorphenyl*-**I**, F. 143—144°, -**II**, F. 129 bis 130°; *N-β-[3.4-Dimethylphenyl]-äthyl-N'-2.4-dichlorphenyl*-**I**, F. 186—187°, -**II**, F. 74—75°; *N-β-[3.4-Dimethylphenyl]-äthyl-N'-4-chlor-2-methylphenyl*-**I**, F. 203°, -**II**, F. 112—114°; *N-3.4-Dimethylbenzyl-N'-3.4-dichlorphenyl*-**I**, F. 197—198°, -**II**, F. 125—126°; *N-3.4-Dimethylbenzyl-N'-2.4.5-trichlorphenyl*-**I**, F. 226—227°, -**II**, F. 175 bis 176°; *N-3.4-Dimethylbenzyl-N'-2.4-dichlorphenyl*-**I**, F. 216—217°, -**II**, F. 157—158°; *N-3.4-Dimethylbenzyl-N'-5-chlor-4-nitro-2-methylphenyl*-**I**, F. 229—230°; *N-3.4-Dimethylbenzyl-N'-4-chlor-2-methylphenyl*-**I**, F. 230°, -**II**, F. 227—228°; *N-3.4-Dimethylbenzyl-N'-5-chlor-2-methoxyphenyl*-**I**, F. 177—178°; *N-3.4-Dimethylbenzyl-N'-2.4-dimethoxyphenyl*-**I**, F. 203—204°; *N-3.4-Dimethoxybenzyl-N'-3.4-dichlorphenyl*-**I**, F. 164°, -**II**, F. 160°; *N-3.4-Dimethoxybenzyl-N'-2.4-dichlorphenyl*-**I**, F. 205—206°; *N-3.4-Dimethoxybenzyl-N'-2.4.5-trichlorphenyl*-**I**, F. 208—209°; *N-3.4-Dimethoxybenzyl-N'-3-nitro-4-methylphenyl*-**I**, F. 174°; *N-3.4-Dimethoxybenzyl-N'-3-chlor-4-methylphenyl*-**I**, F. 164—165°; *3.4-Dimethoxybenzyl-N'-3-chlor-4-methoxyphenyl*-**I**, F. 176—177°; *N-2.5-Dimethylbenzyl-N'-2.4-dichlorphenyl*-**II**, F. 153—154°; *N-2.5-Dimethylbenzyl-N'-3.4-dichlorphenyl*-**II**, F. 171—172°; *N-2.5-Dimethylbenzyl-N'-5-chlor-2-methylphenyl*-**II**, F. 140—141°; *N-2.5-Dimethylbenzyl-N'-4-chlor-2-methylphenyl*-**II**, F. 116,5 bis 117,5°; *N-3.4-Dichlorbenzyl-N'-4-chlor-2-methylphenyl*-**I**, F. 236—237°, -**II**, F. 143°; *N-3.4-Dichlorbenzyl-N'-2.4.5-trichlorphenyl*-**I**, F. 242—243°, -**II**, F. 197°; *N-3.4-Dichlorbenzyl-N'-3-chlor-4-methoxyphenyl*-**I**, F. 206°; *N-3.4-Dichlorbenzyl-N'-3.4-dimethylphenyl*-**I**, F. 191°; *N-3.4-Dichlorbenzyl-N'-3-nitro-4-methylphenyl*-**I**, F. 228—229°; *N-3.4-Dichlorbenzyl-N'-3-chlor-2-methylphenyl*-**I**, F. 231,5°; *N-β-[3.4-Dichlorphenyl]-äthyl-N'-3-nitro-4-methylphenyl*-**I**, F. 152—153°; *N-β-[3.4-Dichlorphenyl]-äthyl-N'-2.4-dichlorphenyl*-**I**, F. 193—194°; *N-β-[3.4-Dichlorphenyl]-äthyl-N'-3.4-dichlorphenyl*-**I**, F. 165—166°, -**II**, F. 98 bis 99°; *N-β-[3.4-Dichlorphenyl]-äthyl-N'-2.4.5-trichlorphenyl*-**I**, F. 211—212°; *N-β-[3.4-Dichlorphenyl]-äthyl-N'-3-chlor-4-methoxyphenyl*-**I**, F. 158°; *N-β-[3.4-Dichlorphenyl]-äthyl-N'-3.4-dimethylphenyl*-**I**, F. 155°; *N-2.4-Dichlorbenzyl-N'-3.4-dichlorphenyl*-**I**, F. 217—218°, -**II**, F. 158 bis 159°; *N-2.4-Dichlorbenzyl-N'-3.4-dimethylphenyl*-**I**, F. 207—208°; *N-2.4-Dichlorbenzyl-N'-3-chlor-4-methylphenyl*-**I**, F. 185—186°; *N-β-[2.4-Dichlorphenyl]-äthyl-N'-3.4-dichlorphenyl*-**I**, F. 176—177°, -**II**, F. 120—121°; *N-β-[2.4-Dichlorphenyl]-äthyl-N'-3.4-dimethylphenyl*-**I**, F. 176,5—177,5°; *N-2.6-Dichlorbenzyl-N'-3.4-dichlorphenyl*-**I**, F. 237—238°, -**II**, F. 191—192°; *N-2.6-Dichlorbenzyl-N'-3.4-dimethylphenyl*-**I**, F. 239—240°; *N-2.6-Dichlorbenzyl-N'-3-chlor-4-methylphenyl*-**I**, F. 235—236°; *N-β-[2.6-Dichlorphenyl]-äthyl-N'-3.4-dichlorphenyl*-**I**, F. 213 bis 214°, -**II**, F. 163—164°; *N-3.4-Dichlorbenzyl-N-methyl-N'-3.4-dichlorphenyl*-**I**, F. 107—108°, -**II**, F. 168—170°; *N-3.4-Dichlorbenzyl-N-methyl-N'-3.4-dichlorphenyl*-**I**, F. 103°, -**II**, F. 137°; *N-3.4-Dichlorbenzyl-N'-3.4-dichlorphenyl*-**I**, F. 200—201°. Die Herst. dieser Verb. erfolgt in an sich bekannter Weise durch Rk. eines reaktiven Deriv. der Kohlensäure bzw. Thiokohlensäure mit entsprechenden Aminen. (**Schwz. P. 432 930** vom 25/3. 1965, ausg. 30/9. 1967.) — 8 S. R. Bauereis 7399

Redaktionsschluß: 27. Februar **1969**

Herausgeber: Prof. Dr. Heinrich Bertsch, Berlin, und Prof. Dr. Dr. h. c. Wilhelm Klemm, Münster
Stellvertretende Herausgeber: Prof. Dr.-Ing. Dr. rer. nat. h. c. Eberhard Leibnitz, 104 Berlin, Schiffbauerdamm 19, Fernsprecher: 42 55 71
und Prof. Dr. Bertold Reuter, 1 Berlin 30, Geisbergstraße 39, Fernsprecher: 2 11 90 91
Chefredakteure und verantwortlich für den Inhalt: Dr. Helga Völz, 104 Berlin, Schiffbauerdamm 19, Fernsprecher: 42 55 71
und Dr.-Ing. Christian Weiske, 1 Berlin 30, Geisbergstraße 39, Fernsprecher: 2 11 90 91
Stellvertretender Chefredakteur: Dr.-Ing. Günter Pötzscher, 1 Berlin 30, Geisbergstraße 39, Fernsprecher: 2119091

Akademie-Verlag GmbH, 108 Berlin, Leipziger Str. 3—4 (Fernsprecher: 22 04 41, Telex-Nr. 011 2020) und Verlag Chemie, GmbH, 6940 Weinheim/Bergstr., Pappelallee 3 (Fernsprecher: (0 6201) 36 35; Fernschreiber: 46 5516 vchwh d). Bestellnummer: 1007/140.
Das Chemische Zentralblatt erscheint wöchentlich. Preis des Jahrganges einschl. Schnellreferatedienst, Autoren-, Patent-, Sach- u. Formelregister 3200,—; einseitig bedruckte Ausgabe: 3700,—. Abgabe der Zeitschrift nur mit sämtlichen Registern. Abbestellung nur bis spätestens 6 Wochen vor Ablauf des Kalenderjahres

Satz u. Druck: VEB „Maxim Gorki“, Altenburg, und VEB Leipziger Druckhaus, Leipzig
Veröffentlicht unter der Lizenznummer 1273 des Presseamtes beim Vorsitzenden des Ministerrates
Printed in Germany

FSC
www.fsc.org
MIX
Papier | Fördert gute Waldnutzung
FSC® C083411

Kolibri 360 GmbH
Ferdinand-Jühlke-Straße 7
99095 Erfurt, Deutschland
produktsicherheit@kolibri360.de